现代数学基础丛书·典藏版 120

流形拓扑学
——理论与概念的实质

马 天 著

科学出版社
北 京

内 容 简 介

本书是一部关于流形的拓扑学专著，较全面和系统地介绍了拓扑学大多数重要领域中的理论与方法. 内容涉及微分拓扑、同调论、同伦论、微分形式与谱序列、不动点理论、Morse 理论，以及向量丛的示性类理论. 同时，书中也介绍了作者新发展的流形共轭结构理论，主要结果包括共轭对称性定理，上、下同调群的几何化定理，最小共轭元球面定理. 在这些定理基础上，同调论和同伦论中许多重要定理与结果，如 Poincaré 对偶, Lefschetz 对偶, Künneth 公式，上、下同调群，以及 Hurewicz 定理等的实质及直观意义变得更清楚了.

本书适合于数学、理论物理等相关专业的高年级大学生、研究生、教师及研究人员学习和参考.

图书在版编目(CIP)数据

流形拓扑学：理论与概念的实质/马天著. —北京：科学出版社, 2010
(现代数学基础丛书·典藏版；120)
ISBN 978-7-03-028550-8

I. ①流… II. ①马… III. ① 流形拓扑 IV. O189.3

中国版本图书馆 CIP 数据核字(2010) 第 156677 号

责任编辑：赵彦超／责任校对：钟 洋
责任印制：赵 博／封面设计：陈 敬

科学出版社 出版
北京东黄城根北街 16 号
邮政编码：100717
http://www.sciencep.com
三河市骏杰印刷有限公司印刷
科学出版社发行 各地新华书店经销

*

2010 年10月第 一 版 开本：720×1000 1/16
2025 年 8 月印 刷 印张：34 1/2
字数：670 000

定价：198.00 元

(如有印装质量问题,我社负责调换)

《现代数学基础丛书》序

对于数学研究与培养青年数学人才而言，书籍与期刊起着特殊重要的作用．许多成就卓越的数学家在青年时代都曾钻研或参考过一些优秀书籍，从中汲取营养，获得教益．

20 世纪 70 年代后期，我国的数学研究与数学书刊的出版由于文化大革命的浩劫已经破坏与中断了 10 余年，而在这期间国际上数学研究却在迅猛地发展着．1978 年以后，我国青年学子重新获得了学习、钻研与深造的机会．当时他们的参考书籍大多还是 50 年代甚至更早期的著述．据此，科学出版社陆续推出了多套数学丛书，其中《纯粹数学与应用数学专著》丛书与《现代数学基础丛书》更为突出，前者出版约 40 卷，后者则逾 80 卷．它们质量甚高，影响颇大，对我国数学研究、交流与人才培养发挥了显著效用．

《现代数学基础丛书》的宗旨是面向大学数学专业的高年级学生、研究生以及青年学者，针对一些重要的数学领域与研究方向，作较系统的介绍．既注意该领域的基础知识，又反映其新发展，力求深入浅出，简明扼要，注重创新．

近年来，数学在各门科学、高新技术、经济、管理等方面取得了更加广泛与深入的应用，还形成了一些交叉学科．我们希望这套丛书的内容由基础数学拓展到应用数学、计算数学以及数学交叉学科的各个领域．

这套丛书得到了许多数学家长期的大力支持，编辑人员也为其付出了艰辛的劳动．它获得了广大读者的喜爱．我们诚挚地希望大家更加关心与支持它的发展，使它越办越好，为我国数学研究与教育水平的进一步提高做出贡献．

杨　乐

2003 年 8 月

前　言

拓扑学是数学中最富有成果的学科之一, 主要包括一般拓扑 (点集拓扑)、微分拓扑、代数拓扑、辛拓扑等几个分支. 拓扑学的研究对象是一般拓扑空间, 而流形在拓扑空间中具有特殊的重要性. 这是因为欧氏空间 R^n 与复空间 $\mathbb{C}^n$ 上的所有分析理论与方法都可移植到流形上, 这就使得流形起到将拓扑、几何、分析以及理论物理紧密联系在一起的中心作用. 这些学科的日益融合已成为当今数学发展的主流方向之一. 本书正是在这种大趋势的背景下, 以流形为主要对象, 较为全面和系统地介绍拓扑学的基本理论与方法, 希望能为促进这方面的进一步发展作出一些贡献.

本书主要介绍拓扑学中发展得较为普遍并且成熟的理论、概念与方法. 除了拓扑 K 理论外, 本书涉及微分拓扑和代数拓扑的几乎所有重要领域, 包括微分流形基本理论, 上、下同调论, 同调群的对偶性, 微分形式, de Rham 与 Hodge 理论, 同伦论, 谱序列及其应用, 不动点及其指标公式, 不动点类理论, I 型和 II 型 Morse 理论, 示性类理论等. 此外, 本书还引入作者新发展的一套紧流形的共轭结构理论. 应用该理论我们能够很清楚地理解上、下同调群的本质, 并且可以推出如 Poincaré 对偶定理、Lefschetz 对偶定理、Künneth 公式、同调群万有系数定理, 以及关于同伦群与同调群之间关系的 Hurewicz 定理等许多重要结果. 它的优点是直观性强, 容易理解这些定理的实质. 特别地, 共轭结构理论的对称性定理对理解紧流形的拓扑结构是非常有帮助的. 简要地说, 每个 n 维紧流形 M^n 都含有一组相互配对的 (广义) 紧子流形偶 (Σ^k, Γ^{n-k}), 使得 Σ^k 与 Γ^{n-k} 在 M 中严格地横截相交于一点, 称作共轭偶. 最平凡的共轭偶就是 M^n 与它的一点构成, 即 (Σ^0, M^n), Σ^0 为 M^n 中一点. 这些配对的 (广义) 紧子流形 Σ^k 称作 k 维共轭元. 我们发现, 所有共轭元可以定义上、下指标:

$$\mathrm{Ind}^S\Sigma^k = (n_1, \cdots, n_r) \text{ 为上指标},$$

$$\mathrm{Ind}_l\Sigma^k = (m_1, \cdots, m_r) \text{ 为下指标}.$$

它们是由一组整数构成. 然后, 对称性定理说, 两个共轭元 Σ^k 与 Γ^{n-k} 可配对成共轭偶必要条件是它们指标上下交错相等:

$$\mathrm{Ind}^S\Sigma^k = \mathrm{Ind}_l\Gamma^{n-k}, \quad \mathrm{Ind}_l\Sigma^k = \mathrm{Ind}^S\Gamma^{n-k}.$$

特别地, 若指标不为零, 则上面等式也是成为共轭偶的充分条件. 我们正是应用这个对称性定理, 再结合共轭结构理论的上、下同调群的几何化定理, 可推出这种配对就是 Poincaré 对偶.

本书的另一特点就是如副标题所示那样, 重视对抽象理论与概念的本质进行直观的揭示. 换句话说, 我们强调形式与直观的互补与统一. 数学的形式化是保障数学严谨性与正确性所必须的, 但同时也带来抽象与理解的困难. 作者对所涉及的所有领域都下了很大功夫, 试图理解它们的本质, 然后采用严格的形式化语言表述, 并尽可能使用几何直观的语言解释. 虽然不能全部达到理想的程度, 但是相信已经使本书达到独具风格的效果. 事实上, 书中的多数重要理论的证明与阐述都是经过作者的融会贯通后以不同的方式重新独立给出的.

借此机会, 关于数学 (或者科学) 的发展作者发表一些观点与看法. 科学毫无疑问对人类产生既有正面也有负面的影响, 而事实上, 科学对人类的正面影响更主要还是在精神层面上, 因为科学与文学、艺术以及其他人文知识一样, 都具有精神升华的作用, 使人类摆脱愚味和低级的状态. 然而, 今天的科学发展越来越物质化了, 功利化倾向已占据了主流地位. 数学好坏的判据已偏离了它自身精神领域所具有的两种价值: 美学价值, 即数学所特有的一种艺术价值, 以及科学价值, 即能帮助我们理解自然的功能. 当社会上普遍采用论文数量、期刊级别、检索因子, 以及研究工作的难易程度作为科学的判别标准时, 直接的后果就是科学素质的下降. 这将导致知识基础狭窄、水平低下、急功近利的状态. 一个社会群体, 如果缺乏独立和高水平的科学鉴赏力 (这是以基础知识的宽度和深度作支撑的), 那么这个社会的科学注定不会高水平发展, 科学的创新精神和献身精神将被窒息.

最后, 作者要表达对导师陈文嵘教授的深深敬意. 早年, 当作者处在科学研究的困境中时, 是陈先生提供了实质性的帮助. 没有陈文嵘先生就没有本人今天的成绩. 本书得到国家自然科学基金 (10971148) 和四川大学人才引进基金的资助, 对此表示感谢. 此外, 作者对科学出版社的支持也表示感谢.

马　天

2010 年 5 月 20 日

目　　录

第1章 微分流形

微分流形的内容属于微分拓扑范围, 它是拓扑学的基础. 本章主要介绍流形的概念、Whitney 嵌入定理、Frobenius 定理, 以及关于映射正则值的 Sard 定理, 同时也讨论向量丛与纤维丛的一些基本知识.

1.1 基本概念

1.1.1 流形的概念

首先介绍“拓扑结构”这一术语的数学含义. 图 1.1 给出三个一维图形, 其中 (a) 和 (b) 都是两个圈, 而 (c) 是一个 8 字图形. 虽然 (a) 和 (b) 这两圈的几何形状不同, 但是图形结构相同, 因为它们可以在平面上连续地从一个形变到另一个并与之重合, 不需要扯破或相交. 但是它们显然与图形 (c) 不同, 数学上称 (a) 与 (b) 的拓扑结构是相同的, 或者称它们是同胚的, 但是与 (c) 不相同.

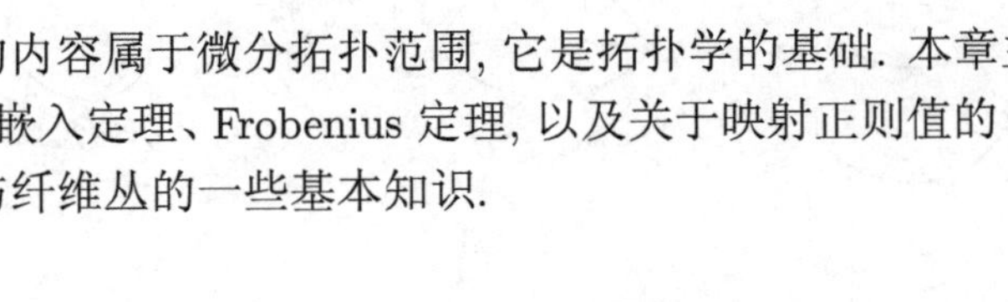

图 1.1 (a) 与 (b) 具有相同拓扑结构, 但与 (c) 不同

现在我们再从这些图形的直观对比引出流形的概念. 容易看到, 图 1.1 中的 (a) 与 (b) 比 (c) 简单, 它们没有交点. 而 (c) 中图形有一个交点 p. 这种没有交点的一维曲线就称为一维流形. 从拓扑结构上讲, 不含交点的一维曲线只有两种: 直线 R^1 和圈 S^1, 因为任何开线段 (a,b) 与 R^1 拓扑结构相同 (即同胚). 类似地, 所有二维曲面, 就如图 1.2 中所示那样不含交点和交线的图形便称为二维流形, 而如图 1.3 所示的那些图形就不是流形.

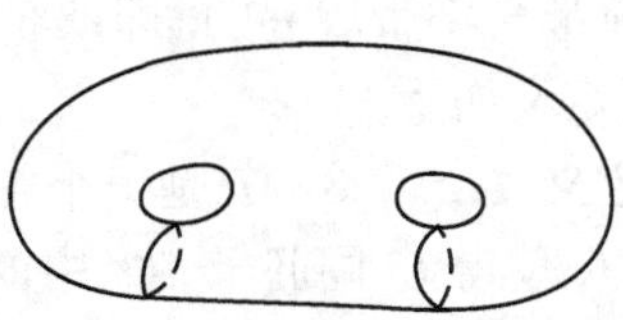

图 1.2 一个 $k=2$ 个孔的二维环面

直观地说, 这种不含相交点的 n 维图形在数学上就称为 n 维流形. 但是当 $n>3$ 时我们就无法观察到这种拓扑空间的图形, 所谓相交点也不能表示出来. 然

而, 细心观察就可发现所谓不含相交点的基本特征就是, 例如在一个二维球面 S^2 上任一点 p, 存在 p 的一个邻域 $U \subset S^2$, 使得 U 与 R^2 的一个开盘 D(或开球体) 同胚, 见图 1.3 所示. 而这一性质对于图 1.4 中所示图形的相交点就不成立.

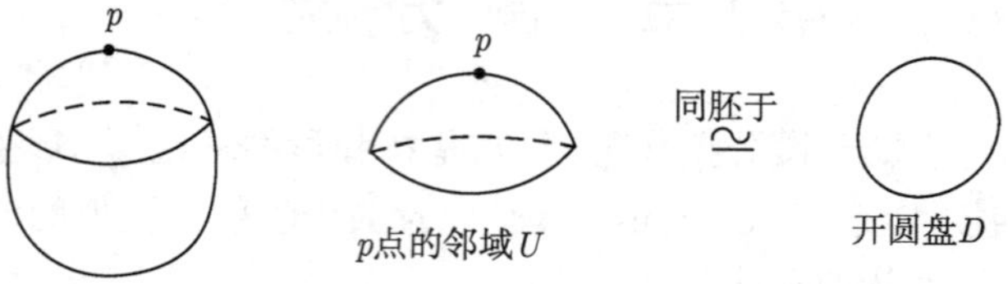

图 1.3

图 1.4　两个图形都不是流形

将这一现象抽象成数学语言推广到一个 n 维拓扑空间上, 更严格地说一个 Hausdorff 空间, 就引出下面 n 维流形的定义. 所谓 Hausdorff 空间是指其任两个不同点必含不相交的邻域.

定义 1.1　令 M 是一个 Hausdorff 空间. 若对任一点 $p \in M$, 都存在 x 在 M 中的一个邻域 $U \subset M$, 使得 U 同胚于 n 维欧氏空间 R^n(或 R^n 中一个开集), 则 M 就称为是一个 n 维流形.

从上面的定义我们可以看到, R^n 中任一开集都是一个 n 维流形. 定义 1.1 给出的流形是不带边界的, 即或者 $\partial M = \varnothing$ 或者 $\partial M \not\subset M$. 下面引入带边流形的概念, 其定义如下.

定义 1.2　令 M 是一个 Hausdorff 空间. 若对任一点 $p \in M$, 存在一个邻域 $U \subset M$, 使得 U 同胚于 R^n_+ 中的一个开集. 特别地, 存在这样的点 $p_0 \in M$, 使得它的一个邻域 U 同胚于 R^n_+, 则 M 称为是一个 n 维带边流形, 这里

$$R^n_+ = \{x \in R^n |\ \ x = (x_1, \cdots, x_n),\ \ x_n \geqslant 0\}.$$

通俗地讲, 一个 n 维带边流形 M 的边界 ∂M 一定是一个 $n-1$ 维流形. 若 R^n 中一个开集 A 的边界 ∂A 是一个 $n-1$ 维流形, 则其闭包 $\bar{A}$ 是一个带边流形, 否则 $\bar{A}$ 就不是.

在流形中, 有一类非常重要, 称为紧流形 (也称为闭流形). 这类流形的基本特

征就是有界但是没有边界. 直观地想象紧流形图像是掌握拓扑与几何学的一个重要环节. 下面介绍一些简单的紧流形. 一维紧流形只有一种即 S^1(圆圈). 二维紧流形有四个典型种类：二维球面 S^2、轮胎面 $T^2(k=1$ 个孔的环面)、Klein 瓶 K^2 和二维实投影空间 P^2. 因为 Klein 瓶 K^2 和实投影空间 P^2 不能够嵌入到现实空间 R^3 中, 因而我们无法看到它们, 但是可以按下面方式想象和观察.

按图 1.5 所给出的方式想象 Klein 瓶. 在该图的 (a) 中先将管子的一端弯入管内, 再在 (b) 中想象着将此端从第 4 维空间中拉出来, 此时完全可以避免与自己相交, 然后就如 (c) 中所示的那样将此端与另一端粘合起来. 这样我们就从三维空间中观察到 Klein 瓶的样子.

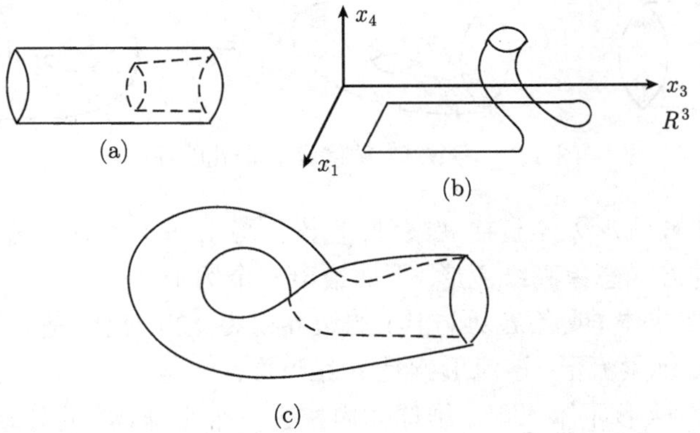

图 1.5 在 R^3 中观察 K^2 的三个步骤: (a) 管形的一端弯入管内; (b) 管内的那端从 R^4 的 x_4 方向出来; (c) 两端相粘合

我们还可以采用另一种方式来看 Klein 瓶和实投影空间. 在图 1.6 中, 将矩形上下两边 ab 和 $a'b'$ 视为相同, 再将左边 aa' 与右边 bb' 按箭头所示等同起来, 也就是说将 ab 与 $a'b'$ 粘合起来, 再将 aa' 与 $b'b$ 按箭头方向粘合起来, 所得流形即为 K^2. 二维实投影空间 P^2 是将球面 S^2 按对径点等同 (粘接) 起来的流形. 就如图 1.7 所示的那样, 它也可表现为将一个圆盘的两边 ab 和 ba 按箭头所指方向等同 (粘接) 起来所得流形.

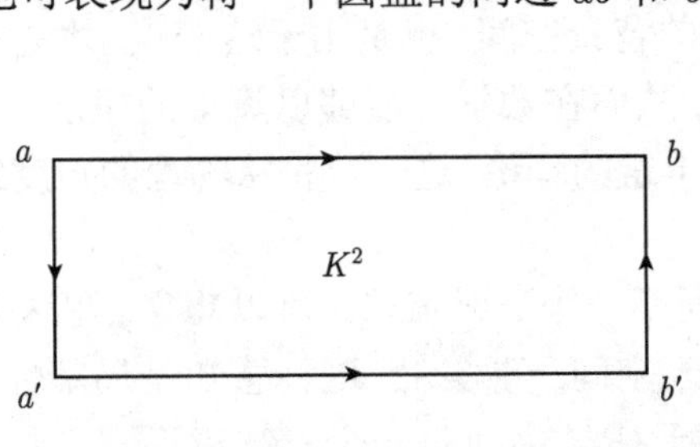

图 1.6 将 ab 与 $a'b'$ 粘接, 再将 aa' 与 $b'b$ 粘合, 即得 Klein 瓶

二维紧流形的分类定理告诉我们, 所有二维紧流形, 如果不是一个球面 S^2, 那

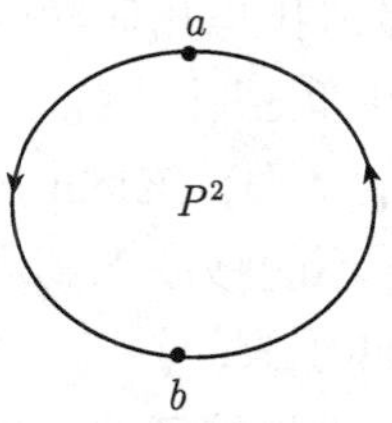

图 1.7 将圆盘对径点粘合，即将 ab 与 ba 按箭头所示粘合即为投影空间

么都可由轮胎面 T^2 和实投影空间 P^2 通过挖去一个圆盘然后沿边界 S^1 粘合而成, 就如图 1.8 所示那样. Klein 瓶 K^2 就是由 P^2 和 P^2 粘接而成, 记为 $K^2 = P^2 \# P^2 = 2P^2$. 更精确地说, 任何一个二维可定向紧流形 M 一定同胚于某 k 个孔的环面 $M = kT^2$, 当 $k = 0$ 时 M 为球面, 而不可定向流形则同胚于某 n 个投影空间的粘接, 记为 $M = nP^2$. 后面我们还将提到该定理.

图 1.8 两个 T^2 粘接成 2 个孔的环面

三维以上的紧流形无法直接观察到, 也没有像 $n = 1$ 和 2 维那样完整的分类. 但是可以按某种方式想象高维流形. 下面给出三个例子:

- 将一个 n 维球体 (或者 n 维方体) 的边界视为一点, 也就是说捏成一点, 这样得到一个 n 维紧流形. 该流形就是 n 维球面.
- 将一个 n 维球形环体 (即 n 维球体内挖去一个小球体) 的外球面边界与内球面边界等同粘合起来, 所得流形为 $S^{n-1} \times S^1$.
- 分别将一个立方体的上下、前后和左右两面等同粘合起来就得到一个三维轮胎面 $T^3 = S^1 \times S^1 \times S^1$. 特别地, 将一个 n 维方体的每一对平行面等同粘合得到 n 维轮胎面 $T^n = \underbrace{S^1 \times \cdots \times S^1}_{n}$.

1.1.2 物理背景的流形

流形之所以重要在于它没有自相交点. 正是由于这一点才使得自然界的系统都是以流形作为其运动的背景空间. 也是由于这一点, 才能在数学上赋予流形各种代数、几何和微分结构, 从而在数学上能够以流形的概念为核心将拓扑、几何、分析和代数融为一体产生丰富的理论, 这一节将从物理的角度给出一些具有运动背景的流形例子.

(1) 我们的宇宙空间是一个三维流形. 可以想象, 在这个宇宙中每一处都会感受到这个世界是一个 R^3 空间. 事实上, 这种感知是局部性的, 它只能说明这个宇宙每一点的邻域都同胚于 R^3, 因而是一个三维流形, 但并不意味着它一定就是平直的三维欧氏空间 R^3. 从广义相对论的角度, 这个世界到处分布着物质和能量, 它们产生的引力场造成空间弯曲. 因而这种弯曲有可能强得足以使它封闭成一个三

维球面 S^3. 但是我们现在仍然不知道我们的宇宙究竟是一个什么样的流形.

(2) 考察一个连杆运动. 如图 1.9 所示, 两根刚性的杆被铰接在 B 点, 其中一根杆的端点被固定在 A 点. 而该杆可绕 A 点作平面运动, 另一根杆可绕铰接点 B 作球面运动. 如果用 θ 表示 B 点的极坐标角度, (φ,ψ) 表示 C 点以 B 为心的球面坐标, 则 (θ,φ,ψ) 就是用来描述端点 C 在三维紧流形 $S^1\times S^2$ 上运动的坐标.

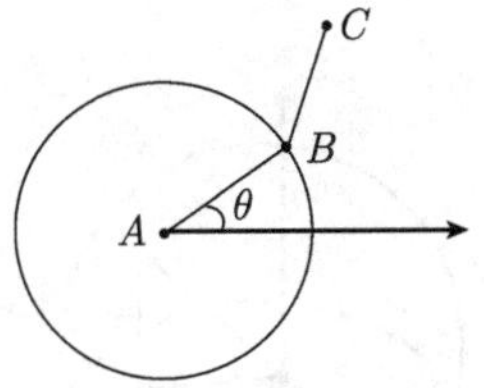

图 1.9 连杆运动, 自由端点 C 被限制在流形 $S^1\times S^2$ 上运动

(3) 令 n 个行星绕一个恒星作天体运动. 每个行星有 $2\times 3=6$ 个自由度, 其中 3 个是位置坐标 $x=(x_1,x_2,x_3)$, 另外 3 个是速度坐标 $y=(\dot{x}_1,\dot{x}_2,\dot{x}_3)$. 将第 k 个行星的位置和速度坐标记为

$$\{x_{k1},\ x_{k2},\ x_{k3},\ y_{k1},\ y_{k2},\ y_{k3}\}.$$

若将这 n 个行星视为 R^{6n} 中运动的质点 A, 那么这个质点的坐标为

$$A=\{x_{11},\ x_{12},\ x_{13},\ y_{11},\ y_{12},\ y_{13},\ \cdots,\ x_{n1},\ x_{n2},\ x_{n3},\ y_{n1},\ y_{n2},\ y_{n3}\}.$$

当知道 A 在 R^{6n} 中的坐标时, 也就知道这 n 个行星在 R^3 中具体位置和速度. 也就是说, 质点 A 在 R^{6n} 中的轨道完全描述了这 n 个行星的运动状态. 如果这 n 个行星都是绕着恒星作周期圆周运动, 那么代表这 n 个行星的质点 A 就是在 R^{6n} 中的一个 $2n$ 维轮胎面 $T^{2n}=\underbrace{S^1\times\cdots\times S^1}_{n}$ 上进行运动. 因此一个作周期环绕运动的恒星系, 其背景空间是 T^{2n}. Hamilton 系统中著名的 KAM 理论就是通过研究一个控制具有 n 个行星的恒星系运动微分方程的不变轮胎面 T^{2n} 及其稳定性来证明太阳系, 或更一般的恒星系, 其行星的周期运动是稳定的. 换句话说, 在一个小扰动下, 太阳系的行星仍然会绕着太阳作周期运动, 只是周期轨道会发生微小的变形.

(4) 前面三个例子都是无边流形. 我们知道大气运动是在大气层的对流层中发生. 对流层就是一个以地球表面及对流层顶部这两个球面所围区域. 这个区域与边界一起就是一个带边流形. 该流形是一个三维球面环体, 它同胚于 $S^2\times[0,1]$. 控制大气运动的模型是由称为 Boussinesq 方程的一组偏微分方程构成, 它是由控制流体的 Navier-Stokes 方程与热扩散方程耦合而成. 这些偏微分方程定义在弯曲的流形 $S^2\times[0,1]$ 上意味着必须将微积分的概念从平直的欧氏空间 R^n 推广到流形上, 这方面就是微分几何的内容.

1.1.3 坐标系与微分结构

在物理世界中, 一般被观察和研究的对象都是以流形为其存在和演化的背景空间, 而描述运动离不开坐标系. 在欧氏空间 R^n 中, 我们知道, 只需选择一个坐标系就可确定空间中每一点的位置. 但是对于一般流形, 特别是紧流形, 没有这样的性质. 例如在最普通的二维球面 S^2 上都不存在全局坐标系, 而只存在"几乎全局"的坐标系. 例如我们所熟知的球面坐标系 (也就是经纬度坐标) 就是几乎全局的,见图 1.10, 其中 φ 代表经度, θ 代表纬度, 它们的取值范围为 $0 < \varphi < 2\pi, -\dfrac{\pi}{2} < \theta < \dfrac{\pi}{2}$. 在这个坐标系里南北极无法确定, 因为若以 $\theta = \pm\dfrac{\pi}{2}$ 来确定南北两极, 则会出现无穷多个坐标 $\left\{\left(\varphi, \pm\dfrac{\pi}{2}\right) \mid 0 < \varphi < 2\pi\right\}$ 都对应于这两个极点. 此外也有两个值 $\varphi = 0$ 和 $\varphi = 2\pi$ 对应于 $\varphi = 0$ 经度线上的点. 此与坐标系一一对应为基本要求不符.

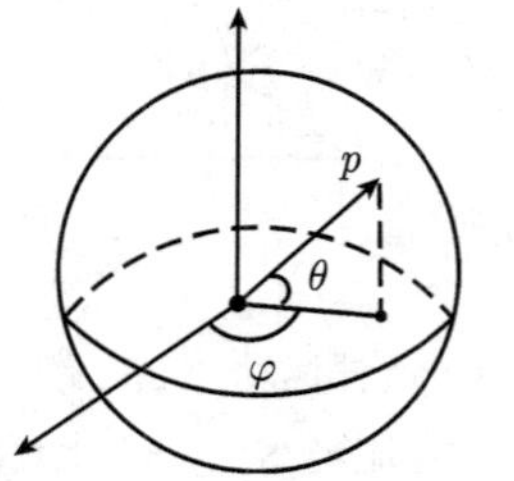

图 1.10　球面坐标, φ 为经度, θ 为纬度

所谓坐标系, 就是空间中的点与一组数一一对应. 我们已经习惯于将 n 元数 $(x_1, \cdots, x_n)$ 视为 R^n 中的点. 这样, 由流形的定义, "每一点处都局部同胚于 R^n 中一个开集", 自然地, 这个局部同胚就在每点 $p \in M$ 给出 M 的一个局部坐标系, 也就是说给出 p 点的一个邻域 $U \subset M$ 到 R^n 中一个开集 V 上的一一对应, 这就是下面的定义.

定义 1.3　令 M 是一个 n 维流形, $p \in M$, $U \subset M$ 是 p 的一个邻域, $V \subset R^n$ 为一开集. 若 $\psi : U \to V$ 是一个同胚, 则 (U, ψ) 称为 M 在点 p 的一个局部坐标系.

这个定义似乎与我们的生活经验有距离. 例如, 在我们的习惯中地球表面上的点 $p \in S^2$ 就是某个经纬度的值 $p = (\varphi, \theta)$, 并没有什么同胚出现. 事实上, 细心观察就会发现, 经纬度是取值于 R^2 中一个开集内:

$$(\varphi, \theta) \in (\varphi_0, \varphi_1) \times (\theta_0, \theta_1) \subset R^2,$$

而点 $p \in S^2$ 是在球面上. 当我们将 (φ, θ) 视为点 p 时, 头脑里已经发生了一个同胚映射的过程, 只是没有察觉罢了. 这个过程就是定义 1.3 的陈述: 对任何 $q \in S^2$ 存在一个邻域 $U \subset S^2$ 及一个同胚:

$$\psi : U \to (\varphi_0, \varphi_1) \times (\theta_0, \theta_1) \subset R^2,$$

使得对任何 $p \in U$,

$$\psi(p) = (\varphi, \theta), \quad \varphi_0 < \varphi < \varphi_1, \quad \theta_0 < \theta < \theta_1.$$

以后对于 M 的局部坐标系 (U, ψ), 若将 U 中的点 p 记为

$$p = (x_1, \cdots, x_n) \in R^n,$$

其意思就是 $\psi(p) = (x_1, \cdots, x_n)$.

坐标系的作用, 通俗地讲就是将一个在流形上发生的行为通过 ψ 映射到 R^n 中进行考察和研究. 例如, 一个在球面上运动的质点 p, 其运动轨道为 $L \subset S^2$. 在 S^2 上 L 是无法用函数形式表达出来. 然而, 在同胚 ψ 的作用下将 L 映到 R^2 中的曲线 L', 使得 L' 在 R^2 中能够被表达成一个单参数 t 的向量函数

$$x(t) = \{x_1(t),\ x_2(t)\}, \quad t_0 < t < t_1. \tag{1.1.1}$$

从拓扑的角度, L' 与 L 没有区别. 但是 L 的所有运动信息只能通过 L' 的表达式 (1.1.1) 来得到.

介绍了流形的坐标系概念后, 我们继续观察流形. 在图 1.11 中, 两个流形都是 S^1. 但是感觉上图形 (a) 比 (b) 要光滑. 从这个现象可引导出一个重要的数学概念: 流形的微分结构.

(a) (b)

图 1.11

在拓扑空间中, 图 1.11 中的两个图形都属于 S^1, 是同一种流形的不同表现. 对于不同表现中产生的光滑性差异, 数学的观点认为是由于赋予 S^1 两种不同的微分结构造成的. 在具体介绍微分结构概念之前, 顺便提一下, 赋予不同的数学结构产生不同的数学分支是基本的数学观念, 如 Riemann 几何与辛几何等, 它们的差别就在于对流形赋予的几何结构不同. 理解这一点对掌握数学概念是很重要的.

现在讨论微分结构的概念. 一个流形在每一点 $p \in M$ 局部同胚于 R^n 的方式有无穷多. 令 $U, V \subset M$ 是 x 在 M 中的两个邻域, $\varphi : U \to R^n$ 和 $\psi : V \to R^n$ 是同胚, 则微分的概念对下面函数有意义:

$$\begin{aligned} &\psi \circ \psi^{-1} : \Omega_1 \to R^n, \quad \Omega_1 = \varphi(U \cap V) \subset R^n, \\ &\varphi \circ \psi^{-1} : \Omega_2 \to R^n, \quad \Omega_2 = \psi(U \cap V) \subset R^n. \end{aligned} \tag{1.1.2}$$

当赋予 M 在点 p 的所有局部坐标产生的变换函数 (1.1.2) 都是可微时, 那么 M 在 p 点的局部图像表示就如图 1.11(a) 那样, 若变换函数 (1.1.2) 仅仅是连续但不可微时, 那么局部图像表示就如图 1.11(b).

由此可见, 流形是可赋予局部坐标的拓扑空间, 但是赋予局部坐标的方式是另一个概念. 赋予的方式不同就产生不同的光滑状况. 将这种局部行为推广到全局就

得到流形微分结构的概念. 下面从数学上给出严格的定义.

称两个坐标系 (U,φ) 和 (V,ψ) 是 C^r 相容的, 若 $U\cap V=\varnothing$, 或者当 $U\cap V\neq\varnothing$ 时, 变换函数 (1.1.2) 都是 C^r(r 次连续可微) 的.

定义 1.4　令 M 是一个 n 维流形. 若在 M 上给定一个坐标系集 $\mathcal{A}=\{(U_\alpha,\varphi_\alpha),\ \alpha\in I\}$ 满足下面条件, 则称 $\mathcal{A}$ 是 M 的一个 C^r 微分结构.

(1) $\{U_\alpha|\alpha\in I\}$ 是 M 的一个开覆盖, 即 $\bigcup\limits_{\alpha\in I}U_\alpha=M$;

(2) 属于 $\mathcal{A}$ 的任两个坐标系都是 C^r 相容的;

(3) $\mathcal{A}$ 是极大的, 即对于 M 的任一坐标系 (U,φ), 若它与属于 $\mathcal{A}$ 的每一个坐标系都是 C^r 相容的, 那么它必属于 $\mathcal{A}$.

对于 M 的一个 C^r 微分结构 $\mathcal{A}$, 每个坐标系 $(U,\varphi)\in\mathcal{A}$ 都称为 M 的一个 C^r 坐标系, 而 $(M,\mathcal{A})$ 称为 C^r 流形, 而 C^∞ 流形就简称为微分流形. 有了微分结构概念后, 我们就可以定义流形之间 C^r 映射的概念.

定义 1.5　设 M 和 N 分别为 n 维和 k 维 C^r 流形, $f:M\to N$ 是一个连续映射. 若在点 $p\in M$, 存在一个 p 点的 C^r 坐标系 (U,φ) 及 $f(p)\in N$ 的一个 C^r 坐标系 (V,ψ), 使得

$$\psi\circ f\circ\varphi^{-1}:\ R^n\to R^k$$

在点 $\varphi(p)\in R^n$ 是 C^r 的, 则称 f 在 p 点是 C^r 的. 若 f 在每一点 $p\in M$ 都是 C^r 的, 则称 $f:M\to N$ 是一个 C^r 映射. 特别地, 若 $N=R^1$ 则 f 称为 C^r 函数.

若 $\dim M=\dim N$, 并且 $f:M\to N$ 是同胚, 当 f 和 f^{-1} 都是 C^∞ 映射时, 称 $f:M\to N$ 是微分同胚. 两个微分流形 M 和 N 是微分同胚的, 则称 M 与 N 的微分结构是同构的.

这里需要提一下, Milnor 在 1956 年给出一个著名的例子[24], 表明存在一个 C^∞ 的 7 维球面 Σ^7 与通常球面 S^7 同胚, 但不是微分同胚, 即 Σ^7 与 S^7 具有不同构的微分结构. 此外, 在 20 世纪 80 年代初, Donaldson 发现了与 R^4 同胚但不是微分同胚的 C^∞ 流形. 后来发现, 只有 R^4 具有这种性质.

1.1.4　切空间与切映射

物理学中, 大量的研究对象都是定义在流形的切空间上. 例如, 大气与海洋流体的速度场是定义在球面 S^2 的切平面中. 宇宙的引力场和电磁场是定义在四维时空的切空间中. 因而流形的切空间是几何学与拓扑学中最重要的概念之一.

流形切空间概念是曲线的切线与曲面的切平面概念在一般流形上的推广. 下面先来考察曲面切平面的特征.

在图 1.12 中, γ 是曲面 M 上一条过 p 点的光滑曲线, 即 $\gamma\in C^\infty(R^1,M)$, $\gamma(0)=p$, T_pM 记为 M 在 p 点的切平面. 我们知道

$$\frac{d\gamma(0)}{dt}\in T_pM.$$

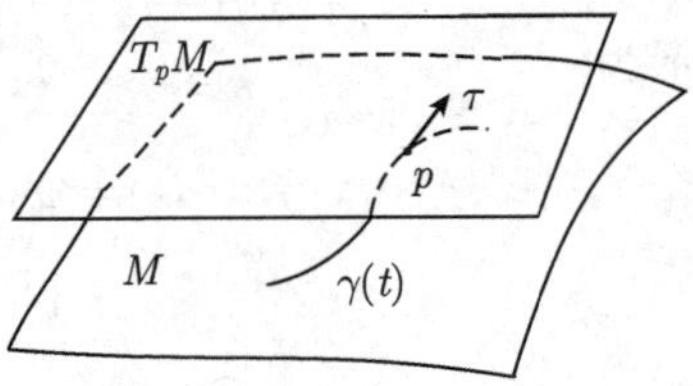

图 1.12

反过来, 对任何一个切向量 $\tau\in T_pM$, 存在一条曲线 $\gamma\in C^\infty(R^1,M)$, $\gamma(0)=p$ 使得 $d\gamma(0)/dt=\tau$. 因此, 曲面 M 在点 p 的切空间 T_pM 是 M 上所有过点 p 的光滑曲线在 p 的切向量集合. 这一性质适用于一般流形切空间的定义.

定义 1.6 令 M 是一个 n 维流形. M 在点 p 的切空间定义为

$$T_pM=\left\{\left.\frac{d\gamma(0)}{dt}\right|\ \gamma\in C^\infty(R^1,M),\ \gamma(0)=p\in M\right\}. \tag{1.1.3}$$

切空间 T_pM 中的元素称为 M 在 p 点的切向量.

下面解释切空间 (1.1.3) 的几何意义. 事实上, 过点 p 的任一条曲线 $\gamma\in C^\infty(R^1, M)$, 其微分

$$d\gamma\simeq\Delta\gamma=\gamma(\Delta t)-\gamma(0)$$

是 γ 在 p 点的一个无穷小直线段 (向量), 而 $d\gamma(0)/dt$ 的意义就是将无穷小直线段 $\Delta\gamma$ 乘上一个无穷大的实数因子 Δt^{-1}(Δt 为无穷小). 因此, 切空间 (1.1.3) 实质上就是将 M 在点 p 的无穷小邻域 (它是一个平直的无穷小 n 维向量空间) 进行无穷大的线性扩张所产生的空间.

定义了切空间的概念, 我们自然要引出切映射的定义. 令 M 和 N 是两个 C^r 流形, $\dim M=n$, $\dim N=k$, $f:M\to N$ 是一个 C^r 映射. 令 $p\in M, f(p)=q\in N$, 则 f 可诱导出一个切映射

$$Df_p:\ T_pM\to T_qN \tag{1.1.4}$$

如下. 对任 $\tau\in T_pM$ 取 $\gamma\in C^r(R^1,M)$, $\gamma(0)=p$, $d\gamma(0)/dt=\tau$, 有

$$\frac{d}{dt}f\circ\gamma(0)\in T_qN,\quad f\circ\gamma(t)\in C^r(R^1,N).$$

然后定义切映射 (1.1.4) 为 $Df_p\tau=df\circ\gamma(0)/dt$.

从切映射的定义可清楚地看到 f 的切映射的几何意义: f 映 M 上过点 p 的曲线 γ 到 N 上过 q 点的曲线 $f\circ\gamma$, 而切映射 Df 则将 γ 在 p 点的切向量 τ 映为 $f\circ\gamma$ 在 q 点的切向量. 下面将切向量和切映射用局部坐标表达出来. 令 (U,φ) 和 (V,ψ) 分别为 M 在 p 点和 N 在 q 点的 C^r 坐标系, 则 M 上过点 p 的曲线 $\gamma(t)$ 和切向量 $\tau=d\gamma(0)/dt$ 可表示为

$$\begin{aligned}\varphi\circ\gamma(t)&=\{x_1(t),\cdots,x_n(t)\},\\ \tau&=\frac{dx(0)}{dt}=\{x_1'(0),\cdots,x_n'(0)\},\end{aligned} \tag{1.1.5}$$

这里 $x_i'(0)=\tau_i$ 是切向量 τ 在 x_i 方向的分量. 而曲线 $f\circ\gamma(t)$ 和切向量 $Df_p\tau$ 可表示为

$$\begin{aligned} f\circ\gamma(t) &= \psi\circ f\circ\varphi^{-1}(\varphi\circ\gamma(t)) \\ &= \{F_1(x(t)),\cdots,F_n(x(t))\}, \end{aligned} \tag{1.1.6}$$

$$\begin{aligned} Df_p\tau &= \frac{d}{dt}f\circ\gamma(0) \\ &= \left\{\frac{d}{dt}F_1(x(t)),\cdots,\frac{d}{dt}F_n(x(t))\right\}\Big|_{t=0} \\ &= \left(\frac{\partial F_i(x(0))}{\partial x_j}\right)\begin{pmatrix} x_1'(0) \\ \vdots \\ x_n'(0)\end{pmatrix} \\ &= \left(\frac{\partial F_i(p)}{\partial x_j}\right)\tau, \end{aligned} \tag{1.1.7}$$

这里 $F=\psi\circ f\circ\varphi^{-1}:\varphi(U\cap V)\to R^k$, $(\partial F_i/\partial x_j)$ 是 F 的 Jacobi 矩阵. 因此在局部坐标系下, f 的函数表示为 (1.1.6) 的函数 F, 切映射 Df_p 由 F 的 Jacobi 矩阵 DF 来表示.

1.1.5　流形的定向

经验告诉我们, 当置一面镜子在 R^3 中时, 镜子内有一个 R^3 的像空间, 称为镜像空间, 它仍然是一个 R^3 空间. 但是镜像空间中的人与现实中的人有一个重要区别, 那就是镜中人的心脏在右边而不是在左边. 用数学语言说就是镜像空间与现实空间有一个不同的定向.

我们从数学上分析这一现象. 令 (x_1,x_2) 是定义在镜子平面上的坐标, x_3 轴是垂直于镜子面的. R^3 中的坐标系 $\{x_1,x_2,x_3\}$ 在镜子的照射下变为镜像空间中的坐标系 $\{x_1',x_2',x_3'\}$, 这两个坐标系变换关系为

$$x_1'=x_1,\quad x_2'=x_2,\quad x_3'=-x_3,$$

或者说 $x'=Ax$, 其中 A 是矩阵

$$A=\begin{pmatrix} 1 & 0 & 0 \\ 0 & 1 & 0 \\ 0 & 0 & -1\end{pmatrix}.$$

我们注意到, 变换矩阵 A 的行列式 $\det A=-1$ 是一个负值. 这就是空间变换后定向发生变化的基本数学特征. 换句话说, 两个不同定向的 n 维欧氏空间之间的变换矩阵的行列式一定取负值. 从这里我们引出 R^n 空间 (或 n 维方体) 的定向概念.

定义 1.7 R^n 中有一个定向, 它是由 R^n 中坐标系族来确定的, 即给定 R^n 的一个基底 $e=\{e_1,\cdots,e_n\}$, 并令其为 R^n 的一个正定向, 则一切基底 $e'=\{e'_1,\cdots,e'_n\}$ 与 e 之间有一个变换关系

$$e'=Ae,\quad A \text{ 为 } n \text{ 阶非奇异矩阵}.$$

若行列式 $\det A>0$, 则 e' 代表 R^n 的正定向, 当 $\det A<0$ 则 e' 代表负定向, 即 R^n 中有两大类坐标系, 以相互之间变换矩阵行列式的正负来区分. 当取一类坐标系为 R^n 正定向时, 另一类坐标系就定义为负定向.

从直观上讲, 当我们在 R^{n+1} 中观察 R^n 时, R^n 有两个面, 一个是正面 $(x_{n+1}>0)$, 另一个是负面 $(x_{n+1}<0)$, 见图 1.13 所示. 当在 R^n 的上表面采用 e 作基底时, 从下表面看 e 变为 e', 而变换矩阵 A 的行列式为负值. 因此 R^n 的正面为正定向时, 背面就为负定向.

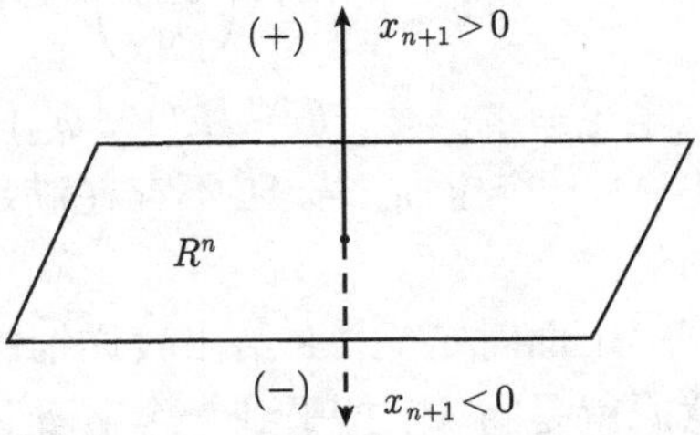

图 1.13 R^n 的上表面为正定向 (+), 则下表面为负定向 (−)

定向的概念能够被推广到某些流形上. 例如, 在一个圆柱面上存在一个内法方向和一个外法方向, 即存在内外两面, 这就给出两个定向, 见图 1.14(a). 但是存在一类流形, 在它们上面不能定义定向的概念. 例如, 图 1.14(b) 给出的 Möbius 带就是不可定向的, 在其上不存在两个不同的面.

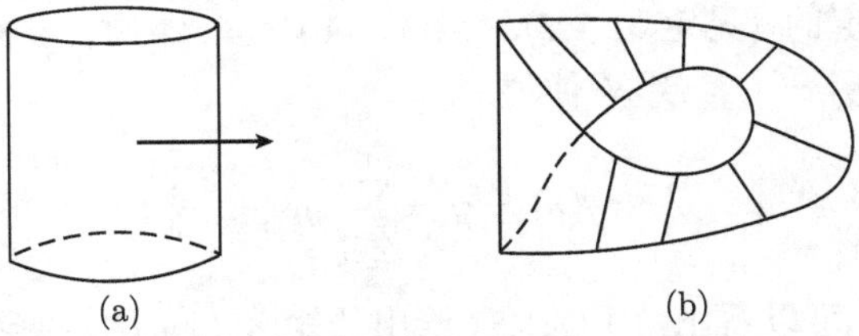

图 1.14 (a) 一个圆柱面, $\vec{n}$ 为外法向量; (b)Möbius 带

这一事实表明, 流形可分为两大类, 一类是可定向的, 另一类是不可定向的. 例如球面和轮胎面是可定向的流形, 它们将 R^3 分为内外两个部分. 而 Klein 瓶和二维实投影空间都属于不可定向流形.

在可定向的流形上如何定义定向概念呢? 在定义 1.7 中我们注意到 R^n 的定向是由它的基底类来定义, 其类别由基底之间变换矩阵行列式的符号来确定. 将这种观点推广到流形上时就是用流形的局部坐标系类来确定流形的定向. 此时, 每个坐标系局部地在每一点切空间上提供了一个基底. 坐标系的变换造成切空间基底的

变换, 其变换矩阵就是坐标变换的 Jacobi 矩阵, 它的行列式值符号给出坐标系的类别, 即定向.

如果上述解说较为粗略, 那么我们先给出流形定向的严格定义, 然后再从定义出发给出较细致的说明.

定义 1.8 令 M 是一个 n 维流形. M 称为可定向的, 如果存在一个 M 的一个坐标系覆盖 $\Phi=\{(V_\alpha,\varphi_\alpha)|\ \alpha\in I\}$ 使得

$$\det\left(\frac{\partial y_i}{\partial x_j}\right)>0,\quad 在\ V_\alpha\cap V_\beta\neq\varnothing,\quad \forall\alpha,\beta\in I, \tag{1.1.8}$$

这里 $y=\varphi_\beta\circ\varphi_\alpha^{-1}(x)$ 为 $(V_\alpha,\varphi_\alpha)$ 到 (V_β,φ_β) 的坐标变换. 此时该坐标系覆盖 Φ 给出 M 一个定向. 若 M 不存在满足条件 (1.1.8) 的坐标系覆盖, 则 M 称为是不可定向的.

下面对定义 1.8 给出较详细的解释. 我们知道, M 的局部坐标 $(V_\alpha,\varphi_\alpha)$ 的直观意思就是将 V_α 拉平到一个 n 维欧氏空间上, $\varphi_\alpha(V_\alpha)=R^n$. 令 $e=\{e_1,\cdots,e_n\}$ 为 R^n 的一个基底, 则 $p\in V_\alpha$ 可表达为

$$\varphi_\alpha(p)=x=\sum_{i=1}^n x_ie_i.$$

由 (1.1.5) 可知, e 也是 $p\in V_\alpha$ 处切空间 T_pM 的基, 即

$$\tau=\sum_{i=1}^n x_i'e_i=\{x_1',\cdots,x_n'\}.$$

换句话说, $\varphi_\alpha(V_\alpha)=R^n$ 上的定向就是所有 $p\in V_\alpha$ 上切空间 T_pM 的定向, 它是由基底类 $[e]$ 确定的 (见定义 1.7). 当 $V_\alpha\cap V_\beta\neq\varnothing$ 时, 坐标系 (V_β,φ_β) 给出 $T_pM(p\in V_\alpha\cap V_\beta)$ 另一个基底 e' 使得

$$\varphi_\beta(p)=y=\sum_{i=1}^n y_ie_i'.$$

由 (1.1.6) 和 (1.1.7) 可以看出, 由 (1.1.8) 给出的矩阵 $(\partial y_i/\partial x_j)$ 是恒等映射 $f=id:M\to M$ 关于坐标变换 $y=\varphi_\beta\cdot\varphi_\alpha^{-1}(x)$ 的切映射, 因而也是两个不同基底 e 和 e' 之间的变换. 这样, 满足条件 (1.1.8) 的坐标系覆盖 Φ 所给的 M 定向在本质上与定义 1.7 是一致的.

1.1.6 数学中的一些重要流形

数学中有一些特殊流形, 了解和把握它们将对理解和掌握拓扑及几何学起到重要作用. 当然, 最重要的流形就是前面曾提到和介绍过的欧氏空间 R^n、球面 S^n 和二维紧流形, 这是因为在某种程度上我们能够“看到”它们. 这一节要介绍的是那些看不见但具有独特意义的流形.

1. 实投影空间 P^n.

所谓实投影空间 P^n, 就是将 R^{n+1} 中每一个过原点的直线视为一点所得的商空间, 它可表示为

$$\begin{aligned} P^n &= R^{n+1}/\{x \sim \lambda x,\ \lambda \in R,\ x \neq 0\} \\ &= \{[x] = [\lambda x] |\ x \in R^{n+1},\ \lambda \in R,\ x \neq 0,\ \lambda \neq 0\}. \end{aligned} \tag{1.1.9}$$

定义 (1.1.9) 也可等价地说 P^n 是将 n 维球面 S^n 的对径点等同起来所得的商空间, 其等价的表示为

$$P^n = S^n/\{x \sim (-x)\} = \{[x] = [-x] |\ x \in S^n\}. \tag{1.1.10}$$

实投影空间 P^n 也可从另一种方式得到. 一个 n 维圆盘 (实心球体)D^n, 其边界 $\partial D^n = S^{n-1}$ 是一个 $n-1$ 维球面. 则 P^n 也可看成是将 D^n 边界的对径点等同为一点所得到的商空间:

$$P^n = D^n/[x \sim (-x),\ \forall x \in \partial D^n]. \tag{1.1.11}$$

上述三种表达式 (1.1.9)~(1.1.11) 是对 P^n 进行三种不同形式的等价定义, 它有利于我们从不同侧面去理解 P^n. 从 (1.1.10) 和 (1.1.11) 可立刻看出, D^n 的边界 S^{n-1} 按对径点粘接可得到一个 P^{n-1}, 这样便得包含关系 $P^{n-1} \subset P^n$. 由此递推便可得到下面包含序列:

$$P^1 \subset \cdots \subset P^{k-1} \subset P^k \subset \cdots \subset P^n. \tag{1.1.12}$$

关系式 (1.1.12) 对理解实投影空间的拓扑结构起到关键作用, 它对理解向量丛上的示性类理论也具有典型意义. 显然 $P^1 = S^1$.

另一方面, P^n 是将实心球体 D^n 的边界按对径映射 $f: S^{n-1} \to S^{n-1}$ 进行粘接而成, 这里

$$f(x) = -x, \quad \forall x \in \partial D^n = S^{n-1}. \tag{1.1.13}$$

从最简单的情况看, 映射 (1.1.13) 将 S^1 逆时针的旋转映到 S^1 的逆时针旋转, 即当 x 沿 S^1 逆时针变动时, 其像 $f(x) = -x$ 也是沿 S^1 的逆时针方向变动. 因此 $f: S^1 \to S^1$ 是保定向的. 而考察 $f: S^2 \to S^2$ 时, 我们发现 f 将 $x \in S^2$ 的外法方向映到 $-x \in S^2$ 的内法方向, 即分别从 x 和 $-x$ 的外法方向看, f 将绕 x 的右手螺旋映到绕 $-x$ 的左手螺旋方向, 见图 1.15 所示. 因此, $f: S^2 \to S^2$ 是反定向的.

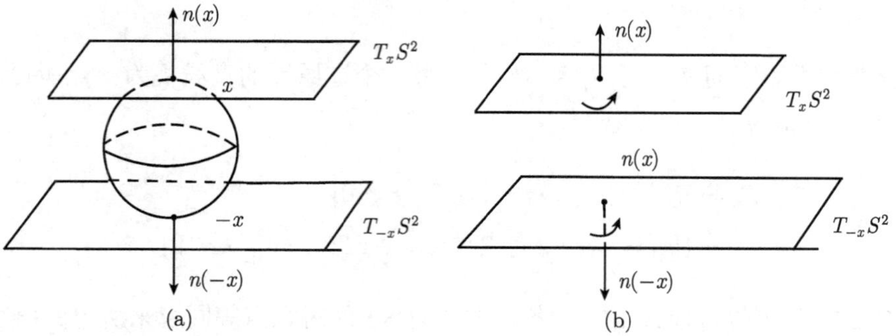

图 1.15　(a) 切平面 T_xS^2 与 $T_{-x}S^2$ 平行; (b) 当 p 在 S^2 上绕 $n(x)$ 右手旋转变动时, 其像 $f(p)=-p$ 在 S^2 上绕 $n(-x)$ 左手旋转变动

采用类似的方法考察 n 维映射 (1.1.13). 可以看到, 切空间 T_xS^n 与 $T_{-x}S^n$ 是平行的. 当分别从 x 和 $-x$ 的外法方向看时, Df 将 T_xS^n 的基底 $e=\{e_1,\cdots,e_n\}$ 映到 $T_{-x}S^n$ 的基底 $\{e_1,-e_2,\cdots,-e_n\}$, 即

$$Df\cdot e=A\cdot(-I)e, \tag{1.1.14}$$

其中 I 为恒等矩阵, 而

$$A=\begin{pmatrix} -1 & 0 & \cdots & 0 \\ 0 & 1 & \cdots & 0 \\ \vdots & \vdots & & \vdots \\ 0 & 0 & \cdots & 1 \end{pmatrix}$$

是从 $T_{-x}S^n$ 的内法方向到外法方向 (即 D^n 在 $-x$ 的内表面到外表面) 为变换矩阵. 因此从 (1.1.14) 可知, (1.1.13) 的切映射行列式满足

$$\det Df(x)\begin{cases} >0, & \text{当 } n=\text{偶数}, \\ <0, & \text{当 } n=\text{奇数}. \end{cases}$$

这说明由 (1.1.13) 定义的映射

$$f:S^{n-1}\to S^{n-1}\quad\begin{cases} \text{保定向}, & \text{当 } n=\text{偶数}, \\ \text{反定向}, & \text{当 } n=\text{奇数}. \end{cases} \tag{1.1.15}$$

此外, 当 f 是保定向时, D^n 按 f 进行粘接就将 $x\in\partial D^n$ 的外法向变为 $-x\in\partial D^n$ 的外法向, 这表明粘接空间是不可定向的. 而当 f 是反定向时, 其粘接就将 $x\in\partial D^n$ 的外法向变为 $-x\in\partial D^n$ 的内法向, 此时粘接空间是可定向的. 这样, 从 (1.1.15) 可知

$$P^n\quad\begin{cases} \text{可定向}, & \text{当 } n=\text{奇数}, \\ \text{不可定向}, & \text{当 } n=\text{偶数}. \end{cases} \tag{1.1.16}$$

实投影空间 P^n 是一个 n 维紧流形.

2. 复投影空间 $\mathbb{C}P^n$.

复投影空间 $\mathbb{C}P^n$ 是将 $\mathbb{C}^{n+1}$ 中每一个经过原点 $z=0$ 的复直线 (是一个实平面) 视为一点所得商空间, 即

$$\mathbb{C}P^n = \mathbb{C}^{n+1}/\{z \sim \lambda z,\ \lambda \in \mathbb{C}-\{0\},\ z \neq 0\}. \tag{1.1.17}$$

从 (1.1.17) 也可得 $\mathbb{C}P^n$ 的第二种定义. 下面的集合

$$\Gamma^n = \{z \in \mathbb{C}^{n+1} |\ |z|^2 = 1\}$$

称为 $\mathbb{C}^{n+1}$ 中的 n 维复球面, 显然, 它与实的 $2n+1$ 维球面 S^{2n+1} 是同胚的. 容易看出, 对任一点 $z \in \mathbb{C}^{n+1}$, 集合

$$\Gamma_z^0 = \{\lambda z |\ \lambda \in \mathbb{C}^1,\ |\lambda| = 1\}$$

是复球面 $\Gamma^n (\simeq S^{2n+1})$ 上的一个大圆周, 称为 Γ^n 上过 z 点的复圆周. 那么定义 (1.1.17) 也可等价地说 $\mathbb{C}P^n$ 是将 n 维复球面 Γ^n 上每一个复圆周视为一点所得商空间, 它可表达为

$$\begin{aligned}\mathbb{C}P^n &= \Gamma^n/\Gamma_z^0 \\ &= \{[z] = [\lambda z] |\ z \in \Gamma^n,\ \lambda \in \mathbb{C},\ |\lambda| = 1\}.\end{aligned} \tag{1.1.18}$$

从 (1.1.18) 可看出 $\mathbb{C}P^n$ 是一个 $2n$ 维紧流形.

根据 (1.1.17), $\mathbb{C}P^n$ 可分解为两个不交部分:

$$\begin{aligned}\mathbb{C}P^n &= U_0 + U_1, \\ U_0 &= \{[0, z_1, \cdots, z_n] |\ (z_1, \cdots, z_n) \in \mathbb{C}^n\}, \\ U_1 &= \{[z_0, z_1, \cdots, z_n] |\ z_0 \neq 0,\ (z_1, \cdots, z_n) \in \mathbb{C}^n\}.\end{aligned} \tag{1.1.19}$$

作映射

$$\begin{aligned}&\varphi:\ U_1 \to \mathbb{C}^n, \\ &[z_0, z_1, \cdots, z_n] \mapsto \left(\frac{z_1}{z_0}, \cdots, \frac{z_n}{z_0}\right).\end{aligned} \tag{1.1.20}$$

显然映射 (1.1.20) 是一个同胚. 而 U_0 同胚于 $\mathbb{C}P^{n-1}$, 因此从 (1.1.19) 可得

$$\mathbb{C}P^n = \mathbb{C}^n + \mathbb{C}P^{n-1}, \tag{1.1.21}$$

即 $\mathbb{C}P^n$ 是 n 维复平面 $\mathbb{C}^n$ 与无穷远处再加上 $\mathbb{C}P^{n-1}$ 的并集. 当 $n=1$ 时, $\mathbb{C}P^0=\{\infty\}$ 为无穷远点, 因此从 (1.1.21) 可知 $\mathbb{C}P^1$ 是 Riemann 球面 S^2.

因为 $\mathbb{C}^n$ 与复开盘 $\{z\in\mathbb{C}^n|\ |z|<1\}$ 是同胚的, 而在 (1.1.19) 中的 U_0 可看成是复开盘边界 $\Gamma^{n-1}(\simeq S^{2n-1})$ 按 (1.1.18) 方式作的商空间. 因此从拓扑的观点, (1.1.21) 也等价于将 $\mathbb{C}P^n$ 看作是复球体 $\mathbb{C}B^n=\{z\in\mathbb{C}^n|\ |z|\leqslant 1\}$ 在其边界 $\Gamma^{n-1}=\partial\mathbb{C}B^n$ 上将每个复圆周视为一点所作的商空间, 其表达为

$$\mathbb{C}P^n=\mathbb{C}B^n/\{\Gamma_z^0,\ z\in\partial\mathbb{C}B^n\}. \tag{1.1.22}$$

复投影空间的 (1.1.22) 定义方式与实投影空间的 (1.1.11) 定义方式是类似的. 这种表达式对于理解投影空间的拓扑结构是非常有用的. 从这里可以看出它们的交叉丛结构 (见 2.1 节).

类似于 P^n 空间的性质 (1.1.12), 从 (1.1.21)(或 (1.1.22)) 可得

$$\mathbb{C}P^1\subset\mathbb{C}P^2\subset\cdots\subset\mathbb{C}P^n. \tag{1.1.23}$$

复投影空间 $\mathbb{C}P^n$ 是一个 $2n$ 维复流形, 因而是可定向紧流形.

3. 经典 Lie 群

在数学中有一类流形很重要, 称为 Lie 群. 这类流形的基本特征就是它们同时具有光滑流形与群的结构, 并且这两种结构能够有机地结合在一起, 使得群的乘积运算构成流形上的光滑映射. 正是这一点使得 Lie 群具有丰富的内容, 在代数、拓扑与几何中成为中心的研究对象之一, 并且在物理与力学中都占有重要地位. Lie 群的严格定义为: M 称为是一个 n 维 Lie 群, 若它满足下面三个性质:

(1) M 是一个群;

(2) M 是一个 n 维光滑流形;

(3) 乘法运算 $\varphi: M\times M\to M$, $\varphi(\alpha_1,\alpha_2)=\alpha_1\cdot\alpha_2$ 和逆运算 $\psi: M\to M$, $\psi(\alpha)=\alpha^{-1}$ 都是光滑映射.

这里, 我们并不关心一般的 Lie 群, 而是介绍一些具有特殊意义的矩阵群, 它们都是一般线性群 $GL(E^n)$ 中的子群.

令 E^n 代表 E 上的 n 维线性空间, 这里 E 是实数域 R、复数域 $\mathbb{C}$ 和四元数空间 H 中的一个, 即 E^n= 空间 $R^n,\mathbb{C}^n,H^n$ 中的一个. E^n 上的一般线性群 $GL(E^n)$ 定义为

$$\begin{aligned}GL(E^n)&=\{A:E^n\to E^n|\ A\text{为线性同构}\}\\&=\{E\text{上所有}n\times n\text{非奇矩阵}A:\ \det A\neq 0\}.\end{aligned} \tag{1.1.24}$$

容易看出 E 上所有 $n\times n$ 矩阵集 $M(E^n)$ 是一个与 E^{n^2} 同构的线性空间. 显然, $GL(E^n)\subset M(E^n)$ 是一个子群, 并且是开子集. 因此 $GL(E^n)$ 是 E^{n^2} 中的一个开子流形, 并且是一个非紧 Lie 群, $\dim GL(E^n)=\dim E^{n^2}$.

在一般线性群 $GL(E^n)$ 中, 人们最关心的子群就是 E^n 上的保距变换群, 记为 $J(E^n)$. 为了定义 $J(E^n)$ 群, 我们回顾 E^n 上的内积结构. 令 $u,v\in E^n$, 则 u 与 v 在 E^n 中的内积定义为

$$\langle u,v\rangle_{E^n}=\sum_{j=1}^{n}x_j\bar{y}_j,\quad u=(x_1,\cdots,x_n),\quad v=(y_1,\cdots,y_n),\tag{1.1.25}$$

其中 $\bar{x}$ 表示 x 的共轭元. 对 $x\in R$ 有 $\bar{x}=x$. 对 $x=\alpha_1+i\alpha_2\in\mathbb{C}$ 有 $\bar{x}=\alpha_1-i\alpha_2$. 对 $x=\alpha_1+i\alpha_2+j\alpha_3+k\alpha_4\in H$ 有 $\bar{x}=\alpha_1-i\alpha_2-j\alpha_3-k\alpha_4$. 特别地, 对四元数中的 i,j,k 有如下乘法规则:

$$i^2=-1,\quad j^2=-1,\quad k^2=-1,$$

$$i\cdot j=-j\cdot i=k,\quad i\cdot k=-k\cdot i=-j,\quad j\cdot k=-k\cdot j=i.$$

从这里容易看出, 对任四元数 $x=\alpha_1+i\alpha_2+j\alpha_3+k\alpha_4$ 和 $y=\beta_1+i\beta_2+j\beta_3+k\beta_4$, 有

$$\begin{aligned}x\cdot\bar{x}=&\alpha_1^2+\alpha_2^2+\alpha_3^2+\alpha_4^2,\\ x\cdot\bar{y}=&(\alpha_1\beta_1+\alpha_2\beta_2+\alpha_3\beta_3+\alpha_4\beta_4)\\ &+(-\alpha_1\beta_2+\alpha_2\beta_1-\alpha_3\beta_4+\alpha_4\beta_3)i\\ &+(-\alpha_1\beta_3+\alpha_3\beta_1+\alpha_2\beta_4-\alpha_4\beta_2)j\\ &+(-\alpha_1\beta_4+\alpha_4\beta_1+\alpha_3\beta_2-\alpha_2\beta_3)k.\end{aligned}$$

从 (1.1.25) 可以看出, $\|x\|=\sqrt{\langle x,x\rangle_{E^n}}$ 就是 E^n 上的范数.

现在可以定义 E^n 上保距变换群 $J(E^n)$ 如下.

定义 1.9 E^n 中保距变换群是 $GL(E^n)$ 中的子群, 其元素 $A\in J(E^n)$ 满足下面保内积的条件:

$$\langle Au,Av\rangle_{E^n}=\langle u,v\rangle_{E^n},\quad\forall u,v\in E^n.\tag{1.1.26}$$

由于内积 (1.1.25) 可诱导出 E^n 的距离, 因此满足 (1.1.26) 的线性变换 $A:E^n\to E^n$ 是保 E^n 中距离不变的.

当 $E^n=R^n$ 时, $J(R^n)$ 称为正交群, 记为 $O(n)$, 其元素就是 $n\times n$ 阶实的正交矩阵, 即 $O(n)$ 又可定义为

$$O(n)=\{A\in GL(R^n)|\ A\cdot A^{\mathrm{T}}=I\ \text{为恒等矩阵}\},\tag{1.1.27}$$

其中 A^{T} 为 A 的转置矩阵. 在 $O(n)$ 中所有满足行列式 $\det A=1$ 的矩阵构成 $O(n)$ 中的一个子群, 称为特殊正交群, 记为

$$SO(n)=\{A\in O(n)|\ \det A=1\}. \tag{1.1.28}$$

当 $E^n=\mathbb{C}^n$ 时, $J(\mathbb{C}^n)$ 称为 U 群, 记为 $U(n)$, 其元素是复数域上的 $n\times n$ 阶复正交矩阵, 即

$$U(n)=\{A\in GL(\mathbb{C}^n)|\ A\cdot A^*=I\}, \tag{1.1.29}$$

其中 $A^*=\overline{A^{\mathrm{T}}}$ 为 A 的转置再取共轭. 同样地, 在 $U(n)$ 中所有满足 $\det A=1$ 的矩阵形成 $U(n)$ 的一个子群, 称为特殊 U 群, 记为

$$SU(n)=\{A\in U(n)|\ \det A=1\}. \tag{1.1.30}$$

最后, 当 $E^n=H^n$ 时 $J(H^n)$ 称为辛群, 记为 $S_p(n)$, 它也可表达为

$$S_p(n)=\{A\in GL(H^n)|\ A\cdot A^*=I\}. \tag{1.1.31}$$

由 (1.1.27)~(1.1.31) 给出的所有群都是紧 Lie 群. 也就是说, 作为流形它们都是紧的. 这是因为对 $A\in J(E^n)$, 有

$$A\cdot A^*=I,\quad A=(a_{ij}),\quad A^*=(\bar{a}_{ij})^{\mathrm{T}},\quad a_{ij}\in E.$$

这意味着

$$\sum_{j=1}^{n}|a_{ij}|^2=1,\quad \forall 1\leqslant i\leqslant n,$$

即 $|a_{ij}|\leqslant 1$ 对所有 $1\leqslant i,\ j\leqslant n$. 这说明 $J(E^n)$ 是嵌入到 $M=E^{n^2}$ 的单位方体 $I^{n^2}=\{(x_1,\cdots,x_{n^2})\in E^{n^2}|\ |x_j|\leqslant 1,\ 1\leqslant j\leqslant n^2\}$ 中. 因此 $J(E^n)$ 是紧的. 事实上, $J(E^n)$ 也是可定向的.

正交群 $O(n)$ 有两个连通分支

$$O(n)=SO(n)\cup\tilde{O}(n),$$
$$\tilde{O}(n)=\{A\in O(n)|\ \det A=-1\}.$$

显然 $\tilde{O}(n)$ 不是 $O(n)$ 的子群, 因为对任 $A,B\in\tilde{O}(n)$, $\det A\cdot B=\det A\times\det B=1$, 即 $A\cdot B\notin\tilde{O}(n)$. 但是作为子流形 $\tilde{O}(n)$ 与 $SO(n)$ 是同胚的. 其他保距变换群 $SO(n)$, $U(n)$, $SU(n)$ 和 $S_p(n)$ 都是连通可定向紧流形.

保距变换群 $J(E^n)$ 的流形维数是由它们的 Lie 群结构所确定, 或者说由它们在单位元的切空间来定出. 令 $e=I\in J(E^n)$ 是单位矩阵, 它也是流形上一点. 我们知道, e 点处的切空间 $T_eJ(E^n)$ 维数与 $J(E^n)$ 的流形维数相等：

$$\dim T_eJ(E^n)=\dim J(E^n). \tag{1.1.32}$$

令 $\tilde{X}$ 是 $J(E^n)$ 上一个向量场, $A(t) \in J(E^n)$ 是 $\tilde{X}$ 的轨道, 即

$$\begin{cases} \dfrac{dA(t)}{dt} = \tilde{X}, \\ A(0) = I, \quad I = e, \end{cases}$$

则当 $\tau =$ 无穷小时, $A(\tau)$ 可表达为

$$A(\tau) = I + \tau X, \tag{1.1.33}$$

这里 $X = \tilde{X}(e) \in T_e J(E^n)$. 表达式 (1.1.33) 表明切向量 X 也是 E 上的一个 $n \times n$ 阶矩阵. 由 (1.1.33) 及 $A(\tau) \cdot A^*(\tau) = I$ 可得

$$(I + \tau X)(I + \tau X^*) = I.$$

因为 τ 为无穷小, 上式意味着

$$X + X^* = 0.$$

因此切空间

$$T_e J(E^n) = \{A \in M(E^n) | \ A + A^* = 0\}. \tag{1.1.34}$$

从 (1.1.34) 可以看出, 当 $E = R$ 时 $T_e J(R^n) = T_e O(n)$ 是反对称矩阵集合, 故

$$\text{dim} T_e O(n) = \frac{1}{2} n(n-1).$$

当 $E = \mathbb{C}$ 时 $A \in T_e U(n) \Leftrightarrow A = -A^*$, 即矩阵元 $a_{ij} = -\bar{a}_{ji}$, 其对角元 a_{ii} 为纯虚数, 故

$$\dim T_e U(n) = n + 2 \times \frac{n(n-1)}{2} = n^2.$$

同理可知, 当 $E = H$ 时

$$\dim T_e S_p(n) = 3n + 4 \times \frac{n(n-1)}{2} = 2n^2 + n.$$

这样, 从 (1.1.32) 便得到

$$\begin{aligned} &\dim O(n) = \dim SO(n) = \frac{n(n-1)}{2}, \\ &\dim U(n) = n^2, \\ &\dim SU(n) = n^2 - 1, \\ &\dim S_p(n) = 2n^2 + n. \end{aligned} \tag{1.1.35}$$

向量空间 E^n 有一个包含关系

$$E^1 \subset E^2 \subset \cdots \subset E^k \subset E^{k+1} \subset \cdots.$$

该包含关系可诱导出 E 域上的无穷维空间

$$E^\infty = \bigcup_{n\geqslant 1} E^n.$$

这个向量空间存在一个由每个 E^k 诱导的内积结构. 在另一方面, 保距变换群也存在一个自然的包含关系

$$J(E^n) \subset J(E^{n+1}),$$

是按如下意义：$A_n \in J(E^n)$, 则

$$\begin{pmatrix} A_n & 0 \\ 0 & 1 \end{pmatrix} \in J(E^{n+1}).$$

这样, 可产生出无穷维的保距变换群

$$J(E^\infty) = \bigcup_{n\geqslant 1} J(E^n). \tag{1.1.36}$$

从 (1.1.35) 可得到各种无穷维的经典群, 记为

$$\begin{aligned} &O = O(\infty), \quad SO = SO(\infty), \quad U = U(\infty), \\ &SU = SU(\infty), \quad S_p = S_p(\infty). \end{aligned} \tag{1.1.37}$$

这些无穷维经典 Lie 群概念是很有意义的, 著名的 Bott 周期定理就是建立在它们之上的.

4. Stiefel 流形 $V_k(E^n)$

Stiefel 流形与上面介绍的保距变换群 $J(E^n)$ 存在着紧密的联系. 该流形定义为 E^n 空间中所有 k 重正交标架所构成的空间, 记为 $V_k(E^n)$, 其数学表达为

$$V_k(E^n) = \{(e_1, \cdots, e_k) \in \underbrace{E^n \times \cdots \times E^n}_{k} = E^{kn} |\ \langle e_i, e_j\rangle_{E^n} = \delta_{ij}\}.$$

首先考虑特殊情况 $k = n$. 固定一个 n 重正交标架 $\{e_1, \cdots, e_n\}$, 它构成 E^n 的一个正交基. 我们知道, 对任一个标架 $\{e_1', \cdots, e_n'\} \in V_n(E^n)$, 存在唯一的变换矩阵 $A \in J(E^n)$ 使得 $\{e_1', \cdots, e_n'\} = \{Ae_1, \cdots, Ae_n\}$. 也就是说, 下面映射

$$\psi_n(A) = \{Ae_1, \cdots, Ae_n\} \in V_n(E^n), \quad \forall A \in J(E^n)$$

给出一个从 $J(E^n)$ 到 $V_n(E^n)$ 的一一满射, 即 $V_n(E^n)$ 与 $J(E^n)$ 同胚. 这样得到下面关系：

$$V_n(R^n) = O(n), \quad V_n(\mathbb{C}^n) = U(n), \quad V_n(H^n) = S_p(n). \tag{1.1.38}$$

现在考虑 $1 \leqslant k \leqslant n$ 的一般情况. 对于给定的两个 k 重正交标架 $\{e_1, \cdots, e_k\}$ 和 $\{e'_1, \cdots, e'_k\}$, 由 Gram-Schmidt 正交化过程, 分别可扩展成 E^n 中两个正交基:

$$\{e_1, \cdots, e_k, \tilde{e}_{k+1}, \cdots, \tilde{e}_n\} \text{ 和 } \{e'_1, \cdots, e'_k, \tilde{e}'_{k+1}, \cdots, \tilde{e}'_n\}.$$

这样, 存在一个保内积矩阵 $A \in J(E^n)$ 使得

$$\{Ae_1, \cdots, Ae_k, A\tilde{e}_{k+1}, \cdots, A\tilde{e}_n\} = \{e'_1, \cdots, e'_k, \tilde{e}'_{k+1}, \cdots, \tilde{e}'_n\},$$

即 $A(e_1, \cdots, e_k) = \{e'_1, \cdots, e'_k\}$. 这说明对于固定的 $\{e_1, \cdots, e_k\} \in V_k(E^n)$, 下面给出的映射 $\varphi_k : J(E^n) \to V_k(E^n)$,

$$\varphi_k(A) = \{Ae_1, \cdots, Ae_n\}$$

是一个满射. 此外容易看出, 对任 $A, B \in J(E^n)$,

$$\begin{aligned} \varphi_k(A) = \varphi_k(B) &\Leftrightarrow A^{-1}Be_j = e_j, \quad \forall 1 \leqslant j \leqslant k \\ &\Leftrightarrow A^{-1}B = \begin{pmatrix} I_k & 0 \\ 0 & C_{n-k} \end{pmatrix}, \end{aligned}$$

其中 $C_{n-k} \in J(E^{n-k})$. 从上式可推出

$$\varphi_k : J(E^n) \bmod J(E^{n-k}) \to V_k(E^n)$$

是一个同胚, 即

$$J(E^n)/J(E^{n-k}) = V_k(E^n). \tag{1.1.39}$$

这样, 从 (1.1.39) 得到下面 Stiefel 流形与经典 Lie 群的商群之间同胚关系:

$$\begin{aligned} V_k(R^n) &= \frac{O(n)}{O(n-k)} = \frac{SO(n)}{SO(n-k)}, \\ V_k(\mathbb{C}^n) &= \frac{U(n)}{U(n-k)} = \frac{SU(n)}{SU(n-k)}, \\ V_k(H^n) &= \frac{S_p(n)}{S_p(n-k)}. \end{aligned} \tag{1.1.40}$$

再从 (1.1.35) 和 (1.1.40) 可知

$$\begin{aligned} \dim V_k(R^n) &= \frac{k}{2}(2n-k-1), \\ \dim V_k(\mathbb{C}^n) &= k(2n-k), \\ \dim V_k(H^n) &= k(4n-2k+1). \end{aligned} \tag{1.1.41}$$

特别地, 对于 $k=n-1$ 有

$$V_{n-1}(R^n)=SO(n),\quad V_{n-1}(\mathbb{C}^n)=SU(n).$$

对于 $k=1$ 有

$$\begin{aligned}V_1(R^n)&=S^{n-1}=\frac{O(n)}{O(n-1)}=\frac{SO(n)}{SO(n-1)},\\ V_1(\mathbb{C}^n)&=S^{2n-1}=\frac{U(n)}{U(n-1)}=\frac{SU(n)}{SU(n-1)},\\ V_1(H^n)&=S^{4n-1}=\frac{S_p(n)}{S_p(n-1)}.\end{aligned}$$

对于 $n=1$ 或 2 有

$$\begin{aligned}&SO(1)=SU(1)=1,\quad O(1)=\mathbb{Z}_2,\\ &U(1)=SO(2)=S^1,\\ &S_p(1)=SU(2)=S^3.\end{aligned}$$

从 (1.1.39) 和 (1.1.40) 可看出 $V_k(E^n)$ 是一个可定向紧流形.

5. Grassmann 流形 $G_k(E^n)$

在向量丛和示性类理论中, Grassmann 流形占有重要地位. 该流形定义为 E^n 中所有过原点的 k 维线性子空间集合, 记为 $G_k(E^n)$. 当 $E=R,\mathbb{C},H$ 时, $G_k(E^n)$ 分别称为实的、复的和四元数的 Grassmann 流形. 它的拓扑是由下面方式产生的商空间所诱导出来. 对于 Stiefel 流形 $V_k(E^n)$ 有一个规范映射

$$\Phi:\ V_k(E^n)\to G_k(E^n), \tag{1.1.42}$$

该映射将每个 k 维正交标架映为它所张成的 k 维平面. $G_k(E^n)$ 的商拓扑就定义为 $U\subset G_k(E^n)$ 是一个开集的充要条件为 $\Phi^{-1}(U)$ 是 $V_k(E^n)$ 中的一个开集. 如果任两个 k 维正交标架 $\{e_1,\cdots,e_k\}$ 和 $\{e_1',\cdots,e_k'\}\in V_k(E^n)$ 有相同的像

$$\Phi(\{e_1,\cdots,e_k\})=\Phi(\{e_1',\cdots,e_k'\}),$$

则等价于存在一个 k 维正交矩阵 $A_k\in J(E^k)$ 使得

$$\{e_1',\cdots,e_k'\}=\{A_ke_1,\cdots,A_ke_k\}.$$

这就意味着对任一元素 $X\in G_k(E^n)$, X 关于 Φ 的逆像

$$\Phi^{-1}(X)\simeq J(E^k).$$

这样, 由 (1.1.42) 可知 $G_k(E^n)$ 是 $V_k(E^n)$ 关于 $J(E^k)$ 的商空间

$$G_k(E^n) = \frac{V_k(E^n)}{J(E^k)}.$$

再由 (1.1.40) 可得

$$\begin{aligned} G_k(R^n) &= \frac{O(n)}{O(k)\times O(n-k)},\\ G_k(\mathbb{C}^n) &= \frac{U(n)}{U(k)\times U(n-k)},\\ G_k(H^n) &= \frac{S_p(n)}{S_p(k)\times S_p(n-k)}. \end{aligned} \tag{1.1.43}$$

从上式可看出 $G_k(E^n)$ 是一个紧流形. 由 (1.1.35), 从 (1.1.43) 可得

$$\begin{aligned} \dim G_k(R^n) &= k(n-k),\\ \dim G_k(\mathbb{C}^n) &= 2k(n-k),\\ \dim G_k(H^n) &= 4k(n-k). \end{aligned} \tag{1.1.44}$$

此外可以看出, 任一个 k 维平面 $\Sigma^k \subset E^n$ 有一个正交补 $\Gamma^{n-k} \subset E^n$. 因此对应关系 $\Sigma^k \leftrightarrow \Gamma^{n-k}$ 给出下面的同胚

$$G_k(E^n) \simeq G_{n-k}(E^n). \tag{1.1.45}$$

不难看出, $G_1(R^{n+1}) = P^n$ 为实投影空间, $G_1(\mathbb{C}^{n+1}) = \mathbb{C}P^n$ 为复投影空间. 特别地, $G_k(\mathbb{C}^n)$ 是一个 $2k(n-k)$ 维的复流形, 因此是可定向的. 关于复流形的概念在 6.3.1 小节中将给予介绍.

6. 透镜空间 $L^{2n+1}(k,Q)$

令 S^{2n+1} 是复空间 $\mathbb{C}^{n+1}$ 中的单位球面, $k \geqslant 2$ 是一个整数, $Q = (q_1, \cdots, q_n) \in \mathbb{Z}^n$ 是与 k 互素的 n 元整数, 即每个 $q_j(1 \leqslant j \leqslant n)$ 都与 k 互素. 这样, 关于 Q 在 S^{2n+1} 上可产生一个 k 循环的作用 $\mathbb{Z}_k^Q$: $S^{2n+1} \to S^{2n+1}$ 如下

$$\mathbb{Z}_k^Q(z_0, z_1, \cdots, z_n) = \left(e^{2\pi i/k} z_0, e^{2\pi q_1 i/k} z_1, \cdots, e^{2\pi q_n i/k} z_n\right). \tag{1.1.46}$$

所谓透镜空间就是 S^{2n+1} 在 $\mathbb{Z}_k^Q$ 作用下的商空间, 记为

$$L^{2n+1}(k,Q) = \{z = (z_0, \cdots, z_n) \in \mathbb{C}^{n+1} |\ |z|^2 = 1\}/\{z \sim \mathbb{Z}_k^Q(z)\}. \tag{1.1.47}$$

显然 $L^{2n+1}(k,Q)$ 的维数为 $2n+1$.

除了 (1.1.47) 这个定义外，还有另一种透镜空间的等价描述. 这两种方式能从不同的角度来加深我们对该流形拓扑结构和数学性质的理解. 下面就来介绍和分析这个等价的定义.

R^n 中的单位球面 S^{n-1} 能够表示成 R^{n-1} 中一个单位闭球体 (或闭盘)$B^{n-1} = \{x \in R^{n-1} |\ |x| \leqslant 1\}$ 将其边界 ∂B^{n-1} 捏成一点的商空间：

$$S^{n-1} \simeq B^{n-1}/\partial B^{n-1}.$$

这个过程就是：令 $\{e_1, \cdots, e_n\}$ 为 R^n 的一个正交基，则将 S^{n-1} 在 e_n 轴上的南极点 $x_n = -1$ 刺破，然后拉平到子平面 $R^{n-1} = \{x \in R^n |\ x_n = 0\}$ 上，成为单位闭球体 B^{n-1}. 此时，p 点变为 B^{n-1} 的边界，而每个 r 维子球面 $S^r = \left\{\sum_{j=1}^{r} x_j e_j + x_n e_n |\ x_1^2 + \cdots + x_r^2 + x_n^2 = 1\right\}$ 去掉南极点 $x_n = -1$ 后变为 $R^r (\subset R^n)$ 中的单位开球体.

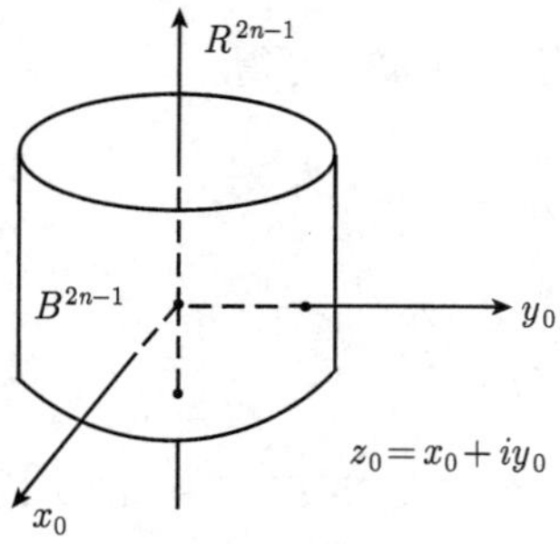

图 1.16　$\mathbb{C}^{n+1}$ 中球面 S^{2n+1} 在 R^{2n+1} 中的闭盘表示，∂B^{2n+1} 为一点

将 $\mathbb{C}^{n+1}$ 中的单位球面 S^{2n+1} 表示为 $R^{2(n+1)}$ 中单位闭盘的商空间 $B^{2n+1}/\partial B^{2n+1}$，如图 1.16 所示，使得 z_0 复平面为水平的 $x_0 y_0$ 平面，垂直轴代表 R^{2n-1} 空间.

注意到，在 $\mathbb{Z}_k$ 作用下：$z_0 \to e^{2\pi i/k} z_0$，复平面 $\mathbb{C}$ 旋转 $2\pi/k$ 角度. 此时商空间 $\mathbb{C}/\{z_0 \sim e^{2\pi i/k} z_0\}$ 变为幅角 $\theta = 2\pi/k$ 的扇形区域，其两条边界线按旋转 θ 作用下对等. 这样，在 (1.1.46) 的作用下，商空间 (1.1.47) 在 R^{2n+1} 中的闭盘表示为如图 1.17 所示的空间. 其中边界 ∂B^{2n+1} 的部分，它由上和下的扇形表面与侧弧形面构成，被视为一个点，直线 ab 代表 $\mathbb{C}^n$ 中的球面 S^{2n-1}，侧面的两个矩形按 (1.1.46) 作用等价关系下相等同，即在图 1.17 中，$(z_0, \tilde{z}) = \mathbb{Z}_k^Q (z_0, \tilde{z})$.

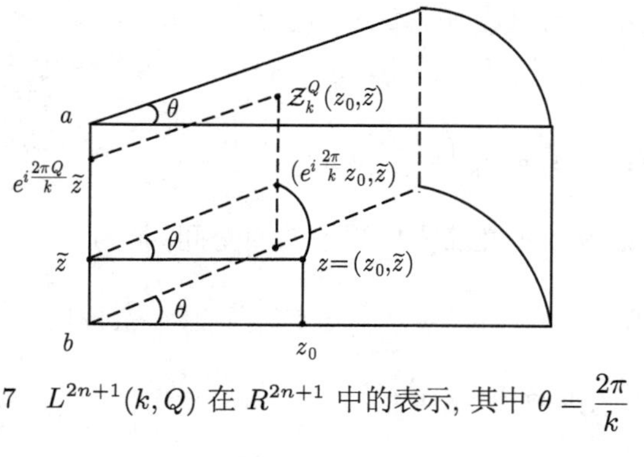

图 1.17　$L^{2n+1}(k, Q)$ 在 R^{2n+1} 中的表示，其中 $\theta = \dfrac{2\pi}{k}$

显然, 图 1.17 所示的空间其边界上两上矩形是一个 $2n$ 维球面 S^{2n}, 线段 ab 代表 S^{2n} 的经度圈: $ab = S^{2n-1} \subset S^{2n}$. 因此 $L^{2n+1}(k, Q)$ 在 R^{2n+1} 中的表示可看作是 R^{2n+1} 中一个单位球体在边界上按图 1.17 所示的作用下取商空间. 这就是下面介绍的 $L^{2n+1}(k, Q)$ 的另一种定义.

定义 1.10 透镜空间 $L^{2n+1}(k, Q)$ 可由 $2n+1$ 维单位闭球体 B^{2n+1} 按如下等价关系作商空间构造而成. 将 B^{2n+1} 中的点记为 (z, t), 其中 $z = (z_1, \cdots, z_n) \in \mathbb{C}^n$, t 是实数. 它们满足 $|z|^2 + t^2 \leqslant 1$. 在边界 $\partial B^{2n+1} = S^{2n}$ 上定义映射 $f : S^{2n} \to S^{2n}$ 如下:

$$f(z,t) = \left(e^{i2\pi q_1/k} z_1, \cdots, e^{i2\pi q_n/k} z_n, -t\right). \tag{1.1.48}$$

然后将 ∂B^{2n+1} 的下半球面 S^{2n}_- 的每一点 (z, t) 与上半球面 S^{2n}_+ 的点 $f(z, t)$ 等同起来. 这样得到的商空间就是透镜空间 $L^{2n+1}(k, Q)$.

定义 1.10 是用数学语言对图 1.17 作的表述, 其中映射 (1.1.48) 是将经度圈 $S^{2n-1}(\subset \mathbb{C}^n)$ 上的点 z 转动到 $e^{i2\pi Q/k} z = (e^{i2\pi q_1/k} z_1, \cdots, e^{i2\pi q_n/k} z_n)$, 然后再关于 $C^n = R^{2n}$ 平面作反射. 参见图 1.18, 图 1.18 采用球体图形比图 1.17 的扇形体在几何直观上要更清楚.

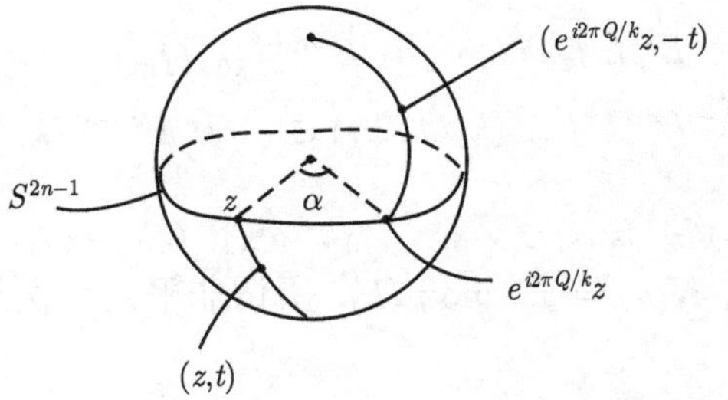

图 1.18

令 $q_0, q_1, \cdots, q_n$ 是与 k 互素的整数, 下面的 $\mathbb{Z}_k$ 作用

$$\tilde{\mathbb{Z}}_k(z) = \left(e^{2\pi q_0 i/k} z_0, \cdots, e^{2\pi q_n i/k} z_n\right)$$

在 S^{2n+1} 上也产生一个商空间, 记为

$$L^{2n+1}(k, q_0, \cdots, q_n) = S^{2n+1}/\{z \sim \tilde{\mathbb{Z}}_k(z)\}. \tag{1.1.49}$$

空间 (1.1.49) 同样地也是透镜空间. 此时 (1.1.47) 中的空间为

$$L^{2n+1}(k, Q) = L^{2n+1}(k, 1, q_1, \cdots, q_n).$$

在图 1.17 中容易看出, 对于 $\theta = \pm \dfrac{2\pi}{k}$ 所产生的商空间是同构的. 这就意味着

$$L^{2n+1}(k, 1, q_1, \cdots, q_n) = L^{2n+1}(k, -1, q_1, \cdots, q_n). \tag{1.1.50}$$

此外, 注意到当 $Nq_0 = \pm 1 \bmod (k)$ 时, 商空间 $\mathbb{C}/\{z_0 \sim e^{2\pi q_0 i/k} z_0\}$ 仍然是幅角为 $\theta = 2\pi/k$ 的扇形区域. 但是 (1.1.49) 的商空间在 R^{2n+1} 中的表示, 即在图 1.17 中, $(z_0, \tilde{z})$ 不是与 $\mathbb{Z}_k^Q(z_0, \tilde{z}) = (e^{2\pi i/k} z_0, e^{2\pi Q i/k} \tilde{z})$ 等同, 而是与 $(e^{\pm 2\pi i/k} z_0, e^{2\pi NQi/k} \tilde{z})$ 等同. 由 (1.1.50) 这意味着

$$\begin{aligned} L^{2n+1}(k, q_0, \cdots, q_n) &= L^{2n+1}(k, 1, Nq_1, \cdots, Nq_n) \\ &= L^{2n+1}(k, NQ). \end{aligned} \tag{1.1.51}$$

这表明, 虽然 (1.1.49) 是透镜空间最一般的形式, 但是 (1.1.51) 式说明 (1.1.47) 或定义 1.10 给出了全部可能的透镜空间.

从定义 1.10 可以得到透镜空间一个重要的性质. 当 $t = 0$ 时, 由 (1.1.48) 给出的映射 $f(z, 0)$ 是定义在 $\mathbb{C}^n$ 上的一个 $\mathbb{Z}_k$ 作用. 因此, 图 1.18 中的经度圈 S^{2n-1} 在 $f(z, 0)$ 作用下的商空间就是透镜空间 $L^{2n-1}(k, q_1, \cdots, q_n)$. 这样就得到下面关系:

$$L^{2n-1}(k, q_1, \cdots, q_n) \subset L^{2n+1}(k, Q), \tag{1.1.52}$$

再由 (1.1.51), 从 (1.1.52) 递归地可得如下非平凡包含序列

$$\begin{aligned} L^1(k) \subset L^3(k, Q_1) \subset \cdots \subset L^{2m+1}(k, Q_m) \\ \subset L^{2(m+1)+1}(k, Q_{m+1}) \subset \cdots \subset L^{2n+1}(k, Q_n), \end{aligned} \tag{1.1.53}$$

其中 $Q_j = (N_1 \cdots N_{n-j} q_{n-j+1}, \cdots, N_1 \cdots N_{n-j} q_n)$, $Q_n = (q_1, \cdots, q_n)$, $N_j (1 \leqslant j \leqslant n)$ 是满足 $N_j \cdot N_{j-1} \cdots N_1 q_j = \pm 1 \bmod (k)$. 所谓非平凡包含是指子空间不能收缩到一点的包含关系.

1.2　流形的嵌入

1.2.1　反函数与隐函数定理

在介绍子流形的浸入与嵌入问题之前, 首先讨论数学分析中的两个基本定理: 反函数定理与隐函数定理. 这两个定理与子流形的嵌入理论具有直接的关联. 它们也是许多数学分支的基础.

首先给出定理的形式化陈述, 然后再阐明它们的实质意义.

定理 1.1　令 M 和 N 是两个 $C^r (r \geqslant 1)$ 流形, $F: M \to N$ 是 C^r 映射. 若在点 $p \in M$ 处, 切映射 $DF: T_pM \to T_qN (q = F(p))$ 是一个线性同构, 那么存在一个 p 在 M 的邻域 U 和 q 在 N 中的邻域 V, 使得 $F: U \to V$ 是一个 C^r 同胚.

该定理可直观地解释如下: 对任一条过 p 点的曲线 $\gamma \subset M$, 在 F 的映射下 γ 的像为过 $q = F(p)$ 的一条曲线 $\tilde{\gamma} = F \circ \gamma \subset N$. 切映射 DF 将 γ 在 p 点的切向

量 $\tau \subset T_pM$ 映到 q 点的切向量 $\tilde{\tau} \in T_qN$. 一个布满某个邻域 U 的过点 p 的曲线族的全体切向量也布满整个切空间 T_pM. $DF: T_pM \to T_qN$ 是一个同构意味着 F 将一个布满 U 的曲线族映为布满 q 的一个邻域 V 的曲线族, 并且是一一的. 因此 $F: U \to V$ 是一个同胚.

定理 1.1 的证明 不失一般性, 令 $M = N = R^n$, $p = 0$ 及 $q = 0$, 即 $F(0) = 0$. 这样, 在 $p = 0$ 附近 F 有如下 Taylor 展开:

$$\begin{aligned}&F(x) = Ax + G(x), \quad A = DF(0) \text{ 为 } n \times n \text{ 阶非退化矩阵},\\&G(x) = o(|x|)\text{为 } x \text{ 的高阶项.}\end{aligned} \tag{1.2.1}$$

显然, 定理 1.1 的成立等价于下面方程对任何 $y \in R^n$, $|y| < \varepsilon$ 充分小, 它在 $x = 0$ 的邻域内存在唯一解

$$F(x) = y, \quad |y| < \varepsilon. \tag{1.2.2}$$

由 (1.2.1), 方程 (1.2.2) 等价于

$$Ax = y - G(x). \tag{1.2.3}$$

取下面 (1.2.3) 的迭代近似解

$$\begin{aligned}&x_0 = A^{-1}y,\\&x_k = A^{-1}y - A^{-1}G(x_{k-1}), \quad k \geqslant 1.\end{aligned} \tag{1.2.4}$$

由 (1.2.1) 知, G 在 $x = 0$ 的 Jacobi 矩阵为零: $DG(0) = 0$, 因此, 当 y 很小时 x_k 也很小, 因而 $\|DG(x_k)\|$ 也很小. 这样, 从 (1.2.4) 可得

$$\begin{aligned}|x_k - x_{k-1}| &\leqslant \|A^{-1}\| \cdot |G(x_{k-1}) - G(x_{k-2})|\\&\leqslant \|A^{-1}\| \cdot \|DG(\tilde{x}_{k-1})\|\, |x_{k-1} - x_{k-2}|\\&\leqslant \alpha\, |x_{k-1} - x_{k-2}|, \quad 0 < \alpha < 1,\end{aligned}$$

其中 $\tilde{x}_{k-1}$ 为 x_{k-1} 与 x_{k-2} 的中值. 这样, $\{x_k\}$ 是一个收敛序列, 并且极限点 $x_k \to x$ $(k \to \infty)$ 就是方程 (1.2.3) 在 $x = 0$ 邻域的唯一解.

定理 1.2(隐函数定理) 假设 $F: R^n \times R^k \to R^n$ 是一个 $C^r(r \geqslant 1)$ 映射, $F(x_0, y_0) = 0$, $x_0 \in R^n$, $y_0 \in R^k$. 如果导算子

$$D_xF(x_0, y_0):\ R^n \to R^n \tag{1.2.5}$$

是一个线性同构, 则存在 x_0 的一个邻域 $U \subset R^n$ 和 y_0 的一个邻域 $V \subset R^k$, 使得对任何 $y \in V$, 下面方程

$$F(x, y) = 0 \tag{1.2.6}$$

存在唯一解 $x=\Phi(y)$, 并且 $\Phi: V\to U$ 是 C^r 映射.

下面说明隐函数定理的实质. 它也能够被视为定理的一种证明思路. 映射 $F: R^n\times R^k\to R^n$ 可表示为 $F=(F_1,\cdots,F_n)$. 因此方程 (1.2.6) 可写成下面形式:

$$F_j(x,y)=0,\quad 1\leqslant j\leqslant n. \tag{1.2.7}$$

在 (1.2.7) 的每一个方程 $F_i=0$ 都在 R^{n+k} 中确定一个过点 $z_0=(x_0,y_0)$ 的 $n+k-1$ 维超曲面 $\Sigma_i(1\leqslant i\leqslant n)$. 我们知道, 如果这 n 个超曲面在 z_0 点的法向量线性无关, 则它们在 z_0 的某个邻域 $U\times V\subset R^{n+k}(U\subset R^n, V\subset R^k)$ 中的交集是一个 k 维曲面

$$\Sigma=\bigcap_{1\leqslant j\leqslant n}\Sigma_j. \tag{1.2.8}$$

可参见图 1.19. 另一方面, 条件 (1.2.5) 等价于下面 Jacobi 矩阵是非奇异的:

$$\det D_xF(z_0)=\det\begin{pmatrix}\dfrac{\partial F_1(z_0)}{\partial x_1} & \cdots & \dfrac{\partial F_1(z_0)}{\partial x_n}\\ \vdots & & \vdots\\ \dfrac{\partial F_n(z_0)}{\partial x_1} & \cdots & \dfrac{\partial F_n(z_0)}{\partial x_n}\end{pmatrix}\neq 0. \tag{1.2.9}$$

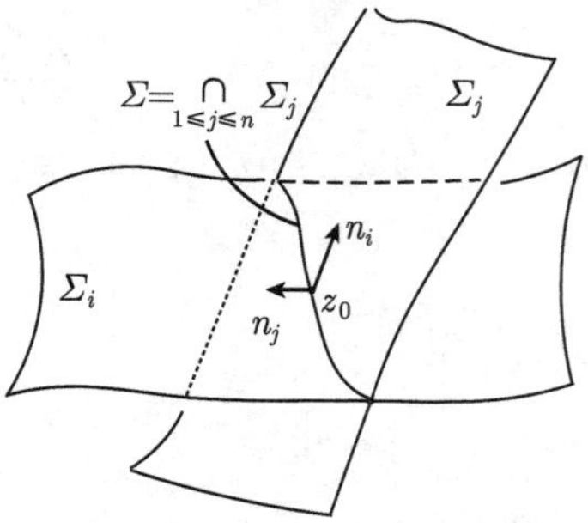

图 1.19　R^{n+k} 中 n 个超曲面 Σ_j 法向量线性无关, 则 $\Sigma=\bigcap_{1\leqslant j\leqslant n}\Sigma_j$ 是 k 维曲面

这意味着 n 个梯度向量

$$\nabla F_j(z_0)=\left(\frac{\partial F_j(z_0)}{\partial x_1},\cdots,\frac{\partial F_j(z_0)}{\partial x_n},\frac{\partial F_j(z_0)}{\partial y_1},\cdots,\frac{\partial F_j(z_0)}{\partial y_k}\right),\quad j=1,\cdots,n$$

是线性无关的. 我们知道 $\nabla F_j(z_0)$ 是 Σ_j 在 z_0 点的法向量. 因此这个交集 (1.2.8) 是在 $U\times V$ 中的一个 k 维曲面, 并且在其上的点 $(x,y)\in\Sigma$ 都满足 (1.2.7).

另一方面, 一个过 $z_0=(x_0,y_0)$ 点在 R^{n+k} 中的 k 维曲面 Σ 在 $y_0\in R^k$ 某个邻域 $V\subset R^k$ 中能用函数 $x=f(y)\in R^n$ 表达出来, 其基本条件就是 Σ 在 z_0 的切空间 π 到 $R^k(\subset R^{n+k})$ 上投影是满射的, 见图 1.20 所示. 该条件等价于 Σ 的法空间 N 到 $R^n(\subset R^{n+k})$ 的投影是满射. 我们看到, 交集 $\Sigma=\bigcap_{1\leqslant j\leqslant n}\Sigma_j$ 的法空间 N 由法向量 $\nabla F_j(z_0)(1\leqslant j\leqslant n)$ 所张成, 而 $\nabla F_j(z_0)$ 到 $R^n\subset R^{n+k}$ 的投影为

$$P\cdot\nabla F_j(z_0)=\left(\frac{\partial F_j(z_0)}{\partial x_1},\cdots,\frac{\partial F_j(z_0)}{\partial x_n},0,\cdots,0\right).$$

此外, (1.2.9) 意味着 $P\nabla F_j(z_0)(1 \leqslant j \leqslant n)$ 是线性无关. 因而 N 到 R^n 的投影是满的. 这样, Σ 在 z_0 的一个邻域 $U \times V$ 中可用函数

$$x = \Phi(y), \quad y \in V \subset R^k$$

表达出来. 因为 Σ_j 是 C^r 的, 故函数 $\Phi(y)$(即 Σ) 也是 C^r 的. 这就是隐函数定理所表现的几何意义, 它也是该定理的一种证明.

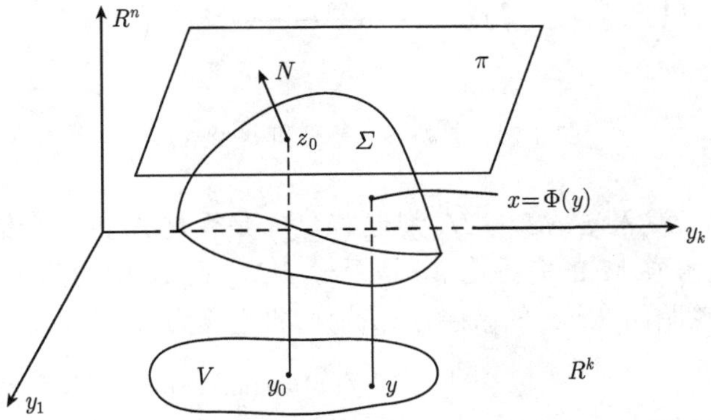

图 1.20 当 Σ 在 z_0 的切空间 π 到 R^k 投影为满上时, Σ 在 y_0 邻域可用 $\Phi(y)$ 表达

1.2.2 子流形的浸入与嵌入

现在考察子流形及其嵌入问题. 在日常生活中, 我们能够常见到一些球面 S^2 和轮胎面 T^2 等二维流形. 从数学的观点看就是 S^2 和 T^2 作为 R^3 中的子流形嵌入到三维空间中. 事实上, 每一个 n 维流形作为拓扑空间都包含着许多各种类型的子流形, 这种包含关系就称为嵌入. 如果允许包含的图形有自相交点, 则该包含称为浸入. 更准确地, 在拓扑学中浸入与嵌入的概念由下面定义给出.

定义 1.11 令 M 和 N 是 C^r 流形, $f: M \to N$ 是 C^r 映射, 则下面分别给出浸入和嵌入的定义:

(1) f 称为是一个 C^r 浸入, 若对每一点 $p \in M$, 切映射 $Df: T_pM \to T_qN(q = f(p))$ 都是单一的, 即秩 $Df = \dim M$;

(2) 若 $f: M \to N$ 是单一的, 则 (M, f) 称为 N 的 C^r 浸入子流形;

(3) 若 $f: M \to N$ 是单一浸入, 并且 $f: M \to f(M) \subset N$ 关于 N 的诱导拓扑是 C^r 同胚的, 则 f 称为 C^r 嵌入, (M, f) 称为 C^r 嵌入子流形.

从定义中可以看到, 浸入映射在局部上单一的. 这是由反函数定理所保证. 因为 $Df: T_pM \to T_qN$ 是单一切映射意味着 $\dim M \leqslant \dim N$, 并且 Df 映 T_pM 到 $f(M) = \Sigma \subset N$ 的切空间 $T_q\Sigma$ 是一一满的, 即

$$Df:\ T_pM \to T_q\Sigma \ \ (\subset T_qN)$$

是一个同构. 因此反函数定理 (定理 1.1) 说 $f: M \to \Sigma = f(M)$ 是局部同胚.

但是浸入映射在全局上不能保证是单一的. 例如在图 1.21 中, f 将 S^1 映到 R^2 中, 其像是一个 8 字, 它将 S^1 上的 p 和 p' 两个不同点映到 8 字的自相交点 q. 因此, f 虽然在局部是单一的, 但在全局上不单一.

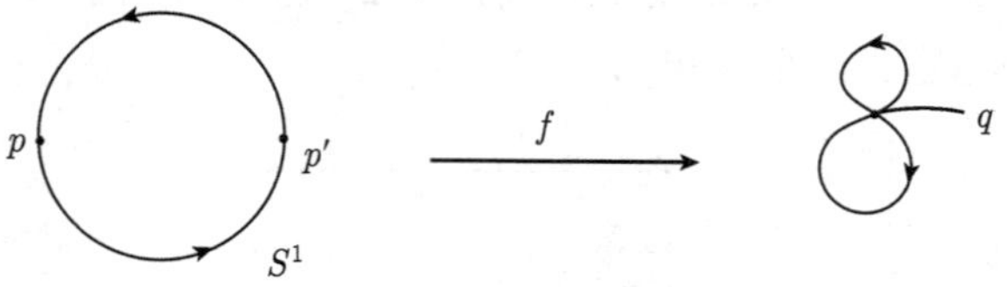

图 1.21　f 映 S^1 上 p 和 p' 到 q 点

对于一个单一浸入 $f: M \to N$, 判定 (M, f) 是否是 N 的一个嵌入子流形的一个简单方法就是考察 M 的完备化 $\bar{M}$ 是否与 $f(M)$ 在 N 中的闭包 $\overline{f(M)}$ 同胚. 例如, 一个直线到轮胎面 T^2 上的映射 $f: R^1 \times T^2$ 定义为

$$f(x) = (x, \alpha x)\text{mod}(1), \quad x \in R^1,$$

这里 $\alpha > 0$ 是一个常数, $(x, y)\text{mod}(1)$ 定义为

$$x = x'\text{mod}(1), \quad y = y'\text{mod}(1).$$

则 f 的图像如图 1.22 所示, 那里正方形代表 T^2, 其上下和左右两个对边分别等同. 容易验证, 当 α 是一个无理数时, f 将 R^1 映为轮胎面 T^2 上进行无穷次环绕的曲线. 此时 $f(R^1)$ 是一个浸入子流形, 而不是一个嵌入子流形, 这是因为 $f(R^1)$ 在 T^2 上稠密, 即 $\overline{f(R^1)} = T^2$, 而 $\bar{R}^1 = R^1$.

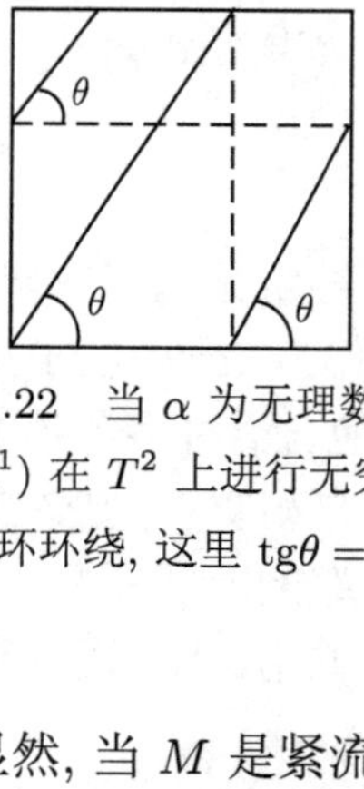

图 1.22　当 α 为无理数时, $f(R^1)$ 在 T^2 上进行无穷次循环环绕, 这里 $\text{tg}\theta = \alpha$

显然, 当 M 是紧流形并且 (M, f) 是 N 的浸入子流形时, 则 (M, f) 一定是 N 的嵌入子流形. 上面的例子表明, 当 M 是非紧流形时这个结论不成立.

子流形 M 到 N 的浸入和嵌入意味着 $\dim M \leqslant \dim N$. 但是对于 $F: M \to N$ 并且 $\dim M > \dim N$ 时, 一个自然的问题就是对于 $q \in N$ 在什么条件下 $f^{-1}(q) \subset M$ 是一个嵌入子流形. 该问题的解答本质上就是隐函数定理. 为了回答该问题, 我们换一种方式来陈述隐函数定理. 该定理说, 如果可微映射 $f: R^{n+k} \to R^n (k \geqslant 1)$ 在 $q \in R^n$ 的逆像 $f^{-1}(q) \neq \varnothing$, 且对 $p \in f^{-1}(q)$ 切映射 $Df_p: R^{n+k} \to R^n$ 是满同态, 则在 p 的一个邻域 $U \subset R^{n+k}$ 内, $f^{-1}(q) \cap U$ 是 R^{n+k} 的一个 k 维嵌入子流形. 该隐函数定理应用到上述问题便得到如下定理.

定理 1.3　令 M 和 N 是两个 C^r 流形, $\dim M = n + k\ (k \geqslant 1)$, $\dim N = n$.

假设 $f: M \to N$ 是一个 C^r 映射, $q \in N$, 并且 $L = f^{-1}(q) \neq \varnothing$. 若对所有 $p \in L$, 切映射 $Df_p:\ T_pM \to T_qN$ 都是满射, 则 $L \subset M$ 是一个嵌入子流形.

特别地, 当 $N = R^1$ 时, $f: M \to R^1$ 是一个 C^r 函数. 此时 Df_p 是 f 在 p 点的梯度 $\nabla f(p)$, 即在局部坐标下,

$$\nabla f(p) = \left\{\frac{\partial f(p)}{\partial x_1}, \cdots, \frac{\partial f(p)}{\partial x_n}\right\}.$$

若对所有的 $p \in f^{-1}(q)$, $\nabla f(p) \neq 0$, 那么由定理 1.3, $f^{-1}(q)$ 就是 M 中的一个 $\dim M - 1$ 维嵌入子流形, 或称为余一维嵌入子流形.

例如, 在图 1.23 中给出的函数 $f: R^2 \to R^1$ 的图像是一个马鞍面, q 是一个鞍点, 在这一点 f 的梯度为零: $\nabla f(q) = 0$. 此时, 以 q 为高度的水平面在 $f(x)$ 的图形上所截曲线到高度为零的平面 R^2 上投影就是 $f^{-1}(q)$, 它是一个有自相交点的双曲线, 因而不是一个子流形. 而对 $q_1 \neq q$ 时, $\nabla f(q_1) \neq 0$, 此时 $f^{-1}(q_1)$ 是 R^2 中没有自相交点的双曲线, 因而是 R^2 中的一个嵌入子流形.

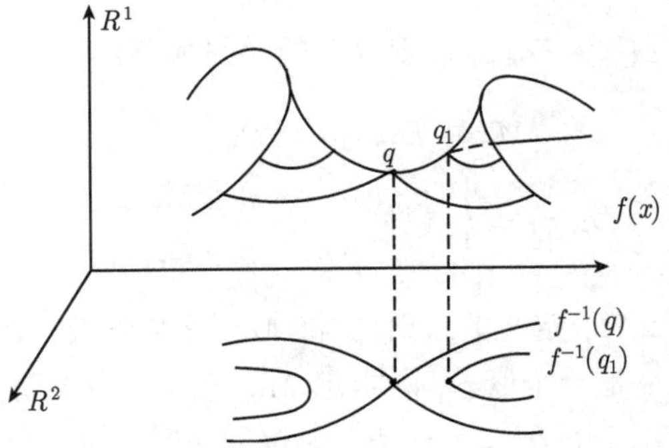

图 1.23

1.2.3 到 R^N 中的嵌入

Euclid 空间是最简单和最特别的流形. 它具有全局的坐标系和线性代数结构. 这就使得一般流形到它中间的嵌入问题变得十分重要. 自然而又基本的问题就是任意一个 n 维流形 M 能否嵌入到某个较大维数的 R^N 中? 如果可以, 是否存在一个与 n 有关的最小维数 K, 使得 M 都可嵌入到 R^K 中, 并且 K 与 n 的关系如何? 著名的 Whitney 嵌入定理对这些问题给出一个完整的解答. 该定理简要地说, 任何一个 n 维流形都可 C^r 地浸入到 R^{2n-1} 中, 以及 C^r 地嵌入到 R^{2n} 中, 而且 $2n-1$ 和 $2n$ 分别为普适的浸入与嵌入最小维数. 在下一节将专门讨论这个重要定理.

这一节首先阐述 M 到欧氏空间嵌入的几何原理, 然后介绍 M 到 R^N 的嵌入定理及其证明中所需要的光滑截断引理.

一个 n 维流形 M 之所以能够嵌入到某个 R^N 中, 其基本原因就是 M 能够分解为若干个开球体 (或闭球体) 的并集, 即

$$M = \sum_{j\geqslant 1} D_j,$$

其中每个 D_j 都同胚于 n 维开球体 (或闭球体), 并且 $D_i \cap D_j$ $(i \neq j)$ 或为空集, 或为 n 维开球体 (或 k 维闭球体, $k \leqslant n-1$). 根据该原理就可以解释和理解为什么 M 能够嵌入到某个 R^N 中的结论. 在下面的分析过程中, 取所有 D_j 为闭球体.

很清楚, D_1 可嵌入到 R^n 中. 因此归纳地假设 $M_m = \sum\limits_{j=1}^{m} D_j$ 可嵌入到某个 $R^k(k \geqslant n)$ 中, 这里 $m \geqslant 1$, 即

$$\varphi_m: \ M_m \to R^k \text{ 是一个嵌入.}$$

令 $\partial M_m \cap \partial D_{m+1} \neq \varnothing$, 取一个映射 $\varphi_{m+1}: D_{m+1} \to R^k$ 满足边界条件

$$\varphi_{m+1}|_{\partial M_m \cap \partial D_{m+1}} = \varphi_m. \tag{1.2.10}$$

这样, 可定义一个将 $M_m + D_{m+1}$ 映到 R^k 的映射如下:

$$\begin{aligned} &\varphi: \ M_m + D_{m+1} \to R^k, \\ &\varphi(p) = \begin{cases} \varphi_m(p), & p \in M_m, \\ \varphi_{m+1}(p), & p \in D_{m+1}. \end{cases} \end{aligned} \tag{1.2.11}$$

直观地讲, 由 (1.2.11) 定义的映射 φ 将 M_1 嵌入到 R^k 中, 然后将球体 D_{m+1} 挤到 R^k 中. 如果 φ 不是一个嵌入, 则固定 M_m 在 R^k 中不动, 再将 D_{m+1} 的内部 $\mathring{D}_{m+1}$ $(= D_{m+1} - \partial D_{m+1} \cap \partial M_m)$ 从 R^k 中拉到 R^{k+1} 的上半空间 $(x_{k+1} > 0)$ 中, 就如图 1.24 所示的那样. 因为 D_{m+1} 是一个球体, 可将 $\mathring{D}_{m+1}$ 从 R^k 中拉到 R^{k+1} 的上半空间使得没有自相交点. 再由 M_1 在 R^k 中是一个嵌入, 这个拉开过程就是将 $M_m + D_{m+1}$ 嵌入到 R^{k+1} 中.

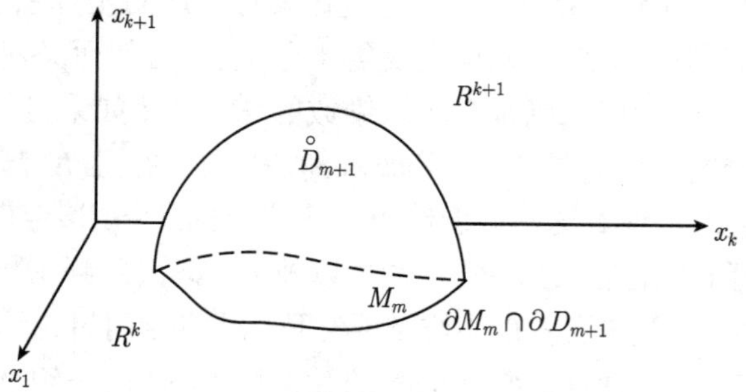

图 1.24　将 $\mathring{D}_{m+1}$ 从 R^k 中拉到 R^{k+1} 中使得 $\mathring{D}_{m+1}$ 无自相交点

将 $\mathring{D}_{m+1}$ 从 R^k 拉开到 R^{k+1} 并保持 M_m 在 R^k 中不动的上述过程, 在数学上就是构造一个连续函数

$$\eta:\ M_m + D_{m+1} \to R^1 \tag{1.2.12}$$

满足条件

$$\eta(p) = \begin{cases} 0, & p \in M_1, \\ > 0, & p \in \mathring{D}_{m+1} = D_{m+1} - 2D_{m+1} \cap \partial M_m, \end{cases} \tag{1.2.13}$$

然后再引入新的映射

$$\begin{cases} \psi:\ M_m + D_{m+1} \to R^{k+1}, \\ \psi(p) = \{\varphi(p), \eta(p)\} \in R^{k+1}, \quad p \in M_m + D_{m+1}, \end{cases} \tag{1.2.14}$$

其中 φ 是由 (1.2.11) 定义的映射. 这个映射 ψ 就将 $\mathring{D}_{m+1}$ 拉到 R^{k+1} 中. 适当选取 η 和 φ_{m+1} 可使得 ψ 为一个嵌入.

重复上述过程, 对任意 N 可将$M_N = \sum\limits_{j=1}^{N} D_j$ 嵌入到某个 R^K 中, 即存在嵌入映射 $\varphi_N : M_N \to R^K$. 当 K 很大时, 对于球体 D_{N+1} 在边界条件 $\varphi_{N+1}|_{\partial M_N \cap \partial D_{N+1}} = \varphi_N$ 约束下, 存在嵌入 $\varphi_{N+1} : D_{N+1} \to R^K$ 使得映射 $\varphi:\ M_N + D_{N+1} \to R^K$, 定义为

$$\varphi = \begin{cases} \varphi_N, & \text{在 } M_N \text{ 上}, \\ \varphi_{N+1}, & \text{在 } D_{N+1} \text{ 上}, \end{cases}$$

仍是嵌入. 这样, 便使得 $M = \sum\limits_{j \geqslant 1} D_j$ 可嵌入到 R^K 中.

上面是对 n 维流形嵌入到某个较大维数的 R^N 给出一个直观解释. 下面将证明任一个 n 维紧流形可嵌入到 R^N 中. 为此目的, 先引入光滑截断引理. 注意到在 (1.2.12) 和 (1.2.13) 中的函数 η 在 (1.2.14) 的嵌入中起到关键作用. 光滑截断引理就是表明 η 的存在性.

引理 1.1 令 M 是一个光滑流形, $U \subset M$ 是一个开集. 假设 $V \subset U$ 是一个非空开集, 并且 $\bar{V} \subset U$ 是紧集, 则存在 C^∞ 函数 $\eta : M \to R^1$ 使得

(1) $0 \leqslant \eta \leqslant 1$;

(2) $\eta(p) = \begin{cases} 1, & p \in V, \\ 0, & p \notin U. \end{cases}$

证明 不失一般性, 我们只在 R^n 上证明. 分两步进行.

第一步. 令 $B_{r_1} \subset B_{r_2}$ 为两个同心闭球体:

$$B_{r_i} = \{x \in R^n |\ |x| \leqslant r_i\}, \quad i = 1, 2, \quad r_1 < r_2.$$

定义函数 η: $R^n \to R^1$ 如下:

$$\eta(x) = \frac{f(r_2^2 - r^2)}{f(r_2^2 - r^2) + f(r^2 - r_1^2)}, \quad r = \sqrt{x_1^2 + \cdots + x_n^2},$$

其中函数 f 为

$$f(t) = \begin{cases} e^{-\frac{1}{t}}, & t > 0, \\ 0, & t < 0. \end{cases}$$

则显然 η 是 C^∞ 的且满足 $0 \leqslant \eta \leqslant 1$, 并且

$$\eta(x) = \begin{cases} 1, & x \in B_{r_1}, \\ 0, & x \in R^n - B_{r_2}. \end{cases} \tag{1.2.15}$$

第二步. 对于 $\bar{V} \subset U$, 存在有限个同心开球 $B_{r_i} \subset B_{R_i}$ $(1 \leqslant i \leqslant k)$, $r_i < R_i$, 使得 $\{B_{r_i} | 1 \leqslant i \leqslant k\}$ 是 $\bar{V}$ 的开覆盖. 由 (1.2.15), 对每个 j $(1 \leqslant j \leqslant k)$ 存在 η_j: $R^n \to R^1$ 满足 $0 \leqslant \eta_j \leqslant 1$ 并且

$$\eta_j(x) = \begin{cases} 1, & x \in B_{r_j}, \\ 0, & x \in R^n - B_{R_j}. \end{cases}$$

令

$$\eta = 1 - \prod_{j=1}^{k} (1 - \eta_j),$$

则容易看出该函数满足引理要求.

下面定理说明任一紧流形都可嵌入到某个 R^N 中. 事实上, 对于非紧流形该结论也成立. 这里仅考虑紧的情况.

定理 1.4　令 M 是一个 n 维 C^r 紧流形, 则存在一个正整数 N 及一个 C^r 映射 $f: M \to R^N$, 使得 (M, f) 是 R^N 的嵌入子流形.

证明　该定理的证明是标准的, 其基本思想就如前面所述的那样, 通过截断函数将流形一块一块地粘接拉开到 R^N 中.

因为 M 是紧的, 存在一个有限的坐标系覆盖 $\{(U_j, \varphi_j) | 1 \leqslant j \leqslant m\}$, 即 $M = \sum\limits_{j=1}^{m} U_j$, 且 φ_j: $U_j \to R^n$ 是嵌入.

用归纳法, 假设 $M_1 = \sum\limits_{j=1}^{k-1} U_j$ $(k \geqslant 2)$ 可嵌入到 R^K 中,

$$\psi: M_1 \to R^K \text{ 是一个 } C^r \text{ 嵌入.} \tag{1.2.16}$$

令 $U_k \cap M_1 \neq \varnothing$, 则存在两个开子集 V_1 和 V_2 使得

$$V_1 + V_2 = M_1 + U_k, \quad \bar{V}_1 \subset M_1, \quad \bar{V}_2 \subset U_k. \tag{1.2.17}$$

由引理 1.1, 取 η_1 和 η_2 满足

$$\eta_1(p)=\begin{cases}1, & p\in V_1,\\ 0, & p\notin M_1,\end{cases}\qquad \eta_2(p)=\begin{cases}1, & p\in V_2,\\ 0, & p\notin U_k.\end{cases}\tag{1.2.18}$$

然后定义映射 $f:M_1+U_k\to R^{K+n+2}$ 为

$$f(p)=\{\eta_1(p)\psi(p),\eta_2(p)\varphi_k(p),\eta_1(p),\eta_2(p)\},$$

其中 ψ 为 (1.2.16) 所给的嵌入, $\varphi_k:U_k\to R^n$ 为坐标系. 显然 f 是 C^r 的. 由 (1.2.17) 和 (1.2.18) 易知, 当 $p\in V_1$ 时, $f(p)=\{\psi(p),\cdots\}$, 当 $p\in V_2$ 时 $f(p)=\{\cdots,\varphi_k(p),1\}$. 因此 f 的 Jacobi 矩阵的秩为

$$\text{秩 } Df(p)=n,\quad \forall p\in V_1+V_2=M_1+U_k.$$

这样, f 是一个浸入. f 的单一性由下面看出:

$$\begin{aligned}f(p)=f(q)&\Rightarrow\eta_i(p)=\eta_i(q),\quad i=1,2\\ &\Rightarrow\text{若 } p\in V_i,\text{ 则 }\eta_i(q)=\eta_i(p)=1,\text{因而 } q\in\bar{V}_i\\ &\Rightarrow\varphi_k(p)=\varphi_k(q)\text{ 或 }\psi(p)=\psi(q)\\ &\Rightarrow p=q.\end{aligned}$$

因此 $f:M_1+U_k\to R^{K+n+2}$ 为嵌入.

重复上述过程便可证得 $M=\sum\limits_{j=1}^{m}U_j$ 可嵌入到某个 R^N 中. 证毕.

1.2.4 Whitney 嵌入定理

正如前面所说, 在流形的嵌入问题中一个最优美的结果就是 Whitney 嵌入定理. 这一节将遵循文献 [8] 中的方法来证明紧流形的 Whitney 嵌入定理. 该方法的优点是简明清晰.

定理 1.5 令 M 是一个 n 维光滑紧流形. 则 M 能够光滑地浸入到 R^{2n} 中及光滑地嵌入到 R^{2n+1} 中.

注 1.1 定理 1.5 是 Whitney 嵌入定理的最简单情形, 该定理的完整表述为如下形式:

Whitney 嵌入定理 令 M 是一个 C^r 流形, $r\geqslant 0$. 则下面结论成立:

(1) 当 $n\geqslant 2$ 时, M 可 C^r 地浸入到 R^{2n-1} 中, 当 $n\geqslant 1$ 时, 可 C^r 地嵌入到 R^{2n} 中, 并且 $2n-1$ 和 $2n$ 分别为最小浸入和嵌入维数;

(2) 对任何 C^r 映射 $g:M\to R^{2n}$ 及 $\varepsilon>0$, 存在一个 C^r 浸入 $f:M\to R^{2n}$ 使得 $|f(p)-g(p)|<\varepsilon$, $\forall p\in M$, 并且 $2n$ 是最小浸入逼近维数;

(3) 对任何 C^r 映射 $g: M \to R^{2n+1}$ 及 $\varepsilon > 0$, 存在一个 C^r 嵌入 $f: M \to R^{2n+1}$ 使得 $|f(p) - g(p)| < \varepsilon$, $\forall p \in M$, 并且 $2n+1$ 是最小嵌入逼近维数.

定理 1.5 的证明　由定理 1.4, M 可嵌入到某个 R^N 中. 只需证明 M 可进一步嵌入到 R^{N-1} 当 $N > 2n+1$, 及浸入到 R^{N-1} 当 $N > 2n$.

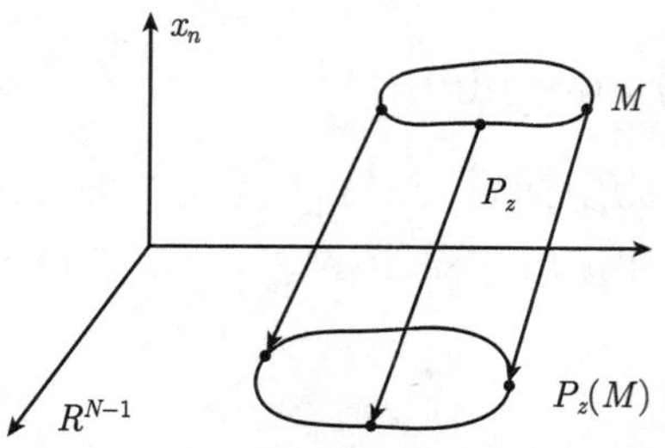

图 1.25

令 $M \subset R^N$, 并记 $R^{N-1} = \{x \in R^N |\ x_n = 0\}$. 对每个单位向量 $z \in R^N - R^{N-1}$, $|z| = 1$, 可产生一个平行于 z 的投影 $P_z: R^N \to R^{N-1}$, 见图 1.25 所示. 该映射可表达为

$$P_z(x) = x - \frac{z}{z_n} x_n. \tag{1.2.19}$$

该定理的证明就是寻找一个单位向量 $z \in R^N - R^{N-1}$ 使得映射

$$P_z|_M:\ M \to R^{N-1} \tag{1.2.20}$$

是定理所需要的嵌入和浸入.

由 (1.2.19) 容易看出, 由 (1.2.20) 定义的映射是单一的充要条件为单位向量 z 满足

$$z \neq \frac{x-y}{|x-y|}, \quad \forall x, y \in M, \quad x \neq y. \tag{1.2.21}$$

此外, $P_z|_M$ 的导算子 $D_x P_z|_M$ 是线性算子 P_z 在 M 的切空间 $T_x M$ 上的限制. 由 (1.2.19) 可知 P_z 的核空间就是由向量 z 确定的直线. 因此切向量 $y \in T_x M$ 是在 $D_x P_z|_M$ 的核空间中的充要条件是 y 平行于 z. 这样映射 $P_z|_M$ 是一个浸没的条件就是对任何非零切向量 $y \in TM$ 有

$$z \neq \frac{y}{|y|}, \quad \forall y \in TM \subset R^N. \tag{1.2.22}$$

很清楚, 单位向量 $z \in R^N$ 满足 (1.2.21) 的充要条件是 z 不是映射 $\sigma:\ M \times M - \Delta \to S^{N-1}$ 的像, 这里 $\Delta = \{(x, y) \in M \times M |\ x = y\}$ 是对角线, σ 定义为 $\sigma(x, y) = (x - y)/|x - y|$. 注意到

$$\dim\,(M \times M - \Delta) = 2n \langle \dim S^{N-1}, \quad N \rangle 2n + 1,$$

因此 $\sigma(M \times M - \Delta)$ 在 S^{N-1} 中不可能是满的. 这说明当 $N > 2n+1$ 时, 存在单位向量 $z \in R^N$ 满足 (1.2.21), 即 (1.2.20) 是单一映射.

为了讨论条件 (1.2.22), 取空间

$$T_1 M = \{y \in TM |\ |y| = 1\}.$$

定义映射 $\tau:\ T_1 M \to S^{N-1}$ 为 $\tau(y) = y$. 注意到

$$\dim T_1M = 2n-1\langle \dim S^{N-1}, \quad N\rangle 2n,$$

因此 $\tau(T_1M) \subset S^{N-1}$ 是不满的. 这意味着当 $N > 2n$ 时存在单位向量 $z \in R^N$ 满足 (1.2.22), 即 (1.2.20) 是一个浸没.

显然 $\sigma(M \times M - \Delta) \cup \tau(T_1M) \subset S^{N-1}$ 是不满的 (见 1.4 节中的 Sard 定理). 因此当 $N > 2n+1$ 时存在 $z \in R^N$ 同时满足 (1.2.21) 和 (1.2.22), 这样映射 (1.2.20) 是一个嵌入. 定理证毕.

1.3 Frobenius 定理

1.3.1 流形上的向量场与流

1.1 节介绍了流形上切空间的概念. 有了这一概念后, 就可以将 R^n 中向量场的概念推广到一般流形上. 流形上向量场的一个既直观又具有物理意义的例子就是地球表面大气与海洋流体运动的速度场, 它是二维球面上的一个向量场. 当物体的运动发生在流形上时, 其轨道是在流形上, 但是速度场却定义在切空间中. 一个单物体在流形上运动时, 其速度向量只能处在运动轨道的切空间中, 而无法在流形每一点的切空间上都存在. 然而在一个流形上运动的流体却不同, 它的速度向量是定义在流形上每一点的切空间中. 同样, 一个物体和运动的电荷在它们的周围分别会产生引力场和电磁场, 它们都是向量场.

抽象地说, 如果一个 n 维流形 M 中每一点 $p \in M$ 都对应于一个切向量 $v_p \in T_pM$, 那么所有点的切向量可以看作是定义在 M 上的一个向量值函数 $v(p)$, 该函数 $v: M \to TM$ 就称为 M 上的一个向量场. 下面给出 C^r 可微向量场定义.

定义 1.12 令 M 是一个 n 维 C^r 流形 $(r \geqslant 0), v$ 是 M 上的一个向量场. 对于 M 上的两个 C^r 坐标系 (U, φ), v 可表示为

$$v = \{v_1(x), \cdots, v_n(x)\}, \quad x \in V \subset R^n, \quad V = \varphi(U),$$

这里 $v_i(x)$ 为 v 在坐标系中 x_i 方向的分量, 它是 $x \in V$ 的函数. 如果对每一个 M 上的 C^r 坐标系 $(U_\alpha, \varphi_\alpha)$, 其分量 $v_i (1 \leqslant i \leqslant n)$ 在 $V_\alpha = \varphi_\alpha(U_\alpha)$ 上都是 C^r 函数, 则 v 称为 M 上的一个 C^r 向量场.

令 v 是流形 M 上的一个 C^r 向量场, $\gamma(t) \subset M$ 是一条过 $p_0 \in M$ 的曲线, $\gamma(t_0) = p_0$. 我们知道 $d\gamma(t)/dt$ 是曲线在点 $p(=\gamma(t))$ 的切向量. 如果 γ 在每一点 p 的切向量都等于 v 在 p 点的值, 即

$$\begin{cases} \dfrac{d\gamma(t)}{dt} = v(p), \\ \gamma(t_0) = p_0, \end{cases} \tag{1.3.1}$$

则 $\gamma(t)$ 称为向量场 v 过 p_0 点的一条轨道.

等式 (1.3.1) 在局部坐标系中是一个常微分方程. 事实上, 在坐标系 (U,φ) 中, 由 (1.1.5) 有

$$\frac{d\gamma(t)}{dt}=\frac{d}{dt}\varphi\circ\gamma=\left\{\frac{dx_1}{dt},\cdots,\frac{dx_n}{dt}\right\},$$
$$v=\{v_1(x),\cdots,v_n(x)\}.$$

因此 (1.3.1) 可表达为

$$\begin{cases}\dfrac{dx_i}{dt}=v_i(x), & 1\leqslant i\leqslant n,\\ x(0)=x_0, & x_0=\varphi(p_0).\end{cases}\tag{1.3.2}$$

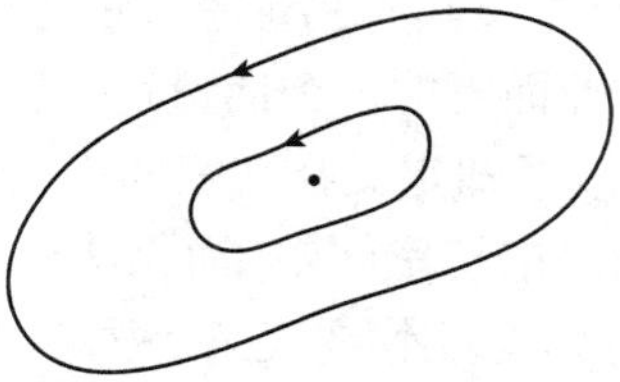

图 1.26　一个作旋涡运动的流体速度场, 其轨道集合显示出旋涡结构

当 $r\geqslant 1$ 时, 由常微分方程存在与唯一性定理, 对每一点 $p_0\in M$ 方程 (1.3.2) 都存在唯一解 $x(t,x_0)$. 这就意味着过每一点 $p_0\in M$ 在 M 上的 C^r 向量场 v 都有一条唯一轨道 $\gamma(t,p_0)\subset M$. v 的所有轨道集合

$$\Phi=\{\gamma(t,p)\subset M|\ p\in M,\ t\in R^1\}$$

称为 v 在 M 上的流. 例如, 图 1.26 给出的是一个作旋涡运动的流体速度场流的拓扑结构, 这种结构在现实生活中经常被观察到.

1.3.2　向量场的 Poisson 括号积

在引入 Frobenius 定理之前, 先介绍流形上向量场 Poisson 括号积的代数运算概念及其几何意义.

令 M 是一个 n 维光滑流形, (U,x) 为 M 的一个局部坐标系. M 上的任两个光滑向量场 u 和 v 在局部坐标系下可表示为

$$u=\{u_1(x),\cdots,u_n(x)\},$$

$$v=\{v_1(x),\cdots,v_n(x)\}.$$

定义 u 和 v 的 Poisson 括号积为

$$[u,v]=\left\{\sum_{i=1}^n\left(u_i\frac{\partial v_1}{\partial x_i}-v_i\frac{\partial u_1}{\partial x_i}\right),\cdots,\sum_{i=1}^n\left(u_i\frac{\partial u_n}{\partial x_i}-v_i\frac{\partial u_n}{\partial x_i}\right)\right\},\tag{1.3.3}$$

这里, Poisson 括号积 (1.3.3) 是在局部坐标系中定义的. 由张量分析的知识可以证明用局部坐标表达的 Poisson 括号积 (1.3.3) 实际定义了 M 上的一个全局向量场. 对于不熟悉张量分析的读者只需接受这一事实即可.

这里需要解释一下, 从局部坐标系定义的向量场在一般情况下不能形成一个全局场. 具体地说, 令 $\{(U_\alpha,\varphi_\alpha)|\ \alpha\in I\}$ 是 n 维流形 M 的一个坐标系覆盖, u 和 v 是 M 上两个向量场, 它们在每个坐标系 $(U_\alpha,\varphi_\alpha)$ 表达为

$$u_\alpha=\{u_1^\alpha,\cdots,u_n^\alpha\},\quad \alpha\in I,$$
$$v_\alpha=\{v_1^\alpha,\cdots,v_n^\alpha\},\quad \alpha\in I.$$

由 u_α 和 v_α 在 $(U_\alpha,\varphi_\alpha)$ 中可诱导出无穷多个局部向量场. 例如

$$W_\alpha=\{u_1^\alpha v_1^\alpha,\cdots,u_n^\alpha v_n^\alpha\},\quad \alpha\in I$$

就是 $(U_\alpha,\varphi_\alpha)$ 中一个向量场. 但是 $\{W_\alpha|\ \alpha\in I\}$ 不能拼成 M 上的一个全局向量场. 也就是说, 在 M 上不存在一个向量场使得它在每个坐标系 $(U_\alpha,\varphi_\alpha)$ 中的表达式与 W_α 相等. 然而由 (1.3.3) 定义的所有局部向量场却拼为 M 上一个全局场, 称为 Poisson 括号积. 张量分析的理论为局部场形成全局场提供了基本判据.

下面分析 Poisson 括号积的几何意义. (1.3.3) 式可写成如下形式:

$$[u,v]=(u\cdot\nabla)v-(u\cdot\nabla)u,\tag{1.3.4}$$

其中 ∇ 为梯度算子

$$\nabla=\left\{\frac{\partial}{\partial x_1},\cdots,\frac{\partial}{\partial x_n}\right\},$$

而 $u\cdot\nabla$ 为

$$u\cdot\nabla=\sum_{i=1}^n u_i\frac{\partial}{\partial x_i}.\tag{1.3.5}$$

在向量分析中我们知道, 算子 $u\cdot\nabla$ 代表沿着 u 方向的方向导数. 因此 $(u\cdot\nabla)v$ 表示向量场 v 沿 u 方向的方向导数. 用更为明确的方式来说明就是: 令 $\gamma(t)$ 为 u 的一条轨道, 则

$$\begin{aligned}\frac{d}{dt}v(\gamma(t))&=\sum_{i=1}^n\frac{\partial v}{\partial x_i}\frac{dx_i}{dt}\\&=(u\cdot\nabla)v\quad\left(\text{由}u(x)=\frac{dx}{dt}=\frac{d\gamma(t)}{dt}\right).\end{aligned}$$

因此 $(u\cdot\nabla)v$ 代表向量场 v 沿着 u 的轨道线 $\gamma(t)$ 的变化率. 这样, Poisson 括号积 (1.3.3) 的几何意义就是 v 沿着 u 的轨道曲线变化率与 u 沿着 v 的轨道变化率之差.

最后需要指出,在许多场合, 特别是在微分几何中一个 M 上的向量场 u 就是采用 (1.3.5) 式来定义的. 此时 $\left\{\frac{\partial}{\partial x_i}|\ 1\leqslant i\leqslant n\right\}$相当于局部坐标系中的基底,

$\{u_1, \cdots, u_n\}$ 代表该基底下的系数. 采用 (1.3.5) 定义向量场的优点在于将向量场算子化了, 它起到方向导数作用, 从而增加了它的数学功能. 另一方面, 从张量分析的角度看, $\left\{\dfrac{\partial}{\partial x_i}\right\}$ 是一阶反变张量,而 $\{u_i\}$ 是一阶协变张量 (即传统意义下的向量场), 因而 $\sum\limits_{i=1}^{n} u_i \dfrac{\partial}{\partial x_i}$ 是一个标量算子. 它作用在一个向量场 v 上, 即

$$uv = \sum_{j=1}^{n}\left(\sum_{i=1}^{n} u_i \frac{\partial v_j}{\partial x_i}\right)\frac{\partial}{\partial x_j}$$

仍是一个向量场. 这就很容易理解为什么 Poisson 括号积 (1.3.3) 是一个全局向量场, 因为在这种定义下 $[u, v] = uv - vu$.

1.3.3 Frobenius 定理

我们知道, 对 M 上给定的一个向量场 $v \neq 0$, 过每一点 $P \in M$ 存在 v 的一条轨道 $\gamma(t)$, $\gamma(t_0) = p_0$, 满足方程

$$\frac{d\gamma}{dt} = v(\gamma(t)).$$

换句话说, 一个 M 上的非零向量场在 M 上每一点 p 的切空间 T_pM 上确定了一个维子空间 $L_p^1 = \text{span}\,\{v\}$, v 过 p 点的轨道 $\gamma(t)$ 是 M 的一个一维子流形, 并且 $\gamma(t)$ 上每一点 q 的切向量都位于 L_q^1 上.

我们沿着这一思路作进一步的推广, 即在 M 每一点 p 的切空间 T_pM 上都给定一个 k 维子空间 $L_p^k (1 \leqslant k \leqslant n)$. 现在的问题就是在什么条件下对每一点 $p \in M$ 都存在一个过 p 点的 k 维子流形 $N \subset M$, 使得 N 上每一点 q 的切空间 T_qN 与给定的 k 维子空间 L_q^k 重合:

$$T_qN = L_q^k.$$

Frobenius 定理就是对这一问题的解答.

为了严格地陈述 Frobenius 定理, 下面给出几个定义.

定义 1.13 令 M 是一个 n 维光滑流形.

(1) 若对 M 每一点 p 的切空间 T_pM 上都给定一个 k 维子空间 $L_p^k \subset T_pM$, 则称 $L^k = \{L_p^k \subset T_pM |\ p \in M\}$ 为 M 上的一个 k 维分布;

(2) 一个 M 上的 k 维分布 L^k 称为是光滑的, 若对每一点 $p \in M$ 存在一个邻域 U 以及 U 上的 k 个 C^∞ 向量场 $v_1, \cdots, v_k$, 使得它们的线性扩张为

$$\text{span}\,\{v_1(q), \cdots, v_k(q)\} = L_q^k, \qquad \forall q \in U.$$

一个 M 上的向量场 v 称为属于分布 L^k, 记为 $v \in L^k$, 若对每一点 $p \in M$ 都有 $v(p) \in L^k_p$.

定义 1.14 M 上的一个光滑分布 L^k 称为满足 Frobenius 条件, 如果对任两个向量场 $u, v \in L^k$ 都有 $[u, v] \in L^k$.

M 上的一个 k 维子流形 $N \subset M$ 称为是分布 L^k 的积分流形, 如果对每一点 $p \in M$ 都有 $T_pN = L^k_p$.

下面给出的是 Frobenius 定理.

定理 1.6 令 L^k 是 M 上的一个 k 维光滑分布, 则对每一点 $p \in M$ 都存在一个过点 p 的 L^k 的积分流形充要条件是 L^k 满足 Frobenius 条件.

下面展示定理 1.6 的实质意义, 这些内容也可看作是该定理的一种证明, 虽然在陈述上不是很严格.

首先讨论二维情况. 令 v_1 和 v_2 是流形 M 上的两个向量场, 它们在 M 上张成一个二维分布 L^2, 即对每一点 $p \in M$, v_1, $v_2 \in L^2_p$. 我们可以看到, 过每一点 $p \in M$, v_1 和 v_2 各有一条轨道 γ_1 和 γ_2. 当选定其中一个轨道, 例如 γ_1, 则过 γ_1 上所有点的 v_2 轨道集合形成一个二维子流形 Σ_1, 如图 1.27(a) 所示. 称该流形为按 (1,2) 顺序向量场 v_1 和 v_2 给出的子流形. 同理, 按 (2,1) 顺序, 这两个向量场又给出另一个二维子流形 Σ_2, 如图 1.27(b) 所示. 在一般情况下, 这两个子流形 Σ_1 和 Σ_2 并不重合. 一个自然问题就是在什么条件下这两个子流形重合? Frobenius 定理告诉我们, 这两个子流形重合的充要条件是 v_1 和 v_2 满足条件: $[v_1, v_2] \in L^2$, 即

$$[v_1, v_2] = \alpha_1 v_1 + \alpha_2 v_2,$$

其中 α_1 和 α_2 为 M 上两个 C^∞ 函数.

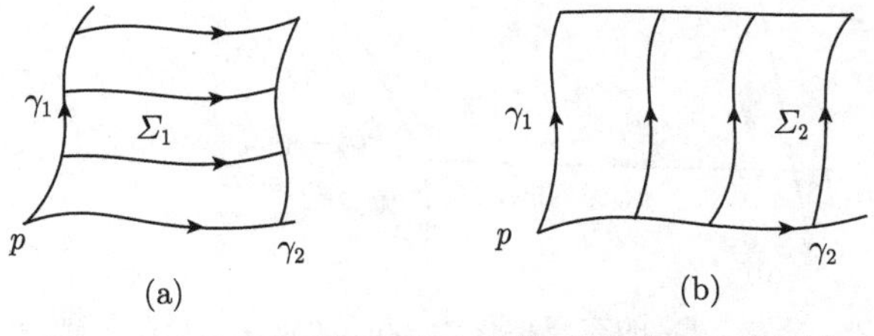

图 1.27 (a) 过 γ_1 上所有点的 v_2 轨道集合给出二维子流形 Σ_1; (b) 过 γ_2 上所有点的 v_1 轨道集合给出子流形 Σ_2

对于一般 k 维情况, $v_1, \cdots, v_k$ 是 M 上 k 个向量场, 它们张成一个 k 维分布 L^k. 对这些向量场的 k 个下标 $(1, 2, \cdots, k)$ 可给出许多种不同的排列顺序 $(i_1, \cdots, i_k)$. 对每一种顺序这些向量场可按下面方式给出一个 k 维子流形: 过 p 点 v_{i_1} 给出一个轨道 Σ^1, 过 Σ^1 上每一点由 v_{i_2} 的轨道集合给出一个二维子流形 Σ^2, 过 Σ^2 上每点 v_{i_3} 的轨道集合给出一个三维子流形 Σ^3. 依次按顺序 $(i_1, \cdots, i_k)$ 进行下去, 这

些向量场给出一个 k 维子流形 Σ^k. 定理 1.6 说, 所有这些不同顺序给出的 k 维子流形都重合的充要条件是

$$[v_i, v_j] \in L_p^k, \quad \forall p \in M, \quad 1 \leqslant i,\ j \leqslant k.$$

为什么会有这样的结论呢? 下面就二维情况给予解释. 对于高维情况, 其实质是一样的.

令 $\gamma_1(t)$ 和 $\gamma_2(t)$ 分别为 v_1 和 v_2 过点 p 的轨道, $\gamma_1(o) = \gamma_2(o) = p$. 平面 L_p^2 由 $v_1(p)$ 和 $v_2(p)$ 所张成

$$L_p^2 = \text{span}\ \{v_1(p), v_2(p)\}.$$

在无穷小尺度下 v_1 和 v_2 分别过 $\gamma_2(t)$ 和 $\gamma_1(t)$ 上点的轨道为 $\tau v_1(\gamma_2(t))$ 和 $tv_2(\gamma_1(\tau)), -\delta < t,\ \tau < \delta$, 简记为 $\tau v_1(t)$ 和 $tv_2(\tau)$. 因此按顺序 (1,2) 和 (2,1) 得到子流形 Σ_1 和 Σ_2 在 p 点无穷小邻域内可表示为

$$\Sigma_1 = \{\tau v_1(t) |\ -\delta < \tau < \delta,\ \ -\delta < t < \delta\},$$
$$\Sigma_2 = \{t v_2(\tau) |\ -\delta < \tau < \delta,\ \ -\delta < t < \delta\}.$$

两个曲面 Σ_1 和 Σ_2 重合的充要条件为: 对任给 τ_0 和 t_0 $(-\delta < \tau_0,\ t_0 < \delta)$, 两个向量 $\tau_0 v_1(t_0)$ 和 $t_0 v_2(\tau_0)$ 的端点重合, 参见图 1.28. 这意味着

$$\tau_0 v_1(t_0) = w + u_1,$$
$$t_0 v_2(\tau_0) = w + u_2,$$

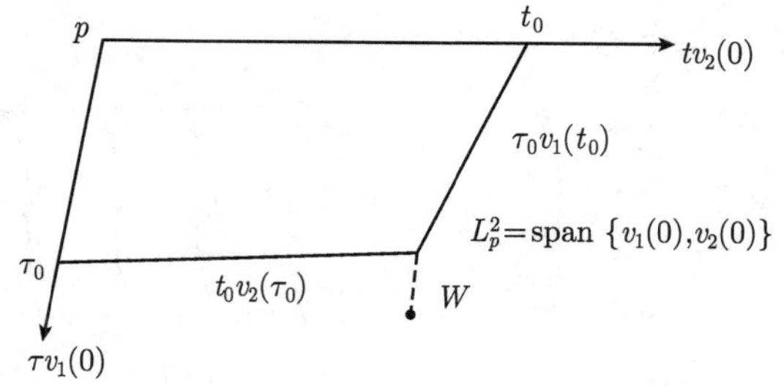

图 1.28　$\Sigma_1 = \Sigma_2$ 的充要条件为 $t_0 v_2(\tau_0)$ 与 $\tau_0 v_1(t_0)$ 端点重合

其中 w 是垂直于平面 $L_p^2 = \text{span}\{v_1(0), v_2(0)\}$ 的一个向量, 即 $w \perp L_p^2$, 而 $u_1, u_2 \in L_p^2$. 因此 Σ_1 与 Σ_2 重合的充要条件为

$$\tau_0 v_1(t_0) - t_0 v_2(\tau_0) = u_1 - u_2 \in L_p^2, \quad \forall -\delta < \tau_0,\ t_0 < \delta.$$

或等价地

$$\frac{\tau_0 v_1(t_0) - t_0 v_2(\tau_0)}{t_0 \tau_0} \in L_p^2. \tag{1.3.6}$$

另一方面, 由 $v_1(t)=v_1(\gamma_2(t))$, $v_2(\tau)=v_2(\gamma_1(\tau))$ 知, v_1 沿着 v_2 轨道的变化率和 v_2 沿着 v_1 轨道的变化率分别为

$$\frac{v_1(t)-v_1(0)}{t} \quad 和 \quad \frac{v_2(\tau)-v_2(0)}{\tau}.$$

这样得到

$$\begin{aligned}[v_1(0),v_2(0)]&=\frac{v_1(t_0)-v_1(0)}{t_0}-\frac{v_2(\tau_0)-v_2(0)}{\tau_0}\\&=\frac{\tau_0 v_1(t_0)-t_0 v_2(\tau_0)}{t_0\tau_0}+\frac{t_0 v_2(0)-\tau_0 v_1(0)}{t_0\tau_0}.\end{aligned} \tag{1.3.7}$$

由 (1.3.6) 以及 $t_0 v_2(0)-\tau_0 v_1(0)\in L_p^2$, 从 (1.3.7) 可推知两个曲面 Σ_1 和 Σ_2 重合的充要条件为 Poisson 括号积 $[v_1(0),v_2(0)]\in L_p^2$. 于是在宏观尺度上两个不同顺序得到的曲面重合的充要条件就是对每一点 $p\in M$, v_1 与 v_2 的 Poisson 括号积位于 L_p^2 内:

$$[v_1(p),v_2(p)]\in L_p^2, \quad \forall p\in M.$$

上述过程不仅从直观上给出分布 L^k 的积分流形, 并且也解释了为什么 Frobenius 条件是积分流形存在的充要条件.

1.3.4 两种等价的定理形式

Frobenius 定理有其他三种变形形式, 它们分别以 k 维分布局部平直化、偏微分方程存在性, 以及微分形式的 Pfaff 方程完全可积性等方式出现. 在这一小节中只介绍前两种形式.

在前面曾提到过, 对于 M 上的一个向量场 X, 在局部坐标系 (U,φ) 下, 通常 X 被表达为如下形式:

$$X=\sum_{j=1}^n \alpha_j(x)\frac{\partial}{\partial x_j}, \qquad x=\varphi(p), \ \ p\in U.$$

下面就采用这种表达方式来陈述 k 维分布 L^k 可局部平直化定理.

定理 1.7 令 L^k 是 M 上的一个 k 维光滑分布. 则对任一点 $p\in M$, 存在 p 的一个局部坐标系 (U,φ) 及在 U 上属于 L^k 的 k 个线性无关向量场 $X^j\in L^k|_U$, 使得

$$X^j=\frac{\partial}{\partial x_j}, \quad 1\leqslant j\leqslant k \tag{1.3.8}$$

成立的充要条件为 L^k 满足 Frobenius 条件.

证明 必要性是显然的, 即若 (1.3.8) 成立, 则 $[X^i,X^j]=0$. 下面采用揭示该定理实质的方式来阐明充分性证明过程.

当 L^k 满足 Frobenius 条件时, 由定理 1.6 知, 对每一点 $p\in M$, L^k 唯一地存在一个过 p 点的积分流形 Σ_p^k. 容易看出, 当 $M=R^k\times R^{n-k}$ 并且其分布 L^k 在每一点 $z\in M$ 的 k 维切子空间 L_z^k 都与 R^k 平行时 (参见图 1.29), 则 L^k 与其积分流形 Σ^k 重合, 即

$$\Sigma_z^k=L_z^k,\quad \forall z\in M=R^n.$$

此时在 $M=R^k\times R^{n-k}$ 中选取正交坐标系 (x,y), $x\in R^k$, $y\in R^{n-k}$, 则显然 R^n 中 k 个向量场$X^j=\dfrac{\partial}{\partial x_j}$ $(1\leqslant j\leqslant k)$ 正如定理所要求. 定理 1.7 的证明过程就是找到一个坐标变换 $\varphi:U\to R^k\times R^{n-k}$ 使得积分流形 Σ^k 在 φ 的映射下在 R^n 中被拉平为与 R^k 平行的 k 维平面区域, 如图 1.29 所示.

不妨将 M 的局部坐标系视为 $R^k\times R^{n-k}$ 的一个开集, 使得 $z=(x,y)\in U\subset R^n$, $x\in R^k$, $y\in R^{n-k}$, 并且 L^k 过 $z=0$ 的积分流形 Σ_0^k 与 R^k 相切. 此时 L^k 在 U 中的积分流形就是一族 k 维曲面 $\Sigma_y^k\subset R^n$, 如图 1.30 所示, 它们可用函数表达为如下形式:

$$z\in\Sigma_y^k\Leftrightarrow z=(x,f(x,y)),\quad x\in R^k,\ y\in R^{n-k},\tag{1.3.9}$$

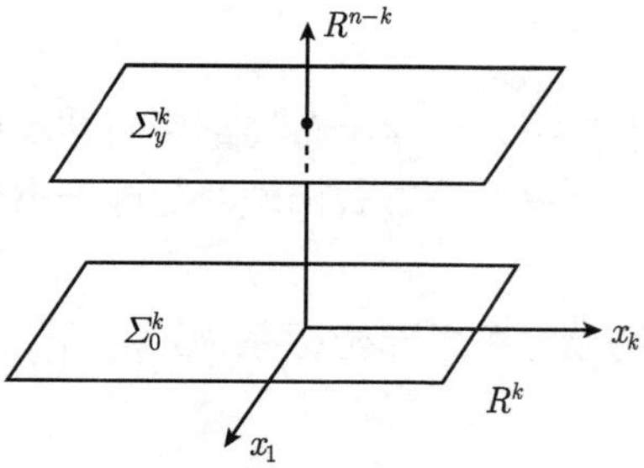

图 1.29

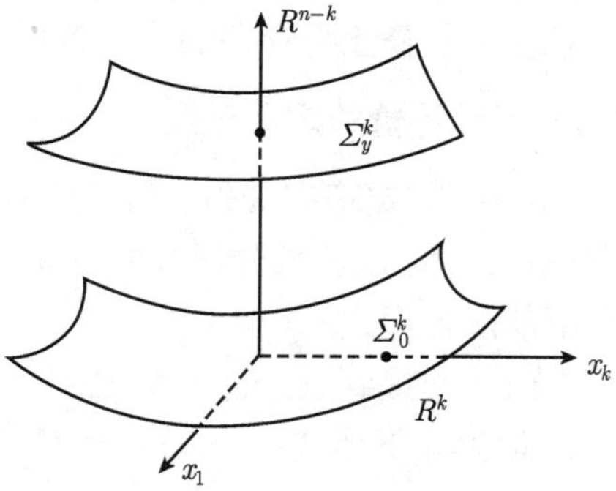

图 1.30

这里 $f(x,y)\in R^{n-k}$ 是过 $z=(0,y)$ 点 k 维曲面 Σ_y^k 的表达函数, 满足

$$\begin{cases}f(x,y)=y+g(x,y),\\ g(0,y)=0,\\ g'(0,0)=0.\end{cases}\tag{1.3.10}$$

现在作变换 $\varphi(x,y)=(\tilde{x},\tilde{y})$ 如下:

$$\begin{cases}\tilde{x}=x,\\ \tilde{y}=f(x,y),\quad x\in R^k,\ y\in R^{n-k}.\end{cases}\tag{1.3.11}$$

从 (1.3.9) 可以看出, 映射 (1.3.11) 将曲面 Σ_y^k 映为图 1.29 所示中的高度为 y 并且

平行于 R^k 的 k 维平面区域. 再由 (1.3.10) 可知, Jacobi 矩阵

$$D\varphi(z) = \begin{pmatrix} I_k & 0 \\ * & I_{n-k} + g'_y(z) \end{pmatrix}$$

是非退化的对 $z \in U$, 当 U 作为 $z = 0$ 的邻域取得很小时. 因而由 (1.3.11) 定义的映射 $\varphi: U \to R^n$ 是一个坐标系. 于是定理得证.

现在考虑某类一阶偏微分方程存在性的 Frobenius 定理. 令 $U \subset R^n = R^k \times R^{n-k}$ 为 $z = 0$ 的一个邻域, 坐标 $z = (x, y)$ 为 $x \in R^k$, $y \in R^{n-k}$. 给出 U 上 $k \times (n-k)$ 个 C^∞ 函数 $G_{ij}(x, y)$, $1 \leqslant i \leqslant k$, $1 \leqslant j \leqslant n-k$. 考虑偏微分方程

$$\frac{\partial u_j}{\partial x_i} = G_{ij}(x, u), \quad 1 \leqslant i \leqslant k, \ 1 \leqslant j \leqslant n-k, \tag{1.3.12}$$

其中 $u = (u_1, \cdots, u_{n-k})$ 是关于 $x \in R^k$ 的未知函数, 其初始条件为

$$u(x_0) = y_0, \quad (x_0, y_0) \in U \subset R^n. \tag{1.3.13}$$

由 $\partial^2 u_j/\partial x_r \partial x_i = \partial^2 u_j/\partial x_i \partial x_r$ 可推知, 方程 (1.3.12) 若存在解 $u_j (1 \leqslant j \leqslant n-k)$, 则 $G_{ij}(x, y)$ 一定满足下面条件

$$\frac{\partial G_{ij}}{\partial x_r} + \sum_{l=1}^{n-1} \frac{\partial G_{ij}}{\partial y_l} G_{rl} = \frac{\partial G_{rj}}{\partial x_i} + \sum_{l=1}^{n-k} \frac{\partial G_{rj}}{\partial y_l} G_{il}, \tag{1.3.14}$$

对任何 $1 \leqslant i$, $r \leqslant k$, $1 \leqslant j \leqslant n-k$. 从定理 1.6 可推出下面定理.

定理 1.8 问题 (1.3.12) 和 (1.3.13) 在 $z = 0$ 的一个邻域 $U \subset R^k \times R^{n-k}$ 内有解的充要条件为 (1.3.14) 在 U 内成立. 在此情况下解是唯一的.

证明 该定理的本质能够在下面的证明中体现出来. 考虑向量场

$$X_i = \frac{\partial}{\partial x_i} + \sum_{j=1}^{n-k} G_{ij} \frac{\partial}{\partial y_j}, \qquad 1 \leqslant i \leqslant k. \tag{1.3.15}$$

容易验证, 条件 (1.3.14) 等价于 $[X_i, X_r] = 0$, $\forall 1 \leqslant i$, $r \leqslant k$. 这些向量场在 U 中构成一个 k 维分布 $L^k = \mathrm{span}\{X_1, \cdots, X_k\}$. 因此由定理 1.6, 过 $(x_0, y_0) \in U$ 唯一存在 L^k 的一个积分流形 $\varSigma_0^k$, 它是 $U \subset R^n$ 中一个 k 维曲面. $\varSigma_0^k$ 可在 $R^k \times R^{n-k}$ 中用函数表达出来. 假设其表达式为

$$\begin{cases} y_j = u_j(x, y_0), & 1 \leqslant j \leqslant n-k, \\ y_j(x_0) = y_0^j, & y_0 = (y_0^1, \cdots, y_0^{n-k}). \end{cases} \tag{1.3.16}$$

下面要表明 (1.3.16) 即是问题 (1.3.12) 和 (1.3.13) 的解.

注意到 X_i 是 Σ_0^k 的切向量. 因此 Σ_0^k 的 y_j 分量表达函数 (1.3.16) 关于 x_i 的偏导数为 X_i 在 y_j 方向的分量与其在 x_i 方向的分量之比, 见图 1.31 所示. 而由 (1.3.15) 可知, X_i 在 y_j 方向分量为 G_{ij}, 在 x_i 方向分量为 1. 故有

$$\frac{\partial u_j}{\partial x_i} = \mathrm{tg}\theta_{ij} = G_{ij}.$$

这说明 (1.3.16) 为 (1.3.12) 和 (1.3.13) 的解. 证毕.

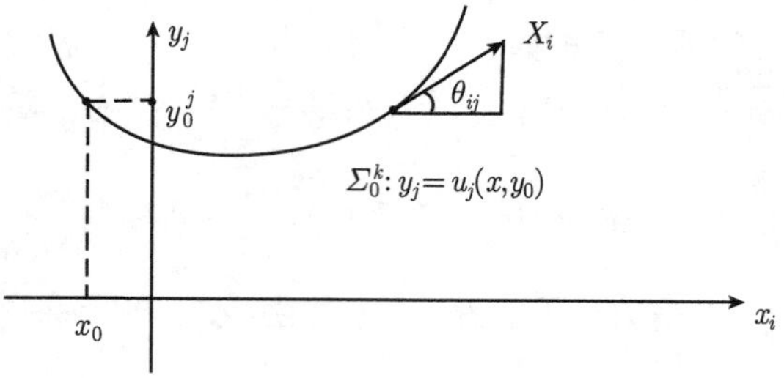

图 1.31

1.4　正则值与横截性

1.4.1　Sard 定理

Sard 定理是微分拓扑中的一个重要定理. 它不仅在将介绍的 Thom 横截性定理中, 而且在分析中的拓扑度理论, 以及在动力系统中都有实质性的应用. 在介绍 Sard 定理之前, 我们先用直观的现象对该定理作一解说, 以便对其实质有一个初步理解.

令 $\Omega \subset R^n$ 是一个开集, $f : \Omega \to R^n$ 是一个光滑映射. 可直观地将它理解为空间 Ω 到 R^n 中一个开集 Ω' 上的覆盖, 如图 1.32 所示. 在那里 f 将 Ω 的子集 Ω_1 映到 $\Omega_1' + \Omega_2'$ 上, 将 Ω_2 覆盖到 Ω_2' 上, 而将 Ω_3 覆盖到 $\Omega_2' + \Omega_3'$ 上. 并且分别将折叠线 l_1 和 l_2 映到 l_1' 和 l_2' 上. 在数学上, 折叠线 l_1 和 l_2 上的点称为 f 的临界点, 在那里 Ω 发生折叠. 而 l_i 的像 l_i' 上点称为 f 的临界值. 从直观的角度, $l_i'(i = 1, 2)$ 的维数小于 n, 因此 f 的临界值在 R^n 中具有零测度. 这就是所谓的 Sard 定理.

从映射的角度, f 在临界点 $p \in l_i$ $(i = 1, 2)$ 处的数学特征是什么呢? 从图 1.32 可见, Ω 中任一条横线穿过折叠线 l_i 的曲线 L, 其像 $f(L)$ 在 l_i' 的临界值处发生折线式的回转. 从而切映射 Df 将 L 在临界点处的切向量映为零. 这意味着在临界点处有

$$\det Df(x) = 0, \quad \forall x \in l_i \ (i = 1, 2). \tag{1.4.1}$$

这里 det A 表示矩阵 A 的行列式.

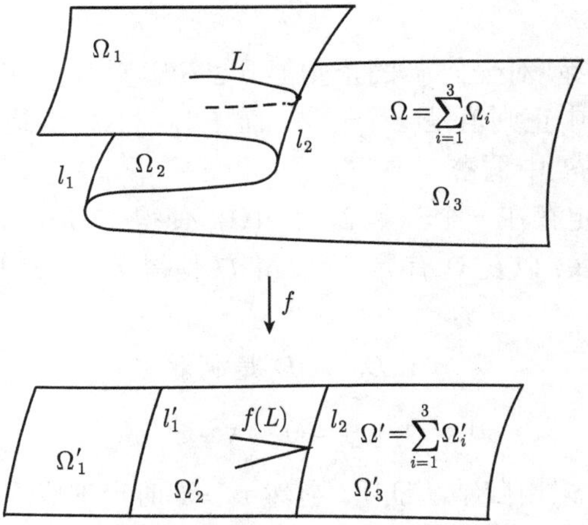

图 1.32 映射 f 将 Ω 折迭覆盖到 Ω' 上

这样, 就引出流形之间映射的临界点与正则点的概念.

定义 1.15 令 M 和 N 是微分流形, $f: M \to N$ 是可微映射. $p \in M$ 称为 f 的临界点, 如果

$$\text{秩 } Df(p) < \dim N. \tag{1.4.2}$$

否则 p 称为 f 的正则点. 若 p 是 f 的临界点, 则 $q = f(p)$ 称为 f 的临界值. 而 $q \in N$ 称为 f 的正则值, 若 $f^{-1}(q) = \varnothing$ 或 $p \in f^{-1}(q)$ 为正则点.

注 1.2 从定义 1.5 可知, 当 $\dim M < \dim N$ 时, M 的所有点都是映射 $f: M \to N$ 的临界点. 只有当 $\dim M \geqslant \dim N$ 时, 在 M 中才有可能存在 f 的正则点. 特别地, 当 $\dim M = \dim N$ 时, 条件 (1.4.2) 与 (1.4.1) 等价.

下面给出的是 Sard 定理. 这里的证明方法来自文献 [16].

定理 1.9 令 M, N 是微分流形, $\dim M = n$, $\dim N = k$, $f: M \to N$ 是一个 C^r 流形. 如果 $r > \max\{0, n-k\}$, 则 f 的正则值集合在 N 中是稠密的, 因而 f 的临界值集合在 N 中具有零测度. 特别地, 当 M 是紧流形, 或 $M \subset R^n$ 是有界开集, 则 f 正则值的内点集合非空并且在 N 中是开稠集.

证明 这里给出的方法与经典的证明有所不同, 它实际上是将图 1.32 所示的直观现象翻译成数学语言过程. 其本质是证明 M 的任何有界开集在 f 映射下, 其临界值集合的维数小于 $\dim N$.

仅考虑 $n = k$ 的情况,对于 $n \neq k$ 的情形可类似地进行证明. 由于 M 可分解为可数个有界开集之和, 即 $M = \sum\limits_{j=1}^{\infty} \Omega_j$, Ω_j 同胚于 R^n 中一个有界开集. 因此, 只要对有界开集 $\Omega \subset R^n$ 证明$f: \Omega \to R^n$ 的正则值内点集是开稠的, 则可推知 $f: M \to N$ 的正则值集合 $A = \bigcap\limits_{j=1}^{\infty} A_j$ 在 N 中稠密, 其中 A_j 是 $f|_{\Omega_j}$ 在 N 中的正

则值集.

因为 $\Omega \subset R^n$ 有界, 对任何 f 的正则值 $q \in R^n$, $f^{-1}(q)$ 在 Ω 中只含有限个点. 由反函数定理, $f(\Omega)$ 中正则值是一个开集. 而 $R^n - f(\bar{\Omega})$ 也是一个开集. 因此只需证明 f 的正则值在 R^n 中稠密.

假如不然, 则一定存在一个开集 $D \subset f(\Omega)$, 使得 D 是由 f 的临界值构成. 由于 $f^{-1}(D) \subset \Omega$ 是开集, 以及 Ω 有界, 可取得 D 使得 $D_0 = f^{-1}(D)$ 为连通开集, 即有下面性质:

$$f:\ D_0 \to D \text{ 是满射}, \tag{1.4.3}$$

$$\det Df(x) = 0, \quad \forall x \in D_0. \tag{1.4.4}$$

关于空间维数 n 采用归纳法证明. 显然 $n=1$ 时定理成立. 否则, 由 (1.4.4) 可知 $f'(x) = 0$ 在开集 D_0 上成立, 这意味着 f 在 D_0 上是常值, 此与 (1.4.3) 矛盾. 假设定理对 $n-1 \geqslant 1$ 成立, 我们将证明对 n 也成立.

用反证法. 假设定理对 n 不成立, 则 (1.4.3) 和 (1.4.4) 成立. 我们将导出矛盾. 显然 $Df \neq 0$ 在 D_0 上, 否则 f 在 D_0 上是常值映射. 因此存在 $x_0 \in D_0$ 使得 $Df(x_0) \neq 0$. 不失一般性, 假设 $x_0 = 0$ 使得

$$f(0) = 0. \tag{1.4.5}$$

对于线性映射 $Df(0): X \to Y$ $(X, Y = R^n)$, 有两种情况:

(i) $Df(0)$ 至少有一个特征值不为零. 此时可取适当坐标系使得矩阵 $Df(0)$ 可表达为下面 Jordan 形式:

$$Df(0) = \begin{pmatrix} A_1 & 0 \\ 0 & A_2 \end{pmatrix}, \tag{1.4.6}$$

其中 A_1 为 $m \times m$ 退化矩阵, A_2 为 $(n-m) \times (n-m)$ 非退化矩阵, $n > m$.

(ii) $Df(0)$ 所有特征值为零. 此时分别关于 X 和 Y 在适当坐标变换下, 有

$$Df(0) = \begin{pmatrix} 0 & A \\ 0 & 0 \end{pmatrix}, \tag{1.4.7}$$

其中 A 是 $m \times m$ 非退化矩阵, $0 < m < n$.

对于情况 (i), 由 (1.4.6), 空间 X 和 Y 分别能分解为两个线性子空间的值和 $X = X_1 \oplus X_2$, $Y = Y_1 \oplus Y_2$, 使得

$$\dim X_1 = \dim Y_1 = m, \quad \dim X_2 = \dim Y_2 = n - m,$$

并且有

$$A_i:\ X_i \to Y_i, \quad i = 1, 2,$$

这里 $A_i(i=1,2)$ 为 (1.4.6) 中的矩阵. 此时映射 $f:\Omega\to Y$ 在 $x_0=0$ 附近可表达为 $f=(F,G)$, 其中

$$F(x,y)=A_1x+h_1(x,y)\in Y_1, \tag{1.4.8}$$

$$G(x,y)=A_2y+h_2(x,y)\in Y_2, \tag{1.4.9}$$

这里 $x\in X_1$, $y\in X_2$, $h_i(x,y)=o(|x|+|y|)$, $i=1,2$.

由隐函数定理, 从 (1.4.5) 和 (1.4.9) 推出, 存在一个函数

$$y=\Phi(x),\quad x\in X_1,\quad |x|<\delta \text{ 对某个 } \delta>0,$$

这里 $\Phi(x)=o(|x|)$, 使得

$$G(x,\Phi(x))=0,\quad \forall |x|<\delta,\quad x\in X_1. \tag{1.4.10}$$

记 $B=\{(x,\Phi(x))|\ x\in X_1,\ |x|<\delta\}$, 则 $B\subset D_0$ 是同胚于 $X_1=R^m$ 的一个 m 维开曲面, 并且在 $x_0=0$ 处与 X_1 相切. 在 X 中作局部坐标变换 φ: $X\to X$ 为

$$x'=x,\quad y'=y-\Phi(x),$$

则 φ 将曲面 B 映到 $y'=0$ 的 x' 平面上. 此时 f 变为 $f'=(F',G')$. 为了简单, 对新坐标和 f' 省去上一撇. 这样在新坐标下

$$B=\{(x,0)\in X|\ x\in X_1,\ |x|<\delta\}\subset D_0,$$

方程 (1.4.10) 为

$$G(x,0)=0,\quad x\in X_1,\quad |x|<\delta. \tag{1.4.11}$$

这样, 由 (1.4.8) 和 (1.4.11), 有

$$f|_B=A_1+h_1(\cdot,0):\ B\cap X_1\to Y_1.$$

由归纳假设, $\forall\varepsilon>0$, 存在 $x\in X_1$, $|x|<\varepsilon$, 使得 x 是 $f|_B$ 的正则点, 即

$$A_1+D_xh_1(x,0):\ X_1\to Y_1$$

是可逆的. 因而由 (1.4.8)~(1.4.9) 及 (1.4.11), 有

$$Df(x,0)=\begin{pmatrix} A_1+D_xh_1(x,0) & * \\ 0 & A_2+D_yh_2(x,0)\end{pmatrix}. \tag{1.4.12}$$

注意到当 $x\to 0$ 时, $D_yh_2(x,0)\to 0$, 而 A_2 是可逆矩阵. 因而当 $|x|$ 充分小时, $Df(x,0)$ 是一个可逆矩阵. 此与 (1.4.4) 矛盾.

对于情况 (ii), 由 (1.4.7), 空间 X 和 Y 分别能分解为 $X = X_1 \oplus X_2$ 及 $Y = Y_1 \oplus Y_2$, 使得

$$\dim X_1 = \dim Y_2 = n - m, \quad \dim X_2 = \dim Y_1 = m,$$

并且有 $A: X_2 \to Y_1$, 这里 A 为 (1.4.7) 中矩阵. 此时映射 f 在 $x_0 = 0$ 邻域可表达为 $f = (F, G)$, 其中

$$F(x,y) = Ay + h_1(x,y) \in Y_1, \tag{1.4.13}$$

$$G(x,y) = h_2(x,y) \in Y_2, \tag{1.4.14}$$

$x \in X_1$, $y \in X_2$, $h_i(x,y) = o(|x| + |y|)$. 关于 (1.4.13) 使用隐函数定理得

$$F(x, \Phi(x)) = 0, \quad x \in X_1, \quad |x| < \delta. \tag{1.4.15}$$

类似于情况 (i), 在坐标变换下, $B = \{(x, \Phi(x))|\ x \in X_1,\ |x| < \delta\}$ 变为

$$B = \{(x,0)|\ x \in X_1,\ |x| < \delta\}.$$

然后, 在 B 上 $F = 0$, 即

$$F(x,0) = 0, \quad \forall x \in X_1, \quad |x| < \delta. \tag{1.4.16}$$

这样, 由 (1.4.13) 和 (1.4.15) 有

$$f|_B = h_2(\cdot, 0):\ B \cap X_1 \to Y_2. \tag{1.4.17}$$

类似于 (1.4.12), 从 (1.4.13)~(1.4.17) 可推知

$$Df(x,0) = \begin{pmatrix} 0 & A + D_x h(x,0) \\ D_x h_2(x,0) & * \end{pmatrix}$$

是一个可逆矩阵, 对任何 $|x|$ 充分小成立. 此与 (1.4.4) 矛盾. 这样定理得证.

注 1.3　若 M 是紧流形, 则 $f: M \to N$ 的正则值集合 K 在 N 中是一个开集. 当 M 非紧但是有界, 即 $\bar{M}$ 是紧时, K 不一定是开集. 但是 K 的内点集不空. 当 M 为无界时, K 不一定有内点. 例如 $f: R^1 \to T^2$ 是从实数空间到轮胎面上的一个映射. 则 f 的正则值集合为 $K = T^2 - f(R^1)$. 当 f 是遍历映射, 即 $f(R^1)$ 在 T^2 中稠密时, K 就没有内点.

1.4.2 横截性

横截性在拓扑学中是一个基本而又重要的概念. 正如某些学者所说的那样, 此概念揭示了流形的秘密. 在严格地介绍横截性定义之前, 我们首先用简单的图形来说明这个概念. 在图 1.33 中, 图形 (a) 所示两条曲线在 x 点的相交是横截性的, 而 (b) 所示的是非横截性的, 它们在 x 点相切.

(a) (b)

图 1.33

所谓横截相交, 简要地讲就是指两个拓扑空间在某一点 x 是完全穿越性地相交. 更严格地, 有下面定义.

定义 1.16 令 M 是一个 n 维 C^r 流形 $(r \geqslant 1)$, Σ_1^k 和 Σ_2^r 分别为 M 的 k 维和 r 维拓扑子空间, $k+r=n$. 称 Σ^k 与 Σ^r 在点 $p \in M$ 是横截相交的, 若 $p \in \Sigma_1^k \cap \Sigma_2^r$ 是 C^r 点, 并且

$$T_pM = T_p\Sigma_1^k + T_p\Sigma_2^r. \tag{1.4.18}$$

也就是说, M 在 p 点的切空间是由 Σ_1^k 和 Σ_2^r 在 p 点的切空间所张成. 用

$$\Sigma_1^k \pitchfork_p \Sigma_2^r$$

记 Σ_1^k 与 Σ_2^r 在 p 点的横截相交. 若 Σ_1^k 和 Σ_2^r 在 M 中只交于一点, 即 $\Sigma_1^k \cap \Sigma_2^r = \{p\}$, 并且满足 (1.4.18), 则称为单横截性相交. 若 Σ_1^k 和 Σ_2^r 是 M 的拓扑子空间, 也可同样地定义横截相交性.

上述定义是关于 M 中两个子流形具有交点的横截性概念. 更一般的横截性是定义在流形之间的映射上, 是映射正则值的推广, 也将上面横截相交性包括其中.

定义 1.17 令 M 和 N 是 C^r 流形 $(r \geqslant 1)$, $A \subset N$ 是一个子集, $\Gamma \subset M$ 是 M 的一个 C^r 正则子流形, $f: N \to M$ 是 C^r 映射. 称 f 在 A 上与 Γ 横截, 如果

(1) $f(A) \cap \Gamma = \varnothing$, 或者

(2) 对任何 $x \in f(A) \cap \Gamma$, 有

$$Df_x(T_xN) + T_{f(x)}\Gamma = T_{f(x)}M,$$

换句话说, M 在 $f(x)$ 的切空间是由 Γ 在 $f(x)$ 的切空间与 Df_x 关于切空间 T_xN 的像所张成. 若 f 在 A 上与 Γ 横截, 则记为

$$f \pitchfork_A \Gamma.$$

当 $A=N$ 时, 在条件 (1) 和 (2) 下, 称 f 与 Γ 横截, 简记为 $f \pitchfork \Gamma$.

注 1.4　当 $\Gamma=\{q\}$ 是 M 的一个单点时, $f \pitchfork \Gamma$ 意味着 q 是 f 的正则值. 而若 $N=\Sigma_1^k \subset M$ 是一个 k 维子流形, $\Gamma=\Sigma_2^r \subset M$ 是 r 维子流形, $r+k=\dim M$, $f=id:\ N \to M$ 是包含映射, 且 $N \cap \Gamma \neq \varnothing$, 则 $f \pitchfork \Gamma$ 就等同于定义 1.16 的横截相交性.

1.4.3　Thom 横截性定理

定义 1.17 给出的是一般意义下横截性的概念. 然而横截性最重要的特例就是 $A=N$ 的情况, 也就是对于给定的子流形 $\Gamma \subset M$, 映射 $f:\ N \to M$ 与 Γ 的横截性. 在这种情况, 它的几何意义变得十分清晰, 这就是 f 的像 $f(N)$ 与 Γ 在 M 中或者不相交, 或者是横截地相交, 就像图 1.33(a) 所示的那样.

注意到, 关于映射 $f: M \to N$ 的 Sard 定理本质就是零行列式值 $\det Df(x_0)=0$ 能够被非零行列式值 $Df(x) \neq 0$ 所逼近. 类似地, 一个与 $\Gamma \subset M$ 相切的图形能够被与 Γ 横截地图形所逼近. 见图 1.34 所示, 图中 $g(N)$ 与 $h(N)$ 是与 Γ 横截的, 并且 g,h 可逼近到与 Γ 不横截的 f:

$$g(N),\ h(N) \to f(N).$$

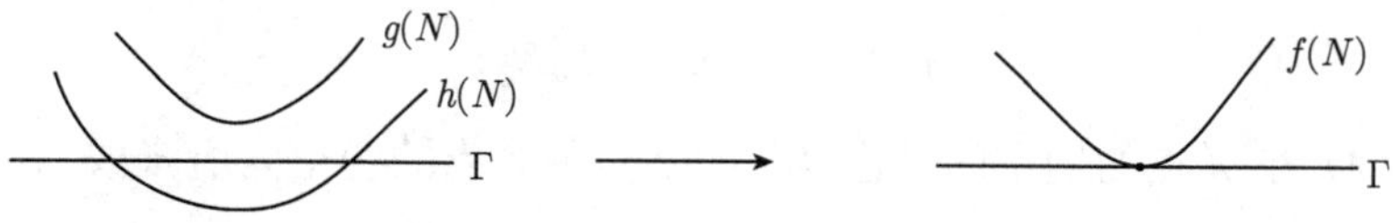

图 1.34　$g(N)$ 与 $h(N)$ 与 Γ 横截, $f(N)$ 与 Γ 不横截, $g(N)$ 和 $h(N)$ 可逼近到图形 $f(N)$

这种直观导致下面 Thom 横截性定理.

定理 1.10　令 N,M 是 C^r 流形 $(r \geqslant 1)$, $\Gamma \subset M$ 是一个 C^r 子流形. 记 $C^r(N,M)$ 是所有 C^r 映射 $f:\ N \to M$ 构成的空间. 记

$$C^r(N,M,\Gamma)=\{f \in C^r(N,M) |\ f \pitchfork \Gamma\}.$$

则 $C^r(N,M,\Gamma)$ 是 $C^r(N,M)$ 的稠密子集. 若 N 和 Γ 是紧的, 则 $C^r(N,M,\Gamma)$ 是 $C^r(N,M)$ 的开稠集.

证明　只对最重要的情况:

$$\dim N=k,\quad \dim M=n,\quad \dim \Gamma=n-k,\ k<n$$

进行证明, 其他情况的证明是一样的.

由于 N 和 M 能够被可数个局部坐标系覆盖, 因而只需在局部坐标系下证明该结果. 剩余的过程只是用截断函数将其组合成整体结果. 这样做能更清楚地展现定理的实质.

在局部坐标下, 简记

$$N = R^k, \quad M = \Gamma \times Y, \quad \Gamma = R^{n-k}, \quad Y = R^k.$$

这样, 映射 $f:\ N \to M$ 可表达为

$$\begin{aligned} &f(x) = \{F_1(x), F_2(x)\}, \quad x \in R^k, \\ &F_1:\ U \to \Gamma(= R^{n-k}), \\ &F_2:\ U \to Y(= R^k), \quad U \subset R^k \text{有界开集}. \end{aligned}$$

f 的图像由图 1.35 所示.

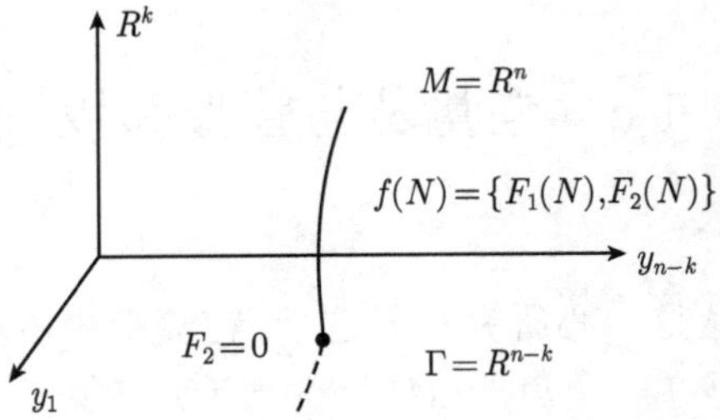

图 1.35

由定义 1.17 容易看出 (也可参见图 1.35)

$$f \pitchfork \Gamma \Leftrightarrow\ y = 0 \text{ 是 } F_2 \text{ 的正则值}.$$

这意味着要证明该定理, 只需证明集合

$$C^r(U, Y, 0) = \{F:\ U \to Y |\ y = 0 \text{ 是 } F \text{ 的正则值}\}$$

在 $C^r(U,Y)$ 中是一个开稠集即可.

显然 $C^r(U,Y)$ 是一个开集 (因为 U 有界). 令 $F \in C^r(U,Y)$, 并且 $y = 0$ 是 F 的一个临界值. 由 Sard 定理, 对任意 $\varepsilon > 0$ 存在一个点 $y_\varepsilon \in Y$ 使得

$$|y_\varepsilon| < \varepsilon,$$

并且 y_ε 是 F 的一个正则值. 因此 $y = 0$ 是函数

$$F_\varepsilon = F - y_\varepsilon$$

的正则值, 即 $F_\varepsilon \in C^r(U,Y,0)$. 另一方面, 显然有

$$\lim_{\varepsilon \to 0} F_\varepsilon = F, \quad \text{在 } C^r(U,Y) \text{ 中}.$$

因此, $C^r(U,Y,0)$ 在 $C^r(U,Y)$ 中是开稠集. 定理证毕.

Thom 横截性定理有许多推广形式, 可参见文献 [8, 37], 其中最常见的是下面形式.

定理 1.11 令 $A\subset N$ 是一个子集. 记

$$C^r_A(N,M,\Gamma)=\{f\in C^r(N,M)|\ f\pitchfork_A\Gamma\}.$$

则 $C^r_A(N,M,\Gamma)$ 在 $C^r(N,M)$ 中是稠密的. 又若 A 和 Γ 是紧的, 则 $C^r_A(N,M,\Gamma)$ 是 $C^r(N,M)$ 的开稠集.

注 1.5 由定理 1.10 我们很容易推知, 对给定两个 M 的子流形 Σ 和 Γ, 在 Σ 的任意一个邻域 $U\subset M$, 存在一个子流形 $\Sigma_1\subset U$ 使得 Σ_1 与 Γ 横截.

1.5 向量丛与管形邻域

1.5.1 向量丛

在拓扑学中, 向量丛是中心研究对象之一, 在流形中占有非常重要的地位. 所谓向量丛, 粗略地讲就是在一个流形 M 上每一点都安装了一个 k 维线性空间 V^k, 它可形式地表达为

$$E=\bigsqcup_{p\in M}V^k_p,\quad \bigsqcup\text{表示不交并},$$

这里 V^k_p 就是与点 $p\in M$ 相关联的 k 维线性拓扑空间.

向量丛 E 的严格定义如下.

定义 1.18 令 E 是一个 $n+k$ 维流形, M 是一个 n 维流形, V^k 是一个 k 维线性空间. E 称为一个以 M 为底空间, V^k 为纤维 π 为投影的向量丛 (特别地, 当 $V^k=R^k$ 为实向量空间时, E 称为实向量丛, 当 $V^k=\mathbb{C}^k$ 为 k 维复空间时, E 称为复向量丛), 如果存在一个连续映射 $\pi:E\to M$, 称为 E 的投影, 满足

(1) 对每一点 $x\in M$, $\pi^{-1}(x)=V^k_x$ 是一个与 V^k 同构的向量空间, 称为是 E 在 x 点的纤维.

(2) 局部平凡化. 对每一点 $x\in M$ 存在一个邻域 $U\subset M$ 及一个同胚

$$\varphi:\ U\times V^k\to\pi^{-1}(U),$$

使得 $\pi\circ\varphi: U\times V^k\to U$ 是一个投影, 并且对每个 $x\in U$, φ 在 x 上的限制 $\varphi_x:\ V^k_x\to\pi^{-1}(x)$ 是一个同构.

此外, 如果 E 和 M 都是 C^r 流形, 并且 $\pi:\ E\to M$ 及 $\varphi:\ U\times V^k\to\pi^{-1}(U)$ 是 C^r 映射, 那么 E 称为是一个 C^r 向量丛. 在一般情况下, 总是将实向量丛简称为向量丛, 也称为 R^k 丛.

向量丛最简单的例子就是平凡丛, 即某个流形 M 与 V^k 的乘积空间 $M \times V^k$. 而在现实中我们能够看见的向量丛只有几个, 如 $R^n(n=2,3)$, $S^1 \times R^1$ 和开 Möbius 带, 其中 $R^n(n=2,3)$ 和二维圆柱面 $S^1 \times R^1$ 都是平凡丛, 只有开 Möbius 带是非平凡的, 它是唯一我们能看见的非平凡丛.

下面引入两个向量丛同构的概念.

定义 1.19 令 E_1 和 E_2 是以同一个流形 M 为底空间的向量丛. E_1 和 E_2 称为是同构的, 如果存在一个同胚

$$h:\ E_1 \to E_2$$

使得限制在每一点 $x \in M$ 上, $h_x:\ V_{1x}^k \to V_{2x}^k$ 是一个线性同构, 这里 V_{ix}^k 是向量丛 E_i 在 x 点的纤维空间.

因为通常的向量丛无法看见, 我们只能通过一些形式化方法得到一些例子来把握向量丛的特征. 下面举几个常见的例子, 可参见文献 [22].

例 1.1 一个 $C^r(r \geqslant 1)$ 流形 M 上的切空间 TM 是最普通的向量丛. TM 可形式地表达为

$$TM = \bigsqcup_{x \in M} T_x M,$$

即 TM 是所有 M 的点上切空间的不交并. 换句话说, TM 的任一点可写成 (x,r), 其中 $x \in M$, r 是 M 在 x 点的一个切向量. M 的投影映射 $\pi:\ TM \to M$ 定义为 $\pi(x,r)=x$. TM 称为 M 的切丝.

如果 TM 与平凡丛同构, 那么 M 称为可平行化的流形. 例如, 若 M 是 R^n 中一个开子集, 则 $TM = M \times R^n$, 因而 M 是可平行化的.

例 1.2 若 $M \subset R^k$ 是一个 n 维光滑正则嵌入流形 $(k>n)$, 则可定义在 M 上的一个法向量丛 N, 其中 N 的每一点可表达为

$$p=(x,v) \in N, \quad x \in M, \quad v \in R^k \text{ 且 } v \perp T_x M.$$

投影映射 $\pi:\ N \to M$ 定义为 $\pi(x,v)=x$. $M \subset R^k$ 的法丛 N 是一个 R^{k-n} 丛.

例 1.3 在 1.1.6 小节中介绍了实投影空间 P^n, 该流形是将 S^n 的任两个对径点 $\{x,-x\}$ 捏成一点而成. 从该过程可以引出一个以 P^n 为底空间的 R^1 丛, 记为 γ_n^1. γ_n^1 是空间 $P_n \times R^{n+1}$ 中这样的子集, 它是由所有点 $\{(\pm x), tx\}$ 构成, 其中 $x \in S^n$, $t \in R^1$, 其投影定义为 $\pi((\pm x), tx) = (\pm x)$. 这样 P^n 中每一点 $(\pm x)$ 的纤维 $\pi^{-1}((\pm x))$ 就是穿过 x 和 $-x$ 的直线. 如此产生的向量丛 γ_n^1 称为 P^n 的规范线丛.

事实上, 对所有 $n \geqslant 1$ 线丛 γ_n^1 都是非平凡的. 例如 γ_1^1 是与 Möbius 带同构的线丛, 显然它与 $S^1 \times R^1$ 不同构. 观察 γ_1^1 如何是个开 Möbius 带. 此时每一点

$p=\{(\pm x),tx\}$ 可表示为

$$p=\{(\pm(\cos\theta,\sin\theta)),\ t(\cos\theta,\sin\theta)\}, \tag{1.5.1}$$

其中 $0\leqslant\theta\leqslant\pi$, $t\in R^1$. 除了点

$$\begin{aligned}&\{(\pm(\cos 0,\sin 0)),\ t(\cos 0,\sin 0)\}\\ =&\{(\pm(\cos\pi,\sin\pi)),\ -t(\cos\pi,\sin\pi)\},\end{aligned}$$

其他用 (1.5.1) 所表示的点都是唯一的. 换句话说, γ_1^1 是将 (θ,t) 平面上的带子 $[0,\pi]\times R^1$ 的左手边 $\{0\}\times R^1$ 与右手边 $\{\pi\}\times R^1$ 按相反定向 $(0,t)\to(\pi,-t)$ 粘接而成. 因此 γ_1^1 是一个开 Möbius 带, 见图 1.36 所示. 这个例子是引自文献 [22].

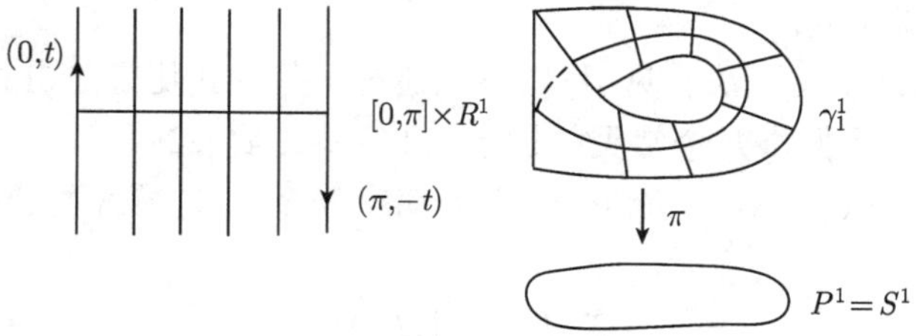

图 1.36

例 1.4 类似于 P^n 上的规范线丛 γ_n^1, 由 Grassmann 流形 $G_n(R^{n+k})$ 可诱导出 $G_n(R^{n+k})$ 上的规范 R^n 丛. 我们简单回忆 $G_n(R^{n+k})$ 就是 R^{n+k} 中所有过原点的 n 维线性子空间的集合. 也就是说, 该流形是将 R^{n+k} 中每一个过原点的 n 维线性子空间捏成一点所成的空间. 这样, 在 $G_n(R^{n+k})$ 上的规范向量丛 $\gamma^n(R^{n+k})$ 被构造为

$$\gamma^n(R^{n+k})=\{(X,r)|\ X\in G_n(R^{n+k})\text{为一个}n\text{平面},\ r\in X\}.$$

投影映射 π : $\gamma^n(R^{n+k})\to G_n(R^{n+k})$ 定义为

$$\pi(X,r)=X.$$

显然 $\gamma_n^1=\gamma^1(R^{n+1})$.

R^n 丛 $\gamma^n(R^{n+k})$ 在向量丛起到的作用与 R^{n+k} 在 Whitney 嵌入定理中起的作用相似, 当 M 是紧流形时, 任一个以 M 为底空间的 R^n 丛 ξ 可被一个丛映射映到 $\gamma^n(R^{n+k})$ 中, 只要 k 充分大. 因而 $\gamma^n(R^{n+k})$ 也称为万有丛. 这里丛映射的概念将在 1.5.3 小节中介绍.

1.5.2 平凡丛的判别

定义了向量丛的概念后, 一个自然的问题就是如何判定一个向量丛是否为平凡丛. 为了回答此问题, 首先引入向量丛的截面概念.

定义 1.20 令 E 是以流形 M 为底空间的一个向量丛. 一个连续映射

$$S: M \to E$$

称为是 E 的一个截面, 若对每一点 $x \in M$, S 的像在 x 点的向量空间中, 即

$$S(x) = (x, r_x), \quad r_x \in V_x^k, \quad \forall x \in M.$$

截面 S 称为非零的, 若对任 $x \in M$, $S(x) \neq (x, 0)$. 此外, 若 S 是一个 C^r 映射, 则称其为 C^r 截面. 以后简记 $S(x) = r_x$.

显然, 切丛上的截面就是向量场. 从物理学角度看, 自然界中的许多物理系统的运动是限制在一个流形 M 上 (例如, 地球表面的大气运动就可视为在 S^2 上). 然而描述这些运动的物理量却是被定义在以 M 为底空间的某个向量丛 E 上 (如大气运动速度场是定义在 S^2 的切丛上), 因而它们是 E 上的截面. 因此, 流形上的向量丛是研究物理系统最自然的背景空间, 也是最常见的是平凡丛.

对于一个向量丛 E, 称 n 个截面 $S_1, \cdots, S_n: M \to E$ 是处处线性独立的, 如果对每一点 $x \in M$, 这些向量 $S_1(x), \cdots, S_n(x)$ 在 $\pi^{-1}(x) = V_x^k$ 中是线性独立的. 然后有下面定理.

定理 1.12 一个 R^k 丛 E 是平凡的充要条件是在 E 上存在 k 个处处线性独立的截面 $S_1, \cdots, S_k$.

证明 必要性是显然的. 下面证明充分性. 令 $S_1, \cdots, S_k$ 是 E 上的 k 个处处线性独立的向量丛. 定义映射 $f: M \times R^k \to E$ 为

$$f(p, x) = x_1 S_1(p) + \cdots + x_k S_k(p), \quad \forall p \in M, \ x \in R^k. \tag{1.5.2}$$

因为 $S_i(p)(1 \leqslant i \leqslant k)$ 线性独立, 它们构成纤维 V_p^k 上的基底. 因此, 对每个给定的 $p \in M$, 由 (1.5.2) 诱导的映射

$$f_p: R^k \to V_p^k$$

是一个同构. 因此 $f: M \times R^k \to E$ 是一个同构. 定理证毕.

注 1.6 应用定理 1.12, 很容易证明由例 1.4 给出的例子具有局部平性. 此外, 也容易看出 $S^1 \subset R^2$ 的切丛允许一个非零截面, 也就是说, S^1 上存在一个处处不为零的向量场. 因而 S^1 是可平行化的, 即 $TS^1 \simeq S^1 \times R^1$. 类似地, 一个三维球面 $S^3 \subset R^4$ 拥有三个处处线性独立的向量场, 它们定义如下:

$$r \in T_x S^3 \Leftrightarrow \langle r, x \rangle = 0.$$

因此容易验证

$$r_1(x) = (-x_2, x_1, -x_4, x_3),$$
$$r_2(x) = (-x_3, x_4, x_1, -x_2),$$
$$r_3(x) = (-x_4, -x_3, x_2, x_1),$$

满足条件 $\langle r_i(x), x\rangle = 0,\ \forall\, x \in S^3 \subset R^4$, 并且 $r_1(x),\ r_2(x),\ r_3(x)$ 是处处相互正交的:

$$\langle r_i(x),\ r_j(x)\rangle = \delta_{ij}.$$

因此三个向量场

$$S_i(x) = \{x,\ r_i(x)\},\quad 1 \leqslant i \leqslant 3$$

是处处线性独立的. 这表明 $TS^3 = S^3 \times R^3$, 见文献 [30].

1.5.3　向量丛的运算

向量丛在本质上讲就是不可观察的, 因此只能靠形式化的运算和推演来把握它的特性. 下面介绍几种常见的向量丛演算和构造的方法, 特别是其中的 Whitney 求和运算在后面将介绍的示性类理论中占有中心地位.

1. Whitney 和 (直和)

两个向量空间 V^k 与 V^r 的直和 $V^k \oplus V^r$ 就是它们的乘积空间 $V^k \times V^r$. 例如 $R^k \oplus R^r = R^{k+r}$. 这种向量空间之间的直和运算能够被代到相同底空间的两个向量丛之间的直和运算, 称为 Whitney 和. 它们定义如下.

令 E_1 和 E_2 是以 M 为底空间的 R^{k_1} 丛和 R^{k_2} 丛, 它们的 Whitney 和

$$E_1 \oplus E_2 = \bigsqcup_{p\in M} V_p^{k_1} \oplus V_p^{k_2}$$

是 M 上的一个 $R^{k_1+k_2}$ 丛, 它的局部平凡化是 E_1 与 E_2 局部平凡映射的直和:

$$\varphi_1 \oplus \varphi_2:\ U \times (V^{k_1} \oplus V^{k_2}) \to \pi^{-1}(E_1 \oplus E_2).$$

2. 笛卡儿积 (乘积)

令 E_1 和 E_2 是两个向量丛, 其投影为

$$\pi_i:\ E_i \to M_i,\quad i = 1, 2.$$

E_1 和 E_2 的乘积 $E_1 \times E_2$(也称为笛卡儿积) 是这样的向量丛, 其投影映射定义为

$$\pi = \pi_1 \times \pi_2:\ E_1 \times E_2 \to M_1 \times M_2,$$

其中每个纤维

$$\pi^{-1}((x_1, x_2)) = \pi_1^{-1}(x_1) \times \pi_2^{-1}(x),\qquad \forall (x_1, x_2) \in M_1 \times M_2.$$

显然 $E_1 \times E_2$ 是局部平凡的.

3. 诱导丛 (拉回丛)

设 M 和 M_1 是两个流形, $f:\ M_1 \to M$ 是连续映射. 若 E 是以 M 为底空间的向量丛, 则映射 f 可诱导一个在 M_1 上的向量丛, 称为 f 的诱导丛或拉回丛, 记为

$$E_1 = f^*(E).$$

E_1 定义为

$$E_1 = \{(x,v) \in M_1 \times E |\ \pi(v) = f(x)\}, \qquad (1.5.3)$$

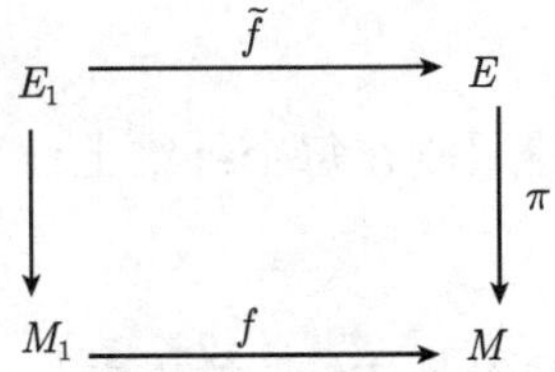

图 1.37

其中 $\pi:\ E \to M$ 是投影. E_1 的投影 $\pi_1:\ E_1 \to M_1$ 定义为

$$\pi_1(x,v) = x.$$

这样, 可得到一个交换图 (图 1.37), 其中 $\tilde{f}((x,v)) = v$. 下面证明 $E_1 = f^*(E)$ 是局部平凡的.

简单地, 令 $U \times R^k \subset E$ 是 E 的一个局部平凡化, 则 $f^{-1}(v)$ 就是 M_1 的开集. 再由 E_1 的定义 (1.5.3) 可知

$$\{(x,v)|\ x \in f^{-1}(U),\ v \in U \times R^k\} = V \times R^k$$

是 E_1 的一个平凡化的开集, 这里 $V = \{(x, f(x))|\ x \in f^{-1}(U)\}$ 是 f 的图. 因此 E_1 是局部平凡的. 显然, 如果 E 是平凡丛, 则 $f^*(E)$ 也是平凡丛.

由拉回丛的概念, 可引入一个更一般的概念, 即两个向量丛之间的丛映射. 它由下面定义给出.

定义 1.21 令 E_1 和 E_2 是两个分别在 M_1 和 M_2 上的向量丛. 一个映射

$$F:\ E_1 \to E_2$$

称为是丛映射, 若对应于 F 有一个映射 $f:\ M_1 \to M_2$, 使得 F 映 E_1 的每一个 $x \in M_1$ 的纤维 V_x^k 同构地到 E_2 在 $f(x)$ 的纤维 $V_{f(x)}^k$ 上.

容易验证, 若 $F:\ E_1 \to E_2$ 是一个丛映射, $f:\ M_1 \to M_2$ 是对应的映射, 则 E_1 是同构于 f 的拉回丛, 即 $E_1 \simeq f^*(E_2)$.

现在可采用另一种等价方法来定义向量丛的 Whitney 和. 对于 M 上的两个向量丛 E_1 和 E_2, 令

$$g:\ M \to M \times M$$

是对角嵌入, 即对任 $x \in M$, $g(x) = (x,x)$. 则 g 关于 $E_1 \times E_2$ 的拉回丛就是 E_1 与 E_2 的 Whitney 和:

$$g^*(E_1 \times E_2) = E_1 \oplus E_2.$$

4. 正交补丛

为了引入正交补丛的概念, 需要引入子丛和欧氏向量丛的概念. 令 E 是 M 上的一个 R^k 丛, 称 $E_1 \subset E$ 是 E 的一个 R^r 子丛 $(r < k)$, 若在每个 E 的局部平凡化 $U \times R^k$ 上有

$$E_1 \cap (U \times R^k) = U \times R^r.$$

此外, 称 E 是一个欧氏向量丛, 若 E 是实向量丛并且存在一个函数

$$\alpha:\ E \oplus E \to R^1$$

使得限制在每个纤维上

$$\alpha_p:\ R_p^k \times R_p^k \to R^1, \quad \forall p \in M,$$

该映射是 R^k 上的正定二次型. 此时 α 称为 E 的欧氏度量.

现在我们能够考虑这样的问题, 即给定一个子丛 $E_1 \subset E$ 是否存在 E_1 的一个补子丛 E_2 使得 $E = E_1 \oplus E_2$? 当 E 是欧氏向量丛时, 该问题是肯定的. 对此有下面定理.

定理 1.13　设 E 是一个欧氏向量丛, $E_1 \subset E$ 是一个子丛. 则存在 E_1 在 E 中的一个补子丛, 记为 $E_1^{\perp}$, 使得

$$E = E_1 \oplus E_1^{\perp},$$

并且限制在任何纤维 $V_p \oplus V_p^{\perp}$ 上有

$$\alpha(x, y) = 0, \quad \forall x \in V_p, \quad y \in V_p^{\perp},$$

这里 α 是 E 上的欧氏度量. 此时 $E_1^{\perp}$ 称为 E_1 的正交补.

证明　令 $V_p^{\perp}$ 为 E 的纤维 F_p 的子空间, 定义为

$$V_p^{\perp} = \{x \in F_p |\ \alpha(x, y) = 0,\ \forall y \in V_p \text{ 为 } E_1 \text{ 的纤维}\}.$$

然后令 $E_1^{\perp}$ 是所有 $V_p^{\perp}$ 的不交并:

$$E_1^{\perp} = \bigsqcup_{p \in M} V_p^{\perp},$$

剩下只需证明 $E_1^{\perp}$ 是局部平凡的.

令 $U \times R^k$ 是 E 的任一个局部平凡化, 而 $U \times V$ 是 E_1 的局部平凡化. 由泛函分析基本理论可知, 对欧氏空间 R^k 中任何线性子空间 $V \subset R^k$, 存在 V 的正交补 $V^{\perp}$ 使得 $R^k = V \oplus V^{\perp}$, 即

$$U \times R^k = U \times (V \oplus V^{\perp}).$$

这意味着 $U \times V^{\perp}$ 是 $E_1^{\perp}$ 的局部平凡化. 定理证毕.

5. 子流形的法向量丛

令 M 是一个光滑流形. 若 M 的切丛 TM 是一个欧氏向量丛, 则 M 称为光滑 Riemann 流形, 其欧氏度量 $\alpha:\ TM \oplus TM \to R$ 称为 Riemann 度量, 假设 N 是一个光滑 Riemann 流形, $M \subset N$ 是一个光滑子流形. 则 N 的切丛 TN 在 M 上的限制 $TN|_M$ 是 M 上的一个向量丛, 而 M 的切丛 TM 是 $TN|_M$ 的一个子丛. 这种情况下 TM 的正交补 $TM^{\perp} \subset TN|_M$ 称为是 M 在 N 中的法丛. 由定理 1.13 立刻得到下面定理.

定理 1.14 设 N 为光滑 Riemann 流形, $M \subset N$ 为光滑子流形. 则存在 TM 在向量丛 $TN|_M$ 的正交补 $TM^{\perp}$, 称为 M 在 N 中的法丛, 满足

$$TN|_M = TM \oplus TM^{\perp}.$$

该定理为子流形的管形邻域定理和袖口邻域定理提供了基础. 图 1.38 给出子流形 $M \subset N$ 法向量丛 $TM^{\perp}$ 的一个几何直观.

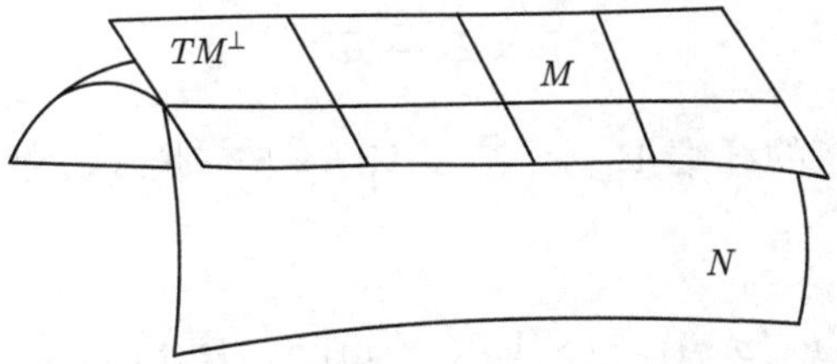

图 1.38 流形 N 上以 M 为脊线的直纹面就是 M 在 N 中的法丛 $TM^{\perp}$

1.5.4 万有向量丛

所谓的万有向量丛是指这样的 R^n 丛 γ^n 使得对任 n 维向量丛 E 存在一个丛映射 $F:\ E \to \gamma^n$. 实际上, 由例 1.4 给出的 $G_n(R^{n+k})$ 上的规范丛 $\gamma^n(R^{n+k})$ 就是这样的万有丛.

为了方便, 引入无穷维 Grassmann 流形

$$G_n = G_n(R^{\infty}).$$

该流形是由所有 R^{∞} 中的 n 维线性子空间作为元素构成的集合, 其拓扑是下面序列的诱导拓扑

$$G_n(R^n) \subset G_n(R^{n+1}) \subset \cdots \subset G_n(R^{n+k}) \subset \cdots.$$

换句话说, $G_n(R^{\infty})$ 的子集 U 是一个开集的充要条件就是对任何 $k \geqslant 0$, $U \cap G_n(R^{n+k})$ 是 $G_n(R^{n+k})$ 的一个开集.

类似于 $G_n(R^{n+k})$ 上的规范丛 $\gamma^n(R^{n+k})$, 可以在 G_n 上定义规范丛:

$$\gamma^n \subset G_n \times R^\infty$$

是由所有这样的元素偶 (X, x) 组成, 其中 $X \subset R^\infty$ 是一个 n 维线性子空间, $x \in X$ 是 X 中的一个向量. 投影映射为

$$\pi((X, x)) = X.$$

下面两个定理断言, 在 G_n 上的规范丛 γ^n 是一个万有 R^n 丛. 这里的证明是参照文献 [22].

定理 1.15　令 M 是一个允许有可数个开球覆盖的流形. 则任一个在 M 上的 R^n 丛 E 存在一个丛映射 $F:\ E \to \gamma^n$. 换句话说, 对每一个 E 存在一个映射 $f:\ M \to G_n$ 使得 E 与拉回丛 $f^*(\gamma^n)$ 同构.

证明　如果对于 E 能够构造一个映射

$$\tilde{F}:\ E \to R^\infty,$$

使得限制在每一个 E 的纤维 V_p 上, $\tilde{F}_b:\ V_p \to R^\infty$ 是线性单一的, 则能够构造丛映射 $F:\ E \to \gamma^n$ 如下:

$$F((p, r)) = (\tilde{F}(V_p),\ \tilde{F}(r)), \quad \forall (p, r) \in E. \tag{1.5.4}$$

因此要证明该定理, 只需构造映射 $\tilde{F}$. $\tilde{F}$ 的一个基本特征就是将底空间 M 映到 R^∞ 的零点. 更严格地讲, 就是 $\tilde{F} \cdot S(M) = 0$, 这里 $S:\ M \to E$ 是 E 的零截面, 即 $S(x) = (x, 0) \in E$, $\forall x \in M$.

下面构造映射 $\tilde{F}:\ E \to R^\infty$. 由假设, 可取 $\{U_i|\ i = 1, 2, \cdots\}$ 是 M 的一个开球覆盖. 则 $E|_{U_i}$ 是平凡的. 此外, M 上存在一个开球覆盖 $\{V_i|\ i = 1, 2, \cdots\}$ 使得 $\bar{V}_i \subset U_i$. 令 $\bar{W}_i \subset V_i$, 由引理 1.1, 引入截断函数

$$\eta_i:\ M \to R^1,$$

满足

$$\eta_i(x) = \begin{cases} 1, & x \in W_i, \\ 0, & x \in M - V_i. \end{cases}$$

因为 $E|_{U_i}$ 是平凡的, 简记为 $E|_{U_i} = U_i \times R^n$. 令

$$\begin{cases} h_i : U_i \times R^n \to R^n, \\ h_i(p, x) = x, \quad \forall p \in U_i, \quad x \in R^n. \end{cases}$$

然后定义映射 $\tilde{h}_i:\ E\to R^n$ 如下：

$$\tilde{h}_i(z)=0,\quad \forall\pi(z)\notin V_i,$$
$$\tilde{h}_i(z)=\lambda_i(\pi(z))h_i(z),\quad 当 z=(p,x)\in U_i\times R^n.$$

显然 $\tilde{h}_i$ 是连续的, 并且在每个纤维上是线性的. 再定义

$$\tilde{F}:\ E\to R^n\times R^n\times\cdots\simeq R^\infty,$$
$$\tilde{F}(z)=\{\tilde{h}_1(z),\tilde{h}_2(z),\cdots\}.$$

则 $\tilde{F}$ 也是连续的, 并且在每个纤维上是线性单一的. 定理证毕.

注 1.7 所有紧流形都具有可数开球覆盖的性质. 此外, 若 M 是仿紧空间时, 定理 1.15 同样成立. 拓扑空间 M 称为仿紧的, 若 M 是 Hausdorff 空间, 并且对每个开覆盖 $\{U_\alpha\}$ 存在一个开覆盖 $\{V_\beta\}$ 使得

(1) $\{V_\beta\}$ 是 $\{U_\alpha\}$ 的一个加细, 即每个 V_β 必被包含在某个 U_α 中;

(2) $\{V_\beta\}$ 是局部有限的, 即对每一点 $x\in M$ 有一个邻域 $O\subset M$ 使得只有有限个 V_β 与 O 相交 ($V_\beta\cap O\neq\varnothing$).

根据 Stone 定理, 每个度量空间都是仿紧的. 而每个流形可嵌入到 R^N 中, 因而可度量化. 故所有流形都是仿紧的.

为了介绍下一个定理, 我们需要介绍丛映射的同伦概念. 两个丛映射 $f,\ g:\ E_1\to E_2$ 称为是丛同伦的, 如果存在连续映射

$$h:\ E_1\times[0,1]\to E_2,$$

使得对每个 $t\in[0,1]$, $h_t:\ E_1\to E_2$ 都是丛映射, 并且 $h_0=f$, $h_1=g$.

定理 1.16 令 E 是一个 R^n 丛, $f,\ g:\ E\to\gamma^n$ 是两个丛映射. 则 f 与 g 一定是丛同伦的, 记为 $f\sim g$.

证明 任何一个丛映射 $F:\ E\to\gamma^n$ 确定一个映射

$$\tilde{F}:\ E\to R^\infty,$$

使得 $\tilde{F}$ 限制在 E 的每个纤维 V_p 上是一个线性单一映射. 反过来, 按照 (1.5.4) 的方式 $\tilde{F}$ 也确定一个丛映射 $F:\ E\to r^n$.

对于 $f,\ g:\ E\to\gamma^n$, 若对应的 $\tilde{f}$ 与 $\tilde{g}$ 不反向, 即

$$\tilde{f}(z)\neq-\alpha\tilde{g}(z),\quad \forall\alpha>0 和 z\in E,\ z\neq0.$$

则映射

$$\tilde{h}_t(z)=t\tilde{f}(z)+(1-t)\tilde{g}(z),\quad 0\leqslant t\leqslant1$$

定义了 $\tilde{f}$ 与 $\tilde{g}$ 之间的一个同伦 $\tilde{h}:\ E\times[0,1]\to R^\infty$, 并且 $\tilde{h}_t$ 在 E 的每个纤维上是线性单一的. 这样 $\tilde{h}$ 确定了 f 与 g 的一个丛同伦

$$h:\ E\times[0,1]\to\gamma^n.$$

对于一般情况, 取线性映射 $A,\ B:\ R^\infty\to R^\infty$, 使得

$$A\tilde{f}=(\tilde{f}_1,0,\tilde{f}_2,0,\tilde{f}_3,0,\cdots),$$
$$B\tilde{g}=(0,\tilde{g}_1,0,\tilde{g}_2,0,\tilde{g}_3,\cdots),$$

其中 x_i 是 $x\in R^\infty$ 第 i 个分量. 显然 $\tilde{f}$ 与 $A\tilde{f}$, $A\tilde{f}$ 与 $B\tilde{g}$, $B\tilde{g}$ 与 $\tilde{g}$ 互不反向. 故有

$$\tilde{f}\sim A\tilde{f}\sim B\tilde{g}\sim\tilde{g}.$$

这样产生出丛同伦

$$f\sim Af\sim Bf\sim g,$$

这里 $Af,\ Bg:\ E\to\gamma^n$ 分别是由 $A\tilde{f}$ 与 $B\tilde{g}$ 确定的丛映射. 定理证毕.

注 1.8　对于复 Grassmann 流形 $G_n(\mathbb{C}^\infty)$, 同样可以定义规范复向量丛 $\gamma^n(\mathbb{C})$, 并且定理 1.15 和定理 1.16 对 $\gamma^n(\mathbb{C})$ 也成立, 即对任在流形 M 上的复向量丛 E, 存在丛映射 $f:\ E\to\gamma^n(\mathbb{C})$. 此外, 对任两个丛映射 $f,\ g:\ E\to\gamma^n(\mathbb{C})$, f 与 g 同伦.

1.5.5　管形邻域定理

当一个曲线 L 嵌入到三维空间 R^3 中时, 我们能够看到 L 在 R^3 中的邻域是一个实心管子的形状. 而一个曲面 Σ 在 R^3 中的邻域呈现出板形区域, 它的截面也是管子形状. 见图 1.39 所示.

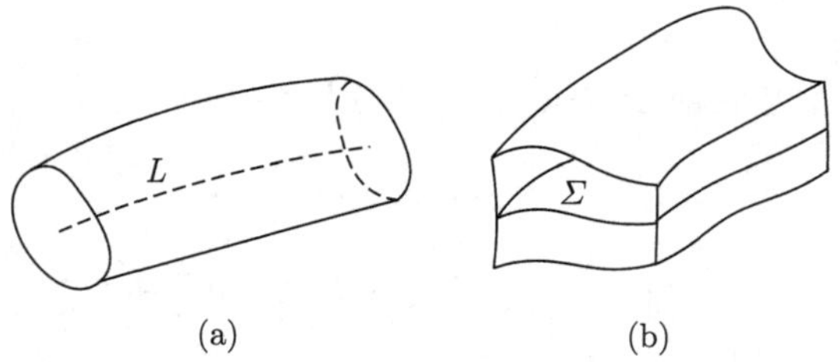

图 1.39　(a) 曲线 L 在 R^3 中管形邻域; (b) 曲面 Σ 在 R^3 的管形邻域

数学上形象地将图 1.39 中 (a) 和 (b) 的图形分别称为 L 和 Σ 在 R^3 中的管形邻域. 自然地, 人们希望将这一现象引入到数学中, 也就是问对一个流形 M 及它的任一子流形 $\Sigma\subset M$, 是否存在 Σ 在 M 中的一个像管子形状的邻域. 这一小节的内容就是解答这样的问题.

在正式进入我们的数学课题之前, 需要搞清图 1.39 所示的管形邻域的直观概念是怎样过渡到严格的数学概念这个过程. 从图 1.39(a) 观察到, 曲线 L 在 R^3 中的管形邻域 N 局部地看是同胚于一个乘积结构:

$$N \text{ 的每段局部} = L \text{ 的一个线段} \times D^2, \tag{1.5.5}$$

这里 D^2 是二维开盘. 由于拓扑上 D^2 与 R^2 同胚, 因此表达式 (1.5.5) 从同胚的意义上讲等价于

$$N \text{ 的每段局部} = L \text{ 的一个线段} \times R^2. \tag{1.5.6}$$

我们发现等式 (1.5.6) 的右端实质上就是以 L 为底空间, R^2 为纤维的向量丛的局部平凡化. 这意味着曲线 L 在 R^3 的管形邻域 N 就是一个以 L 为底空间, R^2 为纤维的向量丛. 同理, 从图 1.39(b) 可看到, 一个在 R^3 中的曲面 Σ 的管形邻域 N 是 Σ 上的 R^1 丛.

将上述过程抽象成一般的数学语言就是下面管形邻域的定义.

定义 1.22 令 M 是一个 n 维流形, $\Sigma \subset M$ 是一个 k 维子流形, E 称为 Σ 在 M 中的一个管形邻域, 若 E 是一个以 Σ 为底空间, R^{n-k} 为纤维的向量丛, 并且存在一个嵌入 $\varphi: E \to M$ 使得

(1) $\varphi \circ S = id: M \to M$, 其中 $S: M \to E$ 是零截面;

(2) $\varphi(E)$ 是 Σ 在 M 的一个开邻域.

一般情况下, 也将 $N = \varphi(E)$ 称为 Σ 在 M 中的管形邻域.

为了引入管形邻域定理, 再来观察管形邻域的特征. 实质上, 从图 1.39 可看到, 一个子流形 $\Sigma \subset M$ 的管形邻域 N 是沿 Σ 在 M 的法方向扩张而成, 即 N 是与 Σ 在 M 中的法丛同胚. 定理 1.14 意味着管形邻域的存在性. 而 N 是沿着 Σ 法方向的扩张意味着 N 在 M 中可收缩到 Σ 上. 这两点构成管形邻域定理的基本结论. 为此, 必须严格地定义什么称为 N 可收缩到 Σ 上.

令 X 是一个拓扑空间, $A \subset X$ 为一子集. 称 A 是 X 的一个形变收缩核, 若存在一个连续映射 $f: X \to A$ 使得 $f|_A = id$, 并且

$$i \circ f \simeq id: X \to X,$$

这里 $i: A \to X$ 为包含映射, $g \simeq f$ 表示 g 与 f 同伦, 即存在一个连续映射 $H: X \times [0,1] \to X$ 使得 $H(\cdot,0) = g$, $H(\cdot,1) = f$.

然后有下面管形邻域定理.

定理 1.17 令 M 是一个 C^∞ 无边流形, $\Sigma \subset M$ 是 C^∞ 子流形. 则存在 Σ 在 M 中的一个管形邻域 N, 并且 Σ 是 N 的一个形变收缩核.

证明　令 $\{(\varphi_i, U_i)|\ 1 \leqslant i < \infty\}$ 是 M 的一个坐标系覆盖, 每个坐标

$$\varphi_i:\ U_i \to R^n$$

将 $U_i \subset M$ 同胚地映到 R^n 上. 因此, 在每个局部坐标系 (U_i, φ_i) 下, $\Sigma_i = \Sigma \cap U_i$(假设不空) 在 φ_i 作用下被嵌入到 R^n 中. 这表明如果我们能够证明对任意 k 维嵌入子流形 $\Sigma \subset R^n$ $(k < n)$, Σ 在 R^n 中存在一个管形邻域 N, 则定理中 $\Sigma \subset M$ 的管形邻域存在性就被证明.

令 $\Sigma \subset R^n$ 是光滑地正则嵌入. 则由定理 1.14, Σ 在 R^n 中有一个法丛 $E = T\Sigma^{\perp}$. 对任何 Σ 上的连续函数 $\varepsilon_x > 0$, 记 $E(\varepsilon)$ 为

$$E(\varepsilon) = \{(x, V) \in E|\ |V| < \varepsilon_x,\ \text{这里}\ x \in \Sigma,\ V\ \text{是}\ \Sigma\ \text{在}\ x\ \text{点法向量}\}.$$

因为 Σ 是光滑的, 存在 Σ 上连续函数 $\varepsilon_x > 0$, 使得对任意两个不同点 (x, V_x), $(y, V_y) \in E(\varepsilon)$, 两个向量 V_x 与 V_y 在 R^n 中不相交, 见图 1.40 所示. 这说明 $E(\varepsilon)$ 同胚于 E, 并且是 Σ 在 R^n 的一个邻域. 因此 $E(\varepsilon)$ 是 Σ 在 R^n 的一个管形邻域.

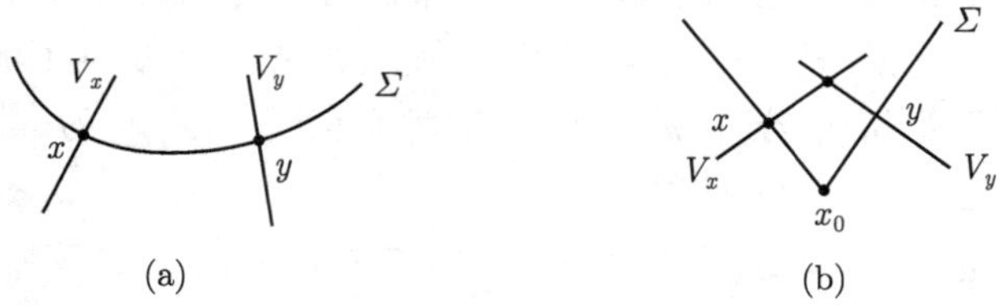

图 1.40　(a) Σ 光滑时, 充分小法向量 V_x 与 V_y 不相交对 $x \neq y$; (b) 在不可微点 $x_0 \in \Sigma$ 的邻域, (a) 的性质不成立

容易验证, Σ 是 $E(\varepsilon)$ 的形变收缩核, 这可从下面映射看出

$$\begin{aligned} &H((x, V), t) = (x, tV), \quad \forall (x, V) \in E(\varepsilon),\ \ 0 \leqslant t \leqslant 1, \\ &H(\cdot, 1) = id:\ E(\varepsilon) \to E(\varepsilon), \\ &H(\cdot, 0) = i \circ f:\ E(\varepsilon) \to E(\varepsilon), \end{aligned}$$

其中 $i:\ \Sigma \times \{0\} \to E(\varepsilon)$ 为包含映射, $f:\ E(\varepsilon) \to \Sigma \times \{0\}$ 定义为

$$f(x, V) = (x, 0).$$

这样, 该定理被证明.

1.6　纤　维　丛

1.6.1　纤维丛的概念

上一节介绍的向量丛就是一类特殊的也是最重要的纤维丛. 向量丛本质上也

可看成是一族参数化的向量空间, 其参数空间就是底流形 M. 而纤维丛是一族在 M 上参数化的流形. 粗略地说, 一个流形 X 称为以 B 为底空间, F 为纤维的纤维丛, 若

$$X = \bigsqcup_{p\in B} F_p, \quad \bigsqcup \text{表示不交并}, \tag{1.6.1}$$

其中每个 F_p 都是与 F 同胚的流形.

我们能观察到的非向量丛的纤维丛只有两个具有典型意义: 一个是平凡丛 $T^2 = S^1 \times S^1$ 是一个轮胎面, 另一个是非平凡丛 K^2 为 Klein 瓶, 见图 1.41 所示. 在 (a) 中是轮胎面, ab 边与 $a'b'$ 边等同, aa' 边与 bb' 边等同, 在圆圈 $S^1 = ab$ 上每一点 p 都带有一个圆圈 $S^1_p = pp'$. 在 (b) 中是 Klein 瓶, ab 边与 cd 边等同, ac 边与 bd 边反向等同. 在圆圈 $S^1 = ab$ 上每一点 p 都横截地与一个圆圈 $S^1_p = pp'$ 单一相交.

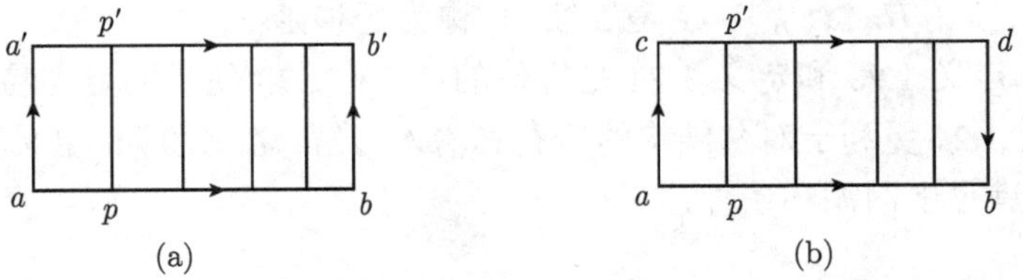

图 1.41 (a) 轮胎面 T^2 的丛结构; (b)Klein 瓶 K^2 的丛结构

从图中可以看到, T^2 与 K^2 都是在 S^1 上的一族参数化流形 $F_p = S^1$, 它们是纤维丛的一个主要特征. 此外, 注意到 K^2 虽然不是平凡纤维丛, 但是它在局部上是平凡的, 这从 $S^1 = ab$ 在每一点 p 上都与纤维 S^1_p 单横截地相交可以看出. 这两个性质构成纤维丛概念的主要特征. 这就引出下面定义.

定义 1.23 令 M, B 和 F 都是流形. M 称为是以 B 为底, F 为纤维, π 为投影纤维丛, 记为 (M, π, B), 若存在一个连续映射 $\pi:\ M \to B$ 称为投影, 满足

(1) 对每一点 $x \in B$, $\pi^{-1}(x) = F_x$ 是一个与 F 同胚的流形, 称为 M 在 x 的纤维;

(2) 局部平凡化. 对每一点 $x \in B$ 存在一个邻域 $U \subset B$ 与一个同胚

$$\varphi:\ U \times F \to \pi^{-1}(U),$$

使得 $\pi \circ \varphi:\ U \times F \to U$ 是一个投影, 并且对每个 $x \in U$, φ 在 x 的限制 $\varphi_x:\ F_x \to \pi^{-1}(x)$ 是一个同胚.

若 M, B 和 F 都是 C^r 的, 并且 $\pi:\ M \to B$ 及 $\varphi:\ U \times F \to \pi^{-1}(U)$ 是 C^r 映射, 则 M 称为 C^r 纤维丛.

关于纤维丛有另一种定义, 其特点就是体现作用在纤维 F 上变换群 G 对丛结构的影响. 下面就是采用结构群 G 的定义.

定义 1.24　令 M, B, F 如定义 1.23, G 是作用在 F 上的一个变换群, 即 $G \subset \{\varphi: F \to F | \varphi \text{ 是同胚}\}$ 是 F 同胚群的一个子群. 则 M 称为以 B 为底, F 为纤维, G 为结构群的纤维丛, 若存在一个投影 $\pi: M \to B$ 满足

(1) 局部平凡性: 存在 B 的一个开覆盖 $\{U_\alpha\}$. 对每个 α 有一个同胚

$$\varphi_\alpha: U_\alpha \times F \to \pi^{-1}(U_\alpha),$$

使得 $\pi \circ \varphi_\alpha: U_\alpha \times F \to U_\alpha$ 是一个投影, 且对每一点 $x \in U_\alpha$, φ 在 x 的限制 $\varphi_x: F_x \to \pi^{-1}(x)$ 是一个同胚;

(2) 相容性: 对每一点 $x \in U_\alpha \cap U_\beta$, 下面同胚

$$\varphi_{\alpha\beta} = \varphi_\alpha \circ \varphi_\beta^{-1}: F_x \to F_x$$

诱导的映射 $\varphi_{\alpha\beta}: U_\alpha \cap U_\beta \to G$ 是连续的, 称为迁移函数.

事实上, 定义 1.23 和定义 1.24 是等价的. 定义 1.23 使我们更容易对纤维丛的判定, 而定义 1.24 更利于对丛结构的研究和深入理解. 容易验证, 定义 1.24 中的迁移函数 $\varphi_{\alpha\beta}$ 满足下面循环条件:

$$\varphi_{\alpha\beta} \circ \varphi_{\beta\gamma} = \varphi_{\alpha\gamma}. \tag{1.6.2}$$

当在一个 B 的开覆盖 $\{U_\alpha\}$ 上给定一个满足 (1.6.2) 的迁移函数族 $\{\varphi_{\alpha\beta}\}$, 便能够在 B 上构造一个以 F 为纤维及 $\{\varphi_{\alpha\beta}\}$ 为迁移函数的纤维丛:

$$M = (\sqcup U_\alpha \times F)/\{(x, y) \sim (x, \varphi_{\alpha\beta}(x)y)\},$$

对任意 $(x, y) \in U_\beta \times F$ 及 $(x, \varphi_{\alpha\beta}(x)y) \in U_\alpha \times F$, 这里 $\sim$ 为等价关系.

类似于向量丛, 关于纤维丛也可以相应地定义截面、丛映射、丛同构、Whitney 和 $\oplus$、笛卡儿积 (即乘积 $\times$)、拉回丛等概念. 这里不再重述. 我们需要强调的一点是, 与向量丛不同, 一般纤维丛上并非总是存在截面. 下面的例子能说明这一点.

例 1.5　令 $M = S^1$ 是在 $B = S^1$ 上以 $F = \{+1, -1\}$ 为纤维的纤维丛, 其投影 $\pi: M \to B$ 如图 1.42 所示. 该纤维丛是由开 Möbius 带 γ_1^1(见图 1.36) 上的每点纤维 R^1 中取正负单位 ± 1(即 R^1 中的单位球面) 所产生的纤维丛. M 上的每点可表达为 (见 (1.5.1) 式)

$$p^+ = \{(\pm(\cos\theta, \sin\theta)),\quad (\cos\theta, \sin\theta)\},$$
$$p^- = \{(\pm(\cos\theta, \sin\theta)),\quad -(\cos\theta, \sin\theta)\}.$$

取截面 $S: B \to M$ 为

$$S(\theta) = \{(\pm(\cos\theta, \sin\theta)),\quad (\cos\theta, \sin\theta)\},$$

对任 $\theta \in B = [0,\pi]/\{0 \sim \pi\}$. 显然 S 在 $\theta = 0$ 不连续:

$$\begin{aligned} S(0) &= \{(\pm(\cos 0, \sin 0)),\ \ (\cos 0, \sin 0)\}, \\ S(\pi) &= \{(\pm(\cos \pi, \sin \pi)),\ \ (\cos \pi, \sin \pi)\} \\ &= \{(\pm(\cos 0, \sin 0)),\ \ -(\cos 0, \sin 0)\}, \end{aligned}$$

因为在 B 中 $\theta = 0$ 与 $\theta = \pi$ 是同一点, 而 $S(0) \neq S(\pi)$. 因此 M 上无截面.

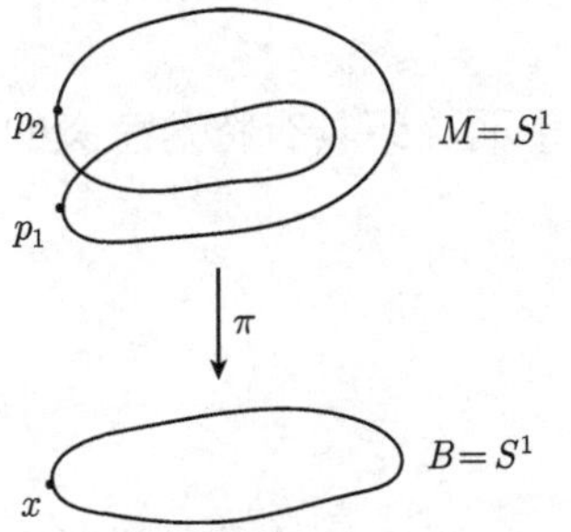

图 1.42 每点 $x \in B$ 关于 π 的逆像 $\pi^{-1}(x) = \{p_1, p_2\}$ 为 M 中两个点

注 1.9 在例 1.5 中给出的纤维丛 M 的纤维 $F = \{+1, -1\}$ 是一个离散拓扑空间. 通常对于一个以 F 为纤维的纤维丛 (M, π, B), 如果纤维 F 是一个离散空间, 则 M 称为 B 上关于 π 的复叠空间, π 为复叠投影.

这个例子告诉我们, 一般纤维丛与向量丛之间有很大的差异. 一个向量丛 E 总是有截面 $S: M \to E$, 这意味着底空间 M 是可嵌入到总空间 E 中. 然而, 对于一般纤维丛 (M, B, F), 其底空间 B 不一定可嵌入到总空间 M 中与纤维单横截性相交. 例 1.5 和图 1.42 很清楚地表明了这一点.

因此, 对于一般纤维丛 (X, π, B) 来说并不总是能表达成 (1.5.7) 的形式. 这个特征将纤维丛分为两大类, 由下面定义区分.

定义 1.25 令 (X, π, B) 是一个 F 纤维丛. 称 X 是正则的纤维丛, 若 X 可表达为 (1.6.1) 的形式, 并且在每一点 $p \in B$, X 的纤维空间 F_p 与 B 在 p 点单横截性地相交. 否则 X 称为奇性纤维丛.

注 1.10 显然, 一个纤维丛 (X, π, B) 是正则性的充要条件是存在一个截面 $S: B \to X$.

奇性纤维丛是很多的. 例如 B 是一个 Euler 示性数 $\chi(B) \neq 0$ 的流形 (关于 Euler 示性数可见下一章), TB 是 B 的切丛. 令 M 是 TB 每个纤维空间 T_xB 上取单位球面所诱导的纤维丛 (M, π, B):

$$M = \{(x, V_x) \in TB |\ |V_x| = 1\}.$$

则 M 是一个奇性纤维丛, 因为 M 没有截面.

在后面介绍的流形共轭结构理论中将看到, 一个 F 纤维丛 (M, π, B) 的底空间 B 与纤维 F 是 M 的一对共轭偶充要条件就是 M 为正则纤维丛. 正则与奇性的分类对理解纤维丛结构是有帮助的.

1.6.2 球面的 Hopf 纤维化

纤维丛也是拓扑学中的重要概念之一. 学习和研究拓扑学的一个有效方法就是

尽可能地理解和掌握具有典型结构的流形及其特性. 为了这个目的, 在这一小节中专门列出一些在代数拓扑中有特殊作用的纤维丛例子, 以便更好地把握这些抽象的概念.

下面介绍具有特殊意义的关于球面的 Hopf 纤维化:

$$\begin{array}{ccc} S^{n-1} \to & S^{2n-1} \\ & \downarrow \pi \\ & S^n \end{array} \tag{1.6.3}$$

这里 $n=2,4,8$. 也就是说对于这三个整数 n, 球面 S^{2n-1} 具有以 S^n 为底空间以及 S^{n-1} 为纤维的丛结构. 它是由 Hopf 在 1931—1935 年发现的.

注 1.11 恒同映射 $id: S^1 \to S^1$ 是一个以 S^1 为底及单个点 $\{p\}$ 为纤维的丛. 除了 $n=2^k(k=0,1,2,3)$ 这四种情况的球面 S^{2n-1} 可纤维化外, 是否对其他的 $n=2^k$ $(k>3)$ 也存在 S^{2n-1} 的纤维化的问题由 Adams[1] 作了否定的回答: 存在 $\pi: S^{2n-1} \to S^n$ 的纤维丛只能是 $n=1,2,3,4$. 这是一个使人感到非常奇怪的事情.

现在将分别给出这些例子.

1. $n=2$ 的 Hopf 纤维化

在复空间 $\mathbb{C}^2$ 中 S^3 可表达为

$$S^3 = \{(z_1,z_2) \in \mathbb{C}^2 |\ |z_1|^2 + |z_2|^2 = 1\}.$$

在 1.1.6 小节中的 (1.1.18) 中我们知道, $S^3 = \Gamma^1$ 是个一维复球面, 并且复投影空间 $\mathbb{C}P^1$ 是将 $S^3(=\Gamma^1)$ 上每一个过 $z \in S^3$ 点的复圆周 Γ_z^0 视为一点所得的商空间:

$$\mathbb{C}P^1 = S^3/\Gamma_z^0, \tag{1.6.4}$$

这里过 $z \in S^3$ 的复圆周 Γ_z^0 表达为

$$\Gamma_z^0 = \{\lambda z |\ \lambda \in \mathbb{C},\ |\lambda| = 1\}.$$

显然, 对每个 $z \in S^3$, $\Gamma_z^0 = S^1$. 而由 (1.1.21) 可知

$$CP^1 = S^2$$

是一个二维球面. 因此从商空间 (1.6.4) 可得到一个投影

$$\begin{cases} \pi:\ S^3 \to \mathbb{C}P^1(=S^2), \\ \pi(\lambda z) = [z] \in \mathbb{C}P^1, \quad \forall \lambda z \in \Gamma_z^0 \subset S^3. \end{cases} \tag{1.6.5}$$

因为 $\mathbb{C}P^1$ 的拓扑是由 S^3 在 (1.6.4) 商空间下的诱导拓扑, 故由 (1.6.5) 定义的投影是在连续满映射, 并且

$$\pi^{-1}([z]) = \Gamma_z^\circ = S^1$$

是 $(S^3, \pi, \mathbb{C}P^1)$ 在 $[z] \in \mathbb{C}P^1 (= S^2)$ 的纤维.

由定义 1.2.3, 需要证明 $(S^3, \pi, \mathbb{C}P^1)$ 的局部平凡化. 由 (1.1.21) 知, $\mathbb{C}P^1 = \mathbb{C} + \{\infty\}$. 因此可取 $\mathbb{C}P^1$ 的两个开子集

$$\mathbb{C}P^1 = V_0 \cup V_1, \quad V_1 = \mathbb{C}, \quad V_0 = \mathbb{C}P^1 - \{0\}.$$

注意到 (1.1.19) 和 (1.1.20), 有

$$\begin{aligned} V_1 &= \{[z_1, z_2] |\ z_1 \neq 0\}, \\ V_0 &= \{[z_1, z_2] |\ z_2 \neq 0\}. \end{aligned}$$

此时 $\pi^{-1}(V_i)$ 为

$$\begin{aligned} \pi^{-1}(V_1) &= \{(z_1, z_2) \in S^3 |\ z_1 \neq 0\}, \\ \pi^{-1}(V_0) &= \{(z_1, z_2) \in S^3 |\ z_2 \neq 0\}. \end{aligned}$$

令 $\varphi_i:\ V_i \times S^1 \to \pi^{-1}(V_i)\ (i = 0, 1)$ 定义如下:

$$\varphi_i([z], e^{i\theta}) = \frac{ze^{i\theta}}{\sqrt{1+|z|^2}}, \qquad [z] \in V_i, \qquad 0 \leqslant \theta \leqslant 2\pi.$$

显然 $\varphi_i\ (i = 0, 1)$ 都是同胚, 并且 $\pi \circ \varphi_i:\ V_i \times S^1 \to V_i$ 是投影. 因此, 对 $n = 2$ 由 (1.6.5) 确定的 (1.6.3) 是一个纤维丛.

2. $n = 4$ 的 Hopf 纤维化

令 H 是一个四元数空间. H 的定义可见 1.1.6 小节的例 1.3. 则在 H^2 中 S^7 可表达为

$$S^7 = \{(u_1, u_2) \in H^2 |\ u_1 \cdot \bar{u}_1 + u_2 \cdot \bar{u}_2 = 1\}.$$

在 S^7 上可构造一个商空间如下:

$$HP^1 = S^7/\Gamma_u, \tag{1.6.6}$$

其中 Γ_u 为 S^7 中过 u 点的球面 S^3, 定义如下:

$$\Gamma_u = \{\lambda u \in S^7 |\ \lambda \in H,\ \|\lambda\| = 1\} \quad (= S^3). \tag{1.6.7}$$

换句话说, 由 (1.6.6) 定义的空间 HP^1 就是将每一个过 $u \in S^7$ 的如 (1.6.7) 那样的三维球面视为一点所成的商空间. 不难验证

$$\Gamma_u \cap \Gamma_v = \varnothing, \quad \forall u \neq v \text{ 在 } S^7 \text{ 中}.$$

因此, 从 (1.6.6) 可诱导出一个投影如下一步:

$$\begin{cases} \pi: \ S^7 \to HP^1, \\ \pi(\lambda u) = [u] \in HP^1, \qquad \forall \lambda u \in \Gamma_u. \end{cases} \tag{1.6.8}$$

要证明由 (1.6.8) 确定的投影是一个如 (1.6.3) 的纤维丛, 只需验证 HP^1 与 S^4 同胚, 而局部平凡化的证明与 $n = 2$ 的情形类似.

HP^1 可分解为两个不相交的部分:

$$\begin{cases} HP^1 = U_0 + U_1, \\ U_0 = \{[0, u_2] |\ u_2 \in H\}, \\ U_1 = \{[u_1, u_2] |\ u_1 \neq 0,\ u_2 \in H\}. \end{cases} \tag{1.6.9}$$

作映射

$$\begin{cases} \varphi: \ U_1 \to H, \\ \varphi([u_1, u_2]) = u_2/u_1. \end{cases} \tag{1.6.10}$$

显然 (1.6.10) 是一一满射, 因而 U_1 与 $H(= R^4)$ 同胚. 而 U_0 是 HP^1 中的一点, 记为 $U_0 = [\infty]$, 这是因为按 (1.6.10), $\varphi(U_0) = u_2/0 = \infty$. 这样, (1.6.9) 变为

$$HP^1 = H + \{\infty\} = S^4.$$

因此, (1.6.8) 就是 $n = 4$ 的 Hopf 纤维化 (1.6.3).

3. $n = 8$ 的 Hopf 纤维化

利用 Cayley 八元数空间 K, 可类似地将 S^{15} 进行 Hopf 纤维化. 首先, 介绍 Cayley 八元数空间的概念.

一个空间 K 称为是八元数空间, 若

$$K = \{(u_1, u_2) \in H \times H |\ H \text{为四元数空间, 满足下面乘法规则}\},$$

对任 $c = (u_1, u_2),\ \tilde{c} = (v_1, v_2) \in K$, 有

$$c\tilde{c} = (u_1 v_1 - \bar{v}_2 u_2,\ v_2 u_1 + u_2 \bar{v}_1),$$

其中 $\bar{u}$ 表示 $u \in H$ 的共轭数. 这里, 必须注意四元数的乘法是不可交换的. 八元数空间是一个不可交换且非结合的可除代数. 在 K 中,

$$\begin{aligned}
&1 = (1,0) \text{ 为单位元}, \\
&0 = (0,0) \text{ 为零元}, \\
&\bar{c} = (\bar{u}_1, -u_2) \text{ 为 } c = (u_1, u_2) \in K \text{ 的共轭元}, \\
&c \cdot \bar{c} = (u_1\bar{u}_1 + u_2\bar{u}_2, 0) = \|c\|^2, \\
&c^{-1} = \bar{c}/\|c^2\|, \quad \forall c \neq 0 \text{ 在 } K \text{ 中}.
\end{aligned}$$

因此 K 是一个线性赋范空间.

因为 K 是非结合的, 不能像 $n = 2$ 和 4 的情况那样在 K^2 上作商空间 (在作商空间时, 需要乘法的结合律, 即 $(a \cdot b) \cdot c = a \cdot (b \cdot c)$). 但注意到, 对任 c, $\tilde{c} \in K$, 有

$$(c\tilde{c})(\tilde{c})^{-1} = c, \quad \forall \tilde{c} \neq 0.$$

正是这种结合性可产生 S^{15} 的 Hopf 纤维化.

显然有

$$\begin{aligned}
&S^{15} = \{(c_1, c_2) \in K^2 | \ c_1 \cdot \bar{c}_1 + c_2 \cdot \bar{c}_2 = 1\}, \\
&S^7 = \{c \in K | \ c \cdot \bar{c} = 1\}, \\
&S^8 = K + \{\infty\}.
\end{aligned}$$

定义 π： $S^{15} \to S^8$ 如下：

$$\pi(c_1, c_2) = \begin{cases} c_1 c_2^{-1}, & c_2 \neq 0, \\ \infty, & c_2 = 0, \end{cases}$$

$\forall (c_1, c_2) \in S^{15}$. 类似于 $n = 2, 4$ 的情况, 可以验证 π 是一个丛投影, 并且 (S^{15}, π, S^8) 具有局部平凡性.

注 1.12 球面的 Hopf 纤维化 (1.6.3) 在本质上是由于复空间 $\mathbb{C}$, 四元数空间 H, 及八元 Cayley 数空间 K 的赋范可除代数结构所造成. 也就是说空间 $\mathbb{C}$, H, K 的可除代数结构与其对应球面 $S^3 \subset \mathbb{C} \times \mathbb{C}$, $S^7 \subset H \times H$, $S^{15} \subset K \times K$ 的可 Hopf 纤维化拓扑结构之间有着不可分割的联系. 所谓空间的赋范可除代数结构是指一个线性赋范空间上具有可逆元素的乘积结构.

注 1.13 球面的 Hopf 纤维丛 (S^{2n-1}, π, S^n), $n = 2, 4, 8$ 都是奇性纤维丛, 即不存在这样的嵌入 $S^n \to S^{2n-1}$ 使得

$$S^{2n-1} = \bigsqcup_{p \in S^n} S_p^{n-1}, \quad \text{且 } S_p^{n-1} \pitchfork_p S^n \text{ 是单的}.$$

1.6.3 主丛与万有丛

我们将注意力集中在以 G 为结构群的 F 纤维丛 (M,π,B) 上, 参见定义 1.24, 在那里, 任一元素 $\varphi\in G$, $\varphi:\ F\to F$ 是一个同胚. 现在, 当 F 是一个 Lie 群 (或更广地, 为一个拓扑群) 时, F 本身就可作为 G 的一个子群按下面方式作用在 F 上, 即给定 $g\in F$, 则 g 与所有 $x\in F$ 的左乘 (或右乘)

$$\varphi(x)=g\cdot x\quad(\text{或}\varphi(x)=x\cdot g)$$

产生 F 的一个同胚 $\varphi: F\to F$, 称为在 F 上的一个左作用 (或右作用).

所谓的主丛就是 $F=G$ 的纤维丛, 此时纤维 F 一定是一个 Lie 群 (或拓扑群). 引入主丛概念是基于两个重要因素：其一是理论物理的规范场理论就是建立在主丛上的; 其二是在主丛上可建立分类空间.

下面是主丛的严格数学定义.

定义 1.26 令 (M,π,B) 是一个以 G 为结构群的 F 纤维丛. 若 $F=G$, 并且结构群 G 是左作用在纤维 $F=G$ 上, 则 (M,π,B) 称为主 G 丛.

这里将简要地介绍分类空间与万有丛问题. 根据纤维丛的同伦定理, 对于一个纤维丛 (M,π,B) 和一个流形 B_1, 若两个映射

$$f_0,\ f_1:\ B_1\to B$$

是同伦的：$f_0\sim f_1$, 则 B_1 上的拉回丛 $f_0^*(M)$ 与 $f_1^*(M)$ 是同构的[17]. 现在要问这样的问题, 即是否存在这样的纤维丛 (M,π,B), 称为万有丛, 使得对任意流形 B_1 及映射 $f_0,\ f_1:\ B_1\to B$, 若 $f_0^*(M)$ 与 $f_1^*(M)$ 同构, 则有 $f_0\sim f_1$, 并且进一步, 对每个 B_1 上的纤维丛 (M_1,π_1,B_1) 是否存在映射 $f:\ B_1\to B$ 使得 (M_1,π_1,B_1) 与 $f^*(M)$ 同构. 换句话说, 是否存在一个对应：

$$\begin{aligned}&T:\ H(B_1,B)\to K(B_1),\\&T([f])=[f^*M],\quad\forall[f]\in H(B_1,B).\end{aligned}\tag{1.6.11}$$

使得 T 是一对一满的, 其中 $H(B_1,B)$ 表示所有 B_1 到 B 连续映射同伦类集合, $K(B)$ 是 B 上纤维丛等价类集合. 这种流形 B 称为分类空间.

对于向量丛来讲, 定理 1.15 和定理 1.16 断言这种万有丛和分类空间是存在的, 实万有丛是 $(\gamma^n,\pi,G_n(R^\infty))$, 复万有丛为 $(\gamma^n(\mathbb{C}),\pi,G_n(\mathbb{C}^\infty))$, 其分类空间分别为实的和复的 Grassmann 流形 $G_n(R^\infty)$ 和 $G_n(\mathbb{C}^\infty)$.

对于主丛, 则有如下定理[11].

定理 1.18 令 B_1 是一个流形, (M,π,B) 是一个主 G 丛. 若 M 的同伦群 $\pi_i(M)=0$, $\forall i\leqslant\dim B$ (同伦群概念见 4.1 节), 则映射 (1.6.11) 是一对一满的, 在那里 $K(B_1)$ 是所有 B_1 上主 G 丛等价类集合.

根据定理 1.18 有下面定义.

定义 1.27 令 (M,π,B) 是一个主 G 丛. 若 M 是 n 连通的, 即 $\pi_k(M)=0, \forall k\leqslant n$, 则 M 称为 G 的 n 阶万有丛, B 称为 n 阶分类空间. 特别地, 当 $n=\infty$ 时, M 称为 G 的万有丛, B 为分类空间.

Milnor 在 1956 年给出一种万有丛的构造方法, 他表明对任意拓扑群 G, 都可构造出 G 的万有丛和分类空间, 并且当 G 给定时所有 G 的分类空间都是同伦等价的[23]. 关于同伦等价概念可见 2.2 节.

注 1.14 除了平凡丛以外, 所有的主丛都是奇性的. 也就是说, 任何非平凡主丛没有截面[11].

下面给出一些典型的主丛与 G 万有丛的例子.

例 1.6 在 Stiefel 流形上的主丛. 在介绍该主丛之前, 先给出一个抽象的构造框架, 许多主丛都可纳入该框架内.

令 M 和 B 是两个流形, G 是一个可以左作用在 M 上的 Lie 群. 这里所谓的左作用即 G 与 M 之间存在一种左乘积关系:

$$\begin{aligned}&g\cdot x\in M,\quad \forall g\in G,\quad x\in M,\\&g\cdot x=x,\quad \forall x\in M\Leftrightarrow g \text{ 是 } G \text{ 的单位元}.\end{aligned}\tag{1.6.12}$$

如果流形 B 是 M 关于 G 作用下产生的商空间:

$$B=M/G=\{[x]|\ [x] \text{ 表示 } x\sim gx \text{ 的等价类},\ x\in M,\ g\in G\},\tag{1.6.13}$$

则可产生一个 G 为结构群的主丛:

$$\begin{array}{rl}G\rightarrow & M\\ & \downarrow\ \pi\\ & B\end{array}\tag{1.6.14}$$

这里 $\pi:\ M\rightarrow B$ 为投影: $\pi(x)=[x]$. 当 M 是一个 Lie 群, $G\subset M$ 是一个子群时, G 与 M 之间就存在 (1.6.12) 式的左乘关系.

现在应用上面的构造回过来讨论在 $B=V_k(E^n)$ 上的 G 主丛, 这里 E^n 取这三种空间 R^n, $\mathbb{C}^n$, H^n 中的一个. 令 $J(E^n)$ 是 E^n 上保距变换群, 可具体表示为

$$J(R^n)=O(n),\quad J(\mathbb{C}^n)=U(n),\quad J(H^n)=S_p(n).\tag{1.6.15}$$

我们知道, $J(E^n)$ 是一个 Lie 群, $J(E^{n-k})$ 按如下方式可视为 $J(E^n)$ 的子群: 对任意 $A\subset J(E^{n-k})$, A 可表示为

$$A=\begin{pmatrix} I_k & 0\\ 0 & A_{n-k}\end{pmatrix}\in J(E^n),$$

其中 I_k 为 k 阶单位矩阵, A_{n-k} 为 E^{n-k} 上的 $n-k$ 阶正交矩阵. 显然 $G=J(E^{n-k})$ 在 $M=J(E^n)$ 有一个如 (1.6.12) 的左作用. 再由 (1.1.39) 式可知

$$V_k(E^n)=J(E^n)/J(E^{n-k}). \tag{1.6.16}$$

这样, 根据主丛构造 (1.6.13) 和 (1.6.14), 由 (1.6.15) 和 (1.6.16) 得到下面的 G 主丛:

$$\begin{array}{ccc} O(n-k)\to O(n) & U(n-k)\to U(n) & S_p(n-k)\to S_p(n) \\ \downarrow & \downarrow & \downarrow \\ V_k(R^n) & V_k(\mathbb{C}^n) & V_k(H^n) \end{array} \tag{1.6.17}$$

由 (1.1.40), 也可得到

$$\begin{array}{cc} SO(n-k)\to SO(n) & SU(n-k)\to SU(n) \\ \downarrow & \downarrow \\ V_k(R^n) & V_k(\mathbb{C}^n) \end{array} \tag{1.6.18}$$

特别地, 当 $k=1$ 时 $V_1(R^n)=S^{n-1}$, $V_1(\mathbb{C}^n)=S^{2n-1}$, $V_1(H^n)=S^{4n-1}$ 是球面. 此时 (1.6.17) 和 (1.6.18) 变为球面上的主丛.

例 1.7　Grassmann 流形上的主丛. 我们知道, Stiefel 流形 $V_k(E^n)$ 是 E^n 中所有 k 维正交标架构成的流形, 即

$$V_k(E^n)=\{(e_1,\cdots,e_k)|\ e_i\in E^n,\ \langle e_i,e_j\rangle=\delta_{ij}\}.$$

显然, 作为 $J(E^n)$ 中子群, $J(E^k)$ 可左作用在 $V_k(E^n)$ 上:

$$Ae=(Ae_1,\cdots,Ae_k)\in V_k(E^n),\quad \forall A\in J(E^n),\quad e\in V_k(E^n).$$

于是在 $G=J(E^k)$ 作用下, 在 $M=V_k(E^n)$ 上可产生一个商空间:

$$M/G=V_k(E^n)/J(E^k). \tag{1.6.19}$$

再由 1.1.6 小节中例 1.5 可知 (1.6.19) 是 Grassmann 流形 $G_k(E^n)$. 这样, 由 (1.6.19) 得到下面在 $G_k(E^n)$ 上的 $J(E^k)$ 主丛

$$\begin{array}{ccc} O(k)\to V_k(R^n) & U(k)\to V_k(\mathbb{C}^n) & S_p(k)\to V_k(H^n) \\ \downarrow & \downarrow & \downarrow \\ G_k(R^n) & G_k(\mathbb{C}^n) & G_k(H^n) \end{array} \tag{1.6.20}$$

此外, $J(E^k)\times J(E^{n-k})$ 按如下方式构成 $J(E^n)$ 的一个子群:

$$\begin{pmatrix} A & 0 \\ 0 & B \end{pmatrix}\in J(E^n),\quad \forall A\in J(E^k),\quad B\in J(E^{n-k}).$$

因此 $J(E^k) \times J(E^{n-k})$ 可左作用在 $J(E^n)$ 上产生一个商空间

$$J(E^n)/\left\{J(E^k) \times J(E^{n-k})\right\}. \tag{1.6.21}$$

由 (1.1.43) 可知, 商空间 (1.6.22) 是 E^n 上的 Grassmann 流形. 因而从 (1.6.22) 得到如下 $G_k(E^n)$ 上的主丛:

$$\begin{array}{ccc} O(k) \times O(n-k) \to O(n) & & U(k) \times U(n-k) \to U(n) \\ \downarrow & & \downarrow \\ G_k(R^n) & & G_k(\mathbb{C}^n) \\ S_p(k) \times S_p(n-k) \to S_p(n) & & \\ \downarrow & & \\ G_k(H^n) & & \end{array} \tag{1.6.22}$$

例 1.8 正交群 $O(n)$ 的万有丛. 由纤维丛同伦群正合序列可以推知 (见 3.1 小节), Stiefel 流形 $V_k(R^n)$ 是 $n-k-1$ 连通的, 即

$$\pi_i(V_k(R^n)) = 0, \quad \forall i \leqslant n-k-1. \tag{1.6.23}$$

再由 (1.6.20), $(V_k(R^n), \pi, G_k(R^n))$ 是一个 $O(k)$ 主丛. 因此定理 1.18 说明 $(V_k(R^n), \pi, G_k(R^n))$ 是 $O(k)$ 的 $n-k-1$ 阶万有丛, $G_k(R^n)$ 是 $n-k-1$ 阶分类空间.

由上述有限阶的万有丛空间可构造 $O(k)$ 的万有丛空间如下: 从包含序列 $R^k \subset R^{k+1} \subset R^{k+2} \subset \cdots$ 可导出 Grassmann 流形的包含序列

$$G_k(R^k) \subset G_k(R^{k+1}) \subset G_k(R^{k+2}) \subset \cdots. \tag{1.6.24}$$

同理可得 Stiefel 流形的包含序列

$$V_k(R^k) \subset V_k(R^{k+1}) \subset V_k(R^{k+2}) \subset \cdots. \tag{1.6.25}$$

由 (1.6.24) 和 (1.6.25) 可分别产生无穷维的 k 阶 Grassmann 流形和 k 阶 Stiefel 流形如下:

$$\begin{aligned} G_k &= \bigcup_{n \geqslant k} G_k(R^n), \\ V_k &= \bigcup_{n \geqslant k} V_k(R^n). \end{aligned} \tag{1.6.26}$$

并规定 G_k 和 V_k 的拓扑为弱拓扑, 即 $U \subset G_k$ 是开集当且仅当 $U \cap G_k(R^n)$ 是 $G_k(R^n)$ 中开集 (对所有 $n \geqslant k$). 由投影 $\pi: V_k(R^n) \to G_k(R^n)$ 可诱导出投影 $\pi: V_k \to G_k$, 使得 (V_k, π, G_k) 是一个 $O(k)$ 主丛. 由 (1.6.23) 和 (1.6.25) 可推知

$$\pi_i(V_k) = 0, \quad \forall i \geqslant 0.$$

因此 (V_k, π, G_k) 是一个 $O(k)$ 的万有丛, G_k 是分类空间.

例 1.9 酉群 $U(n)$ 的万有丛. 由 (1.6.20), 向量丛 $(V_k(\mathbb{C}^n), \pi, G_k(\mathbb{C}^n))$ 是一个 $U(k)$ 主丛. 此外, $V_k(\mathbb{C}^n)$ 是 $2(n-k)-1$ 连通的:

$$\pi_i(V_k(\mathbb{C}^n)) = 0, \quad \forall i \leqslant 2(n-k)-1.$$

因此 $(V_k(\mathbb{C}^n), \pi, G_k(\mathbb{C}^n))$ 是一个 $U(k)$ 的 $2(n-k)-1$ 阶主丛, $G_k(\mathbb{C}^n)$ 是 $2(n-k)-1$ 阶分类空间. 类似于 (1.6.26) 有

$$G_k(\mathbb{C}^\infty) = \bigcup_{n \geqslant k} G_k(\mathbb{C}^n),$$
$$V_k(\mathbb{C}^\infty) = \bigcup_{n \geqslant k} V_k(\mathbb{C}^n).$$

并且 $\pi_i(V_k(\mathbb{C}^\infty)) = 0$, $\forall i \geqslant 0$. 因此

$$(V_k(\mathbb{C}^\infty), \pi, G_k(\mathbb{C}^\infty))$$

是一个 $U(k)$ 的万有丛, $G_k(\mathbb{C}^\infty)$ 是分类空间.

例 1.10 辛群 $S_p(n)$ 的万有丛. 我们知道, $(V_k(H^n), \pi, G_k(H^n))$ 是一个 $S_p(k)$ 主丛, 并且 $V_k(H^n)$ 是 $4(n-k)-1$ 连通的:

$$\pi_i(V_k(H^n) = 0, \quad \forall i \leqslant 4(n-k)-1.$$

因此 $(V_k(H^n), \pi, G_k(H^n))$ 是一个 $S_p(k)$ 的 $4(n-k)-1$ 阶主丛, $G_k(H^n)$ 是 $S_p(k)$ 的 $4(n-k)-1$ 阶分类空间. 令

$$G_k(H^\infty) = \bigcup_{n \geqslant k} G_k(H^n),$$

$$V_k(H^\infty) = \bigcup_{n \geqslant k} V_k(H^n),$$

则 $\pi_i(V_k(H^\infty)) = 0$, $\forall i \geqslant 0$. 因此

$$(V_k(H^\infty), \pi, G_k(H^\infty))$$

是一个 $S_p(k)$ 的万有丛, $G_k(H^\infty)$ 是 $S_p(k)$ 的分类空间.

第 2 章 同调理论

弄清流形的拓扑结构及其与流形上各种函数 (如向量场、微分形式等) 性质之间的内在联系始终是拓扑学主要方向. 其中, 在流形上建立各种拓扑不变量 (即在同胚变换下不变的数学结构) 以便对流形结构的理解、区分和分类是代数拓扑的基本手段和方法. 同调群就是流形上最重要的拓扑不变量之一.

在流形中, 遇到的最基本的问题就是如何判定两个流形是否同胚. 对于二维流形, 由于我们能够看得见所以比较简单. 然而对于 $n \geqslant 3$ 维的流形, 这个问题就变得非常不平凡了, 因为直接证明一个同胚映射是否存在在数学上是一条走不通的路. 在同胚意义下对流形进行分类是很自然的事情, 这就要求我们必须走别的道路, 例如寻找各种流形上拓扑不变量来达到目的. 有许多拓扑不变量似乎能够帮助我们, 如流形的维数、流形嵌入到 R^n 的最小 n 值等. 但是我们发现其中许多不是过于平凡揭示不出什么深刻的东西, 就是太难无法计算. 这表明一个好的拓扑不变量必须具备三个条件：(1) 不平凡, (2) 可计算, (3) 使用的概念不能过于复杂. 拓扑学中满足这三个条件并且具有普遍性的拓扑不变量就是同调群和同伦群.

代数拓扑起源于 Poincaré 和 Betti 等人的工作, 他们首先将空间与一系列群联系起来. Poincaré 引入了一种群, 称为拓扑空间的基本群, 也就是今天的一维同伦群, 而 Betti 第一个建立了同调群. 同伦群的优点是概念简单, 缺点是计算较难. 而同调群则相反, 计算比较容易但是概念相对而言要复杂和抽象一些.

这一章介绍同调理论. 主要包括 (下) 同调群、上同调群、同调正合序列, 以及对偶性. 这里处理的方法与通常所采用的完全不同. 为了能够很好地揭示同调理论的实质, 我们建立了流形共轭结构理论. 该理论的核心部分就是同调群的几何化定理及正则紧流形的对称性定理. 通过这些定理, 我们不仅能够清楚地理解同调理论的实质, 而且也能加深我们对流形结构的理解.

这一章的主要安排大致如下：在 2.1 节中首先用简单的几何现象和例子说明什么是下同调群, 它的元素的几何意义是什么. 然后采用单纯剖分方式定义单纯同调群. 由于采用的是方体剖分, 从而简化和方便了单纯同调群的拓扑不变性的证明. 最后引入奇异同调群的概念, 并证明它与单纯同调群之间的同构性.

2.2 节主要是建立流形的共轭结构理论. 包括引入共轭元以及正则流形的概念, 对共轭元进行分类, 然后建立同调群的几何化定理. 应用该定理不仅能够简化对乘积空间的 Künneth 公式和万有系数定理的证明, 更主要的是能帮助理解为什么会有这样的定理.

2.3 节首先给出上同调群的几何化定理, 以明确上同调群的实质. 然后用标准的形式化方式定义上同调群, 并对几何化定理给予证明. 最后对上、下同调群引入乘积结构. 在那里我们看到关于上积结构, 上边缘算子 δ 具有反导律性质, 即

$$\delta(X \times Y) = \delta X \times Y + (-1)^{\dim X} X \times \delta Y,$$

然而关于下积结构, 下边缘算子 ∂ 一般不具有这种性质, 除了正则对偶积这种特殊情况. 这就反映了上同调的乘积更具有自然性.

2.4 节主要是介绍同调群序列的正合性质, 以及如何使用它们去计算一些流形的同调群. 同样地, 采用共轭结构的观点处理使问题变得更易理解.

2.5 节证明了正则紧流形的共轭对称性定理, 包括带边与不带边的流形. 应用这些定理来证明 Poincaré 对偶定理和 Lefschetz 对偶定理就变得非常简单明了. 最后介绍球面配对拓扑空间的 Alexander 对偶定理, 作为应用推出 Alexander 分离定理.

这里再次强调, 本书中新建立的共轭结构理论, 并非仅仅是为了更好地理解同调理论, 它们本身具有一定的理论价值, 特别是正则流形的共轭结构对称性定理和同调几何化定理, 它们代表了一种不同的数学思路. 事实上, 其理论价值在后面将介绍的共轭元的球面定理及流形最小分解公式中可以再次体现.

2.1 同 调 群

2.1.1 同调群的实质

为了能够很快地掌握同调群的本质, 我们将先采用非形式化的直接方式介绍同调群概念, 然后再用轮胎面 T^2 作为例子简单地说明经典的同调群定义的整个思路与过程. 这样做的优点是先在头脑中建立直观的了解, 以便在后面抽象的形式化过程中每一步都知道要干什么, 以及为什么要这样做.

从简单的球面与轮胎面的对比 (见图 2.1) 就可发现, 这两个流形的拓扑结构有本质的不同. 表观上看, 其差别是 S^2 上没有洞, 而 T^2 有一个. 细心分析就可发现, 这个区别在数学上就是球面上任一个圆圈 S^1 在 S^2 中都一定围一个区域, 即对每个 $S^1 \subset S^2$ 都存在一个闭盘 $B \subset S^2$ 使得该圆圈是 B 的边界: $S^1 = \partial B$. 然而轮胎面上却不同, 在其上有两种圆圈在 T^2 上不围区域: 一个是经度圈, 另一个是纬度圈.

再仔细观察又可发现, 虽然一个经度圈 (或一个纬度圈) 在 T^2 上不围区域, 但是两个不同的经度圈 (或纬度圈) 却在 T^2 围出一个区域. 这说明任两个经度圈 (或纬度圈) 在反映 T^2 的拓扑结构方面没有差异, 它们属于同一类. 然而, 任一个经

度圈与一个纬度圈绝对不可能在 T^2 上围出一个区域来, 因此它们是属于两个不同的类.

图 2.1

数学上, 流形中的这种紧的 (闭的) 不围区域的可定向子流形类, 称为可定向非边紧子流形类, 就是同调群的生成元. 例如在轮胎面上, 零维可定向非边紧子流形类就是一点 $p \in T^2$ 产生的类 $[p]$, 因为任一不同点 p_1 与 p 在 T^2 能围一个线段. T^2 上有两个一维可定向非边紧子流形类, 而 T^2 本身是一个二维可定向非边紧子流形. 这样, T^2 的 k 维 $(0 \leqslant k \leqslant 2)$ 实系数同调群, 记为 $H_k(T^2, R)$, 是如下群:

$$\begin{aligned} &H_0(T^2, R) = \{\alpha e_0 |\ \alpha \in R^1,\ e_0 = [p]\} \simeq R^1, \\ &H_1(T^2, R) = \{\alpha_1 e_1 + \alpha_2 e_2 |\ \alpha_i \in R^1,\ e_i = [\sigma_i], i = 1, 2\} \simeq R^2, \\ &H_2(T^2, R) = \{\alpha e_2 |\ \alpha \in R^1,\ e_2 = [T^2]\} \simeq R^1, \end{aligned} \tag{2.1.1}$$

其中 $[\sigma_1]$ 代表经度圈类, $[\sigma_2]$ 为纬度圈类.

同理可得 S^2 上的 k 维同调群为

$$\begin{aligned} &H_0(S^2, R) = \{\alpha e_0 |\ \alpha \in R^1,\ e_0 = [p]\} \simeq R^1, \\ &H_1(S^2, R) = 0, \\ &H_2(S^2, R) = \{\alpha e_2 |\ \alpha \in R^1,\ e_2 = [S^2]\} \simeq R^1. \end{aligned} \tag{2.1.2}$$

事实上, 对于一般 n 维紧流形 M, 其同调群就是用可定向的非边紧子流形类作生成元, 然后用某个加法变换群 G 作系数所生成的群. 例如取 $G = R^1$ 为实数群时, 所有 k 维实系数同调群为

$$\begin{aligned} &H_k(M, R) = \left\{ \sum_{j=1}^{m_k} \alpha_j e_j^k |\ \alpha_j \in R^1,\ 1 \leqslant j \leqslant m_k \right\} \simeq R^{m_k}, \quad 0 \leqslant k \leqslant n, \\ &H_k(M, R) = 0, \quad \forall k > n, \end{aligned} \tag{2.1.3}$$

即 $H_k(M, R)$ 是与一个 m_k 维线性空间 $R^{m_k} (0 \leqslant k \leqslant n)$ 同构的群, 而当 $k > n$ 时规定 $H_k(M, R)$ 是零群. 在 (2.1.3) 中, 基底 $\{e_1^k, \cdots, e_{m_k}^k\}$ 是 M 中所有 k 维可定向非边紧子流形类, 也称为自由紧子流形, 见 2.2 节.

上面的例子和解说使我们对同调群有了一个直观的了解, 也就是知道什么是同调群及其元素的客观实在是什么. 可能人们会进一步地问, 建立同调群的目的是什么? 事实上, 正如开始的引言所述, 最初建立同调群的目的就是在拓扑空间上建立拓扑不变量, 即两个同胚的拓扑空间具有同构的同调群. 这样, 如果两个拓扑空间有不同的同调群, 那么这两个拓扑空间一定不同胚. 例如, 在 (2.1.1) 和 (2.1.2) 中看到, 轮胎面 T^2 与球面 S^2 的一维同调群不同构, 因此 T^2 与 S^2 不同胚. 而随着同调理论的进一步发展, 越来越清楚地表明同调群的意义已远远超出最初的期望.

接下来的问题就是如何形式化地定义同调群, 使其具有演绎和计算的功能. 因为按 (2.1.3) 方式的定义, 只能知道同调群的实在意义, 却无法计算它们 (除了那些能看见或直观想象的流形), 更无法证明它们是拓扑不变量. 下面就以轮胎面为例子介绍同调群形式化定义过程.

在原始的创立者头脑内, 首先已想象出如 (2.1.3) 那样定义的同调群的模式. 剩下来要做的是如何创立工具去实现它. 这个工具就是拓扑空间的单纯剖分. 考察图 2.2 所示的轮胎面上的方体剖分, abc 与 $a_2b_2c_2$ 边等同, aa_1a_2 边与 cc_1c_2 边等同, 四个二维方体 Γ_i $(1 \leqslant i \leqslant 4)$ 将 T^2 覆盖, 它们规则地同定向地排列, 称为 T^2 的一个单纯剖分.

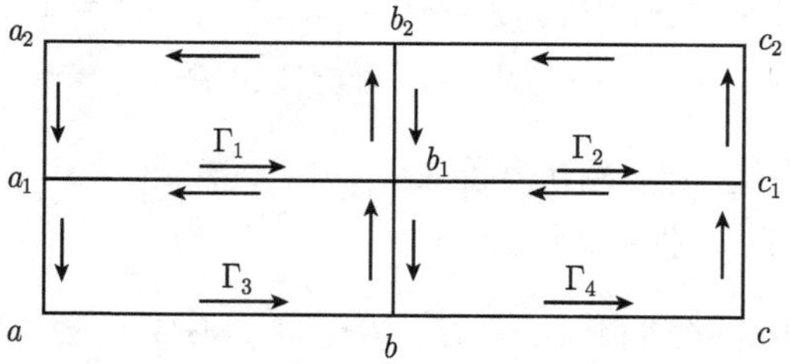

图 2.2 T^2 被四个二维方体规则地同定向排列地覆盖

现在的目标就是找到 T^2 中闭子流形在单纯剖分中的特性, 并用数学方法将它们表现出来. 在图 2.2 中可观察到, 作为闭子流形, T^2 可用四个二维方体 Γ_i $(1 \leqslant i \leqslant 4)$ 覆盖, 使得每个边都是严格两个二维方体的面. 例如 $ab = a_2b_2$ 边就是 Γ_3 与 Γ_1 的公共面. 此外, 当对每个方体取定定向后 (例如, 在图 2.2 中取反时针方向为正定向), Γ_i 每个面的定向边被确定, 并且每条边作为两个方体公共面时一定是一个正向面和另一个反向面, 如 bb_1 就是 Γ_3 的正向面, Γ_4 的反向面. 这些特征采用数学表达就是

$$T^2 = \Gamma_1 + \Gamma_2 + \Gamma_3 + \Gamma_4, \tag{2.1.4}$$

其中加号有两层含义：其一是集合的求和, 其二是每个方体取正定向, 然后将 Γ_i 的边缘 $\partial\Gamma_i$ 按正向与负向面加减求和, 例如

$$\partial\Gamma_1 = a_1b_1 + b_1b_2 - a_2b_2 - a_1a_2, \tag{2.1.5}$$

其中加号为正向面, 负号为负向面. 此时 T^2 作为无边流形的基本特征就被表达式 (2.1.4) 及如 (2.1.5) 的边缘运算 ∂ 按下面运算体现出来:

$$\begin{aligned}\partial T^2 &= \partial\Gamma_1 + \partial\Gamma_2 + \partial\Gamma_3 + \partial\Gamma_4 \\ &= (a_1b_1 + b_1b_2 - a_2b_2 - a_1a_2) + (b_1c_1 + c_1c_2 - b_2c_2 - b_1b_2) \\ &\quad +(ab + bb_1 - a_1b_1 - aa_1) + (bc + cc_1 - b_1c_1 - bb_1).\end{aligned} \tag{2.1.6}$$

注意到

$$ab = a_2b_2, \quad bc = b_2c_2, \quad aa_1 = cc_1, \quad a_1a_2 = c_1c_2,$$

则 (2.1.6) 变为

$$\partial T^2 = 0. \tag{2.1.7}$$

同理, 对于一维闭子流形, 例如 T^2 上的经度圈

$$\sigma_1 = aa_1 + a_1a_2, \quad a = a_2, \tag{2.1.8}$$

若取边缘运算, 如

$$\partial(aa_1) = a_1 - a, \quad a_1 \text{ 为 } aa_1 \text{ 正向面}, \ a \text{ 为负向面}, \tag{2.1.9}$$

则从 (2.1.8) 及如 (2.1.9) 的运算可得

$$\partial\sigma_1 = a_1 - a + a_2 - a_1 = 0, \quad a = a_2. \tag{2.1.10}$$

对于任何一顶点, 例如 $p = a \in T^2$, 作为零维闭子流形, 定义

$$\partial a = 0. \tag{2.1.11}$$

从上述分析及关系式 (2.1.7), (2.1.10) 和 (2.1.11) 可知, T^2 中的所有可定向闭子流形在 T^2 中的单纯剖分中的特征就是在边缘算子 ∂ 的作用下为零, 而任何带边的子集在 ∂ 作用下不为零. 同时, 在上述的过程中, 已经将单纯剖分中的每一维的方体都赋予了两层意义, 即作为集合它们是 T^2 中的子集, 而另一方面作为如 (2.1.4)~(2.1.11) 中的运算元素, 它们又是代数对象. 这接下来的一步就是将 T^2 如图 2.2 所示的单纯剖分赋予代数结构, 也就是以其中的每一个方体作为一个独立的生成元, 以某个可交换加法群 G 为系数, 这里取实数群 $G = R^1$ 作系数群, 扩张成如下的群:

$$C_0(T^2, R) = \left\{\sum_{i=1}^{4}\alpha_i e_i^0 | \ \alpha_i \in R^1, \ e_1^0 = a_1, \ e_2^0 = a, \ e_3^0 = b_1, \ e_4^0 = b\right\},$$

$$C_1(T^2, R) = \left\{\sum_{i=1}^{8}\alpha_i e_i^1 | \ \alpha_i \in R^1, \ e_i^1 \ (1 \leqslant i \leqslant 8) \text{ 为所有一维边}\right\},$$

$$C_2(T^2, R) = \left\{\sum_{i=1}^{4}\alpha_i e_i^2 | \ \alpha_i \in R^1, \ e_i^2 = \Gamma_i\right\},$$

其加法运算定义为

$$\sum_i \alpha_i e_i^k + \sum_i \beta_i e_i^k = \sum_i (\alpha_i + \beta_i) e_i^k.$$

然后定义边缘算子

$$\partial : C_k(T^2, R) \to C_{k-1}(T^2, R)$$

如下：

$$\partial \left(\sum_i \alpha_i e_i^k \right) = \sum_i \alpha_i \partial (e_i^k),$$

其中 ∂e_i^k 的定义如 (2.1.5), (2.1.9) 和 (2.1.11) 所表示的那样.

显然, $C_k(T^2, R)$ 中的子群

$$Z_k(T^2, R) = \{\sigma \in C_k(T^2, R) |\ \partial \sigma = 0\}, \quad 0 \leqslant k \leqslant 2$$

是由 T^2 中所有可用 k 维方体组合而成的闭子流形作基底生成的群. 事实上, 它们在图 2.2 所示的单纯剖分下可表达如下：

$$\begin{aligned} &Z_2(T^2, R) = \{\alpha\sigma |\ \alpha \in R^1,\ \sigma = \Gamma_1 + \Gamma_2 + \Gamma_3 + \Gamma_4\}, \\ &Z_1(T^2, R) = \left\{ \sum_{i=1}^{12} \alpha_i \sigma_i |\ \alpha_i \in R^1,\ \sigma_i \text{ 如下面给出的一维闭子流形} \right\}, \\ &Z_0(T^2, R) = C_0(T^2, R) = \{\alpha_1 a_1 + \alpha_2 a + \alpha_3 b_1 + \alpha_4 b |\ \alpha_i \in R^1\}, \end{aligned} \tag{2.1.12}$$

其中生成 $Z_1(T^2, R)$ 的 12 个一维闭子流形为

$$\begin{aligned} &\sigma_1 = \partial\Gamma_1 = a_1b_1 + b_1b_2 + b_2a_2 + a_2a_1, && \sigma_2 = \partial\Gamma_2 = b_1c_1 + c_1c_2 + c_2b_2 + b_2b_1, \\ &\sigma_3 = \partial\Gamma_3 = ab + bb_1 + b_1a_1 + a_1a, && \sigma_4 = \partial\Gamma_4 = bc + cc_1 + c_1b_1 + b_1b, \\ &\sigma_5 = ab + bb_1 + b_1c_1 + c_1c_2, && \sigma_6 = cc_1 + c_1b_1 + b_1b_2 + b_2a_2, \\ &\sigma_7 = aa_1 + a_1b_1 + b_1b_2 + b_2c_2, && \sigma_8 = cb + bb_1 + b_1a_1 + a_1a_2, \\ &\sigma_9 = ab + bc, && \sigma_{10} = a_1b_1 + b_1c_1, \\ &\sigma_{11} = aa_1 + a_1a_2, && \sigma_{12} = bb_1 + b_1b_2. \end{aligned}$$

虽然 (2.1.12) 中的群将 T^2 中所有可用单形表达的闭子流形全部包括在内, 但是它们不是拓扑不变量, 甚至在 T^2 的另一种单纯正剖分下它们的群结构都会发生变化. 特别地, 它与我们头脑中所希望建成的群 (2.1.1) 的模式完全不一样, 除了 $k = 2$ 维情况, 在那里 $Z_2(T^2, R) \simeq H_2(T^2, R)$ 是同构的.

但是仔细地考察可以发现, 如果将 (2.1.12) 的 $Z_k(T^2, R)$ 中可以围一个区域的任两个闭子流形视为等价, 然后再按等价类作商群, 那么由此产生的商群就与 (2.1.1) 的群同构了. 再详细叙述这个过程如下.

首先, 在 Z_0 中看到, 任两个顶点, 例如 a 和 b_1, 它们是两个一维方体 $ab+bb_1$ 之和的线段边界, 也就是说, a 与 b_1 围出一个区域 $ab+bb_1$. 因此, 按上述等价意义下 a 与 b_1 等价, 记为 $a\sim b_1$. 换句话说,

$$e_i^0 \sim e_j^0 \Leftrightarrow \text{存在 } \sigma^1\in C_1(T^2,R) \text{ 使得 } \partial\sigma^1 = e_j^0 - e_i^0, \tag{2.1.13}$$

因此群 Z_0 按 (2.1.13) 等价意义下的商群就是以任一顶点作代表的等价类生成的群, 它与 (2.1.1) 的 $H_0(T^2,R)$ 同构:

$$Z_0(T^2,R)/\{e_i^0\sim e_j^0\} = \{\alpha[a_1]|\ \alpha\in R^1\} \simeq H_0(T^2,R). \tag{2.1.14}$$

再来考察 Z_1 群. 显然有如下关系:

$$\begin{aligned}
&\partial\Gamma_i = \sigma_i, \quad 1\leqslant i\leqslant 4,\\
&\partial(\Gamma_3+\Gamma_4) = \sigma_9 - \sigma_{10},\\
&\partial(\Gamma_1+\Gamma_3) = \sigma_{12} - \sigma_{11},\\
&\partial(\Gamma_1+\Gamma_4) = \sigma_6 - \sigma_8,\\
&\partial(\Gamma_2+\Gamma_3) = \sigma_5 - \sigma_7.
\end{aligned} \tag{2.1.15}$$

在 Z_1 群上用如下等价关系作商群:

$$\sigma_i = \sigma_j \Leftrightarrow \exists\sigma^2\in C_2(T^2,R) \text{ 使得 } \partial\sigma^2 = \sigma_j - \sigma_i (\text{记为 } \sigma_j-\sigma_i=0), \tag{2.1.16}$$

则由 (2.1.15) 可推知

$$\begin{aligned}
Z_1(T^2,R)/\{\text{按 (2.1.16) 的等价}\} &= \{\alpha_1[\sigma_9]+\alpha_2[\sigma_{11}]|\ \alpha_1,\alpha_2\in R^1\}\\
&\simeq H_1(T^2,R).
\end{aligned} \tag{2.1.17}$$

细心的读者会问, 在 (2.1.17) 中怎么不见等价类 $[\sigma_5]$ 和 $[\sigma_6]$. 其实由等价关系 (2.1.16), 从图 2.2 可以看出

$$bc+cc_1 = bb_1+b_1c_1, \quad \partial\Gamma_1 = bc+cc_1-bb_1-b_1c_1.$$

因此有

$$\begin{aligned}
\sigma_5 &= ab+(bb_1+b_1c_1)+c_1c_2\\
&= ab+(bc+cc_1)+c_1c_2\\
&= (ab+bc)+(cc_1+c_1c_2)\\
&= \sigma_9+\sigma_{11}, \quad \text{注意 } aa_1=cc_1,\ a_1a_2=c_1c_2.
\end{aligned}$$

同理有 $\sigma_6=\sigma_{11}-\sigma_9$. 因此 (2.1.17) 中只有 σ_9 和 σ_{11} 的等价类是独立生成元.

显然 $Z_2(T^2,R)$ 中的 $\sigma=\sum\limits_{i=1}^4\Gamma_i$ 不围任何区域, 因此有

$$Z_2(T^2,R)=\left\{\alpha[T^2]|\ \alpha\in R^1,\ T^2=\sum_{i=1}^4\Gamma_i\right\}\simeq H_2(T^2,R). \tag{2.1.18}$$

由 (2.1.13) 和 (2.1.16) 可总结出

$$\sigma_2\sim\sigma_1 \text{ 在 } Z_k(T^2,R) \text{ 中 } \Leftrightarrow \sigma_2-\sigma_1\in\partial C_{k+1}(T^2,R), \tag{2.1.19}$$

即边缘算子 ∂ 的像空间 $\partial C_{k+1}(T^2,R)\subset Z_k(T^2,R)$ 是子群. 换句话说, 边缘算子具有如下性质:

$$\partial^2=0. \tag{2.1.20}$$

其实上述性质 (2.1.20) 在直观上是显然的, 它的意思是任一个 $k+1$ 维区域的边界都可由 k 维闭子流形组合而成. 这样, 由 (2.1.19) 可知这些商群 (2.1.14), (2.1.17) 和 (2.1.18) (仍记为 $H_k(T^2,R)$) 可表达为

$$H_k(T^2,R)=Z_k(T^2,R)/B_k(T^2,R), \tag{2.1.21}$$

其中 $B_k(T^2,R)=\partial C_k(T^2,R)$ 是 $Z_k(T^2,R)$ 的子群.

以上论述以轮胎面为例提供了早期建立同调群概念的整个思路与方法的全过程. 接下来的内容就是正式地介绍定义同调群的整个形式化过程, 其基本步骤大致如下:

(1) 在拓扑空间 M 上建立单纯剖分, 相应地引入可剖分空间、单纯形以及单纯复形的概念;

(2) 在单纯复形上引入以可交换加法群 G 为系数的链群, 记为 $C_k(M,G)$, 并且在这些链群之间定义边缘算子:

$$\partial: C_{k+1}(M,G)\to C_k(M,G),\quad 0\leqslant k\leqslant \dim M,$$

使得 ∂ 具有如 (2.1.20) 的性质;

(3) 在链群上定义闭链群 $Z_k(M,G)$ 和边缘链群 $B_k(M,G)$ 为

$$\begin{aligned}&Z_k(M,G)=\{\sigma\in C_k(M,G)|\ \partial\sigma=0\},\\&B_k(M,G)=\{\sigma\in C_k(M,G)|\ \exists\Gamma\in C_{k+1}\text{ s.t. }\sigma=\partial\Gamma\},\end{aligned}$$

由 (2.1.20) 知 $B_k(M,G)\subset Z_k(M,G)$ 是子群, 然后定义 $Z_k(M,G)$ 关于 $B_k(M,G)$ 的如 (2.1.21) 那样的商群为 M 上以 G 为系数群的同调群, 记为 $H_k(M,G)$;

(4) 最后证明 $H_k(M,G)$ 与 M 上所取单纯剖分的方式无关, 并且 $H_k(M,G)$ 是拓扑不变量, 即对任何与 M 同胚的拓扑空间 N, $H_k(N,G)$ 与 $H_k(M,G)$ 同构.

2.1.2 可剖分空间的单纯复形

在拓扑空间 M 上进行单纯剖分的传统方法是三角剖分, 也就是说将 M 分解成如图 2.3(a) 所示的那样的三角体组合, 使得这些三角体每两个不是交于空集, 就是在它们的公共面上相交, 这称为规则相处. 这里采用方体进行剖分, 就如图 2.3(b) 所示那样. 这两种剖分在建立同调群方面是等价的. 但是方体剖分在表述方面我们认为是更简单一些.

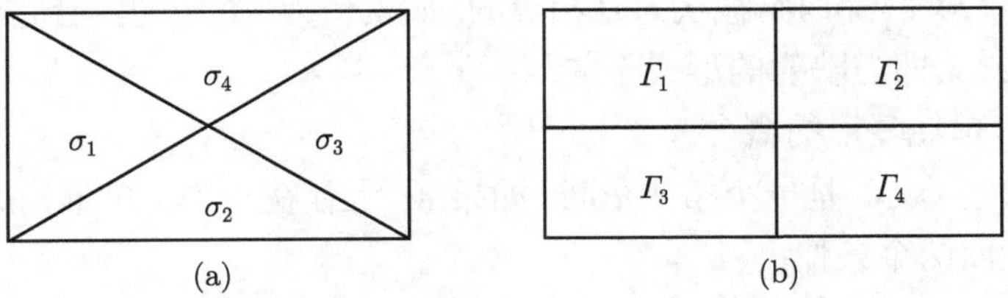

图 2.3 (a) 三角剖分, σ_i 是三角单形; (b) 方体剖分, Γ_i 是方体单形

令 M 是一个 n 维拓扑空间. 称 Γ^k 是 M 上的一个 k 维方体, 若

$$\Gamma^k : I^k \to M$$

是一个嵌入, 这里 $I^k = [0,1]^k$ 是 R^k 中的一个 k 维方体. Γ^k 可表达为

$$\Gamma^k = \Gamma^k\ (t_1, \cdots, t_k), \quad 0 \leqslant t_i \leqslant 1\ (1 \leqslant i \leqslant k).$$

M 上的一个 k 维方体有 $2k$ 个 $k-1$ 维面, 它们都是 $k-1$ 维方体, 即 Γ^k 在每个坐标 t_i 方向都有两个面：$s = 0, 1$, 它们表达如下：

$$\begin{cases} \partial_i^s \Gamma^k : I^{k-1} \to M, \quad s = 0, 1, \\ \partial_i^s \Gamma^k = \Gamma^k(t_1, \cdots, t_{i-1}, s, t_{i+1}, \cdots, t_k), \end{cases} \tag{2.1.22}$$

M 上的方体 Γ^k 和它在 t_i 坐标方向边界方体 $\partial_i^0 \Gamma^k$ 和 $\partial_i^1 \Gamma^k$ 的直观图像由图 2.4 表示. 归纳地, k 维方体 Γ^k 边界上的所有 q 维面 $(0 \leqslant q \leqslant k)$ 都是一个 q 维方体. Γ^k 的像在 M 上看上去不一定像个方体.

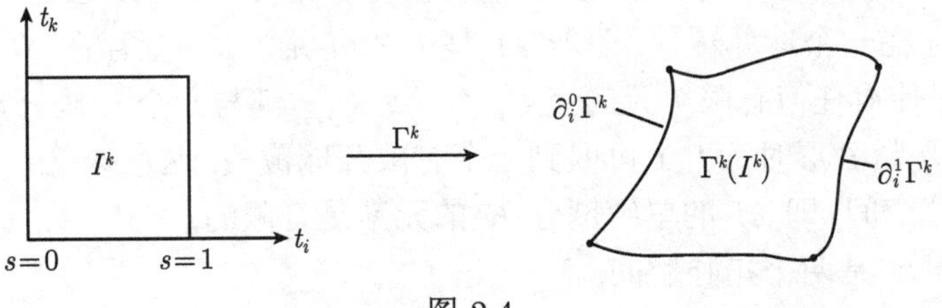

图 2.4

拓扑空间 M 上的 k 维方体 Γ^k 也称为 k 维单形. Γ^k 的边界 $\partial\Gamma^k$ 是由各种 q 维方体 $(0 \leqslant q \leqslant k-1)$ 组合而成, 这种边界上的 q 维方体称为 Γ^k 的 q 维面. 两个单形 $\Gamma_1^{k_1}$ 和 $\Gamma_2^{k_2}$ 称为在 M 中规则相处, 如果它们的交

$$\Gamma_1^{k_1} \cap \Gamma_2^{k_2} = \begin{cases} \varnothing, & \text{或} \\ \text{它们的公共面.} \end{cases}$$

M 上的两个单形 Γ_1^k 和 Γ_2^k 被认为是相等的, 如果作为 M 中的集合它们的像相等: $\Gamma_1^k(I^k) = \Gamma_2^k(I^k)$, 即与映射的形式无关.

下面引入单纯复形的概念.

定义 2.1 令 M 是一个拓扑空间. 如果 M 上存在一个由单形构成的集合, 记为 K, 满足下面两个条件:

(1) 若单形 $\Gamma \subset K$, 则 Γ 的任一个 q 维面也属于 K;

(2) K 中任两个单形在 M 中规则地相处,

则 K 称为 M 的一个单纯复形. 若 $L \subset K$ 作为子集也是一个复形, 则称为 K 的子复形. 特别地, 若 K 中元素作为集合覆盖 M:

$$M = \bigcup_{\Gamma \in K} \Gamma,$$

则 K 称为 M 的一个单纯剖分 (或方体剖分), 记为 $M = |K|$. 此时 M 称为可剖分空间.

M 上的单纯复形 K 中的元素, 即单形, 有两重身份: 作为 M 的子集它是 M 上的几何对象, 作为 K 的单体它可作为一个代数对象.

令 K 是一个复形. K 的全体维数 $\leqslant q$ 的单形构成 K 的一个子复形, 叫做 K 的 q 维骨架, 记为 K^q. 当 $K = K^n$ 时, K 称为 n 维复形. 零维骨架 $K^{(0)}$ 中的单形称为 K 的顶点.

例如, 当 K 是一个 n 维方体 Γ^n 及其所有面构成的复形, 则 K 的 $n-1$ 维骨架 K^{n-1} 就是方体边界 $\partial\Gamma^n$ 上的一个单纯剖分.

注 2.1 可剖分空间非常普遍. 所有的流形都是可剖分的, 这是因为任一个流形上都允许存在一个球体覆盖, 即若 M 是一个 n 维流形, 则存在 M 的一个可数开覆盖 $\{U_i\}$, 使得任何有限个元的交 $U_{i_1} \cap \cdots \cap U_{i_m}$ 都与一个 n 维开球同胚[2]. 特别地, 当 M 是紧流形时, M 上可取到一个有限开球覆盖. 这意味着一个紧流形 M 是有限可剖分空间, 即 M 的单纯剖分 K 的元素是有限的.

设 M 和 N 是两个拓扑空间, 而

$$f : M \to N$$

是一个同胚. 若 K 和 L 分别是 M 和 N 的单纯剖分, 即 $M=|K|$, $N=|L|$, 并且 f 可诱导出一个从 K 到 L 上的一一对应映射

$$\Gamma \to f(\Gamma) \in L, \quad \forall \Gamma \in K,$$

则 K 与 L 称为同构的复形式.

2.1.3 单纯同调群

令 M 是一个 n 维可剖分空间, K 是 M 的一个单纯剖分, 又设 G 是一个可交换加法群. 记 $C_k(M,G)$ 是以 K 的 k 维骨架 K^k 中元素为基底, 以 G 为系数所张成的群, 表达如下:

$$C_k(M,G)=\left\{\sum_i \alpha_i\Gamma_i |\ \alpha_i \in G,\ \Gamma_i \in K^k\right\},$$

这里 $\sum\limits_i \alpha_i\Gamma_i$ 是有限个元素之和, 即只有有限个 $\alpha_i \neq 0$, 加法运算定义为

$$\sum_i \alpha_i\Gamma_i + \sum_i \beta_i\Gamma_i = \sum_i (\alpha_i+\beta_i)\Gamma_i.$$

此时, $C_k(M,G)$ 称为 M 上复形 K 的 k 维链群, 其元素称为 k 维链.

下面在 $C_k(M,G)$ 上定义边缘算子. 若 $\Gamma: I^k \to M$ 是一个 k 维方体, 则可定义 Γ 的边缘链 $\partial\Gamma$ 如下:

$$\partial\Gamma=\sum_{i=1}^k (-1)^i(\partial_i^0\Gamma-\partial_i^1\Gamma), \tag{2.1.23}$$

其中 $\partial_i^0\Gamma$ 和 $\partial_i^1\Gamma$ 如 (2.1.22) 所定义. 将 (2.1.23) 的边缘算子线性延拓到链群的元素如下:

$$\partial\left(\sum_i \alpha_i\Gamma_i\right)=\sum_i \alpha_i\partial\Gamma_i,$$

则可导出链群的一个同态, 称为边缘同态:

$$\partial: C_k(M,G) \to C_{k-1}(M,G). \tag{2.1.24}$$

注 2.2 因为 G 是加法群, G 中每个非零元素都有正负号 $\pm$. 另一方面, 就如在 2.1.1 小节中介绍的那样, 可赋予 M 的单纯剖分 K 一个定向. 于是 k 维链群中的每一个单链 $\alpha\Gamma \in C_k(M,G)$, 若 $\alpha>0$ 则 $\alpha\Gamma$ 可几何地解释为 α 个正定向的单形 Γ, 而 $-\alpha\Gamma$ 则为 α 个负定向的 Γ.

注 2.3 当在单纯剖分 K 上指定一个定向后, Γ^k 的 $k-1$ 维面相对 Γ^k 就有正向面和负向面. Γ^k 在每一个 i 方向都有两个面 $\partial_i^0\Gamma^k$ 和 $\partial_i^1\Gamma^k$, 其中一定有一个

是正向面, 而另一个是负向面. 这就为边缘算子定义 (2.1.23) 的几何解释提供了方便: $\partial\Gamma^k$ 的意义是 Γ^k 所有正向面与负向面的代数和.

对于由 (2.1.23) 所定义的边缘同态 (2.1.24), 我们希望具有如 (2.1.20) 那样的性质. 这就是下面的引理.

引理 2.1 由 (2.1.23) 所定义的边缘同态 (2.1.24) 满足性质 (2.1.20), 也就是说, 对任何 k 维链 $\sigma \in C_k(M,G)$ 都有 $\partial(\partial\sigma)=0$.

证明 只需对任意 k 维方体 Γ 证明

$$\partial(\partial\Gamma)=0. \tag{2.1.25}$$

首先, 对 $k=1$ 和 2 进行计算有个感性认识. 当 $k=1$ 时, 有

$$\partial\Gamma^1=\Gamma^1(1)-\Gamma^1(0).$$

而零维单形的边缘为零. 因此 $\partial(\partial\Gamma^1)=0$. 当 $k=2$ 时, 由 (2.1.22) 可知

$$\partial\Gamma^2=\Gamma^2(1,t_2)-\Gamma^2(0,t_2)+\Gamma^2(t_1,0)-\Gamma^2(t_1,1).$$

因此有

$$\begin{aligned}\partial(\partial\Gamma^2)&=\partial\Gamma^2(1,t_2)-\partial\Gamma^2(0,t_2)+\partial\Gamma^2(t_1,0)-\partial\Gamma^2(t_1,1)\\&=[\Gamma^2(1,1)-\Gamma^2(1,0)]-[\Gamma^2(0,1)-\Gamma^2(0,0)]\\&\quad+[\Gamma^2(1,0)-\Gamma^2(0,0)]-[\Gamma^2(1,1)-\Gamma^2(0,1)]\\&=0.\end{aligned}$$

现在对一般 k 维情况进行证明, 由 (2.1.23) 知

$$\begin{aligned}\partial(\partial\Gamma)&=\partial\left[\sum_{i=1}^{k}(-1)^i(\partial_i^0\Gamma-\partial_i^1\Gamma)\right]\\&=\sum_{i=1}^{k}(-1)^i\left[\sum_{j=1}^{k-1}(-1)^j(\partial_j^0\partial_i^0\Gamma-\partial_j^1\partial_i^0\Gamma)-\sum_{j=1}^{k-1}(-1)^j(\partial_j^0\partial_i^1\Gamma-\partial_j^1\partial_i^1\Gamma)\right]\\&=\sum_{i=1}^{k}\sum_{j=1}^{k-1}(-1)^{i+j}(\partial_j^1\partial_i^1\Gamma+\partial_j^0\partial_i^0\Gamma-\partial_j^0\partial_i^1\Gamma-\partial_j^1\partial_i^0\Gamma).\end{aligned}$$

再由 (2.1.22), 对任 $j<i$ 及 $s=0$ 或 1, 有

$$\begin{aligned}&\partial_j^s\partial_i^s\Gamma=\Gamma(t_1,\cdots,t_{j-1},s,t_{j+1},\cdots,t_{i-1},s,t_{i+1},\cdots,t_k),\\&\partial_{i-1}^s\partial_j^s\Gamma=\Gamma(t_1,\cdots,t_{j-1},s,t_{j+1},\cdots,t_{i-1},s,t_{i+1},\cdots,t_k),\\&\partial_j^1\partial_i^0\Gamma=\Gamma(t_1,\cdots,t_{j-1},1,t_{j+1},\cdots,t_{i-1},0,t_{i+1},\cdots,t_k),\\&\partial_{i-1}^0\partial_j^1\Gamma=\Gamma(t_1,\cdots,t_{j-1},1,t_{j+1},\cdots,t_{i-1},0,t_{i+1},\cdots,t_k).\end{aligned}$$

因此, 对 $j<i$ 可得

$$\partial_j^s\partial_i^s\Gamma-\partial_{i-1}^s\partial_j^s\Gamma=0,\quad \partial_j^1\partial_i^0\Gamma-\partial_{i-1}^0\partial_j^1\Gamma=0,\quad \partial_j^0\partial_i^1\Gamma-\partial_{i-1}^1\partial_j^0\Gamma=0.$$

于是得到

$$\begin{aligned}\partial^2\Gamma=&\sum_{i=1}^{k}\sum_{j=1}^{k-1}(-1)^{i+j}(\partial_j^1\partial_i^1\Gamma+\partial_j^0\partial_i^0\Gamma-\partial_j^0\partial_i^1\Gamma-\partial_j^1\partial_i^0\Gamma)\\ =&\sum_{j=1}^{k-1}\sum_{i=j+1}^{k}(-1)^{i+j}[(\partial_j^1\partial_i^1\Gamma-\partial_{i-1}^1\partial_j^1\Gamma)+(\partial_j^0\partial_i^0\Gamma-\partial_{i-1}^0\partial_j^0\Gamma)\\ &-(\partial_j^1\partial_i^0\Gamma-\partial_{i-1}^0\partial_j^1\Gamma)-(\partial_j^0\partial_i^1\Gamma-\partial_{i-1}^1\partial_j^0\Gamma)]\\ =&0.\end{aligned}$$

这就是 (2.1.25). 引理证毕.

现在引入下面子群

$$\begin{aligned}&Z_k(M,G)=\{\sigma\in C_k(M,G)|\ \partial\sigma=0\},\\ &B_k(M,G)=\{\sigma\in C_k(M,G)|\ \sigma=\partial\xi,\ \text{对某个}\ \xi\in C_{k+1}(M,G)\},\end{aligned}$$

这里 $Z_k(M,G)$ 称为 k 维闭链群, $B_k(M,G)$ 称为 k 维边缘链群, 其元素分别称为闭链与边缘链. 由引理 2.1, $B_k(M,G)$ 是 $Z_k(M,G)$ 的子群:

$$B_k(M,G)\subset Z_k(M,G).$$

因为 $Z_k(M,G)$ 和 $B_k(M,G)$ 都是可交换群, 因此可以在 $Z_k(M,G)$ 上作关于 $B_k(M,G)$ 的商群. 这就是 M 上的同调群, 它们定义如下.

定义 2.2 令 M 是一个可剖分空间, K 是 M 上的一个单纯剖分. 又设 $Z_k(M,G)$ 和 $B_k(M,G)$ 分别是单纯剖分 K 上以可交换加群 G 为系数的 k 维闭链群和边缘链群. 则下面商群:

$$\begin{cases}H_k(M,G)=Z_k(M,G)/B_k(M,G), & 0\leqslant k\leqslant\dim M,\\ H_k(M,G)=0, & \forall k>\dim M\end{cases}$$

定义为 M 上以 G 为系数的单纯同调群, $H_k(M,G)$ 称为 k 维同调群.

从定义 2.2 可以看出, 当 $G=R^1$ 是实数群时, $H_k(M,G)$ 就是 2.1.1 小节中所介绍的同调群, 并且它的本质就如 (2.1.3) 所描述. 同时也可知 $H_k(M,R)\approx R^m$. 我们自然要问, m 是否为一个有限数? 当 M 是有限可剖分空间时 (或 M 为一个紧流形), m 一定是有限的. 而当 M 是无限可剖分空间时 (或为非紧流形), m 也可以是无穷大. 例如, 一个具有无穷多个孔的二维环面, 其一维同调群就是无穷维的.

群的结构是同调群的基本问题. 下面的定理就是这方面的基本结果. 以后总是用 $\mathbb{Z}$ 表示整数群, $\mathbb{Z}_q$ 表示 q 阶有限循环群, 即

$$\mathbb{Z}_q = \{0, \pm 1, \cdots, \pm q |\ a + b = k \bmod (\pm q)\}.$$

所谓 $a + b = k \bmod (q)$ 就是指当 $a + b = mq + k$ $(0 \leqslant k < q,\ m$ 为整数), 则在 $\mathbb{Z}_q$ 中 $a + b = k$.

令 M 是一个紧流形, 因而 M 上的单纯剖分 K 是有限的. 此时 K 上的链群 $C_k(M, G)$, $Z_k(M, G)$, $B_k(M, G)$ 都是有限生成群. 因此, 紧流形 M 上的单纯同调群 $H_k(M, G)$ 也是有限生成群. 根据代数学中有限生成群的基本结果, 对于同调群的结构有如下定理.

定理 2.1　令 M 是一个紧流形. 则 M 的 k 维单纯同调群有如下直和分解:

$$\begin{aligned} H_k(M, R) &= \underbrace{R^1 \oplus \cdots \oplus R^1}_{\beta_k} = R^m, \quad m = \beta_k, \\ H_k(M, \mathbb{Z}) &= \underbrace{\mathbb{Z} \oplus \cdots \oplus \mathbb{Z}}_{\beta_k} \oplus \mathbb{Z}_{p_1} \oplus \cdots \oplus \mathbb{Z}_{p_\tau}, \end{aligned} \tag{2.1.26}$$

这里 $\beta_k \geqslant 0$ 是 $H_k(M, G)$ 的维数, 称为 k 维 Betti 数, $\mathbb{Z}_{p_i}$ 称为 $H_k(M, \mathbb{Z})$ 的挠子群, 它是阶数为 p_i 的有限循环群, p_i 整除 p_{i+1}.

注 2.4　在定理 2.1 中关于 $H_k(M, \mathbb{Z})$ 挠子群的结论: p_i 整除 p_{i+1}, 并不意味着 $H_k(M, \mathbb{Z})$ 不含这样的挠子群:

$$\mathbb{Z}_{p_1} \oplus \mathbb{Z}_{p_2}, \quad \text{其中 } p_1 \text{ 不整除 } p_2.$$

事实上, 由群论的知识可知, 当 p_1 与 p_2 互素时, 有

$$\mathbb{Z}_{p_1} \oplus \mathbb{Z}_{p_2} \simeq \mathbb{Z}_p, \quad p = p_1 p_2. \tag{2.1.27}$$

因此定理 2.1 的结论是在群的同构意义下的.

为了更好地理解关系式 (2.1.27), 下面给出一个例子. 我们知道

$$\mathbb{Z}_2 = \{0, a_1\}, \quad \mathbb{Z}_3 = \{0, b_1, b_2\},$$

其中 $a_1 + a_1 = 0$, $b_1 + b_1 = b_2$, $b_1 + b_2 = 0$, $b_2 + b_2 = b_1$. 此外

$$\mathbb{Z}_2 \oplus \mathbb{Z}_3 = \{(a, b) |\ a \in \mathbb{Z}_2,\ b \in \mathbb{Z}_3\}.$$

现在取 $\mathbb{Z}_2 \oplus \mathbb{Z}_3$ 中元素按下式排列:

$$\begin{aligned} &e_0 = (0, 0), \quad e_1 = (a_1, b_1), \quad e_2 = (0, b_2), \\ &e_3 = (a_1, 0), \quad e_4 = (0, b_1), \quad e_5 = (a_1, b_2). \end{aligned}$$

容易验证, e_i 的运算满足下面关系:

$$e_0 + e_j = e_j, \quad e_i + e_j = e_k, \quad 这里\ i + j = k \bmod (6).$$

因此 $\{e_j |\ 0 \leqslant j \leqslant 5\}$ 与 $\mathbb{Z}_6$ 群同构. 这就推出

$$\mathbb{Z}_2 \oplus \mathbb{Z}_3 \simeq \mathbb{Z}_6.$$

在定理 2.1 中注意到, (2.1.26) 中整系数同调群 $H_k(M, \mathbb{Z})$ 中含有 $\mathbb{Z}_p$ 挠子群. 在 (2.1.3) 中知道, $H_k(M, R)$ 的生成元 Σ^K 是 M 的一个可定向广义非边紧子流形. 实际上, $H_k(M, R)$ 的生成元也是 $H_k(M, \mathbb{Z})$ 中自由子群 $\mathbb{Z}^m (m = \dim H(M, R))$ 的生成元. 我们自然要问, $H_k(M, \mathbb{Z})$ 的 $\mathbb{Z}_p$ 挠子群生成元的实质意义是什么? 采用链群及其边缘算子 ∂ 的概念就可解释这一问题. 实质上, 一个 k 维 $\mathbb{Z}_p$ 挠子群的生成元 Σ^k 是一个 k 维可定向紧子流形, 并且按如下意义是 p 配边的, 通俗地讲, 就是 p 个 Σ^k 可以在 M 中围一个 $k+1$ 维区域. 数学上严格地讲, 就是存在 M 中一个 $k+1$ 维子空间 $\Gamma \subset M$, 并且

$$\Gamma = \sum_{i=1}^{m} \Gamma_i^{k+1}, \quad \Gamma_i^{k+1} \in K\ (K为M一个剖分),$$

使得

$$\partial \Gamma = p \Sigma^k, \quad p\ 为\ \mathbb{Z}_p\ 的阶数,$$

这里 ∂ 为链群上的边缘算子. 此时, 可定向广义非边紧子流形 Σ 被定义为 Σ 在 M 中对任何 $p \geqslant 1$ 都不是 p 配边的, 也称为 Σ 是自由紧子流形. 在 2.2 节将更详细地讨论这个话题.

2.1.4 单纯同调群的拓扑不变性

建立了单纯同调群后, 接下来要做的事就是证明 $H_k(M, G)$ 与 M 上所取的单纯剖分方式无关, 并且它是一个拓扑不变量. 实际上, 当证得 $H_k(M, G)$ 与 M 的剖分无关时, 再证明同调群的拓扑不变性就变得简单了. 这是因为对 M 上的任一单纯剖分 K, 在同胚映射 $f: M \to N$ 作用下, 诱导出 N 上一个单纯剖分 L, 使得 K 与 L 同构, 这里 L 可表示如下:

$$L = \{\tilde{\Gamma} |\ \tilde{\Gamma} = f \circ \Gamma,\ \Gamma \in K\}.$$

进一步, 单纯复形的同构

$$\tilde{f}: K \to L, \quad \tilde{f}(\Gamma) = f \circ \Gamma$$

诱导出链群、闭链群及边缘链群之间的同构

$$\begin{aligned} \tilde{f}_*: C_k(M, G) \to C_k(N, G), \\ \tilde{f}_*: Z_k(M, G) \to Z_k(N, G), \\ \tilde{f}_*: B_k(M, G) \to B_k(N, G). \end{aligned} \tag{2.1.28}$$

然后, 从 (2.1.28) 的同构诱导出 M 与 N 同调群之间的同构

$$f_*: \frac{Z_k(M,G)}{B_k(M,G)} \to \frac{Z_k(N,G)}{B_k(N,G)}. \tag{2.1.29}$$

因此, 剩下来要做的事情就是证明 $H_k(M,G)$ 与 M 上的剖分方式无关. 首先从直观的角度来观察这一点. 由 (2.1.3) 可知, $H_k(M,R)$ 的生成基是由 M 上所有 k 维自由紧子流形类组成. 因此, 只要能够证明 M 的任何单纯剖分 K 可以覆盖 M 的每一个自由紧子流形类, 便可证得 $H(M,R)$ 与 K 无关. 所谓 K 覆盖 M 的紧子流形类是指对任 k 维紧子流形 $\Sigma^k \subset M$, 在等价类 $[\Sigma^k]$ 中都存在一个代表元, 仍记为 Σ^k, 使得

$$\Sigma^k = \Gamma_1^k + \cdots + \Gamma_m^k, \quad \Gamma_i^k \in K, \quad 1 \leqslant i \leqslant m. \tag{2.1.30}$$

这个表达式的直观意思是 Σ^k 可用 K 中的 k 维方体规则地排列而成. 事实上, 若 K 能覆盖 M 的每个紧子流形类, 则 M 的所有自由紧子流形类都可表达成如 (2.1.30) 的形式, 因而可作为 K 上的闭链成为 $H_k(M,R)$ 的生成元基底. 因为自由紧子流形类的个数与 k 无关, 故 $H_k(M,R)$ 与 K 无关.

下面给出单纯同调群的拓扑不变性定理. 该定理的证明就是建立在上面分析的基础之上, 是将直观的感觉转化为形式化的数学过程. 为了保证清晰易懂, 其中步骤有些跳跃.

定理 2.2　令 M 是一个 n 维流形. 则 M 的单纯同调群 $H_k(M,G)$ 与 M 的单纯剖分 K 选取无关. 特别地, 若 $f: M \to N$ 是一个同胚, 则可诱导出一个同构

$$f_*: H_k(M,G) \to H_k(N,G), \quad \forall k \geqslant 0,$$

这里 f_* 就如 (2.1.29) 所定义的那样.

证明　只需证明 $H_k(M,G)$ 与单纯剖分无关. 为了简单, 不妨只对 M 是紧流形进行. 该证明分为下面三步进行.

第一步. 在 M 上作加细再剖分. 令 K 是 M 的一个单纯剖分, M 上的另一个剖分 K' 称为 K 在第 i 个方向的加细再剖分, 若对 K 中每个 n 维方体 $\Gamma: I^n \to M$ 在 t_i 方向再作如下方体剖分:

$$\Gamma'_{ij} = \Gamma \circ \xi_{ij}: I^n \to M, \quad j = 1, 2, \quad 1 \leqslant i \leqslant n, \tag{2.1.31}$$

其中 $\xi_{ij}: I^n \to I^n$ 是一个嵌入, 定义为

$$\xi_{i1}(I^n) = \left\{(t_1, \cdots, t_n) \in I^n |\ 0 \leqslant t_i \leqslant \frac{1}{2},\ 0 \leqslant t_k \leqslant 1\ \forall k \neq i\right\},$$
$$\xi_{i2}(I^n) = \left\{(t_1, \cdots, t_n) \in I^n |\ \frac{1}{2} \leqslant t_i \leqslant 1,\ 0 \leqslant t_k \leqslant 1\ \forall k \neq i\right\},$$

即 ξ_{i1} 将 I^n 同胚地映到 I^n 中 $0 \leqslant t_i \leqslant \dfrac{1}{2}$ 的半个方体上.而 ξ_{i2} 将 I^n 映到 $\dfrac{1}{2} \leqslant t_i \leqslant 1$ 的另半个方体上. 方体 I^n 上剖分 (2.1.31) 的几何直观如图 2.5 所示, 而 K 的 i 方向加细再剖分, 记为 D_iK, 如图 2.6 所示.

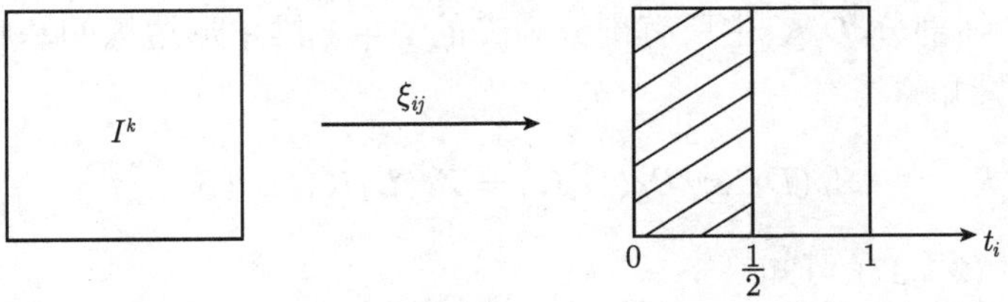

图 2.5 ξ_{i1} 将 I^k 映到 I^k 中阴影的一半上, ξ_{i2} 将 I^k 映到另一半上

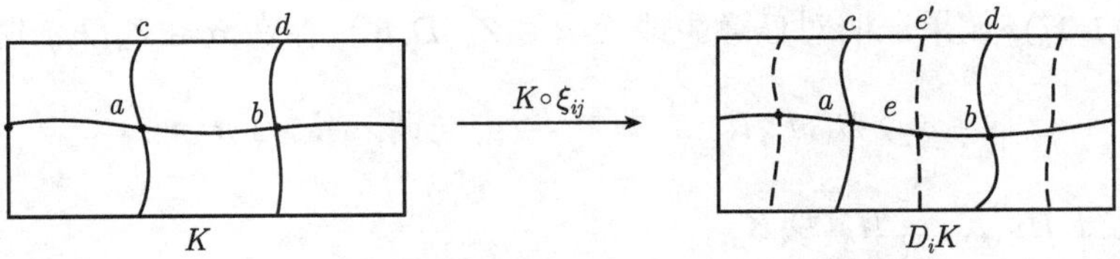

图 2.6 图中虚线表示 i 方向再剖分面

第二步. 证明同调群在加细再剖分下不变. 分别记 $H_k(K)$ 和 $H_k(D_iK)$ 为 M 上剖分 K 和它的加细剖分 D_iK 的同调群. 显然作为链群

$$C_k(K) \subset C_k(D_iK). \tag{2.1.32}$$

这里的包含是在如下意义：若单形 $\sigma \in K$ 在加细剖分中没有变, 例如像在图 2.6 中单形 $\sigma = ac$, 则有

$$\sigma \in C_k(K) \Rightarrow \sigma \in C_k(D_iK); \tag{2.1.33}$$

若 σ 被剖分为两个单形 (在 D_iK 中, σ 或者不变, 或者被剖分为二), 例如像图 2.6 中 $\sigma = ab = ae + ec$, 则定义

$$\sigma \in C_k(K) \Rightarrow \sigma = \sigma_1 + \sigma_2 \in C_k(K), \tag{2.1.34}$$

其中 σ_1 与 σ_2 是 σ 剖分出的两个单形.

由 (2.1.33) 和 (2.1.34) 定义的包含关系 (2.1.32) 意味着 K 的闭链群与边缘链群与 D_iK 的之间有如下关系

$$Z_k(K) \subset Z_k(D_iK), \tag{2.1.35}$$

$$B_k(D_iK) = B_k(K) + \tilde{B}_k, \tag{2.1.36}$$

这里 $\tilde{B}_k$ 是如下定义的边缘链子群

$$\tilde{B}_k=\left\{\sum_{i=1}^{m_k}(\alpha_i\partial\sigma_i+\beta_i\partial\gamma_i)|\ \alpha_i,\beta_i\in G,\ \Gamma^{k+1}=\sigma_i+\gamma_i\right\},$$

即 $\tilde{B}_k$ 是由加细剖分 D_iK 中所有剖分为二的 $k+1$ 维单形边缘的基底所生成. 从 (2.1.36) 可以推知

$$Z_k(D_iK)/B_k(D_iK)=Z_k(D_iK)/B_k(K). \tag{2.1.37}$$

由 (2.1.35) 和 (2.1.37) 可知

$$H_k(K)\subset H_k(D_iK).$$

再根据 (2.1.37), 如果证明对任意生成元 $\sigma\in Z_k(D_iK)$, 存在 $\tilde{\sigma}\in Z_k(K)$ 使得

$$\sigma-\tilde{\sigma}\in B_k(D_iK),\quad 即\ \sigma\ 与\ \tilde{\sigma}\ 同调,\quad 记为\ \sigma\sim\tilde{\sigma}, \tag{2.1.38}$$

那么就证得 $H_k(K)\simeq H_k(D_iK)$.

关系式 (2.1.38) 可用挤到 K 上方法证得. 我们知道闭链群的生成元都可取得是如下形式:

$$\sigma=\Gamma_1+\cdots+\Gamma_m,\quad \Gamma_i(1\leqslant i\leqslant m)\ 是\ k\ 维单形. \tag{2.1.39}$$

同时在图 2.6 看到所有虚线所标的单形, 如 ee', 与 K 中垂直于 t_i 轴的单形相邻且平行. 这两点就很清楚地保证了 (2.1.38) 的成立. 下面还是具体地给出 (2.1.38) 的证明方法.

令 $\sigma\in Z_k(D_iK)$ 是一个如 (2.1.39) 所表示的闭链. 假设 σ 的某一片段

$$\sigma=\cdots+\Gamma_j+\Gamma_{j+1}+\Gamma_{j+2}+\Gamma_{j+3}+\cdots$$

是如图 2.7 所示, 那里虚线代表加细剖分面,

$$\Gamma_j=a_0a_1,\quad \Gamma_{j+1}=a_1a_2,\quad \Gamma_{j+2}=a_2a_3,\quad \Gamma_{j+3}=a_3a_4 \tag{2.1.40}$$

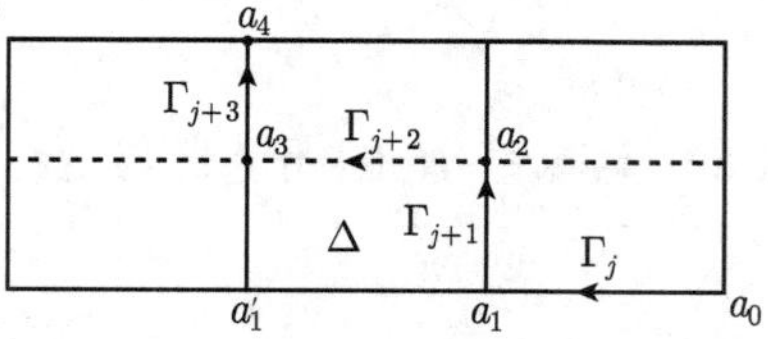

图 2.7　单形 $\Gamma_j\in K$, Γ_{j+1}, Γ_{j+2}, $\Gamma_{j+3}\in D_iK$

代表 D_iK 中的 k 维单形, 而

$$\Delta=a_1a_2a_3a_1'$$

是 D_iK 中一个 $k+1$ 维单形. 显然

$$\partial\Delta=a_1a_2+a_2a_3+a_3a_1'+a_1'a_1. \tag{2.1.41}$$

因此由 (2.1.40) 可知

$$\begin{aligned}&\Gamma_j+\Gamma_{j+1}+\Gamma_{j+2}+\Gamma_{j+3}-(\Gamma_j+a_1a_1'+a_1'a_3+a_3a_4) \qquad (2.1.42)\\ =&a_1a_2+a_2a_3-a_1a_1'-a_1'a_3\\ =&a_1a_2+a_2a_3+a_3a_1'+a_1'a_1\\ =&\partial\Delta \quad (\text{由}(2.1.41),\quad \Delta\in D_iK.\end{aligned}$$

注意到

$$\Gamma_j+a_1a'+a_1'a_3+a_3a_4\in C_k(K),$$

则对 σ 的每个片段采用类似于 (2.1.42) 的挤到 K 上就可证得 (2.1.38)

第三步. 最后证明 M 上任两个单纯剖分 K 与 L 产生的同调群同构. 由第二步归纳地可知, K 的同调群与 K 的任意次加细剖分

$$D^{(m)}K=D_i\cdots D_jK$$

产生的同调群相同. 因为 M 假设是紧的, 若对 $i=1,\cdots,n$ 各个方向都循环加细剖分, 则当 $m\to\infty$ 时 m 次加细剖分 $D^{(m)}K$ 的所有单形直径趋于零. 这意味着对任意 $H_k(L)$ 的一个生成元 $\Gamma\subset M$, 存在闭链 $\sigma_m\in Z_k(D^{(m)}K)$ 使得

$$\lim_{m\to\infty}\sigma_m=\Gamma,\quad \text{作为 } M \text{ 上集合}, \tag{2.1.43}$$

并且 σ_m 在 $Z_k(D^{(m)}K)$ 中不同调于零 (对 m 充分大), 否则可推出 Γ 在 $Z_k(D^{(l)}K)$ 中同调于零 (对 l 充分大). 反之亦然, 对任生成元 $\sigma\in H_k(K)$ 存在闭链 $\Gamma_m\in Z_k(D^{(l)}L)$ 使得

$$\lim_{l\to\infty}\Gamma_m=\sigma,\quad \text{在 } M \text{ 中}, \tag{2.1.44}$$

而且 Γ_m 不同调于零. 关系式 (2.1.43) 和 (2.1.44) 给出 $H_k(K)$ 和 $H_k(L)$ 之间一个一一对应, 这意味着

$$H_k(K)\simeq H_k(L).$$

因此 M 上同调群 $H_k(M,G)$ 与 M 上单纯剖分方式无关. 定理证毕.

注 2.5 这里关于同调群所采用的处理方法与传统方法在技术上有两个方面的差别: (1) 传统的是三角剖分, 这里使用的是方体剖分; (2) 传统方法是在多面体上直接进行单纯剖分, 而我们采用方体映射的方法. 尽管在有些书中也采用过方体剖分和映射方法, 但是关于同调群拓扑不变性的证明仍是古典方法. 而在这里关于定理 2.2 的证明正是利用了方体映射剖分的优点, 整个过程直观简单. 关于古典的不变性证明, 可参见文献 [2, 12, 27, 36]. 该方法的核心是建立单纯剖分的重心重分 (相当于这里的加细剖分) 以及映射的单纯逼近. 整个过程很复杂.

2.1.5 Euler 示性数及 Euler-Poincaré 公式

有了同调群的拓扑不变性, 就可以从 M 的单纯复形 K 引入一个重要的拓扑不变量, 称为 Euler 示性数. 这个不变量最早是 Euler 在 1750 年在多面体上发现的. 图 2.8 给出两个球面多面体, 它们看起来很不相同. 但是 Euler 发现, 如果将它们的顶点数 r_0 减去棱数 r_1, 再加上面数 r_2, 则这两个多面体所得数都是 2, 即

$$r_0 - r_1 + r_2 = 2.$$

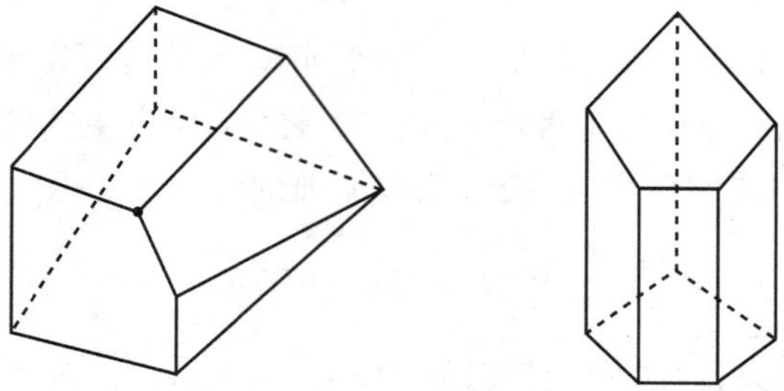

图 2.8

这个数被发现对所有球面多面体都成立, 同样对一个轮胎面的多面体进行观察, 这个数 $r_0 - r_1 + r_2 = 0$. 并且只要是一个同胚于轮胎面的多面体, 这个值就不变. 进一步研究发现, 对二维多面体 K, 这个数

$$\chi(K) = r_0 - r_1 + r_2 \tag{2.1.45}$$

是一个拓扑不变量.

由 (2.1.45) 定义在二维多面体上的数称为 Euler 示性数, 它可以推广到任意一个紧流形上. 下面给出它的一般定义.

定义 2.3　令 M 是 n 维紧流形 (也可是一个有限可剖分空间), K 是 M 的一个单纯剖分. 记 r_k $(0 \leqslant k \leqslant n)$ 是 K 中 k 维单形的个数, 则

$$\chi(M) = \sum_{k=0}^{n} (-1)^k r_k \tag{2.1.46}$$

定义为 M 上的 Euler 示性数.

如果直接从定义 (2.1.46) 很难验证 Euler 示性数的拓扑不变性. 然而下面定理给出的 Euler-Poincaré 公式将 (2.1.46) 与同调群的 Betti 数联系起来, 使得 Euler 示性数的重要性变得更突出了.

定理 2.3　n 维紧流形 M(或有限可剖分空间) 的 Euler 示性数满足下面 Euler-Poincaré 公式

$$\chi(M) = \sum_{k=0}^{n} (-1)^k \beta_k,$$

这里 $\beta_k = \dim H_k(M, R)$ 是 M 的 k 维 Betti 数.

证明 简记 C_k, Z_k, B_k 和 H_k 分别为实系数的 k 维单纯链群、闭链群、边缘链群, 及同调群. 由定理 2.1, 它们都与欧氏空间同构. 因此, 由下面的关系:

$$\begin{aligned}
&C_k = Z_k \oplus C_k/Z_k,\\
&Z_k = B_k \oplus Z_k/B_k = B_k \oplus H_k,\\
&C_k/Z_k = B_{k-1}\ (\text{因为}\partial(C_k/Z_k) = B_{k-1}),
\end{aligned}$$

可以推得

$$\begin{aligned}
&\dim C_k = \dim Z_k + \dim (C_k/Z_k) = \dim Z_k + \dim B_{k-1},\\
&\dim Z_k = \dim B_k + \dim H_k.
\end{aligned}$$

因为 $\dim C_k = M$ 中 k 维方体个数, 则

$$\dim C_k = r_k, \quad \dim H_k = \beta_k.$$

于是有

$$r_k = \beta_k + \dim B_k + \dim B_{k-1}.$$

注意到 $\dim B_n = 0$, $\dim B_{-1} = 0$, 可得

$$\chi(M) = \sum_{k=0}^{n} (-1)^k \beta_k.$$

这就得到 Euler-Poincaré 公式.

2.1.6 奇异同调群

前面介绍了单纯同调群, 现在介绍奇异同调群. 后者的优点就是它可定义在所有拓扑空间, 而前者只能定义在可剖分空间. 此外, 奇异同调群的定义简单, 它所涉及到的概念较少, 并且拓扑不变性的证明非常简单. 然而它的缺点也很突出: 抽象和不易从它发现新的定理, 如 Euler-Poincaré 公式等. 两种同调群在可剖分空间上是同构的.

令 M 是一个拓扑空间. 在 M 上定义一个 k 维奇异单形就是给定一个连续映射

$$\Gamma : I^k \to M,$$

这里 $I^k = [0,1]^k$ 是一个 k 维方体, Γ 不一定要求是嵌入 (这就是叫奇异的原因).

设 G 是一个加法交换群, 记 $S_k(M, G)$ 为 M 上所有 k 维单形作生成元, 以 G 为系数群所生成的群:

$$S_k(M,G)=\left\{\sum_i \alpha_i\Gamma_i|\ \alpha_i\in G,\ \Gamma_i \text{ 为 } M \text{ 上 } k \text{ 维奇异单形}\right\},\quad k\geqslant 0,\tag{2.1.47}$$

这里 $\sum\limits_i \alpha_i\Gamma_i$ 是有限个元素之和, 加法运算为

$$\alpha\Gamma_1+\beta\Gamma_2=\begin{cases}(\alpha+\beta)\Gamma_1, & \text{若 } \Gamma_1=\Gamma_2,\\ \alpha\Gamma_1+\beta\Gamma_2, & \text{若 } \Gamma_1\neq\Gamma_2.\end{cases}$$

此时, $S_k(M,G)$ 称为 M 的 k 维奇异链群, 其元素为 k 维奇异链. 这里两个奇异单形 Γ_1 与 Γ_2 称为相等是指映射相等, 这与单纯复形的情形不一样.

类似于单纯链群, 在奇异链群 $S_k(M,G)$ 上定义边缘同态

$$\partial: S_k(M,G)\to S_{k-1}(M,G),\tag{2.1.48}$$

如图 (2.1.23), 即对 k 维单形 $\Gamma: I^k\to X$, 定义

$$\partial\Gamma=\sum_{i=1}^k(-1)^i(\Gamma\circ\xi_i^0-\Gamma\circ\xi_i^1),\tag{2.1.49}$$

其中 $\xi_i^s: I^{k-1}\to I^k$ $(s=0,1)$ 定义为

$$\xi_i^s(t_1,\cdots,t_{k-1})=(t_1,\cdots,t_{i-1},s,t_i,\cdots,t_{k-1}).$$

如同引理 2.1, 对于边缘同态 (2.1.48) 容易验证

$$\partial^2=0.\tag{2.1.50}$$

现在必须注意, 如果按照常规那样, 从 (2.1.48) 和 (2.1.50) 直接定义奇异同调群

$$H_k(M,G)=\frac{\partial \text{ 的核}}{\partial \text{ 的像}},$$

就会出现这种事情, 即当 $M=p$ 是一个点时, 由于对任 k 维常值单形 $\Gamma: I^k\to p$, 在 (2.1.49) 作用下 $\partial\Gamma=0$, 因而 Γ 是 $H_k(M,G)$ 的生成元, 即

$$H_k(M,G)=G,\quad \forall k\geqslant 0,\quad \text{当 } M=p \text{ 时}.$$

究其原因在于 $S_k(M,G)$ 中含有 $S_{k-1}(M,G)$ 作为子群, 即

$$\cdots\subset S_{k-1}(M,G)\subset S_k(M,G)\subset S_{k+1}(M,G)\subset\cdots.$$

因此为了避免上述困境出现, 必须从 $S_k(M,G)$ 中抹去 $S_{k-1}(M,G)$. 换句话说, 需要作商群如下:

$$\tilde{C}_k(M,G)=S_k(M,G)/S_{k-1}(M,G).\tag{2.1.51}$$

显然 ∂ 限制在 $\tilde{C}_k(M,G)$ 仍是一个同态：

$$\partial:\tilde{C}_k(M,G)\to\tilde{C}_{k-1}(M,G).$$

现在由 (2.1.50) 可以定义奇异同调群如下.

定义 2.4 令 M 是一个拓扑空间. 则在 M 上可定义以 G 为系数群的同调群, 称为奇异同调群, 如下：

$$\tilde{H}_k(M,G)=\frac{\tilde{Z}_k(M,G)}{\tilde{B}_k(M,G)},$$

其中 $\tilde{Z}_k(M,G)$ 和 $\tilde{B}_k(M,G)$ 为奇异闭链群和奇异边缘链群, 定义为

$$\begin{aligned}\tilde{Z}_k(M,G)&=\{\sigma\in\tilde{C}_k(M,G)|\ \partial\sigma=0\},\\ \tilde{B}_k(M,G)&=\{\sigma\in\tilde{C}_k(M,G)|\ \sigma=\partial\theta,\ \theta\in\tilde{C}_{k+1}(M,G)\}.\end{aligned}$$

下面证明奇异同调群的拓扑不变性及伦型不变性.

令 M 和 N 是两拓扑空间, $f:M\to N$ 是个连续映射. 显然, 对 M 上的一个 k 维单形 $\Gamma:I^k\to M$, $f\circ\Gamma:I^k\to N$ 是 N 上一个 k 维单形, 并且 f 将 Γ 的边缘映为 $f\circ\Gamma$ 的边缘, 即

$$\begin{aligned}f\circ(\partial\Gamma)&=f\circ\left[\sum_{i=1}^{k}(-1)^i(\Gamma\circ\xi_i^0-\Gamma\circ\xi_i^1)\right]\\&=\sum_{i=1}^{k}(-1)^i(f\circ\Gamma\circ\xi_i^0-f\circ\Gamma\circ\xi_i^1)=\partial(f\circ\Gamma).\end{aligned}$$

因此, f 给出下面链群的同态：

$$\begin{aligned}f&:\tilde{C}_k(M,G)\to\tilde{C}_k(N,G),\\ f&:\tilde{Z}_k(M,G)\to\tilde{Z}_k(N,G),\\ f&:\tilde{B}_k(M,G)\to\tilde{B}_k(N,G).\end{aligned}$$

它可诱导出同调群之间的一个同态

$$f_*:\tilde{H}_k(M,G)\to\tilde{H}_k(N,G).$$

显然映射的诱导同态有如下性质：

(1) 恒等映射 $id:M\to M$ 诱导出恒等同态

$$id_*:\tilde{H}_k(M,G)\to\tilde{H}_k(M,G);\tag{2.1.52}$$

(2) 两个映射 $f: M \to N, g: N \to X$ 的复合 $f \circ g: M \to X$ 诱导出复合同态

$$(f \circ g)_* = f_* \circ g_*: \tilde{H}_k(M, G) \to \tilde{H}_k(X, G). \tag{2.1.53}$$

从上面的性质立刻可以证得下面奇异同调群的拓扑不变性定理.

定理 2.4 令 $f: M \to N$ 是一个同胚, 则 f 的诱导同态

$$f_*: \tilde{H}_k(M, G) \to \tilde{H}_k(N, G)$$

是一个同构. 因而 $\tilde{H}_k(M, G)$ 是拓扑不变量.

证明 因为 $f: M \to N$ 是同胚, 故有

$$f \circ f^{-1} = id: N \to N, \quad f^{-1} \circ f = id: M \to M.$$

因此有 (2.1.52) 和 (2.1.53) 可知

$$f_* \circ f_*^{-1} = id_*: \tilde{H}_k(N, G) \to \tilde{H}_k(N, G),$$
$$f_*^{-1} \circ f_* = id_*: \tilde{H}_k(M, G) \to \tilde{H}_k(M, G).$$

这就证明了 $f_*: \tilde{H}_k(M, G) \to \tilde{H}_k(N, G)$ 是一个同构. 定理证毕.

为了证明 $\tilde{H}_k(M, G)$ 的伦型不变性 (比拓扑不变性更一般的结果), 下面介绍映射的同伦及拓扑空间伦型等相关概念.

定义 2.5 设 f_0, $f_1: M \to N$ 是两个映射. 称 f_0 与 f_1 是同伦的, 记为 $f_0 \sim f_1$, 若存在一个连续映射 $H: M \times [0, 1] \to N$, 使得

$$H(x, 0) = f_0(x), \quad H(x, 1) = f_1(x), \quad \forall x \in M.$$

此时, $H(x, t)$ 称为 f_0 到 f_1 的一个伦移.

同伦的概念是拓扑空间中的子空间连续形变现象的抽象. 从定义容易看出, 若 f_0 与 f_1 同伦, 则 f_0 的像 $f_0(M)$ 在 N 中可以连续地形变到 f_1 的像 $f_1(M)$ 上. 例如, 一根像皮筋缠绕在一个轮胎面上就可看作是一个映射

$$f: S^1 \to T^2.$$

生活经验告诉我们, 缠了几圈的橡皮筋在不扯断条件下在轮胎面上只能连续形变到仍然是绕了 n 圈的另一种状态. 也就是说, 代表两种橡皮圈缠绕的映射 f_0, $f_1: S^1 \to T^2$ 是同伦的, 其基本条件就是 f_0 与 f_1 的缠绕圈数相等, 同伦是拓扑学中基本概念之一, 在下一章将专门讨论这个方面的课题.

有了同伦概念后, 就可以介绍两个拓扑空间的同伦等价的概念, 它是同胚概念的推广. 所谓伦型不变性就是指两个同伦等价的拓扑空间之间的同调群是同构的.

定义 2.6 若两个拓扑空间之间存在一对映射 $f: M \to N$ 及 $g: N \to M$, 使得两个复合映射 $f \circ g$ 与 $g \circ f$ 都与恒等映射同伦

$$f \circ g \simeq id: N \to N, \quad g \circ f \simeq id: M \to M,$$

则称 M 与 N 是同伦等价, 或者说它们有相同伦型, 记为 $M \simeq N$.

显然, 若 M 与 N 同胚, 则 M 与 N 是同伦等价. 但是同伦等价并不意味着同胚. 例如一个 n 维圆盘 D^n 就与一个点 p 同伦等价. 这是因为 D^n 能够连续收缩到 D^n 中一点 p, 即存在一个同伦 $H: D^n \times [0,1] \to D^n$, 使得

$$H(x,1) = x, \quad H(x,0) = p, \quad \forall x \in D^n.$$

这样, 常值映射 $f: D^n \to p$ 及包含映射 $g: p \to D^n$ 满足同伦等价关系:

$$\begin{aligned} &f \circ g = id: p \to p, \\ &g \circ f = H(\cdot, 0) \simeq H(\cdot, 1) = id: D^n \to D^n. \end{aligned}$$

从这个例子可以看到, 若 $N \subset M$ 是一个子流形, 并且 M 可连续收缩到 N 上, 则 M 与 N 是同伦等价的. 例如 $M \times D^n$ 就与 M 同伦等价.

下面引理在证明同调群伦型不变性是关键的, 它表明一个同伦诱导出同调群之间相同的同态.

引理 2.2 令 $f \simeq g: M \to N$ 是一个同伦, 则它们诱导出相同的同态

$$f_* = g_*: \tilde{H}_k(M,G) \to \tilde{H}_k(N,G).$$

该引理从直观上看是显然的. 实际上, 当 M 是流形时, $H_k(M,G)$ 的生成元也是可定向非配边的紧子流形. $f \simeq g: M \to N$ 的直观意思是, 对任一个 M 上的子集 $\Sigma \subset M$, $f(\Sigma)$ 与 $g(\Sigma)$ 在 N 中可用一个管子 T 将它们俩连起来, 也就是说, $f(\Sigma)$ 与 $g(\Sigma)$ 可沿着这个管子连续形变到对方, 见图 2.9. 当 $\Sigma \subset M$ 是一个可定向非配边的紧子流形时, $[\Sigma] \in \tilde{H}_k(M,G)$. 而 $f(\Sigma)$ 与 $g(\Sigma)$ 是管子 T 的边界 $\partial T = f(\Sigma) \cup g(\Sigma)$, 这表示 $f(\Sigma)$ 与 $g(\Sigma)$ 在一个同调类中, 即

$$[f(\Sigma)] = [g(\Sigma)] \text{ 在 } \tilde{H}_k(N,G) \text{ 中}.$$

这就是引理 2.2 的结论.

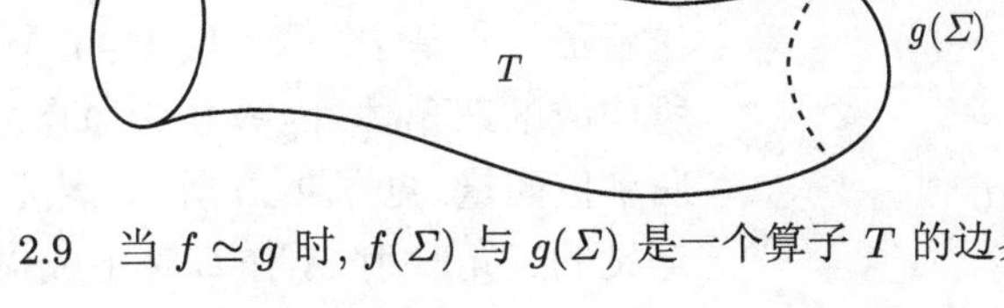

图 2.9 当 $f \simeq g$ 时, $f(\Sigma)$ 与 $g(\Sigma)$ 是一个算子 T 的边界

引理 2.2 的证明　令 $H(x,s)$ 是 f 与 g 的一个同伦, $x\in M$, $0\leqslant s\leqslant 1$. 则对 M 上任一个 k 维单形 $\Gamma: I^k\to M$, 可以定义 N 上一个 $k+1$ 维单形 $\tilde{\Gamma}: I^{k+1}\to N$ 为

$$\tilde{\Gamma}(t_1,\cdots,t_k,s)=H\circ\Gamma=H(\Gamma(t_1,\cdots,t_k),s). \tag{2.1.54}$$

对于 (2.1.54) 进行线性扩张便得链同态

$$H:\tilde{C}_k(M,G)\to\tilde{C}_{k+1}(M,G).$$

容易看出, 对每个单形 $\Gamma: I^k\to M$, 有

$$\begin{aligned}\partial(H\circ\Gamma)&=H(\Gamma,1)-H(\Gamma,0)-H(\partial\Gamma,s)\\&=g\circ\Gamma-f\circ\Gamma-H\circ\partial\Gamma,\end{aligned}$$

这里用到 $f=H(\cdot,0)$, $g=H(\cdot,1)$. 这样对任何闭链 $\sigma\in\tilde{Z}_k(M,G)$ 可得

$$g_*(\sigma)-f_*(\sigma)=\partial(H\circ\sigma)+H\circ\partial\sigma=\partial(H\circ\sigma),\quad 由\ \partial\sigma=0.$$

因此 $g_*=f_*$. 引理证毕.

从引理 2.2 立刻可证得同调群伦型不变性定理.

定理 2.5　若 M 与 N 具有相同伦型, 则 M 与 N 的奇异同调群同构.

证明　令 $f: M\to N$ 与 $g: N\to M$ 满足

$$g\circ f\simeq id: M\to M,\quad f\circ g\simeq id: N\to N.$$

由引理 2.2 可知

$$\begin{aligned}g_*\circ f_*&=id_*:\tilde{H}_k(M,G)\to\tilde{H}_k(M,G),\\f_*\circ g_*&=id_*:\tilde{H}_k(N,G)\to\tilde{H}_k(N,G).\end{aligned}$$

因此 $f_*: H_k(M,G)\to H_k(N,G)$ 是一个同构. 定理证毕.

注 2.6　定义奇异同调群经典的作法用三角体映射

$$\Delta: T^k\to M, \tag{2.1.55}$$

作单形, T^k 是 R^k 中连接 $k+1$ 个顶点 $e_0,e_1,\cdots,e_k$ 所构成的三角体, $e_0=0$ 为原点, e_i 为 R^k 中 x_i 方向单位向量, 见图 2.10 所示. 然后用所有如 (2.1.55) 定义的三角映射 Δ 作基底生成 k 维奇异链群

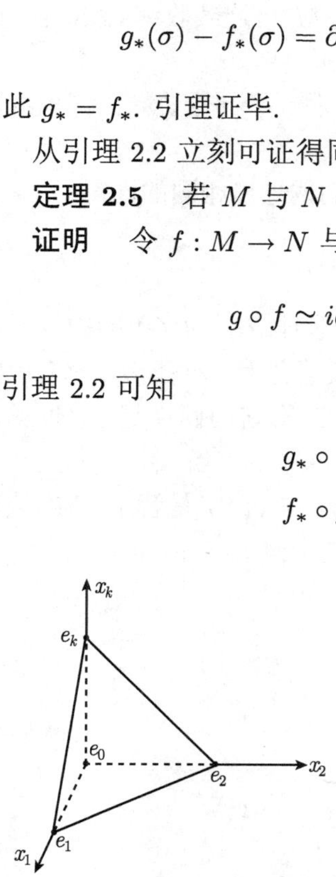

图 2.10

$$S_k(M,G)=\left\{\sum_i \alpha_i\Delta_i \mid \alpha_i\in G,\ \Delta_i \text{ 如 } (2.1.55)\right\}.$$

同样地引入边缘同态

$$\partial: S_{k+1}(M,G)\to S_k(M,G),$$

满足 $\partial^2=0$. 不像方体情形, 对于三角奇异链群可直接引入同调群如下:

$$\hat{H}_k(M,G)=\frac{\ker\{\partial: S_k(M,G)\to S_{k-1}(M,G)\}}{\operatorname{Im}\{\partial: S_{k+1}(M,G)\to S_k(M,G)\}}. \tag{2.1.56}$$

可以证明三角奇异同调群与方体奇异同调群是同构的, 即[15]

$$\hat{H}_k(M,G)\simeq \tilde{H}_k(M,G).$$

三角奇异同调群可直接由 (2.1.56) 方式定义的根本原因就是 k 维闭链群不是 $k+1$ 维闭链群的子群, 即对三角奇异链来讲,

$$Z_k(M,G)\not\subset Z_{k+1}(M,G).$$

注 2.7 如果记 $D_k(M,G)$ 是直接从 (2.1.48) 和 (2.1.50) 定义的方体奇异同调群, 那么 $D_k(M,G)$ 与定义 2.4 的同调群 $\tilde{H}_k(M,G)$ 之间有如下关系:

$$D_k(M,G)\simeq \tilde{H}_0(M,G)\oplus\tilde{H}_1(M,G)\oplus\cdots\oplus\tilde{H}_k(M,G),\quad \forall k\geqslant 0.$$

2.1.7 单纯同调群与奇异同调群的同构

单纯同调群与奇异同调群看上去非常不同. 单纯同调群的闭链是由拓扑空间 M 像积木那样分解的积木块组合而成, 而奇异同调群的元素却是由方体到 M 上的映射构成. 此外, 我们也能看到当 M 是紧流形时, 单纯闭链群与单纯边缘链群 $Z_k(M,G)$ 与 $B_k(M,G)$ 都是有限维的, 然而, 对于奇异闭链群 $\tilde{Z}_k(M,G)$ 和奇异边缘链群 $\tilde{B}_k(M,G)$ 来讲, 它们的维数却是不可数的. 但是, 数学上却证明它们的商空间是同构的:

$$\frac{Z_k(M,G)}{B_k(M,G)}\simeq\frac{\tilde{Z}_k(M,G)}{\tilde{B}_k(M,G)}.$$

这就是下面的单纯与奇异同调群同构定理.

定理 2.6 设 M 是可剖分空间, 则单纯同调群与奇异同调群同构

$$H_k(M,G)\simeq\tilde{H}_k(M,G).$$

下面的分析过程用以解释为什么 $\tilde{H}_k(M)$ 与 $H_k(M)$ 同构, 它主要用来揭示奇异同调群的本质及其与单纯同调群之间是如何相关联的. 该过程分下面几步进行, 那里总是假设 M 是一个 n 维连通可定向紧流形.

第一步. 首先考察 $k=0$ 的情况. 此时

$$\tilde{Z}_0(M,G)=C_0(M,G)=\left\{\sum c_ie_i\right\},$$

这里 $e_i\in M$ 代表映射 $\Gamma_i^0(0)=e_i$ $(I^0=0)$. 而

$$\tilde{B}_0(M,G)=\partial\tilde{C}_1(M,G). \tag{2.1.57}$$

因为对一个固定的点 $e_0\in M$, 每一个不同的点 $e_1\in M$ $(e_1\neq e_0)$, 存在一个单形 $\Gamma^1:I^1\to M$, 命名得 $\Gamma^1(0)=e_0$, $\Gamma^1(1)=e_1$, 即

$$\partial\Gamma^1=e_1-e_0.$$

也就是说, e_1 与 e_0 在 $\tilde{H}_0(M,G)$ 中是同一个同调类. 因此, 零维奇异同调群与零维单纯同调群是一样的, 它们都由 M 上某个点 e_0 作生成元而产生的群, 即 $H_0(M,G)\simeq\tilde{H}_0(M,G)$.

第二步. $k=n$ 的情况. 根据边缘同态 ∂ 的定义, n 维奇异闭链群 $\tilde{Z}_n(M,G)$ 中不同调于零的生成元 σ(即 $[\sigma]\neq 0$ 在 $H_n(M,G)$ 中) 一定满足

$$\begin{cases}\sigma=\Gamma_1+\cdots+\Gamma_m,\\ M=U_{i=1}^m\Gamma_i(I^n),\end{cases} \tag{2.1.58}$$

并且有

$$\begin{cases}\Gamma_i\text{ 与 }\Gamma_j\text{ 规则相处,}\quad\forall 1\leqslant i,\ j\leqslant m,\\ \Gamma_i=\Gamma_j\text{ (作为函数相等),}\quad\text{在 }\Gamma_i\cap\Gamma_j.\end{cases} \tag{2.1.59}$$

这两个性质 (2.1.58) 和 (2.1.59) 将 n 维奇异闭链生成元 $\sigma\in\tilde{Z}_n(M,G)$ 赋予了两种身份, 其一可将 σ 看成是单纯剖分的 n 维闭链 (尽管其中单形可退化), 其二可将 σ 视为 $\tilde{M}$ 到 M 上的映射 $\sigma:\tilde{M}\to M$, 其中 $\tilde{M}=U_{i=1}^mI_i^n$ 是由所有 n 维方体 I_i^n 按 $\Gamma_i:I_i^n\to M$ 的编号与 (2.1.59) 提供的衔接条件拼起来的 n 维多面体, 它与 M 同胚. 因此从本质看, σ 的第二种身份就是一个 M 自身上的映射:

$$\sigma:M\to M, \tag{2.1.60}$$

它是满映射, 并且与恒等映射同伦

$$\sigma\simeq id. \tag{2.1.61}$$

对于单纯闭链群 $Z_n(M,G)$ 来讲, 只有一个生成元 σ_0, 而且单纯边缘链群 $B_n(M,G)$ 是零群, 即

$$\begin{aligned}&Z_n(M,G)=\{\alpha\sigma_0|\ \alpha\in G\},\\ &B_n(M,G)=0.\end{aligned} \tag{2.1.62}$$

另一方面看, 奇异闭链群 $\tilde{Z}_n(M,G)$ 有无穷个满足 (2.1.58) 和 (2.1.59) 的生成元, 而 $Z_n(M,G)$ 的生成元 σ_0 只是 $\tilde{Z}_n(M,G)$ 中无穷个生成元中的一个. 这看上去 $Z_n(M,G)$ 与 $\tilde{Z}_n(M,G)$ 是非常不同. 然而细心分析单纯链群与奇异链群两者概念的差异就可发现, n 维奇异边缘链群 $\tilde{B}_n(M,G)$ 不为零:

$$\tilde{B}_n(M,G)=\partial\tilde{C}_{n+1}(M,G)\neq 0.$$

此外, 根据 $\tilde{C}_k(M,G)$ 的含义, $\tilde{B}_n(M,G)$ 可分为两个子群直和

$$\begin{aligned}&\tilde{B}_n(M,G)=\tilde{B}_{n_1}(M,G)\oplus\tilde{B}_{n_2}(M,G),\\&\tilde{B}_{n_1}(M,G)=\{\partial\sigma=\sigma_1-\sigma_0|\ \sigma_0,\ \sigma_1\in\tilde{Z}_n(M,G)\ \text{不同调于零}\},\\&\tilde{B}_{n_2}(M,G)=\tilde{B}_n(M,G)/\tilde{B}_{n_1}(M,G).\end{aligned}$$

类似于 (2.1.60) 的观点, $\tilde{B}_{n_1}(M,G)$ 从实质上讲可表达为

$$\tilde{B}_{n_1}(M,G)=\{\partial\varSigma|\ \varSigma:M\times I\to M\}.$$

由 (2.1.60) 和 (2.1.61), 对任两个不同调零的 n 维闭链 $\sigma_1,\ \sigma_2\in\tilde{Z}_n(M,G)$, 它们是同伦的. 因此存在 $\varSigma\in\tilde{B}_{n_1}(M,G)$ 使得

$$\partial\varSigma=\sigma_1-\sigma_2.$$

因此 $\tilde{H}_n(M,G)$ 只有一个生成元 $\sigma_0\in\tilde{Z}_k(M,G)$. 这就得到

$$\tilde{H}_n(M,G)\simeq H_n(M,G).$$

第三步. 考虑 $0<k<n$ 的情况. 由定义可知

$$C_k(M,G)\subset\tilde{C}_k(M,G),\quad Z_k(M,G)\subset\tilde{Z}_k(M,G),\quad B_k(M,G)\subset\tilde{B}_k(M,G)$$

都是子群. 因而有

$$H_k(M,G)\subset\tilde{H}_k(M,G)\ \text{为子群关系}.$$

此外, 对生成元 $[\sigma]\in\tilde{H}_k(M,G)$, $[\sigma]\neq 0$, 作为 k 维奇异闭链 σ 可表示为

$$\sigma=\Gamma_1^k+\cdots+\Gamma_m^k,$$

使得 $N=U_{i=1}^m\Gamma_i^k(I^k)\subset M$ 是一个 k 维可定向闭子流形, 并且 Γ_i^k $(1\leqslant i\leqslant m)$ 也满足条件 (2.1.59), 以及 N 在 M 中不围区域. 由单纯同调群的实质可知, N 代表 $H_k(M,G)$ 的一个生成元. 如同 $k=n$ 的情况那样, 可以证明, 当 $[\sigma_1]\neq[\sigma_2]$

在 $\tilde{H}_k(M,G)$ 中时, σ_1 与 σ_2 的代表子流形 N_1 和 N_2 在 M 中不围区域, 因而 $[N_1] \neq [N_2]$ 在 $H_k(M,G)$ 中. 这就推出

$$\tilde{H}_k(M,G) \simeq H_k(M,G), \quad \forall 0 \leqslant k \leqslant n.$$

第四步. $k > n$ 的情况. 由于 $\tilde{C}_k(M,G)$ 中不含这些单形 $\Gamma \in S_{k-1}(M,G)$, 因此容易验证

$$\tilde{Z}_k(M,G) = \tilde{B}_k(M,G), \quad \forall k > n.$$

因而有 $\tilde{H}_k(M,G) = 0$, $\forall k > 0$.

到此, 定理 2.6 的证明思路全部完成. 在整个分析中, 把握定理 2.6 的关键点就是两点:

(1) 将 $H_k(M,G)$ 的每个生成元 Σ 视为 M 中的一个可定向非边紧子流形;

(2) 将 $\tilde{H}_k(M,G)$ 的每个生成元 $\sigma = \Gamma_1 + \cdots + \Gamma_m$ 的像集合

$$\tilde{\Sigma} = U_{i=1}^m \Gamma_i(I^k)$$

也作为 M 的一个 k 维可定向非边紧子流形看待. 然后在 $H_k(M,G)$ 与 $\tilde{H}_k(M,G)$ 之间建立一一对应关系.

根据定理 2.6, 以后不加区别地记 $H_k(M,G)$ 为 k 维同调群.

2.2 流形的共轭结构与同调几何化定理

2.2.1 流形的共轭元

理解拓扑学的关键在于理解流形的拓扑结构. 关于流形结构方面已有丰富的知识. 特别是, 关于二维流形的分类已完全清楚. 人们也进一步知道, 对于 $n \geqslant 3$ 维以上的流形分类不可能有像二维流形那样完整和简洁的结果. 但仍有像 Thom 配边理论及 Thurston 关于三维流形的分类这样的工作. 关于流形结构方面有著名的 CW 复形、纤维丛等重要概念, 又有关于同调球的 Poincaré 猜想 (已被完全证明) 这样基础性的工作. 然而所有这些理论对全面理解拓扑学提供的帮助都是有限的. 这一节提出正则流形及其共轭结构的概念, 其动机就是为全面理解同调论、同伦论、示性类等理论与概念的实质提供一个统一的框架, 本书的整个主线就是以此理论展开的.

首先从流形的共轭元定义开始. 令 M 是一个 n 维流形, $\Sigma \subset M$ 是一个 k 维子空间. Σ 称为是 M 的一个 k 维结构元, 若

(1) Σ 作为拓扑空间是无边的, 即 Σ 的任一点都是内点;

(2) Σ 可分解为可数个 k 维闭盘 D_j $(j = 1, 2, \cdots)$ 使得

$$\Sigma = \bigcup_j D_j, \quad \text{并且 } D_j \cap D_i = \partial D_j \cap \partial D_i \text{ 是 } r\ (\leqslant k-1) \text{ 维闭盘};$$

(3) Σ 在 M 中是不可收缩的, 同时也不存在 $k+1$ 维拓扑空间 B 使得

$$\partial B = \Sigma.$$

令 Σ_1 与 Σ_2 是 M 的两个同胚结构元. Σ_1 与 Σ_2 称为是等价的. 如果它们在 M 中是同调的, 它们的等价类记为 $[\Sigma_1]$.

定义 2.7 M 的一个 k 维结构元等价类 $[\Sigma^k]$ 称为一个 k 维共轭元, 简记为 Σ^k, 若存在一个 $n-k$ 维结构元等价类 Γ^{n-k} 使得在每一点 $p \in \Sigma^k$ 都存在一个 $\Gamma_p^{n-k} \in [\Gamma^{n-k}]$, 使得 Γ_p^{n-k} 与 Σ^k 在 p 点相交并且是横截的, 即

$$\Sigma^k \pitchfork_p \Gamma_p^{n-k}, \quad \forall p \in \Sigma^k. \tag{2.2.1}$$

此时 Σ^k 与 Γ^{n-k} 称为互为对偶的共轭元. (Σ^k, Γ^{n-k}) 称为 M 的 k 维共轭偶, 对 $k \leqslant n-k$.

任何流形 M 都有一对平凡的共轭偶, 即零维共轭偶 (p, M), 这里 $p \in M$ 为一点的等价类. 令 (Σ^k, Γ^{n-k}) 是 M 的一对共轭偶. 定义 M 中的一个 n 维子空间 $\Sigma^k * \Gamma^{n-k}$ 如下:

$$\Sigma^k * \Gamma^{n-k} = \cup_{p \in \Sigma^k} \Gamma_p^{n-k} \quad (\Gamma_p^{n-k} \text{ 如(2.2.1)}). \tag{2.2.2}$$

对于一般流形, $\Sigma^k * \Gamma^{n-k} \neq M$. 例如一个亏格 $g \geqslant 2$ 的环面 gT^2, 它的任一对共轭偶 (Σ^1, Γ^1) 的 $\Sigma^1 * \Gamma^1$ 是一个去掉一个圆盘的轮胎面, 见图 2.11 所示. 但是 $\Sigma^1 * \Gamma^1$ 的闭包可以是一个轮胎面 T^2.

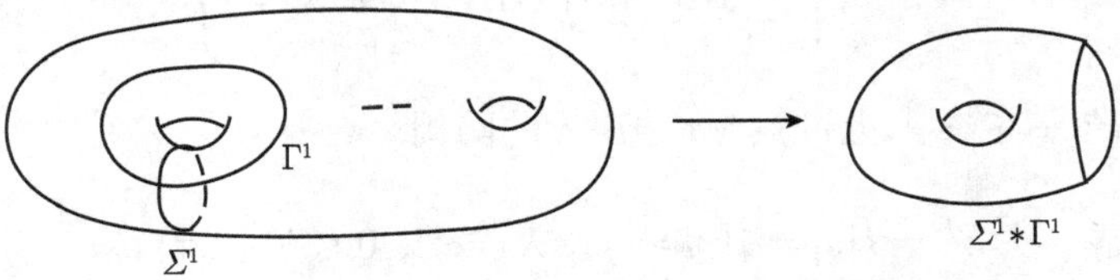

图 2.11

当 $M = \Sigma^k * \Gamma^{n-k}$ 时, 称 (2.2.2) 是 Σ^k 与 Γ^{n-k} 的一个对偶积. 共轭偶 Σ^k 与 Γ^{n-k} 的对偶积 $\Sigma^k * \Gamma^{n-k}$ 可分为四种类型:

(1) 平凡积 $\Sigma^k \times \Gamma^{n-k}$;

(2) 以 Σ^k 为底空间, Γ^{n-k} 为纤维的非平凡纤维丛, 这是一个正则丛;

(3) 交叉丛乘积结构. 这种结构将在下面定义;

(4) 无规则乘积. 不属于上述三种情况的就叫做无规则乘积.

如果一个纤维丛 $\pi: M \to \Sigma$ 是正则的 (有截面的), 则 (Σ, Γ) 一定是 M 的一对共轭偶, 这里 Γ 为 M 的纤维.

下面给出交叉丛乘积结构的严格定义.

定义 2.8　令 M 是一个 n 维流形, Σ^k 是 M 的一个 k 维子流形, Γ^{n-k} 为一个 $n-k$ 维拓扑空间. 称 M 是一个以 Σ^k 为底空间, Γ^{n-k} 为纤维的交叉丛, 若对每一点 $p\in\Sigma^k$, 都存在 $\Gamma_p^{n-k}\in[\Gamma^{n-k}]$ 使得

$$\Gamma_p^{n-k}\pitchfork_p\Sigma^k,\quad \text{并且 } \Gamma_p^{n-k}\cap\Sigma^k=\{p\},$$

进一步, $M=\bigcup\limits_{p\in\Sigma^k}\Gamma_p^{n-k}$, 而且对任 $p,\ q\in\Sigma^k,\ p\neq q$, 有

$$\Gamma_p^{n-k}\cap\Gamma_q^{n-k}=\pi^{n-k-r},\quad r\geqslant 1,$$

其中 π^{n-k-r} 是个 $n-k-r$ 维流形 (或拓扑空间), 称为相交流形 (空间).

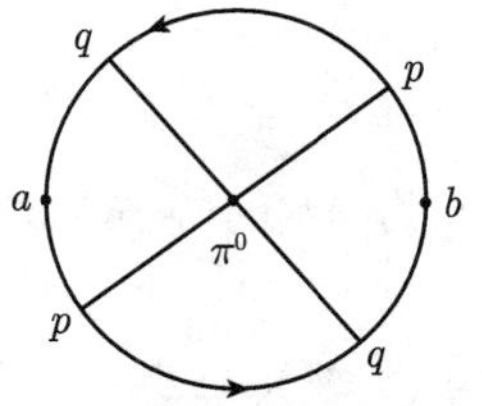

图 2.12　$\Sigma^1=\widehat{ab}$,

$\Gamma_p=\overline{pp},\ \Gamma_p\cap\Gamma_q=\pi^0$

下面给出几个交叉丛的例子

例 2.1　实投影空间 P^n 当 $n\geqslant 2$ 时都是以 $P^k\ (1\leqslant k\leqslant n-1)$ 为底空间, P^{n-k} 为纤维的交叉丛, 其相交流形为 P^{n-k-1}. 例如在图 2.12 中可以看到 P^2 的交叉丛结构.

例 2.2　复投影空间 $\mathbb{C}P^n$ 对 $n\geqslant 2$ 都是以 $\mathbb{C}P^k\ (1\leqslant k\leqslant n-1)$ 为底空间, $\mathbb{C}P^{n-k}$ 为纤维的交叉丛, 其相交空间为 $\mathbb{C}P^{n-k-1}$. 要看清这一点, 有必要回忆一下复投影空间 $\mathbb{C}P^n$ 的定义, 即 $\mathbb{C}P^n$ 是 $\mathbb{C}^n$ 中闭球体

$$B^{2n}=\left\{\sum_{i=1}^n|z_i|^2\leqslant 1|\ (z_1,\cdots,z_n)\in\mathbb{C}^n\right\},$$

将其边界 $\partial B^{2n}=S^{2n-1}$ 上过点 $z\in\partial B^{2n}$ 的圆周

$$S^1=\{|y|=1|\ y=\lambda z,\ \lambda=e^{i\theta},\ 0\leqslant\theta\leqslant 2\pi\}$$

捏成一点所得的空间. 直观地讲

$$\mathbb{C}P^n=\overset{\circ}{B}{}^{2n}+\mathbb{C}P^{n-1}=\overset{\circ}{B}{}^{2n}+\partial B^{2n}/S^1,$$

这里 $\overset{\circ}{B}{}^{2n}$ 是球体 B^{2n} 的内部. 于是, $\mathbb{C}P^n$ 就是 B^{2n} 内部在其边界 ∂B^{2n} 按商空间 $\partial B^{2n}/S^1=\mathbb{C}P^{n-1}$ 粘合成的流形. 因此 $\mathbb{C}P^{n-1}$ 上每一点 p 就是 ∂B^{2n} 上的如 (2.2.1) 那样的圆圈

$$p=[S^1]\in\mathbb{C}P^{n-1},\quad S^1\in\partial B^{2n}.$$

容易看出每一点 $p=[S^1]\in\mathbb{C}P^{n-1}$ 的圆圈 S^1 在 B^{2n} 围了一个过球心的圆盘 D^2. 因而 D^2/S^1 就是 $\mathbb{C}P^n$ $(=\overset{\circ}{B}{}^{2n}+\mathbb{C}P^{n-1})$ 中与 $\mathbb{C}P^{n-1}$ 在 p 点横截相交的球面

S^2 $(=\mathbb{C}P^1)$, 并且 S^2 过球心 $Z_0=0\in \overset{\circ}{B}{}^{2n}$. 这就导出

$$\begin{cases} \mathbb{C}P^n=\bigcup\limits_{p\in\mathbb{C}P^{n-1}}\Gamma_p, \quad \Gamma_p=\mathbb{C}P^1 \text{ 与 } \mathbb{C}P^{n-1} \text{ 在 } p \text{ 点单横截相交}, \\ \Gamma_p\cap\Gamma_q=z_0, \quad \forall p\neq q, \quad z_0 \text{ 为 } B^{2n} \text{ 的球心}. \end{cases}$$

对于 $\mathbb{C}P^n$ 的其他共轭偶 $(\mathbb{C}P^k,\mathbb{C}P^{n-k})$ 可类似地进行考察.

例 2.3 透镜空间 $L^3(N,k)$ 是一个以 S^1 为底空间, N 重透镜面 Γ_N^2 为纤维丛的交叉丛, 其相交流形为 S^1. 这里 N 重透镜面 Γ_N^2 是一个二维拓扑空间, 定义为

$$\Gamma_N^2=B^2/\{z\sim ze^{2\pi i/N}\mid z\in\mathbb{C},\ |z|=1\},$$

这里 $B^2=\{|z|\leqslant 1\mid z\in\mathbb{C}\}$ 是一个二维单位圆盘. 关于 Γ_N^2 可参见图 2.13, 在那里, $a_1,a_2,\cdots,a_N$ 都是同一个点, $a_1a_2,a_2a_3,\cdots,a_{N-1}a_N$ 是 ∂B^2 上 $N-1$ 个圆周. N 重透镜面 Γ_N^2 就是将 B^2 边界上 $a_1a_2,\cdots,a_{N-1}a_N$ 这些圆周按图中定向等同起来所得商空间. 显然 $N=2$ 时的透镜面 Γ_2^2 就是投影空间 P^2.

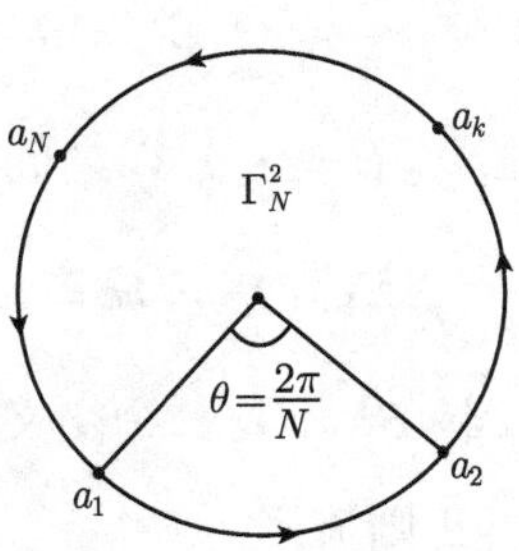

图 2.13 N 重透镜面 Γ_N^2

只对 $L^3(3,1)$ 进行讨论, 其他情况可类似看出. 图 2.14 是一个三维透镜空间 $L^3(3,1)$ 的示意图, 在那里 $bd=de=eb=S^1$ 是三个相互等同的圆周, 中心轴线 $ac=S^1$ 是一个圆周, 球面上曲线 $bc=da$, $dc=ea$, $ec=ba$. 图中的三重透镜面 Γ_b^2 是以圆周 ac 为公共边的三个扇形面 Δabc, Δadc, Δaec 构成

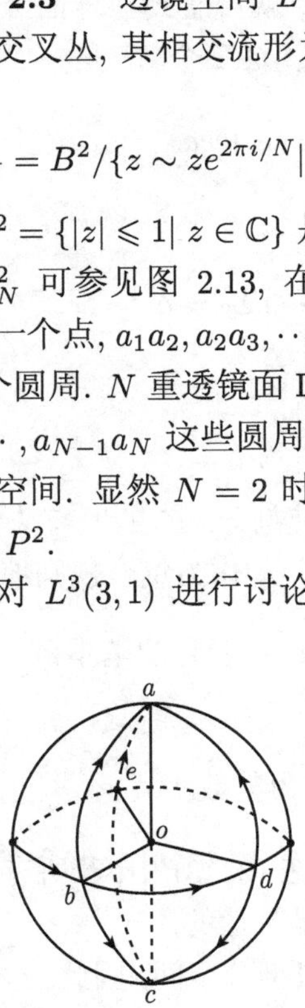

图 2.14 透镜空间 $L^3(3,1)$

$$\Gamma_b^2=\Delta abc+\Delta adc+\Delta ace.$$

Γ_b^2 与圆周 $S^1=bd$ 在 b $(=d=e)$点单横截地相交. 当 Γ_b^2 绕 ac 轴从 b 点旋转 $\dfrac{2}{3}\pi$ 角度时, 就得到 $L^3(3,1)$ 的以 $S^1=bd$ 为底空间, Γ_b^2 为纤维的交叉丛结构, 其中 $ac=S^1$ 轴就是 $L^3(3,1)$ 的相交流形, 可表达为

$$\begin{cases} L^3(3,1)=\bigcup\limits_{b\in\Sigma}\Gamma_b^2, \quad \Gamma_b^2 \text{ 与 } \Sigma=bd \text{ 在 } b \text{ 点单横截相交}, \\ \Gamma_b^2\cap\Gamma_{b'}^2=ac, \qquad \forall b\neq b' \text{ 在 } \Sigma=bd \text{ 上}. \end{cases}$$

从而 (S^1,Γ_N^2) 就是 $L^3(N,k)$ 的共轭元.

从图 2.14 中也可以看出, 当以 Γ_3^2 为底空间, S^1 为纤维作对偶积时,

$$L^3(3,1) = \Gamma_3^2 * S^1$$

就是一个不规则丛的乘积结构. 事实上, 以球中赤道面

$$\Gamma_3^2 = \Delta bod + \Delta doe + \Delta eob$$

为底空间, 以穿过赤道面连结 a 和 c 点的 S^1 为纤维, 就可看到在球面上每个点 $b = d = e \in \Gamma_3^2$ 有三个不同的 S^1 与 Γ_3^2 在 b 点横截相交, 这三个 S^1 是

$$\varSigma_1 = ab + bc, \quad \varSigma_2 = ad + dc, \quad \varSigma_3 = ae + ec.$$

特别地, $\varSigma_i$ $(i = 1, 2, 3)$ 之间互为相交:

$$\varSigma_1 \cap \varSigma_2 = bc = da, \quad \varSigma_2 \cap \varSigma_3 = dc = ea, \quad \varSigma_1 \cap \varSigma_3 = ab = ce.$$

因此, $\Gamma_3^2 * S^1$ 不是一个交叉丛.

2.2.2　正则流形

令 X 是一个 k 维可剖分空间, K 是 X 的一个单纯剖分. K 的所有 k 维单形 σ_i 的和 $\sigma = \sum\limits_i \sigma_i$ 是 X 的一个基本链, 即 σ 的所有单形 σ_i 作为集合规则地排列并且覆盖 X. 为了方便, 在不引起混淆的情况下总是用 X 代表它的基本链. 因而边缘算子 ∂ 就可作用在 X 上. 对于一般拓扑空间

$$\partial X = \alpha_1 \Gamma_1 + \cdots + \alpha_m \Gamma_m, \quad \alpha_j \in \mathbb{Z} \text{ 为整数}, \tag{2.2.3}$$

其中每个 Γ_j $(1 \leqslant j \leqslant m)$ 是一个 $k-1$ 维紧拓扑空间. 在 (2.2.3) 中, 若所有系数为 $|\alpha_i| \neq 1$ $(1 \leqslant i \leqslant m)$, 则 X 按通常意义是无边的, 否则是带边的.

由定义 2.7 可知, 流形 M 的每个共轭元都是无边可剖分空间. 因此, 对于共轭元来讲在 (2.2.4) 中的每个系数都满足 $|\alpha_j| \neq 1$.

下面引入正则流形的概念.

定义 2.9　令 M 是一个流形, $\varSigma$ 是 M 的一个 k 维紧共轭元. 如果下面条件成立, 则 M 称作是一个正则流形.

(1) M 所有紧共轭元及其组合为其同调群提供完备的生成基;

(2) 作为基本链, 如果

$$\partial \Sigma = \alpha_1 \Gamma_1 + \cdots + \alpha_m \Gamma_m, \quad \alpha_j \neq 0,\ 1 \leqslant j \leqslant m, \tag{2.2.4}$$

则每个 Γ_j $(1 \leqslant j \leqslant m)$ 都是 M 的 $k-1$ 维紧共轭元;

(3) 在 (2.2.4) 中, 若 $m \geqslant 2$, 则 Σ 一定是 m 个满足下面条件的共轭元 $X_1, \cdots, X_m$ 的对偶积

$$\begin{cases} \Sigma = X_1 * \cdots * X_m, \\ \Gamma_j = X_1 * \cdots * X_{j-1} * \sigma_j * X_{j+1} * \cdots * X_m, \\ (-1)^{k_1 \cdots k_{j-1}} \partial X_j = \alpha_j \sigma_j, \quad k_j = \dim X_j. \end{cases} \tag{2.2.5}$$

关于正则流形依次给出几个注解.

注 2.8 我们所熟知的流形都是正则的. 因而正则流形是非常普遍的, 它足以用来揭示流形的本质特征. 事实上, 我们推测所有流形都是正则的, 只是证明这一点有些困难.

注 2.9 定义 2.9 中的条件 (3) 意味着在 (2.2.5) 中的共轭元 Σ 满足

$$\partial \Sigma = \sum_{j=1}^{m} (-1)^j X_1 * \cdots * X_{j-1} * \partial X_j * \cdots * X_m.$$

换句话讲, 在 (2.2.5) 中的对偶积 * 关于边缘算子 ∂ 满足关系

$$\partial(X * Y) = \partial X * Y + (-1)^k X * \partial Y, \quad k = \dim X. \tag{2.2.6}$$

它称为反导关系. 在对偶积 * 中平凡积 $\times$ 满足反导关系 (2.2.6). 然而, 交叉丛乘积与无规则乘积一般不满足反导关系. 我们不知道是否存在满足 (2.2.6) 的非平凡正则纤维丛. 满足 (2.2.6) 的乘积叫做正则共轭积.

注 2.10 一个流形 M 的共轭元 Σ 的拓扑结构具有下面的基本特性:

$$\begin{cases} \partial \Sigma = 0 \Leftrightarrow \Sigma \text{ 是 } M \text{ 的可定向子流形}, \\ \partial \Sigma = 2\Gamma \Leftrightarrow \Sigma \text{ 是 } M \text{ 的不可定向子流形}(\Gamma \text{ 是共轭元}), \\ \partial \Sigma = \alpha\Gamma (\alpha \geqslant 3) \Rightarrow \Sigma \text{ 不是子流形, 它是闭球体 } B \text{ 在} \\ \qquad\qquad \text{边界 } \partial B \text{ 上关于 } \alpha \text{ 个等价流形 } \Gamma \subset \partial B \text{ 作的商空间}. \end{cases}$$

为了对共轭元有个直观地了解, 现在给出两个例子.

例 2.4 我们知道, 实投影空间 P^n 中每一个 k 维实投影空间 $P^k \subset P^n$ 是一个共轭元. 由例 2.1 可知, 它的配偶共轭元为 p^{n-k}, 每一对共轭偶 (P^k, P^{n-k}) 在 P^n 中按交叉丛积进行配对. 当 $n = 2m$ 为偶数时, 共轭偶 (Σ^m, Γ^m) 中 Σ^m 与 Γ^m 等价, 即 $\Sigma^m (= P^m)$ 与 $\Gamma^m (= P^m)$ 在 P^n 中是同伦的. P^n 有 $n+1$ 个共轭元, 其集合为

$$\{P^0, P^1, \cdots, P^n\}. \tag{2.2.7}$$

关于边缘算子 ∂ 的作用下, 它们满足关系

$$\partial P^k = \begin{cases} 0, & k = \text{奇数}, \\ P^{k-1}, & k = \text{偶数}. \end{cases} \tag{2.2.8}$$

例 2.5　类似于实投影空间, 复投影空间 $\mathbb{C}P^n$ 的所有共轭元是由它的子空间 $\mathbb{C}P^k$ $(0 \leqslant k \leqslant n)$ 构成

$$\{\mathbb{C}P^0, \mathbb{C}P^1, \cdots, \mathbb{C}P^n\}. \tag{2.2.9}$$

而 $2n+1$ 维透镜空间 L^{2n+1} (p, Q) 有如下结构:

$$L^0 \subset L^1 \subset L^2 \subset \cdots \subset L^{2n+1}, \tag{2.2.10}$$

其中 $L^{2k+1} = L^{2k+1}(p, Q)$ 是 $2k+1$ 维透镜空间, L^{2k} 是 $2k$ 维球体 (闭盘)B^{2k} 在边界 ∂B^{2k} 上将 N 个等价的透镜空间 L^{2k-1} 粘在一起作的商空间. 在 ∂ 的作用下, 它们有如下等式:

$$\begin{aligned} &\partial \mathbb{C}P^k = 0, \quad \forall k \geqslant 0, \\ &\partial L^k = \begin{cases} 0, & k = \text{奇数}, \\ pL^{k-1}, & k = \text{偶数}. \end{cases} \end{aligned} \tag{2.2.11}$$

因此 $\mathbb{C}P^n * L^{2m+1}(p, Q)$ 的共轭元为 (这里 $*$ 为广义笛卡儿积)

$$\{\mathbb{C}P^k * L^r |\ 0 \leqslant k \leqslant n,\ 0 \leqslant r \leqslant 2m+1\}, \tag{2.2.12}$$

并且有

$$\begin{aligned} \partial(\mathbb{C}P^k * L^r) &= \partial \mathbb{C}P^k * L^r + (-1)^{2k} \mathbb{C}P^k * \partial L^r \\ &= \mathbb{C}P^k * \partial L^r. \end{aligned} \tag{2.2.13}$$

后面将看到, 这些共轭元集合 (2.2.7), (2.2.9), (2.2.10) 及 (2.2.12) 在公式 (2.2.8), (2.2.11) 和 (2.2.13) 作用下将分别产生出空间 P^n, $\mathbb{C}P^n$, $L^{2n+1}(p, Q)$ 及 $\mathbb{C}P^n * L^{2n+1}(p, Q)$ 的所有同调群.

前面引入了正则流形的概念及其共轭结构. 现在要考虑流形在一些运算下共轭元的变化规律. 首先在上面已见到对偶积的流形之间运算, 特别是广义笛卡儿积, 它是保共轭元不变的. 此外还要引入一种运算, 称为两个流形的粘接和.

设 M 与 N 是两个 n 维流形. 所谓 M 与 N 的粘接和, 记为 $M \# N$, 是一个这样的流形, 它由 M 和 N 各挖去一个 n 维开球体 (开盘)D, 然后沿着 $M_1 = M - D$ 与 $N_1 = N - D$ 的边界同胚地粘合而成. 它严格地定义如下:

$$M \# N = (M_1 \cup N_1)/\{x \sim h(x) |\ x \in \partial M_1\},$$

这里 $h: \partial M_1 \to \partial N_1$ 是一个同胚. 显然, 对一个 n 维球面有

$$S^n \# M = M.$$

对 n 维流形 M, 记 $\mathcal{K}_k(M)$ 为 M 的所有 k 维紧共轭元集合

$$\mathcal{K}_k(M) = \{\Sigma_\alpha^k |\ \Sigma_\alpha^k \text{ 为 } M \text{ 的 } k \text{ 维紧共轭元}\},$$

则 $\mathcal{K}(M) = \cup_{k=0}^{n}\mathcal{K}_k(M)$ 为 X 所有共轭元集合. 注意到, 对所有正则紧流形 M, $\mathcal{K}_k(M)$ 与 $\mathcal{K}_{n-k}(M)$ 之间存在一种对偶关系

$$\Sigma^k \leftrightarrow \Gamma^{n-k}, \quad (\Sigma^k, \Gamma^{n-k}) \text{ 为共轭偶}. \tag{2.2.14}$$

这种由共轭偶诱导的紧流形 M 上共轭元集合之间的对偶关系是导致同调群之间对偶的根本原因. 在 2.5 节中将详细讨论这个课题.

令 M 与 N 是两个正则紧流形. $M * N$ 是广义笛卡儿积 (即满足关系 (2.2.6)). 则 $\mathcal{K}(M * N)$ 与 $\mathcal{K}(M)$, $\mathcal{K}(N)$ 之间满足下面关系

$$\mathcal{K}(M * N) = \mathcal{K}(M) \otimes \mathcal{K}(N), \tag{2.2.15}$$

这里 $\otimes$ 表示集合之间的张量积, 即

$$\Sigma \in \mathcal{K}(M), \Gamma \in \mathcal{K}(N) \Rightarrow \Sigma * \Gamma \in \mathcal{K}(M * N).$$

$\mathcal{K}(M\#N)$ 与 $\mathcal{K}(M)$, $\mathcal{K}(N)$ 之间, 当 M 与 N 中有一个是可定向时, 有

$$\mathcal{K}(M\#N) = \sum_{k=1}^{n-1}(\mathcal{K}_k(M) + \mathcal{K}_k(N)) + \{p, M\#N\}, \tag{2.2.16}$$

其中 $\{p, M\#N\}$ 为平凡偶. 当 M 与 N 都是不可定向时,

$$\mathcal{K}(M\#N) = \sum_{k=1}^{n-2}(\mathcal{K}_k(M) + \mathcal{K}_k(N)) + \{p, M\#N\} + \mathcal{K}_{n-1}(M\#N). \tag{2.2.17}$$

关系式 (2.3.14)~(2.2.17) 对理解流形的同调理论很有帮助. 其中,(2.2.14) 反映了 Poincaré 对偶定理的本质, (2.2.15) 能够揭示 Künneth 公式及关于纤维丛同调群的 Leray-Hirsch 定理的实质.

最后, 我们进一步分析正则流形的拓扑结构. 从同调球开始, 一个 n 维流形 M 被称为是同调球, 如果 M 具有 S^n 一样的同调群

$$H_k(M, \mathbb{Z}) = \begin{cases} \mathbb{Z}, & k = 0, n, \\ 0, & k \neq 0, n. \end{cases} \tag{2.2.18}$$

由著名的 Poincaré 猜想, 当 M 是同调球并且单连通时, 即一维同伦群为零

$$\pi_1(M) = 0, \quad n > 1, \tag{2.2.19}$$

则 M 与 n 维球面 S^n 同胚. 该猜想已被完全证明. 历史上它由三个人在不同时期分别完成. Smale 在 1961 年证明了 $n \geqslant 5$ 的情形. 对 $n = 4$ 的情况是由 Freedman 在

1980 年证得. 最后, 俄国数学家 Perelman 在 2003 年完成了 $n=3$ 的证明 ($n=1,2$ 是平凡的).

当 $n \geqslant 3$ 时上面 Poincaré 球面定理仅仅在条件 (2.2.18) 下是不够的, 单连通性条件 (2.2.19) 是不可缺的. Poincaré 本人在 1904 年举出一个例子表明, 存在一个三维同调球 Σ, 它的基本群 $\pi_1(\Sigma) \neq 0$. 以后总是将 $\pi_1(\Sigma^n) \neq 0$ 且满足 (2.2.18) 的 n 维流形称作 Poincaré 同调球.

因为任何紧流形 M 都是由同调球在各种对偶积 * 与粘接求和方式组合而成 (正则流形的定义正是这种结构特征的反映), 因此可以获得下面结论, 事实上该结论是下面介绍的下同调几何化定理的推论.

注 2.11 对一个流形 M, 若 M 存在非平凡紧共轭元, 则记

$$k = \min \{m |\ \Sigma^m \text{ 是 } M \text{ 紧共轭元}, m \geqslant 1\}.$$

那么, 所有 k 维共轭元 Σ^k 一定是同调球. 特别地, 当 M 是单连通时, Σ^k 就是 k 维球面.

该定理将在 4.2.1 小节中再次出现. 它很好地揭示了 Hurewicz 定理的本质.

2.2.3 共轭元分类与同调类的几何化

引入了正则流形的概念后, 我们将对其紧共轭元进行分类, 以便在紧共轭元与同调群之间建立联系.

令 $\alpha_1, \cdots, \alpha_m$ 是 m 个整数. 若 $p \geqslant 1$ 是这 m 个整数的最大公因子, 则记

$$p = (\alpha_1, \cdots, \alpha_m). \tag{2.2.20}$$

定义 2.10 令 M 是一个正则流形. 对 M 上的紧共轭元建立如下分类:

(1) 一个 k 维共轭元 π 称为自由的, 如果 $\partial\pi = 0$, 并且不存在任何 $k+1$ 维拓扑空间 $X \subset M$ 使得

$$\partial X = \alpha\pi, \quad \alpha \neq 0;$$

(2) 对于非自由共轭元 Γ, 它可表达为若干共轭元的正则对偶积

$$\begin{cases} \Gamma = X_1 * \cdots X_m * \pi_1 * \cdots * \pi_r, \\ \partial X_j = \alpha_j \sigma_j, \quad \alpha_j \neq 0, \quad \sigma_j \text{ 是共轭元}, \\ \partial Y_i = \beta_i \pi_i, \quad \beta_i \neq 0, \quad Y_i \text{ 是共轭元}, \end{cases} \tag{2.2.21}$$

若 $r=0$, 则 Γ 称为模 $-p$ 上共轭元, $\partial\Gamma$ 称为模 $-p$ 下共轭元 (或链, 若 $m \geqslant 2$), 若 $m=0$, 则 Γ 称为模 $-q$ 下共轭元, 而

$$\delta\Gamma = \sum_{j=1}^{r} (-1)^{k_1 \cdots k_{j-1}} \beta_j \pi_1 * \cdots * \pi_{j-1} * Y_j * \pi_{j+1} * \cdots * \pi_r, \quad k_i = \dim \pi_i$$

称为模 $-q$ 上共轭元 (链), $p=(\alpha_1,\cdots,\alpha_m)$, $q=(\beta_1,\cdots,\beta_r)$;

(3) 若 $r,m\neq 0$, 则 $\partial\Gamma$ 称为模 $-p$ 下共轭元 (链), 而

$$\delta\Gamma=\sum_{j=1}^{r}(-1)^{k_1\cdots k_{j-1}}\beta_j X_1*\cdots*X_m*\pi_1*\cdots*\pi_{j-1}*Y_j*\pi_{j+1}*\cdots*\pi_r$$

称为模 $-q$ 上共轭元 (链). 这里定义的 δ 就是后面 (2.3.8) 所定义的上边缘算子.

(4) $r\geqslant 2$ 个上共轭元 (链)$\delta Y_1,\cdots,\delta Y_r$ 或下共轭元 $\partial Y_1,\cdots,\partial Y_r$ 称为线性相关的, 若存在一个共轭元 (链)X 使得

$$\delta X=\alpha_1 Y_1+\cdots+\alpha_r Y_r,$$

或者

$$\partial X=\beta_1 Y_1+\cdots+\beta_r Y_r,$$

否则它们称为线性独立的.

以下面例子来说明定义 2.10.

例 2.6 考察透镜空间 $L^3(p,1)$ 和 $L^3(q,1)$ 的乘积 $L^3(p,1)\times L^3(q,1)$ 及其所有共轭元类别. 在例 2.5 中知道透镜空间的共轭元为

$$L^3(k,1)=\{L_k^0,L_k^1,L_k^2,L_k^3\},\quad k=p,q,$$

其中 $\partial L_k^0=0$, $\partial L_k^1=0$, $\partial L_k^2=kL_k^1$, $\partial L_k^3=0$. 由公式 (2.2.15), $L_p^3\times L_q^3$ 的各维共轭元集合 $\mathcal{F}_k$ 为

$$\begin{aligned}
&\mathcal{F}_0=\{L_p^0\times L_q^0\},\\
&\mathcal{F}_1=\{L_p^1\times L_q^0,\ L_p^0\times l_q^1\},\\
&\mathcal{F}_2=\{L_p^1\times L_q^1,\ L_p^2\times L_q^0,\ L_p^0\times L_q^2\},\\
&\mathcal{F}_3=\{L_p^1\times L_q^2,\ L_p^2\times L_q^1,\ L_p^0\times L_q^3,\ L_p^3\times L_q^0\},\\
&\mathcal{F}_4=\{L_p^1\times L_q^3,\ L_p^3\times L_q^1,\ L_p^2\times L_q^2\},\\
&\mathcal{F}_5=\{L_p^2\times L_q^3,\ L_p^3\times L_q^2\},\\
&\mathcal{F}_6=\{L_p^3\times L_q^3\}.
\end{aligned}$$

由定义 2.10, $\mathcal{F}$ 中所有自由共轭元为

$$L_p^0\times L_q^0,\quad L_p^0\times L_q^3,\quad L_p^3\times L_q^0,\quad L_p^3\times L_q^3.$$

所有上共轭元为

$$L_p^2\times L_q^0,\quad L_p^0\times L_q^2,\quad L_p^2\times L_q^2,\quad L_p^2\times L_q^3,\quad L_p^3\times L_q^2. \tag{2.2.22}$$

所有下共轭元 (链) 为

$$
\begin{aligned}
&L_p^1 \times L_q^0, \quad L_p^0 \times L_q^1, \quad L_p^1 \times L_q^1, \quad L_p^1 \times L_q^3, \quad L_p^3 \times L_q^1, \\
&\partial(L_p^2 \times L_q^2) = pL_p^1 \times L_q^2 + qL_p^2 \times L_q^1 \quad (\text{下共轭链}).
\end{aligned} \tag{2.2.23}
$$

由 (2.2.22), 所有上共轭元可分类为

$$
\begin{aligned}
&\text{模} - p\text{上共轭元：} L_p^2 \times L_q^0, \quad L_p^2 \times L_q^3, \\
&\text{模} - q\text{上共轭元：} L_p^0 \times L_q^2, \quad L_p^3 \times L_q^2, \\
&\qquad \text{模} - (p,q)\text{上共轭元：} L_p^2 \times L_q^2.
\end{aligned} \tag{2.2.24}
$$

从 (2.2.23) 可得所有下共轭元 (链) 分类如下：

$$
\begin{aligned}
&\text{模} - p\text{下共轭元：} L_p^1 \times L_q^0, \quad L_p^1 \times L_q^3, \\
&\text{模} - q\text{下共轭元：} L_p^0 \times L_q^1, \quad L_p^3 \times L_q^1, \\
&\text{模} - (p,q)\text{下共轭元 (链)：} L_p^1 \times L_q^1, \quad pL_p^1 \times L_q^2 + qL_p^2 \times L_q^1.
\end{aligned} \tag{2.2.25}
$$

现在, 根据同调群的概念, 从定义 2.10 可以推得下面共轭元与同调群生成元基底之间关系定理, 称之为下同调几何化定理.

定理 2.7 令 M 是 n 维正则流形. 则 M 的同调群 $H_k(M,G)$ 与 M 的共轭元之间有如下关系：

(1) 实系数同调群 $H_k(M,R)$ 的生成元基是由 M 的所有 k 维自由共轭元组成. 这与 (2.1.3) 的定义是一致的.

(2) 对于整系数同调群, $H_k(M,\mathbb{Z})$ 可表示成自由子群 F_k 及所有模 $-q$ 挠子群 $T_{k,q}$ 的直和

$$
\begin{aligned}
&H_k(M,\mathbb{Z}) = F_k \oplus T_{k,q_1} \oplus \cdots \oplus T_{k,q_m}, \\
&F_k = \mathbb{Z} \oplus \cdots \oplus \mathbb{Z} \quad (\beta_k \text{ 个直和}), \\
&T_{k,q_i} = \mathbb{Z}_{q_i} \oplus \cdots \oplus \mathbb{Z}_{q_i} \quad (\tau_{k_i} \text{ 个直和}).
\end{aligned}
$$

则 F_k 的生成元基是由所有自由共轭元构成, T_{k,q_i} 的生成元基是由 M 的所有的模 $-q_i$ 线性独立下共轭元 (链) 组成, 即

$$
\begin{aligned}
&\beta_k = M \text{ 的 } k \text{ 维自由共轭元数}, \\
&\tau_{q_i} = M \text{ 的 } k \text{ 维模 } -q_i \text{ 线性独立下共轭元及链总数}.
\end{aligned}
$$

(3) 当 $G = \mathbb{Z}_q$ 群时, $H_k(M,\mathbb{Z}_q)$ 的生成元基是由 M 所有 k 维自由共轭元, 及 $(r,q) \neq 1$ 的模 $-r$ 线性独立的上和下共轭元及链组成.

注 2.12 在后面展开的内容中将会看到, 按定义 2.10 方式关于正则流形 M 的共轭元进行分类将会越来越强地显示出它的优越性. 特别地, 根据定理 2.7 从 (2.2.22) 和 (2.2.24)~(2.2.25), 立刻得到 $L^3(p,1)\times L^3(q,1)$ 的同调群如下:

$$H_k(L_p^3\times L_q^3,\mathbb{Z})=\begin{cases}\mathbb{Z}, & k=0,\\ \mathbb{Z}_p\oplus\mathbb{Z}_q, & k=1,\\ \mathbb{Z}_r, & k=2,\\ \mathbb{Z}\oplus\mathbb{Z}\oplus\mathbb{Z}_r, & k=3,\\ \mathbb{Z}_p\oplus\mathbb{Z}_q, & k=4,\\ 0, & k=5,\\ \mathbb{Z}, & k=6,\end{cases}$$

其中 $r=(p,q)$, 当 $r=1$ 时 $\mathbb{Z}_r=0$. 实系数同调群为

$$H_k(L_p^3\times L_q^3,R)=\begin{cases}\mathbb{Z}, & k=0,6,\\ \mathbb{Z}\oplus\mathbb{Z}, & k=3,\\ 0, & \text{其他}.\end{cases}$$

$G=\mathbb{Z}_p$ 的同调群 (令 $r=1$)

$$H_k(L_p^3\times L_q^3,\mathbb{Z}_p)=\begin{cases}\mathbb{Z}_p, & k=0,1,2,5,6,\\ \mathbb{Z}_p\oplus\mathbb{Z}_p, & k=3,4.\end{cases}$$

当 $p=q=r$ 时,

$$H_k(L_p^3\times L_q^3,\mathbb{Z}_p)=\begin{cases}\mathbb{Z}_p, & k=0,6,\\ \mathbb{Z}_p\oplus\mathbb{Z}_p, & k=1,5,\\ \mathbb{Z}_p\oplus\mathbb{Z}_p\oplus\mathbb{Z}_p, & k=2,4,\\ \mathbb{Z}_p\oplus\mathbb{Z}_p\oplus\mathbb{Z}_p\oplus\mathbb{Z}_p, & k=3.\end{cases}$$

注 2.13 注意到, $2n$ 维流形 M^{2n} 的一对 n 维共轭偶 $(\varSigma^n,\Gamma^n)$, 当它的对偶积 $\varSigma^n*\Gamma^n$ 是个交叉丛结构时, 作为 $H_n(M^{2n},\mathbb{Z}_2)$ 的一个生成元 $\varSigma^n=\Gamma^n$(即 $\varSigma^n$ 与 Γ^n 同伦). 反过来, 若 $H_n(M^{2n},\mathbb{Z}_2)$ 的维数是一个奇数, 则可推知 M^{2n} 中存在共轭偶 $(\varSigma^n,\Gamma^n)$ 使得 $\varSigma^n*\Gamma^n$ 是一个交叉丛结构. 这也可体现在 M^{2n} 的 Euler 示性数上. 若 $\chi(M^{2n})$ 是一个奇数, 则 M^{2n} 中一定存在具有交叉丛结构的共轭偶.

应用定理 2.8, 很容易在正则流形的同调群上建立乘积 (环) 结构. 令 π_1, π_2 是 M 的两个共轭元. 若 M 中存在一个共轭元 Γ 使得 (π_1,π_2) 是 Γ 的一对共轭偶, 则记这种关系为

$$(\pi_1,\pi_2)\in\Gamma.\tag{2.2.26}$$

显然, 对于给定的两个共轭元 π_1 和 π_2, 如果满足 (2.2.26) 的 Γ 存在, 则 Γ 是唯一的. 令

$$H_*(M,R)=H_0(M,R)\oplus H_1(M,R)\oplus\cdots.$$

记

$$\mathcal{A}=\{\Gamma_j|\ \Gamma_j \text{ 为 } M \text{ 的所有自由共轭元}\}.$$

然后在 $\mathcal{A}$ 上建立乘积运算如下, 对任何 $\Gamma_1,\Gamma_2\in\mathcal{A}$, 定义

$$\Gamma_1\cdot\Gamma_2=\begin{cases}\Gamma, & \text{若存在 } \Gamma\in\mathcal{A} \text{ 使得 } (\Gamma_1,\Gamma_2)\subset\Gamma,\\ 0, & \text{否则}.\end{cases} \tag{2.2.27}$$

将 $\mathcal{A}$ 上的乘积线性扩张到 $H_*(M,R)$ 上, 即

$$\left(\sum_i\alpha_i\Gamma_i\right)\cdot\left(\sum_j\beta_j\Gamma_j\right)=\sum_{i,j}\alpha_i\beta_j\Gamma_i\cdot\Gamma_j, \tag{2.2.28}$$

则由 (2.2.27) 和 (2.2.28), 在 $H_*(M,R)$ 上建立的一个乘积结构, 记为

$$\Lambda: H_p(M,R)\times H_q(M,R)\to H_{p+q}(M,R). \tag{2.2.29}$$

显然, 零维共轭元 Γ_0 在该乘积结构中起到单位元的作用. 这样实系数同调群构成一个环, 称为 M 的同调环. 这种乘积运算 (2.2.27)~(2.2.29) 能够被推广到整系数同调群上, 只是过程要复杂一些. 后面会讨论这个问题.

注 2.14 人们早已知道在紧定向流形上的同调群具有环结构, 但是, 那是一种与 (2.2.29) 不同的乘积. 叫做交积[12], 这种运算为

$$\cap: H_p(M,\mathbb{Z})\times H_q(M,\mathbb{Z})\to H_{p+q-n}(M,\mathbb{Z}).$$

简要地讲, 交积是指若 (Σ^p,Γ^{n-p}) 是 M 的一对共轭偶, π^q 是个共轭元, 则

$$\Sigma^p\cap\pi^q=\begin{cases}\Delta^{p+q-n}, & \text{若 } \exists\Delta^{p+q-n} \text{ 使得 } (\Delta^{p+q-n},\Gamma^{n-p})\in\pi^q,\\ 0, & \text{否则}.\end{cases}$$

最后需要解释一下, 在定义 2.10 中的每个上、下共轭链都在正则流形 M 中对应着一个无边的拓扑空间. 例如, 令 Γ_1 和 Γ_2 是两个共轭元, 作为基本链它们分别满足

$$\partial\Gamma_i=r_i\sigma_i\quad(i=1,2,),\quad r_i=r\alpha_i,\quad(\alpha_1,\alpha_2)=1.$$

此时 $\partial(\Gamma_1\times\Gamma_2)=r\sigma$,

$$\sigma=\alpha_1\sigma_1\times\Gamma_2+(-1)^k\alpha_2\Gamma_1\times\sigma_2\quad(k=\dim\Gamma_1)$$

是一个下共轭链. $\sigma_1 \times \Gamma_2$ 与 $\Gamma_1 \times \sigma_2$ 都是 M 中的共轭元并且

$$\partial(\sigma_1 \times \Gamma_2) = (-1)^{k-1} r_2 \sigma_1 \times \sigma_2,$$
$$\partial(\Gamma_1 \times \sigma_2) = r_1 \sigma_1 \times \sigma_2,$$

即 $\sigma_1 \times \Gamma_2$ 与 $\Gamma_1 \times \sigma_2$ 都是以 $\sigma_1 \times \sigma_2$ 为广义边界的拓扑空间, 并且 $\sigma_1 \times \sigma_2$ 是它们的公共"边界". 下共轭链 σ 在 M 的对应拓扑空间就是 $\sigma_1 \times \Gamma_1$ 与 $\Gamma_1 \times \sigma_2$ 沿公共"边界" $\sigma_1 \times \sigma_2$ 粘接的空间

$$\sigma : \sigma_1 \times \Gamma_2 \cup \Gamma_1 \times \sigma_2 / \sigma_1 \times \sigma_2.$$

以 $P^2 \times P^2$ 为例来说明这个事情. 实投影空间 P^2 有三个共轭元 $\{P^0, P^1, P^2\}$. 而它们的乘积 $P^2 \times P^2$ 有 9 个共轭元

$$\{P^0, P^0 \times P^1, P^1 \times P^0, P^1 \times P^1, P^0 \times P^2, P^2 \times P^0, P^1 \times P^2, P^2 \times P^1, P^2 \times P^2\},$$

$P^2 \times P^2$ 有一个下共轭链 $\partial(P^2 \times P^2) = 2\sigma$, σ 为

$$\sigma^3 = P^1 \times P^2 + P^2 \times P^2,$$

它是 $P^1 \times P^2 = S^1 \times P^2$ 与 $P^2 \times P^1 = P^2 \times S^1$ 沿着公共的子流形 $S^1 \times S^1$ 粘接而成. $\sigma^3 \subset P^2 \times P^2$ 是一个三维可定向子流形, 它同胚于 Σ^3, 这里 Σ^3 是 $P^2 \subset R^4$ 中的管形邻域 T^4 的边界

$$\Sigma^3 = \partial T^4.$$

这个例子展现了共轭元与上、下共轭链之间的差别: 每个共轭元都有一个配偶的共轭元, 而上、下共轭链没有.

2.2.4 Künneth 公式与 Leray-Hirsch 定理

令 M 与 N 两个正则流形. 关于乘积空间 $M \times N$, 我们自然关心它的同调群与 M 和 N 同调群之间关系. Künneth 定理就是关于这个问题的解答. 但是该定理用经典的方法证明很复杂和抽象. 这里, 当应用定理 2.7 来进行证明时, 我们会发现问题变得简单明了.

首先介绍 Künneth 定理如下.

定理 2.8 $M \times N$ 的同调群与 M 和 N 的之间有如下关系:

(1) 对实系数同调群, 有下面同构关系

$$H_k(M, R) \oplus_{p+q=k} H_p(M, R) \otimes H_q(N, R); \tag{2.2.30}$$

(2) 关于整系数同调群, 简记为 $H_k(X)$, 有同构关系

$$H_k(M \times N) \simeq [\oplus_{p+q=k} H_p(M) \otimes H_q(N)] \oplus [\oplus_{p+q=k} H_{p-1}(M) * H_q(N)], \tag{2.2.31}$$

其中 $\otimes$ 表示群的张量积, * 表示群的挠积.

要形式地理解定理 2.8, 首先需要对张量积 $\otimes$ 和挠积 * 给出它们的运算规则, 这样才能够应用公式 (2.2.30) 和 (2.2.31) 去计算同调群.

关于张量积的运算规则有, $\otimes$ 可交换, 并且

$$\begin{cases} \mathbb{Z}\otimes\mathbb{Z}=\mathbb{Z}, & \mathbb{Z}\otimes\mathbb{Z}_p=\mathbb{Z}_p, \\ \mathbb{Z}_p\otimes\mathbb{Z}_q=\mathbb{Z}_r, & r=(p,q) \text{ 如 (2.2.20) 所定义,} \quad \text{当 } r=1 \text{ 时}, \mathbb{Z}_r=0. \end{cases} \tag{2.2.32}$$

$\otimes$ 与 $\oplus$ 之间满足分配律, 即对任意生成群 F_1, F_2, G_1, G_2 有

$$(F_1\oplus F_2)\otimes(G_1\oplus G_2)=F_1\otimes G_1\oplus F_1\otimes G_2\oplus F_2\otimes G_1\oplus F_2\otimes G_2. \tag{2.2.33}$$

关于挠积 * 有, * 可交换, 并且

$$\begin{cases} \mathbb{Z}*\mathbb{Z}=0, & \mathbb{Z}*\mathbb{Z}_p=0, \\ \mathbb{Z}_p*\mathbb{Z}_q=\mathbb{Z}_r, & r=(p,q). \end{cases} \tag{2.2.34}$$

挠积 * 与直和 $\oplus$ 之间也满足分配律.

这些规则 (2.2.32)~(2.2.34) 决定了如何使用定理 2.8. 显然, 当 $H_*(M)$ 和 $H_*(N)$ 中有一个没有挠子群, 则可得到

$$H_k(M\times N)\simeq\oplus_{p+q=k}H_p(M)\otimes H_q(N),$$

即与 (2.2.30) 相同形式的公式. 更一般地, 若用 $F_k(X)$ 和 $T_k(X)$ 分别表示 $H_k(X)$ 的自由子群与挠子群

$$H_k(X)=F_k(X)\oplus T_k(X),$$

则 (2.2.31) 可写为

$$\begin{aligned} H_k(M\times N)\simeq&\oplus_{p+q=k}[H_p(M)\otimes H_q(N)\oplus T_{p-1}(M)*T_q(N)] \\ \simeq&\oplus_{p+q=k}[F_p(M)\otimes F_q(N)\oplus F_p(M)\otimes T_q(N)\oplus T_p(M)\otimes F_q(N) \\ &\oplus T_p(M)\otimes T_q(N)\oplus T_{p-1}(M)*T_q(N)]. \end{aligned} \tag{2.2.35}$$

注 2.15　Künneth 定理的完整形式为下面的短序列是正合的:

$$\begin{aligned} 0\to\oplus_{p+q=k}&H_p(M)\otimes H_q(N)\xrightarrow{\varphi}H_k(M\times N) \\ &\xrightarrow{\psi}\oplus_{p+q=k}H_{p-1}(M)*H_q(N)\to 0, \end{aligned} \tag{2.2.36}$$

并且该序列是分裂的 (但不是自然分裂).

我们需要对这个序列给出解释. 所谓 (2.2.36) 的正合性是指 φ 是单一同态, ψ 是满同态, 并且 φ 的像 $=\psi$ 的核. 所谓一个短正合序列是分裂的, 是指在下面的序列中:

$$0 \to A_1 \xrightarrow{\varphi} A_2 \xrightarrow{\psi} A_3 \to 0,$$

群 $\varphi(A_1)$ 是 A_2 的一个直和项. 这意味着 A_2 是 $\varphi(A_1)$ 与另外一个子群 B 的直和. 此时, 上面序列可表达为

$$0 \to A_1 \xrightarrow{\varphi} \varphi(A_1) \oplus B \xrightarrow{\psi} A_3 \to 0,$$

其中 $\varphi : A_1 \to \varphi(A_1)$ 是同构, $\psi : B \to A_3$ 为同构. 因此 (2.2.36) 的分裂性就意味着 Künneth 公式 (2.2.31) 成立.

定理 2.8 的证明 这里将应用定理 2.7 来证明 Künneth 定理. 特别需要指出的是, 从整个过程能清楚地看到该定理的实质, 并知道在公式中的每一项对应的生成元是什么.

正如公式 (2.2.15) 那样, $M \times N$ 与 M, N 的 k 维共轭元集合之间有

$$\mathcal{K}_k(M \times N) = \sum_{p+q=k} \mathcal{K}_p(M) \otimes \mathcal{K}_q(N). \tag{2.2.37}$$

记

$$\mathcal{A}_k(X) = \{\pi_i |\ \pi_i \text{ 是 } X \text{ 中所有 } k \text{ 维自由共轭元}\},$$
$$\mathcal{B}_k^r(X) = \{\sigma_j |\ \sigma_j \text{ 是 } X \text{ 中所有线性独立模 } -r \text{ 下共轭元 (链)}\}.$$

显然, 对任何 $\pi_1 \in \mathcal{A}_p(M)$, $\pi_2 \in \mathcal{A}_q(N)$, $\pi_1 \times \pi_2$ 是 $M \times N$ 上的自由共轭元. 因此对于自由共轭元集合有

$$\mathcal{A}_k(M \times N) = \sum_{p+q=k} \mathcal{A}_p(M) \otimes \mathcal{A}_q(N). \tag{2.2.38}$$

由定理 2.7, 公式 (2.2.38) 意味着 (2.2.30) 成立, 同时对于整系数自由子群

$$F_k(M \times N) = \oplus_{p+q=k} F_p(M) \otimes F_q(N). \tag{2.2.39}$$

对任 $\sigma \in \mathcal{B}_q^r(N)$, 存在一个共轭元 Γ 使得

$$\partial\Gamma = r\sigma.$$

另一方面, 对任何 $\pi \in \mathcal{A}_p(M)$, 由 (2.2.38), $\pi \times \sigma \in \mathcal{K}_{p+q}(M \times N)$ 并且

$$\partial(\pi \times \Gamma) = \partial\pi \times \Gamma + (-1)^p \pi \times \partial\Gamma = (-1)^p r\pi \times \sigma.$$

这说明 $\pi\times\sigma$ 是 $M\times N$ 的一个模 $-r$ 下共轭元 (链)：$\pi\times\sigma\in\mathcal{B}^r_{p+q}(M\times N)$. 因此

$$\oplus_{p+q=k}[\mathcal{A}_p(M)\otimes\mathcal{B}^r_q(N)\oplus\mathcal{B}^r_p(M)\otimes\mathcal{A}_q(N)]\subset\mathcal{B}^r_k(M\times N). \tag{2.2.40}$$

令 $\sigma_1\in\mathcal{B}^{r_1}_p(M)$, $\sigma_2\in\mathcal{B}^{r_2}_q(N)$. 则存在共轭元 Γ_i $(i=1,2)$ 使得

$$\partial\Gamma_i=r_i\sigma_i\quad(i=1,2),\quad \Gamma_1\in C^{r_1}_{p+1}(M),\quad \Gamma_2\in C^{r_2}_{q+1}(N).$$

由 $\partial\sigma_i=0$ 可知

$$\partial(\Gamma_1\times\sigma_2)=r_1\sigma_1\times\sigma_2,\quad \partial(\sigma_1\times\Gamma_2)=(-1)^pr_2\sigma_1\times\sigma_2.$$

此外

$$\begin{aligned}\partial(\Gamma_1\times\Gamma_2)&=\partial\Gamma_1\times\Gamma_2+(-1)^{p+1}\Gamma_1\times\partial\Gamma_2\\&=r_1\sigma_1\times\Gamma_2+(-1)^{p+1}r_2\Gamma_1\times\sigma_2.\end{aligned}$$

因此, $\Gamma_1\times\sigma_2$ 与 $\sigma_1\times\Gamma_2$ 是线性相关的, 它们两个只能取一个作为独立的模 $-(r_1,r_2)$ 上共轭元 (链), 于是推出

$$\sigma_1\times\sigma_2\in\mathcal{B}^r_{p+q}(M\times N),\quad \forall\sigma_1\in\mathcal{B}^{r_1}_p(M),\quad \sigma_2\in\mathcal{B}^{r_2}_q(N),\quad r=(r_1,r_2). \tag{2.2.41}$$

这样推出下面关系

$$\oplus_{p+q=k}\mathcal{B}^{r_1}_p(M)\otimes\mathcal{B}^{r_2}_q(N)\subset\mathcal{B}^r_k(M\times N),\quad r=(r_1,r_2). \tag{2.2.42}$$

现在, 取 $\sigma_1\in\mathcal{B}^{r_1}_{p-1}(M)$ 及 $\sigma_2\in\mathcal{B}^{r_2}_q(N)$. 则关于对应的共轭元 Γ_i $(i=1,2)$, 构造一个共轭元组合如下

$$\pi=\alpha_1\sigma_1\times\Gamma_2+(-1)^p\alpha_2\Gamma_1\times\sigma_2,\quad \alpha_i=r_i/r,\ r=(r_1,r_2). \tag{2.2.43}$$

显然, 对于 r 有

$$\partial(\Gamma_1\times\Gamma_2)=r\pi,$$

因此 π 是由 σ_1 和 σ_2 诱导出的一个模 $-(r_1,r_2)$ 下共轭链. 于是推出

$$\oplus_{p+q=k}\mathcal{B}^{r_1}_{p-1}(M)*\mathcal{B}^{r_2}_q(N)\subset\mathcal{B}^r_k(M\times N),\quad r=(r_1,r_2). \tag{2.2.44}$$

由 (2.2.40), (2.2.42), 以及 (2.2.44) 可知

$$\mathcal{T}_k=\sum_{p+q=k}[\mathcal{A}_p(M)\otimes\mathcal{B}_q(N)+\mathcal{B}_p(M)\otimes\mathcal{A}_q(N)+\mathcal{B}_p(M)\otimes\mathcal{B}_q(N)+\mathcal{B}_{p-1}(M)*\mathcal{B}_q(N)]$$

是 $\mathcal{B}_k(M\times N)$ 的子集, 这里 $\mathcal{B}_p(X)=\sum\limits_{r\geqslant2}B^r_p$.

反过来, 由 (2.2.38) 可知 $M\times N$ 的任一 k 维共轭元 σ 可分解为

$$\sigma=\sigma_1\times\sigma_2,\quad \sigma_1\in\mathcal{K}_p(M),\quad \sigma_2\in\mathcal{K}_q(N),\quad p+q=k.$$

从这不难推知 $\mathcal{B}_k$ 的任一元素一定是如 (2.2.41), (2.2.43), 及 $\pi\times\sigma$ 这三种形式之一, 这里 $\pi\in\mathcal{A}_p$, $\sigma\in\mathcal{B}_q$, 即 $\mathcal{B}_k(M\times N)\subset\mathcal{T}_k$. 这样, 有

$$\mathcal{T}_k=\mathcal{B}_k(M\times N). \tag{2.2.45}$$

由定理 2.7, (2.2.45) 意味着

$$\begin{aligned}T_k(M\times N)=&\oplus_{p+q=k}[F_p(M)\otimes T_q(N)\oplus T_p(M)\otimes F_q(N)\\&\oplus T_p(M)\otimes T_q(N)\oplus T_{p-1}(M)*T_q(N)],\end{aligned} \tag{2.2.46}$$

其中 $T_p(M)\otimes T_q(N)$ 表示生成元按 (2.2.41) 方式乘积, 而 $T_{p-1}(M)*T_q(N)$ 表示生成元按 (2.2.43) 所给方式产生.

最后, 从 (2.2.39) 和 (2.2.46) 得到公式 (2.2.35). 定理证毕.

注 2.16 从上述分析过程看到张量积 $\otimes$ 与挠积 $*$ 的几何意义, 即若 $[\sigma_1]$ 和 $[\sigma_2]$ 分别是 $H_p(M)$ 与 $H_q(N)$ 的生成元, σ_1 和 σ_2 是对应的自由共轭元或下共轭链, 则

$$\begin{aligned}&[\sigma_1]\otimes[\sigma_2]=\sigma_1\times\sigma_2,\\&[\sigma_1]*[\sigma_2]=\alpha_1\sigma_1\times\Gamma_2+(-1)^{p+1}\alpha_2\Gamma_1\times\sigma_2,\end{aligned} \tag{2.2.47}$$

其中 Γ_i $(1\leqslant i\leqslant 2)$ 满足

$$\partial\Gamma_i=r_i\sigma_i\ (i=1,2),\quad r_i=r\alpha_i,\quad r=(r_1,r_2).$$

关系式 (2.2.47) 能够帮助我们加深对 Künneth 定理的理解.

因为 Künneth 定理的整个证明过程仅依赖于边缘算子关于乘积空间 $M\times N$ 满足反导律 (2.2.6) 以及关于共轭元的公式 (2.2.38). 因此 Künneth 定理可推广到满足条件 (2.2.6) 和 (2.2.15) 的纤维丛上. 即令 (E,π,M) 是以 M 为底空间, F 为纤维的纤维丛, 若 E 的紧共轭元集合 $\mathcal{K}(E)$ 与 M 和 F 的之间具有关系

$$\mathcal{K}(E)=\mathcal{K}(M)\otimes\mathcal{K}(F), \tag{2.2.48}$$

并且 ∂ 作用在 $\mathcal{K}(E)$ 中满足反导律, 则有

$$H_k(E)=\oplus_{p+q=k}[H_p(M)\otimes H_q(N)\oplus H_{p-1}(M)*H_q(N)]. \tag{2.2.49}$$

这个结论的一个变形就是下面的 Leray-Hirsch 定理.

定理 2.9　令 (E,π,M) 是如下所述的纤维丛, $\varphi: F \to E$ 是一个嵌入, 若 $\varphi_*: H_k(F) \to H_k(E)$ 对任 $k \geqslant 0$ 是单一同态, 并且 $\pi_* \circ \varphi_* = 0$, 则 $H_k(E)$ 满足 (2.2.49). 这里 $\pi_*: H_k(E) \to H_k(M)$ 是投影 π 的诱导同态.

该定理的意思是, 对 F 的所有共轭元 $\sigma \in \mathcal{K}_k(F)$, 若 $p_0 * \sigma \in \mathcal{K}_k(E)$ 也是共轭元, 并且保持类型不变, 则公式 (2.2.49) 成立. 事实上 Leray-Hirsch 定理的这个条件就意味着 (E,π,M) 是一个正则纤维丛 (存在截面), 因而 (2.2.48) 被满足, 并且 ∂ 在 $\mathcal{K}(E)$ 上是反导的.

注 2.17　现在的一个问题是, 若 (E,π,M) 是正则的, 并且

$$\partial E = \partial M * F + (-1)^n M * \partial F \tag{2.2.50}$$

是否能保证 (2.2.49) 成立? 毫无疑问, 当 $F = S^m$ 是一个球面时该结论成立. 但是对于一般情况我们不知是否成立. 条件 (2.2.50) 等价于: 当 M, F 是可定向时, E 一定是可定向的; 当 M, F 中有一个是不可定向时, 则 E 是不可定向的.

2.2.5　万有系数定理

很显然, M 的同调群 $H_k(M,G)$ 依赖于系数群 G. 在定理 2.1 中已看到, 实系数同调群 $H_k(M,R)$ 是一个自由群, 而整系数同调群 $H_k(M,\mathbb{Z})$ 含有自由群与挠子群. 事实上, 对所有域 G 上的同调群都没有挠子群, 这是因为域 G 的每一个元素 $\alpha \neq 0$ 都存在逆元素 $\alpha^{-1} \cdot \alpha = 1$. 因此, 若 σ 是 $H_k(M,G)$ 一个生成元, 并且 $p\sigma = 0$, 那么 $p^{-1}p\sigma = \sigma = 0$.

万有系数定理告诉我们, 所有可交换加法群 G 为系数的同调群 $H_k(M,G)$ 都可以由 $H_k(M,G)$ 与 G 表达出来. 该定理陈述如下.

定理 2.10　流形 M 上的 G 系数同调群 $H_k(M,G)$ 与整系数同调群 $H_k(M,\mathbb{Z})$ 之间有如下关系

$$H_k(M,G) = H_k(M,\mathbb{Z}) \otimes G \oplus H_{k-1}(M,\mathbb{Z}) * G, \tag{2.2.51}$$

其中 $\otimes$ 为张量积, $*$ 为挠积.

前面已经介绍了 $\mathbb{Z}$ 群与 $\mathbb{Z}_q$ 群之间张量积与挠积的运算关系. 现在需要介绍 $H_k(M,\mathbb{Z})$ 与一般交换加群 G 之间关于 $\otimes$ 和 $*$ 的运算法则. 因为 $H_k(M,\mathbb{Z})$ 是由 $\mathbb{Z}$ 与 $\mathbb{Z}_q$ 组成, 因此只需考虑 $\mathbb{Z}$, $\mathbb{Z}_q$ 与 G 的乘法规则.

首先 $\otimes$ 和 $*$ 满足交换律与分配律, 例如

$$g \otimes (\mathbb{Z} \oplus \mathbb{Z}_q) = g \otimes \mathbb{Z} \oplus g \otimes \mathbb{Z}_q = \mathbb{Z} \otimes g \oplus \mathbb{Z}_q \otimes g = (\mathbb{Z} + \mathbb{Z}_q) \otimes g,$$

$\forall g \in G$ 成立. 其次, 对任意群 G 都有

$$\mathbb{Z} \otimes G = G, \quad \mathbb{Z} * G = 0. \tag{2.2.52}$$

当 G 与任何 $\mathbb{Z}_r$ $(r \geqslant 2)$ 不同构时,

$$\mathbb{Z}_q \otimes G = 0, \quad \mathbb{Z}_q * G = 0. \tag{2.2.53}$$

由 (2.2.52) 和 (2.2.53), 当 G 是一个域时 (2.2.51) 意味着

$$H_k(M,G) = H_k(M,\mathbb{Z}) \otimes G = G \oplus \cdots \oplus G \quad (\beta_k\text{个直和}), \tag{2.2.54}$$

这里 β_k 是 M 的 k 维 Betti 数.

由定理 2.7 很容易理解万有系数定理的实质. 下面给出解释. 根据经典定义, 整系数同调群 $H_k(M,\mathbb{Z})$ 可表示为

$$H_k(M,\mathbb{Z}) = \left\{ \sum_j \alpha_j \sigma_j + \sum_i \beta_i \pi_i | \ \alpha_j \in \mathbb{Z},\ \beta_i \in \mathbb{Z}_{q_i} \right\},$$

其中 σ_j 是闭链, 满足

$$\partial \sigma_j = 0, \quad \partial \Gamma \neq \alpha \sigma_j, \quad \forall \alpha \neq 0 \text{ 及 } k+1 \text{ 维链 } \Gamma, \tag{2.2.55}$$

π_i 是满足下面条件的闭链

$$\partial \Gamma = \pm q_i \pi_i, \quad \text{对某个 } q_i \geqslant 2. \tag{2.2.56}$$

满足 (2.2.55) 的 σ_j 称为是 $H_k(M,\mathbb{Z})$ 的自由子群的生成元, 而满足 (2.2.56) 的 π_i 是 $\mathbb{Z}_{q_i}$ 子群的生成元.

在共轭元结构理论中, 用 k 维自由共轭元 Σ_j 来取代 (2.2.55) 中的奇异链 (或单纯链)σ_j, 用模 $-q$ 下共轭元 (链) π_i 来取代 (2.2.56) 中的 π_i. 这样就产生定理 2.7 的结论 (2). 同时用模 $-q$ 上共轭元 (链)$\tilde{\Gamma}$ 取代 (2.2.56) 中的奇异链 Γ.

整系数同调群 $H_k(M,\mathbb{Z})$ 的生成元中没有上共轭元 (链) 的位置, 因为在 $\mathbb{Z}$ 系数下它不是闭的, $\partial\Gamma \neq 0$. 然而, 当取 $\mathbb{Z}_q$ $(q \geqslant 2)$ 作系数群时, 模 $-q$ 上共轭链 Γ 便成为闭链:

$$\partial \Gamma = q\sigma = 0 \quad (q = 0 \text{ 在 } \mathbb{Z}_q \text{ 中}).$$

不仅如此, 所有模 $-p$ 上共轭元 (链)$\beta\Gamma$ 都是模 $-r$ 闭链, 那里 $r = (p,q) \geqslant 2$, $\beta = \max\{1, q/p\}$. 例如, 当 $q = 6$, $p = 2$ 时, 对 $\partial\Gamma = 2\sigma$ 来讲, 3Γ 是一个在 $\mathbb{Z}_6$ 系数下的模− 2 闭链. 这样, 在 $\mathbb{Z}_q$ 系数下同调群为

$$\begin{aligned} H_q(M,\mathbb{Z}_q) = & \left\{ \sum_j \alpha_j \sigma_j | \ \alpha_j \in \mathbb{Z}_q,\ \sigma_j \in \mathcal{A}_k \right\} \oplus \left\{ \sum_i \beta_i \xi_i | \beta_i \in \mathbb{Z}_{r_i},\ \xi_i \in \mathcal{B}_k^{r_i} \right\} \\ & \oplus \left\{ \sum_l \gamma_l \pi_l | \ \gamma_l \in \mathbb{Z}_{r_i},\ \pi_l \in C_k^{r_i} \right\}, \end{aligned} \tag{2.2.57}$$

其中 $(r_i, q) \neq 1$, $\mathcal{A}_k$ 是 k 维自由共轭元集合, $\mathcal{B}_k^r$ 是模 $-r$ 下共轭元 (链) 集合, C_k^r 是 k 维模 $-r$ 上共轭元 (链) 集合. (2.2.57) 就是定理 2.7 的结论 (3).

现在解释定理 2.10. 当 G 是一个域时, 公式 (2.2.54) 是显然的. 而当 $G = \mathbb{Z}_q$ 时, 由 (2.2.32) 可知

$$H_k(M, \mathbb{Z}) \otimes \mathbb{Z}_q = \left\{ \sum_j \alpha_j \sigma_j |\ \alpha_j \in \mathbb{Z}_q,\ \sigma_j \in \mathcal{A}_k \right\}$$

$$\oplus \left\{ \sum_i \beta_i \xi_i |\ \beta_i \in \mathbb{Z}_{q_i},\ \xi_i \in \mathcal{B}_k^{r_i},\ q_i = (r_i, q) \right\}. \quad (2.2.58)$$

此外注意到, $\mathcal{B}_{k-1}^r$ 与 C_k^r 是一一对应的:

$$\partial \pi = r\pi \Rightarrow \pi \in C_k^r, \quad \pi \in \mathcal{B}_{k-1}^r.$$

再根据 (2.2.55) 可推得

$$\left\{ \sum_l \gamma_l \pi_l |\ \gamma_l \in \mathbb{Z}_{r_l},\ \pi_l \in C_k^{r_l},\ (r_l, q) \neq 1 \right\} \simeq H_{k-1}(M, \mathbb{Z}) * \mathbb{Z}_q. \quad (2.2.59)$$

这样, 由 (2.2.57)∼(2.2.59) 便得到关于 $G = \mathbb{Z}_q$ 的公式 (2.2.51).

2.2.6 一些流形的同调群

这一节从共轭元的角度给出一些流形的同调群, 以加深对这些概念以及它们之间联系的理解.

例 2.7 考虑亏格为 $g \geqslant 0$ 的环面 gT^2 ($k = 0$ 时为球面). gT^2 就是如图 2.11 所示的具有 g 个洞的环面, 它的每个孔洞都严格对应一对一维共轭偶 (Σ_i^1, Γ_i^1) $(1 \leqslant i \leqslant g)$, 并且 Σ_i^1 和 Γ_i^1 都是圆周 S^1. 显然它们都是自由共轭元. 再加上一对平凡共轭偶 (p_0, gT^2)(它们是自由的), gT^2 的所有共轭元都是自由的, 它们是

$$零维共轭元\ \{p_0\}, \quad 一维共轭元\ \{\Sigma_i^1, \Gamma_i^1 |\ 1 \leqslant i \leqslant g\}, \quad 二维共轭元\ \{gT^2\}.$$

因此, gT^2 的同调群为

$$H_k(gT^2, G) = \begin{cases} G, & k = 0, 2, \\ G \oplus \cdots \oplus G \quad (2k\text{个和}), & k = 1, \\ 0, & \text{其他}. \end{cases}$$

例 2.8 Klein 瓶 K^2. 在图 1.6 中看到, K^2 有一对非平凡的一维共轭偶 (Σ^1, Γ^1), 其中 $\Sigma^1 = ab$, $\Gamma^1 = a'a$, 它们都是圆周 S^1. K^2 本身是不可定向的, 作为基本链在边缘算子 ∂ 的作用下

$$\partial K^2 = 2\Gamma^1.$$

因此 K^2 共有四个共轭元, 它们分类为

零维共轭元$\{p_0\}$, 一维自由共轭元 $\{\Sigma^1\}$, 一维模 -2 下共轭元 $\{\Gamma^1\}$,

二维模$-$ 2 上共轭元$\{K^2\}$.

于是有

$$H_k(K^2,\mathbb{Z}) = \begin{cases} \mathbb{Z}, & k=0, \\ \mathbb{Z}\oplus\mathbb{Z}_2, & k=1, \\ 0, & \text{其他}. \end{cases}$$

例 2.9 实投影空间 P^n. 在 1.1.6 小节和例 2.4 中知道, 对每个 $k\geqslant 0$ $\left(k\leqslant\left[\dfrac{n}{2}\right]\right)$ 都有而且只有一对共轭偶 (P^k, P^{n-k}). 特别地, P^k 是可定向的, 当 $k=$ 奇数; 是不可定向的, 当 $k=$ 偶数, 即

$$\partial P^k = \begin{cases} 2P^{k-1}, & k=\text{偶数}, \\ 0, & k=\text{奇数}. \end{cases}$$

这样 P^n 的所有共轭元为

自由共轭元: $\{P_0\}$, $\{P^n\}$, 当 $n=$ 奇数时,

模 -2 下共轭元: $\{P^1, P^3, \cdots, P^{2m-1}\}$, $2m-1<n$,

模 -2 上共轭元: $\{P^2, P^4, \cdots, P^{2m}\}$, $2m\leqslant n$.

因此同调群为

$$H_k(P^n,\mathbb{Z}) = \begin{cases} \mathbb{Z}, & k=0 \text{ 及 } k=n, \text{ 当 } n= \text{ 奇数}, \\ \mathbb{Z}_2, & k= \text{ 奇数, 且 } <n. \\ 0, & \text{其他}. \end{cases}$$

$$H_k(P^n,\mathbb{Z}_2) = \begin{cases} \mathbb{Z}_2, & \forall 0\leqslant k\leqslant n, \\ 0, & k>n. \end{cases}$$

例 2.10 复投影空间 $\mathbb{C}P^n$. 由例 2.2 和例 2.5, 对每一个 $k\leqslant n$ 复投影空间 $\mathbb{C}P^n$ 都有而且只有一对 $2k$ 维共轭偶 $(\mathbb{C}P^k, \mathbb{C}P^{n-k})$, $\mathbb{C}P^n$ 没有奇数维的共轭偶, 并且 $\mathbb{C}P^k$ 都是可定向的, 即

$$\partial\mathbb{C}P^k = 0, \quad 1\leqslant k\leqslant n.$$

因此 $\mathbb{C}P^n$ 中所有共轭元都是自由的, 它们是

$$\mathbb{C}P^0, \mathbb{C}P^1, \cdots, \mathbb{C}P^n.$$

于是得到同调群

$$H_k(\mathbb{C}P^n, \mathbb{Z}) = \begin{cases} \mathbb{Z}, & k = 0, 2, \cdots, 2n, \\ 0, & \text{其他}. \end{cases}$$

例 2.11 透镜空间 $L^{2n+1}(p, Q)$. 根据例 2.5 对每一个 $k \geqslant 0$ $(k \leqslant n)$, $L^{2n+1}(p, Q)$ 都有而且仅有一对共轭偶

$$(L^k,\ L^{2n+1-k}),$$

其中, 当 $k = 2m+1$ 时, $L^k = L^{2m+1}(p, Q)$ 为 $k = 2m+1$ 维透镜空间, 当 $k = 2m$ 时, $L^k = L^{2m}$ 为一个 $2m$ 维拓扑空间, 其作为一个基本链有

$$\partial L^{2m} = pL^{2m-1}, \quad \partial L^{2m+1} = 0, \quad 0 \leqslant m \leqslant n.$$

这样, L^{2n+1} (p, Q) 的所有共轭元及其分类如下,

$$\begin{array}{ll} \text{自由共轭元:} & \{L^0, L^{2n+1}\}, \\ \text{模 } -p \text{ 下共轭元:} & \{L^1, L^3, \cdots, L^{2n-1}\}, \\ \text{模 } -p \text{ 上共轭元:} & \{L^2, \cdots, L^{2n}\}. \end{array}$$

$L^{2n+1}(p, Q)$ 的同调群为

$$H_k(L^{2n+1}(p, Q), \mathbb{Z}) = \begin{cases} \mathbb{Z}, & k = 0, 2n+1, \\ \mathbb{Z}_p, & k = 1, 3, \cdots, 2n-1, \\ 0, & \text{其他}. \end{cases}$$

$$H_k(L^{2n+1}(p, Q), \mathbb{Z}_p) = \begin{cases} \mathbb{Z}_p, & 0 \leqslant k \leqslant 2n+1, \\ 0, & k > 2n+1. \end{cases}$$

例 2.12 考虑乘积空间 $L^{2n+1}(p, Q) \times \mathbb{C}P^n$. 从例 2.10 和例 2.11 可以知道 $L^{2n+1} \times \mathbb{C}P^n$ 的所有共轭元为

$$\{L^k \times \mathbb{C}P^r |\ 0 \leqslant k \leqslant 2n+1,\ 0 \leqslant r \leqslant n\},$$

其中 L^0 与 $\mathbb{C}P^0$ 都是零维共轭元. 容易看出

$$\partial L^k \times \mathbb{C}P^r = \begin{cases} pL^{k-1} \times \mathbb{C}P^r, & k = 2m, \\ 0, & k = 2m+1. \end{cases}$$
$$\partial L^0 \times \mathbb{C}P^r = 0, \quad \forall 0 \leqslant r \leqslant n. \tag{2.2.60}$$

$L^{2n+1}\times\mathbb{C}P^n$ 所有 $k=2m-1\ (1\leqslant m\leqslant n)$ 和 $k=4n+1-2m\ (1\leqslant m\leqslant n)$ 维数的共轭元排列如下：

$$\begin{aligned}&\{L^{2m-1},L^{2m-3}\times\mathbb{C}P^1,\cdots,L^1\times\mathbb{C}P^{m-1}\},\quad 1\leqslant m\leqslant n,\\&\{L^{2n+1}\times\mathbb{C}P^{n-m},L^{2n-1}\times\mathbb{C}P^{n+1-m},\cdots,L^{2n+1-2m}\times\mathbb{C}P^n\},\quad 1\leqslant m\leqslant n.\end{aligned}\tag{2.2.61}$$

所有 $k=2m$ 和 $k=4n+2-2m\ (1\leqslant m\leqslant n)$ 维数的共轭元为

$$\begin{aligned}&\{L^{2m},L^{2m-2}\times\mathbb{C}P^1,\cdots,L^0\times\mathbb{C}P^m\},\quad 1\leqslant m\leqslant n,\\&\{L^{2n}\times\mathbb{C}P^{n+1-m},\cdots,L^{2n+2-2m}\times\mathbb{C}P^n\},\quad 1\leqslant m\leqslant n.\end{aligned}\tag{2.2.62}$$

再加上平凡共轭偶

$$\{L^0\times\mathbb{C}P^0,\ L^{2n+1}\times\mathbb{C}P^n\}.\tag{2.2.63}$$

由 (2.2.60)～(2.2.63) 可以给出共轭元的分类如下：

自由共轭元：	$L^0\times\mathbb{C}P^0,\ L^0\times\mathbb{C}P^m,L^{2n+1}\times\mathbb{C}P^{n-m},\quad 0\leqslant m\leqslant n,$
$2m-1$维模 $-p$下共轭元：	$L^{2m-1}\times\mathbb{C}P^0,\cdots,L^1\times\mathbb{C}P^{m-1},\quad 1\leqslant m\leqslant n,$
$4n+1-2m$维模 $-p$下元：	$L^{2n+1}\times\mathbb{C}P^{n-m},\cdots,L^{2n+1-2m}\times\mathbb{C}P^n,\quad 1\leqslant m\leqslant n-1,$
$2n+1$维模 $-p$下共轭元：	$L^{2n-1}\times\mathbb{C}P^1,\cdots,L^1\times\mathbb{C}P^n,$
$2m$维模 $-p$上共轭元：	$L^{2m}\times\mathbb{C}P^0,\cdots,L^2\times\mathbb{C}P^{m-1},\quad 1\leqslant m\leqslant n,$
$4n+2-2m$维模 $-p$上元：	$L^{2n}\times\mathbb{C}P^{n+1-m},\cdots,L^{2n+2-2m}\times\mathbb{C}P^n,\quad 1\leqslant m\leqslant n.$

从而得到 $L^{2n+1}(p,Q)\times\mathbb{C}P^n$ 实系数同调群

$$H_k(L^{2n+1}\times\mathbb{C}P^n,R)=\begin{cases}R^1, & k=0,2,\cdots,2n,2n+1,2n+3,\cdots,4n+1.\\0, & \text{其他}.\end{cases}$$

整系数同调群

$$\begin{aligned}&H_k(L^{2n+1}\times\mathbb{C}P^n,\mathbb{Z})\\&=\begin{cases}\mathbb{Z}, & k=0,2,\cdots,2n,4n+1,\\ \mathbb{Z}_p\oplus\cdots\oplus\mathbb{Z}_p\left(\dfrac{k+1}{2}\text{个直和}\right), & k=1,3,\cdots,2n-1,\\ \mathbb{Z}\oplus\mathbb{Z}_p\oplus\cdots\oplus\mathbb{Z}_p(n\text{个}\mathbb{Z}_p\text{直和}), & k=2n+1,\\ \mathbb{Z}\oplus\mathbb{Z}_p\oplus\cdots\oplus\mathbb{Z}_p\left(\dfrac{4n+3-k}{2}\text{个}\mathbb{Z}_p\text{和}\right), & k=2n+3,\cdots,4n-1,\\ 0, & \text{其他}.\end{cases}\end{aligned}$$

$\mathbb{Z}_p$ 系数同调群

$$
\begin{aligned}
&H_k(L^{2n+1}\times\mathbb{C}P^n,\mathbb{Z}_p)\\
=&\begin{cases}
\mathbb{Z}_p, & k=0,4n+1,\\
\mathbb{Z}_p\oplus\cdots\oplus\mathbb{Z}_p\left(\dfrac{k+1}{2}\text{个直和}\right), & k=1,3,\cdots,2n-1,\\
\mathbb{Z}_p\oplus\cdots\oplus\mathbb{Z}_p\left(\dfrac{k+2}{2}\text{个直和}\right\}, & k=2,4,\cdots,2n,\\
\mathbb{Z}_p\oplus\cdots\oplus\mathbb{Z}_p\left(\dfrac{4n+3-k}{2}\text{个直和}\right), & k=2n+1,\cdots,4n-1,\\
\mathbb{Z}_p\oplus\cdots\oplus\mathbb{Z}_p\left(\dfrac{4n+2-k}{2}\text{个直和}\right), & k=2n+2,\cdots,4n.
\end{cases}
\end{aligned}
$$

$L^{2n+1}(p,Q)\times\mathbb{C}P^n$ 的同调群也可以由 Künneth 公式得到.

2.3 上 同 调 论

2.3.1 上同调的实质

在形式化地介绍上同调群之前, 我们同样需要先将此概念的客观实体是什么, 为什么以及如何引入上同调群这些基本问题讲清楚, 以便读者能够比较容易地进入这个领域. 有时为了区别, 将 $H_k(M,G)$ 称为下同调群.

在同调群的共轭元理论 (定理 2.7) 中看到, 上共轭链不出现在整系数同调群中. 然而上同调群却很好地弥补了这一缺陷. 下面的定理清楚地揭示了上同调群的实质, 称之为上同调几何化定理. 该定理在 2.3.3 小节中给予阐明.

定理 2.11 令 M 是正则流形. 则 M 的 G 系数上同调群, 记为 $H^k(M,G)$, 是 M 上线性独立的共轭元 (链) 按下面方式张成的群.

(1) 实系数上同调群 $H^k(M,R)$ 是以 M 的所有 k 维自由共轭元为基底, 在实数域 R 上展开的线性空间

$$H^k(M,R)\simeq R\{\sigma_1,\cdots,\sigma_m\},$$

其中 σ_j $(1\leqslant j\leqslant m)$ 是 M 的所有 k 维自由共轭元. 因此, 上同调群 $H^k(M,R)$ 与同调群 $H_k(M,R)$ 在实质上没有区别.

(2) 对 $G=\mathbb{Z}$, $H^k(M,\mathbb{Z})$ 同构于

$$H^k(M,\mathbb{Z})\simeq\mathbb{Z}\{\sigma_1,\cdots,\sigma_m\}\oplus\mathbb{Z}_{q_1}\{\Gamma_{11},\cdots,\Gamma_{1r_1}\}\oplus\cdots\oplus\mathbb{Z}_{q_l}\{\Gamma_{l1},\cdots,\Gamma_{lr_l}\},$$

其中 σ_j 是 M 的 k 维自由共轭元, Γ_{ji} $(1\leqslant i\leqslant r_i)$ 是所有 k 维模 $-q_j$ 上共轭元 (链). 这里记号 $G\{\pi_1,\cdots,\pi_r\}$ 代表以 $\{\pi_1,\cdots,\pi_r\}$ 为基底, 以 G 为系数群的生成群.

(3) 对于 $G=\mathbb{Z}_q$, $H^k(M,\mathbb{Z}_q)$ 同构于

$$H^k(M,\mathbb{Z}_q)\simeq\mathbb{Z}_q\{\sigma_1,\cdots,\sigma_m\}\oplus[\oplus_{r_j}\mathbb{Z}_{q_j}\{\pi_{j1},\cdots,\pi_{jm_j}\}],$$

其中 σ_j 如 (1), π_{ji} 是所有 k 维模 $-r_j$ 的上和下共轭元 (链), 直和是对所有满足 $q_j=(r_j,q)\neq 1$ 的 r_j 进行. 显然 $H^k(M,\mathbb{Z}_q)$ 与 $H_k(M,\mathbb{Z}_q)$ 同构.

注 2.18 对比定理 2.7 和定理 2.11 发现, 整系数的上和下同调群将所有 $r\geqslant 2$ 的模 $-r$ 上和下共轭链都包括进去, 并且它们之间有如下关系:

$$F^k\simeq F_k,\quad T^{k+1}\simeq T_k,$$

其中 F_k, T_k 分别是 $H_k(M,\mathbb{Z})$ 的自由与挠子群, F^k 与 T^k 为 $H^k(M,\mathbb{Z})$ 的自由与挠子群. 至此, 定理 2.7 与定理 2.11 完整地给出了共轭元与上、下同调群之间的关系. 显然, 所有 $r=1$ 的模 $-r$ 上、下共轭链在所有系数同调群中没有位置. 然而 M 的共轭元总数是一个重要的拓扑不变量, 它与流形的最少球体分解数及 M 上函数最少临界点数相关. 这些信息从同调群无法得到反映.

定理 2.11 的优点就是具有帮助理解上同调群的作用, 但是它缺乏数学形式化的推演功能. 下面用 Klein 瓶作例子来介绍上同调群的定义并解释定理 2.11. 图 2.15 给出的是 K^2 上的一个方体剖分, 那里棱 ab = 棱 a_2b_2, 棱 bc = 棱 b_2c_2, 棱 aa_1 = 棱 c_2c_1, 棱 a_1a_2 = 棱 c_1c.

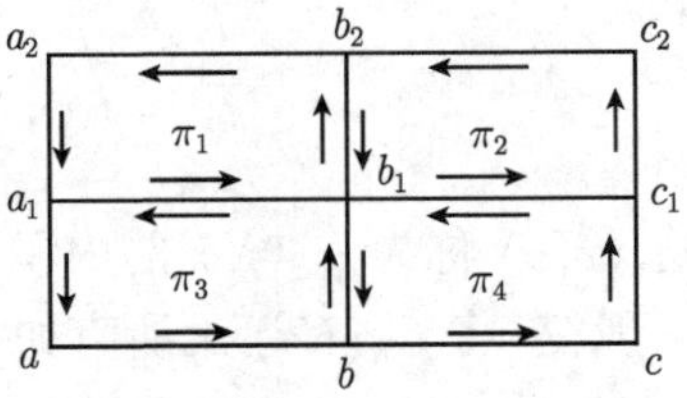

图 2.15 Klein 瓶 K^2 的一个单纯剖分, 箭头表示方体 π_i 的定向

该剖分的 k 维链群为

$$C_2(K^2)=\left\{\sum_{j=1}^{4}\alpha_j\pi_j|\ \alpha_j\in\mathbb{Z},\ 1\leqslant j\leqslant 4\right\},$$

$$C_1(K^2)=\left\{\sum_{j=1}^{8}\beta_j\sigma_j|\ \beta_j\in\mathbb{Z},\ \sigma_j\ \text{是图 2.15 中 8 条棱组成的一维单形}\right\},$$

$$C_0(K^2)=\{\gamma_1a+\gamma_2b+\gamma_3a_1+\gamma_4b_1|\ \gamma_j\in\mathbb{Z},\ 1\leqslant j\leqslant 4\},$$

其中 a,b,a_1,b_1 是图中顶点, 这是因为 $a=c=a_2=c_2,a_1=c_1,b=b_2$. 一个边缘同态定义在这些链群上

$$\partial:C_k(K^2)\to C_{k-1}(K^2).\tag{2.3.1}$$

下同调群就是从 (2.3.1) 及 $\partial^2=0$ 产生出来.

我们知道, 在每个 k 维链群 $C_k(K^2)$ 上都存在许多同态

$$\varphi:C_k(K^2)\to\mathbb{Z},\tag{2.3.2}$$

即满足线性条件的映射：

$$\varphi\left(\sum_i \alpha_i e_i\right)=\sum_i \alpha_i\varphi(e_i),\quad \varphi(e_i)\in\mathbb{Z},\quad \forall\sum_i \alpha_i e_i\in C_k(K^2). \tag{2.3.3}$$

例如, 在 $C_2(K^2)$ 上, 当指定

$$\varphi_1(\pi_j)=\begin{cases}1, & 当\ j=1,\\ 0, & 当\ j\neq 1\end{cases} \tag{2.3.4}$$

时, 则 φ_1 在 $C_2(K^2)$ 上的线性扩张

$$\varphi_1\left(\sum_{i=1}^4 \alpha_i\pi_i\right)=\sum_{i=1}^4 \alpha_i\varphi_1(\pi_i)=\alpha_1$$

就给出 $C_2(K^2)$ 到 $\mathbb{Z}$ 上的一个同态. 在数学中, 总是习惯于将 (2.3.3) 写成下面形式

$$\left\langle\varphi,\sum_i \alpha_i e_i\right\rangle=\sum_i \alpha_i\langle\varphi,e_i\rangle, \tag{2.3.5}$$

并将 $\langle\varphi,\sigma\rangle$ 称为 φ 与 σ 的内积. 以后总是用 (2.3.5) 来表示 (2.3.3).

现在, 将 $C_k(K^2)$ 上所有如 (2.3.2) 的同态拿过来组成一个集合, 记为

$$\text{Hom}\ (C_k(K^2),\mathbb{Z}), \tag{2.3.6}$$

并在该集合上定义加法运算

$$(\varphi_1(\sigma)+\varphi_2(\sigma))=\varphi_1(\sigma)+\varphi_2(\sigma),\quad \forall\sigma\in C_k(K^2),$$

其零同态定义为 $\varphi_0(\sigma)=0$, $\forall\sigma\in C_k(K^2)$. 于是在上面的加法运算下 (2.3.6) 构成一个交换群, 称为 $C_k(K^2)$ 到 $\mathbb{Z}$ 的同态群. 群 (2.3.6) 就称为是 K^2 的 k 维整系数上链群, 记为

$$C^k(K^2,\mathbb{Z})=\text{Hom}\ (C_k(K^2),\mathbb{Z}).$$

为了在 $C^k(K^2,\mathbb{Z})$ 上定义上同调群, 需要在 $C^k(K^2,\mathbb{Z})$ 上引入一个类似于 (2.3.1) 那样的边缘同态. 此时, 完全平行地可将上述过程移植到任意流形 M 上. 因而关于边缘同态 $\partial: C_{k+1}(M)\to C_k(M)$ 可定义对偶同态

$$\delta: C^k(M,\mathbb{Z})\to C^{k+1}(M,\mathbb{Z}), \tag{2.3.7}$$

它类似于线性空间上线性算子的共轭算子, 即对任给定的 $\varphi\in C^k(M,\mathbb{Z})$,

$$\langle\delta\varphi,\sigma\rangle=\langle\varphi,\partial\sigma\rangle,\quad \forall\sigma\in C_{k+1}(M). \tag{2.3.8}$$

容易验证

$$\delta^2 = 0. \tag{2.3.9}$$

事实上, 对任意给定的 $\varphi \in C^k(M,\mathbb{Z})$, 由 (2.3.8) 有

$$\langle \delta^2\varphi, \sigma\rangle = \langle \delta\varphi, \partial\sigma\rangle = \langle \varphi, \partial^2\sigma\rangle = 0, \quad \forall \sigma \in C_{k+2}(M),$$

该等式的意思是, $\delta^2\varphi$ 作用在任何 $k+2$ 维的下链 σ 上都为零, 因而

$$\delta^2\varphi : C_{k+2}(M) \to \mathbb{Z}$$

一定是零同态. 故 (2.3.9) 成立.

类似于下同调群, 从 (2.3.7) 和 (2.3.9) 就可以在流形 M 上定义上同调群 $H^k(M,\mathbb{Z})$ 如下

$$H^k(M,\mathbb{Z}) = \frac{\mathrm{Ker}\{\delta : C^k(M,\mathbb{Z}) \to C^{k+1}(M,\mathbb{Z})\}}{\mathrm{Im}\{\delta : C^{k-1}(M,\mathbb{Z}) \to C^k(M,\mathbb{Z})\}}. \tag{2.3.10}$$

初步地了解形式化的上同调群后, 接下来的事情就是用 Klein 瓶 K^2 来解释定理 2.11, 即说明如何从抽象定义 (2.3.10) 过渡到定理 2.11 的那种具体表达形式. 将分下面几步进行.

第一步. 将上链群 $C^k(K^2,\mathbb{Z})$ 几何化. 虽然 $C^k(K^2,\mathbb{Z})$ 中的元素都是 $C_k(K^2)$ 到 $\mathbb{Z}$ 上的同态, 但是由于 $C_k(K^2)$ 是有限生成的自由群, 它的对偶空间 $C^k(K^2,\mathbb{Z})$ 也是有限生成的自由群. 这是因为关于 $C_k(K^2)$ 的基底

$$\{e_1, \cdots, e_r\},$$

就如 (2.3.4) 那样, 可以在 $C^k(K^2,\mathbb{Z})$ 中找到 r 个元素

$$\{\varphi_1, \cdots, \varphi_r\} \tag{2.3.11}$$

使得

$$\langle \varphi_i, e_j\rangle = \begin{cases} 1, & i = j, \\ 0, & i \neq j. \end{cases} \tag{2.3.12}$$

容易验证, (2.3.11) 构成 $C^k(K^2,\mathbb{Z})$ 的一个基底, 即对任 $\psi \in C^k(K^2,\mathbb{Z})$ 它可表达为

$$\psi = \alpha_1\varphi_1 + \cdots + \alpha_r\varphi_r, \quad \alpha_i \in \mathbb{Z},$$

使得对 $\sigma = \beta_1 e_1 + \cdots + \beta_r e_r$ 有

$$\langle \psi, \sigma\rangle = \left\langle \sum_{i=1}^r \alpha_i\varphi_i,\ \sum_{j=1}^r \beta_j e_j \right\rangle = \sum_{i=1}^r \alpha_i\beta_i.$$

现在为了直观, 将满足 (2.3.12) 的 $C^k(K^2,\mathbb{Z})$ 的基底 (生成元)φ_i 就记为 e_i. 这样, $C^k(K^2,\mathbb{Z})$ 可用图 2.15 中单形表达出来.

$$C^0(K^2,\mathbb{Z})=\left\{\sum_{i=1}^{4}n_ie_i|\ n_i\in\mathbb{Z},\ e_1=a,\ e_2=b,\ e_3=a_1,\ e_4=b_1\right\},$$

$$C^1(K^2,\mathbb{Z})=\left\{\sum_{j=1}^{8}m_j\sigma_j|m_j\in\mathbb{Z},\sigma_j\ (1\leqslant j\leqslant 8)\ \text{是图 2.15 中所有一维单形}\right\},$$

$$C^2(K^2,\mathbb{Z})=\left\{\sum_{k=1}^{4}r_k\pi_k|\ r_k\in\mathbb{Z},\ \pi_k\ (1\leqslant k\leqslant 4)\ \text{是图 2.15 中二维单形}\right\}.$$

这样, 就将 $C^k(K^2,\mathbb{Z})$ 中抽象的元素 (同态) 转化为图 2.15 中的 k 维单形链. 这就使得 (2.3.10) 给出的抽象上同调群元素能够与 K^2 的共轭元联系起来.

第二步. K^2 上 k 维单形上边缘链的几何意义. 这是非常关键的一环, 它是从 (2.3.10) 达到定理 2.11 的入场券.

首先从零维单形开始, 取 $e_2=b$, 则

$$\langle\delta b,\sigma_j\rangle=\langle b,\ \partial\sigma_j\rangle,\quad \sigma_j\ \text{为}\ K^2\ \text{的一维单形}. \tag{2.3.13}$$

显然有

$$\langle b,\ \partial\sigma_j\rangle=0,\quad \forall\sigma_j\ \text{不以}\ b\ \text{为它的一个端点}.$$

$$\langle b,\ \partial\sigma_j\rangle=\begin{cases}1, & b\ \text{是}\ \sigma_j\ \text{的终点},\\ -1, & b\ \text{是}\ \sigma_j\ \text{的起点}.\end{cases} \tag{2.3.14}$$

于是由 (2.3.13) 和 (2.3.14) 可得

$$\delta b=ab-bc+b_1b_2-bb_1\quad (b_2=b). \tag{2.3.15}$$

零维单形 b 的上边缘链 δb 的几何直观由图 2.16 给出.

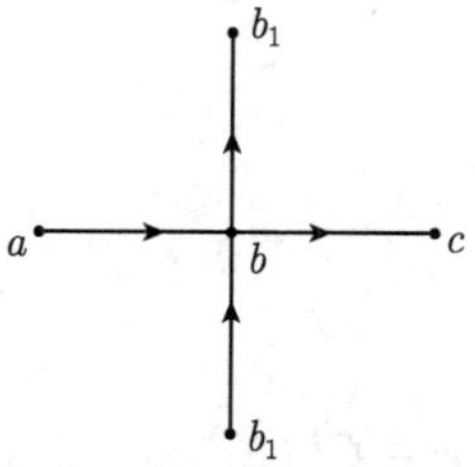

图 2.16　由 (2.3.15) 可得 δb 的图像

其次考虑一维单形 $\sigma=a_1b_1$ 的上边缘链 $\partial\sigma$. 由

$$\langle\delta(a_1b_1),\pi_j\rangle=\langle a_1b_1,\partial\pi_j\rangle$$

可知

$$\langle\delta(a_1b_1),\pi_j\rangle=0,\quad j=2,4,$$

$$\langle\delta(a_1b_1),\pi_1\rangle=1,$$

$$\langle\delta(a_1b_1),\pi_3\rangle=-1.$$

因此有

$$\delta(a_1b_1) = \pi_1 - \pi_3. \qquad (2.3.16)$$

由此可得 $\delta(a_1b_1)$ 的几何图形如图 2.17 所示.

最后, 因为 $C_k(K^2) = 0$, $\forall k \geqslant 3$, 因此对任意二维单形 π_j 有

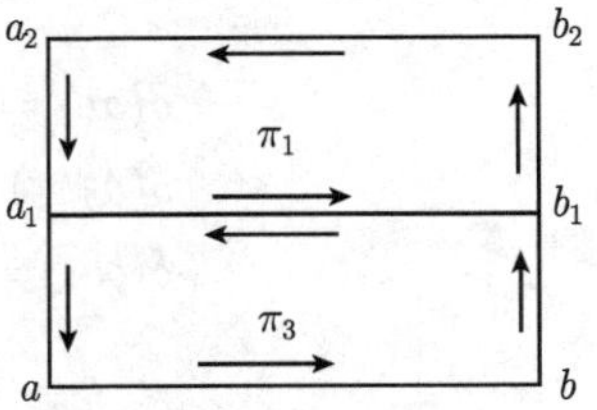

图 2.17 由 (2.3.16) 得到的 $\delta(a_1b_1)$ 图像

$$\langle \delta\pi_j, \sigma \rangle = \langle \pi_j, \partial\sigma \rangle = 0, \quad \sigma = 0 \in C_3(K^2).$$

于是得到

$$\delta\pi_j = 0, \quad \forall 1 \leqslant j \leqslant 4. \qquad (2.3.17)$$

这样, 公式 (2.3.15) 及图 (2.3.17) 和图 2.16 及图 2.17 提供了 K^2 上所有 k $(0 \leqslant k \leqslant 2)$ 维单形 σ^k 的上边缘链 $\delta\sigma^k$ 的表达公式和几何图形. 事实上, 这种几何直观具有普适性, 后面我们还会与它打交道.

第三步. 找出 K^2 上的所有 k 维上闭链.

首先, 由 (2.3.15) 和图 2.16 可以判知, K^2 的所有顶点之和是唯一零维上闭链.

$$\begin{aligned} &\sigma^0 = a + b + a_1 + b_1, \\ &\delta\sigma^0 = 0. \end{aligned}$$

其次, 由 (2.3.16) 和图 2.17 可推知, 一维上闭链只有两个

$$\sigma_1^1 = ab + a_1b_1, \quad \sigma_2^1 = bc + b_1c_1.$$

最后, 由 (2.3.17) 二维上闭链就是四个二维单形

$$\sigma_1^2 = \pi_1, \quad \sigma_2^2 = \pi_2, \quad \sigma_3^2 = \pi_3, \quad \sigma_4^2 = \pi_4.$$

第四步. 求出 $H^k(K^2, \mathbb{Z})$ 的生成元. 显然

$$\sigma^0 \text{ 是 } H^0(K^2, \mathbb{Z}) \text{ 的生成元.} \qquad (2.3.18)$$

容易看出

$$\delta(b + b_1) = \sigma_1^1 - \sigma_2^1.$$

因而 $\sigma_1^1 = \sigma_2^1$ 在 $H^1(K^2, \mathbb{Z})$ 中. 特别地, 不存在零维链 Γ^0 使得 $\partial\Gamma^0 = \sigma_i^1$ $(i = 1, 2)$. 因此有

$$\sigma_1^1 = \sigma_2^1 \text{ 是 } H^1(K^2, \mathbb{Z}) \text{ 的生成元.} \qquad (2.3.19)$$

显然, 任两个相邻二维单形是它们一个公共边的上边缘分支, 并且

$$\begin{aligned}&\delta(ab)=\pi_3-\pi_1, &&\delta(bc)=\pi_4-\pi_2,\\&\delta(a_1b_1)=\pi_1-\pi_3, &&\delta(b_1c_1)=\pi_2-\pi_4,\\&\delta(bb_1)=\pi_3-\pi_4, &&\delta(b_1b_2)=\pi_1-\pi_2,\end{aligned}$$

然而

$$\delta(cc_1)=\pi_4+\pi_1,\quad \delta(c_1c_2)=\pi_2+\pi_3.$$

因而有

$$\delta(cc_1+bb_1+aa_1+a_1b_1)=2\pi_1. \tag{2.3.20}$$

由 (2.3.18)~(2.3.20) 可得到

$$H^k(K^2,\mathbb{Z})=\begin{cases}\mathbb{Z}, & k=0,1,\\ \mathbb{Z}_2, & k=2.\end{cases} \tag{2.3.21}$$

第五步. 与共轭元建立关系. K^2 的共轭元为

零维共轭元:	点 $\Sigma^0=a$,
一维自由共轭元:	圆周 $\Sigma_1^1=ab+bc$,
一维模 -2 下共轭元:	圆周 $\Sigma_2^1=cc_1+c_1c_2$,
二维模 -2 上共轭元:	Klein 瓶 $\Sigma^2=K^2$.

当我们建立下面对应时

$$\Sigma^0\sim\sigma^0,\quad \Sigma_1^1\sim\sigma_1^1,\quad \Sigma^2\sim\pi_1,$$

则 (2.3.21) 就被归到定理 2.11 中整系数上同调群的同构关系.

以上完成了在 K^2 上关于上同调群的定义、几何意义以及与共轭元之间的关系的整个分析过程. 在这个过程中看到, 上边缘算子 δ 与下边缘算子 ∂ 作用在共轭元上的如下等价关系:

$$\begin{aligned}&\partial\sigma=0,\ \delta\sigma=0\Leftrightarrow\sigma\ \text{是自由共轭元},\\&\partial\Gamma=r\sigma,\ \delta\sigma=r\Gamma\Leftrightarrow\Gamma\ \text{与}\ \sigma\ \text{为相应的模}\ -r\ \text{上、下共轭链}.\end{aligned} \tag{2.3.22}$$

换句话讲, (2.3.22) 告诉我们 $\partial\sigma=0$ 等价于 σ 不带边 (广义), 而 $\delta\sigma=0$ 意味着 σ 不配边 (即 δ 不是某个拓扑空间的 (广义) 边界). 关系式 (2.3.22) 是得到定理 2.7 和定理 2.11 的关键.

最后有必要解释一下最初引入上同调群的动机是什么. 实质上这种动机比较明显, 这就是人们发现在拓扑空间 X 上建立下同调群的思想是具有普遍意义的, 即

只要找到与 X 相关的某种自由群序列 $C_k(X)$ 以及在其序列上的同态 φ, 满足

$$\begin{cases} \varphi : C_k(X) \to C_{k'}(X), \\ \varphi \circ \varphi = 0, \end{cases} \tag{2.3.23}$$

那么就可以在 X 上建立如下拓扑不变量, 当 $k' = k+1$ 时为上同调, $k' = k-1$ 时为下同调,

$$\tilde{H}_*(X) = \frac{\varphi \text{ 的核}}{\varphi \text{ 的像}}.$$

因此, 在 M 上寻找所有可能满足 (2.3.23) 这样性质的群序列及其同态就成为拓扑学研究的基本动力. 上同调群正是在这种动机驱动下发现的. 事实上, 同调论在拓扑学中已有丰富的成果, 其中较为著名的有 Čech 上同调, de Rham 上同调等.

2.3.2 上同调群

现在给出单纯上同调群的一般定义. 首先介绍同态群的概念. 令 A 和 G 都是 Abel 群 (交换群), φ, $\psi : A \to G$ 是两个同态. 若定义 φ 与 ψ 的加法运算为

$$(\psi + \varphi)(\sigma) = \psi(\sigma) + \varphi(\sigma), \quad \forall \sigma \in A,$$

则 A 到 G 上的所有同态在上述加法下构成一个 Abel 群, 称为从 A 到 G 的同态群, 记作

$$\mathrm{Hom}(A, G) = \{\varphi : A \to G | \ \varphi \text{ 是同态}\}.$$

对任何 $\alpha \in A$, 将 $\varphi(\alpha)$ 写作

$$\langle \varphi, \sigma \rangle \in G, \quad \sigma \in A, \quad \varphi \in \mathrm{Hom}(A, G).$$

令 A, B, G 都是群, $F : A \to B$ 是一个同态. 则 F 可诱导出 $\mathrm{Hom}(B, G)$ 到 $\mathrm{Hom}(A, G)$ 的一个同态

$$F^* : \mathrm{Hom}(B, G) \to \mathrm{Hom}(A, G),$$

该同态称为 F 的对偶同态, 它是由下式定义

$$\langle F^*(\Gamma), \sigma \rangle = \langle \Gamma, F(\sigma) \rangle \in G, \tag{2.3.24}$$

其中 $\Gamma \in \mathrm{Hom}(B, G)$, $\sigma \in A$. 也就是说, 对任一给定同态 $\Gamma : B \to G$, 对所有的 $\sigma \in A$ 等式 (2.3.24) 右边的值确定了 $\mathrm{Hom}(A, G)$ 中一个同态 $\Phi : A \to G$ 使得

$$\Phi(\sigma) = \Gamma \circ F(\sigma).$$

然后就定义 $\Phi = F^*(\Gamma)$.

例如, 对 $A=B=R^n$ 是 n 维欧氏空间, $G=R$ 为实数域. A 到 B 的任一个同态 $F: R^n \to R^n$ 可由一个 n 阶矩阵表示

$$F=\begin{pmatrix} a_{11} & \cdots & a_{1n} \\ \vdots & & \vdots \\ a_{n1} & \cdots & a_{nn} \end{pmatrix}: A \to B.$$

另一方面, $\mathrm{Hom}(A,G)=\mathrm{Hom}(R^n,R)$ 是线性空间 R^n 的对偶空间, 它与 R^n 同构:

$$\mathrm{Hom}(A,G)\simeq R^n, \quad \mathrm{Hom}(B,G)\simeq R^n.$$

容易验证, 此时 F 的对偶同态 $F^*: \mathrm{Hom}(B,G)\to \mathrm{Hom}(A,G)$ 就是矩阵 F 的转置, 即

$$F^*=\begin{pmatrix} a_{11} & \cdots & a_{1n} \\ \vdots & & \vdots \\ a_{n1} & \cdots & a_{nn} \end{pmatrix}^* = \begin{pmatrix} a_{11} & \cdots & a_{n1} \\ \vdots & & \vdots \\ a_{1n} & \cdots & a_{nn} \end{pmatrix}.$$

令 M 是一个可剖分空间, K 是它的一个单纯剖分, $C_k(M)$ 是 M 关于 K 的 k 维整系数下链群. 令 G 是一个 Abel 群. 定义 M 上以 G 为系数群的 k 维上链群 $C^k(M,G)$ 为

$$C^k(M,G)=\mathrm{Hom}(C_k(M),G).$$

它的元素称为 M 关于 K 的 k 维上链.

注意到, $C_k(M)$ 是一个自由生成群, 即每一个下链 $\sigma\in C_k(M)$ 可表示为

$$\sigma=\sum_i n_i\pi_i, \quad n_i\in\mathbb{Z}, \quad \pi_i \text{ 为 } k \text{ 维单形}.$$

在上一小节中已经看出 $G=\mathbb{Z}$ 时上链群 $C^k(M,\mathbb{Z})$ 也是一个自由生成群, 当 G 是一个环时该结论仍然成立, 其构造与 $C^k(M,\mathbb{Z})$ 是一样的. 下面关于一个环 G 来考察这件事情.

令 G 是一个环, $e_0=1$ 是它的单位元素, $\mathbb{Z}\otimes G=G$. 记

$$\{\pi_1,\cdots,\pi_r\}\subset C_k(M)$$

是 $C_k(M)$ 的一个生成基, 它由所有 k 维单形组成. 在 $C^k(M,G)$ 中存在这样的元素 $\varphi_j: C_k(M)\to G$, 满足

$$\langle\varphi_j,\pi_i\rangle=\begin{cases} 1, & j=i, \\ 0, & j\neq i, \end{cases} \quad 1\leqslant j\leqslant r.$$

容易验证, 满足上式的 r 个同态

$$\{\varphi_1, \cdots, \varphi_r\} \subset C^k(M, G)$$

构成 $C^k(M,G)$ 的一个生成基, 使得每一个元素 $\Gamma \in C^k(M,G)$ 可表示为 $\Gamma = \sum_{i=1}^{r} g_i\varphi_i$, 其中 $g_i \in G$. 若用 k 维单形 π_j 来记 φ_j, 则 $C^k(M,G)$ 中的元素 Γ 在形式上就与 k 维下链群 $C_k(M,G)$ 的一样了, 即

$$\Gamma = \sum_{i=1}^{r} g_i\pi_i \in C^k(M, G), \quad g_i \in G.$$

显然, 实数群 R、有理数群 $Q, \mathbb{Z}_q$ 群都是环并且满足 $\mathbb{Z} \otimes G = G$.

为了引入上同调群, 需要引入上边缘算子 δ, 它是下边缘算子 ∂ 的对偶同态.

定义 2.11 整系数下链群边缘算子

$$\partial : C_k(M) \to C_{k-1}(M)$$

的对偶同态

$$\delta : C^{k-1}(M, G) \to C^k(M, G)$$

称作是上边缘算子, 正如 (2.3.24), δ 由下面等式确定

$$\langle \delta\Gamma, \sigma \rangle = \langle \Gamma, \partial\sigma \rangle, \quad \Gamma \in C^{k-1}(M, G), \quad \sigma \in C_k(M),$$

这里 $\delta\Gamma$ 叫作 Γ 的上边缘.

从定义 2.11 很容易看出

$$\delta^2 = \delta \circ \delta = 0. \tag{2.3.25}$$

这是因为对任给定的 $\Gamma \in C^{k-2}(M,G)$, 有

$$\langle \delta^2\Gamma, \sigma \rangle = \langle \Gamma, \partial^2\sigma \rangle = 0, \quad \forall \sigma \in C_k(M).$$

这样, 定义上闭链群与上边缘链群如下

$$Z^k(M, G) = \{\Gamma \in C^k(M, G) |\ \delta\Gamma = 0\},$$
$$B^k(M, G) = \delta C^{k-1}(M, G).$$

由 (2.3.25) 可知

$$B^k(M, G) \subset Z^k(M, G).$$

然后定义商群

$$H^k(M, G) = \frac{Z^k(M, G)}{B^k(M, G)},$$

叫做 M 关于 K 的 k 维单纯上同调群.

显然, 对 $\Gamma,\ \pi\in Z^k(M,G)$, 若

$$[\Gamma]=[\pi] \text{ 在 } H^k(M,G) \text{ 中},$$

则等价于下面事实成立

$$\Gamma-\pi=\delta\Sigma,\quad \text{对某个}\,\Sigma\in C^{k-1}(M,G).$$

此时称 Γ 与 π 是上同调的.

注 2.19 同样地, 也可在 M 上定义奇异上同调群如下. 令 $\tilde{C}_k(M,\mathbb{Z})$ 是如 (2.1.51) 那样的 k 维奇异链群. 定义 k 维奇异上链群为

$$\tilde{C}^k(M,G)=\mathrm{Hom}(\tilde{C}_k(M,\mathbb{Z}),G).$$

上边缘算子 δ 是 (2.1.51) 中下边缘算子 ∂ 的对偶

$$\delta:\tilde{C}^{k-1}(M,G)\to\tilde{C}^k(M,G).$$

于是以 G 为系数的奇异上同调群定义为

$$\tilde{H}^k(M,G)=\frac{\mathrm{Ker}\{\delta:\tilde{C}^k(M,G)\to\tilde{C}^{k+1}(M,G)\}}{\mathrm{Im}\{\delta:\tilde{C}^{k-1}(M,G)\to\tilde{C}^k(M,G)\}}.$$

与下同调群一样, 奇异上同调群与单纯上同调群是同构的

$$\tilde{H}^k(M,G)\simeq H^k(M,G).$$

因此, 总是没有区别地记 $H^k(M,G)$ 作为上同调群.

令 M 与 N 是两个拓扑空间, $f:M\to N$ 是个映射. 则 f 的对偶同态

$$f^*:C^k(N,G)\to C^k(M,G)$$

诱导出上同调群之间的一个同态

$$f^*:H^k(N,G)\to H^k(M,G),$$

称为是 $f:M\to N$ 的诱导同态.

应用定理 2.11(在下一小节将证明它), 立刻能够得到上同调群与下同调群的关系、上同调群的 Künneth 公式, 以及 Leray-Hirsch 定理.

定理 2.12 令 M 是正则流形. 则 M 的上, 下同调群之间有如下关系:

(1) 对 $G=R$ 和 $\mathbb{Z}_q$ 群, 有同构关系

$$H^k(M,G) \simeq H_k(M,G).$$

(2) 对于 $G = \mathbb{Z}$, 有

$$F^k \simeq F_k, \quad T^{k+1} \simeq T_k,$$

其中 F_k, T_k 与 F^k, T^k 分别为 $H_k(M,\mathbb{Z})$ 和 $H^k(M,\mathbb{Z})$ 的自由子群与挠子群.

定理 2.13 (上同调的 Künneth 定理)　关于整系数上同调群有下面同构:

$$H^k(M \times N) = \oplus_{p+q=k}[H^q(M) \oplus H^q(N) \oplus H^{p+1}(M) * H^q(N)]. \tag{2.3.26}$$

在这个公式中 $\otimes$ 的几何意义与下同调群是一样的, 见 (2.2.47). 而挠积有所不同. 若 $[\Gamma_1]$ 与 $[\Gamma_2]$ 分别是 $T^{p+1}(M)$ 与 $T^q(N)$ 的生成元, Γ_1 与 Γ_2 是对应的上共轭元 (链), 则在 $T^{p+1}(M) * T^q(N)$ 中有

$$[\Gamma_1] * [\Gamma_2] = \alpha_2\sigma_1 \times \Gamma_2 = (-1)^{p+1}\alpha_1\Gamma_1 \times \sigma_2, \tag{2.3.27}$$

其中 $\partial\Gamma_i = r_i\sigma_i$ $(i = 1, 2)$, $r_i = r\alpha_i$, $r = (r_1, r_2)$. 这里需要说明一下, 由

$$\partial(\sigma_1 \times \Gamma_2) = (-1)^p r_2\sigma_1 \times \sigma_2,$$
$$\partial(\Gamma_1 \times \sigma_2) = r_1\sigma_1 \times \sigma_2,$$

及 (2.3.22), 可推得

$$\delta(\sigma_1 \times \sigma_2) = r_1\Gamma_1 \times \sigma_2 - (-1)^{p+1} r_2\sigma_1 \times \Gamma_2.$$

因此有

$$\alpha_2\sigma_1 \times \Gamma_2 = (-1)^{p+1}\alpha_1\Gamma_1 \times \sigma_2 \quad \text{在 } \mathbb{Z}_r \text{ 中}.$$

即表达式 (2.3.27) 是有意义的. 由 (2.3.27) 就可导出 Künneth 公式 (2.2.31) 中的第二项. 第一项的证明与定理 2.8 是一样的.

最后, 关于上同调群的 Leray-Hirsch 定理陈述如下.

定理 2.14　令 (E, π, M) 是 M 为底空间, F 为纤维的纤维丛, $\varphi: F \to E$ 是一个嵌入. 若 $\varphi^* \circ \pi^* = 0$, 并且 $\varphi^*: H^k(E) \to H^k(F)$ 是满同态, 则

$$H^k(E) = \oplus_{p+q=k}[H^p(M) \otimes H^q(F) \oplus H^{p+1}(M) * H^q(F)],$$

这里 $\pi^*: H^k(M) \to H^k(E)$ 是由投影 $\pi: E \to M$ 诱导的同态.

2.3.3 上同调几何化定理的证明

这一小节是解释上同调群 $H^k(M,\mathbb{Z})$ 的几何意义, 也可视为对上同调几何定理 (定理 2.11) 的证明. 分下面几步进行.

第一步. k 维单形 I^k 的表达式与几何意义. 类似于 (2.3.15) 和 (2.3.16) 的分析, 由下面两个公式

$$\partial\Gamma^{k+1} = \sum_{i=1}^{n}(-1)^i(\partial_i^0\Gamma^{k+1} - \partial_i^1\Gamma^{k+1}),$$
$$\langle\delta I^k, \Gamma^{k+1}\rangle = \langle I^k, \partial\Gamma^{k+1}\rangle,$$

其中 Γ^{k+1} 是一个 $k+1$ 维单形 (方体), 可以推出 δI^k 就是所有以 I^k 为面的 $k+1$ 维单形按定向配以 ±1 系数求和, 即

$$\delta I^k = \sum_{j=1}^{2(n-k)}(-1)^j I_j^{k+1}, \tag{2.3.28}$$

其中 I^k 是 I_{2i}^{k+1} 的正向面, 是 I_{2i+1}^{k+1} 的负向面.

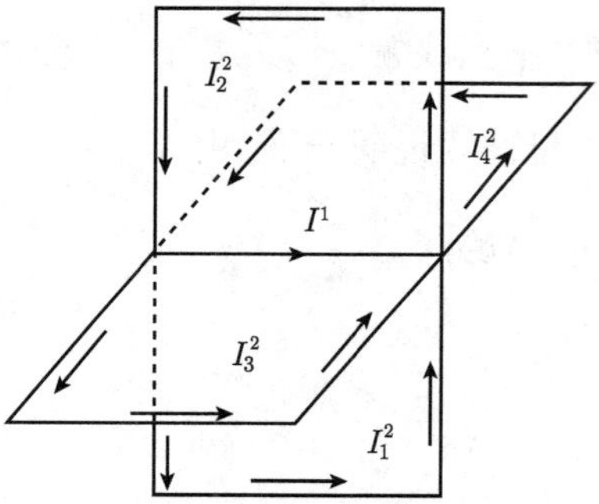

图 2.18 δI^1 的示意图

例如, 一个在 $n=3$ 维流形中的 $k=1$ 维单形 I^1, 其上边缘 δI^1 的几何图像就如图 2.18 所示, 其中

$$\delta I^1 = I_2^2 - I_1^2 + I_4^2 - I_3^2,$$

其中 I^1 是 I_2^2 和 I_4^2 的正向面, 是 I_1^2 和 I_3^2 的负向面. 故在 δI^1 中 I_2^2 和 I_4^2 被配以 $+1$ 系数, I_1^2 和 I_3^2 被配以 -1 系数.

第二步. 零维上同调群 $H^0(M,\mathbb{Z})$ 的生成元 Γ^0. 因为 $H^0(M,\mathbb{Z}) = Z^0(M,\mathbb{Z})$, 只需找到 $Z^0(M,\mathbb{Z})$ 的生成元即可. 正如在 2.3.1 小节中关于 Klein 瓶的讨论那样, M 上所有顶点之和

$$\Gamma^0 = \sum_{j=1}^{r_0} I_j^0$$

一定是一个上闭链, 并且是唯一的 $Z^0(M,\mathbb{Z})$ 生成元. 在定理 2.11 中, 将 Γ^0 用一个点 $I_1^0 \in M$ 来代表, 表示零维自由共轭元.

第三步. 考虑 $H^n(M,\mathbb{Z})$ 的生成元. M 的每一个 n 维单形 I_j^n 都是上闭链

$$\delta I_j^n = 0, \quad 1 \leqslant j \leqslant r_n.$$

因此有 n 维闭链群就是上链群,

$$Z^n(M,\mathbb{Z}) = C^n(M,\mathbb{Z}).$$

此外, M 作为基本链满足

$$\partial M = \begin{cases} 0, & M \text{ 可定向}, \\ 2\Gamma, & M \text{ 不可定向}, \end{cases} \tag{2.3.29}$$

其中 Γ 是 M 的一个 $n-1$ 维共轭元. 令 I^{n-1} 是 M 的一个 $n-1$ 维单形, 使得在单纯剖分 K 中,

$$I^{n-1}\begin{cases}\text{任意}, & \text{当 } M \text{ 可定向},\\ \subset\Gamma, & \text{当 } M \text{ 不可定向}.\end{cases} \tag{2.3.30}$$

根据 (2.3.29) 和 (2.3.30) 可得

$$\langle\delta I^{n-1},M\rangle=\langle I^{n-1},\partial M\rangle=\begin{cases}0, & M \text{ 可定向},\\ 2, & M \text{ 不可定向}.\end{cases}$$

这意味着对于 (2.3.30) 的单形 I^{n-1} 有

$$\delta I^{n-1}=\begin{cases}I_1^n-I_2^n, & M \text{ 可定向},\\ I_1^n+I_2^n, & M \text{ 不可定向},\end{cases} \tag{2.3.31}$$

这里 I^{n-1} 是 n 维单形 I_1^n 与 I_2^n 的公共面. 因此由 (2.3.31) 可推知, 当 M 是可定向时, 任两个 n 维单形是相互上同调的, 即

$$H^n(M,\mathbb{Z})=\mathbb{Z}\otimes[I_1^n]\simeq\mathbb{Z},\quad M \text{ 可定向}.$$

当 M 不可定向时, 对任何 $n-1$ 维单形 $\Gamma^{n-1}\not\subset\Gamma$, 由 (2.3.29) 可知

$$\langle\delta\Gamma^{n-1},M\rangle=\langle\Gamma^{n-1},2\Gamma\rangle=0.$$

即 $\delta\Gamma^{n-1}=I_i^n-I_j^n$. 这意味着存在一列 $\Gamma_1^{n-1},\cdots,\Gamma_m^{n-1}\not\subset\Gamma$ 使得

$$\delta(\Gamma_1^{n-1}+\cdots+\Gamma_m^{n-1})=I_1^n-I_2^n,$$

I_1^n 与 I_2^n 如 (2.3.31), 见图 2.19 所示. 因此在上同调的意义下,

$$I_1^n\simeq I_2^n\quad(I_1^n\text{与}I_2^n\text{互为上同调}).$$

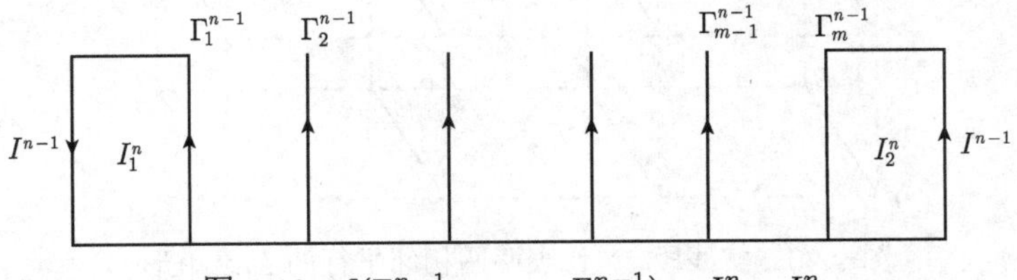

图 2.19 $\delta(\Gamma_1^{n-1}+\cdots+\Gamma_m^{n-1})=I_1^n-I_2^n$

于是 (2.2.31) 变为

$$\delta I^{n-1}=2I_1^n,\quad M \text{ 不可定向}. \tag{2.3.32}$$

这就推出 $2[I_1^n]=0$, 即

$$H^n(M,\mathbb{Z})=\mathbb{Z}_2\otimes[I_1^n]\simeq\mathbb{Z}_2,\quad M\text{ 不可定向}.$$

将 I_1^n 视为 M, 在 (2.3.30) 中的 I^{n-1} 视为 Γ, 则 (2.3.29) 和 (2.3.31)~(2.3.32) 变为如下公式

$$\begin{cases}\partial M=0,\ \delta M=0, & M\text{ 可定向},\\ \partial M=2\Gamma,\ \delta\Gamma=2M, & M\text{ 不可定向}.\end{cases}$$

这就证明了 $k=n$ 的 (2.3.22) 关系式.

第四步. 上闭链的几何意义. 由 (2.3.28) 可以推知, 任何相邻平行的两个同向 k 维方体之和 $I_1^k+I_2^k$ 的上边缘 $\delta(I_1^k+I_2^k)$ 将消去以 I_1^k 和 I_2^k 为面的那个 $k+1$ 维方体, 这一点从图 2.19 也可以看出. 因此, 如果 Γ^k 是上闭链群 $Z^k(M,\mathbb{Z})$ 的一个生成元, $\delta\Gamma^k=0$, 则 Γ^k 一定是循环的两两相邻平行的同向 k 维单形之和

$$\Gamma^k=\sum_{j=1}^m I_j^k,\quad I_j^k\ (j=1,\cdots,m)\text{ 是平行循环的}.\tag{2.3.33}$$

所谓循环是指平行排列无头无尾, 如图 2.19 所示, 从 I^{n-1} 开始朝右平行排列 Γ_1^{n-1}, $\Gamma_2^{n-1},\cdots$, 一直前进最后从左边回到 I^{n-1}. 这就是上闭链的基本几何特征.

然而, 反过来则不然, 一个如 (2.3.33) 那样的上链 Γ^k 不一定是闭的, 例如, 在图 2.19 中, $\Gamma=\Gamma_1^{n-1}+\cdots+\Gamma_m^{n-1}+I^{n-1}$ 是一个平行循环的上链, 但是 $\delta\Gamma=2I_1^n\neq 0$.

为了确定如 (2.3.33) 那样平行循环上链 Γ^k 的特征, 考察图 2.20. 用 $\Box ABCD$ 与 $\Box EFGH$ 代表上和下表面, $\Box ABFE$ 与 $\Box DCGH$ 代表左和右表面. 在 (2.3.33) 中的 Γ^k 表示图中所有平行的 k 维方体之和.

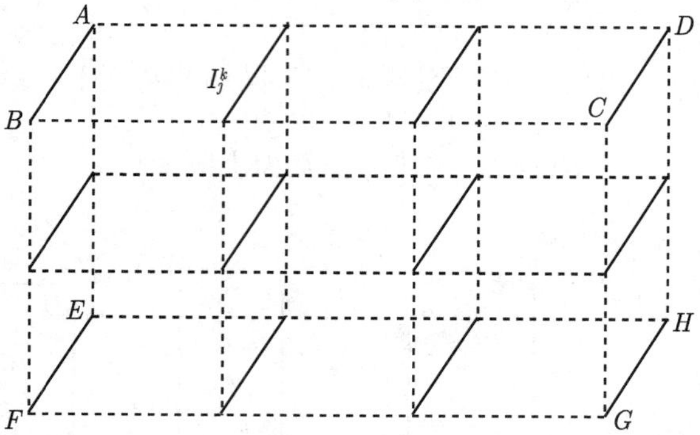

图 2.20 实线段 I_j^k 代表两两相邻平行的 k 维单形

对 $k\leqslant n-1$, 下面条件代表平行循环的含义

$$\Box ABCD=\Box EFGH,\quad \Box ABFE=\Box DCGH.$$

这里的等号不含定向的意思, 它只是表示前后两个面 $\Box BFGC$ 与 $\Box AEHD$ 是等价的共轭元或共轭链 (无边的拓扑空间). 记

$$\pi^{n-k} = \Box AEHD, \tag{2.3.34}$$

则 π^{n-k} 是一个 $n-k$ 维共轭元 (或链). 由共轭偶理论知, 对于 π^{n-k} 唯一地存在一个 k 维共轭元 (链)π^k 使得 $(\pi^k,\ \pi^{n-k})$ 是 M 的共轭偶, 并且在 π^{n-k} 的每一点 $p \in \pi^{n-k}$, π^k 代表元 π_p^k 在 p 点与 π^{n-k} 横截相交

$$\pi^k_{p\,p}\pi^{n-k}. \tag{2.3.35}$$

现在就可以阐明平行循环链 (2.3.33) 的几何意义. 这种链 Γ^k 它的几何直观如图 2.21 所示, 是以一个 $n-k$ 维共轭元 (链)π^{n-k}(如 (2.3.34) 那样) 为底空间, 并在 π^{n-k} 中每个顶点 p 上如 (2.3.35) 的 k 维共轭元 (链)π_p^k 上取一个 k 维单形 I_p^k, 即

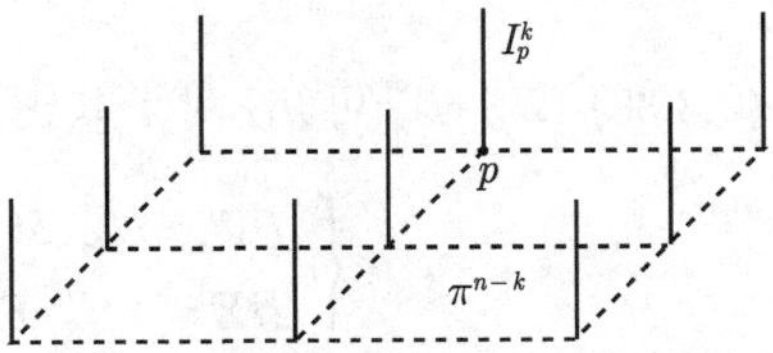

图 2.21 虚线所绘空间代表共轭元 π^{n-k}, 实线柱代表 Σ^k 上一个单形

$$\Gamma^k = \sum_{j=1}^{m} I_j^k, \quad I_j^k \subset \pi_j^k, \quad \pi_j^k \pitchfork_{p_j} \pi^{n-k}. \tag{2.3.36}$$

例如, 在前面讨论的 $k=0,\ n$ 的情况就与 (2.3.36) 一致, 当 $k=0$ 时, $\pi^{n-k}=M$, $I_j^k = p_j$, $\Gamma^0 = \sum\limits_{j=1}^{m} p_j$ 为所有顶点之和, 当 $k=n$ 时, $\pi^{n-k}=p$, $I^k = I_p^n$, $\pi^k = M$, $\Gamma^n = I_p^n$ 是 M 在顶点 p 的一个 n 维单形.

对于 (2.3.36) 中的 Γ^k, 就指定它为共轭元 (链)π^k, 即

$$\Gamma^k = \pi^k. \tag{2.3.37}$$

在定理 2.11 中上同调生成元的几何化就是在 (2.3.36) 意义下定义的.

第五步. 今后将 (2.3.36) 那样的循环链 Γ^k 认同为与 π^{n-k} 共轭的 k 维共轭元 (链)π^k. 显然 Γ^k 是否为上闭链与它的共轭配偶 π^{n-k} 的类型无关, 而只与它自己的类型有关. 从图 2.20 可以看到, 当 Γ^k 不是配边的, 即不存在一个 $k+1$ 维共轭元 (链)Σ^{k+1} 使得

$$\partial\Sigma^{k+1} = r\Gamma^k \quad (r \neq 0), \tag{2.3.38}$$

则对任何如 $\Box ABCD$, $\Box ABEF$ 那样 $k+1$ 维面 Σ^{k+1} 有

$$\langle \delta\Gamma^k,\ \Sigma^{k+1} \rangle = \langle \Gamma^k,\ \delta\Sigma^{k+1} \rangle = 0.$$

这就意味着

$$\delta\Gamma^k = 0, \quad \text{若 } \Gamma^k \text{ 是自由共轭元或者是上共轭链.} \tag{2.3.39}$$

若存在 $\varSigma^{k+1}$ 使得 (2.3.38) 成立, 则有

$$\langle\delta\gamma^k,\ \varSigma^{k+1}\rangle = \langle\Gamma^k,\ \partial\varSigma^{k+1}\rangle = r\langle\Gamma^k,\ \Gamma^k\rangle \neq 0$$

这就推出

$$\begin{cases} \delta\Gamma^k = r\sigma^{k+1}, \\ \langle\sigma^{k+1},\ \varSigma^{k+1}\rangle = \langle\Gamma^k,\ \Gamma^k\rangle. \end{cases}$$

其中 σ^{k+1} 是一个上共轭链. 事实上 $\sigma^{k+1} = \varSigma^{k+1}$, 这里不再详证. 于是有

$$\delta\Gamma^k = r\sigma^{k+1}, \quad \text{若 } \Gamma^k \text{ 是一个模 } -r \text{ 下链.} \tag{2.3.40}$$

由 (2.3.38)-(2.3.40) 可知, 对于共轭元 (链)Γ^k 有

$$\begin{cases} \partial\Gamma^k = 0,\ \delta\Gamma^k = 0 & \Leftrightarrow \quad \Gamma^k \text{ 是自由的,} \\ \partial\varSigma^{k+1} = r\Gamma^k & \Leftrightarrow \quad \delta\Gamma^k = r\varSigma^{k+1}. \end{cases} \tag{2.3.41}$$

到此, 由 (2.3.38) 和 (2.3.41) 推出定理 2.11.

注 2.20　在上面论述中, 经常混淆使用共轭链的概念. 事实上, 作为拓扑空间的共轭链与作为链群的元素存在一个技术上的差异. 例如, 对于下面的 Γ_1 与 Γ_2:

$$\partial\Gamma_1 = r_1\sigma_1, \quad \partial\Gamma_2 = r_2\sigma_2, \quad r_i = r\alpha_i.$$

从链群的角度,

$$\partial(\Gamma_1 \times \Gamma_2) = r_1\sigma_1 \times \Gamma_2 + (-1)^k r_2\Gamma_1 \times \sigma_2 \quad (k = \dim \Gamma_1)$$

中的 $\alpha_1\sigma_1 \times \Gamma_2 + (-1)^k\alpha_2\Gamma_1 \times \sigma_2$ 称作下共轭链. 而从拓扑空间的角度对应于 $\partial(\Gamma_1 \times \Gamma_2)$ 的共轭链是拓扑空间 $\sigma_1 \times \Gamma_2$ 与 $\Gamma_1 \times \sigma_2$ 在它们的公共"边界" $\sigma_1 \times \sigma_2$ 粘接空间:

$$\varSigma = [\sigma_1 \times \Gamma_2 \cup \Gamma_1 \times \sigma_2]\,/(\sigma_1 \times \sigma_2).$$

此时, $\alpha_1\sigma_1 \times \Gamma_2 + (-1)^k\alpha_2\Gamma_1 \times \sigma_2$ 并不是 $\varSigma$ 的基本链. 在上面的讨论中, 当说到拓扑空间的共轭链时是指 $\varSigma$, 而当说到链群的共轭链时是指 $\alpha_1\sigma_1 \times \Gamma_2 + (-1)^k\alpha_2\Gamma_1 \times \sigma_2$. 这里特此说明.

2.3.4　同调环的结构

在注 2.18 中解释了作为链群的共轭链与作为拓扑空间的共轭链之间的差异, 它们之间并不像共轭元那样是基本链的关系. 然而今后仍不加区别地在这两种情况下使用这同一个概念.

我们将应用同调的几何化定理来定义上、下同调群的乘积 (环) 结构. 对整系数上同调群记

$$H^*(M,\mathbb{Z}) = H^0(M,\mathbb{Z}) \oplus H^1(M,\mathbb{Z}) \oplus \cdots .$$

令

$$\mathcal{A} = \{\sigma|\ \sigma \text{ 是 } M \text{ 中自由共轭元及线性独立上共轭元}\},$$
$$\mathcal{B} = \{\pi|\ \pi \text{ 是 } M \text{ 中线性独立的上共轭链}\}.$$

则由定理 2.11, $\mathcal{A}+\mathcal{B}$ 构成 $H^*(M,\mathbb{Z})$ 的生成基. 令 $\sigma_1,\sigma_2 \in \mathcal{A}$, 若存在一个共轭元 Σ 使得 (σ_1,σ_2) 是 Σ 的一个共轭偶, 则记为

$$(\sigma_1,\sigma_2) \in \Sigma.$$

然后在 $\mathcal{A}+\mathcal{B}$ 中定义乘法运算如下:

$$\sigma_1 \times \sigma_2 = \begin{cases} \Sigma, & \text{若 } \sigma_1,\sigma_2 \in \mathcal{A}, \text{ 并且存在 } \Sigma \in \mathcal{A} \text{ s.t. } (\sigma_1,\sigma_2) \in \Sigma, \\ 0, & \text{否则}, \end{cases}$$
$$\sigma \times \pi = \begin{cases} \Gamma, & \text{若 } \sigma \in \mathcal{A},\ \pi \in \mathcal{B}, \text{ 并存在 } \Gamma \in \mathcal{B} \text{ s.t. } \Gamma = \sigma * \pi, \\ 0, & \text{否则}, \end{cases} \tag{2.3.42}$$
$$\pi_1 \times \pi_2 = \begin{cases} \pi, & \text{若 } \pi_1,\pi_2 \in \mathcal{B}, \text{ 且存在 } \pi \in \mathcal{B} \text{ s.t. } \pi = \pi_1 * \pi_2, \\ 0, & \text{否则} \end{cases}$$

这里 $*$ 是两个共轭链之间的对偶积. 将 (2.3.42) 的乘法运算线性扩张到 $H^*(M,\mathbb{Z})$ 上, 即

$$\left(\sum_i \alpha_i \xi_i\right) \times \left(\sum_j \beta_j \xi_j\right) = \sum_{i,j} \alpha_i \beta_j \xi_i \times \xi_j, \tag{2.3.43}$$

并规定

$$\xi_i \times \xi_j = (-1)^{k_i k_j} \xi_j \times \xi_i, \quad k_i = \dim \xi_i, \quad k_j = \dim \xi_j. \tag{2.3.44}$$

此时, 这些规则 (2.3.42)~(2.3.44) 在 $H^*(M,\mathbb{Z})$ 上定义了一个乘积结构, 使得 $H^*(M,\mathbb{Z})$ 成为一个环, 称为上同调环.

同样可以在下同调群中定义乘积结构, 记

$$H_*(M,\mathbb{Z}) = H_0(M,\mathbb{Z}) \oplus H_1(M,\mathbb{Z}) \oplus \cdots .$$

令

$$\tilde{\mathcal{A}} = \{\sigma|\ \sigma \text{ 是自由共轭元与线性独立下共轭元}\},$$
$$\tilde{\mathcal{B}} = \{\pi|\ \pi \text{ 是线性独立下共轭链}\}.$$

则由定理 2.7, $\tilde{\mathcal{A}}+\tilde{\mathcal{B}}$ 组成 $H_*(M,\mathbb{Z})$ 的生成基. 然后在 $\tilde{\mathcal{A}}+\tilde{\mathcal{B}}$ 上定义乘积为

$$\sigma_1\times\sigma_2=\begin{cases}\varSigma, & 若\ \sigma_1,\sigma_2\in\tilde{\mathcal{A}},\ 存在\ \varSigma\in\tilde{\mathcal{A}}\ \text{s.t.}\ (\sigma_1,\sigma_2)\in\varSigma,\\ 0, & 否则,\end{cases}$$
$$\sigma\times\pi=\begin{cases}\Gamma, & 若\ \sigma\in\tilde{\mathcal{A}},\ \pi\in\tilde{\mathcal{B}},\ 存在\ \Gamma\in\mathcal{B}\ \text{s.t.}\ \Gamma=\sigma*\pi,\\ 0, & 否则,\end{cases}\tag{2.3.45}$$
$$\pi_1\times\pi_2=\begin{cases}\pi, & 若\ \pi_1,\pi_2\in\tilde{\mathcal{B}},\ 存在\ \pi\in\tilde{\mathcal{B}}\ \text{s.t.}\ \pi=\pi_1*\pi_2,\\ 0, & 否则.\end{cases}$$

并规定

$$\xi_1\times\xi_2=(-1)^{k_1k_2}\xi_2\times\xi_1,\quad k_i=\dim\xi_i\ (i=1,2).\tag{2.3.46}$$

再将 (2.3.45) 的乘积线性扩张到 $H_*(M,\mathbb{Z})$ 使在下同调群中定义了一个环结构. 此时 $H_*(M,\mathbb{Z})$ 称为下同调环.

注 2.21 由 (2.3.42)~(2.3.44) 定义的上同调环与传统的上同调环是同构的. 然而, 由 (2.3.45) 和 (2.3.46) 定义的下同调环在经典理论中没有对应. 当采用实系数时, $H_*(M,R)$ 与 $H^*(M,R)$ 是完全同构的环.

下面介绍传统的上同调乘积定义. 令 $\Gamma\in C^p(M,\mathbb{Z})$, $\pi\in C^q(M,\mathbb{Z})$. Γ 与 π 的上积, 记为 $\Gamma\times\pi$ 是一个 $p+q$ 维上链

$$\Gamma\times\pi\in C^{p+q}(M,\mathbb{Z}),$$

它作用在 $p+q$ 维单形 $I^{p+q}=I^p\times I^q$ 为

$$\langle\Gamma\times\pi,\ I^{p+q}\rangle=\langle\Gamma,\ I^p\rangle\langle\pi,\ I^q\rangle.\tag{2.3.47}$$

然后线性扩张到 $C^{p+q}(M,\mathbb{Z})$ 上. 显然, 上积满足分配律

$$(\Gamma\times\pi)\times\varSigma=\Gamma\times(\pi\times\varSigma).$$

我们将证明, 当 Γ 是上闭链时有

$$\delta(\Gamma\times\pi)=(-1)^p\Gamma\times\delta\pi,\quad\delta(\pi\times\Gamma)=\delta\pi\times\Gamma.\tag{2.3.48}$$

对任何单形 I^{p+q+1} 有公式

$$\begin{aligned}&\langle\delta(\Gamma\times\pi),\ I^{p+q+1}\rangle\\=&\langle\Gamma\times\pi,\ \partial I^{p+q+1}\rangle\\=&\langle\Gamma\times\pi,\ \partial(I^{p+1})\times I^q\rangle+(-1)^p\langle\Gamma\times\pi,\ -I^p\times I\times\partial I^q\rangle.\end{aligned}$$

注意到

$$
\begin{aligned}
&-I^p\times I\times\partial I^q=I^p\times\partial(I^{q+1})-I^p\times\partial I\times I^q,\\
&\langle\Gamma\times\pi,\ \partial(I^{p+1})\times I^q\rangle=\langle\delta\Gamma\times\pi,\ I^{p+q+1}\rangle=0,\\
&\langle\Gamma\times\pi,\ I^p\times\partial(I^{q+1})\rangle=\langle\Gamma\times\delta\pi,\ I^{p+q+1}\rangle.
\end{aligned}
$$

可得到

$$
\begin{aligned}
&\langle\delta(\Gamma\times\pi),\ I^{p+q+1}\rangle\\
=&\langle(-1)^p\Gamma\times\delta\pi,\ I^{p+q+1}\rangle+(-1)^{p+1}\langle\Gamma,\ I^p\times\partial I\rangle\langle\pi,I^q\rangle.
\end{aligned}
$$

因为 Γ 是上闭链, 则 Γ 为 (2.3.33)(或 (2.3.36)) 形式. 因而

$$\langle\Gamma,I^p\times\partial I\rangle=\langle\Gamma,I_1^p\rangle-\langle\Gamma,I_0^p\rangle=0,$$

$I_i^p=I^p\times\{i\},i=0,1$. 于是得到 (2.3.48) 中第一个公式. 同样方法可得第二个公式.

由 (2.3.48) 很容易推出

$$
\begin{aligned}
&\text{上闭链}\times\text{上闭链}=\text{上闭链},\\
&\text{上边缘}\times\text{上闭链}=\text{上边缘},\\
&\text{上闭链}\times\text{上边缘}=\text{上边缘}.
\end{aligned}
\tag{2.3.49}
$$

由 (2.3.49) 可推知, 由 (2.3.47) 定义的乘积诱导出上同调群的乘积

$$
\begin{aligned}
&X:H^*(M,\mathbb{Z})\to H^*(M,\mathbb{Z}),\\
&\sigma\times\pi\in H^*(M,\mathbb{Z}),\quad\forall\sigma,\pi\in H^*(M,\mathbb{Z}).
\end{aligned}
\tag{2.3.50}
$$

事实上, 任两个上闭链上积的上同调类由两个因子上同调类完全确定:

$$(\delta+\delta\xi)\times(\pi+\delta\eta)=\sigma\times\pi+\sigma\times\delta\eta+\delta\xi\times\pi+\delta\eta\times\delta\xi,$$

由 (2.3.49) 后面三项全是上边缘.

正如注 2.19 所说, 由 (2.3.50) 定义的上同调环与 (2.3.42)~(2.3.44) 给出的上同调环是同构的. 前者具有演绎功能, 后者几何意义明确.

从 (2.3.50) 很容易推出下面定理.

定理 2.15 关于 (2.3.50) 定义的上同调环 $H^*(M,\mathbb{Z})$ 具有下面性质:

(1) 若 $f:M\to N$ 是连续映射, 则 $f^*:H^*(N,\mathbb{Z})\to H^*(M,\mathbb{Z})$ 是环同态,

$$f^*(\sigma\times\pi)=f^*(\sigma)\times f^*(\pi);$$

(2) 对任 $\sigma_1,\ \sigma_2\in H^*(M,\mathbb{Z})$, 有

$$\sigma_1 \times \sigma_2 = (-1)^{r_1 r_2} \sigma_1 \times \sigma_2, \quad r_i = \dim \sigma_i \ (i = 1, 2).$$

证明 这里采用的是单纯同调群. $f : M \to N$ 是单纯映射, 即 f 将 M 的单形映到 N 的单形上. 因此

$$\langle f^*(\sigma \times \pi),\ I^{p+q} \rangle = \langle \sigma \times \pi,\ f(I^p \times I^q) \rangle.$$

因为 f 是单纯映射, $f(I^p \times I^q) = f(I^p) \times f(I^q)$. 因此

$$\begin{aligned}\langle \sigma \times \pi,\ f(I^p \times I^q) \rangle &= \langle \sigma \times \pi,\ f(I^p) \times f(I^q) \rangle \\ &= \langle \sigma,\ f(I^p) \rangle \langle \pi,\ f(I^q) \rangle \\ &= \langle f^*(\sigma) \times f^*(\pi),\ I^{p+q} \rangle,\end{aligned}$$

于是得到结论 (1).

关于结论 (2), 注意到单形的定向具有

$$I^{r_1} \times I^{r_2} = (-1)^{r_1 r_2} I^{r_2} \times I^{r_1}.$$

此外有

$$\begin{aligned}\langle \sigma_1 \times \sigma_2,\ I^{r_1} \times I^{r_2} \rangle &= \langle \sigma_1, I^{r_1} \rangle \langle \sigma_2, I^{r_2} \rangle, \\ \langle \sigma_2 \times \sigma_1,\ I^{r_2} \times I^{r_1} \rangle &= \langle \sigma_2, I^{r_2} \rangle \langle \sigma_1, I^{r_1} \rangle \\ &= (-1)^{r_1 r_2} \langle \sigma_2 \times \sigma_1, I^{r_1} \times I^{r_2} \rangle.\end{aligned}$$

因而推出

$$\langle \sigma_1 \times \sigma_2 - (-1)^{r_1 r_2} \sigma_2 \times \sigma_1,\ I^{r_1 + r_2} \rangle = 0.$$

这就意味着结论 (2) 成立. 定理证毕.

2.4 正合同调序列

2.4.1 相对同调群与切除定理

令 M 是一个可剖分空间, $A \subset M$ 是一个子空间. 在这一小节, 先关于空间偶 (M, A) 定义相对同调群, 然后解释相对同调群的实质, 并给出一些相对同调群的例子. 最后介绍切除定理. 引入相对同调群的动机从后面引入的正合同调序列就可以明白, 该序列对计算同调群是有帮助的. 实质上, 从下一节将介绍的 Lefschetz 对偶定理更能体会到相对同调群概念的价值.

称空间偶 (M, A) 是可剖分的, 若存在 M 的一个单纯剖分 K 及一个子复形 $K_0 \subset K$, 使得 K_0 是 A 的一个单纯剖分. 今后当提到空间偶时, 总是假设它们是可剖分的. 特别地, 当 M 是一个流形, A 是 M 的一个紧子流形, 则 (M, A) 一定是可剖分的.

1. 相对下同调群

令 (M,A) 是一个空间偶, $C_k(M,G)$ 与 $C_k(A,G)$ 分别为 M 与 A 的以 G 为系数的 k 维链群. 显然 $C_k(A,G)\subset C_k(M,G)$ 是一个子群. 下面的商群定义为空间偶 (M,A) 的相对下链群, 记为

$$C_k(M,A,G)=\frac{C_k(M,G)}{C_k(A,G)}.$$

不难看出, $C_k(M,G)$ 的边缘同态 ∂ 诱导出 $C_k(M,A,G)$ 的边缘同态,

$$\tilde{\partial}:C_k(M,A,G)\to C_{k-1}(M,A,G)$$

并且有

$$\tilde{\partial}^2=0.$$

因而产生相对闭链群和相对边缘链群,

$$\begin{aligned}Z_k(M,A,G)&=\{\sigma\in C_k(M,A,G)|\ \tilde{\partial}\sigma=0\},\\ B_k(M,A,G)&=\tilde{\partial}C_k(M,A,G).\end{aligned}$$

于是空间偶 (M,A) 的相对下同调群定义为

$$H_k(M,A,G)=\frac{Z_k(M,A,G)}{B_k(M,A,G)}.$$

2. 相对上同调群

同样地, 可以在 (M,A) 上定义相对上同调群. 令 $C^k(M,G)$ 与 $C^k(A,G)$ 为 M 和 A 的上链群. 定义 (M,A) 的相对上链群为

$$C^k(M,A,G)=\mathrm{Hom}\ (C_k(M,A,\mathbb{Z}),\ G).$$

相对下边缘 $\tilde{\partial}$ 的对偶同态

$$\tilde{\delta}:C^{k-1}(M,A,G)\to C^k(M,A,G),$$

满足 $\tilde{\delta}^2=0$. 因而定义相对上同调群为

$$H^k(M,A,G)=\frac{\mathrm{Ker}\{\tilde{\delta}:C^k(M,A,G)\to C^{k+1}(M,A,G)\}}{\mathrm{Im}\{\tilde{\delta}:C^{k-1}(M,A,G)\to C^k(M,A,G)\}}.$$

3. 相对同调群的实质意义

一个单形 $I^k\subset M$ 的相对边缘 $\tilde{\partial}I^k$ 可表示为

$$\tilde{\partial}I^k=\partial I^k-\partial I^k\cap A.$$

从这里可以看出

$$\tilde{\partial} I^k = \partial\Gamma \cap (M/A) \quad (k \geqslant 1), \tag{2.4.1}$$

其中 M/A 表示将 M 的子空间捏成一点所得商空间, 记为

$$M_A = M/A.$$

此时 (2.4.1) 意味着任何 $\tilde{\partial}$ 闭链 $\sigma \in Z_k(M,A,G)$ 也是 M_A 中 ∂ 闭链 $\sigma \in Z_k(M_A,G)$, $\tilde{\partial}$ 边缘链 $\sigma \in B_k(M,A,G)$ 也是 M_A 中 ∂ 边缘 $\sigma \in B_k(M_A,G)$, 即

$$\begin{aligned} &Z_k(M,A,G) \simeq Z_k(M_A,G), \\ &B_k(M,A,G) \simeq B_k(M_A,G), \quad k \geqslant 1. \end{aligned}$$

由此可以看到

$$H_k(M,A,G) \simeq H_k(M_A,\ G), \quad k \geqslant 1. \tag{2.4.2}$$

同构关系 (2.4.2) 揭示出相对同调群的本质. 这就是当 $k \geqslant 1$ 时, $H_k(M,A,G)$ 可视为拓扑空间 M_A 的 k 维同调群.

对于 $k=0$, 若 M 是连通的并且 $A \neq \varnothing$, 则任一点 $p \in M-A$ 都是一个 $\tilde{\partial}$ 闭链. 另一方面, p 又是 $M-A$ 上的一个 $\tilde{\partial}$ 边缘, 即存在一个连接 p 和 $q \in A$ 的曲线段 $\gamma(t) \subset M$ $(0 \leqslant t \leqslant 1)$ 使得 $\gamma(1)=p$, $\gamma(0)=q \in A$. 这意味着 $\partial\gamma = p-q$, 即 $\tilde{\partial}\gamma = p$. 这说明

$$Z_0(M,A,G) = B_0(M,A,G).$$

因此对任连通偶 (M,A), $A \neq \varnothing$, 有

$$H_0(M,A,G) = 0. \tag{2.4.3}$$

同理, 对于相对上同调群有

$$\begin{cases} H^k(M,A,G) \simeq H^k(M_A,G), & k \geqslant 1, \\ H^n(M,A,G) = 0, & k = 0. \end{cases} \tag{2.4.4}$$

因为一般情况下 M_A 不是流形, 故共轭元理论不再适用于 M_A 的上、下同调群. 但是关于流形偶 $(M,\partial M)$ 在下一节同样可以建立共轭结构理论. 下面根据 (2.4.2)~(2.4.4) 给出一些空间偶 (M,A) 的相对同调群, 以便从这些例子能更清楚地掌握相对同调群的概念.

例 2.13　令 B^n 是一个 n 维球体, $A=\partial B^n = S^{n-1}$. 对于空间偶 $(B^n,\partial B^n)$, 将 B^n 的边界 $A=\partial B^n$ 捏成一点所成的空间 $B^n_A = S^n$ 是一个 n 维球面. 因此, 当 $k \geqslant 1$ 时, (B^n,A) 的相对同调群与 S^n 的相同, 由 (2.4.3) 它们由下式给出

$$H_k(B^n,\partial B^n,G) \simeq H^k(B^n,\partial B^n,G) = \begin{cases} G, & k=n, \\ 0, & k \neq n. \end{cases} \tag{2.4.5}$$

作为对比, B^n 的同调群为

$$H_k(B^n,G) \simeq H^k(B^n,G) = \begin{cases} G, & k=0, \\ 0, & k \neq 0. \end{cases} \tag{2.4.6}$$

例 2.14 设 R 是一个平面环区域. 如果将 R 边界 $A=\partial R$ 捏成一点, 所成空间 $R_A = R/\partial R$ 就如图 2.22 所示. 此时, R_A 虽然不是流形, 但它是可定向的无边闭拓扑空间. 因此 R_A 可以作为 $H_2(R_A, G)$ 的一个生成元. 此外可以看到 R_A 中含有一个一维紧子流形 S^1, 它是由图 2.22 中环面上 ab 线段将 a 与 b 捏成一点所成. 于是可得 $(R,\partial R)$ 的相对同调群如下:

$$H_k(R,\ \partial R,\ G) \simeq H^k(R,\ \partial R,\ G) = \begin{cases} G, & k=1,2, \\ 0, & k=0. \end{cases} \tag{2.4.7}$$

而 R 的同调群为

$$H_k(R,G) \simeq H^k(R,G) = \begin{cases} G, & k=0,1, \\ 0, & k \geqslant 2. \end{cases} \tag{2.4.8}$$

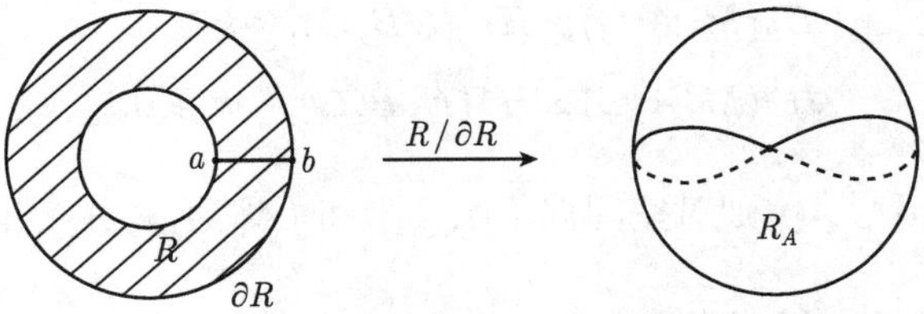

图 2.22 将平面环边界的两个圆周捏成一点的空间 R_A

例 2.15 考察一个轮胎实心体 N 与其边界 $A=\partial N\ (=T^2)$ 的空间偶 (N,A) 的相对同调群, 见图 2.23. 在 N 中只有纬度圈 Γ 是一个不配边的非平凡紧子流形. N 的同调群为

$$H_k(N,G) \simeq H^k(N,G) = \begin{cases} G, & k=0,1, \\ 0, & k \geqslant 2. \end{cases} \tag{2.4.9}$$

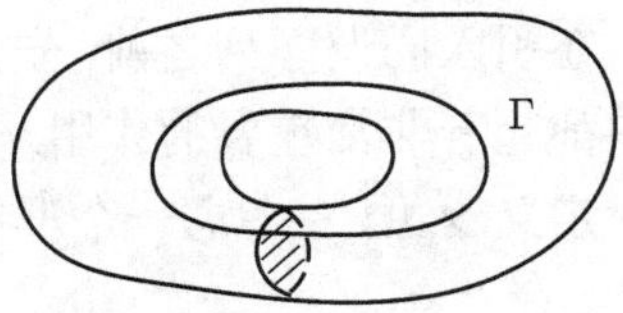

图 2.23

然而, 在 $N_A = N/\partial N$ 中 Γ 变成可缩了. 而经度截面生出一个球面 S^2, 它是一个在 N_A 中不配边的紧子流形. 同时 N_A 本身也变成可定向并且无边拓扑空间. 因此 $(N,\partial N)$ 的相对同调群为

$$H_k(N,\partial N,G) \simeq H^k(N,\partial N,G) = \begin{cases} G, & k=2,3, \\ 0, & k \neq 2,3. \end{cases} \tag{2.4.10}$$

在上述例 2.13～ 例 2.15 中, 分别对比 (2.4.5) 与 (2.4.6), (2.4.7) 与 (2.4.8), 及 (2.4.9) 与 (2.4.10), 可以发现下面规律, 对于 $M=$ 球体 B^n, 环面 R 和实心轮胎面 N, 有

$$H_k(M,G)\simeq H^{n-k}(M,\partial M,G),\quad H_k(M,\partial M,G)\simeq H^k(M,G).$$

实际上, 上面的同构关系对所有可定向紧带边流形偶 $(M,\partial M)$ 都成立, 这叫做 Lefschetz 对偶定理.

4. 切除定理

注意到, 图 2.22 所示的拓扑空间 R_A 也同胚于将球面 S^2 中两个不同点 $A=\{p_1,p_2\}$ 粘为一点所生成的拓扑空间 S^2_A. 直接观察可发现, 空间偶 (S^2,A) 的相对同调群与 (2.4.7) 的是相同的. 更一般地, 由 (2.4.2) 及 (2.4.3) 可以得到下面广义切除定理.

定理 2.16 令 (M,A) 和 (N,B) 是两个空间偶. 若 M/A 与 N/B 是同胚的 (或同伦等价), 则有如下同构

$$\begin{aligned}H_k(M,A,G)&\simeq H_k(N,B,G),\quad k\geqslant 0,\\ H^k(M,A,G)&\simeq H^k(N,B,G),\quad k\geqslant 0.\end{aligned}$$

特别地, 若 $M=A_1\cup A_2$, 则对空间偶 (M,A_2) 和 $(A_1,A_1\cap A_2)$, 有

$$\begin{aligned}H_k(M,A_2,G)&\simeq H_k(A_1,A_1\cap A_2,G),\quad k\geqslant 0,\\ H^k(M,A_2,G)&\simeq H^k(A_1,A_1\cap A_2,G),\quad k\geqslant 0.\end{aligned}\tag{2.4.11}$$

同构 (2.4.11) 就是古典的切除定理.

2.4.2 相关代数理论

在引入同调序列之前, 先介绍一些相关的代数概念与引理, 它们在整个代数拓扑中都起着非常重要的作用.

定义 2.12 考虑一个群同态序列

$$\cdots\to G_i\xrightarrow{\varphi_i}G_{i-1}\xrightarrow{\varphi_{i-1}}G_{i-2}\to\cdots,$$

其中每个环节 $\varphi_j:G_j\to G_{j-1}$ 都是从群 G_j 到 G_{j-1} 的一个同态. 说该序列在 G_i 处是正合的, 如果

$$\varphi_i \text{ 的像} = \varphi_{i-1} \text{ 的核}.$$

若该序列每一个环节都是正合的, 则称之为正合序列.

经常遇到下面的正合序列, 称为短正合序列, 即

$$0 \to G_1 \xrightarrow{\varphi} G_2 \xrightarrow{\psi} G_3 \to 0 \tag{2.4.12}$$

是正合的. 若 $\varphi(G_1)$ 是 G_2 的一个直和项, 则称该短正合序列是分裂的. 此时

$$G_2 \simeq G_1 \oplus G_3$$

是同构的. 判定 (2.4.12) 是分裂的一个最简单的法则就是若 G_3 是自由的, 则该短序列一定是分裂的. 这里因为若 $\varphi(G_1)$ 不是 G_2 的一个直和项, 例如

$$\begin{aligned}&\varphi : \mathbb{Z} \to \mathbb{Z},\\ &\varphi(n) = pn \quad (p > 1), \quad \forall n \in \mathbb{Z},\end{aligned}$$

则 $\psi \circ \varphi = 0$ 与 $\psi(G_2) = G_3$ ((2.4.12) 的正合性) 意味着

$$\mathbb{Z}/\varphi(\mathbb{Z}) \simeq \mathbb{Z}_p \text{ 是 } G_3 \text{ 一个挠子群.}$$

下面介绍同调代数中的一个重要结果, 称为 Z 引理. 一个群序列 $\{A_k | \ k \in \mathbb{Z}\}$ 称为是一个复形序列, 若存在同态序列

$$\cdots \xrightarrow{d} A_k \xrightarrow{d} A_{k-1} \xrightarrow{d} A_{k-2} \xrightarrow{d} \cdots,$$

使得 $d^2 = 0$. 因此一个复形序列 $\{A_k\}$ 可诱导出同调群序列

$$H_k(A) = \frac{d \text{ 的核}}{d \text{ 的像}}, \quad k \in \mathbb{Z}.$$

令 $A = \{A_k\}$, $B = \{B_k\}, C = \{C_k\}$ 是三个复形序列, 在它们之间有一个同态序列 $\varphi_k : A_k \to B_k$, $\psi_k : B_k \to C_k$ 使得下面图表水平是短正合序列:

$$\begin{array}{ccccccccc}
 & & \downarrow & & \downarrow & & \downarrow & & \\
0 & \to & A_k & \xrightarrow{\varphi_k} & B_k & \xrightarrow{\psi_k} & C_k & \to & 0 \\
 & & \downarrow & & d\downarrow & & \downarrow & & \\
0 & \to & A_{k-1} & \xrightarrow{\varphi_{k-1}} & B_{k-1} & \xrightarrow{\psi_{k-1}} & C_{k-1} & \to & 0 \\
 & & \downarrow & & \downarrow & & \downarrow & & \\
0 & \to & A_{k-2} & \to & B_{k-2} & \to & C_{k-2} & \to & 0 \\
 & & \downarrow & & \downarrow & & \downarrow & &
\end{array} \tag{2.4.13}$$

然后有下面 Z 引理.

引理 2.3 令 (2.4.13) 中同态可交换, 并且水平是短正合序列. 则可诱导出同调群的一个同态 $\partial_*: H_k(C) \to H_{k-1}(A)$, 使得下面同调序列是正合的

$$\cdots \xrightarrow{\partial_*} H_k(A) \xrightarrow{\varphi_*} H_k(B) \xrightarrow{\psi_*} H_k(C) \xrightarrow{\partial_*} H_{k-1}(A) \to \cdots,$$

这里同态 ∂_* 是由如此定义: 若 $\varphi_{k-1}(a) = db$, $\psi_k(b) = c$, 则

$$\partial_*[c] = [a], \tag{2.4.14}$$

其中 d 为 $d^2 = 0$ 的复形同态.

证明 分四步进行.

结论 (1) ∂_* 同态的合理性, 即证明满足

$$\varphi_{k-1}(a) = db, \quad \psi_k(b) = c \tag{2.4.15}$$

的 $a \in A_{k-1}$ 和 $b \in B_k$ 都是闭的. 由

$$d \circ \varphi_{k-1} = \varphi_{k-2} \circ d, \quad d \circ \psi_k = \psi_{k-1} \circ d,$$

可以推知

$$\begin{aligned} &\varphi_{k-2}(da) = d\varphi_{k-1}(a) = d^2 b = 0, \\ &dc = d\psi_k(b) = \psi_{k-1}(db) = \psi_{k-1} \circ \varphi_{k-1}(a) = 0 \quad (\text{由水平正合性}). \end{aligned}$$

这就得到 $da = 0$ (由 φ_{k-2} 单一性) 及 $dc = 0$.

结论 (2) ∂_* 的同态性. 这是直接的验证.

结论 (3) $\mathrm{Im}\psi_* = \mathrm{Ker}\,\partial_*$. 对任 $[b] \in H_k(B)$, $db = 0$. 由 (2.4.15) 知 $\varphi_{k-1}(a) = 0$. 由 φ_{k-1} 单一性知 $a = 0$. 因而由 (2.4.14) 有

$$\partial_* \circ \psi_*[b] = [a] = 0.$$

即 $\mathrm{Im}\psi_* \subset \mathrm{Ker}\partial_*$.

反过来, 对任 $c \in H_k(C)$ 满足 $\partial_*[c] = [a] = 0$, 则 $a = d\tilde{a}$ 对某个 $\tilde{a} \in A_k$. 由 ψ_k 是满同态, 存在 $b \in B_k$ 使得 $\psi_k(b) = c$. 因此

$$\psi_k(b - \varphi_k(\tilde{a})) = c \quad (\text{由}\psi_k \circ \varphi_k = 0). \tag{2.4.16}$$

需要证明

$$d(b - \varphi_k(\tilde{a})) = 0.$$

由 c 是闭链知

$$\begin{aligned} d\psi_k(b) = dc = 0 &\Rightarrow \psi_{k-1}(db) = d\psi_k(b) = 0, \\ &\Rightarrow \exists a \in A_k \text{ s.t. } \varphi_{k-1}(a) = db. \end{aligned}$$

而 $a = d\tilde{a}$. 故

$$\varphi_{k-1}(d\tilde{a}) = d\varphi_k(\tilde{a}) = db \Rightarrow d(b - \varphi_k(\tilde{a})) = 0.$$

于是由 (2.4.16) 有

$$\psi_*[b - \varphi_k(\tilde{a})] = [c], \quad [b - \varphi_k(\tilde{a})] \in H_k(B).$$

因此 $\mathrm{Ker}\partial_* \subset \mathrm{Im}\psi_*$.

结论 (4) $\mathrm{Im}\partial_* = \mathrm{Ker}\varphi_*$. 由 (2.4.14) 和 (2.1.15) 显然有

$$\varphi_* \circ \partial_*[c] = \varphi_*[a] = [db] = 0,$$

即 $\mathrm{Im}\partial_* \subset \mathrm{Ker}\varphi_*$.

令 $\varphi_*[a] = [db] = 0$. 则 $\varphi_{k-1}(a) = db$. 记 $c = \psi_k(b)$ 则

$$dc = d\psi_k(b) = \psi_{k-1}(db) = \psi_{k-1} \circ \varphi_{k-1}(a) = 0.$$

故 $[c] \in H_k(C)$, 并且由 (2.4.14) 知

$$\partial_*[c] = [a].$$

因此 $\mathrm{Ker}\varphi_* \subset \mathrm{Im}\partial_*$.

结论 (5) $\mathrm{Im}\varphi_* = \mathrm{Ker}\psi_*$. 由 (2.4.13) 水平的正合性推出 $\varphi_* \circ \psi_* = 0$. 而关于 $\mathrm{Ker}\psi_* \subset \mathrm{Im}\varphi_*$ 的证明与结论 (3) 和 (4) 相似. 这里省去该细节.

根据结论 (1)~(5), 该引理得证.

最后介绍另一个重要引理, 称为 Steenrod 引理 (也称五引理).

引理 2.4 令下面是一个 Abel 群的可交换同态序列图表

$$\begin{array}{ccccccccccccc}
\cdots & \to & A_1 & \xrightarrow{i} & A_2 & \xrightarrow{i} & A_3 & \xrightarrow{i} & A_4 & \xrightarrow{i} & A_5 & \to & \cdots \\
 & & \downarrow \varphi_1 & & \downarrow \varphi_2 & & \downarrow \varphi_3 & & \downarrow \varphi_4 & & \downarrow \varphi_5 & & \\
\cdots & \to & B_1 & \xrightarrow{j} & B_2 & \xrightarrow{j} & B_3 & \xrightarrow{j} & B_4 & \xrightarrow{j} & B_5 & \to & \cdots
\end{array}$$

其水平方向是正合序列, $\varphi_1, \varphi_2, \varphi_4, \varphi_5$ 是同构, 则 $\varphi_3 : A_3 \to B_3$ 也是同构.

证明 首先证明 φ_3 的单一性. 令 $a_3 \in A_3$ 使得

$$\varphi_3(a_3) = 0.$$

则由图形的可交换性

$$j \circ \varphi_k = \varphi_{k+1} \circ i, \tag{2.4.17}$$

可推出 $i(a_3) = 0$. 由水平正合性, 存在 $a_2 \in A_2$ 使得

$$i(a_2) = a_3. \tag{2.4.18}$$

令 $b_2=\varphi_2(a_2)$, 则由 (2.4.17) 有

$$j(b_2)=\varphi_3\circ i(a_2)=\varphi_3(a_3)=0.$$

因此, 存在 $b_1\in B_1$ 使得

$$j(b_1)=b_2,\quad \varphi_2(a_2)=b_2.$$

由 φ_1 同构, 存在 $a_1\in A_1$ 使得 $\varphi_1(a_1)=b_1$. 再由 (2.4.17) 得

$$i(a_1)=a_2.$$

再由 (2.4.18) 及 $i\circ i=0$ 推知 $a_3=0$. 因此 $\varphi_3:A_3\to B_3$ 是单一的.

其次证明 φ_3 是满同态. 令 $b_3\in B_3$, $b_3\neq 0$ 使得

$$j(b_3)=b_4\neq 0\Rightarrow \exists a_4\in A_4 \text{ s.t. } \varphi_4(a_4)=b_4,\ a_4\neq 0.$$

由 $j(b_4)=0$ 及 (2.4.17) 推出

$$\begin{aligned}i(a_4)=0&\Rightarrow \exists a_3\in A_3,\ a_3\neq 0,\ \text{s.t. } i(a_3)=a_4\\&\Rightarrow \varphi_3(a_3)=b_3.\end{aligned}$$

同样方式可证, 当 $j(b_3)=0$ 时, 存在 $a_3\in A_3$ 使得 $\varphi_3(a_3)=b_3$. 因此 φ_3 是一个满同态. 引理证毕.

注 2.22 引理 2.3 关于上复形序列也是成立的, 即若 $\{A_k\},\{B_k\},\{C_k\}$ 是三个上复形序列:

$$\cdots\to A_k\xrightarrow{\delta}A_{k+1}\xrightarrow{\delta}A_{k+2}\to\cdots.$$

并且有短正合序列

$$0\to A_k\xrightarrow{\varphi}B_k\xrightarrow{\psi}C_k\to 0,$$

δ 与 φ,ψ 可交换

$$\delta\circ\varphi_k=\varphi_{k+1}\circ\delta,\quad \delta\circ\psi_k=\psi_{k+1}\circ\delta.$$

那么可诱导出上同调群的一个同态

$$\delta^*:H^k(C)\to H^{k+1}(A),$$

使得下面序列是正合的

$$\cdots\to H^k(A)\xrightarrow{\varphi^*}H^k(B)\xrightarrow{\psi^*}H^k(C)\xrightarrow{\delta^*}H^{k+1}(A)\to\cdots,$$

其中 φ^*,ψ^* 为上复形同态 φ,ψ 诱导同态, δ^* 定义为: 若 $\psi_k(b)=c$, $\varphi_{k+1}(a)=\delta b$, 对 $c\in C_k$, $b\in B_k$, $a\in A_{k+1}$, 则有

$$\delta^*[c]=[a].$$

这个上同调的 Z 引理与引理 2.3 的证明完全一样.

2.4.3 同调序列

令 (M, A) 是一个空间偶. 建立相对同调群的一个重要应用就是可以得到关于 (M, A) 与 M, A 这三种不同空间的同调正合序列.

对于空间偶 (M, A) 可引入两个映射

$$\begin{aligned} &i: A \to M \quad \text{为包含映射}, \\ &j: M \to M/A \quad \text{为限制映射}, \end{aligned}$$

这里限制映射 j 定义为

$$j(x) = \begin{cases} x, & x \in M - A, \\ p, & x \in A, \end{cases}$$

其中 p 是 M/A 中将 A 捏成的那一点. 容易看出, 映射 i 和 j 诱导出上下链群的一个短正合序列

$$\begin{aligned} &0 \to C_k(A, G) \xrightarrow{i} C_k(M, G) \xrightarrow{j} C_k(M, A, G) \to 0, \\ &0 \to C^k(M, A, G) \to C^k(M, G) \to C^k(A, G) \to 0. \end{aligned} \tag{2.4.19}$$

应用引理 2.3 和注 2.22, 从 (2.4.19) 立刻得到下面上、下正合的同调序列.

定理 2.17 关于空间偶 (M, A), 下面的上和下同调序列是正合的

$$\begin{aligned} &\cdots \to H^{k-1}(A, G) \xrightarrow{\delta^*} H^k(M, A, G) \xrightarrow{j^*} H^k(M, G) \xrightarrow{i^*} H^k(A, G) \to \cdots \\ &\cdots \to H_k(A, G) \xrightarrow{i_*} H_k(M, G) \xrightarrow{j_*} H_k(M, A, G) \xrightarrow{\partial_*} H_{k-1}(A, G) \to \cdots \end{aligned}$$

现在我们从直观上来分析为什么会有上述正合序列. 只需对下同调序列进行考察即可. (M, A) 的相对同调群当 $k \geqslant 1$ 时等价于 M 将 A 捏成一点商空间 M_A 的同调群

$$H_k(M, A, G) \simeq H_k(M_A, G), \quad k \geqslant 1.$$

因为映射

$$\begin{aligned} &i(A) = A \subset M \text{ 是包含}, \\ &j(A) = p \in M_A \text{ 映为 } A \text{ 捏成的那一点 } p. \end{aligned}$$

因此, 显然有

$$i_* \text{ 的像 } = j_* \text{ 的核}.$$

再考虑下面环节的正合性

$$H_k(M, G) \xrightarrow{j_*} H_k(M, A, G) \xrightarrow{\partial_*} H_{k-1}(A, G).$$

为此目的, 先考察同态 ∂_* 的实在意义. 实际上, 一个 $H_k(M,A,G)$ 中在 $\tilde{\partial}$ 作用下是闭 (无边) 的拓扑空间 Γ^k, 它一定是下面两种情况之一:

(1) $\partial\Gamma^k = 0$, 即 $\Gamma^k \subset M - A$;

(2) $\partial\Gamma^k \subset A$, 如图 2.24.

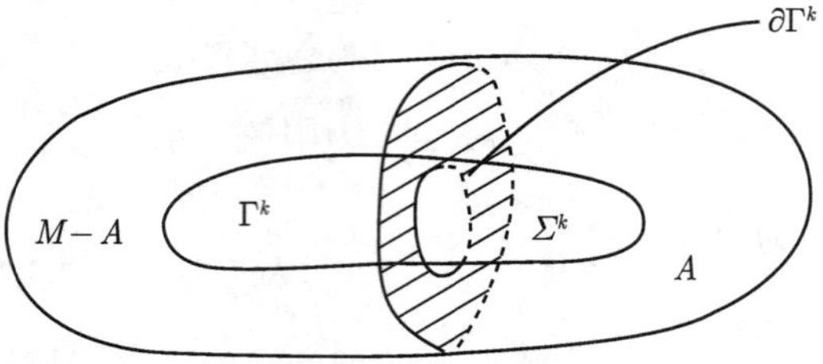

图 2.24　$\partial\Gamma^k \subset A \Rightarrow \Gamma^k$ 在 M_A 中是闭的拓扑空间

显然, 若 $\partial\Gamma^k \neq \varnothing$ 则 $\partial\Gamma^k \subset A$ 是可定向的 $k-1$ 维闭拓扑空间, 即作为基本链 $\partial\Gamma^k \in H_{k-1}(A,G)$. 此时可以看到 $\partial_*: H_k(M,A) \to H_{k-1}(A)$ 的实质为

$$\partial_*(\Gamma^k) = \begin{cases} 0, & \text{当 } \Gamma^k \subset M - A, \\ \partial\Gamma^k, & \text{当 } \partial\Gamma^k \subset A \text{ 时}. \end{cases} \tag{2.4.20}$$

从图 2.24 与 (2.4.20) 可以知道

$$\partial_*(\Gamma^k) = \partial\Gamma^k = 0 \text{ 在 } H_{k-1}(A) \Leftrightarrow \text{ 存在 } N = \Gamma^k \# \Sigma^k, \tag{2.4.21}$$

其中 $\Sigma^k \subset A, N$ 是 Γ^k 与 Σ^k 在公共边界 $\partial\Gamma^k = \partial\Sigma^k$ 的粘接.

另一方面, 限制同态 $j_*: H_k(M) \to H_k(M,A)$ 的几何意义为

$$j_*(N) = \begin{cases} N, & \text{当 } N \subset M - A, \\ \Gamma^*, & \text{当 } N = \Gamma^k \# \Sigma^k. \end{cases} \tag{2.4.22}$$

建立在 (2.4.20)~(2.4.22) 基础上, 可轻易看出

$$j_* \text{ 的像} = \partial_* \text{ 的核}.$$

现在考察最后一个环节的正合性

$$H_k(M,A,G) \xrightarrow{\partial_*} H_{k-1}(A,G) \xrightarrow{i_*} H_{k-1}(M,G).$$

由 (2.4.20) 和 (2.4.21), 对任 $\Gamma^k \in H_k(M,A)$,

$$\partial_*(\Gamma^k) \neq 0 \Leftrightarrow \partial\Gamma^k \text{在} A \text{中不配边 (即不存在如图 2.24 的} \Sigma^k).$$

此外, 对包含同态 $i_*: H_{k-1}(A) \to H_{k-1}(M)$, 显然

$$i_*(\sigma)=0\Leftrightarrow \exists\Gamma^k\in M-A,\quad \partial\Gamma^k=\sigma.$$

于是发现

$$\partial_* \text{ 的像} = i_* \text{ 的核}.$$

至此, 整个同调序列正合性的实质被解释完毕.

注 2.23 同调群序列还有一个重要性质. 令 (M,A) 和 (N,B) 是两个空间偶, $f:(M,A)\to(N,B)$ 是一个映射, 满足 $f(A)\subset B$. 则下面序列

$$\begin{array}{ccccccccccc}
\cdots & \to & H_k(A) & \xrightarrow{i_*} & H_k(M) & \xrightarrow{j_*} & H_k(M,A) & \xrightarrow{\partial_*} & H_{k-1}(A) & \to & \cdots \\
 & & f|_{A_*}\downarrow & & f_*\downarrow & & \hat{f}_*\downarrow & & \downarrow & & \\
\cdots & \to & H_k(B) & \xrightarrow{i_*} & H_k(N) & \xrightarrow{j_*} & H_k(N,B) & \xrightarrow{\partial_*} & H_{k-1}(B) & \to & \cdots
\end{array}$$

具有交换性, 也就是说

$$f_*\circ i_*=i_*\circ f|_{A^*},\quad \hat{f}_*\circ j_*=j_*\circ f_*,\quad f|_{A^*}\circ\partial_*=\partial_*\circ\hat{f}_*.$$

这个结论是容易理解的, 它对上同调序列也成立. 这里不再赘述.

2.4.4 Mayer-Vietoris 序列

除了相对同调群的正合序列外, Mayer-Vietoris 序列是另一个具有普遍性的重要正合序列, 它在计算拓扑空间的同调群方面是一个有力的工具. 该序列简要地讲就是, 一个拓扑空间分解为两个子空间 $X=X_1\cup X_2$, 则在 X, $X_1\cap X_2$ 及 X_1 和 X_2 的同调群之间可形成一个正合序列.

为了简单, 这里总是考虑流形情况. 令 M 是一个流形, U 和 V 是 M 的两个子流形, 并且 $M=U+V$. 记

$$N=U\cap V,\quad M=U+V.$$

定义下面同态

$$\begin{aligned}
&i: C_k(N,G)\to C_k(U,G)\oplus C_k(V,G),\\
&r: C_k(U,G)\oplus C_k(V,G)\to C_k(M,G).
\end{aligned}$$

满足下面规则

$$\begin{aligned}
&i(\sigma)=(\sigma,-\sigma),\\
&r((\sigma_1,\sigma_2))=\sigma_1+\sigma_2.
\end{aligned}\tag{2.4.23}$$

显然, 从 (2.4.23) 可产生下面短正合序列 (为了简单省去系数群 G)

$$0\to C_k(N)\xrightarrow{i} C_k(U)\oplus C_k(V)\xrightarrow{r} C_k(M)\to 0.$$

同样地, 对于上链群也可得到对偶的短正合序列如下

$$0 \to C^k(M) \xrightarrow{r^*} C^k(U) \oplus C^k(V) \xrightarrow{i^*} C^k(N) \to 0.$$

根据引理 2.3, 从这两个短正合序列可得到下面 Mayer-Vietoris 序列.

定理 2.18　令 $M = U + V$, $N = U \cap V$. 则下面同调序列, 称为 Mayer-Vietoris 序列, 是正合的 (这里省去系数群 G),

$$\cdots \to H_k(N) \xrightarrow{i_*} H_k(U) \oplus H_k(V) \xrightarrow{r_*} H_k(M) \xrightarrow{\partial_*} H_{k-1}(N) \to \cdots$$

Mayer-Vietoris 上正合序列为

$$\cdots \to H^k(M) \xrightarrow{r^*} H^k(U) \oplus H^k(V) \xrightarrow{i^*} H^k(N) \xrightarrow{\delta^*} H^{k+1}(M) \to \cdots$$

下面给出 Mayer-Vietoris 序列的几何意义. 由 (2.4.23), 同态 i_* 的直观意义很清楚. 先给出 ∂_* 的直观解释.

令 $\Gamma \subset M$ 是一个 k 维共轭元 (链), 作为基本链 $\Gamma \in H_k(M)$. 则 Γ 必是下面三种情况之一:

(1) $\Gamma \subset U$;

(2) $\Gamma \subset V$;

(3) $\Gamma = \Gamma_1 \# \Gamma_2$ 是 Γ_1 与 Γ_2 在 $\partial\Gamma_1 = \partial\Gamma_2$ 的粘接, $\Gamma_1 \subset U$, $\Gamma_2 \subset V$. 于是 ∂_* 的表达式为

$$\partial_*(\Gamma) = \begin{cases} 0, & \text{对情况 (1) 和 (2)}, \\ \partial\Gamma_1, & \text{对情况 (3)}. \end{cases} \tag{2.4.24}$$

而同态 $r_* : H_k(U) \oplus H_k(V) \to H_k(M)$ 的作用就是将 M 在 U 中的共轭元 $\sigma \in H_k(U)$ 和在 V 中共轭元 π 形式地映为

$$r_*((\sigma, \pi)) = \sigma + \pi, \quad \sigma \in H_k(U), \quad \pi \in H_k(V). \tag{2.4.25}$$

从 (2.4.24) 和 (2.4.25) 很容易看出

$$r_* \text{ 的像} = \partial_* \text{ 的核}.$$

再由 (2.4.24) 和

$$i_*(\sigma) = 0 \Leftrightarrow \sigma = \partial\Gamma_1, \quad -\sigma = \partial\Gamma_2, \quad \Gamma_1 \subset U, \quad \Gamma_2 \subset V,$$

可知

$$\partial_* \text{ 的像} = i_* \text{ 的核}.$$

根据 (2.4.23) 易知

$$i_* \text{ 的像} = r_* \text{ 的核}.$$

于是 Mayer-Vietoris 下序列正合性的解释完毕.

我们也需要对 Mayer-Vietoris 上序列给予解释. 由 i^* 是 (2.4.23) 中同态 i 的对偶, 即对 $(\sigma_1,\sigma_2)\in C^k(U)\oplus C^k(V)$ 有

$$\begin{aligned}\langle i^*(\sigma_1,\sigma_2),I^k\rangle &= \langle(\sigma_1,\sigma_2),i(I^k)\rangle\\ &= \langle(\sigma_1,\sigma_2),(I^k,-I^k)\rangle\\ &= \langle\sigma_1-\sigma_2,I^k\rangle.\end{aligned}$$

因此 $i^*: C^k(U)\oplus C^k(V)\to C^k(N)$ 表达为

$$i^*(\sigma_1,\sigma_2)=\sigma_1-\sigma_2. \tag{2.4.26}$$

同理, 对任何 $\Gamma\in C^k(M)$, (2.4.23) 中 r 的对偶同态 r^* 满足

$$\begin{aligned}\langle r^*(\Gamma),(I^k,I_2^k)\rangle &= \langle\Gamma,r((I_1^k,I_2^k))\rangle\\ &= \langle\Gamma,I_1^k+I_2^k\rangle\\ &= \langle\Gamma,I_1^k\rangle+\langle\Gamma,I_2^k\rangle.\end{aligned}$$

因此 $r^*: C^k(M)\to C^k(U)\oplus C^k(V)$ 可表达为

$$r^*(\Gamma)=(\Gamma,\Gamma). \tag{2.4.27}$$

同态 $\delta^*: H^k(U\cap V)\to H^{k+1}(M)$ 的直观意义是, 对任何 k 维闭拓扑空间 (共轭元)$\varSigma^k\subset U\cap V$, 若存在 $\Gamma_1\subset U$, $\Gamma_2\subset V$, $\partial\Gamma_1=\partial\Gamma_2=\varSigma^k$, 则

$$\delta^*(\varSigma^k)=\begin{cases}\Gamma_1\#\Gamma_2, & \text{是 }\Gamma_1\text{ 与 }\Gamma_2\text{ 沿 }\varSigma^k\text{ 的粘接},\\ 0, & \text{否则}.\end{cases} \tag{2.4.28}$$

根据 (2.4.26)-(2.4.28), 很容易理解为什么会有 Mayer-Vietoris 上序列的正合性, 其原理与下序列是相同的.

Mayer-Vietoris 序列对空间偶也成立, 也就是所谓相对 Mayer-Vietoris 序列. 令 $M=U+V$, $A\subset U$, $B\subset V$, 则关于空间偶 $(M,A+B)$ 有下面相对下正合序列:

$$\begin{aligned}&\cdots\to H_k(U\cap V,A\cap B)\xrightarrow{i_*}H_k(U,A)\oplus H_k(V,B)\xrightarrow{r_*}\\ &\hookrightarrow H_k(M,A+B)\xrightarrow{\partial_*}H_{k-1}(U\cap V,A\cap B)\to\cdots\end{aligned}$$

以及相对上正合序列

$$\begin{aligned}&\cdots\to H^k(M,A+B)\xrightarrow{r^*}H^k(U,A)\oplus H^k(V,B)\xrightarrow{i^*}\\ &\hookrightarrow H^k(U\cap V,A\cap B)\xrightarrow{\delta^*}H^k(M,A+B)\to\cdots\end{aligned}$$

因为空间偶 (M,A) 的相对同调群 $H_k(M,A)$ $(k\geqslant 1)$ 在本质上就是拓扑空间 $M_A=M/A$ 的同调群 $H_k(M_A)$. 因此, 上述相对 Mayer-Vietoris 正合序列的实质意义与定理 2.18 所给的是一样的.

注 2.24　Mayer-Vietoris 序列关于一般拓扑空间的分解 $M=U+V$ 是有一定的要求. 也就是说, 必须对 U 和 V 施加一些条件, 称之为切除条件. 这就是空间偶的包含映射

$$i:(U,U\cap V)\to(M,V)$$

必须诱导出相对同调群之间的同构

$$H_k(U,U\cap V)\simeq H_k(M,V).$$

满足该条件的 (U,V) 称为是 M 的切除对. 不满足该条件的空间偶都是比较怪的. 例如, 若 $M=T^2$ 是一个轮胎面, $U\subset M$ 是一个遍历的曲线 (如图 1.22 所示, 此时 U 的闭包 $\bar{U}=M$), $V=M-U$, 则 (U,V) 就不是切除对.

2.4.5　正合序列的应用

令 M_1 与 M_2 是两个 n 维带边流形, 其边界

$$\partial M_1=\partial M_2=S^{n-1}$$

是 $n-1$ 维球面. 记 $M=M_1\#M_2$ 是 M_1 与 M_2 沿它们的边界粘接和, 则

$$M=M_1\cup M_2,\quad M_1\cap M_2=S^{n-1}. \tag{2.4.29}$$

然后有下面定理.

定理 2.19　在 (2.4.29) 条件下, 关于 M 的同调群有如下结论:

(1) 当 M_1 与 M_2 都是可定向时, 有

$$H_k(M,\mathbb{Z})=\begin{cases}\mathbb{Z}, & k=0,n,\\ H_k(M_1,\mathbb{Z})\oplus H_k(M_2,\mathbb{Z}), & 1\leqslant k\leqslant n-1.\end{cases} \tag{2.4.30}$$

$$H^k(M,\mathbb{Z})=\begin{cases}\mathbb{Z}, & k=0,n,\\ H^k(M_1,\mathbb{Z})\oplus H^k(M_2,\mathbb{Z}), & 1\leqslant k\leqslant n-1.\end{cases} \tag{2.4.31}$$

(2) 当 M_1 与 M_2 至少有一个是不可定向时, 有

$$H_k(M,\mathbb{Z})=\begin{cases}\mathbb{Z}, & k=0,\\ H_k(M_1,\mathbb{Z})\oplus H_k(M_2,\mathbb{Z}), & 1\leqslant k\leqslant n-2,\\ H_k(M_1,\mathbb{Z})\oplus H_k(M_2,\partial M_2,\mathbb{Z}), & k=n-1,\\ 0, & k=n,\end{cases} \tag{2.4.32}$$

$$H^k(M,\mathbb{Z})=\begin{cases}\mathbb{Z}, & k=0,\\ H^k(M_1,\mathbb{Z})\oplus H^k(M_2,\mathbb{Z}), & 1\leqslant k\leqslant n-2,\\ H^k(M_1,\mathbb{Z})\oplus H^k(M_2,\partial M_2,\mathbb{Z}), & k=n-1,\\ \mathbb{Z}_2, & k=n.\end{cases} \tag{2.4.33}$$

证明 由条件 (2.4.29),

$$H_k(M_1\cap M_2)\approx H^k(M_1\cap M_2)=\begin{cases}\mathbb{Z}, & k=0,n,\\ 0, & \text{其他}.\end{cases}$$

此时 Mayer-Vietoris 下序列变为下面一系列正合序列:

$$\begin{aligned}0\to H_n(M)\xrightarrow{\partial_*}H_{n-1}(M_1\cap M_2)\xrightarrow{i_*}H_{n-1}(M_1)\oplus H_{n-1}(M_2)\\ \xrightarrow{r_*}H_{n-1}(M)\to 0,\end{aligned} \tag{2.4.34}$$

$$0\to H_k(M_1)\oplus H_k(M_2)\xrightarrow{r_*}H_k(M)\to 0,\quad 2\leqslant k\leqslant n-2, \tag{2.4.35}$$

$$\begin{aligned}0\to H_1(M_1)\oplus H_1(M_2)\xrightarrow{r_*}H_1(M)\xrightarrow{\partial_*}H_0(M_1\cap M_2)\\ \xrightarrow{i_*}H_0(M_1)\oplus H_0(M_2)\xrightarrow{r_*}H_0(M)\to 0.\end{aligned} \tag{2.4.36}$$

当 M_1,M_2 是可定向时, $M=M_1\#M_2$ 也是可定向的, 故

$$H_0(M,\mathbb{Z})=\mathbb{Z},\quad H_n(M,\mathbb{Z})=\mathbb{Z}.$$

由 (2.4.24) 可知

$$\partial_*:H_n(M)\to H_{n-1}(M_1\cap M_2)\ \text{是同构}.$$

因此, 由 (2.4.34) 与 (2.4.35) 的正合性可得

$$H_k(M)\simeq H_k(M_1)\oplus H_k(M_2),\quad 2\leqslant k\leqslant n-1.$$

此外知道

$$0\to H_0(M_1\cap M_2)\xrightarrow{i_*}H_0(M_1)\oplus H_0(M_2)\xrightarrow{r_*}H_0(M)\to 0$$

是一个短正合序列, 因此 (2.4.36) 的正合性意味着

$$H_1(M)\simeq H_1(M_1)\oplus H_1(M_2).$$

这样便证得 (2.4.30). 同理可证得 (2.4.31). 结论 (1) 得证.

当 M_1 与 M_2 至少有一个不可定向时, $M_1\#M_2$ 不可定向. 此外 (2.4.35) 总是成立. 因此, 只需证明 (2.4.32) 和 (2.4.33) 中 $k=n-1$ 情况.

由于 M 不可定向, 故

$$H_n(M) = 0.$$

此时 (2.4.34) 变为短正合序列

$$0 \to H_{n-1}(M_1 \cap M_2) \xrightarrow{i_*} H_{n-1}(M_1) \oplus H_{n-1}(M_2) \xrightarrow{r_*} H_{n-1}(M) \to 0. \tag{2.4.37}$$

注意到

$$H_{n-1}(M_1 \cap M_2) = H_{n-1}(\partial M_j) = H_{n-1}(S^{n-1}) = \mathbb{Z}.$$

再由定理 2.17, 有短正合序列

$$0 \to H_n(M_j, \partial M_j) \xrightarrow{\partial_*} \mathbb{Z} \xrightarrow{i_*} H_{n-1}(M_j) \to H_{n-1}(M_j, \partial M_j) \to 0. \tag{2.4.38}$$

此外, 由于 $\partial M_j = S^{n-1}$ $(j = 1, 2)$, 故

$$M_j/\partial M_j \simeq M_j \# D \text{ 是 } M_j \text{ 与闭盘子 } D \text{ 的粘接.}$$

并且 $M_j \# D$ 是个流形, 其定向与 M_j 一致. 因此

$$H_n(M_j, \partial M_j) \simeq H_n(M_j \# D) = \begin{cases} \mathbb{Z}, & M_j \text{ 可定向}, \\ 0, & M_j \text{ 不可定向}. \end{cases} \tag{2.4.39}$$

当 M_j 可定向时,

$$H_n(M_j, \partial M_j) \xrightarrow{\partial_*} H_{n-1}(\partial M_j) \text{ 是同构.}$$

于是从 (2.4.38) 可得

$$H_{n-1}(M_j) = H_{n-1}(M_j, \partial M_j), \quad \text{若 } M_j \text{ 可定向}. \tag{2.4.40}$$

当 M_j 不可定向时, 由 (2.4.39), 序列 (2.4.38) 变为短正合序列

$$0 \to \mathbb{Z} \xrightarrow{i_*} H_{n-1}(M_j) \to H_{n-1}(M_j, \partial M_j) \to 0. \tag{2.4.41}$$

M_j 的不可定向性意味着

$$\begin{aligned} &\partial M_j \# D = 2\Gamma, \\ &\partial M_j = 2\Gamma - \partial M_j, \end{aligned} \tag{2.4.42}$$

那里 $\Gamma \subset M_2$ 是一个 $n-1$ 维模 -2 下共轭元 (链), 等式左边是边缘同态, 右边 ∂M_j 是 M_j 的边界. 这就推出 Γ 是 M_j 的自由生成元, 即

$$\begin{aligned} H_{n-1}(M_j) &= \mathbb{Z}[\Gamma] \oplus \tilde{H}_{n-1}(M_j, \partial M_j) \\ &= \mathbb{Z} \oplus \tilde{H}_{n-1}(M_j, \partial M_j), \quad \text{当} M_j \text{不可定向}. \end{aligned} \tag{2.4.43}$$

而 (2.4.42) 意味着 2Γ 与 ∂M_j 在 M_j 中同调, 因此 (2.4.41) 中的同态 i_* 将 $H(\partial M_j)=\mathbb{Z}$ 映为

$$i_*(\mathbb{Z})=2\mathbb{Z}[\Gamma]=2\mathbb{Z}. \tag{2.4.44}$$

这样从 (2.4.41)~(2.4.44) 可推知

$$H_{n-1}(M_j,\partial M_j)=\tilde{H}(M_j,\partial M_j)\oplus\mathbb{Z}_2,\quad \text{当 } M_j \text{ 不可定向}. \tag{2.4.45}$$

当 M_1 是可定向, M_2 不可定向时, 将 (2.4.40) 和 (2.4.43) 代入 (2.4.37) 得

$$\begin{aligned}0\to H_{n-1}(\partial M_1)&\xrightarrow{i_*}H_{n-1}(M_1,\partial M_1)\oplus\mathbb{Z}[\Gamma]\oplus\tilde{H}_{n-1}(M_2,\partial M_2)\\&\hookrightarrow H_{n-1}(M)\to 0.\end{aligned}$$

由 (2.4.44), 从上面短正合序列和 (2.4.40) 及 (2.4.45) 推出

$$\begin{aligned}H_{n-1}(M)&=H_{n-1}(M_1,\partial M_1)\oplus\tilde{H}_{n-1}(M_2,\partial M_2)\oplus\mathbb{Z}_2\\&=H_{n-1}(M_1)\oplus H_{n-1}(M_2,\partial M_2).\end{aligned}$$

这就是 $k=n-1$ 的公式 (2.4.32).

当 M_1 与 M_2 都是不可定向时, 将 (2.4.45) 代入 (2.4.37) 得

$$\begin{aligned}0\to H_{n-1}(\partial M_1)&\xrightarrow{i_*}\mathbb{Z}\oplus\mathbb{Z}\oplus\tilde{H}_{n-1}(M_1,\partial M_1)\oplus\tilde{H}_{n-1}(M_2,\partial M_2)\\&\hookrightarrow H_{n-1}(M)\to 0.\end{aligned}$$

由 (2.4.44), 同态 $i_*:H_n(M_1\cap M_2)\to\mathbb{Z}\oplus\mathbb{Z}$ 为

$$i_*(\mathbb{Z})=\{(2a,2a)|\ a\in\mathbb{Z}\},\ \text{为 } \mathbb{Z}\oplus\mathbb{Z} \text{ 的对角线}.$$

因此从该短正合序列推出

$$H_{n-1}(M)=\mathbb{Z}_2\oplus\mathbb{Z}\oplus\tilde{H}(M_1,\partial M_1)\oplus\tilde{H}(M_2,\partial M_2).$$

再由 (2.4.43) 和 (2.4.45) 可得到 (2.4.32). 于是 (2.4.32) 得证.

关于公式 (2.4.33), 只需证明 $k=n-1$ 情况. 当 M_1 与 M_2 有一个是不可定向时, 由 Mayer-Vietoris 序列得

$$0\to H^{n-1}(M)\to H^{n-1}(M_1)\oplus H^{n-1}(M_2)\xrightarrow{I^*}H^{n-1}(\partial M_1)\to\mathbb{Z}_2\to 0. \tag{2.4.46}$$

由定理 2.17 的上同调序列可得, 当 M_j 可定向时, 有

$$0\to H^{n-1}(M_j,\partial M_j)\to H^{n-1}(M_j)\xrightarrow{i^*}H^{n-1}(\partial M_j)\to\mathbb{Z}\to 0. \tag{2.4.47}$$

当 M_j 不可定向时, 有

$$0 \to H^{n-1}(M_j, \partial M_j) \to H^{n-1}(M_j) \xrightarrow{i^*} H^{n-1}(\partial M_j) \to \mathbb{Z}_2 \to 0. \tag{2.4.48}$$

类似于 (2.4.40) 和 (2.4.43), 从 (2.4.47)~(2.4.48) 可推知

$$H^{n-1}(M_j) = \begin{cases} H^{n-1}(M_j, \partial M_j), & M_j \text{ 可定向}, \\ H^{n-1}(M_j, \partial M_j) \oplus \mathbb{Z}, & M_j \text{ 不可定向}. \end{cases} \tag{2.4.49}$$

注意到 (2.4.46) 的同态 I^* 与 (2.4.47) 和 (2.4.48) 的同态 i^* 关系为

$$I^* = (i^*, i^*).$$

并且 (2.4.47) 中 i^* 是零同态, (2.4.48) 中 i^* 为

$$i^*(H^{n-1}(M_j, \partial M_j) \oplus \mathbb{Z}) = i^*(\mathbb{Z}) = 2\mathbb{Z}.$$

因此, 类似于 (2.4.32) 的证明, 从 (2.4.46) 和 (2.4.49) 可证得 (2.4.33). 于是, 该定理得证.

注 2.25　根据公式 (2.4.40), (2.4.43), (2.4.45), 及 (2.4.49), 定理 2.19 中的公式可以表达得更容易使用. 记 $\tilde{M}_j = M_j \# D$, 则 $\tilde{M}_j (j = 1, 2)$ 都是 n 维流形. 此时 (2.4.30)~(2.4.33) 可改写如下.

当 M_1, M_2 都是可定向时,

$$H_k(M, \mathbb{Z}) = \begin{cases} \mathbb{Z}, & k = 0, n, \\ H_k(\tilde{M}_1, \mathbb{Z}) \oplus H_k(\tilde{M}_2, \mathbb{Z}), & 1 \leqslant k \leqslant n-1, \end{cases} \tag{2.4.50}$$

$$H^k(M, \mathbb{Z}) = \begin{cases} \mathbb{Z}, & k = 0, n, \\ H^k(\tilde{M}_1, \mathbb{Z}) \oplus H^k(\tilde{M}_2, \mathbb{Z}). & 1 \leqslant k \leqslant n-1. \end{cases} \tag{2.4.51}$$

当 M_1 是可定向, M_2 不可定向时,

$$H_k(M, \mathbb{Z}) = \begin{cases} \mathbb{Z}, & k = 0, \\ H_k(\tilde{M}_1, \mathbb{Z}) \oplus H_k(\tilde{M}_2, \mathbb{Z}), & 1 \leqslant k \leqslant n-1, \\ 0, & k = n, \end{cases} \tag{2.4.52}$$

$$H^k(M, \mathbb{Z}) = \begin{cases} \mathbb{Z}, & k = 0, \\ H^k(\tilde{M}_1, \mathbb{Z}) \oplus H^k(\tilde{M}_2, \mathbb{Z}), & 1 \leqslant k \leqslant n-1, \\ \mathbb{Z}_2, & k = n. \end{cases} \tag{2.4.53}$$

当 M_1 与 M_2 都不可定向时,

$$H_k(M,\mathbb{Z})=\begin{cases}\mathbb{Z}, & k=0,\\ H_k(\tilde{M}_1,\mathbb{Z})\oplus H_k(\tilde{M}_2,\mathbb{Z}), & 1\leqslant k\leqslant n-2,\\ \mathbb{Z}\oplus\mathbb{Z}_2\oplus\mathcal{H}_k(\tilde{M}_1,\mathbb{Z})\oplus\mathcal{H}_k(\tilde{M}_2,\mathbb{Z}), & k=n-1,\\ 0, & k=n,\end{cases}\tag{2.4.54}$$

$$H^k(M,\mathbb{Z})=\begin{cases}\mathbb{Z}, & k=0,\\ H^k(\tilde{M}_1,\mathbb{Z})\oplus H^k(\tilde{M}_2,\mathbb{Z}), & 1\leqslant k\leqslant n-2,\\ \mathbb{Z}\oplus H^k(\tilde{M}_1,\mathbb{Z})\oplus H^k(\tilde{M}_2,\mathbb{Z}), & k=n-1,\\ \mathbb{Z}_2, & k=n,\end{cases}\tag{2.4.55}$$

其中 $\mathcal{H}_{n-1}(\tilde{M}_i,\mathbb{Z})$ 为 $H_{n-1}(\tilde{M}_j,\mathbb{Z})$ 的子群,

$$H_{n-1}(\tilde{M}_j,\mathbb{Z})=\mathbb{Z}_2\oplus\mathcal{H}_{n-1}(\tilde{M}_j,\mathbb{Z}),\quad j=1,2.\tag{2.4.56}$$

后面的例 2.16 将表明公式 (2.4.50)~(2.4.56) 要更好使用.

现在考察余一维流形同调群计算问题. 令 M 是一个 n 维流形, 若 M 可嵌入到 R^{n+1} 中, 则称为余一维流形.

令 M 是一个紧连通 R^{n+1} 中余一维流形, 由 Alexander 的分离定理, M 是可定向的, 并且在 R^{n+1} 中存在一个紧的可定向带边流形 $N\subset R^{n+1}$ 使得 M 是 N 的边界 $M=\partial N$. 下面定理在 N 与它的边界 ∂N 同调群之间建立了联系.

定理 2.20 令 $M\subset R^{n+1}$ 是余一维紧流形, 它是 R^{n+1} 中一个 $n+1$ 维带边紧流形 N 的边界, 即 $M=\partial N$. 则 M 与 N 的同调群有如下公式:

$$\begin{aligned}&H_k(M,\mathbb{Z})=H_k(N,\mathbb{Z})\oplus H^{n-k}(N,\mathbb{Z}),\\ &H^k(M,\mathbb{Z})=H^k(N,\mathbb{Z})\oplus H_{n-k}(N,\mathbb{Z}).\end{aligned}\tag{2.4.57}$$

证明 这里只需证明 (2.4.57) 中第一个公式, 其上同调的公式证明方法是一样. 由定理 2.17 和注 2.21, 下面的图形是可交换的, 并且水平序列是正合的:

$$\begin{array}{ccccccc}\cdots\to & H_k(\partial N) & \xrightarrow{i_*} & H_k(N) & \xrightarrow{j_*} & H_k(N,\partial N) & \\ & \downarrow i_1 & & \downarrow i_2 & & \downarrow i_3 & \\ \cdots\to & H_k(R^{n+1}-\overset{\circ}{N}) & \xrightarrow{i_*} & H_k(R^{n+1}) & \xrightarrow{j_*} & H_k(R^{n+1},R^{n+1}-\overset{\circ}{N}) & \\ \overset{\partial_*}{\hookrightarrow} & H_{k-1}(\partial N) & \to & H_{k-1}(N) & \to\cdots & & \\ & \downarrow & & \downarrow & & & \\ \hookrightarrow & H_{k-1}(R^{n+1}-\overset{\circ}{N}) & \to & H_{k-1}(R^{n+1}) & \to\cdots & & \end{array}\tag{2.4.58}$$

其中 $\overset{\circ}{N}$ 是 N 的内部. 显然包含映射

$$i:(N,\partial N)\to(R^{n+1},\ R^{n+1}-\overset{\circ}{N})$$

诱导一个同构 (切除定理):

$$i_3: H_k(N,\partial N) \to H_k(R^{n+1}, R^{n+1} - \overset{\circ}{N}).$$

由 $H_k(R^{n+1}) = 0\ (k \geqslant 1)$, $H_0(N,\partial N) = 0$, 从交换性 $j_* \circ i_2 = i_3 \circ j_*$ 可以推出 $j_*: H_k(N) \to H_k(N,\partial N)$ 是零同态

$$j_*(H_k(N)) = 0, \quad \forall k \geqslant 0.$$

因此, 从 (2.4.58) 得到短正合序列

$$0 \to H_{k+1}(N,\partial N) \xrightarrow{\partial_*} H_k(\partial N) \xrightarrow{i_*} H_k(N) \to 0. \tag{2.4.59}$$

由 (2.4.20), 不存在 $\Gamma \in H_k(N,\partial N)$ 使得

$$\partial_* \Gamma = \alpha\sigma, \quad \alpha \geqslant 2.$$

因此 (2.4.59) 是分裂的. 于是有

$$H_k(\partial N) \simeq H_k(N) \oplus H_{k+1}(N,\partial N). \tag{2.4.60}$$

因为 N 是可定向的, 由 Lefschetz 对偶定理 (见下一节), 公式 (2.4.60) 等价于 (2.4.57) 的第一个公式. 定理证毕.

注 2.26　公式 (2.4.57) 对任意系数 G 都成立, 即

$$H_k(M,G) = H_k(N,G) \oplus H^{n-k}(N,G),$$
$$H^k(M,G) = H^k(N,G) \oplus H_{n-k}(N,G).$$

当取 $G = R$ 为实系数时, 有

$$\dim H_k(M,R) = \dim H_k(N,R) + \dim H_{n-k}(N,R).$$

这表明余一维流形的 Euler 示性数

$$\chi(M) = \sum_{k=0}^{n} (-1)^k \dim H_k(M,R) = 2\chi(N)$$

是一个偶数. 因此, 若一个可定向紧流形的示性数为奇数, 则它一定不是余一维流形. 例如 $\mathbb{C}P^n$ 的示性数为

$$\chi(\mathbb{C}P^n) = n + 1 \quad (\text{见例 } 2.10).$$

因此当 $n =$ 偶数时, $\mathbb{C}P^n$ 不能够嵌入到 R^{2n+1} 中.

最后给出几个例子来表明定理 2.19 和定理 2.20 的应用.

例 2.16 考虑 m 个 P^{2n} 之和 $M = P^{2n}\#\cdots\#P^{2n}$ 的同调群. 由例 2.9,

$$H_k(P^{2n}) = \begin{cases} \mathbb{Z}, & k=0, \\ \mathbb{Z}_2, & k=1,3,\cdots,2n-1, \\ 0, & \text{其他}. \end{cases} \tag{2.4.61}$$

此外, $M = M_1\#\cdots\#M_m$. 由注 2.23, $\tilde{M}_j = P^{2n}$ $(1 \leqslant j \leqslant m)$. 由公式 (2.4.56),

$$H_{2n-1}(\tilde{M}_j, \mathbb{Z}) = H_{2n-1}(P^{2n}) = \mathbb{Z}_2,$$

即 $\mathcal{H}_{2n-1}(\tilde{M}_j, \mathbb{Z}) = 0$. 故由 (2.4.54) 有

$$H_{2n-1}(M_1\#M_2, \mathbb{Z}) = \mathbb{Z}\oplus\mathbb{Z}_2.$$

然后归纳地可得

$$H_{2n-1}(M) = \underbrace{\mathbb{Z}\oplus\cdots\oplus\mathbb{Z}}_{m-1}\oplus\mathbb{Z}_2.$$

这样, 由 (2.4.61) 和 (2.4.54) 得到 $M = P^{2n}\#\cdots\#P^{2n}$ 的下同调群

$$H_k(M,\mathbb{Z}) = \begin{cases} \mathbb{Z}, & k=0, \\ \mathbb{Z}_2\oplus\cdots\oplus\mathbb{Z}_2 \ (M\text{个直和}), & k=1,3,\cdots,2n-3, \\ \mathbb{Z}\oplus\cdots\oplus\mathbb{Z}\oplus\mathbb{Z}_2 \ (m-1\text{个 } \mathbb{Z} \text{ 直和}), & k=2n-1, \\ 0, & \text{其他}. \end{cases}$$

P^{2n} 的上同调群为

$$H^k(P^{2n},\mathbb{Z}) = \begin{cases} \mathbb{Z}, & k=0, \\ \mathbb{Z}_2, & k=2,4,\cdots,2n, \\ 0, & \text{其他}. \end{cases}$$

然后从 (2.4.55) 可得

$$H^k(M,\mathbb{Z}) = \begin{cases} \mathbb{Z}, & k=0, \\ \mathbb{Z}_2\oplus\cdots\oplus\mathbb{Z}_2 \ (m\text{个直和}), & k=2,\cdots,2n-2, \\ \mathbb{Z}\oplus\cdots\oplus\mathbb{Z} \ (m-1\text{个直和}), & k=2n-1, \\ \mathbb{Z}_2, & k=2n, \\ 0, & \text{其他}. \end{cases}$$

例 2.17 令 M 是一个 n 维流形, 它可嵌入到 R^{n+m} 中. 由管形邻域定理 (定理 1.17), M 在 R^{n+m} 中存在一个管形邻域 N_m. 记

$$E_M = \partial N_M,$$

则 E_M 是一个余一维流形, 它是以 M 为底空间, S^{m-1} 为纤维的纤维丛:

$$\begin{array}{c} S^{m-1} \to E_M \\ \downarrow \\ M \end{array} \tag{2.4.62}$$

因为 M 是它的管形邻域 N_M 的收敛核, 也就是说 M 与 N_M 同伦等价, 它们的同调群相等. 因而由定理 2.20,

$$\begin{aligned} H_k(E_M,\mathbb{Z}) &= H_K(M,\mathbb{Z}) \oplus H^{n+m-k-1}(M,\mathbb{Z}), \\ H^k(E_M,\mathbb{Z}) &= H^k(M,\mathbb{Z}) \oplus H_{n+m-k-1}(M,\mathbb{Z}). \end{aligned} \tag{2.4.63}$$

因为纤维丛 E_M 是可定向的, 如果 M 是不可定向流形, 则纤维丛 (2.4.62) 肯定没有截面因而它不是正则纤维丛. 然而当 M 是可定向时, 纤维丛 (2.4.62) 就存在截面, 这说明 M 的法丛 $TM^{\perp}$(与管形邻域 N_M 同构) 存在一个处处非零截面. 下面就从 (2.4.63) 来证明这一点.

只需证明关于纤维丛 (2.4.62) 的 Künneth 公式成立. 因为纤维 $F = S^{m-1}$ 是球面, $H_k(S^{m-1},\mathbb{Z})$ 是自由群. 故 (2.4.62) 的 Künneth 公式如果成立, 则它应该是

$$\begin{aligned} H_k(E_M,\mathbb{Z}) &= \oplus_{p+q=k} H_p(M) \otimes H_q(S^{m-1}) \\ &= H_k(M) \otimes H_0(S^{n-1}) \oplus H_{k+1-m}(M) \times H_{m-1}(S^{m-1}) \\ &= H_k(M) \oplus H_{k+1-m}(M). \end{aligned} \tag{2.4.64}$$

另一方面, 由 Poincaré 对偶定理 (参见下一节),

$$H^{n+m-k-1}(M,\mathbb{Z}) = H_{k+1-m}\ (M,\mathbb{Z}) \quad (\text{因为} M \text{可定向}),$$

(2.4.63) 的第一个公式变为

$$H_k(E_M,\mathbb{Z}) = H_k(M) \oplus H_{k+1-m}(M),$$

这就是与 (2.4.62) 的 Künneth 公式 (2.4.64) 一致. 因此推知当 M 是可定向时, M 在 R^{n+k} 的法丛 $TM^{\perp}$ 存在非零截面.

例 2.18 P^{2n} 可嵌入到 R^{4n} 中. 令 N^{4n} 是 P^{2n} 在 R^{4n} 中的管形邻域, $E^{4n-1} = \partial N^{4n}$ 是 N^{4n} 的边界, 则由 (2.4.63) 可知

$$\begin{aligned} H_k(E^{4n-1},\mathbb{Z}) &= H_k(P^{2n},\mathbb{Z}) \oplus H^{4n-k-1}(P^{2n},\mathbb{Z}) \\ &= \begin{cases} \mathbb{Z}, & k = 0, 4n-1, \\ \mathbb{Z}_2, & k = 1, \cdots, 2n-3, 2n+1, \cdots, 4n-3, \\ \mathbb{Z}_2 \oplus \mathbb{Z}_2, & k = 2n-1, \\ 0, & \text{其他}, \end{cases} \end{aligned}$$

$$
\begin{aligned}
H^k(E^{4n-1},\mathbb{Z}) &= H^k(P^{2n},\mathbb{Z}) \oplus H_{4n-k-1}(P^{2n},\mathbb{Z}) \\
&= \begin{cases} \mathbb{Z}, & k=0,4n-1, \\ \mathbb{Z}_2, & k=2,\cdots,2n-2,2n+2,\cdots,4n-2, \\ \mathbb{Z}_2\oplus\mathbb{Z}_2, & k=2n, \\ 0 & \text{其他}. \end{cases}
\end{aligned}
$$

一个 n 维流形 M 被嵌入到 R^{n+m} 中, 它的管形邻域 N^{n+m} 的边界被称为 M 在 R^{n+m} 中的管形流形, 它的同调群由 (2.4.63) 给出.

2.5 流形的对称性

2.5.1 引言

当 M 是一个紧流形时, 它的紧共轭元成对出现, 这就是 M 的共轭偶 (Γ^k,π^{n-k}). 这些共轭偶产生一种自然的对应关系

$$
\Gamma^k \leftrightarrow \pi^{n-k}. \tag{2.5.1}
$$

事实上这种对应关系蕴含着紧流形丰富的拓扑信息, 那就是共轭对称性. 此外, 根据同调群的几何化定理, 对应关系 (2.5.1) 意味着在上、下同调群 $H^k(M,G)$ 与 $H_{n-k}(M,G)$ 之间存在一种对偶性. 上述这些内容构成这一节的中心课题, 即后面将要介绍的共轭对称性定理、Poincaré 对偶、带边流形上的 Lefschetz 对偶性, 以及球面上配对拓扑空间的 Alexander 对偶定理. 这一节始终假设 M 是紧流形.

为了事先具备一些感性认识, 先从一些已知的现象和例子进入这一课题. 观察公式 (2.4.63) 可以发现, 任一个 n 维紧流形 M 在 R^{n+m} 中的管形流形 E_M 是一个 $r=n+m-1$ 维可定向流形, 其上、下同调群之间具有如下关系

$$
H_k(E_M,\mathbb{Z}) \simeq H^{r-k}(E_M,\mathbb{Z}), \quad r=\dim E_M, \quad \forall k. \tag{2.5.2}
$$

上面的对偶同构并不是一个特殊现象, 它是可定向紧流形的一种普遍性质. 从下面两个例子可进一步加深这种印象.

在例 2.10 中可以看到, 复投影空间 $\mathbb{C}P^n$ 的下同调群为

$$
H_k(\mathbb{C}P^n,\mathbb{Z}) = \begin{cases} \mathbb{Z}, & k=0,2,\cdots,2n, \\ 0, & \text{其他}. \end{cases}
$$

再由定理 2.12 可得 $\mathbb{C}P^n$ 的上同调群为

$$
H^k(\mathbb{C}P^n,\mathbb{Z}) = \begin{cases} \mathbb{Z}, & k=0,2,\cdots,2n, \\ 0, & \text{其他}. \end{cases}
$$

对比上述两个同调群很容易看出

$$H_k(\mathbb{C}P^n,\mathbb{Z})\simeq H^{2n-k}(\mathbb{C}P^n,\mathbb{Z}),\quad \dim\mathbb{C}P^n=2n. \tag{2.5.3}$$

再考察透镜空间 $L^{2n+1}(p,Q)$, 简记为 L^{2n+1}. 在例 2.11 中,

$$H_k(L^{2n+1},\mathbb{Z})=\begin{cases}\mathbb{Z}, & k=0,2n+1,\\ \mathbb{Z}_p, & k=1,3,\cdots,2n-1,\\ 0, & \text{其他}.\end{cases}$$

从上下同调群关系定理可得

$$H^k(L^{2n+1},\mathbb{Z})=\begin{cases}\mathbb{Z}, & k=0,2n+1,\\ \mathbb{Z}_p, & k=2,4,\cdots,2n,\\ 0, & \text{其他}.\end{cases}$$

我们又一次发现

$$H_k(L^{2n+1},\mathbb{Z})\simeq H^{2n+1-k}(L^{2n+1},\mathbb{Z}). \tag{2.5.4}$$

综合 (2.5.2)~(2.5.3) 可以总结出一个规律, 对于一个 n 维可定向紧流形 M, 其上、下同调群之间有如下对偶同构

$$H_k(M,\mathbb{Z})\simeq H^{n-k}(M,\mathbb{Z}). \tag{2.5.5}$$

这就是后面将介绍的 Poincaré 对偶定理.

其实 (2.5.5) 的对偶背后还有更深的内涵. 注意到对应关系 (2.5.1), 在那里当 M 是可定向时, 有下面对称性

$$\begin{aligned}&\Gamma^k\ \text{是自由的共轭元}\ \Leftrightarrow \pi^{n-k}\text{是自由共轭元},\\ &\Gamma^k\ \text{是模}-p\text{上共轭元}\ \Leftrightarrow \pi^{n-k}\text{是模}-p\text{下共轭元}.\end{aligned} \tag{2.5.6}$$

正是这种共轭结构的对称性决定了 (2.5.5) 的对偶性. 在下一小节中将证明比 (2.5.6) 更细致的共轭对称性定理.

证明上述定理的关键是采用共轭元组成的链群取代单纯复形链群. 为此, 需要回忆共轭元几何化的一些基本性质, 它们是证明共轭对称性以及同调群对偶定理的主要工具.

所谓共轭元的几何化就是将 M 的共轭元 Γ 视为基本上链与下链, 因而上、下边缘算子 δ 和 ∂ 可作用在 Γ 上. 将 Γ 看作是上基本链时, 它的形式化表达式由 (2.3.36) 给出. 这样, 对于由 (2.3.47) 定义的上链乘积, 从 (2.3.48) 的证明过程可推出两个共轭元 Γ 与 π 的上链乘积满足如下公式

$$\delta(\Gamma\times\pi)=\delta\Gamma\times\pi+(-1)^p\Gamma\times\delta\pi,\quad p=\dim\Gamma. \tag{2.5.7}$$

注意到, 作为拓扑空间, 它们对偶积 $\Gamma*\pi$ 在上链中对应着 $\Gamma\times\pi$. 因而公式 (2.5.7) 反映了上积结构与下积结构的差异, 因为关于下积一般 $\partial(\Gamma\times\pi)\neq\partial\Gamma\times\pi+(-1)^p\Gamma\times\partial\pi$, 除非 $\Gamma*\pi(=\Gamma\times\pi)$ 是正则对偶积.

$$\begin{cases}\partial\Gamma^k=0\delta\Gamma^k=0 & \Leftrightarrow \Gamma^k \text{ 是自由共轭元},\\ \partial\pi^{k+1}=r\Gamma^k & \Leftrightarrow \delta\Gamma^k=r\pi^{k+1}.\end{cases}\tag{2.5.8}$$

然后定义下共轭链群为

$$D_k(M,G)=\left\{\sum_i\alpha_i\Gamma_i|\ \alpha_i\in G,\ \Gamma_i \text{ 是 } k \text{ 维紧共轭元的基本下链}\right\},$$

上共轭链群为

$$D^k(M,G)=\left\{\sum_j\beta_j\pi_j|\ \beta_j\in G,\ \pi_j \text{ 为 } k \text{ 维紧共轭元的基本上链}\right\},$$

也就是说, k 维上、下共轭链群都是以某个 G 群作系数, 以所有 k 维共轭元作基底的自由生成群, 上和下的差异仅在于将共轭元视为上和下基本链. 需要说明的是, 共轭链群中每个生成元是作为共轭元的等价类看待. 因此对于一个流形 M,

$$\dim D_k(M,G)=\dim D^k(M,G)=k \text{ 维紧共轭元 (类) 数}.$$

特别地, 当 M 是紧流形时 $D^k(M,G)$ 与 $D_k(M,G)$ 是互为对偶群, 即

$$\begin{aligned}&D^k(M,G)=\mathrm{Hom}(D_k(M,G),G),\\&D_k(M,G)=\mathrm{Hom}(D^k(M,G),G).\end{aligned}\tag{2.5.9}$$

其 k 维共轭元全体 $\{\Gamma_1,\cdots,\Gamma_m\}$ 为它们的共轭基

$$\langle\Gamma_i,\Gamma_j\rangle=\begin{cases}1, & \text{对 } i=j,\\ 0, & \text{对 } i\neq j.\end{cases}\tag{2.5.10}$$

上述性质 (2.5.9) 和 (2.5.10) 从共轭元的上链公式 (2.3.36) 可以得到验证.

令 M 是一个紧流形, 我们定义一个同态如下

$$\begin{aligned}&h:D^k(M,G)\times D^{n-k}(M,G)\to G,\\&h(\sigma\times\pi)=\langle\sigma\times\pi,M\rangle,\quad \sigma\in D^k(M,G),\ \pi\in D^{n-k}(M,G),\end{aligned}\tag{2.5.11}$$

其中乘积 $\sigma\times\pi$ 是与 2.3.4 节中的定义相同. 由 (2.5.11) 可诱导出一个同态

$$h_*:D^k(M,G)\to D_{n-k}(M,G),\tag{2.5.12}$$

其定义为：$h_*(\sigma) \in D_{n-k}(M,G)$ 按如下意义

$$\langle \pi, h_*(\sigma) \rangle = \langle \sigma \times \pi, M \rangle, \quad \forall \pi \in D^{n-k}(M,G),$$

这里 $\sigma \in D^k(M,G)$. 关于同态 h_* 有下面引理.

引理 2.5　令 M 是一个 n 维流形. 则有下面结论：

(1) 当 M 可定向时, 对任何交换环 G 由 (2.5.11) 给出的 h_* 是一个同构, 并且关于下面图表是可交换的：

$$\begin{array}{ccc} D^{k-1}(M,G) & \xrightarrow{h_*} & D_{n+1-k}(M,G) \\ \delta \downarrow & & \partial \downarrow \\ D^k(M,G) & \xrightarrow{h_*} & D_{n-k}(M,G) \end{array} \tag{2.5.13}$$

即 $\partial \circ h_* = (-1)^k h_* \circ \delta$.

(2) 当 M 不可定向时, 对 $G = \mathbb{Z}_2$ 群 (2.5.13) 的 h_* 是一个同构并且 (2.5.13) 是可交换的.

证明　h_* 的同构性由 (2.5.9) 和 (2.5.10) 以及共轭偶 (2.5.1) 的一一对应直接推出. 当 M 是可定向时, 由 (2.5.7) 可推知对 $\sigma \in D^{k-1}(M,G)$,

$$\begin{aligned} \langle h_*(\delta\sigma), \pi \rangle &= \langle \delta\sigma \times \pi, M \rangle \\ &= (-1)^k \langle \sigma \times \delta\pi, M \rangle \quad (\text{由}\partial M = 0), \\ \langle \partial \circ h_*(\sigma), \pi \rangle &= \langle h_*(\sigma), \delta\pi \rangle \\ &= \langle \sigma \times \delta\pi, M \rangle, \quad \forall \pi \in D^{n-k}(M,G). \end{aligned}$$

于是推得

$$\partial \circ h_* = (-1)^k h_* \circ \delta.$$

因此结论 (1) 得证.

当 M 不可定向时

$$\partial M = 2\Gamma, \quad \Gamma \text{ 是一个 } n-1 \text{ 维共轭元.}$$

然后有

$$\begin{aligned} \langle h_*(\delta\sigma), \pi \rangle &= \langle \delta(\sigma \times \pi), M \rangle + (-1)^k \langle \sigma \times \delta\pi, M \rangle \\ &= 2\langle \sigma \times \pi, \Gamma \rangle + (-1)^k \langle \sigma \times \delta\pi, M \rangle \\ &= (-1)^k \langle \sigma \times \delta\pi, M \rangle \ \mathrm{mod}(2). \end{aligned}$$

因此, 在 $\mathbb{Z}_2$ 系数下 (2.5.13) 是可交换的. 引理证毕.

引理 2.5 在共轭对称性定理及 Poincaré 对偶定理的证明中起到关键性的作用. 特别地, 在共轭偶 (2.5.1) 的对应下, (2.5.13) 的同态可以明显表达出来. 即对任一共轭元 $\sigma \in D^k(M,G)$, 唯一存在 $\pi \in D_{n-k}(M,G)$ 使得

$$\begin{cases} (\sigma,\pi) = M \text{ 的共轭偶, 则} \\ h_*(\sigma) = \pi. \end{cases} \tag{2.5.14}$$

2.5.2 共轭结构的对称性定理

从引理 2.5 和 (2.5.14) 立刻可以推出可定向流形 M 的共轭对称性结论 (2.5.6). 然而这是一个很粗的结果. 为了得到更精细的对称性, 需要引入共轭元指标概念. 此时只限制于正则流形范围. 正如在注 2.6 中所说的那样, 可能所有流形都是正则的.

首先回忆两个共轭元 Γ, π 正则对偶积的概念. Γ 与 π 的对偶积 $\Gamma * \pi$ 是 M 中由 (2.2.2) 定义的拓扑空间, 称该对偶积是正则的, 若对边缘算子 ∂ 满足反导律, 即

$$\partial(\Gamma * \pi) = \partial\Gamma * \pi + (-1)^{\dim \Gamma}\Gamma * \partial\pi. \tag{2.5.15}$$

显然笛卡儿积 $\Gamma \times \pi$ 是正则对偶积. 因此正则对偶积是笛卡儿积的推广.

一个共轭元可以是若干共轭元的对偶积. 如果 Γ 是 $m \geqslant 2$ 个非自由共轭元 (即上、下共轭元) 的正则对偶积

$$\Gamma = \Gamma_1 * \cdots * \Gamma_m, \tag{2.5.16}$$

则 Γ 称为是复合共轭元, 否则称为是单共轭元. 若 (2.5.16) 中每个 Γ_i $(1 \leqslant i \leqslant m)$ 都是单的, 则称 Γ 的阶数为 m. 单共轭元是一阶的, 并且一定是上或下共轭元. 反过来, 一个上或下共轭元不一定是单的. 例如, 两个下共轭元的正则对偶积 $\sigma_1 * \sigma_2$ 仍是一个下共轭元, 但不是单的. 同样, 一个上共轭元 Γ 与任一个共轭元的正则对偶积 $\Gamma * \sigma$ 还是上共轭元. 自由共轭元的阶数被规定为零. 于是有公式

$$\Gamma_1 * \Gamma_2 \text{ 阶数} = \Gamma_1 \text{ 阶数} + \Gamma_2 \text{ 阶数},$$

其中 $*$ 是正则对偶积.

令 M 是 n 维正则流形. 由定义, 若 Γ 是 M 的一个如 (2.5.16) 的 m 阶共轭元, 则 $\Gamma_1, \cdots, \Gamma_m$ 及其任意个组合的正则对偶积存在, 并且仍是 M 的共轭元. 为了定义指标, 将 M 的所有一阶共轭元按一个指定顺序和规则排成下面两行

$$\begin{pmatrix} \sigma_1, \cdots, \sigma_r \\ \pi_1, \cdots, \pi_r \end{pmatrix}, \tag{2.5.17}$$

其中上排的元素都是一阶上共轭元, 下排为一阶下共轭元, 并且对每个下标 j,

$$\partial\sigma_j = r_j\pi_j, \quad r_j \geqslant 2, \quad 1 \leqslant j \leqslant r. \tag{2.5.18}$$

这样, 每个 m ($\geqslant 1$) 阶的共轭元可表示为 (顺序变换只造成定向变化)

$$\Gamma = \sigma_{i_1} * \cdots * \sigma_{i_s} * \pi_{j_1} * \cdots * \pi_{j_t}, \quad s+t=m, \tag{2.5.19}$$

其中 σ_i 与 π_j 是如 (2.5.17) 中的共轭元. 此时, 由 (2.5.15) 和 (2.5.7) 有

$$\partial\Gamma = \sum_{j=1}^{r}(-1)^{k_1\cdots k_{j-1}}\alpha_j X_j, \quad \delta\Gamma = \sum_{j=1}^{r}(-1)^{p_1\cdots p_{j-1}}\beta_j Y_j. \tag{2.5.20}$$

这里 $k_i = \dim\sigma_i$, $p_j = \dim\pi_j$,

$$\alpha_j = \begin{cases} r_{i_k}, & 若 j = i_k\ (1 \leqslant k \leqslant s),\ i_k\ 如(2.5.19), \\ 0, & 否则, \end{cases}$$

$$\beta_j = \begin{cases} r_{j_k}, & 若 j = j_k\ (1 \leqslant k \leqslant t),\ j_k 如(2.5.19), \\ 0, & 否则, \end{cases} \tag{2.5.21}$$

其中 r_j 如 (2.5.18).

定义 M 共轭元的指标如下.

定义 2.13 令 M 是一个正则流形, Γ 是 M 的一个共轭元. 当 M 可定向时, Γ 的指标定义如下

$$\mathrm{Ind}(\Gamma) = \begin{pmatrix} \alpha_1, \cdots, \alpha_r \\ \beta_1, \cdots, \beta_r \end{pmatrix}, \tag{2.5.22}$$

其中 α_i, β_j 如 (2.5.20)~(2.5.21). 特别地, 当 Γ 是自由时规定 Γ 指标为零. 定义 Γ 的上指标 $\mathrm{Ind}^s(\Gamma)$ 和下指标 $\mathrm{Ind}_l(\Gamma)$ 为

$$\begin{aligned} &\mathrm{Ind}^s(\Gamma) = (\alpha_1, \cdots, \alpha_r), \\ &\mathrm{Ind}_l(\Gamma) = (\beta_1, \cdots, \beta_r). \end{aligned} \tag{2.5.23}$$

当 M 不可定向时, Γ 指标定义为

$$\begin{aligned} &\mathrm{Ind}(\Gamma) = \begin{pmatrix} \alpha_1, \cdots, \alpha_r \\ \beta_1, \cdots, \beta_r \end{pmatrix}, \ \mathrm{mod}(2), \\ &\mathrm{Ind}^s(\Gamma) = (\alpha_1, \cdots, \alpha_r), \ \mathrm{mod}(2), \\ &\mathrm{Ind}_l(\Gamma) = (\beta_1, \cdots, \beta_r), \ \mathrm{mod}(2). \end{aligned} \tag{2.5.24}$$

它们分别称为 Γ 的 $\mathbb{Z}_2$ 指标, $\mathbb{Z}_2$ 上指标与下指标, 这里 α_i, β_j 是 (2.5.21) 的模 -2 整数, 即

$$\alpha_j = \begin{cases} 1, & r_j = 奇数, \\ 0, & r_j = 偶数, \end{cases} \qquad \beta_j = \begin{cases} 1, & r_j = 奇数, \\ 0, & r_j = 偶数. \end{cases}$$

Γ 被称为是 $\mathbb{Z}_2$ 自由的, 若指标 $\mathrm{Ind}(\Gamma) = 0 \bmod(2)$.

显然共轭元指标 (2.5.22)~(2.5.24) 依赖于 (2.5.17) 的排列顺序, 但它们之间仅相差一个置换. 两个共轭元 Γ 与 π 的指标被称为是相等的, 如果存在一个置换 P 使得

$$\mathrm{Ind}(\Gamma) = P[\mathrm{Ind}(\pi)].$$

该等价概念对上、下指标也成立. 容易看出, 对于非自由共轭元, 其指标与共轭元类是一对一的. 然而上、下指标不是这样.

下面给出的是正则流形的共轭对称性定理.

定理 2.21 令 M 是一个 n 维正则紧流形, Σ^k 与 Γ^{n-k} 分别为 k 维和 $n-k$ 维共轭元. 则下面结论成立:

(1) 当 M 可定向时, 若 (Σ^k, Γ^{n-k}) 是共轭偶, 则

$$\Sigma^k \text{ 是自由的 } \Leftrightarrow \Gamma^{n-k} \text{ 是自由的}. \tag{2.5.25}$$

当 Σ^k 与 Γ^{n-k} 是非自由时, (Σ^k, Γ^{n-k}) 是共轭偶的充要条件是

$$\begin{aligned} \mathrm{Ind}_l(\Sigma^k) &= \mathrm{Ind}^s(\Gamma^{n-k}), \\ \mathrm{Ind}^s(\Sigma^k) &= \mathrm{Ind}_l(\Gamma^{n-k}), \end{aligned} \tag{2.5.26}$$

即 Σ^k 与 Γ^{n-k} 的上、下指标互为交错相等.

(2) 当 M 不可定向时, 如果 (Σ^k, Γ^{n-k}) 是共轭偶, 则

$$\Sigma^k \text{ 是 } \mathbb{Z}_2 \text{ 自由的 } \Leftrightarrow \Gamma^{n-k} \text{ 是 } \mathbb{Z}_2 \text{ 自由的}. \tag{2.5.27}$$

当 Σ^k 与 Γ^{n-k} 是非 $\mathbb{Z}_2$ 自由时, (Σ^k, Γ^{n-k}) 是共轭偶的充要条件为

$$\begin{aligned} \mathrm{Ind}_l(\Sigma^k) &= \mathrm{Ind}^s(\Gamma^{n-k}) \quad \bmod(2), \\ \mathrm{Ind}^s(\Sigma^k) &= \mathrm{Ind}_l(\Gamma^{n-k}) \quad \bmod(2). \end{aligned} \tag{2.5.28}$$

证明 假设 Σ^k 的指标为

$$\mathrm{Ind}(\Sigma^k) = \begin{pmatrix} \alpha_1, \cdots, \alpha_r \\ \beta_1, \cdots, \beta_r \end{pmatrix}. \tag{2.5.29}$$

则由 (2.5.20) 知

$$\begin{aligned} \partial \Sigma^k &= \sum_{j=1}^{r} (-1)^{k_1 \cdots k_{j-1}} \alpha_j X_j, \\ \delta \Sigma^k &= \sum_{j=1}^{r} (-1)^{p_1 \cdots p_{j-1}} \beta_j Y_j. \end{aligned}$$

令 Γ^{n-k} 是 Σ^k 的对偶共轭元. 则有

$$\begin{aligned} h_*(\Sigma^k) &= \Gamma^{n-k}, \quad \text{当 } \Sigma^k \text{ 作为上链时}, \\ h_*(\Gamma^{n-k}) &= \Sigma^k, \quad \text{当 } \Gamma^{n-k} \text{ 作为上链时}. \end{aligned} \tag{2.5.30}$$

对于同构 $h_*: D^k(M,G) \to D_{n-k}(M,G)$, 由引理 2.5, 有

$$\partial \circ h_* = (-1)^{k+1} h_* \circ \delta. \tag{2.5.31}$$

将 (2.5.31) 作用到 (2.5.30) 可得

$$\begin{aligned} \partial h_*(\Sigma^k) &= \partial \Gamma^{n-k} = (-1)^{k+1} h_*(\delta \Sigma^k) = (-1)^{k+1} \sum_{j=1}^{r} (-1)^{p_1 \cdots p_{j-1}} \beta_j h_*(Y_j), \\ \partial h_*(\Gamma^{n-k}) &= (-1)^{n-k+1} h_*(\delta \Gamma^{n-k}) \\ &= (-1)^{n-k+1} \partial \Sigma^k = (-1)^{n-k+1} \sum_{j=1}^{r} (-1)^{k_1 \cdots k_{j-1}} \alpha_j X_j. \end{aligned}$$

令 Γ_j 与 Y_j 共轭, π_j 与 X_j 共轭. 则从上式可得

$$\begin{aligned} \partial \Gamma^{n-k} &= (-1)^{k+1} \sum_{j=1}^{r} (-1)^{p_1 \cdots p_{j-1}} \beta_j \Gamma_j, \\ \delta \Gamma^{n-k} &= (-1)^{n-k+1} \sum_{j=1}^{r} (-1)^{k_1 \cdots k_{j-1}} \alpha_j \pi_j. \end{aligned}$$

由定义 2.13, Γ^{n-k} 的指标为

$$\mathrm{Ind}(\Gamma^{n-k}) = \begin{pmatrix} \beta_1, \cdots, \beta_r \\ \alpha_1, \cdots, \alpha_r \end{pmatrix}.$$

将此公式与 (2.5.29) 对比就发现 Σ^k 与 Γ^{n-k} 共轭的必要条件是 (2.5.25)~(2.5.26) 或 (2.5.27)~(2.5.28) 成立. 因而对于自由 ($\mathbb{Z}_2$ 自由) 共轭元, 定理结论自然成立. 对于非自由 (非 $\mathbb{Z}_2$ 自由) 共轭元, 由于指标与共轭元一一对应, 因而充分性结论也成立. 定理证毕.

由定理 2.21, 再结合同调几何化定理, 我们能够理解为什么会有下面将介绍的 Poincaré 对偶定理. 特别地, 该定理关于紧流形拓扑结构方面提供了精细的信息, 它具有简单、基本、非平凡的特点.

2.5.3　Poincaré 对偶

Poincaré 对偶定理是公认的拓扑学中最基本结果之一. 其原始形式是说, 一个 n 维可定向紧流形的 k 维与 $n-k$ 维同调自由子群同构, 而 k 维与 $n-k-1$ 维挠子群同构. 现在它被表述为下面形式.

定理 2.22 令 M 是一个 n 维紧流形. 则有如下结论:

(1) 当 M 是可定向时, 对任意系数群 G 有同构

$$H_k(M,G) \simeq H^{n-k}(M,G), \quad \text{对所有整数 } k.$$

(2) 当 M 是不可定向时, 对 $G=\mathbb{Z}_2$ 群有同构

$$H_k(M,\mathbb{Z}_2) \simeq H^{n-k}(M,\mathbb{Z}_2), \quad \forall k \in \mathbb{Z}.$$

证明 根据同调几何化定理 (定理 2.7 和定理 2.11), 从引理 2.5 很容易证得该定理. 这是因为 (2.5.13) 的可交换性, 使得同构

$$h_*: D^{n-k}(M,G) \to D_k(M,G)$$

将自由共轭元映到自由共轭元, 将模 $-p$ 上共轭元 (链) 映到模 $-p$ 下共轭元 (链), 并且是一一的. 因而 h_* 诱导出上述同构. 定理 2.22 也可由同调几何化及共轭对称性定理推出. 对共轭偶 (Σ^k, Γ^{n-k}), 几何化定理说

$$\begin{cases} [\Sigma^k] \in H_k(M,G) \text{ 是一个生成元}, & \text{当 } \partial\Sigma^k = 0, \\ [\Gamma^{n-k}] \in H^{n-k}(M,G) \text{ 为生成元}, & \text{当 } \delta\Gamma^{n-k} = 0, \end{cases}$$

$$[\partial\Sigma^{k+1}] \in H_k(M,G) \text{ 是生成元}, \quad \text{当 } \partial\Sigma^{k+1} \neq 0,$$

$$[\delta\Gamma^{n-k-1}] \in H^{n-k}(M,G) \text{ 是生成元}, \quad \text{当 } \delta\Gamma^{n-k} \neq 0.$$

由定理 2.21, Σ^k 与 Γ^{n-k} 的上、下指标交错相等意味着 $[\Sigma^k]$ 与 $[\Gamma^{n-k}]$ 作为自由子群与挠子群的生成元其类别是一样的. 因而定理证毕.

注 2.27 关于 Poincaré 对偶定理证明的经典方法可参见文献 [16]. 事实上, 引理 2.5 的基本精神与 Poincaré 对偶定理的经典证明思想在本质上是一致的. 关于实系数的对偶性证明较为简单, 可参考文献 [2], 在那里是针对 de Rham 同调群进行的, 其方法是采用 Mayer-Vietoris 序列与五引理.

2.5.4 带边流形的共轭结构及其对称性

类似于无边流形, 对于带边流形同样可以建立共轭结构及其对称性理论. 令 M 是一个 n 维带边流形. $\Gamma \subset M$ 称为是一个 k 维结构元, 若 Γ 是 k 维可剖分空间, 在 M 中不可缩, 也不存在拓扑空间 $\Sigma \subset M$ 使得 $\partial\Sigma = \Gamma$, 并且

$$\partial\Gamma \subset \partial M.$$

两个结构元 Γ_1 与 Γ_2 称为属于同一个等价类, 若 Γ_1 与 Γ_2 同胚并且在 M 中同伦.

定义 2.14 令 M 是一个 n 维带边流形. M 的一个结构元等价类 $[\Gamma^k]$ 称为 k 维共轭元, 若存在一个 $n-k$ 维结构元等价类 $[\pi^{n-k}]$ 使得在每一点 $p \in \Gamma^k$, 存在一个 π_p^{n-k} 使得 Γ^k 与 π_p^{n-k} 在 p 点相交, 并且

$$\Gamma^k \pitchfork_p \pi_p^{n-k}, \quad \forall p \in \Gamma^k,$$

特别地, 若 $\partial\Gamma^k \neq \varnothing$, 则对任 $p \in \partial\Gamma^k$, $\pi_p^{n-k} \subset \partial M$ 与 $\partial\Gamma^k$ 在 p 点横截相交. 此时 (Γ^k, π^{n-k}) 称为 M 的一个共轭偶.

由定义 2.14 立刻推得下面引理.

引理 2.6 令 M 是一个带边流形, (Γ^k, π^{n-k}) 是它的一个共轭偶. 若 $\partial\Gamma^k \neq \varnothing$, 则 $[\pi^{n-k}]$ 中有代表元 $\pi^{n-k} \subset \partial M$, 使得 $(\partial\Gamma^{n-k}, \pi^{n-k})$ 是 ∂M 的一个共轭偶. 此时 π^{n-k} 一定是无边的共轭元.

引理 2.6 告诉我们, 带边流形的共轭偶中只允许有一个共轭元可以带边, 此时另一个共轭元一定是与 ∂M 的一个共轭元同伦. 如果一个共轭偶的两个共轭元都不带边, 则该共轭偶与无边流形的共轭偶意义相同.

同样地, 关于带边流形可引入正则性的概念.

定义 2.15 令 $\Gamma \subset M$ 是一个紧共轭元. 如果下面条件成立, 则 M 称为是一个正则的带边流形:

(1) M 所有紧共轭元及其组合为其同调群 $H_k(M, \mathbb{Z})$ 和相对同调群 $H_k(M, \partial M, \mathbb{Z})$ 提供完备的生成基;

(2) Γ 在上、下边缘算子作用下, 如果

$$\begin{aligned} &\partial\Gamma = \Gamma \cap \partial M + \alpha_1\sigma_1 + \cdots + \alpha_m\sigma_m, && \alpha_j \neq 0,\ 1 \leqslant j \leqslant m, \\ &\delta\Gamma = \beta_1 Y_1 + \cdots + \beta_s Y_s, && \beta_i \neq 0, 1 \leqslant i \leqslant r, \end{aligned} \tag{2.5.32}$$

则 σ_i 和 Y_j 都是 M 的共轭元;

(3) 若 Γ 满足 (2.5.32), 则 Γ 可表达成如下正则对偶积:

$$\begin{cases} \Gamma = X_1 * \cdots * X_m * \pi_1 * \cdots * \pi_s, \\ \partial X_j = (-1)^{k_1 \cdots k_{j-1}} \alpha_j \sigma_j \bmod (\partial M), & k_j = \dim X_j, \\ \delta\pi_i = (-1)^{r_1 \cdots r_{i-1}} \beta_i Y_i, & r_i = \dim \pi_i. \end{cases} \tag{2.5.33}$$

当 $m + s = 1$ 时, (2.5.33) 中的共轭元 Γ 称为是一阶的. 将 M 的所有一阶共轭元排列成 (2.5.17) 形式, 则对 (2.5.33) 同样可以定义如同 (2.5.22)~(2.5.23) 和 (2.5.24) 那样的指标及上、下指标. 此外, 对于带边紧流形 M, 引理 2.5 同样成立. 因而可得下面共轭对称性定理.

定理 2.23 令 M 是正则的 n 维带边紧流形, Σ^k 与 Γ^{n-k} 分别为 k 维和 $n-k$ 维共轭元. 则下面结论成立:

(1) 当 $(M, \partial M)$ 是可定向时, 若 (Σ^k, Γ^{n-k}) 是共轭偶, 则

$$\partial\Sigma^k = 0 \bmod (\partial M),\ \delta\Sigma^k = 0 \Leftrightarrow \partial\Gamma^{n-k} = 0 \bmod (\partial M),\ \delta\Gamma^{n-k} = 0,$$

即自由共轭元与自由共轭元对偶. 当 Σ^k, Γ^{n-k} 是非自由时, (Σ^k, Γ^{n-k}) 是共轭偶的充要条件为

$$\mathrm{Ind}_l(\Sigma^k)=\mathrm{Ind}^s(\Gamma^{n-k}),$$
$$\mathrm{Ind}^s(\Sigma^k)=\mathrm{Ind}_l(\Gamma^{n-k}).$$

(2) 当 $(M,\partial M)$ 是不可定向时, 若 (Σ^k,Γ^{n-k}) 是共轭偶, 则

$$\Sigma^k \text{ 是 } \mathbb{Z}_2 \text{ 自由的 } \Leftrightarrow \Gamma^{n-k} \text{ 是 } \mathbb{Z}_2 \text{ 自由的}.$$

当 Σ^k 与 Γ^{n-k} 是非 $\mathbb{Z}_2$ 自由时, (Σ^k,Γ^{n-k}) 是共轭偶的充要条件为

$$\mathrm{Ind}_l(\Sigma^k)=\mathrm{Ind}^s(\Gamma^{n-k}) \mod (2),$$
$$\mathrm{Ind}^s(\Sigma^k)=\mathrm{Ind}_l(\Gamma^{n-k}) \mod (2).$$

对于带边流形 M, 几何化定理 2.7 和定理 2.11 对 $H_k(M,G)$ 和 $H^k(M,G)$ 都成立. 而关于相对同调群 $H_k(M,\partial M,G)$ 与 $H^k(M,\partial M,G)$, 用 $\tilde{\partial}=\partial \mod (\partial M)$ 取代 ∂, 然后平行地也可建立几何化定理. 当 $\partial M=\varnothing$ 时, M 就是无边流形. 因此, 下面给出的是一个统一的几何化定理.

定义 2.16 令 M 是一个正则的带边流形, 则有如下结论:

(1) 共轭元 Γ 称为是自由的, 若

$$\partial\Gamma=0 \mod (\partial M), \quad \delta\Gamma=0.$$

当 Γ 是非自由时, 它一定可表示为如 (2.5.33) 那样的若干一阶共轭元正则对偶积. 此时有如下分类.

(2) 当 (2.5.33) 中的 $m=0$ 时, Γ 的下指标为零并且

$$\partial\Gamma=0 \mod (\partial M), \quad \delta\Gamma=\beta_1Y_1+\cdots+\beta_sY_s,$$

此时 Γ 称为模 $-q$ 下共轭元, $\delta\Gamma$ 称为模 $-q$ 上共轭元 (或链当 $s\geqslant 2$), 其中

$$p=(\alpha_1,\cdots,\alpha_m), \quad q=(\beta_1,\cdots,\beta_s).$$

(3) 当 $s=0$ 时, Γ 的上指标为零, 而且

$$\delta\Gamma=0, \quad \partial\Gamma=\alpha_1\sigma_1+\cdots+\alpha_m\sigma_m \mod (\partial M),$$

此时 Γ 称为模 $-p$ 上共轭元, $\partial\Gamma$ 称为模 $-p$ 下共轭元 (链).

(4) 当 $m,s\neq 0$ 时, $\partial\Gamma$ 与 $\delta\Gamma$ 可表示成 (2.5.32) 的形式. 此时 $\partial\Gamma$ 称为模 $-p$ 下共轭元 (链), $\delta\Gamma$ 称为模 $-q$ 上共轭元 (链).

(5) $r\geqslant 2$ 个上共轭元 (链)$\delta Y_1,\cdots,\delta Y_r$ 或下共轭元 $\partial Y_1,\cdots,\partial Y_r$ 称为是线性相关的, 若存在某个共轭元 (链) Γ 使得

$$\delta\Gamma = \alpha_1 Y_1 + \cdots + \alpha_r Y_r, \quad \text{或者}$$

$$\partial\Gamma = \beta_1 Y_1 + \cdots + \beta_r Y_r \mod (\partial M),$$

否则称为是线性独立的.

下面引入 M 相对同调群的几何化定理.

定理 2.24　令 M 是一个带边或不带边流形, 则 M 的上、下相对同调群 $H^k(M, \partial M, G)$ 与 $H_k(M, \partial M, G)$ 与共轭元之间有如下关系:

(1) 实系数同调群 $H^k(M, \partial M, G)$ 与 $H_k(M, \partial M, G)$ 的生成元基是由 M 的所有自由共轭元构成. 因而它们是同构的,

$$H^k(M, \partial M, R) \simeq H_k(M, \partial M, R).$$

特别地, 当 $\partial M = \varnothing$ 时上面同构就是定理 2.12(1).

(2) 对于整系数同调群, 它们可表达为

$$\begin{aligned} H^k(M, \partial M, \mathbb{Z}) &= \mathbb{Z}\{\sigma_1, \cdots, \sigma_m\} \oplus \mathbb{Z}_{q_1}\{\Sigma_{11}, \cdots, \Sigma_{1r_1}\} \\ &\quad \oplus \cdots \oplus \mathbb{Z}_{q_j}\{\Sigma_{j_1}, \cdots, \Sigma_{jr_j}\}, \\ H_k(M, \partial M, \mathbb{Z}) &= \mathbb{Z}\{\sigma_1, \cdots, \sigma_m\} \oplus \mathbb{Z}_{p_1}\{\Gamma_{11}, \cdots, \Gamma_{1t_1}\} \\ &\quad \oplus \cdots \oplus \mathbb{Z}_{p_i}\{\Gamma_{i1}, \cdots, \Gamma_{it_i}\}, \end{aligned}$$

其中 σ_i $(1 \leqslant i \leqslant m)$ 是 M 的所有 k 维自由共轭元, Σ_{is} $(1 \leqslant s \leqslant r_i)$ 是所有 k 维线性独立的模 $-q_i$ 上共轭元 (链), $\Gamma_{js}(1 \leqslant s \leqslant t_j)$ 是所有 k 维线性独立的模 $-p_j$ 下共轭元 (链).

(3) 对于 $G = \mathbb{Z}_q$ 系数, 有

$$H^k(M, \partial M, \mathbb{Z}_q) = \mathbb{Z}_q\{\sigma_1, \cdots, \sigma_m\} \oplus [\oplus_{r_j} \mathbb{Z}_{q_j}\{\pi_{j1}, \cdots, \pi_{jm_j}\}],$$

$$H^k(M, \partial M, \mathbb{Z}_q) = \mathbb{Z}_q\{\sigma_1, \cdots, \sigma_m\} \oplus [\oplus_{r_j} \mathbb{Z}_{q_j}\{\pi_{j_1}, \cdots, \pi_{jm_j}\}],$$

其中 σ_i 如 (2), π_{ji} 是所有 k 维模 $-r_j$ 的上和下共轭元 (链), 直和是对所有满足 $q_j = (r_j, q) \neq 1$ 的 r_j 所求.

注 2.28　定理 2.23 和定理 2.24 是关于 n 维带边或不带边紧流形的共轭对称性定理与同调几何化定理的统一形式. 这两个定理是共轭结构理论中的核心. 正如我们所见, 应用它们可以解释或证明同调论中几乎所有重要结果. 我们期望着更多类似于共轭结构这样的理论发展起来, 使数学的本质能够更清晰地被人理解.

例 2.19　令 $M = L^{2n+1}(p, Q) - D_1 - D_2$, 其中 D_1, D_2 是两个 $2n+1$ 维开盘, $Q = (1, 0, \cdots, 0)$, 即 M 是透镜空间挖去两个开盘的带边流形. 则 M 的所有共轭偶为

$$\{x, M\}, \quad \{l, S^{2n}\}, \quad \{L^k, L^{2n+1-k}\}, \quad k = 1, 2, \cdots, n,$$

其中 $x \in M$ 是一点, l 是一个线段其端点分别在 $\partial M = S^{2n} + S^{2n}$ 的两个不同分支上, S^{2n} 是 ∂M 的边界, $L^k = L^k(p,1)$ 是 k 维透镜空间当 $k =$ 奇数时,

$$\partial L^k = pL^{k-1}, \quad 当\ k = 偶数.$$

2.5.5 Lefschetz 对偶

Lefschetz 对偶定理是 Poincaré 对偶在带边流形上的推广. 该定理的本质可由引理 2.14 和带边流形共轭对称性定理 (定理 2.23) 给出很好的解释和证明. 下面给出的就是 Lefschetz 对偶定理.

定理 2.25 令 M 是一个 n 维带边紧流形. 则有下面结论:

(1) 当 $(M, \partial M)$ 是可定向时, 有如下同构

$$H_k(M, G) \simeq H^{n-k}(M, \partial M, G),$$
$$H_k(M, \partial M, G) \simeq H^{n-k}(M, G).$$

(2) 当 $(M, \partial M)$ 不可定向时, 对 $G = \mathbb{Z}_2$ 群有

$$H_k(M, \mathbb{Z}_2) \simeq H^{n-k}(M, \partial M, \mathbb{Z}_2),$$
$$H_k(M, \partial M, \mathbb{Z}_2) \simeq H^{n-k}(M, \mathbb{Z}_2).$$

证明 $H_k(M, G)$ 与 $H^{n-k}(M, \partial M, G)$ 的同构关系本质上是由 M 的共轭偶 (Σ^k, Γ^{n-k}) 的下面自然对应所造成

$$\Sigma^k \leftrightarrow \Gamma^{n-k}. \tag{2.5.34}$$

当 Σ^k, $\Gamma^{n-k} \subset \overset{\circ}{M}$ (M 的内部) 时, (2.5.34) 的对应产生 Poincaré 对偶. 当边界 $\partial\Gamma^{n-k} \neq \varnothing$ 时, 由引理 2.14 知 $\Sigma^k \subset \partial M$. 此时, 由同调几何化定理有

$$\begin{aligned} &[\Sigma^k] \in H_k(M, G)\ 是一个生成元,\ 当\ \partial\Sigma^k = 0, \\ &[\Gamma^{n-k}] \in H^{n-k}(M, \partial M, G)\ 是一个生成元,\ 当\ \delta\Gamma^{n-k} = 0, \end{aligned} \tag{2.5.35}$$

或者

$$\begin{aligned} &[\partial\Sigma^{k+1}] \in H_k(M, G)\ 是一个生成元,\ 当\ \partial\Sigma^{k+1} \neq 0, \\ &[\delta\Gamma^{n-k-1}] \in H^{n-k}(M, G)\ 是一个生成元,\ 当\ \delta\Gamma^{n-k-1} \neq 0. \end{aligned} \tag{2.5.36}$$

再由 M 的共轭对称性定理, 共轭偶的配对 (Σ^r, Γ^{n-r}) 恰好使 (2.5.35) 和 (2.5.36) 成立, 即

$$\partial\Sigma^k = 0\ 与\ \delta\Gamma^{n-k} = 0\ 同时发生,$$

$$\partial\Sigma^{k+1}\neq 0 \text{ 与 } \delta\Gamma^{n-k}\neq 0 \text{ 同时发生.}$$

并且 Σ^k 与 Γ^{n-k} 的上、下指标交错相等意味着 $[\Sigma^k]$ 与 $[\Gamma^{n-k}]$ 作为自由生成元与挠子群生成元的类别是一致的. 因此, 由 (2.5.34)~(2.5.36) 产生的对应诱导出定理中的对偶同构. 定理证毕.

注 2.29 当 $\partial M=\varnothing$ 时, 定理 2.25 变为 Poincaré 对偶. 因此定理 2.22 是定理 2.25 的特殊形式. 也就是这个原因, 定理 2.25 也被称之为 Poincaré-Lefschetz 对偶. 这里的证明表示, 共轭结构理论的同调几何化定理与共轭对称性不仅能够推出 Poincaré-Lefschetz 对偶, 而且能够清楚地揭示它们的本质.

注 2.30 Lefschetz 对偶定理的完整形式表达为, 令 M 是一个 n 维紧带边或不带边流形, $X\subset M$ 是一个拓扑空间且 (M,X) 可剖分. 若 (M,X) 可定向, 则对所有 G 都有下面同构

$$H^k(M,X,G)\simeq H_{n-k}(M-X,G),$$
$$H_k(M,X,G)\simeq H^{n-k}(M-X,G).$$

如果 (M,X) 不可定向, 则上述同构对于 $G=\mathbb{Z}_2$ 成立.

2.5.6 Alexander 对偶定理

Alexander 对偶是关于球面配对拓扑空间 S^n-X 与 X 同调群之间的关系定理, 它比 Lefschetz 对偶定理出现要早. 该定理表述如下.

定理 2.26 令 $X\subset S^n$ 是一个非空真子集, (S^n,X) 是可剖分的. 则对任何系数群 G 有如下同构

$$\tilde{H}^k(X,G)\simeq\tilde{H}_{n-k-1}(S^n-X,G),$$

其中当 $k\geqslant 1$ 时, $\tilde{H}_k(M,G)=H_k(M,G)$, $\tilde{H}^k(M,G)=H^k(M,G)$, 而

$$\tilde{H}_0(M,G)\simeq\tilde{H}^0(M,G)=G\oplus\cdots\oplus G\quad (m\text{个直和}),$$

这里 $m=c-1$, $c=M$ 的连通分支数.

证明 当使用 Lefschetz 对偶定理与同调序列来证明此定理时, 整个过程就很简单了, 这就是现在通常采用的方法.

当 $k\neq n-1,n$ 时, 由正合序列

$$\cdots\to\tilde{H}^k(S^n)\to\tilde{H}^k(X)\to H^{k+1}(S^n,X)\to\tilde{H}^{k+1}(S^n)\to\cdots$$

及 $\tilde{H}^k(S^n)=0$ 可推知

$$H^k(X)\simeq H^{k+1}(S^n,X),\quad k\neq n-1,n.$$

再由注 2.28 的 Lefschetz 对偶定理便得所求的同构.

当 $k=n$ 时, 由于 X 不是 n 维紧流形, $H^n(X,G)=0$. 故有

$$H^n(X)\simeq H_{-1}(S^n-X)=0.$$

当 $k=n-1$ 时, 由正合序列

$$H^{n-1}(S^n)\to H^{n-1}(X)\to H^n(S^n,X)\to H^n(S^n)\to 0,$$

可得短正合序列

$$0\to H^{n-1}(X)\xrightarrow{\delta^*}H^n(S^n,X)\xrightarrow{j^*}H^n(S^n)\to 0,$$

因而有

$$H^{n-1}(X)=\mathrm{Ker}\ j^*.$$

令 $i:S^n-X\to S^n$ 是包含映射, 则由 Poincaré 对偶和 Lefschetz 对偶可以得到下面图表的同构:

$$\begin{array}{ccc} H^n(S^n,X) & \xrightarrow{j^*} & H^n(S^n) \\ \downarrow & & \downarrow \\ H_0(S^n-X) & \xrightarrow{i_*} & H_0(S^n) \end{array}$$

容易看出此图表是可交换的, 因而有

$$\mathrm{Ker}\ j^*=\mathrm{Ker}\ i_*.$$

容易看出同态 $i_*:H_0(S^n-X)\to H_0(S^n)$ 是 i 将 S^n-X 的 m 个连通分支映到 S^n 上的诱导同态, 而

$$H_0(S^n-X)=G\oplus\cdots\oplus G\quad (m\text{个直和}),$$
$$H_0(S^n)=G.$$

因此有

$$\mathrm{Ker}\ i_*=\underbrace{G\oplus\cdots\oplus G}_{m-1}=\tilde{H}_0(S^n-X).$$

于是得到

$$H^{n-1}(X)=\tilde{H}_0(S^n-X).$$

定理证毕.

我们用球面配对流形来分析 Alexander 对偶定理的几何意义. 令 N_1 和 N_2 是两个 n 维可定向带边流形. N_1 与 N_2 称为可球面配对的, 若 ∂N_1 与 ∂N_2 同胚, 且

$$S^n=N_1\cup N_2,\quad N_1\cap N_2=\partial N_1=\partial N_2.$$

N_1 的任一对共轭偶 (Σ^k, Γ^{n-k}) 具有性质

$$\partial\Sigma^k(\neq\varnothing)\subset\partial N_1=\partial N_2\Leftrightarrow\partial\Gamma^{n-k}=0,\quad \Gamma^{n-k}\subset\partial N_1=\partial N_2.$$

$\partial\Sigma^k$ 在 N_2 中有一个对偶 π^{n-k+1}. 由引理 2.6, $(\partial\Sigma^k, \Gamma^{n-k})$ 是 $\partial N_1=\partial N_2$ 共轭偶. 故

$$(\partial\Sigma^k, \pi^{n-k+1}) \text{ 是 } N_2 \text{ 共轭偶,} \quad \text{且 } \partial\pi^{n-k+1}=\Gamma^{n-k}.$$

由 $\partial N_1=\partial N_2$ 上的共轭对称性, 下面对应

$$\partial\Sigma^k\leftrightarrow\Gamma^{n-k}$$

产生 N_1 与 N_2 的 Alexander 对偶如下

$$H^{k-1}(N_2)\simeq H_{n-k}(N_1).$$

从定理 2.26 立刻推出下面的 Alexander 分离定理.

定理 2.27 令 M 是一个 n 维可定向余一维紧流形, 则 M 可将 R^{n+1} 分为两个连通分支 N 与 $R^{n+1}-\mathring{N}$, 使得 $M=\partial N$.

证明 因为 $S^{n+1}\simeq R^{n+1}+\{\infty\}$, 因此先讨论 $M\subset S^{n+1}$ 的情况. 因为 M 是 n 维可定向紧流形, 因此有

$$H^n(M,\mathbb{Z})=\mathbb{Z}.$$

此外, 由定理 2.26 有

$$H^n(M,\mathbb{Z})\simeq\tilde{H}_0(S^{n+1}-M,\mathbb{Z}),$$

即 $\tilde{H}_0(S^{n+1}-M,\mathbb{Z})=\mathbb{Z}$. 由此可知 $S^{n+1}-M$ 恰好有两个连通分支, 它们以 M 为分界线. 这表明 M 可将 S^{n+1} 分为两个配对带边流形

$$S^{n+1}=M_1\cup M_2,$$

使得 $\partial M_1=\partial M_2=M$. 于是 M 将 R^{n+1} 分为两个连通分支 M_1 与 $R^{n+1}-\mathring{M}_1$ 使得 $R^{n+1}-\mathring{M}_1+\{\infty\}$ 与 M_2 同胚. 定理证毕.

第 3 章　谱序列及微分形式

谱序列是处理拓扑学问题的一个强有力的工具, 特别是在计算同调群以及同伦群广面尤为显著. 谱序列本身是一个代数理论, 它是以梯次复形为对象研究同调代数的结构. 在上一章已看到, 流形上的同调群是由它的单纯复形或奇异复形产生. 因而将复形的概念抽象出来, 同调群的概念也就抽象成一种代数结构, 每一种复形对应一种同调群, 这就很自然地产生出研究复形的同调代数理论, 谱序列就是其中一个.

这一章从谱序列的抽象代数理论开始, 介绍 Massey 正合偶并采用它构造出过滤复形的谱序列. 然后应用这一结果自然导出双复形的谱序列, 这是在拓扑学、代数几何, 以及流形上分析中被证明最有用的一类复形. 虽然在第 2 章中见到的只是单指标的复形, 但是在这一章的 3.2 节中引入微分形式后, 我们将看到这为双复形的引入打开了大门. 特别是可以建立 de Rham 理论, 这是一种与第 2 章中所见到的完全不同类型的一种同调群. 此外, 建立了微分形式后就可以在流形上定义积分概念, 由此可导出 Stokes 公式. 在这一节的最后简单介绍 Eilenberg Steenrod 公理, 以及 de Rham 同调群满足这个公理系统. 这个公理体系的唯一性定理导致 de Rham 同调群与单纯同调群之间的同构. 在 3.3 节中第一次引入了一类双复形, 称作 Čech-de Rham 复形. 应用该复形上的谱序列证明了 de Rham 上同调与奇异上同调的同构. 在 3.4 节主要介绍和证明 Riemann 流形上微分形式的 Hodge 分解定理, 该定理本质上就是 Fredholm 二择一定理的特殊形式, 它的要害之处就是发现 Hodge $*$ 算子. 从而可以在 Riemann 流形上微分形式空间建立内积结构, 并且定义一个称作 Laplace-Beltrami 的椭圆算子 Δ, 在局部坐标下它表现出二阶椭圆微分算子的特征. 令人新奇的是 Δ 的 k 形式核空间 $H^k = \text{Ker}\Delta$ 与 de Rham 上同调同构, $H^k \simeq H^k_{DR}(M)$. 换句话讲, Δ 零特征值重数是 k 维 Betti 数 β_k.

3.1　过滤复形的谱序列

3.1.1　引言

谱序列是处理拓扑学问题的一个强有力的工具, 它是一个代数理论, 最早是由 Leray 在 1946 年引入, 目的是为了计算纤维丛上的同调群. 后来经 Serre 与 Massey 等的进一步发展, 该理论与层论相结合在拓扑与几何学中已得到广泛的应用. 简要地讲, 谱序列就是将拓扑空间局部化的信息整合成全局性质的工具.

在正式进入主题之前, 我们先对谱序列作一轮廓性的介绍, 以便读者一开始就知道要做什么事情.

在拓扑空间 X 上建立同调群的程序是将 X 分解 (剖分) 成一块块称作单形的方体, 然后以这些单形作生成元再配上某个交换群 G 作系数张成一个 Abel 群序列 $\{C_q(X,G)\}$, $q \geqslant 0$ 是维数. 在 $C_q(X,G)$ 上引入边缘同态 ∂ 满足 $\partial^2=0$, 就产生一个同态序列

$$(K^*,\partial)=\{\cdots \xrightarrow{\partial} C_q \xrightarrow{\partial} C_{q-1} \to \cdots \xrightarrow{\partial} C_1 \xrightarrow{\partial} C_0\}. \tag{3.1.1}$$

这样的 Abel 群序列称作是一个复形. 从这个复形便可产生 X 上的同调群序列

$$H_*(K^*)=\oplus_{q\geqslant 0}H_q(K^*), \tag{3.1.2}$$

其中

$$H_q(K^*)=\frac{\text{Ker }\partial}{\text{Im }\partial}=\frac{\{\alpha\in C^q|\ \partial\alpha=0\}}{\partial C^{q-1}}.$$

所谓的谱序列理论就是从某个复形 (K^*,d) 出发 (这些复形具有某种称作过滤的代数结构) 构造出一新的复形 $(E_k,d_k), d_k^2=0$, 使得

$$E_0=(K^*,d_0),\quad d_0=d:E_0\to E_0,$$

$$E_{k+1}=H(E_k)=\frac{\text{Ker}\{d_k:E_k\to E_k\}}{\text{Im}d_k},\quad d_{k+1}:E_{k+1}\to E_{k+1}. \tag{3.1.3}$$

换句话讲, 由复形 (3.1.1) 产生的同调群序列 (3.1.2) 只是一个特殊的谱序列 (E_k,d_k), 它可表示如下

$$\begin{aligned}
&E_0=(K^*,d_0), && d_0\partial,\\
&E_1=(H_*(K^*),d_1), && d_1=0,\\
&E_k=E_1, && \forall k\geqslant 1.
\end{aligned}$$

对于初学者来讲, 从 (3.1.1) 引出 (3.1.2) 的动机相对而言容易理解. 而为什么要从复形 (K^*,d) 引出 (3.1.3) 的谱序列 (E_k,d_k) 则难于理解. 特别是对于如何构造出这样一个谱序列的过程是更为抽象的事情. 这里只能对动机问题作一概略解释. 事实上, 对数学理论与概念本质的理解, 一个前提条件就是必须先掌握大量具体实例和知识. 前面接触到的从流形上产生的复形类型很少, 只有上、下单纯链复形和上、下奇异链复形. 然而, 到了 Leray 的时代, 人们已经发现了许多不同类型的复形, 每一类复形都可产生一种上或者下同调群, 根据导算子 d 的升标与降标而定. 因而将复形的概念抽象出来, 从已知的一些代数结构 (它们都有实际背景) 用代数

方法诱导出新的复形, 从而产生新的相应同调群就成为一个很实际的数学思想和动机. 谱序列正是这种思想的体现.

为了更具体一点地了解谱序列轮廓, 有必要了解一下它的主要过程. 先从复形的一般概念开始. 一个复形就是一列 Abel 群 $\{K^q\}_{q\geqslant 0}$ 及群之间的一个同态 d(称作导算子), 即

$$(K^*, d) = \{K^0 \xrightarrow{d} K^1 \xrightarrow{d} K^2 \to \cdots\},$$
$$d: K^q \to K^{q+1} \text{ 是同态, 满足 } d^2 = 0. \tag{3.1.4}$$

因而每个如 (3.1.4) 的复形可产生一个同调群序列

$$H^*(K^*) = \oplus_{q\geqslant 0} H^q(K^*),$$
$$H^q(K^*) = \frac{\text{Ker } d}{\text{Im } d} = \frac{\{\alpha \in K^q |\ d\alpha = 0\}}{dK^{q-1}}, \quad K^{-1} = 0.$$

这里, 在 (3.1.4) 中采用的是升标复形, 因而产生的同调群称作上同调群. 若复形 (K^*, d) 是如 (3.1.1) 那样的降标复形, 则产生的叫做下同调群. 下面总是采用升标复形, 其所有过程和结论对降标复形同样成立.

令复形 (3.1.4) 存在一个子复形的包含序列:

$$K^* = K_0^* \supset K_1^* \supset \cdots \supset K_n^* \supset K_{n+1}^* = 0, \tag{3.1.5}$$

则该子复形序列称为是 K^* 的一个过滤复形. 所谓 $K_p^* \subset K^*$ 是子复形就是 K_p 关于导算子 d 是封闭的子群序列,

$$dK_p^* \subset K_p^*. \tag{3.1.6}$$

过滤复形 (3.1.5) 是 K^* 的一个代数结构, 由它可产生一个新的复形, 称为是 (3.1.5) 的相关联梯次复形, 定义为

$$GK^* = \oplus_{p\geqslant 0} K_p^*/K_{p+1}^*,$$
$$d_0: \frac{K_p^*}{K_{p+1}^*} \to \frac{K_p^*}{K_{p+1}^*}, \quad d_0^2 = 0, \tag{3.1.7}$$

这里 $d_0 = d$ 就是 (3.1.4) 的导算子, 由 (3.1.6) 它将 K_p^*/K_{p+1}^* 映入它自己.

记 K^* 的关联梯次复形 (3.1.7) 为

$$E_0 = (GK^*, d_0).$$

从 E_0 出发可进一步产生一个 Abel 群序列, 即同调群序列 $H^*(E_0) = \oplus_{q\geqslant 0} H^q(E_0)$. 谱序列理论就是要对 $H^*(E_0)$ 找到新的导算子 d_1: $H^*(E_0) \to H^*(E_0)$, $d_1^2 = 0$, 使得下面序列是一个复形

$$E_1 = \{H^*(E_0), d_1\}.$$

再从 E_1 出发, 依次下去找到一列复形 (E_k, d_k), $k = 0, 1, 2, \cdots$. 这就是谱序列理论的全部内容和过程. 它可抽象成下面定义.

定义 3.1　一个复形序列 $\{E_k, d_k\}_{k\geqslant 0}$ 称为是由 K^* 的过滤复形 (3.1.5) 产生出来的谱序列, 若它满足

$$E_{k+1} = H^*(E_k) = \frac{\text{Ker}\ \{d_k:\ E_k \to E_k\}}{\text{Im}\ d_k}, \quad k \geqslant 0.$$

特别地, 一般总是存在某个 $k_0 \geqslant 1$, 使得

$$E_k = E_{k_0}, \quad d_k = 0, \quad \forall k \geqslant k_0.$$

此时记 $E_\infty = E_{k_0}$, 并称这个谱序列 $\{E_k, d_k\}_{k\geqslant 0}$ 是收敛到 E_∞.

在谱序列的理论中, 一般 E_∞ 能够被知道, 它是 $H^*(K^*)$ 的梯次同调群 $GH^*(K^*)$ (称作总同调), 即

$$E_\infty = GH^*(K^*),$$

这里 $GH^*(K^*)$ 定义为

$$\begin{cases} GH^*(K^*) = \oplus_{p,q\geqslant 0} G^pH^q(K^*), \\ G^pH^q(K^*) = i^*H^q(K_p^*)/i^*H^q(K_{p+1}^*), \end{cases}$$

其中 i^* 是包含映射 $K_p^* \subset K^*$ 诱导同态.

3.1.2　Massey 正合偶与谱序列的构造

构造谱序列的方法有许多种. 但是最简单的是一种由 Massey 在 1952 年提出的正合偶方法 [21]. 这里的材料部分是参照文献 [4].

一个正合偶就是如下形式的一个 Abel 群的循环正和序列

$$\begin{array}{ccc} A & \xrightarrow{i} & A \\ k \nwarrow & & \swarrow j \\ & B & \end{array} \tag{3.1.8}$$

这里 i, j 和 k 是群同态. 在 B 之间定义导算子

$$d:\ B \to B, \quad d^2 = 0 \tag{3.1.9}$$

为 $d = j\cdot k$. 由 $k\cdot j = 0$ 可推出 $d^2 = 0$. 因此从 (3.1.9) 可导出同调群

$$H(B) = \text{Ker}\ d/\text{Im}\ d.$$

从 (3.1.8) 的正合偶可以构造一个新的正合偶如下:

$$\begin{array}{ccc} A_1 & \xrightarrow{i_1} & A_1 \\ k_1 \nwarrow & & \swarrow j_1 \\ & B_1 & \end{array} \tag{3.1.10}$$

称作 (3.1.8) 的诱导正合偶, 其定义如下:

(1) $A_1 = i(A)$, $B_1 = H(B)$;

(2) $i_1:\ A_1 \to A_1$ 是由 i 产生, 即 $i_1(ia) = i(ia)$;

(3) $j_1:\ A_1 \to B_1$ 定义为, 若 $a \in A$, $a_1 = ia \in A_1$, 则

$$j_1 a_1 = [ja] \in H(B).$$

容易验证 $d(ja) = j \cdot k(ja) = j(k \cdot j)a = 0$, 并且 $[ja]$ 是独立于 $a \in A$ 的选择, 即若 a, $a' \in A$ 满足 $i(a - a') = 0$, 则有 $a - a' = kb$, 对某个 $b \in B$. 于是有 $j(a - a') = j \cdot k(b) = db$. 故有 $[ja] = [ja']$.

(4) $k_1:\ B_1 \to A_1$ 定义如下: 令 $[b] \in B_1 = H(B)$, 则 $db = j \cdot k(b) = 0$. 由 (3.1.8) 的正合性, 存在一个 $a \in A$ 使得 $kb = ia$. 然后定义

$$k_1[b] = kb \in i(A) = A_1.$$

(5) 最后通过直接的检验可以证明诱导偶 (3.1.10) 是正合的. 这里不再作过多的描述.

现在应用 Massey 的正合偶从过滤复形构造出谱序列. 令 (K^*, d) 是一个复形, 具有如下的过滤复形

$$\cdots = K_{-1}^* = K_0^* (= K^*) \supset K_1^* \supset K_2^* \supset \cdots \supset K_n^* = 0. \tag{3.1.11}$$

其关联梯次复形为

$$GK^* = \left(\oplus_{p \geqslant 0} \frac{K_p^*}{K_{p+1}^*},\ d_0 \right), \quad d_0 = d. \tag{3.1.12}$$

令 A 是下面定义的群

$$A = \left(\oplus_{p \in \mathbb{Z}} K_p^*,\ d \right), \tag{3.1.13}$$

它仍是一个导算子为 d 的复形, 其中, 当 $p \leqslant 0$ 时 $K_p^* = K_0^*$.

定义同态 $i:\ A \to A$ 为这样包含映射

$$\begin{aligned} &i(\oplus_{p \in \mathbb{Z}} K_p^*) = \oplus_{p \in \mathbb{Z}} i(K_p^*), \\ &i(K_p^*) \subset K_{p-1}^*, \quad p \in \mathbb{Z}. \end{aligned}$$

定义 B 为下面短正合序列的商空间

$$0 \to A \xrightarrow{i} A \xrightarrow{j} B \to 0. \tag{3.1.14}$$

因此 B 是 (3.1.11) 的关联梯次复形

$$B = GK^* \ \text{如(3.1.12)}. \tag{3.1.15}$$

因为 (3.1.14) 中每个群都是导算子为 d 的复形, 它们满足 Z 引理 (引理 2) 的条件. 因此, 这个短正合序列诱导出一个长正合序列

$$\cdots \to H^k(A) \xrightarrow{i_1} H^k(A) \xrightarrow{j_1} H^k(B) \xrightarrow{k_1} H^{k+1}(A) \to \cdots$$

它可写成下面正合偶

$$\begin{array}{ccc} H(A) & \xrightarrow{i_1} & H(A) \\ k_1 \nwarrow & & \swarrow j_1 \\ & H(B) & \end{array} \quad \triangleq \quad \begin{array}{ccc} A_1 & \xrightarrow{i_1} & A_1 \\ k_1 \nwarrow & & \swarrow j_1 \\ & B_1 & \end{array}$$

根据 (3.1.8) 到 (3.1.10) 的导出关系, 从这个正合偶诱导出一个正合偶序列

$$\begin{array}{ccc} A_r & \xrightarrow{i_r} & A_r \\ k_r \nwarrow & & \swarrow j_r \\ & B_r & \end{array} \tag{3.1.16}$$

它们的每一个都是前一个的诱导正合偶, 其中 $B_r = H(B_{r-1})$.

现在, 从这个正合偶序列就可得到过滤复形 (3.1.11) 的谱序列

$$\begin{aligned} &(E_k, d_k), && k = 0, 1, 2, \cdots, \\ &E_0 = B \quad \text{如(3.1.15)}, && d_0 = d, \\ &E_1 = B_1 = H^*(B), && d_1 = j_1 \cdot k_1, \\ &\qquad\cdots\cdots \\ &E_r = B_r = H^*(E_{r-1}), && d_r = j_r \cdot k_r \quad \text{等}. \end{aligned} \tag{3.1.17}$$

进一步可以得到下面定理.

定理 3.1 令 (K^*, d) 是如 (3.1.4) 并且具有 (3.1.11) 过滤结构的复形. 则该复形可诱导出 (3.1.17) 的谱序列. 若 (3.1.11) 的长度 n 是有限的, 则该谱序列收敛到 $H^*(K^*)$ 的梯次复形 (称为总同调), 即

$$E_\infty = GH^*(K^*) = \oplus_{p\geqslant 0} F_p/F_{p+1}, \tag{3.1.18}$$

其中 F_r 是 $H^*(K_r^*)$ 在 $H^*(K^*)$ 中的像: $F_r = i_1^r H^*(K_r^*)$, i_1 是由 (3.1.11) 的包含诱导的同态,

$$\cdots \leftarrow H^*(K^*) \xleftarrow{i_1} H^*(K^*) \xleftarrow{i_1} H^*(K_1^*) \xleftarrow{i_1} H^*(K_2^*) \xleftarrow{i_1} \cdots \tag{3.1.19}$$

证明 谱序列 (3.1.17) 的存在性已由 Massey 正合偶序列 (3.1.16) 的存在性所保证. 这里只需证明 (3.1.18) 的收敛性. 为了清楚, 我们将主要证明 (3.1.11) 长度 $n = 2$ 的情况, 对于一般 $n \geqslant 2$ 的证明是平行的.

先讨论 $n = 2$ 的特殊情况, 此时 (3.1.11) 变为

$$\cdots = K_{-1}^* = K_0^* \supset K_1^* \supset K_2^* = 0.$$

其关联梯次复形 (3.1.12) 和复形 (3.1.13) 分别为

$$\begin{aligned} &B = GK^* = \frac{K_0^*}{K_1^*} \oplus \frac{K_1^*}{K_2^*}, \quad K_2^* = 0, \\ &A = K_1^* \oplus K_0^* \oplus K_{-1}^* \oplus \cdots, \quad K_{-k}^* = K_0^*, \ k \geqslant 0. \end{aligned}$$

根据 Massey 正合偶 (3.1.10) 的构造, 上述复形所产生的正合偶序列 (3.1.16) 中的群分别为

$$\begin{cases} A_1 = H^*(A) = H^*(K_1^*) \oplus H^*(K_0^*) \oplus H^*(K_{-1}^*) \cdots, \\ B_1 = H^*\left(\dfrac{K_0^*}{K_1^*}\right) \oplus H^*\left(\dfrac{K_1^*}{K_2^*}\right), \quad d_1 = j_1 \cdot k_1, \end{cases}$$

$$\begin{cases} A_2 = i_1 A_1 = i_1 H^*(K_1^*) \oplus i_1 H^*(K_0^*) \oplus i_1 H^*(K_{-1}^*) \oplus \cdots, \\ B_2 = H^*(B_1) = \dfrac{\mathrm{Ker}\{d_1 : B_1 \to B_1\}}{\mathrm{Im} d_1}, \quad d_2 = j_2 \cdot k_2, \end{cases}$$

$$\begin{cases} A_3 = i_1 A_2 = i_1^2 H^*(K_1^*) \oplus i_1^2 H^*(K_0^*) \oplus i_1^2 H^*(K_{-1}^*) \oplus \cdots, \\ B_3 = H^*(B_2) = \dfrac{\mathrm{Ker}\{d_2 : B_2 \to B_2\}}{\mathrm{Im}\ d_2}, \quad d_3 = j_3 \cdot k_3, \end{cases}$$

A_4, B_4 等等可依次下去. 这里 i_1 如 (3.1.19). 显然有

$$\begin{aligned} &i_1^r H^*(K_1^*) = F_1, \quad r \geqslant 1, \\ &i_1^r H^*(K_{-k}^*) = H^*(K_0^*) = F_0, \quad r \geqslant 1, \quad k \geqslant 0. \end{aligned}$$

因此有

$$A_2 = A_r = i_1^{r-2} A_2 = F_1 \oplus F_0 \oplus \cdots, \quad r \geqslant 2, \tag{3.1.20}$$

即当 $r \geqslant 2$ 时 $A_r = A_2$. 于是 (3.1.16) 中的同态

$$i_r = i_1 : \ A_r \to A_r \text{ 是单一同态 } (r \geqslant 2).$$

再由 (3.1.16) 的正合性可推知, 对任 $r \geqslant 2$ 有 $k_r = 0$, 即

$$d_r B_r = 0, \quad d_r = j_r \cdot k_r.$$

于是有

$$B_2 = B_3 = \cdots = B_\infty.$$

再次的由 $k_r = 0$ $(r \geqslant 2)$, 正合偶 (3.1.16) 可写成

$$0 \to A_r \xrightarrow{i_1} A_r \xrightarrow{j_r} B_r \to 0, \quad r \geqslant 2.$$

由 (3.1.20) 可推出

$$B_\infty = B_2 = A_2/(i_1A_2) = \frac{F_1}{F_2} \oplus \frac{F_0}{F_1}, \quad F_2 = 0,$$

这就是 $n=2$ 时的 (3.1.18).

对于一般 $n \geqslant 2$ 的情况, 定理的证明完全是平行的. 此时

$$B = GK^* = \frac{K_0^*}{K_1^*} \oplus \cdots \oplus \frac{K_{n-1}^*}{K_n^*}, \quad K_n^* = 0,$$

$$A = K_{n-1}^* \oplus \cdots \oplus K_1^* \oplus K_0^* \oplus K_{-1}^* \oplus \cdots .$$

其正合偶 (3.1.16) 的群分别为

$$\begin{cases} A_1 = H^*(A) = H^*(K_{n-1}^*) \oplus \cdots \oplus H^*(K_1^*) \oplus H^*(K_0^*) \oplus \cdots , \\ B_1 = H^*\left(\dfrac{K_0^*}{K_1^*}\right) \oplus \cdots \oplus H^*\left(\dfrac{K_{n-1}^*}{K_n^*}\right), \quad d_1 = j_1 \cdot k_1, \end{cases}$$

$$\begin{cases} A_r = i_1^{r-1}A_1, \\ B_r = H^*(B_{r-1}) = \dfrac{\mathrm{Ker}\ d_{r-1}}{\mathrm{Im}\ d_{r-1}}, \quad d_r = j_r \cdot k_r. \end{cases}$$

与 $n=2$ 类似, 由于

$$i_1^r H^*(K_q^*) = F_q, \quad \forall r \geqslant q,$$

可以推出对任 $r \geqslant n$ 有

$$A_n = A_r = F_{n-1} \oplus F_{n-2} \oplus \cdots \oplus F_1 \oplus F_0 \oplus F_{-1} \oplus \cdots ,$$

因此 $i_r = i_1 : A_r \to A_r$ 对任 $r \geqslant n$ 是单一的. 这意味着 $k_r = 0$, 即 $d_r = j \cdot k_r = 0$, $\forall r \geqslant n$. 于是有

$$B_n = B_{n+1} = \cdots = B_\infty,$$

并且

$$B_\infty = B_n = A_n/(iA_n) = F_0/F_1 \oplus \cdots \oplus F_{n-1}/F_n,$$

那里 $F_n = 0$. 这就完成了该定理的证明.

例 3.1 现在用一个具体的实例来表明谱序列的客观实体. 令 (X, A) 是一个可剖分空间偶, X 和 A 的单纯下链复形为

$$K^* = (\oplus_{q \geqslant 0} C_q(X), \partial), \qquad K_1^* = (\oplus_{q \geqslant 0} C_q(A), \partial).$$

包含关系 $A \subset X$ 诱导出 K^* 的一个过滤复形

$$K^* \supset K_1^* \supset 0.$$

关于这个复形, 由 (3.1.17) 和 (3.1.18) 给出的谱序列为

$$E_0 = GK^* = \frac{K^*}{K_1^*} \oplus K_1^* = \oplus_{q \geqslant 0} \left[\frac{C_q(X)}{C_q(A)} \oplus C_q(A)\right],$$

$$E_1 = H_*(E_0) = \oplus_{q \geqslant 0} \left[H_q(X, A) \oplus H_q(A)\right],$$

$$E_\infty = E_2 = \oplus_{q \geqslant 0} \left[H_q(X)/i_* H_q(A) \oplus i_* H_q(A)\right],$$

其中 $i_*:\ H_q(A)\to H_q(X)$ 是由包含 $i:\ A\to X$ 诱导同态.

若取上链群作 X 的复形, 则有

$$K^*=(\oplus_{q\geqslant 0}C^q(X),\delta)\,,\qquad K_1^*=(\oplus_{q\geqslant 0}C^q(X,A),\delta)\,,$$

此时 $j:\ X\to(X,A)$ 为限制映射, 导出包含同态: $C^q(X,A)\subset C^q(X)$. 因而过滤复形 $K^*\supset K_1^*\supset 0$ 产生谱序列为

$$\begin{aligned}&E_0=\oplus_{q\geqslant 0}\left[\frac{C^q(X)}{C^q(X,A)}\oplus C^q(X,A)\right]=\oplus_{q\geqslant 0}[C^q(A)\oplus C^q(X,A)],\\&E_1=\oplus_{q\geqslant 0}[H^q(A)\oplus H^q(X,A)],\\&E_\infty=E_2=\oplus_{q\geqslant 0}[H^q(X)/j_*H^q(X,A)\oplus j_*H^q(X,A)],\end{aligned}$$

这里 $j_*:\ H^q(X,A)\to H^q(X)$ 是 $j:\ X\to(X,A)$ 的诱导同态.

这个例子并不能告诉我们谱序列有什么用处, 它只能关于谱序列给出一个感性认识. 我们将在后面进一步的讨论中了解到它的应用.

3.1.3 双复形及其谱序列

至今我们所接触到的复形都是单指标的, 即在 (3.1.4) 中群 K^q 的上标是单的. 而实际上在拓扑学和复几何中经常遇到的复形是双指标的, 通常称之为双复形. 后者是一个双梯次群

$$K^{*,*}=\oplus_{p,q\geqslant 0}K^{p,q},$$

带有两个导算子

$$\begin{aligned}d:&\ K^{p,q}\to K^{p+1,q},\\\delta:&\ K^{p,q}\to K^{p,q+1},\end{aligned}$$

满足条件

$$d^2=\delta^2=0,\quad d\delta+\delta d=0.$$

这里两个导算子 d 和 δ 都取得是升标的, 因而对应的都是上同调. 如果它们是降标的则对应的就是下同调. 这里只对升标复形进行讨论, 对于降标情况的讨论完全是平行的.

从双复形能够构造一个单复形, 通常采用的方式为

$$K^*=\oplus_{n\geqslant 0}K^n,\quad K^n=\oplus_{p+q=n}K^{p,q},\tag{3.1.21}$$

伴随的导算子为

$$\begin{aligned}&D:\ K^n\to K^{n+1},\\&D=d+\delta.\end{aligned}\tag{3.1.22}$$

这个单复形 (3.1.21)~(3.1.22) 可产生一个过滤复形如下:

$$
\begin{aligned}
&K^* \supset K_1^* \supset K_2^* \supset \cdots , \\
&K_p^* = \oplus_{n\geqslant 0} K_p^n, \\
&K_p^n = \oplus_{r\geqslant p} \oplus_{r+q=n} K^{r,q}.
\end{aligned} \tag{3.1.23}
$$

现在可以遵循 (3.1.11)~(3.1.17) 的过程, 关于过滤复形 (3.1.23) 构造出双复形 $(K^{*,*}, d, \delta)$ 的谱序列如下. (3.1.23) 的直和为

$$
\begin{cases} A = \oplus_{p\in\mathbb{Z}} K_p^*, \quad K_p^* = K_0^* = K^*, \quad \forall p \leqslant 0, \\ D = d + \delta \text{ 为其导算子}, \end{cases}
$$

而相关联的梯次复形为

$$
\begin{cases} B = GK^* = \oplus_{p\geqslant 0} \dfrac{K_p^*}{K_{p+1}^*}, \\ D \text{ 为其导算子}. \end{cases}
$$

因此, 关于这两个复形 A 和 B 可构造出正合偶序列 (3.1.16) 和相应的谱序列 (3.1.17). 然而, 由于 (3.1.23) 的双梯次性, 其相关的谱序列 (E_k, d_k) 也是双梯次的,

$$
\begin{aligned}
&E_k = \oplus_{p,q\geqslant 0} E_k^{p,q}, \\
&d_k:\ E_k^{p,q} \to E_k^{p',q'},
\end{aligned} \tag{3.1.24}
$$

其中 p', q' 与 p, q, k 有关. 下面是定理 3.1 的精细化.

定理 3.2 令 $K^{*,*} = \oplus_{p,q\geqslant 0} K^{p,q}$ 是一个双复形. 那么它可诱导出一个如 (3.1.24) 那样的谱序列, 并且具有性质

$$
d_k:\ E_k^{p,q} \to E_k^{p+k,q-k+1}, \tag{3.1.25}
$$

以及

$$
E_1^{p,q} = H_\delta^q(K^{p,*}) = \frac{\operatorname{Ker}\{\delta : K^{p,q} \to K^{p,q+1}\}}{\delta K^{p,q-1}},
$$

$$
E_2^{p,q} = H_d^p(H_\delta^q(K^{*,*})) = \frac{\operatorname{Ker}\{d:\ H_\delta^{p,q} \to H_\delta^{p+1,q}\}}{dH_\delta^{p-1,q}}, \tag{3.1.26}
$$

其中 $H_\delta^{p,q} = H_\delta^q(K^{p,*})$. 此外 $\{E_k, d_k\}$ 收敛到 $H_D^*(K^{*,*})$ 的总同调

$$
GH_D^n(K^{*,*}) = \oplus_{p+q=n} E_\infty^{p,q}(K^{*,*}). \tag{3.1.27}
$$

通常关于谱序列 (E_k, d_k) 的运算采用下面图表进行:

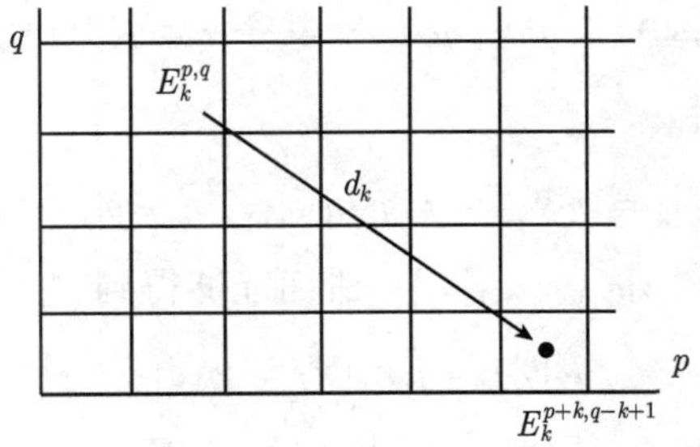

证明 首先来看 $E_1^{p,q}$ 的计算. 我们知道

$$E_1^{p,q}=\frac{\text{Ker } D}{\text{Im } D},\quad D=d+\delta:\ B\to B.$$

注意到

$$B=\oplus_{p\geqslant 0}\frac{K_p^*}{K_{p+1}^*}\quad \text{及}\quad dK_p^*\subset K_{p+1}^*,$$

因此 $d=0$ 在 B 上. 再由 (3.1.23),

$$K_p^*/K_{p+1}^*=\oplus_{q\geqslant 0}K^{p,q}.$$

于是有

$$E_1^{p,q}=\frac{\text{Ker }\{\delta:\ K^{p,q}\to K^{p,q+1}\}}{\delta K^{p,q-1}}=H_\delta^q(K^{p,*}).$$

再来看 $E_2^{p,q}$ 的计算. 由谱序列 (3.1.17) 的构造,

$$E_2^{p,q}=\frac{\text{Ker } d_1}{\text{Im } d_1},$$
$$d_1=j_1\cdot k_1:\ E_1\to E_1,\qquad E_1=\oplus_{p,q}H_\delta^q(K^{p,*}).$$

现在的关键是确定 d_1 的运算公式. 对任 $[b]\in H_\delta^p(K^{*,q})$, $\delta b=0$. 故

$$Db=(d+\delta)b=db.$$

因为 B 上导算子为 D, 而由 (3.1.9) 知

$$j\cdot k=D=d.$$

再由 (3.1.10) 中 k_1 的定义知

$$k_1[b]=[kb]\ \Rightarrow\ k_1[b]=[db]. \tag{3.1.28}$$

因此 E_1 上的导算子 $d_1=j_1\cdot k_1$ 由 d 给出

$$d_1=d:\ H_\delta^q(K^{p,*})\to H_\delta^q(K^{p+1,*}).$$

于是得到 $E_2^{p,q}=H_d^pH_\delta^q$. 这样, 公式 (3.1.26) 得证.

现在来计算 E_2 上的导算子 d_2. 注意到对任何元素 $[b]_2\in E_2^{p,q}$, 有 $b\in K^{p,q}$, 且满足 (这里用 $[b]_r$ 表示 E_r 中元素)

$$\delta b = 0, \quad db = \delta c \quad \text{对某个 } c \in K^{p+1,q-1}. \tag{3.1.29}$$

从诱导正合偶 (3.1.10) 知

$$d_2[b]_2 = j_2 k_2 [b]_2 = j_2 k_1 [b]_1, \qquad [b]_1 \in E_1.$$

需要找到 $a \in K^*_{p+2}$, 使得 $i[a]_1 = k_1[b_1]_1$, 进而能够得到

$$d_2[b]_2 = j_2 k_2 [b]_2 = [j_1 a]_2.$$

为了寻找 $a \in K^*_{p+2}$, 用 $b+c$ 代表 b, 即 $[b+c]_2 = [b]_2$, 这里 c 是 (3.1.29) 中的那个元素. 这是没有问题的, 因为在投影 $K^*_p \to K^*_p / K^*_{p+1}$ 下 b 与 $b-c$ 有相同的像. 于是由 (3.1.28) 和 (3.1.29) 可得

$$k_1(b-c) = D(b-c) = -dc,$$

因此有

$$d_2[b]_2 = [dc]_2, \qquad dc \in K^{p+2,q-1}. \tag{3.1.30}$$

这就推出, 当 $[b]_2 \in E_2^{p,q}$ 时, $d_2[b]_2 \in E_2^{p+2,q-1}$.

关系式 (3.1.29) 和 (3.1.30) 可用下面图表来表示:

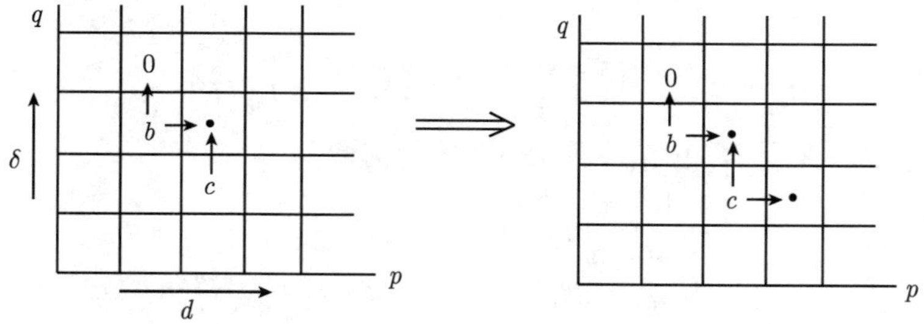

这种关系对于 E_k 上的导算子 d_k 是普遍成立的, 即

$$\begin{aligned}[b] \in E_k^{p,q} &\Rightarrow \delta b = 0,\ db = \delta c_1, \cdots, dc_{k-2} = \delta c_{k-1} \\ &\Rightarrow d_k[b]_k = [dc_{k-1}].\end{aligned} \tag{3.1.31}$$

这就推出 (3.1.25). 关系式 (3.1.31) 可用下图表来展示:

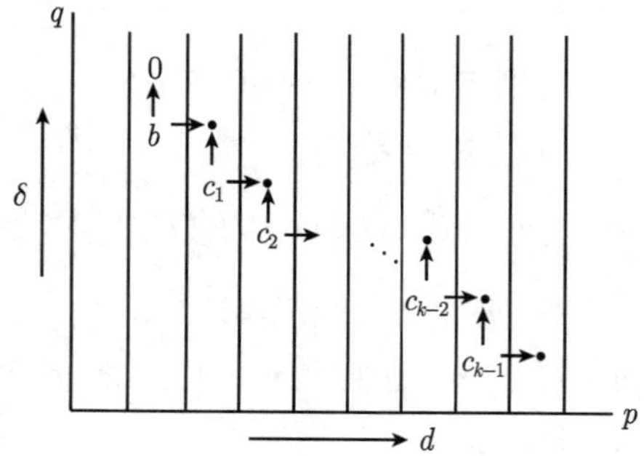

最后, 公式 (3.1.27) 可由定理 3.1 推出, 其过程是考虑 $H^*(K^{*,*}) = \oplus_{n\geqslant 0}H^n(K^{*,*})$, 它的过滤为

$$H^*(K^{*,*}) = F_0 \supset F_1 \supset F_2 \supset \cdots,$$
$$F_k = i_1^k H^*(K_k^*),$$

其中 $i_1:\ H^*(K_{k+1}^*) \to H^*(K_k^*)$ 是由包含 $K_{k+1}^* \subset K_k^*$ 诱导的同态. 这样, 每个分量 $H^n(K^{*,*})$ 的过滤为

$$H^n(K^{*,*}) = (F_0 \cap H^n) \supset (F_1 \cap H^n) \supset \cdots \supset (F_n \cap H^n) \supset 0.$$

它的梯次复形给出公式 (3.1.27) 如下:

$$GH^n(K^{*,*}) = \oplus_{k\geqslant 0}(F_k \cap H^n)/(F_{k+1} \cap H^n),$$
$$E_\infty^{p,n-p} = (F_p \cap H^n)/(F_{p+1} \cap H^n).$$

证毕.

注 3.1 对于一个双复形 $K^{*,*} = \oplus_{p,q\geqslant 0}K^{p,q}$ 来讲, 除了 (3.1.23) 的过滤复形外, 可还产生另一种过滤复形

$$K^* \supset \tilde{K}_1^* \supset \tilde{K}_2^* \supset \cdots,$$
$$\tilde{K}_q^* = \oplus_{n\geqslant 0}\tilde{K}_q^*,$$
$$\tilde{K}_q^n = \oplus_{r\geqslant q} \oplus_{r+p=n} K^{p,r}. \tag{3.1.32}$$

这种过滤给出第二种谱序列 $\{\tilde{E}_k, \tilde{d}_k\}$, 具有性质

$$\tilde{E}_1^{p,q} = H_d^p(K^{*,q}),$$
$$\tilde{E}_2^{p,q} = H_\delta^q(H_d^p(K^{*,*})),$$

其导算子

$$\tilde{d}_k:\ \tilde{E}_k^{p,q} \to \tilde{E}_k^{p-k+1,q+k},$$

并且 $\tilde{E}_k$ 收敛到 $H_D^*(K^{*,*})$ 的总同调 (3.1.27), 即两种谱序列 (E_k, d_k) 和 $(\tilde{E}_k, \tilde{d}_k)$ 收敛到同一个总同调.

注 3.2 如果双复形是降标的,

$$K_{*,*} = \oplus_{p,q\geqslant 0}K_{p,q},$$

带有降标导算子

$$d:\ K_{p,q} \to K_{p-1,q},$$
$$\delta:\ K_{p,q} \to K_{p,q-1},$$

并且

$$d^2 = \delta^2 = 0, \qquad d\delta + \delta d = 0.$$

则诱导一个单复形

$$K_* = \oplus_{n\geqslant 0} K_n, \qquad K_n = \oplus_{p+q=n} K_{p,q},$$
$$D = d + \delta:\ K_{n+1} \to K_n.$$

此时 K_* 的过滤复形

$$\begin{cases} K_* \supset K^1 \supset K^2 \supset \cdots, \\ K^p = \oplus_{n\geqslant 0} K^p_n, \\ K^p_n = \oplus_{r\geqslant p} \oplus_{r+q=n} K_{r,q} \end{cases}$$

将给出下同调的谱序列 (E^k, d^k),

$$\begin{cases} E^k = \oplus_{p,q\geqslant 0} E^k_{p,q}, \\ d^k:\ E^k_{p,q} \to E^k_{p-k,q+k-1}, \end{cases}$$

其 $k=1$ 和 2 的项 E^1 和 E^2 为

$$E^1_{p,q} = H^\delta_q(K_{p,*}),$$
$$E^2_{p,q} = H^d_p(H^\delta_q(K_{*,*})).$$

此时 E_k 收敛于下同调群 $H_*(K_{*,*})$ 的梯次复形 $GH_*(K_{*,*})$.

3.2　微分形式与 de Rham 复形

3.2.1　R^n 中的微分形式

我们先从 R^n 上微分形式的讨论开始. 令 $(x_1, \cdots, x_n)$ 是 R^n 上的一个坐标系. R^n 上的微分形式集合 $\Omega^*(R^n)$ 是由 $\{1, dx_1, \cdots, dx_n\}$ 按下面乘积关系在 C^∞ 函数空间 $C^\infty(R^n)$ 上生成的可交换环:

$$\begin{cases} d(1) = 0, \\ dx_i dx_i = (dx_i)^2 = 0, \\ dx_i dx_j = -dx_j dx_i, \quad i \neq j, \end{cases} \tag{3.2.1}$$

它具有一个自然的梯次结构

$$\Omega^*(R^n) = \oplus_{q=0}^n \Omega^q(R^n),$$
$$\Omega^q(R^n) = \left\{ \sum f_{i_1\cdots i_q} dx_{i_1} \cdots dx_{i_q} \middle| \ f_{i_1\cdots i_q} \in C^\infty(R^n) \right\},$$

并且带有一个微分算子

$$d:\ \Omega^q(R^n) \to \Omega^{q+1}(R^n),$$

定义为 (1) 若 $f \in \Omega^0(R^n)$, 则

$$df = \sum_{i=1}^{n} \frac{\partial f}{\partial x_i} dx_i;$$

(2) 若 $\omega = \sum f_{i_1\cdots i_q} dx_{i_1} \cdots dx_{i_q}$, 则

$$d\omega = \sum df_{i_1\cdots i_q} dx_{i_1} \cdots dx_{i_q}.$$

此后总是记 $\omega = \sum f_I dx_I$.

从 (3.2.1) 很能够容易验证 $d^2 f = 0$. 事实上

$$d(df) = d\left(\sum_i \frac{\partial f}{\partial x_i} dx_i\right) = \sum_{i\neq j} \frac{\partial^2 f}{\partial x_i \partial x_j} dx_i dx_j,$$

由

$$\frac{\partial^2 f}{\partial x_i \partial x_j} = \frac{\partial^2 f}{\partial x_j \partial x_i}$$

及 $dx_i dx_j = -dx_j dx_i$ 立即得到 $d^2 f = 0$. 于是有

$$d^2\omega = \sum d^2 f_I dx_I = 0.$$

因此微分算子 d 满足关系式

$$d^2 = 0.$$

此时 d 称为一个外微分, $\omega \in \Omega^q(R^n)$ 是一个 q 形式, $(\Omega^*(R^n), d)$ 叫做 R^n 上的 de Rham 复形.

引理 3.1 关于 de Rham 复形 $(\Omega^*(R^n), d)$ 有如下结论:

(1) 对任何 $\tau = \sum\limits_I f_I dx_I \in \Omega^p(R^n)$ 和 $\omega = \sum\limits_J g_J dx_I \in \Omega^q(R^n)$, 有

$$\tau \cdot \omega = \sum f_I g_J dx_I dx_J = (-1)^{pq} \omega \cdot \tau;$$

(2) 外微分算子 d 满足反导律

$$d(\tau \cdot \omega) = d\tau \cdot \omega + (-1)^p \tau \cdot d\omega.$$

证明 结论 (1) 是显然的. 关于结论 (2) 由于 d 是线性的, 只需对单项 $\tau = f_I dx_I$, $\omega = g_J dx_J$ 进行验证即可,

$$\begin{aligned} d(\tau \cdot \omega) &= d(f_I g_J) dx_I dx_J \\ &= g_J df_I dx_I dx_J + f_I dg_J dx_I dx_J \\ &= (df_I dx_I)(g_J dx_J) + (-1)^p (f dx_I)(dg_J dx_J) \\ &= d\tau \cdot \omega + (-1)^p \tau \cdot d\omega. \end{aligned}$$

引理证毕.

需要强调的一点是, 所有上述的概念和性质关于 R^n 中任意开子集 $\mathcal{O} \subset R^n$ 都同样成立. 因为任何流形可分解成若干 R^n 的开集之并

$$M = \cup_\alpha \mathcal{O}_\alpha, \qquad \mathcal{O}_\alpha \subset R^n \text{ 为开子集}, \tag{3.2.2}$$

这就为 de Rham 复形从 R^n 推广到一般流形 M 上提供了基础.

下面用一个例子表明微分形式 ω 与微分算子 d 在 R^3 中的几何意义.

例 3.2　在 R^3 上, $\Omega^0(R^3)$ 是由所有 C^∞ 函数构成

$$\Omega^0(R^3) = C^\infty(R^3).$$

而对任何 $f \in \Omega^0(R^3)$,

$$df = \frac{\partial f}{\partial x_1}dx_1 + \frac{\partial f}{\partial x_2}dx_2 + \frac{\partial f}{\partial x_3}dx_3$$

与 f 的梯度等同

$$df \simeq \nabla f = \left(\frac{\partial f}{\partial x_1}, \frac{\partial f}{\partial x_2}, \frac{\partial f}{\partial x_3}\right).$$

关于 1 形式

$$\begin{aligned}
&d(f_1dx_1 + f_2dx_2 + f_3dx_3) \\
={}& \left(\frac{\partial f_3}{\partial x_2} - \frac{\partial f_2}{\partial x_3}\right)dx_2dx_3 - \left(\frac{\partial f_1}{\partial x_3} - \frac{\partial f_3}{\partial x_1}\right)dx_1dx_3 + \left(\frac{\partial f_2}{\partial x_1} - \frac{\partial f_1}{\partial x_2}\right)dx_1dx_2,
\end{aligned}$$

它对应于 $f = (f_1, f_2, f_3)$ 的旋度. 关于 2 形式

$$d(f_1dydz - f_2dxdz + f_3dxdy) = \left(\frac{\partial f_1}{dx_1} + \frac{\partial f_2}{\partial x_2} + \frac{\partial f_3}{\partial x_3}\right)dx_1dx_2dx_3,$$

它对应于 f 的散度. 因而可总结为

$$\begin{aligned}
d\ (0 - \text{形式}) &= \text{梯度}, \\
d\ (1 - \text{形式}) &= \text{旋度}, \\
d\ (2 - \text{形式}) &= \text{散度}.
\end{aligned}$$

令 $U, V \subset R^n$ 是两个开集, $f: U \to V$ 是 C^∞ 映射, 则 f 可诱导一个从 $\Omega^*(V)$ 到 $\Omega^*(U)$ 的同态,

$$f^*: \ \Omega^*(V) \to \Omega^*(U)$$

定义为

$$\begin{aligned}
\omega &= \sum g_I(y)dy_I \in \Omega^*(V), \\
f^*\omega &= \sum g_I \circ f(y)df_I(y) \in \Omega^*(U).
\end{aligned}$$

其中 $df_I = df_{i_1} \cdots df_{i_k}$, f_i 是 $f = (f_1, \cdots, f_n)$ 的第 i 个分量. 同态 f^* 称为是 f 的拉回映射. 容易验证 f^* 与微分算子 d 可交换

$$d \cdot f^* = f^* \cdot d.$$

3.2.2 流形上的 de Rham 复形

令 $x=\{x_1,\cdots,x_n\}$ 是 R^n 的一个坐标系，$y=\{y_1,\cdots,y_n\}$ 是一个坐标变换

$$y_i=\varphi_i(x),\qquad 1\leqslant i\leqslant n.$$

令 $\omega\in\Omega^k(R^n)$ 是一个 k 形式, 在 x 坐标下可表达为

$$\omega=\sum f_I(x)dx_I, \tag{3.2.3}$$

而在 y 坐标下为

$$\omega=\sum g_J(y)dy_J. \tag{3.2.4}$$

在两个不同坐标系下, 表达式 (3.2.3) 和 (3.2.4) 的系数有如下关系:

$$f_I(x)=\sum g_J(\varphi(x))\frac{\partial\varphi_J}{\partial x_I}. \tag{3.2.5}$$

表达式 (3.2.5) 过于抽象, 为了更实在一些, 用一个具体表达式来表现这个式子. 例如当 $I=(1,2,\cdots,k)$ 时,

$$f_I=f_{12\cdots k}=\sum_{j_1\cdots j_k}g_{j_1\cdots j_k}(\varphi(x))\frac{\partial\varphi_{j_1}}{\partial x_1}\frac{\partial\varphi_{j_2}}{\partial x_2}\cdots\frac{\partial\varphi_{j_k}}{\partial x_k}.$$

关系式 (3.2.5) 清楚地给出不同坐标系下两个微分形式是同一个实体不同表现的充要条件. 这一点对于流形上定义全局微分形式至关重要, 因为流形 M 是由 (3.2.2) 的 R^n 中开集组合而成, 两个不同的开集

$$\mathcal{O}_\alpha\cup\mathcal{O}_\beta,\qquad \mathcal{O}_\alpha\cap\mathcal{O}_\beta\neq\varnothing$$

代表两个不同坐标系,

$$\begin{aligned}&x=(x_1,\cdots,x_n)\ \text{是}\ \mathcal{O}_\alpha\ \text{坐标系},\\&y=(y_1,\cdots,y_n)\ \text{是}\ \mathcal{O}_\beta\ \text{坐标系},\\&y_i=\varphi_i(x)\ \text{是在}\ \mathcal{O}_\alpha\cap\mathcal{O}_\beta\ \text{上的坐标变换}\ (1\leqslant i\leqslant n).\end{aligned} \tag{3.2.6}$$

原本在 R^n 上不存在区别两个微分形式是否是同一个实体的问题, 而在流形 M 上就突出地表现出来, 这是因为 M 上没有全局坐标. 一个 M 上的微分形式 ω 不能像在 R^n 上用一个表达式 $\omega=\sum f_Idx_I$ 就给出来了, 它必须用每个开集 $\mathcal{O}_\alpha$ 上的表达式, 也就是用一个表达式集合

$$\sum f_I(x)dX_I\ \text{在}\ \mathcal{O}_\alpha\ \text{中},\quad \sum g_J(y)dy_J\ \text{在}\ \mathcal{O}_\beta\ \text{中},\cdots \tag{3.2.7}$$

来给出. 这就出现一个问题, 你怎么知道这个表达式集合 (3.2.7) 是同一个微分形式 ω 的表示, 是什么条件来保证这一点呢? 解答这一问题的条件就是公式 (3.2.5), 因为它是同一个实体在不同坐标系下表示的充要条件. 有了这个条件, 就可以在流形 M 上定义全局微分形式了.

定义 3.2 令M 是一个 C^∞ 流形, $\{\mathcal{O}_\alpha|\ \alpha\in I\}$ 是 M 的一个坐标系覆盖. 若在任何两个坐标系 $(\mathcal{O}_\alpha,x)$ 和 $(\mathcal{O}_\beta,y)$ 上, 微分形式

$$\begin{aligned}&\sum f_I dx_I\in\Omega^k(\mathcal{O}_\alpha),\\&\sum g_J dx_J\in\Omega^k(\mathcal{O}_\beta)\end{aligned}\tag{3.2.8}$$

的系数 $\{f_I\}$ 和 $\{g_J\}$ 满足关系式 (3.2.5), 其中 $\varphi=(\varphi_1,\cdots,\varphi_n)$ 是如 (3.2.6) 那样的坐标变换, 则所有 $\{\mathcal{O}_\alpha|\ \alpha\in I\}$ 上这样的微分形式集合 (3.2.8) 是 M 上的一个 k 形式, 记为

$$\omega=\left\{\sum f_I^\alpha dx_I^\alpha\in\Omega^k(\mathcal{O}_\alpha)|\ M=U_\alpha\mathcal{O}_\alpha\right\}.$$

注 3.3 在微分几何中, 定义在 M 上并且在坐标变换下满足 (3.2.5) 那种关系的一组量 $\{f_{i_1\cdots i_k}|\ 1\leqslant i_1,\cdots,i_k\leqslant n\}$ 称作 M 上的 k 阶协变张量场. 因此 M 上的 k 阶外微分形式是一个反对称的 k 阶协变张量场, 即对于 ω 的分量 $f_{i_1\cdots i_k}$ 交换下标位置将改变符号

$$f_{\cdots i_1 i_2\cdots}=-f_{\cdots i_2 i_1\cdots}.\tag{3.2.9}$$

从上面的分析可以看到, 只有张量才是流形 M 上全局定义的量, 这就是为什么微分几何中要引入张量的原因.

M 上所有微分形式按下面加法与乘积 (外积)

$$\begin{aligned}\omega+\tau&=\left\{\sum(f_I^\alpha+g_I^\alpha)dx_I^\alpha\ 在\ (\mathcal{O}_\alpha,x_\alpha)\ 中\right\},\\\omega\cdot\tau&=\left\{\sum f_I^\alpha\cdot g_J^\alpha dx_I^\alpha\cdot dx_J^\alpha\ 在\ (\mathcal{O}_\alpha,x_\alpha)\ 中\right\}\end{aligned}$$

构成一个梯次 (反) 交换环, 记为

$$\Omega^*(M)=\oplus_{k\geqslant 0}\Omega^k(M),$$

其中 $\Omega^k(M)$ 是 M 上所有 k 形式组成的交换群. 在 $\Omega^*(M)$ 上的微分算子

$$d:\ \Omega^k(M)\to\Omega^{k+1}(M)\tag{3.2.10}$$

定义为

$$d\omega=\left\{\sum df_I^\alpha dx_I^\alpha\in\Omega^{k+1}(\mathcal{O}_\alpha)|\ M=U_\alpha\mathcal{O}_\alpha\right\}.\tag{3.2.11}$$

下面引理表明 (3.2.10)~(3.2.11) 是 M 上全局定义的微分算子.

引理 3.2 由 (3.2.10) 和 (3.2.11) 所定义的微分算子具有如下性质:

(1) 由 (3.2.11) 给出的微分形式满足 (3.2.5) 的坐标变换关系, 换句话说, $d\omega$ 是 M 上全局定义的 $k+1$ 形式;

(2) 微分算子 (3.2.10) 满足关系 $d^2=0$.

证明 结论 (2) 是显然的. 只需证明结论 (1). 为了清楚, 先对最简单且不平凡的情况 (0 形式是平凡的) 进行证明. 令 $M=\mathcal{O}_1\cup\mathcal{O}_2$ 是二维流形,

$$
\begin{aligned}
&\omega=\{(f_1dx_1+f_2dx_2)\text{ 在 }\mathcal{O}_1\text{ 上},\ (g_1dy_1+g_2dy_2)\text{ 在 }\mathcal{O}_2\text{ 上}\}.\\
&y_i=\varphi_i(x)\ (i=1,2),\qquad \text{在 }\mathcal{O}_1\cap\mathcal{O}_2\text{ 上}.
\end{aligned}
$$

令 ω 是 M 上的一个 1 形式, 则有

$$
\begin{cases}
f_1=g_1\dfrac{\partial\varphi_1}{\partial x_1}+g_2\dfrac{\partial\varphi_2}{\partial x_1},\\[2mm]
f_2=g_1\dfrac{\varphi_1}{\partial x_2}+g_2\dfrac{\partial\varphi_2}{\partial x_2}.
\end{cases}
\tag{3.2.12}
$$

由 (3.2.11), $d\omega$ 的局部表示为

$$
d(f_1dx_1+f_2dx_2)=\left(\frac{\partial f_2}{\partial x_1}-\frac{\partial f_1}{\partial x_2}\right)dx_1dx_2=f_{12}dx_1dx_2,
$$

$$
d(g_1dy_1+g_2dy_2)=\left(\frac{\partial g_2}{\partial y_1}-\frac{\partial g_1}{\partial y_2}\right)dy_1dy_2=g_{12}dx_1dx_2.
\tag{3.2.13}
$$

此外, 从 (3.2.12) 可算出

$$
\begin{aligned}
\frac{\partial f_2}{\partial x_1}-\frac{\partial f_1}{\partial x_2}=&\left(\frac{\partial g_1}{\partial y_1}\frac{\partial\varphi_1}{\partial x_1}\frac{\partial\varphi_1}{\partial x_2}+\frac{\partial g_1}{\partial y_2}\frac{\partial\varphi_2}{\partial x_1}\frac{\partial\varphi_1}{\partial x_2}+\frac{\partial g_2}{\partial y_1}\frac{\partial\varphi_1}{\partial x_1}\frac{\partial\varphi_2}{\partial x_2}\right.\\
&\left.+\frac{\partial g_2}{\partial y_2}\frac{\partial\varphi_2}{\partial x_1}\frac{\partial\varphi_2}{\partial x_2}\right)-\left(\frac{\partial g_1}{\partial y_1}\frac{\partial\varphi_1}{\partial x_2}\frac{\partial\varphi_1}{\partial x_1}+\right.\\
&\left.+\frac{\partial g_1}{\partial y_2}\frac{\partial\varphi_2}{\partial x_2}\frac{\partial\varphi_1}{\partial x_1}+\frac{\partial g_2}{\partial y_1}\frac{\partial\varphi_1}{\partial x_2}\frac{\partial\varphi_2}{\partial x_1}+\frac{\partial g_2}{\partial y_2}\frac{\partial\varphi_2}{\partial x_2}\frac{\partial\varphi_2}{\partial x_1}\right)\\
&+\left(g_1\frac{\partial^2\varphi_1}{\partial x_1\partial x_2}+g_2\frac{\partial^2\varphi_2}{\partial x_1\partial x_2}\right)-\left(g_1\frac{\partial^2\varphi_1}{\partial x_2\partial x_1}+g_2\frac{\partial^2\varphi_2}{\partial x_2\partial x_1}\right)\\
=&\left(\frac{\partial g_2}{\partial y_1}-\frac{\partial g_1}{\partial y_2}\right)\frac{\partial\varphi_1}{\partial x_1}\frac{\partial\varphi_2}{\partial x_2}-\left(\frac{\partial g_2}{\partial y_1}-\frac{\partial g_1}{\partial y_2}\right)\frac{\partial\varphi_1}{\partial x_2}\frac{\partial\varphi_2}{\partial x_1},
\end{aligned}
\tag{3.2.14}
$$

这表明 (3.2.13) 的系数在坐标变换 $y_i=\varphi_i(x)$ 下满足关系式 (3.2.5).

现在考虑一般情况,

$$
\omega=\left\{\sum f_Idx_I\text{ 在 }\mathcal{O}_\alpha\text{ 上},\ \sum g_Jdy_J\text{ 在 }\mathcal{O}_\beta\text{ 上},\cdots\right\}.
$$

则由 (3.2.1),

$$\sum df_I dx_I = \sum \left(\frac{\partial f_{I_{ij}}}{\partial x_i} - \frac{\partial f_{I_{ji}}}{\partial x_j} \right) dx_{I'_{ij}},$$

$$\sum dg_J dy_J = \sum \left(\frac{\partial g_{J_{ij}}}{\partial y_i} - \frac{\partial g_{J_{ji}}}{\partial y_i} \right) dy_{J'_{ij}}, \tag{3.2.15}$$

其中 I_{ij} 表示指标 I 中不含 i, 但是含有 j, 即

$$I_{ij} = (i_1 \cdots \hat{i}, \cdots j, \cdots i_k), \quad \hat{i} \text{ 表示不含此项},$$

$$I_{ji} = (i_1 \cdots i, \cdots, \hat{j}, \cdots, i_k),$$

$$I'_{ij} = (i_1, \cdots, i, \cdots, j, \cdots, i_k),$$

并且 i, j 在 I'_{ij} 中相错奇数个位置.

可以看到, (3.2.13) 是 (3.2.15) 的特殊情况. 再由 ω 满足 (3.2.5), 类似于 (3.2.14) 的推导, 从

$$f_{I_{ij}} = \sum g_J \frac{\partial \varphi_J}{\partial x_{I_{ij}}}$$

可以推出

$$\frac{\partial f_{I_{ij}}}{\partial x_i} - \frac{\partial f_{I_{ji}}}{\partial x_j} = \sum \left(\frac{\partial g_{J_{\alpha\beta}}}{\partial y_\alpha} - \frac{\partial g_{J_{\beta\alpha}}}{\partial y_\beta} \right) \frac{\partial \varphi_{J'_{\alpha\beta}}}{\partial x_{I'_{ij}}}.$$

这就表明 (3.2.11) 满足 (3.2.5). 引理证毕.

由引理 3.2, $\Omega^*(M)$ 是一个复形. 然后有如下定义.

定义 3.3 令 M 是一个流形, 则 M 上所有微分形式构成的 (反) 交换环 $\Omega^*(M)$ 与微分算 d 一起构成一个梯次复形 $(\Omega^*(M), d)$, 称为 de Rham 复形. 从这个复形可产生一个上同调

$$H^k_{DR}(M) = \frac{\operatorname{Ker}\left\{d:\ \Omega^k(M) \to \Omega^{k+1}(M)\right\}}{d\Omega^{k-1}(M)},$$

称作 M 上的 de Rham 上同调.

de Rham 同调群同样具有自然性质, 即对于两个光滑流形 M 和 N 及一个光滑映射 $f:\ M \to N$, 则 f 可诱导一个同态

$$f^*:\ H^k_{DR}(N) \to H^k_{DR}(M), \tag{3.2.16}$$

定义为: 对任 $\omega \in H^k_{DR}(N)$, ω 的局部表示为

$$\omega = \sum g_I dy_I,$$

则有

$$f^*\omega = \sum g_I \circ f dx_I,$$

其中 $(x_1,\cdots,x_n)=(f_1(y),\cdots,f_n(y))$ 是 M 上的局部坐标. 因为 f^* 与微分算子 d 可交换

$$d\cdot f^*=f^*\cdot d.$$

因此当 ω 是一个闭形式 $(dw=0)$ 时, $f^*\omega$ 也是闭形式. 这就意味 (3.2.16) 是一个同态, 称作 f 的拉回同态.

3.2.3 微分形式的积分

引入了微分形式 ω 的概念后, 我们需要解释一下 ω 的本质是什么. 先从微分形式的生成元开始. 对于一维空间,

$$dx=x^2-x^1$$

是 R^1 中两点 x^2 与 x^1 之间的距离, 只是这里的距离是无穷小. 再将这种观察推广到 R^n 的微分元就可写成

$$dx_1\cdots dx_n=(x_1^2-x_1^1)\times\cdots\times(x_n^2-x_n^1),$$

其等式右边就是由 R^n 中 n 个无穷小向量 (线段)

$$\bar{r}_1=x_1^2-x_1^1,\cdots,\bar{r}_n=x_n^2-x_n^1$$

所张成的有向体积, 当它们位置交换时体积元将改变符号, 例如

$$\bar{r}_i\times\bar{r}_j=-\bar{r}_j\times\bar{r}_i.$$

这种有向体积元的性质就是微分形式生成元 (3.2.1) 的性质. 因此 R^n 中的微分形式生成元

$$dx_{i_1}\cdots dx_{i_k}=\bar{r}_{i_1}\times\cdots\times\bar{r}_{i_k}$$

就是由 k 个无穷小向量 $\bar{r}_{i_1},\cdots,\bar{r}_{i_k}$ 在 R^n 中张成的 k 维面的体积.

当这些生成元用函数配作系数时就变成了微分形式. 例如

$$f(x)dx,\qquad x\in R^1$$

是个一维的 1 形式. 正如在通常微积分教科书中所说的那样, 这个微分形式的几何意义可解释成在 $x\in R^1$ 点的一个矩形面积, 这个矩形是由 dx 作底边, $f(x)$ 作高度所围成. 那么对待一般的微分形式, 例如

$$\omega=f_1(x)dx_1+\cdots+f_n(x)dx_n,\qquad x\in R^n,\tag{3.2.17}$$

我们如何看待它的几何意义呢? 此时, 必须将 ω 限制在 R^n 的曲线上来考察, 这是因为 ω 是 1 形式. 对任一曲线 $\gamma\subset R^n$, γ 可表达为

$$\gamma(t)=\{x_1(t),\cdots,x_n(t)\},\qquad t\in R^1.$$

当 ω 限制在 $\gamma(t)$ 上时, $\omega|_\gamma$ 就变成了 1 形式

$$\omega|_\gamma = g(t)dt, \qquad t \in R^1,$$
$$g(t) = \sum_{i=1}^{n} f_i(\gamma(t))\frac{dx_i(t)}{dt}.$$

这样, 在 (3.2.17) 中的 1 形式 ω 的几何意义同样还是以曲线 γ 上线段 dt 为底边, $\sum\limits_{i=1}^{n} f_i x_i'$ 为高度的矩形面积. 这种思路可平行地移植到流形 M 的任意 k 形式上. 可总结成

微分形式的几何意义 令 $\omega = \sum f_I dx_I$ 是光滑流形 M 上的一个 k 形式, $\Gamma = \{x_1(t_1, \cdots, t_k), \cdots, x_n(t_1, \cdots, t_k)\}$ 是 M 中一个 k 维曲面. 则 ω 的几何意义就是它限制在 Γ 上所产生的 $k+1$ 维矩形体积, 这个矩形是由 k 维体微分元 $dt_1 \cdots dt_k$ 为底面, 以 $\sum f_I D_t x_I$ 为高度所形成.

现在讨论流形上关于微分形式的积分. 令 $U \subset R^n$ 是一个开集, $\omega = f(x)dx_1 \cdots dx_n$ 是 U 上的一个 n 形式. 则 ω 在 U 上的积分就是通常的 Riemann 积分,

$$\int_U \omega = \int_U f(x)dx_1 \cdots dx_n.$$

然而, 当 M 是一个 n 维流形, ω 是 M 上的一个 n 形式时, 情况就不那么简单. 为了定义 ω 在 M 上的积分, 需要引入下面单位分解引理.

引理 3.3 令 $\{U_\alpha |\ \alpha \in I\}$ 是光滑流形 M 上的一个开覆盖, 则在 M 上存在一族光滑函数 $\{\varphi_i\}$, 对每个 i 有 $0 \leqslant \varphi_i \leqslant 1$, 并且

(1) 对某个 α, φ_i 的支集

$$\mathrm{supp}\ \varphi_i = \overline{\{x \in M |\ \varphi_i(x) \neq 0\}} \subset U_\alpha,$$

而且 $\mathrm{supp}\ \varphi_i$ 是紧的;

(2) 对每一点 $p \in M$ 有一个邻域 U, 它只与有限多个支集 $\mathrm{supp}\ \varphi_i$ 相交, 特别地, $\sum\limits_i \varphi_i = 1$. 此时称 $\{\varphi_i\}$ 为属于 $\{U_\alpha\}$ 的单位分解.

证明 取 M 的两个开覆盖 $\{V_i^1\}$ 及 $\{V_i^2\}$ 具有有限个交集, 使得

$$\bar{V}_i^1 \subset V_i^2 \subset U_\alpha, \qquad \text{对某个 } \alpha,$$

并且 $\bar{V}_i^1$ 和 $\bar{V}_i^2$ 是紧的. 由引理 1.1, 存在 $h_i \in C^\infty(M)$, $0 \leqslant h_i \leqslant 1$ 满足

$$h_i(x) = \begin{cases} 1, & x \in V_i^1, \\ 0, & x \notin V_i^2. \end{cases}$$

因为 $\{V_i^1\}$ 和 $\{V_i^2\}$ 都具有有限个交集, 因此

$$\sum_{i=1}^{\infty} h_i < \infty.$$

又因为 $\{V_i^1\}$ 覆盖 M, 故有 $\sum\limits_{i=1}^{\infty} h_i \geqslant 1$. 定义函数

$$\varphi_i = h_i / \sum_{j=1}^{\infty} h_j,$$

则容易验证 $\{\varphi_i\}$ 满足引理要求. 证明完毕.

现在可以在 M 上关于 ω 定义积分了. 令 M 是 n 维可定向光滑流形, ω 是 M 上的一个 n 形式, $\{(U_\alpha, x_\alpha)\}$ 是 M 的一个坐标系覆盖. 由引理 3.3, 存在一个属于 $\{U_\alpha\}$ 的单位分解 $\{\varphi_\alpha\}$, 满足

$$\omega = \left(\sum_\alpha \varphi_\alpha\right) \cdot \omega = \sum_\alpha (\varphi_\alpha \cdot \omega).$$

然后定义

$$\int_M \omega = \sum_\alpha \int_M \varphi_\alpha \omega = \sum_\alpha \int_{U_\alpha} \varphi_\alpha \omega. \tag{3.2.18}$$

接着需要证明 (3.2.18) 与单位分解 $\{\varphi_\alpha\}$ 与坐标系 $\{U_\alpha\}$ 选取无关.

假设 $\{\tilde{\varphi}_\beta\}$ 是属于 $\{U_\alpha\}$ 的另一个单位分解, 则

$$\begin{aligned}\sum_\beta \int_M \tilde{\varphi}_\beta \cdot \omega &= \sum_\beta \int_M \left(\sum_\alpha \varphi_\alpha\right) \tilde{\varphi}_\beta \omega \\ &= \sum_\alpha \int_M \left(\sum_\beta \tilde{\varphi}_\beta\right) \varphi_\alpha \omega \\ &= \sum_\alpha \int_M \varphi_\alpha \omega.\end{aligned}$$

令 $\{V_\beta\}$ 是 M 另一个坐标系, $\{\psi_\beta\}$ 是属于它的单位分解. 则有

$$\sum_\alpha \int_{U_\alpha} \varphi_\alpha \omega = \sum_{\alpha,\beta} \int_{U_\alpha} \varphi_\alpha \psi_\beta \omega.$$

现在 $\varphi_\alpha \psi_\beta \omega$ 的支集在 $U_\alpha \cap V_\beta$ 中, 故

$$\int_{U_\alpha} \varphi_\alpha \psi_\beta \omega = \int_{V_\beta} \varphi_\alpha \psi_\beta \omega.$$

进而推得

$$\sum_\alpha \int_{U_\alpha} \varphi_\alpha \omega = \sum_{\alpha,\beta} \int_{V_\beta} \varphi_\alpha \psi_\beta \omega = \sum_\beta \int_{V_\beta} \psi_\beta \omega.$$

于是可以给出下面定义.

定义 3.4 令 M 是 n 维可定向光滑流形, ω 是 M 的 n 形式. 如果对于 M 的一个坐标系覆盖 $\{U_\alpha\}$ 及单位分解 $\{\varphi_\alpha\}$, 下面的数值有限

$$\left|\sum_\alpha \int_{U_\alpha} \varphi_\alpha \omega\right| < \infty,$$

则 ω 称为在 M 上可积, 并且 (3.2.18) 称为 ω 在 M 上的积分.

当 $\Gamma \subset M$ 是一个 k 维可定向的光滑子流形, ω 是 M 的一个 k 形式时, 包含映射 $i:\ \Gamma \to M$ 的拉回映射 $i^*\omega$ 是 Γ 上的一个 k 形式. 此时定义 ω 在 Γ 上的积分定义为

$$\int_\Gamma \omega = \int_\Gamma i^*\omega. \tag{3.2.19}$$

注意到, Γ 上的 k 形式 $i^*\omega$ 正是如前面关于微分形式几何意义的论述那样, 是 ω 在 Γ 上的限制, 即若 Γ 在局部坐标 U 下表达为

$$\Gamma|_U:\ \{x_1(z_1,\cdots,z_k),\cdots,x_n(z_1,\cdots,z_k)\},$$

而 ω 在 U 上为

$$\omega = \sum f_{i_1\cdots i_k}(x)dx_{i_1}\cdots dx_{i_k}.$$

则

$$i^*\omega = \omega|_\Gamma = F(z)dz_1\cdots dz_k, \qquad z \in R^k, \tag{3.2.20}$$

其中

$$F(z) = \sum(-1)^\tau f_{i_1\cdots i_k}(x(z))\frac{\partial x_{i_1}}{\partial z_{j_1}}\cdots\frac{\partial x_{i_k}}{\partial z_{j_k}},$$

$$\tau = \begin{cases} 1, & \text{当 } (j_1,\cdots,j_k) \text{ 是奇排列}, \\ 2, & \text{当 } (j_1,\cdots,j_k) \text{ 是偶排列}. \end{cases}$$

回忆微分形式的几何意义, 由 (3.2.20) 给出的表达式清晰地给出了积分 (3.2.19) 的几何实质, 即当 ω 限制在 Γ 上时, 产生一个函数 $F(z)(z \in \Gamma)$, 这个函数在 Γ 上形成一个 $k+1$ 维曲面,

$$\pi = \{(z,y) \in \Gamma \times R^1|\ 0 \leqslant y \leqslant F(z) \text{ 或 } F(z) \leqslant y \leqslant 0\}.$$

如果记

$$\pi^+ = \{(z,y) \in \pi|\ F(z) > 0\},$$
$$\pi^- = \{(z,y) \in \pi|\ F(z) < 0\},$$

则积分

$$\int_\Gamma \omega = |\pi^+| - |\pi^-|$$

代表了 π^+ 的面积与 π^- 的面积之差.

3.2.4　Stokes 公式

在流形上定义了积分后, 接下来要做的事情就是介绍 Stokes 公式. 它是微积分中大家所熟知的 Newton-Leibniz 公式、Green 公式, 以及 Gauss 公式的最终统一形式.

这里首先给出关于 Stokes 公式的定理, 然后以阐述本质的方式来证明该公式. 这个定理陈述如下:

定理 3.3 (Stokes 公式) 令 M 是一个 n 维可定向的光滑流形, ω 是一个 $(n-1)$ 形式. 若 $d\omega$ 和 ω 分别在 M 与 ∂M 上可积, 则有

$$\int_M d\omega = \int_{\partial M} \omega. \tag{3.2.21}$$

证明 分几步进行.

第一步. 当 $M=[a,b]$ 是一个线段时, $\omega=f(x)$ 是 $a\leqslant x\leqslant b$ 上的函数. 此时 Newton-Leibniz 公式为

$$\int_M d\omega = \int_a^b df = f(b)-f(a) = \int_{\partial M} f, \tag{3.2.22}$$

这就是 Stokes 公式 (3.2.21) 在 M 是一个线段的特殊形式. 此时积分 (3.2.22) 是关于 M 以 a 为起点, b 为终点这个定向进行的. 若关于 M 反定向进行, 即积分以 b 为起点, a 为终点时积分符号正好相反, 即

$$\int_{-M} d\omega = \int_b^a df = -\int_M d\omega. \tag{3.2.23}$$

正是这两个最简单的公式是一般形式 (3.2.21) 的核心本质. 后面的证明将看到整个过程都是以这两个性质为基础.

中间我们抽出一点时间来看一下公式 (3.2.22) 的实质是什么. 事实上, 当将区间 $[a,b]$ 作分割时,

$$[a,b]=[x_0,x_1]+[x_1,x_2]+\cdots+[x_{n-1},x_n],$$

其中 $a=x_0$, $b=x_n$. 则微分 df 的实质是

$$df=f(x_i)-f(x_{i-1}).$$

然后积分就是将这些微分加起来

$$\int_a^b df = \sum df = \sum_{i=1}^n (f(x_i)-f(x_{i-1})).$$

级数中头尾相消就只剩下端点 (边界部分), 这就得到公式 (3.2.22).

再考虑 $M=L$ 是一条曲线, 0 形式 ω 是 L 上的函. 令 p_0,p_1 是 L 的端点. 则

$$\partial L=\{p_0\}\cup\{p_1\}.$$

当 $p_0=p_1$ 时 $L=S^1$. 不失一般性, 取闭区间作局部坐标, 并且 L 的坐标系覆盖只含两个分支, 即

$$L=[p_0,a]\cup[a,p_1].$$

此时 ω 在局部坐标下表达为 $\omega=f(x)$, 在 L 上积分为

$$\begin{aligned}\int_L d\omega &= \int_{p_0}^{a} df + \int_{a}^{p_1} df \\ &= (f(a) - f(p_0)) + (f(p_1) - f(a)) \\ &= f(p_1) - f(p_0) \\ &= \int_{\partial L} f.\end{aligned}$$

这就给出一般曲线上的 Stokes 公式.

第二步. 再讨论 $M = I^n$ 是一个 n 维方体的情况. 此时 $(n-1)$ 形式 ω 可写成如下形式:

$$\omega = \sum_{i=1}^{n} (-1)^{i+1} f_i(x) dx_1 \cdots \widehat{dx}_i \cdots dx_n,$$

其中 $\widehat{dx}_i$ 表示不含 dx_i 这一项. 然后有

$$d\omega = \left(\sum_{i=1}^{n} \frac{\partial f_i}{\partial x_i}\right) dx_1 \cdots dx_n.$$

在方体 $I^n = [0,1]^n$ 上的积分

$$\int_M d\omega = \sum_{i=1}^{n} \int_{I^n} \frac{\partial f_i}{\partial x_i} dx_1 \cdots dx_n. \tag{3.2.24}$$

对 $i = 1$ 的项进行积分

$$\begin{aligned}\int_{I^n} \frac{\partial f_1}{\partial x_1} dx &= \int_{I_1^{n-1}} dx_2 \cdots dx_n \int_0^1 \frac{\partial f_1}{\partial x_1} dx_1 \\ &= \int_{I^{n-1}} f_1(1, x_1') dx_1' - \int_{I^{n-1}} f_1(0, x_1') dx_1' \quad (\text{由}NL\text{公式}(3.2.22)) \\ &= \int_{\Gamma_1^1 - \Gamma_1^0} f_1(x) dx_1',\end{aligned}$$

其中 $x_1' = (x_2, \cdots, x_n) \in I^{n-1}$, $\Gamma_1^1 = \{1\} \times I^{n-1}$, $\Gamma_1^0 = \{0\} \times I^{n-1} \subset \partial I^{n+1}$. 同理, (3.2.24) 中任 i 项的积分为

$$\int_{I^n} \frac{\partial f_i}{\partial x_i} dx = \int_{\Gamma_i^1 - \Gamma_i^0} f_i(x) dx_i', \qquad 1 \leqslant i \leqslant n. \tag{3.2.25}$$

注意到

$$\begin{aligned}&\partial I^n = \sum_{i=1}^{n} (-1)^{i+1} (\Gamma_i^1 - \Gamma_i^0), \\ &\Gamma_i^\sigma = \{(t_1, \cdots, t_{i-1}, \sigma, t_{i+1}, \cdots, t_n) |\ 0 \leqslant t_j \leqslant 1\}, \quad \sigma = 0, 1.\end{aligned}$$

则 (3.2.24) 和 (3.2.25) 变为

$$\int_{I^n} d\omega = \int_{\partial I^n} \omega, \tag{3.2.26}$$

即在一个方体 I^n 上公式 (3.2.21) 成立.

显然 (3.2.26) 对任意尺寸的方体 $I^n(r) = [0,r]^n$ 都成立 $(r > 0)$.

第三步. 观察两个相邻方体之和 $I_1^n + I_2^n$ 上关于 $d\omega$ 的积分. 从图 3.1 可看到 I_1^n 与 I_2^n 有一个公共面 Γ, 在那里 Γ 是其中一个方体的顺向面, 则一定是另一个的逆向面, 即

$$\begin{cases} \Gamma = \Gamma_1^1 \subset \partial I_1^n \text{ 为顺向面}, \\ \Gamma = \Gamma_1^0 \subset \partial I_2^n \text{ 为逆向面}. \end{cases} \tag{3.2.27}$$

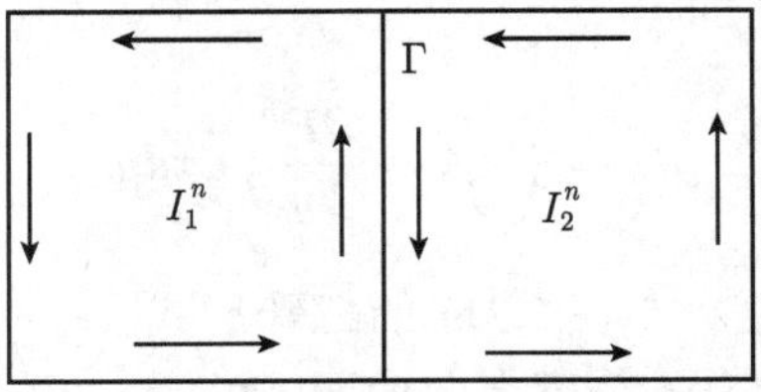

图 3.1

再由公式 (3.2.27) 可得

$$\int_{I_1^n+I_2^n} d\omega = \int_{I_1^n} d\omega + \int_{I_2^n} d\omega = \int_{\partial I_1^n} \omega + \int_{\partial I_2^n} \omega.$$

由 (3.2.26),

$$\int_{\partial I_1^n \cap \Gamma} \omega = \int_{\Gamma_1^1} \omega, \quad \int_{\partial I_2^n \cap \Gamma} \omega = -\int_{\Gamma_1^0} \omega.$$

因而 ω 在 Γ 上的积分被相互抵消, 而只剩下在 $I_1^n + I_2^n$ 边界上的积分, 即

$$\int_{I_1^n+I_2^n} d\omega = \int_{\partial(I_1^n+I_2^n)} \omega.$$

同理可知, 对任意多个两两相邻方体集合 $\sum\limits_{k=1}^{N} I_k^n$ 上的积分, 有

$$\int_{M_r} d\omega = \int_{\partial M_r} \omega, \quad M_r = \sum_{k=1}^{N} I_k^n(r), \quad r > 0. \tag{3.2.28}$$

最后, 因为 M 可被边长为 r 的方体剖分逼近

$$M_r = \sum_{k=1}^{N_r} I_k^n(r) \to M, \quad r \to 0,$$

有

$$\int_{M_r} d\omega \to \int_M d\omega, \quad \int_{\partial M_r} \omega \to \int_{\partial M} \omega.$$

于是 Stokes 公式 (3.2.21) 可由 (3.2.28) 和 (3.2.4) 导出. 定理证毕.

例 3.3　定理 3.3 是平面 Green 公式, 曲面 Stokes 公式与三维区域的 Gauss 公式的统一推广. 回忆一下这些公式是有益的.

(1) 当 $M = D \subset R^2$ 是一个单连通区域, ∂D 为简单闭曲线时, P, Q 是 D 上连续可微函数. 则 Green 公式给出

$$\int_{\partial D} (Pdx + Qdy) = \int_D \left(\frac{\partial Q}{\partial x} - \frac{\partial P}{\partial y} \right) dxdy.$$

显然, 当取 $\omega = Pdx + Qdy$ 时,

$$d\omega = \left(\frac{\partial Q}{\partial x} - \frac{\partial P}{\partial y} \right) dxdy.$$

因此这个公式正是 Stokes 公式 (3.2.21) 的特殊形式.

(2) 若 $M = S$ 是 R^3 中一个可定向曲面, ∂S 是一个简单闭曲线, P, Q, R 是 S 上的连续可微函数, 则经典 Stokes 公式是说

$$\begin{aligned} &\int_{\partial S} (Pdx + Qdy + Rdz) \\ = &\int_S \left(\frac{\partial R}{\partial y} - \frac{\partial Q}{\partial z} \right) dydz - \left(\frac{\partial P}{\partial z} - \frac{\partial R}{\partial x} \right) dxdz + \left(\frac{\partial Q}{\partial x} - \frac{\partial p}{\partial y} \right) dxdy, \end{aligned}$$

显然, 此公式是 $\omega = Pdx + Qdy + Rdz$ 的 (3.2.21) 表达式.

(3) 令 $M = V$ 是 R^3 的开子集, ∂V 是一个闭曲面, P, Q, R 是 V 中连续可微函数. 则 V 上积分的 Gauss 公式给出

$$\int_{\partial V} (Pdydz + Qdzdx + Rdxdy) = \int_V \left(\frac{\partial P}{\partial x} + \frac{\partial Q}{\partial y} + \frac{\partial R}{\partial z} \right) dxdydz.$$

这正是 $\omega = Pdydz + Qdzdx + Rdxdy$ 的 Stokes 公式 (3.2.21).

3.2.5　Poincaré 引理

在这一小节将计算 R^n 的 de Rham 上同调, 这里的内容参照了文献 [4].

引理 3.4 (Poincaré 引理)　令 $\pi: R^n \times R^1 \to R^n$ 是投影, $s: R^n \to R^n \times R$ 是零截面, 即 $s(x) = (x, 0)$. 则关于 R^n 上的 de Rham 上同调有如下结论:

(1) π 和 s 的诱导同态是互逆的同构

$$\pi^*: H^*(R^n) \to H^*(R^n \times R^1), \qquad s^*: H^*(R^n \times R^1) \to H^*(R^n);$$

(2) $H^*(R^n)$ 的值为

$$H^k(R^n) = H^k(\text{点}) = \begin{cases} R, & k=0, \\ 0, & k \neq 0. \end{cases}$$

证明 映射 π 和 s 在 de Rham 复形 Ω^* 中诱导出两个同态

$$\pi' : \Omega^*(R^n) \to \Omega^*(R^n \times R^1),$$
$$s' : \Omega^*(R^n \times R^1) \to \Omega^*(R^n).$$

我们将证明 π' 与 s' 产生互逆的同构 $H^*(R^{n+1}) \simeq H^*(R^n)$.

由于 $\pi \circ s = id$, 因此有 $(\pi \circ s)' = s' \circ \pi' = id$. 它产生

$$s^* \circ \pi^* = id^* : H^*(R^n) \to H^*(R^n).$$

然而 $s \circ \pi \neq id$, 因而 $\pi' \circ s' \neq id$. 为了证明 $\pi^* \circ s^* = id^*$, 这等价于找到一个同态 $K : \Omega^k(R^{n+1}) \to \Omega^{k-1}(R^{n+1})$ 满足

$$\pi' \circ s' - id = \pm(dK \pm Kd). \tag{3.2.29}$$

$R^n \times R^1$ 上的每一个微分形式是下面两种类型的线性组合:

(1) $(\pi'\phi)f(x,t)$;

(2) $(\pi'\phi)f(x,t)dt$,

其中 $\phi \in \Omega^*(R^n)$. 定义映射

$$K : \Omega^k(R^n \times R^1) \to \Omega^{k-1} (R^n \times R^1)$$

如下:

$$K(\omega) = \begin{cases} 0, & \text{当 } \omega = \text{类型 (1)}, \\ (\pi'\phi)\displaystyle\int_0^t f dt, & \text{当 } \omega = \text{类型 (2)}. \end{cases}$$

我们将验证 K 满足 (3.2.29).

令 $\omega = (\pi'\phi)f(x,t)$ 是类型 (1), ω 为 q 形式, 则

$$\begin{aligned}(\pi' \circ s' - id)\omega &= \pi'\phi \cdot f(x,0) - \pi'\phi \cdot f(x,t), \\ (dK - Kd)\omega &= -Kd\omega \\ &= -K\left[(\pi' d\phi)f + (-1)^q \pi'\phi \cdot \left(\frac{\partial f}{\partial x}dx + \frac{\partial f}{\partial t}dt\right)\right] \\ &= (-1)^{q+1}(\pi'\phi)\int_0^t \frac{\partial f}{\partial t}dt \\ &= (-1)^{q+1}(\pi'\phi)(f(x,t) - f(x,0)).\end{aligned}$$

因此有

$$\pi' \circ s' - id = (-1)^q (dK - Kd).$$

令 $\omega = (\pi'\phi) f dt$ 具有类型 (2), ω 为 q 形式. 则

$$d\omega = (\pi' d\phi) f dt + (-1)^{q-1} (\pi'\phi) \frac{\partial f}{\partial x} dx dt.$$

因为 $s'(dt) = ds'(t) = d(0) = 0$, 故 $(\pi' \circ s' - id)\omega = -\omega$.

$$Kd\omega = (\pi' d\phi) \int_0^t f dt + (-1)^{q+1} (\pi'\phi) \left(\int_0^t \frac{\partial f}{\partial x} dt \right) dx,$$

$$dK\omega = (\pi' d\phi) \int_0^t f dt + (-1)^{q+1} (\pi'\phi) \left[\left(\int_0^t \frac{\partial f}{\partial x} dt \right) dx + f dt \right].$$

于是有

$$(dK - Kd)\omega = (-1)^{q+1} \omega = (-1)^q (\pi' \circ s' - id)\omega.$$

这样就完成了 (3.2.29) 的证明, 结论 (1) 得证. 显然, 结论 (2) 是结论 (1) 的推论. 引理证毕.

引理 3.5 若 $f, g:\ M \to N$ 是同伦的, 则 $f^* = g^*:\ H^*(N) \to H^*(M)$.

证明 令 $F:\ M \times R^1 \to N$ 是 f 与 g 的同伦, 使得

$$F(x,t) = \begin{cases} f(x), & t \geqslant 1, \\ g(x), & t \leqslant 0. \end{cases}$$

再取 0 截面和 1 截面 s_0, $s_1:\ M \to M \times R^1$, 即 $s_0(x) = (x,0)$ 及 $s_1(x) = (x,1)$, 则有

$$f = F \circ s_1, \qquad g = F \circ s_0.$$

然后有

$$f^* = (F \circ s_1)^* = s_1^* \circ F^*, \qquad g^* = (F \circ s_0)^* = s_0^* \circ F^*.$$

令 $\{U_\alpha\}$ 是 M 的一个坐标系, U_α 与 R^n 同胚. 则 $\{U_\alpha \times R^1\}$ 是 $M \times R^1$ 的坐标系. 类似于引理 3.5 的证明可以推得投影 $\pi:\ M \times R^1 \to M$ 与 s_0 和 s_1 诱导出互逆的同构

$$\pi^* \circ s_i^* = id, \qquad s_i^* \circ \pi^* = id, \qquad i = 0, 1.$$

因此 $s_0^* = s_1^*$. 这就导出 $f^* = g^*$. 引理证毕.

3.2.6 关于 de Rham 上同调的注记

引入了 de Rham 上同调后, 一个自然的问题就是它与奇异上同调的关系是怎样的. 著名的 de Rham 定理告诉我们, 它们是同构的. de Rham 最初始的证明是引入相对上同调, 然后验证它们满足 Eilenberg-Steenrod 公式. 再由该公式的唯一性便得到这个结果. 这里将简要介绍这一过程.

首先介绍 Eilenberg-Steenrod 公理系统. 令 (X, A) 是一类拓扑空间偶. 对每个整数 q 在 (X, A) 上定义一个 Abel 群 $H_q(X, A)$, 并对每个映射 $f:\ (X, A) \to (Y, B)$ 配上一个同态

$$f_*:\ H_q(X, A) \to H_q(Y, B) \tag{3.2.30}$$

满足下面公理:

(1) 若 $f = id$ 为恒等映射, 则 $f_* = id$ 为恒等同构.

(2) 若 $g:\ (Y, B) \to (Z, C)$, 则 $(g \cdot f)_* = g_* \cdot f_*$.

(3) 对每个 q 指派一个同态

$$\partial_*:\ H_q(X, A) \to H_{q-1}(A), \quad A = (A, \phi), \tag{3.2.31}$$

并且关于同态 (3.2.30), 下面图表可交换:

$$\begin{array}{ccc} H_q(X, A) & \xrightarrow{f_*} & H_q(Y, B) \\ \downarrow \partial_* & & \downarrow \partial_* \\ H_{q-1}(A) & \xrightarrow{(f|_A)_*} & H_{q-1}(B) \end{array}$$

(4) 正合性公理. 下面序列是正合的:

$$\cdots \to H_q(A) \xrightarrow{i_*} H_q(X) \xrightarrow{j_*} H_q(X, A) \xrightarrow{\partial_*} H_{q-1}(A) \to \cdots$$

其中 $i:\ A \to X,\ j:\ X \to (X, A)$ 是包含映射.

(5) 同伦公理. 若 f 与 g 同伦, 那么 $f_* = g_*$.

(6) 切除公理. 令 $U \subset X$ 是一开子集使得 $\bar{U} \subset \mathrm{Int}A$. 若 $(X - U, A - U)$ 在给定拓扑空间偶类, 则包含映射 $i:\ (X - U, A - U) \to (X, A)$ 诱导出同构

$$i_*:\ H_q(X - U, A - U) \to H_q(X, A).$$

(7) 维数公理. 若 $X = P$ 是一个单点构成的空间, 则有

$$H_q(P) = 0, \quad q \neq 0, \quad H_0(P) = G,$$

其中 G 是一确定的 Abel 群.

当处理的空间偶 (X, A) 是非紧时, 需要补加一条公理.

(8) 紧支集公理. 若 $\alpha \in H_q(X, A)$, 则存在紧子空间偶 $(X_0, A_0) \subset (X, A)$ 使得 $\alpha \in H_q(X_0, A_0)$.

同样地, 也可以定义上同调论的公理化体系 (1)~(7), 其中同态 (3.2.29) 改写为

$$f^*:\ H^q(Y, B) \to H^q(X, A).$$

而同态 (3.2.30) 改写为

$$\delta^*: \ H^q(A) \to H^{q+1}(X,A).$$

注 3.4 若以单个空间 X 范畴取代空间偶 (X,A) 范畴, 同样可以定义等价的公理化的同调论. 此时正合性公理要用 Mayer-Vietoris 公理取代 [14].

Eilenberg-Steenrod 公理化系统的重要性是由下面唯一性定理确定.

定理 3.4 (公理化的唯一性) 对于空间偶 (X,A) 范畴, 上述公理化系统 (1)~(8) 唯一地确定了 (X,A) 上的同调群. 换句话说, 若在 (X,A) 上有两组同调群 $H_*(X,A)$ 和 $\tilde{H}_*(X,A)$(或上同调群 $H^*(X,A)$ 和 $\tilde{H}^*(X,A)$), 都满足上述公理 (1)~(8) (或上同调公理), 则它们是同构的,

$$H_*(X,A) \simeq \tilde{H}_*(X,A) \qquad (\text{或 } H^*(X,A) \simeq \tilde{H}^*(X,A)).$$

我们将根据定理 3.4 来检验 de Rham 同调群满足上同调公理化条款 (1)~(7). 这里总是假设 M 是紧流形.

首先对于空间偶 (M,A) 建立相对同调群. (M,A) 上相对 de Rham 复形 $\Omega^*(M,A)$ 定义为所有紧支集在 $M-A$ 上的微分形式构成的复形, 即

$$\Omega^*(M,A) = \{\omega \in \Omega^*(M) | \ \text{supp}\ \omega \subset M-A\}.$$

微分算子 d 与原先相同. 于是相对 de Rham 同调群定义为

$$H^q_{DR}(M,A) = \frac{\text{Ker}\ \{d: \Omega^q(M,A) \to \Omega^{q+1}(M,A)\}}{d\Omega^{q-1}(M,A)}.$$

显然 $H^*_{DR}(M,\phi) = H^*_{DR}(M)$(注意 M 是紧的).

对于空间偶 (M,A), 上同调公理化的 (1)~(2) 和 (6)~(7) 对于相对 de Rham 上同调 $H^*_{DR}(M,A)$ 显然是成立的. 关于 (3) 和 (4), 考虑下列空间的包含关系:

$$A \xrightarrow{i} M \xrightarrow{j} (M,A),$$

其中 i,j 都是包含映射. 它们诱导出正合序列

$$0 \to \Omega^*(M,A) \xrightarrow{j^*} \Omega^*(M) \xrightarrow{i^*} \Omega^*(A) \to 0. \tag{3.2.32}$$

根据 Z 引理 (引理 2.3 和注 2.20), 从 (3.2.32) 可导出一个同态

$$\delta^*: \ H^q_{DR}(A) \to H^{q+1}_{DR}(M,A),$$

δ^* 满足条款 (3), 并且产生一个长正合序列

$$\cdots \to H^q_{DR}(A) \xrightarrow{\delta^*} H^{q+1}_{DR}(M,A) \xrightarrow{j^*} H^{q+1}(M) \xrightarrow{i^*} H^{q+1}(A) \to \cdots$$

这就是公理 (4).

根据引理 3.5, 同伦公理对单个空间成立. 事实上该引理对空间偶也成立. 这样, 由定理 3.4 就得到 de Rham 定理: $H^*_{DR}(M)$ 与单纯上同调群 (或奇异上同调群)$H^*(M,R)$ 是同构的, 即

$$H^*_{DR}(M) \simeq H^*(M,R).$$

在后面将应用谱序列及层的概念再次证明该定理.

de Rham 定理非常重要. 正如上同调的几何化定理所说, 单纯同调群 $H^*(M,R)$ 反映了 M 上可定向紧子流形的分布与结构, 而 de Rham 同调群 $H^*_{DR}(M)$ 主要反映 M 上反对称张量场 (以微分形式的面貌出现) 的性质. 因此 de Rham 定理在流形上的拓扑与分析之间架起了一座桥梁. 这在几何方面, 特别是 Hodge 理论中起了关键作用.

3.3 Čech-de Rham 复形及谱序列的应用

3.3.1 背景介绍

为了引入 Čech-de Rham 复形 (这是一个双复形), 首先需要介绍层的概念, 以及流形上以层为系数的 Čech 上同调群. 为此目的, 从一个问题出发来揭示发展层论与 Čech 上同调的动机及其意义. 这一小节的内容主要参照文献 [7].

从流形上复分析的 Mittag-Leffler 问题开始. 令 M 是一个二维复流形, 代数几何中称为 Riemann 面, $p \in M$ 是一点, 它的局部坐标为 (U,z) 其中心在 p 点. 一个亚纯函数在 p 点的主部就是 Laurent 级数的奇异部分

$$\sum_{k=1}^{m} a_k z^{-k}.$$

Mittag-Leffler 问题就是, 给定一个离散的点列 $p_n \in M$ 以及每个 p_n 上一个主部 $\sum\limits_{k=1}^{m_n} a_k^n z^{-k}$, 现在问题是在 M 上是否存在一个亚纯函数

$$f:\ M \to \mathbb{Z} \cup \{\infty\},$$

使得 f 在 $\{p_n\}$ 外是全纯 (解析) 的, 而它在 p_n 的主部就是给定的那个. 在 $\{p_n\}$ 的每点局部上, 这个问题是平凡可解的, 即在每个 p_n 的邻域 (U_n, z) 中给定的主部就是问题的解. 因此该问题是典型的从局部过渡到全局的例子.

下面的分析表明, 这个问题是如何导致层论和 Čech 上同调的产生. 取 M 的一个开覆盖 $\{U_\alpha\}$, 使得每个 U_α 最多只含一个给定的点 p_n, 并且令 f_α 是 U_α 上满足这个问题的亚纯函数. 在 $U_\alpha \cap U_\beta$ 上建立新的函数

$$f_{\alpha\beta} = f_\alpha - f_\beta \in \mathcal{F}(U_\alpha \cap U_\beta), \tag{3.3.1}$$

这里 $\mathcal{F}(U)$ 表示 U 上所有全纯函数构成的环. 显然, 在 $U_\alpha \cap U_\beta \cap U_\gamma$ 上有

$$f_{\beta\gamma} - f_{\alpha\gamma} + f_{\alpha\beta} = 0. \tag{3.3.2}$$

此时, 在 M 上全局地解决这个问题等价于在每个 $\mathcal{F}(U_\alpha)$ 中找到一个函数 $g_\alpha \in \mathcal{F}(U_\alpha)$ 使得

$$f_{\alpha\beta} = g_\beta - g_\alpha \qquad \text{在} U_\alpha \cap U_\beta \text{上}. \tag{3.3.3}$$

若这样的 $g_\alpha \in \mathcal{F}(U_\alpha)$ 存在, 则从 (3.3.1) 和 (3.3.3) 导出

$$f_\alpha + g_\alpha = f_\beta + g_\beta \qquad \text{在} U_\alpha \cap U_\beta \text{上}.$$

这就意味着函数

$$f = f_\alpha + g_\alpha \qquad \text{在每个} U_\alpha \text{上},$$

给出 Mittag-Leffler 问题的解答.

现在, 将这个问题转化成 Čech 理论. 首先需要 Čech 上同调群. 对于 M 的开覆盖 $\{U_\alpha\}$, 可建立一个群, 叫做 0 链群,

$$C^0(M,\mathcal{F}) = \oplus_\alpha \mathcal{F}(U_\alpha), \qquad \mathcal{F}(U) \text{如上所述}.$$

再建立 1 链群

$$C^1(M,\mathcal{F}) = \oplus_{\alpha<\beta} \mathcal{F}(U_\alpha \cap U_\beta),$$

依次下去 k 链群为

$$C^k(M,\mathcal{F}) = \oplus_{\alpha_1<\cdots<\alpha_k} \mathcal{F}(U_{\alpha_1} \cap \cdots \cap U_{\alpha_k}). \tag{3.3.4}$$

然后在这些链群上定义差分算子 δ:

$$\delta:\ C^k(M,\mathcal{F}) \to C^{k+1}(M,\mathcal{F}), \tag{3.3.5}$$

按如下规则给出, 当 $f \in C^0(M,\mathcal{F})$ 时,

$$(\delta f)_{\alpha_0\alpha_1} = f_{\alpha_0} - f_{\alpha_1} \qquad \text{在 } U_{\alpha_0} \cap U_{\alpha_1} \text{ 上},$$

而对一般 $f \in C^k(M,\mathcal{F})$ 有

$$(\delta f)_{\alpha_0\cdots\alpha_{k+1}} = \sum_{i=0}^{k+1} (-1)^i f_{\alpha_0\cdots\hat{\alpha}_i\cdots\alpha_{k+1}} \qquad \text{在 } U_{\alpha_0} \cap \cdots \cap U_{\alpha_{k+1}} \text{ 上}, \tag{3.3.6}$$

其中 $\hat{\alpha}_i$ 表示不含此项, $f_{\alpha_1\cdots\alpha_k}$ 为 $U_{\alpha_1} \cap \cdots \cap U_{\alpha_k}$ 上全纯函数. 容易验证, 由 (3.3.6) 定义的差分算子 δ 满足条件

$$\delta^2 = 0.$$

参见 (3.3.1) 和 (3.3.2), 在那里 $f=(f_\alpha,f_\beta)\in C^0(M,\mathcal{F})$,

$$\delta f=f_{\alpha\beta}=f_\alpha-f_\beta,\qquad 在\ U_\alpha\cap U_\beta,$$
$$\delta^2 f=f_{\alpha\beta\gamma}=f_{\beta\gamma}-f_{\alpha\gamma}+f_{\alpha\beta}=0,\qquad 在\ U_\alpha\cap U_\beta\cap U_\gamma.$$

注意这里记号规定, 若 $g\in U_\alpha\cup U_\beta$, 则记 $g_\alpha=g|_{U_\alpha}$, $g_\beta=g|_{U_\beta}$.

于是, 所有 k 链群 (3.3.4) 和差分算子 (3.3.5) 构成一个复形

$$(C^*(M,\mathcal{F}),\delta),$$

称作 Čech 复形, 由它产生的同调群叫做 Čech 上同调

$$H^q(C^*(M,\mathcal{F}))=\frac{\mathrm{Ker}\ \delta}{\mathrm{Im}\ \delta}=\frac{Z^q(M,\mathcal{F})}{\delta C^{q-1}(M,\mathcal{F})}.\tag{3.3.7}$$

建立 Čech 同调群后, 就可以转回来考察 Mittag-Leffler 问题. 注意到 (3.3.2) 是一个上闭链, 即

$$Z^1(M,\mathcal{F})=\{\{f_{\alpha\beta}\}|\ f_{\alpha\beta}-f_{\alpha\gamma}+f_{\beta\gamma}=0\},$$
$$\delta C^0(M,\mathcal{F})=\{\{f_{\alpha\beta}\}|\ f_{\alpha\beta}=g_\beta-g_\alpha\}.$$

因此, Čech 第一上同调

$$H^1(M,\mathcal{F})=\frac{Z^1(M,\mathcal{F})}{\delta C^0(M,\mathcal{F})}$$

就成为这个问题的障碍：若 $H^1(M,\mathcal{F})=0$, 则每个闭链 (3.3.2) 都是由 (3.3.3) 这样的全纯函数构成, 因而 Mittag-Leffler 问题可解. 若 $H^1(M,\mathcal{F})\neq 0$, 则一定存在 $\{p_n\}\subset M$, 使得由 (3.3.1) 定义的闭链 (3.3.2) 不是上边缘的, 因而不能找到 $g_\alpha\in\mathcal{F}(U_\alpha)$ 满足 (3.3.3). 因此有结论：

Mittag-Leffler 问题在 M 上可解 $\Leftrightarrow$ Čech 第一上同调 $H^1(M,\mathcal{F})=0$.

后面将看到 Čech 上同调与奇异上同调同构. 因此上面结论将流形 M 上的分析问题与拓扑问题联系在一起.

在数学上, M 上的群族 $\{\mathcal{F}(U_\alpha)|\ \{U_\alpha\}$ 是 M 开覆盖 $\}$ 就是所谓的预层, 层的理论就是在此基础上抽象出来的理论. 而 (3.3.7) 是流形 M 上预层 $\mathcal{F}$ 为系数的上同调群.

3.3.2 层的概念

令 X 是一个拓扑空间, $\{U\}$ 是 X 所有开集构成的开集族. 下面给出的是关于 X 上预层的定义.

定义 3.5 $\mathcal{F}$ 称作 X 上的一个预层, 若对 X 的开集族 $\mathcal{U}=\{U\}$ 中每一个开集 U, 在 $\mathcal{F}$ 中都对应一个 Abel 群 $\mathcal{F}(U)\in\mathcal{F}$. 并且对任两个开集 $U,V\subset X$, 若 $V\subset U$, 则存在一个限制同态

$$r_{U,V}:\ \mathcal{F}(U)\to\mathcal{F}(V)$$

满足传递性条件：若 $W\subset V\subset U$, 则

$$r_{U,W}=r_{V,W}\circ r_{U,V}.$$

显然, 传递性条件意味着 $r_{U,U}=id:\ \mathcal{F}(U)\to\mathcal{F}(U)$ 是恒等映射.

从定义 3.5 可以看出, 预层的概念就是在上一小节中见到的 M 中开集 U 上全纯函数构成的 Abel 群族 $\{\mathcal{F}(U_\alpha)|\ U_\alpha\subset M$ 为开集 $\}$ 的抽象化与推广. 在拓扑和几何中常见的预层有如下几种：

(1) 光滑流形 M 上微分形式构成的预层,

$$\Omega^*=\{\Omega^*(U)|\ U\subset M\ 是开集\},$$

其中 $\Omega^*(U)$ 是 U 上所有微分形式组成的 Abel 群, 对 $V\subset U$,

$$r_{U,V}:\ \Omega^*(U)\to\Omega^*(V)$$

是由包含映射 $i:\ V\to U$ 诱导的限制同态 $r_{U,V}=i^*$.

(2) M 上 C^∞ 函数构成的预层

$$C=\{C^\infty(U)|\ U\subset M\ 为开集\},$$
$$r_{U,V}:\ C^\infty(U)\to C^\infty(V)\ 为\ U\ 在\ V 上的限制.$$

(3) 复流形 M 上全纯函数构成的预层

$$\mathcal{O}=\{\mathcal{O}(U)|\ \mathcal{O}(U)\ 为\ U\subset M\ 上全纯函环\},$$
$$r_{U,V}:\ \mathcal{O}(U)\to\mathcal{O}(V)\ 为限制同态.$$

(4) 复流形 M 上非零全纯函数的预层

$$\mathcal{O}^*=\{\mathcal{O}(U)|\ \mathcal{O}(U)\ 为\ U\subset M\ 上非零全纯函数域\}.$$

(5) 复流形 M 上 (p,q) 形式的预层

$$\Omega^{p,q}=\{\Omega^{p,q}(U)|\ \Omega^{p,q}(U)\ 为\ U 上的\ (p,q)\ 形式环\},$$

这里 (p,q) 形式是指下面复形式

$$\omega=\sum\varphi_{i_1\cdots i_pj_1\cdots j_q}dz_{i_1}\cdots dz_{i_p}d\bar{z}_{j_1}\cdots d\bar{z}_{j_q},$$

$\bar{z}$ 是 z 的共轭复数.

令 $\mathcal{A},\mathcal{B}$ 是拓扑空间 X 上的两个预层. $\mathcal{A}$ 与 $\mathcal{B}$ 的层同态

$$\alpha:\ \mathcal{A}\to\mathcal{B}$$

定义为一个同态集合 $\{\alpha_U: \mathcal{A}(U) \to \mathcal{B}(U) |\ U \subset M\}$ 使得对 $V \subset U \subset X$, α_U 和 α_V 与限制同态 $r_{U,V}$ 可交换

$$\begin{array}{ccc} \mathcal{A}(U) & \xrightarrow{r_{U,V}} & \mathcal{A}(V) \\ \downarrow \alpha_U & & \downarrow \alpha_V \\ \mathcal{B}(U) & \xrightarrow{\tilde{r}_{U,V}} & \mathcal{B}(V) \end{array}$$

引入层同态概念后, 就可建立预层正合序列的概念: 一个预层序列

$$\cdots \to \mathcal{A}_n \xrightarrow{\alpha_n} \mathcal{A}_{n+1} \xrightarrow{\alpha_{n+1}} \mathcal{A}_{n+2} \to \cdots$$

称作正合的, 若 α_n 的像 $= \alpha_{n+1}$ 的核.

事实上, 对于这本书的内容来讲, 预层的概念已足够了. 但是为了完整性, 下面再简要地介绍层的概念. 令 $\mathcal{F} = \{\mathcal{F}(U) |\ U \subset X\}$ 是 X 上的一个预层, $\mathcal{U}_x$ 是 $x \in X$ 的所有邻域组成的集合. 在集合

$$U_{U \in \mathcal{U}_x} \mathcal{F}(U) \tag{3.3.8}$$

上引入一个等价关系 $\sim$ 为, $\forall f \in \mathcal{F}(U)$, $g \in \mathcal{F}(V)$, 若 $\exists W \in \mathcal{U}_x$ 使得

$$r_{U,W}(f) = r_{V,W}(g),$$

则说是 $f \sim g$. (3.3.8) 按此等价关系可得等价类集合

$$\mathcal{F}_x = \varinjlim_{U \in \mathcal{U}_x} \mathcal{F}(U), \tag{3.3.9}$$

这个集合可从 (3.3.8) 自然地继承 Abel 群结构. 在这里对 $U \in \mathcal{U}_x$ 和 $f \in \mathcal{F}(U)$. 用 $[f]_x$ 表示 f 的等价类, 因此有一个自然同态

$$\begin{aligned} \rho_{U,x}: \ & \mathcal{F}(U) \to \mathcal{F}_x, \\ & f \mapsto [f]_x. \end{aligned}$$

对于 (3.3.9) 的集合, 建立

$$\mathcal{F}^* = \bigcup_{x \in X} \mathcal{F}_x, \tag{3.3.10}$$

并在 $\mathcal{F}^*$ 上引入拓扑: 对任一开集 $U \in X$, 集合 $\{[f]_x |\ x \in U\}$ 就定义为 $\mathcal{F}^*$ 的开集. 此时 $\mathcal{F}^*$ 便成为一个拓扑空间, 并且有一个自然投影

$$\pi: \ \mathcal{F}^* \to X, \qquad \pi(\mathcal{F}_x) = x. \tag{3.3.11}$$

这里 $\pi^{-1}(x) = \mathcal{F}_x$ 是一个 Abel 群. 容易验证 π 是局部同胚.

定义 3.6 由 (3.3.10) 与 (3.3.11) 给出的拓扑空间 $(\mathcal{F}^*, \pi, X)$ 称为由预层 $\mathcal{F}$ 诱导的层, 也叫做 $\mathcal{F}$ 的伴随层, $\mathcal{F}_x = \pi^{-1}(x)$ 这个 Abel 群称之为 x 点的基.

在许多文献里, 直接将层 $(\mathcal{F}^*, \pi, X)$ 的基本性质抽象出来作为层的定义. 这里陈述如下.

定义 3.6′ 假设 $X, \mathcal{F}^*$ 都是拓扑空间, $\pi: \mathcal{F}^* \to X$ 是一个映射. 如果它们满足下面条件:

(1) π 是从 $\mathcal{F}^*$ 到 X 的一个局部同胚;

(2) 对每个点 $x \in X$, $\pi^{-1}(x)$ 是一个 Abel 群;

(3) 群运算对 $\mathcal{F}^*$ 的拓扑是连续的.

则空间 $(\mathcal{F}^*, \pi, X)$ 称为 X 上的一个层, $\pi^{-1}(x)$ 叫做 $x \in X$ 上的基.

这里需要对条款 (3) 作一解释. 记

$$\mathcal{F}^* \circ \mathcal{F}^* = \{(f, g) \in \mathcal{F}^* \times \mathcal{F}^* | \ \pi(f) = \pi(g)\}.$$

所谓群运算关于 $\mathcal{F}^*$ 拓扑是连续的是指映射

$$\mathcal{F}^* \circ \mathcal{F}^* \to \mathcal{F}^*, \qquad (f, g) \mapsto f - g,$$

是连续的.

这里需要指出, 定义 3.6 和定义 3.6′, 是等价的. 也就是说, 由定义 3.6 给出的层 $(\mathcal{F}^*, \pi, X)$ 满足 3.6′ 中的性质 (1)~(3). 反过来由 3.6′ 给出的层 $(\mathcal{F}^*, \pi, X)$ 一定能诱导出一个预层 $\mathcal{F}$, 使得它是 $\mathcal{F}$ 的伴随层.

引入层的概念后, 就在以在层上定义层同态的概念. 令 $(\mathcal{F}, \pi, X)$ 和 $(\mathcal{J}, \tilde{\pi}, X)$ 是 X 上的两个层, 一个映射

$$\varphi: \ \mathcal{F} \to \mathcal{J}$$

称作两个层之间的同态, 若 φ 满足

$$\pi = \pi' \circ \varphi,$$

即 φ 将 $\mathcal{F}$ 的基映到 $\mathcal{J}$ 的基上, 并且对每一点 $x \in X$,

$$\varphi_x: \ \mathcal{F}_x \to \mathcal{J}_x \text{ 是一个群同态.}$$

一个层同态 φ 如果是可逆的, 并且其逆也是一个层同态, 则 φ 叫做层同构.

层与预层之间是一种"孪生兄弟"的关系. 预层通过开集收缩到点的极限产生层, 而层由截面扩张导致预层, 这两种层相生相伴. 但是它们之间重要区别在于层是一个在垂直方向具有 Abel 群结构的拓扑空间, 而预层则是一族开集上的 Abel 群. 因而在应用方面它们各自有不同的特点.

注 3.5 层与预层之间严格地数学关系可陈述如下：每个层 $(\mathcal{F}^*, \pi, X)$ 都能规范地产生一个预层 $\{\Gamma(U), r_{U,V}\}$, 其中 $\Gamma(U)$ 是所有 $\mathcal{F}^*$ 在 U 上的截面 $s: U \to \mathcal{F}^*$(即满足 $\pi \circ s = id$ 的映射) 构成的 Abel 群. 反过来, 每个预层 $\{\mathcal{F}(U)\}_{U \subset M}$ 能 (3.3.9) 那样规范地产生一个伴随层 $\mathcal{F}^*$. 如果预层 $\{\mathcal{F}(U)\}_{U \subset M}$ 是完备的 (后面将

解释这个概念), 则预层与层的相伴关系是唯一的, 也就是说, 若层 $\mathcal{J}$ 规范产生截面预层 $\{\Gamma(U)\}$, 反过来 $\{\Gamma(U)\}$ 又规范产生层 $\mathcal{J}^*$, 则 $\mathcal{J}$ 与 $\mathcal{J}^*$ 是同构的. 关于这个方面有兴趣的读者可参阅文献 [31,32].

现在定义预层的完备性. 令 $\{\mathcal{F}(U), r_{U,V}\}$ 是 X 上的一个预层. 如果下列条件被满足, 则该预层称作完备的. 当 M 的开集 $U=\bigcup\limits_{\alpha} U_\alpha$ 是开集 U_α 的并集时, 有

(1) 若 $\mathcal{F}(U)$ 中的元素 f 和 g 满足

$$r_{U,U_\alpha}(f)=r_{U,U_\alpha}(g), \qquad \text{对所有 } \alpha \text{ 成立},$$

则有 $f=g$ 在 $\mathcal{F}(U)$ 中;

(2) 若对每个 α 都有一个元素 $f_\alpha \in \mathcal{F}(U_\alpha)$ 使得对所有 β 都有

$$r_{U_\alpha,U_\alpha\cap U_\beta}(f_\alpha)=r_{U_\beta,U_\alpha\cap U_\beta}(f_\beta),$$

则存在 $f\in\mathcal{F}(U)$ 使得 $f_\alpha=r_{U,U_\alpha}(f)$ 对每个 α 成立.

3.3.3 Čech 上同调

令 X 是一个拓扑空间, $\mathcal{U}=\{U_\alpha\}_{\alpha\in I}$ 是 X 的开覆盖, $\mathcal{F}=\{\mathcal{F}(U), r_{U,V}\}$ 是 X 上的预层. 首先引入 Čech 复形. O 链群定义为

$$C^0(\mathcal{U},\mathcal{F})=\Pi_{\alpha\in I}\mathcal{F}(U_\alpha),$$

其中 Π 表示群的直积, 即一个元素 $f\in C^0(\mathcal{U},\mathcal{F})$, 则 f 可表示为

$$f=(f_\alpha, f_\beta, \cdots, f_\gamma, f_\sigma, \cdots), \qquad f_\alpha\in\mathcal{F}(U_\alpha). \tag{3.3.12}$$

再规定 1 链群为

$$C^1(\mathcal{U},\mathcal{F})=\Pi_{\alpha\neq\beta}\mathcal{F}(U_\alpha\cap U_\beta).$$

然后依次地规定 k 链群为

$$C^k(\mathcal{U},\mathcal{F})=\prod_{\alpha_0\neq\alpha_1\neq\cdots\neq\alpha_k}\mathcal{F}(U_{\alpha_0}\cap U_{\alpha_1}\cap\cdots\cap U_{\alpha_K}). \tag{3.3.13}$$

在这些链群上定义差分同态

$$\delta:\ C^k(\mathcal{U},\mathcal{F})\to C^{k+1}(\mathcal{U},\mathcal{F}) \tag{3.3.14}$$

如下：对于 $f\in C^0(\mathcal{U},\mathcal{F})$ 如 (3.3.12), 则

$$\delta f=(f_\beta-f_\alpha,\cdots,f_\sigma-f_\gamma,\cdots),$$

用 δf 的分量表示可写成

$$\begin{aligned}(\delta f)_{\alpha\beta}&=r_{U_\beta,U_\alpha\cap U_\beta}(f_\beta)-r_{U_\alpha,U_\alpha\cap U_\beta}(f_\alpha)\\&=f_\beta-f_\alpha \qquad \text{(采用简写方式)}.\end{aligned}$$

这里规定, 若 $U_\alpha \cap U_\beta = \varnothing$, 则 $(\delta f)_{\alpha\beta} = 0$.

对于一般情况, δf 用分量表示, 规定为

$$(\delta f)_{\alpha_0\alpha_1\cdots\alpha_{k+1}} = \sum_{i=0}^{k+1}(-1)^i f_{\alpha_0\cdots\hat{\alpha}_i\cdots\alpha_{k+1}}, \qquad \forall f \in C^k(\mathcal{U},\mathcal{F}), \tag{3.3.15}$$

其中 $\hat{\alpha}_i$ 表示不含此项.

由预层的限制同态传递性质, 从 (3.3.15) 式可推出

$$\delta^2 = 0.$$

因此, 由链群 (3.3.13) 和差分同态 (3.3.14) 构成一个复形

$$C^*(\mathcal{U},\mathcal{F}) = \{C^k(\mathcal{U},\mathcal{F}), \delta\}, \tag{3.3.16}$$

它称之为 Čech 复形. 这个复形产生的上同调称为 $\mathcal{U}$ 上的 Čech 上同调, 记为

$$H_\delta C^*(\mathcal{U},\mathcal{F}) = H^*(\mathcal{U},\mathcal{F}).$$

显然, 这个上同调依赖于开覆盖 $\mathcal{U}$ 的选取. 为此考虑 $\mathcal{U}$ 的加细覆盖 X 的一个开覆盖 $\mathcal{B} = \{V_\beta\}_{\beta\in J}$ 称作 $\mathcal{U} = \{U_\alpha\}_{\alpha\in I}$ 的一个加细, 记为 $\mathcal{U} > \mathcal{B}$, 如果存在一个映射

$$\phi:\ J \to I,$$

使得 $V_\beta \subset U_{\phi(\beta)}$. 这个加细映射 ϕ 诱导一个映射

$$\phi^\#:\ C^k(\mathcal{U},\mathcal{F}) \to C^k(\mathcal{B},\mathcal{F}),$$

在如下方式

$$(\phi^\# f)(V_{\beta_0\cdots\beta_k}) = r_{U_{\alpha_0\cdots\alpha_k},V_{\beta_0\cdots\beta_k}}(f), \qquad \alpha_i = \phi(\beta_i), \tag{3.3.17}$$

这里 $U_{\alpha_0\cdots\alpha_k} = U_{\alpha_0} \cap \cdots \cap U_{\alpha_k}$. 有下面结论.

引理 3.6　令 $\mathcal{B} = \{V_\beta\}_{\beta\in J}$ 是 X 开覆盖 $\mathcal{U} = \{U_\alpha\}_{\alpha\in I}$ 的加细, 则关于同态 $\phi^\#$ 下面结论成立:

(1) $\phi^\#$ 与差分同态 δ 可交换: $\delta \circ \phi^\# = \phi^\# \circ \delta$;

(2) 若 $\psi:\ J \to I$ 是 $\mathcal{B}$ 到 $\mathcal{U}$ 的另一个加细映射, 那么存在一个同态 $K: C^k(\mathcal{U},\mathcal{F}) \to C^{k-1}(\mathcal{B},\mathcal{F})$ 满足

$$\psi^\# - \phi^\# = \delta K + K\delta. \tag{3.3.18}$$

证明　由 (3.3.16) 和 (3.3.17) 可得

$$\begin{aligned}(\delta(\phi^\# f))_{\beta_0\cdots\beta_{k+1}} &= \sum_{i=0}^{k+1}(-1)^i(\phi^\# f)_{\beta_0\cdots\hat{\beta}_i\cdots\beta_{k+1}}\\ &= \sum_{i=0}^{k+1}(-1)^i f_{\alpha_0\cdots\hat{\alpha}_i\cdots\alpha_{k+1}},\end{aligned}$$

其中 $\alpha_j = \phi(\beta_j)$.

$$\begin{aligned}(\phi^{\#}(\delta f))_{\beta_0\cdots\beta_{k+1}} &= (\delta f)_{\alpha_0\cdots\alpha_{k+1}}\\ &= \sum_{i=0}^{k+1}(-1)^i f_{\alpha_0\cdots\hat{\alpha}_i\cdots\alpha_{k+1}}.\end{aligned}$$

这里总是简记

$$f_{\alpha_0\cdots\alpha_k} = r_{U_{\alpha_0\cdots\alpha_k}, V_{\beta_0\cdots\beta_k}}(f).$$

因此, $\delta(\phi^{\#} f) = \phi^{\#}(\delta f)$. 结论 (1) 成立.

关于结论 (2) 的映射 $K:\ C^k(\mathcal{U},\mathcal{F}) \to C^{k-1}(\mathcal{B},\mathcal{F})$, 定义

$$(Kf)_{\beta_0\cdots\beta_{k-1}} = \sum_{i=0}^{k-1}(-1)^i f_{\alpha_0\cdots\alpha_i\ \gamma_i\cdots\gamma_{k-1}}, \tag{3.3.19}$$

其中

$$\alpha_i = \phi(\beta_i), \qquad \gamma_j = \psi(\beta_j).$$

为了简单, 对 $K:\ C^2(\mathcal{U},\mathcal{F}) \to C^1(\mathcal{U},\mathcal{F})$ 进行验证 (3.3.18). 对任何 $f \in C^2(\mathcal{U},\mathcal{F})$, 由 (3.3.19) 有

$$(Kf)_{\beta_0\beta_1} = f_{\alpha_0\gamma_0\gamma_1} - f_{\alpha_0\alpha_1\gamma_1}. \tag{3.3.20}$$

再由 (3.3.15) 可知

$$\begin{aligned}(\delta(Kf))_{\beta_0\beta_1\beta_2} &= (Kf)_{\beta_1\beta_2} - (Kf)_{\beta_0\beta_2} + (Kf)_{\beta_0\beta_1}\\ &= f_{\alpha_1\gamma_1\gamma_2} - f_{\alpha_1\alpha_2\gamma_2} + f_{\alpha_0\alpha_2\gamma_2}\\ &\quad - f_{\alpha_0\gamma_0\gamma_2} + f_{\alpha_0\gamma_0\gamma_1} - f_{\alpha_0\alpha_1\gamma_2} \quad (\text{由 } (3.3.20))\end{aligned} \tag{3.3.21}$$

$$\begin{aligned}(K(\delta f))_{\beta_0\beta_1\beta_2} &= (\delta f)_{\alpha_0\gamma_0\gamma_1\gamma_2} - (\delta f)_{\alpha_0\alpha_1\gamma_1\gamma_2} + (\delta f)_{\alpha_0\alpha_1\alpha_2\gamma_2}\\ &= f_{\gamma_0\gamma_1\gamma_2} - f_{\alpha_0\gamma_1\gamma_2} + f_{\alpha_0\gamma_0\gamma_2} - f_{\alpha_0\gamma_0\gamma_1}\\ &\quad - f_{\alpha_1\gamma_1\gamma_2} + f_{\alpha_0\gamma_1\gamma_2} - f_{\alpha_0\alpha_1\gamma_2} + f_{\alpha_0\alpha_1\gamma_1}\\ &\quad + f_{\alpha_1\alpha_2\gamma_2} - f_{\alpha_0\alpha_2\gamma_2} + f_{\alpha_0\alpha_1\gamma_2} - f_{\alpha_0\alpha_1\alpha_2}.\end{aligned} \tag{3.3.22}$$

将 (3.3.21) 与 (3.3.22) 相加可得

$$(\delta(Kf))_{\beta_0\beta_1\beta_2} + (K(\delta f))_{\beta_0\beta_1\beta_2} = f_{\gamma_0\gamma_1\gamma_2} - f_{\alpha_0\alpha_1\alpha_2} = \psi^{\#} f - \phi^{\#} f.$$

这就是 $k=2$ 的公式 (3.3.18). 对于一般的 $k \geqslant 0$, 其验证方法是一样的. 于是结论 (2) 成立. 引理证毕.

根据引理 3.6, 若 $\mathcal{B}$ 是 $\mathcal{U}$ 的加细: $\mathcal{U} > \mathcal{B}$, 则由 (3.3.17) 给出的映射 $\phi^{\#}$ 产生一个合理定义的同态

$$\phi^*_{\mathcal{U},\mathcal{B}}: \ H^*(\mathcal{U},\mathcal{F}) \to H^*(\mathcal{B},\mathcal{F}), \tag{3.3.23}$$

这个同态具有传递性质：若 $\mathcal{U} > \mathcal{B} > \mathcal{A}$, 则

$$\phi^*_{\mathcal{U},\mathcal{A}} = \phi^*_{\mathcal{B},\mathcal{A}} \cdot \phi^*_{\mathcal{U},\mathcal{B}}. \tag{3.3.24}$$

这样, 对 X 上每个开覆盖 $\mathcal{U} = \{U_\alpha\}_{\alpha\in I}$ 确定一个上同调 $H^*(\mathcal{U},\mathcal{F})$ 在加细条件 $\mathcal{U} > \mathcal{B}$ 下存在一个具有传递性质 (3.3.24) 的同态 (3.3.23). 这就使得 Abel 群族

$$\{H^*(\mathcal{U},\mathcal{F}),\ \phi^*_{\mathcal{U},\mathcal{B}},\ \mathcal{U}\text{为}X\text{开覆盖}\} \tag{3.3.25}$$

具有像预层那样的性质. 正如一个预层在每一点 $x \in X$ 可按等价关系生成一个 Abel 群 (3.3.9), 从 (3.3.25) 也可以类似地产生一个群. 令

$$\bigcup_{\mathcal{U}} H^*(\mathcal{U},\mathcal{F}) \tag{3.3.26}$$

是 X 上所有开覆盖 $\mathcal{U}$ 上的上同调集合, 在其上引入一个等价关系 $\sim$ 如下：令 $\alpha \in H^*(\mathcal{U},\mathcal{F})$, $\beta \in H^*(\mathcal{B},\mathcal{F})$, $\mathcal{A}$ 是 X 的一个开覆盖满足 $\mathcal{U} > \mathcal{A}$, $\mathcal{B} > \mathcal{A}$, 如果 α 和 β 满足

$$\phi^*_{\mathcal{U},\mathcal{A}}(\alpha) = \phi^*_{\mathcal{B},\mathcal{A}}(\beta), \tag{3.3.27}$$

则称 α 是 β 是等价的, 记为 $\alpha \sim \beta$. 此时, (3.3.26) 按这个等价关系产生一个等价类集合, 该集合继承了 $H^*(\mathcal{U},\mathcal{F})$ 上的群结构, 记为

$$\check{H}^*(X,\mathcal{F}) = \varinjlim_{\mathcal{U}} H^*(\mathcal{U},\mathcal{F}). \tag{3.3.28}$$

定义 3.7　令 X 是一个拓扑空间, $\mathcal{F}$ 是 X 上的一个预层. 则由 (3.3.26) 按 (3.3.27) 规定的等价关系产生的群 (3.3.28) 叫做 X 上以预层 $\mathcal{F}$ 为系数的 Čech 上同调群.

令 $\mathcal{F}$ 是 X 上 Abel 群 G 的常值预层, 即对每个开集 $U \subset X$, $\mathcal{F}(U) = G$. 这个实数常值预层就简记为 G. 此时

$$\check{H}^*(X,G) = \varinjlim_{\mathcal{U}} H^*(\mathcal{U},G),$$

称作 X 上以 G 为系数的 Čech 上同调群.

到目前为止, 我们已经介绍了四种同调群：单纯同调、奇异同调、de Rham 同调和 Čech 同调. 在后面将采用谱序列方法, 结合预层, 证明当 X 是流形时, 这些实系数的上同调之间是一种同构关系. 特别是 de Rham 定理, 这是拓扑学中非常重要的一个结果.

3.3.4 Čech-de Rham 复形

在前面 3.1 节中介绍了双复形的谱序列. 然而在此之前从来没有出现过双复形的实例. 在引入了 de Rham 复形和 Čech 复形这两个概念后, 就可以介绍 Čech-de Rham 复形, 这是一个重要的双复形.

令 M 是一个光滑流形, $\mathcal{U}=\{U_\alpha\}_{\alpha\in I}$ 是 M 的开覆盖. 记

$$U_{\alpha_0\alpha_1\cdots\alpha_k}=U_{\alpha_0}\cap U_{\alpha_1}\cap\cdots\cap U_{\alpha_k}.$$

M 上的微分形式构成一个预层

$$\Omega^q=\{\Omega^q(U)\}_{U\in M}.$$

在 (3.3.16) 中看到, 对每一种预层 $\mathcal{F}$ 和 M 的开覆盖 $\mathcal{U}$, 产生一种值域在 $\mathcal{F}$ 上的 Čech 复形. 当 $\mathcal{F}$ 取作微分形式预层 Ω^* 时, 就得到一个复形 $C^*(\mathcal{U},\Omega^*)$, 它可写成下面形式

$$C^*(\mathcal{U},\Omega^*)=\oplus_{p,q\geqslant 0}C^q(\mathcal{U},\Omega^p), \tag{3.3.29}$$

这个复形就叫做 Čech-de Rham 复形, 它是一个双复形, 带有导算子

$$d=(-1)^q d':\ C^q(\mathcal{U},\Omega^p)\to C^q(\mathcal{U},\Omega^{p+1}), \tag{3.3.30}$$

其中 $d':\ \Omega^p(U)\to\Omega^{p+1}(U)$ 就是通常微分形式的外微分算子, 而

$$\delta:\ C^q(\mathcal{U},\Omega^p)\to C^{q+1}(\mathcal{U},\Omega^p) \tag{3.3.31}$$

正是由 (3.3.15) 定义的导算子. 容易验证它们满足

$$\begin{aligned}(d+\delta)^2&=d^2+\delta^2+d\circ\delta+\delta\circ d\\&=(-1)^{q+1}d'\circ\delta+(-1)^q\delta\circ d\\&=0.\end{aligned}$$

也将 Čech-de Rham 复形 (3.3.29) 写成

$$\begin{aligned}&C^*(\mathcal{U},\Omega^*)=K^{*,*}=\oplus_{p,q\geqslant 0}K^{p,q},\\&K^{p,q}=C^q(\mathcal{U},\Omega^p)=\prod_{\alpha_0\neq\cdots\neq\alpha_q}\Omega^p(U_{\alpha_0\cdots\alpha_q}).\end{aligned} \tag{3.3.32}$$

目的是为了与谱序列的记号一致.

这里我们要做的事情就是应用谱序列证明 de Rham 同调群与 Čech 同调群是同构的. 为此目的, 关于双复形 $K^{p,q}$ 需要下面引理, 称为广义 Mayer-Vietoris 序列.

引理 3.7 关于 Čech-de Rham 复形 $K^{p,q}=\prod\limits_{\alpha_0\neq\cdots\neq\alpha_q}\Omega^p(U_{\alpha_0\cdots\alpha_q})$, 下面的序列是正合的

$$0\to\Omega^*(M)\xrightarrow{i^*}\prod\Omega^*(U_{\alpha_0})\xrightarrow{\delta}\prod\Omega^*(U_{\alpha_0\alpha_1})\xrightarrow{\delta}\prod\Omega^*(U_{\alpha_0\alpha_1\alpha_2})\xrightarrow{\delta}\cdots$$

换句话说, 这个复形的 δ 上同调是恒为零的.

证明　因为对任何 $\omega \in \Pi\Omega^*(U_{\alpha_0})$,

$$\delta\omega(U_{\alpha_0\alpha_1}) = \omega(U_{\alpha_1}) - \omega(U_{\alpha_0}) \quad \text{在 } U_{\alpha_0\alpha_1} \text{ 上}.$$

而 $\omega \in \Omega^*(M)$ 是全局形式的充要条件为

$$\omega|_{U_{\alpha_0}} = \omega|_{U_{\alpha_1}} \qquad \text{在 } U_{\alpha_0\alpha_1} \text{ 上}.$$

因此有

$$i^*\Omega^*(M) = \text{第一个 } \delta \text{ 的核}.$$

令 $\{\rho_\alpha\}$ 是 M 开覆盖 $\mathcal{U} = \{U_\alpha\}$ 的单位分解. 假设 $\omega \in \Pi\Omega^*(U_{\alpha_0\cdots\alpha_q})$ 是 δ 闭链, $\delta\omega = 0$. 那么定义一个 $(q-1)$ 链 τ 有

$$\tau(U_{\alpha_0\cdots\alpha_{q-1}}) = \sum_\alpha \rho_\alpha\omega(U_{\alpha\alpha_0\cdots\alpha_{q-1}}).$$

然后有

$$\begin{aligned}(\delta\tau)(U_{\alpha_0\cdots\alpha_q}) &= \sum_i (-1)^i \tau(U_{\alpha_0\cdots\hat{\alpha}_i\cdots\alpha_q}) \\ &= \sum_{i,\alpha} (-1)^i \rho_\alpha\omega(U_{\alpha\alpha_0\cdots\hat{\alpha}_i\cdots\alpha_q}).\end{aligned}$$

因为 ω 是 δ 闭的,

$$(\delta\omega)(U_{\alpha\alpha_0\cdots\alpha_q}) = \omega(U_{\alpha_0\cdots\alpha_q}) + \sum_i (-1)^{i+1}\omega(U_{\alpha\alpha_0\cdots\hat{\alpha}_i\cdots\alpha_q}) = 0. \tag{3.3.33}$$

因此得到

$$\begin{aligned}(\delta\tau)(U_{\alpha_0\cdots\alpha_q}) &= \sum_\alpha \rho_\alpha \Sigma_i (-1)^i \omega(U_{\alpha\alpha_0\cdots\hat{\alpha}_i\cdots\alpha_q}). \\ &= \sum_\alpha \rho_\alpha\omega(U_{\alpha_0\cdots\alpha_q}) \quad (\text{由 } (3.3.33)) \\ &= \omega(U_{\alpha_0\cdots\alpha_q}).\end{aligned}$$

这表明, 每一个闭链 ω 是一个上边缘, $\omega = \delta\tau$. 因此引理得证.

回忆双复形 $K^{p,q}$ 的谱序列. 由定理 3.2, 复形 (3.3.32) 的谱序列 E_1 和 E_2 项分别为

$$E_1^{p,q} = H_\delta^q(K^{p,*}) = \frac{\mathrm{Ker}\ \{\delta : \Pi\Omega^p(U_{\alpha_0\cdots\alpha_q}) \to \Pi\Omega^p(U_{\alpha_0\cdots\alpha_{q+1}})\}}{\delta(\Pi\Omega^p(U_{\alpha_0\cdots\alpha_{q-1}}))}, \tag{3.3.34}$$

$$E_2^{p,q} = H_d^p(H_\delta^q(K)). \tag{3.3.35}$$

根据引理 3.7, (3.3.34) 给出

$$E_1^{p,q} = H_\delta^q(K^{p,*}) = 0, \qquad \forall q \neq 0,$$
$$E_1^{p,0} = H_\delta^0(K^{p,*}) = \text{Ker } \delta = \Omega^p(M).$$

因此 (3.3.35) 变为

$$E_2^{p,q} = 0, \qquad \forall q \neq 0,$$
$$E_2^{p,0} = H_d^p(\Omega^p(M)) = H_{DR}^p(M).$$

再由 (3.1.25),

$$d_2:\ E_2^{p,q} \to E_2^{p+2,q-1},$$

可知 $d_2 = 0$. 因此由 (3.1.3) 可知

$$E_k^{p,q} = \frac{\text{Ker } d_k}{\text{Im } d_k} = 0, \quad d_k = 0, \quad \forall k \geqslant 3,\ q \neq 0,$$
$$E_k^{p,0} = \text{Ker } d_K = H_{DR}^p(M).$$

因此, 由定理 3.2 可知 M 上的 de Rham 同调群同构于 E_∞, 即

$$H_{DR}^k(M) = GH_D^k(K) = \oplus_{p+q=k} E_\infty^{p,q}, \tag{3.3.36}$$

而这里 $E_\infty^{p,q}$ 是由复形

$$\{K^k,\ D = d + \delta|\ K^k = \oplus_{p+q=k} C^q(\mathcal{U}, \Omega^p)\}$$

产生的同调群. 于是 (3.3.36) 可写成

$$H_{DR}^k(M) = \oplus_{p+q=k} H_D^{p,q}(C^*(\mathcal{U}, \Omega^*)). \tag{3.3.37}$$

等式 (3.3.37) 称作 Mayer-Vietoris 原理.

现在陈述和证明 de Rham 同调与 Čech 同调的同构定理.

定理 3.5 令 M 是一个光滑流形. 则在 M 上的 de Rham 上同调 $H_{DR}^*(M)$ 与 Čech 上同调 $\check{H}^*(M, R)$ 是同构的, 即

$$H_{DR}^*(M) \simeq \check{H}^*(M, R).$$

证明 首先, 在流形上取一个标准覆盖 $\mathcal{U} = \{U_\alpha\}_{\alpha \in I}$. 所谓标准覆盖是指 $\mathcal{U}$ 中任意有限个开集的交 $U_{\alpha_1} \cap \cdots \cap U_{\alpha_p}$ 如果不空, 则它与 R^n 同胚. 对于任何一个流形 M, 它都存在一个标准覆盖 [4]. 此时 Čech-de Rham 双复形就是在标准覆盖 $\mathcal{U}$ 上取的.

由 (3.3.34) 和 (3.3.35) 给出的复形 (3.3.32) 谱序列 E_1 和 E_2 项是属于第一种. 由注 3.1, 复形 (3.3.32) 给出的第二种谱序列 $\tilde{E}_1$ 和 $\tilde{E}_2$ 项为

$$\tilde{E}_1^{p,q} = H_d^p(K^{*,q}) = \frac{\operatorname{Ker}\{d : \Pi\Omega^p(U_{\alpha_0\cdots\alpha_q}) \to \Pi\Omega^{p+1}(U_{\alpha_0\cdots\alpha_q})\}}{d(\Pi\Omega^{p-1}(U_{\alpha_0\cdots\alpha_q}))}, \quad (3.3.38)$$

$$\tilde{E}_2^{p,q} = H_\delta^q(H_d^p(K)). \quad (3.3.39)$$

根据 Poincaré 引理 (引理 3.4), 由 (3.3.38) 定义的 $\tilde{E}_1$ 项给出

$$\tilde{E}_1^{p,q} = \oplus_{\alpha_0\neq\cdots\neq\alpha_q} H_{DR}^p(U_{\alpha_0\cdots\alpha_q}) = 0 \quad (\text{由 } \mathcal{U} \text{ 为标准覆盖}), \quad \forall p \neq 0,$$

$$\tilde{E}_1^{0,q} = C^q(\mathcal{U}, R).$$

因此 $\tilde{E}_2$ 项 (3.3.39) 变为

$$\tilde{E}_2^{p,q} = 0, \qquad \forall p \neq 0,$$

$$\tilde{E}_2^{0,q} = H^q(\mathcal{U}, R). \quad (3.3.40)$$

类似于 (3.3.36), 从 (3.3.40) 可以得到

$$H^k(\mathcal{U}, R) = GH_D^k(K), \quad (3.3.41)$$

这是因为 E_k 与 $\tilde{E}_k$ 收敛到相同的总同调 $GH_D^K(K)$. 根据 (3.3.36) 和 (3.3.41) 立刻推得

$$H_{DR}^*(M) \simeq H^*(\mathcal{U}, R).$$

这说明 $H^*(\mathcal{U}, R)$ 与 M 的标准覆盖选取无关. 因此, 从定义 3.7 可知

$$\check{H}^*(M, R) = H^*(\mathcal{U}, R)$$

于是定理 3.5 得证. 证明完毕.

3.3.5 de Rham 定理

有了前面的准备后, 就可以应用谱序列方法再结合定理 3.5 来证明 de Rham 定理, 这个定理陈述如下.

定理 3.6 令 M 是光滑流形. 则 M 上的 de Rham 上同调与实系数的奇异上同调是同构的,

$$H_{DR}^*(M) \simeq H^*(M, R).$$

证明 在 2.1 和 2.3 节中介绍了奇异上, 下同调群的概念. 在注 2.17 中奇异上链群

$$\tilde{C}^k(M, R) = \operatorname{Hom}(\tilde{C}_k(M, \mathbb{Z}), R),$$

以及奇异上边缘

$$\tilde{\delta}: \tilde{C}^k(M, R) \to \tilde{C}^{k+1}(M, R).$$

令 $\mathcal{U}=\{U_\alpha\}_{\alpha\in I}$ 是 M 的一个标准覆盖. 则关于 $\mathcal{U}$ 可建立奇异链的双复形

$$C^q(\mathcal{U},\tilde{C}^p)=\oplus_{\alpha_0\neq\cdots\neq\alpha_q}\tilde{C}^p(U_{\alpha_0\cdots\alpha_q},R). \tag{3.3.42}$$

类似于引理 3.7, 对于奇异双复形 (3.3.42) 也可得到下面广义 Mayer-Vietoris 序列, 它是正合的,

$$0\to\tilde{C}^*(M,R)\xrightarrow{i^*}\oplus\tilde{C}^*(U_\alpha)\xrightarrow{\delta}\oplus\tilde{C}^*(U_{\alpha_0\alpha_1})\xrightarrow{\delta}\oplus\tilde{C}^*(U_{\alpha_0\alpha_1\alpha_2})\to. \tag{3.3.43}$$

因为 $\mathcal{U}$ 是标准覆盖, 每个 $U_{\alpha_0\cdots\alpha_q}$ 与 R^n 同胚. 因此奇异上同调

$$H^p(U_{\alpha_0\cdots\alpha_q},R)=0,\qquad \forall p\neq 0. \tag{3.3.44}$$

类似于 (3.3.34)~(3.3.36), 由 (3.3.43) 的正合性可推知 (3.3.42) 的第一谱序列 E_1 和 E_2 项分别为

$$\begin{cases}E_1^{p,q}=H_\delta^q(C^*(\mathcal{U},\tilde{C}^*))=0, & q\neq 0,\\ E_1^{p,0}=\tilde{C}^*(M,R),\end{cases}$$

$$\begin{cases}E_2^{p,q}=0, & q\neq 0,\\ E_2^{p,0}=H_{\tilde{\delta}}^p(\tilde{C}^*(M,R))=H^p(M,R).\end{cases}$$

并且 $E_2^{p,q}=E_3^{p,q}=\cdots=E_\infty^{p,q}$, 以及

$$H^p(M,R)=GH_D^p(K),\qquad K\text{ 是 (3.3.42) 所给双复形}. \tag{3.3.45}$$

此外, 类似于 (3.3.38)~(3.3.41), 由 (3.3.44) 可得到 (3.3.42) 第二谱序列 $\tilde{E}_1$ 和 $\tilde{E}_2$ 项, 分别给出

$$\begin{cases}\tilde{E}_1^{p,q}=H^p(U_{\alpha_0\cdots\alpha_q},R)=0, & p\neq 0,\\ \tilde{E}_1^{0,q}=C^q(\mathcal{U},R) & (\text{为Čech 复形}),\end{cases}$$

$$\begin{cases}\tilde{E}_2^{p,q}=0, & p\neq 0,\\ \tilde{E}_2^{0,q}=H^q(\mathcal{U},R).\end{cases}$$

并且 $\tilde{E}_2=\tilde{E}_3=\cdots=\tilde{E}_\infty$, 以及

$$H^q(\mathcal{U},R)=GH_D^q(K). \tag{3.3.46}$$

从 (3.3.45) 和 (3.3.46) 导出同构

$$H^*(M,R)\simeq H^*(\mathcal{U},R).$$

由定义 3.7, 这意味着奇异上同调与 Čech 上同调是同构的

$$H^*(M,R)\simeq\check{H}^*(M,R).$$

再由定理 3.5 便得到该定理. 证明完毕.

de Rham 定理的同构关系可用积分表达出来. 令 $\tilde{C}_k(M)$ 是奇异链群. 对于一个光滑单形 $\sigma:\ I^k \to M$ 作 σ 上的对偶积 (内积)

$$< \langle \omega, \sigma \rangle = \int_{I^k} \sigma^* \omega, \qquad \omega \in \Omega^k(M).$$

对 $\alpha = \sum n_j \sigma_j \in \tilde{C}_k(M)$ 作线性扩张

$$\langle \omega, \alpha \rangle = \sum n_j \int_{I_j^k} \sigma_j^* \omega,$$

则上式诱导一个同态

$$\varphi:\ \Omega^k(M) \to \tilde{C}^k(M, R) = \mathrm{Hom}(\tilde{C}_k(M), R),$$
$$\langle \varphi(\omega), \alpha \rangle = \langle \omega, \alpha \rangle. \tag{3.3.47}$$

由 Stokes 公式, 有

$$\begin{aligned}\langle \delta(\varphi(\omega)), \sigma \rangle &= \langle \varphi(\omega), \partial\sigma \rangle \\ &= \int_{\partial I^k} \sigma^* \omega \\ &= \int_{I^k} \sigma^*(d\omega).\end{aligned}$$

因此可得 $\delta \circ \varphi = \varphi \circ d$. 这意味着 (3.3.47) 诱导一个同态

$$\varphi^*:\ H_{DR}^k(M) \to H^k(M, R). \tag{3.3.48}$$

de Rham 定理说, 这个同态是一个同构, 并且

$$\langle \varphi^*(\omega), \Gamma \rangle = \int_\Gamma \omega, \qquad \Gamma \subset H_k(M, R) \text{ 是自由共轭元.}$$

3.3.6 de Rham 上同调的几何表示

现在, 假设 M 是可定向紧流形. 由定理 2.7, $H_k(M, R)$ 的生成元是一个 k 维可定向紧子流形. 令 $\Gamma \in H_k(M, R)$ 是一个生成元, 它是一个 k 维紧子流形. 由流形的共轭对称性定理, Γ 的对偶共轭元 Σ 是一个 $n-k$ 维可定向紧子流形, 并且 $\Sigma \in H_{n-k}(M, R)$ 是一个生成元. 令

$$\{\Gamma_j\}_{j \in I} \subset H_k(M, R) \text{ 是生成元基,}$$
$$\{\Sigma_j\}_{j \in I} \subset H_{n-k}(M, R) \text{ 是 } \{\Gamma_j\}_{j \in I} \text{ 对偶共轭元构成的基.}$$

de Rham 定理的另一种陈述是说, 分别存在 $\{\Gamma_j\}$ 和 $\{\Sigma_j\}$ 的对偶基

$$\{\omega_j\}_{j \in I} \subset H_{DR}^k(M) \text{ 是 } \{\Gamma_j\} \text{ 的对偶基,}$$
$$\{\tau_j\}_{j \in I} \subset H_{DR}^{n-k}(M) \text{ 是 } \{\Sigma_j\} \text{ 的对偶基,}$$

也就是说

$$\int_{\Gamma_i} \omega_j = \delta_{ij}, \qquad \int_{\Sigma_i} \tau_j = \delta_{ij}, \tag{3.3.49}$$

使得

$$\int_M \omega_i \cdot \tau_j = \pm \delta_{ij}. \tag{3.3.50}$$

特别地, 根据上、下几何化定理及共轭对称性定理, $\{\Gamma_j\}$ 与 $\{\Sigma_j\}$ 也分别是 $H^k(M,R)$ 和 $H^{n-k}(M,R)$ 的生成元基. 此时 (3.3.48) 的同构 φ^* 可明确地表达为

$$\varphi^*(\omega_j) = \Gamma_j, \qquad \varphi^*(\tau_j) = \Sigma_j. \tag{3.3.51}$$

这样, 关系式 (3.3.49)~(3.3.51) 将 M 的所有自由共轭元 (可定向紧子流形) 与 $H^*_{DR}(M)$ 的生成元一一对应起来, 它们给出 de Rham 上同调群的一个几何表示, 使得每一个上同调类的微分形式可用 M 的一个可定向紧子流形来代表它. 下面将进一步揭示对应偶 ω_j 与 Γ_j 之间关系. 为此目的, 首先需要介绍紧支集上同调的 Poincaré 引理.

1. 紧支集上同调的 Poincaré 引理

记 $\Omega^*_c(M)$ 是具有紧支集的 de Rham 复形,

$$\Omega^*_c(M) = \{\omega \in \Omega^*(M) |\ \omega在M上具有紧支集\}.$$

这个复形产生的上同调记为 $H^*_c(M)$.

Poincaré 引理 (引理 3.4) 是说

$$H^k(R^n) = \begin{cases} R, & k=0, \\ 0, & k \neq 0. \end{cases} \tag{3.3.52}$$

然而具有紧支集的上同调 $H^*_c(\mathbb{R}^n)$, 情况就有所不同了. 作为一个例子, 考察 $H^*_c(R^1)$. 我们知道闭 0 形式是常数. 因为 $\Omega^0_c(R^1)$ 中没有常数, 除了零以外, 因此有

$$H^0_c(R^1) = 0.$$

这就与 (3.3.52) 不同了, 那里 $H^0(R^1) = R$. 再来计算 $H^1_c(R^1)$. 考虑积分映射

$$\int_{R^1}:\ \Omega^1_c(R^1) \to R,$$

该映射显然是满的. 当 $f \in \Omega^0_c(R^1)$ 时, $\int_{R^1} df = 0$. 反过来, 若 $g(x)dx \in \Omega^1_c(R^1)$ 是积分映射的核, $\int_{R^1} g(x)dx = 0$, 则函数

$$f(x) = \int_{-\infty}^x g(t)dt$$

具有紧支集, 并且 $df = g(x)dx$. 因此

$$\text{积分映射的核} = d\Omega_c^0.$$

这就导出

$$H_c^1(R^1) = \frac{\Omega_c^1(R^1)}{\text{Ker} \int_{R^1}} = R^1.$$

于是算出

$$H_c^k(R^1) = \begin{cases} R, & k = 1, \\ 0, & k \neq 1. \end{cases} \tag{3.3.53}$$

这就是 R^1 上具紧支集的 Poincaré 引理. 容易看出, $H_c^1(R^1)$ 的生成元可取作 R 上的单驼峰 1 形式 $e(x)dx$, 满足

$$e \in C_0^\infty(R^1), \quad e \geqslant 0, \quad \text{并且} \int_{R^1} e(x)dx = 1, \tag{3.3.54}$$

这里 $C_0^\infty(R^1)$ 是 R^1 上具紧支集的 C^∞ 函数空间.

下面给出的就是紧支集的 Poincaré 引理.

引理 3.8 (具紧支集的 Poincaré 引理)　有下面结论:

(1) 对 $H_c^*(R^n)$ 有

$$H_c^k(R^n) = \begin{cases} R, & k = n, \\ 0, & k \neq n; \end{cases}$$

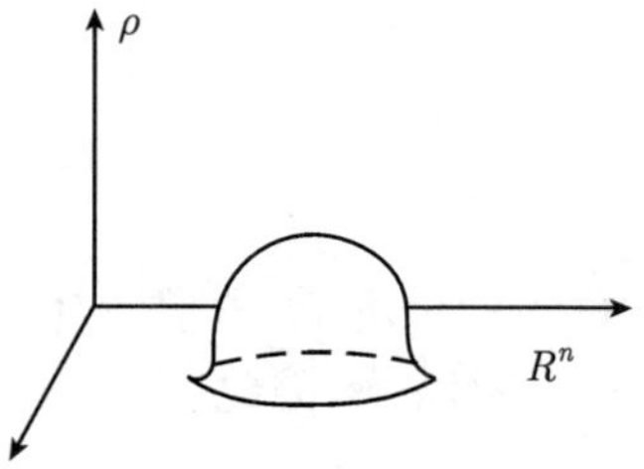

图 3.2

(2) $H_c^n(R^n)$ 的生成元 $\rho(x)dx_1 \cdots dx_n$ 的函数 ρ 可写成

$$\begin{aligned} &\rho(x) = e(x_1) \cdots e(x_n), \\ &\int_{R^n} \rho(x)dx = 1, \end{aligned} \tag{3.3.55}$$

它是如图 3.2 所示的单驼峰函数, 其中 e 是如 (3.3.54) 的函数.

证明　类似于引理 3.4, 将证明

$$H_c^{k+1}(R^n \times R^1) \simeq H_c^k(R^n) \tag{3.3.56}$$

是一个同构, 则结论 (1) 自然从 (3.3.53) 递推导出.

令 $\pi: R^n \times R^1 \to R^n$ 是投影. π 的拉回同态 π^* 并不能将 $\Omega_c^*(R^n)$ 映到在 $R^n \times R^1$ 上具有紧支集的形式. 然而 π 可诱导一个推进同态

$$\pi_*: \Omega_c^*(R^n \times R^1) \to \Omega_c^*(R^n), \tag{3.3.57}$$

通过纤维上积分来做到. 令 $\omega \in \Omega_c^*(R^n \times R^1)$. 则 ω 是下面两个类型的微分形式线性组合：

(1) $\pi^*\phi \cdot f(x,t)$;

(2) $\pi^*\phi \cdot f(x,t)dt$,

其中 $\phi \in \Omega^*(R^n)$(不必具有紧支集), 而 $f \in C_0^\infty(R^{n+1})$. 定义 (3.3.57) 的同态 π_* 如下：

$$\pi_*(\omega) = \begin{cases} 0, & \omega\text{为类型 (1)}, \\ \phi \displaystyle\int_{R^1} f(x,t)dt, & \omega\text{为类型 (2)}. \end{cases}$$

需要验证 $d \circ \pi_* = \pi_* \circ d$. 对于类型 (1) 形式

$$\begin{aligned} &d\omega = \pi^*(d\phi) \cdot f + (-1)^q \pi^*\phi \frac{\partial f}{\partial x} dx + (-1)^q \pi^*\phi \frac{\partial f}{\partial t} dt, \\ &\pi_*(d\omega) = (-1)^q \pi^*\phi \int_{-\infty}^{\infty} \frac{\partial f}{\partial t} dt = 0, \\ &d \circ \pi_*(\omega) = d(0) = 0. \end{aligned}$$

即 $\pi_* \circ d = d \circ \pi_*$. 对于类型 (2) 的形式有

$$\begin{aligned} \pi_*(d\omega) &= \pi_* \left(\pi^* d\phi \cdot f dt + (-1)^q \pi^*\phi \frac{\partial f}{\partial x} dx \right) = d\phi \int_{-\infty}^{\infty} f dt, \\ d \circ \pi_*(\omega) &= d\phi \int_{-\infty}^{\infty} f dt = \pi_*(d\omega). \end{aligned}$$

因此, π_* 诱导一个同态

$$\tilde{\pi}_* : H_c^{k+1}(R^{n+1}) \to H_c^k(R^n).$$

再构造一个反向同态. 令 $\sigma = e(t)dt$ 是如 (3.3.54) 那样的 1 形式, 定义

$$\sigma_* : \Omega_c^*(R^n) \to \Omega_c^*(R^n \times R^1)$$

为 $\sigma_*(\phi) = \phi \cdot e(t)dt$ 显然 σ_* 与 d 可交换, 因此它诱导一个同态

$$\tilde{\sigma}_* : H_c^k(R^n) \to H_c^{k+1}(R^{n+1}).$$

我们将证明 $\tilde{\pi}_*$ 与 $\tilde{\sigma}_*$ 是互逆的同构.

由定义直接可导出

$$\pi_* \circ \sigma_* = id.$$

现在, 定义算子 $K : \Omega_c^k(R^n \times R^1) \to \Omega_c^{k-1}(R^n \times R^1)$

$$K(\omega) = \begin{cases} 0, & \omega \text{ 为类型 (1)}, \\ \phi \cdot \displaystyle\int_{-\infty}^{t} f dt - \phi \cdot \left(\int_{-\infty}^{t} e dt \right) \cdot \int_{-\infty}^{\infty} f dt, & \omega \text{ 为类型 (2)}. \end{cases}$$

只需证明

$$id - e_* \circ \pi_* = \pm(d \cdot K - K \cdot d), \tag{3.3.58}$$

则 (3.3.56) 成立.

对于类型 (1) 的形式有

$$\begin{aligned}(id - e_* \circ \pi_*)\omega &= \omega,\\ (d \cdot K - K \cdot d)\omega &= -K\left(\pi^* d\phi \cdot f + (-1)^q \pi^* \phi \frac{\partial f}{\partial x} dx + (-1)^q \pi^* \phi \frac{\partial f}{\partial t} dt\right)\\ &= (-1)^{q+1}\left(\pi^* \phi \cdot \int_{-\infty}^{t} \frac{\partial f}{\partial t} dt + \pi^* \phi \cdot \int_{-\infty}^{t} edt \cdot \int_{-\infty}^{\infty} \frac{\partial f}{\partial t} dt\right)\\ &= (-1)^{q+1} \pi^* \phi \cdot f\\ &= (-1)^{q+1} \omega.\end{aligned}$$

因此

$$id - e_* \circ \pi_* = (-1)^{q+1}(d \cdot K - K \cdot d).$$

关于类型 (2) 的形式, 有

$$\begin{aligned}(id - e_* \circ \pi_*)\omega &= \omega - \pi^* \phi\left(\int_{-\infty}^{\infty} fdt\right) \cdot edt,\\ (d \cdot K)\omega &= (\pi^* d\phi) \int_{-\infty}^{t} fdt + (-1)^q \pi^* \phi \int_{-\infty}^{t} \frac{\partial f}{\partial x} dxdt + (-1)^q \omega\\ &\quad -(\pi^* d\phi) \int_{-\infty}^{t} edt \int_{-\infty}^{\infty} fdt - (-1)^q \pi^* \phi\\ &\quad \cdot\left[e \int_{-\infty}^{\infty} fdt + \int_{-\infty}^{t} edt \int_{-\infty}^{\infty} \frac{\partial f}{\partial x} dtdx\right],\\ (Kd)\omega &= K\left(\pi^* d\phi \cdot fdt + (-1)^q \phi \frac{\partial f}{\partial x} dxdt\right)\\ &= \pi^* d\phi \int_{-\infty}^{t} fdt - \pi^* d\phi \int_{-\infty}^{t} edt \int_{-\infty}^{\infty} fdt\\ &\quad +(-1)^q\left[\pi^* \phi \int_{-\infty}^{t} \frac{\partial f}{\partial x} dxdt - \pi^* \phi \int_{-\infty}^{t} edt \int_{-\infty}^{\infty} \frac{\partial f}{\partial x} dtdx\right].\end{aligned}$$

因此有

$$(dK - Kd)\omega = (-1)^q\left[\omega - \pi^* \phi\left(\int_{-\infty}^{\infty} fdt\right) \cdot edt\right].$$

于是 (3.3.58) 成立. 这样结论 (1) 得证.

$H_c^n(R^n)$ 的生成元可由同构 $\tilde{e}_*$: $H^k(R^k) \to H^{k+1}(R^{k+1})$ 从 $k=1$ 开始迭代

$$\sigma_{k+1} = \sigma_k \cdot e(x_{k+1}) dx_{k+1}, \qquad k \geqslant 1.$$

注意到 $H_c^1(R^1)$ 的生成元 $\sigma_1 = e(x_1)dx_1$. 因此 $H^n(R^n)$ 的生成元为

$$\sigma_n = e(x_1)\cdots e(x_n)dx_1\cdots dx_n,$$

再由 (3.3.54), 对每个 x_i 有

$$\int_{-\infty}^{\infty} e(x_i)dx_i = 1.$$

因此 (3.3.55) 成立. 结论 (2) 得证. 证明完毕.

根据 de Rham 定理 (定理 3.6), 对于一个可定向的 n 维紧流形 M, $H_{DR}^n(M) = R$. 再由引理 3.8 的结论 (2), $H_{DR}^n(M)$ 的生成元 σ 可取为如 (3.3.55) 那样单驼峰的 n 形式, 即

$$\sigma = \rho(x)dx_1\cdots dx_n \text{ 是 } H_{DR}^n(M) \text{ 的生成元}, \tag{3.3.59}$$

其中 $\rho(x)$ 是如图 3.1 所示的那种孤峰函数.

2. 上同调类的几何表示

现在可以回过来讨论这一小节的主题, 即在 $H_{DR}^*(M)$ 与 M 的自由共轭元 (可定向紧子流形) 的对应关系 (3.3.48) 下, 其生成元 ω 在它的对应子流形 Γ 上的数学表达式是如何的, 下面定理给出解答.

定理 3.7 令 $\Gamma \subset M$ 是一个 k 维可定向紧子流形, 并且是一个自由共轭元. 则唯一存在一个生成元 $\omega \in H_{DR}^k(M)$, 使得 ω 与 Γ 满足 $\int_\Gamma \omega = 1$, 并且在 ω 的同调类中存在一个 k 形式, 仍记为 ω, 使得

$$i^*\omega = \rho(y)dy_1\cdots dy_k, \tag{3.3.60}$$

其中 $\rho(y)$ 是如图 3.2 那样的孤峰函数, $y = (y_1, \cdots, y_k)$ 是 Γ 的局部坐标, 而 $i^*: H_{DR}^k(M) \to H_{DR}^k(\Gamma)$ 是包含映射 $\Gamma \subset M$ 的拉回同态. 特别地, 对所有其他 $H_{DR}^k(M)$ 的生成元 $\tilde{\omega} \neq \omega$, 有

$$i^*\tilde{\omega} = 0, \qquad \text{在 } H_{DR}^k(\Gamma) \text{ 中}. \tag{3.3.61}$$

证明 由 de Rham 定理的等价形式 (3.3.48), ω 的唯一存在性是有效的, 因而 (3.3.61) 也成立. 再由 (3.3.59) 的结论可导出 (3.3.60). 定理证毕.

注 3.6 在定理 3.7 中, 并不要求 M 是可定向紧流形. 当 M 是可定向紧流形时, 结论 (3.3.49)~(3.3.51) 和 (3.3.59) 可统一成下列结论:

(1) M 的自由共轭元 Γ 与 $H_{DR}^*(M)$ 的生成元 ω 一一对应, 并且包含映射 $i: \Gamma \to M$ 的拉回同态 $i^*: H_{DR}^*(M) \to H_{DR}^*(\Gamma)$(限制同态) 满足

$$i^*\omega = \begin{cases} \rho(y)dy, & \omega \text{ 与 } \Gamma \text{ 对应}, \\ 0, & \text{否则}. \end{cases}$$

(2) 由 (3.3.51) 给出的同构 $\varphi^*: H^*_{DR}(M) \to H^*(M,R)$ 是环同构, 即

$$\varphi^*(\omega\cdot\tau)=\begin{cases}\Gamma*\Sigma, & 若\ \Gamma*\Sigma\ 是自由共轭元,\\ 0, & 否则,\end{cases}$$

其中 Γ,Σ 分别为对应于 ω 和 τ 的自由共轭元, $\Gamma*\Sigma$ 为对偶积.

3.4 微分形式的 Hodge 分解定理

3.4.1 介绍

为了对 Hodge 分解有一个概念性的了解, 我们从向量场理论的一个简单事实开始. 令 $D\subset R^3$ 是一个三维开盘 (开球体). $x=(x_1,x_2,x_3)$ 是 D 上的正交坐标系, $V(D)$ 是 D 上所有 C^∞ 向量场构成的空间. 我们知道, 任何一个向量场 $v\in V(D)$ 可分解为一个梯度场与旋度场的和,

$$v=\nabla f+\mathrm{rot}A \qquad (在注\ 3.7\ 中将对该分解给出证明), \tag{3.4.1}$$

这里 $f\in C^\infty(D)$, $A\in V(D)$, 并且

$$\int_D \nabla f\cdot \mathrm{rot}A dx=0. \tag{3.4.2}$$

换句话讲, 若在 $V(D)$ 上赋予一个内积

$$\langle u,v\rangle=\int_D u\cdot v dx,$$

则 (3.4.1) 和 (3.4.2) 表明 $V(D)$ 可分解为两子空间的正交和

$$V(D)=G\oplus R,\qquad G\perp R, \tag{3.4.3}$$

其中

$$G=\{\nabla f|\ f\in C^\infty(D)\},$$
$$R=\{\mathrm{rot}u|\ u\in V(D)\}.$$

对于直角坐标系而言, R^n 上的向量场与 1 形式按如下对应:

$$v=(v_1,\cdots,v_n)\leftrightarrow \omega=v_1dx_1+\cdots+v_ndx_n \tag{3.4.4}$$

是等价的. 因而 $V(D)$ 的正交分解 (3.4.3) 对应于 D 上的 1 形式直和分解

$$\Omega^1(D)=d\Omega^\circ(D)\oplus\tilde{R}, \tag{3.4.5}$$

这里 $\Omega^k(D)$ 是 D 上 k 形式空间, d 为外微分算子, $\tilde{R}$ 是旋度场 R 按 (3.4.1) 对应关系转化的 1 形式子空间, 即

$$\tilde{R}=\left\{\left(\frac{\partial u_3}{\partial x_2}-\frac{\partial u_2}{\partial x_3}\right)dx_1+\left(\frac{\partial u_1}{\partial x_3}-\frac{\partial u_3}{\partial x_1}\right)dx_2+\left(\frac{\partial u_2}{\partial x_1}-\frac{\partial u_1}{\partial x_2}\right)dx_3\right|$$

$$u=(u_1,u_2,u_3)\in V(D),\ \mathrm{rot}u\in R\Big\}.$$

关于微分形式与向量场的关系可参见例 3.2.

现在对 $\tilde{R}$ 作一改造. 注意到 $\Omega^1(D)$ 与 $\Omega^2(D)$ 之间有对应关系

$$\begin{aligned}&f_1dx_1+f_2dx_2+f_3dx_3\mapsto f_1dx_2dx_3-f_2dx_1dx_3+f_3dx_1dx_2,\\&f_{23}dx_2dx_3+f_{13}dx_1dx_3+f_{12}dx_1dx_2\mapsto f_{23}dx_1-f_{13}dx_2+f_{12}dx_3.\end{aligned}\tag{3.4.6}$$

按照这种对应关系, 可以给出两个映射, 记为 $*$ 映射:

$$\begin{aligned}&*:\ \Omega^1(D)\to\Omega^2(D),\\&*:\ \Omega^2(D)\to\Omega^1(D).\end{aligned}\tag{3.4.7}$$

显然 $*$ 映射是同构关系: $*\cdot*=id$. 对照 $\tilde{R}$ 的表达式可以发现, 如果定义算子 $\delta:\ \Omega^2(D)\to\Omega^1(D)$ 为

$$\delta=\pm*d*,\qquad (\pm \text{表示正负号可任取一个}),\tag{3.4.8}$$

则 $\tilde{R}=\delta\Omega^2(D)$. 于是 (3.4.5) 可表达为

$$\Omega^1(D)=d\Omega^0(D)\oplus\delta\Omega^2(D).\tag{3.4.9}$$

这个关系式 (3.4.9) 就是 D 上 1 形式的 Hodge 分解, 由 (3.4.6) 定义的线性映射 (3.4.7) 称作 Hodge $*$ 算子.

Hodge 在 1941 年发现 [9], 分解关系 (3.4.8) 可推广到可定向 Riemann 紧流形 M 的 k 形式空间 $\Omega^k(M)$ 上. 此时关键的一点就是将 (3.4.7) 的星算子 * 从 $\Omega^*(D)$ 推广到一般 $\Omega^k(M)$ 上

$$*:\ \Omega^k(M)\to\Omega^{n-k}(M),\qquad n=\dim M.$$

这样便可在 $\Omega^k(M)$ 上定义一个内积

$$\langle\omega,\tau\rangle=\int_M\omega\cdot*\tau,$$

并且将 (3.4.8) 的 δ 算子推广到 $\Omega^k(M)$ 上,

$$\delta:\ \Omega^k(M)\to\Omega^{k-1}(M).$$

然后 Hodge 证明 $\Omega^k(M)$ 可作如下正交分解

$$\Omega^k(M)=d\Omega^{k-1}(M)\oplus\delta\Omega^{k+1}(M)\oplus\mathcal{H}^k(M),\tag{3.4.10}$$

其中 $\mathcal{H}^k(M)$ 是调和形式空间, 即

$$\mathcal{H}^k(M)=\{\omega\in\Omega^k(M)|\ d\omega=0,\ \delta\omega=0\},$$

特别地, $\mathcal{H}^k(M)$ 与 de Rham 上同调 $H^k_{DR}(M)$ 同构. 因此, (3.4.9) 是 (3.4.10) 的特殊形式.

注 3.7 现在对分解 (3.4.1) 给出一个证明. 令 $v \in V(D)$ 给定. 考虑下面方程的 Neumann 问题

$$\begin{cases} \Delta f = \text{div} v, & \text{在 } D \text{ 上}, \\ \left.\dfrac{\partial f}{\partial n}\right|_{\partial D} = v \cdot n, \end{cases} \tag{3.4.11}$$

其中 n 为 ∂D 的单位外法向量. 由于

$$\int_D \Delta f = \int_{\partial D} \frac{\partial f}{\partial n}, \qquad \int_D \text{div } v = \int_{\partial D} v \cdot n,$$

从方程 (3.4.11) 可知

$$\int_{\partial D} \frac{\partial f}{\partial n} = \int_D \text{div} v.$$

这是 (3.4.11) 存在唯一解的充要条件. 因此 (3.4.11) 可解. 再令

$$u = v - \nabla f, \qquad f \text{ 是 (3.4.11) 的解}.$$

则有

$$\begin{cases} \text{div} u = 0, \\ u \cdot n|_{\partial D} = 0. \end{cases}$$

因为 $D \subset R^3$ 是开盘, 因此 $\text{div} u = 0$ 意味着存在一个向量场 $A \in V(R^3)$ 使得

$$u = \text{rot} A \Rightarrow \ v = \nabla f + \text{rot} A.$$

再由 $u \cdot n = 0$ 在 ∂D 上,

$$\int_D \nabla f \cdot u = -\int_D f \text{div} u = 0.$$

于是导出 (3.4.1) 和 (3.4.2).

Hodge 分解定理涉及拓扑、分析与几何等诸学科. 因此阅读此节的读者最好具备如张量分析、外代数、Riemann 流形的概念, 以及泛函分析、偏微分方程等领域的一些基本知识. 不过, 不具备这些基础的读者也不妨读一读这一节, 因为这里会简要地介绍所出现的概念, 并且对一些涉及其他学科的性质和结论只需接受即可. Hodge 分解被公认为是数学中最优美和最重要的定理之一, 它对几何、拓扑与分析的融合产生深远影响.

3.4.2 Hodeg $*$ 算子

前面已说到, 为了将 (3.4.9) 推广到 (3.4.10), 必须将 (3.4.7) 的 $*$ 算子推广到一般可定向紧流形 M 的微分形式空间 $\Omega^*(M)$ 上.

首先考虑在 R^n 上的推广. 令 $x=(x_1,\cdots,x_n)$ 是 R^n 的一个基. 我们知道, $\Omega^k(R^n)$ 是在 $C^\infty(R^n)$ 上以下面外形式为基底

$$\{dx_{i_1}\cdots dx_{i_k} \mid 1\leqslant i_1,\ \cdots,\ i_k\leqslant n\}$$

生成的空间, 称为 C^∞ 模的生成基.

从形式上看, $\Omega^k(R^n)$ 与 $\Omega^{n-k}(R^n)$ 在 C^∞ 模生成基之间存在一个一一对应

$$dx_{i_1}\cdots dx_{i_k}\leftrightarrow dx_{j_1}\cdots dx_{j_{n-k}},$$

这里下标

$$(i_1,\cdots,i_k,j_1,\cdots,j_{n-k}) \text{ 是 } (1,2,\cdots,n) \text{ 的一个排列.} \tag{3.4.12}$$

因此, 很自然地可以想到由 (3.4.6) 定义的 * 映射 (3.4.7) 可按如下方式推广到 $\Omega^*(R^n)$ 上, 即规定

$$\begin{aligned}&*(1)=dx_1\cdots dx_n,\\&*(dx_{i_1}\cdots dx_{i_k})=\begin{cases}dx_{j_1}\cdots dx_{j_{n-k}}, & \text{当 (3.4.12) 是偶排列},\\-dx_{j_1}\cdots dx_{j_{n-k}}, & \text{当 (3.4.12) 是奇排列}.\end{cases}\end{aligned} \tag{3.4.13}$$

然后再将映射 (3.4.13) 线性延拓到 $\Omega^*(R^n)$ 上,

$$*:\ \Omega^k(R^n)\to\Omega^{n-k}(R^n). \tag{3.4.14}$$

然而, 必须注意到这个事实, 即当 R^n 取另一个坐标系 $y=(y_1,\cdots,y_n)$ 时, $\Omega^k(R^n)$ 和 $\Omega^{n-k}(R^n)$ 的微分形式各自按 (3.2.5) 的方式进行变换. 因此只有证明对任何 $\omega\in\Omega^k(R^n)$, 在坐标变换 $y=\varphi(x)$ 下, $*\omega$ 是按 $(n-k)$ 形式进行变换, 则 * 才是合理定义的.

下面的例子表明, 由 (3.4.13) 给出的 $*$ 算子仅当 $y=\varphi(x)$ 是正交变换时才是合理的. 令 $\omega\in\Omega^1(R^2)$ 是个 1 形式,

$$\begin{aligned}&\omega=f_1dx_1+f_2dx_2,\\&*\omega=g_1dx_1+g_2dx_2 \qquad (g_1=-f_2,\ g_2=f_1).\end{aligned}$$

假设坐标变换

$$y=Ax,\qquad A=\begin{pmatrix}a_{11}&a_{12}\\a_{21}&a_{22}\end{pmatrix}.$$

ω 在 y 坐标下为

$$\begin{aligned}&\omega'=f_1'dy_1+f_2'dy_2,\\&*\omega'=g_1'dy_1+g_2'dy_2 \qquad (g_1'=-f_2',\ g_2'=f_1').\end{aligned}$$

假设 $*\omega$ 是遵守 1 形式变换规则, 则

$$\begin{pmatrix} f_1 \\ f_2 \end{pmatrix} = A^{\mathrm{T}} \begin{pmatrix} f_1' \\ f_2' \end{pmatrix}, \qquad \begin{pmatrix} g_1 \\ g_2 \end{pmatrix} = A^{\mathrm{T}} \begin{pmatrix} g_1' \\ g_2' \end{pmatrix},$$

A^{T} 为 A 的转置. 再由关系

$$\begin{pmatrix} g_1 \\ g_2 \end{pmatrix} = \begin{pmatrix} 0 & -1 \\ 1 & 0 \end{pmatrix} \begin{pmatrix} f_1 \\ f_2 \end{pmatrix}, \qquad \begin{pmatrix} g_1' \\ g_2' \end{pmatrix} = \begin{pmatrix} 0 & -1 \\ 1 & 0 \end{pmatrix} \begin{pmatrix} f_1' \\ f_2' \end{pmatrix},$$

可得

$$\begin{pmatrix} 0 & -1 \\ 1 & 0 \end{pmatrix} \begin{pmatrix} a_{11} & a_{21} \\ a_{12} & a_{22} \end{pmatrix} = \begin{pmatrix} a_{11} & a_{21} \\ a_{12} & a_{22} \end{pmatrix} \begin{pmatrix} 0 & -1 \\ 1 & 0 \end{pmatrix}.$$

这个等式成立的充要条件是 A 为正交矩阵, 即 $*\omega$ 按 1 形式变换条件是 A 为正交.

事实上, 只要在 R^n 中取正交坐标系, 则 $*$ 算子是合理定义的, 这一点从下面的论证中可以得到证实. 令 $x = (x_1, \cdots, x_n)$ 是 R^n 中一个正交坐标系, $\omega \in \Omega^k(R^n)$, $\tau \in \Omega^{n-k}(R^n)$ 分别是 k 和 $(n-k)$ 形式

$$\omega = \sum f_I dx_I, \qquad \tau = \sum g_J dx_J.$$

我们知道, ω 与 τ 的外积一定是一个 n 形式

$$\omega \cdot \tau = h(x)\mathrm{Vol}, \tag{3.4.15}$$

其中 $\mathrm{Vol} = dx_1 \cdots dx_n$ 是体积元, $h(x)$ 是一个函数

$$h(x) = \sum \varepsilon^{IJ} f_I g_J, \tag{3.4.16}$$

它在正交变换下是不变的, 其中 ε_{IJ} 是 IJ 置换的符号张量

$$\varepsilon^{IJ} = \begin{cases} 1, & IJ \text{ 是偶排列}, \\ -1, & IJ \text{ 是奇排列}, \\ 0, & I \text{ 与 } J \text{ 中有相重指标}. \end{cases} \tag{3.4.17}$$

现在反过来, 由张量分析的理论可知, 若 ω 是一个 k 形式, 而 τ 只是表面上是一个 $(n-k)$ 形式 (即不知系数是否按 (3.2.5) 规则变换). 如果能验证 ω 与 τ 的外积 $\omega \cdot \tau$ 一定能表达成 (3.4.16) 的形式. 即 $h(x)$ 是与坐标选取无关的函数, 则 τ 一定是一个 $(n-k)$ 形式. 我们就是应用这个性质来验证 $*$ 算子的合理性.

由 (3.4.13) 可以看到

$$dx_{i_1} \cdots dx_{i_k} \cdot *(dx_{i_1} \cdots dx_{ik}) = dx_1 \cdots dx_n, \tag{3.4.18}$$

* 算子正是利用这个规则来定义的. 令

$$\alpha=\sum\alpha_I dx_I,\qquad \beta=\sum\beta_J dx_J\in\Omega^k(R^n),$$

则从 (3.4.18) 可知

$$\begin{aligned}\alpha\cdot*\beta&=\sum_{I,J}\alpha_I\beta_J dx_I\cdot*dx_J\\&=\sum_I\alpha_I\beta_I dx_1\cdots dx_n.\end{aligned}\tag{3.4.19}$$

由于 $\sum\alpha_I\beta_I$ 是反对称张量 $\{\alpha_{i_1\cdots i_k}\}$ 与 $\{\beta_{j_1\cdots j_k}\}$ 的内积, 也是 R^k 上 k 次外代数空间 $\Lambda^k(R^n)$ 的内积, 它与 R^n 上正交坐标系的选取无关. 因此有

引理 3.9 由 (3.4.13) 在 $\Omega^*(R^n)$ 上的线性扩张所产生的 Hodge * 算子 (3.4.14) 是独立于 R^n 的正交坐标系的选择.

现在需要将 (3.4.14) 推广到流形 M 上. 因为 (3.4.13) 的定义用到体积元的定向, 它要求在 M 所有局部坐标系中保持一致. 因此 M 应该是可定向的. 再由 M 上积分的可积性要求, M 必须是可定向紧流形.

当推广到流形上时, 一个新的问题出现了. 这就是在引理 3.9 中的 * 算子只在正交变换下不变, 而在非正交坐标变换下该算子失去意义. 然而当 M 是紧流形时, 它不存在这样的坐标系覆盖 $\{U_\alpha,x^\alpha\}$, 使得在所有 $U_\alpha\cap U_\beta$ 上它的坐标变换 $x^\alpha=\varphi(x^\beta)$ 都是正交的. 因而直接按 (3.4.13) 的方式将 * 算子推广到流形上就遇到了障碍. 为了解决这个问题, 先需要对张量以及 Riemann 流形作一简要介绍.

3.4.3 流形上的张量场

张量最简单的例子就是函数 (称作 0 阶张量场) 和向量场 (称作 1 阶张量场). 在 R^n 上的 k 阶张量场就是具有 n^k 个分量的函数

$$a=\{a_{i_1\cdots i_k}|\ 1\leqslant i_1,\cdots,i_k\leqslant n\},$$

它的分量要求在 R^n 的坐标变换下按某种规则进行变换. 在正式给出引量的定义之前, 需要明确解释一下为什么要引入张量, 考虑它的动机与背景是什么. 其实, 简要地讲就是两点:

(1) 张量是表达具有普遍意义的物理定律的量. 这句话的意思是, 物理定律的数学表达就是微分方程, 定律的普遍性要求方程的形式与人们获得它的实验地点和时间无关, 而不同的地点与时间之间的关系就是常说的坐标变换, 只有方程是用张量表达时才能做到它是与坐标变换无关. 换句话说, 只有用张量表达的物理定律在宇宙中才具有普遍性的意义.

(2) 数学中的不变量 (不随坐标变换而变的量) 是由张量按一定规则组成的. 例如 (3.4.19) 中的量 $\sum\alpha_I\beta_I$ 在正交变换下是不变的, 而它的任何一个分量如 α_I, 或

其他的组合如 $\alpha_I\beta_J$ 就不是不变量. 它们在不同坐标系中具有不同的数值. 同理, 物理中的守恒量, 如能量、动量等, 也是由张量按一定规则组合成的量.

这里介绍张量的目的就是需要运用张量的上述第二条特性：构造不变量. 这是因为 (3.4.19) 在流形的局部坐标变换 (非正交变换) 下不再是不变量. 因而我们需要扩大张量的概念来寻找这样的不变量, 它是 (3.4.19) 的推广.

为了不抽象, 我们从简单的实例来看张量是如何解决这个问题的. (3.4.19) 的不变性主要是指下面的量

$$\langle\alpha,\beta\rangle=\sum_{|I|=k}\alpha_I\beta_I \qquad (\text{按 Einstein 约定, 经常简记为}\alpha_I\beta_I) \tag{3.4.20}$$

是一个标量函数, 称为两个张量的内积, 即同指标分量乘积再全部加起来. 以流形 M 上向量场 u 和梯度场 v 来考察. 令 (U,x) 和 (V,y) 是 M 的两个局部坐标. u 和 v 在 (U,x) 中表达为 (见 1.1.4 小节)

$$u=\left(\frac{dx_1}{dt},\cdots,\frac{dx_n}{dt}\right),$$

$$v=\left(\frac{\partial f}{\partial x_1},\cdots,\frac{\partial f}{\partial x_n}\right) \qquad (f\text{ 是 }M\text{上一个 }C^\infty\text{ 函数}).$$

用 u^i 和 v_i 表示 u 和 v 的第 i 个分量:

$$u^i=\frac{dx_i}{dt},\quad v_i=\frac{\partial f}{\partial x_i},\quad 1\leqslant i\leqslant n.$$

在 (V,y) 的坐标系中, u 和 v 的表达为

$$\tilde{u}=\left(\frac{dy_1}{dt},\cdots,\frac{dy_n}{dt}\right),\qquad \tilde{u}^i=\frac{dy_i}{dt},$$

$$\tilde{v}=\left(\frac{\partial f}{\partial y_1},\cdots,\frac{\partial f}{\partial y_n}\right),\qquad \tilde{v}_i=\frac{\partial f}{\partial y_i}.$$

注意到, 坐标 x 或 y 的位置, 它们在向量场 u 的分子上, 而位于梯度场 v 的分母上. 正是因为这一点, 在非正交坐标变换下它们表现出不同的行为. 令两个坐标系在 $U\cap V$ 上的变换关系为

$$y=\varphi(x),$$

它的 Jacobi 矩阵 (即变换矩阵) 为

$$A=(a_{ij}),\qquad a_{ij}=\frac{\partial\varphi_i}{\partial x_j}. \tag{3.4.21}$$

在这种变换下, $\tilde{u}$ 与 u, $\tilde{v}$ 与 v 之间的变换关系分别为

$$\tilde{u}^{\mathrm{T}}=\left(\sum_{j=1}^n\frac{\partial y_1}{\partial x_j}\frac{dx_j}{dt},\cdots,\sum_{j=1}^n\frac{\partial y_n}{\partial x_j}\frac{dx_j}{dt}\right)^{\mathrm{T}}=Au^{\mathrm{T}}, \tag{3.4.22}$$

$$\tilde{v}^{\mathrm{T}} = \left(\sum_{j=1}^{n}\frac{\partial f}{\partial x_j}\frac{\partial x_j}{\partial y_1}, \cdots, \sum_{j=1}^{n}\frac{\partial f}{\partial x_j}\frac{\partial x_j}{\partial y_n}\right)^{\mathrm{T}} = (A^{-1})^{\mathrm{T}} v^{\mathrm{T}}, \qquad (3.4.23)$$

其中 A 是 (3.4.21) 的矩阵, 上标 T 表示转置, A 的逆矩阵为

$$A^{-1} = (b_{ij}), \qquad b_{ij} = \frac{\partial x_i}{\partial y_j} = \frac{\partial \varphi_i^{-1}}{\partial y_j}.$$

关系式 (3.4.22) 和 (3.4.23) 表明当坐标系发生变换时, 向量场 u 和梯度场 v 经历了不同的变换. 然而当变换是正交时, 即 A 是正交矩阵 $A^{\mathrm{T}} = A^{-1}$ 时, 两种变换 (3.4.22) 和 (3.4.23) 没有区别. 这说明在正交变换下向量场与梯度场是一样的. 此时两个梯度场 α 和 β 的内积在坐标变换下经历如下变化 (两个向量场的内积也一样),

$$\begin{aligned}\langle\tilde{\alpha}, \tilde{\beta}\rangle &= \tilde{\alpha}\cdot\tilde{\beta}^{\mathrm{T}} = \sum_{i=1}^{n}\tilde{\alpha}_i\tilde{\beta}_i \ (\text{由 } (3.4.23))\\ &= \alpha(A^{-1})\cdot(A^{-1})^{\mathrm{T}}\beta^{\mathrm{T}} \ (\text{当 } A \text{ 是正交时})\\ &= \alpha(A^{-1})\cdot A\beta^{\mathrm{T}} = \alpha\cdot\beta^{\mathrm{T}}\\ &= \langle\alpha, \beta\rangle.\end{aligned}$$

从这个等式可以知道为什么 (3.4.20) 在正交坐标系中是一个不变量, 虽然那里是一般 k 阶张量场, 但是原理是一样的.

然而, 当 A 不是正交矩阵时, 两个梯度场的内积不再是不变的, 即

$$\langle\tilde{\alpha}, \tilde{\beta}\rangle = \alpha\cdot A^{-1}\cdot(A^{-1})^{\mathrm{T}}\beta^{\mathrm{T}} \neq \alpha\cdot\beta^{\mathrm{T}} (= \langle\alpha, \beta\rangle).$$

此时, 如果我们用向量场和梯度场来作内积, 就可发现

$$\begin{aligned}\langle\tilde{u}, \tilde{v}\rangle &= \tilde{u}\cdot\tilde{v}^{\mathrm{T}} (\text{由 } (3.4.22) \text{ 和 } (3.4.23))\\ &= uA^{\mathrm{T}}\cdot(A^{\mathrm{T}})^{-1}v^{\mathrm{T}} = u\cdot v^{\mathrm{T}}\\ &= \sum_{i=1}^{n}u^i v_i = < u, v > .\end{aligned} \qquad (3.4.24)$$

换句话讲, 向量场和梯度场的内积在任何坐标变换下都是不变的.

这个例子告诉我们当在 R^n 中时, 所有坐标系都可取为正交的, 此时向量场与梯度场在坐标变换的规则方面没有差别. 然而到一般流形 M 上时, 由于 M 上不存在每个局部坐标都是正交的坐标系覆盖, 此时向量场和梯度场在非正交坐标变换下, 其变换规则 (3.4.22) 和 (3.4.23) 产生不一致. 这就造成反变张量与协变张量的区分. M 上的向量场 u 称作是 1 阶反变张量场, 梯度场称作是 1 阶协变张量场. 高阶张量场可以一阶张量场中产生, 这就是张量积. 例如

$$u = (u^1, \cdots, u^n) \quad 和 \quad v = (v^1, \cdots, v^n)$$

是两个 1 阶反变张量场 (向量场), 则它们的张量积

$$u \otimes v = \begin{pmatrix} u^1v^1, & \cdots, & u^1v^n \\ \vdots & & \vdots \\ u^nv^1, & \cdots, & u^nv^n \end{pmatrix}$$

就称为 2 阶反变张量, 它由 n^2 个分量构成. 同理, 若 u 是 1 阶反变张量, v 是 1 阶协变张量, 则它们的张量积 $u \otimes v = (u^i v_j)$ 称为 (1, 1) 型 2 阶张量. 当 u 和 v 都是 1 阶协变张量时, $u \otimes v = (u_i v_j)$ 称作 2 阶协变张量. 如此下去, 便得到任意高阶张量.

有了上面直观作基础, 现在就给出张量场严格的数学定义. 首先数学上习惯于用 $\left\{\dfrac{\partial}{\partial x_i}\right\}$ 作为 M 在局部坐标系 (U, x) 下的切空间 T_xM 的基底, 即向量场 $u = (u^1, \cdots, u^n)$ 表达为

$$u = \sum_{i=1}^n u^i e_i, \qquad e_i = \frac{\partial}{\partial x_i}. \tag{3.4.25}$$

而用 $\{dx_i\}$ 表示切空间 T_xM 的对偶空间 T_x^*M 的基底, T_x^*M 称为余切空间, $T^*M = \bigcup\limits_{x \in M} T_x^*M$ 定义为 M 的余切丛. 于是 M 上的 1 形式 v 就是余切丛 T^*M 上的一个截面 $v: M \to T^*M$, 它表达为

$$v = \sum_{i=1}^n v_i e^i, \qquad e^i = dx_i. \tag{3.4.26}$$

$e = \{e_i\}$ 与 $e^* = \{e^i\}$ 是对偶基,

$$\langle e_i, e^j \rangle = \delta_{ij}.$$

这样向量场 u 和 1 形式 v 互为作用泛函, 它们的内积为

$$\langle u, v \rangle = \sum_{i=1}^n u^i v_i,$$

由 (3.4.24) 可知, 这个内积是 M 上的一个不变量, 即 M 上一个与坐标选取无关的函数.

现在坐标变换 $y = \varphi(x)$ 就转化为基底的变换

$$\begin{aligned} \tilde{e}_i &= \frac{\partial}{\partial y_i} = \sum_{j=1}^n C_i^j e_j, \qquad C_i^j = \frac{\partial \varphi_j^{-1}}{\partial y_i}, \\ \tilde{e}^i &= dy_i = \sum_{j=1}^n C_j^{*i} e^j, \qquad C_j^{*i} = \frac{\partial \varphi_i}{\partial x_j}. \end{aligned} \tag{3.4.27}$$

然后就可在 M 上定义一般张量的概念.

定义 3.8 令 M 是 n 维光滑流形, $\{U_\alpha, x^\alpha\}$ 是 M 的一个坐标系覆盖. 设在每个坐标系 (U,x) 中给定一个具有 n^k 个分量的函数

$$T=\left\{T^{j_1\cdots j_q}_{i_1\cdots i_p}(x)\mid x\in U,\ p+q=k,\ 1\leqslant i_l,\ j_s\leqslant n\right\}.$$

这族量称作一个 k 阶的 (q,p) 型张量, 若在 (U,x) 和 (V,y) 上它们分别表示为 T 和 $\tilde{T}$, 并且在 $U\cap V$ 上的坐标变换 $y=\varphi(x)$ 下, T 和 $\tilde{T}$ 的分量之间按如下规则进行变换

$$T^{j_1\cdots j_q}_{i_1\cdots i_p}=\sum_{r_1\cdots r_q=1}^{n}\sum_{s_1\cdots s_p=1}^{n}\tilde{T}^{r_1\cdots r_q}_{s_1\cdots s_p}C^{j_1}_{r_1}\cdots C^{j_q}_{r_q}C^{*s_1}_{i_1}\cdots C^{*s_p}_{i_p},\tag{3.4.28}$$

其中 C^j_i 与 C^{*s}_r 是如 (3.4.27) 中的量. $(k,0)$ 型的张量称作 k 阶反变张量, $(0,k)$ 型叫做 k 阶协变张量. 若交换指标分量不变则为对称, 若改变符号则反对称.

通常按 Einstein 约定总是将上下标相等的乘积 a^ib_i 表示关于 i 求和. 这样, (3.4.28) 可简写成如下形式

$$T^{j_1\cdots j_q}_{i_1\cdots i_p}=\tilde{T}^{r_1\cdots r_q}_{s_1\cdots s_p}C^{j_1}_{r_1}\cdots C^{j_q}_{r_q}C^{*s_1}_{i_1}\cdots C^{*s_p}_{i_p}.\tag{3.4.29}$$

由于 $C=(C^j_i)$ 与 $C^*=(C^{*i}_j)$ 是互逆矩阵, (3.4.29) 可等价地写成

$$\tilde{T}^{j_1\cdots j_q}_{i_1\cdots i_p}=T^{r_1\cdots r_q}_{s_1\cdots s_p}C^{*j_1}_{r_1}\cdots C^{*j_q}_{r_q}C^{s_1}_{i_1}\cdots C^{s_p}_{i_p}.\tag{3.4.30}$$

根据 (3.4.30), 很容易检验出满足 (3.4.22) 变换的是 1 阶反变张量, 而满足 (3.4.23) 的是 1 阶协变张量.

对于 (p,q) 型和 (k,r) 型张量 $T=\{T^{j_1\cdots j_p}_{i_1\cdots i_q}\}$ 和 $S=\{S^{j_1\cdots j_k}_{i_1\cdots i_r}\}$. 它们的张量积记为

$$T\otimes S=\{T^{j_1\cdots j_p}_{i_1\cdots i_q}\cdot S^{j_{p+1}\cdots j_{p+k}}_{i_{q+1}\cdots i_{q+r}}\}$$

是一个 $(p+k,q+r)$ 型张量.

这里引入张量的目的就是为了在流形上寻找类似于 (3.4.19) 的不变量. 张量场的下面性质为该目的提供了理论基础.

引理 3.10 令 M 是一个流形, $T=\{T_{i_1\cdots i_k}\}$ 和 $S=\{S^{j_1\cdots j_m}\}$ 分别是 M 上 k 阶协变与 m 阶反变张量场. 则 S 与 T 关于 r 个指标的内积

$$(S\cdot T)^{j_1\cdots j_{m-r}}_{i_1\cdots i_{k-r}}=\{S^{j_1\cdots j_{m-r}\ l_1\cdots l_r}T_{i_1\cdots i_{k-r}\ l_1\cdots l_r}\}$$

是取 r 个相同指标分量乘积再关于它们求和, 它是一个 $(m-r,k-r)$ 型张量场. 特别地, 若 S 与 T 的阶数相同 $(m=k)$, 则 S 与 T 关于所有指标的内积, 记为

$$\langle S,T\rangle=S^{i_1\cdots i_k}\ T_{i_1\cdots i_k}=S^IT_I,$$

是 M 的一个 0 阶张量场, 即是 M 上的一个函数, 也称作一个不变量.

这个引理的证明是根据定义直接验证. 这里不再详叙. 需要说明的一点是, 上述内积关于混合型张量也可以定义, 并且指标排列可以混杂.

现在根据引理 3.10, 在 M 上定义 * 算子

$$*:\ \Omega^k(M) \to \Omega^{n-k}(M),$$

就必须作如下修正, 对 $\omega = \sum \alpha_I dx_I \in \Omega^k(M)$,

$$*\omega = \sum *(\alpha)_I * dx_I,$$

其中 $*dx_I$ 与 (3.4.13) 相同, 而

$$*(\alpha)_I = \tilde{\alpha}^I \cdot G, \qquad Gdx = \mathrm{Vol}, \tag{3.4.31}$$

也就是说 * 应该将 ω 的协变张量 $\{\alpha_I\}$ 变为反变张量 $\{\tilde{\alpha}^I\}$. 如果做到了这一点, 则 (3.4.19) 就改写为

$$\alpha \cdot *\beta = \sum_I \alpha_I * (\beta_I) dx_1 \cdots dx_n = \sum_I \alpha_I \tilde{\beta}^I \mathrm{Vol}.$$

此时 $\sum\limits_I \alpha_I \tilde{\beta}^I$ 就是 M 上的不变量, 而 * 算子也就成为合理定义的.

要做到这一点, 必须对 M 配上一个对称的二阶张量场使其成为 Riemann 流形, 这样我们才能找到满足 (3.4.31) 的算子.

3.4.4 Riemann 流形

为了能在流形 M 上建立 Hodge 分解定理, 需要 Riemann 流形的概念. 既然要介绍这一概念, 这里就从该流形的产生背景及其作用开始谈起.

令 M 是嵌入到 R^N 的一个 n 维光滑流形. 则 M 在 R^N 中总是可局部地用函数表达出来. 令

$$\bar{r}(x) = \{r_1(x_1, \cdots, x_n), \cdots, r_N(x_1, \cdots, x_n)\} \tag{3.4.32}$$

是 M 在局部坐标系 (U, x) 中的一个表达, 例如就像图 3.3 展现的那样.

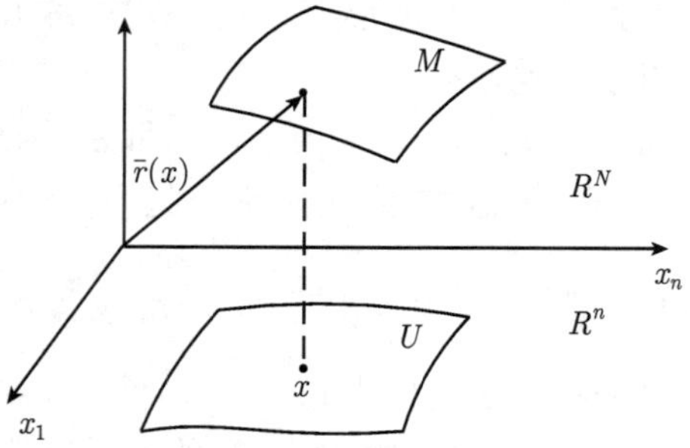

图 3.3　嵌入到 R^N 中的流形 M 的局部表达

我们知道, 在 $x \in M$ 点的弧长微分元平方 ds^2 可写成

$$ds^2 = d\bar{r}^2 = g_{ij}(x)dx_i dx_j \qquad (\text{这里采用了求和约定}), \tag{3.4.33}$$

其中 $g_{ij}(x)$ 表达为

$$g_{ij}(x) = \sum_{k=1}^{N} \frac{\partial r_k(x)}{\partial x_i}\frac{\partial r_k(x)}{\partial x_j}, \tag{3.4.34}$$

$r_k(x)$ 是 $\bar{r}$ 的分量. 从 (3.4.34) 容易看到, 当坐标发生变换 $y = \varphi(x)$ 时, g_{ij} 按二阶协变张量的规则进行变换 $\left(\text{这是因为 } g_{ij} \text{ 含 } \dfrac{\partial}{\partial x_i} \cdot \dfrac{\partial}{\partial x_j}, \text{并且 } g_{ij} \text{ 是对称的}\right)$

$$g_{ij} = g_{ji}.$$

因此 $\{g_{ij}\}$ 是 M 上的一个二阶协变对称张量场.

再来看一下, 这个对称张量场 $\{g_{ij}\}$ 给流形 M 带来了什么样的一些几何性质, 它自身又有什么样的特点.

(1) 度量性质. 首先能注意到的就是 $\{g_{ij}\}$ 给 M 带来了度量, 即对 M 上任一条连接 p, q 两点的曲线

$$\gamma(t) = \{x_1(t), \cdots, x_n(t)\}, \quad 0 \leqslant t \leqslant T, \quad x(0) = p, \quad x(T) = q,$$

通过 $\{g_{ij}\}$ 可以得到它的长度. 由 (3.4.33) 有

$$L = \int_p^q ds = \int_0^T \sqrt{g_{ij}(x(t))\frac{dx_i}{dt}\frac{dx_j}{dt}}dt.$$

计算这个积分便给出 $\gamma(t)$ 的长度 L. 由引理 3.10, $g_{ij}\dot{x}_i\dot{x}_j$ 是一个不依赖于坐标系 x 的选择. 因而 L 是一个不变量.

(2) 在 M 的切空间 TM 上给出一个内积结构. 令 $p \in M$ 是一给定点, T_pM 是 M 在 p 点的切空间. 对 T_pM 上任两个切向量 a 和 b, 可在 M 中找到两个过 P 点的曲线 $\gamma_a(t)$ 和 $\gamma_b(t)$,

$$\gamma_a(t) = \{x_1^a(t), \cdots, x_n^a(t)\}, \quad \gamma_b(t) = \{x_1^b(t), \cdots, x_n^b(t)\},$$

$\gamma_a(0) = \gamma_b(0) = p$, 使得

$$\begin{aligned} a &= \frac{d\gamma_a(0)}{dt} = \left\{\frac{dx_1^a}{dt}, \cdots, \frac{dx_n^a}{dt}\right\}_{t=0}, \\ b &= \frac{d\gamma_b(0)}{dt} = \left\{\frac{dx_1^b}{dt}, \cdots, \frac{dx_n^b}{dt}\right\}_{t=0}. \end{aligned} \tag{3.4.35}$$

事实上, (3.4.35) 是 a 和 b 在坐标系 (U, x) 中的表示. 若在 $\bar{r}$ 表示的 M 上, 则 a 和 b 可写成

$$a = \frac{d\bar{r}(\gamma_a(0))}{dt}, \qquad b = \frac{d\bar{r}(\gamma_b(0))}{dt}.$$

于是在 T_pM 上可定义 a 和 b 的内积为

$$\begin{aligned}\langle a, b\rangle &= \frac{d\bar{r}(\gamma_a)}{dt} \cdot \frac{d\bar{r}(\gamma_b)}{dt} \\ &= \sum_{k=1}^{N} \left(\frac{\partial r_k}{\partial x_i}\frac{dx_i^a}{dt}\right)\left(\frac{\partial r_k}{\partial x_j}\frac{dx_j^a}{dt}\right) \\ &= g_{ij}(p)a^i b^j,\end{aligned} \tag{3.4.36}$$

其中 $a^i = \dot{x}_i^a$ 和 $b^i = \dot{x}_i^b$ 是 a 和 b 的分量. 因此 (3.4.36) 给出切空间 T_pM 一个内积结构. 再次由引理 3.10, 它是独立于 M 上的坐标系.

此外, 当 $a = b$ 时, (3.4.35) 表明 $\langle a, a\rangle$ 是向量 a 的长度平方. 因而推出当 $a \neq 0$ 时, $g_{ij}a^i a^j > 0$. 这说明 $\{g_{ij}\}$ 是 M 上正定的对称张量.

(3) 流形 M 上可定义体积的概念. 当 M 仅仅是一个流形时, 它的开子集并没有体积的概念. 但是当赋予它正定的二阶对称张量 (3.4.34) 后 M 上的任何开子集都具有了体积的概念. 例如, 当 $M \subset R^3$ 是一个二维曲面时, 任一点 $x \in M$ 的面积微分元是

$$d\Sigma = \left|\frac{\partial \bar{r}}{\partial x_1} \times \frac{\partial \bar{r}}{\partial x_2}\right| dx_1 dx_2 = \sqrt{g_{11}g_{22} - g_{12}^2} dx_1 dx_2,$$

即 $\{g_{ij}\}$ 的行列式 $\det(g_{ij}(x))$ 起到面积元的角色. 这个事实对于任意 n 维流形也成立, 即若 $\{g_{ij}\}$ 是由 (3.4.34) 给出的 M 上二阶张量场, 则

$$\mathrm{Vol} = \sqrt{\det(g_{ij})} dx_1 \cdots dx_n \tag{3.4.37}$$

代表了由 (3.4.32) 给出的 M 上体积微分元. 因此, 对任意开集 $U \subset M$, U 的体积由下面积分给出

$$\int_U \sqrt{g} dx_1 \cdots dx_n, \qquad g = \det(g_{ij}).$$

要搞清 (3.4.37) 是一个体积元, 只需注意若 Ωdx 是体积元, 则在坐标变换 $y = \varphi(x)$ 下它是不变的,

$$\Omega(y) dy_1 \cdots dy_n = \Omega(x) dx_1 \cdots dx_n.$$

而 dy 与 dx 的变换关系为

$$\begin{aligned}dy_1 \cdots dy_n &= \left(\frac{\partial \varphi_1}{\partial x_1} dx_1 + \cdots + \frac{\partial \varphi_1}{dx_n} dx_n\right) \cdots \left(\frac{\partial \varphi_n}{\partial x_1} dx_1 + \cdots + \frac{\partial \varphi_n}{dx_n} dx_n\right) \\ &= \det\left(\frac{\partial \varphi_i}{\partial x_j}\right) dx_1 \cdots dx_n.\end{aligned}$$

因此, 这就需 $\Omega(y)$ 与 $\Omega(x)$ 之间按如下规则变换

$$\Omega(y)=\Omega(x)\det\left(\frac{\partial\varphi_i}{\partial x_j}\right)^{-1}=\Omega(x)\det\left(\frac{\partial\varphi_i^{-1}}{\partial y_j}\right). \tag{3.4.38}$$

因为 $\{g_{ij}\}$ 具有度量特征, Ω 一定是 g_{ij} 的组合. 再由 2 阶协变张量的变换规则, y 坐标的张量 $\tilde{g}_{ij}$ 与 x 坐标的 g_{ij} 关系为

$$(\tilde{g}_{ij})=C(g_{ij})C^{\mathrm{T}}, \tag{3.4.39}$$

其中 C 是如 (3.4.27) 的矩阵

$$C=\left(\frac{\partial\varphi_j^{-1}}{\partial y_i}\right).$$

其实 (3.4.39) 从协变张量的变换关系 (3.4.30) 立刻得到. 由 (3.4.39) 可得

$$\sqrt{\det(\tilde{g}_{ij})}=\det\left(\frac{\partial\varphi_i^{-1}}{\partial y_j}\right)\sqrt{\det(g_{ij})}.$$

对照 (3.4.38) 可知

$$\Omega=\sqrt{\det(g_{ij})}.$$

因此 (3.4.37) 代表了 M 的体积微分元.

还可以从 (3.4.32) 诱导的二阶对称张量 $\{g_{ij}\}$ 得到更多的流形 M 的几何性质. 但是对这里的目的来讲上述三个性质已足够了. 实际上, 所有这些性质不需要受嵌入的约束, 这里从 (3.4.32) 出发是为了读者更能直观地理解流形上配以张量场后在几何结构上带来如何的影响.

现在将上述过程抽象出来, 便得到 Riemann 流形的概念.

定义 3.9 一个光滑的 n 维流形 M 称作 Riemann 流形, 如果在 M 上配有一个正定的二阶对称协变张量场 $\{g_{ij}\}$, 并且 g_{ij} 是 C^∞ 的. $G=\{g_{ij}\}$ 称作 Riemann 度量张量.

Riemann 流形也可由上述性质 (2) 来定义, 即 M 是一个 n 维光滑流形, 并且在每个切空间 T_xM 上带有一个正定的内积 $\langle\cdot,\cdot\rangle_x$, 使得当 X 和 Y 是 M 的光滑向量场时, $x\mapsto\langle X,Y\rangle_x$ 是 M 的光滑函数.

令 M 是一个 Riemann 流形, $\{g_{ij}\}$ 是它的度量张量. 由于 $\{g_{ij}\}$ 是处处正定的, (g_{ij}) 有逆矩阵, 记为

$$(g_{ij})^{-1}=(g^{ij}). \tag{3.4.40}$$

从 (3.4.39) 可以推出, (g^{ij}) 是 M 上的一个正定的二阶反变张量场, 它也是对称的. (3.4.40) 叫做反变的 Riemann 张量, 正是它使得我们可以找到满足 (3.4.31) 的 * 算子.

3.4.5 Laplace-Beltrami 算子

令 M 是一个可定向的 Riemann 紧流形, $\{g_{ij}\}$ 是它的度量张量. 现在就可以将 R^n 上的 Hodge * 算子推广到 M 上.

令 $\omega \in \Omega^k(M)$ 是 M 上的一个 k 形式,

$$\omega = \sum \alpha_{i_1 \cdots i_k} dx_{i_1} \cdots dx_{i_k}.$$

定义 $*$: $\Omega^k(M) \to \Omega^{n-k}(M)$ 为

$$*\omega = \sum (*\alpha_{i_1 \cdots i_k}) \cdot *(dx_{i_1} \cdots dx_{i_k}), \tag{3.4.41}$$

其中 $*(dx_I)$ 如 (3.4.13),

$$(*\alpha_{i_1 \cdots i_k}) = \sqrt{\det(g_{ij})} \alpha^{i_1 \cdots i_k},$$

这里 $\alpha^{i_1 \cdots i_k}$ 为 $\alpha_{i_1 \cdots i_k}$ 的提升

$$\alpha^{i_1 \cdots i_k} = g^{i_1 j_1} \cdots g^{i_k j_k} \alpha_{j_1 \cdots j_k},$$

$\{g^{ij}\}$ 是 M 的反变 Riemann 度量 (3.4.40). 因为 g^{ij} 是对称的, α_I 是反对称的, 因而 α^I 是反对称的. 特别地

$$*(1) = \sqrt{g} dx_1 \cdots dx_n, \qquad *(\sqrt{g} dx_1 \cdots dx_n) = 1,$$

这里 $g = \det(g_{ij})$.

于是可以在 $\Omega^k(M)$ 上定义内积如下

$$\langle \omega, \tau \rangle = \int_M \omega \cdot *\tau. \tag{3.4.42}$$

引理 3.11 由 (3.4.42) 给出的积分是定义在 $\Omega^k(M)$ 上的一个内积, 它是对称的正定二形式.

证明 令 $\omega = \sum \alpha_I dx_I$, $\tau = \sum \beta_J dx_J$ 是 k 形式. 则

$$\omega \cdot *\tau = \sum \alpha_I (*\beta_J) dx_I \cdot *dx_J.$$

由 (3.4.13) 可得

$$dx_I \cdot *dx_J = \begin{cases} dx_1 \cdots dx_n, & I = J, \\ 0, & I \neq J. \end{cases}$$

因而有

$$\omega \cdot *\tau = \sum \alpha_I (*\beta_I) dx_1 \cdots dx_n = (\alpha_I \beta^I) \sqrt{g} dx_1 \cdots dx_n,$$

由引理 3.10, $\alpha_I\beta^I$ 是 M 上的函数. 因此

$$\int_M \omega\cdot*\tau=\int_M(\alpha_I\beta^I)\sqrt{g}dx_1\cdots dx_n$$

在 M 上是合理定义的. 由 * 的定义容易看出

$$\int_M \omega\cdot*\tau=\int_M \tau\cdot*\omega=\int_M g^{i_1j_1}\cdots g^{i_kj_k}\alpha_{i_1}\cdots\alpha_{i_k}\beta_{i_1}\cdots\beta_{i_k}\text{Vol}.$$

因此 $\langle\cdot,\cdot\rangle$ 是对称的. 再由 (g^{ij}) 的对称正定性可推知

$$\begin{aligned}\int_M \omega\cdot*\omega=&\int_M(g^{i_1j_1}\cdots g^{i_kj_k}\alpha_{i_1\cdots i_k}\alpha_{j_1\cdots j_k})\text{Vol}\\ &>0,\qquad 当\omega\neq 0.\end{aligned}$$

这样, 便证得 (3.4.41) 是 $\Omega^k(M)$ 上的一个内积. 引理证毕.

对于 (3.4.41) 定义的 * 算子, 有

$$\begin{aligned}**\omega=&(-1)^{k(n-k)}g\sum g^{i_{k+1}j_{k+1}}\cdots g^{i_nj_n}(g^{i_1j_1}\cdots g^{i_kj_k}\alpha_{j_1\cdots j_k})dx_{i_1}\cdots dx_{i_k}\\ =&(-1)^{k(n-k)}g\sum\det(g^{ij})\alpha_{i_1\cdots i_k}dx_{i_1\cdots i_k}.\end{aligned}$$

因此有

$$**=(-1)^{k(n-k)}. \tag{3.4.43}$$

正如 (3.4.8) 那样, 再定义一个微分算子

$$\delta=(-1)^{n(k+1)+1}*d*:\ \Omega^k(M)\to\Omega^{k-1}(M), \tag{3.4.44}$$

并规定在 $\Omega^0(M)$ 上 $\delta=0$.

下面引理告诉我们 δ 是 d 的共轭算子.

引理 3.12 δ 是 d 在 $\Omega^*(M)$ 上的共轭算子, 即

$$<\langle d\omega,\tau\rangle=\langle\omega,\delta\tau\rangle.$$

证明 令 ω 是 $(k-1)$ 形式, τ 是 k 形式. 在此情况下

$$\begin{aligned}d(\omega\cdot*\tau)=&d\omega\cdot*\tau+(-1)^{k-1}\omega\cdot d*\tau\\ =&d\omega*\cdot\tau-\omega\cdot*\delta\tau\quad(由\ (3.4.43)\ 和\ (3.4.44)).\end{aligned}$$

由 Stokes 公式

$$\int_M d(\omega\cdot*\tau)=0.$$

因而有

$$\int_M d\omega\cdot*\tau=\int_M\omega\cdot*\delta\tau.$$

从而有 $\langle d\omega, \tau\rangle = \langle \omega, \delta\tau\rangle$. 引理证毕.

下面给出 $\Omega^*(M)$ 上的 Laplace-Beltrami 算子, 记为 Δ. 它是 R^n 上函数空间上 Laplace 算子 $\sum \dfrac{\partial^2}{\partial x_i^2}$ 在 $\Omega^*(M)$ 上的推广.

定义 3.10 微分形式 $\Omega^k(M)$ 上的微分算子

$$\Delta = \delta d + d\delta:\ \Omega^k(M) \to \Omega^k(M)$$

称作 Laplace-Beltrami 算子. 显然 Δ 是一个对称算子

$$\langle \Delta\omega, \tau\rangle = \langle \omega, \Delta\tau\rangle.$$

(1) 首先考虑 Laplace-Beltrami 算子在 M 上的 0 形式空间 (M 上所有光滑函数空间) 的局部表达式, 即给出

$$\Delta:\ \Omega^0(M) \to \Omega^0(M)$$

的表达式. 因为在 $\Omega^0(M)$ 上 $\delta = 0$. 因此

$$\Delta = \delta d = - * d * d.$$

令 $u \in \Omega^0(M)$ 是 M 上的一个 C^∞ 函数, 则

$$du = \frac{\partial u}{\partial x_i} dx_i,$$

再根据 (3.4.41)

$$\begin{aligned} *du &= \sqrt{g} g^{ij} \frac{\partial u}{\partial x_j} * dx_i, \\ d * du &= \frac{\partial}{\partial x_i}\left(\sqrt{g} g^{ij} \frac{\partial u}{\partial x_j}\right) dx_1 \cdots dx_n. \end{aligned}$$

然后再由 $*(dx) = \sqrt{g^{-1}}$ 可得

$$*(d * du) = \frac{1}{\sqrt{g}} \frac{\partial}{\partial x_i}\left(\sqrt{g} g^{ij} \frac{\partial u}{\partial x_j}\right).$$

于是得到 Δu 的表达式

$$\Delta u = -\frac{1}{\sqrt{g}} \frac{\partial}{\partial x_i}\left(\sqrt{g} g^{ij} \frac{\partial u}{\partial x_j}\right). \tag{3.4.45}$$

当 $M = R^n$ 时, 度量张量为 $g_{ij} = g^{ij} = \delta_{ij}$. 此时 (3.4.45) 变为

$$\Delta u = -\frac{\partial}{\partial x_i} \frac{\partial u}{\partial x_i} \qquad \left(= -\sum_{i=1}^n \frac{\partial^2 u}{\partial x_i^2}\right).$$

它与通常的 Laplace 算子相差一个符号.

(2) 对于一个 n 形式 $\omega=u\sqrt{g}dx$, $\Delta=-d*d*$. 此时

$$\begin{aligned}
*(u\sqrt{g}dx_1\cdots dx_n)&=u,\\
d*(u\sqrt{g}dx_1\cdots dx_n)&=\frac{\partial u}{\partial x_i}dx_i,\\
d(u\sqrt{g}dx_1\cdots dx_n)&=\left(\sqrt{g}g^{ij}\frac{\partial u}{\partial x_j}\right)*dx_i,\\
d*d*(u\sqrt{g}dx_1\cdots dx_n)&=\frac{\partial}{\partial x_i}\left(\sqrt{g}g^{ij}\frac{\partial u}{\partial x_j}\right)dx_1\cdots dx_n.
\end{aligned}$$

因此, 在 n 形式上 Δ 算子为

$$\Delta(u\sqrt{g}dx_1\cdots dx_n)=\frac{\partial}{\partial x_i}\left(\sqrt{g}g^{ij}\frac{\partial u}{\partial x_j}\right)dx_1\cdots dx_n. \tag{3.4.46}$$

(3) 对 $1\leqslant k\leqslant n-1$ 阶的微分形式, Δ 算子的表达式变得不平凡了. 事实上有统一的公式来表达它们, 我们将在后面给出这个表达式. 为了解 Δ 算子表达式的不平凡性, 这里给出

$$\omega=u_1dx_1+u_2dx_2+u_3dx_3$$

上的 Δ 公式计算过程. 在 $\Omega^1(M^3)$ 上,

$$\Delta=-(d*d*-*d*d).$$

首先考察 $d*d*$ 算子. 由

$$\begin{aligned}
*\omega&=(\sqrt{g}g^{ij}u_j)*dx_i,\\
d*\omega&=\frac{\partial}{\partial x_i}(\sqrt{g}g^{ij}u_j)dx_i\cdot *dx_i=\frac{\partial}{\partial x_i}(\sqrt{g}g^{ij}u_j)dx_1\cdots dx_n,\\
d\omega&=\frac{1}{\sqrt{g}}\frac{\partial}{\partial x_i}(\sqrt{g}g^{ij}u_j),
\end{aligned}$$

立刻得到

$$d*d*\omega=\frac{\partial}{\partial x_k}\left(\frac{1}{\sqrt{g}}\frac{\partial}{\partial x_i}\left(\sqrt{g}g^{ij}u_j\right)\right)dx_k. \tag{3.4.47}$$

再来考虑 $*d*d$ 算子. 容易看到

$$\begin{aligned}
d\omega=&\frac{\partial u_1}{\partial x_2}dx_2dx_1+\frac{\partial u_1}{\partial x_3}dx_3dx_1+\frac{\partial u_2}{\partial x_1}dx_1dx_2+\frac{\partial u_2}{\partial x_3}dx_3dx_2\\
&+\frac{\partial u_3}{\partial x_1}dx_1dx_3+\frac{\partial u_3}{\partial x_2}dx_2dx_3,\\
*d\omega=&\left(\sqrt{g}g^{2j_1}g^{1j_2}\frac{\partial u_{j_2}}{\partial x_{j_1}}\right)*dx_2dx_1+\left(\sqrt{g}g^{3j_1}g^{1j_2}\frac{\partial u_{j_2}}{\partial x_{j_1}}\right)*dx_3dx_1
\end{aligned}$$

$$+\left(\sqrt{g}g^{1j_1}g^{2j_2}\frac{\partial u_{j_2}}{\partial x_{j_1}}\right)*dx_1dx_2+\left(\sqrt{g}g^{3j_1}g^{2j_2}\frac{\partial u_{j_2}}{\partial x_{j_1}}\right)*dx_3dx_2$$
$$+\left(\sqrt{g}g^{1j_1}g^{3j_2}\frac{\partial u_{j_2}}{\partial x_{j_1}}\right)*dx_1dx_3+\left(\sqrt{g}g^{2j_1}g^{3j_2}\frac{\partial u_{j_2}}{\partial x_{j_1}}\right)*dx_2dx_3.$$

直接计算得到

$$*d\omega=G_1dx_1+G_2dx_2+G_3dx_3,$$

其中

$$\begin{aligned}G_1&=\sqrt{g}(g^{2j_1}g^{3j_2}-g^{3j_1}g^{2j_2})\frac{\partial u_{j_2}}{\partial x_{j_1}},\\G_2&=\sqrt{g}(g^{3j_1}g^{1j_2}-g^{1j_1}g^{3j_2})\frac{\partial u_{j_2}}{\partial x_{j_1}},\\G_3&=\sqrt{g}(g^{1j_1}g^{2j_2}-g^{2j_1}g^{1j_2})\frac{\partial u_{j_2}}{\partial x_{j_1}}.\end{aligned}\tag{3.4.48}$$

然后有

$$\begin{aligned}d*d\omega=&\frac{\partial G_1}{\partial x_2}dx_2dx_1+\frac{\partial G_1}{\partial x_3}dx_3dx_1+\frac{\partial G_2}{\partial x_1}dx_1dx_2\\&+\frac{\partial G_2}{\partial x_3}dx_3dx_2+\frac{\partial G_3}{\partial x_1}dx_1dx_3+\frac{\partial G_3}{\partial x_2}dx_2dx_3.\end{aligned}$$

最后

$$\begin{aligned}*d*d\omega=&-\left(\sqrt{g}g^{2k_1}g^{1k_2}\frac{\partial G_{k_2}}{\partial x_{k_1}}\right)dx_3+\left(\sqrt{g}g^{3k_1}g^{1k_2}\frac{\partial G_{k_2}}{\partial x_{k_1}}\right)dx_2\\&+\left(\sqrt{g}g^{1k_1}g^{2k_2}\frac{\partial G_{k_2}}{\partial x_{k_1}}\right)dx_3-\left(\sqrt{g}g^{3k_1}g^{2k_2}\frac{\partial G_{k_2}}{\partial x_{k_1}}\right)dx_1\\&-\left(\sqrt{g}g^{1k_1}g^{2k_2}\frac{\partial G_{k_2}}{\partial x_{k_1}}\right)dx_2+\left(\sqrt{g}g^{2k_1}g^{3k_2}\frac{\partial G_{k_2}}{\partial x_{k_1}}\right)dx_1.\end{aligned}$$

整理以后可见

$$\begin{aligned}*d*d\omega=&\left[\sqrt{g}(g^{2k_1}g^{3k_2}-g^{3k_1}g^{2k_2})\frac{\partial G_{k_2}}{\partial x_{k_1}}\right]dx_1\\&+\left[\sqrt{g}(g^{3k_1}g^{1k_2}-g^{1k_1}g^{3k_2})\frac{\partial G_{k_2}}{\partial x_{k_1}}\right]dx_2\\&+\left[\sqrt{g}(g^{1k_1}g^{2k_2}-g^{2k_1}g^{1k_2})\frac{\partial G_{k_2}}{\partial x_{k_1}}\right]dx_3.\end{aligned}\tag{3.4.49}$$

结合 (3.4.47) 和 (3.4.49), 得

$$\Delta\omega=(\Delta\omega)_1dx_1+(\Delta\omega)_2dx_2+(\Delta\omega)_3dx_3,$$

这里

$$(\Delta\omega)_1 = -\left[\frac{\partial}{\partial x_1}\left(\frac{1}{\sqrt{g}}\frac{\partial}{\partial x_i}(\sqrt{g}g^{ij}u_j)\right)\right.$$
$$\left. + \sqrt{g}(g^{3k_1}g^{2k_2} - g^{2k_1}g^{3k_2})\frac{\partial G_{k_2}}{\partial x_{k_1}}\right],$$
$$(\Delta\omega)_2 = -\left[\frac{\partial}{\partial x_2}\left(\frac{1}{\sqrt{g}}\frac{\partial}{\partial x_i}(\sqrt{g}g^{ij}u_j)\right)\right.$$
$$\left. + \sqrt{g}(g^{1k_1}g^{3k_2} - g^{3k_1}g^{1k_2})\frac{\partial G_{k_2}}{\partial x_{k_1}}\right],$$
$$(\Delta\omega)_3 = -\left[\frac{\partial}{\partial x_3}\left(\frac{1}{\sqrt{g}}\frac{\partial}{\partial x_i}(\sqrt{g}g^{ij}u_j)\right)\right.$$
$$\left. + \sqrt{g}(g^{2k_1}g^{1k_2} - g^{1k_1}g^{2k_2})\frac{\partial G_{k_2}}{\partial x_{k_1}}\right],$$

其中 $G_k(k=1,2,3)$ 是由 (3.4.48) 给出.

从上面等式可以看出, 在一般微分形式上的 Laplace-Beltrami 算子在局部坐标系下的表达式是非常复杂, 一般用直接计算的方法无法得到它的公式.

(5) 关于 k 形式的 Laplace-Beltrami 算子在局部坐标系的表达式是由下式给出

$$\begin{aligned}
&\Delta(u_{i_1\cdots i_k}dx_{i_1}\cdots dx_{i_k})\\
=&\left[-\nabla^i\nabla_i u_{i_1\cdots i_k} + \sum_{l=1}^{k}(-1)^l g^{ji}R_{ii_l}u_{ji_1\cdots\hat{i}_l\cdots i_k}\right.\\
&\left.+2\sum_{r<l}(-1)^{r+l}g^{is}R^j_{si_li_r}u_{iji_1\cdots\hat{i}_r\cdots\hat{i}_l\cdots i_k}\right]dx_1\cdots dx_k,
\end{aligned} \tag{3.4.50}$$

其中 ∇^i 和 ∇_i 是关于 x_i 的协变导数, R_{ij} 是 Ricci 张量, R^j_{ikl} 是曲率张量. 见文献 [39] 中关于 Laplace 算子的条款.

3.4.6 Hodge 定理

现在可以讨论 Hodge 分解定理 3. 该定理陈述如下.

定理 3.8 令 M 是一个可定向紧 Riemann 流形, $\Omega^k(M)$ 是 M 上所有光滑的 k 形式构成的空间. 则有下面结论:

(1) $\Omega^k(M)$ 可作下列的正交直和分解

$$\Omega^k(M) = d\Omega^{k-1}(M) \oplus \delta\Omega^{k+1}(M) \oplus H^k, \tag{3.4.51}$$

这里 H^k 是所有满足 $\Delta\omega = 0$ 的 k 形式组成的空间, 它可等价地写成

$$H^k = \{\omega \in \Omega^k(M) |\ d\omega = 0,\ \delta\omega = 0\}, \tag{3.4.52}$$

H^k 中的元素称作调和 k 形式.

(2) H^k 与 de Rham 上同调群 $H^k_{DR}(M)$ 同构, 因而它的维数是有限的 $\dim H^k = \beta_k$, β_k 是 k 维 Betti 数.

证明　该定理本质上是 Fredholm 二择一定理的精细化. Fredholm 定理说, 若 H 是一个内积空间, $L = A + B : H \to H$ 是线性有界算子, 并且

$$A:\ H \to H \text{ 是一个同构},$$
$$B:\ H \to H \text{ 是紧的},$$

则 H 可正交地分解为

$$H = LH \oplus \mathcal{H}, \qquad \dim\mathcal{H} < \infty,$$

其中 $\mathcal{H} = \{u \in H |\ Lu = 0\}$ 是 L 的核空间. 从 (3.4.50) 可以看出 Δ 满足 Fredholm 条件, 故内积空间 $\Omega^k(M)$ 可分解为

$$\begin{cases} \Omega^k(M) = \Delta\Omega^k(M) \oplus H^k, \qquad H^k \perp \Delta\Omega^k, \\ H^k = \{\omega \in \Omega^k(M) |\ \Delta\omega = 0\}, \end{cases} \tag{3.4.53}$$

并且 H^k 是有限维的. 此外 (3.4.53) 是等价于 (3.4.51), 这是因为

$$\Delta\Omega^k = d\delta\Omega^k \oplus \delta d\Omega^k, \qquad d\delta\Omega^k \perp \delta d\Omega^k. \tag{3.4.54}$$

此外由

$$\begin{aligned} \langle \Delta\omega, \omega\rangle &= \langle d\delta\omega, \omega\rangle + \langle \delta d\omega, \omega\rangle \\ &= \langle \delta\omega, \delta\omega\rangle + \langle d\omega, d\omega\rangle, \end{aligned} \tag{3.4.55}$$

容易推出

$$\Delta\omega = 0 \Leftrightarrow d\omega = 0,\ \delta\omega = 0. \tag{3.4.56}$$

这个等价关系给出 (3.4.52). 由 (3.4.56) 可导出

$$d\delta\Omega^k(M) = d\Omega^{k-1}(M),$$
$$\delta d\Omega^k(M) = \delta\Omega^{k+1}(M).$$

于是 (3.4.53) 和 (3.4.54) 就意味着 Hodge 分解 (3.4.51).

下面将采用不依赖 (3.4.50) 的证明方法. 由 (3.4.55) 可知

$$\langle \Delta\omega, \omega\rangle \geqslant 0, \qquad \forall \omega \in \Omega^k(M),$$

并且 Δ 在 H^k 的正交补空间 $G^k = (H^k)^\perp$ 上是正定的

$$\langle \Delta\omega, \omega\rangle > 0, \qquad \forall \omega \in G^k, \quad \omega \neq 0. \tag{3.4.57}$$

而 $\Omega^k(M)$ 可正交分解为

$$\Omega^k(M) = G^k \oplus H^k, \qquad G^k = (H^k)^{\perp}. \tag{3.4.58}$$

因此, 只要能证明下面方程

$$\Delta\omega = \alpha, \qquad \alpha \in G^k, \tag{3.4.59}$$

在 G^k 中有解 (它等价于 $\Delta\Omega^k(M) = G^k$), 则 (3.4.58) 即是 (3.4.53).

分几步来证明该定理.

第一步. 使用 Riesz 表示定理来证明 (3.4.59) 的弱可解性. 为此目的, 这里将对该定理给予一个陈述. 读者能在一些泛函分析的教科书中找到这个定理的证明.

Riesz 表示定理 令 H 是一个 Hilbert 空间, $f \in H^*$ 是 H 上的一个线性有界泛函, 且唯一存在一个元素 $u_0 \in H$ 使得对所有 $v \in H$ 有

$$\langle u_0, v\rangle = f(v).$$

第二步. 根据 (3.4.57), 可在 G^k 中引入新的内积

$$\langle \omega, \tau\rangle_H = \langle \Delta\omega, \tau\rangle = \langle d\omega, d\tau\rangle + \langle \delta\omega, \delta\tau\rangle.$$

记 $\bar{G}^k$ 是 G^k 在这个内积下的完备化空间, 它是一个 Hilbert 空间, 其范数为

$$\|\omega\|_H = \langle \Delta\omega, \omega\rangle = \langle d\omega, d\omega\rangle + \langle \delta\omega, \delta\omega\rangle.$$

此时 $\bar{G}^k$ 中元素 ω 虽然仍是 k 形式, 然而它不再是 C^∞ 的, 它只是一次弱可微函数. 这就是为什么采用 Riesz 表示定理证明的 (3.4.59) 可解性只是弱解的存在性. 注意到对任 $\alpha = \sum \alpha_I dx_I$,

$$\langle \alpha, \alpha\rangle = \int_M g^{i_1 j_1} \cdots g^{i_k j_k} \alpha_{i_1\cdots i_k} \alpha_{j_1\cdots j_k} \sqrt{g} dx.$$

因此对 $d\omega = \sum \frac{\partial u_I}{\partial x_j} dx_j dx_I$, 有

$$\langle d\omega, d\omega\rangle = \int_M g^{ij} g^{i_1 j_1} \cdots g^{i_k j_k} \frac{\partial u_{i_1\cdots i_k}}{\partial x_i} \frac{\partial u_{j_1\cdots j_k}}{\partial x_j} \sqrt{g} dx. \tag{3.4.60}$$

此外, 由

$$\begin{aligned}
\langle \delta\omega, \delta\omega\rangle &= \int_M *d*\omega \cdot **d*\omega \\
&= (-1)^{(k-1)(n-k+1)} \int_M *d*\omega \cdot d*\omega \\
&= \int_M d*\omega \cdot *d*\omega \\
&= \langle d*\omega, d*\omega\rangle,
\end{aligned}$$

可得

$$\langle\delta\omega,\delta\omega\rangle=\int_M g^{ij}g^{p_1q_1}\cdots g^{p_{n-k}q_{n-k}}\frac{\partial}{\partial x_i}(*u_I)_p\frac{\partial}{\partial x_j}(*u_I)_Q\mathrm{Vol},\tag{3.4.61}$$

这里 $*\omega=\sum(*u_I)_p dx_p$, $p=(p_1,\cdots,p_{n-k})$, 而

$$*u_{i_1\cdots i_k}=\sqrt{g}g^{i_1j_1}\cdots g^{i_kj_k}u_{j_1\cdots j_k}.$$

从 (3.4.60) 和 (3.4.61) 可知 $\langle\omega,\omega\rangle_H$ 可表达为下面形式

$$\begin{aligned}\langle\omega,\omega\rangle_H&=\langle d\omega,d\omega\rangle+\langle\delta\omega,\delta\omega\rangle\\&=\int_M\left[\sum_{i,j}A_{IJ}\frac{\partial u_I}{\partial x_i}\frac{\partial u_J}{\partial x_j}+\sum_i B_{IJ}u_I\frac{\partial U_J}{\partial x_i}+C_{IJ}u_Iu_J\right]\mathrm{Vol}.\end{aligned}\tag{3.4.62}$$

由 Poincaré 不等式, 条件 (3.4.57) 意味着对任 $\omega\in\bar{G}^k$,

$$\begin{aligned}\langle\omega,\omega\rangle_H&\geqslant C_1\int_M g^{i_1i_1}\cdots g^{i_ki_k}u^2_{i_1\cdots i_k}\sqrt{g}dx\\&\geqslant C_2\langle\omega,\omega\rangle,\qquad C_1,C_2>0\ \text{为常数}.\end{aligned}$$

即在 $\bar{G}^k$ 上有

$$\|\omega\|\leqslant C\|\omega\|_H.\tag{3.4.63}$$

第三步. 需要证明 (3.4.59) 的弱解存在性, 即对每个 $\alpha\in G^k$ 存在一个 $\omega_0\in\bar{G}^k$ 使得对所有的 $\tau\in\bar{G}^k$ 有

$$\langle\Delta\omega_0,\tau\rangle=\langle\alpha,\tau\rangle.\tag{3.4.64}$$

对给定的 $\alpha\in G^k$, $f(\tau)=\langle\alpha,\tau\rangle$ 给出 $\bar{G}^k$ 上一个线性泛函. 由 (3.4.63),

$$|f(\tau)|=|\langle\alpha,\tau\rangle|\leqslant C\|\tau\|\leqslant C\|\tau\|_H.$$

这表明 f 是有界的. 因而由 Riesz 表示定理可知唯一存在 $\omega_0\in\bar{G}^k$ 满足 (3.4.64). 于是 (3.4.59) 弱解存在性得证.

第四步. 要证明 (3.4.64) 的弱解 ω_0 是 C^∞ 的, 即 $\omega_0\in G^k$. 由椭圆算子的定义, 对 Δ: $G^k\to G^k$, 表达式 (3.4.62) 和条件 (3.4.63) 意味着 Δ 是一个二阶椭圆微分算子. 因而由椭圆正则性定理 (关于这个定理有兴趣的读者可参阅文献 [6]), (3.4.64) 的弱解 ω_0 是 C^∞ 的.

这样就完成了结论 (1) 的证明.

第五步. 最后证明结论 (2). 令 $\omega\in\Omega^k(M)$. 则由结论 (1),

$$\omega=\Delta\tau+H\omega,$$

这里 $H\omega \in H^k$ 是一个调和 k 形式, $\tau \in G^k = (H^k)^\perp$ 是唯一由方程

$$\Delta\tau = \omega - H\omega \tag{3.4.65}$$

确定的. 定义映射 $G:\ \Omega^k(M) \to G^k$ 为

$$G\omega = \tau \qquad (\tau\text{是 (3.4.65) 的解}).$$

则由 $d\Delta = \Delta d = d\delta d$ 可看出 G 与 d 可交换

$$G \cdot d = dG. \tag{3.4.66}$$

此时 ω 可表示为

$$\omega = d\delta G\omega + \delta dG\omega + H\omega. \tag{3.4.67}$$

令 ω 是一个闭的 k 形式, 则由 (3.4.66) 和 (3.4.67) 有

$$\omega = d\delta G\omega + H\omega.$$

因而在 de Rham 上同调群 $H_{DR}^k(M)$ 中, ω 与 $H\omega$ 属于同一个同调类,

$$[\omega] = [H\omega], \qquad \text{在 } H_{DR}^k(M) \text{ 中}.$$

这说明对 $H_{DR}^k(M)$ 中任一个同调类 σ, 至少有一个调和 k 形式 $\alpha \in H^k$ 使得 $\sigma = [\alpha]$.

反过来, 若 σ 中含有两个调和形式 $\alpha_1, \alpha_2 \in H^k$, 则

$$\alpha_1 - \alpha_2 = d\beta, \qquad \text{对某个}\beta \in \Omega^{k-1}(M).$$

然而 $\alpha_1 - \alpha_2$ 与 $d\beta$ 正交:

$$\langle d\beta, \alpha_1 - \alpha_2\rangle = \langle \beta, \delta\alpha_1 - \delta\alpha_2\rangle = \langle \beta, 0\rangle = 0.$$

因此 $d\beta = 0$. 这说明 $\alpha_1 = \alpha_2$, 即每个同调类 σ 最多只能含一个调和形式. 这就证明了 H^k 与 H_{DR}^k 是一一对应, 因而是同构的. 定理证毕.

注 3.8 从定理 3.8 很容易推得 Poincaré 对偶定理. 令 $\omega \in H^k$ 是一个调和形式并且也是 $H_{DR}^k(M)$ 上的一个代表元: $[\omega] \in H_{DR}^k(M)$. 由于 Hodge* 算子与 Δ 可交换, $*\Delta = \Delta *$, 因此 $*\omega \in H^{n-k}$ 也是一个调和形式, 即

$$d(*\omega) = 0, \qquad \delta(*\omega) = 0.$$

这表明 $[*\omega] \in H_{DR}^{n-k}(M)$. 再由

$$\langle \omega, \omega\rangle = \int_M \omega \cdot *\omega > 0,$$

可知, 双线性映射 B： $H_{DR}^{k}(M)\times H_{DR}^{n-k}(M)\to R$,

$$B(\omega,\tau)=\int_M \omega\cdot\tau$$

是非退化的, 即对任给定 ω 有 $B(\omega,\tau)=0$, $\forall\tau$, 则 $\omega=0$. 因而从 B 诱导同 Poincaré 对偶同构 $H_{DR}^{k}(M)\simeq H_{DR}^{n-k}(M)$.

第4章 同 伦 论

同伦论是代数拓扑的重要分支之一. 正如同调论一样, 同伦论的理论与方法已渗透到数学的许多领域之中. 作为拓扑不变量, 同伦群与同调群在反映流形拓扑结构方面具有互补作用. 这两者之间即有相关联的一面, 这由 Hurewicz 定理所体现, 又具有很大的差异. 但总的来讲, 同伦群概念的几何意义比较清楚, 但它的计算却是一个困难问题, 特别是它在数学其他分支的应用不如同调群那么广泛.

同伦论的创立应归功于 Hurewicz 于 1935 年在文献 [10] 中关于一般 n 维同论群的引入. 当 $n=1$ 时, 就是早期 Poincaré 提出的基本群. 随后 Eilenberg 于 1940 年在文献 [5] 中使用同伦群建立映射延拓的障碍类理论. 以后同伦论沿着它的计算问题, 以及与其他学科的内在联系方面发展起来. 其中, Leray 的谱序列在同伦群的应用, 以及 Serre 关于球面同伦群的工作对该领域产生重要影响.

这一章的安排如下：4.1 节主要是一些基本概念, 如同伦群、相对同伦群及其基本性质的介绍. 同时证明了同伦群的拓扑不变性以及一些序列如相对同伦序列、纤维丛同伦序列的正合性. 最后给出一些流形的同伦群计算. 4.2 节首先引入了共轭元球面定理, 并给出 $\pi_n(S^n)$ 的计算及 Hopf 球面同伦分类. 然后应用共轭元球面定理揭示出 Hurewicz 定理的实质. 接着介绍了一维同伦群的基本性质, 包括一维 Hurewicz 定理及 Van Kampen 定理. 最后介绍了 Whitehead 乘积及三联组同伦正合序列. 4.3 节主要介绍 Eilenberg 关于映射延拓的障碍理论以及与此相关的同伦分类定理. 最后在 4.4 节给出一些球面上同伦群的计算. 特别地介绍了著名的 Serre 定理以及 Fraudenthal 的同纬像定理. 这两个定理对球面同伦群的理解和计算是非常基本的.

4.1 同 伦 群

4.1.1 基本概念

令 X,Y 是两个拓扑空间, $f,g:\ X\to Y$ 是两个连续映射. 回忆一下 f 与 $\hat{f}$ 同伦的概念. 它是说存在一个连续映射

$$H:\ X\times[0,1]\to Y,$$

使得 $H(x,0)=f(x),\ H(x,1)=g(x),\ x\in X$, 则 f 与 g 称为同伦的, 记为 $f\simeq g$.

同伦群有两种等价地定义方式. 它们有各自方便的地方. 这里将对这两种方法都给予介绍. 令 X 是拓扑空间, I^n 是一个 n 维方体. 令 $x_0 \in X$ 是一个给定点, 映射

$$f:\ (I^n, \partial I^n) \to (X, x_0) \tag{4.1.1}$$

将 I^n 映到 X 中, 将边界 ∂I^n 映到 x_0 点.

定义 4.1　下面集合称为以 x_0 为基点的 X 上 n 维同伦群,

$$\pi_n(X, x_0) = \{[f] | \ [f]\text{是所有满足 (4.1.1) 的映射同伦类}\},$$

其 $\pi_n(X, x_0)$ 上的加法运算定义为

$$(f+g)(t_1, \cdots, t_n) = \begin{cases} f(2t_1, t_2, \cdots, t_n), & 0 \leqslant t_1 \leqslant \dfrac{1}{2}, \\ g(2t_1 - 1, t_2, \cdots, t_n), & \dfrac{1}{2} \leqslant t_1 \leqslant 1, \end{cases} \tag{4.1.2}$$

即 $[f] + [g] = [f+g]$.

很容易验证, 按 (4.1.2) 方式定义的加法使 $\pi_n(X, x_0)$ 构成一个群, 其零元素为恒等映射 $f_0(I^n) = x_0$,

$$[f] = 0 \Leftrightarrow f \simeq f_0.$$

f 的逆元素 $\bar{f}$ 为

$$\bar{f}(t_1, \cdots, t_n) = f(1 - t_1, t_2, \cdots, t_n).$$

这是因为下面映射

$$H_s(t) = \begin{cases} f(2t_1, t_2, \cdots, t_n), & 0 \leqslant t_1 \leqslant \dfrac{1}{2}(1-s), \\ f(1-s, t_2, \cdots, t_n), & \dfrac{1-s}{2} \leqslant t_1 \leqslant \dfrac{1+s}{2}, \\ \bar{f}(2t_1 - 1, t_2, \cdots, t_n), & \dfrac{1}{2}(1+s) \leqslant t_1 \leqslant 1. \end{cases}$$

给出 $f + \bar{f}$ 与常值映射的同伦

$$H_0 = f + \bar{f}, \quad H_1(t) = f(1, t_2, \cdots, t_n) \equiv x_0.$$

加法运算 (4.1.2) 的几何意义很清楚, 如图 4.1 所示. 其中 $f+g$ 可视为这样的复合映射 $(f+g) \circ h:\ I^n \to X$, 其中 h 分别将 I^n 前半部分和后半部分映到两个方体 $I_1^n + I_2^n$ 上, 然后 $f+g$ 中的 f 和 g 分别将 I_1^n 和 I_2^n 映到 X 中, 始终保持 $f(\partial I_1^n) = g(\partial I_2^n) = x_0$.

注 4.1　当 $n = 1$ 时, 按 (4.1.2) 的加法运算是不可交换的, 即 $[f+g] \neq [g+f]$. 但是当 $n \geqslant 2$ 时是可交换的. 后面将证明这一点.

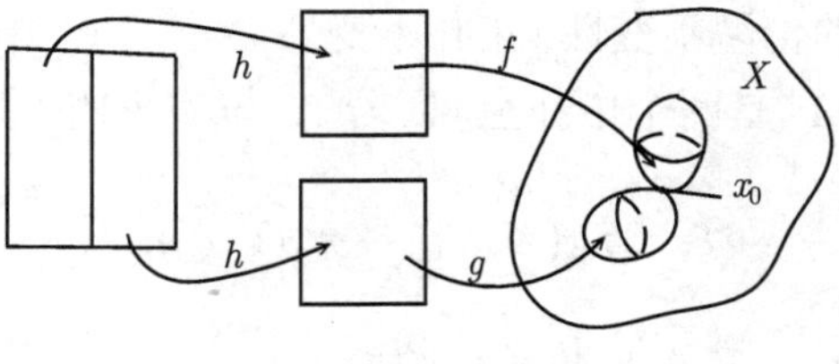

图 4.1

同伦群的另一种等价定义是关于球面映射

$$f:\ (S^n,p_0)\to(X,x_0), \tag{4.1.3}$$

其中 $p_0\in S^n$ 为给定点, $f(p_0)=x_0$. 然后定义下面集合为 n 维同伦群

$$\pi_n(X,x_0)=\{[f]|\ [f]\text{是所有满足 (4.1.3) 的映射同伦类}\}.$$

其中, 加法运算定义为

$$(f+g)(z)=\begin{cases} f\circ h(z), & z\in S^n_+\ (S^n_+\text{为北半球}),\\ g\circ h(z), & z\in S^n_-\ (S^n_-\text{为南半球}),\end{cases} \tag{4.1.4}$$

这里 $h:\ S^n\to S^n$ 满足

$$h(S^n_\pm)=S^n,\quad h(\partial S^n_+)=h(\partial S^n_-)=p_0.$$

加法运算 (4.1.4) 的几何意义如图 4.2 所示.

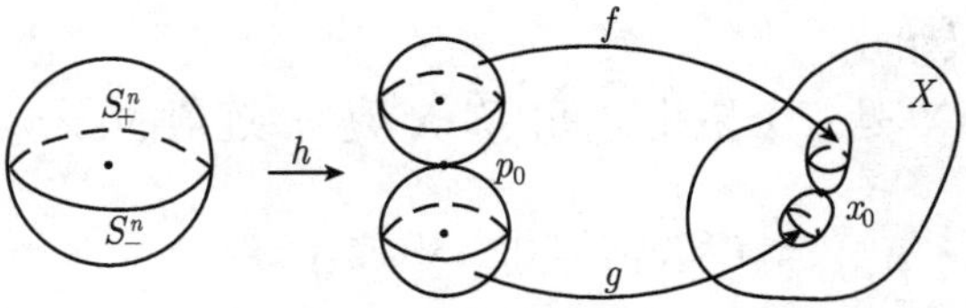

图 4.2

同伦群的一个自然性质就是一个映射 $\xi:\ X\to Y$ 将诱导出 X 与 Y 的同伦群之间一个同态

$$\xi_*:\ \pi_n(X,x_0)\to\pi_n(Y,y_0),$$

其中 $\xi(x_0)=y_0$. 其同态是按如下意义得到

$$\xi_*([f])=[\xi\circ f],\quad \forall[f]\in\pi_n(X,x_0),$$

这里 $\xi\circ f:\ (I^n,\partial I^n)\to(Y,y_0)$. 容易看出, 若 $\xi:\ X\to Y$, $\zeta:\ Y\to Z$ 是两个映射, 则有

$$(\zeta\circ\xi)_*=\zeta_*\circ\xi_*:\ \pi_n(X,x_0)\to\pi_n(Z,z_0).$$

由此立即得到同伦群的伦型不变性 (拓扑不变性).

定理 4.1　令 X, Y 是两个拓扑空间. 若 X 与 Y 同伦等价, 则有如下同构

$$\xi_*:\ \pi_n(X, x_0) \to \pi_n(Y, y_0),$$

其中 $y_0 = \xi(x_0)$, $\xi:\ X \to Y$ 是同伦等价映射.

证明　由同伦等价定义 (定义 2.6), 存在映射

$$\xi:\ X \to Y, \quad \zeta:\ Y \to X,$$

使得

$$\zeta \circ \xi \simeq id:\ X \to X, \quad \xi \circ \zeta \simeq id:\ Y \to Y.$$

因此映射 ξ 和 ζ 诱导出

$$(\zeta \circ \xi)_* = \zeta_* \circ \xi_* = id_*:\ \pi_n(X, x_0) \to \pi_n(X, x_0),$$
$$(\xi \circ \zeta)_* = \xi_* \circ \zeta_* = id_*:\ \pi_n(Y, y_0) \to \pi_n(Y, y_0).$$

这表明 $\xi_*:\ \pi_n(X, x_0) \to \pi_n(Y, y_0)$ 是一个同构. 定理证毕.

对比同调群与同伦群的定义以及拓扑不变性的证明, 可以看到同伦群的引入要简单许多. 可能正是因为这样使得它的计算变得更困难.

引入同伦群后, 就可以介绍拓扑学中一个重要的基本概念, 即 M 连通的拓扑空间. 它由下面定义给出.

定义 4.2　令 X 是一个拓扑空间. 称 X 是 m 连通的, 若

$$\pi_k(X, x_0) = 0, \quad \forall 1 \leqslant k \leqslant m,$$

这里 $x_0 \in X$ 为任一点 (后面将看到 $\pi_n(X, x_0)$ 与 x_0 无关). 特别地, 当 $m = 1$ 时, X 称为单连通的, $m = 0$ 时, X 为道路连通的.

4.1.2　一些基本性质

这一小节将讨论同伦群的若干基本性质, 即 $\pi_n(X, x_0)$ 与基点 x_0 的选取无关性, 当 $n \geqslant 2$ 时, $\pi_n(X)$ 是 Abel 群 (可交换群), 以及公式 $\pi_n(X \times Y) = \pi_n(X) \oplus \pi_n(Y)$.

引理 4.1　当 X 是道路连通拓扑空间时, 对任两点 $x_0, x_1 \in X$, 具有下面同构关系

$$\pi_n(X, x_0) \simeq \pi_n(X, x_1).$$

因此, 以后总是可以将 n 维同伦群简记为 $\pi_n(X)$.

证明 为了简要明了, 只对 X 是一个流形进行证明. 首先引入流形的匀称性定理, 该定理说当 X 连通时, 对任 $x_0, x_1 \in X$ 存在如下同胚

$$h:\ X \to X, \quad 满足 h(x_0) = x_1. \tag{4.1.5}$$

理解该定理并不困难. 对任一穿过 x_0 与 x_1 的一条线段 L, 取 L 在 M 的一个管形邻域 $N(L)$. 则显然 $N(L) \subset M$ 是一个包含 x_0 与 x_1 的开集, 它同胚于一个开盘 D, 见图 4.3 所示. 容易看出, 对任一开盘 D 及 D 中两点 $p_0, p_1 \in D$, 存在同胚 $\varphi : D \to D$ 使得

$$\varphi(p_0) = p_1, \quad 并且 \quad \varphi|_{\partial D} = id:\ \partial D \to \partial D. \tag{4.1.6}$$

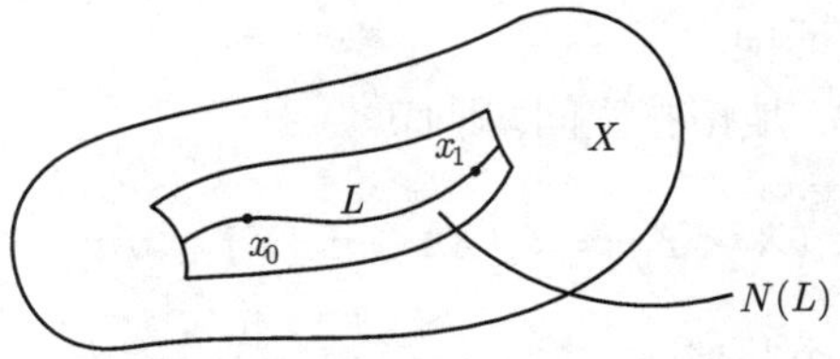

图 4.3

因此存在一个同胚

$$\begin{cases} \tilde{h}:\ N(L) \to N(L), \\ \tilde{h}(x_0) = x_1, \\ \tilde{h}|_{\partial N(L)} = id. \end{cases} \tag{4.1.7}$$

由 (4.1.7) 可构造同胚 (4.1.5) 如下

$$h(x) = \begin{cases} \tilde{h}(x), & x \in N(L) \\ x, & x \in X - N(L). \end{cases}$$

于是由同伦群伦型不变性定理 (定理 4.1), (4.1.5) 的同胚诱导出一个同构

$$h_*:\ \pi_n(X, x_0) \to \pi_n(X, x_1).$$

证明完毕.

引理 4.2 当 $n \geqslant 2$ 时, $\pi_n(X)$ 是一个 Abel 群.

证明 令 $z = (z_1, \cdots, z_{n+1}) \in S^n$, $|z| = 1$. 作同伦

$$\begin{cases} h_t:\ S^n \to S^n,\ 0 \leqslant t \leqslant 1, \\ h_t(z) = (z_1, \cdots, z_{n-1}, z_n \cos t\pi - z_{n+1} \sin t\pi, z_n \sin t\pi + z_{n+1} \cos t\pi). \end{cases}$$

显然有

$$\begin{cases} h_0 = id, \\ h_1:\ S_+^n \to S_-^n, \\ h_1:\ S_-^n \to S_+^n. \end{cases}$$

由 (4.1.4) 可推知

$$[f+g] = \begin{cases} f\circ h_0, & z\in S_+^n, \\ g\circ h_0, & z\in S_-^n, \end{cases}$$
$$\|$$
$$[g+f] = \begin{cases} g\circ h_1, & z\in S_+^n, \\ f\circ h_1, & z\in S_-^n. \end{cases}$$

即 $[f]+[g]=[g]+[f]$. 证毕.

引理 4.3　令 X,Y 是拓扑空间, 则有

$$\pi_n(X\times Y) = \pi_n(X)\oplus\pi_n(Y), \quad \forall n\geqslant 1. \tag{4.1.8}$$

证明　显然, 每一个映射 $f:\ I^n\to X\times Y$ 可表达为

$$f=(f_1,f_2), \quad f_1:\ I^n\to X, \quad f_2:\ I^n\to Y.$$

此外有

$$(f_1,f_2)\circ(g_1,g_2) = (f_1\circ g_1, f_2\circ g_2).$$

因此下面双射

$$[(f_1,f_2)]\to([f_1],[f_2]),$$
$$([f_1],[f_2])\to[(f_1,f_2)]$$

产生 (4.1.8) 的同构. 证明完毕.

将公式 (4.1.8) 与 Künneth 公式 (2.2.32) 和 (2.2.33) 对比, 进一步看到同伦群与同调群之间的差异.

4.1.3　相对同伦群

类似于相对同调群, 关于空间偶 (X,A) 同样可以建立相对同伦群. 令 $A\subset X$ 是一个子空间, $x_0\in A$ 是一个基点. 考虑映射

$$f:\ (I^n, I^{n-1}, J^{n-1})\to(X,A,x_0), \quad n\geqslant 2, \tag{4.1.9}$$

其中 $I^{n-1}=\{(t_1,\cdots,t_n)\in I^n|\ t_n=0\}$, $J^{n-1}=\overline{\partial I^n - I^{n-1}}$.

定义 4.3 令 (X, A) 是个拓扑空间偶, $x_0 \in A$ 为一基点, $n \geqslant 2$. 则下面集合称为空间偶 (X, A) 的以 x_0 为基点的相对同伦群

$$\pi_n(X, A, x_0) = \{[f] | \ f\text{是映射}(4.1.9)\}.$$

其加法运算与 (4.1.2) 相同

选择地, $\pi_n(X, A, x_0)$ 可等价地按下式定义. 考虑映射

$$f:\ (D^n, S^{n-1}, p_0) \to (X, A, x_0), \quad n \geqslant 2, \tag{4.1.10}$$

其中 D^n 为 n 维单位球体, $S^{n-1} = \partial D^n$, $p_0 \in S^{n-1}$. 然后定义

$$\pi_n(X, A, x_0) = \{[f] | \ f\text{为映射}(4.1.10)\},$$

其加法运算定义为

$$(f+g)(z) = \begin{cases} f \circ h(z), & z \in D_+^n(\text{上半球体}), \\ g \circ h(z), & z \in D_-^n(\text{下半球体}), \end{cases}$$

其中 $h:\ D^n \to D^n$ 具有性质

$$h(D_\pm^n) = D^n, \quad h(\partial D_+^n \cap \partial D_-^n) = p_0.$$

注 4.2 关于同伦群的引理 4.1 和引理 4.2 以及伦型不变性 (拓扑不变性) 对于相对同伦群也成立, 即 $\pi_n(X, A, x_0)$ 与基点 x_0 的选取无关, 并且当 $n \geqslant 3$ 时, $\pi_n(X, A, x_0)$ 是一个 Abel 群, 为此, 以后在无歧义情况下简记相对同伦群为 $\pi_n(X, A)$. 此外, 当 (X, A) 与 (Y, B) 具有相同伦型时, 有

$$\pi_n(X, A) \simeq \pi_n(Y, B), \quad \forall n \geqslant 2.$$

4.1.4 同伦群的几何表示

介绍完同伦群基本概念后, 现在需要将同伦群几何化. 只有这样才能够把握此概念的实质.

令 X 是拓扑空间, $[f] \in \pi_k(X, x_0)$. 所谓几何化是指将同伦群中的所有生成元 $[f]$ 拿来, 考虑它们代表元的像

$$\text{Im} f = f(S^k) \subset X \quad (k \geqslant 1)$$

所组成的 X 中以 x_0 为公共交点的子空间族

$$\Lambda(X) = \{\text{Im} f \subset X | \ [f] \in \pi_k(X, x_0)\text{为生成元}, \ \forall k \geqslant 1\}, \tag{4.1.11}$$

设 $x_0 \in X$, $y_0 \in Y$ 是拓扑空间 X 和 Y 的基点, 记

$$X \wedge Y = (X \cup Y)/\{x_0 = y_0\},$$

即 $X \wedge Y$ 是 X 与 Y 在 x_0 与 y_0 点的粘接和. 这样 (4.1.11) 就是 X 的所有子空间 $\mathrm{Im}f_\alpha$ 在 x_0 点的粘接和,

$$\wedge_\alpha \mathrm{Im}f_\alpha \subset X, \tag{4.1.12}$$

定义 4.4　令 $[f_\alpha] \in \pi_k(X, x_0)$ 是生成元. 则 (4.1.12) 称作 X 的同伦几何表示, 其中每个分支 $\mathrm{Im}f_\alpha$ 称为是 m 维同伦球, 这里

$$m = \dim \mathrm{Im}f_\alpha \leqslant k.$$

特别地, 在 (4.1.12) 中若 f_α 与 f_β 的像在 X 中可以通过连续形变而相互重合, 则定义为 $\mathrm{Im}f_\alpha = \mathrm{Im}f_\beta$.

注意到, $\mathrm{Im}f_\alpha = \mathrm{Im}f_\beta$ 并不意味着 $f_\alpha \simeq f_\beta$. 事实上, $[f_\alpha]$ 和 $[f_\beta]$ 所属的同伦群维数可能不相等, 即

$$f_\alpha(S^k) = f_\beta(S^m) \nRightarrow k = m.$$

在 1.6 节中介绍的球面 Hopf 纤维化可以看到, 存在 $f: S^{2n-1} \to S^n$ 使得

$$\mathrm{Im}f = f(S^{2n-1}) = S^n, \quad n = 2, 4, 8.$$

例 4.1　令 $2T^2$ 是两个孔 (亏格为 2) 的环面, 则 $2T^2$ 的同伦几何表示如图 4.4 所示, 它是以 x_0 为基点的四个圆圈 S^1 构成.

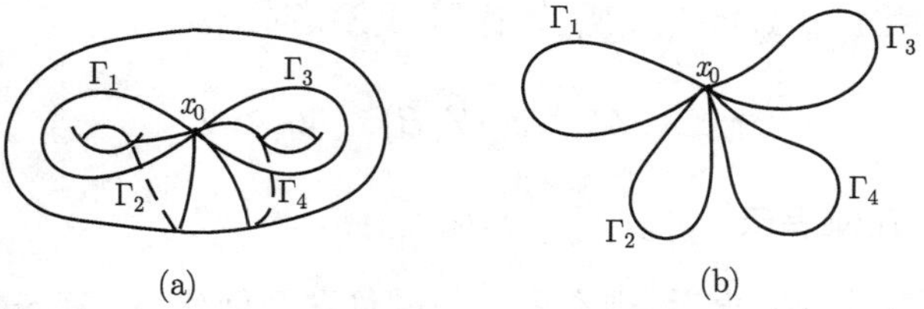

图 4.4　四个在 x_0 点粘在一起的圆圈 $\Gamma_i(1 \leqslant i \leqslant 4)$ 是 $\pi_k(2\Gamma^2, x_0)$ 的几何表示

关于 X 的同伦几何表示, 有如下基本性质.

引理 4.4　令 $M = X$ 是一个 n 维流形. 则有下面结论:

(1) 同伦球流形的分类. 一个 n 维流形是同伦球的充要条件是它必须是以 S^n 为覆迭空间的流形. 例如下面三种是以 S^n 为覆迭空间的流形：球面、实投影空间, 及 n 维透镜空间 (当 $n \geqslant 3$ 为奇数时),

$$S^n, \quad P^n, \quad L^n(p, Q).$$

拓扑空间 E 称为 M 的覆迭空间, 若 $\pi:\ E\to M$ 是一个具有离散纤维的丛空间. 事实上, 以 S^n 为覆迭空间的流形可能只有上述三类.

(2) 令 $[f]\in\pi_n(M)$, 则

$$[f]\neq 0\Leftrightarrow f(S^n)=M\text{是一个同伦球, 或者}\dim f(S^n)<n.$$

因而有

$$\pi_n(M)=\begin{cases}\mathbb{Z}\oplus\tilde{\pi}_n(M), & M\text{是 } n \text{ 维同伦球},\\ \tilde{\pi}_n(M), & M\text{为其他},\end{cases}$$

其中 $\tilde{\pi}_n(M)$ 是所有 $\dim f(S^n)<n$ 的同伦类 $[f]$ 组成子群. 上面的公式对于一般 n 维拓扑空间也成立.

(3) 令 $[f]\in\pi_m(M)$ 是一个生成元, $k=\dim f(S^m)<m$. 则一定存在一个生成元 $[g]\in\pi_k(M)$, 使得

$$g(S^k)=f(S^m),\quad k<m.$$

(4) 对每一个生成元 $[f]\in\pi_k(M)$, 若 $\dim f(S^k)=k$, 则 $[f]$ 中一定有一个代表元 $f:\ S^k\to M$, 使得 $f(S^k)$ 是 M 的一个 k 维子流形 (同伦球), 并且当 $k\geqslant 2$ 时, $f(S^k)$ 是一个 k 维共轭元 (对 $k=1$, 若 M 是同调球, 并且 $\pi_1(M)\neq 0$, 则 $f(S^1)$ 就不是共轭元).

(5) 反过来, 若 $\Gamma^k\subset M$ 是一个 k 维共轭元, 并且 Γ^k 同胚于 S^k, 则一定存在一个生成元 $[f]\in\pi_k(M)$ 使得

$$f(S^k)=\Gamma^k.$$

此外, 若 Γ^k 是自由的, 则 $[f]$ 是 $\pi_k(M)$ 的无穷循环子群的一个生成元, 若存在 $k+1$ 维共轭元 π^{k+1} 使得 $\partial\pi^{k+1}=\Gamma^k$, 则 $[f]$ 是一个 $\mathbb{Z}_r$ 子群的生成元, 这里 π^{k+1} 要求是一个 $k+1$ 维闭盘 D^{k+1} 关于边界 ∂D^{k+1} 按如下方式作成的商空间:

$$\pi^{k+1}=D^{k+1}/\{g^{-1}(x)|\ x\in S^k\},\tag{4.1.13}$$

其中 $g:\ \partial D^{k+1}\to S^k$ 满足 $\deg\,(g)=r$(见定义 4.5). 通俗地讲, 在 g 的映射下 ∂D^{k+1} 将 S^k 覆盖 r 次. 这种情况下 π^{k+1} 称为 r 边缘盘.

上述结论 (1)~(4) 是相关的基本概念的直接推论. 然而结论 (5) 的证明需要建立在后面引理 4.6 基础上, 即 $\pi_n(S^n)=\mathbb{Z}$ 的结论. 然而它们给出了流形 M(或拓扑空间) 的同伦几何表示 (4.1.12)(或 (4.1.11)) 与同伦群 $\pi(M)$ 之间的关系. 特别地, 由上述结论 (5) 可以推知, 若流形 M 的所有 k 维同伦球的共轭元为 $\Gamma_1^k,\cdots,\Gamma_m^k$, 它们是自由的, 并且都是球面, 则 M 的 k 维同伦群为

$$\pi_k(M)=\tilde{\pi}_k(M)\oplus\underbrace{\mathbb{Z}\oplus\cdots\oplus\mathbb{Z}}_{m},\quad \text{对}k\geqslant 2,$$

其中 $\tilde{\pi}_k(M)$ 是如 (4.1.13) 中那样的子群.

注 4.3　若 k 维共轭元 $\Gamma^k \subset M$ 是一个同伦球, 但不是球面, 则上述结论 (5) 不成立. 例如实投影空间 P^n $(n \geqslant 3)$ 中子空间 $P^{n-1} \subset P^n$ 是它的 $n-1$ 维共轭元, 并且 P^{n-1} 是一个同伦球. 但是 (见例 4.1)

$$\pi_{n-1}(P^n) = 0, \quad n \geqslant 3.$$

因此不存在非零元素 $[f] \in \pi_{n-1}(P^n)$ 使得 $f(S^{n-1}) = P^{n-1}$.

现在考虑空间偶 (X, A) 相对同伦群的几何化. 由定义 4.3 可以看出, $\pi_k(X, A)$ 将 $\pi_k(X)$ 中的所有

$$f:\ (S^k, p_0) \to (A, x_0)$$

的同伦类 $[f]$ 排除在外, 然而却增加了边界固定在 A 中的圆盘映射

$$g:\ (D^n, \partial D^{n-1}, p_0) \to (X, A, x_0)$$

的同伦类 $[g]$. 因此相对同伦群的几何表示为

$$\wedge(X, A) = \{\mathrm{Im} f \subset X \mid [f] \in \pi_k(X, A, x_0)\text{为生成元}, \ \forall k \geqslant 2\}.$$

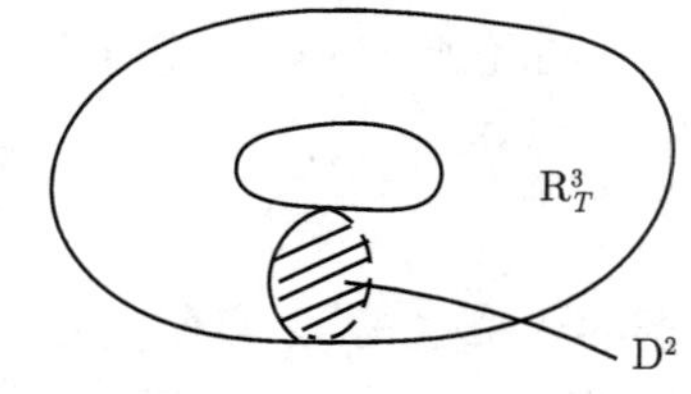

图 4.5　阴影部分 D^2 是 $(R^3_T, \partial R^3_T)$ 的一个同伦盘, 盘的边界 ∂D^2 限制在 ∂R^3_T 上

$\wedge(X, A)$ 中由两部份元素构成, 一部是 X 中不能形变到 A 中的同伦球, 另一部分是边界限制在 A 中的"圆盘", 称为同伦盘, 这些同伦盘不能够完全形变到 A 中去. 例如, 图 4.5 给出的是一个实心轮胎 R^3_T 关于边界 $\partial R^3_T = T^2$ 空间偶 $(R^3_T, \partial R^3_T)$ 的一个同伦盘, 它由阴影部分显示. 同时可以看到, $(R^3_T, \partial R^3_T)$ 的几何表示只有一个元素, 即二维同伦盘 D^2,

$$\wedge(R^3_T, \partial R^3_T) = \{D^2\},$$

因为任何 R^3_T 中的圆圈 S^1 都可形变到边界 ∂R^3_T 上. $(R^3_T, \partial R^3_T)$ 相对同伦群为

$$\pi_k(R^3_T, \partial R^3_T) = \begin{cases} \mathbb{Z}, & k = 2, \\ 0, & k > 2. \end{cases}$$

4.1.5　正合同伦序列

类似于同调群, 关于相对同伦群也存在一个正合序列. 此外, 与同调群所不同的是, 同伦群关于纤维丛 $\pi: E \to M$ 的总空间 E、底空间 M 与纤维 F 之间也存在一个正合序列. 这里将分别介绍它们.

令 (X,A) 是一个拓扑空间偶, 则有下面映射:

$$i:\ A\to X\text{是包含映射},$$
$$j:\ X\to(X,A)\text{也是包含映射}.$$

这两个映射可诱导出如下同态:

$$i_*:\ \pi_k(A)\to\pi_k(X), \tag{4.1.14}$$
$$j_*:\ \pi_k(X)\to\pi_k(X,A),\quad k\geqslant 2. \tag{4.1.15}$$

当 $k=1$ 时, $\pi_1(X,A)$ 不是群, 它定义为

$$\pi_1(X,A)=\{[f]|\ f:(I^1,\{0,1\},\{1\})\to(X,A,x_0)\}.$$

然后映射

$$j_*:\ \pi_1(X)\to\pi_1(X,A) \tag{4.1.16}$$

表示单值对应.

对于 $[f]\in\pi_k(X,A,x_0)$, 代表元 f 为映射

$$f:\ (D^k,\partial D^k,p_0)\to(X,A,x_0).$$

则 f 在 $S^{k-1}=\partial D^k$ 的限制

$$f|_{S^{k-1}}:\ (S^{k-1},p_0)\to(A,x_0),$$

为 $\pi_{k-1}(A,x_0)$ 提供一个同伦类

$$[f|_{S^{k-1}}]\in\pi_{k-1}(A,x_0).$$

此时可以定义同态

$$\begin{cases}\partial_*:\ \pi_k(X,A)\to\pi_{k-1}(A),\\ \partial_*([f])=[f|_{S^{k-1}}].\end{cases} \tag{4.1.17}$$

于是, 由上述同态 (4.1.14)~(4.1.17) 可产生下面同伦群的正合序列.

定理 4.2 令 (X,A) 是一个道路连通的拓扑空间偶, $x_0\in A$ 是一个基点. 则下面同伦序列是正合的:

$$\begin{aligned}&\to\pi_k(A,x_0)\xrightarrow{i_*}\pi_k(X,x_0)\xrightarrow{j_*}\pi_k(X,A,x_0)\xrightarrow{\partial_*}\pi_{k-1}(A,x_0)\\ &\hookrightarrow\pi_2(X,A,x_0)\xrightarrow{\partial_*}\pi_1(A,x_0)\xrightarrow{i_*}\pi_1(X,x_0)\xrightarrow{j_*}\pi_1(X,A,x_0)\to 0,\end{aligned} \tag{4.1.18}$$

其中同态 i_* 如 (4.1.14), j_* 如 (4.1.15) 和 (4.1.16), ∂_* 如 (4.1.17).

证明 首先考察空间偶 (X,A) 同伦群的构成. 由定义 4.1 可以看到 $\pi_k(X,x_0)$ 可分解为两部分

$$\left\{\begin{array}{l}\pi_k(X,x_0)=\overset{\circ}{\pi}_k(A,x_0)\oplus\pi_k(X/A,x_0),\quad k\geqslant 2,\\ \overset{\circ}{\pi}_k(A)=\{[f]\neq 0\text{在}\pi_k(X)\text{中}|\ f(S^k)\subset A\},\\ \pi_k(X/A)=\{[f]|\ f\not\simeq f':\ (S^k,p_0)\to(A,x_0)\},\end{array}\right. \tag{4.1.19}$$

$$\pi_k(X,A,x_0)=\pi_k(X/A,x_0)\oplus D_k(X,A,x_0),\quad k\geqslant 3, \tag{4.1.20}$$

其中 $D_k(X,A,x_0)$ 是所有 $X-A$ 中边界在 A 上的 k 维圆盘映射同伦类构成的子群, 表示为

$$\begin{aligned}D_k(X,A,x_0)=\{[f]|\ f:(D^k,\partial D^k,p_0)\to(X,A,x_0),\\ f(D^k)\text{在}X\text{中不能形变到}A\text{中}\}.\end{aligned}$$

显然, 关于分解 (3.1.19), 有

$$\begin{aligned}&i_*:\ \pi_k(A)\to\overset{\circ}{\pi}_k(A)\oplus\pi_k(X/A),\\ &i_*(\sigma)=\left\{\begin{array}{ll}(\sigma,0), & \text{当}[\sigma]\neq 0\text{在}\pi_k(X)\text{中},\\ (0,0), & \text{当}[\sigma]=0\text{在}\pi_k(X)\text{中}.\end{array}\right.\end{aligned} \tag{4.1.21}$$

而关于分解 (4.1.19) 和 (4.1.20) 有

$$\begin{aligned}&j_*:\overset{\circ}{\pi}_k(A)\oplus\pi_k(X/A)\to\pi_k(X/A)\oplus D_k(X,A),\quad k\geqslant 3,\\ &j_*((\xi,\zeta))=(\zeta,0),\quad\forall\xi\in\pi_k(A),\ \zeta\in\pi_k(X/A),\end{aligned} \tag{4.1.22}$$

再由 (4.1.17) 有

$$\begin{aligned}&\partial_*:\ \pi_k(X/A)\oplus D_k(X,A)\to\pi_{k-1}(A),\quad k\geqslant 3,\\ &\partial_*((\zeta,[f]))=[f|_{S^{k-1}}],\end{aligned} \tag{4.1.23}$$

$\forall\zeta\in\pi_k(X/A)$ 及 $[f]\in D_k(X,A)$.

从 (3.1.21) 和 (3.1.22) 易见

$$\begin{aligned}&\text{Im}\ i_*=\text{Ker}\ j_*,\quad \text{对}k\geqslant 2,\\ &\text{Im}\ j_*=\text{Ker}\ \partial_*,\quad \text{对}k\geqslant 3.\end{aligned}$$

因为 D^k 可缩, 故 $f(D^k)$ 在 X 中也可缩. 这说明对任 $[f]\in D_k(X,A)$, 有 $[f|_{\partial D^k}]=0$ 在 $\pi_{k-1}(X)$ 中. 因此有

$$\text{Im}\ \partial_*=\text{Ker}\ i_*,\quad k\geqslant 3.$$

于是关于 $k \geqslant 2$ 的正合性被证明.

因为 $\pi_1(X)$ 和 $\pi_2(X,A)$ 一般不可交换, 不能得到如 (4.1.19) 和 (4.1.20) 那样的分解. 但是 $\pi_1(X)$ 和 $\pi_2(X,A)$ 的生成元可作类似的分解. 因此, 用同样方法对序列

$$\pi_2(X,A) \xrightarrow{\partial_*} \pi_1(A) \xrightarrow{i_*} \pi_1(X) \xrightarrow{j_*} \pi_1(X,A) \to 0$$

可证得正合性, 这里不再重复. 定理证毕.

现在讨论纤维丛

$$\begin{array}{ccc} F & \xrightarrow{i} & E \\ & & \downarrow \pi \\ & & M \end{array} \tag{4.1.24}$$

的同伦序列正合性.

首先考察 E 是正则丛情况, 即存在一个截面

$$s:\ M \to E\ (\pi \circ s = id). \tag{4.1.25}$$

注意 $\pi \circ i = x_0 \in M$ 为基点, $\pi \circ s = id:\ M \to M$. 对 $x_0 \in F$ 下面序列

$$\pi_k(F) \xrightarrow{i_*} \pi_k(E) \xrightarrow{\pi_*} \pi_k(M) \to 0$$

是正合的. 再由

$$\pi_* \cdot s_* = id:\ \pi_k(M) \to \pi_k(M)$$

可推知, 当 (4.1.24) 是正则丛时有 $\pi_k(E) = \pi_k(M) \oplus i_*(\pi_k(F))$. 而实际上 i_* 是单一同态, 因而有

$$\pi_k(E) = \pi_k(M) \oplus \pi_k(F). \tag{4.1.26}$$

然而当 (4.1.24) 是一个奇性丛时, 不存在如 (4.1.25) 那样的截面, 分解公式 (4.1.26) 也不再成立. 此时我们希望有一个正合序列来取代 (4.1.26).

再来观察正则丛的特征. 令 X 是一个拓扑空间, $f:\ X \to M$ 是一个映射则对 (4.1.25) 的截面, 下面映射

$$F = s \circ f:\ X \to E$$

是 f 的一个提升, 即在投影 $\pi:\ E \to M$ 作用下有

$$\pi \circ F = f.$$

幸运的是, 对于所有纤维丛这个性质成立. 这就是下面的纤维丛覆盖同伦性质, 它对证明纤维丛的同伦序列正合性起到关键作用.

引理4.5(覆盖同伦性质 CHP) 令 $\pi: E \to M$ 是一个纤维丛, X 为一个有限可剖分空间, $\tilde{f}_0: X \to E$ 是一个映射. 则对任何 $f_0 = \pi \circ \tilde{f}_0$ 的一个伦移 $f_t: X \to M$, $0 \leqslant t \leqslant 1$, 必存在一个覆盖 f_t 的伦移 $\tilde{f}_t: X \to E$, 使得

$$f_t = \pi \circ \tilde{f}_t.$$

证明 由于 X 是有限可剖分空间, X 是由有限个方体 I^k 规则排列而成 $X = \cup_{i=1}^m I_i^k$. 只需对方体 I^k 证明引理即可.

由于 (E,π,M) 的局部平凡性, 该引理的证明是不困难的. 这是因为 M 存在开覆盖 $\{U_\alpha\}$. 不失一般性, 就假设是两个, 即

$$M = U_1 + U_2, \quad U_1 \cap U_2 \neq \varnothing,$$

使得

$$D_1 = E|_{U_1} = U_1 \times F, \quad E_2 = E|_{U_2} = U_2 \times F.$$

由假设, $\tilde{f}_0: I^k \to E$ 是一个给定映射, 并且 $f_t: I^k \to M$ $(0 \leqslant t \leqslant 1)$ 也是给定的 $f_0 = \pi \circ \tilde{f}_0$ 的一个伦移. 则可构造 f_t 的覆盖

$$\begin{cases} \tilde{f}_t: \ I^k \to E \ (= U_1 \times F + U_2 \times F), \\ \pi \circ \tilde{f}_t = f_t: \ I^k \to U_1 + U_2 \end{cases} \tag{4.1.27}$$

如下. 若 $f_t(I^k) \subset U_1$ (或 $\subset U_2$), $\forall 0 \leqslant t \leqslant 1$, 则由 $E|_{U_1}$ (或 $E|_{U_2}$) 的平凡性, 显然存在 f_t 在 $E|_{U_1}$ (或 $E|_{U_2}$) 上的提升

$$\begin{aligned} &\tilde{f}_t: \ I^k \to E|_{U_1} \ (\text{或} E|_{U_2}), \\ &\pi \circ \tilde{f}_t = f_t: \ I^k \to U_1 \ (\text{或} U_2). \end{aligned} \tag{4.1.28}$$

若 $f_t(I^k) \cap U_i \neq \varnothing$ $(i = 1,2)$. 不妨设

$$I_1^k = \left\{ (\tau_1, \cdots, \tau_k) | \ 0 \leqslant \tau_k \leqslant \frac{1}{2} \right\},$$

$$I_2^k = \left\{ (\tau_1, \cdots, \tau_k) | \ \frac{1}{2} \leqslant \tau_k \leqslant 1 \right\},$$

并且有

$$f_t(I_1^k) = f([0,1] \times I_1^k) \subset U_1,$$

$$f_t(I_2^k) = f([0,1] \times I_2^k) \subset U_2.$$

则如 (4.1.28) 那样对 $f_t(I_1^k)$ 和 $f_t(I_2^k)$ 分别存在提升

$$\pi \circ \tilde{f}_t^1(I_1^k) = f_t(I_1^k), \quad \pi \circ \tilde{f}_t^2(I_2^k) = f_t(I_2^k), \tag{4.1.29}$$

并且在 $I_1^k \cap I_2^k$ 处有

$$\tilde{f}_t^1 = \tilde{f}_t^2 \quad 在 I_1^k \cap I_2^k. \tag{4.1.30}$$

这是因为 $f_t(I_1^k \cap I_2^k) \subset U_1 \cap U_2$, 而且 $E|_{U_1 \cap U_2} = (U_1 \cap U_2) \times F$ 是平凡丛. 由 (4.1.29) 和 (4.1.30) 可得到 f_t 的提升

$$\tilde{f}_t = \begin{cases} \tilde{f}_t^1, & 在\ I_1^k, \\ \tilde{f}_t^2, & 在\ I_2^k. \end{cases}$$

对于一般情况, $M = \sum U_\alpha$, $E|_{U_\alpha} = U_\alpha \times F$. 可对 $t \in [0,1]$ 及 I^k 作单纯剖分:

$$I^k = \bigcup_{i=1}^{m} I_j^k, \quad I = \bigcup_{i=1}^{n} I_i, \quad I_i = \left[\frac{i-1}{n}, \frac{i}{n}\right],$$

使得

$$f_t(I_j^k) = f(I_i \times I_j^k) \subset 某个\ U_\alpha.$$

然后采用上述方法构造出 f_t 的提升 $\tilde{f}_t$. 引理证毕.

有了 CHP(引理 4.5), 立即可推出下面纤维丛的正合序列定理.

定理 4.3 对于 (4.1.24) 所给的纤维丛, 令 $x_0 \in F$, 则有如下结论:

(1) 投影 π 诱导出同构:

$$\begin{aligned} &\tilde{\pi}_*: \ \pi_k(E, F, x_0) \to \pi_k(M, x_0)\ (k \geqslant 2),\ 以及 \\ &\tilde{\pi}_*: \ \pi_1(E, F, x_0) \to \pi_1(M, x_0) 为一一对应. \end{aligned} \tag{4.1.31}$$

(2) 下面的同伦序列是正合的:

$$\begin{aligned} &\to \pi_{k+1}(M, e_0) \xrightarrow{\tilde{\partial}_*} \pi_k(F, x_0) \xrightarrow{i_*} \pi_k(E, x_0) \xrightarrow{i_*} \pi_k(M, e_0) \to \cdots \\ &\hookrightarrow \pi_1(M, e_0) \to \pi_0(F) \to \pi_0(E) \to \pi_0(M) \to 0, \end{aligned} \tag{4.1.32}$$

其中, $\tilde{\partial}_* = \partial_* \tilde{\pi}_k^{-1}$, ∂_* 由 (4.1.17) 给出, $\tilde{\pi}_*$ 如 (4.1.31), i_*, π_* 分别是 (4.1.24) 中包含映射与投影的诱导同态, $e_0 = \pi(x_0)$, $\pi_0(X)$ 为 X 连通分支数.

(3) 如果纤维丛 (4.1.24) 是正则的, 则同伦群可分解成 (4.1.26) 的直和形式.

证明 结论 (1) 的证明. 首先投影 $\pi: \ E \to M$, $\pi(F) = x_0$, 诱导出同态

$$\begin{aligned} &\pi_*: \ \pi_k(E, F, x_0) \to \pi_k(M, x_0)\ (k \geqslant 2),\ 及单值对应 \\ &\pi_*: \ \pi_1(E, F, x_0) \to \pi_1(M, x_0). \end{aligned}$$

首先, π_* 是满同态. 这里由于对任 $[f] \in \pi_k(M, x_0)$,

$$f: \ (I^k, \partial I^k) \to (M, x_0).$$

此时 f 可视为 $f_t\colon I^{k-1}\to M$. 因此, 由引理 4.5, 存在 f 的提升

$$\tilde{f}\colon (I^k,\partial I^k,p_0)\to(E,F,x_0),$$

使得 $\pi\circ\tilde{f}=f$. 并且 f 的任何伦移都存在提升. 因此

$$\pi_*[\tilde{f}]=[f],\quad [\tilde{f}]\in\pi_k(E,F,x_0).$$

其次, π_* 是一一的. 假设 $[\tilde{f}],[\tilde{g}]\in\pi_k(E,F,x_0)$ 使得

$$\pi_*([\tilde{f}])=\pi_*([\tilde{g}]),$$

则 $f=\pi\circ\tilde{f}$ 与 $g=\pi\circ\tilde{g}\colon (I^k,\partial I^k)\to(M,x_0)$ 是同伦的, 即存在

$$H_t\colon (I^k,\partial I^k)\to(M,x_0)$$

使得 $H_0=f$, $H_1=g$. 再次由同伦覆盖性质, 存在 H_t 的提升

$$\tilde{H}_t\colon (I^k,\partial I^k,p_0)\to(E,F,x_0),$$

使得 $\tilde{H}_0=\tilde{f}$, $\tilde{H}_1=\tilde{g}$. 因此有 $[\tilde{f}]=[\tilde{g}]$ 在 $\pi_k(E,F,x_0)$ 中. 结论 (1) 证毕.

结论 (2) 的证明. 由定理 4.2 有下面正合序列

$$\cdots\to\pi_{k+1}(E,F)\xrightarrow{\partial_*}\pi_k(F)\xrightarrow{i_*}\pi_k(E)\xrightarrow{j_*}\pi_{k-1}(E,F)\to\cdots.$$

由同构 (4.1.31), 将 $\pi_k(M)$ 取代上面序列中的 $\pi_k(E,F)$ 使得正合序列 (4.1.32). 结论 (2) 证毕.

结论 (3) 的证明. 若 E 存在截面 $s\colon M\to E$. 则 $\pi_*\cdot s_*=id\colon \pi_k(M)\to\pi_k(M)$. 从这可推出

$$\pi_*\colon \pi_k(E)\to\pi_k(M)\text{是满同态}.$$

再由 (4.1.32) 的正合性可得短正合序列

$$0\to\pi_k(F)\to\pi_k(E)\to\pi_k(M)\to 0. \tag{4.1.33}$$

这样便得到直和公式 (4.1.26). 定理证毕.

注 4.4 Serre 首先注意到覆盖同伦性质. 随后, Hurewicz 表明对所有拓扑空间 X, 覆盖同伦性质都成立, 而不仅仅是如 Serre 那样的有限多面体. 此外, Serre 也发现一些例子, 在那里 CHP 成立但是局部平凡性不成立, 即 CHP 与局部平凡性并非是纤维丛的等价性质. 于是 Serre 和 Hurewicz 分别将 1.6 节中的纤维丛概念推广成下面纤维空间.

Serre 纤维化：设 $\pi:\ E\to M$ 是映射. 若对任有限多面体 X 具有 CHP, 则 (E,π,M) 称为是以 M 为底, π 为投影的纤维空间.

Hurewicz 纤维化：若对任意拓扑空间 X, 关于映射 $\pi:\ E\to M$ 具有 CHP, 则 (E,π,M) 称为一个纤维空间.

纤维空间的 CHP 可用下面图表来表达：

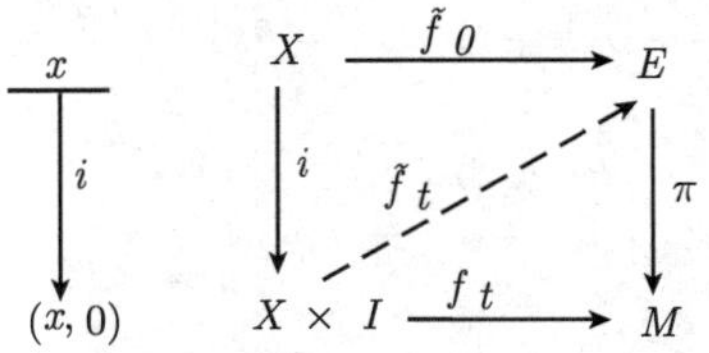

4.1.6 直和分解公式

根据同伦群的正合序列 (4.1.18) 和 (4.1.32), 关于空间偶 (X,A) 以及拓扑空间 $X\Lambda Y$ 有如下直和分解定理.

定理 4.4 令 X 是一个拓扑空间, (X,A) 是道路连通的空间偶. 则有下面同伦群的直和分解公式：

(1) 若 $A\subset X$ 是收缩核 (即对于包含映射 $i:\ A\to X$ 存在映射 $\varphi:\ X\to A$ 使得 $\varphi\circ i=id$), 则有如下公式

$$\pi_k(X)=\pi_k(A)\oplus\pi_k(X,A),\quad k\geqslant 2. \tag{4.1.34}$$

(2) 若 X 可形变到 A 内 (即有形变同伦 $H_t:\ (X,x_0)\to(X,x_0)$, 使得 $H_0=id,\ H_1(X)\subset A$), 则有公式

$$\pi_k(A)=\pi_k(X)\oplus\pi_{k+1}(X,A),\quad k\geqslant 2. \tag{4.1.35}$$

(3) 若 A 在 X 中可缩到一点 x_0, 即有同伦 $H_t:\ (A,x_0)\to(X,x_0),\ 0\leqslant t\leqslant 1$, 使得 $H_0=id,\ H_1(A)=x_0$. 则当 $k\geqslant 2$ 时有

$$\pi_k(X,A)=\pi_k(X)\oplus\pi_{k-1}(Y). \tag{4.1.36}$$

证明 公式 (4.1.34) 的证明. 由于 A 是 X 的收缩核. 关于同态

$$i_*:\ \pi_k(A)\to\pi_k(X),\quad \varphi_*:\ \pi_k(X)\to\pi_k(A),$$

有 $\varphi_*\cdot i_*=id$. 因此, i_* 是单一同态, φ_* 是满的. 由正合序列 (4.1.18) 可推得短正合序列如下

$$0\to\pi_k(A)\xrightarrow{i_*}\pi_k(X)\xrightarrow{j_*}\pi_k(X,A)\to 0,\quad k\geqslant 2.$$

由 $\varphi_* \cdot i_* = id$, 从上面的正合性可推得 (4.1.34).

公式 (4.1.35) 的证明. 由假设存在同伦

$$\begin{cases} H_t: (X, x_0) \to (X, x_0), \quad \text{使得} \\ H_0 = id: X \to X, \quad H_1(A) \subset X. \end{cases} \tag{4.1.37}$$

因此, 对任 $[f] \in \pi_k(X)$, $h_*([f]) = [H_1 \circ f] \subset \pi_k(A)$ 定义一个同态

$$h_*: \pi_k(X) \to \pi_k(A).$$

同伦 (4.1.37) 意味着

$$i_* \cdot h_* = id: \pi_k(X) \to \pi_k(X), \tag{4.1.38}$$

因此 $i_*: \pi_k(A) \to \pi_k(X)$ 是一个满同态, 从而由 (4.1.18) 可得正合序列

$$0 \to \pi_{k+1}(X, A) \xrightarrow{\partial_*} \pi_k(A) \xrightarrow{i_*} \pi_k(X) \to 0.$$

由 (4.1.38), 从上面短正合序列可推得公式 (4.1.35).

公式 (4.1.36) 的证明. 当 $k \geqslant 1$ 时显然包含同态

$$i_*: \pi_k(A) \to \pi_k(X) \text{是零同态}.$$

因此有正合序列

$$0 \to \pi_k(X) \xrightarrow{j_*} \pi_k(X, A) \xrightarrow{\partial_*} \pi_{k-1}(A) \to 0, \quad k \geqslant 2.$$

为了证明上述序列是可分裂的, 需要证明存在同态

$$\varphi_*: \pi_{k-1}(A) \to \pi_k(X, A), \tag{4.1.39}$$

使得 $\partial_* \varphi_* = id$. 令 $Z(A)$ 是以 A 为底的锥. 则 A 在 X 中的可缩同伦 $H_t: (A, x_0) \to (X, x_0)$ 诱导出一个 $Z(A)$ 到 X 的映射

$$H: Z(A) \to X, \quad H(t, x) = H_t(x), \quad \forall (t, x) \in Z(A). \tag{4.1.40}$$

由于 $Z(A)$ 可缩, 由同伦序列 (4.1.18) 可知

$$\partial_*: \pi_k(Z(A), A) \simeq \pi_{k-1}(A)$$

是一个同构. 定义同态

$$\varphi_* = H_* \cdot \partial_*^{-1}: \pi_{k-1}(A) \to \pi_k(X, A),$$

其中

$$H_*:\ \pi_k(Z(A),A)\to\pi_k(X,A),\quad k\geqslant 2$$

是由 (4.1.40) 诱导的同态. 容易看出 $\varphi_*=H_*\cdot\partial_*^{-1}$ 是如 (4.1.39) 那样满足 $\partial_*\cdot\varphi_*=id$ 的同态. 于是公式 (4.1.36) 成立. 定理证毕.

令 X,Y 是道路连通的拓扑空间, $X\vee Y$ 是 X,Y 在 $X\cap Y=x_0$ 点的粘接和. 容易看出 $X\vee Y$ 是 $X\times Y$ 的一个子空间. 事实上, $X\vee Y$ 与 $X\times\{x_0\}\cup\{x_0\}\times Y$ 同胚, 而显然 $X\times\{x_0\}\cup\{x_0\}\times Y\subset X\times Y$. 为此有下面定理.

定理 4.5 令 X,Y 与 $X\vee Y$ 如上所述. 则对 $k\geqslant 2$ 有如下公式

$$\pi_k(X\vee Y)=\pi_k(X)\oplus\pi_k(Y)\oplus\pi_{k+1}(X\times Y,X\vee Y).\tag{4.1.41}$$

证明 令映射 $\psi:\ X\vee Y\to X\times Y$ 定义为

$$\psi(x)=\begin{cases}(x,x_0), & x\in X,\\(x_0,x), & x\in Y.\end{cases}$$

记 $j_1:\ X\to X\vee Y$ 和 $j_2:\ Y\to X\vee Y$ 是包含映射, $P_1:\ X\times Y\to X$ 与 $P_2:\ X\times Y\to Y$ 是投影. 则可构造同态

$$\begin{cases}\eta_*:\ \pi_k(X\times Y)\to\pi_k(X\vee Y),\\ \eta_*([f])=j_{1*}\cdot P_{1*}([f])+j_{2*}\cdot P_{2*}([f]).\end{cases}$$

显然有

$$\psi_*\cdot j_{1*}=i_{1*}:\ \pi_k(X)\to\pi_k(X\times Y),$$
$$\psi_*\cdot j_{2*}=i_{2*}:\ \pi_k(Y)\to\pi_k(X\times Y)$$

是包含同态. 由 (4.1.8) 有

$$\pi_k(X\times Y)=\pi_k(X)\oplus\pi_k(Y).$$

于是得到

$$\begin{aligned}\psi_*\cdot\eta_*([f])&=\psi_*(j_{1*}\cdot P_{1*}+j_{2*}\cdot P_{2*})([f])\\&=(i_{1*}\cdot P_{1*}+i_{2*}\cdot P_{2*})([f])\\&=[f],\end{aligned}$$

即 $\psi_*\cdot\eta_*=id$. 这样

$$\psi_*:\ \pi_k(X\vee Y)\to\pi_k(X\times Y)$$

是满同态. 由空间偶 $(X \times Y, X \vee Y)$ 的正合序列可得

$$0 \to \pi_{k+1}(X \times Y, X \vee Y) \to \pi_k(X \vee Y) \to \pi_k(X \times Y) \to 0.$$

由于 $k \geqslant 2$ 时 $\pi_k(X \vee Y)$ 是交换群, 故得公式 (4.1.41). 定理证毕.

4.1.7 一些流形的同伦群

应用前面介绍的正合同伦序列, 我们可以对一些流形的部分同伦群给予计算. 同伦群与同调群不同, 它的计算问题是一个困难的课题, 即使像球面这样最简单的流形, 它的全部同伦群计算仍是一个没有完全解决的问题. 下面给出一些例子

例 4.2 $P^n(n \geqslant 2)$ 与 $L^{2n+1}(P,Q)$ 的同伦群. 我们知道 S^n 是 P^n 的覆迭空间, 即纤维 $F = \{x, -x)$ 的纤维丛 $\pi: S^n \to P^n$. 此外

$$\pi_k(F, x_0) = 0, \quad \forall k \geqslant 1.$$

从正合序列 (4.1.32) 可推出 $\pi_k(P^n) = \pi_k(S^n)$, $k \geqslant 2$. 由 (4.1.31) 的一一对应

$$\tilde{\pi}_*: \pi_1(S^n, \{x_0, -x_0\}, x_0\} \to \pi_1(P^n, x_0),$$

而 $\pi_1(S^n, \{x_0, -x_0\}, x_0)$ 仅有一个非零元素, 即在 S^n 中连接 x_0 与 $-x_0$ 的曲线. 因此有 $\pi_1(P^2, x_0) = \mathbb{Z}_2$. 这样得到

$$\pi_k(P^n) = \begin{cases} \pi_k(S^n), & k \geqslant 2, \\ \mathbb{Z}_2, & k = 1, \end{cases} \quad (n \geqslant 2). \tag{4.1.42}$$

同样, S^{2n+1} 也是透镜空间 $L^{2n+1}(P,Q)$ 的覆迭空间 $\pi: S^{2n+1} \to L^{2n+1}(P,Q)$, 其纤维 $F = \{x_1, \cdots, x_p\}$ 是 S^{2n+1} 上的 p 个点. 类似于实投影空间 P^n, 可以得到 $L^{2n+1}(P,Q)$ 的同伦群为

$$\pi_k(L^{2n+1}(P,Q)) = \begin{cases} \pi_k(S^{2n+1}), & k \geqslant 2, \\ \mathbb{Z}_p, & k = 1, \end{cases} \quad (n \geqslant 1). \tag{4.1.43}$$

从公式 (4.1.42) 和 (4.1.43) 以及同伦几何化性质 (引理 4.4) 可以看出, 球面 S^n 的全部同伦群 $\pi_k(S^n)(k \geqslant 1)$ 的计算对于一般流形同伦群的计算具有至关重要的影响.

例 4.3 $S^n(n = 1, 2, 4, 8)$ 的同伦群计算公式. 之所以选取这些球面是因为 R^1 是 S^1 的覆迭空间, 而 S^{2n-1} 是以 S^n $(n = 2, 4, 8)$ 为底空间的 Hopf 纤维化. 首先来看 S^1 的同伦群. 显然

$$\pi: R^1 \to S^1, \quad \pi(t) = e^{i2\pi t}$$

是一个纤维映射, 其纤维为 $F=\{0,\pm 1,\pm 2,\cdots\}$. 取 $x_0=0$, 则由

$$\pi_k(R^1,x_0)=0,\quad \pi_k(F,x_0)=0,\quad \forall k\geqslant 1,$$

以及正合序列 (4.1.32) 可推知 $\pi_k(S^1)=0$, $\forall k\geqslant 2$. 再由 (4.1.31)

$$\pi_1(R^1,F,x_0)\to\pi_1(M,e_0)\text{是一一对应}(e_0=\pi(0)).$$

而 $\pi_1(R^1,F,x_0)$ 与 $\mathbb{Z}$ 一一对应. 因此有 $\pi_1(S^1)=\mathbb{Z}$. 于是有

$$\pi_k(S^1)=\begin{cases}\mathbb{Z}, & k=1,\\ 0, & k\geqslant 2.\end{cases} \tag{4.1.44}$$

考察 S^2 的同伦群. 由 Hopf 纤维化

$$\begin{array}{ccc} S^1 & \to & S^3 \\ & & \downarrow\pi \\ & & S^2 \end{array}$$

以及 (4.1.44), 从正合序列 (4.1.32) 可得 $\pi_k(S^3)\simeq\pi_k(S^2)$ 对 $k\geqslant 3$. 而当 $r<k$ 时 S_r 在 S_k 中可缩, 故有

$$\pi_r(S^k)=0,\quad \forall r<k.$$

由 $\pi_k(S^3)=0$ $(k<3)$ 可推知

$$\pi_2(S^2)\simeq\pi_1(S^1)=\mathbb{Z},$$

于是得到

$$\pi_k(S^2)=\begin{cases}0, & k=1,\\ \mathbb{Z}, & k=2,\\ \pi_k(S^3), & k\geqslant 3.\end{cases} \tag{4.1.45}$$

现在讨论 S^4 的同伦群. 由 Hopf 纤维化

$$\begin{array}{l} S^3\to S^7 \\ \downarrow\pi \\ S^4 \end{array}$$

以及同构关系 (4.1.31), 可得

$$\pi_k(S^7,S^3)\simeq\pi_k(S^4),\quad k\geqslant 2.$$

此外, 再由 $S^3 \subset S^7$ 在 S^7 中可缩, 根据定理 4.4 结论 (3) 有

$$\pi_k(S^7, S^3) \simeq \pi_k(S^7) \oplus \pi_{k-1}(S^3), \quad k \geqslant 2.$$

于是得到公式

$$\pi_k(S^4) = \pi_k(S^7) \oplus \pi_{k-1}(S^3).$$

因而有

$$\pi_k(S^4) = \begin{cases} 0, & 1 \leqslant k \leqslant 3, \\ \pi_{k-1}(S^3), & 4 \leqslant k \leqslant 6, \\ \pi_k(S^7) \oplus \pi_{k-1}(S^3), & k \geqslant 7. \end{cases} \tag{4.1.46}$$

最后考察 S^8 的同伦群. Hopf 纤维化为

$$\begin{array}{rl} S^7 \rightarrow & S^{15} \\ & \downarrow \pi \\ & S^8 \end{array}$$

类似于 S^4 情况, 有

$$\pi_k(S^8) = \pi_k(S^{15}) \oplus \pi_{k-1}(S^7).$$

因此得到

$$\pi_k(S^8) = \begin{cases} 0, & 1 \leqslant k \leqslant 7, \\ \pi_{k-1}(S^7), & 8 \leqslant k \leqslant 14, \\ \pi_k(S^{15}) \oplus \pi_{k-1}(S^7), & k \geqslant 15. \end{cases} \tag{4.1.47}$$

关系式 (4.1.44)~(4.1.47) 提供了 $S^n(n = 1, 2, 4, 8)$ 的同伦群计算公式.

例 4.4　复投影空间 $\mathbb{C}P^n$ 的同伦群. 在 1.1.6 小节中可以知道, 以 S^1 为纤维, $\mathbb{C}P^n$ 为底空间的纤维丛

$$\begin{array}{rl} S^1 \rightarrow & S^{2n+1} \\ & \downarrow \pi \\ & \mathbb{C}P^n \end{array}$$

由 (4.1.44) 及同伦序列 (4.1.32) 可得同构关系

$$\begin{aligned} \pi_*: \ & \pi_k(\mathbb{C}P^n) \simeq \pi_k(S^{2n+1}), \quad k \geqslant 3, \\ \partial_*: \ & \pi_2(\mathbb{C}P^n) \simeq \pi_1(S^1) = \mathbb{Z}. \end{aligned}$$

此外有

$$0 \rightarrow \pi_1(\mathbb{C}P^n) \rightarrow \pi_0(S^1) \rightarrow \pi_0(S^{2n+1}) \rightarrow \pi_0(\mathbb{C}P^n) \rightarrow 0.$$

由于 S^1, S^{2n+1}, 和 $\mathbb{C}P^n$ 是道路连通的, $\pi_0(S^1)$, $\pi_0(S^{2n+1})$ 和 $\pi_0(\mathbb{C}P^n)$ 只有一个元素 $\{0\}$. 因此有 $\pi_1(\mathbb{C}P^n)=0$. 于是得到

$$\pi_k(\mathbb{C}P^n)=\begin{cases}0, & k=1,\\ \mathbb{Z}, & k=2,\\ \pi_k(S^{2n+1}), & k\geqslant 3.\end{cases} \tag{4.1.48}$$

例 4.5 正交群 $O(n)$ 与 $SO(n)$, $U(n)$ 与 $SU(n)$ 的同伦群之间的关系. 它们之间有如下关系

$$\begin{array}{ccc} \mathbb{Z}_2\to O(n) & \quad & S^1\to U(n)\\ \downarrow\pi & & \downarrow\pi\\ SO(n) & & SU(n)\end{array}$$

从而立刻得到关系式

$$\begin{cases}\pi_k(O(n))\simeq\pi_k(SO(n)), & k\geqslant 1.\\ \pi_k(U(n))\simeq\pi_k(SU(n)), & k\geqslant 3.\end{cases} \tag{4.1.49}$$

事实上, 对于 $k=1,2$, $U(n)$ 与 $SU(n)$ 的同伦群有关系

$$\begin{cases}\pi_2(U(n))\simeq\pi_2(SU(n)),\\ \pi_1(U(n))\simeq\pi_1(SU(n))\oplus\mathbb{Z}.\end{cases} \tag{4.1.50}$$

例 4.6 注意到下面纤维映射

$$\begin{array}{cc} U(n)\to & U(n+1)\\ & \downarrow\\ & U(n+1)/U(n)=S^{2n+1}\end{array}$$

从这个纤维丛的同伦序列

$$\to\pi_{k+1}(S^{2n+1})\to\pi_k(U(n))\to\pi_k(U(n+1))\to\pi_k(S^{2n+1})\to, \tag{4.1.51}$$

推出同构

$$\pi_k(U(n))\simeq\pi_k(U(n+1)),\quad \forall k\leqslant 2n-1,$$

进而归纳地推得

$$\pi_k(U(n))\simeq\pi_k(U(n+m)),\quad \forall k\leqslant 2n-1,\ m\geqslant 1.$$

同理, 对于正交群的纤维映射

$$\begin{array}{ccc} O(n) \to & O(n+1) \\ & \downarrow \\ & O(n+1)/O(n) = S^n \end{array}$$

可得同构 $\pi_k(O(n)) \simeq \pi_k(O(n+1))$, $\forall k \leqslant n-2$. 于是得到

$$\begin{cases} \pi_k(O(n)) \simeq \pi_k(O(n+m)), & \forall k \leqslant n-2,\ m \geqslant 1, \\ \pi_k(U(n)) \simeq \pi_k(U(n+m)), & \forall k \leqslant 2n-1,\ m \geqslant 1. \end{cases} \tag{4.1.52}$$

再由 (4.1.49) 和 (4.1.50) 可知

$$\begin{cases} \pi_k(SO(n)) \simeq \pi_k(SO(n+m)), & \forall k \leqslant n-2,\ m \geqslant 1, \\ \pi_k(SU(n)) \simeq \pi_k(SU(n+m)), & \forall k \leqslant 2n-1,\ m \geqslant 1. \end{cases} \tag{4.1.53}$$

如果考虑纤维映射

$$\begin{array}{ccc} U(n) \to U(n+m) \\ \downarrow \\ V_m(\mathbb{C}^{n+m}) \end{array}$$

的正合序列

$$\to \pi_k(U(n)) \to \pi_k(U(n+m)) \to \pi_k(V_m(\mathbb{C}^{n+m})) \to \pi_{k-1}(U(n)) \to .$$

由 (4.1.52), 以及在 (4.1.51) 中当 $k=2n$ 时 $\pi_{2n}(U(n)) \to \pi_{2n}(U(n+1))$ 是满射的, 进而归纳地推知

$$\pi_{2n}(U(n)) \to \pi_{2n}(U(n+k)) \text{ 是满的,}$$

可以得到 $\pi_k(V_m(\mathbb{C}^{n+m})) = 0$, $\forall k \leqslant 2n$. 同理可推知 $\pi_k(V_m(R^{n+m})) = 0$, $\forall k \leqslant n-1$. 于是有

$$\begin{cases} \pi_k(V_m(R^{n+m})) = 0, & \forall k \leqslant n-1, \\ \pi_k(V_m(\mathbb{C}^{n+m})) = 0, & \forall k \leqslant 2n. \end{cases} \tag{4.1.54}$$

换句话说, 实的 Stiefel 流形 $V_m(R^{n+m})$ 是 $n-1$ 连通的, 而 $V_m(\mathbb{C}^{n+m})$ 是 $2n$ 连通的. 最后, 由纤维化

$$\begin{array}{ccc} O(n) \to V_m(R^{n+m}) & \qquad & U(n) \to V_m(\mathbb{C}^{n+m}) \\ \downarrow & & \downarrow \\ G_m(R^{n+m}) & & G_m(\mathbb{C}^{n+m}) \end{array}$$

及 (4.1.54) 可得

$$\begin{cases} \pi_k(O(n)) \simeq \pi_{k+1}(G_m(R^{n+m})), & k \leqslant n-2, \\ \pi_k(U(n)) \simeq \pi_{k+1}(G_m(\mathbb{C}^{n+m})), & k \leqslant 2n-1. \end{cases} \tag{4.1.55}$$

4.2 一些重要性质

4.2.1 共轭元的球面定理

在第 2 章中已经阐明了流形共轭元与同调群之间的关系. 实际上共轭元与同伦群也有一定的关联. 特别是由 4.1.4 小节中关于同伦群几何化的基本性质, 再结合注 2.9 陈述的共轭元球面性质, 可以在同调群与同伦群之间建立某种联系. 这就是著名的 Hurewicz 定理, 我们将在 4.2.3 小节中介绍. 现在将注 2.9 给出的结果作为定理在这里给予陈述与证明.

定理 4.6(共轭元球面定理) 令 M 是一个流形, 并且记

$$k=\min\{m\geqslant 1|\ \Gamma^m\text{是}M\text{的}m\text{维紧共轭元}\}.$$

则有如下结论:

(1)M 的所有 k 维紧共轭元 Γ^k 一定是同调球, 并且当 M 是单连通时, Γ^k 是 k 维球面;

(2) 若 Γ^k 是模 $-r$ 下共轭元, 即存在 $k+1$ 维共轭元 π^{k+1} 使得 $\partial\pi^{k+1}=r\Gamma^k$, 且 M 单连通, 则 π^{k+1} 一定是如 (4.1.13) 那样的 r 边缘盘.

证明 由假设, Γ^k 是 M 最小维数的非平凡共轭元. 因此, 作为拓扑空间 Γ^k 内不含有任何维数小于 k 的非平凡共轭元, 它满足条件

$$\partial\Gamma^k=0.$$

这说明 Γ^k 是 M 的一个子流形. 由流形的下同调几何化定理 (定理 2.7),

$$H_q(\Gamma^k,\mathbb{Z})=\begin{cases}\mathbb{Z}, & q=0,k,\\ 0, & \text{其他}.\end{cases}$$

这就表明 Γ^k 是一个 k 维同调球.

假设 $\partial\pi^{k+1}=r\Gamma^k$. 如果 π^{k+1} 不是 r 边缘盘, 则 π^{k+1} 中一定含有共轭偶 $(\sigma^i,\gamma^{k+1-i})$, $i\geqslant 1$, 它们也是 M 的共轭元. 但是当 $k\geqslant 2$ 时 σ^i 与 γ^{k+1-i} 中必有一个维数小于 k, 即

$$\min\ \{i,k+1-i\}<k.$$

此与定理假设矛盾. 定理证毕.

实际上, 定理 4.6 的结论 (2) 对 $k=1$ 且 M 是非单连通情况也成立. 对于带边流形 M, 也同样有像定理 4.6 那样的结果. 下面给出的是带边流形的最小维数共轭元的球面 (体) 定理.

定理 4.7　令 M 是一个带边流形, 整数 $k \geqslant 1$ 如定理 3.6. 则有下面结论:

(1) M 的所有 k 维紧共轭元 Γ^k 不是同调球就是同调盘 (即同调平凡的带边紧流形), 并且当 M 是单连通时 Γ^k 或是球面或是闭盘.

(2) 若 Γ^k 是模 $-r$ 下共轭元, 即 $\partial\pi^{k+1} = r\Gamma^k \bmod(\partial M)$, 当 M 是单连通时, $\pi^{k+1}/(\pi^{k+1}\cap\partial M)$ 是一个 r 边缘盘.

定理 4.7 与定理 4.6 是平行的两个定理, 这里省去定理 3.7 的证明.

4.2.2　$\pi_n(S^n)$ 的计算与 Hopf 同伦分类

在例 4.2 中看到

$$\pi_k(S^n) = 0, \quad \forall k < n.$$

现在要求出 $\pi_n(S^n)$. 从感觉上都知道, 当用一个橡皮筋缠一个管子时. 如果绕了 n 圈, 则不管怎样形变它都不可能变为 m 圈 $(m \neq n)$ 的缠绕. 这种缠绕在数学上就是映射

$$f:\ S^1 \to S^1.$$

若规定朝某个方向缠绕为正, 相反方向为负, 并且确定某点 $x_0 \in S^1$ 在管子上不动, 则下面对应

$$f \to \pm n,\ \text{当}\ f\ \text{在}\ S^1\quad \text{上正向或负向绕}\ n\ \text{圈}$$

给出同伦群 $\pi_1(S^1)$ 的一个同态

$$\pi_1(S^1, x_0) \to \mathbb{Z}.$$

而 n 圈不能变为 $m(\neq n)$ 圈的经验告诉我们上面对应是一一的. 这就在数学上产生下面同构

$$\pi_1(S^1, x_0) = \mathbb{Z}.$$

将此经验推广到一般 n 维球面 S^n 上就是下面结论.

引理 4.6　对于 n 维球面 S^n $(n \geqslant 1)$, 有

$$\pi_n(S^n) = \mathbb{Z}.$$

证明　我们将证明

$$h:\ \pi_n(S^n) \simeq H_n(S^n) = \mathbb{Z}. \tag{4.2.1}$$

令 $x_0 \in S^n$ 是一个基点, 则恒等映射

$$id:\ (S^n, x_0) \to (S^n, x_0), \tag{4.2.2}$$

其同伦类 $[f_1]$ 是 $\pi_n(S^n)$ 的一个生成元, $f_1 \simeq id$. 显然 f_1 的诱导同态

$$f_{1*}:\ H_n(S^n) \to H_n(S^n)\text{满足}f_{1*}([S^n]) = [S^n],$$

这里 $[S^n]$ 是 $H_n(S^n)$ 的基本类. 由定义可知下面的和

$$\underbrace{[f_1] + \cdots + [f_1]}_{k} = [f_k] \in \pi_n(S^n),$$
$$\underbrace{[\bar{f}_1] + \cdots + [\bar{f}_1]}_{k} = [\bar{f}_k] \in \pi_n(S^n),$$

其代表元 $f_k:\ S^n \to S^n$ 的像 $f_k(S^n)$ 将 S^n 保定向地覆盖 k 次, 见图 4.1 和图 4.2, 而 $\bar{f}_k(S^n)$ 将 S^n 反定向地覆盖 k 次, 其中 $[\bar{f}_1]$ 是 $[f_1]$ 的逆元素. 这表明 f_k 和 $\bar{f}_k$ 的诱导同态

$$f_{k*},\ \bar{f}_{k*}:\ H_n(S^n) \to H_n(S^n)$$

具有性质

$$\begin{aligned} f_{k*}([S^n]) &= k[S^n], \\ \bar{f}_{k*}([S^n]) &= -k[S^n]. \end{aligned} \tag{4.2.3}$$

然后定义同态 $h:\ \pi_n(S^n) \to H_n(S^n)$ 为

$$h([f]) = k[S^n], \quad \text{当}f_{k*}([S^n]) = k[S^n],\ k \in \mathbb{Z}.$$

从 $[f_k] \in \pi_n(S^n)$ 可知

$$h:\ \pi_n(S^n) \to H_n(S^n)\text{为满同态}.$$

为了证明 h 的单一性, 只需证明对任何映射

$$f:\ (S^n, x_0) \to (S^n, x_0), \tag{4.2.4}$$

若 $f_*([S^n]) = [S^n]$, 则 f 与 (4.2.2) 的恒等映射同伦: $f \simeq id$.

关于 n 采用归纳法来证. 当 $n = 1$ 时, 这样的 f 等价于映射, 见图 4.6,

$$\begin{cases} f:\ [0,1] \to [0,1], \\ f(0) = 0, \quad f(1) = 1, \end{cases}$$

其中 $x = 0$ 与 $x = 1$ 视为同一点, 并且 $x_0 = 0$.

显然伦移 $H_t(x) = tx + (1-t)f(x)$ 给出一个同伦 $f \simeq id$, 满足

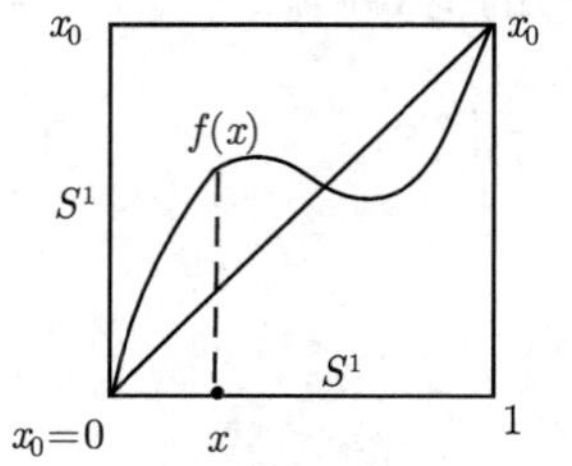

图 4.6 $f(S^1)$ 覆盖 S^1 一次, 且 f 能形变到对角线上, 即 $f \simeq id$

$$\begin{cases} H_t: [0,1] \to [0,1], \quad 0 \leqslant t \leqslant 1, \quad x=0 \simeq x=1, \\ H_t(0)=0, \quad H_t(1)=1, \\ H_0 = f, \quad H_1 = id. \end{cases}$$

现在假设对 $n \geqslant 1$ 结论成立, 即对任意映射 (4.2.4) 当 $f(S^n)$ 覆盖 S^n 一次时, 则 $f \simeq id$. 需要证明该结论对 $n+1$ 也成立. 此时 f 等价于将 $n+1$ 维单位闭盘 D^{n+1} 映到 D^{n+1} 保持边界 $S^n = \partial D^{n+1}$ 映到 ∂D^{n+1} 上, 并且覆盖一次,

$$\begin{cases} f: D^{n+1} \to D^{n+1}, \\ f|_{\partial D^{n+1}}: \partial D^{n+1} \to \partial D^{n+1} (= S^n), \quad \text{且} f_*([S^n]) = [S^n]. \end{cases} \tag{4.2.5}$$

由归纳假设, 存在同伦

$$\begin{cases} F_t: \partial D^{n+1} \to \partial D^{n+1} (= S^n), \\ F_0 = f|_{\partial D^{n+1}}, \quad F_1 = id. \end{cases} \tag{4.2.6}$$

此外, 柱体 $D^{n+1} \times I$ 的边界部分 $\sqcup = \partial D^{n+1} \times I \cup D^{n+1} \times \{0\}$ 是 $D^{n+1} \times I$ 的收缩核, 即 $D^{n+1} \times I$ 可以收缩成 $\sqcup$, 并保持 $\sqcup$ 不动. 这意味着存在下面那样的映射

$$\begin{cases} h: D^{n+1} \times I \to \sqcup \ (= D^{n+1} \times \{0\} \cup \partial D^{n+1} \times I), \\ h|_{\sqcup} = id: \sqcup \to \sqcup. \end{cases}$$

再由 (4.2.5) 和 (4.2.6) 可建立映射

$$F: \sqcup \to \sqcup,$$
$$F = \begin{cases} F_t, & \text{当}(x,t) \in \partial D^{n+1} \times I, \\ f, & \text{当}(x,t) = (x,0) \in D^{n+1} \times \{0\}. \end{cases}$$

然后构造映射

$$\tilde{H}_t: D^{n+1} \to D^{n+1},$$
$$\tilde{H}_t = P \circ h(F(\cdot,t),t), \quad t \in I,$$

那里 $P: \sqcup \to D^{n+1}$ 是投影

$$P(x,t) = x, \quad \forall (x,t) \in \sqcup.$$

容易看出 $\tilde{H}_t$ 具有性质

$$\begin{cases} \tilde{H}_0 = f, \\ \tilde{H}_1 = P \cdot h(\cdot,1), \qquad \text{并且} \tilde{H}_1|_{\partial D^{n+1}} = id: \partial D^{n-1} \to \partial D^{n-1}, \end{cases}$$

即 f 与 $\tilde{H}_1$ 同伦. 由于 $\tilde{H}_1:\ D^{n+1}\to D^{n+1}$ 在边界 ∂D^{n+1} 上是恒等的, 故可作同伦

$$H_t = tid + (1-t)\tilde{H}_1:\ D^{n+1}\to D^{n+1}.$$

于是得到

$$f\simeq \tilde{H}_1,\quad \tilde{H}_1\simeq id.$$

因此有 $f\simeq id$. 同构关系 (4.2.1) 得证. 证明完毕.

在上面的证明过程中, 实质上已应用了一个重要的概念：映射度. 它最初是由 Brouwer 在 1912 年引入的, 现在通常称之为 Brouwer 度, 分析中的拓扑度理论正是从这产生出来. 其定义如下.

定义 4.5 令 $f:\ S^n\to S^n$ 是一个映射, $n\geqslant 1$, $[S^n]$ 是 $H_n(S^n)$ 的生成元. 若 f 诱导的同态 $f_*:\ H_n(S^n)\to H_n(S^n)$ 产生

$$f_*([S^n]) = k[S^n],\quad k\in\mathbb{Z},$$

则整数 k 称为 f 的映射度, 记为 $\deg\,(f)=k$.

由引理 2.2, 映射度是同伦不变的, 即若 $f\simeq g:\ S^n\to S^n$, 则有 $\deg\,(f)=\deg\,(g)$. 换句话说 $[f]\to\deg\,(f)$ 是单值对应

$$\deg:\ \pi_n(S^n)\to\mathbb{Z}.$$

由于 S^n 是 n 单式的对 $n\geqslant 2$(见定理 3.14), 则可知, 若

$$f:\ (S^n,x_0)\to(S^n,x_0),$$
$$g:\ (S^n,y_0)\to(S^n,y_0)$$

满足 $\deg(f)=\deg(g)$, $\forall x_0,y_0\in S^n$, 则一定有 $f\simeq g$. 这就产生出下面的 Hopf 球面同伦分类定理.

定理 4.8 令 $f,g:\ S^n\to S^n$ 是两个映射, $n\geqslant 1$. 则 $f\simeq g:\ S^n\to S^n$ 的充分必要条件是 $\deg\,(f)=\deg\,(g)$.

映射度还有下面几个基本性质：

(1) 乘积性质：若 $f,g:\ S^n\to S^n$, 则

$$\deg\,(f\circ g)=\deg\,(f)\cdot\deg\,(g).$$

(2) 若 $f:\ S^n\to S^n$ 同伦于常值映射, 则

$$\deg\,(f)=0.$$

(3) 对于恒等映射 $id: S^n \to S^n$ 有

$$\deg\,(id) = 1.$$

(4) 关于对径映射 $h(x) = -x$, 有

$$\deg\,(h) = (-1)^{n+1},$$

即当 $n=$ 奇数时, 对径映射 h 是保定向的, 当 $n=$ 偶数时, h 是反定向的.

4.2.3 Hurewicz 定理

Hurewicz 定理是同伦论中最重要的定理之一, 它主要是在同伦群与同调群之间建立联系, 是计算同伦群的一个有力工具. 该定理陈述如下.

定理 4.9(Hurewicz 定理)　令 X 是一个拓扑空间, $A \subset X$ 为子空间. 则下面结论成立:

(1) 若 X 是 $(k-1)$ 连通空间, $k \geqslant 2$, 则有同构

$$\pi_k(X) \simeq H_k(X, \mathbb{Z}).$$

(2) 若空间偶 (X, A) 是 $(k-1)$ 连通的 $(k \geqslant 3)$, 即 $\pi_i(X, A) = 0$, 对 $1 \leqslant i \leqslant k-1$, 则有同构

$$\pi_k(X, A) \simeq H_k(X, A, \mathbb{Z}).$$

证明　共轭元的球面定理 (定理 4.6 和定理 4.7) 能够很好地帮助我们理解该定理的本质. 实际上, 由同伦群的几何化表示可以看到, 拓扑空间 X 中只有同伦球, 如球面、实投影空间、透镜空间等这样的在 X 中不可缩子空间才可能对 $\pi_k(X)$ 有所贡献. 特别是 X 中不可缩的球面子空间 S^k, 它对 $\pi_k(X)$ 一定有贡献. 而共轭元球面定理告诉我们流形 X 中最小维数的不可缩共轭元一定是球面 (拓扑空间也是如此). 这些球面即是 $\pi_k(X)$ 的生成元, 也是 $H_k(X, \mathbb{Z})$ 的生成元. 这就产生了 Hurewicz 定理. 下面应用定理 4.6 和定理 4.7 来证明该定理.

这里只考虑 X 是一个流形的情况. 令 X 的所有 k 维共轭元为

$$\Gamma_1, \cdots, \Gamma_m, \quad \Sigma_{q_1}, \cdots, \Sigma_{q_r},$$

其中 Γ_j $(1 \leqslant j \leqslant m)$ 是自由共轭元, Σ_{q_i} $(1 \leqslant i \leqslant r)$ 是模 $-q_i$ 下共轭元. 由假设 X 是 $(k-1)$ 连通的, 因此 X 没有维数小于 k 的非平凡共轭元. 再由定理 4.6 可知 Γ_j 和 Σ_{q_j} 都是在 X 中不可缩的 k 维球面.

由同调几何化定理 (定理 2.7),

$$\begin{aligned} H_k(X, \mathbb{Z}) &= \mathbb{Z}\{\Gamma_1, \cdots, \Gamma_m\} \oplus_{i=1}^{r} \mathbb{Z}_{q_i}\{\Sigma_{q_i}\} \\ &= \underbrace{\mathbb{Z} \oplus \cdots \oplus \mathbb{Z}}_{m} \oplus \mathbb{Z}_{q_1} \oplus \cdots \oplus \mathbb{Z}_{q_r}. \end{aligned}$$

此外由引理 4.4, 每个 k 维球面 Γ_j 和 Σ_{q_i} 都是 $\pi_k(X)$ 的生成元, 并且由结论 (5) 可知

$$\pi_k(X) = \mathbb{Z}\{\Gamma_1, \cdots, \Gamma_m\} \oplus_{i=1}^{r} \mathbb{Z}_{q_i}\{\Sigma_{q_i}\}.$$

因此有

$$\pi_k(X) \simeq H_k(X, \mathbb{Z}).$$

这就是 Hurewicz 定理的结论 (1). 注意, 引理 4.4(5) 已应用了基本性质 3.5.

关于结论 (2) 其原理与结论 (1) 是一样的. 只是这里的共轭元 Γ_j, Σ_{q_i} 或是 k 维球面, 或是边界在 ∂X 上的 k 维闭盘. 然后再由定理 3.7 与相对同调的几何化定理 (定理 2.24) 便可推出结论 (2). 定理证毕.

注 4.5 对于一般道路连通空间 X 以及空间偶 (X, A), 因为基本群 $\pi_1(X)$ 和相对同伦群 $\pi_2(X, A)$ 一般情况下是不可交换的, 因此关于它们的 Hurewicz 定理表达形式与定理 4.9 是不一样的. 关于 $\pi_1(X)$ 与 $H_1(X)$ 的关系放在下一小节中介绍, 而关于 $\pi_2(X, A)$ 有如下同构:

$$H_2(X, A, \mathbb{Z}) \simeq \frac{\pi_2(X, A)}{\tilde{\pi}_2(X, A)},$$

其中 $\tilde{\pi}_2(X, A)$ 是 $\pi_2(X, A)$ 的正规子群 (即对任 $\sigma \in \tilde{\pi}_2(X, A)$, $\gamma \in \pi_2(X, A)$ 有 $\gamma\sigma\gamma^{-1} \in \tilde{\pi}_2(X, A)$, 或 $(\gamma + \sigma - \gamma) \in \tilde{\pi}_2(X, A)$), 它定义为

$$\tilde{\pi}_2(X, A) = \text{由}\{\sigma \cdot (\eta_*(\sigma))^{-1} |\ \sigma \in \pi_2(X, A),\ \eta \in \pi_1(A)\}\text{生成的群},$$

这里 $\eta_*: \ \pi_2(X, A) \simeq \pi_2(X, A)$ 是由 $\eta \in \pi_1(A)$ 产生的在 $\pi_2(X, A)$ 上作用, 关于 $\pi_1(A)$ 在 $\pi_k(X, A)$ 上的作用概念可参见 4.3.2 小节.

下面给出的例子表明定理 4.9 的应用.

例 4.7 计算 $S^n \vee S^m$ 的同伦群, 这里 $n, m \geqslant 2$. 由公式 (4.1.41),

$$\pi_k(S^n \vee S^m) = \pi_k(S^n) \oplus \pi_k(S^m) \oplus \pi_{k+1}(S^n \times S^m, S^n \vee S^m).$$

容易看出 $S^n \times S^m$ 和 $S^n \vee S^m$ 都是单连通的. 此外有

$$H_k(S^n \vee S^m) = \begin{cases} \mathbb{Z}, & k = 0, \\ H_k(S^n) \oplus H_k(S^m), & k \geqslant 1. \end{cases}$$

而由 Hünneth 公式

$$H_k(S^n \times S^m) = \begin{cases} \mathbb{Z}, & k = 0, n+m, \\ H_k(S^n) \oplus H_k(S^m), & \text{其他}. \end{cases}$$

即除了 $k=n+m$ 外, $H_k(S^n\vee S^m)$ 与 $H_k(S^n\times S^m)$ 同构, 它们的生成元相同. 因此包含映射 $i:\ S^n\vee S^m\to S^n\times S^m$ 诱导出同构

$$i_*:\ H_k(S^n\times S^m)\simeq H_k(S^n\vee S^m),\quad \forall k\neq n+m.$$

再由同调序列

$$\begin{aligned}&\to H_k(S^n\vee S^m)\xrightarrow{i_*}H_k(S^n\times S^m)\to H_k(S^n\times S^m,S^n\vee S^m)\\&\hookrightarrow H_{k-1}(S^n\vee S^m)\xrightarrow{i_*}H_{k-1}(S^n\times S^m)\to\cdots,\end{aligned}$$

可推知

$$\begin{aligned}&H_k(S^n\times S^m,S^n\vee S^m)=0,\quad \forall k\neq n+m,\\&H_{n+m}(S^n\times S^m,S^n\vee S^m)=H_{n+m}(S^n\times S^m)=\mathbb{Z}.\end{aligned}$$

再由 $(S^n\times S^m,S^n\vee S^m)$ 是单连通, 以及定理 4.9 可推得

$$\pi_k(S^n\times S^m,S^n\vee S^m)=\begin{cases}0, & k<n+m,\\ \mathbb{Z}, & k=n+m.\end{cases}$$

由此得到公式

$$\pi_k(S^n\vee S^m)=\begin{cases}\pi_k(S^n)\oplus\pi_k(S^m), & 1\leqslant k\leqslant n+m-2,\\ \pi_k(S^n)\oplus\pi_k(S^m)\oplus\mathbb{Z}, & k=n+m-1.\end{cases}\tag{4.2.7}$$

例如对于 $S^2\vee S^2$, 由 (4.1.45) 可知

$$\pi_3(S^2)=\begin{cases}0, & k=1,\\ \mathbb{Z}, & k=2,3.\end{cases}$$

再由 (4.2.7) 得到

$$\pi_k(S^2\vee S^2)=\begin{cases}0, & k=1,\\ \mathbb{Z}\oplus\mathbb{Z}, & k=2,\\ \mathbb{Z}\oplus\mathbb{Z}\oplus\mathbb{Z}, & k=3.\end{cases}$$

例 4.8　计算 $X_r=S^n\vee\cdots\vee S^n$ (r 个和) 的同伦群. 由公式 (4.2.7) 采用归纳法可以推出

$$\pi_k(X_r)=\begin{cases}\underbrace{\pi_k(S^n)\oplus\cdots\oplus\pi_k(S^n)}_{r}, & 1\leqslant k\leqslant 2n-2,\\ \underbrace{\pi_k(S^n)\oplus\cdots\oplus\pi_k(S^n)}_{r}\oplus\underbrace{\mathbb{Z}\oplus\cdots\oplus\mathbb{Z}}_{m}, & k=2n-1,\end{cases}\tag{4.2.8}$$

其中 $m=(r-1)r/2$.

显然, 公式 (4.2.8) 对 $r=2$ 成立 (由 (4.2.7)). 假设 (4.2.8) 对 $r-1\geqslant 2$ 成立, 将证明它对 r 也成立. 由 (4.1.41) 有

$$\pi_k(X_{r-1}\vee S^n)=\pi_k(X_{r-1})\oplus\pi_k(S^n)\oplus\pi_{k+1}(S^n\times X_{r-1},X_r). \tag{4.2.9}$$

由同调序列可算出

$$H_k(S^n\times X_{r-1},X_r)=\begin{cases}0, & k<2n,\\ H_k(S^n\times X_{r-1}), & k=2n.\end{cases}$$

再由 $(S^n\times X_{r-1},X_r)$ 的单连通性及定理 3.9 可得

$$\begin{aligned}\pi_{k+1}(S^n\times X_{r-1},X_r)&=\begin{cases}0, & 1\leqslant k\leqslant 2n-2,\\ H_{k+1}(S^n\times X_{r-1}), & k=2n-1,\end{cases}\\ &=\begin{cases}0, & 1\leqslant k\leqslant 2n-2,\\ \underbrace{\mathbb{Z}\oplus\cdots\oplus\mathbb{Z}}_{r-1}, & k=2n-1.\end{cases}\end{aligned} \tag{4.2.10}$$

根据归纳假设, 从 (4.2.9) 和 (4.2.10) 立即推得 (4.2.8).

4.2.4 基本群的性质

基本群就是一维同伦群 $\pi_1(X)$, 它与 $n\geqslant 2$ 维同伦群的一个本质差别就是 $\pi_1(X)$ 在一般情况下是不可交换的. 这就使得基本群在许多方面具有独特性质. 例如, 道路连通拓扑空间的 Hurewicz 定理与单连通的情形在表述形式上是不一样的, 此外, 关于一维同伦群的 Van Kampen 定理不能够推广到高维同伦群上等. 这一小节专门讨论基本群的性质.

从一个例子出发来考察基本群的不可交换性是如何产生的以及它对群结构的影响. 图 4.7(a) 是一个轮胎面 T^2, 而 (b) 是 T^2 挖去一个开盘 D^2 的拓扑空间 T^2-D^2, 那里 x_0 为基点.

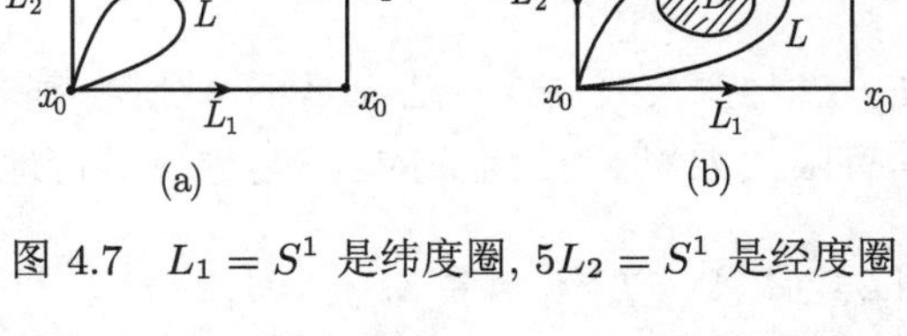

图 4.7 $L_1=S^1$ 是纬度圈, $5L_2=S^1$ 是经度圈

从直观上很容易看出, 在 T^2 中的纬度圈 L_1 与经度圈 L_2 是 T^2 的一维同伦表示, 它们构成 $\pi_1(T^2)$ 的生成元基. 当 T^2 挖去一个开盘 D^2 后, T^2-D^2 中似乎多

出一个圆圈 $\partial D^2 = S^1$. 然而细心观察可以发现 ∂D^2 与图 4.7(b) 中的 L 是同伦的, 而 $L = L_1 + L_2 - L_1 - L_2$, 或等价地同乘法表示可写成

$$\partial D^2 = L = L_1 \cdot L_2 \cdot L_1^{-1} \cdot L_2^{-1}.$$

这说明 $T^2 - D^2$ 与 T^2 相比较, 基本群的生成元没有增加. 但是群结构发生了变化, 这主要表现在圆圈 L 的可缩性方面. 在 T^2 中, 图 4.7(a) 显示出 L 可缩到 x_0 点上, 然而在 $T^2 - D^2$ 中 L 是不可缩的. 这个现象用数学的术语说就是在 $\pi_1(T^2)$ 中 L_1 与 L_2(或等价地与 L_2^{-1}) 是可交换的, 即

$$L = L_1 \cdot L_2 \cdot L_1^{-1} \cdot L_2^{-1} = L_1 \cdot L_1^{-1} \cdot L_2 \cdot L_2^{-1} = 1, \quad 在\pi_1(T^2)中,$$

而在 $\pi_1(T^2 - D^2)$ 中 L_1 与 L_2 是不可交换的,

$$L = L_1 \cdot L_2 \cdot L_1^{-1} \cdot L_2^{-1} \neq 1, \quad 在\pi_1(T^2 - D^2)中,$$

即 $L_2 \cdot L_1^{-1} \neq L_1^{-1} \cdot L_2$.

继续用这个例子来考察可交换性与不可交换性对群结构方面带来的差异. 上面已经分析了, $\pi_1(T^2)$ 与 $\pi_1(T^2 - D^2)$ 的生成元是一样的, 它们是 L_1 和 L_2. 但是在 $\pi_1(T^2)$ 中 L_1 与 L_2 是可交换的, 而在 $\pi_1(T^2 - D^2)$ 中它们不可交换. 这使得 $\pi_1(T^2)$ 可表达成如下形式

$$\begin{aligned}\pi_1(T^2) &= \{L_1^n \cdot L_2^m \mid n, m \in \mathbb{Z}\} \\ &= \{nL_1 + mL_2 \mid n, m \in \mathbb{Z}\} \quad (\text{或等价地采用加法群时}) \\ &= \mathbb{Z} \oplus \mathbb{Z}.\end{aligned} \tag{4.2.11}$$

而 $\pi_1(T^2 - D^2)$ 的表达式为

$$\begin{aligned}\pi_1(T^2 - D^2) &= \{\alpha_1 \cdot \alpha_2 \cdots \alpha_k \mid \alpha_i 是 L_1, L_2, L_1^{-1}, L_2^{-1} 的某一元\} \\ &= \{\alpha_1 + \alpha_2 + \cdots + \alpha_k \mid k \geqslant 1,\ \alpha_i 为 L_1, L_2, -L_1, -L_2 之一\} \\ &\quad (\text{等价地采用加法时}).\end{aligned}$$

换句话说, 由于 $L_1, L_2, L_1^{-1}, L_2^{-1}$(或 $\pm L_1, \pm L_2$) 是不可交换, 基本群 $\pi_1(T^2 - D^2)$ 是由所有这四个元素的有限次乘积 (和) 组成的群. 它也可等价地表达为下面形式

$$\begin{aligned}\pi_1(T^2 - D^2) &= \{L_{j_1}^{k_1} \cdot L_{j_2}^{k_2} \cdots L_{j_m}^{k_m} \mid k_i \in \mathbb{Z},\ j_i = 1, 2,\ m \geqslant 1\} \\ &= \left\{\sum_{i=1}^{m} k_i L_{j_i} \mid k_i \in \mathbb{Z},\ j_i = 1, 2,\ m \geqslant 1\right\} \quad (\text{采用加法时}).\end{aligned} \tag{4.2.12}$$

对照 (3.2.11) 和 (3.2.12) 可知, $\pi_1(T^2)$ 与 $\pi_1(T^2-D^2)$ 之间的关系为

$$\pi_1(T^2)=\pi_1(T^2-D^2)/\pi_1^*(T^2-D^2), \tag{4.2.13}$$

其中 $\pi_1^*(T^2-D^2)$ 是 $\pi_1(T^2-D^2)$ 的子群, 称为换位子群, 定义为

$$\begin{aligned}\pi_1^*(T^2-D^2)&=\{(L_1\cdot L_2\cdot L_1^{-1}\cdot L_2^{-1})^k|\ k\in\mathbb{Z}\}\\&=\{(k(L_1+L_2-L_1-L_2)|\ k\in\mathbb{Z}\}\quad(\text{采用加法时})\end{aligned} \tag{4.2.14}$$

从 (4.2.14) 可以看出 $\pi_1^*(T^2-D^2)\simeq\mathbb{Z}$, 它的元素 $(L_1L_2L_1^{-1}L_2^{-1})^k$ 的几何意义是围着 ∂D^2 绕了 k 圈的 S^1, 当 $k>0$ 时为反时针缠绕, 当 $k<0$ 时为正时针缠绕. 特别地,

$$L_1L_2L_1^{-1}L_2^{-1}=0\Leftrightarrow L_1L_2=L_2L_1.$$

并且从几何上看, $L_1L_2L_1^{-1}L_2^{-1}=0$ 意味着用二维盘 D^2 将 T^2-D^2 的洞补上使得 $L_1L_2L_1^{-1}L_2^{-1}$ 这个圆圈变得可缩到一点. 这就是为什么有 (4.2.13) 同构关系的原因.

从 (4.2.11) 可以看到

$$\pi_1(T^2)\simeq H_1(T^2,\mathbb{Z})\simeq H_1(T^2-D^2,\mathbb{Z}).$$

再由 (4.2.13) 可得到

$$H_1(T^2-D^2,\mathbb{Z})\simeq\pi_1(T^2-D^2)/\pi_1^*(T^2-D^2). \tag{4.2.15}$$

公式 (4.2.15) 对于一般道路连通的拓扑空间也成立, 这就是关于基本群的 Hurewicz 定理. 下面介绍该定理.

令 $\{A_1,\cdots,A_m,\ B_{q_1},\cdots,B_{q_r}\}$ 是 $\pi_1(X)$ 的生成元基, 其中 A_j 在 $\pi_1(X)$ 中是无穷循环的, 而 B_{q_j} 是 q_j 阶有限循环的, 即

$$\pi_1(X)=\begin{cases}\underbrace{\mathbb{Z}\oplus\cdots\oplus\mathbb{Z}}_{m}\oplus\mathbb{Z}_{q_1}\oplus\cdots\oplus\mathbb{Z}_{q_r}, & \text{当}\pi_1(X)\text{可交换},\\ \text{所有}A_j\text{与}B_{q_i}\text{的有限和 (或积)}, & \text{当}\pi_1(X)\text{不可交换}.\end{cases} \tag{4.2.16}$$

令 $\pi_1^*(X)$ 是 $\pi_1(X)$ 的子群, 定义为

$$\begin{cases}\pi_1^*(X)=\text{所有}\alpha-\tilde{\alpha}(\text{或}\alpha\cdot\tilde{\alpha}^{-1})\text{的集合},\\ \alpha=\alpha_1+\cdots+\alpha_m(\text{或}\alpha_1\cdots\alpha_m), \quad \text{每个}\alpha_j\text{是}\pi_1(X)\text{的某个生成元},\\ \tilde{\alpha}=\alpha_{j_1}+\cdots+\alpha_{j_m}(\text{或}\alpha_{j_1}\cdots\alpha_{j_m}), \quad (j_1,\cdots,j_m)\text{是}(1,\cdots,m)\text{的置换}.\end{cases} \tag{4.2.17}$$

$\pi_1^*(X)$ 称为 $\pi_1(X)$ 的换位子群, 显然有如下性质:

(1) $\pi_1(X)$ 是可交换的充分必要条件是 $\pi_1^*(X)=0$;

(2) $\pi_1^*(X)$ 是 $\pi_1(X)$ 的一个正规子群, 即对任 $\beta\in\pi_1(X)$, $\alpha\in\pi_1^*(X)$ 有 $\beta+\alpha-\beta\in\pi_1^*(X)$;

(3) $\pi_1^*(X)$ 是 $\pi_1(X)$ 的最小正规子群使得 $\pi_1(X)/\pi_1^*(X)$ 是一个可交换群 (Abel 群).

下面就是关于道路连通拓扑空间的 Hurewicz 定理.

定理 4.10 令 X 是一个道路连通的拓扑空间, 则有如下同构关系

$$H_1(X,\mathbb{Z})\simeq\pi_1(X)/\pi_1^*(X).$$

证明 从 (4.2.16) 和 (4.2.17) 可以看到 $\pi_1(X)$ 的生成元与商群 $\pi_1(X)/\pi_1^*(X)$ 的生成元是一一对应, 并且对应的生成元循环阶数相等, 即

$$\begin{aligned}&A_j\leftrightarrow[A_j],A_j\in\pi_1(X),\quad [A_j]\in\pi_1(X)/\pi_1^*(X),\\&B_{q_i}\leftrightarrow[B_{q_i}],B_{q_i}\in\pi_1(X),\quad [B_{q_i}]\in\pi_1(X)/\pi_1^*(X).\end{aligned}\tag{4.2.18}$$

此外, 由定理 3.6, $\pi_1(X)$ 的生成元与 $H_1(X,\mathbb{Z})$ 的生成元也是一一对应, 并且对应生成元循环阶数相等:

$$\begin{aligned}&A_j\leftrightarrow[A_j]_H,A_j\in\pi_1(X),\quad [A_j]_H\in H_1(X,\mathbb{Z}),\\&B_{q_i}\leftrightarrow[B_{q_i}]_H,H_{q_i}\in\pi_1(X),\quad [B_{q_i}]_H\in H_1(X,\mathbb{Z}).\end{aligned}\tag{4.2.19}$$

上面两组生成元的一一对应产生两个 Abel 群 $H_1(X,\mathbb{Z})$ 与 $\pi_1(X)/\pi_1^*(X)$ 之间生成元的一一对应. 这就导致定理 4.10 的同构. 定理证毕.

作为这一小节的结束, 最后简要地介绍分解的拓扑空间 $X=X_1\cup X_2$ 基本群的 Van Kampen 定理.

在 (4.2.16) 中已看到, 对任意拓扑空间 X, 基本群 $\pi_1(X)$ 是由可数个具有有限或无限循环阶数的生成元 $\{\alpha_1,\alpha_2,\cdots\}$ 进行自由乘积所生成的群. 将 (4.2.16) 简记为

$$\pi_1(X)=M(\alpha_1,\alpha_2,\cdots).$$

令拓扑空间 Y 的基本群 $\pi_1(Y)$ 生成元基为 $\{\beta_1,\beta_2,\cdots\}$, 则定义 $\pi_1(X)$ 与 $\pi_1(Y)$ 的自由乘积为

$$\pi_1(X)*\pi_1(Y)=M(\alpha_1,\alpha_2,\cdots,\beta_1,\beta_2,\cdots),$$

即 $\pi_1(X)*\pi_1(Y)$ 是由 $\{\alpha_1,\alpha_2,\cdots\}$ 和 $\{\beta_1,\beta_2,\cdots\}$ 进行相互自由乘积所生成的群. 所谓的 Van Kampen 定理是说对于 $X=X_1\cup X_2$, 其中 $X_1,X_2,X_1\cap X_2\neq\varnothing$ 是

道路连通的开集, 则 $\pi_1(X)$ 是 $\pi_1(X_1)$ 与 $\pi_1(X_2)$ 的自由乘积 $\pi_1(X_1)*\pi_2(X_2)$ 中将 $\pi_1(X_1\cap X_2)$ 中元素按等价关系

$$i_1(\alpha)=i_2(\alpha),\quad \forall\alpha\in\pi_1(X_1\cap X_2)$$

所作的商群, 其中 $i_1:\ X_1\to X$ 和 $i_2:\ X_2\to X$ 为包含映射.

更严格地, Van Kampen 定理可表述如下.

定理 4.11　令 $X=X_1\cup X_2$ 是一个拓扑空间, $X_1,X_2,X_1\cap X_2(\neq\varnothing)$ 是道路连通的开子集, $i_k:\ X_k\to X\ (k=1,2)$ 是包含映射, $x_0\in X_1\cap X_2$. 则关于 X 的基本群有如下公式

$$\pi_1(X,x_0)=\pi_1(X_1,x_0)*\pi_1(X_2,x_0)/G,$$

其中 G 是由 $\{i_1(\alpha)\cdot i_2(\alpha^{-1})|\ \alpha\in\pi_1(X_1\cap X_2,x_0)\}$ 生成的正规子群.

注 4.6　若在 $X=X_1\cup X_2$ 中子集 X_1,X_2 和 $X_1\cap X_2(\neq\varnothing)$ 都是闭集, 并且 $X_1\cap X_2$ 在它的一个开邻域中是强形变收缩核, 则定理 4.11 仍然有效. 由此结果可推得公式

$$\pi_1(X\vee Y)=\pi_1(X)*\pi_1(Y),$$

其中 X 和 Y 是道路连通的拓扑空间.

4.2.5　Whitehead 乘积

在 2.3.4 小节中看到, 同调群之间存在着一种乘积结构, 这种乘积在本质上是共轭元对偶积在同调群中的体现. 在同伦群中共轭元的对偶积没有起到作用. 然而, Whitehead 仍然在同伦群上发现了一种乘积运算, 它本质上是由球面拓扑结构决定的. 下面就介绍这个运算.

令 $[f]\in\pi_n(X),\ [g]\in\pi_m(X)$, 则

$$f:\ S^n\to X,\quad g:\ S^m\to X.$$

在另一方面, 我们知道一个 k 维球面 S^k 是将 k 维开盘 D^k 将其边界视为一点 p_0 所成的空间, 可表达为

$$S^k=D^k\cup\{p_0\}.\tag{4.2.20}$$

于是 $S^n\times S^m$ 可表示为

$$S^n\times S^m=D^{n+m}\cup D^n\cup D^m\cup\{p_0\},\tag{4.2.21}$$

其中 $D^{n+m}=D^n\times D^m$ 是一个 $n+m$ 维开盘. 表达式中的四个开盘 D^{n+m},D^n,D^m 和 $D^0=\{p_0\}$ 称为 CW 复形 $S^n\times S^m$ 的四个胞腔, 关于 CW 复形的概念将在后

面 3.4 节中给予定义. 可以看到, 在 (4.2.21) 中子集 $D^n \cup D^m \cup \{p_0\}$ 与 $S^n \vee S^m$ 同胚, 它是由 ∂D^{n+m} 按下面方式导出

$$\begin{aligned}\partial D^{n+m} &= \partial D^n \times D^m \cup D^n \times \partial D^m \\ &= S^m \vee S^n \quad (\text{将}\partial D^n\text{与}\partial D^m\text{视为基点}p_0,\text{再由}(4.2.20)). \end{aligned} \tag{4.2.22}$$

由 (4.2.22), 很自然地可产生一个映射

$$\varphi:\ S^{n+m-1} \to S^n \vee S^m, \quad (S^{n+m-1} = \partial D^{n+m}), \tag{4.2.23}$$

使得

$$\varphi(\partial D^n \times \partial D^m) = p_0.$$

映射 (4.2.23) 是定义 Whitehead 乘积的关键. 令 $[f] \in \pi_n(X)$, $[g] \in \pi_m(X)$, 则 Whitehead 积

$$[f] \times [g] = [h] \in \pi_{n+m-1}(X) \tag{4.2.24}$$

是由下面映射决定

$$h = (f \vee g) \circ \varphi:\ S^{n+m-1} \to X, \tag{4.2.25}$$

其中 φ 如 (4.2.23), $f \vee g:\ S^n \vee S^m \to X$ 定义为

$$f \vee g(x) = \begin{cases} f(y), & x = (y, p_0) \in S^n \times \{p_0\}, \\ g(y), & x = (p_0, y) \in \{p_0\} \times S^m. \end{cases}$$

由 (4.2.24) 和 (4.2.25) 定义的 Whitehead 积只是一个乘积, 与同调群的乘积不同, 它没有单位元. 因而同伦群没有环结构. 但是它有以下性质:

(1) 满足分配律. 对任 $[f_1], [f_2] \in \pi_n(X), [g] \in \pi_m(X)$ 有

$$\begin{aligned}([f_1] + [f_2]) \times [g] &= [f_1] \times [g] + [f_2] \times [g], \\ [g] \times ([f_1] + [f_2]) &= [g] \times [f_1] + [g] \times [f_2].\end{aligned}$$

这个性质可直接从 (4.2.25) 和 $(f_1 + f_2) \vee g = f_1 \vee g + f_2 \vee g$ 推出.

(2) 自然性. 令 $F: X \to Y$ 是一个映射, $F_*:\ \pi_k(X) \to \pi_k(Y)$ 是诱导同态, 则有

$$F_*([f] \times [g]) = F_*[f] \times F_*[g].$$

该性质是由 $F \circ (f \vee g) = F \circ f \vee F \circ g$ 导出.

(3) 斜对称性. 令 $[f] \in \pi_n(X)$, $[g] \in \pi_m(X)$, 则

$$[f] \times [g] = (-1)^{nm}([g] \times [f]). \tag{4.2.26}$$

该性质是由正交变换

$$A\colon\ R^n \times R^m \to R^m \times R^n$$

造成, 此时 $\det A = (-1)^{nm}$, 并且

$$S^{n+m-1} \xrightarrow{A} S^{m+n-1} \xrightarrow{\varphi} S^m \vee S^n$$

满足 $[\varphi] = (-1)^{nm}[\varphi \circ A]$. 再由 (4.2.24) 和 (4.2.25) 便得到 (4.2.26).

(4) 乘积的循环性质. 令 $[f], [g]$ 如上, $[h] \in \pi_k(X)$, $n, m, k > 1$. 则

$$\begin{aligned}&(-1)^{nk}(([f] \times [g]) \times [h]) + (-1)^{mn}(([g] \times [h]) \times [f]) \\ &+ (-1)^{km}(([h] \times [f]) \times [g]) = 0.\end{aligned}$$

该性质需要较多的演算, 这里省去证明.

(5) 若 $[f], [g] \in \pi_1(X)$, 则

$$[f] \times [g] = [f \cdot g \cdot f^{-1} \cdot g^{-1}]. \tag{4.2.27}$$

这个表达式关于 Whitchead 乘积的几何意义提供了比较清晰的解释. 实际上, 对于 $n = m = 1$ 的情况, 由 (4.2.22) 和 (4.2.23) 定义的映射 φ 可由图 4.8 给出, 在那里 $\varphi\colon\ \partial D^2 \to L_1 \vee L_2\ (S^1 \vee S^1)$ 满足

$$\varphi(\partial D^2) = L_1 \cdot L_2 \cdot L_1^{-1} \cdot L_2^{-1}.$$

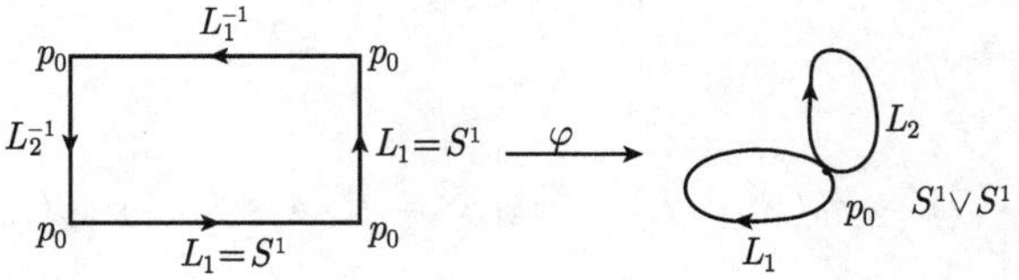

图 4.8

注意到

$$\begin{aligned}f|_{L_1} = f, \quad f|_{L_1^{-1}} = f^{-1}, \\ g|_{L_2} = g, \quad g|_{L_2^{-1}} = g^{-1},\end{aligned}$$

得到

$$\begin{aligned}(f \vee g) \circ \varphi &= (f \vee g)(L_1 \cdot L_2 \cdot L_1^{-1} \cdot L_2^{-1}) \\ &= f \cdot g \cdot f^{-1} \cdot g^{-1},\end{aligned}$$

再由 (4.2.24) 和 (4.2.25) 便得到 (4.2.27).

4.2.6　三联组同伦群

同伦群与同调群之间有许多差异, 其中一个重要差异是在同调群上成立的切除性质对于同伦群来讲一般不成立. 用一个例子来说明问题.

例 4.9　S^3 与 $\partial(D^2\times D^2)$ 是同胚的, 表示为

$$S^3=\partial D^2\times D^2\cup D^2\times\partial D^2=A\cup B,$$

其中 $A=\partial D^2\times D^2$ 与 $B=D^2\times\partial D^2$ 都是实心轮胎体. 而

$$T^2=A\cap B=\partial D^2\times\partial D^2$$

是轮胎面. 考虑下面正合序列

$$\cdots\to\pi_3(A)\to\pi_3(S^3)\to\pi_3(S^3,A)\to\pi_2(A)\to\cdots$$

由 $\pi_k(A)=\pi_k(S^1)=0,\ \forall k\geqslant 2$, 从上述序列可推出

$$\pi_3(S^3,A)\simeq\pi_3(S^3)=\mathbb{Z}. \tag{4.2.28}$$

另一方面, 在 A 中再取一个开的实心轮胎 $R\subset\subset A$, 使得 T^2 是 $A-R$ 的形变收缩核. 因此有

$$\pi_k(A-R)\simeq\pi_k(T^2)=0,\quad k\geqslant 2,$$
$$\pi_k(S^3-R)\simeq\pi_k(B)=0,\quad k\geqslant 2.$$

再由正合序列

$$\to\pi_3(A-R)\to\pi_3(S^3-R)\to\pi_3(S^3-R,A-R)\to\pi_2(A-R)\to$$

可知

$$\pi_3(S^3-R,A-R)=0. \tag{4.2.29}$$

对照 (4.2.28) 和 (4.2.29) 可发现包含映射 $i:\ (S^3-R,A-R)\to(S^3,A)$ 并不导出 $\pi_3(S^3,A)$ 与 $\pi_3(S^3-R,A-R)$ 之间的同构. 因此切除定理对同伦群一般不成立. 该例子取自文献 [15].

为了考虑切除定理在同伦群中成立的条件, Blakers 和 Massey 在文献 [3] 中提出了三联组同伦群的概念, 并建立了相应的三联组同伦正合序列. 下面就介绍这一概念.

令 X 是道路连通的拓扑空间, A,B 是 X 的两个子空间, 使得

$$X=A\cup B,\quad x_0\in A\cap B\ (\neq\varnothing).$$

空间组 (X, A, B) 就叫做三联组. 关于这个三联组可定义同伦群如下. 对于一个 n 维单位闭盘 D^n(也是 n 维实心球体), 记

$$D_+^n = \{(x_1, \cdots, x_n) \in D^n | \ x_n \geqslant 0\},$$
$$D_-^n = \{(x_1, \cdots, x_n) \in D^n | \ x_n \leqslant 0\}.$$

定义 4.6 下面的集合称为是 (X, A, B) 的三联组同伦群

$$\pi_k(X, A, B, x_0) = \{[f] | \ f : (D^n, S_+^{n-1}, S_-^{n-1}, p_0) \to (X, A, B, x_0)\},$$

其中 $[f]$ 表映射 f 的同伦类, $k \geqslant 3$, 其加法运算定义为

$$(f+g)(z) = \begin{cases} f \circ h_+(z), & z \in D_+^n, \\ g \circ h_-(z), & z \in D_-^n, \end{cases}$$

这里 $h_\pm : D_\pm^n \to D^n$ 满足 $h_\pm(D_\pm^n) = D^n$, $h_\pm(D_+^n \cap D_-^n) = p_0$.

三联组同伦群的一个等价定义为

$$\pi_k(X, A, B, x_0) = \{[f] | \ f : (I^n, I_1^{n-1}, I_2^{n-1}, J^{n-1}) \to (X, A, B, x_0)\},$$

其中 $k \geqslant 3$, I^{n-1} 和 J^{n-1} 如 (3.1.9), 而

$$I_1^{n-1} = \left\{(x_1, \cdots, x_{n-1}, 0) \in I^{n-1} | \ 0 \leqslant x_{n-1} \leqslant \frac{1}{2}\right\},$$
$$I_2^{n-1} = \left\{(x_1, \cdots, x_{n-1}, 0) \in I^{n-1} | \ \frac{1}{2} \leqslant x_{n-1} \leqslant 1\right\}.$$

当 $k = 2$ 时, $\pi_2(X, A, B, x_0)$ 是指一切映射

$$f: \ (D^2, S_+^1, S_-^1, p_0) \to (X, A, B, x_0)$$

的同伦类组成的集合, 它不是一个群.

同样地, 三联组同伦群与基点 $x_0 \in A \cap B$ 的选取无关, 并且当 $k \geqslant 4$ 时, $\pi_k(X, A, B)$ 是一个交换群.

引入三联组同伦群的目的就是要在下面三个同伦群之间建立正合序列

$$\pi_k(A, A \cap B), \quad \pi_k(X, B), \quad \pi_k(X, A, B).$$

为此, 首先需要在它们之间找到相应的同态.

(1) 显然, 包含映射 $i: \ (A, A \cap B) \to (X, B)$ 诱导出对应

$$i_*: \ \pi_k(A, A \cap B) \to \pi_k(X, B). \tag{4.2.30}$$

当 $k \geqslant 2$ 时, i_* 是群同态.

(2) 令 $[f] \in \pi_k(X, B)$, $k \geqslant 2$, 则

$$f:\ (D^k, S^{k-1}, p_0) \to (X, B, x_0).$$

取定一个映射

$$\varphi:\ (D^k, S_+^{k-1}, S_-^{k-1}, p_0) \to (D^k, S^{k-1}, p_0),$$

使得 $\varphi(S_+^{k-1}) = p_0$, 并且 $\varphi \simeq id:\ (D^k, S^{k-1}) \to (D^k, S^{k-1})$. 容易看出

$$f \circ \varphi:\ (D^k, S_+^{k-1}, S_-^{k-1}, p_0) \to (X, A, B, x_0).$$

然后定义对应

$$j_*:\ \pi_k(X, B) \to \pi_k(X, A, B) \tag{4.2.31}$$

为 $j_*([f]) = [f \circ \varphi]$. 当 $k \geqslant 3$ 时, j_* 为群同态.

(3) 令 $[f] \in \pi_k(X, A, B)$, $k \geqslant 2$. 则

$$f:\ (D^k, S_+^{k-1}, S_-^{k-1}, p_0) \to (X, A, B, x_0).$$

显然, 对于 $S^{k-2} = S_+^{k-1} \cap S_-^{k-1}$, 限制映射 $F = f|_{S_+^{k-1}}$ 满足

$$F:\ (S_+^{k-1}, S^{k-2}, p_0) \to (A, A \cap B, x_0).$$

于是可以定义对应

$$\partial_*:\ \pi_k(X, A, B) \to \pi_{k-1}(A, A \cap B) \tag{4.2.32}$$

为 $\partial_*([f]) = [F]$. 该对应当 $k \geqslant 3$ 时为群同态.

建立了上述映射后, 就可以介绍关于三联组 (X, A, B) 的同伦群正合序列如下, 从该定理可以得到切除定理成立的条件.

定理 4.12　令 $X = A \cup B$ 是道路连通的拓扑空间, $A \cap B \neq \varnothing$. 对于三联组空间 (X, A, B), 下面两个正合序列是正合的:

$$\begin{aligned}&\to \pi_{k+1}(X, A, B) \xrightarrow{\partial_*} \pi_k(A, A \cap B) \xrightarrow{i_*} \pi_k(X, B) \xrightarrow{j_*}\\ &\hookrightarrow \pi_k(X, A, B) \xrightarrow{\partial_*} \cdots \xrightarrow{j_*} \pi_2(X, A, B) \xrightarrow{\partial_*} \pi_1(A, A \cap B)\\ &\overset{i_*}{\hookrightarrow} \pi_1(X, B),\end{aligned} \tag{4.2.33}$$

其中 i_*, j_*, ∂_* 分别是由 (4.2.30),(4.2.31) 和 (4.2.32) 定义的同态. 同伦序列 (4.2.33) 称为是第一个正合同伦序列. 第二个正合序列为

$$\begin{aligned}&\to \pi_{k+1}(X, A, B) \xrightarrow{\partial_*} \pi_k(B, A \cap B) \xrightarrow{i_*} \pi_k(X, A)\\ &\overset{j_*}{\hookrightarrow} \pi_k(X, A, B) \xrightarrow{\partial_*} \cdots \to \pi_2(X, A, B) \to\\ &\hookrightarrow \pi_1(B, A \cap B) \to \pi_1(X, B).\end{aligned} \tag{4.2.34}$$

两个正合序列从道路空间的角度看是相对同伦序列正合性的直接推论. 关于这一点可参见下一小节的内容. 关于 (4.2.33) 和 (4.2.34) 正合性的本质基本上是与相对同伦序列是一样的. 定理 4.2 的证明过程正是对这些同伦正合性实质的揭示.

从 (4.2.33) 和 (4.2.34) 的正合性立即推出下面的同伦切除定理.

定理 4.13(同伦切除性) 对于空间 $X = A \cup B$ 及 $A \cap B \neq \varnothing$, 包含映射 $i:\ (A, A\cap B) \to (X, B)$ 诱导出同构

$$i_*:\ \pi_k(A, A\cap B) \to \pi_k(X, B)$$

的充要条件是 $\pi_k(X, A, B) = 0,\ k \geqslant 3$ 及 $j_*\pi_2(X, A, B) = 0$.

4.2.7 道路空间 $\Omega X(A, B)$ 上的同伦群

令 X 是一个拓扑空间, $A, B \subset X$ 是它的两个非空子集. 为了研究 X 上的同伦群, 引入 X 上的连结 A 和 B 的道路空间经常是方便的. 关于三联组 (X, A, B), 定义道路空间 $\Omega X(A, B)$ 为 X 中起点和终点分别落在 A 和 B 中的所有道路的全体集合

$$\Omega X(A, B) = \{f : [0,1] \to X|\ f(0) \in A,\ f(1) \in B\}.$$

$\Omega X(A, B)$ 的拓扑是由下面定义的开集构成, $\mathcal{O} \subset \Omega X(A, B)$ 被定义为是一个开集, 若对一给定的紧集 $K \subset [0,1]$ 和一个开集 $U \subset X$ 使得

$$\mathcal{O} = \{f \in \Omega X(A, B)|\ f(K) \subset U\}.$$

若 $A = x_0$ 是一个基点, $B = X$ 是整个空间, 则 $\Omega X(A, B)$ 称为以 x_0 为起点的道路空间, 简记为

$$PX = \Omega X(x_0, X) = \{f : [0,1] \to X|\ f(0) = x_0\}.$$

特别地, 若 $A = B = x_0$, 则 $\Omega X(A, B)$ 称为是以 x_0 为基点的环路空间, 记为

$$\Omega X = \{f : [0,1] \to X|\ f(0) = f(1) = x_0\}.$$

道路空间 PX 与环路空间 ΩX 之间是纤维丛与纤维的关系, 即 PX 是以 X 为底空间, ΩX 为纤维的纤维丛. 要表明这一点, 从一个投影

$$\pi:\ PX \to X \tag{4.2.35}$$

开始, 这里 π 的值是由 $f \in PX$ 的端点定义的, 即 $\pi(f) = f(1)$. 因此对任一点 $x \in X$, $\pi^{-1}(x)$ 是连结 x_0 到 x 的道路空间

$$\pi^{-1}(x) = \Omega X(x_0, x).$$

容易推出, 当 X 是道路连通时, 对任 $x \in X$ 有

$$\Omega X(x_0, x) \simeq \Omega X. \tag{4.2.36}$$

是同伦等价. 事实上, 从图 4.9 可以得到, 当 y 沿着连结 x 到 x_0 的一条道路 γ 从 x 形变到 x_0 时, 道路族 $\Omega X(x_0,x)$ 可以连续地形变到 ΩX 上. 用数学语言讲, 连结 x 到 x_0 的道路 γ : $[0,1] \to X$, $\gamma(0) = x$, $\gamma(1) = x_0$ 诱导出 $\Omega X(x_0,x)$ 到 ΩX 的一个同伦等价, 其映射

$$\varphi: \ \Omega X(x_0,x) \to \Omega X, \quad \psi: \Omega X \to \Omega X(x_0,x)$$

定义为

$$\varphi(f) = \begin{cases} f(2t), & 0 \leqslant t \leqslant \dfrac{1}{2}, \\ \gamma(2t-1), & \dfrac{1}{2} \leqslant t \leqslant 1, \end{cases}$$

$$\psi(g) = \begin{cases} g(2t), & 0 \leqslant t \leqslant \dfrac{1}{2}, \\ \gamma^{-1}(2t-1), & \dfrac{1}{2} \leqslant t \leqslant 1. \end{cases}$$

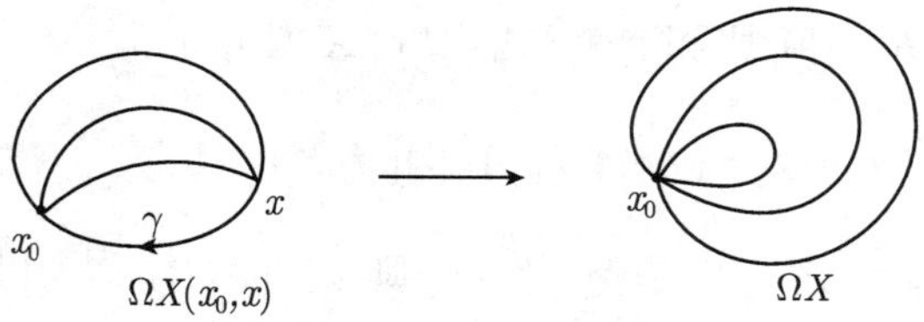

图 4.9 当 x 沿 γ 形变到 x_0 时, $\Omega X(x_0,x)$ 形变到 ΩX 上

容易验证

$$\psi \circ \varphi = id: \ \Omega X(x_0,x) \to \Omega X(x_0,x),$$
$$\varphi \circ \psi = id: \ \Omega X \to \Omega X.$$

于是证明性质 (4.2.36). 因此投影 (4.2.35) 按 Hurewicz 的意义下成为下面的一个纤维丛, 称为 X 上的道路纤维空间,

$$\begin{array}{r} \Omega X \to PX \\ \downarrow \pi \\ X \end{array} \tag{4.2.37}$$

这个纤维化在同伦论和同调论中都是很重要的.

显然道路空间 PX 是可收缩到常值道路 α_0 : $[0,1] \to x_0$. 因此

$$\pi_k(PX, \alpha_0) = 0, \quad k \geqslant 1.$$

再由纤维化 (4.2.37) 和正合序列 (4.1.32) 可得到同构

$$\pi_{k+1}(X) \simeq \pi_k(\Omega X), \quad k \geqslant 1. \tag{4.2.38}$$

其实, 同构 (4.2.38) 可由定义直接推得

$$\begin{aligned}\pi_{k+1}(X) &= \{[f] | \ f: \ (I^k \times I, \partial I^{k+1}) \to (X, x_0)\}\\ &= \{[\tilde{f}] | \ \tilde{f}: \ (I^k, \partial I^k) \to (\Omega X, \alpha_0)\}\\ &= \pi_k(\Omega X),\end{aligned}$$

这里 $\tilde{f} = f|_{I^k}$.

对于空间偶 (X, A), 相对同伦群可等价地定义为

$$\pi_{k+1}(X, A, x_0) = \pi_k(\Omega X(A, x_0)), \tag{4.2.39}$$

以及三联组 (X, A, B) 的同伦群可等价地定义为

$$\pi_{k+1}(X, A, B) = \pi_k(\Omega X(B), \ \Omega X(A, A \cap B)). \tag{4.2.40}$$

类似于 (4.2.37) 的纤维化, 所有 X 中从 A 点到 x_0 的道路空间 $\Omega X(A, x_0)$ 在起始点映射 $\pi : \Omega X(x_0, A) \to A$ 下, 给出一个纤维化

$$\begin{array}{r}\Omega X \to \Omega X(A, x_0)\\ \downarrow \pi\\ A\end{array}$$

这个纤维的同伦序列为

$$\cdots \to \pi_k(A) \to \pi_{k-1}(\Omega X) \to \pi_{k-1}(\Omega X(A, x_0)) \to \pi_{k-1}(A) \to \cdots$$

由 (4.2.38) 和 (4.2.39), 上面的同伦正合序列就变成了相对正合列

$$\cdots \to \pi_k(A) \to \pi_k(X) \to \pi_k(X, A) \to \pi_{k-1}(A) \to \cdots$$

这样, 就从道路空间纤维丛正合同伦序列给出相对正合同伦序列 (定理 4.2) 的另一种证明.

同样地, 由三联组 (X,A,B) 的相对正合序列

$$\begin{aligned}\cdots \quad \to \quad & \pi_k(\Omega X(A,A\cap B)) \to \pi_k(\Omega X(B)) \to \\ \hookrightarrow \quad & \pi_k(\Omega X(B),\ \Omega X(A,A\cap B)) \to \pi_{k-1}(\Omega X(A,A\cap B)) \to \cdots,\end{aligned}$$

再结合 (4.2.39) 和 (4.2.40) 就导出三联组第一个正合序列 (4.2.33). 同理也可推得第二个正合序列 (4.2.34). 这就给出定理 4.12 的一个证明.

4.3 障碍理论

4.3.1 映射的延拓问题

映射的延拓问题是拓扑学中重要课题之一, 它主要是考虑这样的问题, 即对于一个 X 中的子空间 A 到 Y 上的映射 $f:\ A\to Y$, 是否存在一个 X 到 Y 的映射 $\tilde{f}:\ X\to Y$, 使得 $\tilde{f}$ 限制在 A 上就是 f: $\tilde{f}|_A=f$. 显然, 这个问题涉及拓扑空间 X,A 与 Y 的拓扑结构以及映射 f 的形式. 在代数拓扑中关于这个课题的主要工具就是由 Eilenberg 在 1940 年提出的障碍理论[5], 这就是本节要介绍的主要内容.

本节中要讨论的问题涉及三个方面的内容, 它们之间具有紧密的相互关联性. 这三个方面是: (1) 映射的延拓性; (2) 同伦的延拓; (3) 同伦分类问题. 下面简要地描述障碍理论关于这三个问题的数学轮廓.

(1) 映射的延拓性. 映射延拓的严格定义是, 令 X,Y 是拓扑空间, $A\subset X$ 是一个子空间, $i:A\to X$ 是包含映射. 如果对任何连续映射 (以后都简称为映射)$f:A\to Y$, 存在映射 $F:X\to Y$, 使得 $F\circ i=f$, 则 F 称作 f 在 A 上到 X 的延拓.

所谓的障碍方法是对可剖分空间偶 (X,A) 的单纯复形 K 中 n 维骨架 X^n 按维数 $n\geqslant 0$ 逐次扩张. 即对映射 $f:\ A\to Y$ 有

(i) f 有零维延拓 $f_0:\ X^0\cup A\to Y$, 这是平凡的;

(ii) f_0 可继续延拓到 $f_1:\ X^1\cup A\to Y$. 当 Y 是道路连通时这个延拓也是平凡的, 因为任何一维方体 I^1 边界上的映射 $f_0|_{\partial I^1}$ 可延拓到 $I^1\to Y$. 现在假设可延拓到 $f_n:\ X^n\cup A\to Y$ $(n\geqslant 1)$. 则从这些 f_n 可构造一个以 $\pi_n(Y)$ 为系数的上同调类, 称为 f 的障碍,

$$[C^{n+1}(f)]\in H^{n+1}(X,A,\pi_n(Y)),$$

使得 f 可延拓到 $X^{n+1}\cup A$ 上的充分必要条件是 $[C^{n+1}(f)]=0$. 换句话说, 由 f 决定的上同调类 $[C^{n+1}(f)]$ 是 f 能否延拓到 X^{n+1} 上的障碍.

(2) 同伦的延拓. 这个问题考虑的是两个映射 $f_0,f_1:X\to Y$ 的同伦扩张, 即令 $h:A\times I\to Y$ 是一个映射, $h(x,0)=f_0$, $h(x,1)=f_1$, 若存在 f_0 和 f_1 之间的同

伦 $H: X \times I \to Y$, 使得 $H = h$ 在 $A \times I$ 上, 则 H 称为 h 的同伦延拓.

同伦延拓的理论是若 h 的扩张在 n 维骨架 $X^n \cup A$ 上已实现, $h^n: (X^n \cup A) \times I \to Y$, 那么 h 能扩张到 $X^{n+1} \cup A$ 上的障碍是一个同调类

$$[d^{n+1}(f_0, f_1)] \in H^{n+1}(X, A, \pi_{n+1}(Y)),$$

称为 f_0 与 f_1 的形变类. 也就是说, h 能延拓到 $X^{n+1} \cup A$ 上的充要条件是 $[d^{n+1}(f_0, f_1)] = 0$.

(3) 同伦分类问题. 记 $\pi(X, Y)$ 是所有 X 到 Y 的映射同伦类集合

$$\pi(X, Y) = \{[f] | \ f: X \to Y \text{为映射}\}.$$

正如 Hopf 球面分类定理那样, 这个问题的一般形式就是希望找到 X 和 Y 上的拓扑不变量来表征 $\pi(X, Y)$.

从同伦延拓的障碍理论可以看到, 当 Y 是 $n-1$ 连通, $A=$ 基点时,

$$H^k(X, \pi_k(Y)) = H^k(X, A, \pi_k(Y)) = 0, \quad k \leqslant n-1.$$

此时 $H^n(X, \pi_n(Y))$ 与 $\pi(X, Y)$ 之间建立了一一对应关系, 即

$$\pi(X, Y) = H^n(X, \pi_n(Y)).$$

这样, $\pi(X, Y)$ 的计算就由上同调群 $H^n(X, \pi_n(Y))$ 完全决定.

在 Eilenberg 的障碍类理论中, 为了避开基点的影响, 总是假定 Y 对所有的 n 都是 n 单式的. 这正是下一小节要介绍的概念.

4.3.2 n 单式空间

在基本性质 3.1 中就知道同伦群与基点的选取无关, 即

$$\pi_k(X, x_0) \simeq \pi_k(X, y_0), \quad x_0, y_0 \in X. \tag{4.3.1}$$

但是这种同构关系并不意味着 $\pi_k(X)$ 与所有从 S^k 到 X 映射的自由同伦类 $\pi(S^k, X)$ 是一一对应的, 即一般来讲

$$\pi_k(X, x_0) = \pi(S^k, X) \tag{4.3.2}$$

是不成立的. 现在的问题就是要弄清楚 (4.3.2) 成立的条件是什么.

令 $x, y \in X$ 是两个基点, γ 是连结 x 和 y 的一条道路

$$\gamma: \ [0,1] \to X, \quad \gamma(0) = x, \quad \gamma(1) = y.$$

则 γ 产生出环路空间 $\Omega X(x)$ 到 $\Omega X(y)$ 之间的一个同胚：

$$\lambda \mapsto \gamma \circ \lambda \circ \gamma^{-1}, \quad \forall \lambda \in \Omega X(x).$$

因而诱导出一个同构

$$\begin{array}{ccc} \gamma_*: \pi_{k-1}(\Omega X(x), \bar{x}) & \to & \pi_{k-1}(\Omega X(y), \bar{y}) \\ \| & & \| \\ \pi_k(X, x) & & \pi_k(X, y) \end{array} \tag{4.3.3}$$

这就导出结论 (4.3.1).

当 $x = y$ 时, $\gamma \in \pi_1(X, x)$. 此时同构映射 (4.3.3) 给出 $\pi_1(X, x)$ 在 $\pi_k(X, x)$ 上的一个作用, 即对任何 $\gamma \in \pi_1(X, x)$, 产生一个同构 $\gamma_*: \pi_k(X, x) \to \pi_k(X, x)$, 并且对 $\gamma, \theta \in \pi_1(X, x)$ 有 $\gamma_*(\theta_*(\alpha)) = (\gamma \cdot \theta)_*(\alpha)$, 对任 $\alpha \in \pi_k(X, x)$. 进一步有如下定理.

定理 4.14　令 $x_0 \in X$ 是一个基点, X 是道路连通空间, 则有下面结论：

(1) 对任 $k \geqslant 1$, $\pi_1(X, x_0)$ 可作用在 $\pi_k(X, x_0)$ 上;

(2) 下面的包含映射是一个一一对应关系

$$\pi_k(X, x_0)/\pi_1(X, x_0) \to \pi(S^k, X),$$

其中左边的空间表示等价关系 $[f] \sim \gamma_*[f]$, $\forall \gamma \in \pi_1(X, x_0)$;

(3) 若 $\pi_1(X, x_0)$ 作用在 $\pi_k(X, x_0)$ 上是平凡的, 即对任 $\gamma \in \pi_1(X, x_0)$, $\gamma_* = id$ 是恒等同构, 则有

$$\pi_k(X, x_0) = \pi(S^k, X),$$

此时空间 X 称作是 k 单式的.

证明　结论 (1) 可由 (4.3.3) 导出, 结论 (3) 是结论 (2) 的推论. 这里只需证明结论 (2). 令

$$h: \ \pi_k(X, x_0) \to \pi(S^k, X)$$

是包含映射. 令 $[f] \in \pi_k(X, x_0)$, $\gamma \in \pi_1(X, x_0)$. 则映射

$$\begin{cases} F: \ I^k \times I \to X, \\ F(x, 0) = f, \quad \forall x \in I^k, \\ F(x, t) = \gamma(t), \quad \forall x \in \partial I^k \end{cases} \tag{4.3.4}$$

的顶面 $F(x, 1): \ I^k \to X$ 给出同伦类 $[F(x, 1)] = \gamma_*[f]$. 事实上, $\pi_1(X, x_0)$ 作用在 $\pi_k(X, x_0)$ 上的显公式就是由 (4.3.4) 表达的. 满足 (4.3.4) 的映射 F 存在性即可直接证明, 也可由后面映射的延拓障碍定理保证.

从 (4.3.4) 可看到 $[f]$ 与 $\gamma_*[f]$ 是自由同伦的 (不保基点). 这样, 当引入下面 $\pi_1(X,x_0)$ 等价关系集合时,

$$\pi_k(X,x_0)/\pi_1(X,x_0)=\{[f]=\gamma_*[f]|\ \gamma\in\pi_1(X,x_0)\},$$

包含映射 h 诱导出映射

$$H:\ \pi_k(X,x_0)/\pi_1(X,x_0)\to\pi(S^k,X).$$

因为 $\pi(S^k,X)$ 中任何映射可形变到保基点映射. 因此 H 是满射的. 对于单一性, 假设 $[f]\in\pi_k(X,x_0)$ 使得

$$H([f])=\text{常值映射 }\bar{x}_0.$$

则由 H 的定义知 $[f]=\gamma_*[\bar{x}_0]=0$ 在 $\pi_k(X,x_0)/\pi_1(X,x_0)$. 因此 H 是单一的. 于是定理证毕.

定理 4.14 的结论 (3) 告诉我们当 X 是 n 单式的拓扑空间时, $\pi_n(X)$ 关于基点是完全自由的, 它与 $\pi(S^n,X)$ 一一对应. 那么 n 单式拓扑空间的特征是什么呢? 显然, 当 X 是单连通时, 则对所有 $n\geqslant 1$ 它是 n 单式的. 其次, X 是 1 单式的充要条件为 $\pi_1(X,x_0)$ 可交换. 另外, 若 X_1 是单连通的, T^n 是 n 维轮胎面, 则 $X=X_1\times T^n$ 对所有 $k\geqslant 1$ 是 k 单式的.

下面给出一个例子来告诉我们 $\pi_1(X,x_0)$ 作用的几何直观是什么.

例 4.10 对于轮胎面 T^2 上的 π_1 作用几何直观很清楚, 即 T^2 中的纬度圈 α 沿着一条经度圈 γ 平移地转一圈回到原位就是 γ_* 在 $[\alpha]$ 的作用, 即 $\gamma_*[\alpha]=[\alpha]$. 同理经度圈沿纬度平移一圈也是一个作用 $\alpha_*[\gamma]$. 这里要考虑的是 $X=T^2-D^2$ 上的 π_1 作用. 在图 4.10 中, $L_1=a\cdot b\cdot a^{-1}\cdot b^{-1}$, 其中 a 是纬度圈, b 是经度圈. 则在 $a\in\pi_1(X,x_0)$ 的作用下, $a_*(L_1)=L_2$ 是如图 4.10 中的圈, 显然 $L_2=b\cdot a^{-1}\cdot b^{-1}\cdot a$, 且 $L_2\neq L_1$. 在直观上 L_2 是由 L_1 沿着纬度 a 形变到 L_2.

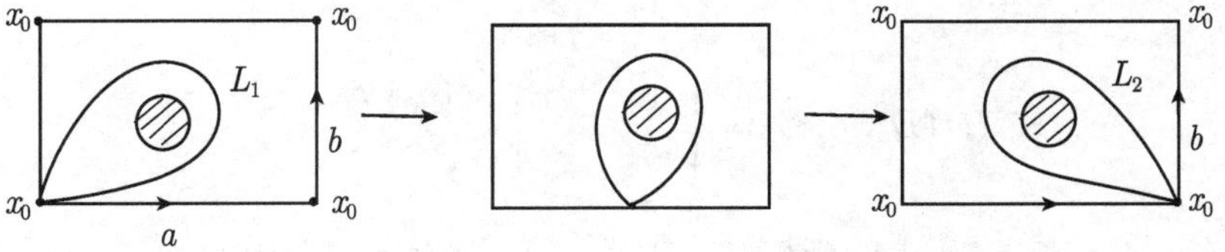

图 4.10 $a_*(L_1)=L_2$ 表示 L_1 沿纬度圈 a 形变到 L_2

4.3.3 映射的障碍类

为了不考虑基点的影响, 以下总是假设 Y 对所有 $n\geqslant 1$ 都是 n 单式的. 由定理 4.14, 此时 $\pi_n(Y)=\pi(S^n,Y)$ 与基点完全无关.

首先观察一下造成映射延拓的障碍是什么. 令 $X = D^2$ 是一个圆盘, $A = y_0 \in \partial D^2$ 为一点, $Y = S^1$. $f : A \to Y$ 为 $f(y_0) = x_0 \in S^1$. 见图 4.11 所示. f 的一维延拓 f_1 : $\partial D^2 \to S^1$ 的同伦类集合为

$$\pi(\partial D^2, Y) = \pi_1(S^1) = \mathbb{Z}.$$

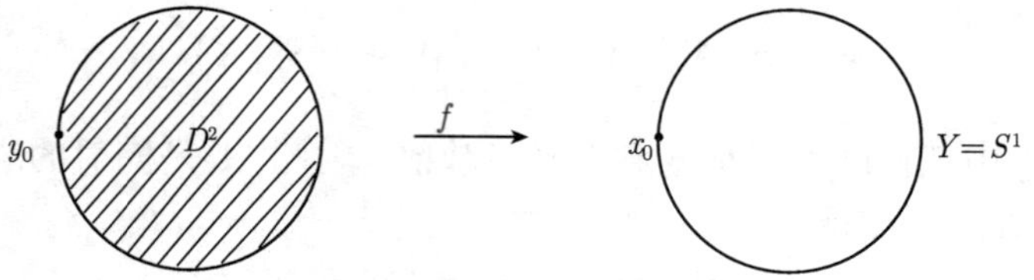

图 4.11　将 $f(y_0) = x_0$ 延拓到 f : $D^2 \to S^1$ 的条件是 $[f|_{\partial D^2}] = 0$

显然, 若同伦类 $[f_1] = n \neq 0$(即 f_1 将 ∂D^2 保定向或反定向在 $Y = S^1$ 上绕 $|n|$ 圈), 根据 $n > 0$ 或 $n < 0$), 则 f_1 不能从 ∂D^2 上延拓到 D^2 上. 然而当 $[f_1] = 0$, 即 f_1 将 ∂D^2 对合成一个线段再映到 Y 上,

$$f_1 = g \circ h, \quad h : \partial D^2 \to [0, 1], \quad g : [0, 1] \to Y,$$

则 f_1 就可以从 ∂D^2 延拓到 $Y = S^1$ 上, 见图 4.12 所示

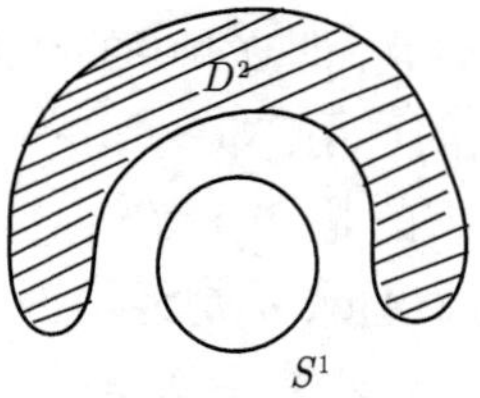

图 4.12　f_1 的延拓就是将 D^2 压缩到 S^1 上

上面的分析表示, 影响 f_1 : $\partial D^2 \to Y$ 进一步延拓的障碍产生于映射同伦类 $[f_1]$ 在 $\pi_1(Y)$ 是否为零, 即 $[f_1] = 0$ 是 f_1 可延拓的充要条件.

进一步分析. 当 A 取为 D^2 边界: $A = \partial D^2$, f : $A \to Y$ 是一个同胚时. 则显然 f 无论如何不能延拓到 D^2 上. 这第二种情况与第一种的差异产生于空间偶 (X, A) 拓扑结构的变化, 即

$$H^2(D^2, A, \mathbb{Z}) = \begin{cases} 0, & \text{当} A = \{y_0\} \subset D^2, \\ \mathbb{Z}, & \text{当} A = \partial D^2 \subset D^2. \end{cases} \tag{4.3.5}$$

现在, 将 f 在 ∂D^2 上的延拓 $\tilde{f}$: $\partial D^2 \to Y$ 视为 $\pi_1(Y)$ 中元素

$$[\tilde{f}|_{\partial D^2}] \in \pi_1(Y),$$

将 D^2 与二维方体等同, 再视为二维上链的生成元, 则

$$C^2(f) = [\tilde{f}|_{\partial D^2}]D^2 \in C^2(D^2, A, \pi_1(Y))$$

是反映 f 是否能从 A 延拓到 D^2 上的障碍, 它将 (D^2, A) 与 Y 的拓扑结构联系起来.

Eilenberg 的障碍理论就是从这里入手的. 令 X 是道路连通空间, $A \subset X$ 为子空间, 并且 (X, A) 是可剖分的. 记 X^n 是 X 的 n 维骨架. 假设 $f: A \to Y$ 可延拓到 $X^n \cup A$ 上, 即

$$\tilde{f}: X^n \cup A \to Y. \tag{4.3.6}$$

设 $\sigma^{n+1} \subset X^{n+1}$ 是一个 $n+1$ 维单形 (方体). 则 $\partial\sigma^{n+1} \subset X^n \cup A$, 并且

$$\tilde{f}|_{\partial\sigma^{n+1}}: \partial\sigma^{n-1} \to Y$$

的同伦类在 $\pi_n(Y)$ 中产生一个元素 $[\tilde{f}|_{\partial\sigma^{n+1}}] \in \pi_n(Y)$(这里 Y 被假设是 n 单式的保证了同伦类不受基点影响). 此时可作一个上链

$$C^{n+1}(\tilde{f}) = \sum_{\sigma^{n+1} \in X^{n+1}} [\tilde{f}|_{\partial\sigma^{n+1}}]\sigma^{n+1} \in C^{n+1}(X, \pi_n(Y)). \tag{4.3.7}$$

注意到当 $\sigma^{n+1} \in A$ 时, $\tilde{f}$ 在 σ^{n+1} 上有定义, 故有 $[\tilde{f}|_{\partial\sigma^{n+1}}] = 0$ 在 $\pi_n(Y)$. 因此 $C^{n+1}(f)$ 是在 (X, A) 的相对上链群中

$$C^{n+1}(\tilde{f}) \in C^{n+1}(X, A, \pi_n(Y)),$$

由 (4.3.7) 定义的上链称为是 f 延拓 $\tilde{f}$ 的障碍链, 简称障碍.

显然有下面的结论.

引理 4.7 在 (4.3.6) 中的映射 $\tilde{f}$ 能延拓到 $X^{n+1} \cup A$ 上的充要条件是它的障碍 $C^{n+1}(\tilde{f}) = 0$.

现在的问题是 $f: A \to Y$ 可能有无穷多个延拓的同伦类 $[\tilde{f}]$, $\tilde{f}$ 如 (4.3.6). 因此当 $\pi_n(Y) \neq 0$ 时, 要判定是否存在 $C^{n+1}(\tilde{f}) = 0$ 是一件很难做到的事情. 因为 $C^{n+1}(\tilde{f}) = 0$ 意味着 $C^{n+1}(\tilde{f})$ 是 $H^{n+1}(X, A, \pi_n(Y))$ 中的一个元素, 很自然地要问是否每个 $C^{n+1}(\tilde{f})$ 都是上闭链? 下面的例子给出一个否定的回答.

考虑一个三维方体 $X = I^3$, $A = a_1$ 为 I^3 的一个顶点, $Y = S^1 \times [0, 1]$ 是一个管子. $f(a_1) = b_1 \in S^1 \times \{0\}$. 令

$$\tilde{f}: X^1 \to Y,$$

X_1 如图 4.13 所示的所有棱, 将 X 的一维骨架映到 Y 中, 使得

$$\begin{cases} \tilde{f}|_{\partial I^2 \times \{0\}}: \partial I^2 \times \{0\} \to S^1 \times \{0\} \text{为同胚}, \\ \tilde{f}|_{\partial I^2 \times \{1\}}: \partial I^2 \times \{1\} \to S^1 \times \{1\} \text{为常值映射}. \end{cases} \tag{4.3.8}$$

在图 4.13 中可以看到满足 (4.3.8) 条件的映射 $\tilde{f}$ 的图像.

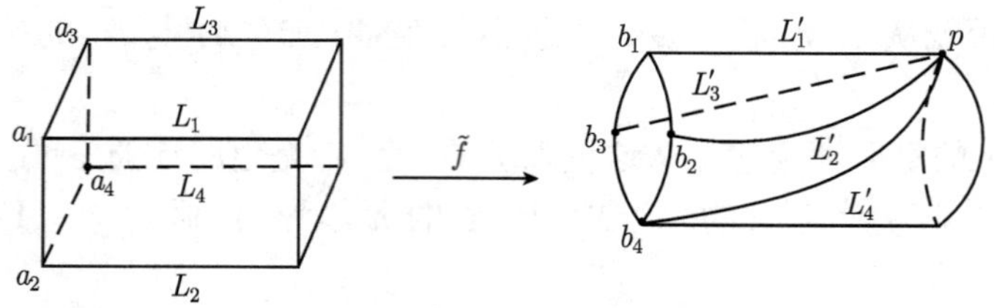

图 4.13 $\tilde{f}(a_i) = b_i$, $f(L_i) = L_i'$ $(1 \leqslant i \leqslant 4)$, 其中 L_i 为 I^3 的棱

如果记 $I_0^2 = I^2 \times \{0\}$, $I_1^2 = I^2 \times \{1\}$. 则由 (4.3.7) 可知

$$[\tilde{f}_{\partial I_0^2}] = 1, \quad [\tilde{f}_{\partial I_1^2}] = 0 \text{ 在 } \pi_1(Y) \text{ 中}.$$

而侧面二维方体边缘的像在 $Y = S^1 \times [0,1]$ 中可缩, 即

$$[\tilde{f}_{\partial I^2}] = 0,$$

I^2 为 I^3 中侧面单形. 因此 $\tilde{f}$ 的障碍链为

$$c^2(\tilde{f}) = I_0^2 \in c^2(X, A, \pi_1(\mathbb{Z})).$$

对 $c^1(\tilde{f})$ 作上边缘运算得

$$\delta c^1(\tilde{f}) = \delta I_0^2 = I^3 \neq 0.$$

这个例子说明并非所有 $\tilde{f}$ 的障碍链 $c^{n+1}(\tilde{f})$ 都是上闭链.

然而再考察 (4.3.8) 可以发现, 可以从 $\tilde{f}|_{\partial I^2 \times \{0\}}$ 沿着四条棱 L_i $(1 \leqslant i \leqslant 4)$ 延拓到一个新的映射

$$\tilde{f}_1 : \ X^1 \to Y, \quad \tilde{f}_1|_{\partial I^2 \times \{0\}} = \tilde{f}|_{\partial I^2 \times \{0\}},$$

使得

$$\tilde{f}_1|_{\partial I^2 \times \{1\}} : \ \partial I^2 \times \{1\} \to S^1 \times \{1\}$$

是同胚. 因此有

$$c^2(\tilde{f}_1) = I_0^2 + I_1^2,$$
$$\delta(c^2(\tilde{f}_1)) = \delta I_0^2 + \delta I_1^2 = I^3 - I^3 = 0.$$

这表明虽然不是所有障碍链都是闭的, 但是在这些障碍链中一定存在上闭链 (这就是为什么取上链作障碍而不取下链的原因).

因为上闭链是循环平行排列的方体 (见 (2.3.33)), 关于构造 $\tilde{f}_1$ 使得 $\delta c^2(\tilde{f}_1) = 0$ 的方法是普遍有效的. 因而可得下面引理.

引理 4.8 在所有 (4.3.6) 的映射中, 一定存在 $\tilde{f}$ 使得 $c^{n+1}(\tilde{f})$ 是上闭链, 即 $\delta c^{n+1}(\tilde{f})=0$ 在 $C^{n+1}(X,A,\pi_n(Y))$ 中. 这样

$$[c^{n+1}(\tilde{f})]\in H^{n+1}(X,A,\pi_n(Y)]$$

称为 f 的障碍类.

再回头看图 4.11 的那个例子. 在那里不论 $A=\{y_0\}$ 还是 $A=\partial D^2$, f 的障碍链都是闭的, 即

$$[c^2(f)]\in H^2(D^2,A,\pi_1(Y)).$$

再由 (4.3.5) 知

$$[c^2(f)]\begin{cases}=0, & A=\{x_0\},\\ \neq 0, & A=\partial D^2.\end{cases}$$

而 $A=\{x_0\}$ 时 f 可延拓到 D^2 上, 当 $A=\partial D^2$ 时 f 不可能延拓到 D^2 上. 若 $A=\{x_0\}$, 则当 $c^1(\tilde{f})\neq 0$ 时, 只是 $\tilde{f}$ 不能从 $X^1\cup A$ 延拓到 $X^2\cup A$ 上. 但并不意味着 f 不能从 A 延拓到 $X^2\cup A$ 上. 然而 f 的障碍类 $[c^2(f)]$ 是否等于零, 却完全决定了 f 是否能从 A 上延拓到 $X^{n+1}\cup A$ 上. 这就是下面给出的 Eilenberg 延拓定理.

定理 4.15 令 $f:\ X^n\cup A\to Y$ 是 f 在 A 上的延拓. 则 f 能从 A 上延拓到 $X^{n+1}\cup A$ 上的充要条件是 f 的障碍类 $[c^{n+1}(f)]=0$.

证明 由引理 4.7, 当 f 可延拓到 $X^{n+1}\cup A$ 上时, f 在 $X^n\cup A$ 上的限制 $\tilde{f}$ 满足 $c^{n+1}(\tilde{f})=0$. 因此必要性得证.

假设 $[c^{n+1}(f)]=0$, 则由 (4.3.7),

$$\sum_{\sigma^{n+1}\in X^{n+1}}[\tilde{f}|_{\partial\sigma^{n+1}}]\sigma^{n+1}=0.$$

若所有 $[\tilde{f}|_{\partial\sigma^{n+1}}]=0$ 在 $\pi_n(Y)$ 中, 则 $c^{n+1}(f)=0$. 那么引理 3.7 说 $\tilde{f}$ 可延拓到 X^{n+1} 上. 若存在 $[\tilde{f}|_{\partial\sigma^{n+1}}]\neq 0$, 那么由 (2.3.33) 关于上闭链的平行性, 为了简单不妨设

$$\begin{aligned}&c^{n+1}(f)=[\tilde{f}|_{\partial\sigma_1^{n+1}}]\sigma_1^{n+1}+[\tilde{f}|_{\partial\sigma_2^{n+1}}]\sigma_2^{n+1},\\&[\tilde{f}|_{\partial\sigma_1^{n+1}}]=[\tilde{f}|_{\partial\sigma_2^{n+1}}]\neq 0.\end{aligned}$$

即 $c^{n+1}(f)$ 是单形 $I^{n+1}\times I$ 的前后两个面

$$\sigma_1^{n+1}=I^{n+1}\times\{0\},\quad \sigma_2^{n+1}=I^{n+1}\times\{1\}$$

的和乘以系数 $[\tilde{f}] = [\tilde{f}|_{\partial\sigma_1^{n+1}}]$, 即

$$c^{n+1}(f) = [\tilde{f}](I^{n+1} \times \{0\} + I^{n+1} \times \{1\}).$$

由假设 $[c^{n+1}(f)] = 0$ 在 $H^{n+1}(X, A, \pi_n(Y))$, 可推出

$$\partial I^{n+1} \not\subset A$$

(即 $I^{n+1}/(A \cap \partial I^{n+1})$ 不是一个 $n+1$ 维球面). 因而方体 I^{n+2} 或在 $X - A$ 中可缩, 或可形变到 $\partial I^{n+1} \times I$ 中, 因而 f 可延拓到

$$\tilde{f}_1: \ I^{n+2} \cup A \to Y, \quad \text{s.t.} \quad [\tilde{f}_1|_{\partial\sigma_i^{n+1}}] = 0, \quad i = 1, 2.$$

这就意味着 $c^{n+1}(\tilde{f}_1) = 0$. 再由引理 4.7 得到该定理. 定理证毕.

该定理告诉我们, 如果

$$H^k(X, A, \mathbb{Z}) = 0, \quad 2 \leqslant k \leqslant n,$$

或者 Y 是 n 连通的, 则任何映射 $f: \ A \to Y$ 都可延拓到 $A \cup X^{n+1}$ 上.

4.3.4　同伦延拓定理

令 $f_0, f_1 : X \to Y$ 是两个映射, $h : A \times I \to Y$ 满足 $h(0) = f_0$, $h(1) = f_1$. 假设 h 可延拓到 $(X^n \cup A) \times I$ 上,

$$\tilde{h}: \ (X^n \cup A) \times I \to Y.$$

我们将关心 h 能延拓到 $(X^{n+1} \cup A) \times I$ 上的障碍是什么.

该问题可以转化为上一小节介绍的映射延拓问题, 其过程如下. 令

$$\tilde{X} = X \times I, \quad \tilde{A} = (A \times I) \cup (X \times \{0\}) \cup (X \times \{1\}).$$

定义映射 $F: \ \tilde{A} \to \tilde{X}$ 为

$$F = \begin{cases} h, & x \in A \times I, \\ f_0, & x \in X \times \{0\}, \\ f_1, & x \in X \times \{1\}. \end{cases} \tag{4.3.9}$$

令 F 可延拓到 $(X^n \times I) \cup \tilde{A}$ 上. 则上面同伦延拓问题就转化为 F 的延拓问题. 这样

$$[c^{n+1}(F)] \in H^{n+1}(\tilde{X}, \tilde{A}, \pi_n(Y))$$

就变成了 f_0 与 f_1 的同伦延拓的障碍类.

现在的问题就是障碍类出现在 $(\tilde{X},\tilde{A})$ 的上同调群中显得有一些不自然. 我们希望找到 $H^*(\tilde{X},\tilde{A},G)$ 与 $H^*(X,A,G)$ 之间的关系, 使得 $[c^{n+1}(F)]$ 可在 $H^*(X,A,\pi_n(Y))$ 中表达. 事实上有如下同构:

$$\xi_*:\ H^{n+1}(\tilde{X},\tilde{A},G)\simeq H^n(X,A,G),\quad n\geqslant 0. \tag{4.3.10}$$

在本小节的后面将证明这个同构关系.

这样, 可以在 $H^n(X,A,G)$ 上定义 f_0 与 f_1 的障碍类如下:

$$[d^n(f_0,f_1)]=\xi_*[c^{n+1}(F)]\in H^n(X,A,\pi_n(Y)), \tag{4.3.11}$$

其中 ξ_* 是 (4.3.10) 中的同构映射, 而

$$d^n(f_0,f_1)\in C^n(X,A,\pi_n(Y)), \tag{4.3.12}$$

称作 f_0 与 f_1 的形变链.

这样, 从定理 4.15 立即推得下面 Eilenberg 同伦延拓定理.

定理 4.16 令 $\tilde{h}:\ (X^n\cup A)\times I\to Y$ 是 h 的同伦延拓. 则 h 能同伦延拓到 $(X^{n+1}\cup A)\times I$ 上的充要条件是 f_0 与 f_1 的障碍类 $[d^n(f_0,f_1)]=0$.

注 4.7 由 (4.3.12) 给出的形变链可以用下面式子表达出来:

$$d^n(f_0,f_1)=\sum_{\sigma^n\in X^n}[F|_{\partial(\sigma^n\times I)}]\sigma^n,$$

其中 $\sigma^n\in X^n$ 为 n 维单形 (方体), F 是 (4.3.9) 在 $(X^n\times I)\cup\tilde{A}$ 上的延拓.

现在回过来表明 (4.3.10) 的同构. 令 $B\subset A\subset X$, 并且 (X,A,B) 是可剖分的. 不难验证[15], 下面序列是正合的:

$$\begin{aligned}\cdots\to H^k(X,B,G)&\xrightarrow{i_*}H^k(A,B,G)\xrightarrow{\delta^*}H^{k+1}(X,A,G)\\ &\xhookrightarrow{j_*}H^{k+1}(X,B,G)\xrightarrow{i_*}\cdots\end{aligned} \tag{4.3.13}$$

其中 i^* 与 j^* 分别是由包含映射 $i:\ (A,B)\to(X,B)$ 和 $j:\ (X,B)\to(X,A)$ 诱导的上同态, 上边缘同态 δ^* 的定义为: 令 $\alpha=[z^k]\in H^k(A,B,G)$, 则 $z^k\in Z^k(A,B,G)$. 在 $C^k(X,A,G)$ 中取上边缘 $\delta z^k\in Z^{k+1}(X,A,G)$. 然后定义 $\delta^*(\alpha)=[\delta z^k]\in H^{k+1}(X,A,G)$.

考虑三元空间组 $(\tilde{X},\tilde{A},(A\times I)\cup(X\times\{1\}))$. 由于 $(A\times I)\cup(X\times\{1\})$ 是 $\tilde{X}=X\times I$ 中的形变收缩核, 则将 $(A\times I)\cup(X\times\{1\})$ 在 $\tilde{X}$ 中捏成一点的空间 $\tilde{X}/[(A\times I)\cup(X\times\{1\})]$ 是可缩的. 由相对同调群的实质知

$$H^k(\tilde{X},\ (A\times I)\cup(X\times\{1\}),G)=H^k(\tilde{X}/[(A\times I)\cup(X\times\{1\})],G)=0,\quad k\geqslant 0.$$

因此, 从 (4.3.13) 的正合性可推知

$$\delta^*:\ H^k(\tilde{A},(A\times I)\cup(X\times\{1\}),G)\simeq H^{k+1}(\tilde{X},\tilde{A},G),\quad k\geqslant 0 \tag{4.3.14}$$

是一个同构. 此外由空间的切除性

$$\begin{aligned}\tilde{A}-(A\times I)\cup X_1&=(A\times I)\cup X_0\cup X_1-(A\times I)\cup X_1\\&=X_0-A\\&=X-A,\end{aligned}$$

其中 $X_i=X\times\{i\},\ i=0,1$, 可以得到

$$H^k(\tilde{A},(A\times I)\cup X_1,G)=H^k(X,A,G).$$

再根据 (4.3.14) 便得到 (4.3.10) 的同构.

4.3.5　$(n-1)$ 连通空间的同伦分类

令 X 是 n 维拓扑空间, Y 是 $(n-1)$ 连通空间 (当 $n=1$ 时为 1 单式空间), $A=\varnothing$. 则对任何映射 $f_1,f_2,\ X\to Y$,

$$[d^k(f_1,f_2)]=0\quad(\text{因为}H^k(X,A,\pi_k(Y))=0),\quad 1\leqslant k\leqslant n-1.$$

令 $f_0:\ X\to Y$ 是常值映射: $f_0(X)=y_0$. 记

$$d^k(f)=d^k(f,f_0).$$

从注 4.6 的表达式不难推出, 若 $f_1\simeq f_0\simeq f_2$, 则有

$$d^k(f_1,f_2)=d^k(f_1,f_0)+d^k(f_0,f_2).$$

从这个公式和定理 4.16(或引理 4.7) 可导出

$$f_1\simeq f_2\Leftrightarrow d^n(f_1)=d^n(f_2). \tag{4.3.15}$$

根据 (4.3.15) 和引理 4.8, 对应关系 $[f]\mapsto d^n(f)$ 给出一个映射

$$h:\ \pi(X,Y)\to H^n(X,\pi_n(Y)). \tag{4.3.16}$$

由定理 4.16, 这个映射是单一的. 下面定理告诉我们 h 也是满的.

定理 4.17　令 X 是 n 维有限可剖分空间, Y 是 $(n-1)$ 连通的. 则有如下结论:

(1) 由 (4.3.16) 给出的映射是一个一一对应;

(2) (Hopf 定理) 当 $Y = S^n$ 时, (4.3.16) 给出 $\pi(X, S^n)$ 到 $H^n(X, \mathbb{Z})$ 之间的一个一一对应关系.

把握该定理的关键就要理解为什么对任何元素 $\sigma \in H^n(X, \pi_n(Y))$ 都存在映射 $f: X \to Y$ 使得 $h[f] = \sigma$. 下面将从几何的直观来评述这个问题. 在分析中, 假设 X, Y 都是流形.

第一步. 首先回忆 $\pi_n(Y)$ 中的每个元素 $[f]$ 的几何意义是什么. 由共轭元的球面定理 (定理 4.6) 和 Hurewicz 定理 (定理 4.9), 当 Y 是 $(n-1)$ 连通时, $[f]$ 的代表元 $f: S^n \to Y$ 的像是 k 个 n 维球面,

$$\mathrm{Im} f = kS^n,$$

这里 k 是 f 的覆盖数.

第二步. 上同调群 $H^n(X, \mathbb{Z})$ 的生成元 Δ^n 就是 X 中的一个 n 维单形 ($\mathrm{dim} X = n$). 假设 X 是连通的, 则代表元 Δ^n 是唯一的. 它所代表的几何意义可以表示如下:

$$\Delta^n = \begin{cases} \text{方体} I^n, & \text{若 } H^n(X, \mathbb{Z}) = 0, \\ \text{球面} S^n, & \text{若 } H^n(X, \mathbb{Z}) = \mathbb{Z}, \\ \text{球面} S^n, \text{ 但 } 2\Delta^n = I^n, & \text{若 } H^n(X, \mathbb{Z}) = \mathbb{Z}_2. \end{cases}$$

其意思是, 任何映射

$$f: X \to S^n \quad (Y\text{相当于} \vee S^n)$$

可视为用 X 将 S^n 覆盖 (包起来) 住. 当 X 带边时, X 覆盖 S^n 的效果与 I^n 覆盖 S^n 相同, 此时有 $H^n(X, G) = 0$. 当 $H^n(X, \mathbb{Z}) = \mathbb{Z}$ 时, X 是可定向闭的, 此时 X 覆盖 S^n 的效果与 $(\Delta^n, \partial\Delta^n) \to (S^n, x_0)$ 相同. 当 $H^n(X, \mathbb{Z}) = \mathbb{Z}_2$ 时, X 不可定向, 它相当于两个方体公用一个边界, 而 X 无边. 因而两个方体 $2\Delta^n$ 覆盖 S^n 相当于 I^n 覆盖 S^n, 但是一个 Δ^n 却与 S^n 等效.

第三步. 有了上面两步分析就可看到, Y 可用若干球面 S_i^n 的基点粘接和表示:

$$Y = \vee_{i=1}^m S_i^n.$$

而 $H^n(X, \pi_n(Y))$ 的生成元为

$$[S_i^n]\Delta^n, \quad 1 \leqslant i \leqslant m.$$

此时映射 $f: X \to Y$ 可视为 f 用 Δ^n 将若干个 S_i^n 包起来.

第四步. 现在可以解释为什么对任何 $\sigma \in H^k(X, \pi_n(Y))$ 都存在映射 $f: X \to Y$ 使得 $h([f]) = \sigma$. 事实上, 当 $\sigma = k[S_i^n]\Delta^n$ 时, 显然存在 $f: X \to Y$, 使得 f 用 Δ^n 将 S_i^n 覆盖 k 层, 这就是

$$[f] \mapsto [\mathrm{Im}f]\Delta^n = k[S_i^n]\Delta^n.$$

当 $\sigma = \sum\limits_{i=1}^{m} k_i[S_i^n]\Delta$ 时, 可以找到 $f: X \to Y, f$ 用 Δ^n 分别将 S_i^n 覆盖 k_i 层. 于是有

$$[f] \mapsto [\mathrm{Im}f]\Delta^n = \sum_{i=1}^{m} k_i[S_i^n]\Delta^n.$$

以上解释是用于理解定理 4.17. 关于它的严格证明可参见文献 [15].

4.4 纤维丛上的谱序列及其应用

4.4.1 Leray 谱序列定理

在 3.1 节中较详细地介绍了谱序列的概念, 特别是讨论了双复形谱序列的性质. 而在 3.3 节中, 应用谱序列理论证明了 de Rham 定理. 在这里将再次应用这个代数工具到纤维丛上, 来计算同调群和同伦群, 主要目的是为了表明如何使用这个方法.

其实谱序列最基本的内容就是定理 3.2, 几乎所有的应用都是该定理的具体化. 这里主要考虑 n 维流形 M 上纤维丛

$$\begin{array}{ccc} F & \xrightarrow{i} & E \\ & & \downarrow \pi \\ & & M \end{array} \tag{4.4.1}$$

的同调与同伦群理论. 假设

$$\mathcal{U} = \{U_\alpha\}_\alpha \text{是} M \text{的一个标准覆盖.} \tag{4.4.2}$$

所谓标准覆盖是指任意有限个开集的交 $U_{\alpha_1} \cap \cdots \cap U_{\alpha_k} (\neq \varnothing)$ 都与 R^n 同胚. 此时 $\pi^{-1}\mathcal{U}$ 是 E 的一个开覆盖. 在 $\pi^{-1}\mathcal{U}$ 上引入 Čech-de Rham 复形

$$K^{p,q} = C^p(\pi^{-1}\mathcal{U}, \Omega^q) = \prod_{\alpha_0 \neq \cdots \neq \alpha_p} \Omega^q(\pi^{-1}U_{\alpha_0 \cdots \alpha_p}), \tag{4.4.3}$$

其中 $U_{\alpha_0 \cdots \alpha_p} = U_{\alpha_0} \cap \cdots \cap U_{\alpha_p}$, Π 是直积 (在这里它实际上与直和 $\oplus$ 等价). 双复形 (4.4.3) 上的导算子是

$$\begin{aligned} & d = (-1)^q d':\ K^{p,q} \to K^{p,q+1}, \quad d' \text{为} \Omega^q \text{上的外微分}, \\ & \delta:\ K^{p,q} \to K^{p+1,q} \text{是由 (3.3.15) 定义的差分算子}. \end{aligned} \tag{4.4.4}$$

注意, 这里导算子与 (3.1.22) 中的记号正好相反, 即定理 3.2 中的 d 是这里的 δ, 而那里的 δ 是这里的 d. 因此, 根据定理 3.2, 由 (4.4.3) 和 (4.4.4) 所给复形产生的谱序列 $\{E_k, d_k\}$ 的第一项 (E_1, d_1) 为

$$\begin{cases} E_1^{p,q} = H_d^q(K^{p,*}) = \prod\limits_{\alpha_0 \neq \cdots \neq \alpha_p} H^q(\pi^{-1}U_{\alpha_0 \cdots \alpha_p}) = C^p(\mathcal{U}, \mathcal{F}^q), \\ d_1 = \delta:\ E_1^{p,q} \to E_1^{p+1,q}, \end{cases} \tag{4.4.5}$$

其中 $\mathcal{F}^q$ 是 M 上的预层 $\mathcal{F}^q(U) = H^q(\pi^{-1}U)$. 根据假设 (4.4.2), $\pi^{-1}U = F \times U$, $\forall u \in \mathcal{U}$. 因此 $\mathcal{F}^q$ 是以 $H^q(F)$ 为群的 M 上局部常值预层.

谱序列 $\{E_k, d_k\}$ 的第二项为

$$\begin{cases} E_2^{p,q} = H_\delta^p(H_d^q(K^{*,*})) = H^p(\mathcal{U}, \mathcal{F}^q), \\ d_2:\ E_2^{p,q} \to E_2^{p+2,q-1}. \end{cases} \tag{4.4.6}$$

即 $E_2^{p,q}$ 是 Čech 复形 $\{C^*(\mathcal{U}, \mathcal{F}^q), \delta\}$ 产生的 Čech 上同调.

由 (4.4.3) 和 (4.4.4) 可产生一个单复形

$$D = d + \delta:\ K^k \to K^{k+1} \quad (K^k = \oplus_{p+q=k} K^{p,q}).$$

这个单复形产生一个上同调

$$H_D^k(C^*(\mathcal{U}, \Omega^*)) = \oplus_{p+q=k} H_D^{p,q}(C^*(\mathcal{U}, \Omega^*)). \tag{4.4.7}$$

由 (3.3.36) 和 (3.3.37) 给出的关系式告诉我们, 该上同调就是 $H_{DR}^*(E)$, 它称之为 Mayer-Vietoris 原理. 因为它的重要性, 这里作为引理再次将它陈述出来.

引理 4.9(Mayer-Vietoris 原理) 由双复形 (4.4.3) 和 (4.4.4) 产生出来的总上同调 (4.4.7) 就是 E 上的 de Rham 上同调, 即

$$H^k(E) = H_D^k(C^*(\mathcal{U}, \Omega^*)).$$

由定理 3.2, 双复形 (4.4.3) 和 (4.4.4) 的谱序列 $\{E_r, d_r\}$ 收敛到 (4.4.7), 即

$$\oplus_{p+q=k} E_\infty^{p,q} = H_D^k(C^*(\mathcal{U}, \Omega^*)).$$

于是根据引理 4.9, $\{E_r, d_r\}$ 收敛到 de Rham 上同调 $H_{DR}^*(E)$. 这个结论的进一步加细就是下面的 Leray 定理.

定理 4.18(关于 de Rham 上同调的 Leray 定理) 对于 (4.4.1) 的纤维丛. 假设条件 (4.4.2). 那么由 (4.4.3) 和 (4.4.4) 产生的谱序列 $\{E_r, d_r\}$ 收敛到 E 的 de Rham 上同调, 即

$$\oplus_{p+q=k} E_\infty^{p,q} = H^k(E), \tag{4.4.8}$$

并且该谱序列的第二项 $E_2^{p,q}$ 是由 (4.4.6) 给出. 特别地, 若 M 是单连通的, 而且 $H^q(F)$ 是有限维的, 则

$$E_2^{p,q} = H^p(M) \otimes H^q(F). \tag{4.4.9}$$

证明 只需证明第二个结论. 这里给出的证明步骤有一些跳跃, 主要目的是让读者了解为什么会有这个结论. 更详细地证明可参考文献 [4]. 分几步进行.

第一步. 首先介绍常值预层的概念, 对于一个预层 $\{\mathcal{F}(U)|\ U\in\mathcal{U}\}$, 每一个包含 $V\subset U$, 诱导一个限制同态

$$r_V^U:\ \mathcal{F}(U)\to\mathcal{F}(V).$$

我们说 $\mathcal{F}(U)$ 是一个常值预层, 若对每个包含 $V\subset U$, 其限制同态

$$r_V^U=id$$

都是恒等同构.

第二步. 我们知道 (4.4.5) 和 (4.4.6) 中的预层是局部常值的, 即对每个开集 $U\subset\mathcal{U}$, $\mathcal{F}^q(U)=H^q(F)$. 当 M 的局部常值预层 $\mathcal{F}^q(U)=H^q(F)$ 是常值预层, 并且 $H^q(F)$ 是有限维时, $H^q(F)=R\oplus\cdots\oplus R$. 此时 (4.4.5) 变为

$$\begin{aligned}E_2^{p,q}&=H^p(\mathcal{U},R\oplus\cdots\oplus R)=H^p(\mathcal{U},R)\otimes H^q(F)\\&=H^p(M)\otimes H^q(F)\quad(\text{由定理 }3.5).\end{aligned}$$

这就是 (4.4.12). 因此只需证明, 当 M 单连通时, $\mathcal{F}^q(U)=H^q(F)$ 是常值的即可.

第三步. 下面分析在什么情况下一个局部常值预层不是一个常值层. 令 $M=S^1$ 是一个圆圈, $\mathcal{U}=\{U_0,U_1,U_2\}$ 是 M 的一个标准覆盖, 见图 4.14(a). 在 M 上定义一个预层 $\mathcal{F}$ 为

$$\mathcal{F}(U)=R^1,\quad U\subset\{U_0,U_1,U_2,U_{01},U_{02},U_{12}\}.$$

而 $\mathcal{F}(U)$ 形象地看上去是一个 Möbius 带 (见图 4.14(b)). 容易看出 $\mathcal{F}$ 有六个限制同态 $r_{ij}^i:\ \mathcal{F}(U_i)\to\mathcal{F}(U_{ij})$. 当取其中任意五个为恒同时, 例如

$$r_{01}^0=id,\quad r_{01}^1=id,\quad r_{12}^1=id,\quad r_{12}^2=id,\quad r_{02}^0=id,$$

那么 r_{02}^2 一定是反向的, 即 $r_{02}^2=-id$. 这说明 $\mathcal{F}$ 不是一个常值预层.

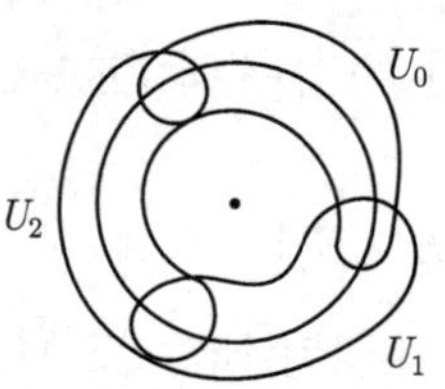

(a)

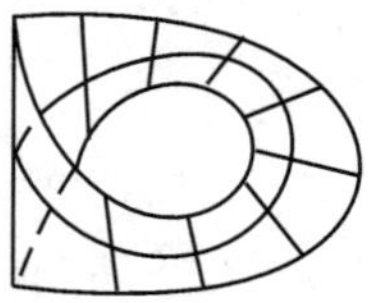
(b)

图 4.14

究其原因我们发现, 当 M 中含有一个圆圈 S^1, 它在 M 中不能够收缩到一点时, 则类似于上面的例子可在 M 的开覆盖 $\mathcal{U}$ 上构造一个局部常值预层 $\mathcal{F}$, 使得 $\mathcal{F}$ 中存在某个限制同态 $r_V^U \neq id$. 反过来, 当 M 是单连通时, $\pi_1(M)=0$, 则 M 中任一闭合回路 S^1 在 M 中可缩成一点. 换句话说, 任何 S^1 在 M 中围出一个圆盘 (在同胚意义下)$D^2 \subset M$, 使得

$$S^1 = \partial D^2. \tag{4.4.10}$$

第四步. 最后证明当 $\pi_1(M)=0, M$ 上的局部常值预层一定是常值的. 令 $\mathcal{F}$ 是一个以 G 为群的局部常值预层. 固定一个同构

$$\phi_\alpha:\ \mathcal{F}(U_\alpha) \to G.$$

当 $U_\alpha \cap U_\beta \neq \varnothing$, 映射

$$\phi_\beta \circ (r^\beta_{\alpha\beta})^{-1} \circ r^\alpha_{\alpha\beta} \circ \phi_\alpha^{-1}:\ G \to G \tag{4.4.11}$$

给出 G 一个自同构, $r^\alpha_{\alpha\beta}:\ \mathcal{F}(U_\alpha) \to \mathcal{F}(U_{\alpha\beta})$ 为限制同构 (因为 $\mathcal{F}$ 为局部常值). 记 $r^\alpha_\beta = (r^\beta_{\alpha\beta})^{-1} \circ r^\alpha_{\alpha\beta}:\ \mathcal{F}(U_\alpha) \to \mathcal{F}(U_\beta)$. 在每个开集 U_α 中选一个基点 $x_\alpha \in U_\alpha$, 并且当 $U_\alpha \cap U_\beta \neq \varnothing$ 时, $U_\alpha U_\beta$ 对应于连结 x_α 和 x_β 的一个线段. 因此, 开集的一个循环 $U_0 U_1 \cdots U_k U_0$ 对应一个圆圈

$$S^1 = \overline{x_0 x_1} + \overline{x_1 x_2} + \cdots + \overline{x_k x_0}, \tag{4.4.12}$$

就如图 4.15 所示的那样. 对每个线段 $\overline{x_i x_{i+1}}$, (4.4.11) 给出 G 的一个自同构

$$\begin{array}{ccc} \mathcal{F}(U_i) & \xrightarrow{\phi_i} & G \\ r^i_{i+1}\downarrow & & \downarrow \psi^i_{i+1} \\ \mathcal{F}(U_{i+1}) & \xrightarrow{\phi_{i+1}} & G \end{array}$$

$\psi^i_{i+1} = \phi_{i+1} \circ r^i_{i+1} \circ \phi_i:\ G \to G$. 那么, 对应于开集循环 $U_0 \cdots U_k U_0$ 的圆圈 (4.4.12), 有一个相关联的 G 自同构 $\psi_0:\ G \to G$ 定义为

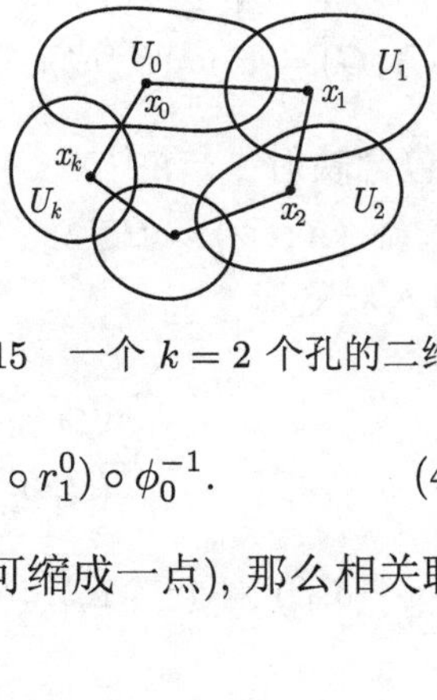

图 4.15 一个 $k=2$ 个孔的二维环面

$$\psi_0 = \psi^k_0 \psi^{k-1}_k \cdots \psi^0_1 = \phi_0 \circ (r^{k-1}_k \circ r^{k-2}_{k-1} \circ \cdots \circ r^0_1) \circ \phi_0^{-1}. \tag{4.4.13}$$

可以证明, 当 (4.4.12) 的 S^1 是如 (4.4.10) 那样 (可缩成一点), 那么相关联的自同构 (4.4.13) 是一个恒等映射 $\psi_0 = id$. 此时映射

$$\varphi_k = \phi_0 \circ (r^{k-1}_k \circ r^{k-2}_{k-1} \cdots r^0_1)^{-1}:\ \mathcal{F}(U_k) \to G \tag{4.4.14}$$

是一个与 (4.4.12) 的路径 $\overline{x_i x_{i+1}}$ 选择无关的同构. 每个开集 $U \subset \mathcal{U}$ 都可定义这样一个同构. 于是在 u 上定义了一个同构集合

$$\{\varphi_\alpha:\ \mathcal{F}(U)\to G|\ U\in\mathcal{U},\ \varphi_\alpha\text{如 (4.4.14) 所定义}\}. \tag{4.4.15}$$

不难验证, 对 $V\subset U$, φ_U 和 φ_V 与限制同态 $r^U_V:\ \mathcal{F}(U)\to\mathcal{F}(V)$ 可交换

$$\varphi_U=\varphi_V\circ r^U_V.$$

因此, (4.4.15) 是一个从 $\mathcal{F}$ 到常值层 G 的一个层同构.

于是, 当 $\pi_1(M)=0$ 时, 对任何 M 上以 G 为群的局部常值预层 $\mathcal{F}$ 都可按 (4.4.14) 的方式构造一个从 $\mathcal{F}$ 到常值预层 G 的层同构 (4.4.15). 因此 $\mathcal{F}$ 是一个常值预层. 这样, 定理得证. 这里需要说明一点是, $\mathcal{F}$ 是局部常值的条件对于证明 (4.4.13) 为恒等映射是基本的. 证明完毕.

4.4.2 奇异链的双复形

类似于 Čech-de Rham 双复形, 关于上、下奇异链群也同样可以引入双复形. 令 G 是一个 Abel 群, X 是一个拓扑空间,

$$\begin{cases} S_k(X,G)\text{是以 } G \text{ 为系数奇异下链群 (如 (2.1.51)) 中的}\tilde{C}_k(X,G)),\\ S^k(X,G)\text{是以}G\text{为系数奇异上链群 (见注 2.17)}, \end{cases}$$

∂ 是关于 $S_k(X,G)$ 的边缘算子, d 是关于 $S^k(X,G)$ 的上边缘算子. 再设 $\mathcal{U}=\{U_\alpha\}_{\alpha\in I}$ 是 X 的一个开覆盖, 这里必须考虑链群

$$S^{\mathcal{U}}_*(X,G)=\left\{\sum_j\alpha_j\sigma_j\in S_k(X,G)|\ \text{单形 }\sigma_j\text{ 在 }\mathcal{U}\text{ 的开集或它们的交集中}\right\},$$
$$S^*_{\mathcal{U}}(X,G)=\mathrm{Hom}(S^{\mathcal{U}}_*(X,\mathbb{Z}),G),$$

这里, 包含映射 $i:\ S^{\mathcal{U}}_*(X,G)\to S_*(X,G)$ 和 $j:\ S^*(X,G)\to S^k_{\mathcal{U}}(X,G)$ 诱导出同构: $H_*(S_*(X,G))=H_*(S^{\mathcal{U}}_*(X,G))$ 和 $H^*(S^*(X,G))=H^*(S^*_{\mathcal{U}}(X,G))$.

引入双复形

$$C_p(\mathcal{U},S^{\mathcal{U}}_q(X,G))=\oplus_{\alpha_0\neq\cdots\neq\alpha_p}S^{\mathcal{U}}_q(U_{\alpha_0\cdots\alpha_p},G), \tag{4.4.16}$$
$$C^p(\mathcal{U},S^q_{\mathcal{U}}(X,G))=\oplus_{\alpha_0\neq\cdots\neq\alpha_p}S^q_{\mathcal{U}}(U_{\alpha_0\cdots\alpha_p},G), \tag{4.4.17}$$

其导算子 $(\tilde{\delta},\partial)$ 对 (4.4.16), (δ,d) 对 (4.4.17), 其中

$$\tilde{\delta}:\ C_p(\mathcal{U},S^{\mathcal{U}}_q)\to C_{p-1}(\mathcal{U},S^{\mathcal{U}}_q), \tag{4.4.18}$$

定义为

$$(\delta c)_{\alpha_0\cdots\alpha_{p-1}}=\sum_\alpha C_{\alpha\alpha_0\cdots\alpha_{p-1}},$$

这里 $C_{\alpha_0\cdots\alpha_p}$ 的任两个下标交换导致一个负号: $C_{\alpha_0\alpha_1\cdots\alpha_p}=-C_{\alpha_1\alpha_0\alpha_2\cdots\alpha_p}$, 而边缘算子 $\varepsilon:\ \oplus S_q(U_{\alpha_0})\to S_q(X)$ 只是简单的求和. 关于 (4.4.17) 的差分算子

$$\delta:\ C^p(\mathcal{U},S^q_{\mathcal{U}})\to C^{p+1}(\mathcal{U},S^q_{\mathcal{U}}) \tag{4.4.19}$$

定义为

$$(\delta C)_{\alpha_0\cdots\alpha_{p+1}}=\sum_{i=0}^{p+1}(-1)^i C_{\alpha_0\cdots\hat{\alpha}_i\cdots\alpha_{p+1}}.$$

这两个算子 (4.4.18) 和 (4.4.19) 都满足 $\tilde{\delta}^2=0$ 和 $\delta^2=0$.

类似于引理 3.7, 关于复形 (4.4.18) 和 (4.4.19). 下面两个序列

$$\cdots\xrightarrow{\tilde{\delta}}\oplus_{\alpha_0\neq\alpha_1}S^{\mathcal{U}}_q(U_{\alpha_0\alpha_1},G)\xrightarrow{\tilde{\delta}}\oplus_{\alpha_0}S^{\mathcal{U}}_q(U_{\alpha_0},G)\xrightarrow{\varepsilon}S^{\mathcal{U}}_q(X)\to 0, \tag{4.4.20}$$

以及

$$0\to S^q_{\mathcal{U}}(X,G)\xrightarrow{\varepsilon^*}\oplus_{\alpha_0}S^q_{\mathcal{U}}(U_{\alpha_0},G)\xrightarrow{\delta}\oplus_{\alpha_0\neq\alpha_1}S^q_{\mathcal{U}}(U_{\alpha_0\alpha_1},G)\xrightarrow{\delta}\cdots \tag{4.4.21}$$

都是正合的.

现在令 (E,π,M) 是如 (4.4.1) 的纤维丛, $\mathcal{U}$ 是如 (4.4.2) 的开覆盖. 在此情况下, $\pi^{-1}\mathcal{U}$ 是 E 的一个开覆盖. 在纤维丛 (4.4.1) 上引入奇异下链双复形

$$\begin{cases} C_p(\pi^{-1}\mathcal{U},S_q(G))=\oplus_{\alpha_0\neq\cdots\neq\alpha_p}S^{\mathcal{U}}_q(U_{\alpha_0\cdots\alpha_p},G),\\ D=\tilde{\delta}+(-1)^p\partial,\end{cases} \tag{4.4.22}$$

以及奇异上链双复形

$$\begin{cases} C^p(\pi^{-1}\mathcal{U},S^q(G))=\oplus_{\alpha_0\neq\cdots\neq\alpha_p}S^q_{\mathcal{U}}(U_{\alpha_0\cdots\alpha_p},G),\\ D=\delta+(-1)^p d.\end{cases} \tag{4.4.23}$$

类似于引理 4.9, 从 (4.4.20) 和 (4.4.21) 可推出关于奇异双复形 (4.4.22) 和 (4.4.23) 的 Mayer-Vietoris 原理.

引理 4.10(关于奇异双复形的 Mayer-Vietoris 原理) 由奇异下链双复形 (4.4.22) 产生的总同调就是 E 上的奇异同调群

$$H^D_k(C_*(\mathcal{U},S_*(G))=H_k(E,G),$$

而由奇异上链双复形 (4.4.23) 产生的总同调就是 E 的奇异上同调群

$$H_D^k(C^*(\mathcal{U},S^*(G))=H^k(E,G).$$

同样地, 根据引理 4.10 和定理 3.2, 关于 (4.4.22) 和 (4.4.23) 的谱序列定理 4.18 成立.

定理 4.19(关于奇异同调的 Leray 定理) 对于 (4.4.1) 的纤维丛, 由 (4.4.22) 和 (4.4.23) 所产生的两个谱序列 $\{E^r_{p,q}, d^r\}$ 和 $\{E^{p,q}_r, d_r\}$ 分别收敛于 E 的奇异下同调和奇异上同调, 即

$$\oplus_{p+q=k} E^{\infty}_{p,q} = H_k(E, G), \tag{4.4.24}$$

$$\oplus_{p+q=k} E^{p,q}_{\infty} = H^k(E, G). \tag{4.4.25}$$

并且这两个谱序列的第二项分别为

$$E^2_{p,q} = H^{\delta}_p(M, \mathcal{F}_q(F, G)),$$
$$E^{p,q}_2 = H^p_{\delta}(\mathcal{U}, \mathcal{F}^q(F, G)).$$

特别地, 若 M 是单连通的, $\mathcal{U}$ 如 (4.4.2), 则 $\mathcal{F}_q(F, G)$ 与 $\mathcal{F}^q(F, G)$ 是常值的. 此外, 如果 $H_q(F, G)$ 和 $H^q(F, G)$ 是有限自由的, 或 $H_p(M, G)$ 和 $H^p(M, G)$ 是自由的, 则

$$E^2_{p,q} = H_p(M, G) \otimes H_q(F, G), \tag{4.4.26}$$

$$E^{p,q}_2 = H^p(M, G) \otimes H^q(F, G). \tag{4.4.27}$$

对于下同调的谱序列 $\{E^r_{p,q}, d^r\}$, 由注 3.2, 同态 d^r 是降标的,

$$d^r:\ E^r_{p,q} \to E^r_{p-r,q+r-1}. \tag{4.4.28}$$

而 d_r 是升标的,

$$d_r:\ E^{p,q}_r \to E^{p+r,q-r+1}_r. \tag{4.4.29}$$

4.4.3 一些应用

现在给出一些例子来看一下定理 4.18 和定理 4.19 是如何应用的.

例 4.11 我们知道, 复投影空间 $\mathbb{C}P^n$ 是如下纤维丛

$$\begin{array}{ccc} S^1 & \to & S^{2n+1} \\ & & \downarrow \pi \\ & & \mathbb{C}P^n \end{array}$$

我们将应用定理 4.19 来计算整系数上同调 $H^*(\mathbb{C}P^n)$. 根据 (4.4.27) 和 (4.4.29),

$$\begin{cases} E^{p,q}_2 = H^p(\mathbb{C}P^n) \otimes H^q(S^1), \\ d_2:\ E^{p,q}_2 \to E^{p+2,q-1}_2. \end{cases} \tag{4.4.30}$$

因为 $H^q(S^1) = 0,\ \forall q \geqslant 2$. 因此 $E^{p,q}_2 = 0,\ \forall q \geqslant 2$. (4.4.30) 用图表表示为

$$
E_2=\begin{array}{c|c|c|c|c|c|c|c|c|c|c|c}
q & 0 & 0 & 0 & 0 & 0 & 0 & 0 & 0 & 0 & & \\
\hline
1 & \mathbb{Z} & H^1 & H^2 & H^3 & H^4 & \cdot & \cdot & H^{2n} & 0 & & \\
\hline
0 & \mathbb{Z} & H^1 & H^2 & H^3 & H^4 & \cdot & \cdot & H^{2n} & 0 & & \\
\hline
 & 0 & 1 & 2 & 3 & 4 & \cdot & \cdot\ \cdot & 2n & 2n+1 & & p
\end{array}
\tag{4.4.31}
$$

这里 $H^k = H^k(\mathbb{C}P^n)$. 由

$$
\begin{cases}
E_3^{p,q} = \dfrac{\mathrm{Ker}\{d_2:\ E_2^{p,q} \to E_2^{p+2,q-1}\}}{d_2 E_2^{p-2,q+1}}, \\
d_3:\ E_3^{p,q} \to E_3^{p+3,q-2},
\end{cases}
\tag{4.4.32}
$$

可以推知

$$
E_3^{p,q} = 0, \quad q \neq 0, 1, \quad d_3 = 0.
$$

因此 $d_4 = d_5 = \cdots = 0$. 谱序列到 E_3 项开始不变 $E_3 = E_4 = \cdots$. 因此, 由 (4.4.25) 有

$$
E_\infty^k = E_3^k = \oplus_{p+q=k} E_3^{p,q} = H^k(S^{2n+1}).
$$

于是有 $E_3^{p,q} = 0$, $\forall p+q \neq 0,\ 2n+1$. 此外, 由 (4.4.31) 和 (4.4.32) 可知 $E_3^{p,q} = 0$ 当 $p \neq 2n$ 及 $q = 0$, $E_3^{2n,1} = \mathbb{Z}$, 即

$$
E_3^{p,q} = \begin{cases} \mathbb{Z}, & p = q = 0,\ p = 2n \text{ 及 } q = 1, \\ 0, & \text{其他}. \end{cases}
\tag{4.4.33}
$$

再从 (4.4.31)~(4.4.33) 可以推出

$$
\begin{aligned}
&d_2:\ \mathbb{Z} \to H^2,\ H^2 \to H^4,\ \cdots,\ H^{2n-2} \to H^{2n}, \\
&d_2:\ H^1 \to H^3,\ H^3 \to H^5,\ \cdots,\ H^{2n-1} \to 0
\end{aligned}
$$

都是同构. 因此有

$$
H^k(\mathbb{C}P^n) = H^k = \begin{cases} \mathbb{Z}, & k = 2m,\ 0 \leqslant m \leqslant n, \\ 0, & \text{其他}. \end{cases}
$$

例 4.12 计算 $SO(4)$ 的整系数上同调群 $H^k(SO(4))$. 在 1.1.6 小节关于 Stiefel 流形中, 可以看到如下纤维丛

$$
\begin{array}{ccc}
SO(n-1) \to & SO(n) \\
& \downarrow \\
& S^{n-1}
\end{array}
\tag{4.4.34}
$$

$SO(3)$ 是与实投影空间 P^3 同胚. 当 $n=4$ 时, (4.4.34) 变为

$$\begin{array}{ccc} P^3 & \rightarrow & SO(4) \\ & & \downarrow \\ & & S^3 \end{array} \tag{4.4.35}$$

在 2.9 节中知道了 P^n 的下同调群. 再由 Poincaré 对偶可知

$$H^k(P^3)=\begin{cases} \mathbb{Z}, & k=0,3, \\ \mathbb{Z}_2, & k=2, \\ 0, & \text{其他}. \end{cases} \tag{4.4.36}$$

纤维丛 (4.4.35) 的谱序列第二项为

$$E_2^{p,q}=H^p(S^3)\otimes H^q(P^3).$$

再根据 (4.4.36), E_2 可表示为

$E_2=$ (4.4.37)

q \ p	0	1	2	3	4
q	0	0	0	0	0
3	$\mathbb{Z}$	0	0	$\mathbb{Z}$	0
2	$\mathbb{Z}_2$	0	0	$\mathbb{Z}_2$	0
1	0	0	0	0	0
0	$\mathbb{Z}$	0	0	$\mathbb{Z}$	0

由 (4.4.32), 从 (4.4.37) 可得 E_3 为

$E_3=$ (4.4.38)

q \ p	0	1	2	3	4
4	0	0	0	0	0
3	$\mathbb{Z}$	0	0	$\mathbb{Z}$	0
2	$\mathbb{Z}_2$	0	0	$\mathbb{Z}_2$	0
1	0	0	0	0	0
0	$\mathbb{Z}$	0	0	$\mathbb{Z}$	0

再根据公式

$$\begin{cases} E_{r+1}^{p,q}=\dfrac{\operatorname{Ker}\{d_r:\ E_r^{p,q}\rightarrow E_r^{p+r,q-r+1}\}}{d_rE_r^{p-r,q+r-1}}, \\ d_{r+1}:\ E_{r+1}^{p,q}\rightarrow E_{r+1}^{p+r+1,q-r}, \end{cases} \tag{4.4.39}$$

从 (4.4.38) 及 $d_3:\ \mathbb{Z}_2\rightarrow\mathbb{Z}$ 是零同态可以依次推得

$$\oplus_{p+q=k}E_\infty^{p,q}=\oplus_{p+q=k}E_5^{p,q}=H^k(SO(4)), \tag{4.4.40}$$

并且 E_5 的表达式与 (4.4.38) 相同, 即

$$\begin{aligned} &E_5^{0,0}=\mathbb{Z},\quad E_5^{0,2}=\mathbb{Z}_2,\quad E_5^{0,3}=\mathbb{Z},\quad E_5^{3,0}=\mathbb{Z},\\ &E_5^{3,2}=\mathbb{Z}_2,\ E_3^{3,3}=\mathbb{Z},\quad E_5^{p,q}=0\quad \text{对其他 } p \text{ 和 } q. \end{aligned} \tag{4.4.41}$$

这样, 从 (4.4.40) 和 (4.4.41) 得到

$$H^k(SO(4))=\begin{cases}\mathbb{Z}, & k=0,6,\\ \mathbb{Z}\oplus\mathbb{Z}, & k=3,\\ \mathbb{Z}_2, & k=2,5,\\ 0, & \text{其他}.\end{cases}$$

例 4.13 类似于 (4.4.34), 关于 U 群有纤维丛

$$\begin{array}{ccc} U(n-1) & \to & U(n)\\ & & \downarrow\\ & & S^{2n-1}\end{array} \tag{4.4.42}$$

根据 (4.4.42), 应用谱序列来计算整系数同调群 $H^k(U(2))$.

对于 $n=2$ 情况, 此时 (4.4.42) 的纤维 $F=U(1)=S^1$, 即

$$\begin{array}{ccc} S^1 & \to & U(2)\\ & & \downarrow\\ & & S^3\end{array}$$

它的谱序列第二项为

$$E_2=\begin{array}{c|c|c|c|c|c|} 2 & 0 & 0 & 0 & 0 & 0\\ 1 & \mathbb{Z} & 0 & 0 & \mathbb{Z} & 0\\ 0 & \mathbb{Z} & 0 & 0 & \mathbb{Z} & 0\\ \hline & 0 & 1 & 2 & 3 & 4 \end{array}\ p \tag{4.4.43}$$

(E_3,d_3) 的导算子 d_3 降 q 到 $q-2$. 因此 $d_3=d_4=\cdots=0$. 故

$$\oplus_{p+q=k}E_\infty^{p,q}=\oplus_{p+q=k}E_3^{p,q}=H^k(U(2)).$$

从 (4.4.43) 易见 $E_3^{p,q}$ 与 $E_2^{p,q}$ 相同, 即

$$E_3^{0,0}=\mathbb{Z},\quad E_3^{0,1}=\mathbb{Z},\quad E_3^{3,0}=\mathbb{Z},\quad E_3^{3,1}=\mathbb{Z},\quad E_3^{p,q}=0,\quad \text{对其他 } p \text{ 和 } q.$$

因此有

$$H^k(U(2)) = \begin{cases} \mathbb{Z}, & k = 0, 1, 3, 4, \\ 0, & \text{其他}. \end{cases}$$

例 4.14　计算球面 S^n 的环路空间 ΩS^n 整系数上同调群 $H^k(\Omega S^n)$. 由 (4.2.37) 可知有如下纤维丛

$$\begin{array}{ccc} \Omega S^n & \to & PS^n \\ & & \downarrow \\ & & S^n \end{array} \tag{4.4.44}$$

对于 $n \geqslant 2$, 这个道路纤维谱序列 $\{E_r, d_r\}$ 的第二项为

$$E_2^{p,q} = H^p(S^n) \otimes H^q(\Omega S^n).$$

E_2 的图表表达式为

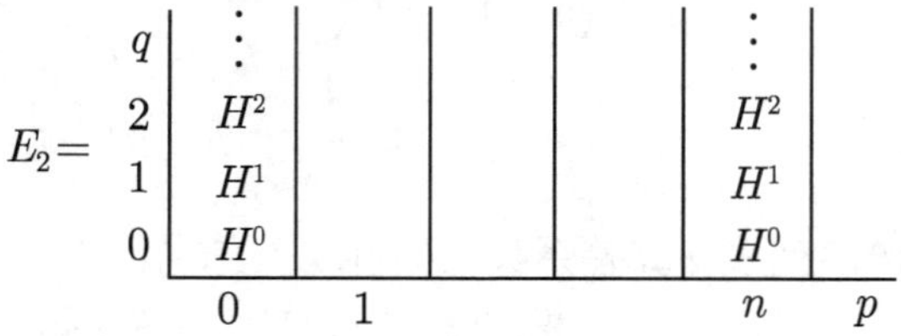

这里 $H^q = H^q(\Omega S^n)$, 并且只有 $p = 0$ 和 n 这两列元素不为零, 其余全为零. 由 (4.4.39) 可知, $E_2 = \cdots = E_n$, 并且 $d_{n+1} = d_{n+2} = \cdots = 0$. 因此

$$E_{n+1} = E_{n+2} = \cdots = E_\infty = H^*(PS^n). \tag{4.4.45}$$

而由 $H^0 = H^0(\Omega S^n) = \mathbb{Z}$, $E^n = E^2$ 可表示为

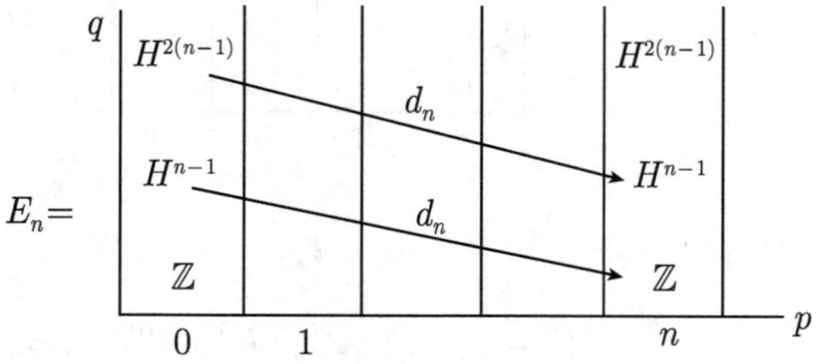

(4.4.46)

因为 PS^n 是可缩空间, $H^k(PS^n) = 0$, $\forall k \geqslant 1$. 因此由 (4.4.45),

$$E_{n+1}^{p,q} = 0, \quad \forall (p, q) \neq (0, 0).$$

于是由 (4.4.39) 可知

$$d_n: \ H^k \to H^{k-(n-1)}\text{是同构, 除了在}E_n^{0,0} = \mathbb{Z}.$$

再由 (4.4.46) 得到 $H^{k(n-1)} = H^0 = \mathbb{Z}$, $\forall k \geqslant 0$, $H^q = 0$, $q \neq k(n-1)$. 因此有

$$H^k(\Omega S^n) = \begin{cases} \mathbb{Z}, & k = m(n-1),\ \forall m \geqslant 0, \\ 0, & \text{其他}. \end{cases}$$

4.4.4 Gysin 序列与王宪钟序列

这里将应用定理 4.19 来证明纤维丛上两个正合的同调序列：Gysin 序列、王宪钟序列.

1. Gysin 序列

考虑 M 上以 S^m 为纤维的丛空间

$$\begin{array}{c} S^m \to E \\ \quad\ \downarrow \pi \\ \quad\ M \end{array} \tag{4.4.47}$$

假设 M 是单连通的. 则有下面定理.

定理 4.20 对于纤维丛 (4.4.47), 下面序列叫做 Gysin 序列, 是正合的,

$$\cdots \to H^k(E) \to H^{k-m}(M) \to H^{k+1}(M) \xrightarrow{\pi^*} H^{k+1}(E) \to \cdots \tag{4.4.48}$$

对于下同调群也有正合的 Gysin 序列

$$\cdots \to H_{k+1}(M) \to H_{k-m}(M) \to H_k(E) \to H_k(M) \to \cdots \tag{4.4.49}$$

证明 只对 (4.4.48) 进行证明, (4.4.49) 的证明是平行的. (4.4.47) 的谱序列第二项

$$E_2^{p,q} = H^p(M) \otimes H^q(S^m). \tag{4.4.50}$$

因此除 $q=0$ 和 m 这两排外, 其他的 $E_2^{p,q}$ 都为零, 即

$$E_2^{p,q} = 0, \quad \forall q \neq 0, m. \tag{4.4.51}$$

E_2 用图表来表达为

$E_2=$ 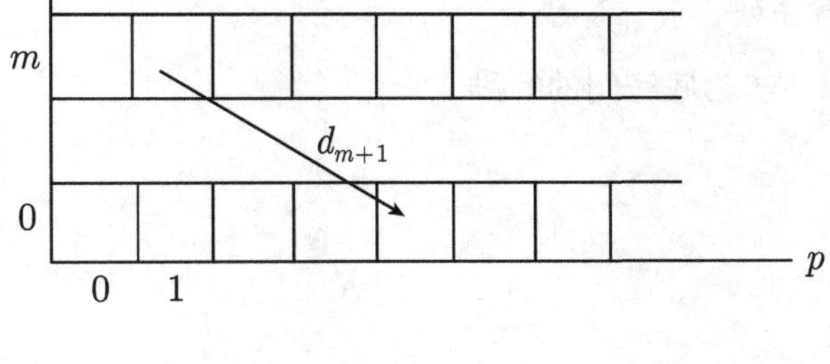

根据 (4.4.51), E_2 的第 m 排 $E_2^{p,m}(p=0,1,\cdots)$ 中任何非零元素不是 d_r $(r\geqslant 2)$ 的像, 这意味着

$$E_\infty^{p,m}=\text{Ker }d_{m+1}.$$

因此, 从这可导出下面的一个正合序列

$$0\to E_\infty^{k-m,m}\to E_2^{k-m,m}\xrightarrow{d_{m+1}}E_2^{k+1,0}\to E_\infty^{k+1,0}. \tag{4.4.52}$$

由 (4.4.49) 可知

$$E_2^{p,m}=H^p(M),\quad E_2^{p,0}=H^p(M). \tag{4.4.53}$$

又因为

$$E_\infty^{p,0}=\frac{E_2^{p,0}}{d_{m+1}E_2^{p+m+1,m}},$$

因此在 (4.4.52) 中

$$E_2^{k+1,0}\to E_\infty^{k+1,0}\text{是满射}.$$

再根据 (4.4.53), 正合序列 (4.4.52) 延拓为

$$0\to E_\infty^{k-m,m}\xrightarrow{\alpha}H^{k-m}(M)\xrightarrow{d_{m+1}}H^{k+1}(M)\xrightarrow{\beta}E_\infty^{k+1,0}\to 0. \tag{4.4.54}$$

由 (4.4.25), 从 E_2 的图表可见

$$H^k(E)=E_\infty^{k,0}\oplus E_\infty^{k-m,m}. \tag{4.4.55}$$

再由 (4.4.54) 的正合性,

$$H^k(M)\xrightarrow{\beta}E_\infty^{k,0}\oplus E_\infty^{k-m,m}\xrightarrow{\alpha}H^{k-m}(M) \tag{4.4.56}$$

是正合的, 其中

$$E_\infty^{k,0}=\beta(H^k(M)),\quad \alpha(E_\infty^{k,0})=0.$$

将 (4.4.55) 代入 (4.4.56), 则 (4.4.56) 与 (4.4.54) 组合成 (4.4.48) 的长正合序列. 因而定理得证.

2. 王宪钟序列

再考虑以 S^m 为底空间的纤维丛

$$\begin{array}{c}F\to E\\ \quad\ \downarrow\pi\\ \quad\ S^m\end{array} \tag{4.4.57}$$

对这种情况, 有下面的王宪钟序列.

定理 4.21 对于 (4.4.57) 的纤维丛, 下列序列是正合的.

$$\cdots \to H^k(E) \to H^k(F) \to H^{k-m+1}(F) \to H^{k+1}(E) \to \cdots \tag{4.4.58}$$

以及

$$\cdots \to H_{k-m+1}(F) \to H_k(F) \to H_k(E) \to H_{k-m}(F) \to \cdots \tag{4.4.59}$$

证明 同样地, 只需对 (4.4.58) 进行证明即可. 对照定理 4.22, 可以发现王宪钟序列 (4.4.58)~(4.4.59) 与 Gysin 序列 (4.4.48)~(4.4.49) 是相似的. 它们的证明也是类似的.

纤维丛 (4.4.57) 的谱序列第二项是

$$E_2^{p,q} = H^p(S^m) \otimes H^q(F).$$

用图表表示为

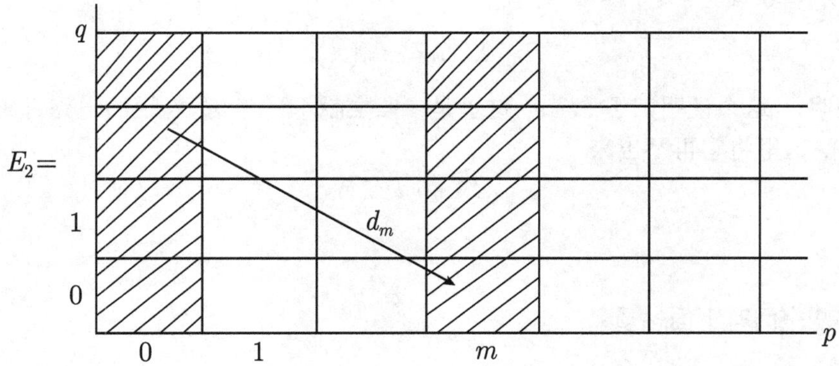

(4.4.60)

从图 (4.4.60) 可以看出 E_2 的第 0 列不是 d_r $(r \geqslant 2)$ 的像, 即

$$E_\infty^{0,k} = \operatorname{Ker} d_m \quad (\text{由 (4.4.29) 和 (4.4.39)}). \tag{4.4.61}$$

再由 $E_2^{p,q} = 0,\ \forall p \neq 0, m$,

$$E_\infty^{m,q} = \frac{E_2^{m,q}}{d_m E_2^{0,q}}. \tag{4.4.62}$$

于是从 (4.4.61) 和 (4.4.62) 导出下面正合序列

$$\begin{array}{ccccccc} 0 \to E_\infty^{0,k} \to & E_2^{0,k} & \xrightarrow{d_m} & E_2^{m,k-m+1} & \to E_\infty^{m,k-m+1} \to 0 \\ & \| & & \| & \\ & H^k(F) & & H^{k-m+1}(F) & \end{array} \tag{4.4.63}$$

正合列 (4.4.63) 再结合关系式

$$H^k(E) = E_\infty^{0,k} \oplus E_\infty^{m,k-m} \quad (\text{由}(4.4.25)),$$

可得下面正合列

$$H^{k-m}(F) \to E_\infty^{m,k-m} \oplus E_\infty^{0,k} \to H^k(F). \tag{4.4.64}$$

这两个正合列 (4.4.63) 和 (4.4.64) 便组合成 (4.4.58). 定理证毕.

4.4.5 Hurewicz 定理谱序列的证明

这一小节将应用谱序列方法证明 Hurewicz 定理. 在下面的证明中, 首先假设定理 4.10 成立. 该定理说, 若 $\pi_1(X)$ 是 Abel 群时,

$$H_1(X,\mathbb{Z}) = \pi_1(X). \tag{4.4.65}$$

为了方便, 这里将 Hurewicz 定理 (定理 4.9) 再陈述如下.

定理 4.22(Hurewicz 定理) 令 X 是 $(m-1)$ 连通的流形, $m \geqslant 2$. 那么 $H_k(X,\mathbb{Z}) = 0,\ 1 \leqslant k \leqslant m-1$, 并且

$$H_m(X,\mathbb{Z}) = \pi_m(X).$$

证明 这个证明归于 Serre. 这里是参照文献 [4]. 考虑 X 上的道路纤维空间 (4.2.37). 这里将它再写出来

$$\begin{array}{ccc} \Omega X & \to & PX \\ & & \downarrow \\ & & X \end{array}$$

关于这些空间有下面性质:

$$H_k(PX) = 0, \quad \forall k \geqslant 1. \tag{4.4.66}$$

$$\pi_k(\Omega X) = \pi_{k+1}(X), \quad k \geqslant 1. \tag{4.4.67}$$

由假设 X 是单连通的, 因而谱序列的 E^2 项为

$$\begin{aligned} E_{p,q}^2 &= H_p(X, H_q(\Omega X)) \quad (\text{由定理 } 4.19) \\ &= H_p(X) \otimes H_q(\Omega, X) \oplus H_{p-1}(X) * H_q(\Omega X) \quad (\text{由万有系数定理 } 2.10). \end{aligned} \tag{4.4.68}$$

关于 M 采用归纳法进行证明. 对 $m=2$ 的情况, (4.4.68) 可写成

$E_2=$

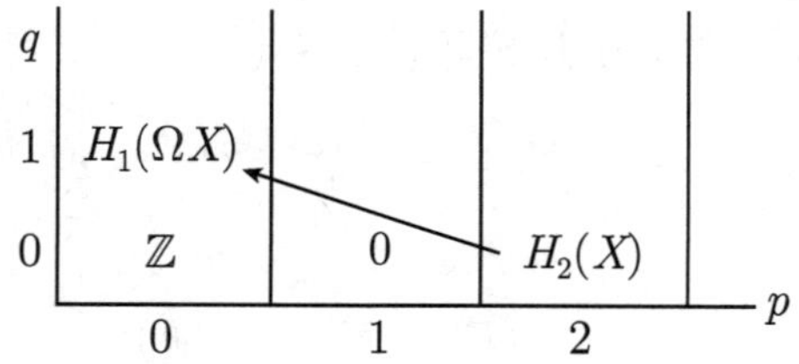

由 (4.4.66) 和 (4.4.28),

$$d^2:\ H_2(X)\to H_1(\Omega X)\text{是同构}\quad (E^\infty_{p,q}=H_{p+q}(PX)).$$

再根据 (4.4.67), $\pi_1(\Omega X)=\pi_2(X)$ 是 Abel 的. 于是 (4.4.65) 产生

$$H_1(\Omega X)=\pi_1(\Omega X)=\pi_2(X).$$

这样便得到

$$H_2(X)=\pi_2(X).$$

假设定理对所有 $m-1\geqslant 1$ 都成立. 由 (4.4.67), 当 X 是 $m-1$ 连通时, ΩX 是 $m-2$ 连通的. 故由归纳假设

$$\begin{aligned}&H_k(\Omega X)=0,\quad k\leqslant m-2,\\&H_{m-1}(\Omega X)=\pi_{m-1}(\Omega X)=\pi_m(X)\quad(\text{由}(4.4.67))\end{aligned}\tag{4.4.69}$$

而此时 (4.4.68) 可写成

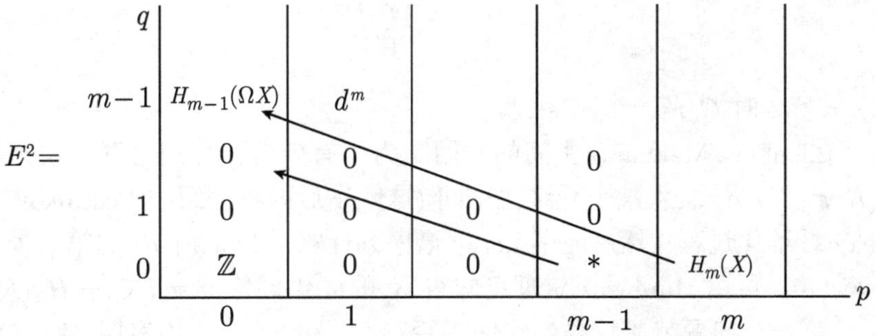

在此图中

$$\begin{aligned}&E^r_{p,q}=0,\ p<m,\ q<m-1\ (\text{除}(p,q)=(0,0)\text{及}(m-1,0)\text{外}),\\&E^2_{k,0}=H_k(X)\otimes H_0(\Omega X)=H_k(X),\\&E^2_{0,k-1}=H_0(X)\otimes H_{k-1}(\Omega X)=H_{k-1}(\Omega X).\end{aligned}\tag{4.4.70}$$

根据 (4.4.28) 知

$$\begin{aligned}&E^{r+1}_{m,0}=E^2_{m,0},\quad d^r=0,\quad \text{对 } r<m,\\&E^{r+1}_{0,m-1}=E^2_{0,m-1},\quad \text{对 } r<m,\\&d^m:\ E^m_{m,0}\to E^m_{0,m-1}\Rightarrow d^m:\ E^2_{m,0}\to E^2_{0,m-1}.\end{aligned}$$

再由 (4.4.66),

$$\oplus_{p+q=k}E_{p,q}^{\infty}=H_k(PX)=0,\quad k\geqslant 1.$$

因此

$$d^m:\ E_{m,0}^2\to E_{0,m-1}^2\text{及}d^m:\ E_{m-1,0}^2\to E_{0,m-2}$$

是同构. 从 (4.4.70) 和 (4.4.69) 可推出

$$H_m(X)=H_{m-1}(\Omega X)=\pi_m(X),\quad H_{m-1}(X)=H_{m-2}(\Omega X)=0.$$

因此定理对 m 也成立. 证明完毕.

4.5 球面同伦群的计算

4.5.1 Eilenberg-MacLane 空间

令 G 是一个群, 一个道路连通的空间 X 被称作 Eilenberg-Maclane 空间 $X=K(G,n)$, 如果

$$\pi_k(X)=\begin{cases}G, & \text{对 } k=n,\\ 0, & \text{其他.}\end{cases}$$

这里要求 $n\geqslant 2$ 时 G 是一个 Abel 群.

引入 Eilenberg-MacLane 空间的作用是为了有效地计算同伦群. 它的基本思想是将 $K(\pi_q(X),n)$ 装入某个纤维化空间 (这就是后面将介绍的 Postnikov 程序与 Whitehead 纤维化过程), 然后应用 Leray 谱序列计算 $K(\pi_q(X),n)$ 的第一个非平凡同调群 $H_n(K)$, 再由 Hurewicz 定理可求得 X 的 q 维同伦群 $\pi_q(X)=H_n(K)$.

现在, 第一个问题就是这样的空间是否存在. 在文献 [4] 中表明, 在 CW 复形范畴内每个 Eilenberg-MacLane 空间 $K(G,n)$ $(n\geqslant 1)$ 都存在, 并且在同伦等价的意义下是唯一的.

这里不再详细讨论这一问题. 然而有必要在这里介绍 CW 复形的概念, 它是流形的自然推广 (因为每个流形在同伦等价意义下都是 CW 复形, 见 5.2 节的内容). 特别地, CW 复形在拓扑学中是一个重要的概念.

定义 4.7 一个 CW 复形就是一个 Hausdorff 空间 X, 它是一族互不相交的开盘 e_α 的并集, 并且使得

(1) 对于族中每个 k 维开盘 e_α(通常称之为开胞腔), 存在一个映射 $f_\alpha:\ D^k\to X$ 将 D^k 的内部 $\mathrm{Int}D^k$ 同胚地映到 e_α 上, 并且将 ∂D^k 映到一些维数低于 k 的开胞腔的一个有限并集之中, 这里 D^k 为 k 维闭盘;

(2) 如果对每个 α, $A\cap\bar{e}_\alpha$ 在 $\bar{e}_\alpha$ 中是闭集, 则集合 A 在 X 中是闭的.

CW 复形是由 Whitehead 引入. 他将条件 (1) 的有限性部分称之为闭包有限性 (closure-finiteness), 将条件 (2) 叫做 X 的弱拓扑 (weaktopology). 这两个术语的头一个字母的组合便是 CW. 这便是该复形名称的由来.

CW 复形 X 具有一个标准覆盖 $\mathcal{U}$(见 (4.4.2)). 因而 Leray 在纤维丛 (4.4.1) 上的谱序列定理 (定理 4.18 和定理 4.19) 对于 M 是 CW 复形时也成立. 因此下面使用该定理时, M 并不局限于流形, 它可以是 CW 复形. Eilenberg-MacLane 空间就是一个 CW 复形.

我们知道 S^1 的同伦群为 $\pi_1(S^1)=\mathbb{Z}$, $\pi_k(S^1)=0$, $\forall k\geqslant 2$. 因此 S^1 就是空间 $K(\mathbb{Z},1)$. 由引理 4.3 和 (4.2.38) 可知

(1) $\Omega K(G,n)=K(G,n-1)$;

(2) 对两个群 G_1 和 G_2, 有 $K(G_1,n)\times K(G_2,n)=K(G_1\times G_2,n)$.

下面两个例子能够反映 Eilenberg-MacLane 空间的一些特征.

例 4.15 无穷维的复投影空间 $\mathbb{C}P^\infty$ 是空间 $K(\mathbb{Z},2)$. 事实上由包含关系

$$\begin{array}{cccccc} S^1\to & S^{2n+1} & \subset & S^{2n+3} & \subset\cdots \\ & \downarrow & & \downarrow & \\ & \mathbb{C}P^n & \subset & \mathbb{C}P^{n+1} & \subset\cdots \end{array}$$

可以得到纤维丛

$$\begin{array}{c} S^1\to S^\infty \\ \downarrow \\ \mathbb{C}P^\infty \end{array}$$

因为 $\pi_k(S^\infty)=0$, $k\geqslant 1$, 根据纤维丛的同伦序列 (定理 4.3) 可得

$$\pi_k(\mathbb{C}P^\infty)=\begin{cases}\mathbb{Z}, & k=2,\\ 0, & \text{其他}.\end{cases}$$

因此有 $\mathbb{C}P^\infty=K(\mathbb{Z},2)$.

例 4.16 无穷维的透镜空间 $L^\infty(Q,q)$ 是 $K(\mathbb{Z}_q,1)$. 类似于 $\mathbb{C}P^\infty$, 关于透镜空间有下列包含关系

$$\begin{array}{cccccc} \mathbb{Z}_q\to & S^{2n+1} & \subset & S^{2n+3} & \subset\cdots \\ & \downarrow & & \downarrow & \\ & L^{2n+1}(Q,q) & \subset & L^{2n+3}(Q,q) & \subset\cdots \end{array}$$

从这个包含关系导出覆迭空间 (离散纤维丛)

$$\begin{array}{c} \mathbb{Z}_q \to S^\infty \\ \quad\ \downarrow \\ L^\infty(Q,q) \end{array}$$

因此得到

$$\pi_k(L^\infty(Q,q)) = \begin{cases} \mathbb{Z}_q, & k=1, \\ 0, & \text{其他}. \end{cases}$$

于是有 $L^\infty(Q,q) = K(\mathbb{Z}_q, 1)$.

4.5.2 Postnicov 纤维化序列与 $\pi_4(S^3)$ 的计算

令 X 是一个 CW 复形. Postnicov 纤维化就是构造一个以 $K(\pi_n(X), n)$ 为纤维的丛序列 $P_n \subset P_{n-1} \subset \cdots \subset P_1 \subset X$, 使得

$$\begin{array}{c} K(\pi_n(X), n) \to P_n \\ \qquad\qquad\ \downarrow \\ \qquad\qquad\ P_{n-1} \end{array} \tag{4.5.1}$$

并且

$$\pi_k(P_n) = \begin{cases} \pi_k(X), & 1 \leqslant k \leqslant n, \\ 0, & n+1 \leqslant k. \end{cases} \tag{4.5.2}$$

下面分几步来表明如何来构造满足 (4.5.1) 和 (4.5.2) 的纤维化空间序列$\{P_n\}_{n\geqslant 1}$, 并且给出 P_n 与 X 的拓扑结构之间关系.

第一步. 令 $Y \subset X$ 是 X 中的一个子空间. 那么按照如下方式, 包含关系 $Y \to X$ 可以诱导出一个以 X 为底空间的纤维丛. 定义

$$E(Y) = PX(Y) = \{\gamma:\ [0,1] \to X \mid \gamma(0) \in Y\}$$

是所有起点在 Y 上的 X 中道路组成的空间. 然后定义投影 $\pi:\ E(Y) \to X$ 为

$$\gamma \mapsto \gamma(1),$$

即将每个道路投影到它的终点. 这样, 得到一个纤维丛

$$\begin{array}{c} P_*(Y) \to E(Y) \\ \qquad\quad \downarrow \pi \\ \qquad\quad X \end{array} \tag{4.5.3}$$

其中 $P_*(Y)$ 是所有从 X 中某固定点 $*$ 到 Y 的道路所构成的空间, 这里 X 总是假设是道路连通的. 显然, 通过收缩每个 $E(Y)$ 中的道路到它的起点可以得到一个同伦等价

$$E(Y) \sim Y.$$

因此, 在同伦等价意义下包含映射 $Y \to X$ 就可以视为一个纤维丛, 它实质上是由 (4.5.3) 来体现的.

第二步. 关于 X, 可以通过粘接一个 $k+1$ 维胞腔 e^{k+1} 来消去 $\pi_k(X)$ 中一个非零元素. 其方式如下. 令 α : $S^k \to X$ 是 $\pi_k(X)$ 中非零元素, 则由 α 可在 X 上粘接一个 $k+1$ 维胞腔

$$X \bigcup_{\alpha} e^{k+1} = X \bigsqcup e^{k+1} / \{x \sim \alpha(x)\}, \quad x \in \partial e^{k+1} = S^k. \tag{4.5.4}$$

图 4.16 能告诉我们 (4.5.4) 的粘接是如何消灭 k 维同伦群的一个非零元素. 一根管子 X 上的圆圈 Γ 是 $\pi_1(X)$ 中非零元素, 它在 X 上不能收缩到一点上. 然而将一个二维胞腔 e^2 的边界 ∂e^2 沿着 Γ 粘到 X 上后, Γ 便可在 $X \cup e^2$ 中收缩到一点, 此时 Γ 在 $\pi_1(X \cup e^2)$ 中变为零元素了.

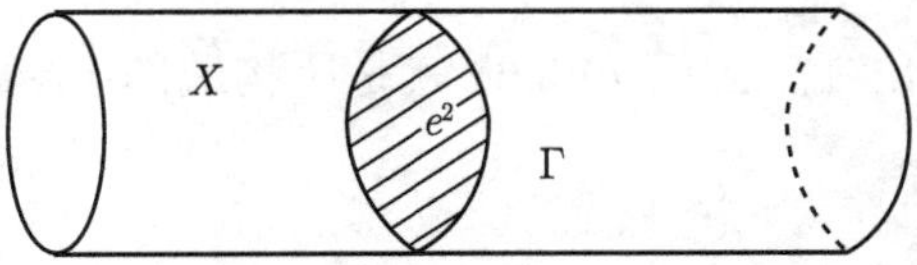

图 4.16

第三步. 容易看出一个 k 维胞腔 e^k 在 X 上的粘接并不影响所有 $q \leqslant k-2$ 维同伦群, 即

$$\pi_q(X \cup e^k) = \pi_q(X), \quad q \leqslant k-2. \tag{4.5.5}$$

这是因为若 α : $S^q \to X$ 是一个非零元素, 则 α 的像 $\alpha(S^q)$ 一定不能形变到 $\partial e^k (\subset X)$ 上 (在 ∂e^k 中任何 q 维子集可收缩到一点上), 因而 α 也是 $\pi_q(X \cup e^k)$ 的一个非零元素. 反过来亦然.

第四步. 为了构造 P_n, 通过粘接 $k \geqslant n+2$ 维胞腔到 X 上来消去 X 的所有 $k \geqslant n+1$ 维的同伦群元素,

$$P_n = X \bigcup_i e_{\alpha_i}, \quad \dim e_{\alpha_i} \geqslant n+2. \tag{4.5.6}$$

于是, 根据第二和第三步有

$$\pi_k(P_n) = \begin{cases} 0, & k \geqslant n+1, \\ \pi_k(X), & 1 \leqslant k \leqslant n. \end{cases} \tag{4.5.7}$$

得到 P_n 后, 再通过消灭 P_n 的 n 维以上同伦群便得到 P_{n-1}. 于是有

$$X \subset P_n \subset P_{n-1} \subset \cdots \subset P_1.$$

再按 (4.5.3) 的方式, 这个包含关系产生一个纤维丛序列

$$\begin{array}{c} F_n \to P_n \\ \downarrow \\ P_{n-1} \end{array} \tag{4.5.8}$$

根据纤维丛的同伦正合序列 (定理 4.3), 从 (4.5.7) 可推出

$$\pi_k(F_n) = \begin{cases} 0, & k \neq n, \\ \pi_n(P_n)(= \pi_n(X)), & k = n. \end{cases}$$

因此, F_n 是 Eilenberg-MacLane 空间

$$F_n = K(\pi_n(X), n).$$

这样, (4.5.8) 就变成 (4.5.1). 因而 (4.5.6) 就是所构造的 Postnicov 序列, 它满足性质 (4.5.1)~(4.5.2).

$\pi_4(S^3)$ 的计算

现在将应用 Postnicov 纤维化来计算 $\pi_4(S^3)$. 令 P_4 是这样一个空间, 它的同伦群与 S^3 的一直到包括 $k = 4$ 的同伦群相同, 而 $k \geqslant 5$ 的同伦群为零. 于是由 Postnicov 过程可知

$$\begin{aligned} P_4 &= S^3 \cup e^6 \cup \cdots \\ P_3 &= P_4 \cup S^5 \cup \cdots \end{aligned} \tag{4.5.9}$$

容易看出 $P_3 = K(\mathbb{Z}, 3)$. 因此从 (4.5.9) 产生的纤维化是

$$\begin{array}{c} K(\pi_4(S^3), 4) \to P_4 \\ \downarrow \\ K(\mathbb{Z}, 3) \end{array} \tag{4.5.10}$$

根据 Hurwicz 定理 (定理 4.9),

$$\pi_4(S^3) = H_4(K(\pi_4(S^3))). \tag{4.5.11}$$

为了应用 (4.5.10) 的谱序列来计算 (4.5.11), 必须先计算 $K(\mathbb{Z},3)$, 关于这个空间, 有如下纤维丛

$$\begin{array}{ccc}\Omega K(\mathbb{Z},3) & \to & PK(\mathbb{Z},3)\\ & & \downarrow\\ & & K(\mathbb{Z},3)\end{array} \tag{4.5.12}$$

然而由 $\Omega K(\mathbb{Z},3)=K(\mathbb{Z},2)$ 及例 4.14 知

$$\Omega K(\mathbb{Z},3)=\mathbb{C}P^{\infty}.$$

因此 (4.5.12) 变为

$$\begin{array}{ccc}\mathbb{C}P^{\infty} & \to & PK(\mathbb{Z},3)\\ & & \downarrow\\ & & K(\mathbb{Z},3)\end{array} \tag{4.5.13}$$

由定理 4.19, (4.5.13) 的谱序列第二项为

$$E_2^{p,q}=H^p(K(\mathbb{Z},3))\otimes H^q(\mathbb{C}P^{\infty}).$$

因为 $H^*(\mathbb{C}P^{\infty})$ 具有环结构, 它是由 $H^L(\mathbb{C}P^{\infty})$ 的生成元 a 生成的

$$a^k\text{是}H^{2k}(\mathbb{C}P^{\infty})\text{的生成元},\quad k=1,2,\cdots.$$

这样 E_2 的图表示为

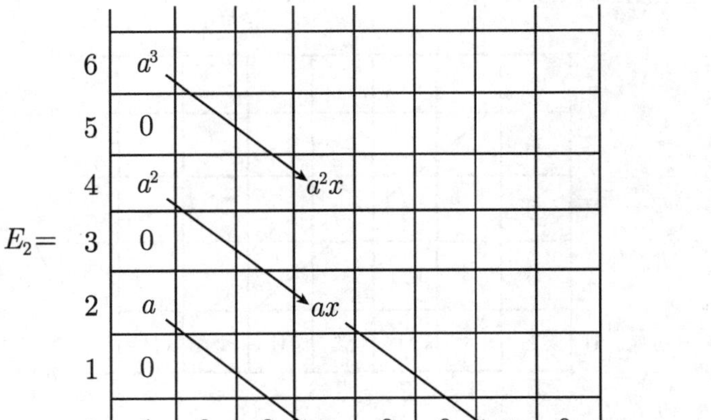

(4.5.14)

因为 $PK(\mathbb{Z},3)$ 可缩,

$$E_{\infty}^{p,q}=0,\quad \forall (p,q)\neq(0,0).$$

因此 (4.5.14) 中的 x 一定是 a 的像, 否则 $E_{\infty}^{3,0}\neq 0$, 即

$$d_3 a = x.$$

同理有

$$d_3 a^2 = 2a d_3 a = 2ax. \tag{4.5.15}$$

于是一定有一个元素 y 在 $(p,q)=(6,0)$ 位置上, 使得

$$y = d_3(ax) \neq 0.$$

即 y 是 $H^6(K(\mathbb{Z},3))$ 的一个非零元素. 此外从 (4.5.15) 可知 $2y=0$, 故

$$H^6(K(\mathbb{Z},3)) = \mathbb{Z}_2. \tag{4.5.16}$$

从 (4.5.14) 的 $q=0$ 行得到

$$H^0(K(\mathbb{Z},3)) = H^3(K(\mathbb{Z},3)) = \mathbb{Z},$$
$$H^1(K(\mathbb{Z},3)) = H^2(K(\mathbb{Z},3)) = H^4(K(\mathbb{Z},3)) = H^5(K(\mathbb{Z},3)) = 0.$$

再由上, 下同调群之间关系可求出

$$H_0(K(\mathbb{Z},3)) = H_3(K(\mathbb{Z},3)) = \mathbb{Z},$$
$$H_5(K(\mathbb{Z},3)) = \mathbb{Z}_2, \quad H_1(K(\mathbb{Z},3)) = H_2(K(\mathbb{Z},3)) = H_4(K(\mathbb{Z},3)) = 0.$$

现在, (4.5.10) 的谱序列第二项

$$E^2_{p,q} = H_p(K(\mathbb{Z},3)) \otimes H_q(K(\pi_4(S^3),4))$$

的图表示为 (这里用到 (4.5.11)),

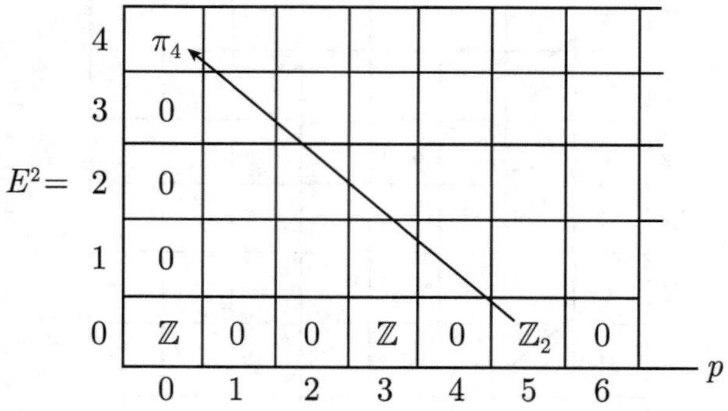

(4.5.17)

其中 $\pi_4 = \pi_4(S^3)$. 从 (4.5.9) 容易看出 $H_4(P_4) = H_5(P_4) = 0$, 即

$$E^\infty_{0,4} = E^\infty_{5,0} = 0.$$

这意味着 (4.5.17) 中的箭头是一个同构. 因此有

$$\pi_4(S^3) = \mathbb{Z}_2. \tag{4.5.18}$$

4.5.3 Whitehead 纤维化与 $\pi_5(S^3)$ 的计算

Whitehead 纤维化是一个与 Postnicov 纤维化相对应的序列. 与 Postnicov 构造过程相反, 在那里消去 X 的所有 $k\ (\geqslant n)$ 维同伦群, 而在这里是消除所有 $k\ (\leqslant n)$ 维同伦群. Whitehead 纤维化序列为

$$\cdots \to W_n \to W_{n-1} \to \cdots \to W_1 \to X, \tag{4.5.19}$$

满足

$$\begin{array}{ccc} K(\pi_n(X), n-1) & \to & W_n \\ & & \downarrow \\ & & W_{n-1} \end{array} \tag{4.5.20}$$

并且

$$\pi_k(W_n) = \begin{cases} 0, & 1 \leqslant k \leqslant n, \\ \pi_k(X), & n+1 \leqslant k. \end{cases} \tag{4.5.21}$$

下面就来构造满足 (4.5.20) 和 (4.5.21) 的纤维化序列 (4.5.19).

第一步. 首先从 X 出发构造 W_1. 令

$$X_1 = X \cup e^3 \cup \cdots$$

是这样的空间, 它消去所有 $k \geqslant 2$ 的同伦群, 即

$$X_1 = K(\pi_1(X), 1).$$

考虑 X_1 中所有从基点 * 到 X 中的道路组成空间

$$PX_1(*, X) = \{\gamma :\ [0,1] \to X_1 |\ \gamma(0) = *,\ \gamma(1) \in X\}.$$

从 $PX_1(*, X)$ 到 X 上的终点映射 $\gamma \mapsto \gamma(1)$ 是一个纤维丛

$$\begin{array}{ccc} \Omega X_1 & \to & PX_1(*, X) \\ & & \downarrow \\ & & X \end{array}$$

令 $W_1 = PX_1(*, X)$. 由 $\Omega X_1 = \Omega K(\pi_1(X), 1) = K(\pi_1(X), 0)$, 便得

$$\begin{array}{ccc} K(\pi_1(X), 0) & \to & W_1 \\ & & \downarrow \\ & & X \end{array} \tag{4.5.22}$$

根据定理 4.3, 从 (4.5.22) 可推得

$$\pi_k(W_1) = \begin{cases} 0, & k = 1, \\ \pi_k(X), & k \geqslant 2. \end{cases}$$

这就是 $n = 1$ 的关系式 (4.5.21).

第二步. 从 W_{n-1} 来构造 W_n ($n \geqslant 2$). 由粘接胞腔到 W_{n-1} 上来消去所有 $k \geqslant n+1$ 同伦群, 它给出

$$X_n = K(\pi_n(X), n) = W_{n-1} \cup e^{n+2} \cup \cdots$$

然后令

$$W_n = PX_n(*, W_{n-1}) = \{\gamma : [0,1] \to X_n | \gamma(0) = *, \gamma(1) \in W_{n-1}\}.$$

则终点映射 $\gamma \mapsto \gamma(1)$ 给出 $W_n \to W_{n-1}$ 的纤维化

$$\begin{array}{ccc} \Omega X_n = K(\pi_n(X), n-1) & \to & W_n \\ & & \downarrow \\ & & W_{n-1} \end{array} \tag{4.5.23}$$

第三步. 验证 W_n 满足 (4.5.21). 从 (4.5.23) 的纤维丛同伦正合序列及关于 W_{n-1} 的归纳假设容易看到

$$\pi_k(W_n) = \pi_k(W_{n-1}) = \pi_k(X), \quad \forall k \geqslant n+1, \tag{4.5.24}$$

以及

$$\pi_k(W_n) = 0, \quad k \leqslant n-2. \tag{4.5.25}$$

而在 n 和 $n-1$ 处, 该序列为

$$0 \to \pi_n(W_n) \to \pi_n(W_{n-1}) \xrightarrow{\partial} \pi_{n-1}(\Omega K(\pi_n, n)) \to \pi_{n-1}(W_n) \to 0. \tag{4.5.26}$$

由 (4.5.5), 包含关系 $W_{n-1} \subset K(\pi_n, n) = W_{n-1} \cup e^{n+2} \cup \cdots$ 诱导一个同构

$$\pi_n(W_{n-1}) \xrightarrow{i} \pi_n(K(\pi_n(X), n)).$$

此外, 图表

$$\begin{array}{ccc} \pi_n(W_{n-1}) & \xrightarrow{\partial} & \pi_{n-1}(\Omega K(\pi_n(X), n)) \\ & \searrow^{i} & \downarrow \\ & & \pi_n(K(\pi_n(X), n)) \end{array}$$

是可交换的. 因此, 由 (4.2.38), ∂ 是一个同构. 再由 (4.5.26) 正合性可知

$$\pi_n(W_n) = \pi_{n-1}(W_n) = 0. \tag{4.5.27}$$

关系式 (4.5.24),(4.5.25) 和 (4.5.27) 正是 (4.5.21), Whitehead 纤维化序列构造完毕.

下面将应用 Whitehead 纤维化序列来计算同伦群 $\pi_5(S^3)$. 令 $X = S^3$. 因为 S^3 是 2 连通的, 故有

$$\begin{array}{rl} K(\pi_4(S^3),3) \to & W_4 \\ & \downarrow \\ K(\pi_3(S^3),2) \to & W_3 \\ & \downarrow \\ & S^3 \end{array}$$

由 (4.5.21) 和 Hurewicz 同构

$$\pi_5(S^3) = \pi_5(W_4) = H_5(W_4). \tag{4.5.28}$$

因此要计算 $\pi_5(S^3)$ 只需计算同调群 $H_5(W_4)$.

由例 4.14, $K(\pi_3(S^3),2) = K(\mathbb{Z},2) = \mathbb{C}P^\infty$. 因此有纤维化

$$\begin{array}{rl} CP^\infty \to & W_3 \\ & \downarrow \\ & S^3 \end{array} \tag{4.5.29}$$

W_3 的同调群可由 (4.5.29) 的谱序列来计算. 它的 E_2 项为

$$E_2^{p,q} = H^p(S^3,\mathbb{Z}) \oplus H^q(CP^\infty,\mathbb{Z}),$$
$$d_2:\ E_2^{p,q} \to E_2^{p+2,q-1}.$$

其图表示为

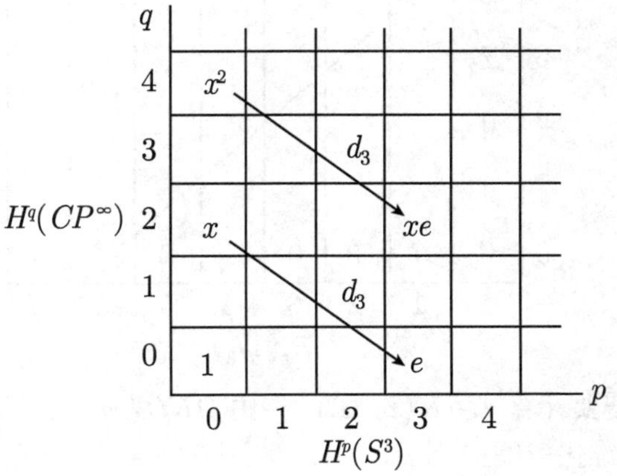

显然 $d_2=0$, $E_2=E_3$. 因为 W_3 是 3 连通的, 故 $d_3:\ E_3^{0,2}\to E_3^{3,0}$ 是同构. 再由 d_3 的反导律,

$$d_3(x^n)=nx^{n-1}d_3(x)=nx^{n-1}e.$$

于是 W_3 的上同调为

$$H^k(W_3,\mathbb{Z})=\begin{cases}\mathbb{Z}, & k=0,\\ 0, & k=1,2,3,\ 2m\ (m\geqslant 2),\\ \mathbb{Z}_p, & k=2p+1,\ p\geqslant 2.\end{cases}$$

因此 W_3 的下同调群为

$$H_k(W_3,\mathbb{Z})=\begin{cases}\mathbb{Z}, & k=0,\\ 0, & k=1,2,\ 2m+1\ (m=1,2,\cdots),\\ \mathbb{Z}_p, & k=2p,\ p=2,3,\cdots.\end{cases}\tag{4.5.30}$$

再考虑下面纤维化

$$\begin{array}{c}K(\pi_4(S^3),3)\to W_4\\ \qquad\qquad\quad\downarrow\\ \qquad\qquad\quad W_3\end{array}\tag{4.5.31}$$

由 (4.5.18), 纤维丛 (4.5.31) 的下同调谱序列 E^2 项为

$$E^2_{p,q}=H_p(W_3,\mathbb{Z})\oplus H_q(K(\mathbb{Z}_2,3),\mathbb{Z}).$$

它的图表示为

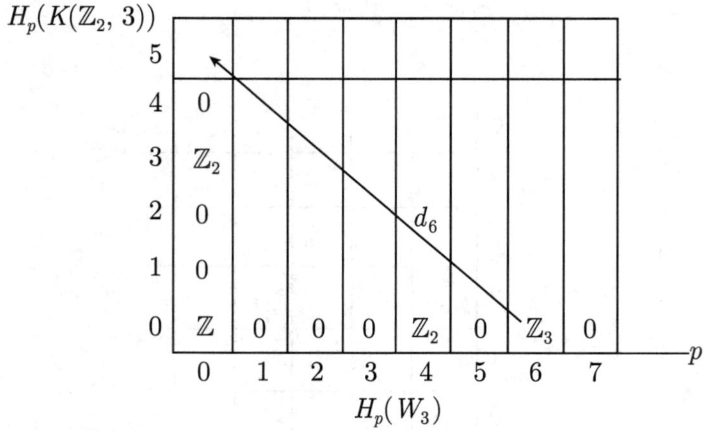

(4.5.32)

在图中可以看出, 需要计算 $H_5(K(\mathbb{Z}_2,3))$. 再由 $\Omega K(G,n)=K(G,n-1)$ 及道路纤维化 (4.2.37), 有纤维化空间

$$\begin{array}{c} K(\mathbb{Z}_2,1) \to PK(\mathbb{Z}_2,2) \\ \qquad\qquad\quad \downarrow \\ \qquad\qquad\quad K(\mathbb{Z}_2,2) \end{array} \tag{4.5.33}$$

以及

$$\begin{array}{c} K(\mathbb{Z}_2,2) \to PK(\mathbb{Z}_2,3) \\ \qquad\qquad\quad \downarrow \\ \qquad\qquad\quad K(\mathbb{Z}_2,3) \end{array} \tag{4.5.34}$$

由例 4.5, $K(\mathbb{Z}_2,1)=L^\infty(Q,2)$, 并且

$$H^k(K(\mathbb{Z}_2,1))=H^k(L^\infty(Q,2))=\begin{cases}\mathbb{Z}, & k=0,\\ \mathbb{Z}_2, & k=2m,\\ 0, & k=2m+1.\end{cases}$$

因此使用谱序列方法, 从 (4.5.33) 和 $H^k(PX)=0$ $(k\geqslant 1)$ 对任意 X, 可以算出 $K(\mathbb{Z}_2,2)$ 的直到 $k=6$ 维的上同调

$$H^k(K(\mathbb{Z}_2,2))=\begin{cases}\mathbb{Z}, & k=0,\\ 0, & k=1,2,4,6,\\ \mathbb{Z}_2, & k=3,5.\end{cases} \tag{4.5.35}$$

再由 (4.5.35), 使用 (4.5.34) 的上同调谱序列可算出

$$H^6(K(\mathbb{Z}_2,3))=\mathbb{Z}_2.$$

因而有 $H_5(K(\mathbb{Z}_2,3))=H^6(K(\mathbb{Z}_2,3))=\mathbb{Z}_2$. 这样, 在 (4.5.32) 的图表中同态 $d_6=0$ 是零同态. 这意味着

$$H_5(W_4)=E^\infty_{5,0}=E^2_{5,0}=H_5(K(\mathbb{Z}_2,3))=\mathbb{Z}_2.$$

于是从 (4.5.28) 得到

$$\pi_5(S^3)=\mathbb{Z}_2. \tag{4.5.36}$$

4.5.4 球面同伦群的 Serre 定理

现在应用 Whitehead 纤维化的谱序列来证明球面同伦群的一个重要结果, 即 Serre 定理. 这里我们总是将若干有限循环群的直和 $\mathbb{Z}_{p_1}\oplus\cdots\oplus\mathbb{Z}_{p_k}$ 或平凡群 $G=0$ 称作挠群.

定理 4.23(Serre 定理) 关于球面同伦群有如下性质: 当 $n=2m+1$ 是奇数时, 有

$$\pi_k(S^n)=\begin{cases}\mathbb{Z}, & k=n,\\ \text{挠群}, & k\neq n,\end{cases}$$

而对 $n=2m\ (m\geqslant 1)$ 是偶数时, 有

$$\pi_k(S^n)=\begin{cases}\mathbb{Z}, & k=n,\\ \mathbb{Z}+\text{挠群}, & k=2n-1,\\ \text{挠群}, & k\neq n,\ 2n-1.\end{cases}$$

证明 这里的证明是参照文献 [4]. 令 R 为实数群. 注意到对整数自由群和挠群有

$$(\underbrace{\mathbb{Z}\oplus\cdots\oplus\mathbb{Z}}_{p}\oplus\mathbb{Z}_{q_1}\oplus\cdots\oplus\mathbb{Z}_{q_k})\otimes R=\underbrace{R\oplus\cdots\oplus R}_{p}. \tag{4.5.37}$$

再由 (4.5.21) 和 Hurewicz 定理, 关于 S^n 的 Whitehead 纤维化有 $\pi_{k+1}(S^n)=H_{k+1}(W_k,\mathbb{Z})$. 于是从 (4.5.37) 推出

$$\pi_{k+1}(S^n)\otimes R=H_{k+1}(W_k,R)=H^{k+1}(W_k,R). \tag{4.5.38}$$

该定理的证明就是建立在 (4.5.37) 和 (4.5.38) 基础之上的.

因为 S^n 是 $(n-1)$ 连通的并且 $\pi_n(S^n)=\mathbb{Z}$, 故 Whitehead 纤维化序列从 W_n 开始:

$$\begin{array}{r}\vdots\\ \downarrow\\ K(\pi_k,k-1)\to W_k\\ \downarrow\\ K(\pi_{k-1},k-2)\to W_{k-1}\\ \downarrow\\ \vdots\\ \downarrow\\ K(\mathbb{Z},n-1)\to W_n\\ \downarrow\\ S^n\end{array} \tag{4.5.39}$$

这里 $\pi_k=\pi_k(S^n)$. 从 (4.5.39) 的第一步开始,

$$\begin{array}{r}K(\mathbb{Z},n-1)\to W_n\\ \downarrow\\ S^n\end{array} \tag{4.5.40}$$

为了从 (4.5.40) 来计算 $H_{n+1}(W_n, R)$, 必须计算 $K(\mathbb{Z}, n-1)$ 的实系数同调群. 由 $\Omega K(\mathbb{Z}, n) = K(\mathbb{Z}, n-1)$ 及 (4.2.37), 有下面纤维化

$$\begin{array}{c} K(\mathbb{Z}, m) \to PK(\mathbb{Z}, m+1) \\ \qquad\qquad\qquad \downarrow \\ \qquad\qquad\qquad K(\mathbb{Z}, m+1) \end{array} \tag{4.5.41}$$

注意到

$$K(\mathbb{Z}, 1) = S^1, \quad K(\mathbb{Z}, 2) = \mathbb{C}P^{\infty}. \tag{4.5.42}$$

则由 (4.5.41) 的谱序列, 从 (4.5.42) 可归纳地证明

$$H^k(K(\mathbb{Z}, n), R) = \begin{cases} R, & k = 0, n, \\ 0, & \text{其他}, \end{cases} \quad (n = \text{奇数}), \tag{4.5.43}$$

$$H^k(K(\mathbb{Z}, n), R) = \begin{cases} R, & k = 0, 2n, 3n, \cdots, \\ 0, & k \neq mn \ (m \geqslant 0), \end{cases} \quad (n = \text{偶数}). \tag{4.5.44}$$

事实上, 当 $m = n$ 是奇数并且公式 (4.5.43) 成立, 则 (4.5.41) 的上同调谱序列 E_2 项为

$$E_2^{p,q} = H^p(K(\mathbb{Z}, n+1), R) \oplus H^q(K(\mathbb{Z}, n), R),$$

它的图表示为

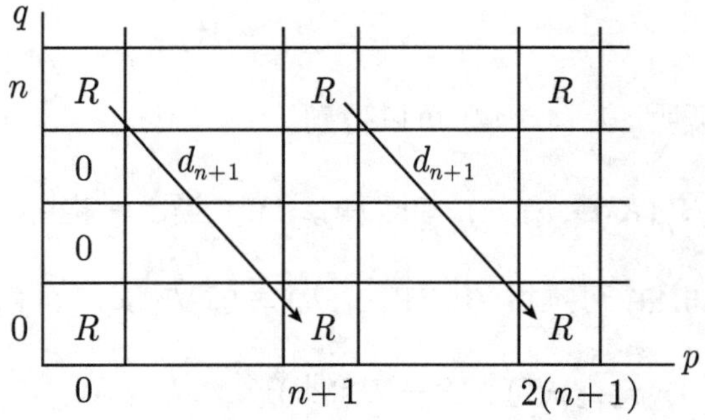

(4.5.45)

由于 $H^k(PK(\mathbb{Z}, n+1)) = 0$, (4.5.45) 中的同态 d_{n+1} 一定是同构. 因而导出 $n+1$ 的公式 (4.5.44). 同样方式可证, 当 n 是偶数并且 (4.5.44) 成立, 则对 $n+1$ 公式 (4.5.43) 成立.

现在回过来应用 (4.5.43) 和 (4.5.44) 从 (4.5.40) 的谱序列计算 W_n 的同调群. 首先假设 $n =$ 奇数. 则根据 $n-1$ 的公式 (4.5.44), 纤维化 (4.5.40) 的谱序列 E_2 项

$$E_2^{p,q} = H^p(S^n, R) \oplus H^q(K(\mathbb{Z}, n-1), R)$$

的图表示为

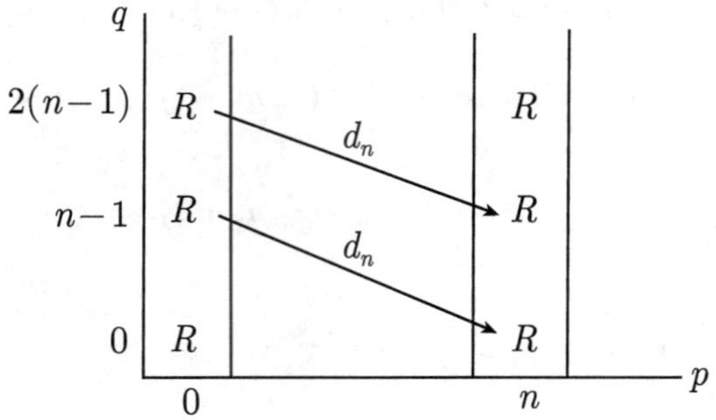

因为 $H_{n-1}(W_n,R)=0$, 图中底同态 d_n 是同构. 由于环结构, 其他所有同态 d_n 都是同构. 因而有

$$H^k(W_n,R)=0,\quad \forall k\geqslant 1.\tag{4.5.46}$$

从这可推知 $H_{n+1}(W_n,R)=0$, 再由 (4.5.38) 可知

$$\pi_{n+1}(S^n)=\text{挠群}\quad (n=\text{奇数}).\tag{4.5.47}$$

接着考虑 (4.5.39) 第二项

$$\begin{array}{c} K(\pi_{n+1}(S^n),n)\to W_{n+1}\\ \qquad\qquad\qquad\downarrow\\ \qquad\qquad\qquad W_n \end{array}\tag{4.5.48}$$

类似于 (4.5.35) 的证明, 从 (4.5.47) 可以得到

$$H^k(K(G,n),R)=0\quad (k\geqslant 1),\quad \text{当}G=\text{挠群}.\tag{4.5.49}$$

因而从 (4.5.46)~(4.5.48) 可推得 $H^k(W_{n+1},R)=0$, $\forall k\geqslant 1$. 再由 (4.5.38) 可知

$$\pi_{n+2}(S^n)\otimes R=H^{n+2}(W_{n+2},R)=0,$$

即 $\pi_{n+2}(S^n)=$ 挠群. 依次归纳下去便证得

$$\pi_k(S^n)=\text{挠群}\quad (n=\text{奇数}),\quad \forall k\geqslant n+1.$$

现在假设 $n=$ 偶数. 此时根据 $n-1$ 的公式 (4.5.43), 纤维丛 (4.5.40) 的实系数上同调的 E_2 项仅有 4 个非零元素

$$E_2^{0,0}=E_2^{0,n-1}=E_2^{n,0}=E_2^{n,n-1}=R.$$

该 E_2 的图表示为

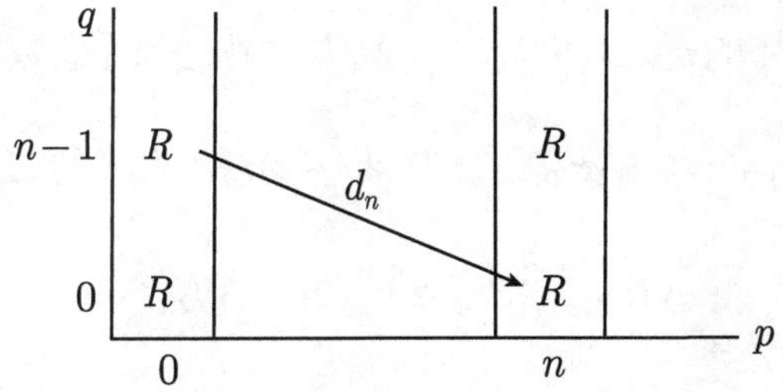

因为 W_n 是 n 连通的, 图中 d_n 是同构. 因此有

$$H^k(W_n, R) = \begin{cases} R, & k = 0, 2n-1, \\ 0, & \text{其他}. \end{cases} \tag{4.5.50}$$

令 $n > 2$, 则 $2n - 1 > n + 1$. 由 (4.5.38) 可知

$$\pi_{n+1}(S^n) = \text{挠群}, \quad \text{当} n > 2 \text{是偶数}. \tag{4.5.51}$$

从 (4.5.49) 和 (4.5.51) 可推出

$$H^k(K(\pi_{n+1}(S^n), n), R) = 0, \quad k \geqslant 1.$$

再由纤维丛 (4.5.48) 的谱序列可导出

$$H^k(W_{n+1}, R) = H^k(W_n, R), \quad \forall k \geqslant 0,$$
$$\pi_{n+2}(S^n) = H^{n+2}(W_{n+1}, \mathbb{Z}) = \text{挠群}.$$

由此可归纳下去直到 $2n - 2$ 为止,

$$H^k(W_{n+l}, R) = H^k(W_n, R), \quad 1 \leqslant l \leqslant n-2, \tag{4.5.52}$$
$$\pi_{n+r}(S^n) = H^{n+r}(W_{n+r-1}) = \text{挠群}, \quad 1 \leqslant r \leqslant n-2, \tag{4.5.53}$$

以及

$$\pi_{2n-1}(S^n) \otimes R = H^{2n-1}(W_{2n-2}, R) = H^{2n-1}(W_n, R) = R. \tag{4.5.54}$$

在 (4.5.52)~(4.5.54) 的推导过程中, 反复使用了 (4.5.38) 和 (4.5.49). 公式 (4.5.54) 的最后等式应用了 (4.5.50), 它表明

$$\pi_{2n-1}(S^n) = \mathbb{Z} \oplus \text{挠群}. \tag{4.5.55}$$

再由 (4.5.55), 下面实系数上同调环

$$H^*(K(\pi_{2n-1}(S^n), 2n-2), R) \quad (n \geqslant 2\text{为偶数}),$$

是由一个生成子 $e \in H^{2n-2}(K(\pi_{2n-1}(S^n), 2n-2), R)$ 生成的. 因此下面 Whitehead 纤维化

$$\begin{array}{ccc} K(\pi_{2n-1}(S^n), 2n-2) & \to & W_{2n-1} \\ & & \downarrow \\ & & W_{2n-2} \end{array}$$

的实系数同调谱序列 E_2 项图表示为

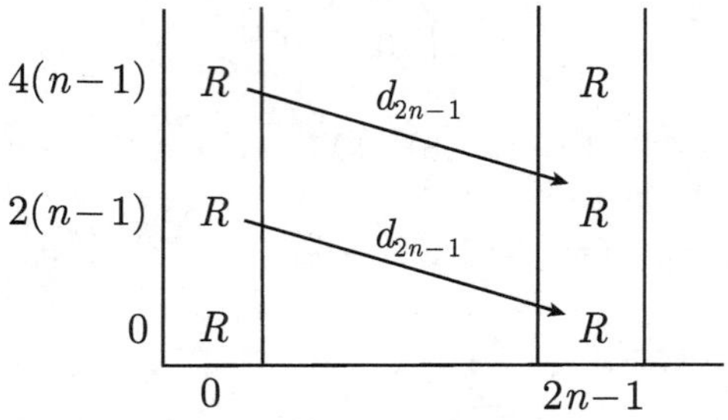

因为

$$H^{2n-1}(W_{2n-1}, R) = 0,$$

$$d_{2n-1}:\ H^{2(n-1)}(K(\pi_{2n-1}(S^n), 2n-2), R) \to H^{2n-1}(W_{2n-2}, R) = W^{2n-1}(W_n, R)$$

是同构, 即 $d(e)$ 是 $H^{2n-1}(W_n, R)$ 生成元.

此外, 对任 $e^m \in H^{2m(n-1)}(K(\pi_{2n-1}(S^n), 2n-2), R)$, 图中同态 $d_{2n-1}(e^m) = me^{m-1}d(e)$. 因此图中所有同态 d_{2n-1} 是同构. 这就推出

$$\begin{aligned} &H^k(W_{2n-1}, R) = 0, \quad k \geqslant 1. \\ &\pi_{2n}(S^n) = \text{挠群}, \quad n \geqslant 2\text{为偶数}. \end{aligned} \tag{4.5.56}$$

最后归纳地从 (4.5.56) 推出, 对所有 $q \geqslant 2n$, $H^*(W_q, R)$ 是平凡的, 进而 $\pi_q(S^n)$ 是挠群. 这样, 定理证毕.

4.5.5　Freudenthal 同纬像定理

同纬像定理是计算球面同伦群的一个有效方法之一, 它最初是由 Freudenthal 在 1937 年引入. 令 S^{m+1}_+ 与 S^{m+1}_- 分别是 S^{m+1} 的上半球和下半球, $S^m = S^{m+1}_+ \cap$

S_-^{m+1} 是纬度球面. 由于 S_+^{m+1} 和 S_-^{m+1} 是可缩的, 根据相对同伦的正合序列可得下面同构

$$\partial_*: \ \pi_{n+1}(S_+^{m+1}, S^m) \to \pi_n(S^m),$$
$$j_*: \ \pi_{n+1}(S^{m+1}) \to \pi_{n+1}(S^{m+1}, S_-^{m+1}).$$

此外, 包含映射 $i: (S_+^{m+1}, S^m) \to (S^{m+1}, S_-^{m+1})$ 诱导一个同态

$$i_*: \ \pi_{n+1}(S_+^{m+1}, S^m) \to \pi_{n+1}(S^{m+1}, S_-^{m+1}).$$

上述三个同态可组合成一个同态, 称作同纬像同态,

$$E = j_*^{-1} \circ i_* \circ \partial_*^{-1}: \ \pi_n(S^m) \to \pi_{n+1}(S^{m+1}). \tag{4.5.57}$$

由同伦切除性定理 4.13, 同纬像同态 E 是一个同构的充要条件是三联组 $(S^{m+1}, S_+^{m+1}, S_-^{m+1})$ 同伦群是平凡的,

$$\pi_{n+1}(S^{m+1}, S_+^{m+1}, S_-^{m+1}) = 0.$$

同纬像同态有另一种等价定义. 两种不同形式的定义产生两种关于同纬像定理的不同证明. 这里将采下面介绍的定义方式. 根据 (4.2.37), 关于 $X = S^{m+1}$ 引入下面纤维丛:

$$\begin{array}{ccc} \Omega S^{m+1} & \to & PS^{m+1} \\ & & \downarrow \pi \\ & & S^{m+1} \end{array} \tag{4.5.58}$$

再令 $*$ 是 S^{m+1} 的一个基点. 则存在一个映射 $\varphi: (S_+^{m+1}, S^m) \to (S^{m+1}, *)$ 使得 φ 将 $S_+^{m+1} - S^m$ 一对一地映到 $S^{m+1} - \{*\}$ 上. 容易看出, 存在映射

$$\eta: \ (S_+^{m+1}, S^m) \to (PS^{m+1}, \Omega S^{m+1}), \tag{4.5.59}$$

使得 $\varphi = \pi \circ \eta$. 实际上, $\eta: \ S^m \to \Omega S^{m+1}$ 同伦于包含映射, 它诱导一个同态

$$\eta_*: \ \pi_n(S^m) \to \pi_n(\Omega S^{m+1}). \tag{4.5.60}$$

此外, 再由 PS^{m+1} 的可缩性从 (4.5.58) 的纤维丛同伦正合性可得同构

$$d_*: \ \pi_{n+1}(S^{m+1}) \simeq \pi_n(\Omega S^{m+1}).$$

于是得到下列同态

$$E = d_*^{-1} \circ \eta_* :\ \pi_n(S^m) \to \pi_{n+1}(S^{m+1}). \tag{4.5.61}$$

事实上, (4.5.61) 的同态与 (4.5.57) 的同态是相等的.

下面给出的就是 Freudenthal 同纬像定理. 这里的证明是参照文献 [15].

定理 4.24　令 $E:\ \pi_n(S^m) \to \pi_{n+1}(S^{m+1})$ 是由 (4.5.61) 定义的同纬像同态. 则当 $1 \leqslant n \leqslant 2m-2$ 时, E 是一个同构, 这里 $m \geqslant 2$.

证明　只需证明当 $1 \leqslant n \leqslant 2m-2$ 时, (4.5.60) 定义的同态 η_* 是一个同构即可. 为此目的, 关于 $\eta:\ S^m \to \Omega S^{m+1}$ 引入拓扑空间

$$N = \left[(\Omega S^{m+1}) \cup (S^m \times [0,1])\right] / \{(x,0) \sim \eta(x) |\ x \in S^m\}.$$

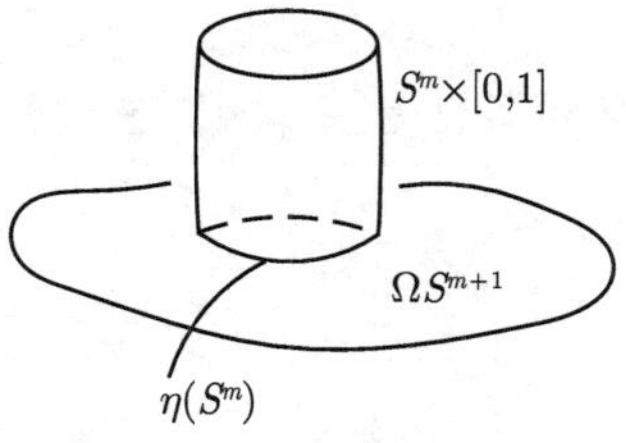

图 4.17

这个空间 N 的图形如图 4.17 所示. 容易验证 ΩS^{m+1} 是 N 的形变收缩核. 换句话说, N 与 ΩS^{m+1} 具有相同的同伦群:

$$\pi_k(N) = \pi_k(\Omega S^{m+1}).$$

现在, 假设由 (4.5.59) 诱导出的同态

$$\tilde{\eta}_* :\ H_k(S^m) \to H_k(\Omega S^{m+1}) \quad (1 \leqslant k \leqslant 2m-1) \tag{4.5.62}$$

是一个同构. 则可得到

$$H_k(N, S^m) = 0, \quad (1 \leqslant k \leqslant 2m-1).$$

再由 Hurewicz 定理 (定理 4.9), 当 $m \geqslant 2$ 时, $\pi_k(N, S^m) = 0 (1 \leqslant k \leqslant 2m-1)$. 再由相对同伦的正合序列可推得对 $1 \leqslant k \leqslant 2m-2$, 包含同态 (4.5.60) 是同构.

因此, 只需证明 (4.5.62) 是同构. 纤维丛 (4.5.58) 下同调谱序列 E_2 项的图表示为

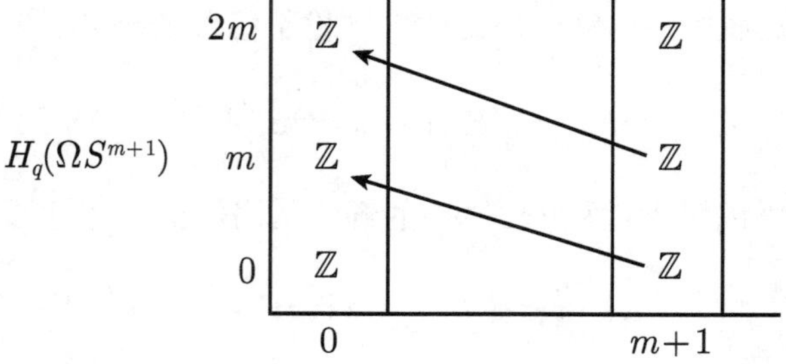

因为 $H_k(PS^{m+1})=0$, 故图中箭头都是同构. 这表明

$$H_k(\Omega S^{m+1})=\begin{cases}\mathbb{Z}, & k=0,m,2m,3m,\cdots,\\ 0, & \text{其他}.\end{cases} \tag{4.5.63}$$

从 (4.5.63) 可看到当 $1\leqslant k\leqslant 2m$ 时, 有如下同构

$$d_*:\ H_k(S^{m+1})\simeq H_{k-1}(\Omega S^{m+1}). \tag{4.5.64}$$

再考虑下列图表

$$\begin{array}{ccc}H_k(PS^{m+1},\Omega S^{m+1}) & \xrightarrow{\partial_*} & H_{k-1}(\Omega S^{m+1})\\ \downarrow\pi_* & & \|\\ H_k(S^{m+1},*) & \xrightarrow{d_*} & H_{k-1}(\Omega S^{m+1})\end{array}$$

该图表是可交换的. 由同调群的正合序列及 $H_k(PS^m)=0\ (k\geqslant 1)$ 可知, ∂_* 是同构. 而由 (4.5.64) 知 d_* 也是同构. 因此

$$\pi_*:\ H_k(PS^{m+1},\Omega S^{m+1})\to H_k(S^{m+1},*) \tag{4.5.65}$$

是同构对 $1\leqslant k\leqslant 2m$. 由于 $(S^{m+1},*)$ 与 (S_+^{m+1},S^m) 具有相同伦型, 因此有下面同构

$$h_*:\ H_k(S_+^{m+1},S^m)\simeq H_k(S^{m+1},*). \tag{4.5.66}$$

考虑下面图表

$$\begin{array}{ccc}H_k(S_+^{m+1},S^m) & \xrightarrow{h_*} & H_k(S^{m+1},*)\\ \downarrow\tilde{\eta}_* & \nearrow\pi^* & \\ H_k(PS^{m+1},\Omega S^{m+1}) & & \end{array}$$

该图表交换性成立, 其中 $\tilde{\eta}_*$ 是映射 (4.5.59) 诱导同态. 由 (4.5.65) 和 (4.5.66) 为同构可推出

$$\tilde{\eta}_*:\ H_k(S_+^{m+1},S^m)\simeq H_k(PS^{m+1},\Omega S^{m+1})\quad (1\leqslant k\leqslant 2m) \tag{4.5.67}$$

是同构. 然后再由下面图表的交换性

$$\begin{array}{ccc}H_k(S_+^{m+1},S^m) & \xrightarrow{\partial_*} & H_{k-1}(S^m)\\ \downarrow\tilde{\eta}_* & & \downarrow\tilde{\eta}_*\\ H_k(PS^{m+1},\Omega S^{m+1}) & \xrightarrow{\partial_*} & H_{k-1}(\Omega S^{m+1})\end{array}$$

以及 ∂_* 的同构性, 从 (4.5.67) 可推出 (4.5.62) 是同构. 定理证毕.

4.5.6 部分 $\pi_{n+k}(S^n)$ 的结果

根据 Freudenthal 同纬像定理 4.23, 有

$$\pi_{n+k}(S^n)=\pi_{N+k}(S^N),\quad n\leqslant N,\quad k\leqslant n-2. \tag{4.5.68}$$

因此, 当 k 固定时, 如果求出 $\pi_{n+k}(S^n)$ 对 $k+2\leqslant n$, 则所有 $\pi_{N+k}(S^N)(N\geqslant n)$ 都知道了.

首先列出一些前面已计算出来的结果如下:

$$\begin{aligned}&\pi_k(S^1)=\begin{cases}\mathbb{Z}, & k=1,\\ 0, & k>1,\end{cases}\\ &\pi_n(S^n)=\mathbb{Z},\\ &\pi_k(S^n)=0,\quad k<n.\end{aligned}$$

由 Hopf 纤维化的计算, 有公式

$$\begin{aligned}&\pi_k(S^2)=\pi_k(S^3),\quad k\geqslant 3,\\ &\pi_k(S^4)=\pi_{k-1}(S^3)\oplus\pi_k(S^7),\quad k\geqslant 2,\\ &\pi_k(S^8)=\pi_{k-1}(S^7)\oplus\pi_k(S^{15}),\quad k\geqslant 2.\end{aligned} \tag{4.5.69}$$

由 (4.5.18) 和 (4.5.68) 可知

$$\pi_{n+1}(S^n)=\pi_4(S^3)=\mathbb{Z}_2(n\geqslant 3),\quad \pi_3(S^2)=\mathbb{Z}. \tag{4.5.70}$$

从 (4.5.36),(4.5.68)~(4.5.69), 可得到

$$\begin{aligned}&\pi_{n+2}(S^n)=\pi_6(S^4)=\pi_5(S^3)=\mathbb{Z}_2,\quad n\geqslant 3.\\ &\pi_4(S^2)=\mathbb{Z}_2\quad (\text{由 } (4.5.69) \text{ 和 } (4.5.70)).\end{aligned} \tag{4.5.71}$$

下面列出一些关于 $\pi_{n+k}(S^n)$ 的已知结果:

(1) $k=1,2$ 的情况由 (4.5.70) 和 (4.5.71) 给出;

(2) $k=3$ 的结果如下:

$$\begin{aligned}&\pi_5(S^2)=\mathbb{Z}_2,\quad \pi_6(S^3)=\mathbb{Z}_{12},\quad \pi_7(S^4)=\mathbb{Z}\oplus\mathbb{Z}_{12},\\ &\pi_{n+3}(S^n)=\pi_8(S^5)=\mathbb{Z}_{24},\quad \forall n\geqslant 5;\end{aligned}$$

(3) $k=4$ 的结果:

$$\begin{aligned}&\pi_6(S^2)=\mathbb{Z}_{12},\quad \pi_7(S^3)=\mathbb{Z}_2,\quad \pi_8(S^4)=\mathbb{Z}_2\oplus\mathbb{Z}_2,\\ &\pi_9(S^5)=\mathbb{Z}_2,\quad \pi_{n+4}(S^n)=0,\quad \forall n\geqslant 6;\end{aligned}$$

(4) $k=5$ 的结果:

$$\pi_7(S^2)=\mathbb{Z}_2,\quad \pi_8(S^3)=\mathbb{Z}_2,\quad \pi_9(S^4)=\mathbb{Z}_2\oplus\mathbb{Z}_2,$$
$$\pi_{10}(S^5)=\mathbb{Z}_2,\quad \pi_{11}(S^6)=\mathbb{Z},\quad \pi_{n+5}(S^n)=0,\quad n\geqslant 7;$$

(5) $k=6$ 的结果:

$$\pi_8(S^2)=\mathbb{Z}_2,\quad \pi_9(S^3)=\mathbb{Z}_3,\quad \pi_{10}(S^4)=\mathbb{Z}_{24}\oplus\mathbb{Z}_3,$$
$$\pi_{11}(S^5)=\mathbb{Z}_2,\quad \pi_{12}(S^6)=\mathbb{Z}_2,\quad \pi_{13}(S^7)=\mathbb{Z}_2,$$
$$\pi_{n+6}(S^n)=\mathbb{Z}_2,\quad n\geqslant 8;$$

(6) $k=7$ 的结果:

$$\pi_9(S^2)=\mathbb{Z}_3,\quad \pi_{10}(S^3)=\mathbb{Z}_{15},\quad \pi_{11}(S^4)=\mathbb{Z}_{15},$$
$$\pi_{12}(S^5)=\mathbb{Z}_{30},\quad \pi_{13}(S^6)=\mathbb{Z}_{60},\quad \pi_{14}(S^7)=\mathbb{Z}_{120},$$
$$\pi_{15}(S^8)=\mathbb{Z}\oplus\mathbb{Z}_{120},\quad \pi_{n+7}(S^n)=\mathbb{Z}_{240},\quad n\geqslant 9;$$

(7) $k=8$ 的结果:

$$\pi_{10}(S^2)=\mathbb{Z}_{15},\quad \pi_{11}(S^3)=\mathbb{Z}_2,\quad \pi_{12}(S^4)=\mathbb{Z}_2,$$
$$\pi_{13}(S^5)=\mathbb{Z}_2,\quad \pi_{14}(S^6)=\mathbb{Z}_{24}\oplus\mathbb{Z}_2,\quad \pi_{15}(S^7)=\mathbb{Z}_2\oplus\mathbb{Z}_2\oplus\mathbb{Z}_2,$$
$$\pi_{16}(S^8)=\mathbb{Z}_2\oplus\mathbb{Z}_2\oplus\mathbb{Z}_2\oplus\mathbb{Z}_2,\quad \pi_{17}(S^9)=\mathbb{Z}_2\oplus\mathbb{Z}_2\oplus\mathbb{Z}_2,$$
$$\pi_{n+8}(S^n)=\mathbb{Z}_2\oplus\mathbb{Z}_2,\quad n\geqslant 10;$$

(8) $k=9$ 的结果:

$$\pi_{11}(S^2)=\mathbb{Z}_2,\quad \pi_{12}(S^3)=\mathbb{Z}_2\oplus\mathbb{Z}_2,\quad \pi_{13}(S^4)=\mathbb{Z}_2\oplus\mathbb{Z}_2\oplus\mathbb{Z}_2,$$
$$\pi_{14}(S^5)=\mathbb{Z}_2\oplus\mathbb{Z}_2\oplus\mathbb{Z}_2,\quad \pi_{14}(S^6)=\mathbb{Z}_2\oplus\mathbb{Z}_2\oplus\mathbb{Z}_2,$$
$$\pi_{16}(S^7)=\mathbb{Z}_2\oplus\mathbb{Z}_2\oplus\mathbb{Z}_2\oplus\mathbb{Z}_2,$$
$$\pi_{17}(S^8)=\mathbb{Z}_2\oplus\mathbb{Z}_2\oplus\mathbb{Z}_2\oplus\mathbb{Z}_2\oplus\mathbb{Z}_2,$$
$$\pi_{18}(S^9)=\mathbb{Z}_2\oplus\mathbb{Z}_2\oplus\mathbb{Z}_2\oplus\mathbb{Z}_2,$$
$$\pi_{19}(S^{10})=\mathbb{Z}_2\oplus\mathbb{Z}_2\oplus\mathbb{Z}_2\oplus\mathbb{Z}_2,$$
$$\pi_{n+9}(S^n)=\mathbb{Z}_2\oplus\mathbb{Z}_2\oplus\mathbb{Z}_2,\quad n\geqslant 11;$$

(9) $k=10$ 的结果:

$$\pi_{12}(S^2)=\mathbb{Z}_2\oplus\mathbb{Z}_2,\quad \pi_{13}(S^3)=\mathbb{Z}_{12}\oplus\mathbb{Z}_2,$$

$$\pi_{14}(S^4) = \mathbb{Z}_{120} \oplus \mathbb{Z}_{12} \oplus \mathbb{Z}_2, \quad \pi_{15}(S^5) = \mathbb{Z}_{72} \oplus \mathbb{Z}_2,$$
$$\pi_{16}(S^6) = \mathbb{Z}_{72} \oplus \mathbb{Z}_2, \quad \pi_{17}(S^7) = \mathbb{Z}_{24} \oplus \mathbb{Z}_2,$$
$$\pi_{18}(S^8) = \mathbb{Z}_{24} \oplus \mathbb{Z}_4 \oplus \mathbb{Z}_2, \quad \pi_{19}(S^9) = \mathbb{Z}_{24} \oplus \mathbb{Z}_2,$$
$$\pi_{20}(S^{10}) = \mathbb{Z}_{12} \oplus \mathbb{Z}_2, \quad \pi_{21}(S^{11}) = \mathbb{Z}_6 \oplus \mathbb{Z}_2,$$
$$\pi_{n+10}(S^n) = \mathbb{Z}_6, \quad n \geqslant 12.$$

以上列出 $1 \leqslant k \leqslant 10$ 的同伦群 $\pi_{n+k}(S^n)$ 的全部计算结果. 从中可以看出球面同伦群的规律很复杂, 至少到目前还看不出具有一个统一的计算规律 (或公式). 文献 [28] 中关于球面同伦群有一个较完整的讨论. 以上同伦群结果来自文献 [37].

第 5 章　奇点理论与指标公式

所谓奇点是指流形上映射的一些特殊点. 例如, 对于一个流形 M 上的映射 $f: M \to M$, 它的不动点 $x = f(x)$; M 上的一个向量场 $v: M \to TM$ 的零点 $v(x) = 0$, 以及 M 上函数 $f: M \to R^1$ 的临界点. 即使 f 的梯度 $\nabla f(x) = 0$ 的点 $x \in M$ 等, 都称作奇点. 奇点理论就是研究映射、奇点, 以及流形拓扑结构这三者之间关联的一个拓扑学分支. 它已具有丰富的内容, 并且对数学许多其他领域产生重大影响. 这一章将主要介绍不动点存在性、奇点的指标以及指标公式 Nielsen 不动点类理论、Morse 理论及其应用等内容.

这一章的主要安排如下：5.1 节以 Brouwer 不动点定理和 Lefschetz 不动点定理开始, 然后介绍映射的 Brouwer 拓扑度, 它是不动点和向量场指标的公共基础. 最后在 Brouwer 拓扑度基础上引入不动点指数概念.

5.2 节主要讨论映射的 Lefschetz 不动点指数公式和向量场奇点的 Poincaré-Hopf 指标定理, 这两个经典工作与 5.4 节介绍的 Morse 不等式一起使奇点理论大放光彩. 这一节的最后介绍由作者与汪守宏合作关于带边流形上的Poincaré-Hopf 指标定理的工作, 以及作为应用由此得到的关于大气与海洋水平分层全局环流公式. 带边流形上指标定理的关键是如何给出边界奇点的指标定义. 在一般情况下边界奇点不存在指标概念, 然而, 对于无法向流的向量场边界奇点可定义指标, 它是一个 $\dfrac{n}{2}$ $(n \in \mathbb{Z})$ 的分数指标.

5.3 节主要介绍由 Nielsen 开创再经由 Wecken 发展的不动点类理论, 它的主要特点就是对非单连通流形上的映射同伦类给出最少不动点数的估计, 它是由 Nielsen 数刻画的. 然而, 不动点类理论最关键的部分 Nielsen 数的计算非常困难. 姜伯驹群的出现使得一大类流形上映射的 Nielsen 数变得可计算了, 这类流形的基本特征就是具有某种对称结构, 即可沿着 $\pi_1(M)$ 中闭曲线进行转动的不变性, 如 Lie 群 (包括轮胎面 $T^n, U(n), O(n)$ 等), 透镜空间 L^{2n+1} 等. 某种意义上讲正是姜伯驹理论才使得不动点类理论真正的具有数学价值, 它的优美性是由下面公式体现, 即对于流形 M 上的映射 $f: M \to M$, 当姜伯驹群 $J(f, x_0) = \pi_1(M)$ 时, f 的 Nielsen 数 $N(f)$ 具有如下公式:

$$N(f) = \begin{cases} \#[H_1(M)/\mathrm{Im}(id - f_{1*})], & \text{当 } L(f) \neq 0, \\ 0, & \text{当 } L(f) = 0, \end{cases}$$

其中 $L(f)$ 是 Lefschetz 数, # 号表示群元素的个数.

本章的最后两节是关于 Morse 理论的介绍. Morse 理论有三个不同的研究领域, 将它们分别称之为 I, II 和III型理论. I 型的研究领域是关于流形 M 上函数临界点与 M 拓扑结构之间关系的一个学科分支. II 型领域主要是以 Riemann 流形 M 的道路空间 $\Omega(M,a,b)$ 上能量泛函 E: $\Omega(M,a,b)\to R^1$ 为研究对象, E 定义为

$$E(\gamma)=\int_a^b g_{ij}(\gamma)dx^i dx^j,$$

其中 $\{g_{ij}\}$ 是 M 上 Riemann 度量, $\gamma\in\Omega(M,a,b)$ 是 M 上连接 a 与 b 的道路 E 的临界点, 就是连接 a 与 b 的测地线 (短程线). III型领域是关于无穷维 Banach 空间上泛函临界点理论, 它的直接背景是偏微分方程的应用. 关于III型理论这里不作介绍, 有兴趣的读者可参阅张恭庆先生在该领域的奠基性著作[38].

5.4 节主要论述了 Morse 理论 (I). 它的基本结果就是关于水平集的拓扑结构, 流形的 CW 复形同伦型, 以及关于临界点与流形 Betti 数之间的 Morse 不等式等经典性定理. 这里, 作者也提出了紧流形上最少临界点数与流形分解数相等的公式, 即

$$\#(f,M)=M^{\#},$$

其中 $\#(f,M)$ 是 M 上函数的最少临界点数, $M^{\#}$ 是 M 可分解成闭盘的最少数. 作为推测, 作者提出一个公式

$$K(M)=\#(f,M)=M^{\#}, \tag{5.0.1}$$

这里 $K(M)$ 是 M 中所有共轭元总数, 并且 (5.0.1) 成立的条件是 M 的基本群 $\pi_1(M)$ 要求是可交换的. 这一节的最后简要地介绍了由 Smail 提出的 h 配边定理以及它对 $n\geqslant 5$ 的 Poincaré 猜想的应用. 这里 Morse 理论 (I) 在应用方面的辉煌工作.

最后一节 (5.5 节) 是关于 Morse 理论 (II) 的内容. 该理论的轮廓大致如下. 5.5.1 小节主要在 Riemann 流形 M 的连接 a 和 b 的道路空间 $\Omega M(a,b)$ 上引入能量泛函 E, 并建立临界点的 Morse 指标概念. 5.5.2 小节是利用流形 M 的联络结构求出一阶变分方程

$$\delta E(\gamma)=0,\qquad \gamma\in\Omega M(a,b) \tag{5.0.2}$$

的表达形式, 它与 (M,g_{ij}) 的测地线方程一致. 从而证得

$$\gamma \text{ 是 } E \text{ 的临界点} \Leftrightarrow \gamma \text{ 为连接 } a,b \text{ 的测地线}.$$

5.5.3 小节主要利用 Riemann 流形上的曲率算子求得 E 的二次变分方程

$$\delta^2 E(V)=0,\qquad V \text{ 是 } M \text{ 上沿 } \gamma \text{ 的向量场} \tag{5.0.3}$$

的表达形式, 它是一个二阶常微分方程. 它的解叫做 M 上沿 γ 的 Jacobi 向量场. 利用 Jacobi 场来定义测地线共轭点及其重数的概念. 在 5.5.4 小节中, 介绍 Morse 指标定理, 该定理说, 能量泛函 E 的临界点 γ 的 Morse 指标等于 γ 上在 a, b 间的共轭点数 (计入重数). 在 5.5.5 小节中建立关于道路空间 $\Omega M(a,b)$ 拓扑结构的定理, 即 CW 复形同伦型结果. 它相当于 I 型理论中的定理 5.14. 在最后一小节中介绍了关于 U 群和正交群的 Bott 周期定理, 它是II型 Morse 理论的一个顶峰性结果.

5.1 不动点及其指数

5.1.1 Brouwer 不动点定理

Brouwer 不动点定理是拓扑学中最简洁优美的定理之一. 它是由 Brouwer 在 1909 年证明的, 并且在 1912 年给出现在通常采用的拓扑方法证明. 事实上, 早在 1904 年, Bohl 证明了 $n=3$ 维情况, 而在 1910 年, Hadamard 也给出一般情况的证明. 该定理陈述如下.

定理 5.1(Brouwer 不动点定理) 令 X 是一个与 n 维闭球体同胚的集合, $\varphi: X \to X$ 是一个连续映射. 则 φ 至少在 X 中有一个不动点 $x \in X$, 即 $\varphi(x) = x$.

下面关于这个定理给出两种证明: 分析方法与拓扑方法. 特别地, 在证明中来阐明该定理的实质.

定理 5.1 的分析证明 令 $I^n = [0,1]^n$ 是一个 n 维方体, $\varphi\colon I^n \to I$ 是一个连续映射. 则集合

$$\Gamma_\varphi = \{(x, \varphi(x)) |\ x \in I^n\}$$

是 $2n$ 维方体 $I^n \times I^n$ 中的一个 n 维曲面.

Brouwer 不动点定理的本质就是, 对任何映射 $\varphi: I^n \to I^n$, 由它产生 n 维曲面 Γ_φ 在 $I^n \times I^n$ 中一定与 n 维对角线

$$\Sigma = \{(x, x) |\ x \in I^n\}$$

相交, 即 $\Gamma_\varphi \cap \Sigma \neq \varnothing$. 当 $n=1$ 时该几何意义可由图 5.1 看出.

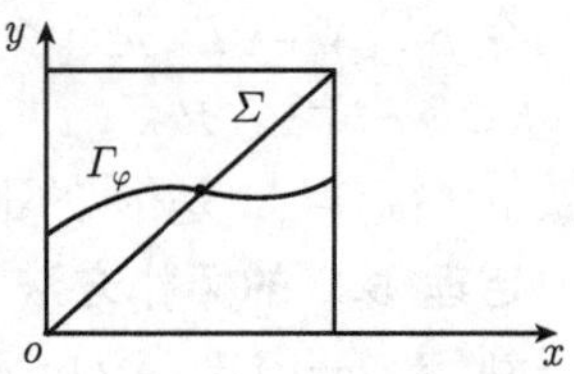

图 5.1

这中几何直观在高维 ($n \geqslant 2$) 的情况下无法用图示表达出来. 但是可以进行高维的想象. 下面给出的分析方法证明正是这种高维直观想象的产物, 它的实质就是从高维投影到低维来看.

关于 $\varphi\colon I^n \to I^n$, 对 $n \geqslant 1$ 用归纳法进行证明. 显然当 $n=1$ 时定理成立 (见

图 5.1). 假设对 $n \geqslant 1$ 该定理成立. 考虑 $\varphi\colon\ I^{n+1} \to I^{n+1}$. 此时, φ 可表达为

$$\varphi(x) = \{\varphi_1(x), \cdots, \varphi_{n+1}(x)\},$$

其中 $\varphi_i\colon\ I^{n+1} \to I$ 为连续函数 $(1 \leqslant i \leqslant n+1)$. 令 $x = (y, t)$, $y \in I^n$, $t \in I$. 取映射

$$\psi\colon\ I^n \times I \to I^n,$$
$$\phi\colon\ I \times I^n \to I,$$

分别定义为

$$\psi(y,t) = \{\varphi_1(y,t), \cdots, \varphi_n(y,t)\}, \qquad y \in I^n,\ t \in I,$$
$$\psi(t,y) = \varphi_{n+1}(y,t).$$

由归纳假设, 对每个参变量 $t \in I$ 映射 ψ 有一个不动点 $y(t)$,

$$y(t) = \psi(y(t), t),$$

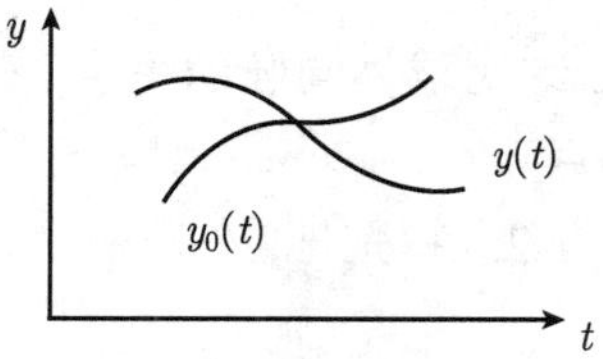

图 5.2　黑体线代表 $y_0(t)$

这里 y 连续地依赖于 $t \in I$. $y = y(t)$ 可能是 t 的多值函数, 但是可以取 $y(t)$ 的一个连续分支 $y_0(t)$ 使得 $y_0(t)$ 是 t 的单值连续函数, 见图 5.2 所示. 将 $y_0(t)$ 代入 ϕ 得到

$$\begin{cases} \phi_0\colon\ I \to I, \\ \phi_0(t) = \phi(t, y_0(t)). \end{cases}$$

再次由归纳假设, ϕ_0 具有不动点 $t_0 \in I$. 因而 $(y_0(t_0), t_0) \in I^{n+1}$ 是 φ 的不动点. 这就证明了一般 n 维方体 I^n 上的不动点存在性.

令 $h\colon\ X \to I^n$ 是一个同胚. 则 X 上的映射 $\varphi\colon\ X \to X$ 与方体 I^n 上的映射 $\varphi = h \circ \varPhi \circ h^{-1}\colon\ I^n \to I^n$ 之间建立了一一对应关系. 容易看出 φ 的不动点 $x \in I^n$ 导致 $h^{-1}(x) \in X$ 是 $\varPhi$ 的不动点. 因此定理 5.1 得到证明.

定理 5.1 的拓扑方法　该方法是经典的, 只需在单位闭盘 D^n 上进行. 首先注意到, 若 $\varphi\colon\ D^n \to D^n$ 没有不动点, 即

$$\varphi(x) \neq x, \qquad \forall x \in D^n,$$

则 x 与 $\varphi(x)$ 两点决定一个向量 $\bar{r} = x - \varphi(x)$. 该向量的延长线与边界 S^{n-1} 交于一点 $\psi(x)$, 见图 5.3 所示. 容易看出, 这个交点定义一个具有下面性质的连续函数

$$\begin{cases} \psi\colon\ D^n \to S^{n-1}\ (= \partial D^n), \\ \psi|_{S^{n-1}} = id\colon\ S^{n-1} \to S^{n-1}. \end{cases} \tag{5.1.1}$$

映射 (5.1.1) 的几何意义是：一个 n 维球体在边界固定并且内部不扯破的条件下能够连续地形变到边界上. 直观上看这是不可能的事情. 因此 $\varphi: D^n \to D^n$ 存在不动点的本质就是实心球体不可能在边界不动情况下连续形变成一个空心球面.

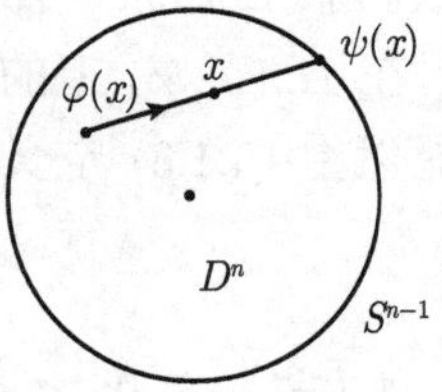

图 5.3

现在, 需要从数学上严格证明不存在如 (5.1.1) 那样的映射. 用反证法, 假设 (5.1.1) 存在. 令 $i: S^{n-1} \to D^n$ 是包含映射, 则

$$\psi \circ i = id: \ S^{n-1} \to S^{n-1}.$$

由同调群上的映射诱导同态性质,

$$\psi_* \circ i_* = (\psi \circ i)_* = id_*: \ H_{n-1}(S^{n-1}) \to H_{n-1}(S^{n-1}).$$

注意到 $H_{n-1}(S^{n-1}) = \mathbb{Z}$, $H_{n-1}(D^n) = 0$. 因此

$$\psi_*: \ H_{n-1}(D^n) \to H_{n-1}(S^{n-1})$$

是零同态. 这意味着 $\psi_* \circ i_* = 0$. 此与 $\psi_* \circ i_* = id_*$ 矛盾. 这就完成了 Brouwer 不动点定理拓扑方法的证明.

5.1.2 Lefschetz 数

Brouwer 不动点定理很自然地会使人想到可能存在更一般的不动点理论, 它将映射与空间的拓扑性质联系在一起. 这个一般性的结果就是将要介绍的 Lefschetz 不动点定理.

令 X 是有限可剖分空间, $f: X \to X$ 是一个映射. 则 f 诱导出实系数同调群的一个同态

$$f_{*q}: \ H_q(X, R) \to H_q(X, R).$$

因为 $H_q(X, R) = R^k$ $(k \geqslant 0)$ 是线性空间, 故 f_{*q} 可表示为一个矩阵

$$f_{*q} = \begin{pmatrix} \alpha_{11} & \cdots & \alpha_{1k} \\ \vdots & & \vdots \\ \alpha_{k1} & \cdots & \alpha_{kk} \end{pmatrix}. \tag{5.1.2}$$

它的迹记为 $t_r(f_{*q}) = \alpha_{11} + \cdots + \alpha_{kk}$. 然后定义一个数

$$L(f) = \sum_{q=0}^{n} (-1)^q t_r(f_{*q}), \qquad n = \dim X. \tag{5.1.3}$$

这个数叫做 Lefschetz 数, 它是一个整数. 这是因为 f 在 $H_q(X,\mathbb{Z})$ 上诱导同态 $\tilde{f}_{*q}$ 与 f_{*q} 在 $H_q(X,\mathbb{Z})$ 上的限制相同的, 故 (5.1.2) 的矩阵元 α_{ij} 都是整数.

显然由 (5.1.3) 定义的 Lefschetz 数是同伦不变的, 即

$$f \simeq g \Rightarrow L(f) = L(g).$$

此外, 当 $f \simeq id:\ X \to X$ 时, $t_r(f_{*q}) = q$ 维 Betti 数. 故有

$$L(f) = \chi(X), \qquad \text{当} f \simeq id, \tag{5.1.4}$$

这里 $\chi(X)$ 是 X 的 Euller 示性数.

下面给出的就是著名的 Lefschetz 不动点定理.

定理 5.2 (Lefschetz 不动点定理)　令 X 是一个紧可剖分空间, $f:\ X \to X$ 是连续映射. 若 $L(f) \neq 0$, 则 f 有不动点.

Lefschetz 是怎样看出这个优美的定理呢? 实际上, 数学定理的发现都是建立在大量实例的基础之上, 然后在直感与经验牵引下探索出来的. 我们无法知道 Lefschetz 是从哪些例子中猜出这个结果的. 但是毫无疑问, Brouwer 不动点定理与 S^1 上的映射 $f:\ S^1 \to S$ 一定是发现 Lefschetz 不动点定理的重要线索.

现在就以 $f:\ S^1 \to S^1$ 这个例子来追踪这个发现的过程, 它不一定真实, 但能帮助理解这个问题.

首先, 探求一个数学定理必须要求它的条件是可验证的. 映射 $f:\ X \to X$ 有不动点

$$f(x_0) = x_0, \qquad x_0 \in X$$

的数学特征粗略地讲就是存在 x_0 的"不动"邻域 B, 即

$$f(B) \cap B \neq \varnothing, \qquad \forall x_0 \text{ 的邻域 } B. \tag{5.1.5}$$

从 Brouwer 定理的观点看, 这也是存在不动点的条件. 但是 (5.1.5) 是不可验证的. 它不能作为定理的条件出现. 而能够取代 (5.1.5) 的条件就是对所有过 x_0 的紧子流形 Γ 有

$$f(\Gamma) \cap \Gamma \neq \varnothing.$$

这个性质翻译成可验证的数学条件就是存在某个生成元 $\alpha = [\Gamma] \in H_q(X,R)(q \geqslant 0)$ 使得 $f_*(\alpha) = m\alpha (m \neq 0)$, 即 $f_{*q}:\ H_q(X,R) \to H_q(X,R)$ 的迹含有 f 不动点的信息. 因此, 从集合

$$\{\mathrm{tr}(f_{*q})|\ 0 \leqslant q \leqslant \dim X\}$$

中寻求 f 不动点存在性的条件是一个很自然的过程. 映射

$$\begin{cases} f_k:\ S^1 \to S^1, \\ f_k(e^{i\theta}) = e^{i(k\theta+\theta_0)}, \quad k \in \mathbb{Z},\ 0 \leqslant \theta_0 < 2\pi \end{cases} \tag{5.1.6}$$

给我们提供了很好的样板. 从 (5.1.6) 很容易看出, 当 $\theta_0 \neq 0$ 时,

$$f_k:\ S^1 \to S^1 \text{ 存在不动点 } \Leftrightarrow\ 1-k \neq 0,$$

而 $1-k$ 正好就是 (5.1.3) 给出的 $L(f_k)$. 再由定理 5.1 的支持 (在那里 $L(f)=1$), 猜测 $L(f)\neq 0$ 是不动点存在的条件就成为顺理成章的事了.

事实上, 下面的 Hopf 迹公式最清晰地揭示了 Lefschetz 不动点定理的实质, 使得该定理更透明了.

定理 5.3 (Hopf 迹公式) 令 K 是 X 的单纯复形. $f_q:\ C_q(K,R)\to C_q(K,R)$ $(0\leqslant q\leqslant \dim X)$ 是链映射, 则

$$\sum_{q=0}^{n}(-1)^q\mathrm{tr}(f_{*q})=\sum_{q=0}^{n}(-1)^q\mathrm{tr}(f_q),\qquad n=\dim X,$$

其中 $f_{*q}:\ H_q(X,R)\to H_q(X,R)$ 是 f_q 诱导同态.

证明 令 f_q 分别在边缘链群和闭链群上的限制为

$$f_q^b:\ B_q(X,R)\to B_q(X,R),\qquad f_q^z:\ Z_q(X,R)\to Z_q(X,R). \tag{5.1.7}$$

则由下面正合性

$$0\to B_q(X,R)\to Z_q(X,R)\to H_q(X,R)\to 0,$$

有 $\mathbb{Z}_q(X,R)=H_q(X,R)\oplus B_q(X,R)$. 再由 (5.1.7) 可得 f_q^z 的矩阵为

$$f_q^z=\begin{pmatrix} f_{*q} & 0\\ 0 & f_q^b\end{pmatrix},$$

$$\mathrm{tr}(f_q^z)=\mathrm{tr}(f_{*q})+\mathrm{tr}(f_q^b). \tag{5.1.8}$$

再由下列正合性

$$0\to Z_q(X,R)\xrightarrow{\ i\ }C_q(X,R)\xrightarrow{\ \partial\ }B_{q-1}(X,R)\to 0,$$

有 $C_q(X,R)=Z_q(X,R)\oplus B_{q-1}(X,R)$. 因而得

$$\mathrm{tr}(f_q)=\mathrm{tr}(f_q^z)+\mathrm{tr}(f_{q-1}^b). \tag{5.1.9}$$

将 (5.1.8) 和 (5.1.9) 相加得

$$\mathrm{tr}(f_q)=\mathrm{tr}(f_{*q})+\mathrm{tr}(f_q^b)+\mathrm{tr}(f_{q-1}^b). \tag{5.1.10}$$

由 $\mathrm{tr}(f_n^b)=0$, $\mathrm{tr}(f_{-1}^b)=0$, 从 (5.1.10) 可知

$$\sum_{q=0}^{n}(-1)^q \mathrm{tr}(f_q) = \sum_{q=0}^{n}(-1)^q \mathrm{tr}(f_{*q}).$$

于是定理得证.

下面定理 5.2 的证明很好地解释了为什么会有 Lefschetz 不动点定理.

定理 5.2 的证明 只需证明: 如果 f 没有不动点, 则 $L(f)=0$. 因为 X 是紧的可剖分空间, X 上可引入度量 ρ. 当 f 没有不动点时, 存在 $\delta>0$ 使得

$$\rho(x, f(x)) \geqslant \delta > 0. \tag{5.1.11}$$

此外, 对 f 和 $\delta>0$, 存在 X 的充分加细的单纯剖分 K 和 $\tilde{f}: X \to X$, 使得 K 的每个单形 (方体) 直径小于 $\delta/2$, 即

$$\mathrm{diam}\ (\sigma) < \frac{\delta}{2}, \qquad \forall \sigma \in K, \tag{5.1.12}$$

以及 f 同伦于 $\tilde{f}$, 满足

$$\rho(f(x), \tilde{f}(x)) < \frac{\delta}{2}, \qquad \forall x \in X.$$

并且 $\tilde{f}$ 将 K 的单形映到单形上 (不一定维数相同), $\tilde{f}$ 的存在性见文献 [12, 36]. 由 (5.1.11) 可推知 $d(x, \tilde{f}(x)) > \dfrac{\delta}{2}$. 再由 (5.1.12) 有

$$\tilde{f}(\sigma) = \text{不含 } \sigma \text{ 项}, \qquad \forall \sigma \in K,$$

即 $\tilde{f}$ 诱导的链映射 $\tilde{f}_q: C_q(X, R) \to C_q(X, R)$ 的矩阵对角线上所有元素为零. 因此有

$$\mathrm{tr}(\tilde{f}_q) = 0, \qquad \forall q \geqslant 0. \tag{5.1.13}$$

再由定理 5.3 有

$$\begin{aligned} L(f) &= \sum_{q=0}^{n}(-1)^q \mathrm{tr}(f_{*q}) \quad (\text{由同伦不变性}) \\ &= \sum_{q=0}^{n}(-1)^q \mathrm{tr}(\tilde{f}_{*q}) = \sum_{q=0}^{n}(-1)^q \mathrm{tr}(\tilde{f}_q) \\ &= 0 \quad (\text{由(5.1.13)}). \end{aligned}$$

这样, 定理 5.2 证明完毕.

5.1.3 映射的 Brouwer 拓扑度

拓扑度理论在现代数学的拓扑、几何与分析等领域已产生非常重要的影响. 在 1885 年, Poincaré 对平面向量场引入指数的概念, 这是度理论的开端. 在 1912 年,

Brouwer 对于流形上的映射提出了映射度概念. 随后人们发现 Brouwer 映射度与 Poincaré 的向量场指标概念是等价的, 进而发展成更一般的拓扑度理论. 该理论为后面介绍的不动点指数及向量场奇点的指标提供了一个统一的框架, 使定义起来更方便. 正是从 Brouwer 拓扑度出发才能使我们更容易地理解这些指数的同伦不变性等性质, 以及它们内在统一性的本质.

从一般紧流形上映射度的介绍开始. 令 M, N 是两个 n 维可定向紧流形, $f: M \to N$ 是连续映射.

定义 5.1 令 $\alpha \in H_n(M, \mathbb{Z})$ 和 $\beta \in H_n(N, \mathbb{Z})$ 分别为 M 和 N 的 n 维整系数同调群的生成元. 若 f 的诱导同态 f_* 使得

$$f_*(\alpha) = k\beta \qquad (k\text{必为一整数}),$$

则 k 称为 φ 的 Brouwer 映射度, 记为 $k = \deg f$.

定义 5.1 是球面上映射度 (定义 4.5) 在一般可定向紧流形上的推广. 从直观上讲, 映射度就是指在 f 的映射下, M 的像 $f(M)$ 将 N 覆盖了 k 层. 当 $k > 0$ 时该覆盖是保定向的, 若 $k < 0$ 时是反定向的, 若 $k = 0$ 则 $f(M)$ 在 N 上可连续地形变 (同伦) 到一点上.

由引理 2.2, 立刻得到映射度的如下性质.

引理 5.1 关于映射度, 下面结论成立:

(1) 同伦不变性. 若 $f \simeq g: M \to N$ 是同伦的, 则 $\deg(f) = \deg(g)$;

(2) 乘积性质. 对任 $f: M \to N$, $g: N \to K$, 有 $\deg(g \circ f) = \deg(g) \cdot \deg(f)$.

从引理 5.1 可知, 映射度是一个同伦不变量. 于是从另一个角度可解释为, 当 $\deg f = \pm k$ ($k \geqslant 0$) 时, 对任 $\varepsilon > 0$ 存在 $\tilde{f}: M \to N$ 同伦于 f 并且 $\tilde{f}$ 与 f 的 "距离" $\operatorname{dist}(\tilde{f}, f) < \varepsilon$, 使得对几乎所有的点 $y \in N$, M 上有严格的 k 个不同点 $x_1, \cdots, x_k$, 使得

$$\tilde{f}(x_i) = y, \qquad 1 \leqslant i \leqslant k.$$

1. Brouwer 度的拓扑方法定义

给出流形上映射度的概念后, 就可以采用拓扑方法来定义拓扑度. 令 $\Omega \subset R^n$ 是一个有界开集, $F: \Omega \to R^n$ 为映射. 下面关于 (f, Ω) 应用映射度来引入 Brouwer 拓扑度概念.

令 $\partial\Omega = \Gamma_0 \cup \Gamma_1 \cup \cdots \cup \Gamma_m$, 这里每个 Γ_i 都是 $\partial\Omega$ 的一个连通分支, 并且 Γ_i ($1 \leqslant i \leqslant m$) 在 Γ_0 的内部, 见图 5.4 所示

假设 $0 \in F(\partial\Omega)$. 则 $F: \Omega \to R^n$ 可诱导出从 $\partial\Omega$ 到 R^n 中单位球面 S^{n-1} 上的映射 $f: \partial\Omega \to R^n$ 如下:

$$f|_{\Gamma_i} = f_i: \Gamma_i \to S^{n-1},$$

$$f_i = \frac{F(x)}{|F(x)|}, \qquad x \in \Gamma_i. \tag{5.1.14}$$

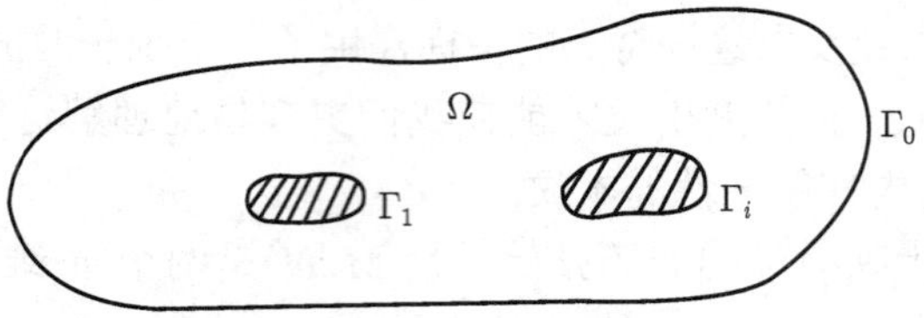

图 5.4

定义 5.2　令 $0 \notin F(\partial\Omega)$, 则关于 (F, Ω) 定义 Brouwer 拓扑度为

$$\deg\,(F, \Omega) = \deg\,(f_0) - \sum_{i=1}^{m} \deg\,(f_i),$$

这里 f_i 由 (5.1.14) 给出, $\deg\,(f_i)$ 如定义 5.1.

下面分析 Brouwer 拓扑度的几何意义.

情况 1. 考察 Ω 同胚于一个 n 维球体的情况, 并且 F 在 Ω 中仅有一个零点 $F(x_0) = 0$. 为了简单, 假设 $\Omega = B_R(x_0)$ 是以 x_0 为心 R 为半径的球体. 在这种情况下, F 可诱导出一族球面映射

$$\begin{cases} f_r:\ S^{n-1} \to S^{n-1}, & 0 < r \leqslant R, \\ f_r(\theta) = \dfrac{F(r,\theta)}{|F(r,\theta)|}, & \theta \in S^{n-1}, \end{cases} \tag{5.1.15}$$

其中 (r, θ) 是 $B_R(x_0)$ 的球面坐标, 即 $B_R(x_0)$ 是由 x_0 及一族半径为 $0 < r \leqslant R$ 的同心球面 S_r^{n-1} 构成. (5.1.15) 表明 f_R 与 f_r $(0 < r \leqslant R)$ 是同伦的. 由引理 5.1 可知

$$\deg\,(F, \Omega) = \deg\,(f_r), \qquad \forall 0 < r \leqslant R.$$

$\deg\,(f_r) = K$ 的意义是 F 将每个同心球面 $S_r^{n-1} \subset B_R(x_0)k$ 次覆盖到一个包围 $p = 0$ 的曲面 $\varSigma_r$ 上 $(\varSigma_r \to 0,\ r \to 0)$. 因此, $\deg\,(F, \Omega, 0)$ 本质上就是 F 将 Ω 覆盖 k 次映到 $p = 0$ 的一个邻域上.

当 $F:\ \Omega \to R^n$ 是可微的, 并且 $p = 0$ 是 F 的正则值时, 由定向的定义可推知 $f_r:\ S^{n-1} \to S^{n-1}$ 的覆盖数为 1 或− 1 等价于 $\deg DF(x_0) > 0$ 或 < 0, 即

$$\deg\,(F, B_R, 0) = \deg\,(f_r) = \begin{cases} 1, & \text{当 } \det DF(x_0) > 0, \\ -1, & \text{当 } \det DF(x_0) < 0. \end{cases} \tag{5.1.16}$$

情况 2. $p = 0 \notin F(\Omega)$ 时, 容易看出由 (5.1.14) 定义的归一化映射 f 的像 $f(\partial\Omega)$ 在 S^{n-1} 上可缩为一点. 见图 5.5 所示. 因而有

$$\deg\,(F, \Omega) = \deg\,(f) = 0, \qquad \text{当 } p = 0 \notin F(\Omega)\text{时}. \tag{5.1.17}$$

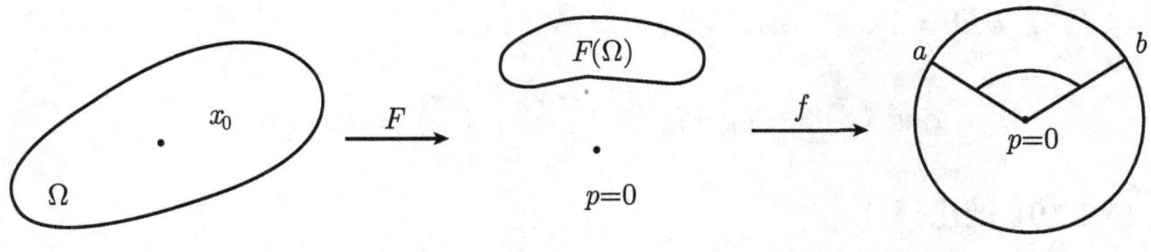

图 5.5 $f(\partial\Omega) = \widehat{ab}$

情况 3. 考虑 $\partial\Omega$ 只有一个连通分支情况. 将 Ω 分解为 $\Omega = \bigcup\limits_{k=1}^{m} \bar{B}_k, B_i \cap B_j = \varnothing$, 每个 B_k 同胚于一个开球体, 并且 $p = 0 \notin F(\partial B_k), \forall k \geqslant 1$. 由于 $\Gamma = \bar{B}_i \cap \bar{B}_j$ 在 ∂B_i 与 ∂B_j 中的定向正好相反, 见图 5.6 所示, 因此 F 的归一化 $f: \partial\Omega \to S^{n-1}$ 的映射度为

$$\deg(f) = \sum_{k=1}^{m} \deg(f_k),$$

其中 $f_k: \partial B_k \to S^{n-1}$ 是 $F_k = F|_{B_k}$ 的归一化. 由定义 5.2, 这意味着

$$\deg(F, \Omega) = \sum_{k=1}^{m} \deg(f_k) = \sum_{k=1}^{m} \deg(F, B_k). \tag{5.1.18}$$

这就是区域可加性质.

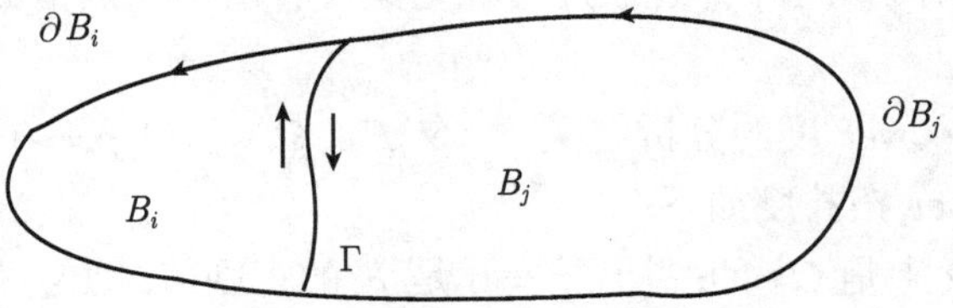

图 5.6

情况 4. $\partial\Omega = \Gamma_0 + \sum\limits_{j=1}^{m} \Gamma_j$ 的情况. 同样, 将 Ω 分解为 $\Omega = \bigcup\limits_{k=1}^{N} \bar{B}_k, p = 0 \notin F(\partial B_k)$. 记 $D = \Omega + \sum\limits_{j=1}^{m} \Omega_j$, 其中 Ω_j 是由 Γ_j 所围区域 (如图 5.4 的阴影部分). 令 $\tilde{F}$ 是 F 从 $\bar{\Omega}$ 到 $\bar{D}$ 的连续延拓. 则 D 如情况 3 的情形. 由 (5.1.18) 有

$$\deg(\tilde{F}, D) = \sum_{j=1}^{N} \deg(F, B_j) + \sum_{i=1}^{m} \deg(\tilde{F}, \Omega_i).$$

从这推出

$$\begin{aligned} \sum_{j=1}^{N} \deg(F, B_j) &= \deg(\tilde{F}, D) - \sum_{i=1}^{m} \deg(\tilde{F}, \Omega_i) \\ &= \deg(\tilde{f}) - \sum_{i=1}^{m} \deg(\tilde{f}_i). \end{aligned} \tag{5.1.19}$$

由于 $F=\tilde{F}$ 在 $\partial D=\Gamma_0$ 和 $\partial\Omega_i=\Gamma_i$ 上, 故

$$\deg(\tilde{f})=\deg(f_0),\qquad \deg(\tilde{f}_i)=\deg(f_i).$$

于是从 (5.1.19) 推出

$$\deg(F,\Omega)=\deg(f_0)-\sum_{i=1}^{m}\deg(f_i)=\sum_{j=1}^{N}\deg(F,B_j). \tag{5.1.20}$$

从公式 (5.1.20) 可知, 欲理解拓扑度的本质, 只需了解情况 1 和情况 2 的情形即可. 此外, 当 $p=0$ 是 F 的正则值时, 从 (5.1.20) 和 (5.1.16) 可得

$$\deg(F,\Omega)=\sum_{F(x)=0}\text{sign}\det DF(x). \tag{5.1.21}$$

公式 (5.1.21) 为拓扑度的分析定义提供了基础.

2. Brouwer 度的分析定义

下面给出的是从分析的角度给出映射 $f:\ \Omega\to R^n$ 的 Brouwer 拓扑度的等价定义. 它的优点是容易计算, 并且通过这种定义可看出不动点指数与向量场奇点指标的内在统一性.

定义 5.3 (Brouwer 度的分析定义)　令 $F:\ \Omega\to R^n, p=0\notin F(\partial\Omega)$, 则关于 (F,Ω) 定义 Brouwer 拓扑度如下:

(1) 若 F 在 Ω 上是 C^1 的, 并且 $p=0$ 是 F 的正则值, 则定义 (5.1.21) 为 F 在 Ω 上的拓扑度;

(2) 若 F 是 C^1 的, 而 $p=0$ 是 F 的临界值, 那么由 Sard 定理 (定理 1.9), 可取 F 的一个正侧值 $y_0\in R^n$ 充分小, 使得 $y_0\notin F(\partial\Omega)$. 此时 $p=0$ 是 $F-y_0$ 的正则值. 然后定义

$$\deg(F,\Omega)=\deg(F-y_0,\Omega);$$

(3) 当 F 是连续函数时, 取一个 C^1 函数 $F_1:\ \Omega\to R^n$ 使得

$$\sup_\Omega|F(x)-F_1(x)|<\text{dist}(F(\partial\Omega),0),$$

然后定义 F 的拓扑度为

$$\deg(F,\Omega)=\deg(F_1,\Omega).$$

为了保证定义 5.3 的合理性, 必须证明 (2) 和 (3) 中关于 y_0 和 F_1 的选择无关. 这一点由 (5.1.21) 的同伦不变性很容易看出.

3. 拓扑度的基本性质

根据引理 5.1, 从 Brouwer 拓扑度的定义和公式 (5.1.20) 立刻可推出下列基本性质.

定理 5.4 令 $\Omega \subset R^n$ 是有界开集, $F:\ \bar{\Omega} \subset R^n$ 连续, $0 \notin F(\partial\Omega)$. 则 F 的 Brouwer 拓扑度具有如下的性质:

(1) 规范性

$$\deg\,(id, \Omega) = \begin{cases} 1, & 0 \in \Omega, \\ 0, & 0 \notin \Omega. \end{cases}$$

(2) 同伦不变性. 设 $H:\ \bar{\Omega} \times [0,1] \to R^n$ 连续, $0 \notin H(\partial\Omega, t), (0 \leqslant t \leqslant 1)$. 令 $H(\cdot, 0) = F, H(\cdot, 1) = G$, 则有

$$\deg\,(F, \Omega) = \deg\,(G, \Omega).$$

(2) 区域可加性. 若 Ω_1, Ω_2 为 Ω 中不交开子集, $0 \notin F(\Omega - (\Omega_1 \cup \Omega_2))$, 则

$$\deg\,(F, \Omega) = \deg\,(F, \Omega_1) + \deg\,(F, \Omega_2).$$

(4) 奇点存在性. 若 $\deg\,(F, \Omega) \neq 0$, 则存在 $x_0 \in \Omega$ 使得 $F(x_0) = 0$.

这里再介绍一个拓扑度的重要性质, 即下面的约化定理. 它在后面将要介绍的流形上不动点指数概念中是有用的.

定理 5.5 (约化定理) 令 $R^n \subset R^m\ (m > n), \Omega \subset R^m$ 是有界开集, $g:\ \Omega \to R^n$. 记 $F = id - g$, 若 $0 \notin F(\partial\Omega)$, 则有

$$\deg\,(F, \Omega) = \deg\,(G, \Omega \cap R^n), \tag{5.1.22}$$

这里 $G = F|_{\Omega \cap R^m} = id - g|_{\Omega \cap R^m}$.

证明 为了简单, 只考虑 $p = 0$ 是 $G:\ \Omega \cap R^n \to R^n$ 的正则值情况, 否则取 C^1 函数逼近 G 即可. 由

$$F(x) = \{G_1(x), \cdots, G_n(x), x_{n+1}, \cdots, x_m\},$$

可得

$$DF(x) = \begin{pmatrix} DG(x) & * \\ 0 & I \end{pmatrix}.$$

因而有

$$\det\, DF(x) = \det\, DG(x), \qquad \forall x \in \Omega.$$

于是由 (5.1.21) 得到 (5.1.23). 定理证毕.

5.1.4 流形上不动点指数

令 M 是 n 维带边或不带边紧流形, $f: M \to M$ 是连续映射. 下面将定义 f 在 M 上不动点指数的概念. 令 M 可嵌入到 R^m 中, 并且令 $N \subset R^m$ 是 M 的管形邻域. 则存在映射

$$i: M \to N \text{ 为包含映射}, \qquad r: N \to M,$$

使得 $r \circ i = id: M \to M$ 为恒等. 然后有下面定义.

定义 5.4 (不动点指数)　令 $U \subset M$ 是一个开子集, 并且 f 在 U 中的不动点集是紧的. 此时 $\Omega = r^{-1}(U)$ 是 N 中一个开集, 并且复合映射

$$i \circ f \circ r: \Omega \to R^m$$

在 Ω 中不动点就是 f 的不动点. 然后定义 f 在 U 上不动点指数为

$$\text{Ind}\,(f, U) = \deg\,(id - F, \Omega), \qquad F = i \circ f \circ r. \tag{5.1.23}$$

特别地, 当 $U = M$ 时, $\Omega = r^{-1}(M) = N$, 此时

$$\text{Ind}\,(f, M) = \deg\,(id - F, N) \tag{5.1.24}$$

称作 f 在 M 上的不动点指数.

由拓扑度的约化定理 (定理 5.5) 不难证明, f 不动点指数 (5.1.23) 和 (5.1.24) 是不依赖于 M 到 R^m 的嵌入方式和收缩映射 $r: N \to M$ 的选取. 事实上由 Sard 定理, 存在 $\tilde{f}: M \to M$ 充分逼近 f 且与 f 同伦使得 $\tilde{f}$ 在 M 上只有有限个非退化不动点, 即 $\tilde{f}$ 在这些不动点 x 处的矩阵 $(I - D\tilde{f}(x))$ 是非奇异的, 这里 $D\tilde{f}(x)$ 是 Jacobi 矩阵. 因此, 再由公式 (5.1.21), 只需对 f 的一个非退化不动点 $x_0 \in M$ 来证明下面引理.

引理 5.2　令 $x_0 \in M$ 是 $f: M \to M$ 的一个非退化不动点, $U \subset M$ 是 x_0 的一个邻域使得 x_0 在 U 中是唯一不动点. 则

$$\text{Ind}\,(f, U) = \text{sign}\,\det\,(I - Df(x_0)), \tag{5.1.25}$$

其中 I 是 $n \times n$ 单位矩阵.

证明　令 $N \subset R^m$ 是 n 维流形 M 的管形邻域, $r: N \to M$ 是收缩映射, $r|_M = id: M \to M$. 不妨设 U 是可缩的. 因而存在一个坐标变换, 使得

$$\Omega = r^{-1}(U) \subset R^m, \qquad U = \Omega \cap R^n \subset R^m.$$

于是由约化定理得

$$\deg\,(id-F,\Omega)=\deg\,(id-F|_U,U)=\deg\,(id-f,U),$$

这里 $F=i\circ f\circ r$, $F|_U=f$(因为 $r|_U=id$). 再由 (5.1.23) 和 (5.1.21) 便证得 (5.1.25). 引理 2.5 证毕.

当 x_0 是 f 的孤立不动点时, Ind (f,V) 与 x_0 充分小邻域 V 选取无关, 此时

$$\text{Ind}\,(f,x_0)=\text{Ind}\,(f,V)$$

称作 x_0 的指标. 根据定理 5.4 和引理 5.2, 从 (5.1.23) 和 (5.1.24) 立刻得到关于不动点指数的如下定理, 它为后面的 Nielsen 不动点类理论提供基础.

定理 5.6 令 M 是一个带边或不带边的 n 维紧流形, $U\subset X$ 是一个开集, $f:U\to X$ 的不动点集合是紧的. 则 f 在 U 上不动点指数具有下列性质

(1) 不动点存在性. 若 Ind $(f,U)\neq 0$, 则 f 在 U 中存在不动点.

(2) 同伦不变性. 若 $H:f_0\simeq f_1:\ U\to X$ 是同伦, 并且 $H(\cdot,t)$ 所有 $0\leqslant t\leqslant 1$ 的不动点集合在 U 中是紧的, 即

$$\{x\in U|\ H(x,t)=x,\ 0\leqslant t\leqslant 1\}\ \text{的闭包}\ \subset U,$$

则 f_0 与 f_1 的不动点指数相等

$$\text{Ind}\,(f_0,U)=\text{Ind}\,(f_1,U).$$

(3) 区域可加性. 令 $U_1,\cdots,U_k$ 是 U 的互不相交开子集, 并且 f 在 $U-\sum\limits_{j=1}^{k}U_j$ 上没有不动点. 则有

$$\text{Ind}\,(f,U)=\sum_{j=1}^{k}\text{Ind}\,(f,U_j).$$

特别地, 若 f 在 M 上的不动点 $x_1,\cdots,x_k$ 都是非退化的, 则有

$$\text{Ind}\,(f,M)=\sum_{j=1}^{k}\text{Ind}(f,x_k)=\sum_{j=1}^{k}\text{sign}\,|I-Df(x_j)|. \tag{5.1.26}$$

例 5.1 令 $M=S^n$ 是一个 n 维球面. 计算恒等映射 $f=id:\ S^n\to S^n$ 的不动点指数 Ind (id,S^n). 此时 $S^n\subset R^{n+1}$ 的管形邻域

$$N=\left\{x\in R^{n+1}|\ \frac{1}{2}\leqslant|x|\leqslant 2\right\}$$

是一个内半径为 $\frac{1}{2}$, 外半径为 2 的 $n+1$ 维球面环形区域. 收缩映射 $r:\ N\to S^n$ 与 $F=i\circ f\circ r:\ N\to R^{n+1}$ 可表达为

$$r(x)=\frac{x}{|x|},\quad F(x)=i\circ f\circ r(x)=\frac{x}{|x|}\quad (f=id).$$

此外 $\partial N = S_2^n \cup S_{\frac{1}{2}}^n$. 由定义 5.2,

$$\deg\,(id - F, N) = \deg\,((id - F)|_{S_2^n}) - \deg\,((id - F)|_{S_{\frac{1}{2}}^n}).$$

容易看出

$$(id - F)|_{S_2^n}(x) = x - \frac{x}{2} = \frac{1}{2}x, \qquad \forall |x| = 2,$$

$$(id - F)|_{S_{\frac{1}{2}}^n}(x) = x - 2x = -x, \qquad \forall |x| = \frac{1}{2}.$$

即

$$2(id - F)|_{S_2^n} = id:\ S_2^n \to S_2^n \text{ 是恒等映射},$$

$$(id - F)|_{S_{\frac{1}{2}}^n}:\ S_{\frac{1}{2}}^n \to S_{\frac{1}{2}}^n \text{ 是对径映射}.$$

于是有

$$\deg\,((id - F)|_{S_2^n}) = 1, \qquad \deg\,((id - F)|_{S_{\frac{1}{2}}^n}) = (-1)^{n+1}.$$

这样便得到

$$\text{Ind}\,(id, S^n) = \deg\,(id - F, N) = 1 - (-1)^{n+1} = \chi(S^n). \tag{5.1.27}$$

对照 (5.1.27) 和 (5.1.4), 我们发现球面上恒等映射的不动点指数与 Lefschetz 数相等. 这不是一个偶然. 实际上对于任何紧流形 M 的映射 $f:\ M \to M$, 其不动点指数与 Lefschetz 数相等, 即

$$\text{Ind}\,(f, M) = L(f). \tag{5.1.28}$$

这个式子称为 Lefschetz 公式, 在 5.2 节中将会讨论它.

注 5.1　令 $x_0 \in M$ 是 f 的孤立不动点, 并且在它的邻域 U 内是唯一的不动点. 如果 $\text{Ind}\,(f, x_0) = 0$, 则存在 $\tilde{f}:\ M \to M$ 与 f 同伦使得 $\tilde{f}$ 在 U 中没有不动点, 并且 $f = \tilde{f}$ 在 $M - U$ 中. 这个结论称作不动点消灭定理, 可参见文献 [13].

注 5.2　令 M 是一个 n 维流形. 对任何一个整数 $k \in \mathbb{Z}$, 存在映射 $f:\ M \to M$ 及孤立不动点 $x_0 \in M$, 使得 $\text{Ind}\,(f, x_0) = k$. 例如, 若 $x = 0$ 是 $f:\ R^2 \to R^2$ 的一个孤立不动点, 并且 f 在 $x = 0$ 可表示为

$$f(x) = \begin{pmatrix} f_1 \\ f_2 \end{pmatrix} = \begin{pmatrix} x_1 - \sum\limits_{i+j=k} a_{ij}^1 x_1^i x_2^j + o(|x|^k) \\ x_2 - \sum\limits_{i+j=k} a_{ij}^2 x_1^i x_2^j + o(|x|^k) \end{pmatrix}, \tag{5.1.29}$$

则 f 关于 $x = 0$ 的不动点指标取值范围为

$$\operatorname{Ind}(f,0)=\begin{cases}0,\pm2,\pm4,\cdots,\pm k, & 当\ k=\ 偶数,\\ \pm1,\pm3,\cdots,\pm k, & 当\ k=\ 奇数.\end{cases}\tag{5.1.30}$$

进一步, 根据系数 a_{ij}^1 和 a_{ij}^2 的变化, (5.1.30) 中的整数都能被取到[19,20]. 特别地, 在文献 [20] 中证得下面定理.

定理 5.7 令 F_1 和 F_2 是如下 k 阶多项式

$$F_i(t)=a_{k0}^i t^k+a_{k-11}^i t^{k-1}+\cdots+a_{1k-1}^i t+a_{0k}^i,\qquad i=1,2,$$

其中 a_{kj}^i $(i=1,2)$ 如 (5.1.29). 若 $t_1\geqslant\cdots\geqslant t_N$ 是 $F_1(t)$ 的 N 个实零点 (计入重数). 那么 f 关于 $x=0$ 的不动点指标为

$$\operatorname{Ind}(f,0)=\begin{cases}\sum\limits_{j=1}^N(-1)^{j+1}\operatorname{sign}F_2(t_j), & 若 a_{k0}^1>0,\ N\geqslant1,\\ \sum\limits_{j=1}^N(-1)^{j}\operatorname{sign}F_2(t_j), & 若\ a_{k0}^1<0,\ N\geqslant1,\\ 0, & 若\ N=0.\end{cases}$$

5.2 奇点的指标公式

5.2.1 Lefschetz 不动点指数公式

在上一节关于流形上映射引入不动点指数概念, 它是同伦不变的. 同时, 从 (5.1.4) 和 (5.1.27) 发现球面上恒等映射满足关系式 (5.1.28), 那就是这一小节要专门讨论的课题. 从一个例子开始.

例 5.2 为了对 Lefschet 公式 (5.1.28) 有进一步感性理解, 考察 $f_n:\ S^1\to S^1$ 的指数, 这里

$$f_n(e^{i\theta})=e^{in\theta},\quad n\in\mathbb{Z},\quad e^{i\theta}\in S^1.\tag{5.2.1}$$

显然 f_n 将 S^1 映到 S^1 上缠绕了 n 圈, 当 $n>0$ 时是正向的, $n<0$ 时是反向的. 因此 f_n 的诱导同态

$$f_{n0}:\ H_0(S^1)\to H_0(S^1)\ 是互等同构,$$
$$f_{n1}:\ H_1(S^1)\to H_1(S^1)\ 满足\ f_{n1}([S^1])=n[S^1].$$

即 $\operatorname{tr}f_{n0}=1,\operatorname{tr}f_{n1}=n$. 于是 f_n 的 Lefschetz 数为

$$L(f_n)=\operatorname{tr}f_{n0}-\operatorname{tr}f_{n1}=1-n.\tag{5.2.2}$$

此外, (5.2.1) 有 $m = |1-n|$ 个不动点如下 $(n \neq 1)$

$$z_0 = 1, \quad z_1 = e^{i\frac{2\pi}{n-1}}, \cdots, z_{m-1} = e^{i\frac{2\pi(n-2)}{n-1}}.$$

f_n 在 Z_k 的导数为

$$Df_n(z_k) = \frac{df_n(z_k)}{dz} = nz_k^{n-1} = n, \qquad 0 \leqslant k \leqslant m-1.$$

由 (5.1.26), f_n 的不动点指数为

$$\begin{cases} \text{Ind}\ (f_n, S^1) = \sum_{k=0}^{m-1} \text{sign}\ (1-n) = 1-n, \quad n \neq 1, \\ \text{Ind}\ (f_1, S^1) = 0 \qquad (\text{由}(5.1.27)). \end{cases} \tag{5.2.3}$$

结合 (5.2.2) 和 (5.2.3) 可以得到 Lefschetz 指数公式

$$L(f_n) = \text{Ind}\ (f_n, S^1), \qquad \forall n \in \mathbb{Z}.$$

下面给出和证明这一小节的主要定理.

定理 5.8 (Lefschetz 指数公式) 令 M 是 n 维紧流形, $f: M \to M$ 是连续映射, 则 f 在 M 上的不动点指数等于 f 的 Lefschetz 数. 特别地, 当 f 在 M 上不动点都是正则的, 它们是 $x_1, \cdots, x_m \in M$, 则 (5.1.28) 表达为

$$L(f) = \sum_{k=1}^{m} \text{sign}\ \det\ (I - Df(x_k)). \tag{5.2.4}$$

证明 这里的证明是以突出 (5.2.4) 的实质为宗旨. 因为 f 在一个同伦扰动下不动点变为有限正则的. 因此只需讨论 f 不动点是正则即可. 将证明分为三个步骤进行, 前两步揭示本质, 最后一步是技术性的.

第一步. 首先分析单一不动点 x_0 处 $Df(x_0)$ 的几何意义. 在局部坐标下, $Df(x_0)$ 是一个 $n \times n$ 矩阵. 由 Jordan 定理知, 存在非奇异矩阵 P 使得 $P \cdot Df \cdot P^{-1}$ 是一个 Jordan 矩阵,

$$P \cdot Df(x_0)P^{-1} = \text{Jordan 型对角阵}.$$

这意味着在坐标变换 $x' = Px$ 下, $Df(x_0)$ 可表达成 Jordan 对角型. 因此可令 $Df(x_0)$ 为如下对角形式

$$Df(x_0) = \begin{pmatrix} B_{k_1} & & 0 \\ & B_{k_2} & \\ 0 & & B_{n-k} \end{pmatrix}, \qquad k = k_1 + k_2, \tag{5.2.5}$$

其中 B_j 是 $j\times j$ 阶矩阵, B_{k_1} 的所有特征值实部 $\mathrm{Re}\,\lambda>1, B_{k_2}$ 特征值实部 $1>\mathrm{Re}\,\lambda>0$, 而 B_{n-k} 的实部是负数 $\mathrm{Re}\,\lambda<0$.

不失一般性, 用 (5.2.4) 的下面最简单形式来讨论:

$$Df(x_0)=\begin{pmatrix}2I_{k_1} & & 0\\ & \frac{1}{2}I_{k_2} & \\ 0 & & -I_{n-k}\end{pmatrix},\qquad k=k_1+k_2,$$

这里 I_j 为 $j\times j$ 阶单位矩阵. 此时 f 在 x_0 的邻域可表达为

$$f(x)=x_0+\begin{pmatrix}2I_{k_1} & & \\ & \frac{1}{2}I_{k_2} & \\ & & -I_{n-k}\end{pmatrix}(x-x_0)+o(|x-x_0|).\tag{5.2.6}$$

现在就可以分析由 (5.2.6) 所给的映射 f 在 x_0 邻域中的几何特点. 在 x_0 的邻域取单纯剖分 K 的单形 (方体) 如图 5.7 所示, 其中 x_0 位于 k 维方体 I^k 的内部, 而 n 维方体 $I^n=I^k\times I^{n-k}\subset R^k\times R^{n-k}$, 其中 R^k 和 R^{n-k} 分别是 $B_k=2I_{k_1}\oplus I_{k_2}$ 和 $B_{n-k}=-I_{n-k}$ 不变子空间,

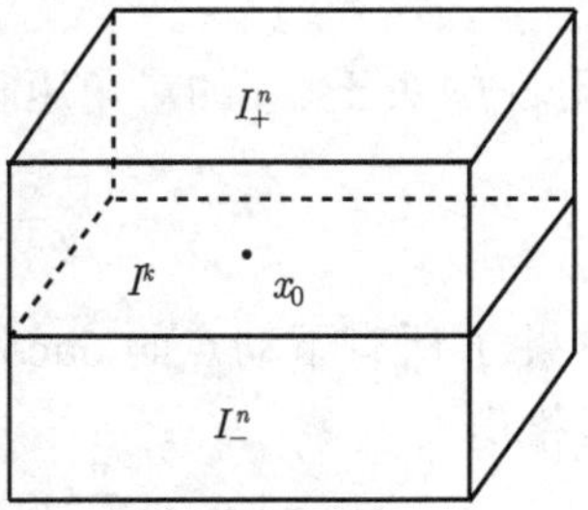

图 5.7

$$\begin{cases}B_k=\begin{pmatrix}2I_{k_1} & 0\\ 0 & \frac{1}{2}I_{k_2}\end{pmatrix}:\ R^k\to R^k, \quad k=k_1+k_2,\\ B_{n-k}=-I_{n-k}:\ R^{n-k}\to R^{n-k}.\end{cases}\tag{5.2.7}$$

容易看出, (5.2.7) 的 B_{n-k} 将 R^{n-k} 的上半部分 R^{n-k}_+ 映到下半部分 R^{n-k}_-. 因此, 当图 5.7 中单形取得很小时, (5.2.6) 的映射 f 将 I^n_+ 映到 R^n_- 中而将 I^n_- 映到 R^n_+ 中. 于是有

$$f:\ I^k\to R^k\ \text{是“不变”单形}\quad(k=k_1+k_2).\tag{5.2.8}$$

这就是 $Df(x_0)$ 的几何意义. 这种几何性质关于 $Df(x_0)$ 的一般形式 (5.2.5) 也是成立的, 它对直观理解 Lefschetz 公式 (5.2.4) 是关键的.

第二步. 如何从 (5.2.8) 看出公式 (5.2.4) 呢. 为了方便, 将 (5.2.5) 中的 k 称作不动点 x_0 的不变指标, k_2 为收缩指标. 由 (5.1.3) 和 Hopf 公式 (定理 5.3), 有

$$L(f)=\sum_{k=0}^{n}(-1)^k\mathrm{tr}(f_k),\tag{5.2.9}$$

这里 $f_k: C_k(K,R) \to C_k(K,R)$ 是 f 诱导的 k 维链映射 (第三步将介绍它).

$C_k(K,R)$ 的生成元是 M 的单纯剖分 K 的所有 k 维单形 (方体). 对某个方体 $\sigma_j^K \in C_k(K,R)$, 链映射

$$f_k(\sigma_j^k) = \alpha_{j1}\sigma_1^k + \cdots + \alpha_{jm}^k\sigma_m^k$$

的几何意义是存在 f 的同伦逼近 $\tilde{f}$(正规术语称作单纯逼近), 使得 $\tilde{f}$ 将 σ_j^k 映到 σ_i^k 上覆盖 α_{ji} 层. 因此只有 f 不动点的 k 维不变单形对 f_k 的迹 $tr(f_k)$ 才能有贡献, 并且它的矩阵元 α_{ii}^k 只取 ± 1.

先来看特殊情况. 令 (5.2.7) 中 $B_k = 2I_k$(即 $k_2 = 0$). 此时 x_0 的不动点指标为

$$\text{Ind } (f, x_0) = \text{sign } |I - Df(x_0)| = \text{sign } |-I_k| = (-1)^k. \tag{5.2.10}$$

而由 $B_k = 2I_k$ 将图 3.7 中单形 I^k 保定向地覆盖 I^k 一次, 即

$$f(I^k) = I^k \cup \cdots .$$

因此 f_k 关于 I^k 的对角矩阵元为

$$\alpha_{ii}^k = 1 \qquad (I^k \text{ 排在第 } i \text{ 个生成元位置}). \tag{5.2.11}$$

如果 f 所有不动点的 Jacobi 矩阵 Df 的正特征值大于 1, 则从 (5.2.9) 和 (5.2.11) 可推出

$$L(f) = \sum_{k=0}^{n}(-1)^k n_k \quad (n_k\text{是不变指标为 } k \text{ 的不动点数}).$$

再从 (5.2.10) 可见

$$\text{Ind } (f, M) = \sum_{k=0}^{n}(-1)^k n_k \quad (n_k\text{如上式}).$$

于是便得到 (5.2.4).

再来看一般情况. 此时 x_0 的不动点指标为

$$\text{Ind } (f, x_0) = (-1)^{k_1} = (-1)^{k-k_2} = (-1)^k \cdot (-1)^{k_2}. \tag{5.2.12}$$

在第三步中, 将证明 f_k 关于不变单形 I^k 的对角矩阵元为

$$\alpha_{ii}^k = (-1)^{k_2}, \qquad k_2 \text{ 为 } x_0 \text{ 的收缩指标}. \tag{5.2.13}$$

等式 (5.2.13) 意味着

$$\text{tr}(f_k) = n_k^1 - n_k^2,$$

其中 n_k^1 是不变指标为 k 的不动点中收缩指标 $k_2=$ 偶数的不动点数, n_k^2 为 $k_2=$ 奇数的不动点数. 因而有

$$L(f)=\sum_{k=0}^{n}(-1)^k(n_k^1-n_k^2). \tag{5.2.14}$$

而由 (5.2.12) 知

$$\sum_{I_f(x)=k}\text{Ind }(f,x)=(-1)^k(n_k^1-n_k^2),$$

这里 $I_f(x)$ 代表 x 的不变指标, n_k^1 和 n_k^2 与 (5.2.14) 相同. 因此有

$$\text{Ind }(f,M)=\sum_{k=0}^{n}\sum_{I_f(x)=k}\text{Ind}(f,x)=\sum_{k=0}^{n}(-1)^k(n_k^1-n_k^2), \tag{5.2.15}$$

结合 (5.2.14) 与 (5.2.15) 便得公式 (5.2.4).

第三步. 前两步已将 Lefschetz 公式的本质揭示出来, 使我们明白为什么会有 (5.2.4) 这样的结果. 现在来证明公式 (5.2.13), 这已属于技术性问题了. 不关心细节的读者可略去这一步.

在上面步骤中所提到的链映射

$$f_k:\ C_k(K,R)\to C_k(K,R)$$

是由一个满足下面性质的映射 $\tilde{f}:\ M\to M$ 产生的, 称为 f 的单纯映射:

(1) $\tilde{f}$ 与 f 在 M 上同伦, $\tilde{f}\simeq f$;

(2) $\tilde{f}$ 的不动点及其指标与 f 的严格相同;

(3) $\tilde{f}$ 将单纯复形 K 的单形映到若干单形并集上, 故将顶点映射到顶点上, 于是 $\tilde{f}$ 与 f 的关系是, 若对某个单形 I^k 有

$$\tilde{f}(I^k)=\bigcup_{i=1}^{m}I_i^k,\qquad \text{且 } \tilde{f}(I^k) \text{ 将 } I_j^k \text{ 覆盖 } \alpha_j \text{ 次},$$

则有

$$f_k(I^k)=\sum_{j=1}^{m}\alpha_jI_j^k,\qquad I^k\in C_k(k,R).$$

例如, 若 f 在 $x=0$ 的邻域内表达为

$$f(x)=\begin{pmatrix}\frac{1}{2}y\\ 2z\end{pmatrix},\qquad x=(y,z)\in R^{k_1}\times R^{k_2}. \tag{5.2.16}$$

则 f 将方体 $I^k=[-1,1]^{k_1}\times[-1,1]^{k_2}$ 映到 $\left[-\frac{1}{2},\frac{1}{2}\right]^{k_1}\times[-2,2]^{k_2}$ 上, 即

$$f(I^k)=\left[-\frac{1}{2},\frac{1}{2}\right]^{k_1}\times[-2,2]^{k_2}.$$

上此时 f 的单纯映射 $\tilde{f}$ 满足

$$\tilde{f}(I^k)=I^k, \tag{5.2.17}$$

其中 $\tilde{f}$ 将 I^{k_1} 按下面方式映到 I^{k_1}, 将每个截面 I^{k_2} 保定向映到自身.

有了这些基础后, 就可看到 $\tilde{f}(I^k)$ 是保定向或反定向地覆盖 I^k 完全取决于 (5.2.16) 的收缩指标 k_1 是奇还是偶数. 只需考察 $k_1=1$ 和 2 两种情况即可. 其他 $k_1\geqslant 3$ 情况根据 k_1 为奇或偶其讨论与与 $k_1=1$ 或 2 完全相同.

当 $k_1=1$ 时, $f_1(y)=\frac{1}{2}y, y\in[-1,1]$, 即

$$f_1([-1,1])=\left[-\frac{1}{2},\frac{1}{2}\right].$$

此时 f_1 的单纯映射 $\tilde{f}_1$ 只有将顶点 $p_1=-1$ 映到顶点 $p_2=1$ 上, 将 p_2 映到 p_1 上才能满足前面的性质 (1)~(3), 见图 5.8 所示. 此时显然 $\tilde{f}(I^k)$ 反定向地覆盖 I^k 一次.

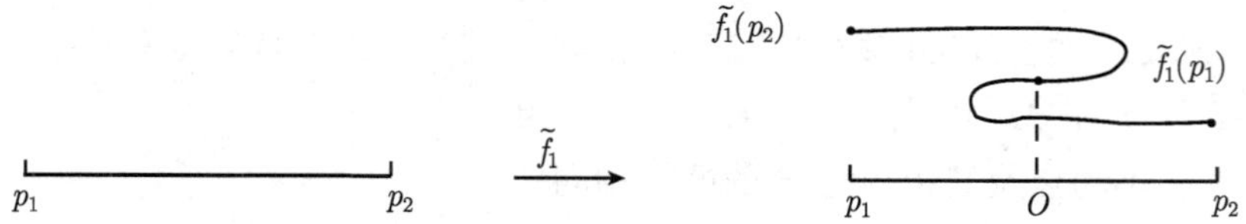

图 5.8

当 $k_1=2$ 时, f_1 将 I^2 映到 I^2 内部

$$f_1(I^2)=\left[-\frac{1}{2},\frac{1}{2}\right]^2\subset I^2.$$

此时 $\tilde{f}_1$ 旋转地将 I^2 保定向映到 I^2, 将顶点映为顶点如下:

$$\tilde{f}_1((-1,-1))=(1,-1),\quad \tilde{f}_1((1,-1))=(1,1),$$
$$\tilde{f}_1((1,1))=((-1,1)),\quad \tilde{f}_1((-1,1))=(-1,-1).$$

在此旋转下, $\tilde{f}$ 满足性质 (1)~(3) 并且 $\tilde{f}(I^k)=I^k$ 是保定向的.

于是便证明了关系式 (5.2.13). 定理证毕.

注 5.3 若 M 是一个带边流形, 并且 $f: M \to M$ 在边界 ∂M 上没有不动点, 则公式 (5.2.4) 仍然成立. 但是, 当在下面条件限制下,

$$f(\partial M) = \partial M,$$

边界不动点指数无法定义, 此时公式 (5.2.4) 没有意义.

显然, 从公式 (5.2.4) 立刻推出 Lefschetz 不动点定理.

5.2.2 紧流形上向量场的 Poincaré-Hopf 指标定理

令 M 是 n 维光滑紧流形, v 是 M 上的光滑向量场. $x_0 \in M$ 称为向量场 v 的一个奇点, 若 $v(x_0) = 0$. 从 Lefschetz 不动点公式 (5.2.4) 可以推出关于向量场奇点的著名 Poincaré-Hopf 指标定理. 该定理的 $n = 2$ 维紧定向流形情况是由 Poincaré 在 1881 年建立. 而在一般 n 维紧流形上的推广是由 Hopf 在 1926 年证明的.

为了给出 Poincaré-Hopf 指标定理, 首先介绍向量场奇点的指标概念, 它的实质就是奇点邻域的拓扑度.

令 $p \in M, (U, \varphi)$ 是 p 点的一个局部坐标系, 使得

$$\varphi(p) = 0 \in V = \varphi(U) \subset R^n.$$

如果 p 是向量场 $v: M \to TM$ 的孤立奇点, 则 $x = 0$ 是 $u: V \to R^n$ 的孤立零点, 这里

$$u = D\varphi \circ v \circ \varphi^{-1}: V \to R^n. \tag{5.2.18}$$

定义 5.5 令 $p \in M$ 是向量场 v 的一个孤立奇点. 将 (5.2.18) 的映射 u 在 $x = 0$ 邻域的拓扑度定义为 v 在 p 点的指标

$$\text{Ind}\,(v, p) = \deg\,(u, v). \tag{5.2.19}$$

向量场 v 的奇点 $p \in M$ 称作非退化的, 若 $Dv(p): T_pM \to T_pM$ 是一个同构, 即 $Dv(p)$ 是非奇异的. 若 p 是 v 的一个非退化奇点, 则 (5.2.19) 等价于下面等式

$$\text{Ind}\,(v, p) = \text{sign det}\, Dv(p). \tag{5.2.20}$$

定理 5.9 (Poincaré-Hopf 指标定理) 令 M 是 n 维紧流形, v 是 M 上的一个向量场. 如果 v 只有有限个奇点 $p_1, \cdots, p_m \in M$, 则有下面公式

$$\sum_k \text{Ind}\,(v, p_k) = \chi(M), \tag{5.2.21}$$

这里 $\chi(M)$ 是 M 的 Euler 示性数.

证明　该定理是 Lefschetz 不动点指数公式的推论. 这里的证明是采用 Griffiths 和 Harris 的方法[7].

不失一般性, 假设 v 的所有奇点都是正则的. v 在 M 上过 x_0 的轨道 $x(t,x_0)$ 是下面方程的解

$$\begin{cases} \dfrac{dx}{dt} = v(x), \\ x(0) = x_0, \quad x_0 \in M. \end{cases} \tag{5.2.22}$$

这个方程的解可写成如下形式

$$\begin{cases} x(t) = \Phi(t,x_0), \quad t \in R^1, \\ \Phi(t,x_0) = x_0 e^{tA} + o(|t|), \end{cases} \tag{5.2.23}$$

其中 $A = Dv(x_0)$. 当 x_0 在 M 上变动时, $\Phi(t,x_0)$ 给出一个映射

$$\Phi(t,\cdot):\ M \to M \quad (\text{对于} t \in R^1 \text{固定}),$$

它是连续的. 由于 (5.2.22) 的解是唯一的, 对任一给定 $t_0 \in R^1$ 由 (5.2.23) 定义的映射 Φ 满足下面性质

$$\begin{cases} \Phi(0,\cdot) = id:\ M \to M \text{ 为恒等} \\ \Phi(t_0,\cdot):\ M \to M \text{ 是与 } id \text{ 同伦的}. \end{cases}$$

因此, 由 (5.1.4) 可知 Φ 的 Lefschetz 数为

$$L(\Phi) = \chi(M). \tag{5.2.24}$$

此外, 当 $\tau > 0$ 很小时, $\Phi(\pm\tau,\cdot)$ 的不动点严格地就是 $v(\cdot)$ 的奇点 p_k, 并且 $\Phi(\pm\tau,\cdot)$ 在 p_k 的导算子由 (5.2.23) 可得

$$D\Phi(\pm\tau,p_k) = e^{\pm\tau A} + o(\tau), \quad A_k = Dv(p_k).$$

即有下列等式

$$I - D\Phi(\pm\tau,p_k) = \mp\tau A_k + o(\tau), \quad \tau > 0 \text{ 很小}.$$

于是不动点 p_k 的指标为

$$\begin{aligned} \text{sign det } (I - \Phi(\pm\tau,p_k)) &= \text{sign det } (\pm A_k) \quad (\tau > 0 \text{ 很小}) \\ &= (\pm1)^n \text{sign det } A_k \\ &= (\pm1)^n \text{Ind } (v,p_k). \end{aligned} \tag{5.2.25}$$

根据不动点指标公式 (5.2.4), 从 (5.2.24) 和 (5.2.25) 可得

$$\sum_k \text{Ind}\,(v, p_k) = \begin{cases} \chi(M), & n = \text{偶数}, \\ 0, & n = \text{奇数}. \end{cases}$$

此外, 对于紧流形 M 有

$$\chi(M) = 0, \qquad n = \text{奇数}. \tag{5.2.26}$$

于是得到 (5.2.21). 定理证毕.

关于 (5.2.26), 当 M 可定向时可由 Poincaré 对偶定理保证, 当 M 不可定向时, 令 E_M 是由例 2.17 定义的流形. 则 E_M 可定向, 因而

$$\chi(E_M) = 0, \quad \text{当 } n + m = \text{偶数时}. \tag{5.2.27}$$

再由纤维丛 (2.4.62), 有

$$\chi(E_M) = \chi(S^{m-1})\chi(M). \tag{5.2.28}$$

于是当 $n =$ 奇数时, 从 (5.2.27) 和 (5.2.28) 推出不可定向的 (5.2.26). 关于公式 (5.2.28), 可参见文献 [4] 的第 182 页, 它也可由 Gysin 序列 (定理 4.20) 推出

5.2.3 向量场边界奇点的指标

本节的最后两小节是取自作者与汪守宏的工作[17,18]. 其目的是将紧流形上的 Poincaré-Hopf 指标定理推广到带边流形上. 带边流形上向量场的指标定理主要障碍就是边界奇点在一般情况下不存在指标的定义. 然而, 对于一类特殊情况边界奇点的指标是可以定义的, 那就是边界上无法向流的向量场. 这一性质是流体速度场的基本特征, 就是以研究流体动力学, 特别是大气与海洋水平分层环流作为动机来考虑这个推广工作的.

令 M 是一个 n 维 C^r 的带边紧流形, $C^r(TM)$ 是 M 上所有 C^r 向量场构成的空间. 我们主要关心下面无法向分量的向量场空间

$$C_0^r(TM) = \{v \in C^r(TM) |\ v \cdot n|_{\partial M} = 0\},$$

那里 n 是 ∂M 的单位外法向量, $v \cdot n$ 是向量场的法向分量.

现在需要做的事情就是对向量场 $v \in C_0^r(TM)$ $(r \geqslant 1)$ 定义边界奇点的指标. 其基本思想就是 (a) 沿着流形 M 的边界 ∂M 进行延拓成流形 $\tilde{M}$, 使得 ∂M 在 $\tilde{M}$ 中有一个管形邻域; (b) 通过法向反射来延拓 v 到 $\tilde{M}$ 上的向量场 $\tilde{v}$, 使得 $\tilde{v}$ 与 v 在 ∂M 上奇点一致; (c) 最后考虑 v 在 ∂M 上奇点作为 $\tilde{v}$ 在 $\tilde{M}$ 的内奇点来定义指标. 整个过程如图 5.9 所示, 那里实质性地应用了法向分量为零的条件, 使得边界奇点指标定义是唯一的.

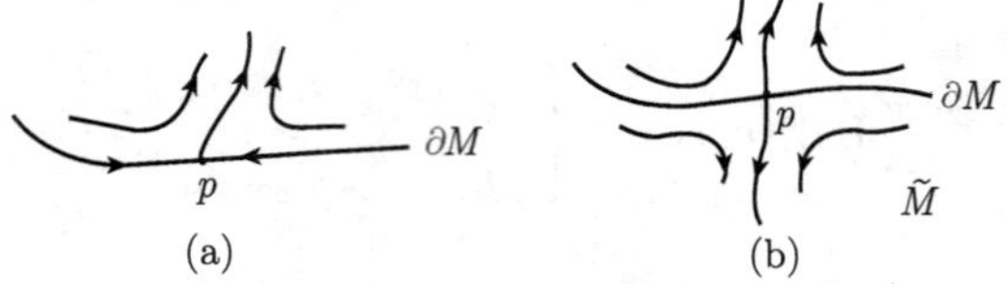

图 5.9　(a) p 是 ∂M 上一个边界鞍点; (b) 经过反射延拓 p 变为内鞍点

1. 流形 M 沿边界的延拓

首先将 M 嵌入到 R^N 中 $(N \geqslant n)$. 此时 $M \subset R^N$ 由嵌入可以诱导一个 Riemann 度量而成为 Riemann 流形. 对每一点 $x \in \partial M, M$ 有一个唯一的单位外法向量 n_x, 使得 M 在 x 点切空间可表示为

$$T_x M = T_x \partial M \oplus N_x,$$

这里 N_x 是由 n_x 张成的直线. 然后在 R^N 中延拓 M 如下

$$\tilde{M} = M \cup \{x + tn_x |\ x \in \partial M,\ 0 \leqslant t \leqslant 1\}. \tag{5.2.29}$$

因为 M 是 C^r $(r \geqslant 1)$ 的, 存在实数 $\lambda > 0$ 使得对任 $x, y \in \partial M$, 它们的外法向量 λn_x 和 λn_y 不相交. 因此, 不失一般性, 在 (5.2.29) 中取 $\lambda = 1$. 容易证明, 由 (5.2.29) 给出的 $\tilde{M}$ 是 M 的延拓带边紧流形. 更严格地, 它具有下面性质.

引理 5.3　令 M 是一个 C^r $(r \geqslant 1)$ 的带边紧流形, 并且 $M \subset R^N$. 则 M 能够延拓成一个 C^r 流形 $\tilde{M} \subset R^N$, 即 $M \subset \tilde{M}$, 使得

(1) $\tilde{M}$ 的闭包是一个 C^r 带边紧流流形, 并且 $\partial \tilde{M}$ 同胚于 ∂M;

(2) ∂M 在 $\tilde{M}$ 中有一个管形邻域, 即存在一个 C^r 嵌入

$$\varphi:\ \partial M \times (-1, 1) \to \tilde{M},$$

使得 $\varphi(x, 0) = x$, $\varphi(\partial M, t)$ 与 $\partial \tilde{M}$ 同胚对任 $-1 < t < 1$.

2. 向量场 $v \in C_0^r(TM)$ 到 $\tilde{M}$ 的延拓

取 $\tilde{M}$ 的一个 C^r 坐标系覆盖

$$\Phi = \{U_\alpha, \varphi_\alpha\} \cup \{\Omega_\beta \times (-1, 1), h_\beta\}$$

使得

$$\Psi = \{U_\alpha, \varphi_\alpha\} \cup \{\Omega_\beta \times (-1, 0], h_\beta\}$$

是 M 的坐标系覆盖, 并且

$$h_\beta:\ \Omega_\beta \times \{0\} \to R^{n-1}.$$

在坐标系 Φ 中, 将 v 延拓到 $\tilde{M}$ 如下

$$\tilde{v}_\alpha(x) = \begin{cases} v_\alpha(x), & x \in \varphi_\alpha(U_\alpha), \\ v_\alpha(x), & x \in R^n_- = h_\alpha(\Omega_\alpha \times (-1,0]), \\ v^-_\alpha(x_1,\cdots,x_{n-1},-x_n), & x \in R^n_+ = h_\alpha(\Omega_\alpha \times [0,1)), \end{cases} \tag{5.2.30}$$

其中 $x=(x_1,\cdots,x_n), v_\alpha$ 是 v 在 $(U_\alpha,\varphi_\alpha)$ 的表示,

$$v^-_\alpha(x) = \{v_{\alpha 1}(x),\cdots,v_{\alpha n-1}(x),-v_{\alpha n}(x)\}$$

是 v_α 在边界 $\partial R^n_+ = \{(x_1,\cdots,x_{n-1},0)\in R^{n-1}\} = h_\alpha(\Omega_\alpha \times \{0\})$ 上的反射延拓. 此时, 由 (5.2.30) 给出 v 到 $\tilde{M}$ 上的延拓向量场

$$\tilde{v}:\ \tilde{M} \to T\tilde{M} \text{ 是连续的}, \quad \tilde{v}|_M = v. \tag{5.2.31}$$

3. 边界奇点的指标

现在就可以对向量场 $v \in C^r_0(TM)$ 的边界奇点定义指标. 令 $p \in \partial M$ 是 v 的一个孤立奇点. 那么 v 在 p 点的指标定义为

$$\text{Ind }(v,p) = \frac{1}{2}\text{Ind }(\tilde{v},p), \tag{5.2.32}$$

那里 $\tilde{v}$ 是如 (5.2.31) 所给出的向量场 v 的反射延拓.

不难证明, 由 (5.2.32) 定义的边界奇点指标是不依赖于 M 到 R^N 的嵌入方式, 以及 M 到 $\tilde{M}$ 的延拓, 也不依赖于坐标系 Φ 的选取. 这些证明都是技术性的, 这里不再详述.

5.2.4 带边流形的向量场指标公式

这一小节主要是介绍带边紧流形上的 Poincaré-Hopf 指标定理及其在大气海洋环流中的应用[17,18].

定理 5.10 令 M 是一个 C^r $(r \geqslant 1) n$ 维带边紧流形, $v \in C^r_0(TM)(r \geqslant 1)$. 如果 v 有有限个奇点 $p_k \in M$, 则下列公式成立:

$$\sum_k \text{Ind }(v,p_k) = \begin{cases} \chi(M), & \text{当 } n = \text{偶数}, \\ 0, & \text{当 } n = \text{奇数}, \end{cases} \tag{5.2.33}$$

其中 $\chi(M)$ 是 M 的 Euler 示性数.

证明 该定理的基本证明思路是将两个 M 沿边界 ∂M 粘合在一起组成一个紧流形 $M^* = M\#M$. 由于 $v \cdot n|_{\partial M} = 0$, 在粘合的紧流形 $M\#M$ 上形成一个向量场 V, 使得 V 限制在每个分支 M 上就是 v. 然后由紧流形上的 Poincaré-Hopf 指标定理得到

$$\sum_j \text{Ind }(V,p_j) = 2\sum_k \text{Ind }(v,p_k) = \chi(M\#M).$$

然后证明

$$\chi(M\#M)=\begin{cases}2\chi(M), & n=\text{偶数},\\ 0, & n=\text{奇数}.\end{cases}$$

便得到公式 (5.2.33).

下面给出证明步骤. 我们分三步进行.

第一步. 首先将 M 嵌入到 $R_+^{m+1}=\{x\in R^{m+1}|\ x_{m+1}\geqslant 0\}$, 使得该嵌入是 C^r 的, 并且 $\partial M\subset\partial R_+^{m+1}=R^m, M$ 的内部 $\mathring{M}$ 在 R_+^{m+1} 的内部 $\mathring{R}_+^{m+1}$, 即 $\mathring{M}\subset\mathring{R}_+^{m+1}$. 此外, 对任一点 $x\in\partial M$, 以 x 为起点且平行于 x_{m+1} 轴的向量 n_x 是 ∂M 在 x 点的法向量, 见图 5.10 所示.

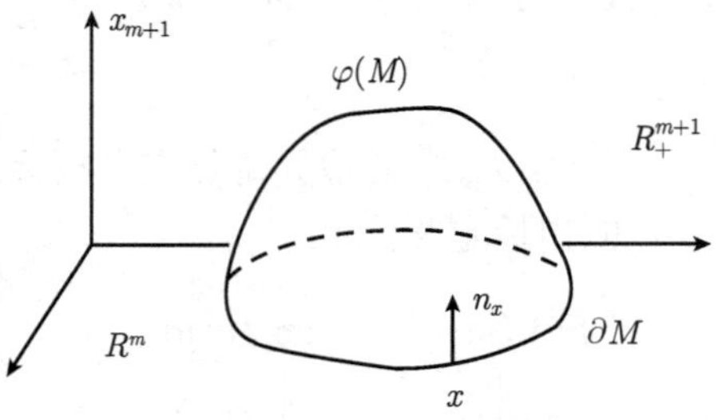

图 5.10

这种嵌入是存在的. 事实上, 令 $M\subset R^m$ 是一个嵌入. 然后定义

$$\begin{cases}\varphi:\ M\to R_+^{m+1},\\ \varphi(x)=(x_1,\cdots,x_m,f(x)), \quad x=(x_1,\cdots,x_m)\in M\subset R^m,\end{cases}\tag{5.2.34}$$

其中 $f:\ M\to R^1$ 是 C^r 的满足

$$\begin{cases}f(x)>0, & x\in\mathring{M},\\ f(x)=0, & \text{并且 } \nabla f(x)\bot R^m, \quad \text{对 } x\in\partial M.\end{cases}$$

于是 φ 是如图 5.10 所示的嵌入.

第二步. 将 M 粘合成一个紧流形如下. 令 $\varphi_+:\ M\to R_+^{m+1}$ 是如 (5.2.34) 所定义的嵌入. 再定义 φ_+ 的反射 φ_- 如下

$$\begin{cases}\varphi_-:\ M\to R_-^{m+1},\\ \varphi_-(x)=(x_1,\cdots,x_m,-f(x)), \quad x\in M.\end{cases}$$

显然有

$$\varphi_+(x)=\varphi_-(x), \qquad \forall x\in\partial M.\tag{5.2.35}$$

因此可定义商空间 $M_+\#M_-$ 如下

$$M_+\#M_- = (\varphi_+(M)\cup\varphi_-(M))/\{\varphi_+(x)=\varphi_-(x)|\ x\in\partial M\},$$

这里 $M_+=\varphi_+(M)$, $M_-=\varphi_-(M)$. 显然 $M_+\#M_-$ 是 C^r 紧流形.

对 $v\in C_0^r(TM)$, 在嵌入 φ_+ 和 φ_- 作用下可产生两个向量场

$$v_\pm = D\varphi_\pm\circ v\circ\varphi_\pm^{-1}:\ M_\pm\to TM_\pm. \tag{5.2.36}$$

注意到 $v\cdot n|_{\partial M}=0$, 再由 (5.2.35) 可得

$$v_+|_{\partial M_+} = v_-|_{\partial M_-}.$$

由此, 在 $M_+\#M_-$ 上可产生一个连续向量场 $\tilde{v}$ 定义为

$$\tilde{v}(x)=\begin{cases} v_+(x), & x\in M_+,\\ v_-(x), & x\in M_-.\end{cases}$$

由 (5.3.36) 容易看出

$$\sum_k \text{Ind }(v,p_k)=\sum_k \text{Ind }(v_+,\varphi_+(p_k))=\sum_k \text{Ind }(v_-,\varphi_-(p_k)). \tag{5.2.37}$$

因为 φ_+ 和 φ_- 是互为反射嵌入, v_+ 与 v_- 是相互反射向量场. 因此, 由边界奇点的指标定义 (5.2.32), 对于 v 的一个孤立奇点 $p\in\partial M$,

$$\text{Ind }(v_+,\varphi_+(p))=\text{Ind }(v_-,\varphi_-(p))=\frac{1}{2}\text{Ind }(\tilde{v},\ \varphi_-(p)). \tag{5.2.38}$$

当 $p\in\overset{\circ}{M}$ 是 v 的孤立奇点时, 有

$$\text{Ind }(v_+,\varphi_+(p))=\text{Ind}(v_-,\varphi_-(p))=\text{Ind }(\tilde{v},\varphi_+(p))=\text{Ind }(\tilde{v},\varphi_-(p)). \tag{5.2.39}$$

因此, 从 (5.2.37)~(5.2.39) 可推出

$$\begin{aligned}\sum_j \text{Ind }(\tilde{v},q_j) &= \sum_k \text{Ind }(v_+,\varphi_+(p_k))+\sum_k \text{Ind }(v_-,\varphi_-(p_k))\\ &= 2\sum_k \text{Ind }(v,p_k).\end{aligned}$$

再由 (5.2.21), 有

$$\sum_j \text{Ind }(\tilde{v},q_j)=\chi(M_+\#M_-).$$

于是得到

$$\sum_k \text{Ind}\,(v, p_k) = \frac{1}{2}\chi(M_+ \# M_-). \tag{5.2.40}$$

第三步. 最后证明

$$\chi(M_+ \# M_-) = \begin{cases} 2\chi(M), & n = \text{偶数}, \\ 0, & n = \text{奇数}. \end{cases} \tag{5.2.41}$$

对于一般拓扑空间 X_1, X_2 有下面公式

$$\chi(X_1 \cup X_2) = \chi(X_1) + \chi(X_2) - \chi(X_1 \cap X_2), \tag{5.2.42}$$

该公式可由 Mayer-Vietoris 序列导出. 当 $n=$ 奇数时, (5.2.41) 由 (5.2.26) 得到. 而当 $n=$ 偶数时, (5.2.41) 从 (5.2.42) 获得. 因而定理证结.

从 (5.2.42) 可以看到, 对于 n 维带边流形 M 有如下公式

$$\chi(M) = \frac{1}{2}\chi(\partial M), \qquad \text{当 } n = \text{奇数}.$$

大气与海洋水平环流公式

应用定理 5.8, 可以得到大气与海洋分层的水平环流公式, 它能粗略地帮助我们理解地球流体环流的拓扑结构.

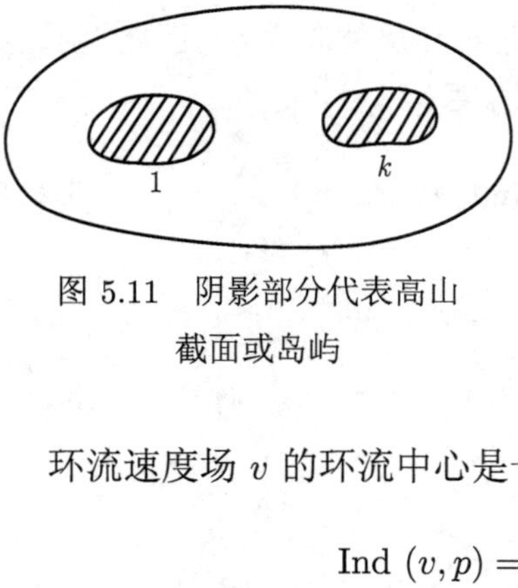

图 5.11　阴影部分代表高山截面或岛屿

描述大气与海洋分层的水平环流运动学是一个二维不可压缩向量场 $v(x), x \in M, M$ 是一个如图 5.11 所示的区域. 对于大气运动, 那里的阴影部分代表高山截面, 而外边界为某个高山的边界, 故有 $k+1$ 个高山. 对于海洋运动阴影部分代表几个大洲和岛屿.

环流速度场 v 的环流中心是一个指标为 1 的奇点

$$\text{Ind}\,(v, p) = 1, \qquad \text{当 } p \text{ 是环流中心}.$$

v 的鞍点起到将不同环流分离的作用, 它是指标为 -1 的奇点,

$$\text{Ind}\,(v, p) = -1, \quad \text{当 } p \text{ 为内部鞍点}.$$

而 v 在边界上只有边界鞍点这一种奇点, 它的指标为 $-\frac{1}{2}$,

$$\text{Ind}\,(v, p) = -\frac{1}{2}, \quad \text{当 } p \text{ 为边界鞍点}.$$

在大气与海洋水平环流中只有这三种奇点, 它们的拓扑结构如图 5.12 所示.

图 5.11 所示的区域 M 的示性数为

$$\chi(M) = 1 - k.$$

记

$$C = \text{环流中心数},$$
$$S = \text{内部鞍点数},$$
$$B = \text{边界鞍点数}.$$

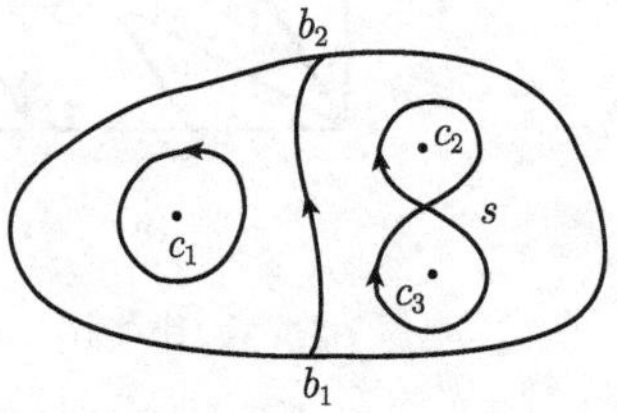

图 5.12 b_1, b_2 为边界鞍点, c_1, c_2, c_3 为环流中心, s 为内部鞍点

则定理 5.8 告诉我们, 它们之间具有如下公式

$$C - S - \frac{1}{2}B = 1 - k. \tag{5.2.43}$$

公式 (5.2.43) 给出大气与海洋水平环流的拓扑结构与区域地理特征之间的一个关系. 这里 $k+1$ 就是地球上所有的高山数或岛屿数.

5.3 不动点类理论

5.3.1 一般介绍

Lefschetz 指数公式 (5.2.4) 容易给人产生一个错觉, 似乎 Lefschetz 数不仅为不动点存在提供了判据, 而且也能告诉我们有多少不动点. 实际上, 由 (5.1.30) 我们知道这是不真实的, 人们自然要问是否存在一个判据, 它能够对映射 $f: M \to M$ 的同伦类给出最少不动点数的一个估计. 不动点类概念和 Nielsen 数就是为回答这个问题而产生的. 这一节专门介绍 Nielsen 不动点类理论以及能够有效计算 Nielsen 数的姜伯驹群方法, 进一步的内容可参见文献 [13].

为了使读者能够有一个直观的了解, 先用 S^1 上映射来说明什么是不动点类及 Nielsen 数. 考察图 5.13, 它给出一个映射

$$f: S^1 \to S^1. \tag{5.3.1}$$

这里 x 轴和 y 轴上的线段 $[0, 2\pi]$ 分别代表两个圆圈 S^1, 换句话讲, 图中的矩形区域是一个轮胎面, 其中黑实线代表映射 f 的像

$$L = \{(x, f(x)) \in S^1 \times S^1 |\ x \in S^1\}.$$

L 在对角线上的交点就是 f 的不动点.

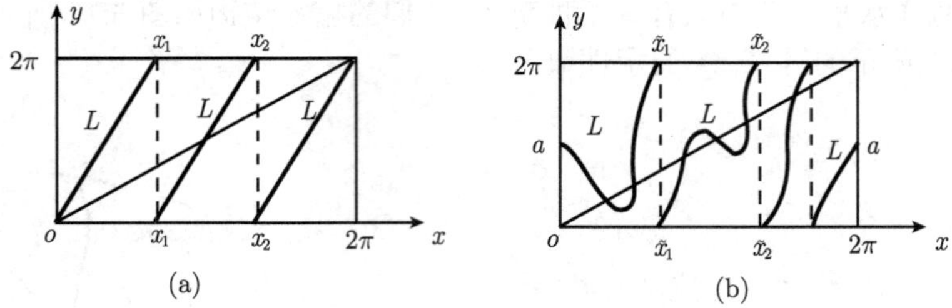

图 5.13　(a) 中 L 是 f_a 的像; (b) 中 L 是 f_b 的像

图中 (a) 和 (b) 是两个相同同伦的映射 f_a 和 f_b. 虽然它们的不动点数不相同, 但是可从观察到这样一个规律, 即 (b) 中的映射 f_b 在区域 $(\tilde{x}_1, \tilde{x}_2)$ 的三个不动点经过连续形变 (同伦) 可合并成 (a) 中在区域 (x_1, x_2) 中的不动点, 但是它们无法形变到 f_a 在 $S^1-[x_1,x_2]$ 中的不动点 $x=0$. 同理, f_b 在 $S^1-[\tilde{x}_1,\tilde{x}_2]$ 中的三个不动点可形变到 (a) 中的不动点 $x=0$, 却不能形变到 (x_1,x_2) 中的不动点. 换句话讲, 这些不动点可按如下方式进行分类, 将 (b) 中 $(\tilde{x}_1,\tilde{x}_2)$ 中的三个不动点视为一类, 将 $S^1-(\tilde{x}_1,\tilde{x}_2)$ 中的另外三个视为另一类, 于是 f_b 具有两个不动点类:

$$\Phi_1(f_b)=\{f_b(x)=x|\ x\in(\tilde{x}_1,\tilde{x}_2)\},$$
$$\Phi_2(f_b)=\{f_b(x)=x|\ x\in S^1-[\tilde{x}_1,\tilde{x}_2]\}.$$

同样 (a) 中, f_a 分别在 (x_1,x_2) 和 $S^1-(x_1,x_2)$ 中的不动点视为两个不同的不动点类 $\Phi_1(f_a)$ 和 $\Phi_2(f_a)$. 它们具有如下规律:

$$\Phi_1(f_b)\to\Phi_1(f_a),\quad \Phi_2(f_b)\to\Phi_2(f_a),\quad \text{当 } f_b\to f_a, \tag{5.3.2}$$

这里 $\Phi_i(f_b)\to\Phi_i(f_a)$ 表示 $\Phi_i(f_b)$ 可形变到 $\Phi_i(f_a)$ 上, $f_b\to f_a$ 表示 f_b 同伦形变到 f_a 上. (5.3.2) 的规律表明, 这种将不动点分为若干类是同伦不变的, 即所有与图 5.13 中映射相同伦的映射 f 不动点可分为两类 $\Phi_1(f)$ 和 $\Phi_2(f)$, 它们的类别在同伦下不变. 于是定义

$$\Phi_1(f),\ \Phi_2(f)\ \text{就是(5.3.1)的映射 } f \text{ 的不动点类}. \tag{5.3.3}$$

容易看出, 对于 (5.3.1) 的同伦类 $[f]$ 中任两个映射 $f_1,f_2\in[f]$. 它们的不动点类 $\Phi_i(f_1)$ 和 $\Phi_i(f_2)(i=1,2)$ 中不动点数可能不相同. 但是它们的不动点指标和是相等的, 并且为 1,

$$\sum_{x\in\Phi_i(f_1)}\text{Ind }(f_1,x)=\sum_{x\in\Phi_i(f_2)}\text{Ind }(f_2,x)=1.$$

所谓 f 的 Nielsen 数就是定义为指标和不为零的不动点类个数, 在上述这个例子中, f 的 Nielsen 数 $N(f)$ 是 2, 即

$$N(f)=2.$$

显然, 不动点类 $[f]$ 中映射的最少不动点数等于 Nielsen 数 $N(f)$, 这就是引入 Nielsen 数的动机.

由图 5.13 所确定的映射类 $[f]$, 其映射度 $\deg(f)=3$. 对于一般 S^1 上映射度为 n 的映射

$$f:\ S^1\to S^1,\qquad \deg(f)=n, \tag{5.3.4}$$

如果 $n\neq 1$, 则用同样的图示方法可以看出, 当 $n>1$ 时 f 有 $n-1$ 个不动点类 $\Phi_i(f)$, $1\leqslant i\leqslant n-1$, 并且每个不动点类的指数和为 1. 因而 $N(f)=n-1$. 而当 $n\leqslant 0$ 时, f 有 $1+|n|$ 个不动点类, 其指数和为 -1. 此时 $N(f)=1+|n|$. 当 $n=1$ 时, $f\simeq id$. 此时由 (5.1.27) 不动点类指数为 0. 总结起来, 对于 (5.3.4) 的映射 f, 其 Nielsen 数为

$$N(f)=|1-n|. \tag{5.3.5}$$

显然, (5.3.5) 的 Nielsen 数是同伦不变的, 即它是由 (5.3.4) 映射 f 的同伦类 $[f]$ 所确定的. 这从直观上看也是很清楚的.

5.3.2 流形上的不动点类及 Nielsen 数

在上一小节的介绍中, 用直观的方式讲述什么是不动点类以及 Nielsen 数, 它只是让我们理解不动点类理论的实质. 现在需要说明如何从数学上在流形上定义不动点类的概念.

首先观察图 5.13(b), 不动点类 (记为 $\Phi_1(f)$) 中含有三个不动点, 记为

$$z_1,z_2,z_3\in\Phi_1(f),\qquad z_1<z_2<z_3.$$

为了清楚, 用图 5.14 来放大它们的局部图像. 从这个图中可以看到, 任意连接其中两个不动点, 例如 z_1 和 z_2 的曲线

$$l:\ [0,1]\to[z_1,z_2],$$

它在图 5.14 是由对角线 $x=y$ 上的 $\overline{a_1a_2}$ 线段所代表. 而 f 作用在 l 上的像

$$f\circ l:\ [0,1]\to S^1$$

是由连接 a_1 和 a_2 的曲线段 L 来表示. 容易看出, 这两个曲线段 l 与 $L=f\circ l$ 可以保持端点不动地从一个形变到另一个, 即

$$f\circ l\overset{\simeq}{\centerdot} l,\qquad (\overset{\simeq}{\centerdot}\ \text{表示端点不动的同伦}).$$

同理可知, 对于连接其他两个点 z_1 和 z_3 或 z_2 和 z_3 的曲线 l, 该结论也成立.

然而, 对于 $\Phi_2(f)$ 中的不动点, 例如 $z_0\in\Phi_2(f)$, 以及 $\Phi_1(f)$ 中不动点如 $z_1\in\Phi_1(f)$, 见图 5.15, 连接它们的曲线

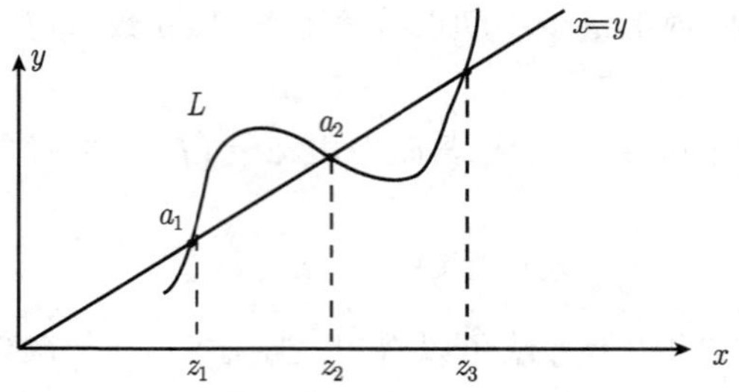

图 5.14　图 5.13(b) 中区域 $(\tilde{x}_1, \tilde{x}_2)$ 的局部放大

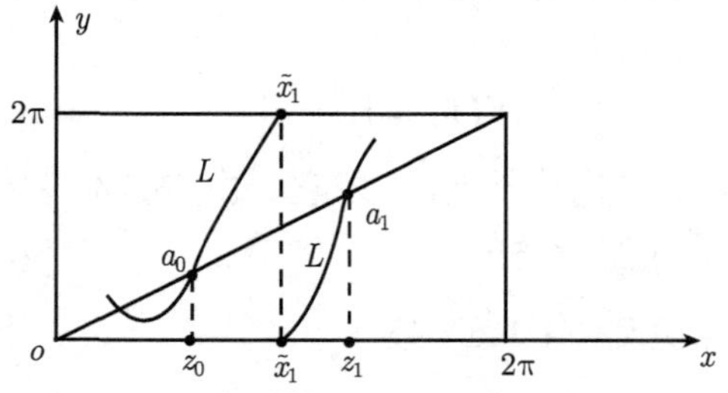

图 5.15　将图 5.13(b) 中的 $\tilde{x}_1$ 处局部放大

$$l:\ [0,1] \to [z_0, z_1] \qquad (\text{由对角线上 } \overline{a_0 a_1} \text{ 线段表示})$$

与曲线 $L = f \circ l$ 是不能够保持在端点不动的情况下从一个形变到另一个, 即

$$f \circ l \not\simeq l, \qquad \text{对任 } z_0 \in \Phi_2(f) \text{ 和 } z_1 \in \Phi_1(f).$$

这是因为 $f \circ l$ 绕了 S^1 一周. 这个数学特征建议下面方式定义不动点类.

定义 5.6　令 M 是一个流形, $f:\ M \to M$ 为连续映射. f 的两个不动点 $x_0, x_1 \in M$ 称作同一类的, 若存在连接 x_0 与 x_1 的曲线 l, 使得

$$f \circ l \overset{\simeq}{\centerdot} l:\ [0,1] \to M, \qquad l(0) = x_0,\ l(1) = x_1. \tag{5.3.6}$$

所有满足 (5.3.6) 的不动点集合称作 f 的一个不动点类.

令 $\Phi_0(f) \subset M$ 是 f 的一个不动点类. 由于 M 是一个流形, 故存在 M 的一个连通开集 $U \subset M$ 使得 $\Phi_0(f) \subset U$, 并且 U 中仅含有 $\Phi_0(f)$ 的不动点, 此时称 U 是不动点类 $\Phi_0(f)$ 的一个邻域. 显然, 由定义 5.6 给出的不动点类是一个等价关系, 即关系式 (5.3.6) 满足 (1) 反身性: $x \simeq x$; (2) 对称性: $x \simeq y \Leftrightarrow y \simeq x$; (3) 传递性: $x \simeq y, y \simeq z \Rightarrow x \simeq z$. 因此不同的不动点类中的不动点是不能经过 f 的连续形变 (同伦) 合并成一个不动点.

建立在定义 5.6 基础上, 可定义不动点类指数与 f 的 Nielsen 数如下.

定义 5.7 令 M 是紧流形, $\Phi_0(f)$ 是 f 的一个不动点类, $U \subset M$ 是 $\Phi_0(f)$ 的一个邻域. 则 f 关于 U 的不动点指数 Ind (f, U) 叫做 f 的不动点类 $\Phi_0(f)$ 的指数, 记为

$$\text{Ind}\,(f, \Phi_0) = \text{Ind}\,(f, U), \qquad U \text{ 是 } \Phi_0(f) \text{ 的邻域.} \tag{5.3.7}$$

若不动点类 Φ_0 的指数不等于零, 则 Φ_0 称作本质不动点类, 否则叫做非本质的. f 的所有指数不为零的不动点类个数就是 f 的 Nielsen 数, 它是一个非负的整数, 记为

$$N(f) = \text{本质不动点类个数.} \tag{5.3.8}$$

按定义 5.6 意义下的不动点类总个数在同伦意义下不是一个不变量, 因为非本质的不动点类在某些同伦作用下将消失, 见注 5.1. 然而, 由 (5.3.8) 定义的 Nielsen 数却是一个同伦不变量, 这可以从下面论证中看出. 令

$$H_t:\ M \to M\ (0 \leqslant t \leqslant 1)$$

是 f 与 g 之间的同伦, $f = H_0, g = H_1$. $\Phi_t \subset M$ 是 H_t 的一个不动点类, 并且 $\text{Ind}(H_0, \Phi_0) \neq 0$. 由 (5.3.7) 和定理 5.5 有

$$\text{Ind}\,(H_t, \Phi_t) = \text{Ind}\,(H_t, U_t) = \text{Ind}\,(f, U_0), \qquad \forall 0 \leqslant t \leqslant 1,$$

其中 U_t 是 Φ_t 的邻域. 因而有

$$\text{Ind}\,(g, \Phi_1) = \text{Ind}\,(f, \Phi_0) \neq 0.$$

于是 (5.3.8) 定义的 Nielsen 数是一个同伦不变量.

此外, 从定义 5.6 和 5.7 可知, 当 M 是单连通的, 或者 $f \simeq id$ 与恒等映射同伦, 则 f 的 Nielsen 数 $N(f) \leqslant 1$.

总结性地从上面讨论可得如下 Nielsen 不动点定理.

定理 5.11 令 M 是一个紧流形, $f:\ M \to M$ 为连续映射, $[f]$ 代表 f 的同伦类, 则有如下结论:

(1) 当 M 是单连通, 或者 $f \in [id]$, 则 $0 \leqslant N(f) \leqslant 1$, 因而不动点类理论只有当 M 是非单连通以及 $f \notin [id]$ 时才可能是不平凡的;

(2) f 的 Nielsen 数是同伦不变的, 即若 $f \simeq g$, 则

$$N(f) = N(g);$$

(3) 对任何映射 $g \in [f], g$ 在 M 上至少有 $N(f)$ 个不动点.

注 5.4 关于不动点类及 Nielsen 数的概念在一般紧的可剖分空间 X 上的映射 $f:\ X \to X$ 也同样可以定义. 进而定理 5.9 在 X 上也成立. 此外, 关于不动

点类的定义还有另一种方式, 即下面将介绍的映射提升方法. 这里采用的方法是由 Wecken[35] 引入, 它的优点是简单明了, 缺点是由此定义的 Nielsen 数很难计算. 映射的提升方法是由该理论的创立者 Nielsen 所采用, 当时仅是在可定向的二维紧流形上发展的这套理论. 经过姜伯驹在 1964 年提出的 Jiang 群后, 该方法的优点突显出来, 使得 Nielsen 数的计算变得较为可行了. 关于这方面的详细介绍可参见江泽涵的专著[13].

5.3.3 S^1 上映射的提升类

由定义 5.6 的方式给出的不动点类概念有一个显著的缺点, 即由此得到的 Nielsen 数其计算很困难. 而从映射提升的角度定义不动点类, 然后引入 Reidemeister 数 (该数在许多情况下是可计算的), 再结合姜伯驹群方法, Nielsen 数的计算问题便得到部分解决.

为了便于理解, 还是从最简单的 S^1 上映射出发来了解什么是映射的提升类, 它与不动点类的关系是怎样的. S^1 上有一个以整数空间 $\mathbb{Z}$ 为纤维的纤维丛

$$\begin{array}{c}\mathbb{Z} \to R^1 \\ \quad\downarrow P \\ \quad S^1\end{array} \tag{5.3.9}$$

这个离散纤维的丛空间通常称为覆迭空间, 如果总空间是单连通的, 则称作泛覆迭空间. (5.3.9) 中的实数空间 R^1 就是 S^1 的泛覆迭空间, 它的投影 P 可由下式表达出来

$$P(s) = e^{i2\pi s}, \qquad s \in R^1, \tag{5.3.10}$$

这里 S^1 的点是由 $Z = e^{i2\pi\theta}(0 \leqslant \theta \leqslant 1)$ 来表示的. 纤维丛 (5.3.9) 在 $Z = e^{i2\pi s} \in s^1(0 \leqslant S \leqslant 1)$ 的纤维是

$$P^{-1}(z) = \frac{1}{2\pi i}\ln z = \{k + s |\ k \in \mathbb{Z}\}, \tag{5.3.11}$$

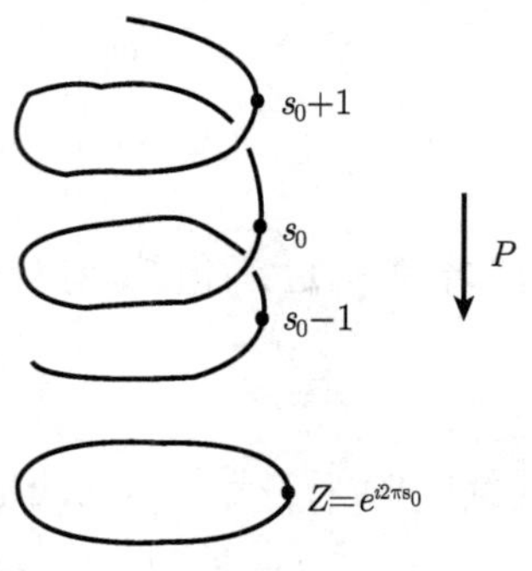

图 5.16

它与 $\mathbb{Z}$ 同构. 复迭空间 (5.3.9)~(5.3.11) 通常可由图 5.16 来展示.

对于映射 $f\colon\ S^1 \to S^1$, 若 R^1 上一个映射 $\tilde{f}\colon\ R^1 \to R^1$ 满足

$$P \circ \tilde{f} = f \circ P\colon\ R^1 \to S^1, \tag{5.3.12}$$

则 $\tilde{f}$ 叫做 f 的一个提升. 关于提升的概念在覆盖同伦性质 (引理 4.5) 中就遇到过. 经常地将 f 的提升 $\tilde{f}$ 用下面图表的可交换性来表示

$$\begin{array}{ccc} R^1 & \xrightarrow{\tilde{f}} & R^1 \\ \downarrow P & & \downarrow P \\ S^1 & \xrightarrow{f} & S^1 \end{array}$$

映射 $f:\ S^1 \to S^1$ 的提升 $\tilde{f}:\ R^1 \to R^1$ 有无穷多个, 由表达式 (5.3.10)~(5.3.12) 可推知, $\tilde{f}$ 与 f 有如下关系

$$f(e^{i2\pi s}) = e^{i2\pi \tilde{f}(s)}. \tag{5.3.13}$$

从这个公式可以看到, f 的所有提升集合为

$$\{\tilde{f}(s) + k|\ k \in \mathbb{Z}\}, \tag{5.3.14}$$

其中 $\tilde{f}(s)$ 是一个给定的 f 提升. 由于 $\tilde{f}(s+1)$ 也是 f 的一个提升, 故从 (5.3.13) 和 (5.3.14) 可推得 $\tilde{f}$ 具有如下性质

$$\tilde{f}(s+1) = \tilde{f}(s) + n, \qquad n = \deg\ (f). \tag{5.3.15}$$

关系式 (5.3.13)~(5.3.15) 完全确定了 f 的不动点与其提升的不动点之间的关系, 总结如下:

(1) 含 $Z_0 = P(s_0) = e^{i2\pi s_0}, s_0 \in R^1$. 则从 (5.3.13) 可知

$$s_0 \text{ 是 } f \text{ 某个提升 } \tilde{f}+k \text{ 的不动点 } \Leftrightarrow z_0 \text{ 是 } f \text{ 的不动点}.$$

因此 f 的不动点集合 $\Phi(f)$ 是

$$\Phi(f) = \bigcup_k P(\Phi(\tilde{f}+k)), \tag{5.3.16}$$

其中 $\Phi(\tilde{f}+k)$ 表示 $\tilde{f}+k$ 的不动点集合, $P:\ R^1 \to S^1$ 为投影.

(2) 由 (5.3.14) 可得

$$s_0 = \tilde{f}(s_0) - k(1-n) \Leftrightarrow \tilde{f}(s_0+k) = s_0 + k.$$

从而推知 (参见图 5.16),

$$P(\Phi(\tilde{f}+k)) = P(\Phi(\tilde{f}+k')), \quad \text{当 } k = k' \bmod (1-n), \tag{5.3.17}$$

$$P(\Phi(\tilde{f}+k)) \cap P(\Phi(\tilde{f}+k')) = \phi, \quad \text{当 } k \neq k' \bmod (1-n), \tag{5.3.18}$$

这里当 $n=1$ 时, $k = k' \text{mod } 0$ 和 $k \neq k' \text{mod } 0$ 分别代表 $k = k'$ 与 $k \neq k'$.

根据性质 (5.3.16)~(5.3.18), 建立 f 的提升类概念, 并且由提升类给出不动点类的另一种定义, 当不动点类非空时, 它与定义 5.6 是等价的.

定义 5.8　令 $f:\ S^1 \to S^1$ 的映射度 $\deg(f) = n, \tilde{f}:\ R^1 \to R^1$ 是 f 的一个给定提升. 因而 f 的所有提升由 (5.3.14) 给出. 对于给定的整数 k, (5.3.14) 的下面子集

$$\{\tilde{f} + k' |\ k' = k \bmod (1-n)\} \tag{5.3.19}$$

称作 f 的一个提升类, 记作 $< \tilde{f} + k >$. 此外, 由 (5.3.16)~(5.3.18) 将 $P(\Phi(\tilde{f} + k))$ 定义为由提升类 $< \tilde{f} + k >$ 决定的一个 f 不动点类, 它不依赖于 $< \tilde{f} + k >$ 中提升 $\tilde{g}$ 的选取.

依据定义 5.8, $f:\ S^1 \to S^1$ 的不动点可分为互不相交的不动点类

$$\Phi(f) = \begin{cases} \bigcup\limits_{k=0}^{N} P(\Phi(\tilde{f} + k)), & N = |n-1|, \quad n \neq 1, \\ \bigcup\limits_{k\in\mathbb{Z}} P(\Phi(\tilde{f} + k)), & n = 1. \end{cases}$$

换句话讲, 提升类的个数与不动点类个数相同, 当 $n \neq 1$ 时, 它们的个数为 $|n-1|$, 而当 $n = 1$ 时, 它们是无穷的. f 的提升类不会是空间, 然而不动点类可以是空集. 在这一点上定义 5.6 和定义 5.8 给出的不动点类是有区别的. 但是对于非空不动点类, 这两者的定义是等价的. 因而给出的 Nielsen 数是一样的. 当两个不同的提升类所决定的不动点类是空集时, 规定将它们看作是不同的.

5.3.4　映射的提升类与 Reidemeister 数

现在将 S^1 上映射提升类的概念推广到一般流形上. 令 M 是一个 n 维流形. 一个纤维丛

$$\begin{array}{c} F \to \tilde{M} \\ \downarrow P \\ M \end{array} \tag{5.3.20}$$

称作 M 的一个泛覆迭空间, 若 F 是离散空间, $\tilde{M}$ 是单连通的. 对任何流形 M, 它的泛覆迭空间是存在唯一的[13,15]. 因此, 当 M 是单连通时 M 的泛覆迭空间 $\tilde{M}$ 就是 M 本身.

同样地, 定义映射 $f:\ M \to M$ 的提升 $\tilde{f}:\ \tilde{M} \to \tilde{M}$ 满足

$$P \circ \tilde{f} = f \circ P. \tag{5.3.21}$$

将 S^1 上的提升分类 (5.3.19) 推广到一般流形上, 有必要再考察一下分类 (5.3.19) 的数学特征, 即考察 $f:\ S^1 \to S^1$ 的提升等价关系

$$\tilde{f}(s) \sim \tilde{f}(s) + k(1-n), \qquad \forall k \in \mathbb{Z}. \tag{5.3.22}$$

由 (5.3.15),

$$\tilde{f}(s)+k(1-n)=\tilde{f}(s-k)+k.$$

另一方面, 显然

$$\gamma=id+k:\ R^1\to R^1$$

是恒等映射 $id:\ S^1\to S^1$ 的提升, 并且 $\gamma^{-1}=id-k$. 因此有

$$\tilde{f}(s-k)+k=\gamma\circ\tilde{f}\circ\gamma^{-1}(s).$$

这样, (5.3.22) 的等价关系可表达为

$$\tilde{f}\sim\gamma\circ\tilde{f}\circ\gamma^{-1}. \tag{5.3.23}$$

关系式 (5.3.23) 就可以作为普遍的分类规则推广到 $f:\ M\to M$ 上, 这就是下面一般流形上提升类的定义.

令 $\gamma:\ \tilde{M}\to\tilde{M}$ 是恒等映射 $id:\ M\to M$ 的提升. 显然 γ 是一个同胚并且 γ^{-1} 也是 id 的提升. 因而

$$D(\tilde{M})=\{\gamma:\ \tilde{M}\to\tilde{M}|\ \gamma\ \text{是}\ id:\ M\to M\ \text{的提升}\} \tag{5.3.24}$$

按复合乘积 $\gamma\circ\gamma'$ 构成一个群.

定义 5.9 令 $\tilde{f},\tilde{g}:\ \tilde{M}\to\tilde{M}$ 是 $f:\ M\to M$ 的两个提升, $D(\tilde{M})$ 是由 (5.3.24) 定义的群. 若存在 $\gamma\in D(\tilde{M})$ 使得

$$\tilde{g}=\gamma\circ\tilde{f}\circ\gamma^{-1},$$

则称 $\tilde{g}$ 与 $\tilde{f}$ 等价, 记为 $\tilde{g}\sim\tilde{f}$. 这个等价关系将 f 的所有提升分为互不相交的等价类, 叫做 f 的提升类. $\tilde{f}$ 所属的提升类记为

$$<\tilde{f}>=\{\gamma\circ\tilde{f}\circ\gamma^{-1}|\ \gamma\in D(\tilde{M})\}.$$

关于 f 与它的提升 $\tilde{f}$ 之间, 同具有如 (5.3.16)~(5.3.18) 那样不动点的关系. 其论证如下. 记

$$z_0\in\tilde{M},\qquad x_0=P(z_0)\in M,$$

其中 P 为 (5.3.20) 的投影. 则由 (5.3.21) 有

$$z_0\ \text{是某个提升}\ \tilde{f}\ \text{不动点}\ \Leftrightarrow\ x_0\ \text{是}\ f\ \text{的不动点}.$$

从这便得

$$\Phi(f)=\bigcup_{\tilde{f}}P(\Phi(\tilde{f})). \tag{5.3.25}$$

再由如下性质

$$P\circ\gamma=P,\qquad \forall\gamma\in D(\tilde{M}),\qquad \text{以及}$$

$$\tilde{f}(z_0)=z_0\ \Leftrightarrow\ \gamma\circ\tilde{f}\circ\gamma^{-1}(\gamma z_0)=\gamma z_0,$$

可以推出

$$\begin{aligned}&\tilde{f}\in<\tilde{g}>\Rightarrow\ P(\Phi(\tilde{f}))=P(\Phi(\tilde{g})),\\&\tilde{f}\notin<\tilde{g}>\Rightarrow\ P(\Phi(\tilde{f}))\cap P(\Phi(\tilde{g}))=\varnothing.\end{aligned}\tag{5.3.26}$$

于是, 根据 (5.3.25) 和 (5.3.26), 利用 f 的提升类来定义不动点类便是顺理成章的事. 这就是下面定义.

定义 5.10 f 的不动点集 $\Phi(f)$ 的子集 $P(\Phi(\tilde{f}))$ 称作 f 的由提升类 $<\tilde{f}>$ 确定的不动点类, 它不依赖于 $<\tilde{f}>$ 中提升的选取.

这个定义表明, f 的提升类与 f 的不动点类是一一对应的

$$<\tilde{f}>\leftrightarrow\ P(\Phi(\tilde{f})).$$

若 $<\tilde{f}>\neq<\tilde{g}>$, 则规定它们的不动点类不相同,

$$P(\Phi(\tilde{f}))\neq P(\Phi(\tilde{g})),$$

尽管它们可能都是空集.

为了使两种不动点类的定义 —— 定义 5.6 和定义 5.10 在非空情况下是等价的, 需要证明下面引理.

引理 5.4 令 f 的不动点类 $P(\Phi(\tilde{f}))\neq\varnothing$. 则 $x_0,x_1\in P(\Phi(\tilde{f}))$ 等价于在 M 上存在连接 x_0 与 x_1 的曲线 $l:\ [0,1]\to M$, 使得

$$f\circ l\stackrel{\simeq}{\centerdot}l:\ [0,1]\to M,$$

这里 $\stackrel{\simeq}{\centerdot}$ 表示保持两端点 x_0 和 x_1 不动的同伦.

证明 首先证明 $\Rightarrow$. 若 $x_0,x_1\in P(\Phi(\tilde{f}))$, 则存在 $z_0,z_1\in\tilde{M}$ 使得

$$\tilde{f}(z_0)=z_0,\quad \tilde{f}(z_1)=z_1,\quad z_i=P(x_i),\quad i=0,1.$$

令 $\tilde{l}$ 是 $\tilde{M}$ 中连接 z_0 与 z_1 的曲线. 则由 $\tilde{M}$ 单连通知

$$\tilde{f}\circ\tilde{l}\stackrel{\simeq}{\centerdot}\tilde{l}.$$

这意味着

$$l=P\circ\tilde{l}\stackrel{\simeq}{\centerdot}P(\tilde{f}\circ\tilde{l})=f\circ l.$$

其次证明 $\Leftarrow$. 令 $f\circ l\stackrel{\simeq}{\centerdot}l$, $\tilde{l}$ 为 l 的提升. 则 $\tilde{f}\circ\tilde{l}$ 为 $f\circ l$ 的提升. 由于同伦 $f\circ l\stackrel{\simeq}{\centerdot}l$ 保持端点 x_0 和 x_1 不动. 故有

$$\tilde{f}\circ\tilde{l}\overset{\simeq}{\cdot}\tilde{l}\text{ 保持端点 } z_0=P(x_0) \text{ 和 } z_1=P(x_1) \text{ 不动}.$$

这意味着 $\tilde{f}(z_0)=z_0, \tilde{f}(z_1)=z_1$, 即

$$z_0,\ z_1\in\Phi(\tilde{f}).$$

引理证毕.

根据引理 5.4, 两种不动点类的定义产生相同的 Nielsen 数. 为了能够计算 Nielsen 数, 下面引入 Reidemeister 数.

定义 5.11 映射 $f:\ M\to M$ 的提升类个数称作 f 的 Reidemeister 数, 记作 $R(f)$, 它与 f 的所有不动点类 (包括空集) 个数相同.

令 $H_t:\ M\to M\ (0\leqslant t\leqslant 1)$ 是 f 与 g 的同伦. 由覆盖同伦性质 (引理 4.5), 对 f 的每个提升 $\tilde{f}$ 存在一个 H_t 的提升

$$\tilde{H}_t:\ \tilde{M}\to\tilde{M},\quad 0\leqslant t\leqslant 1,$$

$$P\circ\tilde{H}_t=H_t\circ P:\ \tilde{M}\to M,$$

使得 $\tilde{H}_0=\tilde{f}$, 而 $\tilde{H}_1$ 是 g 的一个提升. 因此 H_t 给出 f 与 g 的提升一个一一对应关系 $H:\ \tilde{f}\to\tilde{g}$. 容易验证, 这个对应也产生 f 与 g 的提升类之间的一一对应,

$$H:<\tilde{f}>\to<\tilde{g}>.$$

这种一一对应保证了 Reidemeister 数 $R(f)$ 是同伦不变的, 即

$$R(f)\text{ 是一个同伦不变量}. \tag{5.3.27}$$

引入 Reidemeister 数的目的是为了便于计算 Nielsen 数. 换句话说, 如果对一类映射 f 发现它的所有提升类产生的不动点类指数都不为零, 则 f 的 Nielsen 数与 Reidemeister 数相等,

$$N(f)=R(f). \tag{5.3.28}$$

此时, 如果能够计算出 $R(f)$ 也就得到了 $N(f)$. 这个基本思想就是后面将介绍的姜伯驹理论的核心. 为此, 首先需要给出 $R(f)$ 的一些计算方法. 下面要做的就是这方面的事情.

Reidemeister 数的计算

计算 Reidemeister 数的过程是由下面三个关键环节构成, 其中第 (1) 个环节的证明涉及较多的覆迭空间性质, 由于篇幅的限制这里不予详证.

(1) 计算 $R(f)$ 的首要一步就是得到由 (5.3.24) 定义的提升群 $D(\tilde{M})$ 与 M 基本群 $\pi_1(M)$ 之间的同构关系, 即

$$D(\tilde{M}) = \pi_1(M). \tag{5.3.29}$$

关于这个同构的详细证明可参见文献 [13]. 在 (5.3.29) 的同构下, 每一个元素 $\alpha \in \pi_1(M)$ 可视为 $D(\tilde{M})$ 中的一个元素 (恒等映射的量个提升). 因此, 当取定 $f: M \to M$ 的一个提升后,

$$\tilde{f}: \tilde{M} \to \tilde{M} \text{ 为给定}, \tag{5.3.30}$$

对 f 的每一个提升 $\tilde{g}$, 唯一地存在一个元素 $\alpha \in \pi_1(M)$ 使得 $\tilde{g} = \alpha \circ \tilde{f}$. 这样便在 f 的提升与 $\pi_1(M)$ 之间建立了一一对应关系

$$\alpha \circ \tilde{f} \ \leftrightarrow \ \alpha, \quad \alpha \in \pi_1(M), \quad \tilde{f} \text{ 如(5.3.30)}. \tag{5.3.31}$$

(2) 根据对应关系 (5.3.31), 可以由提升的等价类将 $\pi_1(M)$ 划分为互不相交的等价类, 从而得到 $R(f)$ 新的等价定义, 使得 $R(f)$ 变得可计算了. 这个过程如下. 令 $\alpha_1 \circ \tilde{f}$ 与 $\alpha_2 \circ \tilde{f}$ 属于 f 同一个提升类, 即

$$\alpha_1 \circ \tilde{f} \ \sim \ \alpha_2 \circ \tilde{f}, \qquad \tilde{f} \text{ 如(5.3.30)}.$$

由定义 5.9 和 (5.3.29) 可知, 存在一个 $\gamma \in \pi_1(M)$ 使得

$$\alpha_2 \circ \tilde{f} = \gamma \circ \alpha_1 \circ \tilde{f} \circ \gamma^{-1}. \tag{5.3.32}$$

因为 γ^{-1} 是 id 的一个提升, 故 $\tilde{f} \circ \gamma^{-1}$ 也是 f 的一个提升. 由 (5.3.31) 可知, 存在唯一 $\alpha \in \pi_1(M)$ 使得

$$\alpha \circ \tilde{f} = \tilde{f} \circ \gamma^{-1}.$$

这种对应 $\gamma^{-1} \mapsto \alpha$ 产生一个映射

$$\tilde{f}_\pi: \ \pi_1(M) \to \pi_1(M), \tag{5.3.33}$$

即 $\alpha = \tilde{f}_\pi(\gamma^{-1})$. 于是 (5.3.32) 变为

$$\alpha_2 \circ \tilde{f} = \gamma \circ \alpha_1 \circ \alpha \circ \tilde{f} = \gamma \circ \alpha_1 \circ \tilde{f}_\pi(\gamma^{-1}) \circ \tilde{f}.$$

这就得到对应关系

$$\alpha_1 \circ \tilde{f} \sim \alpha_2 \circ \tilde{f} \ \Leftrightarrow \ \alpha_2 = \gamma \circ \alpha_1 \circ \tilde{f}_\pi(\gamma^{-1}), \quad \text{对某个 } \gamma \in \pi_1(M). \tag{5.3.34}$$

直接验算可以证明, 由 (5.3.33) 定义的映射 $\tilde{f}_\pi$ 是一个同态, 即

$$\tilde{f}_\pi(\beta_1) \cdot \tilde{f}_\pi(\beta_2) = \tilde{f}_\pi(\beta_1 \cdot \beta_2).$$

因此, 由等式

$$\alpha_2 = \gamma \circ \alpha_1 \circ \tilde{f}_\pi(\gamma^{-1}), \qquad \gamma \in \pi_1(M), \tag{5.3.35}$$

确定了 α_2 与 α_1 之间的等价关系

$$\alpha_2 \sim \alpha_1 \text{ 在 } \pi_1(M) \text{ 中, 若 (5.3.35) 成立.} \tag{5.3.36}$$

这种等价关系将 $\pi_1(M)$ 划分为互不相交的等价类. 由 (5.3.34) 可知 f 的提升类个数与 (5.3.36) 的等价类个数相同. 因而 f 的 Reidemeister 数可等价地定义为

$$R(f) = \pi_1(M) \text{ 中 (5.3.36) 等价类个数.} \tag{5.3.37}$$

(3) 最后一步是根据 $R(f)$ 新的定义 (5.3.37) 来得到 f 的 Reidemeister 数表达公式, 该公式具备可计算性的效能.

为了陈述 $R(f)$ 的表达式, 记

$$f_{1*}:\ H_1(M) \to H_1(M)$$

为 f 诱导的 M 整系数 1 维同调群的同态,

$$h:\ \pi_1(M) \to H_1(M)$$

是如定理 4.10(Hurewicz 定理) 的那种同态, 即它是一个满同态, 并且 $\mathrm{Ker}\, h = \pi_1^*(M)$ 是 $\pi_1(M)$ 的换位子群. 然后有下面定理.

定理 5.12 对于流形 M 上的映射 $f:\ M \to M$, 有

$$R(f) \geqslant \#[H_1(M)/I_m(id - f_{1*})],$$

其中 $\#G$ 表示群 G 中元素个数, 规定 $\#G = 1$ 当 G 是平凡群时. 特别地, 若 $\pi_1(M)$ 是交换群时, 上式等号成立,

$$R(f) = \#[H_1(M)/I_m(id - f_{1*})]. \tag{5.3.38}$$

证明 该定理的证明依赖于下面图表的交换性

$$\begin{array}{ccc} \pi_1(M) & \xrightarrow{\tilde{f}_\pi} & \pi_1(M) \\ h \downarrow & & \downarrow h \\ H_1(M) & \xrightarrow{f_{1*}} & H_1(M) \end{array}$$

即下面公式成立

$$h \circ \tilde{f}_\pi = f_{1*} \circ h. \tag{5.3.39}$$

此公式可由下面交换性推出

$$\begin{aligned} &h \circ f_\pi = f_{1*} \circ h, \\ &h \circ r_* = h, \end{aligned} \tag{5.3.40}$$

其中 $f_\pi: \pi_1(M,x_0) \to \pi_1(M,f(x_0))$ 是由 f 诱导的同态, $r_*: \pi_1(M,x_0) \to \pi_1(M,x_1)$ 是由 M 上连接 x_0,x_1 的道路 r 诱导同构. (5.3.40) 中的交换性是显然的. 此外, $\tilde{f}_\pi$ 可表达为[13]

$$\tilde{f}_\pi = r_*^{-1} \circ f_\pi: \pi_1(M,x_0) \to \pi_1(M,x_0). \tag{5.3.41}$$

于是便得 (5.3.39) 的交换性.

根据 (5.3.35) 和 (5.3.36), $\alpha_2 \sim \alpha_1$ 则

$$\alpha_2 = \gamma\alpha_1\tilde{f}_\pi(\gamma^{-1}), \qquad \gamma \in \pi_1(M).$$

因此由 (5.3.39), 有

$$\begin{aligned} h(\alpha_2) &= h(\gamma\alpha_1\tilde{f}_\pi(\gamma^{-1})) \\ &= h(\gamma) + h(\alpha_1) + f_{1*}(h(\gamma^{-1})) \\ &= h(\alpha_1) + (id - f_{1*})(h(\gamma)). \end{aligned}$$

从这推知

$$\alpha_2 \sim \alpha_1 \Rightarrow h(\alpha_2) - h(\alpha_1) \in \mathrm{Im}\ (id - f_{1*}). \tag{5.3.42}$$

再令

$$\eta: H_1(M) \to H_1(m)/\mathrm{Im}\ (id - f_{1*})$$

是自然同态, 它是满射的. 因而

$$\eta \circ h: \pi_1(M) \to H_1(M)/\mathrm{Im}\ (id - f_{1*})$$

是一个满同态. 再由 (5.3.42) 可知

$$\alpha_1 \sim \alpha_2 \text{ 在 } \pi_1(M) \text{ 中 } \Rightarrow \eta \circ h(\alpha_1) = \eta \circ h(\alpha_2).$$

这就意味着

$$R(f) \geqslant \#[H_1(M)/\mathrm{Im}\ (id - f_{1*})].$$

当 $\pi_1(M)$ 是交换群时, h 是一个同构. 故

$$h(\alpha_2) - h(\alpha_1) \in \mathrm{Im}\ (id - f_{1*}) \Rightarrow \alpha_2 \sim \alpha_1,$$

即

$$\eta \circ h(\alpha_2) = \eta \circ h(\alpha_1) \Rightarrow \alpha_2 \sim \alpha_1.$$

这意味着等式 (5.3.38) 成立. 这样, 定理证毕.

5.3.5 姜伯驹群与 Nielsen 数的计算公式

不动点类理论的最大障碍就是 Nielsen 数的计算问题. 这个问题不解决, 该理论的意义就会受到很大影响. 姜伯驹群的出现使得该问题有了实质性的突破, 它使一大类流形上映射 f 的 Nielsen 数与 Reidemeister 数相等, 从而根据公式 (5.3.38), $N(f)$ 变得可计算了.

先从一个例子出发来理解该理论的实质. 图 5.17 给出的是一个轮胎面上一闭曲线 L 朝着右方平移到 L' 的过程. L 和 L' 与对角线分别交于两点 x_0, x_1 和 x'_0, x'_1.

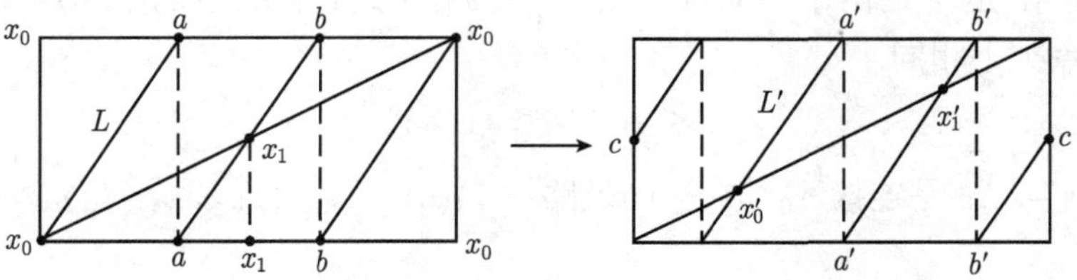

图 5.17 矩形区域代表轮胎面 $S^1 \times S^1, L'$ 是 L 朝右的平移

现在, 将图中的 L 和 L' 分别视为 S^1 上两个映射

$$f, f' : S^1 \to S^1$$

的像, 即

$$L = \{(x, f(x)| \ x \in S^1\}, \qquad L' = \{(x, f'(x))| \ x \in S^1\}.$$

L 和 L' 与对角线的交点 x_0, x_1 和 x'_0, x'_1 分别代表 f 和 f' 的不动点. 当 L 从 a 点到 b 点朝右平移时, L' 从 L 出发又回到 L 上与之重合, 即

$$L \to L' \to L. \tag{5.3.43}$$

在此过程中, L 的不动点 x_0 移动到 x_1, 而 x_1 移动到 x_0, 即

$$x_0 \to x'_0 \to x_1, \qquad x_1 \to x'_1 \to x_0. \tag{5.3.44}$$

将上述平移过程翻译成数学评言就是: (5.3.43) 的平移是 f 的一个自同伦

$$f' = f_t : \ f \simeq f \ (0 \leqslant t \leqslant 1), \qquad 即 \ f_0 = f_1 = f.$$

而不动点的迁移 (5.3.44) 是在自同伦 f_t 下 f 的两个不动点类 $< x_0 >$ 与 $< x_1 >$ 之间的一个对应

$$f_t : < x_0 > \leftrightarrow < x_1 > . \tag{5.3.45}$$

从图 5.17 的平移过程可以看到 x'_0 和 x'_1 的指标不变 (它们都是从下向上穿越对角线, 指标为 1), 即同伦不变. 故对应 (5.3.45) 保证了两个不动点类的指数相等

$$\text{Ind } (f, < x_0 >) = \text{Ind } (f, < x_1 >). \tag{5.3.46}$$

因此, 当 Lefschetz 数 $L(f) \neq 0$ 时, (5.3.46) 意味着 Nielsen 数与不动点类个数即 Reidemeister 数相等

$$N(f) = R(f). \tag{5.3.47}$$

这个结论正是我们所需要的. 上述过程就是姜伯驹理论的实质.

现在, 将上面例子的过程推广到一般流形 M 上. 考虑映射

$$f:\ M \to M, \quad M \text{ 为 } n \text{ 维流形}.$$

令 $x_0, x_1 \in M$ 是 f 的两个不动点, $< x_0 >, < x_1 >$ 是它们代表的不动点类. 假设这两个不动点类不相同,

$$< x_0 > \neq < x_1 > . \tag{5.3.48}$$

令 $l:\ [0,1] \to M$ 是连接 x_0 与 x_1 的道路, 即 $l(0) = x_0, l(1) = x_1$. 由定义 5.6 和条件 (5.3.48),

$$f \circ l \not\simeq l. \tag{5.3.49}$$

如图 5.18(a) 所示, $l \cup f \circ l$ 是 M 中的一个闭曲线. 因为 l 可缩到 x_0 点上, 因此 $l \cup f \circ l$ 与图 5.18(b) 所示的闭曲线 α 同伦,

$$l \cup f \circ l \simeq \alpha.$$

图 5.18 (a) $l \cup f \circ l$ 是 M 闭曲线; (b) α 与 $l \cup f \circ l$ 同伦

显然 α 的同伦类, 仍记为 α, 是 $\pi_1(M, x_0)$ 元素, 并且由 (5.3.49) 它是非零 (单位) 元素, 即

$$\alpha \in \pi_1(M, x_0), \qquad \alpha \neq 0.$$

不妨记 $\alpha = (f \circ l) \cdot l^{-1}$. 则集合

$$< \alpha > = \{(f \circ l) \cdot l^{-1} |\ l \text{ 是连接 } x_0 \text{ 与 } x_1 \text{ 的道路}\}.$$

将 $\pi_1(M, x_0)$ 分为互不相交的类 $< \alpha >$, 它们与 f 在定义 5.6 意义下的不动点类形成一一对应,

$$< x > \leftrightarrow < \alpha >, \quad \alpha = (f \circ l) \cdot l^{-1}, \quad l \text{ 连接不动点 } x_0 \text{ 与 } x. \tag{5.3.50}$$

显然, $< x_0 > = < e >, e$ 为单位元素.

有了这些准备以后就可以回到主题上. 再次从图 5.17 的例子出发, 从 (5.3.50) 的角度分析, 来看如何得到所需要的定理.

取定图 5.17 中 x_0 的不动点类对应于 $\pi_1(S^1, x_0)$ 中单位元类 $< e >$. 此时由图 5.17(a) 所确定的映射 $f:\ S^1 \to S^1$, 它将连接 x_0 与 x_1 的线段 (道路)$l = [x_0, x_1] \subset S^1$ 映到 S^1 上一圈, 即

$$(f \circ l) \cdot l^{-1} = \alpha, \qquad \alpha = [S^1] \text{ 是 } \pi_1(S^1) \text{ 生成元}. \tag{5.3.51}$$

于是 f 不动点类与 $\pi_1(S^1)$ 的元素类有如下对应

$$< x_0 > \leftrightarrow < e >, \quad < x_1 > \leftrightarrow < \alpha >, \quad \alpha \text{ 如 (5.3.51)}. \tag{5.3.52}$$

容易看出, $\pi_1(S^1)$ 中所有非零元素 $\alpha^n \in < \alpha >$ $(n \neq 0)$. 再考察由平移过程 (5.3.43) 所确定的 f 自同伦 $f_t:\ f \simeq f$ $(0 \leqslant t \leqslant 1)$, 它可表达为

$$f_t(e^{i2\pi\theta}) = e^{i2\pi t} \cdot f(e^{i2\pi\theta}), \quad e^{i2\pi\theta} \in S^1.$$

对任一给定点 $x \in S^1$, 就取 $x = x_0$, 在这个自同伦作用下,

$$\{f_t(x_0) = x_0 \cdot e^{i2\pi t} |\ 0 \leqslant t \leqslant 1\} = S^1.$$

即 $f_t(x_0)$ 是 $\pi_1(S^1)$ 的生成元

$$\alpha = f_t(x_0) \quad (0 \leqslant t \leqslant 1). \tag{5.3.53}$$

根据 (5.3.52) 的对应, 性质 (5.3.53) 的意思是说, f 的自同伦 f_t 可以将不动点类 $< x_0 >$ 迁移到与 α 相对应的不动点类 $< x_1 >$ 上. 它是通过下述方式做到的, 即对每一个 $t \in [0, 1]$, f_t 有一个不动点

$$z_t = f_t(z_t), \quad 0 \leqslant t \leqslant 1, \quad \text{s.t. } z_0 = x_0, \quad z_1 = x_1. \tag{5.3.54}$$

因此 z_t 是连接 x_0 与 x_1 的道路, 这就是 (5.3.44) 的迁移. 从 (5.3.54) 立刻得到 (5.3.46), 进而获得最终结果 (5.3.47).

从 (5.3.51) 直到 (5.3.54) 整个分析过程完全可以平移地推广到一般流形的映射 $f:\ M \to M$ 上, 进而得到下面引理.

引理 5.5 令 $< x_k >$ $(k = 0, 1, \cdots)$ 是 $f:\ M \to M$ 的所有不动点类, 它们分别对应于 $\pi_1(M, x_0)$ 的元素类 $< \alpha_k >$,

$$< x_k > \leftrightarrow < \alpha_k >, \quad k = 0, 1, 2, \cdots,$$

其中 $\alpha_0 = e$ 是 $\pi_1(M, x_0)$ 的单位元. 若对某个 k_0 存在 f 的自同伦 $f_t:\ f \simeq f$ 使得 $f_t(x_0) = \alpha_{k_0}$, 则 f_t 可将 x_0 按 (5.3.54) 方式迁移到 x_{k_0} 上, 因而

$$\text{Ind }(f, < x_0 >) = \text{Ind }(f, < x_{k_0} >).$$

特别地, 若对每个 k 都存在自同伦 f_t^k, 使得

$$f_t^k(x_0)=\alpha_k, \qquad \forall k\geqslant 0. \tag{5.3.55}$$

则 f 的 Nielsen 数可由下面公式给出

$$N(f)=\begin{cases} R(f), & \text{当 } L(f)\neq 0,\\ 0, & \text{当 } L(f)=0,\end{cases} \tag{5.3.56}$$

这里 $R(f)$ 是 Reidemeister 数, $L(f)$ 是 Lefschetz 数.

由引理 5.5 即可引入下面姜伯驹群的概念.

定义 5.12 令 M 是一个流形, $f: M\to M$ 是连续映射. f 的一个自同伦 $f_t: f\simeq f$ 确定了 $f(x_0)$ 处的一个圆圈 $f_t(x_0), 0\leqslant t\leqslant 1$. f 所有自同伦给出 $\pi_1(M,f(x_0))$ 的一个子集, 记为

$$J(f,x_0)=\{[f_t(x_0)]|\ f_t:\ f\simeq f \text{ 为自同伦}\}.$$

由于自同伦的逆与积仍是自同伦, 故 $J(f,x_0)$ 是 $\pi_1(M,f(x_0))$ 的一个子群. 叫做 f 的姜伯驹群, 简记为 J 群.

显然 $J(f,x_0)$ 与 $x_0\in M$ 的选取无关, 即对任 $x_0,x_1\in M$(M 为连通的), $J(f,x_0)$ 与 $J(f,x_1)$ 是同构的. 再回过来看引理 5.5, 当 $J(f,x_0)$ 就是 M 的基本群 $\pi_1(M,f(x_0))$ 时, 条件 (5.3.55) 自然满足. 更进一步地有下面定理.

定理 5.13 (姜伯驹定理) 令 M 是一个 n 维紧流形. 若 M 的恒等映射 $id: M\to M$ 的 J 群就是 M 的基本群

$$J(id,x_0)=\pi_1(M,x_0) \tag{5.3.57}$$

则公式 (5.3.56) 成立, 并且 $\pi_1(M)$ 是交换群. 此时公式 (5.3.38) 成立. 因而 f 的 Nielsen 数 $N(f)$ 可表达为

$$N(f)=\#[H_1(M)/\mathrm{Im}\ (id-f_{1*})], \quad \text{当 } L(f)\neq 0. \tag{5.3.58}$$

定理 5.11 是引理 5.5 及下面引理的推论.

引理 5.6 若 M 上恒等映射 id 的 J 群满足 (5.3.57), 则 $\pi_1(X)$ 是交换群, 并且对任何映射 $f: M\to M$, 它的 J 群满足

$$J(f,x_0)=\pi_1(M,f(x_0)). \tag{5.3.59}$$

证明 (5.3.59) 可由如下事实推得: 若

$$H_t:\ id\simeq id \text{ 是 } id \text{ 的自同伦},$$

则

$$H_t \circ f:\ f \simeq f \text{ 是 } f \text{ 的自同伦}.$$

因而, 若 $H_t(x_0) = \alpha \in \pi_1(M, x_0)$, 则 $H_t \circ f(x_0) = \gamma^*(\alpha) \in \pi_1(M, f(x_0))$, 这里 $\gamma^*:\ \pi_1(M, x_0) \to \pi_1(M, f(x_0))$ 是由连接 x_0 到 $f(x_0)$ 的道路 γ 所诱导的同态, 它是一个同构. 因而有

$$J(id, x_0) = \pi_1(M, x_0) \ \Rightarrow\ J(f, x_0) = \pi_1(M, f(x_0)).$$

再来证明

$$J(id, x_0) = \pi_1(M, x_0) \ \Rightarrow\ \pi_1(M, x_0) \text{ 是交换群}.$$

由 (5.3.29), id 的提升群

$$D(\tilde{M}) = \{\gamma:\ \tilde{M} \to \tilde{M} |\ \gamma \text{ 是 } id:\ M \to M \text{ 提升}\} = \pi_1(M, x_0).$$

因此只需证明 (5.3.58) 意味着

$$\gamma \circ \alpha = \alpha \circ \gamma, \qquad \forall \gamma, \alpha \in D(\tilde{M}).$$

令 $\tilde{id}:\ \tilde{M} \to \tilde{M}$ 是 $\tilde{M}$ 上的恒等映射, 显然 $\tilde{id} \in D(\tilde{M})$. 再设 $H_t:\ id \simeq id$ 是自同伦, $\tilde{H}_t:\ \tilde{M} \to \tilde{M}$ 是 H_t 的提升, 使得

$$\tilde{H}_t:\ \tilde{id} \simeq \alpha, \quad \alpha \in D(\tilde{M}),$$

则对任 $\gamma \in D(\tilde{M})$ 有

$$\gamma \circ \tilde{H}_t:\ \gamma \simeq \gamma \circ \alpha,$$
$$\tilde{H}_t \circ \gamma:\ \gamma \simeq \alpha \circ \gamma.$$

由同伦提升的唯一性[13],

$$\gamma \circ \tilde{H}_t = \tilde{H}_t \circ \gamma.$$

因而有 $\gamma \circ \alpha = \alpha \circ \gamma$. 引理证毕.

注 5.5 为了方便, 将满足 (5.3.57) 的非单连通流形叫做 J 流形. 我们自然关心什么流形是 J 流形. 文献 [13] 中例举出下面的是 J 流形.

- $2n+1$ 维透镜空间 $L^{2n+1}(k, Q), k \geqslant 2$.
- 所有 Lie 群 (包括更广义的 H 空间).
- Lie 群关于闭子群的商空间 (齐性流形).

此外, 容易证明若 M_1, M_2 是 J 流形, 则 $M_1 \times M_2$ 也是 J 流形. 例如对任何单连通流形 M, $S^1 \times M$ 就是 J 流形.

注 5.6 J 流形具有显著的几何特征, 即某种旋转下的对称性. 例如, 图 5.19 所示的 $S^1 \times M$ 与实投影空间 P^2 绕着图示的轴可以进行旋转, 并且无法分辨出任两个不同的旋转位置上流形的几何差异. 这叫做旋转不变性.

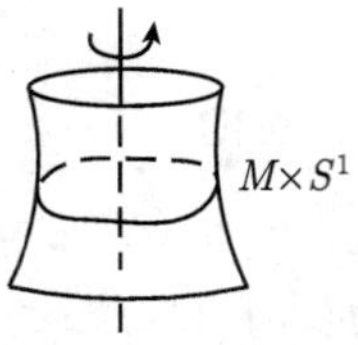

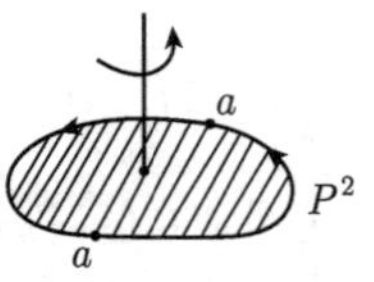

图 5.19　J 群具有旋转不变的几何特征

一个非单连通的流形 M 是 J 流形的充要条件就 $\pi_1(M)$ 是可交换的, 并且对应于 $\pi_1(M)$ 中的每一个生成元存在一个"轴线", 使得 M 绕该"轴"具有旋转不变性. 可惜的是这不是一个数学条件, 否则这个结论可以成为一条定理. 然而它能帮助我们直观地想象 J 流形的样子.

5.4 Morse 理论 (I)

5.4.1 基本概念

Milnor 对 Morse 理论已给出详细而又精彩的论述[25]. 这里的材料许多都是参照了这部著作的内容.

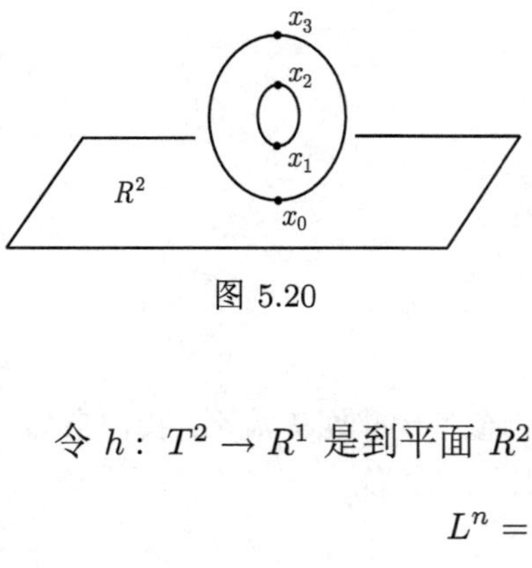

图 5.20

在进入本节主题之前, 先用一些简单的现象对 Morse 理论进行轮廓式地论述, 以便读者有一个概况性的了解. 正如 Milnor 在文献 [23] 中以轮胎面 T^2 上的高度函数为例子作为开端, 这里也以此例作为开始. 因为此例基本上体现了 Morse 理论的精神实质. 令一个轮胎面 T^2 竖立在一个平面 R^2 上方, 如图 5.20 所示.

令 h: $T^2 \to R^1$ 是到平面 R^2 上的高度函数, 记

$$L^n = \{x \in T^2 |\ h(x) \leqslant a\},$$

称作 T^2 上关于函数 h 的水平集. h 有四个临界点 $x_k \in T^2$ $(0 \leqslant k \leqslant 3)$, 其对应的临界值为

$$z_i = h(x_i), \quad i = 0, 1, 2, 3.$$

可以看到, 当 $a = h(x)$ 从 $a < z_0$ 开始增大时, 水平集 L^a 的拓扑结构只在临界值 z_i 处发生变化:

(1) L^a 是空集, 当 $a < z_0$;

(2) L^a 同胚于二维盘 D^2, 见图 5.21(a), 当 $z_0 < a < z_1$;

(3) L^a 同胚于一个管子 (如图 5.21(b)), 当 $z_1 < a < z_2$;

(4) L^a 同胚于挖去一个洞的轮胎 (如图 5.21(c)), 当 $z_2 < a < z_3$;

(5) L^a 同胚于轮胎面 T^2, 当 $z_3 < a$.

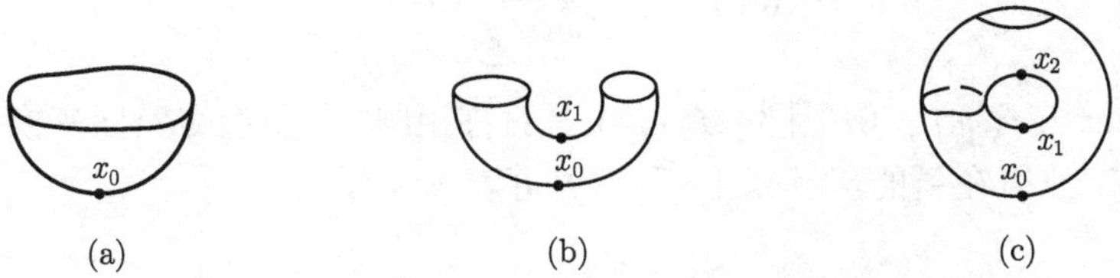

图 5.21 水平集 L^a 结构在临界点发生变化, 这是 x_i 称作临界点的原因

这个例子清晰地展示了一个流形 M 的拓扑结构与 M 上函数

$$f:\ M \to R^1 \tag{5.4.1}$$

临界点之间的关系, 即在局部又在全局这两个方面. 下面对 Morse 理论的基本概念进行介绍.

1. 非退化临界点与 Morse 指标

Morse 理论所涉及的基本概念是: 非退化的临界点、临界点的 Morse 指标、流形上的水平集等. 我们将定义这些概念. 映射的临界点和临界值的概念在 1.4 节中已作了一般性的介绍, 这里将对 (5.4.1) 的函数关于此概念再作针对性的讨论. 此处 M 为 n 维流形.

$x_0 \in M$ 称作函数 f 的临界点, 若 f 在 x_0 的梯度 $\nabla f(x_0)$ 为零. 在 x_0 的局部坐标 $(x_1, \cdots, x_n)$ 下, $\nabla f(x_0) = 0$ 可表示为

$$\nabla f(x_0) = \left(\frac{\partial f(x_0)}{\partial x_1},\ \cdots,\ \frac{\partial f(x_0)}{\partial x_n}\right) = 0. \tag{5.4.2}$$

一个数 $p \in R^1$ 叫做 f 的临界值, 若在集合

$$f^{-1}(p) = \{x \in M |\ f(x) = p\}$$

中存在一点 $x_0 \in f^{-1}(p)$ 使得 x_0 是 f 的临界点. 否则 p 称作 f 的正则值.

根据临界点的定义 (5.4.2), 很容易判别出图 5.20 中的四个点 x_0, x_1, x_2, x_3 是高度函数 $h:\ T^2 \to R^1$ 的临界点. 这是因为由隐函数定理 (见定理 1.3), 当 p 是 h 的正则值时, $f^{-1}(p)$ 一定是 T^2 中的一维子流形; 而在这四个点 x_k 处可以看到

$$h^{-1}(x_0) = x_0, \quad h^{-1}(x_3) = x_3, \quad h^{-1}(x_1) \text{ 和 } h^{-1}(x_2),$$

是 8 字形它们都不是一维子流形.

f 的一个临界点 $x_0 \in M$ 称作非退化的, 如果在局部坐标下, f 在 x_0 处的 Hess 矩阵 (或梯度场 ∇f 的 Jacobi 矩阵) 是非退化的:

$$Hf(x_0) = \left(\frac{\partial^2 f(x_0)}{\partial x_i \partial x_j}\right) \text{ 非退化},$$

即行列式 $\det Hf(x_0) \neq 0$. 因为 $Hf(x_0)$ 是对称矩阵, 存在正交坐标变换 $y = Ax$, A 为正交矩阵, 使得在新的坐标系 y 下, Hf 可表示为

$$Hf(y_0) = A \cdot Hf(x_0) \cdot A^{\mathrm{T}} = \begin{pmatrix} \lambda_1 & & 0 \\ & \ddots & \\ 0 & & \lambda_n \end{pmatrix}, \quad y_0 = Ax_0, \tag{5.4.3}$$

其中 λ_j $(1 \leqslant j \leqslant n)$ 是 $Hf(x_0)$ 的特征值. 令

$$k = Hf(x_0) \text{ 的负特征值个数}. \tag{5.4.4}$$

则这个整数 k 称作 f 的非退化临界点 x_0 的 Morse 指标. 在另一个坐标变换下

$$x = \begin{pmatrix} \sqrt{2|\lambda_1|} & & 0 \\ & \ddots & \\ 0 & & \sqrt{2|\lambda_n|} \end{pmatrix} y,$$

矩阵 (5.4.3) 变为

$$Hf(x_0) = \begin{pmatrix} 2I_k & 0 \\ 0 & 2I_{n-k} \end{pmatrix}, \tag{5.4.5}$$

其中 I_m 表示 m 阶单位矩阵.

根据 (5.4.2) 和 (5.4.5), f 在 Morse 指标为 k 的非退化临界点 $x_0 \in M$ 邻域内 (不妨设 $x_0 = 0$) 有 Taylor 展开如下:

$$f(x) = f(x_0) - x_1^2 - \cdots - x_k^2 + x_{k+1}^2 + \cdots + x_n^2 + o(|x|^2), \tag{5.4.6}$$

其中 $o(|x|^2)$ 表示指数同于 2 次的函数项.

(5.4.6) 的函数 f 在 x_0 邻域的图像如图 5.22 所示, 当 Morse 指标 $k = 0$ 时, x_0 是 f 的局部极小点, 当 $k = n$ 时, x_0 为局部极大点, 而当 $0 < k < n$ 时, x_0 是 f 的一个鞍点, 其图像是如 (b) 那样的马鞍形. 显然, 图 5.20 中的 x_0 是一个极小点, x_1 和 x_2 是 Morse 指标为 1 的鞍点, 而 x_3 是一个极大点.

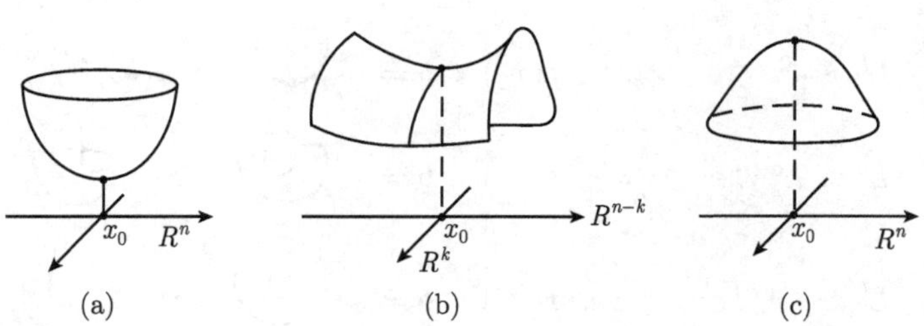

图 5.22 (a) 指标 $k=0$ 的临界点; (b) $0<k<n$ 的临界点; (c) $k=n$ 的临界

2. Morse 引理

表达式 (5.4.6) 和图 5.22 表明, f 在 x_0 的行为完全被它的指标 k 决定. 为了更清楚地说明这一点, Morse 引入下面引理.

引理 5.7 (Morse 引理) 令 $x_0\in M$ 是 f 的一个非退化临界点, 则存在 x_0 的一个邻域 $U\subset M$ 及在 U 上的一个坐标系 $(x_1,\cdots,x_n)$, 它以 x_0 为原点, 使得 f 在此坐标系中可表达为

$$f(x)=f(x_0)-\sum_{i=1}^{k}x_i^2+\sum_{j=k+1}^{n}x_j^2,\qquad \forall x\in U, \tag{5.4.7}$$

其中 k $(0\leqslant k\leqslant n)$ 是 x_0 的 Morse 指标.

引理 5.7 在整个 Morse 理论中只是起到技术性的作用. 实质上用 (5.4.6) 来取代 (5.4.7) 完全具有相同的效果, 只是使用 Morse 引理使得问题的证明更清楚和简单. 后面在需要的地方总是采用 (5.4.6) 而不是 (5.4.7), 故这里对引理 5.7 不再给予证明.

5.4.2 Morse 理论的基本定理

在上一小节的由图 5.20 和 5.21 所示的例子中, 轮胎面 T^2 上的高度函数 h 所产生的水平集 L^a 的拓扑结构具有如下性质:

(1) 当闭区间 $[a,b]\subset R^1$ 中的所有实数都是 $h:\ T^2\to R^1$ 的正则值时, 则 L^a 与 L^b 是同胚的, 并且 L^a 是 L^b 的一个形变收缩.

(2) 当 $[a,b]$ 之间仅有一个临界值 $C_i=h(x_i)$ (x_i 是四个临界点之一), 并且 x_i 的 Morse 指标为 k, 则 L^b 同伦等价于 $L^a\cup e^k$, 即

$$L^b\simeq L^a\cup e^k,\quad 当\ a<h(x_i)<b,\quad x_i\ 指标为\ k, \tag{5.4.8}$$

这里 e^k 代表一个 k 维闭盘, $L^a\cup e^k$ 表示 L^a 上粘贴了一个 e^k 使得 e^k 的边界在 L^a 上, 而内部 $\mathring{e}^{\,k}\cap L^a=\varnothing$. (5.4.8) 可形象地表示如下:

$L^b \simeq e^0$　　当$a < f(x_0) < b \Rightarrow$  $\simeq \bullet$($\bullet$为一点)

$L^b \simeq L^a \cup e^1$　当$a < f(x_1) < b \Rightarrow$  $\simeq$ 

$L^b \simeq L^a \cup e^1$　当$a < f(x_2) < b \Rightarrow$ 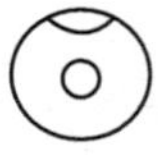 $\simeq$ 

$L^b \simeq L^a \cup e^2$　当$a < f(x_3) < b \Rightarrow$ 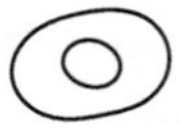 $\simeq$ 

上述两条性质具有普遍电义, 就是下面要介绍的基本定理在轮胎面上的体现. 令 M 是一个 n 维光滑流形, $f:\ M \to R^1$ 是光滑函数. 记

$$M^a = \{x \in M|\ f(x) \leqslant a\},$$

称作 M 关于 f 的水平集.

下面定理是 Morse 理论的基本定理, 它是上述性质在一般流形上的推广.

定理 5.14　令 M 是 n 维光滑流形, $f:\ M \to R^1$ 是光滑函数. 假设对任何 $a \in R^1$, 水平集 $M^a \subset M$ 是紧的. 则有下面结论:

(1) 若闭区间 $[a,b]$ 内所有实数都是 f 的正则值, 即

$$f^{-1}[a,b] = \{x \in M|\ a \leqslant f(x) \leqslant b\}$$

内没有 f 的临界点, 则 M^b 与 M^a 同胚, 并且 $M^a \subset M^b$ 是形变收缩.

(2) 若 $x_0 \in f^{-1}[a,b]$ 是唯一临界点, $a < f(x_0) < b$, 并且 x_0 是非退化的 Morse 指标为 k 的临界点, 则 M^b 同伦等价于 $M^a \cup e^k$, 这里 $M^a \cup e^k$ 表示存在一个同胚 $\varphi:\ \partial e^k \to M^a$ 使得

$$M^a \cup e^k = M^a \bigsqcup e^k / \{x \sim \varphi(x)|\ x \in \partial e^k\},$$

其中 $\bigsqcup$ 表示不交并.

证明　对该定理的两个结论分别进行证明.

(1) 要证明 M^b 与 M^a 的同胚就需要构造出它们之间的一个同胚 $\Phi:\ M^b \to M^a$. 这个 Φ 是由 f 的梯度流来构造的.

为了有一个清楚的直观理解, 在进入正式的证明之前, 先来考察一个例子, 从这个例子就可知道 M^b 到 M^a 的同胚 Φ 是如何构造的. 令 M 是 R^{n+1} 中的以 R 为半径的 n 维半球面

$$M = \{(x, f(x)) \in R^{n+1}|\ x \in R^n,\ |x| < R,\ f(x) = |x|^2\}.$$

M 的图像由图 5.23 表示.

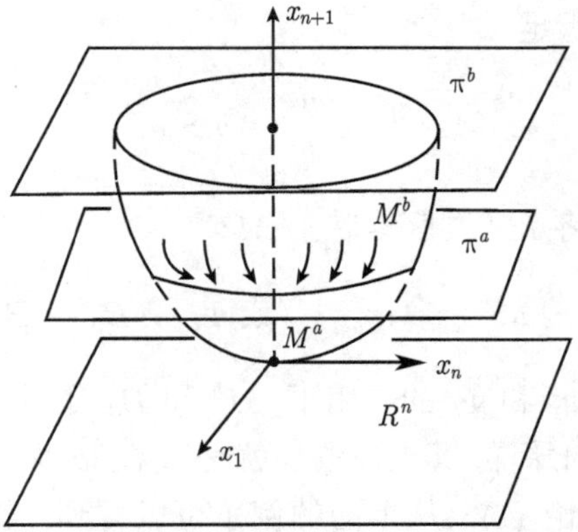

图 5.23 π^a, π^b 分别为高度为 a 和 b 的平行于 R^n 的平面

取 M 到 R^n 的高度 h 作为 M 上的函数, R^n 中以原点为心, R 为半径的开球体 $B_R = \{x \in R^n | \, |x| < R\}$ 作为 M 的坐标系. 此时 $h = f:\ M \to R^1$ 为

$$h(x) = f(x) = x_1^2 + \cdots + x_n^2, \qquad x \in B_R.$$

M 上关于 h 的水平集 M^a 和 M^b 可由图 5.23 中被平行于 R^n 的两个平面 π^a 和 π^b 截出的两个曲面剖分表示出来, 也可以用 M^a 和 M^b 的定义域 $\bar{B}_a$ 和 $\bar{B}_b$ 来代表 M^a 和 $M^b, \bar{B}_r$ 表示半径为 r 的闭球体.

显然 M^b 与 M^a 是同胚的, 但是这里需要的是如何从 h 的梯度流来建立它们之间的同胚. h 的梯度流是向量场 $-\nabla h$ 的轨道集合, 它是由下面方程解决

$$\begin{cases} \dfrac{dx}{dt} = -\nabla h(x) = -2x, \\ x(0) = x_0, \quad x_0 \in B_r. \end{cases} \tag{5.4.9}$$

方程 (5.4.9) 的解为

$$\varphi(t, x_0) = x_0 e^{-2t}, \qquad x_0 \in B_R. \tag{5.4.10}$$

由 (5.4.10) 诱导的两个集合

$$\Phi_t = \{\varphi(t, x_0) | \ x_0 \in B_R\},$$
$$\tilde{\Phi}_t = \{(x_0, f(\varphi(t, x_0))) | \ x_0 \in B_R\}$$

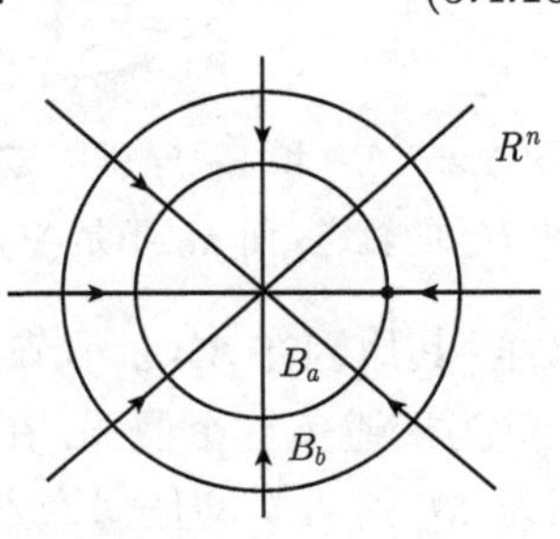

图 5.24 M 上函数 h 的梯度流, 它们是场 $-\nabla h$ 的轨道集合

都称作 h 的梯度流, $\tilde{\Phi}_t$ 是直接表现在 M 上的, 如图 5.23 所示, 而 Φ_t 是表现在 M 的坐标系 B_R 中, 如图 5.24 所示, 它们是等价的. 当 $t = t_0$ 被固定时, h 梯度流确定一个映射

$$\tilde{\Phi}_{t_0}:\ M \to M, \quad (x, f(x)) \mapsto (\varphi(t_0, x), f(\varphi(t_0, x))). \tag{5.4.11}$$

由 (5.4.10) 可知, 当 t_0 满足

$$e^{-2t_0} = \frac{a}{b}, \quad b > a,$$

则 (5.4.11) 的映射 $\tilde{\Phi}_{t_0}$ 将 M^b 同胚地映到 M^a,

$$\tilde{\Phi}_{t_0}:\ M^b \to M^a \qquad (\text{或 } \Phi_{t_0}:\ B_b \to B_a). \tag{5.4.12}$$

换句话说, 在 h 梯度流 $\tilde{\Phi}_t$ 和 Φ_t 的作用下, M^b 和 B_b 分别进入 M^a 和 B_a 中, 就如图 5.23 和图 5.24 所示的那样, 其先决条件就是 h 在 $[a,b]$ 中没有临界值.

现在回过来证明结论 (1). 从上面的例子可以看到, 当流形 M 上的函数 f : $M \to M$ 在区间 $[a,b]$ 中没有临界值, 即 ∇f 在 $M^b - M^a$ 中没有零点, 则 f 的梯度流 Φ_t : $M \to M$ 可诱导出 M^b 到 M^a 的一个同胚

$$\Phi_\tau:\ M^b \to M^a, \qquad \text{对某个 } t = \tau, \tag{5.4.13}$$

其中 Φ_t 是由方程

$$\begin{cases} \dfrac{dx}{dt} = -\nabla f(x), \\ x(0) = p, \quad p \in M \end{cases} \tag{5.4.14}$$

的解 $x = \varphi(t, x_0)$ 定义的, 即

$$\Phi_t(p) = \varphi(t,p), \qquad p \in M.$$

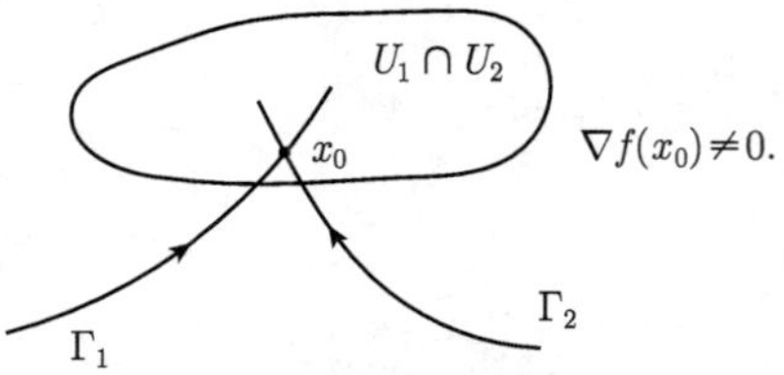

图 5.25 Γ_1 和 Γ_2 分别是 ∇f 在 U_1 和 U_2 的轨道, 而 x_0 不是 ∇f 的零点

接下来一个问题就是, 当 M 存在一个全局坐标系时 (正如图 5.23 所示的例子那样), f 的梯度场 ∇f 可视为 M 上的一个向量场, 此时方程 (5.4.14) 有意义. 而当 M 不存在全局坐标系时, 一般情况下 ∇f 不是 M 的一个全局向量场, 即对 M 的两个局部坐标 (U_1, x) 和 (U_2, y), ∇f 在 (U_1, x) 和 (U_2, y) 上的轨道一般情况下在 $U_1 \cap U_2$ 中衔接不上, 如图 5.25 所示那样. 其原因在 3.4.3 小节与 3.4.4 小节中有详细地说明.

为了避免这个僵局, 在 M 上引入一个 Riemann 度量 $\{g_{ij}\}$. 这是可以做到的, 因为 M 到 R^N 的任何嵌入可自然地诱导出一个度量张量, 详见 3.4.4 小节. M 的 Riemann 度量 $\{g_{ij}\}$ 是一个二阶协变对称张量场在 M 的每一点它是一个正定矩阵, 它的逆

$$(g_{ij})^{-1} = (g^{ij})$$

也是对称的正定矩阵, 其矩阵元 $\{g^{ij}\}$ 构成 M 的一个二阶反变张量场. 我们知道 M 上向量场是一阶反变张量场, 而梯度场 ∇f 是一阶协变张量场. 但是从 $\{g^{ij}\}$ 和 ∇f 可构造出 M 的一个向量场

$$\begin{cases} X = \{X^1, \cdots, X^n\}, \\ X^i = \sum_{j=1}^{n} g^{ij} \dfrac{\partial f}{\partial x_j}, \quad 1 \leqslant i \leqslant n. \end{cases} \tag{5.4.15}$$

现在, 用下面方程取代 (5.4.14)

$$\begin{cases} \dfrac{dx}{dt} = -X(x), \quad X \text{ 如 } (5.4.15), \\ x(0) = p, \quad p \in M. \end{cases} \tag{5.4.16}$$

这个方程在整个 M 上有意义了, 因为方程两端都是一阶反变张量. 方程 (5.4.16) 在 M 上产生一个流, 仍称为 f 的梯度流,

$$\Psi_t(\cdot) = \varphi(t, \cdot): \ M \to M, \qquad t \in R^1, \tag{5.4.17}$$

其中 $\varphi(t,p)$ 是方程 (5.4.16) 的解. 这个流 Ψ_t 也具有类似于 (5.4.13) 那样的下降性质: 将高水平集 M^b 代入低水平集 M^a $(b > a)$ 经过一段时间 $t > 0$ 后, 其条件是 f 在 $[a,b]$ 中没有临界值. 要明白这一点, 只需对 (5.4.16) 两端关于 ∇f 求内积

$$\left\langle \nabla f, \frac{dx}{dt} \right\rangle = \sum_{i=1}^{n} \frac{dx^i}{dt} \cdot \frac{\partial f}{\partial x_i} = -\sum_{i,j=1}^{n} g^{ij} \frac{\partial f}{\partial x_i} \frac{\partial f}{\partial x_j}.$$

再由 (g^{ij}) 的对称正定性及

$$\frac{df(x)}{dt} = \left\langle \nabla f, \frac{dx}{dt} \right\rangle,$$

可以推出

$$\frac{df(\varphi(t,p))}{dt} = -\sum_{i,j=1}^{n} g^{ij} \frac{\partial f}{\partial x_i} \frac{\partial f}{\partial x_j} \leqslant -\alpha |\nabla f(\varphi)|^2,$$

即 (5.4.16) 的解 $\varphi(t,p)$ 将高水平值 $f(p)$ 代到低水平值 $f(\varphi(t,p))$. 当 t 从 0 变到 $t > 0$ 时,

$$f(p) = f(\varphi(0,p)) > f(\varphi(t,p)), \quad \forall t > 0,$$

只要 p 不是 f 的临界点.

于是, 可用 (5.4.16) 产生的梯度流 (5.4.17) 构造出从 M^b 到 M^a 的一个同胚, 只要 f 在区间 $[a,b]$ 内无临界点. 即对某个 $\tau > 0$,

$$\Psi_\tau: \ M^b \to M^a, \tag{5.4.18}$$

是一个同胚. 实际上当 t 从 0 变到 $\tau>0$ 时, Ψ_t 也是 (5.4.18) 的形变收缩,

$$\Psi_0=id:\ M^b\to M^a\ \to\ \Psi_\tau:\ M^b\to M^a,\quad \text{当 } t=0\to t=\tau \text{ 时}.$$

这样, 结论 (1) 证毕.

(2) 从 (5.4.15) 和 (5.4.16) 容易看出, f 的临界点 x_0 是梯度流 (5.4.17) 的不动点, 即

$$\Psi_t(x_0)=x_0,\forall t\in R^1\ \Leftrightarrow\ \nabla f(x_0)=0.$$

因此, 如果

$$a<f(x_0)<b,\qquad \nabla f(x_0)=0,\tag{5.4.19}$$

则对任何 $t\in R^1,\Psi_t$ 不可能将 M^b 映到 M^a 中. 下面就来分析在 (5.4.19) 条件下 M^b 与 M^a 拓扑结构之间的关系. 记

$$C=f(x_0).$$

并假设 x_0 是满足 (5.4.19) 的唯一临界点, 而且它是 Morse 指数为 k 的非退化临界点. 令 $\varepsilon>0$ 充分小. 由结论 (1), M^b 与 $M^{c+\varepsilon}$ 具有相同的同伦型, 而 M^a 与 $M^{c-\varepsilon}$ 有相同的同伦型. 因此只需证明

$$M^{c+\varepsilon}\simeq M^{c-\varepsilon}\cup e^k.$$

令 $B_\varepsilon\subset M$ 是 x_0 的一个 ε 邻域. 按结论 (1) 的方式可以证明, (5.4.17) 的梯度流 Ψ_t 可将挖去 $B_{2\varepsilon}$ 的 $M^{c+\varepsilon}$ 形变收缩到 $M^{c-\varepsilon}$ 上,

$$\Psi_\tau:\ M^{c+\varepsilon}-B_{2\varepsilon}\to M^{c-\varepsilon},\quad \text{对某个 } \tau>0.\tag{5.4.20}$$

而且 Ψ_τ 是一个同胚. 再由 (5.4.6), f 在 x_0 的邻域为

$$f(x)=C-(x_1^2+\cdots+x_k^2)+(x_{k+1}^2+\cdots+x_n^2)+o(|x|^2).\tag{5.4.21}$$

当 $\varepsilon>0$ 充分小时, (5.4.21) 表明

$$B_{2\varepsilon}\cap M^{c+\varepsilon}=\{x\in B_{2\varepsilon}|\ |z_{n-k}|^2-|y_k|^2+o(2)<\varepsilon\},\tag{5.4.22}$$

其中 $y_k=(x_1,\cdots,x_k),z_{n-k}=(x_{k+1},\cdots,x_n),o(2)=o(|x|^2)$, 而

$$B_{2\varepsilon}\cap M^{c-\varepsilon}=\{x\in B_{2\varepsilon}|\ |z_{n-k}|^2+o(2)<|y_k|^2-\varepsilon\}.\tag{5.4.23}$$

两个集合 (5.4.22) 和 (5.4.23) 的几何形状 (或拓扑结构) 分别如图 5.26(a) 和 (b) 所示.

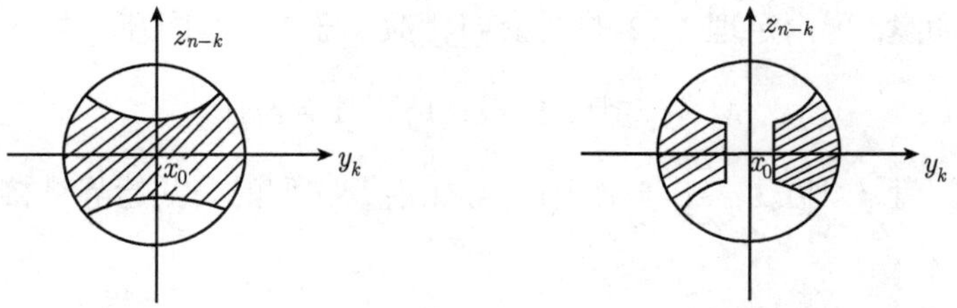

(a) (b)

图 5.26 $B_{2\varepsilon}\cap M^{c+\varepsilon}$ 和 $B_{2\varepsilon}\cap M^{c-\varepsilon}$ 分别在 (a) 和 (b) 中用阴影部分表示

显然两个集合 (5.4.22) 与 (5.4.23) 的关系为

$$B_{2\varepsilon}\cap M^{c+\varepsilon}=B_{2\varepsilon}\cap M^{c-\varepsilon}\bigcup_{\varphi}I^n, \tag{5.4.24}$$

其中 $I^n=I^k\times I^{n-k}$ 是 n 维方体, φ 是下面的映射

$$\varphi:\ \partial I^k\times I^{n-k}\to B_{2\varepsilon}\cap M^{c-\varepsilon},$$

φ 是一个同胚, 而

$$B_{2\varepsilon}\cap M^{c-\varepsilon}\bigcup_{\varphi}I^n=B_{2\varepsilon}\cap M^{c-\varepsilon}\bigsqcup I^n/\left\{x\sim\varphi(x)\right\}.$$

关系式 (5.4.20) 和 (5.4.24) 意味着

$$M^{c+\varepsilon}=M^{c-\varepsilon}\bigcup_{\varphi}I^n. \tag{5.4.25}$$

由 φ 的定义可知, φ 的像在 $B_{2\varepsilon}\cap M^{c-\varepsilon}$ 中可收缩到 $\varphi(\partial I^k)$ 上. 因此 $M^{c-\varepsilon}\bigcup\limits_{\varphi}I^n$ 可形变收缩到 $M^{c-\varepsilon}\cup I^k$ 上. 故有

$$M^{c+\varepsilon}\simeq M^{c-\varepsilon}\cup I^k.$$

这便是我们所需的结论 (2). 定理证毕.

作为定理 5.12 的一个应用, 可以得到下面关于球面的 Reeb 定理. 该定理在证明 $n\geqslant 5$ 的 Poincaré 猜想中起到基本的作用.

定理 5.15 (Reeb 定理) 令 M 是一个紧流形. 若 M 上存在一个函数 f 使得它在 M 只有两个非退化临界点, 那么 M 同胚于一个球面.

证明 这个证明是直接的. 这两个临点 x_0,x_1, 一个是最小点. 另一个是最大点. 令 $f(x_0)=0,f(x_1)=1$. 则由 (5.4.6),

$$M^{\varepsilon}=f^{-1}[0,\varepsilon]\ 与\ f^{-1}[1-\varepsilon,1]\quad(\varepsilon>0\ 很小)$$

是两个 n 维闭盘. 再由定理 5.12 的结论 (1), M^{ε} 与 $M^{1-\varepsilon}$ 同胚. 故

$$M = f^{-1}[0, 1-\varepsilon] \cup f^{-1}[1-\varepsilon, 1]$$

是两个 n 维闭盘 $f^{-1}[0, 1-\varepsilon]$ 与 $f^{-1}[1-\varepsilon, 1]$ 沿着它们的公共边界粘接在一起的球面

5.4.3　流形的 CW 复形伦型

在 4.5.1 小节引入了 CW 复形的概念 (见定义 4.7). CW 复形可以有几种不同方式样定义, 它们都是等价的. 下面采用文献 [8] 中的方式再次给出 CW 复形的概念, 使用这种定义可以使后面引入的流形 CW 复形同伦型定理的证明变得更容易一些.

定义 5.13　一个拓扑空间 X 称作 CW 复形, 若 X 可表示为

$$X = \bigcup_{n=0}^{\infty} X_n, \quad \text{s.t. } X_0 \subset X_1 \subset X_2 \subset \cdots, \tag{5.4.26}$$

其中 X_0 是一个离散子集, X_{n+1} 是 X_n 粘贴若干 $n+1$ 维闭盘 e^{n+1}, 称作 X 的 $n+1$ 维胞腔, 使得边界 $\partial e^{n+1} = S^n$ 在 X_n 上, 即

$$X_{n+1} = X_n \cup e_1^{n+1} \cup \cdots .$$

它规定一个子集 A 在 X 中是闭的, 若 A 与 X 中每个胞腔的交 $A \cap e^k$ 是闭的.

根据定义 5.13, 从定理 5.12 可以推出下面流形的 CW 复形同伦型定理. 一个微分函数 $f: M \to R^1$ 称作 Morse 函数, 如果 f 在 M 上所有临界点都是非退化的. 后面将证明, 每个光滑流形上都具有无穷多 Morse 函数.

定理 5.16　令 f 是 M 上的一个 Morse 函数. 如果对每个 $a \in R^1, M^a$ 都是紧的, 那么 M 具有一个 CW 复形的同伦型, 并且对应于 f 的每一个指标为 K 的临界点都有一个 k 维胞腔.

证明　一个 CW 复形 X 组合成 (5.4.26) 的方式不是唯一的. 定理 5.12 的结论 (2) 提供了一个将流形归为一个 CW 复形的模式, 即按 M 上一个给定 Morse 函数 f 的水平集 M^a 关于临界点进行归纳证明.

这里只对 M 是紧流形的情况进行证明. 非退化临界点是孤立的, 因而紧流形 M 上的 Morse 函数 f 的临界点是有限的. 记 f 的所有临界值为

$$c_1 < c_2 < \cdots < c_k,$$

使得

$$M^a = \varnothing, \quad \text{当 } a < c_1, \qquad M^a = M, \quad \text{当 } c_k < a.$$

显然, 当 $c_1 < a < c_2$ 时,

$$M^a = \text{若干不交的 } n \text{ 维盘的和},$$

它是一个 CW 复形式. 再根据定义 5.13, 从定理 5.12 可推知

$$M^{c_1+\varepsilon} = M^{c_1-\varepsilon} \cup e^{k_1} \cup \cdots \cup e^{k_j},$$

也是 CW 复形. 以此归纳下去便可证明 M 具有 CW 复形的伦型. 定理证毕.

接下来的是 Morse 函数的存在性问题. 下面的引理表明任何流形上都存在大量的 Morse 函数.

引理 5.8 令 $C^r(M)$ $(r \geqslant 2)$ 是 M 上所有 r 次可微函数空间. 则 M 上所有 Morse 函数集合 F 在 $C^r(M)$ 中是稠密的. 特别地, 当 M 是一个紧流形时, F 是 $C^r(M)$ 的一个开稠集.

证明 当 M 是紧流形, $f \in C^r(M)$ 是一个 Morse 函数时, ∇f 在 M 上零点有限并且非退化. 这意味着对 f 的任何摄动

$$f + \varepsilon g, \quad g \in C^r(M), \quad \varepsilon \neq 0 \text{ 充分小},$$

它的梯度 $\nabla f + \varepsilon \nabla g$ 在 M 上零点也都是非退化的 (由非退化奇点的同伦不变性, 见 5.1 节). 因而紧流形上 Morse 函数是 $C^r(M)$ 中的开集.

只需证明第一个结论. 令 $\varphi: M \to N$ 是一个 C^r 同胚. 则 φ 可诱导出一个同构 $\varphi_*: C^r(N) \to C^r(M)$ 如下

$$\varphi_*(f) = f \circ \varphi, \quad f \in C^r(N),$$

并且 φ_* 将 N 上的 Morse 函数映成 M 上的 Morse 函数. 因此, 只考虑 $M \subset R^k$ 是一个嵌入即可. 下面的证明参考了文献 [4].

令 $M \subset R^m$ 是一个 n 维流形, $(x_1, \cdots, x_m)$ 是 R^m 中坐标系. 则每一点 $p \in M$ 存在一个邻域, 使得 $x_1, \cdots, x_m$ 中某 n 个可作为 U 的坐标系. 例如, 图 5.23 所示的流形 $M \subset R^{n+1}$ 就是以 $(x_1, \cdots, x_n)$ 作为坐标系. 而 x_{n+1} 是 $(x_1, \cdots, x_n)$ 的函数. 换句话说, 若 U 以 $(x_1, \cdots, x_n)$ 作为局部坐标, 则存在开集 $V \subset R^n$, 使得 U 可表示为

$$U = \{(x, x_{n+1}(x), \cdots, x_m(x)) | \ x \in V \subset R^n\}. \tag{5.4.27}$$

令 M 可分解为可数开覆盖

$$M = \bigcup_{i=1}^{\infty} U_i, \quad \text{每个 } U_i \text{ 可用 } R^k \text{ 中某 } n \text{ 个分量作为局部坐标}.$$

此时, 对任意给定 $a = (a_1, \cdots, a_m) \in R^m$, 与 $f \in C^r(M)$, 函数

$$f_a(x) = f(x) + a_1 x_1 + \cdots + a_m x_m \tag{5.4.28}$$

是 M 上一个合理定义的函数. 我们要证明, 对几乎所有的 $(a_1,\cdots,a_m)\in R^m$, 由 (5.4.28) 定义的函数 f_a 是 Morse 函数.

不妨设 U_i 是以 $(x_1,\cdots,x_n)$ 作为局部坐标, 就像 (5.4.27) 那样. 此时 f_a 限制在 U_i 上可表达为

$$\begin{cases} f_a = a_1x_1+\cdots+a_nx_n+g(x), \\ g(x)=f(x,y(x))+\sum\limits_{i=n+1}^{m} a_ix_i(x), \qquad y=(x_{n+1}(x),\cdots,x_m(x)). \end{cases} \tag{5.4.29}$$

显然 f_a 关于 $x\in R^n$ 的 Hesse 矩阵与 g 的相同,

$$Hf(x)=Hg(x), \qquad x\in R^n. \tag{5.4.30}$$

此外, 从 (5.4.29) 可见, x_0 是 f_a 临界点的充要条件为

$$\nabla g(x_0)=-\alpha, \qquad \alpha=(a_1,\cdots,a_n).$$

根据 (5.4.30), x_0 是 f_a 非退化临界点的充要条件为 $-\alpha$ 是 $\nabla g:\ R^n\to R^n$ 的正则值. 再由 Sard 定理 (定理 1.9), 对几乎所有 $\alpha\in R^n, -\alpha$ 是 ∇g 的正则值. 于是可推出对几乎所有 $a=(a_1,\cdots,a_m)\in R^m, M$ 上的函数

$$f_a(x)=f(x)+a_1x_1+\cdots+a_mx_m$$

限制在 U_i 上是一个 Morse 函数. 令

$$A_i=\{a\in R^m|\ f_a \text{ 在 } U_i \text{ 上不是 Morse 函数}\}.$$

则 $A=\bigcup\limits_{i=1}^{\infty}A_i$ 是 R^m 的零测度集. 并且对任 $a\in R^m-A, f_a$ 是 M 上的 Morse 函数. 显然有

$$f_a\to f \text{ 在 } C^r(M) \text{ 中, 当 } a\to 0 \text{ 在 } R^m-A \text{ 中}.$$

故 Morse 函数在 $C^r(M)$ 中稠密. 定理证毕.

5.4.4 Morse 不等式

以后凡涉及 M 上的函数 $f:\ M\to R^1, f$ 都假设是一个 Morse 函数. 根据定理 5.12, 若 f 在 $f^{-1}[a,b]$ 内有唯一临界点 x_0, 其指标为 k, 则

$$M^b=M^a\cup e^k.$$

从它的实系数 Mayer-Vietoris 序列

$$\begin{array}{ccccccc} \to & H_k(\partial e^k) & \to H_k(M^a)\oplus H_k(e^k) & \to H_k(M^b) \xrightarrow{\delta_*} & H_{k-1}(\partial e^k) & \to \\ & \| & & & \| & \\ & 0 & 0 & & R & \end{array}$$

可以看到

$$H_k(M^b) = H_k(M^a) \oplus \mathrm{Im}\ \delta_*.$$

若记 $\beta_k(X)$ 是空间 X 的 k 维 Betti 数, $C_k(X)$ 为 X 函数 f 的指标为 k 的临界点数, 则有如下关系

$$\beta_k(M^b) = \begin{cases} \beta_k(M^a)+1, & \text{当 Im } \delta_* = R, \\ \beta_k(M^a), & \text{当 Im } \delta_* = 0, \end{cases}$$
$$C_k(M^b) = C_k(M^a) + 1.$$

将此关系递推地延拓到整个 M 上便得到

$$C_k(M) \geqslant \beta_k(M), \qquad 0 \leqslant k \leqslant n.$$

这就是著名的 Morse 不等式.

关于 Morse 不等式具有下面更一般的结果.

定理 5.17 (Morse 不等式) 令 M 是一个 n 维紧流形, C_k 为 M 上函数 f 指标为 k 的临界点数, β_k 和 τ_k 分别为 M 的 k 维 Betti 数与 k 维挠子群个数. 则有如下两个不等式:

$$C_k \geqslant \beta_k + \tau_k + \tau_{k-1}, \tag{5.4.31}$$

$$C_m - C_{m-1} + - \cdots + (-1)^m C_0 \geqslant \beta_m - \beta_{m-1} + - \cdots + (-1)^m \beta_0. \tag{5.4.32}$$

并且当 $m = n$ 时, (5.4.32) 变为等式

$$\sum_{k=0}^{n} (-1)^k C_k = \chi(M). \tag{5.4.33}$$

证明 公式 (5.4.33) 可由 (5.4.32) 推出. $m = n$ 和 $n+1$ 的 (5.4.32) 为

$$\sum_{k=0}^{n} (-1)^{n-k} C_k \geqslant \sum_{k=1}^{n} (-1)^{n-k} \beta_k,$$
$$C_{n+1} - \sum_{k=0}^{n} (-1)^{n-k} C_k \geqslant \beta_{n+1} - \sum_{k=0}^{n} (-1)^{n-k} \beta_k.$$

由于 $\dim M = n, C_{n+1} = \beta_{n+1} = 0$. 从上面两个不等式便得到 (5.4.33), 使得对应于 f 的每个临界值只有一个临界点. 用局部截断函数的摄动方法从任一个 Morse 函数 f 可构造出这样的函数 f', 使得 f' 与 f 的同指标临界点一一对应. 令实数列

$$a_1 < a_2 < \cdots < a_N, \tag{5.4.34}$$

使得 M^{a_i} 含有严格的 i 个临界点, 并且 $M^{a_N} = M$. 令

$$M^{a_{i+1}} = M^{a_i} \cup e^k, \quad k \text{ 是 } f^{-1}[a_i, a_{i+1}] \text{ 中临界点指标.}$$

关于整系数同调群的 Mayer-Vietoris 序列如下:

$$\begin{array}{cccc}
0 \to H_k(M^{a_i}) \oplus & H_k(e^k) \to H_k(M^{a_{i+1}}) \xrightarrow{\delta_*} & & H_{k-1}(\partial e^k) \xrightarrow{i_*} \\
 & \| & & \| \\
 & 0 & & \mathbb{Z}(\mathbb{Z}\oplus\mathbb{Z}\text{对}k=1) \\
\xrightarrow{i_*} H_{k-1}(M^{a_i}) \oplus & H_{k-1}(e^k) \to H_{k-1}(M^{a_{i+1}}) \to 0 & & \\
 & \| & & \\
 & 0(\mathbb{Z}\text{当}k=1) & &
\end{array}$$

从这个正合序列可推出

$$\beta_k(M^{a_{i+1}}) = \begin{cases} \beta_k(M^{a_i}) + 1, & \text{当 } \operatorname{Im} \delta_* = \mathbb{Z}, \\ \beta_k(M^{a_i}), & \text{当 } \operatorname{Im} \delta_* = 0. \end{cases} \tag{5.4.35}$$

而当 $\operatorname{Im} \delta_* = 0$ 时

$$\begin{cases} \beta_{k-1}(M^{a_{i+1}}) = \beta_{k-1}(M^{a_i}) - 1, \\ \tau_{k-1}(M^{a_{i+1}}) = \tau_{k-1}(M^{a_i}) + 1, \end{cases} \quad \text{若 } \operatorname{Im} i_* = 2\mathbb{Z}. \tag{5.4.36}$$

而 $M^{a_{i+1}}$ 与 M^{a_i} 上的指标为 k 的临界点数满足

$$C_k(M^{a_{i+1}}) = C_k(M^{a_i}) + 1. \tag{5.4.37}$$

注意到 (5.4.36) 的事件意味着对所有 k $(0 \leqslant k \leqslant n)$ 有

$$\tau_k(M^{a_{i+1}}) = \tau_k(M^{a_i}) + 1 \Rightarrow \beta_k(M^{a_{i+1}}) = \beta_k(M^{a_{i-1}}) - 1.$$

虽然这个关系式是由穿越 $(k+1)$ 指标的临界点产生的效应, 然而它却使 τ_k 同时进入 k 和 $k+1$ 的不等式 (5.4.31) 右端的计数. 换句话讲, 从公式 (5.4.35)~(5.4.37) 可推出 (5.4.31).

最后证明不等式 (5.4.32). 从 (5.4.34) 可得空间序列

$$M^{a_1} \subset M^{a_2} \subset \cdots \subset M^{a_N} = M.$$

令临界点 $x_i \in M^{a_i} - M^{a_{i-1}}$ 的指标为 k_i. 则实系数相对同调群

$$\begin{aligned} H_q(M^{a_i}, M^{a_{i-1}}) &= H_q(M^{a_i} \cup e^{k_i}, M^{a_i}) \\ &= H_q(e^{k_i}, \partial e^{k_i}) \quad (\text{由切除定理}) \\ &= \begin{cases} R, & q = k_i, \\ 0, & q \neq k_i. \end{cases} \end{aligned} \tag{5.4.38}$$

记 $\beta_k(M^{a_i}, M^{a_{i-1}})$ 是 $H_k(M^{a_i}, M^{a_{i-1}})$ 的秩数 (Betti 数), $C_k(M^{a_i}, M^{a_{i-1}})$ 为 $M^{a_i} - M^{a_{i-1}}$ 中的 k 指标临界点数. 由 (5.4.38) 可知

$$\begin{cases} \beta_k(M^{a_i}, M^{a_{i-1}}) = C_k(M^{a_i}, M^{a_{i-1}}), \\ \displaystyle\sum_{i=1}^N \beta_k(M^{a_i}, M^{a_{i-1}}) = C_k(M), \quad M^{a_0} = \varnothing. \end{cases} \tag{5.4.39}$$

为了证明 (5.4.33), 记 β_k 的交错和为

$$S_k(M^{a_i}, M^{a_{i-1}}) = \sum_{j=0}^k (-1)^{k-j} \beta_j(M^{a_i}, M^{a_{i-1}}).$$

从 (5.4.39) 可得

$$\begin{aligned} \sum_{i=1}^N S_k(M^{a_i}, M^{a_{i-1}}) &= \sum_{i=1}^N \sum_{j=0}^k (-1)^{k-j} \beta_i(M^{a_i}, M^{a_{i-1}}) \\ &= \sum_{j=0}^k (-1)^{k-j} C_j(M). \end{aligned} \tag{5.4.40}$$

这是不等式 (5.4.32) 的左端. 因此, 如果能够证明

$$\sum_{i=1}^N S_k(M^{a_i}, M^{a_{i-1}}) \geqslant S_k(M) \left(= \sum_{j=0}^k (-1)^{k-j} \beta_j(M) \right), \tag{5.4.41}$$

则从 (5.4.40) 立刻得到所要证的不等式 (5.4.32).

下面证明 (5.4.41). 对于空间序列

$$M^{a_{i-1}} \subset M^{a_i} \subset M^{a_{i+1}} \text{ 即空间偶 } (M^{a_{i+1}}/M^{a_{i-1}}, M^{a_i}/M^{a_{i-1}})$$

有下面实系数相对同调群正合序列 (由 (2.4.2) 和定理 2.17)

$$\begin{aligned} &\xrightarrow{\partial_*} H_k(M^{a_i}, M^{a_{i-1}}) \xrightarrow{i_*} H_k(M^{a_{i+1}}, M^{a_{i-1}}) \xrightarrow{j_*} H_k(M^{a_{i+1}}, M^{a_i}) \\ &\xrightarrow{\partial_{k-1}} H_{k-1}(M^{a_i}, M^{a_{i-1}}) \xrightarrow{i_{k-1}} H_{k-1}(M^{a_{i+1}}, M^{a_{i-1}}) \xrightarrow{j_{k-1}} H_{k-1}(M^{a_{i+1}}, M^{a_i}) \\ &\hookrightarrow \cdots \longrightarrow H_0(M^{a_{i+1}}, M^{a_i}) \longrightarrow 0. \end{aligned}$$

这个序列的正合性意味着

$$\begin{aligned}&\text{秩 } \partial_k + \text{ 秩 } i_k = \beta_k(M^{a_i}, M^{a_{i-1}}),\\&\text{秩 } i_k + \text{秩 } j_k = \beta_k(M^{a_{i+1}}, M^{a_{i-1}}),\\&\text{秩 } j_k + \text{秩 } \partial_{k-1} = \beta_k(M^{a_{i+1}}, M^{a_i}),\\&\qquad\cdots\cdots\end{aligned}$$

这里同态 h 的秩序 $=h$ 像的维数. 从这可推出

$$\begin{aligned}\text{秩 } \partial_k =& \beta_k(M^{a_i}, M^{a_{i-1}}) - \beta_k(M^{a_{i+1}}, M^{a_{i-1}}) + \beta_k(M^{a_{i+1}}, M^{a_i})\\&-\beta_{k-1}(M^{a_i}, M^{a_{i-1}}) + \beta_{k-1}(M^{a_{i+1}}, M^{a_{i-1}}) - \beta_k(M^{a_{i+1}}, M^{a_i})\\&\pm \quad \vdots \quad \mp \quad \vdots \quad \pm \quad \vdots\\&+(-1)^k\beta_0(M^{a_i}, M^{a_{i-1}}) - (-1)^k\beta_0(M^{a_{i+1}}, M^{a_{i-1}}) + (-1)^k\beta_0(M^{a_{i+1}}, M^{a_i}).\end{aligned}$$

于是得到

$$\text{秩 } \partial_k = S_k(M^{a_i}, M^{a_{i-1}}) - S_k(M^{a_{i+1}}, M^{a_{i-1}}) + S_k(M^{a_{i+1}}, M^{a_i}) \geqslant 0,$$

即

$$S_k(M^{a_{i+1}}, M^{a_i}) + S_k(M^{a_i}, M^{a_{i-1}}) \geqslant S_k(M^{a_{i+1}}, M^{a_{i-1}}). \tag{5.4.42}$$

递推地, 从 (5.4.42) 便可得到

$$\begin{aligned}S_k(M) = S_k(M^{a_N}, M^{a_0}) &\leqslant S_k(M^{a_N}, M^{a_{N-1}}) + S_k(M^{a_{N-1}}, M^{a_0})\\&\leqslant \sum_{i=1}^{N} S_k(M^{a_i}, M^{a_{i-1}}).\end{aligned}$$

这就是 (5.4.41). 从而该定理证毕.

5.4.5 最少临界点数与流形分解

这一小节总是假设 M 是 n 维紧流形. 令

$$\#\,(f, M) = \min_f \#f, \qquad \#f = \{f:\ M \to R^1 \text{ 的临界点数}\}.$$

它是 M 上函数的最少临界点数, 是一个有限整数并且是拓扑不变量. 再令 $\#(f, M)_k$ 代表 M 上指标为 k 的最少临界点数. 显然有

$$\#(f, M) = \sum_{k=0}^{n} \#(f, M)_k.$$

定理 5.15 告诉我们

$$\#(f,M)_k \geqslant \beta_k + \tau_k + \tau_{k-1}, \tag{5.4.43}$$

$$\#(f,M) \geqslant \sum_{k=0}^{n}(\beta_k + \tau_k + \tau^k), \tag{5.4.44}$$

其中 β_k, τ_k 如定理 5.15, τ^k 是上同调群 $H^k(M,\mathbb{Z})$ 挠子群的个数.

然而在 (5.4.43) 和 (5.4.44) 中一般情况下等号不成立. 这说明 β_k, τ_k 和 τ^k 作为反映 M 最少临界点数的拓扑不变量不是最好的选择. 那么, 是否存在 M 的一个与 $\#(f,M)$ 相等的拓扑不变量呢? 回答是肯定的. 注意到, 不等式 (5.4.43) 和 (5.4.44) 是从关系式

$$M^{c+\varepsilon} \simeq M^{c-\varepsilon} \cup e^k, \qquad \text{当 } C \text{ 为指标 } k \text{ 的临界值时} \tag{5.4.45}$$

获得的. 这就本质上决定了 (5.4.43) 和 (5.4.44) 中的不等号不能变为等号. 然而, 当用公式 (5.4.25) 来取代 (5.4.45) 时, 则情形就不同了. 细心观察公式 (5.4.25):

$$M^{c+\varepsilon} = M^{c-\varepsilon} \bigcup_{\varphi} I^n.$$

它表明水平集 M^a 当 a 穿越一个临界值 (只对应一个临界点) 时, M^a 严格地增加一个 n 维闭盘 (n 维方体或闭球体). 于是有

$$\#f = M \text{ 的一个 } n \text{ 维闭盘分解数}.$$

从这个公式立刻推出

$$\#(f,M) = M^{\#}, \tag{5.4.46}$$

其中 $M^{\#}$ 是 M 的最少闭盘分解数,

$$M^{\#} = \min\{K|\ K \text{ 是 } M \text{ 的一个闭盘分解数}\}.$$

例如, 一个球面 S^n 最少闭盘分解数为 2, 即 $(S^n)^{\#} = 2$. 一个轮胎面 T^2 的最少数为 4, $(T^2)^{\#} = 4$. 而实投影空间 P^2 为 3, $(P^2)^{\#} = 3$.

定义 5.14 一个紧流形 M 的最少闭盘分解数, 记为 $M^{\#}$, 简称为 M 的流形数, 它明显是一个拓扑不变量.

流形数具有下面两个基本性质:

$$(M \times N)^{\#} = M^{\#} \times N^{\#} \quad (M, N \text{ 的维数不一定相同}),$$

$$(M\#N)^{\#} = M^{\#} + N^{\#} - 2 \quad (\dim M = \dim N), \tag{5.4.47}$$

其中 $M\#N$ 表示 M 与 N 各挖去一个闭盘后的粘接和, 见 2.2.2 小节. 公式 (5.4.47) 从下面关系容易看出. 令

$$M = D_1 \cup \cdots \cup D_k \text{ 是 } M \text{ 的一个闭盘分解}, \ k = M^{\#},$$

$$N = \tilde{D}_1 \cup \cdots \cup \tilde{D}_r \text{ 是 } N \text{ 的一个闭盘分解}, \ r = N^{\#}.$$

则有

$$M\times N=\bigcup_{i,j}^{k\times r}D_i\times\tilde{D}_j \text{ 是 } M\times N \text{ 的一个最少闭盘分解.}$$

而 (5.4.47) 的第二个公式可直接由定义看出.

从 (5.4.46) 和 (5.4.47) 立刻得到如下定理.

定理 5.18 一个紧流形 M 的流形数 $M^\#$ 与 M 上的最少临界点数 $\#(f,M)$ 满足如下基本公式

$$\begin{cases} \#(f,M)=M^\#, \\ \#(f,M\times N)=\#(f,M)\times\#(f,N), \\ \#(f,M\#N)=\#(f,M)+\#(f,N)-2. \end{cases} \tag{5.4.48}$$

实际上, 更一般地对于一个纤维丛

$$\begin{array}{ccc} F & \to & E \\ & & \downarrow \\ & & M \end{array}$$

若存在截面映射 $s:\ M\to E$, 则同样有如下公式

$$\#(f,E)=\#(f,M)\times\#(f,F).$$

考察 (2.2.16)~(2.2.17) 可以发现, 流形的共轭元数, 记为

$$K(M)=M \text{ 上所有共轭元总数.}$$

也满足如 (5.4.47) 和 (5.4.48) 那样的乘积与求和公式, 即

$$\begin{aligned} &K(M\times N)=K(M)\times K(N), \\ &K(M\#N)=K(M)+K(N)-2. \end{aligned} \tag{5.4.49}$$

这三个关系 (5.4.47)~(5.4.49) 告诉我们, $K(M)$ 与 M 的流形数 $M^\#$ 和最少临界点数 $\#(f,M)$ 之间存在着某种关联. 下面的公式被推测成立.

假设 M 的基本群 $\pi_1(M)$ 是可交换的, 则有

$$K(M)=\#(f,M)=M^\#. \tag{5.4.50}$$

注 5.7 当 M 是 n 维 Poincaré 球时, 即 M 是一个满足下面性质的流形

$$H_q(M)=\begin{cases} \mathbb{Z}, & q=0,n, \\ 0, & q\neq 0,n, \end{cases} \tag{5.4.51}$$

$$\pi_1(M)\neq 0, \tag{5.4.52}$$

则公式 (5.4.50) 不成立. 此时 M 只有两个共轭元: M 上的一点 p 和 M 本身, 因而 $K(M)=2$. 而由 Reeb 定理 (定理 5.13), $\#(f,M)>2$. 因而 (5.4.50) 对于 Poincaré 球面不成立. 因而对所有含有 Poincaré 球面作为共轭元的流形该公式都不成立, $\pi_1(M)$ 是可交换的条件排除了这种可能性.

当 M 和 N 都是 n 维 Poincaré 球面时, 由定理 2.19 和 Van Kampen 定理 (定理 4.11) 可以推知 $M\#N$ 仍然是一个 Poincaré 球. 再由公式 (5.4.47), $M\#N$ 的流形数为

$$(M\#N)^{\#}=M^{\#}+N^{\#}-2>\max\{M^{\#},N^{\#}\}.$$

这表明对每个给定维数, 有无穷多个互不同胚的 Poincaré 球, 并且这个集合的流形数没有上界. 记

$$PS(n)=\text{所有 } n \text{ 维 Poincaré 球的集合}.$$

可以证明

$$M^{\#}\geqslant 6 \text{ 是一个偶数}, \quad \forall M\in PS(n). \tag{5.4.53}$$

下面给出 (5.4.53) 简要证明. 由 Hurewicz 定理 (定理 4.10).

$$H_1(M)=\pi_1(M)/\pi_1 \text{ 换位子群}.$$

再由 $\pi_1(M)\neq 0$ 与 $H_1(M)=0$ 可知, 至少有两个非零元素 $a,b\in\pi_1(M)$ 使得

$$a\cdot b\neq b\cdot a,\quad a\cdot a=0,\quad b\cdot b=0.$$

知

$$\pi_q(X\cup e^m)=\pi_q(X),\quad \forall q\leqslant m-2,$$
$$\pi_{m-1}(X)\to\pi_{m-1}(X\cup e^m) \text{ 是满射}.$$

因此, 对应于每个非零元素 $a\in\pi_1(M)$ 唯一存在一个指标 $k=1$ 的临界点 $x_0\in M, c=f(x_0)$ 使得

$$M^{c+\varepsilon}\simeq M^{c-\varepsilon}\cup e^1.$$

再由 Mayer-Vietoris 序列可推出 (参见 (5.4.35) 和 (5.4.36)),

$$H_1(M^{c+\varepsilon})=H_1(M^{c-\varepsilon})\oplus\mathbb{Z}.$$

因此要消灭 $H_1(M^{c+\varepsilon})$ 中出现的非零元素必须有一个指标 2 的临界点, 即

$$M^b\simeq M^{c+\varepsilon}\cup e^2,\quad b>c+\varepsilon,$$

使得

$$H_1(M^b) = H_1(M^{c-\varepsilon}).$$

于是 f 至少有 6 个临界点：指标 $k=0,n$ 的点, 至少两个 $k=1$ 的点, 对应每个 $k=1$ 的点存在一个 $k=2$ 的点. 再由 $H_q(M)=0$, 对 $q\neq 0,n$, 指标为 k 与 $k+1$ 成对出现. 故 f 临界点为偶数个. 这样便得 (5.4.53).

5.4.6 h 配边定理与 $n\geqslant 5$ 的 Poincaré 猜想

h 配边定理是 Morse 理论在应用中的一个重要结果. 该定理是由 Smale 在 1962 年提出, 再由 Milnor 于 1963 年给出完善地证明, 参见文献 [26]. 该定理的一个直接推论就是关于 $n\geqslant 5$ 的广义 Poincaré 猜想的证明. 这里我们将对 h 配边定理以及在广义 Poincaré 猜想的应用给出一个轮廓性的介绍.

令 M 是一个 n 维紧带边的光滑流形, $\partial M=\Gamma_1\cup\Gamma_2$ 是由两个不交的 $n-1$ 维光滑紧流形 Γ_1 和 Γ_2 构成. 通常记为 (M,Γ_1,Γ_2), 叫做配边流形.

下面给出的就是 h 配边定理.

定理 5.19 (h 配边定理) 令 (M,Γ_1,Γ_2) 是一个配边的流形. 假设满足下面条件：

(1) $\dim M=n\geqslant 6$;

(2) M,Γ_1 和 Γ_2 都是单连通的;

(3) 整系数相对同调群 $H_q(M,\Gamma_1)=0,\forall q\in\mathbb{Z}$, 那么 M 与 $\Gamma_1\times[0,1]$ 是微分同胚的, 即 $M=\Gamma_1\times[0,1]$.

注 5.8 该定理的条件 (1) 并非是本质的, 现已知道 h 配边定理对所有 $n\geqslant 1$ 都成立 ($n=1,2$ 是平凡的). 只是 $n\geqslant 6$ 的情况可应用 Morse 理论证得, 而对于 $n=3,4,5$ 情况就不同了.

注 5.9 条件 (3) 的 $H_q(M,\Gamma_1)=0$ 可推出 $H_q(M,\Gamma_2)=0$, 即

$$H_q(M,\Gamma_1)=0,\quad \forall q \Leftrightarrow H_q(M,\Gamma_2)=0,\quad \forall q.$$

这可由配边流形 (M,Γ_1,Γ_2) 的 Poincaré 对偶推出[26]

$$H_q(M,\Gamma_1)=H^{n-q}(M,\Gamma_2),\qquad 若\ M\ 可定向.$$

因而 $H_*(M,\Gamma_1)=0 \Rightarrow H^*(M,\Gamma_2)=0 \Rightarrow H_*(M,\Gamma_2)=0$. 此外 M 是单连通的假设意味着 M 是可定向的.

注 5.10 注意到相对同调群的实质为

$$H_q(M,\Gamma_1)=H_q(M/\Gamma_1),\qquad q\neq 0,$$

这里 M/Γ_1 是 M 将 Γ_1 捏成一点所成空间. 因此条件 (3) 可等价地说, M/Γ_1 具有 n 维盘 D^n 相同的同调群. 因而 h 配边定理从本质上讲与下面闭盘定理是等价的.

闭盘定理是说, 若 M 是一个带边的 n 维紧流形, M 与 ∂N 都是单连通的 (相当于定理 5.17 的条件 (2)), 并且

$$H_q(M) = \begin{cases} 0, & q \neq 0, \\ \mathbb{Z}, & q = 0, \end{cases} \quad \text{(这相当于条件 (3))},$$

则 M 同胚于一个 n 维闭盘 D^n.

此外, h 配边定理的条件 (2) 不可去掉. 例如, 对于一个 n 维 Poincaré 球 PS^n, 在 PS^n 上挖去两个不交 n 维开盘后,

$$M = PS^n - D_1^n - D_2^n,$$

则 M 是一个配边流形 (M, Γ_1, Γ_2), $\Gamma_1 \simeq \Gamma_2 \simeq S^{n-1}$ $(n \geqslant 3)$. 此外,

$$\begin{aligned} H_0(M,\Gamma_1) &= 0, \quad \text{由相对同调群基本性质}, \\ H_q(M,\Gamma_1) &= H_q(M/\Gamma_1) = H_q(PS^n - D_2^n) \quad (\text{对 } q \neq 0) \\ &= \begin{cases} 0, & q = n, \\ H_q(PS^n), & q \neq n, 0, \end{cases} \quad (\text{由定理 2.19}) \\ &= 0, \quad \forall q, \quad \text{由(5.4.51)}. \end{aligned}$$

因而 (M, Γ_1, Γ_2) 满足条件 (3). 但是由 (5.4.52) 和 Van Kampen 定理 (定理 4.11), M 是非单连通的,

$$\pi_1(M) = \pi_1(PS^n) \neq 0.$$

因此, M 与 $S^{n-1} \times [0,1]$ 不同胚 $(n \geqslant 3)$.

h 配边定理是看上去平凡 (容易理解). 但是证明不平凡. 由于 Poincaré 球面的存在性, 使得该定理变得很重要了.

定理 5.17 的证明是由如下几个环节构成.

(1) 首先证明 (M, Γ_1, Γ_2) 上存在 Morse 函数

$$f:\ M \to [0,1], \quad \text{s.t. } \Gamma_1 = f^{-1}(0), \quad \Gamma_2 = f^{-1}(1), \tag{5.4.54}$$

并且 0 和 1 都是 f 的正则值.

(2) 整个定理的证明是建立在这样一个结论基础之上的, 即 M 是微分同胚于 $\Gamma_1 \times [0,1]$ 的充要条件是存在一个如 (5.4.55) 那样的 Morse 函数 f, 并且 f 在 M 上没有临界点. 根据这个定理, 要证明定理 5.17 只需在 M 上找出一个没有临界点的函数即可.

(3) 考虑函数 $f:\ M \to R^1$ 的一个指标 k 的临界点 $x_0 \in M, c = f(x_0)$, 则对 $\varepsilon > 0$ 充分小, 水平集

$$M^{c+\varepsilon} = M^{c-\varepsilon} \cup e^k. \tag{5.4.55}$$

由相对 Mayer-Vietoris 序列 (见 2.4.4 小节), 关于空间 (5.4.55) 及

$$A = \Gamma_1 \subset M^{c-\varepsilon}, \quad B = \varnothing \subset e^k, \quad M^{c-\varepsilon} \cap e^k = \partial e^k,$$

有如下正合序列. 当 $q \neq k, k-1$ 时,

$$0 \to H_q(M^{c-\varepsilon}, \Gamma_1) \to H_q(M^{c+\varepsilon}, \Gamma_1) \to 0.$$

而对 $n > k > 1$ 有

$$0 \longrightarrow H_k(M^{c-\varepsilon}, \Gamma_1) \to H_k(M^{c+\varepsilon}, \Gamma_1) \xrightarrow{\partial_*} \mathbb{Z} \xrightarrow{i_*} H_{k-1}(M^{c-\varepsilon}, \Gamma_1)$$
$$\hookrightarrow H_{k-1}(M^{c+\varepsilon}, \Gamma_1) \to 0.$$

从这两个正和序列可得

$$\begin{aligned}
&\beta_q(M^{c+\varepsilon}) = \beta_q(M^{c-\varepsilon}), \quad q \neq k, k-1, \\
&\tau_q(M^{c+\varepsilon}) = \tau_q(M^{c-\varepsilon}), \quad q \neq k, k-1, \\
&\beta_k(M^{c+\varepsilon}) = \begin{cases} \beta_k(M^{c-\varepsilon}), & \text{当 } \operatorname{Im} \partial_* = 0, \\ \beta_k(M^{c-\varepsilon}) + 1, & \text{当 } \operatorname{Im} \partial_* \neq 0, \end{cases} \\
&\tau_k(M^{c+\varepsilon}) = \tau_k(M^{c-\varepsilon}), \\
&\beta_{k-1}(M^{c+\varepsilon}) = \begin{cases} \beta_{k-1}(M^{c-\varepsilon}), & \text{当 } \operatorname{Im} \partial_* = \mathbb{Z}, \\ \beta_{k-1}(M^{c-\varepsilon}) - 1, & \text{当 } \operatorname{Im} \partial_* = 0, \end{cases} \\
&\tau_{k-1}(M^{c+\varepsilon}) = \begin{cases} \tau_{k-1}(M^{c-\varepsilon}), & \text{当 } \operatorname{Im} \partial_* = \mathbb{Z}, \text{ 或 } \operatorname{Im} i_* = \mathbb{Z}, \\ \tau_{k-1}(M^{c-\varepsilon}) + 1, & \text{当 } \operatorname{Im} i_* = p\mathbb{Z}, \ p \neq 1, \\ \tau_{k-1}(M^{c-\varepsilon}) - 1, & \text{当 } \operatorname{Im} \partial_* = p\mathbb{Z}, \ p \neq 1, \end{cases}
\end{aligned} \tag{5.4.56}$$

这里 $\beta_k(X)$ 和 $\tau_k(X)$ 分别代表 $H_k(X, \Gamma_1)$ 的 Betti 数和挠子群个数.

从 (5.4.56) 可以看出, 当 $k \neq 0, n$ 的临界点增加了 k 维相对同调群的一个非零元素时, 必须再出现一个指标 $k+1$ 的临界点以消去这个非零元素, 而当 $k = n, 0$ 时, 如图 5.27 所示, 必有 $n-1$ 和 1 指标临界点以消去它们对零维同调群产生的非零元素.

图 5.27 (a) x_n, x_{n-1} 分别为指标 $n, n-1$ 临界点; (b) x_0, x_1 的指标为 0 和 1

上述规律告诉我们, 定理的条件

$$H_q(M,\Gamma_1)=0, \qquad \forall q\in\mathbb{Z}$$

意味着满足 (5.4.55) 的函数 $f: M\to[0,1]$, 它的临界点以指标为 k 和 $k+1$ 方式成对出现, 即 f 的所有临界点可配成对

$$\{x_{k_i},\ x_{k_i+1}\},\quad 1\leqslant i\leqslant m,\quad x_j \text{ 表示指标为 } j \text{ 的临界点}. \tag{5.4.57}$$

另一方面, (5.4.56) 的理论分析也表明只有如 (5.4.57) 那样配对的临界点才可能在 f 的如图 5.28 所示那样的形变过程被消除掉. 换句话说, 若 f 所有临界点都可按 (5.4.57) 那样配成对, 使得每对临界点对 f 水平集同调群没有贡献, 即

$$H_*(M^b,\Gamma_1)=H_*(M^a,\Gamma_1),\quad \text{当 } f^{-1}[a,b] \text{ 只含配对临界点}, \tag{5.4.58}$$

则才可能存在一个函数 $f': M\to R^1$, 使得 f' 没有临界点.

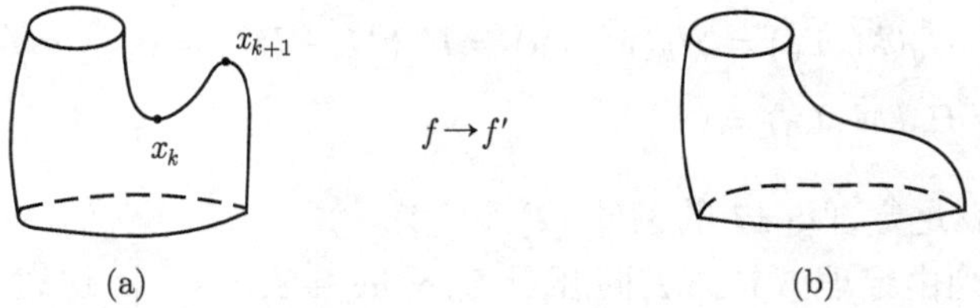

图 5.28 (a) 是 f 的图像; (b) 是 f' 的图像. f 在形变到 f' 时临界点消失

(4) 接下来要证明的是, 在定理 5.17 的 (1)~(3) 条件下, 满足 (5.4.57) 和 (5.4.58) 那样的配对临界点一定能够通过 f 的形变被消除. 从而证得 h 配边定理.

这里需要说明的是, 第 (4) 步的证明是最具技术性. 在文献 [26] 中, 只有在 $n\geqslant 6$ 的条件下, 那种配对的临界点才能被证明是可消除的. 其实, 无论是 h 配边定理还是 Poincaré 猜想, 它们的本质可归纳成满足 (5.4.57) 和 (5.4.58) 那种配对临界点的可消除性. 用上述方法可直接证得 $n\geqslant 6$ 的 Poincaré 猜想. 然而应用 h 配边定理可证得 $n\geqslant 5$ 的 Poincaré 猜想.

正如注 5.10 所述那样, 从定理 5.17 立刻可推得下面闭盘定理.

定理 5.20 假设 M 是一个 n 维带边紧流形, $n\geqslant 6$, 并且 M 与 ∂M 都是单连通的. 则下面结论是等价的:

(1) M 是同胚于一个 n 维闭盘 D^n;

(2) M 是可缩的;

(3) M 与一点具有相同的整系数同调群.

同样地, 可以证得下面广义 Poincaré 猜想.

定理 5.21 ($n\geqslant 5$ 的 Poincaré 猜想) 令 M 是一个 n 维紧流形, $n\geqslant 5$, 具有与 S^n 相同的整系数同调群, 并且 M 是单连通的. 则 M 同胚于 S^n.

证明　可找到一个 Morse 函数 $f: M \to R^1$, 使得 f 的最大与最小点都是唯一的. 令 x_0, x_1 是最小和最大点,

$$c_0 = f(x_0), \quad c_1 = f(x_1).$$

则由定理 5.12 可知

$$\tilde{M} = f^{-1}[c_0 + \varepsilon,\ c_1 - \varepsilon], \quad \varepsilon > 0 \text{ 充分小},$$

是 M 挖去两个 n 维开盘的配边流形, 即

$$\begin{aligned} &\tilde{M} = M - D_0^n - D_1^n, \\ &\partial\tilde{M} = \Gamma_0 \cup \Gamma_1, \quad \Gamma_0 = \partial D_0^n \simeq S^{n-1}, \quad \Gamma_1 = \partial D_1^n \simeq S^{n-1}. \end{aligned}$$

因此 $(\tilde{M}, \Gamma_0, \Gamma_1)$ 是紧配边流形. 并且 $\tilde{M}, \Gamma_0, \Gamma_1$ 都是单连通的. 此外,

$$\begin{aligned} &H_q(\tilde{M}, \Gamma_0) = H_q(\tilde{M}/\Gamma_0) = H_q(M - D_1^n) = 0, \quad q \neq 0, \\ &H_0(\tilde{M}, \Gamma_0) = 0. \end{aligned}$$

故 $(\tilde{M}, \Gamma_0, \Gamma_1)$ 满足定理 5.17 的条件 (2) 和 (3).

令 $n \geqslant 6$. 则由定理 5.17, $\tilde{M}$ 同胚于 $\Gamma_0 \times [c_0 + \varepsilon, c_1 - \varepsilon]$. 这意味着对 f 在 $\tilde{M}$ 上的限制函数

$$f: \tilde{M} \to [c_0 + \varepsilon, c_1 - \varepsilon], \quad \Gamma_0 = f^{-1}(c_0 + \varepsilon), \quad \Gamma_1 = f^{-1}(c_1 - \varepsilon),$$

可以找到一个函数

$$\tilde{f}: \tilde{M} \to [c_0 + \varepsilon, c_1 - \varepsilon],$$

使得 $\tilde{f}$ 在 $\tilde{M}$ 上没有临界点, 并且

$$\tilde{f} = f \quad \text{在 } \Gamma_0,\ \Gamma_1 \subset \tilde{M} \text{ 的一个小邻域内}.$$

于是函数

$$g = \begin{cases} f, & \text{在 } M - \tilde{M} \text{ 中}, \\ \tilde{f}, & \text{在 } \tilde{M} \text{ 中} \end{cases}$$

是 M 上的一个 Morse 函数, 仅有两个临界点. 再由 Reeb 定理 (定理 5.13) 就推出 M 同胚于 S^n 对 $n \geqslant 6$.

对于 $n = 5$, 需要 Kervair 和 Milnor 的一个定理. 该结果说, 若 M 是 n 维单连通紧流形, $4 \leqslant n \leqslant 6$, 并且有 S^n 的整系数同调群, 则 M 是一个 $n+1$ 维紧可缩空间 B^{n+1} 的边界 $M = \partial B^{n+1}$, 见文献 [26]. 根据这个结果, 再由定理 5.18, 当 $n = 5$ 时, B^{n+1} 是一个 $n+1$ 维闭盘. 故 $M = \partial B^6$ 是一个球面. 定理证毕.

5.5 Morse 理论 (II)

5.5.1 能量泛函及其临界点的 Morse 指标

II 型 Morse 理论是 I 型理论的相似物, 它们是平行的两套系统. II 型理论主要是讨论 Riemann 流形 M 上测地线的性质, 以及测地线与道路空间 ΩM 的拓扑结构之间的关系. 我们将从它的基本概念: 能量泛函、临界点及其 Morse 指标开始.

令 (M, g_{ij}) 是一个 n 维 Riemann 流形, g_{ij} 是 M 上的一个度量张量. 设 $a, b \in M$ 是两个点 (可以相同). 在 M 上引入一个连接 a, b 两点的逐段光滑的道路空间, 记为

$$\Omega M(a,b) = \{\gamma :\ [0,1] \to M |\ \gamma \text{ 逐段光滑},\ \gamma(0) = a,\ \gamma(1) = b\}.$$

这里道路 γ 逐段光滑意味着存在有限个点

$$0 = t_0 < t_1 < \cdots < t_k = 1,$$

使得 γ 在每个区间 $[t_{i-1}, t_{i+1}]$ 中是 C^∞ 的. $\Omega M(a,b)$ 是一个无穷维的拓扑空间, 见 4.2.7 小节.

在 $\Omega M(a,b)$ 上引入一个泛函

$$E :\ \Omega M(a,b) \to R^1, \tag{5.5.1}$$

称作能量泛函, 定义为

$$E(\gamma) = \int_0^1 g_{ij}(\gamma(t)) \frac{dx^i}{dt} \frac{dx^j}{dt} dt, \tag{5.5.2}$$

其中 $(x^1, \cdots, x^n)$ 是 M 的局部坐标, 这里上标表示是反变张量, 下标表示协变张量, 并采用 Einstein 的张量求和约定, $d\gamma/dt$ 的分量表示为

$$\frac{d\gamma}{dt} = \left(\frac{dx^1}{dt}, \cdots, \frac{dx^n}{dt} \right).$$

(M, g_{ij}) 在切空间 TM 上具有内积结构,

$$\langle u, v \rangle = g_{ij} u^i v^j, \quad \forall M \text{ 上向量场 } u, v.$$

因此 (5.5.2) 又可表示为

$$E(\gamma) = \int_0^1 \left\langle \frac{d\gamma}{dt}, \frac{d\gamma}{dt} \right\rangle dt = \int_0^1 \left\| \frac{d\gamma}{dt} \right\|^2 dt.$$

在物理中, $\frac{1}{2}E$ 表示一个运动轨道为 γ 的单位质点的总动能. 这就是将 (5.5.2) 称作能量泛函的原因.

对每一点 $\gamma \in \Omega M(a,b)$, (5.5.1) 的导算子 $\delta E(\gamma)$ 是一个切映射. $\delta E(\gamma)$: $T_\gamma\Omega M \to R^1$, 即 $\delta E(\gamma)$ 是 $T_\gamma\Omega M$ 上的一个线性泛函. 这说明

$$\delta E:\ \Omega M(a,b) \to T^*\Omega M, \tag{5.5.3}$$

这里 $T^*\Omega M$ 是 $T\Omega M$ 的对偶空间, 即 $T\Omega M$ 上所有线性泛构成的空间.

定义 5.15 M 上一个道路 $\gamma \in \Omega M(a,b)$ 称作是能量泛函 E 的一个临界点, 若导算子 δE 在 γ 为零, 即

$$\delta E(\gamma) = 0. \tag{5.5.4}$$

E 的临界点 γ 的几何意义非常明确, 即 γ 是 M 上一条连接 a 与 b 的测地线. 这个结论的证明需要一些 Riemann 几何知识, 我们将要排下一节专门介绍这些相关理论.

为了定义临界点的 Morse 指标需要考察 (5.5.1) 的二次导算子 $\delta^2 E$. 根据 (5.5.3), δE 在 γ 的导算子为

$$\delta^2 E_r:\ T_\gamma\Omega M \to T_\gamma(T^*\Omega M).$$

由于 $T^*\Omega M$ 具有线性结构, $T_\gamma(T^*\Omega M) = T^*_\gamma\Omega M$ 是 $T_\gamma\Omega M$ 的对偶空间. 于是 $\delta^2 E$ 是如下线性映射

$$\delta^2 E_\gamma:\ T_\gamma\Omega M \to T^*_\gamma\Omega M. \tag{5.5.5}$$

从 (5.5.5) 也可以看到 $\delta^2 E$ 也可视为 $T_\gamma\Omega M$ 上一个双线性泛函

$$\delta^2 E_\gamma:\ T_\gamma\Omega M \times T_\gamma\Omega M \to R^1. \tag{5.5.6}$$

类似于一个函数临界点 Morse 指标的定义, 对于能量泛函, 给出非退化临界点及其 Morse 指标如下.

定义 5.16 令 $\gamma \in \Omega M(a,b)$ 是能量泛函 E 的一个临界点. γ 称作是非退化的, 若线性映射 (5.5.5) 是单一的, 即 $\delta^2 E_\gamma$ 的核 $\mathrm{Ker}\ \delta^2 E = 0$. 对于一个非退化临界点 γ, 其 Morse 指标定义为

$$\begin{cases} \gamma \text{ 的 Morse 指标} = \dim N, \\ N = \{V \in T_\gamma\Omega M |\ \delta^2 E_\gamma(V,V) < 0\}, \end{cases} \tag{5.5.7}$$

其中 $\delta^2 E(V,V)$ 是如 (5.5.6) 那样的双线性作用在 V 上.

在后面将介绍的 Morse 指标定理表明 (5.5.7) 中的负定空间 N 是有限维的, 因而能量泛函的 Morse 指标定义是合理的.

下面需要考察 $\Omega M(a,b)$ 在 γ 的切空间 $T_\gamma\Omega M$ 中元素的几何意义, 也就是说它们具体是什么样的. 回忆定义 1.6, 一个空间 X 在点 p 的切空间 T_pX 定义为

$$T_pX=\left\{\frac{d\alpha(0)}{dt}\middle|\ \alpha:\ R^1\to X \text{ 光滑},\ \alpha(0)=p\right\}. \tag{5.5.8}$$

对于 $X=\Omega M(a,b)$ 来说, 映射

$$\alpha:\ R^1\to\Omega M(a,b),\qquad \alpha(0)=\gamma\in\Omega M(a,b)$$

可以等价地视为 $[0,1]\times R^1$ 到 M 上的映射

$$\begin{cases}\alpha:\ [0,1]\times R^1\to M,\\ \alpha(t,0)=\gamma(t),\ \alpha(0,\tau)=a,\ \alpha(1,\tau)=b,\ \forall\tau\in R^1.\end{cases}$$

容易看出, 对固定的 $t\in[0,1]$,

$$\frac{d\alpha(t,0)}{d\tau}\in T_\gamma M,\quad \text{并且}\ \frac{d\alpha(t,0)}{d\tau}=0,\quad \text{在}\ a,b\ \text{点}, \tag{5.5.9}$$

是 M 上沿着 γ 的向量场, 并且在端点 a,b 处为零. 再由 (5.5.8) 的定义,

$$\frac{d\alpha(\cdot,0)}{d\tau}\in T_\gamma\Omega M. \tag{5.5.10}$$

于是 (5.5.9) 和 (5.5.10) 给出 $T_r\Omega M$ 的数学特征如下:

$$T_\gamma\Omega M=\{V|\ V\ \text{是}\ M\ \text{上沿着}\ \gamma\ \text{逐段光滑向量场},\ V(a)=V(b)=0\}. \tag{5.5.11}$$

5.5.2 Riemann 流形上的测地线

上一小节引入了能量泛函 E, 它的临界点 γ 满足 (5.5.4), 这个方程叫做 E 的一阶变分方程. 在 Riemann 度量 g_{ij} 结构中, E 的一阶变分方程 (5.5.4) 可用常微分方程表达出来. 下面将证明 (5.5.4) 就是测地线方程为此目的, 首先介绍 (M,g_{ij}) 上测地线概念.

1. 测地线

令 $\{U,x)$ 是 M 的一个局部坐标系, $a,b\in U$ 为其中两点, γ 是 U 中连接 a,b 两点的曲线. 在坐标系 (U,x) 中, γ 可用参数 t $(0\leqslant t\leqslant 1)$ 表达为

$$\gamma(t)=\{x^1(t),\ \cdots,\ x^n(t)\},\quad \gamma(0)=a,\quad \gamma(1)=b, \tag{5.5.12}$$

其中 $x^i(t)$ 是 t 的函数. 人们自然要问, 连接 a,b 两点的最短曲线满足什么条件. 用变分原理来解答该问题.

γ 的弧长微分元 $ds = g_{ij}dx^i dx^j$. 因此 γ 的长度为

$$L(\gamma) = \int_a^b ds = \int_a^b \sqrt{g_{ij}(x)dx^i dx^j}, \tag{5.5.13}$$

显然, 短程线 γ 满足方程

$$\delta L(\gamma) = 0. \tag{5.5.14}$$

从变分原理知

$$\begin{aligned}
\delta L(\gamma) &= \int_a^b \delta(\sqrt{g_{ij}dx^i dx^j}) \\
&= \frac{1}{2}\int_a^b \frac{1}{\sqrt{g_{ij}dx^i dx^j}}\delta(g_{ij}dx^i dx^j) \\
&= \frac{1}{2}\int_a^b \left[2g_{ij}\frac{dx^i}{ds}\frac{d}{ds}\delta x^j + \frac{\partial g_{ij}}{\partial x^l}\frac{dx^i}{ds}\frac{dx^j}{ds}\delta x^l\right] ds \\
&\qquad (\text{由} ds = \sqrt{g_{ij}dx^i dx^j}, \text{ 及 } \delta \text{ 相当于微分算子}).
\end{aligned}$$

注意到 $\delta x \in T_\gamma \Omega M$, 由 (5.5.11),

$$\delta x(a) = \delta x(b) = 0.$$

因而 $\delta L(\gamma)$ 可写成

$$\begin{aligned}
\delta L(\gamma) &= \int_a^b \left[\frac{1}{2}\frac{dx^i}{ds}\frac{dx^j}{ds}\frac{\partial g_{ij}}{\partial x^l} - g_{il}\frac{d^2x^i}{ds^2} - \frac{dx^i}{ds}\frac{dx^j}{ds}\frac{\partial g_{il}}{\partial x^j}\right]\delta x^l ds \\
&= -\int_a^b g_{il}\left[d^2x^i + \Gamma^i_{jk}dx^j dx^k\right]\frac{\delta x^l}{ds} \quad \left(\text{由}\frac{dx^i}{ds}\frac{dx^j}{ds}\frac{\partial g_{il}}{\partial x^j} = \frac{1}{2}\left(\frac{\partial g_{il}}{\partial x^j} + \frac{\partial g_{jl}}{\partial x^i}\right)\frac{dx^i}{ds}\frac{dx^j}{ds}\right).
\end{aligned}$$

其中 Γ^i_{jk} 叫做 M 的联络 (也称作 Riemann 联络), 写作

$$\Gamma^i_{jk} = \frac{1}{2}g^{il}\left(\frac{\partial g_{jl}}{\partial x^k} + \frac{\partial g_{kl}}{\partial x^j} - \frac{\partial g_{jk}}{\partial x^l}\right), \tag{5.5.15}$$

其中 (g^{ij}) 是 (g_{ij}) 的逆矩阵, 也是正定对称的.

由于 $\delta x^l/ds \in T_\gamma \Omega M$ 是任意的, 故 $L(\gamma)$ 的一阶变分方程等价于

$$\frac{d^2x^i}{dt^2} + \Gamma^i_{jk}\frac{dx^j}{dt}\frac{dx^k}{dt} = 0, \qquad 1 \leqslant i \leqslant n. \tag{5.5.16}$$

因此, 如果曲线 (5.5.12) 是连接 a 和 b 的最短曲线, 它一定满足 (5.5.16). 然而反过来不真, 即一个满足 (5.5.16) 并且连接 a 和 b 的曲线不一定是最短的. 例如, 一个球面上连接 a, b 的大圆弧 L 满足 (5.5.16), 因为 L 上任一弧长小于 π 的线段是最

短的. 但是当 $L > \pi$ 时, L 在 S^2 上就不再是连接 a, b 的最短曲线. 方程 (5.5.16) 引发出微分几何的测地线概念.

定义 5.17 Riemann 流形 (M, g_{ij}) 上一条曲线 (5.5.12) 称作 M 上的一条测地线, 如果 $\gamma(t)$ 满足方程 (5.5.16). 一个测地线 $\gamma\colon [0,1] \to M$ 称为最小的, 如果它的长度小于或等于 M 上任何一条连接它两个端点的曲线长度.

2. *测地线的基本性质*

测地线有如下基本性质:

(1) 测地线的存在唯一性. 对每一点 $q \in M$ 及一个切向量 $V \in T_qM$, 都存在一个邻域 $U \subset M$, 使得 U 内有唯一测地线 $\gamma\colon [0,1] \to U$, 使得

$$\gamma(0) = q, \qquad \frac{d\gamma(0)}{dt} = V. \tag{5.5.17}$$

该存在性结论是常微分方程存在唯一性定理的推论.

(2) 令 $\gamma\colon [0,1] \to M$ 是满足 (5.5.17) 的测地线. 那么 $\gamma(1) \in M$. 此时记 $\exp_q(V) = \gamma(1)$. 于是 $\gamma(t)$ 能够被表达为

$$\gamma(t) = \exp_q(tV).$$

由隐函数定理可推知, 对每一点 $q \in M$, 存在一个邻域 $U \subset M$ 和一个 T_qM 的 ε 开球 $T_qM(\varepsilon) \subset T_qM$, 使得

$$\exp_q\colon T_qM(\varepsilon) \to U \text{ 是微分同胚}. \tag{5.5.18}$$

$\exp_q$ 称作指标映射. 因此, U 中任意两点存在唯一测地线在 U 中连接它们.

(3) 每一个测地线 L 都是由若干个最小测地线连接而成, 换句话说, L 可分解成若干线段

$$L = \cup_{i=1}^m L_i, \qquad L_i \text{ 的端点为 } a_i \text{ 和 } a_{i+1},$$

使得 L_i 是连接 a_i 与 a_{i+1} 的最小测地线, 并且是唯一的.

在 R^n 中, $g_{ij} = \delta_{ij}$ (Kroneck 符号), 因而 (5.5.15) 定义的联络 $\Gamma_{ij}^k = 0$ 由测地线方程 (5.5.16) 可知其测地线由直线构成. R^n 中任两点被唯一一条测地线所连接这一结论在一般流形上不成立. 这就是为什么在一般 Riemann 流形上连接任两点的测地测并不一定是最短的原因. 但最短的一定是测地线.

(4) 与测地线密切相关的一个重要概念就是 Riemann 流形的完备性. 它的严格定义由下面给出.

定义 5.18 一个 Riemann 流形 M 称作完备的, 或等价地称作测地完备的, 如果对每个测地线段 $\gamma_0\colon [t_1, t_2] \to M$ 都能够被延拓到一个无限的测地线 $\gamma\colon R^1 \to M$. 这等价于对所有的 $q \in M$ 和 $V \in T_qM$, 指标映射 $\exp_q(V)$ 都能够被定义.

关于完备 Riemann 流形的测地线性质有著名的 Hopf-Rinow 定理, 该定理说, 一个完备的 Riemann 流形上任两点都可以被一个最小测地线所连接.

3. 能量泛函 E 的一次变分与临界点

前面看到, 长度泛函 L 的一次变分方程 (5.5.14) 在局部坐标系下可表达成 (5.5.16) 那样的微分方程. 下面将表明能量泛函 E 的一次变分方程 (5.5.4) 在局部坐标下是与 (5.5.16) 一样的测地线方程, 从而得出 E 的临界点是一个测地线的结论.

在求解 δE 之前, 先来阐述变分 (导) 算子 δ 的本质意义是什么. 实质上 δE 就是 E 在 γ_1 与 γ 上的差,

$$\delta E(\gamma) = E(\gamma_1) - E(\gamma), \tag{5.5.19}$$

其中 $\gamma_1, \gamma:\ [0,1] \to M$ 是连接 a 与 b 的两条充分接近的道路, 使得 $\delta\gamma = \gamma_1 - \gamma \in T_\gamma \Omega M$. 正如 (5.5.9) 和 (5.5.10) 那样, 用

$$\alpha:\ [0,1]\times[0,\varepsilon] \to M, \quad \alpha(\cdot,0)=\gamma, \quad \alpha(\cdot,\varepsilon)=\gamma_1$$

来表示 γ 与 γ_1 的相邻关系. 这样, (5.5.19) 可等价地转化成

$$\delta E(\gamma) = \left.\frac{dE(\alpha(\cdot,\tau))}{d\tau}\right|_{\tau=0}. \tag{5.5.20}$$

按照 (5.5.20), 关于 (5.5.2) 的一次变分为

$$\begin{aligned}
\delta E(\gamma) &= \int_0^1 \frac{d}{d\tau}\left(g_{ij}\frac{dx^i}{dt}\frac{dx^j}{dt}\right)dt \\
&= \int_0^1 \left[\frac{dx^i}{dt}\frac{dx^j}{dt}\frac{\partial g_{ij}}{\partial x^l}\frac{dx^l}{d\tau} + 2g_{il}\frac{dx^i}{dt}\frac{d}{dt}\frac{dx^l}{d\tau}\right]dt \\
&= \int_0^1 \left[\frac{dx^i}{dt}\frac{dx^j}{dt}\frac{\partial g_{ij}}{\partial x^l} - 2g_{il}\frac{d^2x^i}{dt^2} - 2\frac{dx^i}{dt}\frac{dx^j}{dt}\frac{\partial g_{il}}{\partial x^j}\right]\frac{dx^l}{d\tau}dt \\
&= -2\int_0^1 g_{il}\left[\frac{d^2x^i}{dt^2} + \Gamma^i_{jk}\frac{dx^j}{dt}\frac{dx^k}{dt}\right]\frac{dx^l}{d\tau}dt \\
&= -2\int_0^1 \left\langle \frac{D}{dt}\frac{d\gamma}{dt}, V\right\rangle dt \left(\text{由 } \frac{dx}{d\tau} = \frac{d\alpha}{d\tau} = 0 \text{ 在 } t=0,1\right),
\end{aligned} \tag{5.5.21}$$

其中 Γ^i_{jk} 与 (5.5.15) 相同, $V \in T_\gamma \Omega M$ 是

$$V = \left.\frac{d\alpha(\cdot,\tau)}{d\tau}\right|_{\tau=0} = \left(\frac{dx^1}{d\tau}, \cdots, \frac{dx^n}{d\tau}\right).$$

而 $\dfrac{D}{dt}\dfrac{d\gamma}{dt}$ 是关于 $\dot\gamma = (\dot x^1 \cdots, \dot x^n)$ 的协变导数, 定义为

$$\frac{D}{dt}\left(\frac{d\gamma}{dt}\right) = \left(\frac{d^2x^1}{dt^2} + \Gamma^1_{jk}\frac{dx^j}{dt}\frac{dx^k}{dt}, \ \cdots, \ \frac{d^2x^n}{dt} + \Gamma^n_{jk}\frac{dx^j}{dt}\frac{dx^k}{dt}\right). \tag{5.5.22}$$

由 (5.5.16) 可以看到 $\delta E(\gamma)=0$等价于 $\gamma=(x^1(t),\cdots,x^n(t))$ 是一个测地线, 即 $\frac{D}{dt}\dot{\gamma}=0$. 于是得到下面定理.

定理 5.22 $\gamma\in\Omega M(a,b)$ 是能量泛函 E 的一个临界点的充要条件为 γ 是一条连接 a 与 b 的光滑测地线.

为了理解 E 的非退化临界点 γ 及其 Morse 指标的特性, 需要解出 E 的二次变分方程 $\delta^2E=0$ 的表达式, 从而可以把握退化与非退化临界点的性质. 这就是下一小节的主要内容.

5.5.3 能量泛函的二次变分与 Jacobi 场

令 γ 是能量泛函 E 的一个临界点, 它是 M 上连接 a,b 两点的一条光滑测地线. 类似于 (5.5.20), 关于

$$\delta^2E;\ T_\gamma\Omega M\times T_\gamma\Omega M\to R^1,$$

对任 $V_1,V\in T_\gamma\Omega M$, 可选取双参数映射

$$\alpha:\ [0,1]\times[-\varepsilon,\varepsilon]\times[-\varepsilon,\varepsilon]\to M,$$

对任何 $(\tau_1,\tau_2)\in[-\varepsilon,\varepsilon]\times[\varepsilon,\varepsilon]$, 满足

$$\alpha(t,0,0)=\gamma(t),\qquad \frac{\partial\alpha(\cdot,0,0)}{0\tau_1}=V_1,\qquad \frac{\partial\alpha(\cdot,0,0)}{\partial\tau_2}=V_2,$$

使得

$$\delta^2E_\gamma(V_1,V_2)=\left.\frac{\partial^2E(\alpha(\tau_1,\tau_2))}{\partial\tau_1\partial\tau_2}\right|_{(\tau_1,\tau_2)=(0,0)}. \tag{5.5.23}$$

利用 (5.5.23) 可以证明如下定理.

定理 5.23 (E 的二次变分公式) 令 $\gamma:\ [0,1]\to M$ 是光滑测地线, $V_1,V_2\in T_\gamma\Omega M$ 是两个沿着 γ 的向量场. 则能量泛函 E 的二次变分 (5.5.23) 可表达为

$$\delta^2E_\gamma(V_1,V_2)=-2\int_0^1 g_{ij}J^i(V_1)V_2^j dt=-2\int_0^1 <J(V_1),V_2>dt, \tag{5.5.24}$$

其中 $V_i=(V_i^1,\cdots,V_i^n)(i=1,2),J(V)=(J^1(V),\cdots,J^n(V))$ 是作用在 $T_\gamma\Omega M$ 上的 Jacobi 算子 $J:\ T_\gamma\Omega M\to T_\gamma^*\Omega M$, 表达为

$$J^i(V)=\frac{d^2V^i}{dt^2}+2\Gamma_{jk}^i\frac{dx^j}{dt}\frac{dV^k}{dt}+\frac{\partial\Gamma_{jk}^i}{\partial x^l}\frac{dx^j}{dt}\frac{dx^k}{dt}V^l, \tag{5.5.25}$$

这里 dx^k/dt 是 $d\gamma/dt$ 的分量.

注 5.11 通常 Jacobi 算子 J 被写作如下形式

$$J(V)=\frac{D^2V}{dt^2}+R(W,V)W, \tag{5.5.26}$$

其中 $W=d\gamma/dt, R(W,V)$ 在微分几何中叫做曲率算子, D^2/dt^2 表示绝对导数, 在局部坐标下, 它们的分量可表示为

$$\left(\frac{D^2V}{dt^2}\right)^i=\frac{d^2V^i}{dt^2}+\frac{d}{dt}\left(\Gamma^i_{kj}\frac{dx^k}{dt}V^j\right)+\Gamma^i_{kj}\frac{dx^k}{dt}\left(\frac{dV^j}{dt}+\Gamma^j_{sl}\frac{dx^s}{dt}V^l\right), \tag{5.5.27}$$

$$\begin{cases}(R(W,V)W)^i=R^i_{jkl}\dfrac{dx^j}{dt}\dfrac{dx^k}{dt}V^l,\\ R^i_{jkl}=\dfrac{\partial\Gamma^i_{jk}}{\partial x^l}-\dfrac{\partial\Gamma^i_{jl}}{\partial x^k}+\Gamma^r_{jk}\Gamma^i_{rl}-\Gamma^r_{jl}\Gamma^i_{rk}.\end{cases} \tag{5.5.28}$$

注意到 γ 是测地线, 故

$$\frac{d^2x^k}{dt^2}=-\Gamma^k_{ij}\frac{dx^i}{dt}\frac{dx^j}{dt}.$$

因而, 直接的计算可以验证, 由 (5.5.27) 和 (5.5.28) 给出的 (5.5.26) 与 (5.5.25) 是完全相同的.

定理 5.22 的证明 由公式 (5.5.21), 等式 (5.5.23) 可写成

$$\begin{aligned}\delta^2E_\gamma(V_1,V_2)=&\left.\frac{\partial^2E}{\partial\tau_1\partial\tau_2}\right|_{(\tau_1,\tau_2)=(0,0)}\\ =&-2\int_0^1\frac{\partial}{\partial\tau_1}\left[g_{il}\left(\frac{d^2x^i}{dt^2}+\Gamma_{jk}\frac{dx^j}{dt}\frac{dx^k}{dt}\right)V_2^l\right]dt\\ =&-2\int_0^1\left[\frac{\partial g_{il}}{\partial\tau_1}\left(\frac{d^2x^i}{dt^2}+\Gamma_{jk}\frac{dx^j}{dt}\frac{dx^k}{dt}\right)V_2^l\right.\\ &+g_{il}\frac{\partial}{\partial\tau_1}\left(\frac{d^2x^i}{dt^2}+\Gamma_{jk}\frac{dx^j}{dt}\frac{dx^k}{dt}\right)V_2^l\\ &\left.+g_{il}\left(\frac{d^2x^i}{dt^2}+\Gamma_{jk}\frac{dx^j}{dt}\frac{dx^k}{dt}\right)\frac{\partial V_2^l}{\partial\tau_1}.\right.\end{aligned}$$

注意到

$$\alpha(t,\tau_1,\tau_2)=(x^1(t,\tau_1,\tau_2),\cdots,x^n(t,\tau_1,\tau_2))$$

在 $(\tau_1,\tau_2)=(0,0)$ 处是测地线 $\gamma=\alpha(t,0,0)$, 以及

$$\frac{\partial x^k(t,0,0)}{\partial\tau_i}=V_i^k\quad(i=1,2).$$

因此 δ^2E 变为

$$\delta^2 E_\gamma(V_1,V_2) = -2\int_0^1 g_{ij}V_2^j \frac{\partial}{\partial \tau_1}\left(\frac{d^2x^i}{dt^2}+\Gamma^i_{rk}\frac{dx^r}{dt}\frac{dx^k}{dt}\right)dt$$
$$= -2\int_0^1 g_{ij}V_2^j \left[\frac{d^2V_1^i}{dt^2}+\frac{\partial\Gamma^i_{rk}}{\partial x^l}\frac{dx^r}{dt}\frac{dx^k}{dt}V_1^l+2\Gamma^i_{rk}\frac{dx^r}{dt}\frac{dV_1^k}{dt}\right]dt.$$

这便是公式 (5.5.24). 定理证毕.

根据定理 5.21, 二次变分方程 $\delta^2 E=0$ 由下面方程表达

$$\frac{d^2V^i}{dt^2}+2\Gamma^i_{jk}\frac{dx^j}{dt}\frac{dV^k}{dt}+\frac{\partial\Gamma^i_{jk}}{\partial x^l}\frac{dx^j}{dt}\frac{dx^k}{dt}V^l=0,\quad 1\leqslant i\leqslant n, \tag{5.5.29}$$

或者等价地,

$$\frac{D^2V}{dt^2}+R(W,V)W=0, \tag{5.5.30}$$

这里

$$W=\frac{d\gamma}{dt}=\left(\frac{dx^1}{dt},\cdots,\frac{dx^n}{dt}\right),\qquad \gamma\text{ 是测地线}.$$

方程 (5.5.29) 或者 (5.5.30) 叫做 Jacobi 方程.

Riemann 流形 M 的一个沿着测地线 γ 的向量场 V 叫做 Jacobi 场. 如果 V 满足方程 (5.5.30). 由 (5.5.11), $T_\gamma\Omega M$ 上的一个向量就是 M 上沿着 γ 的一个向量场 V, 它在 γ 的端点为零,

$$V\in T_\gamma\Omega M,\qquad V(a)=V(b)=0. \tag{5.5.31}$$

回忆 γ 是能量泛函 E 的退化临界点的条件就是存在非零向量场 (5.5.32), 使得 $\delta^2E_\gamma(V)=0$, 即 V 是一个沿着 γ 的 Jacobi 场. 由此引出下面测地线上共轭点的概念, 它能够刻画 γ 是否为 E 的退化临界点特征.

定义 5.19 M 上的两点 a 和 b 称作沿着测地线 γ 的共轭点. 若存在一个沿着 γ 的非零 Jacobi 场 V, 使得 $V(a)=V(b)=0$. 然后, 所有这样的 Jacobi 场构成的线性空间维数被定义为共轭点 a 和 b 的重数.

于是立刻得到下面能量泛函退化临界点特征定理.

定理 5.24 能量泛函 E 的一个临界点 $\gamma\in\Omega M(a,b)$ 是退化的充要条件为 a 与 b 沿着 γ 是共轭的. 此时, $\delta^2E: T_\gamma\Omega M\to T^*_\gamma\Omega M$ 的零空间维数就是 a 与 b 作为共轭点的重数. 因为方程 (5.5.29) 线性独立的解个数有限, 共轭点的重数有限. 因为方程 (5.5.29) 线性独立的解个数有限, 共轭点的重数有限. 故 δ^2E 的零空间维数有限.

测地线共轭点的几何意义：令 $\gamma:\ [0,\infty)\to M$ 是一条从 a 点出发的测地线, $\gamma(0)=a$, 若 $\gamma(t_1)=b$ 是 a 的第一个沿着 γ 的共轭点 (即对任何 $0\leqslant t<t_1,\gamma(t)$ 不是 a 的共轭点), 则对任何 $0\leqslant t<t_1,\gamma$ 在区间 $[0,t]$ 上都是最小测地线. 而对 $T\geqslant t_1,\gamma$ 在 $[0,T]$ 上不再是最小测地线.

上述几何意义可以下面分析看出. 当 $\varepsilon > 0$ 充分小时, 由测地线性质 (3), γ 在 $[0,\varepsilon]$ 上一定是最小测地线, 因而 $\gamma:\ [0,\varepsilon] \to M$ 是 E 在 $\Omega M(a,b_\varepsilon)$ $(b_\varepsilon = \gamma(\varepsilon))$ 上的最小临界点. 故

$$\delta^2 E_\varepsilon \text{ 在 } T_\gamma\Omega M \times T_\gamma\Omega M \text{ 上正定, 当 } \gamma \text{ 限制在 } [0,\varepsilon] \text{ 上.}$$

由于 $[0,t]$ 上的 $\delta^2 E_t$ 连续依赖于 t, 故由定理 5.22, $\delta^2 E_t$ 保持正定性直到 $t = t_1$ 为止.

注 5.12 由 (5.5.25) 定义的 Jacobi 微分算子是对称的, 即

$$\int_0^1 < J(V_1), V_2 > dt = \int_0^1 < V_1, J(V_2) > dt, \tag{5.5.32}$$

对任何 $V_1, V_2 \in T_\gamma\Omega M$ 都成立. 这是因为, 由 (5.5.23) 可知

$$\delta^2 E_\gamma(V_1,V_2) = \delta^2 E_\gamma(V_2,V_1),$$

而

$$\delta^2 E_\gamma(V_1,V_2) = -2\int_0^1 < J(V_1), V_2 > dt,$$
$$\delta^2 E_\gamma(V_2,V_1) = -2\int_0^1 < J(V_2), V_1 > dt,$$

于是得到 (5.5.32).

5.5.4 指标定理

定义 5.16 是按 I 型理论方式给出了能量泛函 E 临界点的 Morse 指标概念, 它的缺点就是太抽象, 无法看出 (算出) 这种定义下的指标究竟是怎样的. 这一小节要介绍的指标定理将这种抽象的指标概念与对应的测地线 (E 的临界点) 共轭点数以及 Jacobi 微分算子 (5.5.25) 的负特征值重数联系起来, 使得我们对这些概念有更深的理解.

为了能够方便地陈述指标定理, 需要介绍 Jacobi 微分算子特征值的一些性质. 首先引入下面 Sobolev 空间. 令 $\gamma:\ [0,T] \to M$ 是一个测地线, $V:\ [0,T] \to T_\gamma M$ 记为 M 上沿着 γ 的向量场, 即 V 是 M 上某个向量场 $\tilde{V}$ 在 γ 上的限制: $V = \tilde{V}\circ\gamma$. 定义下面空间:

$$L^2(0,T,T_\gamma M) = \left\{ V:\ [0,T] \to T_\gamma M \middle| \int_0^T < V, V > dt < \infty \right\},$$
$$H^m(0,T,T_\gamma M) = \left\{ \frac{D^k V}{dt^k} \in L^2(0,T,T_\gamma M) \middle| \ 0 \leqslant k \leqslant m \right\},$$
$$H_0^m(0,T,T_\gamma M) = \left\{ V \in H^m(0,T,T_\gamma M) \middle| \frac{d^k V}{dt^k} = 0 \ \text{在 } t = 0, T,\ k \leqslant m-1 \right\}.$$

以后在没有混淆情况下, 上面空间中总是省去 $T_\gamma M$ 记号, 例如, $L^2(0,T,T_\gamma M)$ 就简记为 $L^2(0,T)$, 其他也同样. 这些空间都是 Hilbert 空间.

于是, Jacobi 算子 (5.5.25) 给出一个映射

$$J:\ H^2(0,T)\cap H_0^1(0,T)\to L^2(0,T). \tag{5.5.33}$$

由 (5.5.32) 可知, 该算子是对称的. 然后定义 J 的特征值方程为

$$-J(V)=\lambda V,\qquad V\in H^2(0,T)\cap H_0^1(0,T).$$

上述特征值方程具体表示如下

$$\begin{cases}\dfrac{d^2V^i}{dt^2}+2\Gamma_{jk}^i\dfrac{dx^j}{dt}\dfrac{dV^k}{dt}+\dfrac{\partial\Gamma_{jk}^i}{\partial x^l}\dfrac{dx^j}{dt}\dfrac{dx^k}{dt}V^l=-\lambda V^i, & 1\leqslant i\leqslant n,\\ V^i(0)=V^i(T)=0.\end{cases} \tag{5.5.34}$$

线性算子 (5.5.33) 是对称全连续场 (不熟悉此概念的读者只需接受这些事实即可). 因而根据全连续场的谱定理[19,16], 方程 (5.5.34) 的特征值 λ 与特征向量 $V\in H^2(0,T)\cap H_0^1(0,T)$ 具有如下性质:

(1) 该方程的特征值是离散的实数, 满足

$$\lambda_1\leqslant\lambda_2\leqslant\cdots\leqslant\lambda_k\leqslant\cdots,\qquad \lambda_k\to+\infty,\ k\to\infty.$$

这里特征值是计入重数, 因而每个 λ_k 只对应一个特征向量 V_k.

(2) 每一个特征值 λ 的重数是有限的, 所以上述性质 (1) 意味着方程 (5.5.34) 的负特征值个数 (计入重数) 是有限的.

(3) 方程 (5.5.34) 的所有特征向量 $\{V_k\}$ 构成 $L^2(0,T)$ 的一个正交基. 换句话说, 对任何 $V\in L^2(0,T)$, 它可表示为

$$V=\sum_{k=1}^{\infty}\alpha_kV_k,\qquad \alpha_k=\int_0^T\langle V,V_k\rangle dt. \tag{5.5.35}$$

根据上述性质 (1)~(3) 不难看到, δ^2E 的负定空间 N 是由 Jacobi 算子 J 的所有负特征值的特征向量构成的空间

$$N=\text{span}\,\{V_k|\ V_k\ \text{是对应}\ \lambda_k\ \text{的特征向量},\ \lambda_k<0,\ 1\leqslant k\leqslant K\}.$$

这是因为对任如 (5.5.35) 的 V,

$$-J(V)=\sum_{k=1}^{\infty}\alpha_k\lambda_kV_k.$$

再由 (5.5.24) 有

$$\delta^2 E(V,V) = 2\int_0^T \langle -J(V), V\rangle dt = 2\sum_{k=1}^{\infty}\lambda_k \alpha_k^2.$$

因而可推出

$$\delta^2 E(V,V) < 0, \qquad \forall V \in N.$$

于是由 (5.5.7) 的定义, 临界点 γ 的指标为

$$\text{Ind }(\gamma) = \#J, \qquad \#J \text{ 是 (5.5.34) 负特征值个数}. \tag{5.5.36}$$

更广义地, 有下面指标定理.

定理 5.25 令 $\gamma:\ [0,T] \to M$ 是能量泛函 E 的一个非退化临界点. 关于 γ 的 Morse 指标 Ind (γ) 具有如下公式

$$\text{Ind }(\gamma) = \#J = \sum_{0<t_i<T} \nu(\gamma(t_i)), \tag{5.5.37}$$

其中 $\#J$ 如 (5.5.36), $\gamma(t_i)$ 是与 $\gamma(0)$ 沿着 γ 的共轭点, $\nu(\gamma(t_i))$ 是共轭点的重数. 因此 γ 的 Morse 指标总是有限的.

证明 这里的证明也能揭示定理本质. 由 (5.5.36), 只需证明

$$\#J = \sum_{0<t_i<T} \nu(\gamma(t_i)). \tag{5.5.38}$$

第一步. 记 $\lambda_k(\tau)$ 与 V_k^τ 是下面特征方程的第 k 个特征值与特征向量,

$$\begin{cases} -J(V_k^\tau) = \lambda_k V_k^\tau, & \displaystyle\int_0^\tau \|V_k^\tau\|^2 dt = 1, \\ V_k^\tau(0) = V_k^\tau(\tau) = 0. \end{cases} \tag{5.5.39}$$

由对称算子特征值基本性质, λ_k 和 V_k^τ 满足

$$\lambda_k(\tau) = \delta^2 E(V_k^\tau, V_k^\tau) = \min_{V\in H^\perp(k)} \delta^2 E(V,V), \tag{5.5.40}$$

其中 $H^\perp(k)$ 是 $H_0^1(0,\tau)$ 中与前面 $k-1$ 个特征向量正交的子空间

$$H^\perp(k) = \{V \in H_0^1(0,\tau) |\ \int_0^\tau \langle V, V_j^\tau\rangle dt = 0, \quad \forall j \leqslant k-1\},$$

而 $\delta^2 E(V,V)$ 可表达为 (由 (5.5.26))

$$\delta^2 E(V,V) = \int_0^\tau \left[\left\|\frac{DV}{dt}\right\|^2 - \langle R_\gamma(V), V\rangle\right] dt, \quad V \in H_0^1(0,\tau),$$

这里 $R_\gamma(V) = R(\dot{\gamma}, V)\,\dot{\gamma}, DV/dt$ 是绝对导数, 定义为

$$\frac{DV}{dt} = \left(\frac{DV^1}{dt} + \Gamma^1_{ij}\frac{dx^i}{dt}V^j, \ \cdots, \ \frac{DV^n}{dt} + \Gamma^n_{ij}\frac{dx^i}{dt}V^j\right). \tag{5.5.41}$$

第二步. 指标定理的基本特征可由 (5.5.39) 特征值 $\lambda_k(\tau)$ 如下的穿越性质来刻画.

首先, 当 $(0,T]$ 中无 $\gamma(0)$ 的共轭点充要条件是

$$0 < \lambda_1(\tau) \leqslant \lambda_2(\tau) \leqslant \cdots, \quad \forall 0 < \tau \leqslant T. \tag{5.5.42}$$

其次, 令 $0 < t_1 < T$. 由定义 5.19, t_1 是 γ 的第一共轭点的充要条件是 (5.5.39) 在 $\tau = t_1$ 的最小特征值是零, 即

$$\lambda_1(t_1) = \cdots = \lambda_m(t_1) = 0, \quad m = \lambda_1(t_1) \text{ 的重数}.$$

注意到 m 也是共轭点 $\gamma(t_1)$ 的重数 $m = \nu(\gamma(t_1))$, 即

$$\nu(\gamma(t_1)) = \lambda_1(t_1) \text{ 的重数}.$$

最后, 令 γ 的所有共轭点为 $0 < t_1 < \cdots < t_K < T$. 并且在 t_j 的共轭点重数为 $\nu(\gamma(t_j)) = m_j$. 则对每个 j 有 m_j 个特征值在 t_j 处为零

$$\lambda_{k_1}(t_1) = \cdots = \lambda_{k_{m_j}}(t_1) = 0, \quad m_j = \nu(\gamma(t_j)).$$

此时, 可得出如下结论, 该结论揭示了该定理的本质.

结论 1. 指标公式 (5.5.38) 成立的充要条件是, 对每个 i $(1 \leqslant i \leqslant K)$, (5.5.39) 的 m_i 个特征值 λ_j 在 $\tau = t_1$ 处发生穿越,

$$\lambda_j(\tau)\begin{cases} > 0, & \tau < t_i, \\ = 0, & \tau = t_i, \\ < 0, & \tau > t_i, \end{cases} \qquad N_{i-1} + 1 \leqslant j \leqslant N_i, \tag{5.5.43}$$

其中 $N_i = m_1 + \cdots + m_i, m_k = \nu(\gamma(t_k))$ 是对应于 t_k 的穿越特征值重数.

第三步. 假设 γ 在 $[0,T]$ 中没有共轭点. 则由

$$\int_0^\tau \left\|\frac{dV}{dt}\right\|^2 dt = \frac{1}{\tau^2}\int_0^1 \left\|\frac{d\tilde{V}}{dt}\right\|^2 dt, \quad \forall \int_0^\tau \|V\|^2 dt = 1,$$

这里 $\tilde{V} = \sqrt{\tau}V(\tau t)$, 从 (5.5.41) 推出

$$\int_0^\tau \left\|\frac{DV}{dt}\right\|^2 dt \to +\infty, \quad \text{当 } \tau \to 0, \quad \forall \int_0^\tau \|V\|^2 dt = 1.$$

于是从 (5.5.40)~(5.5.41) 和结论 (1) 可推出下面结论 (2).

结论 (2). 若 E 的临界点 $\gamma:\ [0,T]\to M$ 在 $(0,T]$ 中没有与 $\gamma(0)$ 相共轭的点, 则 γ 是连接 $\gamma(0)$ 与 $\gamma(T)$ 的唯一最小测地线, 其指标

$$\mathrm{Ind}\,(\gamma)=0,$$

并且在 $H_0^1(0,T)$ 上, 双线性泛子 δ^2E 是正定的, 即

$$\delta^2E(V,V)\geqslant\lambda_1(T)>0,\qquad \forall V\in H_0^1(0,T),\quad \|V\|_{L^2(0,T)}=1.$$

第四步. 令 t_1 $(0<t_1<T)$ 是唯一共轭点. 用反证法, 假设 $\lambda_1,\cdots,\lambda_{m_1}$ 在 t_1 处没有发生如 (5.5.43) 那样的穿越, 那么存在某个 $\tau_0\geqslant t_1$ 使得

$$\lambda_k(\tau)=\delta^2E(V_k^\tau,V_k^\tau)>0,\quad \forall\tau_0<\tau\leqslant T,\quad 1\leqslant k\leqslant m_1.$$

再由 (5.5.40), 上式意味着

$$\delta^2E(V,V)\geqslant\lambda_1(\tau)>0,\quad \forall V\in H_1^0(0,\tau),\quad \|V\|_{L^2}=1,\quad \tau_0<\tau\leqslant T.\tag{5.5.44}$$

然而 m_1 个向量场

$$\tilde V_k=\begin{cases}V_k^{t_1}, & 当\ 0\leqslant t\leqslant t_1\ 时,\\ 0, & 当\ t_1\leqslant t\leqslant\tau\ 时\end{cases}$$

是 $H_0^1(0,\tau)$ 中的元素, 那里 $V_k^{t_1}$ $(1\leqslant k\leqslant m_1)$ 是 (5.5.39) 在 $\tau=t_1$ 处对应于零特征值 $\lambda_k(t_1)=0$ 的特征向量. 显然它们满足

$$\delta^2E(\tilde V_k,\tilde V_k)=0,\quad \tilde V_k\in H_0^1(0,\tau),\quad \tau_0<\tau\leqslant T,\quad 1\leqslant k\leqslant m_1.\tag{5.5.45}$$

此与 (5.5.44) 矛盾. 因此 (5.5.43) 的穿越在 $\tau=t_1$ 处一定发生, 并且 (5.5.45) 意味着 $\lambda_1,\cdots,\lambda_{m_1}$ 穿越到负值后, 对任何 $\tau_0<\tau\leqslant T$, 它们始终保持负值.

第五步. 最后对于一般 K 个共轭点 $0<t_1<\cdots<t_K<T$ 的情况, 利用公式 (5.5.40), 即

$$\delta^2E(V,V)\geqslant\lambda_{N_i},\quad \forall V\in H^\perp(N_i),\quad N_i=m_1+\cdots+m_i,$$

采用平行于第四步的方法, 可以证明在每个 t_i 处, (5.5.43) 的穿越性质成立, 因而结论 (1) 意味着该定理成立. 定理证毕.

5.5.5 ΩM 的 CW 复型结构

正如 I 型 Morse 理论产生流形的 CW 复型结构, II 型理论同样也导致道路空间 ΩM 的 CW 复形伦型. 记

$$\Omega M^c=\{\gamma\in\Omega M(a,b)|\ E(\gamma)\leqslant c,\ E\ 是能量泛函\ (5.5.2)\},$$

$$\Omega(t_0,t_1,\cdots,t_K)=\{\gamma\in\Omega M(a,b)|\ \gamma\ 限制在\ [t_i,t_{i+1}]\ 上是测地线\},$$

$$\Omega^c(t_0,\cdots,t_K)=\Omega M^c\cap\Omega(t_0,\cdots,t_K),$$

其中 $0 = t_0 < t_1 < \cdots < t_K = 1$ 是 $[0,1]$ 的一个分割.

下面引理及其证明来自文献 [25].

引理 5.9 令 M 是一个完备的 Riemann 流形, $C > 0$ 是一个固定实数使得 $\Omega^C M \neq \varnothing$. 那么有下面结论:

(1) 对于适当的 $[0,1]$ 分割 $(t_0, t_1, \cdots, t_K)$, $\mathrm{Int}\ \Omega^C(t_0, \cdots, t_K)$ 具有一个有限维流形结构;

(2) 对每个 $d < C$, $\Omega^d(t_0, \cdots, t_k)$ 是 $\Omega^d M$ 的一个形变收缩, 并且是紧的;

(3) 能量泛函 E 在 $\Omega^C(t_0, \cdots, t_K)$ 上的临界点及其指标与 E 在 Ω^C 上的临界点及其指标完全一样.

从定理 5.24 和定理 5.14 立刻推得下面 CW 复形定理.

定理 5.26 令 M 是完备的 Riemann 流形, a 和 b 是 M 上沿任何测地线都不共轭的两个点. 则 $\Omega M(a,b)$ 具有一个可数的 CW 复形同伦型, 并且对应每个具有指标为 k 的连接 a 和 b 测地线, $\Omega M(a,b)$ 具有一个 k 维胞腔.

引理 5.9 的证明 首先证明结论 (1). 因为 $C > 0$ 固定, ΩM^C 中每条曲线 γ 的长度小于 $\sqrt{C}$, 这是因为下面 Hölder 不等式

$$L^2(\gamma) \leqslant E(\gamma) \leqslant C, \quad L(\gamma) \text{ 为长度泛函 (5.5.13)}.$$

因此, 当 K 取得充分大, $0 < t_1 < \cdots < t_{K-1} < t_K = 1$ 取得合适时, 每个元素

$$\gamma \in \Omega^C(t_0, \cdots, t_K).$$

γ 在 $[t_i, t_{i+1}]$ 上的限制 $\gamma|\ [t_i, t_{i+1}]$ 是连接 $\gamma(t_i)$ 与 $\gamma(t_{i+1})$ 的唯一测地线. 因此 γ 唯一地被它在 t_i $(1 \leqslant i \leqslant K-1)$ 的值所决定

$$\gamma(t_1),\ \gamma(t_2),\ \cdots,\ \gamma(t_{K-1}) \in M \times \cdots \times M.$$

等价地, 下面对应

$$\gamma \mapsto (\gamma(t_1), \cdots, \gamma(t_{K-1}))$$

给出一个同胚

$$\varphi\colon\ \mathrm{Int}\ \Omega^C(t_0, \cdots, t_K) \to U \subset \underbrace{M \times \cdots \times M}_{K-1} \text{ 为一个开集.}$$

这就给出 $\mathrm{Int}\ \Omega^C(t_0, \cdots, t_K)$ 一个有限维流形结构.

结论 (2) 的证明. $\Omega^d(t_0, \cdots, t_K)$ 的紧性容易证明. 这里只证 $\Omega^d(t_0, \cdots, t_K)$ 是 ΩM^d 的一个形变收缩. 定义收缩映射

$$\gamma\colon\ \mathrm{Int}\ \Omega M^C \to \mathrm{Int}\ \Omega^C(t_0, \cdots, t_1), \tag{5.5.46}$$

如下, 对每个 $\gamma \in \Omega M^C$, 令 $\Gamma = r(\gamma)$ 是 $\Omega^C(t_0, \cdots, t_1)$ 中这样的分段光滑测地线, 它使得

$$\begin{cases} \Gamma|\ [t_i, t_{i+1}] = \text{连接 } \gamma(t_i) \text{ 和 } \gamma(t_{i+1}) \text{ 测地线, 并且} \\ \Gamma|\ [t_i, t_{i+1}] \text{ 的长度 } < \varepsilon, \end{cases}$$

这里 $\varepsilon > 0$ 是这样的数, 只要 x, y 在 M 中距离 $\rho(x, y) < \varepsilon$, 则连接 x, y 的测地线是唯一的, 并且满足

$$E(r(\gamma)) \leqslant E(\gamma) < C.$$

因为 $\Omega^d(t_0, \cdots, t_K)$ 是紧的, 这样的 $\varepsilon > 0$ 能够被取到.

收缩映射 (5.5.46) 诱导一个单参数映射

$$r_\tau:\ \mathrm{Int}\ \Omega M^C \to \mathrm{Int}\ \Omega M^C$$

如下. 对于 $t_{i-1} \leqslant \tau \leqslant t_i$, 令

$$\begin{cases} r_\tau(\gamma)|\ [0, t_{i-1}] = r(\gamma)|\ [0, t_{i-1}], \\ r_\tau(\gamma)|\ [t_{i-1}, \tau] = \text{从 } \gamma(t_{i-1}) \text{ 到 } \gamma(\tau) \text{ 的最小测地线}, \\ r_\tau(\gamma)|\ [\tau, 1] = \gamma|\ [\tau, 1]. \end{cases}$$

显然 $r_0 = id, r_1 = r$. 这便证得 $\mathrm{Int}\ \Omega^C(t_0, \cdots, t_K)$ 是 $\mathrm{Int}\ \Omega M^C$ 的形变收缩.

关于结论 (3), 能够看到 E 在 $\mathrm{Int}\ \Omega^C(t_0, \cdots, t_K)$ 的临界点一定是在 [0,1] 上光滑的测地线. 因而 E 在 $\mathrm{Int}\ \Omega^C(t_0, \cdots, t_K)$ 与在 $\mathrm{Int}\ \Omega M^C$ 中测地线完全相同. 此外, 容易看出

$$T_\gamma(\mathrm{Int}\ \Omega^C(t_0, \cdots, t_K)) = T_\gamma\Omega(t_0, \cdots, t_K),$$

而 $T_\gamma\Omega(t_0, \cdots, t_K)$ 是由 γ 上分段光滑 Jacobi 场构成, 从而结论 (3) 成立. 下面证明

$$T_\gamma\Omega(t_0, \cdots, t_k) = \text{所有 } \gamma \text{ 上分段光滑 Jacobi 场}. \tag{5.5.47}$$

令 $\beta:\ (-\varepsilon, \varepsilon) \times [0, 1] \to M$ 是分段光滑映射, 使得

$$\beta(0, t) = \gamma(t), \quad \beta(\tau, \cdot) \in \Omega(t_0, \cdots, t_k),$$

则向量场

$$V(t) = \frac{\partial\beta(0, t)}{\partial\tau} \in T_\gamma\Omega(t_0, \cdots, t_k). \tag{5.5.48}$$

在 $[t_i, t_{i+1}]$ 上, 对任固定 $\tau, \beta(\tau, \cdot)$ 是光滑测地线, 即绝对导数

$$\left.\frac{D}{dt}\frac{\partial\beta(\tau, \cdot)}{\partial t}\right|\ [t_i, t_{i+1}] = 0. \tag{5.5.49}$$

因而关于双参数映射 $\alpha(\tau_1,\tau,t)$:

$$\begin{cases}\alpha:\ [-\varepsilon,\varepsilon]\times[-\varepsilon,\varepsilon]\times[t_i,t_{i+1}]\to M\\ \alpha(0,\tau,t)=\beta(\tau,t),\qquad \dfrac{\partial\alpha}{\partial\tau_1}=V_1,\ V_1=0\ \text{在}\ t_i,t_{i+1}.\end{cases}$$

求一次变分为零

$$\begin{aligned}\left.\frac{\partial E(\alpha(\tau_1,\tau,\cdot))}{\partial\tau_1}\right|_{\tau_1=0}&=-2\int_{t_i}^{t_{i+1}}\left\langle\frac{D}{dt}\frac{d\beta(t,\cdot)}{dt},V_1\right\rangle dt\\&=0\quad(\text{由 (5.5.21) 和 (5.5.49)}),\end{aligned}\tag{5.5.50}$$

再由 (5.4.24) 和 (5.5.50) 推出

$$\frac{\partial^2E(\alpha(\tau_1,\tau,\cdot))}{\partial\tau\partial\tau_1}=-2\int_{t_i}^{t_{i+1}}<J(V),V_1>dt=0,$$

对 $V=\dfrac{\partial\beta}{\partial\tau},V_1=\dfrac{\partial\alpha}{\partial\tau_1}$. 因而 $J(V)=0$, 这就证得 (5.5.48) 的向量场 $V=\dfrac{\partial\beta}{\partial\tau}$ 是一个分光滑的 Jacobi 场. 于是 (5.5.47) 成立. 引理证毕.

注 5.13 在定理 5.25 中, 道路空间 $\Omega M(a,b)$ 中的 a,b 两点要求在 M 上沿任何测地线 γ 都不共轭. 这就要求在 M 上对任给定点 a, 这样的点 b 存在. 实事上, 对于 $a\in M$ 这种点不仅存在, 而且对几乎所有的点 $b\in M$ 都与 a 沿任何测地线不共轭. 这里不再细述.

5.5.6 Bott 周期定理

Bott 周期定理在流形拓扑中占有重要地位, 特别是在拓扑 K 理论和 Atiyah-Singer 指标定理中它起到关键性作用. 下面将以 Bott 周期定理作为 II 型 Morse 理论的结束.

定理 5.27 (Bott 周期定理) 令 $U=U(\infty)$ 是如 (1.1.37) 中的无穷维 U 群. 则 U 的同伦群 $\pi_i(U)$ 关于 i 是 2- 周期的, 即

$$\begin{cases}\pi_{2k-1}(U)\simeq\pi_{2k+1}(U)\simeq\mathbb{Z},\\ \pi_{2k}(U)\simeq\pi_{2k+2}(U)\simeq 0,\end{cases}\qquad\forall k=1,2,\cdots.\tag{5.5.51}$$

定理 5.25 证明的关键是下面关于 Grassmann 流形 $G_m(\mathbb{C}^{2m})$ 与 $SU(m)$ 之间同伦群的 Bott 同构定理. 该定理陈述如下.

定理 5.28 (Bott 同构) 复 Grassmann 流形 $G_m(\mathbb{C}^{2m})$ 与特殊 U 群 $SU(2m)$ 之间具有如下关系:

(1) $SU(2m)$ 上连接单位矩阵 I 与 $-I$ 的所有最小测地线构成空间

$$BSU(2m)=\{\gamma:\ [0,1]\to SU(2m)|\ \gamma\ \text{是连接}\ I\ \text{和}\ -I\ \text{的最小测地线}\}$$

与 $G_m(\mathbb{C}^{2m})$ 同构, $BSU(2m) \simeq G_m(\mathbb{C}^{2m})$.

(2) $SU(2m)$ 上连接 I 与 $-I$ 的道路空间 $\Omega SU(2m, I, -I)$ 中每一个非最小测地线 γ 的指标 $\text{Ind}\,(\gamma) \geqslant 2m+2$.

(3) $BSU(2m)$ 到 $\Omega SU(2m)$ 的包含映射诱导出同构

$$\pi_i(G_m(\mathbb{C}^{2m})) \simeq \pi_i(\Omega SU(2m, I, -I)), \qquad \forall i \leqslant 2m, \tag{5.5.52}$$

再由 (4.2.36) 和 (4.2.38), (5.5.52) 的同构意味着

$$\pi_i(G_m(\mathbb{C}^{2m})) \simeq \pi_{i+1}(SU(2m)), \qquad \forall i \leqslant 2m. \tag{5.5.53}$$

上面所述的所有结论之间的关系如下：

定理 5.27 的结论 (1) 和 (2) ⇒ (5.5.52) 的同构

⇒ (5.5.53) 的同构

⇒ (5.5.51) 的同构 (Bott 周期定理).

据此, Bott 周期定理的证明程序安排为, 首先以(5.5.53)作为先决条件来证明(5.5.51)的同构, 然后将定理 5.27 的证明放在最后进行.

定理 5.26 的证明 这里假设 (5.5.53) 的同构成立. 由第 4 节中的 (4.1.55) 有下面的同构：

$$\pi_i(G_m(\mathbb{C}^{2m})) \simeq \pi_{i-1}(U(m)), \qquad \forall i \leqslant 2m.$$

再由 (4.1.49) 和 (4.1.50),

$$\pi_i(U(m)) \simeq \pi_i(SU(m)), \qquad \forall i \geqslant 2.$$

此外, 由例 4.5, 有

$$\begin{cases} \pi_i(U(m)) \simeq \pi_i(U(m+k)), & \forall i \leqslant 2m-1,\ k \geqslant 1, \\ \pi_i(U(m)) \simeq \pi_i(U), & \forall i \geqslant 1. \end{cases}$$

于是得到

$$\begin{aligned} \pi_{i-1}(U) &\simeq \pi_{i-1}(U(m)) \simeq \pi_i(G_m(\mathbb{C}^{2m})) \simeq \text{由 } (5.5.53) \\ &\simeq \pi_{i+1}(SU(2m)) \simeq \pi_{i+1}(U(m)) \simeq \pi_{i+1}(U), \end{aligned}$$

即

$$\pi_i(U) \simeq \pi_{i+2}(U), \qquad \forall i \geqslant 1. \tag{5.5.54}$$

再由 $U(1) = S^1, SU(2) = S^3$,

$$\pi_1(U) \simeq \pi_1(U(1)) \simeq \mathbb{Z},$$

$$\pi_2(U) \simeq \pi_2(SU(2)) \simeq 0.$$

这样, 从 (5.5.54) 便得到 (5.5.51). 定理证毕.

定理 5.27 的证明 首先证明 (5.5.52) 可由结论 (1) 和 (2) 推出. 这是因为若 $G_m(\mathbb{C}^{2m}) \simeq BSU(2m)$(结论 (1)), 则由

$$BSU(2m) \subset \Omega SU(2m, I, -I),$$

及相对同伦正合序列 (4.1.18),

$$\begin{aligned}&\to \pi_{i+1}(\Omega SU(2m,I,-I), BSU(2m)) \to \pi_i(BSU(2m)) \to \pi_i(\Omega SU(2m,I,-I)) \\ &\hookrightarrow \pi_i(\Omega SU(2m,I,-I), BSU(2m)) \to \cdots\end{aligned}$$

如果

$$\pi_k(\Omega SU(2m,I,-I), BSU(2m)) = 0, \qquad \forall k \leqslant 2m+1, \tag{5.5.55}$$

那么我们便得到 (5.5.52). 然而等式 (5.5.55) 可由结论 (2) 推出. 事实上, 令

$$\rho(I,-I) = \sqrt{d} \quad (d > 0)$$

是 $SU(2m)$ 上从 I 到 $-I$ 的距离 (即从 I 到 $-I$ 最小测地线长度). 则

$$E(\gamma) = d, \quad \forall \gamma \in BSU(2m) \quad (E \text{ 为能量泛函}).$$

因此

$$\begin{aligned}&\Omega SU^d = BSU(2m),\\ &\Omega SU^d \triangleq \{\gamma \in \Omega SU(2m,I,-I) \mid E(\gamma) \leqslant d\}.\end{aligned}$$

再由结论 (2) 及 CW 复形定理 (定理 5.24),

$$\Omega SU(2m,I,-I)/\Omega SU^d \text{ 中只含维数 } \geqslant 2m+2 \text{ 的胞腔}. \tag{5.5.56}$$

空间 X/A 表示将 $A(\subset X)$ 捏成一点所得商空间. (5.5.56) 意味着

$$\pi_k(\Omega SU(2m,I,-I)/\Omega SU^d) = 0, \qquad \forall k \leqslant 2m+1.$$

这便是 (5.5.55). 因此, 只需证明结论 (1) 和 (2).

(1) $SU(n)$ 是一个 Lie 群, 它每一点 $A \in SU(n)$ 是一个 $n \times n$ 阶复正交矩阵, 见 (1.1.30). $SU(n)$ 在单位元 I 的切空间为

$$T_I SU(n) = \{A \in GL(\mathbb{C}^n) \mid A + \bar{A}^{\mathrm{T}} = 0,\ A \text{ 的迹} = 0\},$$

即 $T_I SU(n)$ 是由反对称的复矩阵构成. $SU(n)$ 上所有从 I 出发的测地线可表达为 (这里 U 群特有性质)

$$\gamma(t) = e^{tA} = \sum_{k=0}^{\infty} \frac{1}{k!}(tA)^k, \qquad A \in T_I SU(n).$$

因此, 所有从 I 到 $-I$ 的测地线 e^{tA} 满足

$$e^A = -I,$$

这等价于 A 必须满足

$$TAT^{-1} = \begin{pmatrix} ik_1\pi & & 0 \\ & \ddots & \\ 0 & & ik_n\pi \end{pmatrix}, \quad \sum_{i=1}^{n} k_i = 0,\ k_j \text{ 为奇数}, \tag{5.5.57}$$

对某个矩阵 $T \in SU(n)$. 这是因为

$$e^{TAT^{-1}} = Te^AT^{-1} = T\left(\sum_{k=0}^{\infty} \frac{1}{k!} A^k\right) T^{-1}.$$

将 (5.5.57) 代入上式右端便得

$$e^{TAT^{-1}} = T \begin{pmatrix} e^{ik_1\pi} & & 0 \\ & \ddots & \\ 0 & & e^{ik_n\pi} \end{pmatrix} T^{-1} = -I.$$

另一方面, $SU(n)$ 上从 $t=0$ 到 1 的测地线 e^{tA} 长度为

$$L(\gamma) = \int_0^1 \left\langle \frac{d\gamma}{dt}, \frac{d\gamma}{dt} \right\rangle^{\frac{1}{2}} dt = \int_0^1 \langle A, A\rangle^{\frac{1}{2}} dt = \sqrt{\mathrm{tr}AA^*}. \tag{5.5.58}$$

因此由 (5.5.57), 从 I 到 $-I$ 测地线 γ 长度为

$$L(\gamma) = \sqrt{\mathrm{tr}AA^*} = \sqrt{\mathrm{tr}TA \cdot A^*T^*} = \pi\sqrt{k_1^2 + \cdots + k_n^2}.$$

这说明从 I 到 $-I$ 最小测地线对应矩阵 A 的特征值为 $\pm\pi$, 且 $\mathrm{tr}A = 0$. 于是 $SU(2m)$ 的最小测地线空间可表达为

$$BSU(2m) = \left\{ e^{tA} |\ A \text{ 的特征值 } \lambda_i = \pm i\pi,\ \text{并且} \sum_{i=1}^{2m} \lambda_i = 0 \right\}. \tag{5.5.59}$$

现在将 A 视为 $\mathbb{C}^{2m}$ 上的线性映射

$$A:\ \mathbb{C}^{2m} \to \mathbb{C}^{2m}.$$

则 (5.5.59) 中 A 的特征值 $\pm i\pi$ 的重数都是 m, 它们的特征空间

$$E_A(\pm i\pi) = \{\xi \in \mathbb{C}^{2m} |\ A\xi = \pm i\pi\xi\}$$

都是 $\mathbb{C}^{2m}$ 的 m 维线性复子空间, 并且

$$\mathbb{C}^{2m} = E_A(i\pi) \oplus E_A(-i\pi). \quad \dim E_A(i\pi) = \dim E_A(-i\pi) = m.$$

另一方面, A 的特征空间 $E_A(i\pi)$ 空间完全决定 A 的形式, 即

$$A = B \Leftrightarrow E_A(i\pi) = E_B(i\pi), \quad 对\ e^{tA},\ e^{tB} \in BSU(2m),$$

并且对 $\mathbb{C}^{2m}$ 中任一 m 维子空间 $E = \mathbb{C}^M$, 存在一个 A 使得 $e^{tA} \in BSU(2m)$, 并且

$$E_A(i\pi) = E.$$

这就意味着 $BSU(2m)$ 中每一个元素唯一地对应于 $\mathbb{C}^{2m}$ 中一个 m 维线性子空间. 于是便得到结论 (1).

这里必须说明一点的是, 测地线长度公式 (5.5.58) 中使用了这样的事实, 即 $SU(n)$ 中的 Riemann 度量由切空间 $TSU(n)$(同构于 $T_eSU(n)$) 上的内积

$$\langle A, B\rangle = \mathrm{tr} A \cdot B^* \ 的实部, \quad \forall A, B \in TSU(n),$$

所定义, 显然它是正定对称的.

(2) SU 群上 RIemann 度量具有这样特殊性质, 即由它决定的曲率算子 R 作用在切空间上可表示为

$$R(A_1, A_2)A_1 = \frac{1}{4}\left[[A_1, A_2], A_1\right], \tag{5.5.60}$$

其中 $A_1, A_2 \in T_ISU(n), [\cdot, \cdot]$ 为括号积, 表达为

$$[A, B] = A \cdot B - B \cdot A \quad (矩阵乘积),$$

并且在测地线 $\gamma = e^{tA}$ 上, $\dfrac{D}{dt} = \dfrac{d}{dt}$. 此时, Jacobi 算子 (5.5.26) 写成

$$\frac{d^2X}{dt^2} + R(A, X)A, \quad X \in T_ISU(n). \tag{5.5.61}$$

根据上述已知事实来计算 $SU(2m)$ 上连接 I 和 $-I$ 非最小测地线 $\gamma(t)$ 的指标. 由 (5.5.57), 连接 I 和 $-I$ 测地线为

$$\begin{cases} \gamma(t) = e^{tA}, \quad e^A = -I, \quad A \in T_ISU(2m), \\ A\ 的特征值为\ ik_1\pi, \cdots, ik_{2m}\pi,\ k_j\ 为奇数且\ \displaystyle\sum_{j=1}^{2m} k_j = 0, \end{cases} \tag{5.5.62}$$

$SU(2m)$ 在 I 的切空间

$$T_ISU(2m) = \{复矩阵\ A|\ A + A^* = 0,\ \mathrm{tr}A = 0\}. \tag{5.5.63}$$

下面分几步进行：

第一步. 给出 Jacobi 算子的具体表达式. 不失一般性, 关于测地线 (5.5.62) 的 A 取为对角形式

$$A=\begin{pmatrix} ik_1\pi & & 0 \\ & \ddots & \\ 0 & & ik_{2m}\pi \end{pmatrix}.$$

令 $X\subset T_ISU(2m)$ 为 $X=(X_{jl})$. 直接的计算表明

$$[A,X]=(i\pi(k_j-k_l)X_{jl}),$$

进而有

$$[A,[A,X]]=(-\pi^2(k_j-k_l)^2X_{jl}).$$

再由 (5.5.60) 和 (5.5.61), 沿着 $\gamma(t)=e^{tA}$ 的 Jacobi 算子为

$$\frac{d^2}{dt^2}(X_{jl})+\left(\frac{\pi^2}{4}(k_j-k_l)^2X_{jl}\right).$$

根据指标定理 (定理 5.23), 为了求得 $\gamma(t)$ 的指标, 需要考察下面方程的负特征值个数 (计入重数),

$$\begin{cases} -\dfrac{d^2}{dt^2}(X_{jl})-\dfrac{\pi^2}{4}((k_j-k_l)^2X_{jl})=\lambda(X_{jl}), \\ X_{jl}(0)=X_{jl}(1)=0, \quad 1\leqslant j,\ l\leqslant 2m. \end{cases} \tag{5.5.64}$$

第二步. 关于 (5.5.64) 的特征值计算. 为了使问题更清楚, 首先考虑下面特征值问题

$$\begin{pmatrix} 0 & (k_1-k_2)^2Y_{12} & \cdots & (k_1-k_{2m})^2Y_{12m} \\ (k_2-k_1)^2Y_{21} & 0 & \cdots & (k_2-k_{2m})^2Y_{22m} \\ \vdots & \vdots & & \vdots \\ (k_{2m}-k_1)^2Y_{2m1} & (k_{2m}-k_2)^2Y_{2m2} & \cdots & 0 \end{pmatrix}=\rho Y, \tag{5.5.65}$$

这里 $Y=(Y_{jl})\in T_ISU(2m)$.

显然, 如果 ρ 和 $Y\in T_ISU(2m)$ 是 (5.5.65) 的特征值与特征向量, 若令 $X=\alpha(t)Y$, 则方程 (5.5.64) 变为

$$\begin{cases} -\dfrac{d^2\alpha}{dt^2}-\dfrac{\pi^2}{4}\rho\alpha=\lambda\alpha, \\ \alpha(0)=\alpha(1)=0. \end{cases} \tag{5.5.66}$$

容易看出 (5.5.66) 的所有特征值 λ 与特征向量 α 是

$$\lambda_k(\rho)=\pi^2\left(k^2-\frac{1}{4}\rho\right),\quad \alpha_k(t)=\sin k\pi t,\quad k=1,2,\cdots. \tag{5.5.67}$$

因此, (5.5.64) 的特征值计算问题完全转化成 (5.5.65) 的特征值计算. 因为只关于特征值 λ 为负的情况, 从 (5.5.67) 可以看出, 只有 (5.5.65) 的正特征值 $\rho>0$ 才对问题有贡献.

注意到 (5.5.63) 中矩阵特点, 对 (5.5.65) 细心观察可以发现它的所有正特征值为

$$\rho_{jl}=(k_j-k_l)^2,\quad \forall k_l<k_j, \tag{5.5.68}$$

并且对应于每个 ρ_{jl} 有严格两个特征向量 $Y^1=(Y^1_{rs})$ 和 $Y^2=(Y^2_{rs})$, 其中

$$Y^1_{rs}=\begin{cases}0, & (r,s)\neq(j,l),\\ 1, & (r,s)=(j,l),\\ -1, & (r,s)=(l,j),\end{cases}\qquad Y^2_{rs}=\begin{cases}0, & (r,s)\neq(j,l),\\ i, & (r,s)=(j,l),\\ i, & (r,s)=(l,j).\end{cases}$$

即 ρ_{jl} 的重数为 2. 从 (5.5.67) 和 (5.5.68) 可以看到, 对每个 ρ_{jl},

$$\lambda_k(\rho_{jl})<0 \ \Leftrightarrow\ \frac{2k}{k_j-k_l}<1,\quad k=1,2,\cdots,\ k_j>k_l.$$

计入重数后, 这意味着对每个 (j,l) 有

$$2\left(\frac{k_j-k_l}{2}-1\right)=(k_j-k_l-2)$$

个负特征值. 将所有 j,l 加起来便得到 $\gamma=e^{tA}$ 的指标

$$\text{Ind }(\gamma)=\sum_{k_j>k_l}(k_j-k_l-2).$$

由 (5.5.59), 对于最小测地线, 所有 $k_j=\pm1$. 再由 (5.5.62), 所有 k_j 之和为零 $\sum\limits_{j=1}^{2m}k_j=0$. 因此当至少有 $m+1$ 个 k_l 是负的时, 那么一定至少有一个 $k_j\geqslant 3$, 此时有

$$\text{Ind }(\gamma)\geqslant\sum_{l=1}^{m+1}(k_j-k_l-2)\geqslant\sum_{1}^{m+1}(3-(-1)-2)=2(m+1).$$

当 k_j 中 m 个是正, m 个是负时, 但并不全是 ±1 时, 至少有一个 $k_j\geqslant 3$ 及至少有一个是 $k_l\leqslant -3$. 于是有

$$\begin{aligned}\text{Ind }(\gamma)&\geqslant\left[\sum_{1}^{m-1}(3-(-1)-2)+\sum_{1}^{m-1}(1-(-3)-2)\right]+(3-(-3)-2)\\&=4m\geqslant 2m+2.\end{aligned}$$

于是结论 (2) 得证. 定理证毕.

注 5.14　关于无穷正交群 O 和无穷辛群 S_p, 也有如下 Bott 周期定理

$$\pi_i(O) = \pi_{i+8}(O), \qquad \pi_i(S_p) = \pi_{i+8}(S_p), \quad \forall i \geqslant 0.$$

关于 $0 \leqslant i \leqslant 7$ 的同伦群为

	$i=0$	$i=1$	$i=2$	$i=3$	$i=4$	$i=5$	$i=6$	$i=7$
$\pi_i(0) =$	$\mathbb{Z}_2$	$\mathbb{Z}_2$	0	$\mathbb{Z}$	0	0	0	$\mathbb{Z}$
$\pi_i(S_p) =$	0	0	0	$\mathbb{Z}$	$\mathbb{Z}_2$	$\mathbb{Z}_2$	0	$\mathbb{Z}$

第6章 示 性 类

示性类理论起源于 1935 年, 由 Whitney 和 Stiefel 几乎同时的工作所创立. 他们发现一个 R^m 向量丛可用底流形 M 上的一组 $\mathbb{Z}_2$ 系数上同调类来刻画. 今天称之为 Stiefel-Whitney 类, 它们能够很好地反映向量丛的拓扑结构. 1942 年苏联数学家 Pontrjagin 对 R^m 向量丛构造了一类新的示性类, 叫做 Pontrjagin 类, 它由 M 上一组实系数上同调类来表示. 这种示性类被证明是非常重要的, 后来发展起来的 Thom 配边理论以及 Hirzebruch 符号定理就是在它的基础上建立的. 在 1946 年, 陈省身在复向量丛上发现了更为重要的一种示性类, 被命名为 Chern 类. 随后在流形上发现的许多拓扑、几何、分析之间的关联都是以 Chern 类作为媒介的. 例如, 本书最后一小节介绍的 Hirzebruch 关于 Riemann-Roch 公式在高维紧复流形上的推广就是以 Chern 类来表达的. 这一章的材料主要是取自文献 [22], 同时也参照了文献 [11]、[31], 特别是 Hirzebruch 的著作 *Topological Method in Algebraic Geometry* (Springer).

本章的内容大致安排如下. 3.1 节对示性类作轮廓性的介绍, 主要介绍示性类及其本质是什么. 3.2 节是关于 Stiefel-Whitney 类的构造及其应用, 并讨论了吴文俊类与 Wu 公式. 在 3.3 节中采用复向量丛的 Hermite 正交分解方法使用 Thom 类来构造 Chern 类, 并证明 Chern 类的 Whitney 乘积性质. 最后一节是关于实向量丛的 Pontrjagin 类. 作为重要应用给出 Thom 配边理论与 Hirzebruch 符号定理. 最后, 为了表明 Chern 类的重要性, 没有证明地介绍了 Hirzebruch-Rieman-Roch 公式, 主要目的是为了展现 Chern 类在数学中是如何起作用的.

6.1 基本概念与框架

6.1.1 向量丛的示性类

令 (E,π,M) 是光滑流形 M 上的 V^m 向量丛

$$\begin{array}{ccc} V^m & \to & E \\ & & \downarrow \pi \\ & & M \end{array} \tag{6.1.1}$$

其中 V 代表实数域 R 或复数域 $\mathbb{C}$, 或四元数域 H, m 为 V 维数, 即

$$\dim V^m = \begin{cases} m, & V = R, \\ 2m, & V = \mathbb{C}, \\ 4m, & V = H. \end{cases}$$

(6.1.1) 简称为 M 上的 V^m 丛.

所谓向量丛的示性类就是对 M 上任何一个 V^m 丛总是伴随一组 $H^*(M,G)$ 的上同调类, 它们反映了丛结构的特性. 一般定义如下.

定义 6.1 令 E 是如 (6.1.1) 的一个 V^m 丛. 对应于 E 有一组上同调类

$$\alpha_k(E) \in H^{kr}(M,G), \quad k = 0,1,2,\cdots, \text{ 对某个整数 } r \geqslant 1 \tag{6.1.2}$$

称作 E 的示性类, 若满足下面条件:

(1) 维数条件. 零维示性类 $\alpha_0(E)$ 是 $H^0(M,G)$ 的单位元, 而 $k > \dim V^m$ 时, $\alpha_k(E)$ 为零, 即

$$\begin{cases} \alpha_0(E) = 1 \in H^0(M,G) \text{ 为单位元}, \\ \alpha_k(E) = 0, \quad \forall kr > M, \ r \geqslant 1 \text{ 如 (6.1.2)}. \end{cases}$$

(2) 自然性. 令 E_1 是 M_1 上的一个 V^m 丛, $f: M_1 \to M$ 是由丛映射 $F: E_1 \to E$ 所诱导, 则有

$$\alpha_k(E_1) = f^*(\alpha_k(E)),$$

其中 $f^*: H^*(M,G) \to H^*(M_1,G)$ 是 f 的诱导同态.

(3) Whitney 乘积公式. 若 E, E' 都 M 上的 V^m 丛, 那么

$$\alpha_k(E \oplus E') = \sum_{i+j=k} \alpha_i(E) \cdot \alpha_j(E'), \tag{6.1.3}$$

这里 $E_1 \oplus E_2$ 为向量丛的 Whitney 和, $\alpha_i \cdot \alpha_j$ 为上同调类的乘积.

(4) 下面的形式和

$$\alpha(E) = 1 + \alpha_1(E) + \alpha_2(E) + \cdots$$

称为 E 的总示性类, 上面公式 (6.1.3) 可等价地写成

$$\alpha(E_1 \oplus E_2) = \alpha(E_1) \cdot \alpha(E_2). \tag{6.1.4}$$

示性类的存在从本质上讲是归因于无穷维 Grassmann 流形 $G_m(V^\infty)$ 的上同调环特殊性质, 在下一小节将专门讨论这一点. 从定义 6.1, 立刻得到下面示性类的一些基本性质.

示性类基本性质 示性类具有如下性质:

(1) 若 E_1 与 E_2 是同构的 V^m 丛, 则

$$\alpha_k(E_1) = \alpha_k(E_2), \qquad \forall k \geqslant 0;$$

(2) 若 E 是一个平凡丛, 那么

$$\alpha_k(E) = 0, \qquad \forall k \geqslant 1;$$

(3) 如果 E_1 是平凡的, 那么

$$\alpha_k(E_1 \oplus E) = \alpha_k(E), \qquad \forall k \geqslant 0;$$

(4) 对于 V^m 丛 E, 若 E 具有一个处处非零截面, 则顶示性类

$$\alpha_k(E) = 0, \quad kr = m, \quad r \geqslant 1 \text{ 如 } (6.1.2);$$

(5) 当 E_1 与 E_2 的 Whitney 和 $E_1 \oplus E_2$ 是平凡丛时, 则有

$$\sum_{i+j=k} \alpha_i(E_1)\alpha_j(E_2) = 0, \qquad k \geqslant 1,$$

或等价地,

$$\alpha(E_1)\alpha(E_2) = 1,$$

以上基本性质 (1)~(5) 可由定义 6.1 直接得到. 性质 (1) 和 (2) 是由自然性 (2) 推出, (3)~(5) 由 Whitney 公式及性质 (2) 导出.

用已知的拓扑不变量 (如同调类与同伦类等) 来表征拓扑对象的特征是拓扑学基本主题. 示性类理论正是体现这种精神.

6.1.2 Grassmann 流形与示性类的关系

这一小节的主要目的是为了说明为什么向量丛上会有像定义 6.1 的 (1)~(3) 那样整齐性质的示性类存在. 我们将从 Grassmann 流形上的万有丛说起, 以后总是用 $G_m(V)$ 来表示 $G_m(V^\infty)$.

回忆一下 $G_m(V)$ 上规范丛 $\gamma_m(V)$ 的概念, 它定义为

$$\gamma_m(V) = \{(X, r) |\ X \in G_m(V) \text{ 是 } V^\infty \text{ 中 } m \text{ 维子空间}, r \in X \text{ 为向量}\},$$

即 $\gamma_m(V)$ 是 $G_m(V)$ 上这样的 V^m 丛, 在每一点 $X \in G_m(V)$ 的向量空间就是 X 本身. 再回头考察定理 1.15 和定理 1.16 及注 1.8, 它们告诉我们 $\gamma_m(V)$ 具有万有丛性质. 通俗地讲就是下面的对应是一一的:

$$f: M \to G_m(V) \text{ 的同伦类 } \leftrightarrow M \text{ 上 } V^m \text{ 丛 } E = F^*(\gamma_m(V)) \text{ 同构类}, \qquad (6.1.5)$$

其中 $F: E \to \gamma_m(V)$ 是对应于 f 的丛映射.

这个一一对应 (6.1.5) 意味着 $G_m(V)$ 的每一个 k 维上同调类都可产生一个表征 V^m 丛的不变量, 即对 $E \simeq F^*(r_m(V))$ 有

$$\alpha_k(E) = f^*(\xi^k) \in H^k(M, G) \ \leftrightarrow \ \xi^k \in H^k(G_m(V), G). \tag{6.1.6}$$

容易验证, 由 (6.1.6) 定义的向量丛 E 的示性类具有自然性:

$$\alpha_k(E_1) = h^*(\alpha_k(E)), \quad \text{对丛映射 } H:\ E_1 \to E.$$

这是因为丛映射

$$H \circ F:\ E_1 \to \gamma_m(V) \text{ 对应于 } h \circ f:\ M_1 \to G_m(V),$$

并且拉回丛

$$E_1 = H^*(E) = H^* \circ F^*(\gamma_m(V)) = (H \circ F)^*(\gamma_m(V)).$$

因而有如下自然性

$$\alpha_k(E_1) = (h \circ f)^*(\xi^k) = h^*(f^*(\xi)) = h^*(\alpha_k(E)).$$

可以用 (6.1.6) 的方式在 V^m 丛上定义许许多多的不同种类的示性类. 其实后面将介绍的所有重要示性类 (包括定义 6.1 给出的示性类) 都是 (6.1.6) 的特殊形式. 从这也可以知道一些为什么有示性类理论的原因. 然而, 由 (6.1.6) 得到的大多数示性类使我们无法得到关于向量丛 (E, π, M) 更多的拓扑知识, 因为它们缺少像 (6.1.3) 和 (6.1.4) 那样精细的结构. 那么为什么会有如定义 6.1 那样的示性类呢? 下面从 $G_m(V)$ 的特殊性质来进一步阐明这一问题.

注意到, 从 $G_m(V) \times G_n(V)$ 到 $G_{m+n}(V)$ 存在一个自然映射

$$\begin{cases} I:\ G_m(V) \times G_n(V) \to G_{m+n}(V), \\ I(X, Y) = X \times Y, \quad X \in G_m(V),\ Y \in G_n(V). \end{cases} \tag{6.1.7}$$

由 Künneth 定理 (定理 2.13) 及万有系数定理,

$$H^*(G_m \times G_n, G) = H^*(G_m, G) \otimes H^*(G_n, G) + \text{挠积}.$$

自然映射 (6.1.7) 诱导一个自然同态

$$I^*:\ H^*(G_{m+n}, G) \to H^*(G_m, G) \otimes H^*(G_n, G) + \text{挠积}.$$

从对应关系 (6.1.6) 容易看出, 若 V^m 丛关于 G 系数存在一个如定义 6.1 那样的示性类, 则相应地在上同调环 $H^\pi(G_m(V), G)$ 中一定存在一个多项式子环

$$\mathcal{H}_m^\pi = \mathcal{H}_m^\circ + \mathcal{H}_m^r + \mathcal{H}_m^{2r} + \cdots, \quad \mathcal{H}_m^{kr} \in H^{kr}(G_m(V), G),$$

它由 γ_m 的示性类

$$1,\ \xi_1(G_m),\ \xi_2(G_m),\ \cdots,\ \xi_j(G_m),\ jr=m \tag{6.1.8}$$

自由生成, 此外

$$I^*(\mathcal{H}^\pi_{m+n})\subseteq H^\pi(G_m,G)\otimes H^\pi(G_n,G), \tag{6.1.9}$$

并且这些示性类满足

$$I^*(\xi_k(G_{m+n}))=\sum_{i+j=k}\xi_i(G_m)\cdot\xi_j(G_n). \tag{6.1.10}$$

注 6.1 由共轭结构理论, 在 Künneth 公式

$$H^*(M\times N,G)=H^*(M,G)\otimes H^*(N,G)+\text{挠积}$$

中张量积 $H^*(M)\otimes H^*(N)$ 的元素是由 $H^*(M)$ 的上同调类 α 与 $H^*(N)$ 的上同调类 β 乘积而成, 即对任何 $\sigma\in H^*(M)\otimes H^*(N)$, 唯一存在 $\alpha\in H^*(M)$ 及 $\beta\in H^*(N)$ 使得

$$\sigma=\alpha\cdot\beta\qquad(\text{通常记为}\sigma=\alpha\times\beta).$$

因此, 公式 (6.1.10) 右端是上同调类的乘积和.

现在反过来, 若上同调环 $H^\pi(G_m(V),G)$ 中存在一个多项式子环 $\mathcal{H}^\pi_m$, 由一组上同调类 (6.1.8) 自由生成, 并且具有性质 (6.1.9) 和 (6.1.10), 则对每个 (6.1.5) 的向量丛 E, 定义

$$\alpha_k(E)=f^*(\xi_k(G_m)), \tag{6.1.11}$$

则可以验证

$$1,\ \alpha_1(E),\ \alpha_2(E),\ \cdots,\ \alpha_j(E),\ jr=m, \tag{6.1.12}$$

正是 E 的如定义 6.1 的示性类. 要证明这一点, 只需证明 (6.1.12) 满足 (6.1.3). 在 $G_m\times G_n$ 上取向量丛 γ^1_{mn} 和 γ^2_{mn} 如下

$$\gamma^1_{mn}=\pi_1^*(\gamma_m),\qquad\gamma^2_{mn}=\pi_2^*(\gamma_n),$$

其中 $\pi_1:G_m\times G_n\to G_m$, $\pi_2:G_m\times G_n\to G_n$ 都是投影. 因而有

$$\gamma_m\times\gamma_n\simeq\gamma^1_{mn}\oplus\gamma^2_{mn}\ \text{是同构}.$$

因而两个丛映射

$$E_1\xrightarrow{F_1}\gamma_m,\qquad E_2\xrightarrow{F_2}\gamma_n \tag{6.1.13}$$

可诱导出丛映射

$$E_1\oplus E_2\xrightarrow{F}\gamma^1_{mn}\oplus\gamma^2_{mn}\simeq\gamma_m\times\gamma_n\xrightarrow{\tilde{I}}\gamma_{m+n}, \tag{6.1.14}$$

其中 $\tilde{I}$ 是对应于 (6.1.7) 的自然丛映射, $F=(F_1,F_2)$.

由 (6.1.11) 和 (6.1.13) 可知

$$\alpha_k(E_1)=f_1^*(\xi_k(G_m)),\quad \alpha_k(E_2)=f_2^*(\xi_k(G_n)).$$

再由 (6.1.10) 和 (6.1.14) 有

$$\begin{aligned}\alpha_k(E_1\oplus E_2)&=f^*(I^*(\xi_k(G_{m+n})))\\&=\sum_{i+j=k}f^*(\xi_i(G_m)\cdot\xi_j(G_n))\\&=\sum_{i+j=k}f_1^*(\xi_i(G_m))\cdot f_2^*(\xi_j(G_n))\\&=\sum_{i+j=k}\alpha_i(E_1)\cdot\alpha_j(E_2).\end{aligned}$$

这便证得 (6.1.12) 是如定义 6.1 的示性类.

综合上述分析, 得到下面示性类存在的充要条件.

定理 6.1　对于一个 V^m 向量丛 E, 在其上存在一个如定义 6.1 那样 G 系数的示性类充要条件是对每个 r 倍数的整数 $m=kr(k=1,2,\cdots)$, 存在如 (6.1.8) 的一组上同调类, 它们自由生成 $H^\pi(G_m(V),G)$ 的一个子环 $\mathcal{H}_m^\pi$, 并且满足条件 (6.1.9) 和 (6.1.10).

引入定理 6.1 的目的不全是为了能够从无穷维 Grassmann 流形 $G_m(V)$ 的上同调环中构造出示性类 (尽管可以这样做到), 而是为了更清楚地了解示性类理论的源头. 事实上, 在后面将依照文献 [22] 的方式再来构造出三个最主要的示性类: Stiefel-Whitney 类、Chern 类和 Pontrjagin 类. 这样做是为了多角度去理解示性类. 同时也是弥补走 Grassmann 流形构造示性类道路的不足之处, 即 $G_m(V)$ 上同调环结构定理的证明不是一件容易的事情. 因而, 下面不予证明地给出 $G_m(V)$ 上同调环结构定理.

定理 6.2　关于无穷维 Grassmann 流形 $G_m(V)$ 上同调环有如下结论:

(1) 对于 $V=R$ 及 $G=\mathbb{Z}_2$, 上同调环 $H^\pi(G_m(R),\mathbb{Z}_2)$ 是由 $m+1$ 个上同调类

$$1,\ \xi_1(G_m),\ \cdots,\ \xi_m(G_m),\qquad \xi_k(G_m)\in H^k(G_m(R),\mathbb{Z}_2),\tag{6.1.15}$$

自由生成的多项式环, 并且

$$I^*(\xi_k(G_{m+n}))=\sum_{i+j=k}\xi_i(G_m)\cdot\xi_j(G_n)\in H^\pi(G_m(R),\mathbb{Z}_2)\otimes H^\pi(G_n(R),\mathbb{Z}_2),$$

其中 $I^*:H^\pi(G_{m+n}(R),\mathbb{Z}_2)\to H^\pi(G_m\times G_n(R),\mathbb{Z}_2)$ 是自然同态.

(2) 对于 $V=\mathbb{C}$ 及 $G=R, H^{\pi}(G_m(\mathbb{C}),R)$ 是由 $m+1$ 个上同调类

$$1,\ \eta_1(G_m),\ \cdots,\ \eta_m(G_m),\quad \eta_k(G_m)\in H^{2k}(G_m(\mathbb{C}),R), \tag{6.1.16}$$

自由生成的多项式环, 并且

$$I^*(\eta_k(G_{m+n}))=\sum_{i+j=k}\eta_i(G_m)\cdot\eta_j(G_n)\in H^{\pi}(G_m(\mathbb{C}),R)\otimes H^{\pi}(G_n(\mathbb{C}),R).$$

(3) 对于 $V=R, G=R, H^{\pi}(G_m(R),R)$ 含有一个多项式子环 $\mathcal{H}_m^{\pi}$, 这里 m 是一个 4 倍整数 $m=4j$, 使得 $\mathcal{H}_m^{\pi}$ 是由 $j+1$ 个上同调类

$$1,\ \zeta_1(G_m),\ \cdots,\ \zeta_j(G_m),\quad \zeta_k(G_m)\in H^{4k}(G_m(R),R), \tag{6.1.17}$$

自由生成的多项式环, 并且

$$I^*(\zeta_k(G_{m+n}))=\sum_{i+j=k}\zeta_i(G_m)\cdot\zeta_j(G_n)\in H^{\pi}(G_m(R),R)\otimes H^{\pi}(G_n(R),R).$$

现在, 根据定理 6.1 和定理 6.2, 可以得到下面主要示性类的存在性定理.

定理 6.3 对于向量丛 (6.1.1), 有存在下面三种类型的示性类:

(1) 对 R^m 实向量丛 E, 下面一组 $\mathbb{Z}_2$ 系数上同调类

$$1,\ w_1(E),\ \cdots,\ w_m(E),\quad w_k\in H^k(M,\mathbb{Z}_2),$$

构成E的一个示性类, 叫做 Stiefel-Whitney 类, 其中每个 k 维类$w_k(E)=f^*(\xi_k(G_n))$, $\xi_k(G_m)$ 如 (6.1.15), $f:M\to G_m(R)$ 对应于一个丛映射 $F:E\to\gamma_m(R)$. 形式和 $w(E)=1+w_1(E)+\cdots+w_m(E)$ 为总 Stiefel-Whitney 类.

(2) 对于 $\mathbb{C}^m$ 复向量丛 E, 实系数上同调类

$$1,\ c_1(E),\ \cdots,\ c_m(E),\quad c_k\in H^{2k}(M,R)$$

是 E 的一种示性类, 称作陈省身示性类 (Chern 类), 其中每个 k 维上同调类 $C_k(E)=f^*(\eta_k(G_m)), \eta_k(G_m)$ 如 (6.1.16), $f:M\to G_m(\mathbb{C})$ 对应于一个丛映射 $F:E\to\gamma_m(\mathbb{C})$. 在环 $H^{\pi}(M,R)$ 中的形式和

$$c(E)=1+c_1(E)+\cdots+c_m(E)$$

称为总 Chern 类.

(3) 关于 R^{4m} 的实向量丛 E, 下面实系数上同调类

$$1,\ p_1(E),\ \cdots,\ p_m(E),\quad p_k(E)\in H^{4k}(M,R),$$

也是 E 的一种示性类, 称作 Pontrjagin 类, 其中 $p_k(E) = f^*(\zeta_k(G_{4m})), \zeta_k(G_{4m})$ 如 (6.1.17), $f: M \to G_{4m}(R)$ 对应于一个丛映射 $F: E \to \gamma_{4m}(R)$. 同样, 环 $H^\pi(M, R)$ 中的形式和

$$p(E) = 1 + p_1(E) + \cdots + p_m(E)$$

叫做总 Pontrjagin 类.

注 6.2 在复向量丛上, 整系数 Chern 类也同样存在, 它与实系数 Chern 类完全相同. 因而对复向量丛而言, 所有系数 G 的 Chern 类都存在, 它们之间不会产生本质性的差异. 这就体现出复向量丛与实向量丛的区别. 实向量丛的 $H^k(G_m(R), \mathbb{Z}_2)$ 是一个有限生成的多项式环. 然而换成实系数 $H^k(G_m(R), R)$ 就不是这样了, 它在子环 $H^0 + H^4 + H^8 + \cdots$ 中有一个有限生成的多项式子环. 于是从实向量丛中分出了 Stiefel-Whitney 类和 Pontrjagin 类这两种本质不同的示性类.

注 6.3 定理 6.1 告诉我们, $H^\pi(G_m(V), G)$ 中所含的有限生成的多项式子环与 V^m 丛上示性类是一一对应的. 在注 6.2 中也讲到了这一点. 现在, 对于四元数 H 我们不知道 $H^\pi(G_m(H), G)$ 是否含有有限生成的多项式子环. 如果有, 那么相应地 H^m 丛也有示性类, 它们与上述三种示性类是不相同的. 因此, 至今我们并不知道究竟有多少种本质不同的示性类.

6.1.3 Thom 同构定理

这一小节主要介绍关于向量丛上同调群的 Thom 同构定理. 该定理对于定义向量丛的 Euler 类起到关键作用. 在后面将看到, Euler 类在示性类理论中占有重要地位.

从一个最简单的平凡向量丛 $E = S^1 \times R$ 谈起. 令

$$E_1 = S^1 \times R_1, \qquad R_1 = \{x \in R \mid |x| \geqslant 1\}.$$

将 E 的子空间 E_1 捏成一点所得商空间 E/E_1, 如图 6.1 所示, 将 (a) 的圆柱面捏成一个如 (b) 的南瓜面, 其中点 p 就是将 E_1 捏成的点.

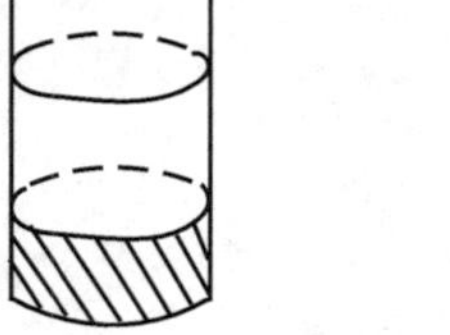

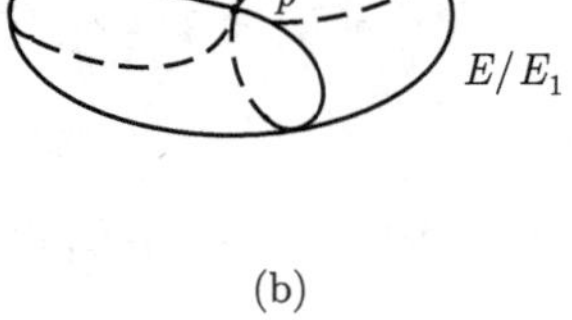

图 6.1 (a) 阴影部分为 E_1; (b) 南瓜面也是将球面对径点捏成一点的曲面

根据相对同调群的实质知

$$H^q(E,E_1,G)=\begin{cases}0, & q=0,\\ H^q(E/E_1,G), & q>0.\end{cases}$$

而空间 E/E_1 将 E 中纬度圈 S^1 消灭, 却在纤维 R 上生出一个圆 $R/R_1=S^1$, 同时也变成一个无边的二维面 (南瓜面). 因此

$$H^q(E,E_1,G)=\begin{cases}0, & q=0,\\ G, & q=1,2.\end{cases}$$

从这看出, 由对应 $\sigma\mapsto\sigma\cdot S^1$ 导出同构

$$H^i(E,G)\simeq H^{i+1}(E,E_1,G),$$

那里 $S^1=R/R_1$ 是 $H^1(R,R^1,G)$ 的生成元. 这就是 Thom 同构.

同样地, 对于一个平凡向量丛 $E=M\times R^m$, 记

$$E_1=M\times R_1^m,\qquad R_1^m=\{x\in R^m|\ |x|\geqslant 1\}.$$

此时相对同调群

$$H^q(E,E_1,G)=H^q(E/E_1,G),\qquad q\neq 0.$$

另一方面, E/E_1 将 E 中 M 的所有闭子流形 (共轭元) 都消灭掉, 而对每一个上共轭元 (上同调类)$\sigma\in H^k(M,G)$, 在 E/E_1 中都生出一个上共轭元

$$\sigma*S^m\quad(S^m=R^m/R_1^m\text{ 是 }m\text{ 维球面}).$$

这表明对应关系 $\sigma\mapsto\sigma\cdot S^m$ 给出下面 Thom 同构

$$H^i(E,G)\simeq H^{m+i}(E,E_1,G),\qquad\forall i\in\mathbb{Z},\tag{6.1.18}$$

这意味着

$$H^i(E,E_1,G)=0,\qquad\forall i<m.$$

对一般的向量丛, 同样有下面 Thom 同构定理. 令 E 是一个 M 上的 R^m 丛,

$$E_1=\{r_x\in E|\ x\in M,\ r_x\in\pi^{-1}(x),\ |r_x|\geqslant 1\},$$

即 E_1 是由 E 中所有 $|r|\geqslant 1$ 的元素构成. 记

$$F_1=F\cap E_1,\qquad F=\pi^{-1}(x).$$

定理 6.4 (Thom 同构定理)　存在唯一的一个上同调类, 叫做 Thom 类,

$$\alpha^m \in H^m(E, E_1, G),$$

它限制在每一个纤维 $F(=R^m)$ 上时, 是 $H^m(F, F_1)$ 的生成元 α_F^m. 此外, 对应关系 $\beta \mapsto \beta \cdot \alpha^m$ 产生下面的同构

$$H^k(E, G) \to H^{k+m}(E, E_1, G), \qquad \forall k \in \mathbb{Z}.$$

这意味着 $H^j(E, E_1, G) = 0, \forall j < m$.

证明　这里的证明采用的是标准方法[4,22].

取 M 的一个标准覆盖 $\mathcal{U} = \{U_i\}_{i\in I}$, 即所有 U_i 和 $U_i \cap U_j \cap \cdots \cap U_k \neq \varnothing$ 都同胚于 R^n, 这里 $n = \dim M$. 显然

$$E|_{U_i} = U_i \times R^m, \quad E_1|_{U_i} = U_i \times R_1^m, \quad U_i \in \mathcal{U}.$$

由 (6.1.18), 定理对每个平凡丛都成立. 采用归纳法. 令 Thom 同构对

$$(\tilde{E}, \tilde{E}_1) = (E|_{\tilde{M}}, E_1|_{\tilde{M}}), \qquad \tilde{M} = \cup_{i=1}^k U_i$$

成立, 将证明它对 $(E', E_1') = (E|_{\tilde{M}\cup V}, E_1|_{\tilde{M}\cup V})$ 也成立. 考虑下面 Mayer-Vietoris 序列

$$\begin{array}{lll}
\cdots \to H^q(\tilde{E}) \oplus H^q(E^V) & \to H^q(E^\cap) & \to H^{q+1}(E') \\
\qquad\downarrow \times\alpha^m & \qquad\downarrow \times\alpha^m & \qquad\downarrow \alpha^* \\
\to H^{m+q}(\tilde{E}, \tilde{E}_1) \oplus H^{m+q}(E^V, E_1^V) & \to H^{m+q}(E^\cap, E_1^\cap) & \to H^{m+q+1}(E', E_1') \\
\hookrightarrow H^{q+1}(\tilde{E}) \oplus H^{q+1}(E^V) & \to H^{q+1}(E^\cap) & \to \cdots \\
\qquad\downarrow \times\alpha^m & \qquad\downarrow \times\alpha^m & \\
\hookrightarrow H^{m+q+1}(\tilde{E}, \tilde{E}_1) \oplus H^{m+q+1}(E^V, E_1^V) & \to H^{m+q+1}(E^\cap, E_1^\cap) & \to \cdots
\end{array}$$

其中 $(E^V, E_1^V) = (E|_V, E_1|_V), (E^\cap, E_1^\cap) = (E|_{\tilde{M}\cap V}, E_1|_{\tilde{M}\cap V}), \times\alpha^m$ 表示由 $\xi \mapsto \xi \cdot \alpha^m$ 的同态, α^* 由交换性诱导同态. 由归纳假设,

$$H^q(\tilde{E}) \oplus H^q(E^V) \xrightarrow{\times\alpha^m} H^{m+q}(\tilde{E}, \tilde{E}_1) \oplus H^{m+q}(E^V, E_1^V),$$

$$H^q(E^\cap) \xrightarrow{\times\alpha^m} H^{m+q}(E^\cap, E_1^\cap)$$

都是同构. 因而由五引理 (引理 2.4), 同态

$$H^q(E') \xrightarrow{\alpha^*} H^{m+q}(E', E_1') \text{ 是同构},$$

并且该同构 $\alpha^* = \times\alpha^m$. 于是定理证毕.

注 6.4 向量丛的投影 $\pi : E \to M$ 诱导出一个同构

$$\pi^*:\ H^q(M,G) \to H^q(E,G). \tag{6.1.19}$$

因此, $\beta \mapsto \pi^*(\beta)\cdot\alpha^m$ 给出下面同构

$$H^*(M,G) \simeq H^{*+M}(E,E_1,G).$$

6.1.4 可定向 R^m 丛的 Euler 类

由定义 1.24, 一个 R^m 丛就是以一般线性群 $GL(m)$ 为结构群的纤维丛. 一个 R^m 丛称作可定向丛, 若它以 $GL(m)$ 中特殊子群

$$SGL(m) = \{A \in GL(M) |\ \det A > 0\}$$

为结构群. 换句话说, R^m 丛 $\pi : E \to M$ 是可定向的, 若存在 M 的一个开覆盖 $\{U_\alpha\}$ 及平凡化 $\varphi_\alpha : U_\alpha \times R^m \to \pi^{-1}(U_\alpha)$ 使得在每一个交集 $U_\alpha \cap U_\beta \neq \varnothing$, 线性同构

$$\varphi_\beta \circ \varphi_\alpha^{-1}:\ F_x \to F_x\ (F_x = \pi^{-1}(x)), \qquad x \in U_\alpha \cap U_\beta \tag{6.1.20}$$

都是保定向的.

由例 1.4 给出的 Möbius 带 $\gamma^1(R^2)$ 是一个不可定的 R^1 丛. 但是所有 $\mathbb{C}^m$ 丛和 H^m 丛都是可定向丛.

下面将定义定向 R^m 丛的 Euler 类. 令 (E,π,M) 是一个可定向的 R^m 丛 (任何 $\mathbb{C}^m$ 和 H^m 丛实化后都是可定向的实向量丛). 包括映射 $(E,\phi) \xrightarrow{i} (E,E_1)$ 产生一个限制同态

$$i^*:\ H^*(E,E_1,G) \to H^*(E,G).$$

由 Thom 同构定理 (定理 6.4), Thom 类 $\alpha^m \in H^m(E,E_1,G)$ 对应于

$$\sigma^m = i^*(\alpha^m) \in H^m(E,G).$$

定义 6.2 对于一个可定向的 R^m 丛 (E,π,M), 上同调类

$$e(E) \in H^m(M,G), \quad e(E) = \pi^{*-1}(\sigma^m)$$

称作 E 的 Euler 类, 其中 π^* 是如 (6.1.19) 的同构.

Euler 类基本性质 关于 Euler 类有如下基本性质:

(1) 自然性. 若 $f : M_1 \to M$ 对应于保定向的丛映射 $F : E_1 \to E, E_1, E$ 分别为 M_1 和 M 上的可定向向量丛, 则

$$e(E_1) = f^*(e(E)).$$

特别地, 若 E 是平凡丛, 则 $e(E)=0$.

(2) 若 E' 是 E 的反定向丛, 则 Euler 类改变符号,

$$e(E')=-e(E).$$

(3) 如果 E 是一个奇数维向量丛, 即 $m=$ 奇数, 则

$$e(E)+e(E)=0.$$

(4) Euler 类具有 Whitney 乘积性质

$$e(E\oplus E_1)=e(E)\cdot e(E_1).$$

(5) 若定向丛 E 具有一个处处非零截面, 则 $e(E)=0$.

证明 性质 (1) 是显然的, (2) 是因为 E 的反定向丛 E' 的基本类 $\alpha^m(E')=-\alpha^m(E)$. (3) 是由于对奇数维向量丛有一个反定向的丛映射 $(x,r)\to(x,-r)$. 然后从性质 (2) 导出 $e(E)=-e(E)$.

对于 (4), 笛卡儿积 $E_1\times E_2$ 的 Thom 类满足

$$\alpha^{mn}(E_1\times E_2)=\alpha^m(E_1)\cdot\alpha^n(E_2).$$

再由定义 6.2,

$$e(E_1\times E_2)=e(E_1)\cdot e(E_2).$$

现在令 E_1 与 E_2 底空间相同 $M_1=M_2=M$. 则对角嵌入 $M\to M\times M$ 的拉回丛有 $E_1\oplus E_2\simeq E_1\times E_2$. 于是有 $e(E_1\oplus E_2)=e(E_1)\cdot e(E_2)$.

(5) 的证明. 令 $s:M\to E_1$ 是一个截面, 使得复合映射

$$\pi\circ s=id:M\to M\ (\pi:E\to M \text{ 是投影}).$$

那么诱导出恒等同态

$$s^*\circ\pi^*=id^*:\ H^m(M)\to H^m(M). \tag{6.1.21}$$

再由下面复合是零同态

$$H^m(E,E_1)\xrightarrow{i^*}H^m(E)\to H^m(E_1),$$

故 $\sigma^m=i^*(\alpha^m)=0$. 由定义 6.2 知

$$\pi^*(e(E))=\sigma^m=0.$$

于是从 (6.1.21) 推知

$$0=s^*\circ\pi^*(e(E))=e(E).$$

这便得到结论 (5).

6.2 Stiefel-Whitney 类

6.2.1 实向量丛上 $\mathbb{Z}_2$ 系数示性类的构造

依照文献 [22], 这里采用 Steenord 平方运算来构造实向量丛的 Stiefel-Whitney 示性类. 首先简短地介绍 $\mathbb{Z}_2$ 系数上同调环上的 S_q 运算, 这种平方算子的存在性见文献 [30].

对每个整数对 m, j 及空间偶 (X,Y) 都存在一个同态

$$S_q^j:\ H^m(X,Y,\mathbb{Z}_2) \to H^{m+j}(X,Y,\mathbb{Z}_2),$$

称作 Steenord 平方运算, 它满足如下性质:

(1) $S_q^0 = id,\ S_q^m(\alpha) = \alpha\cdot\alpha,$

$$S_q^j(\alpha) = 0, \qquad \forall j > m.$$

因此, 只有 $0 \leqslant i \leqslant m$ 的平方运算 S_q^i 是非零的.

(2) 自然性质. 若 $f:(X,Y)\to(X',Y')$, 则

$$S_q^i \circ f^* = f^* \circ S_q^i.$$

(3) Cartan 公式. 平方运算满足等式

$$S_q^r(\alpha\cdot\beta) = \sum_{i+j=r} S_q^i(\alpha)\cdot S_q^j(\beta).$$

关于平方运算, 也可引入总平方如下

$$S_q(\alpha) = \alpha + S_q(\alpha) + S_q^2(\alpha) + \cdots + S_q^m(\alpha), \tag{6.2.1}$$

对 $\alpha\in H^m(X,Y,\mathbb{Z}_2)$. 此时 Cartan 公式可等价地写成

$$S_q(\alpha\cdot\beta) = S_q(\alpha)\cdot S_q(\beta). \tag{6.2.2}$$

再回忆向量丛 (E,π,M) 的 Thom 同构 (见注 6.4), 它定义如下

$$\begin{cases}\psi:\ H^k(M,G)\to H^{k+m}(E,E_1,G),\\ \psi(\beta) = \pi^*(\beta)\cdot\alpha^m, \quad \alpha^m\in H^m(E,E_1,G)\ \text{为 Thom 类}.\end{cases} \tag{6.2.3}$$

现在使用 Steenord 平方运算 S_q^i 与 Thom 同构 (6.2.3) 来构造实向量丛 (E,π,M) 的 Stiefel-Whitney 类如下

$$w_k(E) = \psi^{-1}S_q^k(\alpha^m) \in H^k(M,\mathbb{Z}_2). \tag{6.2.4}$$

或等价地讲, $w_i(E)$ 是 $H^k(M,\mathbb{Z}_2)$ 中唯一上同调类, 满足

$$\pi^*(w_k(E))\cdot\alpha^m = S_q^k(\alpha^m). \tag{6.2.5}$$

使用总平方运算 (6.2.1), 总 Stiefel-Whitney 类可写成

$$w(E)=\psi^{-1}S_q(\alpha^m). \tag{6.2.6}$$

下面证明 (6.2.4) 就是如定义 6.1 的示性类. 该证明是参照文献 [22].

定理 6.5 由 (6.2.4) 定义的 $H^*(M,\mathbb{Z}_2)$ 中一组上同调类

$$1=w_0(E),\ w_1(E),\ \cdots,\ w_m(E),$$

就是 R^m 向量丛 (E,π,M) 上的示性类, 叫做 Stiefel-Whitney 类型.

证明 显然维数条件被满足. 只需证明自然性与 Whitney 公式即可.

自然性的证明. 显然, 任何丛映射 $F:E\to E'$ 都诱导一个映射

$$F_1:\ (E,E_1)\to(E',E_1'),$$

这里 E_1 和 E_1' 如定理 6.4. 于是 Thom 类满足

$$\alpha=F_1^*(\alpha').$$

容易看出下面图表的交换性

$$\begin{array}{ccc} H^k(M',\mathbb{Z}_2) & \xrightarrow{\psi'} & H^{k+m}(E',E_1',\mathbb{Z}_2)\\ \downarrow f^* & & \downarrow F_1^*\\ H^k(M,\mathbb{Z}_2) & \xrightarrow{\psi} & H^{k+m}(E,E_1,\mathbb{Z}_2)\end{array}$$

其中 $f:M\to M'$ 对应于丛映射 F,ψ 和 ψ' 为 Thom 同构 (6.2.3). 故

$$f^*\circ(\psi')^{-1}=\psi^{-1}\circ F_1^*.$$

再由 S_q^i 的自然性 (2) 可推得

$$\begin{aligned} f^*w_i(E') &= f^*\circ(\psi')^{-1}S_q^i(\alpha')=\psi^{-1}F_1^*S_q^i(\alpha')\\ &=\psi^{-1}S_q^i(F_1^*\alpha')=\psi^{-1}S_q^i(\alpha),\end{aligned}$$

因而 $f^*w_i(E')=w_i(E)$.

Whitney 公式的证明. 令 $E''=E\times E'$ 是向量丛 E 与 E' 的笛卡儿积. $\pi\times\pi':E\times E'\to M\times M'$ 是投影. 令

$$\alpha\in H^m(E,E_1,\mathbb{Z}_2),\qquad \alpha'\in H^n(E',E_1',\mathbb{Z}_2)$$

是 Thom 类. 使用投影

$$\begin{aligned} P_1: &\ (E'', E_1 \times E') \to (E, E_1), \\ P_2: &\ (E'', E \times E_1') \to (E', E_1'), \end{aligned}$$

定义 α 与 α' 的 $\times$ 积为

$$\alpha \times \alpha' = (P_1^* \alpha) \cdot (P_2^* \alpha') \in H^{m+n}(E'', (E_1 \times E') \cup (E \times E_1')). \tag{6.2.7}$$

因为 $(E_1 \times E') \times (E \times E_1')$ 与 E_1'' 同胚, E_1'' 是 E'' 中 $|r| \geqslant 1$ 的向量构成空间, 因此 $\alpha \times \alpha'$ 是 (E'', E_1'') 的 Thom 类

$$\alpha'' = \alpha \times \alpha' \in H^{m+n}(E'', E_1'').$$

由 (6.2.6), E'' 的总 Stiefel-Whitney 类为

$$\begin{aligned} \psi''(w(E'')) &= S_q(\alpha'') = S_q(\alpha \times \alpha') = S_q(\alpha) \times S_q(\alpha') \\ &= \psi(w(E)) \times \psi'(w(E')) \\ &= \psi''(w(E) \times w(E')). \end{aligned} \tag{6.2.8}$$

在这里关于 $\times$ 积用到了公式

$$S_q(a \times b) = S_q(a) \times S_q(b),$$

由 (6.2.7), 该公式与 (6.2.2) 是一样有效. 从 (6.2.8) 可得

$$w(E'') = w(E \times E') = w(E) \times w(E'). \tag{6.2.9}$$

现在令 E 和 E' 是在公共底空间 M 上的向量丛. 对角嵌入 $I: M \to M \times M$ 的拉回丛为

$$I^{-1}(E \times E') = E \oplus E'.$$

从 (6.2.9) 与自然性, 由丛映射 $E \oplus E' \to E \times E'$ 立刻得到

$$w(E \oplus E') = w(E) \cdot w(E').$$

于是定理得证.

注 6.5 在文献 [22] 中, Stiefel-Whitney 类是以四个公理条款来确定的. 其中三条公理就是定义 6.1 的性质 (1)~(3), 第四条公理是, 对于一维实投影空间 P^1 上的规范丛 $\gamma_1(P^1)$, 它的 Stiefel-Whitney 类不为零:

$$w_1(\gamma_1(P^1)) \neq 0. \tag{6.2.10}$$

现在证明由 (6.2.4) 构造的示性类满足性质 (6.2.10). 实质上, $\gamma_1(P^1) = \gamma^1(R^2)$ 是 S^1 上的 Möbius 带, 见图 1.36. 若记

$$E = \gamma_1(P^1), \qquad E_1 = \{r \in \gamma_1(P^1) |\, |r| \geqslant 1\}.$$

则拓扑空间

$$E - E_1 = P^2 - D^2$$

是一个二维投影空 P^2 挖去一个开盘 D^2. 因此有同构

$$H^*(E, E_1, \mathbb{Z}_2) \simeq H^*(P^2, D^2, \mathbb{Z}_2) \simeq H^*(P^2, \mathbb{Z}_2).$$

因此, Thom 类 $\alpha \in H^1(E, E_1, \mathbb{Z}_2)$ 对应于 $H^1(P^2, \mathbb{Z}_2)$ 的生成元 a. 于是

$$S_q^1(\alpha) = \alpha^2 \leftrightarrow S_q^1(a) = a^2.$$

然而 $a \cdot a = a^2$ 是 $H^2(P^2, \mathbb{Z}_2)$ 的生成元, 故 $S_q^1(\alpha) \neq 0$. 它意味着

$$w_1(\gamma_1(P^1)) = \psi^{-1} S_q^1(\alpha) \neq 0.$$

这就得到 (6.2.10).

在定理 6.3 中定义了一种 Stiefel-Whitney 类, 而 (6.2.4) 也给出 R^m 从的 $\mathbb{Z}_2$ 示性类. 下面唯一性定理表明它们是同一种示性类.

定理 6.6 (Stiefel-Whitney 类的唯一性) 满足定义 6.1 性质 (1)~(3) 以及 (6.2.10) 的实向量丛上 $\mathbb{Z}_2$ 系数示性类是唯一的.

证明 假设有两种 $\mathbb{Z}_2$ 示性类

$$E \mapsto w(E) \quad 与 \quad E \mapsto \tilde{w}(E).$$

由 (6.2.10), 在 $\gamma_1(P^1)$ 上有

$$w(E) = \tilde{w}(E) = 1 + a, \qquad E = \gamma_1(P^1).$$

由自然性 (2), $\gamma_1(P^1)$ 到万有丛 γ_1 的嵌入产生

$$w(\gamma_1) = \tilde{w}(\gamma_1) = 1 + a.$$

再由自然性与 Whitney 和公式 (2), (3), 过渡到 m 重笛卡儿积

$$E(m) = \gamma_1 \times \cdots \times \gamma_1 = \pi_1^* \gamma_1 \oplus \cdots \oplus \pi_m^* \gamma_1,$$

得到

$$w(E(m)) = \tilde{w}(E(m)) = (1 + a_1) \cdots (1 + a_m).$$

对任 R^m 丛存在到万有丛的丛映射. 故存在

$$丛映射: E(m) \to \gamma_m.$$

此外, $H^*(G_m, \mathbb{Z}_2) \to H^*(P^\infty \times \cdots \times P^\infty)$ 是单一同态. 因此推得

$$w(r_m) = \tilde{w}(r_m). \tag{6.2.11}$$

对任意 R^m 丛 E, 取丛映射 $F: E \to \gamma_m$. 由 (6.2.11) 和自然性 (2) 可推得

$$w(E) = f^* w(\gamma_m) = f^* \tilde{w}(\gamma_m) = \tilde{w}(E).$$

这就证得唯一性. 定理证毕.

6.2.2 Stiefel-Whitney 数与流形的配边

Stiefel-Whitney 类的一个非常重要的应用就是关于流形的配边问题. 所谓流形 M 的配边, 最简单的情况就是 M 为某个带边流形 N 的边界 $M = \partial N$, 此时 M 称为可配边的. 用来表现一个流形是否可配边的数学特征是由下面将介绍的 Stiefel-Whitney 数来实现的.

令 M 是一个紧的 n 维光滑流形 (可能有多个连通分支). 关于 M 有一个基本下同调类, 记为

$$\mu_M \in H_n(M, \mathbb{Z}_2).$$

因此, 对任何上同调类 $\alpha \in H^n(M, \mathbb{Z}_2)$, 它们之间的内积

$$\langle \alpha, \mu_M \rangle \in \mathbb{Z}_2$$

如 (2.3.5) 那样被定义.

令 $r_1, \cdots, r_n$ 是非负整数满足

$$r_1 + 2r_2 + 3r_3 + \cdots + nr_n = n. \tag{6.2.12}$$

则对 M 的切丛 TM, 可获得一组 $\mathbb{Z}_2$ 整数如下.

定义 6.3 关于切丛 TM, 下面的 $\mathbb{Z}_2$ 整数

$$\langle w_1(TM)^{r_1} \cdots w_n(TM)^{r_n}, \mu_M \rangle, \quad r_1, \cdots, r_n \text{ 满足 } (6.2.12),$$

称作 M 的指数为 $(r_1, \cdots, r_n)$ 的 Stiefel-Whitney 数.

两个不同的流形 M 与 M' 具有相同的 Stiefel-Whitney 数是指对所有满足 (6.2.12) 的指数 $(r_1, \cdots, r_n)$ 都有

$$\langle w_1(TM)^{r_1} \cdots w_n(TM)^{r_n}, \mu_M \rangle = \langle w_1(TM')^{r_1} \cdots w_n(TM')^{r_n}, \mu_{M'} \rangle.$$

下面定理指出, 若 M 是可配边的充要条件是它的所有 Stiefel-Whitney 数都是零. 该定理的必要性由 Pontrjagin 获得, 而充分性由 Thom 证得.

定理 6.7 (Pontrjagin-Thom 定理)　关于 n 维紧流形 M, 具有下面结论:

(1) M 是可配边的充要条件是 M 的所有 Stiefel-Whitney 数为零;

(2) 两个流形 M 与 M' 可相互配边, 即存在 $n+1$ 维带边流形 N 使得 $\partial N = M \cup M'$ 的充要条件是它们具有相同的 Stiefel-Whitney 数.

证明　显然结论 (2) 是结论 (1) 的推论. 这里只对结论 (1) 的必要性进行证明, 因为充分性的证明比较困难.

令 $M = \partial N$. 空间偶 (N, M) 的基本下同调类记为

$$\mu_N \in H_{n+1}(N, M, \mathbb{Z}_2).$$

那么对任何上同调类 $\alpha \in H^n(M, \mathbb{Z}_2)$ 有

$$\langle \alpha, \partial^* \mu_N \rangle = \langle \delta^* \alpha, \mu_N \rangle, \tag{6.2.13}$$

其中

$$\partial^*:\ H_{n+1}(N, M, \mathbb{Z}_2) \to H_n(M, \mathbb{Z}_2), \qquad \delta^*:\ H^n(M, \mathbb{Z}_2) \to H^{n+1}(M, N, \mathbb{Z}_2)$$

是边缘同态. 带边流形 N 的切丛限制在边界 M 上时, 有

$$TN|_M = TM \oplus \varepsilon^1,$$

$\varepsilon^1 = M \times R^1$ 为平凡线丛, 这可由袖口邻域定理推得[8]. 因此, 由示性类基本性质 (3) 可知

$$w_i(TN|_M) = w_i(TM).$$

此外, 对于包含映射 $i: M \to N$, 限制同态

$$i^*:\ H^n(N, \mathbb{Z}_2) \to H^n(M, \mathbb{Z}_2)$$

将 $w_i(TN)$ 映到 $w_i(TN|_M)$ 上, 即

$$w_i(TN|_M) = i^* w_i(TN).$$

这就意味着

$$w_i(TM) = i^* w_i(TN). \tag{6.2.14}$$

注意, 这里 (6.2.14) 并不是自然性结果, 因为 $i: M \to N$ 并不对应于某个从 TM 到 TN 的丛映射.

再根据下面序列的正合性

$$H^n(N,\mathbb{Z}_2) \xrightarrow{i^*} H^n(M,\mathbb{Z}_2) \xrightarrow{\delta^*} H^{n+1}(N,M,\mathbb{Z}_2),$$

关系式 (6.2.14) 意味着

$$\delta^*(w_1^{r_1}(TM)\cdots w_n^{r_n}(TM))=0.$$

因此, 由 (6.2.13) 可得

$$\langle w_1^{r_1}(TM)\cdots w_n^{r_n}(TM),\partial^*\mu_N\rangle=0. \tag{6.2.15}$$

另一方面, 边缘同态 ∂^* : $H_{n+1}(N,M,\mathbb{Z}_2)\to H_n(M,\mathbb{Z}_2)$ 将基本类 μ_N 映到 $H_n(M,\mathbb{Z}_2)$ 的基本类 μ_M,

$$\partial^*\mu_N=\mu_M.$$

于是, 等式 (6.2.15) 告诉我们 M 的所有 Stiefel-Whitney 数都是零. 这样, 结论 (1) 的必要性得证.

6.2.3 $\mathbb{Z}_2$ 示性类的基本性质

由于 $\mathbb{Z}_2$ 群的特殊性, 对应地, Stiefel-Whitney 类也具有许多独特的性质. 下面将给出一些基本结论.

首先介绍 Whitney 对偶定理, 该定理是建立在下面事实基础上的, 即 $\mathbb{Z}_2$ 系数上同调环 $H^\pi(M,\mathbb{Z}_2)$ 具有某种乘法群结构. 更具体地讲, 所有以单位元 1 领头的级数集合

$$\alpha=1+\alpha_1+\alpha_2+\cdots\ \in H^\pi(M,\mathbb{Z}_2),\quad \alpha_k\in H^k(M,\mathbb{Z}_2),$$

在乘法运算下,

$$\begin{aligned}\alpha\cdot\beta&=(1+\alpha_1+\alpha_2+\cdots)(1+\beta_1+\beta_2+\cdots)\\&=1+(\alpha_1+\beta_1)+(\alpha_2+\beta_2+\alpha_1\beta_1)+\cdots\end{aligned}$$

形成一个交换群, 其逆元素

$$\alpha^{-1}=1+\bar{\alpha}_1+\bar{\alpha}_2+\cdots$$

能够按下面方式获得

$$\alpha^{-1}\cdot\alpha=(1+\bar{\alpha}_1+\bar{\alpha}_2+\cdots)\cdot(1+\alpha_1+\alpha_2+\cdots)=1.$$

因而有

$$\bar{\alpha}_k+\bar{\alpha}_{k-1}\alpha_1+\bar{\alpha}_{k-2}\alpha_2+\cdots+\bar{\alpha}_1\alpha_{k-1}+\alpha_k=0,$$

从这个等式 (考虑到 $\mathbb{Z}_2$ 模), 可归纳地求得

$$\begin{aligned}\bar{\alpha}_1 &= \alpha_1,\\ \bar{\alpha}_2 &= \alpha_1^2+\alpha_2,\\ \bar{\alpha}_3 &= \alpha_1^3+\alpha_3,\\ \bar{\alpha}_4 &= \alpha_1^4+\alpha_1^2\alpha_2+\alpha_2^2+\alpha_4,\end{aligned}$$

等所有 $\bar{\alpha}_k$ 项.

考虑两个同底空间的向量丛 E 与 E'. 由 (6.1.4) 有

$$w(E\oplus E') = w(E)\cdot w(E'). \tag{6.2.16}$$

如果能够知道 $E\oplus E'$ 与 E 的总 Stiefel-Whitney 类, 则从 (6.2.16) 解出 E' 的总类 $w(E')$ 如下

$$w(E') = w^{-1}(E)\cdot w(E\oplus E').$$

特别地, 若 $E\oplus E'$ 是平凡丛, 则上式变为

$$w(E') = w^{-1}(E). \tag{6.2.17}$$

当 M 是一个可嵌入到 R^{n+k} 的 n 维紧流形时, M 的切丛 TM 与法丛 NM 的 Whitney 和是平凡丛

$$TM\oplus NM = M\times R^{n+k}.$$

从而由 (6.2.17) 得到下面定理.

定理 6.8 (Whitney 对偶定理)　令 $M\subset R^{n+k}$ 是一个嵌入的 n 维紧流形, 那么 M 的切丛 TM 与法丛 NM 的总 $\mathbb{Z}_2$ 示性类满足关系

$$w(TM) = w^{-1}(NM).$$

从定理 6.8 立刻推得球面 S^n 切丛 TS^n 的总 $\mathbb{Z}_2$ 类为 1, 即

$$w_k(TS^n) = 0, \qquad \forall k\geqslant 1.$$

这是因为 $S^n\subset R^{n+1}$, 它的法丛 $NS^n = S^n\times R^1$ 是平凡的. 因而 $w(TS^n) = w(NS^n) = 1$. 这说明 Stiefel-Whitney 类无法将 TS^n 与平凡丛区分开来.

现在, 考虑 $M\subset R^{n-k}$ 法丛的顶 $\mathbb{Z}_2$ 类 $w_k(NM)$ 的计算.

令 $T(\varepsilon)$ 为 $M\subset R^{n+k}$ 的 ε 管形邻域,

$$T(\varepsilon) = \{(x,r_x)\in R^{n+k}|\ x\in M,\ r_x \text{ 为 } x \text{ 点法向量},\ |r_x|<\varepsilon\}.$$

则显然 $T(\varepsilon)$ 与 R^k 法丛 NM 同构

$$NM\simeq T(\varepsilon).$$

再记 NM_1 是所有 NM 的 $|r|\geqslant 1$ 向量空间. 则

$$(NM,NM_1)\simeq\left(T(\varepsilon),T(\varepsilon)-T\left(\frac{\varepsilon}{2}\right)\right)\text{ 是同构.}\tag{6.2.18}$$

由切除定理

$$H^*\left(T(\varepsilon),T(\varepsilon)-T\left(\frac{\varepsilon}{2}\right),G\right)\simeq H^*\left(R^{n+k},R^{n-k}-T\left(\frac{\varepsilon}{2}\right),G\right).\tag{6.2.19}$$

简记

$$H^*(R^{n+k},R^{n-k}-M,G)=H^*\left(R^{n+k},R^{n-k}-T\left(\frac{\varepsilon}{2}\right),G\right).$$

则从 (6.2.18) 和 (6.2.19) 得到下面同构

$$H^*(NM,NM_1,G)\simeq H^*(R^{n+k},R^{n+k}-M,G).$$

在另一方面, 复合同态

$$H^k(NM,NM_1,\mathbb{Z}_2)\xrightarrow{i^*}H^k(NM,\mathbb{Z}_2)\xrightarrow{\pi^{*-1}}H^k(M,\mathbb{Z}_2)\tag{6.2.20}$$

将 NM 的 Thom 类 α^k 映到顶 $\mathbb{Z}_2$ 类 $w_k(NM)$. 事实上, 在 Thom 同构 (6.2.3) 的作用下,

$$\psi(\pi^{*-1}(i^*\alpha^k))=(i^*\alpha^k)\cdot\alpha^k=\alpha^k\cdot\alpha^k=S_q^k(\alpha^k).$$

再由 (6.2.4) 知

$$\pi^{*-1}(i^*\alpha^k)=\psi^{-1}S_q^k(\alpha^k)=w_k(NM).\tag{6.2.21}$$

根据 (6.2.18), 复合同态 (6.2.20) 等价于

$$H^k\left(T(\varepsilon),T(\varepsilon)-T\left(\frac{\varepsilon}{2}\right),\mathbb{Z}_2\right)\xrightarrow{i^*}H^k(T(\varepsilon),\mathbb{Z}_2)\xrightarrow{\pi^{*-1}}H^k(M,\mathbb{Z}_2).$$

因此这个复合的限制同态将对应的 Thom 类 α^k 映到 $w_k(NM)$,

$$\alpha^k\mapsto w_k(NM).\tag{6.2.22}$$

再由交换图

$$\begin{array}{ccc}
H^k(R^{n+k},R^{n+k}-M,\mathbb{Z}_2) & \xrightarrow{i^*} & H^k(R^{n+k})\\
\downarrow\simeq & & \downarrow j^*\\
H^k(T(\varepsilon),T(\varepsilon)-T\left(\frac{\varepsilon}{2}\right),\mathbb{Z}_2) & \xrightarrow{\pi^{*-1}\circ i^*} & H^k(M)
\end{array}$$

在对应 (6.2.22) 下, 下面的复合限制同态

$$H^k(R^{n+k},R^{n+k}-M,\mathbb{Z}_2)\xrightarrow{i^*}H^k(R^{n+k},\mathbb{Z}_2)\xrightarrow{j^*}H^k(M,\mathbb{Z}_2)$$

将 $H^k(R^{n+k}, R^{n+k}-M, \mathbb{Z}_2)$ 的基本类 $\tilde{\alpha}^k$ 映到 $w_k(NM)$, 即

$$w_k(NM) = j^* \circ i^*(\tilde{\alpha}^k), \qquad (\tilde{\alpha}^k \text{ 在同构 (6.2.19) 下对应 } \alpha^k).$$

然而 $i^*=0$, 于是得到顶 $\mathbb{Z}_2$ 类 $w_k(NM)=0$. 此外, 注意到当 NM 是可定向丛时, (6.2.21) 的左端是 NM 的 Euler 类 (见定义 6.2). 于是这些结论可总结成下面定理.

定理 6.9 对于嵌入 $M \subset R^{n+k}$ 的 n 维紧流形, R^k 结构丛 NM 的顶 Stiefel-Whitney 类 $w_k(NM)=0$. 特别地, 当 NM 是可定向时, 它的 Euler 类 $e_k(NM)=0$.

定理 6.8 和定理 6.9 对判别一个 n 维紧流形 M 是否可嵌入到 R^{n+k} 中起到重要作用. 因为由定理 6.8 得

$$w^{-1}(TM) = 1 + \bar{w}_1(TM) + \cdots + \bar{w}_n(TM) = w(NM).$$

即 $\bar{w}_K(TM) = w_K(NM)$. 因此, 由定理 6.9 可知

$$M \subset R^{n+k} \ \Rightarrow \ \bar{w}_j(TM) = 0, \quad \text{对 } j \geqslant k. \tag{6.2.23}$$

换句话说, 如果 $\bar{W}_k(TM) \neq 0$, 则 M 不能够浸入到 R^{n+k} 中.

注 6.6 公式 (6.2.21) 表明 $w_k(NM)$ 是法丛 NM 的 Euler 类. 实际上, 对所有可定向 R^m 丛 E, E 的顶 Stiefel-Whitney 类都是 Euler 类,

$$w_m(E) = e(E) \text{ 是 } \mathbb{Z}_2\text{-Euler 类}. \tag{6.2.24}$$

这可从复合的限制同态

$$H^m(E, E_1, \mathbb{Z}_2) \xrightarrow{i^*} H^m(E, \mathbb{Z}_2) \xrightarrow{\pi^{*-1}} H^m(M, \mathbb{Z}_2),$$

及 (6.2.3) 和 (6.2.4) 推出

$$\pi^{*-1}(i^*\alpha^m) = \psi^{-1} S_q^m(\alpha^m) = w_m(E),$$

再由定义 6.2 知 $e(E) = \pi^{*-1}(i^*\alpha^m)$. 于是证得 (6.2.24).

注 6.7 更一般地, 若 n 维紧流形 M 可嵌入到一个 $n+k$ 维流形 $A=A^{n+k}$, 则 M 在 A 中的 ε 管形邻域 $T(\varepsilon)$ 与 M 的法丛 NM 同构. 并且类似于 (6.2.18) 和 (6.2.19), 有下面同构

$$H^*(NM, NM_1, G) \simeq H^*\left(T(\varepsilon), T(\varepsilon) - T\left(\frac{\varepsilon}{2}\right), G\right) \simeq H^*(A, A-M, G). \tag{6.2.25}$$

进一步, 两个限制同态的复合

$$H^k(A, A-M, G) \xrightarrow{i^*} H^k(A, G) \xrightarrow{j^*} H^k(M, G)$$

将基本类 $\tilde{\alpha}^k$ 映到顶 $\mathbb{Z}_2$ 类 $w_k(NM)$, 即

$$w_k(NM) = j^* \circ i^*(\tilde{\alpha}^k), \tag{6.2.26}$$

其中, $\tilde{\alpha}^k \in H^k(A, A-M, G)$ 是在 (6.2.25) 同构下对应于 NM 的 Thom 类. 两个关系式 (6.2.25) 和 (6.2.26) 的证明与 $A = R^{n+k}$ 的情况完全一样.

6.2.4 流形 $M\times M$ 的对角上同调类

在向量丛中, 流形的切丛占有重要地位. 因而切丛上的示性类计算问题成为一个重要课题. 这一小节的内容为这样的问题作准备.

令 M 是可定向 n 维紧流形, 或 $G = \mathbb{Z}_2$ 群. $\Delta M \subset M \times M$ 是对角流形, 即

$$\Delta M = \{(x,x) \in M \times M |\ x \in M\}.$$

显然 ΔM 与 M 同胚. 根据 (6.2.25), 有一个基本类

$$\tilde{\alpha} \in H^n(M \times M, M \times M - \Delta M, G), \tag{6.2.27}$$

它对应于 ΔM 在 $M \times M$ 中的法丛的 Thom 类. 注意到, 限制同态

$$H^n(M \times M, M \times M - \Delta M, G) \xrightarrow{i^*} H^n(M \times M, G)$$

将基本类 $\tilde{\alpha}$ 映到一个上同调类

$$i^*\tilde{\alpha} = \tilde{\alpha}|_{M\times M}, \tag{6.2.28}$$

它本质上代表了 $M \times M$ 的对角子流形. 这就引出下面概念.

定义 6.4 由 (6.2.28) 给出的上同调类, 记作 $\sigma = \tilde{\alpha}|_{M\times M}$, 叫做 $H^n(M\times M, G)$ 中的对角上同调类.

回忆上、下同调群的几何化定理 (定理 2.7 和定理 2.11), 流形 M 的上、下同调群生成元与 M 的共轭元 (某种广义紧子流形) 一一对应. 这里 $H^n(M\times M)$ 中的对角上同调类 σ 是与 $M \times M$ 对角子流形 ΔM 共轭对偶的子流形相对应. 下面用图 6.2 来说明 $S^1 \times S^1$ 的对角上同调类 σ 是如何对应于对角圈. 在 (b) 中, 阴影部分代表对角圈 $\Delta S^1 = \overline{ab}'$ 在 $S^1 \times S^1$ 中的 ε 邻域 $N_\varepsilon(S^1), \Delta S^1$ 是它的形变收缩, 即空间偶

$$(N_\varepsilon(S^1), \partial N_\varepsilon(S^1)) \text{ 同伦等价于 } (S^1 \times S^1, S^1 \times S^1 - \Delta S^1).$$

因此 $H^1(S^1 \times S^1, S^1 \times S^1 - \Delta S^1)$ 中的基本类 $\tilde{\alpha}$ 是由 $H^1(N_\varepsilon(S^1), \partial N_\varepsilon(S^1))$ 中的 Thom 类所代表, 它对应于 (b) 中线段 $\overline{pq}$ 将 p 与 q 等同的圆圈. 通俗地讲就是

$$\tilde{\alpha} = \overline{pq}/\{p=q\} \ \in H^1(S^1 \times S^1, S^1 \times S^1 - \Delta S^1).$$

在另一方面, 包含映射 $i:\ (S^1\times S^1,\phi)\to(S^1\times S^1,S^1\times S^1-\Delta S^1)$ 将图 (a) 中的另一个对角圈 $S^1=a'b$ 覆盖到 $\overline{pq}$ 上. 于是 i 诱导的限制同态

$$i^*:\ H^1(S^1\times S^1,S^1\times S^1-\Delta S^1)\to H^1(S^1\times S^1)$$

将 $\tilde{\alpha}=\overline{pq}/\{p=q\}$ 映到 $H^1(S^1\times S^1)$ 的元素 $S^1=a'b$, 即

$$i^*(\tilde{\alpha})=\overline{a'b}\qquad(a'=b).$$

根据定义 6.4, $\Delta S^1=\overline{ab'}$ 的共轭对角圈 $a'b$ 就是 $S^1\times S^1$ 的对角上同调类 σ.

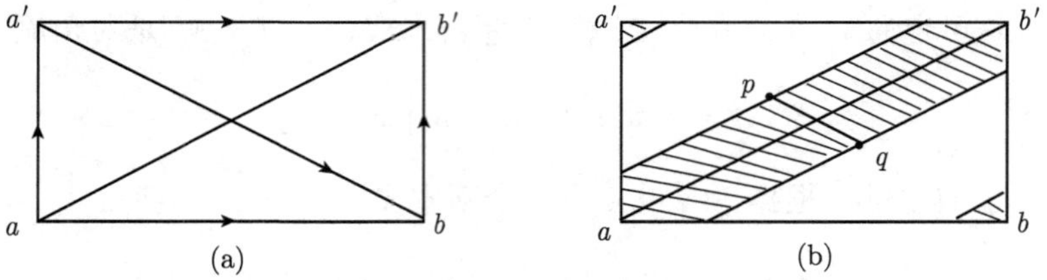

图 6.2 (a), (b) 所示是轮胎面 $S^1\times S^1$, 其中 a,b,a',b' 都是同一点

从图 6.2(a) 可以看到, $S^1\times S^1$ 的对角上同调类 σ 可表示为

$$\sigma=\overline{a'b}=-\overline{aa'}+\overline{ab}=-S^1\times 1+1\times S^1,\tag{6.2.29}$$

其中

$$H^1(S^1\times S^1)=H^1(S^1)\otimes H^0(S^1)\oplus H^0(S^1)\otimes H^1(S^1),$$

而 $S^1\times 1$ 与 $1\times S^1$ 分别是 $H^1(S^1)\otimes H^0(S^1)$ 与 $H^0(S^1)\otimes H^1(S^1)$ 的生成元.

实际上, $M\times M$ 的对角上同调类 σ 有一个普遍的表达公式, 而 (6.2.29) 只是这个普遍公式在 $S^1\times S^1$ 的具体表示. 这一小节的主要目的就是介绍这个公式. 为此目的, 回忆 Poincaré 对偶定理.

对上同调环 $H^\pi(M,G)$ 的每一组基 $e_1,\cdots,e_r$, 对应地存在一组对偶基 $e_1^*,\cdots,e_r^*$, 使得 $\dim e_i+\dim e_i^*=n$, 并且

$$\langle e_i\cdot e_j^*,\mu_M\rangle=\begin{cases}1, & i=j,\\ 0, & i\neq j,\end{cases}$$

其中 μ_M 是下同调群 $H_n(M,G)$ 的基本类.

下面定理给出 $M\times M$ 对角上同调类 σ 的表达公式. 它是由 $H^\pi(M,G)$ 的相互对偶基底 $\{e_1,\cdots,e_r\}$ 与 $\{e_1^*,\cdots,e_r^*\}$ 组合而成.

定理 6.10 令 M 是光滑的 n 维流形, 它或是可定向的, 或者系数群取 $G=\mathbb{Z}_2$. 则 $M\times M$ 的对角上同调类 σ 可表示为

$$\sigma = \sum_{i=1}^{r} (-1)^{\dim\, e_i} e_i \times e_i^*. \tag{6.2.30}$$

注 6.8 这里需要对 (6.2.30) 中的叉乘 $\times$ 给出解释. 对两个流形 M 与 N 的乘积 $M \times N$, 整系数 Künneth 公式为

$$H^k(M \times N) = \sum_{i+j=k} H^i(M) \otimes H^j(N) + H^{i+1}(M) * H^j(N).$$

在这个公式中, 虽然挠积的维数和 $(i+1)+j = k+1$, 但是由共轭结构理论 (见 (2.3.27)), 实质上 $H^{i+1}(M) * H^j(N)$ 中的元素是 k 维的, 它们是由 M 中 i 维共轭元与 N 中 j 维共轭元的对偶积. 因此 $H^k(M \times N)$ 的任一个元素 $\beta \in H^k(M \times N)$ 都可唯一地表示为

$$\beta = \beta^i \times \beta^j, \quad i + j = k, \tag{6.2.31}$$

其中 β^i 是 M 中一个 i 维共轭元, β^j 是 N 中一个 j 维共轭元. 再由万有系数定理, 对任交换群 $G, H^k(M \times N, G)$ 中元素 β 也具有 (6.2.31) 的乘积结构.

注 6.9 根据 $H^*(M \times N, G)$ 的乘积结构 (6.2.31), 对每个 $\xi \in H_*(N, G)$ 可以建立一个同态

$$H^*(M \times N, G) \xrightarrow{\xi^{-1}} H^*(M, G),$$

它定义为: 对任 $\beta = \alpha \times \gamma \in H^*(M \times N, G)$ 有

$$\beta \mapsto \beta/\xi = (\alpha \times \gamma)/\xi = \alpha \langle \gamma, \xi \rangle, \tag{6.2.32}$$

其中

$$\langle \gamma, \xi \rangle = \begin{cases} 0, & \text{当 } \gamma \text{ 中不含 } \xi, \\ \lambda, & \text{当 } \gamma = \lambda \xi + \text{ 不含 } \xi \text{ 项}. \end{cases} \tag{6.2.33}$$

定理 6.10 的证明 由乘积结构 (6.2.31), $M \times M$ 的对角上同调类 $\sigma \in H^n(M \times M)$ 可表示为

$$\sigma = e_1 \times c_1 + \cdots + e_r \times c_r, \qquad \dim\, e_i + \dim\, c_i = n, \tag{6.2.34}$$

其中 $e_1, \cdots, e_r$ 是如 (6.2.30) 的基, $c_1, \cdots, c_r \in H^*(M, G)$ 为待定上同调类. 显然, 只需证明

$$c_i = (-1)^{\dim\, e_i} e_i^*, \qquad 1 \leqslant i \leqslant r. \tag{6.2.35}$$

关于对角上同调类 σ 有如下恒等式

$$(a \times 1) \cdot \sigma = (1 \times a) \cdot \sigma, \qquad \forall a \in H^*(M, G). \tag{6.2.36}$$

先利用 (6.2.36) 证明 (6.2.35), 然后再证明等式 (6.2.36).

在 (6.2.34) 中, 不妨取 $e_1 = 1 \in H^0(M,G)$. 此时 (6.2.34) 可写成如下形式

$$\sigma = \lambda(1 \times [M]) \sum_{e_i \neq 1} e_i \times c_i, \tag{6.2.37}$$

其中 $\lambda \in G$ 是待定系数, $[M]$ 表示 $H^n(M,G)$ 的基本类.

取 $\xi = \mu_m \in H_n(M,G)$ 是基本类, 则由 (6.2.32) 和 (6.2.33), 从表达式 (6.2.37) 可以得到

$$\sigma/\mu_M = \lambda \in H^0(M,G). \tag{6.2.38}$$

现在应用 $/\mu_M$ 在 (6.2.36) 的两边, 由 (6.2.38) 可得

$$\lambda a = (a \times 1)\sigma/\mu_M = (1 \times a) \cdot \sigma/\mu_M, \qquad \forall a \in H^*(M,G). \tag{6.2.39}$$

将 (6.2.34) 代入 (6.2.39) 的右端,

$$\begin{aligned}
\lambda a &= (1 \times a) \cdot \sum_{i=1}^{r} e_i \times c_i/\mu_M \\
&= (\text{由 } a \cdot b = (-1)^{\dim a \cdot \dim b} b \cdot a) \\
&= \sum_{i=1}^{r} (-1)^{\dim a \cdot \dim e_i} e_i \times (a \cdot c_i)/\mu_M \\
&= \sum_{i=1}^{r} (-1)^{\dim a \cdot \dim e_i} e_i \langle a \cdot c_i, \mu_M \rangle, \qquad \forall a \in H^*(M,G).
\end{aligned}$$

在上式中取 $a = e_j$ 便得

$$\lambda e_j = \sum_{i=1}^{r} (-1)^{\dim e_j \cdot \dim e_i} \langle e_j \cdot c_i, \mu_M \rangle e_i,$$

从这得到

$$(-1)^{\dim e_j \dim e_i} \langle e_j \cdot c_i, \mu_M \rangle = \begin{cases} \lambda, & i = j, \\ 0, & i \neq j. \end{cases} \tag{6.2.40}$$

从 (6.2.40) 便可推得

$$c_i = \lambda(-1)^{\dim e_i} e_i^*, \qquad 1 \leqslant i \leqslant r.$$

这意味着

$$\sigma = \lambda \sum_{i=1}^{r} (-1)^{\dim e_i} e_i \times e_i^*, \qquad \lambda \in G.$$

显然对角类 $\sigma \neq 0$, 因而 $\lambda \neq 0$ 对任系数群 G, 这意味着 $\lambda = 1$. 于是得到公式 (6.2.30). 由 (6.2.38),

$$\sigma/\mu_M = 1 \in H^0(M, G). \tag{6.2.41}$$

这是一个关于对角上同调类 σ 的重要公式, 后面还会用到它.

现在剩下的事情就是证明恒等式 (6.2.36). 定义两个投影

$$\pi_1,\ \pi_2:\ M \times M \to M, \qquad \pi_1(x,y) = x,\ \pi_2(x,y) = y.$$

因为 $\pi_1|_{\Delta M} = \pi_2|_{\Delta M}, \pi_1$ 与 π_2 在 ΔM 的 ε 邻域 $T(\varepsilon)$ 中是同伦的

$$\pi_1|_{T(\varepsilon)} \simeq \pi_2|_{T(\varepsilon)},$$

这是因为 ΔM 是 $T(\varepsilon)$ 的形变收缩. 因此, 两个同伦类

$$\pi_1^*(a) = a \times 1, \qquad \pi_2^*(a) = 1 \times a \in H^*(M \times M, G)$$

在限制同态 $i^* : H^*(M \times M, G) \to H^*(T(\varepsilon), G)$ 下具有相同的像,

$$i^*(a \times 1) = i^*(1 \times a).$$

再根据下面图表的交换性

$$\begin{array}{ccc} H^k(M \times M, G) & \xrightarrow{i^*} & H^k(T(\varepsilon), G) \\ \downarrow \centerdot\tilde{\alpha} & & \downarrow \centerdot\tilde{\alpha} \\ H^{k+n}(M \times M, M \times M - \Delta M, G) & \xrightarrow{i^*} & H^{k+n}(T(\varepsilon), T(\varepsilon) - \Delta M, G) \end{array}$$

这里 $\tilde{\alpha}$ 如 (6.2.27), 可以推出

$$(a \times 1) \cdot \tilde{\alpha} = (1 \times a) \cdot \tilde{\alpha}. \tag{6.2.42}$$

将 (6.2.42) 限制到 $H^{k+n}(M \times M, G)$ 上便得到 (6.2.36). 定理证毕.

6.2.5 切丛上 Stiefel-Whitney 类的吴文俊公式

这里将介绍紧流形 M 上的一类重要 $\mathbb{Z}_2$ 上同调类, 叫做吴文俊上同调类 (Wu 类). 通过这种上同调类, 切丛 TM 上的 Stiefel-Whitney 类可以用一个显公式表达出来, 这就是吴文俊公式 (Wu 公式).

令 M 是 n 维紧流形, μ_M 是 $H_n(M, \mathbb{Z}_2)$ 的基本类. $H^*(M, \mathbb{Z}_2)$ 上的 Steenord 平方运算可定义一个加法同态

$$H^{n-k}(M, \mathbb{Z}_2) \to \mathbb{Z}_2 \text{ 由 } \psi(\beta) = \langle S_q^k(\beta), \mu_M \rangle. \tag{6.2.43}$$

由 Poincaré 对偶定理, $H^{n-k}(M,\mathbb{Z}_2)$ 到 $\mathbb{Z}_2$ 的同态群与 $H^k(M,\mathbb{Z}_2)$ 同构,

$$\mathrm{Hom}\ (H^{n-k}(M,\mathbb{Z}_2),\mathbb{Z}_2)\simeq H^k(M,\mathbb{Z}_2).$$

因而, 对 (6.2.43) 的同态 $\psi\in \mathrm{Hom}\ (H^{n-k}(M,\mathbb{Z}_2,\mathbb{Z}_2)$, 存在唯一的上同调类

$$v_k\in H^k(M,\mathbb{Z}_2),\qquad \text{s.t.}\quad \langle v_k\cdot\beta,\mu_M\rangle=\langle S_q^k(\beta),\mu_M\rangle. \tag{6.2.44}$$

定义 6.5 由 (6.2.44) 给出的上同调类叫做吴文俊类, 简称 Wu 类. 形式和 $v=1+v_1+\cdots+v_n$ 称作总 Wu 类.

显然, Wu 类 $v_k=0$ 当 $k>n-k$ 时, 并且总 Wu 类满足

$$\langle v\cdot\beta,\mu_M\rangle=\langle S_q(\beta),\mu_M\rangle,\qquad \beta\in H^*(M,\mathbb{Z}_2), \tag{6.2.45}$$

其中 S_q 是总 Steenord 平方. Wu 类实质上就是 Steenord 平方的 Riesz 表示.

定理 6.11 (Wu 公式) 紧流形 M 切丛 TM 的总 Stiefel-Whitney 类与 $S_q(v)$ 相等, 这里 v 是总 Wu 类. 换句话讲,

$$w_k(TM)=\sum_{i+j=k}S_q^i(v_j).$$

证明 取 $\{e_i\}$ 为 $H^\pi(M,\mathbb{Z}_2)$ 的一组基, $\{e_i^*\}$ 为对偶基, 就如定理 6.10. 于是对任何 $\beta\in H^\pi(M,\mathbb{Z}_2),\beta$ 可表示为

$$\beta=\sum_i e_i\langle\beta-e_i^*,\mu_M\rangle.$$

将 $\beta=$ 总 Wu 类 v 代入上式得

$$\begin{aligned}v&=\sum_i e_i\langle v\cdot e_i^*,\mu_M\rangle\quad (\text{由}(6.2.45))\\&=\sum_i e_i\langle S_q(e_i^*),\mu_M\rangle.\end{aligned}$$

用总平方 S_q 作用在上式可得

$$\begin{aligned}S_q(v)&=\sum_i S_q(e_i)\langle S_q(e_i^*),\mu_M\rangle\quad (\text{由}(6.2.32))\\&=\sum_i(S_q(e_i)\times S_q(e_i^*))/\mu_M\quad (\text{由定理 }6.10)\\&=S_q(\sigma)/\mu_M\quad (\text{这里使用了 }-1=1 \bmod 2),\end{aligned} \tag{6.2.46}$$

其中 $\sigma\in H^n(M\times M,\mathbb{Z}_2)$ 为对角上同调类.

最后只需证明 TM 上的总 Stiefel-Whitney 类为

$$w(TM) = S_q(\sigma)/\mu_M. \tag{6.2.47}$$

首先, 将看到 M 在 $M \times M$ 关于对角子流形的法丛 NM 是与切丛 TM 规范地同构, 即

$$TM \simeq NM. \tag{6.2.48}$$

要证明这一点, 注意到向量 $(r_1, r_2) \in T_xM \times T_xM \simeq T_{(x,x)}M \times M$ 是在 (x, x) 点与 ΔM 相切充要条件是 $r_1 = r_2$, 而它是 ΔM 法向量的充要条件为 $r_1 = -r_2$. 于是每个切向量 $(r, r) \in T_x\Delta M$ 唯一地对应于一个法向量 $(-r, r) \in N_xM$, 即对应有

$$((x,x),(r,r)) \mapsto ((x,x),(-r,r))$$

将切丛 TM 同构地映到 NM 上. 这样便证得 (6.2.48).

从 (6.2.48) 可知切丛与法丛上 Stiefel-Whitney 类相同

$$w_i(TM) = w_i(NM) \qquad (\text{或 } w(TM) = w(NM)). \tag{6.2.49}$$

由 (6.2.5),

$$S_q(\alpha) = (\pi^* w(NM)) \cdot \alpha, \tag{6.2.50}$$

其中 π^* 如 (6.1.19), $\alpha \in H^n(NM, NM_1, \mathbb{Z}_2)$ 为 Thom 类. 根据 (6.2.25) 有如下同构

$$H^*(NM, NM_1, \mathbb{Z}_2) \to H^*(M \times M, M \times M - \Delta M, \mathbb{Z}_2).$$

在上述同构下, 将 Thom 类 α 映到 (6.2.27) 的 $\tilde{\alpha}$,

$$\alpha \mapsto \tilde{\alpha} \in H^n(M \times M, M \times M - \Delta M, \mathbb{Z}_2) \tag{6.2.51}$$

将 S_q 作用在 $\tilde{\alpha}$ 上, 对应于 (6.2.50) 有

$$S_q(\tilde{\alpha}) = (w \times 1) \cdot \tilde{\alpha}. \tag{6.2.52}$$

等式 (6.2.52) 是由 (6.2.50)~(6.2.51) 以及下面图表交换性推出:

$$\begin{array}{ccc} H^n(NM, NM_1, \mathbb{Z}_2) & \longrightarrow & H^n(M \times M, M \times M - \Delta M, \mathbb{Z}_2) \\ \downarrow S_q^k & & \downarrow S_q^k \\ H^{n+k}(NM, NM_1, \mathbb{Z}_2) & \longrightarrow & H^{n+k}(M \times M, M \times M - \Delta M, \mathbb{Z}_2) \end{array}$$

将 (6.2.52) 按 (6.2.28) 限制到 $H^*(M \times M, G)$ 上, 便得

$$S_q(\sigma) = i^* S_q(\tilde{\alpha}) = (w \times 1) \cdot i^* \tilde{\alpha} = (w \times 1) \cdot \sigma.$$

注意到 (6.2.41), 从上式可得

$$S_q(\sigma)/\mu_M = (w \times 1) \cdot \sigma/\mu_M = w \cdot (\sigma/\mu_M) = w(NM).$$

再由 (6.2.48) 便得到 (6.2.47). 定理证毕.

注 6.10　作为 Wu 公式的一个直接推论, 得到切丛的 Stiefel-Whitney 类的拓扑不变性, 即若 M_1 与 M_2 具有同伦型, 则在对应同构 $H^*(M_1, \mathbb{Z}_2) \simeq H^*(M_2, \mathbb{Z}_2)$ 下, 它们的 Stiefel-Whitney 类一定相互对应. 这是由于吴文俊上同调类 (6.2.44) 是拓扑不变的.

6.2.6　吴文俊公式的应用

作为 Wu 公式的一个应用, 下面给出一些特殊流形 Stiefel-Whitney 类的计算, 并讨论它们到 R^m 的可嵌入性问题.

令 M 是一个 n 维紧流形, 并且上同调环

$$H^\pi(M, \mathbb{Z}_2) \text{ 由单个元素 } \alpha \in H^k(M, \mathbb{Z}_2) \text{ 自由生成}, \quad k \geqslant 1. \tag{6.2.53}$$

这表明 $H^*(M, \mathbb{Z}_2)$ 以 $\{1, \alpha, \alpha^2, \cdots, \alpha^m\}$ 为基底, 并且 $n = km$.

定理 6.12　假设 M 满足条件 (6.2.53). 那么 M 切丛的总 Stiefel-Whitney 类 $w(TM)$ 等于下面二项式

$$w(TM) = (1+\alpha)^{m+1} = 1 + \begin{pmatrix} m+1 \\ 1 \end{pmatrix} \alpha + \cdots + \begin{pmatrix} m+1 \\ m \end{pmatrix} \alpha^m. \tag{6.2.54}$$

证明　条件 (6.2.53) 意味着

$$H^i(M, \mathbb{Z}_2) = 0, \qquad \forall i \neq 0, k, 2k, \cdots, mk.$$

因此有

$$S_q^i(\alpha) = 0, \qquad \forall i \neq 0, k,$$

这里注意到, $\dim \alpha = k$ 及 $S_q^i(\alpha) = 0\ \forall i > k$. 因而由 (6.2.1) 有

$$S_q(\alpha) = \alpha + S_q^k(\alpha) = \alpha + \alpha^2.$$

进而有

$$S_q(\alpha^i) = (\alpha + \alpha^2)^i = \alpha^i (1+\alpha)^i = \sum_{j=0}^{i} \begin{pmatrix} i \\ j \end{pmatrix} \alpha^{i+j}. \tag{6.2.55}$$

由于 $n = mk, \dim \alpha^{i+j} = k(i+j)$. 因此

$$\langle S_q(\alpha^i), \mu_M \rangle = \begin{pmatrix} i \\ m-i \end{pmatrix} \langle \alpha^m, \mu_M \rangle = \begin{pmatrix} i \\ m-i \end{pmatrix}.$$

应用 (6.2.45),

$$\langle v\cdot\alpha^i,\mu_M\rangle=\langle S_q(\alpha^i),\mu\rangle=\begin{pmatrix} i \\ m-i \end{pmatrix},$$

可以看出, 总 Wu 类为

$$v=\sum\begin{pmatrix} i \\ m-i \end{pmatrix}\alpha^{m-i}=\sum\begin{pmatrix} m-j \\ j \end{pmatrix}\alpha^j.$$

再由 Wu 公式 (定理 6.11), 得到

$$\begin{aligned} w(TM)=S_q(v)&=\sum\begin{pmatrix} m-j \\ j \end{pmatrix}S_q(\alpha^j)\quad(\text{由 }(6.2.55))\\ &=\sum\begin{pmatrix} m-j \\ j \end{pmatrix}\left(\sum_{l=0}^{j}\begin{pmatrix} j \\ l \end{pmatrix}\alpha^{j+l}\right). \end{aligned}\tag{6.2.56}$$

在 $\mathbb{Z}_2$ 模条件下, (6.2.56) 就是公式 (6.2.54). 定理证毕.

注 6.11 根据文献 [1], 满足 (6.2.53) 的非平凡流形只有三类:

实投影空间 P^n, 即 $H^\pi(P^n,\mathbb{Z}_2)$ 由 $\alpha\in H^1(P^n,\mathbb{Z}_2)$ 自由生成;

复投影空间 $\mathbb{C}P^n, H^\pi(\mathbb{C}P^n,\mathbb{Z}_2)$ 由 $\alpha\in H^2(P^n,\mathbb{Z}_2)$ 自由生成;

四元投影空间 $HP^n, H^\pi(HP^n,\mathbb{Z}_2)$ 由 $\alpha\in H^4(HP^n,\mathbb{Z})$ 自由生成.

另外, 球面 S^n 和 Cayley 平面 $G_1(E^3)$(E 为八元数空间, $\dim G_1(E^3)=16$) 也满足 (6.2.53), 其中 $k=n$ 对 $S^n, k=8$ 对 $G_1(E^3)$. 这些就是所有满足 (6.2.53) 的紧流形.

根据定理 6.12 和注 6.9, 关于流形 $M=P^n,\mathbb{C}P^n,HP^n$ 切从的总 Stiefel-Whitney 类有如下公式

$$w(TM)=(1+\alpha)^{n+1}=1+\begin{pmatrix} n+1 \\ 1 \end{pmatrix}\alpha+\begin{pmatrix} n+1 \\ 2 \end{pmatrix}\alpha^2+\cdots+\begin{pmatrix} n+1 \\ n \end{pmatrix}\alpha^n,\tag{6.2.57}$$

其中

$$\alpha\in H^k(M,\mathbb{Z}_2)=\begin{cases} H^1(M,\mathbb{Z}_2), & M=P^n,\\ H^2(M,\mathbb{Z}_2), & M=\mathbb{C}P^n,\\ H^4(M,\mathbb{Z}_2), & M=HP^n. \end{cases}$$

记 $M^n=P^n,\mathbb{C}P^n,HP^n$, 则公式 (6.2.57) 给出

$$\begin{aligned} &w(TM^2)=1+\alpha+\alpha^2,\\ &w(TM^3)=1,\\ &w(TM^4)=1+\alpha+\alpha^4, \end{aligned}$$

$$
\begin{aligned}
&w(TM^5) = 1 + \alpha^2 + \alpha^4,\\
&w(TM^6) = 1 + \alpha + \alpha^2 + \alpha^3 + \alpha^4 + \alpha^5 + \alpha^6,\\
&w(TM^7) = 1,\\
&w(TM^8) = 1 + \alpha + \alpha^8,\\
&w(TM^9) = 1 + \alpha^2 + \alpha^8,\\
&w(TM^{10}) = 1 + \alpha + \alpha^2 + \alpha^3 + \alpha^8 + \alpha^9 + \alpha^{10},\\
&w(TM^{11}) = 1 + \alpha^4 + \alpha^8,\\
&w(TM^{12}) = 1 + \alpha + \alpha^4 + \alpha^5 + \alpha^8 + \alpha^9 + \alpha^{12},\\
&w(TM^{13}) = 1 + \alpha^2 + \alpha^4 + \alpha^6 + \alpha^8 + \alpha^{10} + \alpha^{12},\\
&w(TM^{14}) = 1 + \sum_{i=1}^{14} \alpha^i.
\end{aligned}
$$

由 (6.2.23), 如果 $w(TM^n)$ 的逆

$$w^{-1}(TM^n) = 1 + \bar{w}_1 + \cdots + \bar{w}_l, \qquad \bar{w}_l \neq 0,$$

则 M^n 不能嵌入到 $R^{k(n+l)}$ 中, $k = 1, 2, 4$ 分别对 $M^n = P^n, \mathbb{C}P^n, HP^n$.

考虑 $n = 2^i$ 的情况. 此时

$$w(TM^n) = (1+\alpha)^{n+1} = 1 + \alpha + \alpha^n.$$

因此有

$$w^{-1}(TM^n) = 1 + \alpha + \alpha^2 + \cdots + \alpha^{n-1},$$

即 $\bar{w}_{n-1} \neq 0$. 于是有如下定理.

定理 6.13　令 $n = 2^i (i = 1, 2, \cdots)$. 关于 $M^n = P^n, \mathbb{C}P^n, HP^n$ 到 R^{kn+m} 的嵌入有如下结论:

(1) 若 P^n 可嵌入到 R^{n+m} 中, 则 $m \geqslant n$;

(2) 若 $\mathbb{C}P^n$ 可嵌入到 R^{2n+m} 中, 则 $m \geqslant 2n-1$;

(3) 若 HP^n 可嵌入到 R^{4n+m} 中, 则 $m \geqslant 4n-3$.

由 Whitney 嵌入定理 (见注 1.1), $P^n (n = 2^k)$ 到 R^{2n} 的嵌入是嵌入定理允许的最极端情况. 它表明 $2n$ 是 n 维流形可嵌入到 R^N 中的最小维数.

6.3　陈省身示性类

6.3.1　Chern 类的构造

正如定理 6.3 所陈述的那样, 陈省身示性类 (Chern 类) 是定义在复向量丛上

的一组实系数上同调类. 这里将回避定理 6.3, 用构造的方式来证得 Chern 类的存在性. 这样做的目的是为了能够从多方位角度来理解示性类.

在复向量向丛中, 复流形上的切丛占有中心地位. 为此有必要在这里先介绍一下复流形的概念.

定义 6.6 一个 n 维复流形 M 就是一个 $2n$ 维的实光滑流形, 它允许一个复结构. 换句话讲, 在 M 上存在一个开覆盖 $\{U_\alpha\}$ 及坐标映射 $\varphi_\alpha : U_\alpha \to \mathbb{C}^n$, 使得

$$\varphi_\alpha \circ \varphi_\beta^{-1}:\ V_{\alpha\beta} \to \mathbb{C}^n \text{ 是解析的}, \quad \forall \alpha, \beta,$$

其中 $V_{\alpha\beta} = \varphi_\beta(U_\alpha \cap U_\beta) \subset \mathbb{C}^n$.

当忽略复流形的复结构时, 它就是一个实流形, 叫做内在实流形. 复流形的内在实流形都是可定向的. 同样的, 一个复向量丛它的内在实向量丛也是可定向的.

令 $E(\mathbb{C})$ 是一个在流形 M(不一定是复流形) 上的复向量丛,

$$\begin{array}{c} \mathbb{C}^n \to E \\ \quad\ \downarrow \pi \\ \quad M \end{array} \tag{6.3.1}$$

类似于实向量丛上可以定义一个 Euclid 内积, 在复向量丛 (6.3.1) 上也可以定义一个 Hermite 内积如下

$$< u, v >= u_1 \cdot \bar{v}_1 + \cdots + u_n \cdot \bar{v}_n,$$

对 $u = (u_1, \cdots, u_n), v = (v_1, \cdots, v_n) \in \mathbb{C}^n$, 其中 $\bar{z}$ 表示 z 的复共轭.

令 (E, π, M) 是一个 $\mathbb{C}^n$ 丛, 并且具有一个 Hermite 结构. 记

$$E_1^0 = \{r_x \in E |\ r_x \in \mathbb{C}^n \text{ 是 } x \in M \text{ 的向量}, |r_x| \geqslant 1\}.$$

则从 (E, π, M) 可构造出一个新的 $\mathbb{C}^{n-1}$ 丛如下

$$\begin{array}{c} \mathbb{C}^{n-1} \to E_1^\perp = E^1 \\ \quad\ \downarrow \pi \\ \quad E_1^0 \end{array}$$

其中

$$E^1 = E_1^\perp = \{v_r \in E |\ \langle v_r, r\rangle = 0, \forall r \in E_1^0\},$$

$\pi(v_r) = r$ 是从 $E_1^\perp$ 到 E_1^0 的投影. 同理, 归纳地可定义 $\mathbb{C}^{n-i}$ 丛 $E^i (1 \leqslant i \leqslant n-1)$ 如下

$$\begin{array}{c} \mathbb{C}^{n-i} \to E^i = (E_1^{i-1})^\perp \\ \quad\ \downarrow \pi \\ \quad E_1^{i-1} \end{array} \tag{6.3.2}$$

其中

$$
\begin{aligned}
E_1^{i-1} &= \{r \in E^{i-1} |\ r \in \mathbb{C}^{n-(i-1)},\ |r| \geqslant 1\}, \\
E^i &= \{v_r \in E^{i-1} |\ \langle v_r, r\rangle = 0,\ \forall r \in E_1^{i-1}\}.
\end{aligned} \tag{6.3.3}
$$

根据 E 上构造的复向量丛序列 (6.3.2), 可以构造 E^i 的示性类

$$
c_{n-i}(E^i) \in H^{2(n-i)}(E_1^{i-1}, R) \text{ 是 } E^i \text{ 的 Euler 类.} \tag{6.3.4}
$$

为了将 (6.3.4) 的上同调类映到 $H^*(M,R)$ 变为 (6.3.1) 的示性类, 需要纤维丛 E_1^i. 由 (6.3.2) 和 (6.3.3) 可知, E_1^i 的纤维化为

$$
\begin{array}{ccc}
F^i \rightarrow & E_1^i \\
& \downarrow \pi \\
& E_1^{i-1}
\end{array} \tag{6.3.5}
$$

其中 $F^i = \mathbb{C}^{n-i} - \overset{\circ}{B}{}^{n-i}$ ($\overset{\circ}{B}{}^{n-i} = \{z \in \mathbb{C}^{n-i} |\ |z| < 1\}$). 显然 F^i 是同伦等价于 $S^{2(n-i)-1}$. 因而 (6.3.5) 可写成

$$
\begin{array}{cc}
S^{2(n-i)+1} \rightarrow & E_1^{i-1} \\
& \downarrow \pi \\
S^{2(n-i)+3} \rightarrow & E_1^{i-2} \\
& \downarrow \pi \\
& \vdots \\
& \downarrow \pi \\
S^{2n-1} \rightarrow & E_1^0 \\
& \downarrow \pi \\
& M
\end{array} \tag{6.3.6}
$$

根据 Gysin 序列 (定理 4.20),

$$
\begin{aligned}
&\rightarrow H^{k+2i-2n-2}(E_1^{i-2}G) \rightarrow H^k(E_1^{i-2}, G) \xrightarrow{\pi^*} H^k(E_1^{i-1}, G) \\
&\hookrightarrow H^{k+2i-2n-1}(E_1^{i-2}, G) \rightarrow \cdots
\end{aligned}
$$

可以推出

$$
\pi^{*-1}:\ H^{2n-2i}(E_1^{i-1}, G) \rightarrow H^{2n-2i}(E_1^{i-2}, G)
$$

是同构. 依次地关于 (6.3.6) 应用 Gysin 序列可得

$$
\pi^{*-1}:\ H^{2n-2i}(E_1^{i-j}, G) \rightarrow H^{2n-2i}\ (E_1^{i-j-1}, G),
$$

对所有 $1 \leqslant j \leqslant i$ 都是同构, 当 $j = i$ 时 $E_1^{i-j-1} = M$. 于是得到同构

$$\pi_i^* = \pi^{*-i}: \ H^{2n-2i}(E_1^{i-1}, G) \to H^{2n-2i}(M, G). \tag{6.3.7}$$

从 (6.3.4) 和 (6.3.7) 可构造出 Chern 类如下.

定义 6.7 令 (E, π, M) 是流形 M 上的 $\mathbb{C}^n$ 丛, 则下面上同调类

$$\begin{cases} c_i(E) = \pi_{n-i}^*(c_i(E^{n-i})) \in H^{2i}(M, R), & 1 \leqslant i \leqslant n, \\ c_j(E) = 0, \quad j > n, \end{cases} \tag{6.3.8}$$

定义为复向量丛 (6.3.1) 的 Chern 类, 其中 $c_i(E^{n-i})$ 如 (6.3.4), $\pi_{n-i}^*: H^{2i}(E_1^{n-i-1}, R) \to H^{2i}(M, R)$ 是如 (6.3.7) 的同构.

下面的形式和

$$c(E) = 1 + c_1(E) + \cdots + c_n(E)$$

叫做总 Chern 类. 在后面 6.3.3 小节中将证明 (6.3.8) 是满足定义 6.1 的示性类.

6.3.2 Chern 数与 Euler 示性数

类似于 Stiefel-Whitney 数, 在复流形的切空间上也可由 Chern 类引入 Chern 数的概念. 令 M 是一个紧复流形, 其复维数为 n, TM 是 M 的切丛, 它是一个 $\mathbb{C}^n$ 丛. 记

$$\mu_M \in H_{2n}(M, R)$$

是一个基本下同调类, 对于非负整数

$$r_1 + 2r_2 + \cdots + nr_n = n$$

以及 Chern 类 (6.3.8), 可定义一组数

$$c_I(TM) = \langle c_1^{r_1}(TM) \cdots c_n^{r_n}(TM), \ \mu_M \rangle, \tag{6.3.9}$$

称为指数为 $I = (r_1, \cdots, r_n)$ 的 Chern 数.

Chern 数 (6.3.9) 也可用另一种等价形式表达,

$$c_I(TM) = \langle c_{i_1}(TM) \cdots c_{i_k}(TM), \mu_M \rangle, \tag{6.3.10}$$

其中 $I = (i_1, \cdots, i_k)$ 是整数 n 的一个部分, 即满足

$$i_1 + \cdots + i_k = n$$

的一组正整数 $(i_1, \cdots, i_k)$.

注 6.12 对任何复流形 M, 由 (6.3.9) 定义的 Chern 数是一个整数. 这是因为 (6.3.8) 的 Chern 类也可在整系数上同调环 $H^*(M,\mathbb{Z})$ 上进行定义, 所得的 Chern 类与实系数的完全相同, 即在包含映射下,

$$\mathbb{Z} \to R^1 \text{ 诱导的同态 } H^*(M,\mathbb{Z}) \to H^*(M,R),$$

将整系数 Chern 类一一地映为实系数 Chern 类.

对于切空间 TM 的顶 Chern 类 $c_n(TM)$, 即 TM 的 Euler 类

$$c_n(TM) = e(TM). \tag{6.3.11}$$

由它产生的顶 Chern 数等于 M 的 Euler 示性数.

定理 6.14 令 M 是一个紧复流形, 复维数为 n. 则 M 的顶 Chern 数

$$\langle c_n(TM), \mu_M \rangle = \chi(M), \tag{6.3.12}$$

这里 $\chi(M)$ 为 M 的 Euler 示性数.

注 6.13 当采用 de Rham 上同调 $H_D^*(M)$ 时, TM 的顶 Chern 类 (6.3.11) 是用 M 的 $2n$ 形式作代表, 此时 (6.3.12) 变为

$$\langle c_n(TM), \mu_M \rangle = \int_M \omega_n dx = \chi(M), \tag{6.3.13}$$

其中 $\omega_n = C_n(TM) = e(TM)$ 是 TM 的 Euler 类.

定理 6.14 的证明 令 $\Delta: M \to M \times M$ 是对角映射,

$$\Delta^*: H^{2n}(M \times M, R) \to H^{2n}(M, R)$$

是 Δ 的诱导同态. 根据注 6.5~6.6 和 (6.2.28), Δ^* 将 $H^{2n}(M \times M, R)$ 的对角上同调类 $\sigma = i^*(\alpha^{2n})$ 映成 M 在 $M \times M$ 中法丛 NM 的 Euler 类. 再由 (6.2.48) 可得

$$e(TM) = \Delta^*(\sigma).$$

根据定理 6.10,

$$\sigma = \sum_i (-1)^{\dim e_i} e_i \times e_i^*,$$

这里 $\{e_i\}$ 构成 $H^*(M,R)$ 的基底. 于是有

$$e(TM) = \sum_i (-1)^{\dim e_i} e_i \cdot e_i^*.$$

等式两边取内积便得

$$\begin{aligned}\langle e(TM),\mu_M\rangle &= \sum_i (-1)^{\dim e_i}\langle e_i\cdot e_i^*,\mu_M\rangle\\ &= \sum_i (-1)^{\dim e_i} \quad (\text{由 } e_i^* \text{ 是 } e_i \text{ 对偶元})\\ &= \sum_{i=0}^{2n}(-1)^i \dim H^i(M,R)=\chi(M).\end{aligned}$$

这样, 定理 6.14 得证.

6.3.3 复 Grassmann 流形的上同调环

为了证明 Chern 类 (6.3.8) 是复向量丛上如定义 6.1 的示性类. 首先需要证明复 Grassmann 流形 $G_n(\mathbb{C}^\infty)$ 的上同调环 $H^\pi(G_n(\mathbb{C}^\infty),R)$ 是由 Chern 类自由生成的多项式环.

定理 6.15 $G_n(\mathbb{C}^\infty)$ 的上同调环 $H^\pi(G_n(\mathbb{C}^\infty),R)$ 是由定义 6.7 构造的 Chern 类 $c_1(\gamma_n(\mathbb{C})),\cdots,c_n(\gamma_n(\mathbb{C}))$ 自由生成的多项式环, 并且在这 n 个生成子之间没有多项式关系.

证明 关于 n 使用归纳法来证.

对 $n=1$, 有 $\mathbb{C}P^\infty=G_1(\mathbb{C}^\infty)$. 我们知道

$$\mathbb{C}P^1\subset\mathbb{C}P^2\subset\cdots\subset\mathbb{C}P^k\subset\cdots\subset\mathbb{C}P^\infty.$$

再由共轭结构 (见例 2.10),

$$\mathbb{C}P^i \text{ 与 } \mathbb{C}P^j \text{ 是 } \mathbb{C}P^{i+j} \text{ 的一对共轭元}, \quad \forall i,j\geqslant 1.$$

由上同调群的几何化定理 (定理 2.11), $\mathbb{C}P^i$ 与 $\mathbb{C}P^j$ 作为共轭元都是 $H^*(\mathbb{C}P^{i+j},R)$ 的生成元, 即

$$\alpha_i=[\mathbb{C}P^i] \text{ 是 } H^{2i}(\mathbb{C}P^k,R)\ (i\leqslant k) \text{ 的生成元}.$$

由上积的定义 (2.3.42),

$$\alpha_i\cdot\alpha_j=[\mathbb{C}P^i*\mathbb{C}P^j]=[\mathbb{C}P^{i+j}]=\alpha_{i+j}.$$

这就推出 $H^{2i}(\mathbb{C}P^k,R)(i\leqslant k)$ 的生成元为

$$\alpha_i=\alpha_1\cdot\alpha_1\cdots\alpha_1=\alpha_1^i.$$

因此有

$$\begin{cases} H^{\pi}(\mathbb{C}P^{\infty}, R) \text{ 是由 } H^2(\mathbb{C}P^{\infty}, R) \text{ 的生成元 } \alpha_1 = [\mathbb{C}P^1] \\ \text{自由生成的多项式环, 即对任 } \beta \in H^{\pi}(\mathbb{C}P^{\infty}, R), \\ \quad \beta = \sum_{k=0}^{\infty} x_k \alpha_1^k, \qquad x_k \in R^1. \end{cases} \tag{6.3.14}$$

关于结论 (6.3.14) 也可见注 6.9. 再应用 $\alpha_1 = e(\gamma_1(\mathbb{C}P^1))$ 是 $\mathbb{C}P^1$ 上规范丛的 Euler 类这一事实及定义 6.7,

$$c_1(\gamma_1(\mathbb{C}P^1) = c_1(\gamma_1(\mathbb{C})) = \alpha_1.$$

于是 (6.3.14) 便是所要求的 $n = 1$ 结论.

现在考虑 $n \geqslant 2$ 的情况. 考虑 Gysin 序列[4]

$$\cdots \to H^i(G_n) \xrightarrow{\times e_n} H^{i+2n}(G_n) \xrightarrow{\pi^*} H^{i+2n}(\gamma_{n1}(\mathbb{C})) \to H^{i+1}(G_n) \to \cdots$$

其中 $\gamma_{n1}(\mathbb{C})$ 是 $\gamma_n(\mathbb{C})$ 中 $|r| \geqslant 1$ 向量构成的空间, 同态

$$\times e_n:\ H^i(G_n) \to H^{i+2n}(G_n)$$

表示 $\alpha \mapsto \alpha \cdot e_n, e_n$ 为 $\gamma_n(\mathbb{C})$ 的 Euler 类. 故 $e_n = c_n(\gamma_n)$.

取规范映射

$$\begin{cases} f:\ \gamma_{n1}(\mathbb{C}) \to G_{n-1}(\mathbb{C}), \\ f(X, r) = X \cap r^{\perp},\ r^{\perp} \text{ 为 } r \text{ 在 } X \text{ 中正交补}. \end{cases}$$

则 f 是 $\gamma_{n1} \to \gamma_{n1}^{\perp} \to G_{n-1}$ 的投影. 因而诱导一个同构

$$f^*:\ H^*(G_{n-1}) \to H^*(\gamma_{n1}(\mathbb{C})).$$

于是 Gysin 序列变为

$$\cdots \to H^i(G_n) \xrightarrow{\times C_n} H^{i+2n}(G_n) \xrightarrow{\psi^*} H^{i+2n}(G_{n-1}) \to H^{i+1}(G_n) \to \cdots$$

其中 $\psi^* = f^{*-1} \circ \pi^*$.

需要证明 $\psi^* = f^{*-1} \circ \pi^*$ 将 $c_i(\gamma_n)$ 映到 $c_i(\gamma_{n-1})$. 事实上, 由定义 6.7, $\pi^*(c_i(\gamma_n)) = c_i(\gamma_{n1}^{\perp})$. 另一方面 $f: \gamma_{n1} \to G_{n-1}$ 显然对应于丛映射 $F: \gamma_{n1}^{\perp} \to \gamma^{n-1}$. 再由后面的定理 6.16 可知 (6.3.8) 定义的 Chern 类满足自然性. 因而导出 $f^*(c_i(\gamma^{n-1})) = c_i(\gamma_{n1}^{\perp})$, 即

$$\psi^*(c_i(\gamma_n)) = f^{*-1} \circ \pi^*(c_i(\gamma_n)) = c_i(\gamma_{n-1}). \tag{6.3.15}$$

由归纳假设, $H^*(G_{n-1})$ 由 Chern 类 $c_1(\gamma_{n-1}), \cdots, c_{n-1}(\gamma_{n-1})$ 自由生成. 映射 (6.3.15) 意味着 ψ^* 是满同态. 因而上面序列变为

$$0 \to H^i(G_n) \xrightarrow{\times C_n} H^{i+2n}(G_n) \xrightarrow{\psi^*} H^{i+2n}(G_{n-1}) \to 0. \tag{6.3.16}$$

从 (6.3.16) 可推知

$$H^{2n+i}(G_n) \simeq H^{2n+i}(G_{n-1}) \quad 当\ i < 0, \tag{6.3.17}$$

此时 (6.3.15) 意味着当 $k < 2n$ 时 $H^k(G_n)$ 是由 $c_1(\gamma_n), \cdots, c_{n-1}(\gamma_n)$ 自由生成. 进而 (6.3.16) 和 (6.3.17) 说明 $H^{\pi}(G_n)$ 是由 Chern 类 $c_1(\gamma_n), \cdots, c_n(\gamma_n)$ 自由生成. 定理证毕.

下面证明 (6.3.8) 的上同调类满足示性类的自然性与 Whitney 乘积公式.

定理 6.16 关于 (6.3.8) 定义的 Chern 类满足下面性质:

(1) 自然性, 即对任何丛映射 $F: E \to E'$ 有

$$c_i(E) = f^*(c_i(E')),$$

这里 f^* 是对应于 F 的映射 $f: M' \to M$ 诱导同态.

(2) Whitney 乘积公式, 即总 Chern 类满足

$$c(E \oplus E') = c(E) \cdot c(E'),$$

这里 E 与 E' 是在公共底流形 M 上的复向量丛.

证明 首先证明自然性. 关于 n 进行归纳证明. 由于 Euler 类是自然的, 见 6.1.4 小节中 Euler 类基本性质 (1), 顶 Chern 类具有自然性

$$c_n(E) = f^*(c_n(E'))$$

对于 $n-1$ 维 Chern 类

$$c_{n-1}(E) = \pi^{*-1}(c_{n-1}(E^1)), \tag{6.3.18}$$

注意到丛映射 $F: E \to E'$ 可诱导一个映射

$$f_1: E_1 \to E'_1$$

使得 f_1 对应于一个 $E_1^{\perp}$ 到 $E_1'^{\perp}$ 的丛映射 $F_1: E_1^{\perp} \to E_1'^{\perp}$. 因为 $c_{n-1}(E^1)$ 是 $E_1 = E_1^{\perp}$ 的顶 Chern 类, 由归纳假设它具有自然性,

$$c_{n-1}(E^1) = f_1^*(c_{n-1}(E'^1)). \tag{6.3.19}$$

再应用下图表的交换性

$$\begin{array}{ccc} E_1 & \xrightarrow{f_1} & E'_1 \\ \downarrow \pi & & \downarrow \pi \\ M & \xrightarrow{f} & M' \end{array}$$

从 (6.3.18) 和 (6.3.19) 便推得 $C_{n-1}(E) = f^*(C_{n-1}(E'))$. 依次类推, 证得所有 Chern 类 $C_i(E)$ 满足自然性.

现在证明 Whitney 乘积公式. 首先证明唯一地存在一个 $n+m$ 元多项式

$$P_{n+m} = P_{n+m}(x_1, \cdots, x_n, y_1, \cdots, y_m),$$

使得对任何在公共流形 M 上的 $\mathbb{C}^n$ 丛 E 与 $\mathbb{C}^m$ 丛 E' 有

$$c(E \oplus E') = P_{n+m}(C_1(E), \cdots, C_n(E), C_1(E'), \cdots, C_m(E')). \tag{6.3.20}$$

令下面投影

$$\pi_1: G_n(\mathbb{C}) \times G_m(\mathbb{C}) \to G_n(\mathbb{C}), \quad \pi_2: G_n(\mathbb{C}) \times G_m(\mathbb{C}) \to G_m(\mathbb{C}).$$

于是可在公共流形 $G_n \times G_m$ 上建立 $\mathbb{C}^n$ 丛与 $\mathbb{C}^m$ 丛如下

$$\gamma_n^1 = \pi_1^*(\gamma_n), \qquad \gamma_m^2 = \pi_2^*(\gamma_m),$$

其中 γ_n 与 γ_m 分别是 G_n 与 G_m 上的规范丛. 这样得到同构

$$\gamma_n^1 \oplus \gamma_m^2 \simeq \gamma_n \times \gamma_m.$$

另一方面, 由 Künneth 公式

$$H^*(G_n \times G_m, R) \simeq H^*(G_n, R) \otimes H^*(G_m, R),$$

以及定理 6.15, $H^\pi(G_n \times G_m, R)$ 是由 γ_n 与 γ_m 上 Chern 类

$$c_i(\gamma_n^1) = \pi_1^*(c_i(\gamma_n)), \qquad c_j(\gamma_m^2) = \pi_2^*(c_j(\gamma_m))$$

自由生成的多项式环. 因此 $\gamma_n^1 \oplus \gamma_m^2$ 上的总 Chern 类可唯一地表示成一个由 $c_i(\gamma_n^1)$ 和 $c_j(\gamma_m^2)$ 构成的多项式

$$c(\gamma_n^1 \oplus \gamma_m^2) = P_{n+m}(c_1(\gamma_n^1), \cdots, c_n(\gamma_n^1), c_1(\gamma_m^2), \cdots, c_m(\gamma_m^2)). \tag{6.3.21}$$

令 E 和 E' 是 M 上的 $\mathbb{C}^n$ 丛和 $\mathbb{C}^m$ 丛. 由注 1.8, 可取映射

$$f: M \to G_n(\mathbb{C}) \quad 与 \quad g: M \to G_m(\mathbb{C}),$$

使得 E 与 E' 同构与 f 与 g 的拉回丛, 即

$$E \simeq f^*(\gamma_n), \qquad E' = g^*(\gamma_m).$$

定义映射 h： $M \to G_n \times G_m$ 为

$$h(x) = (f(x), g(x)).$$

再由下面图表交换性

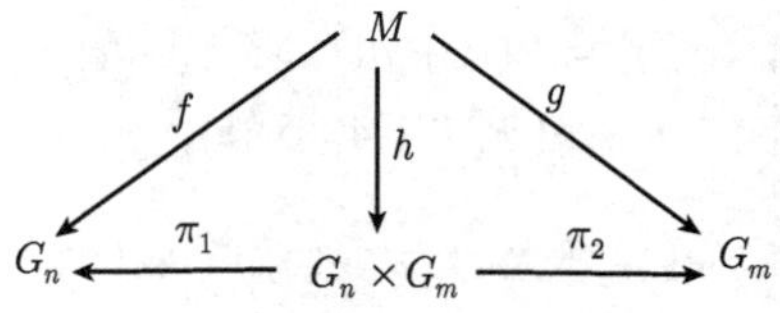

可以推出

$$h^*(\gamma_n^1) = E, \qquad h^*(\gamma_m^2) = E'.$$

于是由自然性和 (6.3.21) 得到

$$\begin{aligned} c(E \oplus E') &= h^*(c(\gamma_n^1 \oplus \gamma_m^2)) \\ &= P_{n+m}(c_1(E), \cdots, c_n(E), c_1(E'), \cdots, c_m(E')). \end{aligned}$$

这就是公式 (6.3.20).

最后证明

$$P_{n+m}(x_1, \cdots, x_n, y_1, \cdots, y_m) = (1 + x_1 + \cdots + x_n)(1 + y_1 + \cdots + y_m). \tag{6.3.22}$$

将对 $n + m$ 采用归纳法. 假设 $n, m \geqslant 1$ 有

$$c(\gamma_{n-1}^1 \oplus \gamma_m^2) = (1 + c_1(\gamma_{n-1}^1) + \cdots + c_{n-1}(\gamma_{n-1}^1))(1 + c_1(\gamma_m^2) + \cdots + c_m(\gamma_m^2)).$$

考虑两个在 $G_{n-1} \times G_m$ 上的 $\mathbb{C}^n$ 丛与 $\mathbb{C}^m$ 丛 $\gamma_{n-1}^1 \oplus \varepsilon^1$ 与 γ_m^2, 其中 ε^1 是 1 维平凡丛. 由 (6.3.21) 及 6.1.1 中基本性质 (3), 有

$$\begin{aligned} c(\gamma_{n-1}^1 \oplus \varepsilon^1 \gamma_m^2) &= P_{n+m}(c_1, \cdots, c_{n-1}, 0, c_1', \cdots, c_m') \\ &= c(\gamma_{n-1}^1 \oplus \gamma_m^2) \\ &= (1 + c_1 + \cdots + c_{n-1})(1 + c_1' + \cdots + c_m'), \end{aligned}$$

其中 $c_i = c_i(\gamma_{n-1}^1), c_j' = c_j(\gamma_m^2)$. 从上式得到下面同余式

$$P_{n+m}(x_1, \cdots, x_n, y_1, \cdots, y_m) = (1+x_1+\cdots+x_n)(1+y_1+\cdots+y_m) \pmod{x_n}. \tag{6.3.23}$$

同理可推出

$$P_{n+m}(x_1, \cdots, x_n, y_1, \cdots, y_m) = (1 + x_1 + \cdots + x_n)(1 + y_1 + \cdots + y_m) \pmod{y_m}. \tag{6.3.24}$$

两个多项同余式 (6.3.23) 和 (6.3.24) 意味着 P_{n+m} 一定是如下形式

$$P_{n+m}(x_1,\cdots,x_n,y_1,\cdots,y_m)=(1+x_1+\cdots+x_n)(1+y_1+\cdots+y_m)+px_nx_m \tag{6.3.25}$$

对某个多项式 p. 由于 $\dim P_{n+m}(c_1(\gamma_n),\cdots,c_n(\gamma_n),c_1(\gamma_m),\cdots,c_m(\gamma_m))=2(n+m)$, 因而有 $\dim(pc_n(r_n)c_m(r_m))=2(n+m)$. 这意味着 p 是一个实数.

此外, 由 Euler 类基本性质 (4)(见 6.1.4 小节),

$$c_{n+m}(\gamma_n\oplus\gamma_m)=c_n(\gamma_n^1)\cdot c_m(\gamma_m^2). \tag{6.3.26}$$

而 (6.3.25) 产生

$$\begin{aligned}c(\gamma_n\oplus\gamma_m)&=1+c_1(\gamma_n\oplus\gamma_m)+\cdots+c_{n+m}(\gamma_n\oplus\gamma_m)\\&=(1+c_1(\gamma_n^1)+\cdots+c_n(\gamma_n^1))(1+c_1(\gamma_m^2)+\cdots+c_m(\gamma_m^2))\\&\quad+pc_n(\gamma_n^1)\cdot c_m(\gamma_m^2).\end{aligned}$$

从这推出

$$c_{n+m}(\gamma_n+r_m)=c_n(\gamma_n^1)\cdot c_m(\gamma_m^2)+pc_n(\gamma_n^1)\cdot c_m(\gamma_m^2).$$

再由 (6.3.26) 可知 $p=0$. 于是证得公式 (6.3.22). 定理证毕.

6.3.4　一些 Chern 类的计算

自然地, 需要考虑一些特殊复向量丛 Chern 类的计算问题. 首先考察一个复向量丛与它的共轭丛之间 Chern 类的关系.

令 E 是 M 上一个 $\mathbb{C}^n$ 丛. 它的共轭丛 $\bar{E}$ 被定义为是这样的复向量丛, 它们的内在实向量丛相等 (当不考虑定向时),

$$E_R=\bar{E}_R,$$

然而它们具有相反的复结构, 即若

$$E=\{(x,Z_x)|\ x\in M,\ Z_x=(z_1,\cdots,z_n)\in F_x,\ z_j=x_j+iy_j\},$$

则 $\bar{E}$ 表示为

$$\bar{E}=\{(x,i\bar{Z}_x)|\ x\in M,\ i\bar{Z}_x=(i\bar{z}_1,\cdots,i\bar{z}_n),\ i\bar{z}_j=y_j+ix_j\}.$$

换句话讲, $\bar{E}$ 是将 E 的复结构进行反向

$$(x_1+iy_1,\cdots,x_n+iy_n)\mapsto(y_1+ix_1,\cdots,x_n+iy_n). \tag{6.3.27}$$

一般情况下共轭丛 $\bar{E}$ 与 E 不同构, 并且有如下结论.

定理 6.17 E 的共轭丛 $\bar{E}$ 的 Chern 类 $c_k(\bar{E}) = (-1)^k c_k(E)$. 因此 $\bar{E}$ 的总 Chern 类为

$$c(\bar{E}) = 1 - c_1(E) + c_2(E) + \cdots + (-1)^n c_n(E).$$

证明 对 E 的每个纤维 $F = \mathbb{C}^n$, 有

$$b = (x_1, y_1, \cdots, x_n, y_n)$$

作为内在实空间 F_R 的基底, 它决定了 F_R 的定向. 而由 (6.3.27), 取

$$\bar{b} = (y_1, x_1, \cdots, y_n, x_n)$$

作为共轭丛 $\bar{E}$ 上纤维 $\bar{F}$ 内在实空间 $\bar{F}_R$ 的基底. 显然, 这两个基底由矩阵 A 相关联, 即 $\bar{b} = Ab$, 这里

$$A = \begin{pmatrix} 0 & 1 & & 0 & \\ 1 & 0 & & & \\ & & \ddots & & \\ & & & 0 & 1 \\ & 0 & & 1 & 0 \end{pmatrix}.$$

显然

$$\det A = \begin{cases} -1, & \text{当 } n = \text{ 奇数}, \\ 1, & \text{当 } n = \text{ 偶数}. \end{cases}$$

这表明 E_R 与 $\bar{E}_R$ 作为定向丛时,

$$\begin{cases} E_R \text{ 与 } \bar{E}_R \text{ 有相反定向}, & \text{当 } n = \text{ 奇数}, \\ E_R \text{ 与 } \bar{E}_R \text{ 有相同定向}, & \text{当 } n = \text{ 偶数}. \end{cases}$$

由 Euler 类基本性质 (2)(见 6.1.4 小节), 立刻得到顶 Chern 类

$$c_n(E) = (-1)^n c_n(\bar{E}).$$

对于 $k < n$, 根据 (6.3.4) 和 (6.3.8), 同样地可推出

$$c_k(E) = (-1)^k c_k(\bar{E}).$$

于是定理得证.

E 的共轭丛 $\bar{E}$ 是同构于 E 的对偶丛,

$$\bar{E} \simeq \mathrm{Hom}\ (E, \mathbb{C}). \tag{6.3.28}$$

这里 Hom $(E,\mathbb{C})$ 与 E 具有相同底空间 M, 而对应于 E 的纤维 F 是 F 的复对偶空间 Hom $(F,\mathbb{C})$, 即

$$\begin{array}{ccc} F \simeq \mathbb{C}^n \to E & \qquad & \mathrm{Hom}\,(F,\mathbb{C}) \simeq \mathbb{C}^n \to \mathrm{Hom}\,(E,\mathbb{C}) \\ \downarrow & & \downarrow \\ M & & M \end{array}$$

因为 Hom $(F,\mathbb{C})$ 中元素是线性映射 $L : F \to \mathbb{C}$. 由 Riesz 表示, 对每个 $L \in \mathrm{Hom}(F,\mathbb{C})$ 唯一地存在一个元素 $X = (X_1, \cdots, X_n) \in F \simeq \mathbb{C}^n$ 使得

$$L(z) = \bar{X}_1 z_1 + \cdots + \bar{X}_n z_n, \qquad \forall z \in F.$$

用 $\bar{X}$ 来代表 L, 则

$$\mathrm{Hom}\,(F,\mathbb{C}) = \{\bar{z}|\ z \in F\}.$$

容易看出 $i\bar{z} \mapsto \bar{z}$ 是保复结构的. 因此具有 (6.3.28) 的同构关系.

现在考虑复投影空间 $\mathbb{C}P^n$ 切丛 $T\mathbb{C}P^n$ 上 Chern 类的计算. 在 (6.2.57) 中看到, $T\mathbb{C}P^n$ 上的总 Stiefel-Whitney 类为

$$w(T\mathbb{C}P^n) = (1+\alpha)^{n+1}, \qquad \alpha \in H^2(\mathbb{C}P^n, \mathbb{Z}_2).$$

同样地, $T\mathbb{C}P^n$ 上总 Chern 类也有这种公式.

定理 6.18　$T\mathbb{C}P^n$ 上的总 Chern 类为

$$c(T\mathbb{C}P^n) = (1+\alpha)^{n+1}, \qquad \alpha \in H^2(\mathbb{C}P^n, R) \text{ 是一个生成元}.$$

实际上 $\alpha = -c_1(\gamma_1)$ 是 $\mathbb{C}P^n$ 上规范线丛 γ_1 的负项 Chern 类.

证明　令 $\gamma_1 = \gamma_1(\mathbb{C}^{n+1})$ 是 $\mathbb{C}P^n$ 上的规范线丛, $\gamma_1^\perp(\mathbb{C}^{n+1})$ 是 $\gamma_1(\mathbb{C}^n)$ 的正交补, 使得 $\gamma_1 \oplus \gamma_1^\perp$ 是 $\mathbb{C}P^n$ 上的平凡丛,

$$\gamma_1(\mathbb{C}^{n+1}) \oplus \gamma_1^\perp(\mathbb{C}^{n+1}) = \mathbb{C}P^n \times \mathbb{C}^{n+1}. \tag{6.3.29}$$

不难证明

$$T\mathbb{C}P^n \simeq \mathrm{Hom}_{\mathbb{C}}(\gamma_1, \gamma_1^\perp). \tag{6.3.30}$$

为了证明这一点, 不妨令 $\mathbb{C}^{n+1}$ 中穿过原点的复线 l 为 $l = (z_1, 0, \cdots, 0)$, 则

$$l^\perp = (0, z_2, \cdots, z_n), \qquad z_i \in \mathbb{C}.$$

因此任何元素 $L \in \mathrm{Hom}_{\mathbb{C}}(l, l^\perp)$ 是一个线性映射

$$L:\ l \to l^\perp, \tag{6.3.31}$$

此时 L 在 $\mathbb{C}^1\times\mathbb{C}^n=\mathbb{C}^{n+1}$ 中的图像就是与 z_1 直线 l 不垂直的复直线, 见图 6.3 所示. 于是 $\mathrm{Hom}_{\mathbb{C}}(l,l^{\perp})$ 可视为 l 在 $\mathbb{C}P^n$ 的一个邻域 U,U 是由所有作为 (6.3.31) 在 $\mathbb{C}^{n+1}$ 中图像的复直线 L 构成. 这个事实说明复线 l 的切空间 $T_l\mathbb{C}P^n$ 与 $\mathrm{Hom}_{\mathbb{C}}(l,l^{\perp})$ 同构, 因而有 (6.3.30) 的同构.

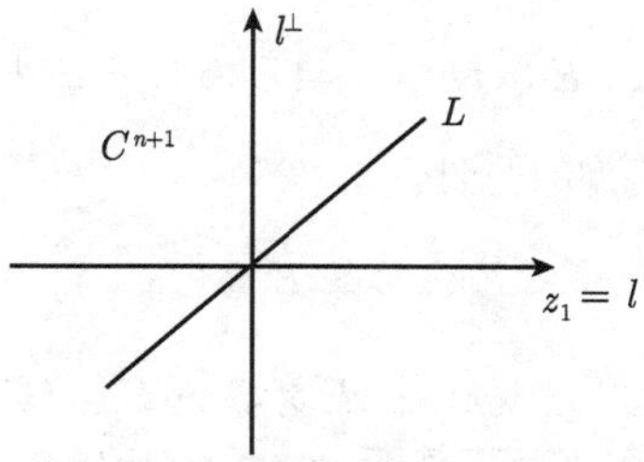

图 6.3　线性映射 (6.4.5) 在 $\mathbb{C}^{n+1}$ 中的图像是与 l 不垂直的复直线

现在, 将平凡丛 $\varepsilon^1\simeq\mathrm{Hom}(\gamma_1,\gamma_1)$ 加在 (6.3.30) 两边得

$$\begin{aligned}T\mathbb{C}P^n\oplus\varepsilon^1&\simeq\mathrm{Hom}_{\mathbb{C}}(\gamma_1,\gamma_1^{\perp}\oplus\gamma_1)\\&\simeq\mathrm{Hom}_{\mathbb{C}}(\gamma_1,\varepsilon^1\oplus\cdots\oplus\varepsilon^1)\quad(\text{由 (6.3.29)}).\end{aligned}$$

再由 (6.4.2), $\bar{\gamma}_1=\mathrm{Hom}_{\mathbb{C}}(\gamma_1,\varepsilon^1)$. 故上式变为

$$T\mathbb{C}P^n\oplus\varepsilon^1\simeq\bar{\gamma}_1\oplus\cdots\oplus\bar{\gamma}_1\quad(n+1\ \text{个直和}).$$

由定理 6.16 和 6.17 可得

$$c(T\mathbb{C}P^n)=c(\bar{\gamma}_1)^{n+1}=(1-c_1(\gamma_1))^{n+1}.$$

于是定理证毕.

6.4 Pontrjagin 类

6.4.1 R^n 丛的实系数示性类

令 R^n 是一个实向量空间. R^n 与复空间 $\mathbb{C}$ 的张量积 $R^n\otimes\mathbb{C}$ 称为 R^n 的复化空间, 即 $R^n\otimes\mathbb{C}=\mathbb{C}^n$ 是 n 维复空间. 利用这个复化手段, 可以将一个实向量丛 (E,π,M) 进行复化,

$$\begin{array}{ccc}F\simeq R^n\to E & \qquad & F\otimes\mathbb{C}\simeq\mathbb{C}^n\to E\otimes\mathbb{C}\\ \downarrow & & \downarrow\\ M & & M\end{array}$$

E 的复化空间 $E\otimes\mathbb{C}$ 也可以表达成

$$E\otimes\mathbb{C}=\{(x,r_x)|\ x\in M,r_x\in F_x\otimes\mathbb{C},\ F_x\ \text{是}\ E\ \text{在}\ x\ \text{点纤维}\}.$$

注意到, 每个元素 $z \in E \otimes \mathbb{C}$ 可唯一地表达成 $z = x + iy, x, y \in F$. 因而 F 的复化空间 $F \otimes \mathbb{C}$ 可写成直和分解

$$F \otimes \mathbb{C} = F \oplus iF.$$

这就推出

$$E \otimes \mathbb{C} \simeq E \oplus iE, \qquad (E \otimes \mathbb{C})_R \simeq E \oplus E.$$

关于 R^n 从 E 的复化空间有如下同构

$$E \otimes \mathbb{C} \simeq \overline{E \otimes \mathbb{C}}, \tag{6.4.1}$$

即 $E \otimes \mathbb{C}$ 与它的共轭丛同构. 这是由于 $E \otimes \mathbb{C} = E \oplus iE$, 因而对应 $x + iy \mapsto x - iy$ 将 $E \otimes \mathbb{C}$ 同构地映到 $E \otimes \bar{\mathbb{C}} \simeq \overline{E \otimes \mathbb{C}}, \bar{\mathbb{C}}$ 为 $\mathbb{C}$ 的共轭.

实向量丛 E 上的 Pontrjagin 类就是 E 的复化空间 $E \otimes \mathbb{C}$ 上的 Chern 类, 其定义如下.

定义 6.8　令 E 是一个 R^n 丛, $E \otimes \mathbb{C}$ 是它的复化空间, 则总 Pontrjagin 类 $p(E)$ 定义为

$$\begin{aligned} p(E) &= 1 + \tilde{p}_1(E) + \cdots + \tilde{p}_n(E), \\ &= 1 + c_1(E \otimes \mathbb{C}) + \cdots + c_n(E \otimes \mathbb{C}), \end{aligned} \tag{6.4.2}$$

其中 $\tilde{p}_i(E) = c_i(E \otimes \mathbb{C}) \in H^{2i}(M, R)$ 称为 Pontrjagin 类.

考察 Pontrjagin 类的一些基本性质.

基本性质 1　Pontrjagin 类满足自然性与 Whitney 乘积公式, 即

$$p(E \oplus E') = p(E) \cdot p(E'). \tag{6.4.3}$$

自然性是显然的. 而公式 (6.4.3) 是由

$$(E \oplus E') \otimes \mathbb{C} = E \otimes \mathbb{C} \oplus E' \otimes \mathbb{C},$$

以及 (6.4.2),

$$\begin{aligned} p(E \oplus E') &= c((E \oplus E') \otimes \mathbb{C}) = c(E \otimes \mathbb{C} \oplus E' \otimes \mathbb{C}) \\ &= c(E \otimes \mathbb{C}) \cdot c(E' \otimes \mathbb{C}) = p(E) \cdot p(E'). \end{aligned}$$

基本性质 2　奇数维 Pontrjagin 类为零,

$$\tilde{p}_1(E),\ \tilde{p}_3(E),\ \cdots,\ \tilde{p}_{2k+1}(E) = 0. \tag{6.4.4}$$

这是因为 (6.4.1), 有

$$p(E) = c(E \otimes \mathbb{C}) = c(\overline{E \otimes \mathbb{C}}).$$

而由定理 6.17 有

$$c(\overline{E\otimes\mathbb{C}})=1-c_1(E\otimes\mathbb{C})+c_2(E\otimes\mathbb{C})+\cdots+(-1)^n c_n(E\otimes\mathbb{C}).$$

对照

$$c(E\otimes\mathbb{C})=1+c_1(E\otimes\mathbb{C})+\cdots+c_n(E\otimes\mathbb{C}),$$

便得到

$$c_1(E\otimes\mathbb{C})=c_3(E\otimes\mathbb{C})=\cdots=c_{2k+1}(E\otimes\mathbb{C})=0,$$

这便得到 (6.4.4).

为了方便, 今后总是记 Pontjagin 类为

$$p_j(E)=(-1)^j\tilde{p}_{2j}=(-1)^j c_{2j}(E\otimes\mathbb{C})\in H^{4j}(M,R). \tag{6.4.5}$$

总 Pontrjagin 为

$$p(E)=1+p_1(E)+\cdots+p_n(E),\qquad p_k(E)=0,\ 当\ k>\frac{n}{2}. \tag{6.4.6}$$

这里需要注明一下, 按 (6.4.5) 方式定义的总 Pontrjagin 类 (6.4.6) 仍然满足乘积公式 (6.4.3).

基本性质 3 对任何 $\mathbb{C}^n$ 向量丛 E, 它的内在实化丛 E_R 的 Pontrjagin 类 $p_j(E_R)=c_{2j}(E_R\otimes\mathbb{C})$ 由下面公式决定

$$\begin{aligned}p_k(E_R)=&c_k^2(E)-2c_{k-1}(E)c_{k+1}(E)+\cdots\\&+(-1)^{k+1}2c_1(E)c_{2k-1}(E)+(-1)^k 2c_{2k}(E).\end{aligned} \tag{6.4.7}$$

公式 (6.4.7) 是由下面同构关系决定的

$$E_R\otimes\mathbb{C}\simeq E\oplus\bar{E}.$$

这里略去它的证明. 根据这个关系, 有

$$\begin{aligned}p(E_R)=&1+p_1(E_R)+\cdots+p_n(E_2)\\=&c(E\oplus\bar{E})=c(E)\cdot c(\bar{E})\\=&(1+c_1(E)+\cdots+c_n(E))(1-c_1(E)+\cdots+(-1)^n c_n(E)).\end{aligned} \tag{6.4.8}$$

从这里便推得公式 (6.4.7). 下面给出前三个公式

$$\begin{aligned}p_1(E_R)&=-2c_2(E)+c_1^2(E),\\p_2(E_R)&=2c_4(E)-2c_3(E)c_1(E)+c_2^2(E),\\p_3(E_R)&=-2c_6(E)+2c_5(E)c_1(E)-2c_4(E)c_2(E)+c_3^2(E).\end{aligned}$$

基本性质 4　关于复投影空间 $\mathbb{C}P^n$ 的切丛 $T\mathbb{C}P^n$, 它的实化丛 $(T\mathbb{C}P^n)_R$ 的总 Pontrjagin 类为

$$p((T\mathbb{C}P^n)_R) = (1+\alpha^2)^{n+1}, \qquad \alpha = c_1(\gamma_1) \in H^2(\mathbb{C}P^n, R). \tag{6.4.9}$$

因而有

$$p_k((T\mathbb{C}P^n)_R) = \begin{pmatrix} n+1 \\ k \end{pmatrix} \alpha^{2k}. \tag{6.4.10}$$

事实上, 由定理 6.18 有

$$c(T\mathbb{C}P^n) = (1+\alpha)^{n+1}, \quad c(\overline{T\mathbb{C}P^n}) = (1-\alpha)^{n+1}.$$

从而由 (6.4.8) 可知

$$c(T\mathbb{C}P^n) \cdot c(\overline{T\mathbb{C}P^n}) = (1+\alpha)^{n+1}(1-\alpha)^{n+1} = (1-\alpha^2)^{n+1}.$$

这便得到 (6.4.9) 和 (6.4.10).

根据 (6.4.9), 给出一些 $\mathbb{C}P^n$ 的总 Pontrjagin 类如下. 为了简单, 这里用 $p(\mathbb{C}P^n)$ 记为 $p((T\mathbb{C}P^n)_R)$.

$$\begin{aligned}
&p(\mathbb{C}P^1) = 1, \\
&p(\mathbb{C}P^2) = 1 + 3\alpha^2, \\
&p(\mathbb{C}P^3) = 1 + 4\alpha^2, \\
&p(\mathbb{C}P^4) = 1 + 5\alpha^2 + 10\alpha^4, \\
&p(\mathbb{C}P^5) = 1 + 6\alpha^2 + 15\alpha^4, \\
&p(\mathbb{C}P^6) = 1 + 7\alpha^2 + 21\alpha^4 + 35\alpha^6.
\end{aligned}$$

基本性质 5　若 E 是一个可定向 R^{2n} 丛, 那么

$$p_n(E) = e^n(E), \tag{6.4.11}$$

这里 $e(E)$ 是 E 的 Euler 类.

公式 (6.4.11) 依据于下面事实

$$(E\otimes\mathbb{C})_R \simeq E\oplus E \begin{cases} \text{是保定向的, 当 } \dfrac{2n(2n-1)}{2} = \text{ 偶数}, \\ \text{是反定向的, 当 } \dfrac{2n(2n-1)}{2} = \text{ 奇数}. \end{cases} \tag{6.4.12}$$

然后根据定义

$$\begin{aligned}
p_n(E) &= (-1)^n c_{2n}(E\otimes\mathbb{C}) = (-1)^n e(E\otimes\mathbb{C}) \\
&= e(E\oplus E) = e^2(E) \quad (\text{由 } (6.4.12)).
\end{aligned}$$

这样, 便得 (6.4.11).

基本性质 6 令 $\tilde{G}_n = \tilde{G}_n(R^\infty)$ 是 R^∞ 中所有可定向 n 维实线性空间构成的 Grassmann 空间. 则有如下定理.

定理 6.19 上同调环 $H^\pi(\tilde{G}_n, R)$ 是由下面 Pontrjagin 类和 Euler 类自由生成的多项式环,

$$p_1(\tilde{\gamma}_n),\ \cdots,\ p_n(\tilde{\gamma}_n) \text{ 和 } e(\tilde{\gamma}_n),$$

其中 $\tilde{\gamma}_n$ 是 $\tilde{G}_n$ 上的规范 R^n 丛, 并注意到 $p_k(\tilde{\gamma}_n) = 0$ 当 $k > \dfrac{n}{2}$, 及 Euler 类 $e(\tilde{\gamma}_n) = 0$ 当 $n =$ 奇数.

证明 与定理 6.15 的证明是类似的, 关于 n 进行归纳证明. 对 $n = 1, \tilde{G}_1(R^k) = S^{k-1}$. 令 $k \to \infty$ 就推出

$$H^*(\tilde{G}_1, R) = H^*(\cdot, R), \quad \cdot \text{ 表示一点}.$$

因此定理对 $n = 1$ 成立.

假设定理对 $n - 1 \geqslant 1$ 成立. 就如定理 6.5 的证明那样, 对于实情况也有正合序列

$$\begin{aligned} &\to H^i(\tilde{G}_n, R) \xrightarrow{\times e} H^{i+n}(\tilde{G}_n, R) \xrightarrow{\psi^*} H^{i+n}(\tilde{G}_{n-1}, R) \\ &\hookrightarrow H^{i+1}(\tilde{G}_n, R) \to \cdots \end{aligned} \tag{6.4.13}$$

其中 $e = e(\tilde{\gamma}_n)$ 代表 Euler 类, 环同态 ψ^* 就如 (6.3.15) 那样将 $\tilde{\gamma}_n$ 的 Pontrjagin 类映到 $\tilde{\gamma}_{n-1}$ 的类, 即

$$\psi^*(p_k(\tilde{\gamma}_n)) = p_k(\tilde{\gamma}_{n-1}). \tag{6.4.14}$$

当 $n = 2m$ 为偶数时, 由假设 $H^\pi(\tilde{G}_{n-1}, R)$ 由 Pontrjagin 类张成 (此时 Euler 类 $e(\tilde{\gamma}_{n-1}) = 0$). 故 (6.4.14) 意味着 ψ^* 是满射. 因而 (6.4.13) 变成短正合序列

$$0 \to H^i(\tilde{G}_n, R) \xrightarrow{\times e} H^{i+n}(\tilde{G}_n, R) \to H^{i+n}(\tilde{G}_{n-1}, R) \to 0. \tag{6.4.15}$$

正如定理 6.15 的证明一样, 从归纳假设及 (6.4.15) 便证得 $H^\pi(\tilde{G}_n, R)$ 是由 $p_1(\tilde{\gamma}_n), \cdots,$ $p_n(\tilde{\gamma}_n)$ 和 e 自由张成对 $n = 2m$.

当 $n = 2m + 1$ 是奇数时, Euler 类 $e(\tilde{\gamma}_n) = 0$. 此时 (6.4.13) 变为

$$0 \to H^j(\tilde{G}_{2m+1}, R) \xrightarrow{\psi^*} H^j(\tilde{G}_{2m}, R) \to H^{j-2m}(\tilde{G}_{2m+1}, R) \to 0. \tag{6.4.16}$$

从这推出

$$\psi^*: \ H^j(\tilde{G}_{2m+1}, R) \to H^j(\tilde{G}_{2m}, R) \text{ 是单一的}. \tag{6.4.17}$$

记

$$R[p_1, \cdots, p_m] \subset H^{\pi}(\tilde{G}_{2m}, R)$$

是由 $p_1(\tilde{\gamma}_{2m}), \cdots, p_m(\tilde{\gamma}_{2m})$ 生成的多项式子环. 只需证明

$$R^j[p_1, \cdots, p_m] = \psi^*(H^j(\tilde{G}_{2m+1}, R)). \tag{6.4.18}$$

由 (6.4.17), 推出

$$R[p_1, \cdots, p_m] \subset \psi^*(H^*(\tilde{G}_{2m+1}, R)).$$

它意味着

$$\dim R^k [p_1, \cdots, p_m] \leqslant \dim H^k(\tilde{G}_{2m+1}, R), \quad \forall k \geqslant 0. \tag{6.4.19}$$

由归纳假设易知, 对任何 $\alpha \in H^j(\tilde{G}_{2m}, R), \alpha$ 可唯一表达为

$$\alpha = \beta + e \cdot \beta', \quad \beta \in R^j [p_1, \cdots, p_m], \ \beta' \in R^{j-2m}[p_1, \cdots, p_m].$$

这里 e 为 $\tilde{\gamma}_{2m}$ 的 Euler 类, 即

$$\dim H^j(\tilde{G}_{2m}, R) = \dim R^j[p_1, \cdots, p_m] + \dim R^{j-2m}[p_1, \cdots, p_m]. \tag{6.4.20}$$

再由正合序列 (6.4.16),

$$\dim H^j(\tilde{G}_{2m}, R) = \dim H^j(\tilde{G}_{2m+1}, R) + \dim H^{j-2m}(\tilde{G}_{2m+1}, R). \tag{6.4.21}$$

从 (6.4.19)~(6.4.21) 立刻得到

$$\dim R^j[p_1, \cdots, p_m] = \dim H^j(\tilde{G}_{2m+1}, R).$$

于是证得 (6.4.18). 定理证毕.

6.4.2 Pontjagin 数与可定向配边环

类似于前面的 Stiefel-Whitney 数和 Chern 数, 也可引入 Pontrjagin 数这一重要的概念. 一组非负整数 $I = (i_1, \cdots, i_r)$ 称作 n 的一个部分, 若

$$i_1 + \cdots + i_r = n.$$

n 的所有部分 I 个数称为 n 的部分数, 记为 $p(n)$.

令 M^{4n} 是一个 $4n$ 维光滑紧流形. 定义 M^{4n} 上的 Pontrjagin 数如下.

定义 6.9 对每一个 n 的部分 $I = (i_1, \cdots, i_r)$, 下面的数

$$p_I(M^{4n}) = \langle p_{i_1}(TM^{4n}) \cdots p_{i_r}(TM^{4n}), \mu_{M^{4n}} \rangle$$

叫做 M^{4n} 上的指标 I 的 Pontrjagin 数, 它们都是整数.

每个 M^{4n} 都有 $p(n)$ 个 Pontrjagin 数, 它们能够很好地反映流形 M^{4n} 的一些特性. 特别是如定理 6.7 那样, $p_I(M^{4n})$ 能完全表征 M^{4n} 的配边特性. 下面就来阐述这个问题.

对于一个可定向流形 M, 用 $-M$ 表示 M 的反定向, 用 $+$ 号表示两个流形的不交和.

定义 6.10 两个 n 维紧流形 M 和 M' 称作定向配边的, 或叫做属于同一个定向配边类, 如果存在一个 $n+1$ 维紧定向的带边流形 N 使得

$$\partial N = M + (-M').$$

显然, 定向配边关系具有:

(1) 自反性, 即 M 与自己配边, $\partial(M \times [0,1]) = M + (-M)$;

(2) 对称性, 即若 M 与 M' 配边, 则 M' 也与 M 配边;

(3) 传递性, 若 $M + (-M') = \partial X, M' + (-M'') = \partial Y$, 则 X 与 Y 在 M' 进行粘接所得流形 $N = X \#_{M'} Y$ 就是以 M 与 M'' 为边界, 即 $\partial N = M + (-M'')$.

因此, 关于可定向紧流形可形成定向配边类. 记

$$\Omega_n = \text{所有 } n \text{ 维紧流形 } M \text{ 的定向配边类 } [M].$$

则在加法 $+$ 的运算下,

$$[M + M'] = [M] + [M'],$$

Ω_n 构成一个可交换的加法群, 它的零元素

$$[M] = 0 \ \Leftrightarrow \ \forall M' \in [M], \text{ 存在一个可定向紧带边流形 } N \text{ 使得 } \partial N = M'.$$

进一步, 在流形的乘积运算下,

$$M_1^n,\ M_2^n \ \mapsto \ M_1^n \times M_2^m$$

在 Ω_n 中产生一个乘积运算

$$[M_1^n],\ [M_2^m] \ \mapsto \ [M_1^n] \times [M_2^m] = [M_1^n \times M_2^m].$$

这样, 定向配边群序列

$$\Omega_* = \{\Omega_0, \Omega_1, \Omega_2, \cdots\} \tag{6.4.22}$$

具有一个环结构, 称作定向配边环. 这个环具有一个乘法的双边单位元

$$1 \in \Omega_0, \quad 1 = [\cdot] \text{ 由一个单点构成.}$$

此外, 作为定向流形, 乘积运算具有 $M_1^n \times M_2^m = (-1)^{nm} M_2^m \times M_1^n$. 因而

$$[M_1^n] \times [M_2^m] = (-1)^{nm}[M_2^m] \times [M_1^n]. \tag{6.4.23}$$

这样, 由 (6.4.22) 给出的定向配边环在 (6.4.23) 意义下是一个可交换环.

用类似于定理 6.7 的方法可以证明下面结论.

定理 6.20 (Pontrjagin)　若 M^{4n} 是一个紧定向 $(4n+1)$ 维带边流形的边界, 那么所有 Pontrjagin 数为零, 即

$$p_I(M^{4n}) = \langle p_{i_1}(TM^{4n}) \cdots p_{i_r}(TM^{4n}), \mu_{M^{4n}} \rangle = 0,$$

对所有 n 的部分 $I = (i_1, \cdots, i_r)$. 因而, 若 M_1^{4n} 与 M_2^{4n} 是属于同一定向配边类, 则对应的 Pontrjagin 数相等,

$$p_I(M_1^{4n}) = p_I(M_2^{4n}), \quad \forall n \text{ 的部分 } I.$$

在下一小节将看到该结论的逆定理也同样成立.

作为一个例子, 考察复投影空间 $\mathbb{C}P^{2n}$ 的 Pontrjagin 数. 由 (6.4.10), 对 n 的任一部分 $I = (i_1, \cdots, i_r)$,

$$\begin{aligned} p_I(\mathbb{C}P^{2n}) &= \langle p_{i_1} \cdots p_{i_r}, \mu_{\mathbb{C}P^{2n}} \rangle \\ &= \binom{2n+1}{i_1} \cdots \binom{2n+1}{i_r} \langle \alpha^{2n}, \mu_{\mathbb{C}P^{2n}} \rangle \\ &= \binom{2n+1}{i_1} \cdots \binom{2n+1}{i_r}. \end{aligned} \tag{6.4.24}$$

因此, 由定理 6.20 可以知道 $\mathbb{C}P^{2n}$ 不能够作为任何 $2n+1$ 维可定向紧带边流形的边界. 然而, 对于 $\mathbb{C}P^{2n+1}$ 情况就不同了. 事实上, 每个 $\mathbb{C}P^{2n+1}$ 都是某个带边紧定向流形的边界.

由于对两个流形 M_1 与 M_2 的不交和, 有

$$p_k(T(M_1 + M_2)) = p_k(TM_1 + TM_2) = p_k(TM_1) + p_k(TM_2).$$

因而 Pontrjagin 数满足

$$p_I(M_1 + M_2) = p_I(M_1) + p_I(M_2). \tag{6.4.25}$$

从定理 6.20 及 (6.4.24)~(6.4.25) 可以推得下面结论,

$$\Omega_{4n} = \underbrace{\mathbb{Z} \oplus \cdots \oplus \mathbb{Z}}_{k} \text{ 不含有限子群, 并且 } k \geqslant 1. \tag{6.4.26}$$

然而结论 (6.4.26) 对于 $\Omega_m (m \neq 4n)$ 不成立. 下一小节将要介绍的 Thom 配边定理关于配边环 Ω_* 给出较为完整的知识.

6.4.3 Thom 配边理论

这一小节主要介绍 Thom 配边定理, 该结果可以认为是 Pontrjagin 示性类理论应用的一个辉煌成果之一.

定理 6.21 (Thom 配边定理) 关于定向配边环 Ω_* 的群结构, 有如下结论:

(1) 当 $m=4n$ 时, Ω_{4n} 是由所有下面乘积流形

$$\mathbb{C}P^{2i_1}\times\cdots\times\mathbb{C}P^{2i_r}\quad(i_1+\cdots+i_r=n)\tag{6.4.27}$$

自由生成的交换群, 换句话说,

$$\Omega_{4n}\simeq\underbrace{\mathbb{Z}\oplus\cdots\oplus\mathbb{Z}}_{k},\quad k=p(n)\text{ 为 }n\text{ 的部分数}.\tag{6.4.28}$$

(2) 当 $m\neq 4n$ 时, Ω_m 是有限群, 并且

$$\Omega_m=\underbrace{\mathbb{Z}_2\oplus\cdots\oplus\mathbb{Z}_2}_{k},\quad k\geqslant 0.\tag{6.4.29}$$

这里只有当 $m=1,2,3,6,7$ 时 $k=0$ (即 $\Omega_m=0$), 而对所有其他的 $m,k\geqslant1(\Omega_m\neq0)$.

注 6.14 在 Thom 的工作中, 定理 6.12 的结论 (2) 中仅证明了 Ω_m 是有限群. 而更精细的其他结论是由 Wall 证得[22]. Wall 的定理说, M^n 是一个可定向配边的充要条件是所有 Pontrjagin 数 (对 $n=4k$) 和所有 Stiefel-Whitney 数 (对 $n\neq4k$) 为零. 注意这里与定理 6.7 的差别, 在那里 M^n 仅仅要求是可配边, 从 Wall 的结果便可得到 (6.4.29).

注 6.15 定理 6.21 的意思是说, 所有 $m=1,2,3,6,7$ 维的可定向紧流形 M 一定是可定向带边紧流形的边界, 任一个 $M=4n$ 维紧定向流形 M 或者是一个定向边界, 或者与某个 (6.4.27) 的紧流形可定向配边, 而对其他的 m 维紧流形, M 或者是可定向边界, 或者 M 单独不是定向边界, 但是它的两个不交和 $M+M$ 都是一个定向边界.

定理 6.21 的证明大意 该定理的关键就是证明存在一个映射

$$\pi_{n+k}(Q(\tilde{\gamma}_k^N))\to\Omega_n\text{ 是满同态, 对 }N,k>0\text{ 充分大},\tag{6.4.30}$$

这里 $Q(\gamma_k^N)$ 是如下商群

$$Q(\tilde{\gamma}_k^N)=\tilde{\gamma}_k^N/(\tilde{\gamma}_k^N)_1,$$

其中 $\tilde{\gamma}_k^N=\tilde{\gamma}_k^N(R^{n+k})$ 是 $\tilde{G}_k(R^{N+k})$ 上规范丛, $\tilde{G}_k(R^{N+k})$ 是 R^{N+k} 中定向 R^k 的 Grassmann 流形, $(\tilde{\gamma}_k^N)_1$ 是 $\tilde{\gamma}_k^N$ 中所有 $|r|\geqslant1$ 向量构成的空间.

假设 (6.4.30) 成立. 考虑下面 Serre 关于 Hurewicz 定理的推广.

定理 6.22　令 X 是 $k-1$ 连通的 CW 复形, $k \geqslant 2$. 则 Hurewicz 同态

$$\pi_r(X) \otimes R \to H_r(X, R)$$

对任何 $r < 2k-1$ 是一个同构.

那么, 根据这个定理, 再结合 Thom 同构

$$\begin{aligned} H_{n+k}(Q(\tilde{\gamma}_k^N), R) &\simeq H_{n+k}(\tilde{\gamma}_k^N, (\tilde{\gamma}_k^N)_1, R) \quad (\text{由}(2.4.2)) \\ &\simeq H_n(\tilde{\gamma}_k^N, R) \\ &\simeq H_n(\tilde{G}_k(R^{N+k}), R), \end{aligned}$$

得到同构

$$\pi_{n+k}(Q(\tilde{\gamma}_k^N)) \otimes R \simeq H_n(\tilde{G}_k(R^{N+k}), R), \quad \forall n < k-1, \tag{6.4.31}$$

这是因为 $Q(\tilde{\gamma}_k^N)$ 是 $k-1$ 连通的.

再由定理 6.19,

$$H_n(\tilde{G}(R^{N+k}), R) = \begin{cases} 0, & n \neq 4m, \\ \underbrace{\mathbb{Z} \oplus \cdots \oplus \mathbb{Z}}_{p(m)}, & n = 4m, \end{cases}$$

$p(m)$ 为 m 的部分数, 从 (6.4.30) 和 (6.4.31) 可推出结论

$$\begin{cases} \Omega_n = \text{有限群, 当 } n \neq 4m \text{ 时}, \\ \Omega_{4n} = \underbrace{\mathbb{Z} \oplus \cdots \oplus \mathbb{Z}}_{k}, \ k \leqslant p(n), \end{cases} \tag{6.4.32}$$

注意, 在得到 (6.4.32) 第二个结论时, 用到 (6.4.26). 再由 Wall 的结果 (见注 6.12), 从 (6.4.32) 第一个结论便得到该定理的结论 (2).

现在只需证明 (6.4.30) 及 $k \geqslant p(n)$ 在 (6.4.32) 中.

在 (6.4.30) 的同态中, 下面引理起到基本作用.

引理 6.1　任何映射 $f: S^{n+k} \to Q(\tilde{\gamma}_k^N)$ 都同伦于一个映射

$$g: \ S^{n+k} \to Q(\tilde{\gamma}_k^N).$$

使得 $g(S^{n+k})$ 在 $Q(\tilde{\gamma}_k^N)$ 中横截于零截面 $\tilde{G}_k(R^{N+k})$, 并且 n 维流形 $g^{-1}(\tilde{G}_k(R^{N+k}))$ 的定向配边类仅依赖于 g 的同伦类, 即 $g \mapsto g^{-1}(\tilde{G}_k)$ 在 $Q(\tilde{\gamma}_k^N)$ 的同伦群与 n 维配边群之间产生一个同态

$$\pi_{n+k}(Q(\tilde{\gamma}_k^N)) \to \Omega_n.$$

该引理的证明是技术性的, 这里省去它的细节, 有兴趣的读者可参阅文献 [22] 的定理 18.6.

利用该引理证明 (6.4.30) 的满同态. 令 M^n 是一个 n 维紧定向流形. 由 Whitney 嵌入定理, M^n 可嵌入到某个 R^{n+k} 中. 由管形邻域定理 (定理 1.17), $M^n \subset R^{n+k}$ 的一个邻域 U 与 M^n 的法丛同构

$$U \simeq NM^n \text{ 是一个 } R^k \text{ 丛}.$$

有一个自然的丛映射

$$U \simeq NM^n \to \tilde{\gamma}_k(R^{n+k}) \subset \tilde{\gamma}_k(R^{N+k}), \quad N \geqslant n.$$

再与下面规范映射复合

$$\tilde{\gamma}_k(R^{N+k}) \to Q(\tilde{\gamma}_k^N) = \tilde{\gamma}_k(R^{N+k})/(\tilde{\gamma}_k^N)_1,$$

得到一个映射

$$g:\ U \to Q(\tilde{\gamma}_k^N), \tag{6.4.33}$$

它横截于零截面 $\tilde{G}_k(R^{N+k})$, 并且

$$g^{-1}(\tilde{G}_k(R^{N+k})) = M^n.$$

将 (6.4.33) 的 g 延拓到 R^{n+k} 的紧化空间 $R^{n+k} + \{\infty\} = S^{n+k}$ 为

$$g(S^{n+k} - U) = x_0,$$

这里 $x_0 \in Q(\tilde{\gamma}_k^N)$ 是将 $(\tilde{\gamma}_k^N)_1$ 捏成的那一点. 于是生成一个映射

$$\begin{aligned} &\tilde{g}:\ S^{n+k} \to Q(\tilde{\gamma}_k^N), \quad \text{s.t.} \\ &\tilde{g}^{-1}(\tilde{G}_k(R^{N+k})) = g^{-1}(\tilde{G}_k(R^{N+k})) = M^n. \end{aligned} \tag{6.4.34}$$

再应用上面引理, 映射 (6.4.34) 意味着满同态 (6.4.30).

最后, 证明 (6.4.32) 中的 $k \geqslant p(n)$, $p(n)$ 为 n 的部分数. 由定理 6.20, 这实质上就是证明下面矩阵是非奇异的

$$\left(\langle p_{i_1} \cdots p_{i_r}(T(\mathbb{C}P^{2j_1} \times \cdots \times \mathbb{C}P^{2j_s})), \mu_J\rangle\right), \tag{6.4.35}$$

这里 $I = (i_1, \cdots, i_r)$ 和 $J = (j_1, \cdots, j_s)$ 取遍所有 n 的部分. 例如当 $n = 3$ 时, 它的所有部分数为

$$I_1 = 3, \quad I_2 = (1, 2), \quad I_3 = (1, 1, 1).$$

此时 (6.4.35) 可写成

$$\begin{pmatrix} p_{I_1}(M_{I_1}) & p_{I_1}(M_{I_2}) & p_{I_1}(M_{I_3}) \\ p_{I_2}(M_{I_1}) & p_{I_2}(M_{I_2}) & p_{I_2}(M_{I_3}) \\ p_{I_3}(M_{I_1}) & p_{I_3}(M_{I_2}) & p_{I_3}(M_{I_3}) \end{pmatrix}, \tag{6.4.36}$$

其中 $M_j = \mathbb{C}P^{2j_1} \times \cdots \times \mathbb{C}P^{2j_s}$ 对于 $J = (j_1, \cdots, j_s), p_I(M_J)$ 是 M_J 关于指标为 I 的 Pontrjagin 数.

矩阵 (6.4.35) 的非奇异性结论是归于 Thom 的工作, 它是经过将 Pontrjagin 数重新排列证得. 首先看到

$$\begin{aligned} T(\mathbb{C}P^{2j_1} \times \cdots \times \mathbb{C}P^{2j_s}) &= T\mathbb{C}P^{2j_1} \times \cdots \times T\mathbb{C}P^{2j_s} \\ &\simeq \pi_1^*(T\mathbb{C}P^{2j_1}) \oplus \cdots \oplus \pi_s^*(T\mathbb{C}P^{2j_s}), \end{aligned}$$

那里 $\pi_l : \mathbb{C}P^{2j_1} \times \cdots \times \mathbb{C}P^{2j_s} \to \mathbb{C}P^{2j_l}$ 是投影. 由

$$\mu_I = \mu_{i_1} \cdots \mu_{i_r}, \quad \mu_{i_j} \text{ 是 } \mathbb{C}P^{2i_j} \text{ 的基本类}$$

以及 Whitney 乘积公式

$$p_j(T(\mathbb{C}P^{2j_1} \times \cdots \times \mathbb{C}P^{2j_s})) = \sum_{k_1+\cdots+k_r=j} p_{k_1}(T\mathbb{C}P^{2j_1}) \cdots p_{k_r}(T\mathbb{C}P^{2j_s}),$$

因而可推得

$$p_I(M^J) = \sum_{I_1 \cdots I_s = I} p_{I_1}(\mathbb{C}P^{2j_1}) \cdots p_{I_s}(\mathbb{C}P^{2j_s}). \tag{6.4.37}$$

其中 I_l 是 j_l 的部分. 这里没有符号是因为 Pontrjagin 类都是偶数.

从 (6.4.37) 可看出, 若 n 的部分 I 不能分解成 $j_1, \cdots, j_s$ 的子部分 $I_1, \cdots, I_s$, 则 $p_I(M^J) = 0$. 因此, 能够关于 (6.4.35) 作一个排列, 就如 (6.4.36) 那样, 使得该矩阵为下三角矩阵, 即所有位于上三角的矩阵元为零. 再由 (6.4.24) 可知, 对角元

$$p_I(M^I) = \sum_{l=1}^{r} \sum_{k_1+\cdots+k_l=i_l} \binom{2i_l+1}{k_1} \cdots \binom{2i_l+1}{k_l}$$

是非零的, 这便推知 (6.4.35) 是一个非奇异矩阵, 这就意味着 (6.4.28) 成立. 因而定理得证明.

注 6.16 从 Thom 配边定理立刻可以得到定理 6.20 的逆定理. 换句话说, 一个紧定向的 $4n$ 维流形 M^{4n} 是一个定向边界的充要条件就是它的所有 Pontrjagin 数为零.

最后, 没有证明地列出一些配边群 Ω_n 的计算结果

$$\Omega_1 = \Omega_2 = \Omega_3 = \Omega_6 = \Omega_7 = 0.$$

可以算出 n 的部分数 $p(n)$ 的前几个 $(n \leqslant 5)$

$$p(0) = 1, \quad p(1) = 1, \quad p(2) = 2, \quad p(3) = 3, \quad p(4) = 5, \quad p(5) = 7.$$

因而

$$\Omega_0 = \mathbb{Z}, \quad \Omega_4 = \mathbb{Z}, \quad \Omega_8 = \mathbb{Z} \oplus \mathbb{Z}, \quad \Omega_{12} = \mathbb{Z} \oplus \mathbb{Z} \oplus \mathbb{Z},$$
$$\Omega_{16} = \mathbb{Z} \oplus \mathbb{Z} \oplus \mathbb{Z} \oplus \mathbb{Z} \oplus \mathbb{Z}, \quad \Omega_{20} = \mathbb{Z} \oplus \mathbb{Z} \oplus \mathbb{Z} \oplus \mathbb{Z} \oplus \mathbb{Z} \oplus \mathbb{Z} \oplus \mathbb{Z}.$$

此外有

$$\Omega_5 = \mathbb{Z}_2, \quad \Omega_9 = \mathbb{Z}_2 \oplus \mathbb{Z}_2, \quad \Omega_{10} = \mathbb{Z}_2, \quad \Omega_{11} = \mathbb{Z}_2.$$

6.4.4 Hirzebruch 符号定理

实际上, 示性类的数学价值还体现在它们的多项式组合, 通过这些组合可揭示出流形的一些拓扑性质. Hirzebruch 符号定理就是其中一例. 在正式进入主题之前, 先简要介绍一下什么是符号定理.

为了方便, 使用 de Rham 上同调群 $H_D^*(M)$. 令 M^{4n} 是一个 $4n$ 维紧定向流形. $H_D^*(M^{4n})$ 上的内积给出一个双线性函数

$$J: \ H_D^{2n}(M^{4n}) \times H_D^{2n}(M^{4n}) \to R^1, \tag{6.4.38}$$

定义为

$$J(\omega, \tau) = \int_{M^{4n}} \omega \cdot \tau dx, \quad \omega, \tau \in H_D^{2n}(M^{4n}).$$

因为 $\dim \omega = \dim \tau = 2n$ 是偶数, J 是对称的 $J(\omega, \tau) = J(\tau, \omega)$. 根据 Poincaré 对偶, J 是非退化的, 即

$$J(\omega, \tau) = 0, \quad \forall \tau \in H_D^{2n}(M^{4n}) \ \Leftrightarrow \ \omega = 0.$$

由于 $H_D^{2n}(M^{4n}) \simeq R^m, m = \beta_{2n}$ 是 M^{4n} 的 $2n$ 维 Betti 数. 因此双线性形式 (6.4.38) 对应于一个 $m \times m$ 阶非退化实对称矩阵

$$J = \begin{pmatrix} a_{11} & \cdots & a_{1n} \\ \vdots & & \vdots \\ a_{n1} & \cdots & a_{nn} \end{pmatrix},$$

该矩阵只依赖于 $H_D^{2n}(M^{4n})$ 基底的选取, 然而它的特征值与基底无关. 因此我们在 M^{4n} 上定义一个整数

$$\text{sign } M^{4n} = J \text{ 的正特征值数} - \text{负特征值数}, \tag{6.4.39}$$

称作 M^{4n} 的符号. 所谓 Hirzebruch 符号定理是说, 存在一个由 M^{4n} 切丛上的 Pontrjagin 类 $p_j(TM^{4n})$ 组成的 $4n$ 维齐次多项式

$$L_n(p_1, \cdots, p_n) \in H_D^{4n}(M^{4n}),$$

使得

$$\text{sign } M^{4n} = \int_{M^{4n}} L_n(p_1, \cdots, p_n) dx. \tag{6.4.40}$$

特别地, 这个多项式 L_n 的表达式是可计算的. 下面要介绍的内容就是围绕公式 (6.4.40) 展开, 目的是找出多项式 $L_k(p_1, \cdots, p_k)$.

回忆总示性类的基本特性. 令

$$\alpha(M) = 1 + \alpha_1 + \alpha_2 + \cdots \in H^\pi(M, G) \tag{6.4.41}$$

是切丛 TM 上的某个总示性类 (Stiefel-Whitney 类、Chern 类, 或 Pontrjagin 类的某一个). 由

$$T(M \times M') = \pi_1^*(TM) \oplus \pi_2^*(TM')$$

及 Whitney 乘积公式知, (6.4.41) 的总类满足

$$\begin{aligned} \alpha(M \times M') &= \alpha(M) \cdot \alpha(M') \\ &= (1 + \alpha_1 + \alpha_2 + \cdots) \cdot (1 + \alpha_1' + \alpha_2' + \cdots) \\ &= 1 + (\alpha_1 + \alpha_1') + (\alpha_2 + \alpha_1\alpha_1' + \alpha_2') + \cdots . \end{aligned} \tag{6.4.42}$$

现在希望找到关于示性类 α_j 的其他多项式表达, 即找到

$$K(\alpha) = 1 + K_1(\alpha_1) + K_2(\alpha_1, \alpha_2) + K_3(\alpha_1, \alpha_2, \alpha_3) + \cdots , \tag{6.4.43}$$

满足下面性质:

(1) 每个 $K_m(\alpha_1, \cdots, \alpha_m)$ 是关于示性类 α_j 的 km 维齐次多项式,

$$K_m(\alpha_1, \cdots, \alpha_m) \in H^{km}(M, G), \quad k = \dim \alpha_1.$$

(2) K 具有乘积性质,

$$K(\alpha \cdot \alpha') = K(\alpha) \cdot K(\alpha'). \tag{6.4.44}$$

这种 (6.4.43) 的多项式 $K_m (m = 1, 2, \cdots)$ 叫做一个多项式乘法序列.

显然 (6.4.41) 就是特殊的多项式乘法序列, 这里 $K_m(\alpha_1, \cdots, \alpha_m) = \alpha_m$, 它满足的 (6.4.42) 就是 (6.4.44) 的乘积性质.

下面的构造方法告诉我们, 对应于每一个指数级数

$$f(x) = 1 + b_1x + b_2x^2 + b_3x^3 + \cdots, \quad b_i \in G, \tag{6.4.45}$$

唯一地存在一个多项式乘法序列 $\{K_m\}$ 满足

$$K(1+x) = f(x). \tag{6.4.46}$$

这里已将 K_m 作为不定变量 $\alpha_1, \cdots, \alpha_m$ 的 m 齐次多项式来看, 其中 α_j 视为阶数为 j 的不定变量.

构造如下. 假设 (6.4.43) 的多项式 $K(\alpha)$ 满足 (6.4.44) 和 (6.4.46), 即对 $(\alpha_1, \cdots, \alpha_m) = (x, 0, \cdots, 0)$ 有

$$K_m(\alpha_1, \cdots, \alpha_m) = K_m(x, 0, \cdots, 0) = b_m x^m.$$

那么对

$$\begin{aligned}\alpha &= (1+x_1)(1+x_2)\cdots(1+x_n) \\ &= 1 + \alpha_1 + \alpha_2 + \cdots + \alpha_n,\end{aligned}$$

其中每个 x_j 都是阶数为 1 的不定变量, α_m 为 m 齐次对称多项式,

$$\begin{aligned}&\alpha_1 = x_1 + x_2 + \cdots + x_n, \\ &\alpha_2 = x_1x_2 + x_1x_3 + \cdots + x_{n-1}x_n = \sum_{i<j} x_ix_j, \\ &\qquad\cdots\cdots \\ &\alpha_n = x_1 \cdots x_n.\end{aligned} \tag{6.4.47}$$

则由假设

$$\begin{aligned}K(\alpha) &= K((1+x_1)\cdots(1+x_n)) \\ &= K(1+x_1)\cdot K(1+x_2)\cdots K(1+x_n) \\ &= f(x_1)\cdot f(x_2)\cdots f(x_n),\end{aligned} \tag{6.4.48}$$

该等式的左边 $K(\alpha)$ 为

$$\begin{aligned}K(\alpha) &= K((1+x_1)\cdots(1+x_n)) = K(1+\alpha_1+\alpha_2+\cdots+\alpha_n) \\ &= 1 + K_1(\alpha_1) + K_2(\alpha_1, \alpha_2) + \cdots + K_n(\alpha_1, \cdots, \alpha_n),\end{aligned} \tag{6.4.49}$$

其中 $\alpha_j (1 \leqslant j \leqslant n)$ 是由 (6.4.47) 给出, $K_j(\alpha_1, \cdots, \alpha_j)$ 为待定的 j 齐次多项式. 等式 (6.4.48) 的最后一项由 (6.4.45) 可展开为

$$\begin{aligned}f(x_1)\cdots f(x_n) &= (1 + b_1x_1 + b_2x_2 + \cdots)\cdots(1 + b_1x_n + b_2x_n + \cdots) \\ &= 1 + F_1(\alpha_1) + F_2(\alpha_1, \alpha_2) + \cdots + F_n(\alpha_1, \cdots, \alpha_n) + \cdots,\end{aligned} \tag{6.4.50}$$

其中 $F_k(\alpha_1,\cdots,\alpha_k)$ 是由 (6.4.47) 的基本对称多项式 α_j 表达的 k 齐次多项式. (6.4.50) 的左边只所以能够表达成等式右边的形式是因为它关于 $x_1,\cdots,x_n$ 是对称的, 而对称多项式的数学定理说, 任何 $x_1,\cdots,x_n$ 的 k 齐次多项式可用 (6.4.47) 的基本对称多项式表达.

现在, 从 (6.4.48)~(6.4.50) 可得到希望的 K_m 为

$$K_m(\alpha_1,\cdots,\alpha_m)=F_m(\alpha_1,\cdots,\alpha_n). \tag{6.4.51}$$

关于 (6.4.50) 进行计算, 给出 $m\leqslant 3$ 的 K_m 表达式

$$\begin{aligned}K_1(\alpha_1)&=b_1\alpha_1,\\K_2(\alpha_1,\alpha_2)&=(b_1^2-2b_2)\alpha_2+b_2\alpha_1^2,\\K_3(\alpha_1,\alpha_2,\alpha_3)&=(b_1^3+6b_1b_2-6b_3)\alpha_3+(b_1b_2-3b_3)\alpha_1\alpha_2+b_3\alpha_1^3.\end{aligned}$$

由于 $K(\alpha)$ 是按 (6.4.48) 的乘积方式产生, 故

$$\begin{aligned}K(\alpha\cdot\beta)&=K((1+x_1)\cdots(1+x_n)(1+y_1)\cdots(1+y_n))\\&=f(x_1)\cdots f(x_n)\cdot f(y_1)\cdots f(y_n)\\&=K(\alpha)\cdot K(\beta),\end{aligned}$$

其中 $\alpha=(1+x_1)\cdots(1+x_n),\beta=(1+y_1)\cdots(1+y_n)$. 因此由 (6.4.51) 决定的多项式序列 (6.4.49) 满足 (6.4.44) 的乘积性质.

上面的讨论可总结成下面结论.

定理 6.22　令 $f(x)$ 是如 (6.4.45) 的给定指数级数, 则存在唯一系数在群 G 的多项式乘法序列 $K(\alpha)=1+K_1(\alpha_1)+K_2(\alpha_1,\alpha_2)+\cdots$, 使得 $K(1+x)=f(x)$. 此时 K_m 由 (6.4.51) 确定.

对于一个给定的多项式乘积序列 $K_m(\alpha_1,\cdots,\alpha_m)$, 可以在紧定向流形 M 上定义 K 亏格 $K[M]$ 的概念. 这种概念在指标理论中被证明是非常有用的.

定义 6.11　令 M^{4n} 是一个 $4n$ 维可定向紧流形, K_m 是一个多项式乘法序列. 则下面的实数称作 M^{4n} 的 K 亏格 $K[M^{4n}]$,

$$K[M^{4n}]=\langle K_n(p_1,\cdots,p_n),\mu_M\rangle,$$

其中 $p_j=p_j(TM^{4n})$ 是第 j 个 Pontrjagin 类, μ_M 是 M^{4n} 的基本类.

类似地, 对于 n 维复流形 M 可定义 K 亏格为

$$K[M]=\langle K_n(c_1,\cdots,c_n),\mu_M\rangle,$$

这里 $c_j=c_j(TM)$ 的第 j 个 Chern 类.

作了上述准备后, 现在就可以详细介绍 Hirzebruch 符号定理. 给出下面指数级数

$$\frac{\sqrt{x}}{\tanh\sqrt{x}}=1+\frac{1}{3}x-\frac{1}{45}x^2+\cdots=1+\sum_{k=1}^{\infty}(-1)^{k-1}\frac{2^{2k}B_kx^k}{(2k)!},\tag{6.4.52}$$

这里 B_k 是第 k 个 Bernoulli 数, tanh 为双曲函数

$$\tanh y=\frac{e^{2y}-1}{e^{2y}+1}.$$

下面给出 $k\leqslant 8$ 的 Bernoulli 数

$$B_1=\frac{1}{6},\quad B_2=\frac{1}{30},\quad B_3=\frac{1}{42},\quad B_4=\frac{1}{30},$$
$$B_5=\frac{5}{66},\quad B_6=\frac{691}{2730},\quad B_7=\frac{7}{6},\quad B_8=\frac{3617}{510}.$$

在 Hirzebruch 符号定理中的 L 亏格就是对应于 (6.4.52) 的多项式乘法序列 $\{L_m\}$ 产生的亏格. L 乘法序列前四项为

$$\begin{aligned}
L_1&=\frac{1}{3}p_1,\\
L_2&=\frac{1}{45}(7p_2-p_1^2),\\
L_3&=\frac{1}{945}(62p_3-13p_2p_1+2p_1^2),\\
L_4&=\frac{1}{14175}(381p_4-71p_3p_1-19p_2^2+22p_2p_1^2-3p_1^4),
\end{aligned}$$

这里 $p_j=p_j(TM)$ 是 M 切丛上的 Pontrjagin 类.

然后有下面符号定理

定理 6.23 (Hirzebruch 符号定理) 令 M 是一个 $4n$ 维可定向紧流形, $\{L_k(p_1,\cdots,p_k)\}$ 是对应于 (6.4.52) 的乘法序列. 则 M 的符号与 M 的 L 亏格 $L[M]$ 相等, 即公式 (6.4.40) 成立.

证明 首先证明 $M\mapsto L[M]$ 和 $M\mapsto \text{sign}\,M$ 分别给出配边环 $\Omega_*\otimes R$ 到实数域 R 的环同态

$$L:\ \Omega_*\otimes R\to R,\tag{6.4.53}$$
$$\text{sign}:\ \Omega_*\otimes R\to R.\tag{6.4.54}$$

事实上, L 的可加性是显然的. 再由 L 的乘积性质,

$$L(p\times p')=L(p)\cdot L(p'),$$

其中 p 与 p' 分别是 M 与 M' 的总 Pontrjagin 类, 因此有

$$\langle L(p\times p'),\mu\times\mu'\rangle=(-1)^{4n\cdot 4m}\langle L(p),\mu\rangle\langle L(p'),\mu'\rangle,$$

即 $L[M\times M']=L[M]\cdot L[M']$. 此外, 再由 $L(M)$ 是 Pontrjagin 数的组合, 由定理 6.20,

$$L[M]=0,\quad \text{若 } M \text{ 是可定向边界.}$$

因此证得 (6.4.53) 是一个环同态.

对于映射 (6.4.54), sign 的可加性显然. 考虑乘积性

$$\text{sign }(X\times Y)=\text{sign }X\cdot\text{sign }Y. \tag{6.4.55}$$

令 $M^{4n}=X^{4k}\times Y^{4m}(k+m=n)$. 由 Künneth 公式

$$H^{2n}(M^{4n},R)=\sum_{i+j=2n}H^i(X^{4k},R)\otimes H^j(Y^{4m},R),$$

即 $H^{2n}(M^{4n},R)$ 的生成元由

$$\{\alpha^i\times\beta^j|\ \alpha^i\in H^i(X^{4k},R),\ \beta^j\in H^j(Y^{4m},R)\}$$

构成. 由 Poincaré 对偶

$$\langle\alpha^i\times\beta^j,[X^{4k}\times Y^{4m}]\rangle=\begin{cases}\langle\alpha^{4k}, & [X^{4k}]\rangle\langle\beta^{4m},[Y^{4m}]\rangle,\\ 0, & \text{其他,}\end{cases}$$

其中 $[X]$ 表示流形 X 的基本类. 从这个公式立刻得到 (6.4.55). 关于 (6.4.54) 是环同态的结论, 还需证明

$$\text{sign }M^{4n}=0,\qquad \text{若 } M^{4n}=\partial X^{4n+1}. \tag{6.4.56}$$

该证明是依照 Thom 的思路. 令 $j:\ M^{4n}\to X^{4n+1}$ 是嵌入. 则有下面交换图表

$$\begin{array}{ccccc}H^{2n}(X^{4n+1},R) & \xrightarrow{j^*} & H^{2n}(M^{4n},R) & \longrightarrow & H^{2n+1}(X^{4n+1},M^{4n},R)\\ \downarrow & & \downarrow i & & \downarrow\\ H_{2n+1}(X^{4n+1},M^{4n},R) & \longrightarrow & H_{2n}(M^{4n},R) & \xrightarrow{j_*} & H_{2n}(X^{4n+1},R)\end{array} \tag{6.4.57}$$

这里水平方向是相对同调群的正合序列, 垂直箭头是 Lefschetz 对偶与 Poincaré 对偶同构. 记

$$A^{2n}=j^*(H^{2n}(X^{4n+1},R))\subset H^{2n}(M^{4n},R),$$
$$K_{2n}=\text{Ker }j_*\subset H_{2n}(M^{4n},R).$$

由 (6.4.57) 的正合性与交换性得

$$\alpha \in A^{2n} \ \Leftrightarrow\ i(\alpha) \in K_{2n}. \tag{6.4.58}$$

再由 A^{2n} 与 $H_{2n}(M^{4n}, R)/K_{2n}$ 对偶, 从 (6.4.58) 得

$$\dim A^{2n} = \dim K_{2n} = \dim H_{2m}(M^{4n}, R) - \dim K_{2n},$$

即

$$\dim A^{2n} = \frac{1}{2}\dim H_{2m}(M^{4n}, R).$$

此外, 对任何 $\alpha = j^*(\beta) \in A^{2n}$ 有

$$\langle \alpha^2, [M^{4n}]\rangle = \langle \beta^2, j_*[M^{4n}]\rangle = 0,$$

这是因为 $[M^{4n}] = 0$ 在 $H_{2n}(X^{4n+1}, R)$ 中. 故

$$A^{2n} \subset \{\alpha \in H^{2n}(M^{4n}, R) |\ \langle \alpha^2, [M^{4n}]\rangle = 0\}.$$

这说明二次形式

$$J:\ H^{2n}(M^{4n}, R) \times H^{2n}(M^{4n}, R) \to R$$

的零线性空间 Z, 定义为

$$\alpha,\ \beta \in Z \ \Leftrightarrow\ J(\alpha, \alpha) = J(\beta, \beta) = J(\alpha, \beta) = 0,$$

有 $A^{2n} \subset Z$. 由 J 的非退化性知

$$\dim Z = \frac{1}{2}\dim H^{2n}(M^{4n}, R).$$

这意味着 J 的正特征值数 = 负特征值数. 故 (6.4.56) 得证.

现在证明

$$\operatorname{sign} M^{4n} = L[M^{4n}]. \tag{6.4.59}$$

由定理 6.21,

$$\Omega_* \otimes R \text{ 由 } \{\mathbb{C}P^{2k} |\ k = 1, 2, \cdots\} \text{ 自由生成}.$$

因为 (6.4.53) 和 (6.4.54) 都是环同态, 因此只需对 $\Omega_* \otimes R$ 的每个生成元 $\mathbb{C}P^{2k}$ 证明 (6.4.59) 即可. 注意到

$$H^{2k}(\mathbb{C}P^{2k}, R) \text{ 由单个元素 } \alpha^K \text{ 生成}, \quad \alpha \in H^2(\mathbb{C}P^1, R).$$

于是有 $\langle \alpha^k \cdot \alpha^k, [\alpha^{2k}]\rangle = 1$. 故

$$\text{sign}\,(\mathbb{C}P^{2k}) = 1. \tag{6.4.60}$$

回忆 (6.4.9), $\mathbb{C}P^{2k}$ 切丛的总 Pontrjagin 类

$$p(T\mathbb{C}P^{2k}) = (1+\alpha^2)^{2k+1}. \tag{6.4.61}$$

因为 L_k 是对应于 $f(x) = \sqrt{x}/\tanh\sqrt{x}$, 由 (6.4.46) 得

$$L(1+\alpha^2) = \sqrt{\alpha^2}/\tanh\sqrt{\alpha^2}.$$

因此从 (6.4.61) 得

$$\begin{aligned} L(p(T\mathbb{C}P^{2k})) &= L((1+\alpha^2)^{2k+1}) = [L(1+\alpha^2)]^{2k+1} \\ &= (\alpha/\tanh\alpha)^{2k+1}. \end{aligned}$$

于是 L 亏格

$$\begin{aligned} L[\mathbb{C}P^{2k}] &= \langle L(p), [\mathbb{C}P^{2k}]\rangle = c_{2k} \\ &= (\alpha/\tanh\alpha)^{2k+1} \text{ 的指数级数中 } \alpha^{2k} \text{ 的系数}. \end{aligned}$$

由复变函数理论, $(z/\tanh z)^{2k+1}$ 的 Taylor 展开中 z^{2k} 的系数由下面公式计算

$$\begin{aligned} c_{2k} &= \frac{1}{2\pi i}\int_C \frac{1}{z^{2k+1}}\left(\frac{z}{\tanh z}\right)^{2k+1} dz \\ &= \frac{1}{2\pi i}\int_C \frac{1}{(\tanh z)^{2k+1}} dz. \end{aligned}$$

作变量变换 $u = \tanh z$, 则

$$dz = \frac{du}{1-u^2} = (1+u^2+u^4+\cdots)du,$$

因而有

$$c_{2k} = \frac{1}{2\pi i}\int_C \frac{(1+u^2+u^4+\cdots)du}{u^{2k+1}} = 1.$$

再由 (6.4.60) 得到

$$L[\mathbb{C}P^{2k}] = \text{sign}\,(\mathbb{C}P^{2k}) = 1.$$

于是推出 (6.4.59). 定理证毕.

6.4.5 Hirzebruch-Riemann-Roch 定理

作为最后的结束, 简要地介绍代数几何中紧 Riemann 面上 Riemann-Roch 定理到高维复流形上的 Hirzebruch 的推广, 该定理是数学中非常优美的结果之一.

令 M 是一个 n 维紧复流形, (E, π, M) 是一个 $\mathbb{C}^m$ 丛,

$$
\begin{array}{rl}
F \simeq \mathbb{C}^m \to & E \\
& \downarrow \pi \\
& M
\end{array}
$$

在 E 上建立全纯 (解析) 截面层

$$\Omega(E) = E \text{ 上全纯截面预层 } \mathcal{F}(E) \text{ 的诱导层},$$

而 $\mathcal{F}(E)$ 可表达为

$$\mathcal{F}(E) = \{\Gamma(U)|\ U \in \mathcal{U} \text{ 是 } M \text{ 上开集族}, \Gamma(U) \text{ 是 } E|_U \text{ 上全纯截面集合}\}.$$

关于预层和层的概念可见 3.3.2 小节.

类似于 Euler 示性数的定义, 在 E 上定义

$$\chi(E) = \sum_{i=0}^{\infty}(-1)^i \dim H^i(M, \Omega(E)), \tag{6.4.62}$$

其中 $H^*(M, \Omega(E))$ 是以层 $\Omega(E)$ 为系数的 M 上同调群. 它们都是有限维的. 由 (6.4.62) 定义的数 $\chi(E)$ 依赖于 E 的丛结构.

关于定理的表达, 还需要引入另一个拓扑不变量, 它是由两个复向量丛 E 和 TM 上 Chern 类组合的 Todd 类与 Chern 特征类 (以区别 Chern 类的另一组上同调类) 表达出来的量.

首先介绍 TM 的 Todd 类. 在上一小节中建立了定理 6.22, 对应于每一个多项式

$$f(x) = 1 + b_1 x + b_2 x^2 + \cdots,$$

唯一地存在一个乘法序列

$$K = 1 + K_1(\alpha_1) + K_2(\alpha_1, \alpha_2) + \cdots,$$

使得 K 的每一个 j 齐次多项式 $K_j(\alpha_1, \cdots, \alpha_j)$ 按如下方式由 f 确定,

$$
\begin{aligned}
1 + \sum_{j=1}^{\infty} K_j(\alpha_1, \cdots, \alpha_j) &= \left(1 + \sum_{i=1}^{\infty} b_i x_1^i\right) \cdots \left(1 + \sum_{i=1}^{\infty} b_i x_n^i\right) \\
&= 1 + \sum_{k=1}^{\infty} \tilde{F}_k(x_1, \cdots, x_n),
\end{aligned}
$$

其中 $\tilde{F}_k(x_1, \cdots, x_n)$ 是关于 $x_1, \cdots, x_n$ 的 k 齐次多项式. 由对称多项式理论知, $x_1, \cdots, x_n$ 的任意 k 齐次多项式都可用 (6.4.47) 的基本对称多项式 $\alpha_1, \cdots, \alpha_k$ 来表达, 即

$$\tilde{F}_k(x_1, \cdots, x_n) = F_k(\alpha_1, \cdots, \alpha_k),$$

然后定义 $K_j(\alpha_1,\cdots,\alpha_j)=F_j(\alpha_1,\cdots,\alpha_j)$.

TM 上的 Todd 类定义为

$$Td(M)=1+Td_1(c_1)+Td_2(c_1,c_2)+\cdots, \tag{6.4.63}$$

其中 $c_j=c_j(TM)$ 是 TM 的 Chern 类, Td_k 是由下面多项式

$$\frac{x}{1-e^{-x}}=\left(\sum_{k=0}^{\infty}(-1)^k\frac{x^k}{(k+1)!}\right)^{-1}=1+\frac{1}{2}x+\frac{1}{12}x^2+\cdots \tag{6.4.64}$$

决定的乘法序列. k 维 Todd 类

$$Td_k(c_1,\cdots,c_k)\in H^{2k}(M,R)$$

是 M 的 k 维上同调类.

再在 $\mathbb{C}^m$ 从 E 上引入 Chern 特征类为

$$\mathrm{ch}(E)=m\mathrm{ch}_0+\mathrm{ch}_1(\tilde c_1)-\mathrm{ch}_2(\tilde c_1,\tilde c_2)+\mathrm{ch}_3(\tilde c_1,\tilde c_2,\tilde c_3)+\cdots, \tag{6.4.65}$$

其中 $\tilde c_j=c_j(E)$ 是 E 上第 j 个 Chern 类,

$$\mathrm{ch}_j(\tilde c_1,\cdots,\tilde c_k)\in H^{2j}(M,R),$$

$\mathrm{ch}_k(\alpha_1,\cdots,\alpha_k)=\dfrac{1}{k!}S_k(\alpha_1,\cdots,\alpha_k)$ 是 k 齐次多项式, 它由下式确定

$$S_k-\alpha_1S_{k-1}+\alpha_2S_{k-2}-\cdots+(-1)^kk\alpha_k=0,\quad k\geqslant 1, \tag{6.4.66}$$

其中 $S_0=1$. 从 (6.4.66) 可递推地求出 ch_k 如下

$$\begin{aligned}
&\mathrm{ch}_1(\alpha_1)=\alpha_1,\\
&\mathrm{ch}_2(\alpha_1,\alpha_2)=\frac{1}{2}(\alpha_1^2-2\alpha_2),\\
&\mathrm{ch}_3(\alpha_1,\alpha_2,\alpha_3)=\frac{1}{3!}(\alpha_1^3-3\alpha_1\alpha_2+3\alpha_3),\quad \text{等等}.
\end{aligned}$$

现在可以陈述 Hirzebruch-Riemann-Roch 定理如下.

定理 6.24　令 M 是一个 n 维紧复流形, E 是 M 上 $\mathbb{C}^m$ 从. 则有如下公式

$$\chi(E)=\langle\mathrm{ch}(E)\cdot Td(M),[M]\rangle, \tag{6.4.67}$$

其中 $\chi(E)$ 如 (6.4.62), $Td(M)$ 与 $\mathrm{ch}(E)$ 分别由 (6.4.63) 和 (6.4.65) 给出, $[M]$ 为 M 的基本类. (6.4.67) 也等价地写成

$$\chi(E)=\left\langle mTd_n(c_1,\cdots,c_n)+\sum_{k+j=n,k\geqslant 1}\mathrm{ch}_k(\tilde c_1,\cdots,\tilde c_k)\cdot Td_j(c_1,\cdots,c_j),[M]\right\rangle.$$

如果我们采用微分形式表达的 de Rham 上同调, 则 (6.4.67) 写成

$$\begin{aligned}\chi(E)=&\int_M \mathrm{ch}(E)\cdot Td(M)dx\\=&\int_M [mTd_n(c_1,\cdots,c_n)+\sum_{k+j=n,k\geqslant 1}\mathrm{ch}_k(\tilde{c}_1,\cdots,\tilde{c}_k)Td_j(c_1,\cdots,c_j)]dx.\end{aligned}\quad(6.4.68)$$

公式 (6.4.67) 或 (6.4.68) 就是紧 Riemann 面上古典的 Riemann-Roch 公式在高维复流形上的推广. 更多细节可参见文献 [31].

注 6.17 实际上, Chern 特征类 (6.4.65) 是由下式确定

$$\begin{aligned}\mathrm{ch}(E)=&e^{x_1}+e^{x_2}+\cdots+e^{x_m}\\=&m+\tilde{S}_1+\frac{1}{2!}\tilde{S}_2+\cdots+\frac{1}{k!}\tilde{S}_k+\cdots,\end{aligned}$$

其中

$$\begin{aligned}\tilde{S}_k=&x_1^k+\cdots+x_m^k\quad(\text{用基本对称多项式 }\alpha_j\text{ 表达})\\=&S_k(\alpha_1,\cdots,\alpha_k).\end{aligned}$$

于是得到

$$\mathrm{ch}_k(\alpha_1,\cdots,\alpha_k)=\frac{1}{k!}S_k(\alpha_1,\cdots,\alpha_k),\quad k\geqslant 1.$$

参考文献

[1] Adams J F. On the non-existence of elements of Hopf invariant one [J]. Ann. Math., 1960, 72: 20-104.

[2] Armstrong M A. 基础拓扑学 [M]. 孙以丰译. 北京：北京大学出版社, 1983.

[3] Blakers A L and Massey W S. The homotopy groups of a triad I [J]. Ann. Math., 1951, 53: 161-205.

[4] Bott R and Tu Loring W. Differential Form in Algebraic Topolog [M]. New York: Springer, 1982.

[5] Eilenberg S. Cohomology and ccntinuous mappings [J]. Ann. Math., 1940, 41: 231-251.

[6] Gilbarg D and Trudinger N. Elliptic Partial differential Equations of Second Order [M]. 2nd ed. Springer, 1983.

[7] Griffiths P and Harris J. Principles of Algebraic Geometry [M]. New York: John Wiley & Sons, Inc., 1978.

[8] Hirsch M W. Differential Topological. [M]. New York: Springer, 1976.

[9] Hodge W V D. The Theory and Applications of Harmonic Integrals [M]. 2nd ed. Cambridge Univ. Press, 1952.

[10] Hurewicz W. Beiträge zur Topologie der Deformationen I-IV [J]. Proc. Acad. Wetenseh., 1935, 38: 112-119.

[11] Husemoller D. Fibre Bundles [M]. 2nd ed. New York: Springer, 1975.

[12] 江泽涵. 拓扑学引论 [M]. 上海：上海科技出版社, 1978.

[13] 江泽涵. 不动点类理论 [M]. 北京：科学出版社, 1979.

[14] Kelly G M. Single-space axioms for homology theory [J]. Proc. Cambrige Phil. Soc., 1959, 55: 10-22.

[15] 廖山涛, 刘旺金. 同伦论基础 [M]. 北京：北京大学出版社, 1980.

[16] 马天, 汪守宏. 非线性演化方程的稳定性与分歧 [M]. 北京：科学出版社, 2007.

[17] Ma T and Wang S. Geometric Theory of Incompressible Flows with Applications to Fluid Dynamics [M]. Mathematical Surveys and Monographs. AMS. Providence, 2005, 119.

[18] Ma T and Wang S. A generalized Poincaré-Hopf index formula and its applications to $2D$ incompressible flows [J]. Nonlinear Anal., RWA, 2001, 2: 467-682.

[19] Ma T and Wang S. Bifurcation Theory and Applications [M]. Nonlinear Science Ser. A. World Scientific, 2005, 53.

[20] Ma T and Wang S. Phase Transition Dynamics in Nonlinear Sciences [M]. To appear.

[21] Massey W S. Exact couples in algebraic topology [J]. I, II. Ann. Math., 1952, 56: 363-396; 1953, 57: 248-286.

[22] Milnor J and Stasheff J D. Characteristic Classes [M]. NJ: Princeton University Press, 1975.

[23] Milnor J. Construction of universal bundles [J]. I, II. Ann. Math., 1956, 63: 272-284, 430-436.

[24] Milnor J. On manifolds homeomorphic to 7-sphere [J]. Ann. Math., 1956, 64: 399-405.

[25] Milnor J. Morse Theory [M]. NJ: Princeton Univ. Press, 1963.

[26] Milnor J. Lectures on the h-Cobordism Theorm [M]. NJ: Princeton Univ. Press, 1965.

[27] Munkres J R. 代数拓扑基础 [M]. 谢孔彬译. 北京：科学出版社, 2006.

[28] Ravenel D C. Complex Cobordism and Stable Homotopy Groups of the Spheres [M]. Acad. Press, 1986.

[29] 苏竞存. 流形的拓扑学 [M]. 武汉：武汉大学出版社, 2005.

[30] Steenord N and Epstein D. Cohomology Operations [M]. Annals of Mathematical Studies, 50. Princeton Univ. Press, 1962.

[31] 伍鸿熙, 吕以辇, 陈志华. 紧黎曼曲面引论 [M]. 北京：科学出版社, 1997.

[32] Warner F W. 微分流形与李群基础 [M]. 谢孔彬, 谢云鹏译. 北京：科学出版社, 2008.

[33] Wells R O. Differential Analysis on Complex Manifolds [M]. Springer, 1980.

[34] Wu W -T. On the product of sphere bundles and the duality theorem modulo two [J]. Ann. Math., 1948, 49: 641-653.

[35] Wecken F. Fixpunktklassen [J]. I, II, III. Math. Ann., 1941, 117: 659-671; 1942, 118: 216-234, 544-577.

[36] 尤承业. 基础拓扑学讲义 [M]. 北京：北京大学出版社, 1997.

[37] 张筑生. 微分拓扑讲义 [M]. 北京：北京大学出版社, 1996.

[38] Chang K -C. Infinite Dimensional Morse Theory and Multiple Solution Problems [M]. Birkhouser, 1993.

[39] 《数学百科全书》编译委员会编译. 数学百科全书 [M]. 第三卷. 北京：科学出版社, 2002.

《现代数学基础丛书》已出版书目

1 数理逻辑基础(上册) 1981.1 胡世华 陆钟万 著
2 数理逻辑基础(下册) 1982.8 胡世华 陆钟万 著
3 紧黎曼曲面引论 1981.3 伍鸿熙 吕以辇 陈志华 著
4 组合论(上册) 1981.10 柯 召 魏万迪 著
5 组合论(下册) 1987.12 魏万迪 著
6 数理统计引论 1981.11 陈希孺 著
7 多元统计分析引论 1982.6 张尧庭 方开泰 著
8 有限群构造(上册) 1982.11 张远达 著
9 有限群构造(下册) 1982.12 张远达 著
10 测度论基础 1983.9 朱成熹 著
11 分析概率论 1984.4 胡迪鹤 著
12 微分方程定性理论 1985.5 张芷芬 丁同仁 黄文灶 董镇喜 著
13 傅里叶积分算子理论及其应用 1985.9 仇庆久 陈恕行 是嘉鸿 刘景麟 蒋鲁敏 编
14 辛几何引论 1986.3 J.柯歇尔 邹异明 著
15 概率论基础和随机过程 1986.6 王寿仁 编著
16 算子代数 1986.6 李炳仁 著
17 线性偏微分算子引论(上册) 1986.8 齐民友 编著
18 线性偏微分算子引论(下册) 1992.1 齐民友 徐超江 编著
19 实用微分几何引论 1986.11 苏步青 华宣积 忻元龙 著
20 微分动力系统原理 1987.2 张筑生 著
21 线性代数群表示导论(上册) 1987.2 曹锡华 王建磐 著
22 模型论基础 1987.8 王世强 著
23 递归论 1987.11 莫绍揆 著
24 拟共形映射及其在黎曼曲面论中的应用 1988.1 李 忠 著
25 代数体函数与常微分方程 1988.2 何育赞 萧修治 著
26 同调代数 1988.2 周伯壎 著
27 近代调和分析方法及其应用 1988.6 韩永生 著
28 带有时滞的动力系统的稳定性 1989.10 秦元勋 刘永清 王 联 郑祖庥 著
29 代数拓扑与示性类 1989.11 [丹麦] I.马德森 著
30 非线性发展方程 1989.12 李大潜 陈韵梅 著

31 仿微分算子引论 1990.2 陈恕行 仇庆久 李成章 编
32 公理集合论导引 1991.1 张锦文 著
33 解析数论基础 1991.2 潘承洞 潘承彪 著
34 二阶椭圆型方程与椭圆型方程组 1991.4 陈亚浙 吴兰成 著
35 黎曼曲面 1991.4 吕以辇 张学莲 著
36 复变函数逼近论 1992.3 沈燮昌 著
37 Banach 代数 1992.11 李炳仁 著
38 随机点过程及其应用 1992.12 邓永录 梁之舜 著
39 丢番图逼近引论 1993.4 朱尧辰 王连祥 著
40 线性整数规划的数学基础 1995.2 马仲蕃 著
41 单复变函数论中的几个论题 1995.8 庄圻泰 杨重骏 何育赞 闻国椿 著
42 复解析动力系统 1995.10 吕以辇 著
43 组合矩阵论(第二版) 2005.1 柳柏濂 著
44 Banach 空间中的非线性逼近理论 1997.5 徐士英 李 冲 杨文善 著
45 实分析导论 1998.2 丁传松 李秉彝 布 伦 著
46 对称性分岔理论基础 1998.3 唐 云 著
47 Gel'fond-Baker 方法在丢番图方程中的应用 1998.10 乐茂华 著
48 随机模型的密度演化方法 1999.6 史定华 著
49 非线性偏微分复方程 1999.6 闻国椿 著
50 复合算子理论 1999.8 徐宪民 著
51 离散鞅及其应用 1999.9 史及民 编著
52 惯性流形与近似惯性流形 2000.1 戴正德 郭柏灵 著
53 数学规划导论 2000.6 徐增堃 著
54 拓扑空间中的反例 2000.6 汪 林 杨富春 编著
55 序半群引论 2001.1 谢祥云 著
56 动力系统的定性与分支理论 2001.2 罗定军 张 祥 董梅芳 著
57 随机分析学基础(第二版) 2001.3 黄志远 著
58 非线性动力系统分析引论 2001.9 盛昭瀚 马军海 著
59 高斯过程的样本轨道性质 2001.11 林正炎 陆传荣 张立新 著
60 光滑映射的奇点理论 2002.1 李养成 著
61 动力系统的周期解与分支理论 2002.4 韩茂安 著
62 神经动力学模型方法和应用 2002.4 阮 炯 顾凡及 蔡志杰 编著
63 同调论——代数拓扑之一 2002.7 沈信耀 著
64 金兹堡-朗道方程 2002.8 郭柏灵 黄海洋 蒋慕容 著

65 排队论基础 2002.10 孙荣恒 李建平 著
66 算子代数上线性映射引论 2002.12 侯晋川 崔建莲 著
67 微分方法中的变分方法 2003.2 陆文端 著
68 周期小波及其应用 2003.3 彭思龙 李登峰 谌秋辉 著
69 集值分析 2003.8 李 雷 吴从炘 著
70 强偏差定理与分析方法 2003.8 刘 文 著
71 椭圆与抛物型方程引论 2003.9 伍卓群 尹景学 王春朋 著
72 有限典型群子空间轨道生成的格(第二版) 2003.10 万哲先 霍元极 著
73 调和分析及其在偏微分方程中的应用(第二版) 2004.3 苗长兴 著
74 稳定性和单纯性理论 2004.6 史念东 著
75 发展方程数值计算方法 2004.6 黄明游 编著
76 传染病动力学的数学建模与研究 2004.8 马知恩 周义仓 王稳地 靳 祯 著
77 模李超代数 2004.9 张永正 刘文德 著
78 巴拿赫空间中算子广义逆理论及其应用 2005.1 王玉文 著
79 巴拿赫空间结构和算子理想 2005.3 钟怀杰 著
80 脉冲微分系统引论 2005.3 傅希林 闫宝强 刘衍胜 著
81 代数学中的 Frobenius 结构 2005.7 汪明义 著
82 生存数据统计分析 2005.12 王启华 著
83 数理逻辑引论与归结原理(第二版) 2006.3 王国俊 著
84 数据包络分析 2006.3 魏权龄 著
85 代数群引论 2006.9 黎景辉 陈志杰 赵春来 著
86 矩阵结合方案 2006.9 王仰贤 霍元极 麻常利 著
87 椭圆曲线公钥密码导引 2006.10 祝跃飞 张亚娟 著
88 椭圆与超椭圆曲线公钥密码的理论与实现 2006.12 王学理 裴定一 著
89 散乱数据拟合的模型、方法和理论 2007.1 吴宗敏 著
90 非线性演化方程的稳定性与分歧 2007.4 马 天 汪宁宏 著
91 正规族理论及其应用 2007.4 顾永兴 庞学诚 方明亮 著
92 组合网络理论 2007.5 徐俊明 著
93 矩阵的半张量积:理论与应用 2007.5 程代展 齐洪胜 著
94 鞅与 Banach 空间几何学 2007.5 刘培德 著
95 非线性常微分方程边值问题 2007.6 葛渭高 著
96 戴维-斯特瓦尔松方程 2007.5 戴正德 蒋慕蓉 李栋龙 著
97 广义哈密顿系统理论及其应用 2007.7 李继彬 赵晓华 刘正荣 著
98 Adams 谱序列和球面稳定同伦群 2007.7 林金坤 著

99 矩阵理论及其应用 2007.8 陈公宁 编著
100 集值随机过程引论 2007.8 张文修 李寿梅 汪振鹏 高 勇 著
101 偏微分方程的调和分析方法 2008.1 苗长兴 张 波 著
102 拓扑动力系统概论 2008.1 叶向东 黄 文 邵 松 著
103 线性微分方程的非线性扰动(第二版) 2008.3 徐登洲 马如云 著
104 数组合地图论(第二版) 2008.3 刘彦佩 著
105 半群的 S-系理论(第二版) 2008.3 刘仲奎 乔虎生 著
106 巴拿赫空间引论(第二版) 2008.4 定光桂 著
107 拓扑空间论(第二版) 2008.4 高国士 著
108 非经典数理逻辑与近似推理(第二版) 2008.5 王国俊 著
109 非参数蒙特卡罗检验及其应用 2008.8 朱力行 许王莉 著
110 Camassa-Holm 方程 2008.8 郭柏灵 田立新 杨灵娥 殷朝阳 著
111 环与代数(第二版) 2009.1 刘绍学 郭晋云 朱 彬 韩 阳 著
112 泛函微分方程的相空间理论及应用 2009.4 王 克 范 猛 著
113 概率论基础(第二版) 2009.8 严士健 王隽骧 刘秀芳 著
114 自相似集的结构 2010.1 周作领 瞿成勤 朱智伟 著
115 现代统计研究基础 2010.3 王启华 史宁中 耿 直 主编
116 图的可嵌入性理论(第二版) 2010.3 刘彦佩 著
117 非线性波动方程的现代方法(第二版) 2010.4 苗长兴 著
118 算子代数与非交换 L_p 空间引论 2010.5 许全华 吐尔德别克 陈泽乾 著
119 非线性椭圆型方程 2010.7 王明新 著
120 流形拓扑学 2010.8 马 天 著
121 局部域上的调和分析与分形分析及其应用 2011.4 苏维宜 著
122 Zakharov 方程及其孤立波解 2011.6 郭柏灵 甘在会 张景军 著
123 反应扩散方程引论(第二版) 2011.9 叶其孝 李正元 王明新 吴雅萍 著
124 代数模型论引论 2011.10 史念东 著
125 拓扑动力系统——从拓扑方法到遍历理论方法 2011.12 周作领 尹建东 许绍元 著
126 Littlewood-Paley 理论及其在流体动力学方程中的应用 2012.3 苗长兴 吴家宏 章志飞 著
127 有约束条件的统计推断及其应用 2012.3 王金德 著
128 混沌、Mel′nikov 方法及新发展 2012.6 李继彬 陈凤娟 著
129 现代统计模型 2012.6 薛留根 著
130 金融数学引论 2012.7 严加安 著
131 零过多数据的统计分析及其应用 2013.1 解锋昌 韦博成 林金官 著

132　分形分析引论　2013.6　胡家信　著

133　索伯列夫空间导论　2013.8　陈国旺　编著

134　广义估计方程估计方程　2013.8　周　勇　著

135　统计质量控制图理论与方法　2013.8　王兆军　邹长亮　李忠华　著

136　有限群初步　2014.1　徐明曜　著

137　拓扑群引论(第二版)　2014.3　黎景辉　冯绪宁　著

138　现代非参数统计　2015.1　薛留根　著